건설안전 산업기사 필기 과년도 출제문제

이광수 편저

이 책의 구성과 특징

이 책은 건설안전산업기사 자격증 필기 시험에 대비하는 수험생들이 효과적으로 공부할 수 있도록 과년도 출제문제를 과목별, 단원별로 세분화하였다.

1. 과년도 출제문제를 과목별로 분류

14년 동안 출제되었던 문제들을 철저히 분석하여 과목별로 분류하고 정리했으며 과목마다 기본 개념과 문제를 익힐 수 있도록 하였다.

2. 핵심 문제와 유사 문제

각 과목의 단원별로 핵심 문제(1, 2, …로 표시)와 유사 문제(1-1, 2-1, …로 표시)를 함께 배치하였다. 이를 통해 수험자는 유형별 문제를 반복적으로 연습할 수 있다.

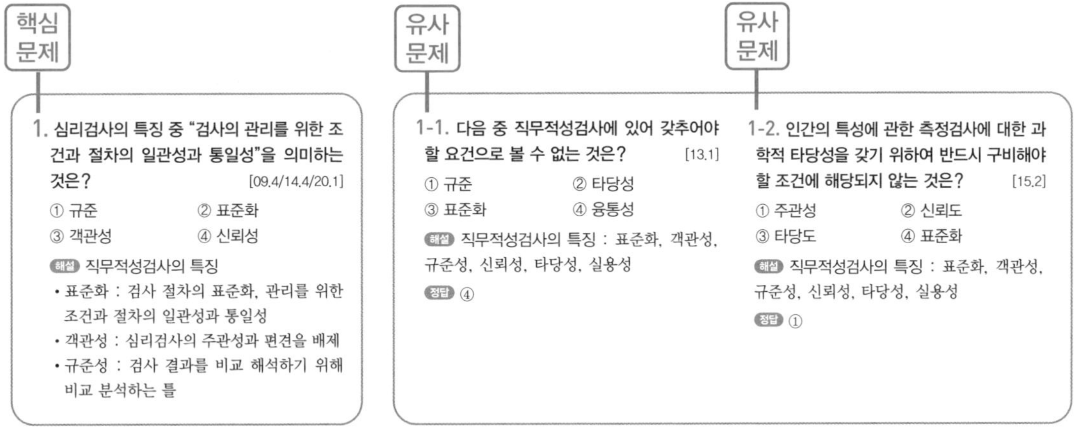

핵심 문제

1. 심리검사의 특징 중 "검사의 관리를 위한 조건과 절차의 일관성과 통일성"을 의미하는 것은? [09.4/14.4/20.1]

① 규준　② 표준화
③ 객관성　④ 신뢰성

해설 직무적성검사의 특징
- 표준화 : 검사 절차의 표준화, 관리를 위한 조건과 절차의 일관성과 통일성
- 객관성 : 심리검사의 주관성과 편견을 배제
- 규준성 : 검사 결과를 비교 해석하기 위해 비교 분석하는 틀

유사 문제

1-1. 다음 중 직무적성검사에 있어 갖추어야 할 요건으로 볼 수 없는 것은? [13.1]

① 규준　② 타당성
③ 표준화　④ 융통성

해설 직무적성검사의 특징 : 표준화, 객관성, 규준성, 신뢰성, 타당성, 실용성

정답 ④

유사 문제

1-2. 인간의 특성에 관한 측정검사에 대한 과학적 타당성을 갖기 위하여 반드시 구비해야 할 조건에 해당되지 않는 것은? [15.2]

① 주관성　② 신뢰도
③ 타당도　④ 표준화

해설 직무적성검사의 특징 : 표준화, 객관성, 규준성, 신뢰성, 타당성, 실용성

정답 ①

3. 각 문제에 출제연도 표시

각 문제마다 출제연도를 표기해 줌으로써 출제경향을 파악하고 문제 해결 능력을 기를 수 있도록 하였다.

4. 과년도(2018～2020) 출제문제와 CBT 실전문제

부록에는 과년도 출제문제와 CBT 실전문제 5회분을 수록하여 수험자들로 하여금 실전에 대비할 수 있도록 하였다.

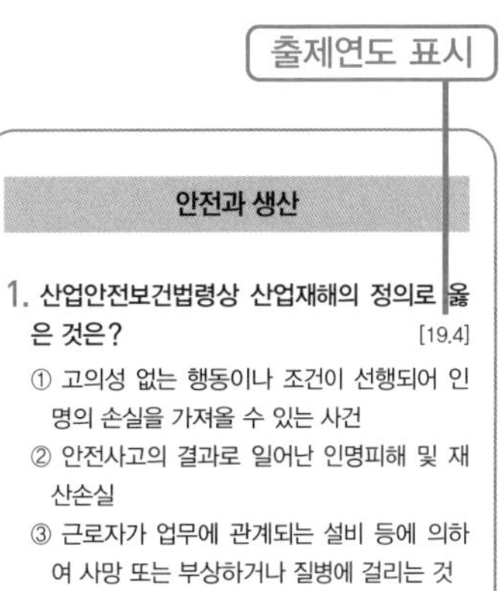

출제연도 표시

안전과 생산

1. 산업안전보건법령상 산업재해의 정의로 옳은 것은? [19.4]

① 고의성 없는 행동이나 조건이 선행되어 인명의 손실을 가져올 수 있는 사건
② 안전사고의 결과로 일어난 인명피해 및 재산손실
③ 근로자가 업무에 관계되는 설비 등에 의하여 사망 또는 부상하거나 질병에 걸리는 것

건설안전산업기사 출제기준(필기)

직무분야	안전관리	중직무분야	안전관리	자격종목	건설안전산업기사	적용기간	2021. 1. 1. ~ 2025. 12. 31.

○ 직무 내용 : 건설현장의 생산성 향상과 인적 · 물적손실을 최소화하기 위한 안전계획을 수립하고, 그에 따른 작업환경의 점검 및 개선, 현장 근로자의 교육계획 수립 및 실시, 작업환경 순회감독 등 안전관리 업무를 통해 인명과 재산을 보호하고, 사고 발생 시 효과적이며 신속한 처리 및 재발방지를 위한 대책 안을 수립, 이행하는 등 안전에 관한 기술적인 관리업무를 수행하는 직무이다.

필기검정방법	객관식	문제 수	100	시험시간	2시간 30분

필기과목명	문제 수	주요항목	세부항목	세세항목
산업안전 관리론	20	1. 안전보건관리 개요	1. 안전과 생산	1. 안전과 위험의 개념 2. 안전보건관리 제이론 3. 생산성과 경제적 안전도 4. 제조물 책임과 안전
			2. 안전보건관리 체제 및 운용	1. 안전보건관리조직 2. 산업안전보건위원회 등의 법적체제 3. 운용방법 4. 안전보건경영시스템 5. 안전보건관리규정 6. 안전보건관리계획 7. 안전보건개선계획
		2. 재해 및 안전 점검	1. 재해조사	1. 재해조사의 목적 2. 재해조사 시 유의사항 3. 재해 발생 시 조치사항 4. 재해의 원인 분석 및 조사 기법
			2. 산재 분류 및 통계 분석	1. 재해 관련 통계의 정의 2. 재해 관련 통계의 종류 및 계산 3. 재해손실비의 종류 및 계산 4. 재해사례 분석 절차
			3. 안전점검 · 검사 · 인증 및 진단	1. 안전점검의 정의 및 목적 2. 안전점검의 종류 3. 안전점검표의 작성 4. 안전검사 및 안전인증 5. 안전진단
		3. 무재해운동 및 보호구	1. 무재해운동 등 안전활동기법	1. 무재해의 정의 2. 무재해운동의 목적 3. 무재해운동 이론 4. 무재해 소집단 활동 5. 위험예지훈련 및 진행방법

필기과목명	문제 수	주요항목	세부항목	세세항목
			2. 보호구 및 안전보건 표지	1. 보호구의 개요 2. 보호구의 종류별 특성 3. 보호구의 성능기준 및 시험방법 4. 안전보건표지의 종류 · 용도 및 적용 5. 안전보건표지의 색채 및 색도기준
		4. 산업안전심리	1. 인간의 특성과 안전과의 관계	1. 안전사고 요인 2. 산업안전심리의 요소 3. 착상심리 4. 착오 5. 착시 6. 착각 현상
		5. 인간의 행동 과학	1. 조직과 인간행동	1. 인간관계 2. 사회행동의 기초 3. 인간관계 메커니즘 4. 집단행동 5. 인간의 일반적인 행동 특성
			2. 재해 빈발성 및 행동 과학	1. 사고경향 2. 성격의 유형 3. 재해 빈발성 4. 동기부여 5. 주의와 부주의
			3. 집단관리와 리더십	1. 리더십의 유형 2. 리더십과 헤드십 3. 사기와 집단역학
		6. 안전보건교육의 개념	1. 교육심리학	1. 교육심리학의 정의 2. 교육심리학의 연구방법 3. 성장과 발달 4. 학습이론 5. 학습조건 6. 적응기제
		7. 교육의 내용 및 방법	1. 교육내용	1. 근로자 정기안전보건교육 내용 2. 관리감독자 정기안전보건교육 내용 3. 신규 채용 시와 작업내용 변경 시 안전보건교육 내용 4. 특별안전보건교육 내용
			2. 교육방법	1. 교육훈련기법 2. 안전보건교육 방법 (TWI, O.J.T, OFF.J.T 등) 3. 학습목적의 3요소 4. 교육법의 4단계 5. 교육훈련의 평가방법

필기과목명	문제 수	주요항목	세부항목	세세항목
인간공학 및 시스템 안전공학	20	1. 안전과 인간 공학	1. 인간공학의 정의	1. 정의 및 목적 2. 배경 및 필요성 3. 작업관리와 인간공학 4. 사업장에서의 인간공학 적용 분야
			2. 인간-기계체계	1. 인간-기계 시스템의 정의 및 유형 2. 시스템의 특성
			3. 체계설계와 인간요소	1. 목표 및 성능 명세의 결정 2. 기본설계 3. 계면설계 4. 촉진물 설계 5. 시험 및 평가 6. 감성공학
		2. 정보 입력 표시	1. 시각적 표시장치	1. 시각과정 2. 시식별에 영향을 주는 조건 3. 정량적 표시장치 4. 정성적 표시장치 5. 상태표시기 6. 신호 및 경보등 7. 묘사적 표시장치 8. 문자-숫자 표시장치 9. 시각적 암호 10. 부호 및 기호
			2. 청각적 표시장치	1. 청각과정 2. 청각적 표시장치 3. 음성통신 4. 합성음성
			3. 촉각 및 후각적 표시장치	1. 피부감각 2. 조종장치의 촉각적 암호화 3. 동적인 촉각적 표시장치 4. 후각적 표시장치
			4. 인간요소와 휴먼 에러	1. 인간 실수의 분류 2. 형태적 특성 3. 인간 실수 확률에 대한 추정 기법 4. 인간 실수 예방 기법
		3. 인간계측 및 작업 공간	1. 인체계측 및 인간의 체계제어	1. 인체계측 2. 인체계측자료의 응용원칙 3. 신체반응의 측정 4. 표시장치 및 제어장치 5. 제어장치의 기능과 유형 6. 제어장치의 식별 7. 통제표시비 8. 특수 제어장치 9. 양립성 10. 수공구

필기과목명	문제 수	주요항목	세부항목	세세항목
			2. 신체활동의 생리학적 측정법	1. 신체반응의 측정 2. 신체역학 3. 신체활동의 에너지 소비 4. 동작의 속도와 정확성
			3. 작업 공간 및 작업 자세	1. 부품배치의 원칙 2. 활동분석 3. 부품의 위치 및 배치 4. 개별 작업 공간 설계지침 5. 계단 6. 의자설계 원칙
			4. 인간의 특성과 안전	1. 인간성능 2. 성능 신뢰도 3. 인간의 정보처리 4. 산업재해와 산업인간공학 5. 근골격계 질환
		4. 작업환경 관리	1. 작업 조건과 환경 조건	1. 조명기계 및 조명수준 2. 반사율과 휘광 3. 조도와 광도 4. 소음과 청력손실 5. 소음노출한계 6. 열교환과정과 열압박 7. 고열과 한랭 8. 기압과 고도 9. 운동과 방향감각 10. 진동과 가속도
			2. 작업환경과 인간공학	1. 작업별 조도 및 소음기준 2. 소음의 처리 3. 열교환과 열압박 4. 실효온도와 Oxford 지수 5. 이상 환경 노출에 따른 사고와 부상
		5. 시스템 안전	1. 시스템 안전 및 안전성 평가	1. 시스템 안전의 개요 2. 안전성 평가 개요
		6. 결함수 분석법	1. 결함수 분석	1. 정의 및 특징 2. 논리기호 및 사상기호 3. FTA의 순서 및 작성방법 4. cut set & path set
			2. 정성적, 정량적 분석	1. 확률사상의 계산 2. minimal cut set & path set
		7. 각종 설비의 유지관리	1. 설비관리의 개요	1. 중요 설비의 분류 2. 설비의 점검 및 보수의 이력관리 3. 보수자재관리 4. 주유 및 윤활관리

필기과목명	문제 수	주요항목	세부항목	세세항목
			2. 설비의 운전 및 유지 관리	1. 교체 주기 2. 청소 및 청결 3. MTBF 4. MTTF
			3. 보전성 공학	1. 예방보전 2. 사후보전 3. 보전예방 4. 개량보전 5. 보전효과평가
건설 재료학	20	1. 건설재료 일반	1. 건설재료의 발달	1. 구조물과 건설재료 2. 건설재료의 생산과 발달과정
			2. 건설재료의 분류와 요구성능	1. 건설재료의 분류 2. 건설재료의 요구성능
			3. 새로운 재료 및 재료 설계	1. 신재료의 개발 2. 재료의 선정과 설계
			4. 난연재료의 분류와 요구성능	1. 난연재료의 특성 및 종류 2. 난연재료의 요구성능
		2. 각종 건설재료의 특성, 용도, 규격에 관한 사항	1. 목재	1. 목재일반 2. 목재제품
			2. 점토재	1. 일반적인 사항 2. 점토제품
			3. 시멘트 및 콘크리트	1. 시멘트의 종류 및 성질 2. 시멘트의 배합 등 사용법 3. 시멘트 제품 4. 콘크리트 일반사항 5. 골재
			4. 금속재	1. 금속재의 종류, 성질 2. 금속제품
			5. 미장재	1. 미장재의 종류, 특성 2. 제조법 및 사용법
			6. 합성수지	1. 합성수지의 종류 및 특성 2. 합성수지 제품
			7. 도료 및 접착제	1. 도료 및 접착제의 종류 및 성질 2. 도료 및 접착제의 용도
			8. 석재	1. 석재의 종류 및 특성 2. 석재제품
			9. 기타재료	1. 유리 2. 벽지 및 휘장류 3. 단열 및 흡음재료

필기과목명	문제 수	주요항목	세부항목	세세항목
			10. 방수	1. 방수재료의 종류와 특성 2. 방수재료별 용도
건설 시공학	20	1. 시공일반	1. 공사 시공방식	1. 직영공사 2. 도급의 종류 3. 도급방식 4. 도급업자의 선정 5. 입찰집행 6. 공사계약 7. 시방서
			2. 공사계획	1. 제반확인 절차 2. 공사기간의 결정 3. 공사계획 4. 재료계획 5. 노무계획
			3. 공사현장 관리	1. 공사 및 공정관리 2. 품질관리 3. 안전 및 환경관리
		2. 토공사	1. 흙막이 가시설	1. 공법의 종류 및 특성 2. 흙막이지보공
			2. 토공 및 기계	1. 토공기계의 종류 및 선정 2. 토공기계의 운용계획
			3. 흙파기	1. 기초 터파기 2. 배수 3. 되메우기 및 잔토처리
			4. 기타 토공사	1. 흙깎기, 흙쌓기, 운반 등 기타 토공사
		3. 기초공사	1. 지정 및 기초	1. 지정 2. 기초
		4. 철근 콘크리트 공사	1. 콘크리트 공사	1. 시멘트 2. 골재 3. 물 4. 혼화재료
			2. 철근공사	1. 재료시험 2. 가공도 3. 철근가공 4. 철근의 이음, 정착길이 및 배근간격, 피복두께 5. 철근의 조립 6. 철근이음 방법

필기과목명	문제 수	주요항목	세부항목	세세항목
			3. 거푸집 공사	1. 거푸집, 동바리 2. 긴결재, 격리재, 박리제, 전용횟수 3. 거푸집의 종류 4. 거푸집의 설치 5. 거푸집의 해체
		5. 철골공사	1. 철골작업 공작	1. 공장작업 2. 원척도, 본뜨기 등 3. 절단 및 가공 4. 공장조립법 5. 접합방법 6. 녹막이 칠 7. 운반
			2. 철골 세우기	1. 현장 세우기 준비 2. 세우기용 기계설비 3. 세우기 4. 접합방법 5. 현장 도장
건설안전 기술	20	1. 건설공사 안전 개요	1. 공정계획 및 안전성 심사	1. 안전관리계획 2. 건설재해예방 대책 3. 건설공사의 안전관리 4. 도급인의 안전보건조치
			2. 지반의 안정성	1. 지반의 조사 2. 토질시험 방법 3. 토공계획 4. 지반의 이상 현상 및 안전 대책
			3. 건설업 산업안전보건 관리비	1. 건설업 산업안전보건관리비의 계상 및 사용 2. 건설업 산업안전보건관리비의 사용기준 3. 건설업 산업안전보건관리비의 항목별 사용 내역 및 기준
			4. 사전안전성 검토 (유해 · 위험방지 계획서)	위험성 평가 2. 유해 · 위험방지 계획서를 제출해야 될 건설 공사 3. 유해 · 위험방지 계획서의 확인사항 4. 제출 시 첨부서류
		2. 건설공구 및 장비	1. 건설공구	1. 석재가공 공구 2. 철근가공 공구 등
			2. 건설장비	1. 굴삭장비 2. 운반장비 3. 다짐장비 등
			3. 안전수칙	1. 안전수칙

필기과목명	문제 수	주요항목	세부항목	세세항목
		3. 건설재해 및 대책	1. 떨어짐(추락)재해 및 대책	1. 분석 및 발생 원인 2. 방호 및 방지설비 3. 개인보호구
			2. 무너짐(붕괴)재해 및 대책	1. 토석 및 토사붕괴 위험성 2. 토석 및 토사붕괴 시 조치사항 3. 붕괴의 예측과 점검 4. 비탈면 보호공법 5. 흙막이 공법 6. 콘크리트 구조물 붕괴 안전 대책 7. 터널 굴착
			3. 떨어짐(낙하), 날아옴(비래)재해 및 대책	1. 발생 원인 2. 예방 대책
			4. 화재 및 대책	1. 발생 원인 2. 예방 대책
		4. 건설 가시설물 설치기준	1. 비계	1. 비계의 종류 및 기준 2. 비계 작업 시 안전조치사항
			2. 작업통로 및 발판	1. 작업통로의 종류 및 설치기준 2. 작업통로 설치 시 준수사항 3. 작업발판 설치기준 및 준수사항
			3. 거푸집 및 동바리	1. 거푸집의 필요조건 2. 거푸집 재료의 선정방법 3. 거푸집 동바리 조립 시 안전조치사항 4. 거푸집 존치기간
			4. 흙막이	1. 흙막이 설치기준 2. 계측기의 종류 및 사용 목적
		5. 건설 구조물 공사 안전	1. 콘크리트 구조물 공사 안전	1. 콘크리트 타설작업의 안전
			2. 철골공사 안전	1. 철골 운반 · 조립 · 설치의 안전
			3. PC(precast concrete) 공사 안전	1. PC 운반 · 조립 · 설치의 안전
		6. 운반, 하역 작업	1. 운반작업	1. 운반작업의 안전수칙 2. 취급운반의 원칙 3. 인력운반 4. 중량물 취급운반 5. 요통방지 대책
			2. 하역작업	1. 하역작업의 안전수칙 2. 기계화해야 될 인력작업 3. 화물취급 작업 안전수칙

차 례

과목별 과년도 출제문제

1과목 산업안전관리론

2과목 인간공학 및 시스템 안전공학

3과목 건설시공학

4과목 건설재료학

차 례

부 록

1. 과년도 출제문제와 해설

2. CBT 실전문제와 해설

건설안전산업기사

과목별 과년도 출제문제

1과목 산업안전관리론

2과목 인간공학 및 시스템 안전공학

3과목 건설시공학

4과목 건설재료학

5과목 건설안전기술

1과목 산업안전관리론

1 안전보건관리개요

안전과 생산

1. 산업안전보건법령상 산업재해의 정의로 옳은 것은? [19.4]

① 고의성 없는 행동이나 조건이 선행되어 인명의 손실을 가져올 수 있는 사건
② 안전사고의 결과로 일어난 인명피해 및 재산손실
③ 근로자가 업무에 관계되는 설비 등에 의하여 사망 또는 부상하거나 질병에 걸리는 것
④ 통제를 벗어난 에너지의 광란으로 인하여 입은 인명과 재산의 피해 현상

해설 산업재해란 근로자가 업무에 관계되는 기계 · 설비 · 원재료 · 가스 · 증기 · 분진 등에 의하거나 작업 또는 그 밖의 업무로 인하여 사망 또는 부상하거나 질병에 걸리는 것을 말한다.

2. 다음 중 산업안전보건법상 용어의 정의가 잘못 설명된 것은? [13.1]

① "사업주"란 근로자를 사용하여 사업을 하는 자를 말한다.
② "근로자 대표"란 근로자의 과반수로 조직된 노동조합이 없는 경우에는 사업주가 지정하는 자를 말한다.
③ "산업재해"란 근로자가 업무에 관계되는 건설물 · 설비 · 원재료 · 가스 · 증기 등에 의하거나 작업 또는 그 밖의 업무로 인하여 사망 또는 부상하거나 질병에 걸리는 것을 말한다.
④ "안전 · 보건진단"이란 산업재해를 예방하기 위하여 잠재적 위험성을 발견하고 그 개선 대책을 수립할 목적으로 고용노동부장관이 지정하는 자가 하는 조사 · 평가를 말한다.

해설 ② "근로자 대표"란 근로자의 과반수로 조직된 노동조합이 없는 경우에는 근로자의 과반수를 대표하는 자를 말한다.

3. 재해예방의 4원칙에 해당하지 않는 것은? [12.1/12.3/15.2/16.2/17.2/18.1/19.1/20.1/20.2]

① 예방가능의 원칙 ② 대책선정의 원칙
③ 손실우연의 원칙 ④ 원인추정의 원칙

해설 하인리히의 재해예방의 4원칙
- 손실우연의 원칙 : 사고의 결과 손실 유무 또는 대소는 사고 당시 조건에 따라 우연적으로 발생한다.
- 원인계기의 원칙 : 재해 발생은 반드시 원인이 있다.
- 예방가능의 원칙 : 재해는 원칙적으로 원인만 제거하면 예방이 가능하다.
- 대책선정의 원칙 : 재해예방을 위한 가능한 안전 대책은 반드시 존재한다.

3-1. 재해예방의 4원칙 중 대책선정의 원칙에서 관리적 대책에 해당되지 않는 것은 어느 것인가? [09.4/14.2]

① 안전교육 및 훈련
② 동기부여와 사기 향상

정답 1. ③ 2. ② 3. ④

③ 각종 규정 및 수칙의 준수
④ 경영자 및 관리자의 솔선수범

해설 ①은 교육적 대책

정답 ①

4. 하인리히의 재해 발생 5단계 이론 중 재해 국소화 대책은 어느 단계에 대비한 대책인가? [11.2/14.2/20.1]

① 제1단계 → 제2단계
② 제2단계 → 제3단계
③ 제3단계 → 제4단계
④ 제4단계 → 제5단계

해설 하인리히(H.W. Heinrich)의 도미노 이론(사고 발생의 연쇄성)

- 1단계 : 사회적 환경 및 유전적 요소인(선천적 결함)
- 2단계 : 개인적 결함(간접원인)
- 3단계 : 불안전한 행동 및 상태－인적, 물적원인 제거 가능(직접원인)
- 4단계 : 사고(재해 국소화 대책)
- 5단계 : 재해(상해)

4-1. 하인리히의 재해 발생 원인 도미노 이론에서 사고의 직접원인으로 옳은 것은? [19.2]

① 통제의 부족
② 관리구조의 부적절
③ 불안전한 행동과 상태
④ 유전과 환경적 영향

해설 3단계 : 불안전한 행동 및 상태－인적, 물적원인 제거 가능(직접원인)

정답 ③

4-2. 재해원인을 통상적으로 직접원인과 간접원인으로 나눌 때 직접원인에 해당되는 것은? [09.1/11.2/11.3/16.1/20.2]

① 기술적 원인 ② 물적원인
③ 교육적 원인 ④ 관리적 원인

해설 3단계 : 불안전한 행동 및 상태－인적, 물적원인 제거 가능(직접원인)

Tip) 간접원인에는 기술적, 교육적, 관리적, 신체적, 정신적 원인 등이 있다.

정답 ②

4-3. 산업재해 발생의 직접원인에 해당하지 않는 것은? [15.1]

① 안전수칙의 오해
② 물(物) 자체의 결함
③ 위험장소의 접근
④ 불안전한 속도 조작

해설 불안전한 행동 및 상태(3단계)

- 불안전한 행동(인적원인) : 위험장소 접근, 안전장치의 기능 제거, 위험물 취급 부주의, 보호구의 잘못 사용, 권한 없이 행한 조작, 불안전한 자세 · 동작, 불안전한 적재, 불안전한 속도 조작 등
- 불안전한 상태(물적원인) : 물 자체의 결함, 생산공정의 결함, 물의 배치 및 작업장소 결함, 안전 방호장치의 결함, 작업환경의 결함, 불안전한 설계

Tip) 안전수칙의 오해－재해 발생의 간접적 원인으로 교육적 원인

정답 ①

4-4. 재해 발생의 주요 원인 중 불안전한 행동이 아닌 것은? [17.4]

① 불안전한 적재
② 불안전한 설계
③ 권한 없이 행한 조작
④ 보호구 미착용

해설 ②는 불안전한 상태에 해당된다.

정답 ②

정답 4. ④

4-5. 다음 중 불안전한 행동과 가장 관계가 적은 것은? [10.3/13.4]

① 물건을 급히 운반하려다 부딪쳤다.
② 뛰어가다 넘어져 골절상을 입었다.
③ 높은 장소에서 작업 중 부주의로 떨어졌다.
④ 낮은 위치에 정지해 있는 호이스트의 고리에 머리를 다쳤다.

해설 ④는 불안전한 상태에 해당된다.

정답 ④

4-6. 하인리히(Heinrich)의 이론에 의한 재해 발생의 주요 원인에 있어 다음 중 불안전한 행동에 의한 요인이 아닌 것은? [16.2]

① 권한 없이 행한 조작
② 전문지식의 결여 및 기술, 숙련도 부족
③ 보호구 미착용 및 위험한 장비에서의 작업
④ 결함 있는 장비 및 공구의 사용

해설 ②는 재해 발생의 간접적 원인으로 교육적 원인에 해당된다.

정답 ②

4-7. 재해 발생의 주요 원인 중 불안전한 상태에 해당하지 않는 것은? [11.1/17.2]

① 기계설비 및 장비의 결함
② 부적절한 조명 및 환기
③ 작업장소의 정리 · 정돈 불량
④ 보호구 미착용

해설 ④는 불안전한 행동에 해당된다.

정답 ④

4-8. 재해의 간접원인 중 관리적 원인에 해당하는 것은? [10.1]

① 작업지시 부적절
② 안전수칙의 오해
③ 경험, 훈련의 미숙
④ 안전지식의 부족

해설 산업재해의 간접원인

기술적 원인	• 건물 기계장치 설계 불량 • 생산방법 부적당 • 구조 · 재료의 부적합 • 장비의 점검 · 보존 불량
교육적 원인	• 안전수칙의 오해 • 안전지식, 경험, 훈련 부족 • 작업방법 교육의 불충분 • 위험작업 교육의 불충분
관리적 원인	• 조직 · 제도 결함 • 부적절한 작업지시 • 부적절한 인원배치 • 안전수칙 미제정

정답 ①

5. 사고예방 대책의 기본원리 5단계 중 분석 평가 단계의 활동내용으로 적절한 것은? [12.3]

① 안전관리자의 임명
② 안전성 진단 및 평가
③ 규정 및 규칙 개선
④ 안전활동의 기록 검토

해설 하인리히의 사고예방 대책의 기본원리 5단계

• 1단계 : 안전관리조직
  ㉠ 경영층의 안전목표 설정
  ㉡ 조직(안전관리자 선임 등)
  ㉢ 안전계획 수립 및 활동
• 2단계 : 사실의 발견(현상 파악)
  ㉠ 사고와 안전활동의 기록 검토
  ㉡ 작업분석
  ㉢ 사고조사
  ㉣ 안전점검 및 검사
  ㉤ 각종 안전회의 및 토의
  ㉥ 애로 및 건의사항
• 3단계 : 원인 분석 · 평가

정답 5. ②

㉠ 사고조사 결과의 분석
㉡ 불안전 상태와 행동 분석
㉢ 작업공정과 형태 분석
㉣ 교육 및 훈련 분석
㉤ 안전기준 및 수칙 분석
㉥ 안전성 진단 및 평가

- 4단계 : 시정책의 선정

㉠ 기술의 개선
㉡ 인사 조정(작업배치의 조정)
㉢ 교육 및 훈련의 개선
㉣ 안전규정 및 수칙 등의 개선
㉤ 이행, 감독, 제재 강화

- 5단계 : 시정책의 적용

㉠ 안전 목표 설정
㉡ 3E(기술, 교육, 관리)의 적용

5-1. 하인리히의 사고방지 5단계 중 제1단계 안전조직의 내용이 아닌 것은? [17.2]

① 경영자의 안전목표 설정
② 안전관리자의 선임
③ 안전활동의 방침 및 계획수립
④ 안전회의 및 토의

해설 1단계 : 안전관리조직

- 경영층의 안전목표 설정
- 조직(안전관리자 선임 등)
- 안전계획 수립 및 활동

Tip) 안전회의 및 토의－2단계(사실의 발견, 현상 파악)

정답 ④

5-2. 사고예방 대책 5단계 중 작업상황을 파악하고 사고조사를 실시하는 단계는?

① 사실의 발견 [15.4/16.4]
② 분석 평가
③ 시정방법의 선정
④ 시정책의 적용

해설 2단계 : 사실의 발견(현상 파악)

- 사고와 안전활동의 기록 검토
- 작업분석
- 사고조사
- 안전점검 및 검사
- 각종 안전회의 및 토의
- 애로 및 건의사항

정답 ①

5-3. 사고예방 대책의 기본원리 5단계 중 제 4단계의 내용으로 틀린 것은? [10.1/18.1]

① 인사 조정
② 작업분석
③ 기술의 개선
④ 교육 및 훈련의 개선

해설 4단계 : 시정책의 선정

- 기술의 개선
- 인사 조정(작업배치의 조정)
- 교육 및 훈련의 개선
- 안전규정 및 수칙 등의 개선
- 이행, 감독, 제재 강화

Tip) 작업분석－2단계(사실의 발견, 현상 파악)

정답 ②

5-4. 다음 중 사고예방 대책 제5단계의 "시정책의 적용"에서 3E와 관계가 없는 것은?

① 교육(Education) [09.1/15.2]
② 재정(Economics)
③ 기술(Engineering)
④ 관리(Enforcement)

해설 3E : 관리적 측면(Enforcement), 기술적 측면(Engineering), 교육적 측면(Education),

Tip) 3S : 단순화(Simplification), 표준화(Standardization), 전문화(Specification)

정답 ②

5-5. 다음 중 사고예방 대책의 기본원리를 단계적으로 나열한 것은? [12.2]

① 조직 → 사실의 발견 → 평가 분석 → 시정책의 적용 → 시정책의 선정
② 조직 → 사실의 발견 → 평가 분석 → 시정책의 선정 → 시정책의 적용
③ 사실의 발견 → 조직 → 평가 분석 → 시정책의 적용 → 시정책의 선정
④ 사실의 발견 → 조직 → 평가 분석 → 시정책의 선정 → 시정책의 적용

해설 사고예방 대책의 기본원리 5단계 순서

제1단계	제2단계	제3단계	제4단계	제5단계
안전관리 조직	사실의 발견	평가 분석	시정책 선정	시정책 적용

정답 ②

6. 다음 중 안전관리에 있어 관리사이클(PDCA)에 해당하지 않는 것은? [09.2/09.4]

① 계획(Plan) ② 실시(Do)
③ 검토(Check) ④ 분석(Analysis)

해설 PDCA 사이클 단계
계획(Plan) → 실행(Do) → 평가(Check) → 개선(Action)

7. 다음 중 사업장 내의 물적·인적재해의 잠재위험성을 사전에 발견하여 그 예방 대책을 세우기 위한 안전관리 행위를 무엇이라 하는가? [12.3]

① 안전진단
② 안전관리조직
③ 풀 프루프(fool proof)
④ 페일 세이프(fail safe)

해설 안전진단은 사업장의 물적·인적재해의 잠재위험성을 사전에 발견하여 그 예방 대책을 세우고, 다른 동종설비도 점검하는 것이다.

8. 하인리히의 재해 발생 구성비율을 올바르게 나타낸 것은? (단, 비율은 중상해 : 경상해 : 무상해사고 순서이다.) [10.3]

① 1 : 29 : 300 ② 1 : 29 : 270
③ 1 : 10 : 30 ④ 10 : 30 : 600

해설 하인리히의 법칙

하인리히의 법칙	중상해 : 경상해 : 무상해사고
	1 : 29 : 300

8-1. 하인리히의 재해 구성 비율에 따라 경상사고가 87건 발생하였다면 무상해사고는 몇 건이 발생하였겠는가? [09.4/17.4/19.1]

① 300건 ② 600건
③ 900건 ④ 1200건

해설 하인리히의 법칙

하인리히의 법칙	1 : 29 : 300
$X \times 3$	3 : 87 : 900

정답 ③

9. 재해 발생과 관련된 버드(Frank Bird)의 도미노 이론을 올바르게 나열한 것은? [15.4]

① 기본원인 → 제어의 부족 → 직접원인 → 사고 → 상해
② 기본원인 → 직접원인 → 제어의 부족 → 사고 → 상해
③ 제어의 부족 → 기본원인 → 직접원인 → 사고 → 상해
④ 제어의 부족 → 직접원인 → 기본원인 → 상해 → 사고

해설 버드(Bird)의 최신 연쇄성 이론

1단계	2단계	3단계	4단계	5단계
제어 부족 : 관리	기본 원인 : 기원	직접 원인 : 징후	사고 : 접촉	상해 : 손해

정답 6. ④ 7. ① 8. ① 9. ③

9-1. 버드(Bird)는 사고가 5개의 연쇄반응에 의하여 발생되는 것으로 보았다. 다음 중 재해 발생의 첫 단계에 해당하는 것은? [14.1]

① 개인적 결함
② 사회적 환경
③ 전문적 관리의 부족
④ 불안전한 행동 및 불안전한 상태

해설 버드(Bird)의 최신 연쇄성 이론

1단계	2단계	3단계	4단계	5단계
제어 부족 : 관리	기본 원인 : 기원	직접 원인 : 징후	사고 : 접촉	상해 : 손해

정답 ③

10. 버드(Bird)의 재해 발생 비율에서 물적 손해만의 사고가 120건 발생하면 상해도 손해도 없는 사고는 몇 건 정도 발생하겠는가?

① 600건 ② 1200건 [13.2]
③ 1800건 ④ 2400건

해설 사고를 분석하면 중상 4건, 경상 40건, 무상해사고(물적손실 발생) 120건, 무상해 · 무손실사고 2400건이다.

버드의 이론 (법칙)	중상 : 경상 : 무상해사고 : 무상해 · 무손실사고
	1 : 10 : 30 : 600
X×4	4 : 40 : 120 : 2400

11. 재해의 발생은 관리도구의 결함에서 작전적, 전술적 에러로 이어져 사고 및 재해가 발생한다고 정의한 사람은? [14.4]

① 버드(Bird)
② 아담스(Adams)
③ 웨버(Weaver)
④ 하인리히(Heinrich)

해설 애드워드 아담스의 사고연쇄반응 이론

1단계	2단계	3단계	4단계	5단계
관리 조직	작전적 에러 (관리자 에러)	전술적 에러 (불안전한 행동 및 상태)	사고 (물적 사고)	상해 (손실)

Tip) 작전적 에러 : 경영자, 감독자의 부적절한 지시 및 행동

11-1. 다음 중 재해 발생에 관한 아담스(Edward Adams)의 이론으로 옳은 것은 어느 것인가? [10.2]

① 통제 부족 → 기본적 원인 → 직접적 원인 → 사고 → 상해
② 관리구조 → 작전적 에러 → 전술적 에러 → 사고 → 상해 · 손해
③ 사회적 환경 및 유전적 요소 → 개인적 결함 → 불안전한 행동 및 상태 → 사고 → 상해
④ 개인 · 환경적 요인 → 불안전 행동 및 상태 → 에너지 및 위험물의 예기치 못한 폭주 → 사고 → 구호

해설 애드워드 아담스의 사고연쇄반응 이론

1단계	2단계	3단계	4단계	5단계
관리 조직	작전적 에러 (관리자 에러)	전술적 에러 (불안전한 행동 및 상태)	사고 (물적 사고)	상해 (손실)

정답 ②

12. 다음 중 잠재적인 손실이나 손상을 가져올 수 있는 상태나 조건을 무엇이라 하는가?

① 위험 ② 사고 [12.1]
③ 상해 ④ 재해

해설 위험 : 잠재적인 손실이나 손상을 가져올 수 있는 상태나 조건

정답 10. ④ 11. ② 12. ①

안전보건관리 체제 및 운용

13. 일반적으로 사업장에서 안전관리조직을 구성할 때 고려할 사항과 가장 거리가 먼 것은? [11.2/20.1]

① 조직구성원의 책임과 권한을 명확하게 한다.
② 회사의 특성과 규모에 부합되게 조직되어야 한다.
③ 생산조직과는 동떨어진 독특한 조직이 되도록 하여 효율성을 높인다.
④ 조직의 기능이 충분히 발휘될 수 있는 제도적 체계가 갖추어져야 한다.

해설 안전관리조직의 구성

- 조직구성원의 책임과 권한을 명확하게 한다.
- 회사의 특성과 규모에 부합되게 조직되어야 한다.
- 생산조직과는 밀착된 조직이 되도록 하여 효율성을 높인다.
- 조직의 기능이 충분히 발휘될 수 있는 제도적 체계가 갖추어져야 한다.

13-1. 다음 중 안전관리조직의 구비조건으로 가장 적절하지 않은 것은? [14.4]

① 회사의 특성과 규모에 부합되게 조직되어야 한다.
② 조직을 구성하는 관리자의 책임과 권한이 분명해야 한다.
③ 조직의 기능이 충분히 발휘될 수 있는 제도적 체계를 갖추어야 한다.
④ 부서 간의 충돌을 방지하기 위하여 생산라인과 관계가 적은 조직이어야 한다.

해설 ④ 생산조직과는 밀착된 조직이 되도록 하여 효율성을 높인다.

정답 ④

14. 다음 중 일반적인 안전관리조직의 기본유형으로 볼 수 없는 것은? [14.2]

① line system ② staff system
③ safety system ④ line-staff system

해설
- 라인형(line) 조직(직계형 조직)
  - ㉠ 생산과 안전을 동시에 지시하는 형태이다.
  - ㉡ 소규모 사업장(100명 이하 사업장)에 적용한다.
  - ㉢ 장점은 명령 및 지시가 신속 · 정확하다.
  - ㉣ 단점은 안전정보가 불충분하며, 라인에 과도한 책임이 부여될 수 있다.
- 스태프형(staff) 조직(참모형 조직)
  - ㉠ 중규모 사업장(100~1000명 정도의 사업장)에 적용한다.
  - ㉡ 장점은 안전정보 수집이 용이하고 빠르다.
  - ㉢ 단점은 안전과 생산을 별개로 취급한다.
- 라인-스태프형(line-staff) 조직(혼합형 조직)
  - ㉠ 대규모 사업장(1000명 이상 사업장)에 적용한다.
  - ㉡ 장점
    - ㉮ 안전전문가에 의해 입안된 것을 경영자가 명령하므로 명령이 신속 · 정확하다.
    - ㉯ 안전정보 수집이 용이하고 빠르다.
  - ㉢ 단점
    - ㉮ 명령계통과 조언 · 권고적 참여의 혼돈이 우려된다.
    - ㉯ 스태프의 월권행위가 우려되고 지나치게 스태프에게 의존할 수 있다.

14-1. 100~1000명의 근로자가 근무하는 중규모 사업장에 적용되며, 안전업무를 관장하는 전문 부문을 두는 안전조직은? [09.1]

① line형 조직 ② staff형 조직
③ 회전형 조직 ④ line-staff형 조직

정답 13. ③ 14. ③

해설 스태프형(staff) 조직(참모형 조직)
- 중규모 사업장(100~1000명 정도의 사업장)에 적용한다.
- 장점은 안전정보 수집이 용이하고 빠르다.
- 단점은 안전과 생산을 별개로 취급한다.

정답 ②

14-2. 안전관리조직의 형태 중 라인(line)형의 특징이 아닌 것은? [16.1/16.4]

① 소규모 사업장에 적합하다.
② 경영자의 조언과 자문역할을 한다.
③ 생산조직 전체에 안전관리 기능을 부여한다.
④ 명령과 보고가 상하관계뿐이므로 간단 · 명료하다.

해설 ②는 라인–스태프형(line–staff) 조직(혼합형 조직)의 특징

정답 ②

14-3. 안전관리조직의 형태 중 라인–스탭형에 대한 설명으로 틀린 것은? [17.2/19.4/20.2]

① 대규모 사업장(1000명 이상)에 효율적이다.
② 안전과 생산업무가 분리될 우려가 없기 때문에 균형을 유지할 수 있다.
③ 모든 안전관리 업무를 생산라인을 통하여 직선적으로 이루어지도록 편성된 조직이다.
④ 안전업무를 전문적으로 담당하는 스탭 및 생산라인의 각 계층에도 겸임 또는 전임의 안전담당자를 둔다.

해설 ③은 라인형(line) 조직(직계형 조직)의 특징

정답 ③

15. 산업안전보건법상 직업병 유소견자가 발생하거나 다수 발생할 우려가 있는 경우에 실시하는 건강진단은? [19.1]

① 특별건강진단 ② 일반건강진단
③ 임시건강진단 ④ 채용 시 건강진단

해설 임시건강진단 : 같은 부서에서 근무하는 근로자 또는 같은 유해인자에 노출되는 근로자에게 유사한 질병의 자각, 타각증상이 발생한 경우 직업병 유소견자가 발생하거나 많은 사람에게 발생할 우려가 있을 때 실시하는 건강진단

16. 안전관리의 중요성과 가장 거리가 먼 것은? [16.2]

① 인간존중이라는 인도적인 신념의 실현
② 경영 경제상의 제품의 품질 향상과 생산성 향상
③ 재해로부터 인적 · 물적손실예방
④ 작업환경 개선을 통한 투자비용 증대

해설 안전관리의 목적 : 인명의 존중, 사회복지의 증진, 생산성의 향상, 경제성의 향상, 인적 · 물적손실예방

17. 산업안전보건법상 유해 또는 위험한 작업에 근로자를 사용할 때 실시하는 특별교육 중 안전에 관한 교육을 실시하는 업무를 가진 사람은? [10.2]

① 명예 산업안전감독관
② 사업주
③ 보건관리자
④ 관리감독자

해설 특별교육 중 안전에 관한 교육은 관리감독자가 실시하여야 한다.

18. 산업안전보건법령상 관리감독자의 업무내용이 아닌 것은? [18.1]

① 해당 작업에 관련되는 기계 · 기구 또는 설비의 안전 · 보건점검 및 이상 유무의 확인

정답 15. ③ 16. ④ 17. ④ 18. ④

② 해당 사업장 산업보건의 지도 · 조언에 대한 협조
③ 위험성 평가를 위한 업무에 기인하는 유해 · 위험요인의 파악 및 그 결과에 따른 개선조치의 시행
④ 작성된 물질안전보건자료의 게시 또는 비치에 관한 보좌 및 조언 · 지도

해설 관리감독자의 업무내용
- 기계 · 기구 또는 설비의 안전 · 보건점검 및 이상 유무의 확인
- 근로자의 작업복 · 보호구 및 방호장치의 점검과 그 착용 · 사용에 관한 교육 · 지도
- 작업에서 발생한 산업재해에 관한 보고 및 이에 대한 응급조치
- 작업의 작업장 정리 · 정돈 및 통로확보에 대한 확인 · 감독
- 사업장의 산업보건의, 안전관리자 및 보건관리자의 지도 · 조언에 대한 협조
- 위험성 평가를 위한 업무에 기인하는 유해 · 위험요인의 파악 및 그 결과에 따른 개선조치의 시행
- 그 밖에 해당 작업의 안전 · 보건에 관한 사항으로서 고용노동부령으로정하는 사항

Tip) 물질안전보건자료의 게시 또는 비치에 관한 보좌 및 지도 · 조언 – 보건관리자의 업무내용

19. 산업안전보건법령상 안전관리자가 수행하여야 할 업무가 아닌 것은? (단, 그 밖에 안전에 관한 사항으로서 고용노동부장관이 정하는 사항은 제외한다.) [18.2]

① 위험성 평가에 관한 보좌 및 조언 · 지도
② 물질안전보건자료의 게시 또는 비치에 관한 보좌 및 조언 · 지도
③ 사업장 순회점검 · 지도 및 조치의 건의
④ 산업재해에 관한 통계의 유지 · 관리 · 분석을 위한 보좌 및 조언 · 지도

해설 안전관리자의 업무
- 산업안전보건위원회 또는 노사협의체에서 심의 · 의결한 업무와 사업장의 안전보건관리규정 및 취업규칙에서 정한 업무
- 위험성 평가에 관한 보좌 및 지도 · 조언
- 안전인증대상 기계 · 기구 등과 자율안전확인대상 기계 · 기구 등 구입 시 적격품의 선정에 관한 보좌 및 지도 · 조언
- 사업장의 안전교육계획 수립 및 안전교육 실시에 관한 보좌 및 지도 · 조언
- 사업장의 순회점검 · 지도 및 조치의 건의
- 산업재해 발생의 원인 조사 · 분석 및 재발 방지를 위한 기술적 보좌 및 지도 · 조언
- 산업재해에 관한 통계의 관리 · 유지 · 분석을 위한 보좌 및 지도 · 조언
- 법에 정한 안전에 관한 사항의 이행에 관한 보좌 및 지도 · 조언
- 업무수행 내용의 기록 · 유지
- 그 밖에 안전에 관한 사항으로서 고용노동부장관이 정하는 사항

Tip) 물질안전보건자료의 게시 또는 비치에 관한 보좌 및 조언 · 지도 – 보건관리자의 업무내용

19-1. 산업안전보건법상 안전관리자의 업무에 해당하는 것은? [12.2]

① 해당 작업과 관련된 기계 · 기구 또는 설비의 안전 · 보건 점검 및 이상 유무의 확인
② 소속된 근로자의 작업복 · 보호구 및 방호장치의 점검과 그 착용 · 사용에 관한 교육 · 지도
③ 사업장 순회점검 · 지도 및 조치의 건의
④ 해당 작업의 작업장 정리 · 정돈 및 통로확보에 대한 확인 · 감독

해설 ①, ②, ④는 관리감독자의 업무내용

정답 ③

정답 19. ②

19-2. 산업안전보건법상 안전관리자의 업무에 해당되지 않는 것은? (단, 그 밖에 안전에 관한 사항으로서 고용노동부장관이 정하는 사항은 제외한다.) [11.3]

① 산업안전보건위원회 또는 안전 · 보건에 관한 노사협의체에서 심의 · 의결한 업무
② 작업장 내에서 사용되는 전체 환기장치 및 국소배기장치 등에 관한 설비의 점검
③ 안전인증대상 기계 · 기구 등과 자율안전확인대상 기계 · 기구 등 구입 시 적격품의 선정에 관한 보좌 및 조언 · 지도
④ 해당 사업장의 안전보건관리규정 및 취업규칙에서 정한 업무

해설 ② 환기장치 및 국소배기장치는 안전검사 대상 기계

정답 ②

20. 다음 중 안전보건관리책임자에 대한 설명과 거리가 먼 것은? [12.1]

① 해당 사업장에서 사업을 실질적으로 총괄 관리하는 자이다.
② 해당 사업장의 안전교육계획을 수립 및 실시한다.
③ 선임사유가 발생한 때에는 지체 없이 선임하고 지정하여야 한다.
④ 안전관리자와 보건관리자를 지휘, 감독하는 책임을 가진다.

해설 ②는 안전관리자의 업무내용

21. 산업안전보건법에 따라 안전관리자를 정수 이상으로 증원하거나 교체하여 임명할 것을 명할 수 있는 경우가 아닌 것은? [09.2]

① 해당 사업장의 연간재해율이 동일 업종 평균재해율의 3배인 경우
② 작업환경 불량, 화재, 폭발 또는 누출사고 등으로 사회적 물의를 일으킨 경우
③ 중대재해가 연간 3건 발생한 경우
④ 안전관리자가 질병의 이유로 6개월 동안 직무를 수행할 수 없게 된 경우

해설 안전관리자 등의 증원 · 교체 임명대상

- 증원 · 교체 임명 명령 사업장
- 중대재해가 연간 2건 이상 발생한 경우
- 해당 사업장의 연간재해율이 같은 업종의 평균재해율의 2배 이상인 경우
- 관리자가 질병이나 그 밖의 사유로 3개월 이상 직무를 수행할 수 없게 된 경우
- 화학적 인자로 인한 직업성 질병자가 연간 3명 이상 발생한 경우

22. 산업안전보건법상 고용노동부장관이 산업재해예방을 위하여 종합적인 개선조치를 할 필요가 있다고 인정할 때에 안전보건개선계획의 수립 · 시행을 명할 수 있는 대상 사업장이 아닌 것은? [10.3/13.1/17.1]

① 산업재해율이 같은 업종의 규모별 평균 산업재해율보다 높은 사업장
② 사업주가 안전 · 보건조치의무를 이행하지 아니하여 중대재해가 발생한 사업장
③ 고용노동부장관이 관보 등에 고시한 유해인자의 노출기준을 초과한 사업장
④ 경미한 재해가 다발로 발생한 사업장

해설 안전보건개선계획의 수립 · 시행을 명할 수 있는 사업장

- 사업주가 필요한 안전 · 보건조치의무를 이행하지 아니하여 중대재해가 발생한 사업장
- 산업재해율이 같은 업종의 평균 산업재해율의 2배 이상인 사업장
- 직업성 질병자가 연간 2명(상시근로자 1000명 이상 사업장의 경우 3명) 이상 발생한 사업장
- 산업안전보건법 제106조에 따른 유해인자 노출기준을 초과한 사업장

정답 20. ② 21. ② 22. ④

• 그 밖에 작업환경 불량, 화재 · 폭발 또는 누출사고 등으로 사회적 물의를 일으킨 사업장

23. 다음 중 산업안전보건법령상 안전보건개선계획서에 반드시 포함되어야 할 사항과 가장 거리가 먼 것은? [15.2]

① 안전 · 보건교육
② 안전 · 보건관리체제
③ 근로자 채용 및 배치에 관한 사항
④ 산업재해예방 및 작업환경의 개선을 위하여 필요한 사항

해설 안전보건개선계획서에 반드시 포함되어야 할 사항
• 시설
• 안전 · 보건교육
• 안전 · 보건관리체제
• 산업재해예방 및 작업환경의 개선을 위하여 필요한 사항

24. 산업안전보건법상 산업안전 · 보건 관련 교육과정 중 사업 내 안전 · 보건교육에 해당하지 않는 것은? [10.3]

① 특별안전 · 보건교육
② 안전관리자 신규 · 보수 교육
③ 관리감독자 정기안전 · 보건교육
④ 채용 시의 교육 및 작업내용 변경 시의 교육

해설 사업 내 안전 · 보건교육의 교육과정 : 정기교육, 채용 시 교육, 작업내용 변경 시 교육, 특별교육, 건설기초안전교육

25. 산업안전보건위원회의 근로자위원 구성기준 중 틀린 것은? [17.4]

① 근로자 대표
② 해당 사업의 대표자가 지명하는 9명 이내의 해당 사업장 부서의 장
③ 명예 산업안전감독관이 위촉되어 있는 사업장의 경우 근로자 대표가 지명하는 1명 이상의 명예 산업안전감독관
④ 근로자 대표가 지명하는 9명 이내의 해당 사업장의 근로자

해설 산업안전보건위원회의 위원

근로자 위원	• 근로자 대표 • 근로자 대표가 지명하는 1명 이상의 명예 산업안전감독관 • 근로자 대표가 지명하는 9명 이내의 해당 사업장 근로자
사용자 위원	• 해당 사업장 대표, 안전관리자 1명 • 보건관리자 1명, 산업보건의 1명 • 해당 사업장 대표가 지명하는 9명 이내의 해당 사업장 부서의 장

26. 산업안전보건법상 안전보건관리규정에 포함되어야 할 내용이 아닌 것은? [10.2]

① 안전 · 보건교육에 관한 사항
② 작업장 안전관리에 관한 사항
③ 사고조사 및 대책수립에 관한 사항
④ 보호구 안전인증에 관한 사항

해설 • 총칙
㉠ 안전보건관리규정 작성의 목적 및 범위에 관한 사항
㉡ 사업주 및 근로자의 재해예방 책임 및 의무 등에 관한 사항
㉢ 하도급 사업장에 대한 안전 · 보건관리에 관한 사항
• 안전 · 보건교육에 관한 사항
• 작업장 보건관리에 관한 사항
• 작업장 안전관리에 관한 사항
• 위험성 평가에 관한 사항
• 사고조사 및 대책수립에 관한 사항
• 안전 · 보건관리조직과 그 직무에 관한 사항
• 보칙

정답 23. ③ 24. ② 25. ② 26. ④

27. **산업안전보건법상 안전보건관리규정을 작성하여야 할 사업 중에 정보 서비스업의 상시근로자 수는 몇 명 이상인가?** [12.3/16.2]

① 50 ② 100 ③ 300 ④ 500

해설 상시근로자 300명 이상에서 안전보건관리규정을 작성하여야 하는 사업장

- 농업
- 정보 서비스업
- 어업
- 사회복지 서비스업
- 금융 및 보험업
- 사업지원 서비스업
- 임대업(부동산 제외)
- 전문, 과학 및 기술 서비스업
- 소프트웨어 개발 및 공급업
- 컴퓨터 프로그래밍, 시스템 통합 및 관리업

28. **산업안전보건법령상 안전보건 총괄책임자 지정대상 사업으로 상시근로자 50명 이상 사업의 종류에 해당하는 것은?** [13.2]

① 서적, 잡지 및 기타 인쇄물 출판업
② 음악 및 기타 오디오물 출판업
③ 금속 및 비금속 원료 재생업
④ 선박 및 보트 건조업

해설 안전보건 총괄책임자 지정대상 사업장

- 상시근로자 50명 이상 규모의 사업장
  - ㉠ 토사석 광업
  - ㉡ 1차 금속제조업
  - ㉢ 선박 및 보트 건조업
  - ㉣ 금속가공제품 제조업
  - ㉤ 비금속 광물제품 제조업
  - ㉥ 목재 및 나무제품 제조업
  - ㉦ 자동차 및 트레일러 제조업
  - ㉧ 화학물질 및 화학제품 제조업
  - ㉨ 기타 기계 및 장비 제조업
  - ㉩ 기타 운송장비 제조업
- 수급인 및 하수급인의 공사금액을 포함한 당해 공사의 총 공사금액이 20억 원 이상인 건설업

2 재해 및 안전점검

재해조사

1. **산업재해의 발생 유형으로 볼 수 없는 것은?** [18.4/20.1]

① 지그재그형 ② 집중형
③ 연쇄형 ④ 복합형

해설 산업재해의 발생 형태

- 단순자극형(집중형) :

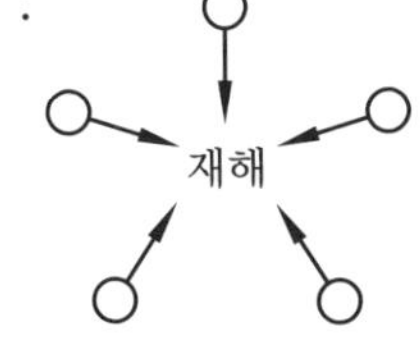

- 연쇄형
  - ㉠ 단순연쇄형 :

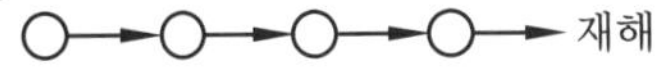

  - ㉡ 복합연쇄형 :

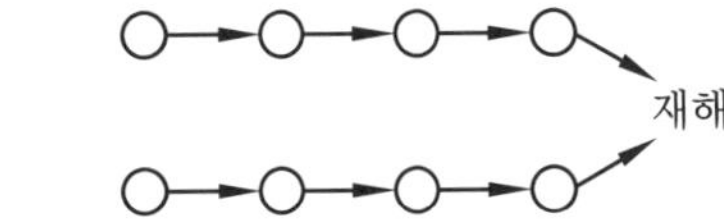

- 복합형 :

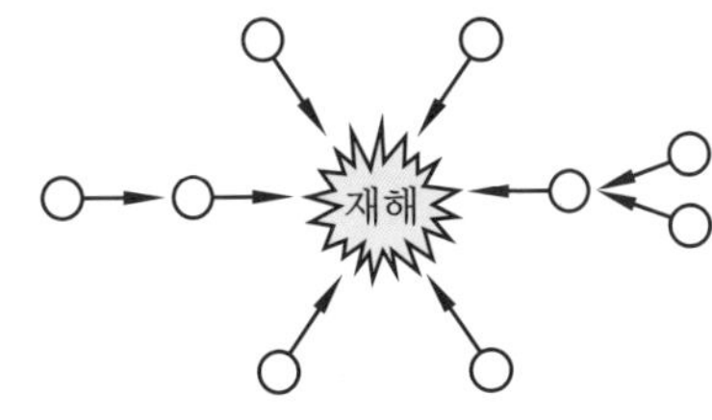

정답 27. ③ 28. ④ 1. ①

2. 재해의 뜻으로 가장 옳은 것은? [13.4]

① 안전사고의 사건 그 자체를 말한다.
② 사고로 입은 인명의 상해만을 말한다.
③ 생명과 재산을 보호하기 위한 제반활동을 말한다.
④ 안전사고의 결과로 일어난 인명과 재산의 손실을 말한다.

해설 재해 : 재앙으로 말미암아 받는 피해로 지진, 태풍, 홍수, 가뭄, 해일, 화재, 전염병, 안전사고 등의 결과로 일어난 인명과 재산의 손실을 말한다.

3. 다음 중 재해사례연구에 관한 설명으로 틀린 것은? [11.1/19.1]

① 재해사례연구는 주관적이며 정확성이 있어야 한다.
② 문제점과 재해요인의 분석은 과학적이고, 신뢰성이 있어야 한다.
③ 재해사례를 과제로 하여 그 사고와 배경을 체계적으로 파악한다.
④ 재해요인을 규명하여 분석하고 그에 대한 대책을 세운다.

해설 ① 재해사례연구는 객관적이며 정확성이 있어야 한다.

4. 재해의 발생 형태 분류 중 사람이 평면상으로 넘어졌을 경우 무엇이라고 하는가? [14.4]

① 추락 ② 충돌 ③ 전도 ④ 협착

해설 재해 발생 형태 분류
- 추락(떨어짐) : 사람이 건축물, 비계, 기계, 사다리, 계단, 경사면 등의 높은 곳에서 떨어지는 것
- 전도(넘어짐) : 사람이 평면상 또는 경사면에서 구르거나 넘어지는 경우
- 낙하(비래) : 물건이 날아오거나 떨어지는 물체에 사람이 맞은 경우
- 붕괴(도괴) : 건물이나 적재물, 비계 등이 무너지는 경우
- 충돌 : 사람이 정지물에 부딪힌 경우

4-1. 재해 발생 형태별 분류 중 물건이 주체가 되어 사람이 상해를 입는 경우에 해당되는 것은? [19.1]

① 추락 ② 전도
③ 충돌 ④ 낙하 · 비래

해설 낙하(비래) : 물건이 날아오거나 떨어지는 물체에 사람이 맞은 경우

정답 ④

5. 상해의 종류 중 타박, 충돌, 추락 등으로 피부 표면보다는 피하조직 등 근육부를 다친 상해를 무엇이라 하는가? [13.2/15.2/18.4]

① 골절 ② 자상
③ 부종 ④ 좌상

해설
- 부종 : 몸이 붓는 증상
- 골절 : 몸에 있는 뼈가 부러지거나 금이 간 상해
- 자상(찔림) : 칼날이나 뾰족한 물체 등 날카로운 물건에 찔린 상해
- 좌상 : 타박, 충돌, 추락 등으로 피부 표면보다는 피하조직 등 근육부를 다친 상해
- 찰과상 : 스치거나 문질러서 피부가 벗겨진 상해
- 창상(베인) : 창, 칼 등에 베인 상해

5-1. 상해의 종류별 분류에 해당하지 않는 것은? [19.4]

① 골절 ② 중독
③ 동상 ④ 감전

해설 상해(외적상해) 종류 : 골절, 동상, 부종, 자상, 타박상, 절단, 중독, 질식, 찰과상, 창상, 화상 등

정답 2. ④ 3. ① 4. ③ 5. ④

Tip) 재해(사고) 발생 형태 : 낙하·비래, 넘어짐, 끼임, 부딪힘, 감전, 산소결핍, 유해광선 노출, 이상온도 노출·접촉, 소음 노출, 폭발, 화재 등

정답 ④

6. 산업안전보건법상 중대재해에 해당하지 않는 것은? [11.3/16.1]

① 추락으로 인하여 1명이 사망한 재해
② 건물의 붕괴로 인하여 15명의 부상자가 동시에 발생한 재해
③ 화재로 인하여 4개월의 요양이 필요한 부상자가 동시에 3명 발생한 재해
④ 근로환경으로 인하여 직업성 질병자가 동시에 5명 발생한 재해

해설 중대재해 3가지

- 사망자가 1명 이상 발생한 재해
- 3개월 이상의 요양이 필요한 부상자가 동시에 2명 이상 발생한 재해
- 부상자 또는 직업성 질병자가 동시에 10명 이상 발생한 재해

7. 다음 (   ) 안에 알맞은 것은? [16.1]

> 사업주는 산업재해로 사망자가 발생하거나 (   )일 이상의 휴업이 필요한 부상을 입거나 질병에 걸린 사람이 발생한 경우 해당 산업재해가 발생한 날부터 1개월 이내에 산업재해조사표를 작성하여 관할 지방고용노동청장 또는 지청장에게 제출하여야 한다.

① 3 ② 4 ③ 5 ④ 7

해설 산업재해 발생 보고 : 사업주는 산업재해로 사망자가 발생하거나 3일 이상의 휴업이 필요한 부상을 입거나 질병에 걸린 사람이 발생한 경우 해당 산업재해가 발생한 날부터 1개월 이내에 산업재해조사표를 작성하여 관할 지방고용노동관서의 장 또는 지청장에게 제출하여야 한다.

8. 산업안전보건법령상 산업재해조사표에 기록되어야 할 내용으로 옳지 않은 것은? [19.2]

① 사업장 정보
② 재해 정보
③ 재해 발생 개요 및 원인
④ 안전교육계획

해설 산업재해 발생 시 기록·보존하여야 할 내용

- 사업장의 개요 및 근로자의 인적사항
- 재해 발생의 일시 및 장소
- 재해 발생의 원인 및 과정
- 재해 재발방지계획

9. 산업재해조사표에서 재해 발생 원인 중 작업·환경적 요인에 해당하지 않는 것은? [16.4]

① 점검·장비의 부족
② 작업자세·동작의 결함
③ 작업방법의 부적절
④ 작업정보의 부적절

해설 재해 발생 원인

- 인적 요인 : 무의식 행동, 착오, 피로, 연령, 커뮤니케이션 등
- 설비적 요인 : 장비의 부족, 작업표준화의 부족, 기계·설비의 설계상 결함, 방호장치의 불량 등
- 작업·환경적 요인 : 작업정보의 부적절, 작업방법의 부적절, 작업환경 조건의 불량, 작업자세·동작의 결함 등
- 관리적 요인 : 관리조직의 결함, 규정·매뉴얼의 불비·불철저, 안전교육의 부족, 감독의 부족 등

정답 6. ④ 7. ① 8. ④ 9. ①

10. 다음 중 재해 발생 시 가장 먼저 해야 할 일은? [10.2]

① 현장 보존
② 상급 부서의 보고
③ 재해자의 구조 및 응급조치
④ 2차 재해의 방지

해설 재해 발생 시 긴급처리 순서
㉠ 사고기계설비 전원 차단 및 정지
㉡ 재해자의 구조 및 응급조치
㉢ 2차 재해의 방지
㉣ 현장 보존

11. 재해 발생 시 조치사항 중 대책수립의 목적은? [18.1]

① 재해 발생 관련자 문책 및 처벌
② 재해손실비 산정
③ 재해 발생 원인 분석
④ 동종 및 유사재해 방지

해설 재해 발생 시에는 동종 및 유사재해 방지를 위하여 안전 대책을 수립하여야 한다.

12. 다음 중 재해조사 시의 유의사항으로 가장 적절하지 않은 것은? [14.1/14.2]

① 사실을 수집한다.
② 사람, 기계설비, 양면의 재해요인을 모두 도출한다.
③ 객관적인 입장에서 공정하게 조사하며, 조사는 2인 이상이 한다.
④ 목격자의 증언과 추측의 말을 모두 반영하여 분석하고, 결과를 도출한다.

해설 ④ 목격자의 증언과 추측은 사실과 구별하여 참고자료로 기록하고, 사고 직후에 즉시 기록하는 것이 좋다.

13. 근로자가 작업대 위에서 전기공사 작업 중 감전에 의하여 지면으로 떨어져 다리에 골절상해를 입은 경우의 기인물과 가해물로 옳은 것은? [09.4/18.2]

① 기인물－작업대, 가해물－지면
② 기인물－전기, 가해물－지면
③ 기인물－지면, 가해물－전기
④ 기인물－작업대, 가해물－전기

해설 기인물과 가해물
• 기인물(전기) : 재해 발생의 주원인으로 근원이 되는 기계, 장치, 기구, 환경 등
• 가해물(지면) : 직접 인간에게 접촉하여 피해를 주는 기계, 장치, 기구, 환경 등

13-1. 다음과 같은 재해사례의 분석으로 옳은 것은? [12.3]

바닥에 기름이 흘려진 복도를 걸어가다 넘어져 기계에 부딪혀 머리를 다친 재해

① 재해 발생 형태 : 전도, 기인물 : 기계, 가해물 : 기름
② 재해 발생 형태 : 충돌, 기인물 : 기계, 가해물 : 기름
③ 재해 발생 형태 : 전도, 기인물 : 기름, 가해물 : 기계
④ 재해 발생 형태 : 도괴, 기인물 : 기계, 가해물 : 기름

해설 재해 발생의 분석 시 3가지
• 재해 발생 형태(전도) : 사람이 평면상 또는 경사면에서 구르거나 넘어지는 경우
• 기인물(기름) : 재해 발생의 주원인으로 근원이 되는 기계, 장치, 기구, 환경 등
• 가해물(기계) : 직접 인간에게 접촉하여 피해를 주는 기계, 장치, 기구, 환경 등

정답 ③

정답 10. ③ 11. ④ 12. ④ 13. ②

14. 다음 중 기계적 위험에서 위험의 종류와 사고의 형태를 올바르게 연결한 것은? [12.2]

① 접촉적 위험－충돌
② 물리적 위험－협착
③ 작업방법적 위험－전도
④ 구조적 위험－이상온도 노출

해설 • 접촉점 위험－틈에 끼임, 말림
• 물리적 위험－비래 · 낙하물체에 맞음
• 작업방법적 위험－전도
• 구조적 위험－파열, 파괴, 절단

15. 모랄서베이(morale survey)의 효용이 아닌 것은? [10.3/11.1/14.4/19.1]

① 조직 또는 구성원의 성과를 비교 · 분석한다.
② 종업원의 정화(catharsis)작용을 촉진시킨다.
③ 경영관리를 개선하는 데에 대한 자료를 얻는다.
④ 근로자의 심리 또는 욕구를 파악하여 불만을 해소하고, 노동의욕을 높인다.

해설 ① 조직 또는 구성원의 성과를 비교 · 분석하지 않는다.
Tip) 모랄서베이(morale survey)
• 모랄서베이는 근로자의 의욕과 태도를 조사하는 방법이다.
• 관찰법과 태도조사법이 주로 사용되며, 태도조사법에는 질문지(문답)법, 면접법, 집단토의법, 투사법이 있다.

15-1. 모랄서베이(morale survey)의 주요 방법 중 태도조사법에 해당하는 것은 어느 것인가? [13.2/16.2/18.4]

① 사례연구법　② 관찰법
③ 실험연구법　④ 면접법

해설 태도조사법의 종류 : 질문지(문답)법, 면접법, 집단토의법, 투사법

정답 ④

16. 재해의 기본원인 4M에 해당하지 않는 것은? [11.2/13.1/17.1]

① Man　② Machine
③ Media　④ Measurement

해설 4M : 인간(Man), 기계(Machine), 작업매체(Media), 관리(Management)

16-1. 안전관리의 4M 가운데 Media에 관한 내용으로 가장 올바른 것은? [15.1]

① 인간과 기계를 연결하는 매개체
② 인간과 관리를 연결하는 매개체
③ 기계와 관리를 연결하는 매개체
④ 인간과 작업환경을 연결하는 매개체

해설 작업매체(Media)는 인간과 기계를 연결하는 매개체로 작업정보, 작업방법, 작업환경 등이 있다.

정답 ①

17. 안전점검 시 점검자가 갖추어야 할 태도 및 마음가짐과 가장 거리가 먼 것은? [15.4]

① 점검 본래의 취지 준수
② 점검대상 부서의 협조
③ 모범적인 점검자의 자세
④ 점검결과 통보 생략

해설 ④ 잘못된 사항은 수정이 될 수 있도록 점검결과에 대하여 통보한다.

18. 다음 중 산업재해사례 연구 순서에서 "사실의 확인"에 해당되지 않는 것은? [13.4]

① 사람　② 물건　③ 정보　④ 관리

해설 사실의 확인 단계에서는 사람, 물건, 관리 등의 상황을 파악한다.

19. 다음 중 Super. D.E의 역할이론에 포함되지 않는 것은? [11.1]

정답 14. ③　15. ①　16. ④　17. ④　18. ③　19. ④

① 역할갈등　　② 역할기대
③ 역할조성　　④ 역할유지

해설 Super D.E의 역할이론 : 역할갈등, 역할기대, 역할조성, 역할연기

산재 분류 및 통계 분석 I

20. 산업안전보건법령상 상시근로자 수의 산출내역에 따라, 연간 국내공사 실적액이 50억 원이고 건설업 평균임금이 250만 원이며, 노무비율은 0.06인 사업장의 상시근로자 수는? [19.2]

① 10인　② 30인　③ 33인　④ 75인

해설 상시근로자 수

$$=\frac{\text{연간 국내공사 실적액}\times\text{노무비율}}{\text{건설업 평균임금}\times 12}$$

$$=\frac{5,000,000,000\times 0.06}{2,500,000\times 12}=10\text{인}$$

21. 재해율의 지표 중 도수율에 관한 다음 설명의 (　　) 안에 알맞은 것은? [13.2/16.4]

> 사업장에서 발생하는 재해의 빈도를 표시하는 단위로서 근로시간 (㉠)시간당 발생하는 (㉡)를 나타낸다.

① ㉠ : 100만, ㉡ : 재해 건수
② ㉠ : 1000, ㉡ : 근로손실일수
③ ㉠ : 1000, ㉡ : 재해 건수
④ ㉠ : 100만, ㉡ : 근로손실일수

해설 • 도수(빈도)율 : 연 100만 근로시간당 몇 건의 재해가 발생했는가를 나타낸다.

• $\text{도수(빈도)율}=\frac{\text{연간 재해 발생 건수}}{\text{연근로 총 시간 수}}\times 10^6$

21-1. 상시근로자 수가 75명인 사업장에서 1일 8시간씩 연간 320일을 작업하는 동안에 4건의 재해가 발생하였다면 이 사업장의 도수율은 약 얼마인가? [15.1/15.4/17.1/20.1]

① 17.68　　② 19.67
③ 20.83　　④ 22.83

해설 도수(빈도)율

$$=\frac{\text{연간 재해 발생 건수}}{\text{연근로 총 시간 수}}\times 1,000,000$$

$$=\frac{4}{75\times 8\times 320}\times 1,000,000\fallingdotseq 20.83$$

정답 ③

21-2. 상시근로자 200명인 사업장의 출근율은 90%이고, 1년간 1건의 사망과 4건의 재해로 인하여 연간 200일의 근로손실일이 발생하였다. 이 사업장의 도수율은 약 얼마인가? (단, 근로자는 1일 8시간, 300일 근무하였고, 전체 근로자의 연간 총 잔업시간은 10,000시간이었다.) [12.3]

① 0.011　　② 0.013
③ 11.31　　④ 17.42

해설 $\text{도수율}=\frac{\text{연간 재해 발생 건수}}{\text{연근로 총 시간 수}}\times 10^6$

$$=\frac{5}{200\times 8\times 300\times 0.9+10,000}\times 10^6$$

$$\fallingdotseq 11.31$$

정답 ③

21-3. A사업장의 도수율이 4이고, 연간 총 근로시간이 12,000,000시간이라면 이 사업장에서는 연간 몇 건의 재해가 발생하였는가? [10.3]

① 0.48　　② 4.8
③ 48　　④ 480

정답 20. ①　21. ①

해설 ㉠ 도수(빈도)율

$=\frac{\text{연간 재해 발생 건수}}{\text{연근로 총 시간 수}}\times 10^6$

㉡ 연간 재해 발생 건수

$=\frac{\text{도수율}\times\text{연근로 총 시간 수}}{10^6}$

$=\frac{4\times 12,000,000}{10^6}=48\text{건}$

정답 ③

22. 연평균 1,000명의 근로자를 채용하고 있는 사업장에서 연간 24명의 재해자가 발생하였다면 이 사업장의 연천인율은 얼마인가? (단, 근로자는 1일 8시간씩 연간 300일을 근무한다.) [09.1/12.2/14.2/18.2]

① 10 ② 12 ③ 24 ④ 48

해설 $\text{연천인율}=\frac{\text{재해자 수}}{\text{연간 평균근로자 수}}\times 1,000$

$=\frac{24}{1,000}\times 1,000=24$

Tip) 연천인율은 1년간 근로자 1,000명을 기준으로 한 재해자 수를 나타낸다.

22-1. 도수율이 8.24인 기업체의 연천인율은 약 얼마인가? [14.4]

① 3.43 ② 19.78
③ 121.35 ④ 197.76

해설 $\text{연천인율}=\frac{\text{재해자 수}}{\text{연간 평균근로자 수}}\times 1,000$

$=\text{도수율}\times 2.4=8.24\times 2.4\fallingdotseq 19.78$

정답 ②

23. 연간근로자 수가 300명인 A공장에서 지난 1년간 1명의 재해자(신체장해등급 : 1급)가 발생하였다면 이 공장의 강도율은? (단, 근로자 1인당 1일 8시간씩 연간 300일을 근무하였다.) [10.1/16.1/18.1/19.4/20.2]

① 4.27 ② 6.42
③ 10.05 ④ 10.42

해설 $\text{강도율}=\frac{\text{근로손실일수}}{\text{근로 총 시간 수}}\times 1,000$

$=\frac{7500}{300\times 8\times 300}\times 1,000\fallingdotseq 10.42$

Tip) 신체장해등급 1급의 근로손실일수는 7500일이다.

23-1. 연간 상시근로자가 100명인 화학공장에서 1년 동안 8명이 부상당하는 재해가 발생하여 휴업일수 219일의 손실이 발생하였다면 총 근로손실일수와 강도율은 얼마인가? (단, 근로자는 1일 8시간씩 연간 300일을 근무하였다.) [10.2]

① 총 근로손실일수 : 160일, 강도율 : 0.91
② 총 근로손실일수 : 170일, 강도율 : 0.81
③ 총 근로손실일수 : 180일, 강도율 : 0.75
④ 총 근로손실일수 : 219일, 강도율 : 0.91

해설 ㉠ 총 근로손실일수

$=\text{휴업일수}\times\frac{\text{근무일수}}{365}$

$=219\times\frac{300}{365}=180\text{일}$

㉡ $\text{강도율}=\frac{\text{근로손실일수}}{\text{근로 총 시간 수}}\times 1,000$

$=\frac{180}{100\times 8\times 300}\times 1,000=0.75$

정답 ③

23-2. 평균근로자 수가 50명인 A공장에서 지난 한 해 동안 3명의 재해자가 발생하였다. 이 공장의 강도율이 1.50이었다면 총 근로

정답 22. ③ 23. ④

손실일수는 며칠인가? (단, 근로자는 1일 8시간씩 300일을 근무하였다.) [09.2]

① 180 ② 190 ③ 208 ④ 219

해설 ㉠ $강도율=\frac{근로손실일수}{근로\ 총\ 시간\ 수}\times 1,000$

㉡ 근로손실일수

$=\frac{강도율\times 근로\ 총\ 시간\ 수}{1,000}$

$=\frac{1.5\times(50\times 8\times 300)}{1,000}$

$=180$일

정답 ①

23-3. 강도율이 5.5이라 함은 연 근로시간 몇 시간 중 재해로 인한 근로손실이 110일 발생하였음을 의미하는가? [09.1/17.4]

① 10,000 ② 20,000
③ 50,000 ④ 100,000

해설 ㉠ $강도율=\frac{근로손실일수}{근로\ 총\ 시간\ 수}\times 1,000$

㉡ $근로\ 총\ 시간\ 수=\frac{근로손실일수}{강도율}\times 1,000$

$=\frac{110}{5.5}\times 1,000=20,000$시간

정답 ②

24. 어느 공장의 재해율을 조사한 결과 도수율이 20이고, 강도율은 1.2로 나타났다. 이 공장에서 근무하는 근로자가 입사부터 정년퇴직할 때까지 예상되는 재해 건수(a)와 이로 인한 근로손실일수(b)는? (단, 이 공장의 1인당 입사부터 정년퇴직할 때까지 평균근로시간은 100,000시간으로 한다.) [15.2/17.2]

① a=20, b=1.2 ② a=2, b=120
③ a=20, b=0.12 ④ a=120, b=2

해설 환산도수율과 환산강도율

㉠ 평생 근로 시 예상 재해 건수(환산도수율 : a)=도수율×0.1=20×0.1=2건

㉡ 평생 근로 시 예상 근로손실일수(환산강도율 : b)=강도율×100=1.2×100=120일

24-1. 도수율이 12.57, 강도율이 17.45인 사업장에서 1명의 근로자가 평생 근무한다면 며칠의 근로손실이 발생하겠는가? (단, 1인 근로자의 평생 근로시간은 105시간이다.) [16.2]

① 1257일 ② 126일
③ 1745일 ④ 175일

해설 평생 근로 시 근로손실일수(환산강도율)

=강도율×100

=17.45×100=1745일

정답 ③

25. 평균근로자 수가 1000명인 사업장의 도수율이 10.25이고 강도율이 7.25이었을 때 이 사업장의 종합재해지수는? [11.1/15.4/18.4]

① 7.62 ② 8.62
③ 9.62 ④ 10.62

해설 종합재해지수(FSI)

$=\sqrt{도수율\times 강도율}$

$=\sqrt{10.25\times 7.25}\fallingdotseq 8.62$

25-1. 어떤 사업장의 종합재해지수가 16.95이고, 도수율이 20.83이라면 강도율은 약 얼마인가? [14.1]

① 20.45 ② 15.92
③ 13.79 ④ 10.54

해설 ㉠ 종합재해지수(FSI)

$=\sqrt{도수율\times 강도율}$

㉡ $강도율=\frac{(종합재해지수)^2}{도수율}$

정답 24. ② 25. ②

$$=\frac{(16.95)^2}{20.83} \fallingdotseq 13.79$$

정답 ③

26. 강도율이 1.5, 도수율이 2.0일 때 평균강도율은 얼마인가? [13.4]

① 20 ② 150 ③ 750 ④ 1333

해설 $\text{평균강도율}=\frac{\text{강도율}}{\text{도수율}}\times 1,000$

$$=\frac{1.5}{2.0}\times 1,000=750$$

산재 분류 및 통계 분석 II

27. 재해는 크게 4가지 방법으로 분류하고 있는데 다음 중 분류방법에 해당되지 않는 것은? [12.2]

① 통계적 분류
② 상해 종류에 의한 분류
③ 관리적 분류
④ 재해 형태별 분류

해설 재해 분류 : 통계적 분류, 상해 종류에 의한 분류, 재해 형태별 분류, 상해 정도별 분류

28. 다음 중 산업재해 통계에 관한 설명으로 적절하지 않은 것은? [19.2]

① 산업재해 통계는 구체적으로 표시되어야 한다.
② 산업재해 통계는 안전활동을 추진하기 위한 기초자료이다.
③ 산업재해 통계만을 기반으로 해당 사업장의 안전수준을 추측한다.
④ 산업재해 통계의 목적은 기업에서 발생한 산업재해에 대하여 효과적인 대책을 강구하기 위함이다.

해설 ③ 산업재해 통계만을 기반으로 해당 사업장의 안전조건이나 상태의 수준을 추측하지 않는다.

28-1. 재해 통계 작성 시 유의할 점 중 관계가 가장 적은 것은? [16.4]

① 재해 통계를 활용하여 방지 대책의 수립이 가능할 수 있어야 한다.
② 재해 통계는 구체적으로 표시되고, 그 내용은 용이하게 이해되며 이용할 수 있는 것이어야 한다.
③ 재해 통계는 정성적인 표현의 도표나 그림으로 표시하여야 한다.
④ 재해 통계는 항목 내용 등 재해요소가 정확히 파악될 수 있도록 하여야 한다.

해설 ③ 재해 통계는 정량적인 표현의 도표나 그림으로 표시하여 정확히 파악될 수 있도록 한다.

정답 ③

29. 다음 중 국제노동기구(ILO)의 기준에 따라 사망 및 영구 전 노동 불능재해일 때에는 근로손실일수를 며칠로 산정하는가? [11.3]

① 10000일 ② 7500일
③ 6500일 ④ 5500일

해설
- 사망 및 영구 전 노동 불능상해(1~3급) : 부상 결과로 노동기능을 완전히 잃게 되는 부상으로 노동손실일수는 7500일(300일×25년)이다.
- 영구 일부 노동 불능에서 신체장해등급에 따른 기능을 상실한 부상은 신체장해등급 제4급에서 제14급에 해당한다.

정답 26. ③ 27. ③ 28. ③ 29. ②

• 신체장해등급별 근로손실일수

등급	1, 2, 3급	4급	5급	6급	7급	8급
손실일수	7500	5500	4000	3000	2200	1500
등급	9급	10급	11급	12급	13급	14급
손실일수	1000	600	400	200	100	50

29-1. 국제노동기구(ILO)의 분류에 부상 결과 신체장해등급 제4급~제14급에 해당하는 상해로 옳은 것은? [09.2]

① 영구 전 노동 불능상해
② 일시 전 노동 불능상해
③ 영구 일부 노동 불능상해
④ 일시 일부 노동 불능상해

해설 영구 일부 노동 불능에서 신체장해등급에 따른 기능을 상실한 부상은 신체장해등급 제4급에서 제14급에 해당한다.

정답 ③

30. 재해손실비의 평가방식 중 시몬즈(R.H. Simonds) 방식에 의한 계산방법으로 옳은 것은? [11.3/17.2]

① 직접비+간접비
② 공동비용+개별비용
③ 보험코스트+비보험코스트
④ (휴업상해 건수×관련 비용 평균치)+(통원상해 건수×관련 비용 평균치)

해설 시몬즈(R.H. Simonds) 방식의 재해코스트 산정법

• 총 재해코스트=보험코스트+비보험코스트
• 비보험코스트=(휴업상해 건수×A)+(통원상해 건수×B)+(응급조치 건수×C)+(무상해사고 건수×D)
• 상해의 종류(A, B, C, D는 장해 정도별에 의한 비보험코스트의 평균치)

분류	재해사고 내용
휴업상해 (A)	영구 부분 노동 불능, 일시 전 노동 불능
통원상해 (B)	일시 부분 노동 불능, 의사의 조치를 요하는 통원상해
응급조치 (C)	응급조치, 20달러 미만의 손실, 8시간 미만의 의료조치상해
무상해사고 (D)	의료조치를 필요로 하지 않는 정도의 경미한 상해

31. 하인리히의 재해손실비용 평가방식에서 총 재해손실비용을 직접비와 간접비로 구분하였을 때 그 비율로 옳은 것은? (단, 순서는 직접비 : 간접비이다.) [12.3/13.2/14.1]

① 1 : 4 ② 4 : 1
③ 3 : 2 ④ 2 : 3

해설 하인리히의 재해손실비용
=직접비 : 간접비=1 : 4

• 직접비(법적으로 지급되는 산재보상비) : 요양급여, 휴업급여, 장해급여, 간병급여, 유족급여, 상병보상연금, 장의비, 기타비용(상해특별급여, 유족특별급여) 등
• 간접비(직접비를 제외한 모든 비용) : 인적손실, 물적손실, 생산손실, 임금손실, 시간손실 등

31-1. 지난 한 해 동안 산업재해로 인하여 직접손실비용이 3조 1600억 원이 발생한 경우의 총 재해코스트는? (단, 하인리히의 재해손실비 평가방식을 적용한다.) [09.4/18.2]

① 6조 3200억 원 ② 9조 4800억 원
③ 12조 6400억 원 ④ 15조 8000억 원

정답 30. ③ 31. ①

해설 총 손실액
=직접비+간접비
=직접비+(직접비×4)
=3조 1600억 원+(3조 1600억원×4)
=15조 8000억 원

정답 ④

31-2. 재해손실 코스트 방식 중 하인리히의 방식에 있어 1 : 4의 원칙 중 1에 해당하지 않는 것은? [16.1]

① 재해예방을 위한 교육비
② 치료비
③ 재해자에게 지급된 급료
④ 재해보상보험금

해설 ①은 간접비, ②, ③, ④는 직접비

정답 ①

31-3. 다음 중 산업재해로 인한 재해손실비 산정에 있어 하인리히의 평가방식에서 직접비에 해당하지 않는 것은? [14.2]

① 통신급여 ② 유족급여
③ 간병급여 ④ 직업재활급여

해설 ①은 간접비, ②, ③, ④는 직접비

정답 ①

31-4. 재해손실비용 중 직접비에 해당되는 것은? [16.2]

① 인적손실 ② 생산손실
③ 산재보상비 ④ 특수손실

해설 ③은 직접비, ①, ②, ④는 간접비

정답 ③

32. 다음 중 재해를 분석하는 방법에 있어 재해 건수가 비교적 적은 사업장의 적용에 적합하고, 특수재해나 중대재해의 분석에 사용하는 방법은? [13.1]

① 개별분석
② 통계분석
③ 사전분석
④ 크로스(cross)분석

해설 개별분석 : 재해 건수가 비교적 적은 사업장의 적용에 적합하고, 특수재해나 중대재해의 분석에 사용하는 방법

33. 재해의 원인 분석법 중 사고의 유형, 기인물 등 분류 항목을 큰 순서대로 도표화하여 문제나 목표의 이해가 편리한 것은? [12.1/20.1]

① 관리도(control chart)
② 파레토도(pareto diagram)
③ 클로즈분석(close analysis)
④ 특성요인도(cause-reason diagram)

해설 재해 분석 분류
- 관리도 : 재해 발생 건수 등을 시간에 따른 대략적인 파악에 사용한다.
- 파레토도 : 사고의 유형, 기인물 등 분류 항목을 큰 값에서 작은 값의 순서대로 도표화한다.
- 특성요인도 : 특성의 원인과 결과를 연계하여 상호관계를 어골상으로 세분하여 분석한다.
- 클로즈(크로스)분석도 : 2가지 항목 이상의 요인이 상호관계를 유지할 때 문제점을 분석한다.

33-1. 재해의 원인과 결과를 연계하여 상호관계를 파악하기 위해 도표화하는 분석방법은? [09.1/09.2/17.1/20.2]

① 관리도 ② 파레토도
③ 특성요인도 ④ 크로스분류도

정답 32. ① 33. ②

해설 특성요인도 : 특성의 원인과 결과를 연계하여 상호관계를 어골상으로 세분하여 분석한다.

정답 ③

34. **사업장의 안전준수 정도를 알아보기 위한 안전평가는 사전평가와 사후평가로 구분되어 지는데 다음 중 사전평가에 해당하는 것은?** [15.1]

① 재해율 ② 안전샘플링
③ 연천인율 ④ Safe-T-Score

해설 안전성 평가
- 사전평가법 : 안전샘플링
- 사후평가법 : 재해율, 연천인율, 도수율, 강도율, Safe-T-Score 등

35. **Safe-T-Score에 대한 설명으로 틀린 것은?** [15.2/17.4/18.1]

① 안전관리의 수행도를 평가하는데 유용하다.
② 기업의 산업재해에 대한 과거와 현재의 안전성적을 비교 · 평가한 점수로 단위가 없다.
③ Safe-T-Score가 +2.0 이상인 경우는 안전관리가 과거보다 좋아졌음을 나타낸다.
④ Safe-T-Score가 +2.0～-2.0 사이인 경우는 안전관리가 과거에 비해 심각한 차이가 없음을 나타낸다.

해설 세이프 티 스코어(Safe-T-Score) 판정기준

-2.00 이하	-2.00～+2.00	+2.00 이상
과거보다 좋아졌다.	차이가 없다.	과거보다 나빠졌다.

Tip) Safe-T-Score는 기업의 산업재해에 대한 과거와 현재의 안전성적을 비교 · 평가한 점수로 안전관리의 수행도를 평가하는데 유용하다.

36. **산업재해에 있어 인명이나 물적 등 일체의 피해가 없는 사고를 무엇이라고 하는가?** [11.1/18.2]

① near accident
② good accident
③ true accident
④ original accident

해설 아차사고(near accident) : 인적 · 물적 손실이 없는 사고를 무상해사고라고 한다.

37. **작업지시 기법에 있어 작업 포인트에 대한 지시 및 확인사항이 아닌 것은?** [12.2]

① weather ② when
③ where ④ what

해설 5W 1H
- 누가(Who)
- 발생일시(언제 : When)
- 발생장소(어디서 : Where)
- 작업유형(왜 : Why)
- 무엇을 (무엇 : What)
- 당시상황(어떻게 : How)

Tip) 웨버의 작전적 에러를 찾아내기 위한 질문유형으로 what → why → whether의 과정을 도표화하여 제시하였다.

안전점검 · 검사 · 인증 및 진단

38. **점검시기에 의한 안전점검의 분류에 해당하지 않는 것은?** [18.2]

① 성능점검 ② 정기점검
③ 임시점검 ④ 특별점검

해설 안전점검의 종류
- 일상점검(수시점검) : 매일 작업 전 · 후, 작업 중 수시로 실시하는 점검

정답 34. ② 35. ③ 36. ① 37. ① 38. ①

- 정기점검 : 일정한 기간마다 정기적으로 정해진 기간에 실시하는 점검, 책임자가 실시
- 특별점검 : 태풍, 지진 등의 천재지변이 발생한 경우나 기계 · 기구의 신설 및 변경 또는 고장 및 수리 등 부정기적으로 특별히 실시하는 점검, 책임자가 실시
- 임시점검 : 이상 발견 시 또는 재해 발생 시 임시로 실시하는 점검

38-1. 기계 · 기구 또는 설비의 신설, 변경 또는 고장, 수리 등 부정기적인 점검을 말하며, 기술적 책임자가 시행하는 점검을 무엇이라고 하는가? [10.1/20.1/20.2]

① 정기점검 ② 수시점검
③ 특별점검 ④ 임시점검

해설 특별점검 : 태풍, 지진 등의 천재지변이 발생한 경우나 기계 · 기구의 신설 및 변경 또는 고장 및 수리 등 부정기적으로 특별히 실시하는 점검, 책임자가 실시

정답 ③

38-2. 작업장에서 매일 작업자가 작업 전, 중, 후에 시설과 작업동작 등에 대하여 실시하는 점검의 종류를 무엇이라 하는가? [14.2/14.4]

① 정기점검 ② 일상점검
③ 임시점검 ④ 특별점검

해설 일상점검(수시점검) : 매일 작업 전 · 후, 작업 중 수시로 실시하는 점검

정답 ②

38-3. 누전차단장치 등과 같은 안전장치를 정해진 순서에 따라 작동시키고 동작상황의 양부를 확인하는 점검은? [19.1]

① 외관점검 ② 작동점검
③ 기술점검 ④ 종합점검

해설 작동점검 : 누전차단장치 등과 같은 안전장치를 정해진 순서에 의해 작동시켜 동작상황의 양부를 확인하는 점검

정답 ②

39. 다음 중 안전점검의 목적에 관한 설명으로 적절하지 않은 것은? [10.2]

① 기기 및 설비의 결함이나 불안전한 상태의 제거로 사전에 안전성을 확보하기 위함이다.
② 기기 및 설비의 안전상태 유지 및 본래의 성능을 유지하기 위함이다.
③ 재해방지를 위하여 그 재해요인의 대책과 실시를 계획적으로 하기 위함이다.
④ 현장에서 불필요한 시설을 중단시켜 전체의 가동률을 높이기 위함이다.

해설 ④ 현장에서 결함이나 불안전 요인을 제거하지만, 불필요한 시설을 중단시키는 것은 아니다.

Tip) 안전점검의 목적 : 결함이나 불안전 요인을 제거하여 기계설비의 성능 유지, 생산관리를 향상시킨다.

39-1. 다음 중 안전점검의 직접적 목적과 관계가 먼 것은? [12.2]

① 결함이나 불안전 조건의 제거
② 합리적인 생산관리
③ 기계설비의 본래 성능 유지
④ 인간생활의 복지 향상

해설 ④는 안전점검의 간접적 목적

정답 ④

40. 자체검사의 종류 중 검사대상에 의한 분류에 포함되지 않는 것은? [19.4]

① 형식검사 ② 규격검사
③ 기능검사 ④ 육안검사

정답 39. ④ 40. ④

해설 ④는 자체검사의 종류 중 검사방법에 의한 분류에 해당한다.

Tip) 육안검사 : 부식, 마모와 같은 결함을 시각, 촉각 등으로 검사한다.

41. 제조업자는 제조물의 결함으로 인하여 생명 · 신체 또는 재산에 손해를 입은 자에게 그 손해를 배상하여야 하는데 이를 무엇이라 하는가? (단, 당해 제조물에 대해서만 발생한 손해는 제외한다.) [19.1]

① 입증 책임 ② 담보 책임
③ 연대 책임 ④ 제조물 책임

해설 제조물 책임 : 제조물의 결함으로 인하여 생명 · 신체 또는 재산에 손해를 입은 자에게 제조업자 또는 판매업자가 그 손해에 대하여 배상 책임을 지도록 하는 것을 말한다.

42. 산업안전보건법령상 안전검사대상 유해 · 위험기계의 종류에 포함되지 않는 것은?

① 전단기 [15.1/19.2]
② 리프트
③ 곤돌라
④ 교류 아크 용접기

해설 안전검사대상 유해 · 위험기계 · 기구

㉠ 프레스 ㉡ 산업용 로봇
㉢ 전단기 ㉣ 압력용기
㉤ 리프트 ㉥ 곤돌라
㉦ 컨베이어
㉧ 원심기(산업용만 해당)
㉨ 롤러기(밀폐형 구조 제외)
㉩ 크레인(2t 미만 제외)
㉪ 국소배기장치(이동식 제외)
㉫ 사출성형기(형체결력 294kN 미만 제외)
㉬ 고소작업대(자동차관리법에 한 한다)

Tip) 교류 아크 용접기 – 자율안전확인대상 기계 · 기구

42-1. 다음 중 산업안전보건법령상 안전검사대상 유해 · 위험기계가 아닌 것은? [13.2]

① 선반 ② 리프트
③ 압력용기 ④ 곤돌라

해설 ①은 자율안전확인대상 기구

정답 ①

42-2. 다음 중 산업안전보건법상 안전검사대상 유해 · 위험기계에 해당하지 않는 것은? [13.4]

① 연삭기 ② 압력용기
③ 곤돌라 ④ 롤러기

해설 ①은 자율안전확인대상 기계

정답 ①

42-3. 산업안전보건법령에 따른 안전검사대상 유해 · 위험기계에 해당하지 않는 것은?

① 산업용 원심기 [18.4]
② 이동식 국소배기장치
③ 롤러기(밀폐형 구조는 제외)
④ 크레인(정격하중이 2톤 미만인 것은 제외)

해설 ②는 안전검사대상 기계에서 제외 대상

정답 ②

43. 산업안전보건법령상 안전인증대상 기계 · 기구들이 아닌 것은? [17.1]

① 프레스 ② 전단기
③ 롤러기 ④ 산업용 원심기

해설 안전인증대상 기계 · 기구

㉠ 프레스 ㉡ 사출성형기
㉢ 롤러기 ㉣ 압력용기
㉤ 리프트 ㉥ 고소작업대
㉦ 곤돌라 ㉧ 크레인
㉨ 전단기 및 절곡기

정답 41. ④ 42. ④ 43. ④

Tip) 산업용 원심기 – 안전검사대상 유해 · 위험기계

44. 다음 중 산업안전보건법상 자율안전확인 대상 기계에 해당하지 않는 것은? [11.2]

① 혼합기 ② 컨베이어
③ 롤러기 ④ 인쇄기

해설 자율안전확인대상 기계 · 기구
㉠ 컨베이어
㉡ 산업용 로봇
㉢ 자동차정비용 리프트
㉣ 혼합기, 파쇄기, 분쇄기
㉤ 고정형 목재가공용 기계
㉥ 교류 아크 용접기
㉦ 아세틸렌 용접장치, 가스집합 용접장치
㉧ 연삭기, 연마기(휴대형 제외)
㉨ 공작기계(선반, 드릴기, 평삭 · 형삭기, 밀링만 해당)
㉩ 식품가공용 기계(파쇄, 절단, 혼합, 제면기만 해당)
Tip) 롤러기(밀폐형 구조 제외) – 안전검사대상 유해 · 위험기계 · 기구

45. 산업안전보건법령상 자율안전확인대상에 해당하는 방호장치는? [17.4]

① 압력용기 압력방출용 파열판
② 가스집합 용접장치용 안전기
③ 양중기용 과부하방지장치
④ 방폭구조 전기기계 · 기구 및 부품

해설 자율안전확인대상 방호장치
㉠ 연삭기의 덮개
㉡ 아세틸렌 용접장치, 가스집합 용접장치용 안전기
㉢ 교류 아크 용접기용 자동전격방지기
㉣ 목재가공용 둥근톱기계의 반발예방장치와 날 접촉예방장치
㉤ 동력식 수동대패용 칼날접촉방지 장치
㉥ 롤러기의 급정지장치
㉦ 산업용 로봇의 안전매트
Tip) ①, ③, ④는 안전인증대상 방호장치

45-1. 다음 중 산업안전보건법령상 자율안전확인대상에 해당하는 방호장치는? [15.2]

① 압력용기 압력방출용 파열판
② 보일러 압력방출용 안전밸브
③ 교류 아크 용접기용 자동전격방지기
④ 방폭구조(防爆構造) 전기기계 · 기구 및 부품

해설 ①, ②, ④는 안전인증대상 방호장치

정답 ③

46. 다음 중 작업표준의 구비조건으로 옳지 않은 것은? [19.2]

① 작업의 실정에 적합할 것
② 생산성과 품질의 특성에 적합할 것
③ 표현은 추상적으로 나타낼 것
④ 다른 규정 등에 위배되지 않을 것

해설 ③ 표현은 실제적이고 구체적으로 나타낼 것

47. 산업안전보건법령상 건설현장에서 사용하는 크레인, 리프트 및 곤돌라의 안전검사의 주기로 옳은 것은? (단, 이동식 크레인, 이삿짐운반용 리프트는 제외한다.) [11.1/14.1/18.1]

① 최초로 설치한 날부터 6개월마다
② 최초로 설치한 날부터 1년마다
③ 최초로 설치한 날부터 2년마다
④ 최초로 설치한 날부터 3년마다

해설 안전검사의 주기
• 크레인, 리프트 및 곤돌라는 사업장에 설치한 날부터 3년 이내에 최초 안전검사를 실시하되, 그 이후부터 2년마다(건설현장에

정답 44. ③ 45. ② 46. ③ 47. ①

서 사용하는 것은 최초로 설치한 날부터 6개월마다) 실시한다.
- 이동식 크레인과 이삿짐운반용 리프트는 등록한 날부터 3년 이내에 최초 안전검사를 실시하되, 그 이후부터 2년마다 실시한다.
- 프레스, 전단기, 압력용기 등은 사업장에 설치한 날부터 3년 이내에 최초 안전검사를 실시하되, 그 이후부터 2년마다(공정안전 보고서를 제출하여 확인을 받은 압력용기는 4년마다) 실시한다.

48. 공정안전 보고서의 안전운전계획에 포함하여야 할 세부내용이 아닌 것은? [18.4]

① 설비배치도
② 안전작업허가
③ 도급업체 안전관리계획
④ 설비점검 · 검사 및 보수계획, 유지계획 및 지침서

해설 안전운전계획
- 안전작업허가
- 안전운전지침서
- 도급업체 안전관리계획
- 근로자 등 교육계획
- 가동 전 점검지침
- 변경 요소 관리계획
- 자체감사 및 사고조사계획
- 설비점검 · 검사 및 보수계획, 유지계획 및 지침서

Tip) 설비의 배치도 – 공정안전자료 세부내용

49. 산업안전보건법상 프레스 작업 시 작업시작 전 점검사항에 해당하지 않는 것은? [16.1]

① 클러치 및 브레이크의 기능
② 매니퓰레이터(manipulator) 작동의 이상 유무
③ 프레스의 금형 및 고정볼트 상태
④ 1행정 1정지기구 · 급정지장치 및 비상정지장치의 기능

해설 ②는 로봇의 작업시작 전 점검사항이다.

50. 자율검사 프로그램을 인정받으려는 자가 한국산업안전보건공단에 제출해야 하는 서류가 아닌 것은? [10.3/16.2]

① 안전검사대상 유해 · 위험기계 등의 보유 현황
② 유해 · 위험기계 등의 검사주기 및 검사기준
③ 안전검사대상 유해 · 위험기계의 사용 실적
④ 향후 2년간 검사대상 유해 · 위험기계 등의 검사수행계획

해설 자율검사 프로그램을 인정받기 위해 제출해야 할 서류
- 안전검사대상 유해 · 위험기계 등의 보유 현황
- 유해 · 위험기계 등의 검사주기 및 검사기준
- 검사원 보유 현황과 검사를 할 수 있는 장비 및 장비관리법
- 향후 2년간 검사대상 유해 · 위험기계 등의 검사수행계획
- 과거 2년간 자율검사 프로그램 수행 실적 (재신청의 경우만 해당한다)

51. 안전점검표의 작성 시 유의사항이 아닌 것은? [13.1/16.4]

① 중요도가 낮은 것부터 높은 순서대로 만들 것
② 점검표 내용은 구체적이고 재해방지에 효과가 있을 것
③ 사업장 내 점검기준을 기초로 하여 점검자 자신이 점검목적, 사용시간 등을 고려하여 작성할 것
④ 현장감독자용 점검표는 쉽게 이해할 수 있는 내용이어야 할 것

해설 ① 위험성이 높은 순서 또는 긴급을 요하는 순서대로 작성할 것

정답 48. ① 49. ② 50. ③ 51. ①

3 무재해운동 및 보호구

무재해운동 등 안전활동기법

1. "무재해"란 무재해운동 시행 사업장에서 근로자가 업무에 기인하여 사망 또는 며칠 이상의 요양을 요하는 부상 또는 질병에 이환되지 않는 것을 말하는가? [13.4]

① 3일 ② 4일 ③ 5일 ④ 7일

해설 무재해란 사업장에서 근로자가 업무에 기인하여 사망 또는 4일 이상의 요양을 요하는 부상 또는 질병에 이환되지 않는 것을 말한다.

2. 무재해운동의 추진에 있어 무재해운동을 개시한 날로부터 며칠 이내에 무재해운동 개시신청서를 관련 기관에 제출하여야 하는가? [14.1]

① 4일 ② 7일 ③ 14일 ④ 30일

해설 무재해운동을 개시한 날로부터 14일 이내에 무재해운동 개시신청서를 제출하여야 한다.

3. 다음 중 산업안전보건법에 따른 무재해운동의 추진에 있어 무재해 인증심사 시 해당 사업장에서 며칠 이상의 휴업이 필요한 부상을 당해서 산업재해가 발생된 사실을 확인한 경우 관련 기관장은 이를 즉시 관할 지방노동관서의 장에게 통보하여야 하는가? [11.3]

① 1일 ② 3일 ③ 7일 ④ 10일

해설 산업재해 발생 보고 : 사업주는 산업재해로 사망자가 발생하거나 3일 이상의 휴업이 필요한 부상을 입거나 질병에 걸린 사람이 발생한 경우 해당 산업재해가 발생한 날부터 1개월 이내에 산업재해조사표를 작성하여 관할 지방고용노동관서의 장 또는 지청장에게 제출하여야 한다.

4. 다음 중 무재해운동 추진 3요소가 아닌 것은? [09.1/10.3/12.2/17.1]

① 최고경영자의 경영자세
② 재해상황 분석 및 해결
③ 직장 소집단의 자주활동 활성화
④ 관리감독자에 의한 안전보건의 추진

해설 무재해운동의 3요소
- 최고경영자의 안전 경영자세 : 무재해, 무질병에 대한 경영자세
- 소집단 자주 안전활동의 활성화 : 직장의 팀 구성원의 협동노력으로 자주적인 안전활동 추진
- 관리감독자에 의한 안전보건의 추진 : 관리감독자가 생산활동 속에서 안전보건 실천을 추진

4-1. 무재해운동을 추진하기 위한 세 기둥이 아닌 것은? [14.4/17.4]

① 관리감독자의 적극적 추진
② 소집단 자주활동의 활성화
③ 전 종업원의 안전요원화
④ 최고경영자의 경영자세

해설 무재해운동의 3요소 : 최고경영자의 안전 경영자세, 소집단 자주 안전활동의 활성화, 관리감독자에 의한 안전보건의 추진

정답 ③

5. 무재해운동의 근본이념으로 가장 적절한 것은? [15.4/19.4]

정답 1. ② 2. ③ 3. ② 4. ② 5. ①

① 인간존중의 이념　② 이윤추구의 이념
③ 고용증진의 이념　④ 복리증진의 이념

해설 무재해운동의 근본이념은 생명존중과 인간존중의 이념을 기본으로 한다.

6. 다음 중 무재해운동의 기본이념 3원칙과 거리가 먼 것은? [09.2/10.1/13.2/15.1]

① 무의 원칙
② 자주활동의 원칙
③ 참가의 원칙
④ 선취해결의 원칙

해설 무재해운동의 기본이념 3원칙
- 무의 원칙 : 모든 위험요인을 파악하여 해결함으로써 근원적인 산업재해를 없앤다는 0의 원칙
- 참가의 원칙 : 작업자 전원이 참여하여 각자의 위치에서 적극적으로 문제해결 등을 실천하는 원칙
- 선취해결의 원칙 : 사업장에 일체의 위험요인을 사전에 발견, 파악, 해결하여 재해를 예방하는 무재해를 실현하기 위한 원칙

6-1. 다음 중 무재해운동의 기본이념 3원칙에 포함되지 않는 것은? [16.4/19.2]

① 무의 원칙　② 선취의 원칙
③ 참가의 원칙　④ 라인화의 원칙

해설 무재해운동의 기본이념 3원칙 : 무의 원칙, 참가의 원칙, 선취의 원칙

정답 ④

6-2. 무재해운동의 이념 가운데 직장의 위험요인을 행동하기 전에 예지하여 발견, 파악, 해결하는 것을 의미하는 것은? [20.2]

① 무의 원칙　② 선취의 원칙
③ 참가의 원칙　④ 인간존중의 원칙

해설 선취해결의 원칙 : 사업장에 일체의 위험요인을 사전에 발견, 파악, 해결하여 재해를 예방하는 무재해를 실현하기 위한 원칙

정답 ②

7. 다음 중 무재해운동에서 실시하는 위험예지훈련에 관한 설명으로 틀린 것은? [14.2]

① 근로자 자신이 모르는 작업에 대한 것도 파악하기 위하여 참가집단의 대상 범위를 가능한 넓혀 많은 인원이 참가하도록 한다.
② 직장의 팀워크로 안전을 전원이 빨리 올바르게 선취하는 훈련이다.
③ 아무리 좋은 기법이라도 시간이 많이 소요되는 것은 현장에서 큰 효과가 없다.
④ 정해진 내용의 교육보다는 전원의 대화방식으로 진행한다.

해설 위험예지훈련
- 3~4명 정도의 소규모 인원으로 진행한다.
- 직장의 팀워크로 안전을 전원이 빨리 올바르게 선취하는 훈련이다.
- 정해진 내용의 교육보다는 전원의 대화방식으로 진행한다.
- 위험예지훈련의 목적은 작업자 개인의 위험에 대한 감수성과 집중력, 문제해결능력을 높이는데 있다.

7-1. 팀워크에 기초하여 위험요인을 작업시작 전에 발견, 파악하고 그에 따른 대책을 강구하는 위험예지훈련에 해당하지 않는 것은? [16.1/19.4]

① 감수성 훈련　② 집중력 훈련
③ 즉응적 훈련　④ 문제해결 훈련

해설 위험예지훈련의 목적은 작업자 개인의 위험에 대한 감수성과 집중력, 문제해결능력을 높이는데 있다.

정답 ③

정답 6. ②　7. ①

8. 다음 중 위험예지훈련 4라운드의 순서가 올바르게 나열된 것은? [16.4/19.2]

① 현상파악 → 본질추구 → 대책수립 → 목표설정
② 현상파악 → 대책수립 → 본질추구 → 목표설정
③ 현상파악 → 본질추구 → 목표설정 → 대책수립
④ 현상파악 → 목표설정 → 본질추구 → 대책수립

해설 위험예지훈련 4라운드

1R	2R	3R	4R
현상파악	본질추구	대책수립	행동목표설정

8-1. 위험예지훈련 기초 4라운드(4R)에서 라운드별 내용이 바르게 연결된 것은 어느 것인가? [11.1/11.2/12.1/16.2/18.1/20.1]

① 1라운드 : 현상파악
② 2라운드 : 대책수립
③ 3라운드 : 목표설정
④ 4라운드 : 본질추구

해설 위험예지훈련 4라운드

- 현상파악(1R) : 어떤 위험이 잠재하고 있는 요인을 토론을 통해 잠재한 위험요인을 발견한다.
- 본질추구(2R) : 위험요인 중 중요한 위험 문제점을 파악한다.
- 대책수립(3R) : 위험요소를 어떻게 해결하는 것이 좋을지 구체적인 대책을 세운다.
- 행동목표설정(4R) : 중점적인 대책을 실천하기 위한 행동목표를 설정한다.

정답 ①

8-2. 위험예지훈련 기초 4라운드(4R)의 내용으로 옳은 것은? [10.1/10.2/11.3/15.1]

① 1R : 목표설정 ② 2R : 현상파악
③ 3R : 대책수립 ④ 4R : 본질추구

해설 위험예지훈련 4라운드

1R	2R	3R	4R
현상파악	본질추구	대책수립	행동목표설정

Tip) 대책수립(3R) : 위험요소를 어떻게 해결하는 것이 좋을지 구체적인 대책을 세운다.

정답 ③

8-3. 위험예지훈련 4라운드 기법의 진행방법에 있어 문제점 발견 및 중요 문제를 결정하는 단계는? [09.2/10.3/12.3/13.4/15.4/17.1/20.2]

① 대책수립 단계 ② 현상파악 단계
③ 본질추구 단계 ④ 행동목표설정 단계

해설 본질추구(2R) : 위험 요인 중 중요한 위험 문제점을 파악하고 표시한다.

정답 ③

9. 위험예지훈련 중 TBM(Tool Box Meeting)에 관한 설명으로 틀린 것은? [14.4/19.1]

① 작업장소에서 원형의 형태를 만들어 실시한다.
② 통상 작업시작 전 · 후 10분 정도 시간으로 미팅한다.
③ 토의는 다수인(30인)이 함께 수행한다.
④ 근로자 모두가 말하고 스스로 생각하고 "이렇게 하자"라고 합의한 내용이 되어야 한다.

해설 TBM(Tool Box Meeting) 위험예지훈련

- 현장에서 그때 그 장소의 상황에서 즉응하여 실시하는 위험예지활동으로 즉응적 훈련이라고도 한다.
- 10명 이하의 소수가 적합하며, 시간은 10분 이내로 한다.

정답 8. ① 9. ③

- 현장 상황에 맞게 즉응하여 실시하는 행동으로 단시간 적응훈련이라 한다.
- 결론은 가급적 서두르지 않는다.

10. 다음 설명에 해당하는 위험예지활동은 무엇인가? [13.1]

> 작업을 오조작 없이 안전하게 하기 위하여 작업공정의 요소에서 자신의 행동을 하고 대상을 가리킨 후 큰 소리로 확인하는 것

① 지적 · 확인　② Tool Box Meeting
③ 터치 앤 콜　④ 삼각 위험예지훈련

해설 지문은 지적 · 확인에 대한 설명이다.

10-1. 무재해운동 추진기법 중 지적 · 확인에 대한 설명으로 옳은 것은? [14.1/17.2]

① 비평을 금지하고, 자유로운 토론을 통하여 독창적인 아이디어를 끌어낼 수 있다.
② 참여자 전원의 스킨십을 통하여 연대감, 일체감을 조성할 수 있고, 느낌을 교류한다.
③ 작업 전 5분간의 미팅을 통하여 시나리오상의 역할을 연기하여 체험하는 것을 목적으로 한다.
④ 오관의 감각기관을 총동원하여 작업의 정확성과 안전을 확인한다.

해설 지적 · 확인

- 작업의 안전 정확성을 확인하기 위해 눈, 팔, 손, 입, 귀 등 오관의 감각기관을 이용하여 작업시작 전에 뇌를 자극시켜 안전을 확보하기 위한 기법이다.
- 작업공정의 요소에서 자신의 행동을 [홍길동 좋아!] 하고 대상을 지적하여 큰 소리로 확인하는 것을 말한다.
- 지적 · 확인이 불안전한 행동 방지에 효과가 있는 것은 안전의식을 강화하고, 대상에 대한 집중력의 향상, 자신과 대상의 결합도 증대, 인지(cognition)확률의 향상 때문이다.

정답 ④

10-2. 무재해운동의 추진기법 중 "지적 · 확인"이 불안전한 행동 방지에 효과가 있는 이유와 가장 거리가 먼 것은? [15.2]

① 긴장된 의식의 이완
② 대상에 대한 집중력의 향상
③ 자신과 대상의 결합도 증대
④ 인지(cognition)확률의 향상

해설 무재해운동의 추진기법 중 지적 · 확인을 통해 안전의식을 강화한다.

정답 ①

11. 브레인스토밍(brain storming)의 4원칙에 해당하는 것은? [17.4]

① 점검정비　② 본질추구
③ 목표달성　④ 자유분방

해설 브레인스토밍의 4원칙 : 비판금지, 자유분방, 대량발언, 수정발언

12. 사업장 무재해운동 추진 및 운영에 있어 무재해 목표설정의 기준이 되는 무재해 시간은 무재해운동을 개시하거나 재개시한 날부터 실근무자 수와 실근로시간을 곱하여 산정하는데 다음 중 실근로시간의 산정이 곤란한 사무직 근로자 등의 경우에는 1일 몇 시간 근무한 것으로 보는가? [13.1]

① 6시간　② 8시간　③ 9시간　④ 10시간

해설
- 무재해 시간=실근무자 수×실제 근로시간 수
- 무재해 시간은 사무직 근로자 등의 경우 1일 8시간 근무한 것으로 계산한다.

정답 10. ①　11. ④　12. ②

보호구 및 안전보건표지 I

13. 다음 중 산업안전보건법령상 안전인증대상 보호구의 안전인증제품에 안전인증표시 외에 표시하여야 할 사항과 가장 거리가 먼 것은? [15.2]

① 안전인증번호
② 형식 또는 모델명
③ 제조번호 및 제조연월
④ 물리적, 화학적 성능기준

해설 안전인증제품의 안전인증표시 외 표시사항 : 형식 또는 모델명, 규격 또는 등급, 제조자명, 제조번호 및 제조연월, 안전인증번호

14. 산업안전보건법령상 의무안전인증대상 보호구에 해당하지 않는 것은? [15.1]

① 보호복 ② 안전장갑
③ 방독마스크 ④ 보안면

해설 안전인증대상 보호구의 종류 : 안전화, 안전장갑, 방진마스크, 방독마스크, 송기마스크, 보호복, 안전대, 차광보안경, 용접용 보안면, 방음용 귀마개 또는 덮개 등

Tip) 보안면 – 자율안전확인대상 보호구

15. 보호구 안전인증 고시에 따른 안전화의 정의 중 ( ) 안에 알맞은 것은? [18.2/20.1]

> 경작업용 안전화란 (㉠)mm의 낙하높이에서 시험했을 때 충격과 (㉡ ±0.1)kN의 압축하중에서 시험했을 때 압박에 대하여 보호해 줄 수 있는 선심을 부착하여 착용자를 보호하기 위한 안전화를 말한다.

① ㉠ : 500, ㉡ : 10.0
② ㉠ : 250, ㉡ : 10.0
③ ㉠ : 500, ㉡ : 4.4
④ ㉠ : 250, ㉡ : 4.4

해설 안전화 높이(mm) – 하중(kN)

중작업용	보통작업용	경작업용
1000 – 15 ±0.1	500 – 10 ±0.1	250 – 4.4 ±0.1

16. 다음 중 가죽제안전화 완성품에 대한 시험성능기준 항목에 해당되지 않는 것은? [09.4]

① 내압박성 ② 내충격성
③ 내전압성 ④ 박리저항

해설 가죽제안전화의 성능시험 : 내답발성시험, 박리저항시험, 내충격성시험, 내압박성시험 등

Tip) 내전압성시험 – AE, ABE형 안전모의 성능시험

17. 안전모의 종류 중 머리부위의 감전에 대한 위험을 방지할 수 있는 것은? [16.2]

① A형 ② B형
③ AC형 ④ AE형

해설 안전모의 종류 및 용도

- AB : 물체의 낙하, 비래, 추락에 의한 위험을 방지하고 경감시키는 것으로 비내전압성이다.
- AE : 물체의 낙하, 비래에 의한 위험을 방지 또는 경감하고, 머리 부위 감전에 의한 위험을 방지하기 위한 것으로 내전압성 7000V 이하이다.
- ABE : 물체의 낙하 또는 비래, 추락 및 감전에 의한 위험을 방지하기 위한 것으로 내전압성 7000V 이하이다.

17-1. 산업안전보건법령상 안전모의 종류(기호) 중 사용 구분에서 "물체의 낙하 또는 비래 및 추락에 의한 위험을 방지 또는 경감하

정답 13. ④ 14. ④ 15. ④ 16. ③ 17. ④

고, 머리부위 감전에 의한 위험을 방지하기 위한 것"으로 옳은 것은? [13.4/19.2]

① A ② AB
③ AE ④ ABE

해설 ABE : 물체의 낙하 또는 비래, 추락 및 감전에 의한 위험을 방지하기 위한 것으로 내전압성 7000V 이하이다.

정답 ④

18. 산업안전보건법령상 안전모의 시험성능기준 항목이 아닌 것은? [20.2]

① 난연성 ② 인장성
③ 내관통성 ④ 충격흡수성

해설 안전모의 시험성능기준에는 내관통성, 충격흡수성, 내전압성, 내수성, 난연성, 턱끈풀림과 부과성능기준으로 측면 변형 방호, 금속 용용물 분사 방호 등이 있다.

18-1. 산업안전보건법령상 안전모의 성능시험 항목 6가지 중 내관통성시험, 충격흡수성시험, 내전압성시험, 내수성시험 외의 나머지 2가지 성능시험 항목으로 옳은 것은? [19.4]

① 난연성시험, 턱끈풀림시험
② 내한성시험, 내압박성시험
③ 내답발성시험, 내식성시험
④ 내산성시험, 난연성시험

해설 안전모의 시험성능기준 : 내관통성, 충격흡수성, 내전압성, 내수성, 난연성, 턱끈풀림

정답 ①

18-2. 다음 중 AB종 안전모의 시험성능기준 항목으로 볼 수 없는 것은? [09.4]

① 내전압성 ② 내관통성
③ 턱끈풀림 ④ 난연성

해설 AB : 물체의 낙하, 비래, 추락에 의한 위험을 방지하고 경감시키는 것으로 비내전압성이다.

Tip) 안전모의 시험성능기준 : 내관통성, 충격흡수성, 내전압성, 내수성, 난연성, 턱끈풀림

정답 ①

18-3. 다음 중 산업안전보건법상 자율안전확인대상 안전모의 시험성능기준 항목에 해당하지 않는 것은? [11.3]

① 내관통성 ② 내수성
③ 충격흡수성 ④ 턱끈풀림

해설 자율안전확인대상 안전모의 시험성능기준 : 내관통성, 충격흡수성, 난연성, 턱끈풀림

Tip) 내수성 – 안전모의 시험성능기준

정답 ②

19. 안전모에 있어 착장체의 구성요소가 아닌 것은? [17.4]

① 턱끈 ② 머리고정대
③ 머리받침고리 ④ 머리받침끈

해설 안전모의 구성요소 : 모체, 착장체(머리받침끈, 머리고정대, 머리받침고리), 턱끈으로 구성된다.

19-1. 추락 및 감전위험방지용 안전모의 일반구조가 아닌 것은? [10.3/18.1]

① 착장체 ② 충격흡수재
③ 선심 ④ 모체

해설 안전모의 구성요소 : 모체, 착장체(머리받침끈, 머리고정대, 머리받침고리), 턱끈으로 구성된다.

Tip) 선심은 안전화의 충격과 압축하중으로부터 발을 보호하기 위한 부품이다.

정답 ③

정답 18. ② 19. ①

20. 그림에서 안전모의 부품 명칭이 틀린 것은? [16.4]

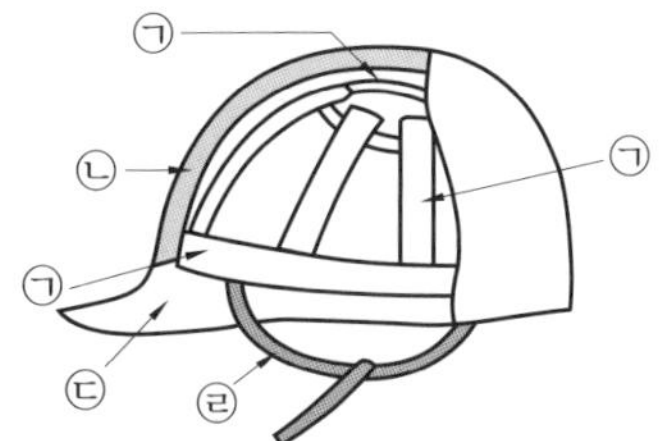

① ㉠ : 머리고정대 ② ㉡ : 충격흡수재
③ ㉢ : 챙(차양) ④ ㉣ : 턱끈

해설 ㉠ : 착장체

21. 보호구 안전인증 고시에 따른 안전모의 일반구조 중 턱끈의 최소 폭 기준은? [17.1]

① 5mm 이상 ② 7mm 이상
③ 10mm 이상 ④ 12mm 이상

해설 안전모 턱끈의 최소 폭 : 10mm 이상

22. 안전모의 일반구조에 있어 안전모를 머리 모형에 장착하였을 때 모체 내면의 최고점과 머리 모형 최고점과의 수직거리의 기준으로 옳은 것은? [12.2]

① 20mm 이상 40mm 이하
② 20mm 이상 50mm 미만
③ 25mm 이상 50mm 미만
④ 25mm 이상 55mm 미만

해설 안전모의 모체 내면의 최고점과 머리 모형 최고점과의 수직거리는 25mm 이상 50mm 미만이다.

23. 보호구 자율안전확인 고시상 사용 구분에 따른 보안경의 종류가 아닌 것은? [09.2/17.2]

① 차광보안경 ② 유리보안경
③ 플라스틱 보안경 ④ 도수렌즈 보안경

해설 자율안전확인 고시상 사용 구분에 따른 보안경의 종류에는 유리보안경, 플라스틱 보안경, 도수렌즈 보안경이 있다.

Tip) 안전인증대상 보안경 : 차광보안경(자외선용, 적외선용, 복합용, 용접용)

23-1. 의무안전인증대상 보호구 중 차광보안경의 사용 구분에 따른 종류가 아닌 것은? [13.1]

① 보정용 ② 용접용
③ 복합용 ④ 적외선용

해설 안전인증대상 보안경 : 차광보안경(자외선용, 적외선용, 복합용, 용접용)

정답 ①

24. 보호구 안전인증 고시에 따른 다음 방진마스크의 형태로 옳은 것은? [14.2/18.4]

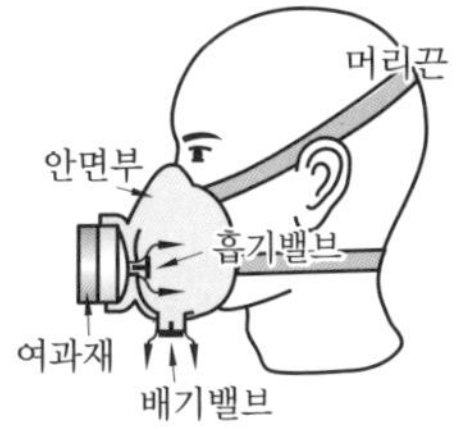

① 격리식 반면형 ② 직결식 반면형
③ 격리식 전면형 ④ 직결식 전면형

해설 방진마스크의 종류

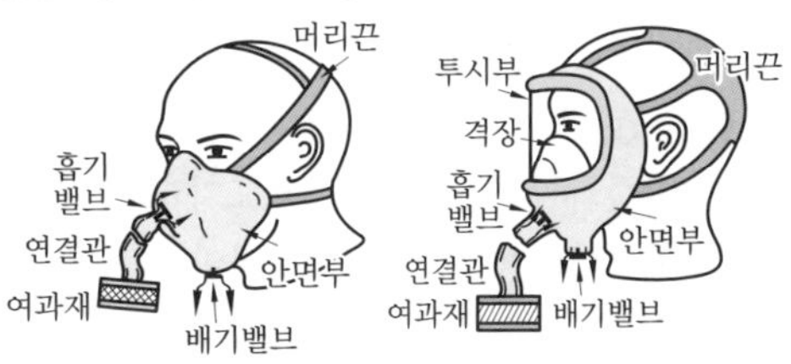

▲ 격리식 반면형 ▲ 격리식 전면형

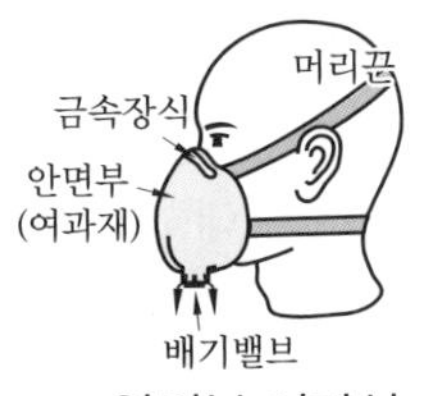

▲ 안면부 여과식

▲ 직결식 전면형

정답 20. ① 21. ③ 22. ③ 23. ① 24. ②

25. 방독면마스크의 정화통 색상으로 틀린 것은? [09.1/12.3/19.1]

① 유기화합물용 – 갈색
② 할로겐용 – 회색
③ 황화수소용 – 회색
④ 암모니아용 – 노란색

해설 방독마스크의 종류 및 시험가스, 표시색

종류	시험가스	표시색
유기화합물용	사이클로헥산(C_6H_{12}), 디메틸에테르(CH_3OCH_3), 이소부탄(C_4H_{10})	갈색
할로겐용	염소가스 또는 증기(Cl_2)	회색
황화수소용	황화수소가스(H_2S)	
시안화수소용	시안화수소가스(HCN)	
아황산용	아황산가스(SO_2)	노란색
암모니아용	암모니아가스(NH_3)	녹색
일산화탄소용	일산화탄소(CO)	적색

26. 방독마스크의 흡수관의 종류와 사용조건이 옳게 연결된 것은? [16.1]

① 보통가스용 – 산화금속
② 유기가스용 – 활성탄
③ 일산화탄소용 – 알칼리제재
④ 암모니아용 – 산화금속

해설 ① 보통가스용은 없다.
③ 일산화탄소용(적색) – 호프카라이트
④ 암모니아용(녹색) – 큐프라마이트

27. 다음 중 보호구 의무안전인증기준에 있어 방독마스크에 관한 용어의 설명으로 틀린 것은? [13.2]

① "파과"란 대응하는 가스에 대하여 정화통 내부의 흡착제가 포화상태가 되어 흡착능력을 상실한 상태를 말한다.
② "파과곡선"이란 파과시간과 유해물질의 종류에 대한 관계를 나타낸 곡선을 말한다.
③ "겸용 방독마스크"란 방독마스크(복합용 포함)의 성능에 방진마스크의 성능이 포함된 방독마스크를 말한다.
④ "전면형 방독마스크"란 유해물질 등으로부터 안면부 전체(입, 코, 눈)를 덮을 수 있는 구조의 방독마스크를 말한다.

해설 ② "파과곡선"이란 파과시간과 유해물질의 농도에 대한 관계를 나타낸 곡선을 말한다.

28. 밀폐 작업 공간에서 유해물과 분진이 있는 상태에서 작업할 때 가장 적합한 보호구는? [10.1]

① 방진마스크
② 방독마스크
③ 송기마스크
④ 보안경

해설 송기마스크 : 산소결핍이 우려되는 장소에서 반드시 사용하여야 하는 보호구

29. 내전압용 절연장갑의 성능기준상 최대사용전압에 따른 절연장갑의 구분 중 00등급의 색상으로 옳은 것은? [10.2/18.2]

① 노란색 ② 흰색
③ 녹색 ④ 갈색

해설 절연장갑의 등급 및 최대사용전압

등급	등급별 색상	최대사용전압		비고
		교류(V)	직류(V)	
00	갈색	500	750	직류값 : 교류값 = 1 : 1.5
0	빨간색	1000	1500	
1	흰색	7500	11250	
2	노란색	17000	25500	
3	녹색	26500	39750	
4	등색	36000	54000	

정답 25. ④ 26. ② 27. ② 28. ③ 29. ④

30. **다음 중 안전대의 각 부품(용어)에 관한 설명으로 틀린 것은?** [14.1]

① "안전그네"란 신체지지의 목적으로 전신에 착용하는 띠 모양의 것으로서 상체 등 신체 일부분만 지지하는 것은 제외한다.

② "버클"이란 벨트 또는 안전그네와 신축조절기를 연결하기 위한 사각형의 금속 고리를 말한다.

③ "U자 걸이"란 안전대의 죔줄을 구조물 등에 U자 모양으로 돌린 뒤 훅 또는 카라비너를 D링에, 신축조절기를 각 링 등에 연결하는 걸이방법을 말한다.

④ "1개 걸이"란 죔줄의 한쪽 끝을 D링에 고정시키고 훅 또는 카라비너를 구조물 또는 구명줄에 고정시키는 걸이방법을 말한다.

해설 버클 : 벨트를 죄어 고정하는 장치가 되어 있는 장식물

30-1. **안전대에 관한 용어 중 다음 설명에 해당되는 것은?** [11.2]

안전그네와 연결하여 추락 발생 시 추락을 억제할 수 있는 자동잠김장치가 갖추어져 있고 죔줄이 자동적으로 수축되는 장치

① 안전블록 ② 죔줄
③ 신축조절기 ④ 충격흡수장치

해설 지문은 안전블록에 관한 설명이다.

정답 ①

31. **다음 중 안전대의 죔줄(로프)의 구비조건이 아닌 것은?** [12.1]

① 내마모성 낮을 것
② 내열성이 높을 것
③ 완충성이 높을 것
④ 습기나 약품류에 잘 손상되지 않을 것

해설 ① 내마모성이 클 것

보호구 및 안전보건표지 II

32. **공장 내에 안전·보건표지를 부착하는 주된 이유는?** [16.2]

① 안전의식 고취
② 인간행동의 변화 통제
③ 공장 내의 환경 정비 목적
④ 능률적인 작업을 유도

해설 공장 내에 안전·보건표지를 부착하는 주된 이유는 작업자의 안전의식을 고취하기 위해서이다.

33. **산업안전보건법령상 안전·보건표지에 관한 설명으로 틀린 것은?** [17.1]

① 안전·보건표지 속의 그림 또는 부호의 크기는 안전·보건표지의 크기와 비례하여야 하며, 안전·보건표지 전체 규격의 30% 이상이 되어야 한다.

② 안전·보건표지 색채의 물감은 변질되지 아니하는 것에 색채고정 원료를 배합하여 사용하여야 한다.

③ 안전·보건표지는 그 표시내용을 근로자가 빠르고 쉽게 알아볼 수 있는 크기로 제작하여야 한다.

④ 안전·보건표지에는 야광물질을 사용하여서는 아니 된다.

해설 ④ 야간에 필요한 안전·보건표지에는 야광물질을 사용하는 등 쉽게 알아볼 수 있도록 하여야 한다.

정답 30. ② 31. ① 32. ① 33. ④

34. 다음 중 산업안전보건법상 안전 · 보건표지의 종류에 해당하지 않는 것은? [10.3]

① 안내표지 ② 경고표지
③ 지시표지 ④ 보호표지

해설 안전 · 보건표지의 종류 : 금지표지, 경고표지, 지시표지, 안내표지

34-1. 산업안전보건법상 안전 · 보건표지 중 "인화성물질 경고"에 해당하는 것은? [11.1]

①

②

③

④

해설 경고표지의 종류

인화성	산화성	폭발성	위험장소	레이저

정답 ①

34-2. 산업안전보건법령상 안전 · 보건표지의 종류 중 인화성물질에 관한 표지에 해당하는 것은? [09.2/17.4/19.2/20.1/20.2]

① 금지표시 ② 경고표시
③ 지시표시 ④ 안내표시

해설 물질 경고표지의 종류

인화성	산화성	폭발성	급성독성	부식성

정답 ②

34-3. 산업안전보건법상 안전 · 보건표지 중 경고표지의 종류에 해당하지 않는 것은?[10.2]

① 고압전기 경고 ② 레이저광선 경고
③ 추락경고 ④ 몸 균형상실 경고

해설 경고표지의 종류

고압전기	레이저	몸 균형	낙하물	위험장소

정답 ③

34-4. 다음 중 산업안전보건법령상 안전 · 보건표지에 있어 경고표지의 종류에 해당하지 않는 것은? [13.2]

① 방사성물질 경고 ② 급성독성물질 경고
③ 차량통행 경고 ④ 레이저광선 경고

해설 ③ 차량통행금지 – 금지표지

정답 ③

34-5. 산업안전보건법령에 따른 안전 · 보건표지 중 금지표지의 종류가 아닌 것은?

① 금연 [15.4/18.4]
② 물체이동금지
③ 접근금지
④ 차량통행금지

해설 금지표지의 종류

금연	물체이동 금지	차량통행 금지	탑승금지

정답 ③

34-6. 산업안전보건법령상 안전 · 보건표지 중 안내표지의 종류에 해당하지 않는 것은?

① 들것 [13.1]
② 세안장치

정답 34. ④

③ 비상용기구
④ 허가대상물질 작업장

해설 안내표지의 종류

들것	세안장치	비상용기구	비상구
		비상용기구	

Tip) 허가대상물질 작업장 – 관계자 외 출입금지

정답 ④

34-7. 산업안전보건법령상 안전 · 보건표지의 종류에 있어 "안전모 착용"은 어떤 표지에 해당하는가? [11.3/12.2/14.1]

① 경고표지 ② 지시표지
③ 안내표지 ④ 관계자 외 출입금지

해설 안전모 착용은 보호구 착용에 관한 내용으로 지시표지에 해당한다.

정답 ②

34-8. 다음 중 산업안전보건법령상 안전 · 보건표지의 용도 및 사용장소에 대한 표지의 분류가 가장 올바른 것은? [14.2]

① 폭발성 물질이 있는 장소 : 안내표지
② 비상구가 좌측에 있음을 알려야 하는 장소 : 지시표지
③ 보안경을 착용해야만 작업 또는 출입을 할 수 있는 장소 : 안내표지
④ 정리 · 정돈상태의 물체나 움직여서는 안 될 물체를 보존하기 위하여 필요한 장소 : 금지표지

해설 ① 폭발성 물질이 있는 장소 : 경고표지
② 비상구가 좌측에 있음을 알려야 하는 장소 : 안내표지
③ 보안경을 착용해야만 작업 또는 출입을 할 수 있는 장소 : 지시표지

정답 ④

35. 안전 · 보건표지의 기본모형 중 다음 그림의 기본모형의 표시사항으로 옳은 것은? [17.2]

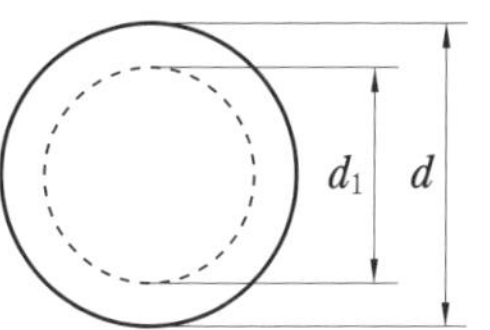

① 지시 ② 안내 ③ 경고 ④ 금지

해설 안전 · 보건표지의 기본모형

금지표지	경고표지	지시표지	안내표지
원형에 사선	삼각형 및 마름모형	원형	정사각형 또는 직사각형

35-1. 안전 · 보건표지의 종류와 기본모형이 잘못 연결된 것은? [09.1/18.1]

① 금지표지 – 원형 ② 경고표지 – 마름모형
③ 지시표지 – 삼각형 ④ 안내표지 – 직사각형

해설 ③ 지시표지 – 원형

정답 ③

36. 산업안전보건법령상 안전 · 보건표지의 종류에 있어 인화성물질 경고, 폭발성물질 경고의 색채기준으로 옳은 것은 어느 것인가? [10.1/11.2/13.4/14.4/15.2/16.1]

① 바탕은 무색, 기본모형은 빨간색
② 바탕은 노란색, 기본모형은 검은색
③ 바탕은 노란색, 기본모형은 빨간색
④ 바탕은 흰색, 기본모형은 녹색

해설 안전 · 보건표지의 형식

구분	금지표지	경고표지		지시표지	안내표지	출입금지
바탕	흰색	흰색	노란색	파란색	흰색	흰색
기본모형	빨간색	빨간색	검은색	–	녹색	흑색글자
부호 및 그림	검은색	검은색	검은색	흰색	녹색	적색글자

정답 35. ① 36. ①

36-1. 산업안전보건법령상 안전 · 보건표지의 종류에 관한 설명으로 옳은 것은? [19.4]

① "위험장소"는 경고표지로서 바탕은 노란색, 기본모형은 검은색, 그림은 흰색으로 한다.
② "출입금지"는 금지표지로서 바탕은 흰색, 기본모형은 빨간색, 그림은 검은색으로 한다.
③ "녹십자표지"는 안내표지로서 바탕은 흰색, 기본모형과 관련 부호는 녹색, 그림은 검은색으로 한다.
④ "안전모 착용"은 경고표지로서 바탕은 파란색, 관련 그림은 검은색으로 한다.

해설 ① "위험장소"는 경고표지로서 바탕은 노란색, 기본모형과 관련 부호 및 그림은 검은색으로 한다.
③ "녹십자표지"는 안내표지로서 바탕은 흰색, 기본모형과 관련 부호 및 그림은 녹색으로 한다.
④ "안전모 착용"은 지시표지로서 바탕은 파란색, 관련 부호 및 그림은 흰색으로 한다.

정답 ②

37. 산업안전보건법령상 안전 · 보건표지의 색채별 색도기준이 맞게 연결된 것은? (단, 순서는 색상 명도/채도이며, 색도기준은 KS에 따른 색의 3속성에 의한 표시방법에 따른다.)

① 빨간색 - 5R 4/13 [12.3/15.1]
② 노란색 - 2.5Y 8/12
③ 파란색 - 7.5PB 2.5/7.5
④ 녹색 - 2.5G 4/10

해설 안전 · 보건표지의 색채와 용도

색채	색도기준	용도	색의 용도
빨간색	7.5R 4/14	금지	정지신호, 소화설비 및 그 장소, 유해 행위 금지
		경고	화학물질 취급장소에서의 유해 · 위험 경고
노란색	5Y 8.5/12	경고	화학물질 취급장소에서의 유해 · 위험 경고 이외의 위험 경고, 주의표지
파란색	2.5PB 4/10	지시	특정 행위의 지시 및 사실의 고지
녹색	2.5G 4/10	안내	비상구 및 피난소, 사람 또는 차량의 통행표지
흰색	N9.5	–	파란색 또는 녹색의 보조색
검은색	N0.5	–	문자 및 빨간색 또는 노란색의 보조색

37-1. 산업안전보건법령상 안전 · 보건표지의 색채, 색도기준 및 용도 중 다음 ( ) 안에 알맞은 것은? [12.1/18.2]

색채	색도기준	용도	사용례
( )	5Y 8.5/12	경고	화학물질 취급장소에서의 유해 · 위험 경고 이외의 위험 경고, 주의표지 또는 기계방호물

① 파란색 ② 노란색
③ 빨간색 ④ 검은색

해설 노란색(5Y 8.5/12) - 경고 : 화학물질 취급장소에서의 유해 · 위험 경고 이외의 위험 경고, 주의표지 또는 기계방호물

정답 ②

37-2. 안전 · 보건표지에서 파란색 또는 녹색에 대한 보조색으로 사용되는 색채는? [16.4]

① 빨간색 ② 검은색 ③ 노란색 ④ 흰색

해설 흰색(N9.5) : 파란색 또는 녹색의 보조색

정답 ④

4 산업안전심리

인간의 특성과 안전과의 관계

1. 심리검사의 특징 중 "검사의 관리를 위한 조건과 절차의 일관성과 통일성"을 의미하는 것은? [09.4/14.4/20.1]

① 규준 ② 표준화
③ 객관성 ④ 신뢰성

해설 직무적성검사의 특징
- 표준화 : 검사 절차의 표준화, 관리를 위한 조건과 절차의 일관성과 통일성
- 객관성 : 심리검사의 주관성과 편견을 배제
- 규준성 : 검사 결과를 비교 해석하기 위해 비교 분석하는 틀
- 신뢰성 : 반복검사하며 일관성 있는 검사 응답
- 타당성 : 타당한 것을 실제로 측정하는 것
- 실용성 : 용이하고 편리한 이용방법

1-1. 다음 중 직무적성검사에 있어 갖추어야 할 요건으로 볼 수 없는 것은? [13.1]

① 규준 ② 타당성
③ 표준화 ④ 융통성

해설 직무적성검사의 특징 : 표준화, 객관성, 규준성, 신뢰성, 타당성, 실용성

정답 ④

1-2. 인간의 특성에 관한 측정검사에 대한 과학적 타당성을 갖기 위하여 반드시 구비해야 할 조건에 해당되지 않는 것은? [15.2]

① 주관성 ② 신뢰도
③ 타당도 ④ 표준화

해설 직무적성검사의 특징 : 표준화, 객관성, 규준성, 신뢰성, 타당성, 실용성

정답 ①

2. 다음 중 적성검사를 할 때 포함되어야 할 주요 요소로 적절하지 않은 것은? [11.1]

① IQ검사
② 형태식별능력
③ 운동속도 및 손작업능력
④ 플리커(flicker) 검사

해설 플리커 검사(융합점멸주파수)는 피곤해지면 눈이 둔화되는 성질을 이용한 피로의 정도 측정법이다.

3. 적성검사의 유형 중 체력검사에 포함되지 않는 것은? [15.1]

① 감각기능검사
② 근력검사
③ 신경기능검사
④ 크루즈 지수(Kruse's index)

해설 ④는 체격 판정 지수이다.

4. 학습 성취에 직접적인 영향을 미치는 요인과 가장 거리가 먼 것은? [20.2]

① 적성 ② 준비도
③ 개인차 ④ 동기유발

해설 ①은 학습 성취에 간접적으로 영향을 미치는 요인

5. 다음의 사고 발생 기초원인 중 심리적 요인에 해당하는 것은? [12.2]

① 작업 중 졸려서 주의력이 떨어졌다.

정답 1. ② 2. ④ 3. ④ 4. ① 5. ④

② 조명이 어두워 정신집중이 안되었다.
③ 작업 공간이 협소하여 압박감을 느꼈다.
④ 적성에 안 맞는 작업이어서 재미가 없었다.

해설 ①, ②, ③은 인간공학적 요인

6. 다음 중 인지과정착오의 요인이 아닌 것은?

① 정서불안정 [16.2/20.2]
② 감각차단 현상
③ 작업자의 기능 미숙
④ 생리 · 심리적 능력의 한계

해설 사람의 착오요인

- 인지과정착오
  - ㉠ 생리 · 심리적 능력의 한계
  - ㉡ 정보수용 능력의 한계
  - ㉢ 감각차단 현상, 정서불안정
- 판단과정착오
  - ㉠ 합리화, 능력부족, 정보부족
  - ㉡ 자신과잉(과신)
- 조작과정착오 : 판단한 내용과 실제 동작하는 과정에서의 착오
- 심리 : 불안, 공포, 과로 등

6-1. 착오의 요인 중 인지과정의 착오에 해당하지 않는 것은? [18.2]

① 정서불안정
② 감각차단 현상
③ 정보부족
④ 생리 · 심리적 능력의 한계

해설 ③은 판단과정착오

정답 ③

6-2. 착오의 요인 중 판단과정의 착오에 해당하지 않는 것은? [10.3/12.3]

① 능력부족 ② 정보부족
③ 감각차단 현상 ④ 자기합리화

해설 ③은 인지과정착오

Tip) 감각차단 현상 : 단조로운 업무가 장시간 지속될 때 작업자의 감각기능 및 판단능력이 둔화 · 마비되는 현상

정답 ③

7. 객관적인 위험을 자기 나름대로 판정해서 의지결정을 하고 행동에 옮기는 인간의 심리 특성은? [11.3/15.2/19.1]

① 세이프 테이킹(safe taking)
② 액션 테이킹(action taking)
③ 리스크 테이킹(risk taking)
④ 휴먼 테이킹(human taking)

해설 리스크 테이킹 : 자기 주관적으로 판단하여 행동에 옮기는 현상

Tip) 안전태도가 불량한 사람은 리스크 테이킹(억측 판단)이 발생하기 쉽다.

8. 직장에서의 부적응 유형 중, 자기주장이 강하고 대인관계가 빈약하며, 사소한 일에 있어서도 타인이 자신을 제외했다고 여겨 악의를 나타내는 특징을 가진 유형은? [11.1/19.4]

① 망상인격 ② 분열인격
③ 무력인격 ④ 강박인격

해설 망상인격 : 자기주장이 강하고 대인관계가 빈약하며, 사소한 일에 있어서도 타인이 자신을 제외했다고 여겨 악의적 행동을 하는 인격

9. 다음 중 기억과 망각에 관한 내용으로 틀린 것은? [09.2/14.2]

① 학습된 내용은 학습 직후의 망각률이 가장 낮다.
② 의미 없는 내용은 의미 있는 내용보다 빨리 망각한다.

정답 6. ③ 7. ③ 8. ① 9. ①

③ 사고력을 요하는 내용이 단순한 지식보다 기억, 파지의 효과가 높다.

④ 연습은 학습한 직후에 시키는 것이 효과가 있다.

해설 ① 학습된 내용은 학습 직후의 망각률이 가장 높다.

TIp) 망각 : 과거에 경험한 내용이나 인상이 약해지거나 소멸되는 현상

10. 인간의 실수 및 과오의 요인과 직접적인 관계가 가장 먼 것은? [13.4/16.2]

① 관리의 부적당 ② 능력의 부족
③ 주의의 부족 ④ 환경조건의 부적당

해설 ①은 간접적인 원인

11. 다음 중 스트레스(stress)에 관한 설명으로 가장 적절한 것은? [12.3/16.4/19.1]

① 스트레스는 나쁜 일에서만 발생한다.
② 스트레스는 부정적인 측면만 가지고 있다.
③ 스트레스는 직무몰입과 생산성 감소의 직접적인 원인이 된다.
④ 스트레스는 상황에 직면하는 기회가 많을수록 스트레스 발생 가능성은 낮아진다.

해설 스트레스는 직무몰입과 생산성 감소의 직접적인 원인이 되며, 스트레스 요인 중 직무특성 요인은 작업속도, 근무시간, 업무의 반복성 등이다.

11-1. 스트레스 주요 원인 중 마음속에서 일어나는 내적 자극요인으로 볼 수 없는 것은? [13.1]

① 자존심의 손상 ② 업무상 죄책감
③ 현실에서의 부적응 ④ 대인관계상의 갈등

해설 ④는 외적 요인

정답 ④

11-2. 산업스트레스의 요인 중 직무특성과 관련된 요인으로 볼 수 없는 것은? [09.1/14.4]

① 조직구조 ② 작업속도
③ 근무시간 ④ 업무의 반복성

해설 스트레스 요인 중 직무특성 요인은 작업속도, 근무시간, 업무의 반복성 등이다.

정답 ①

12. 다음 중 산업심리의 5대 요소에 해당하지 않는 것은? [10.1/12.1/14.1/18.1/19.2]

① 적성 ② 감정 ③ 기질 ④ 동기

해설 안전심리의 5요소 : 동기, 기질, 감정, 습관, 습성

12-1. 안전심리의 5대 요소 중 능동적인 감각에 의한 자극에서 일어난 사고의 결과로서, 사람의 마음을 움직이는 원동력이 되는 것은? [13.4]

① 기질(temper) ② 동기(motive)
③ 감정(emotion) ④ 습관(custom)

해설 동기(motive) : 사람의 마음을 움직이는 원동력 및 행동을 일으키게 하는 요인

정답 ②

13. 다음 중 적성배치 시 작업자의 특성과 가장 관계가 적은 것은? [14.2/19.4]

① 연령 ② 작업조건
③ 태도 ④ 업무경력

해설
- 작업자의 특성 : 연령, 성별, 업무경력, 태도, 기능(자격) 등
- 작업의 특성 : 작업조건, 환경조건, 작업종류 등

14. 다음에서 설명하는 착시 현상과 관계가 깊은 것은? [09.1/10.2/11.2/16.1/18.4]

정답 10. ① 11. ③ 12. ① 13. ② 14. ③

그림에서 선 ab와 선 cd는 그 길이가 동일한 것이지만, 시각적으로는 선 ab가 선 cd보다 길어 보인다.

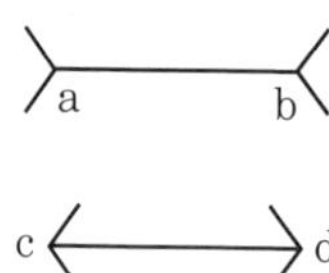

① 헬몰쯔의 착시
② 쾰러의 착시
③ 뮬러-라이어의 착시
④ 포겐도르프의 착시

해설 착시 현상

Muller-Lyer의 착시	a b c d : 선 ab가 선 cd보다 길어 보인다(실제 ab=cd).
Poggen-dorff의 착시	a c b a c b : 선 a와 선 c가 연결되어 있는 것처럼 보이지만 실제로는 선 a와 선 b가 연결되어 있다.
Helmholtz의 착시	(a) (b) : (a)는 세로로 길어 보이고, (b)는 가로로 길어 보인다.
Hering의 착시	(a) (b) : (a)는 양단이 벌어져 보이고, (b)는 중앙이 벌어져 보인다.
Kohler의 착시	: 우선 평행의 호를 보고 이어 직선을 본 경우에 직선은 호와의 반대 방향으로 굽어 보인다.
Zöller의 착시	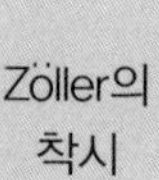 : 수직선인 세로의 선이 굽어 보인다.

15. 허츠버그(Herzberg)의 동기 · 위생이론에 대한 설명으로 옳은 것은? [17.1]

① 위생요인은 직무내용에 관련된 요인이다.
② 동기요인은 직무에 만족을 느끼는 주요인이다.
③ 위생요인은 매슬로우 욕구단계 중 존경, 자아실현의 욕구와 유사하다.
④ 동기요인은 매슬로우 욕구단계 중 생리적 욕구와 유사하다.

해설 허츠버그의 위생요인과 동기요인
- 위생요인(직무환경의 유지욕구) : 정책 및 관리, 개인 간의 관계, 감독, 임금(보수) 및 지위, 작업조건, 안전 등
- 동기요인(직무내용의 만족욕구) : 성취감, 책임감, 안정감, 도전감, 발전과 성장 등

15-1. 허즈버그(Herzberg)의 동기 · 위생이론 중에서 위생요인에 해당하지 않는 것은? [11.3/12.1/12.3]

① 보수 ② 책임감
③ 작업조건 ④ 관리감독

해설 ②는 동기요인(직무내용의 만족욕구)

정답 ②

16. 다음 중 억측 판단의 배경이 아닌 것은? [10.3/17.1/17.4]

① 생략행위
② 초조한 심정
③ 희망적 관측
④ 과거의 성공한 경험

정답 15. ② 16. ①

해설 억측 판단이 발생하는 배경
- 희망적인 관측 : 그때도 그랬으니까 괜찮겠지 하는 관측
- 불확실한 정보나 지식 : 위험에 대한 정보의 불확실 및 지식의 부족
- 과거의 성공한 경험 : 과거에 그 행위로 성공한 경험의 선입관
- 초조한 심정 : 일을 빨리 끝내고 싶은 초조한 심정

17. 개인 카운슬링(counseling) 방법으로 가장 거리가 먼 것은? [17.1]

① 직접적 충고 ② 설득적 방법
③ 설명적 방법 ④ 반복적 충고

해설 개인적인 카운슬링 방법 : 직접적 충고, 설득적 방법, 설명적 방법

18. 인간의 착각 현상 중 버스나 전동차의 움직임으로 인하여 자신이 승차하고 있는 정지된 차량이 움직이는 것 같은 느낌을 받는 현상은? [13.2/15.4/17.2]

① 자동운동 ② 유도운동
③ 가현운동 ④ 플리커 현상

해설 착각 현상
- 유도운동 : 실제로 움직이지 않는 것이 움직이는 것처럼 느껴지는 현상
- 자동운동 : 암실에서 정지된 소광점을 응시하면 광점이 움직이는 것처럼 보이는 현상
- 가현운동 : 물체가 착각에 의해 움직이는 것처럼 보이는 현상, 영화의 영상처럼 대상물이 움직이는 것처럼 인식되는 현상

19. 군화의 법칙(群花의 法則)을 그림으로 나타낸 것으로 다음 중 폐합의 요인에 해당하는 것은? [12.2]

① ● ○ ● ○ ● ○
② ○ ○ ○ ○ ○ ○
③
④ 

해설 군화의 법칙(群花의 法則)
① : 동류, ② : 근접,
③ : 연속, ④ : 폐합

5 인간의 행동과학

조직과 인간행동

1. 다음 중 인간의 사회적 행동의 기본형태가 아닌 것은? [11.2]

① 대립 ② 모방
③ 도피 ④ 협력

해설 사회행동의 기본형태
- 대립 • 협력
- 도피 • 융합

Tip) 모방 : 다른 사람의 행동, 판단 등을 표본으로 하여 그것과 같거나 가까운 행동, 판단 등을 취하려는 것

정답 17. ④ 18. ② 19. ④ 1. ②

1-1. 다음 중 사회행동의 기본형태와 가장 거리가 먼 것은? [11.3]

① 협력 ② 투사 ③ 대립 ④ 도피

해설 사회행동의 기본형태 : 대립, 협력, 도피, 융합

Tip) 투사 : 본인의 문제를 다른 사람 탓으로 돌리는 것

정답 ②

2. 인간관계의 메커니즘 중 다른 사람의 행동양식이나 태도를 투입시키거나, 다른 사람 가운데서 자기와 비슷한 것을 발견한 것을 무엇이라고 하는가? [14.1/18.2/20.2]

① 투사(projection)

② 모방(imitation)

③ 암시(suggestion)

④ 동일화(identification)

해설 인간관계의 메커니즘

- 투사 : 본인의 문제를 다른 사람 탓으로 돌리는 것
- 모방 : 다른 사람의 행동, 판단 등을 표본으로 하여 그것과 같거나 가까운 행동, 판단 등을 취하려는 것
- 암시 : 다른 사람의 판단이나 행동을 논리적, 사실적 근거 없이 맹목적으로 받아들이는 행동
- 동일화 : 다른 사람의 행동양식이나 태도를 투입시키거나 다른 사람 가운데서 본인과 비슷한 점을 발견하는 것

2-1. 집단에 있어서의 인간관계를 하나의 단면에서 포착하였을 때 이러한 단면적인 인간관계가 생기는 기제와 가장 거리가 먼 것은? [10.2]

① 모방 ② 습성

③ 동일화 ④ 커뮤니케이션

해설 ②는 안전심리의 5대 요소 중 하나이다.

Tip) 습성 : 사람의 행동에 영향을 미칠 수 있도록 하는 것

정답 ②

3. 비통제의 집단행동 중 폭동과 같은 것을 말하며, 군중보다 합의성이 없고 감정에 의해서만 행동하는 특성은? [10.3/17.2]

① 패닉(panic)

② 모브(mob)

③ 모방(imitation)

④ 심리적 전염(mental epidemic)

해설 모브 : 비통제의 집단행동 중 폭동과 같은 것을 말하며, 군중보다 합의성이 없고 감정에 의해서만 행동하는 특성

Tip) 통제가 없는 집단행동(성원의 감정) : 군중, 모브, 패닉, 심리적 전염 등

4. 근로자가 중요하거나 위험한 작업을 안전하게 수행하기 위해 인간의 의식수준(phase) 중 몇 단계 수준에서 작업하는 것이 바람직한가? [11.2/16.4]

① 0단계 ② Ⅰ단계

③ Ⅱ단계 ④ Ⅲ단계

해설 인간 의식 레벨

단계	의식의 모드	생리적 상태
0단계	무의식	수면, 뇌발작, 주의 작용, 실신
1단계	의식 흐림	피로, 단조로운 일, 수면, 졸음, 몽롱
2단계	이완 상태	안정 기거, 휴식, 정상작업
3단계	상쾌한 상태	적극적 활동, 활동상태, 최고 상태
4단계	과긴장 상태	일점으로 응집, 긴급 방위 반응

정답 2. ④ 3. ② 4. ④

5. 다음 중 인간 의식의 레벨(level)에 관한 설명으로 틀린 것은? [12.2]

① 24시간의 생리적 리듬의 계곡에서 tension level은 낮에는 높고 밤에는 낮다.
② 24시간의 생리적 리듬의 계곡에서 tension level은 낮에는 낮고 밤에는 높다.
③ 피로 시의 tension level은 저하 정도가 크지 않다.
④ 졸았을 때는 의식상실의 시기로 tension level은 0이다.

해설 ② 24시간의 생리적 리듬의 계곡에서 tension level은 낮에는 높고 밤에는 낮다.

6. 피로를 측정하는 방법 중 동작분석, 연속반응시간 등을 통하여 피로를 측정하는 방법은? [16.2]

① 생리학적 측정 ② 생화학적 측정
③ 심리학적 측정 ④ 생역학적 측정

해설 피로를 측정하는 방법
- 심리학적인 방법 : 연속반응시간, 변별역치, 정신작업, 피부저항, 동작분석 등
- 생리학적인 방법 : 근력, 근 활동, 호흡순환기능, 대뇌피질활동, 인지역치 등
- 생화학적인 방법 : 혈색소 농도, 뇨단백, 혈액의 수분 등

7. 다음 중 피로의 직접적인 원인과 가장 거리가 먼 것은? [13.2]

① 작업환경 ② 작업속도
③ 작업태도 ④ 작업적성

해설 ④는 피로의 간접적인 원인

8. 피로에 의한 정신적 증상과 가장 관련이 깊은 것은? [15.4]

① 주의력이 감소 또는 경감된다.
② 작업의 효과나 작업량이 감퇴 및 저하된다.
③ 작업에 대한 몸의 자세가 흐트러지고 지치게 된다.
④ 작업에 대하여 무감각 · 무표정 · 경련 등이 일어난다.

해설 피로의 정신적 증상은 주의력이 감소 또는 경감되며, 졸음, 두통, 싫증, 짜증 등이 일어난다.

9. 질병에 의한 피로의 방지 대책으로 가장 적합한 것은? [15.1]

① 기계의 사용을 배제한다.
② 작업의 가치를 부여한다.
③ 보건상 유해한 작업환경을 개선한다.
④ 작업장에서의 부적절한 관계를 배제한다.

해설 질병에 의한 피로의 근본적인 방지 대책은 보건상 유해한 작업환경을 개선하는 것이다.

9-1. 피로의 예방과 회복 대책에 대한 설명이 아닌 것은? [16.1]

① 작업부하를 크게 할 것
② 정적 동작을 피할 것
③ 작업속도를 적절하게 할 것
④ 근로시간과 휴식을 적정하게 할 것

해설 ① 작업부하를 줄일 것

정답 ①

10. 레빈(Lewin)은 인간행동과 인간의 조건 및 환경조건의 관계를 다음과 같이 표시하였다. 이때 "f"의 의미는? [12.1/17.1/17.4/19.2]

$$B=f(P \cdot E)$$

① 행동 ② 조명 ③ 지능 ④ 함수

해설 인간의 행동은 $B=f(P \cdot E)$의 상호 함수 관계에 있다.

정답 5. ② 6. ③ 7. ④ 8. ① 9. ③ 10. ④

- f : 함수관계(function)
- P : 개체(person) – 연령, 경험, 심신상태, 성격, 지능, 소질 등
- E : 심리적 환경(environment) – 인간관계, 작업환경 등

10-1. 레빈(Lewin)의 법칙 중 환경조건(E)이 의미하는 것은? [16.1]

① 지능 ② 소질
③ 적성 ④ 인간관계

해설 E : 심리적 환경(environment) – 인간관계, 작업환경 등

정답 ④

11. 인간의 안전교육 형태에서 행위나 난이도가 점차적으로 높아지는 순서를 옳게 표시한 것은? [13.2]

① 지식 → 태도변형 → 개인행위 → 집단행위
② 태도변형 → 지식 → 집단행위 → 개인행위
③ 개인행위 → 태도변형 → 집단행위 → 지식
④ 개인행위 → 집단행위 → 지식 → 태도변형

해설 안전교육의 4단계 순서

1단계	2단계	3단계	4단계
지식	태도변형	개인행위	집단행위

11-1. 다음 중 인간의 행동 변화에 있어 가장 변화시키기 어려운 것은? [15.2]

① 지식의 변화 ② 집단의 행동 변화
③ 개인의 태도 변화 ④ 개인의 행동 변화

해설 인간의 행동 변화 순서

1단계	2단계	3단계	4단계
지식의 변화	개인의 태도 변화	개인의 행동 변화	집단의 행동 변화

정답 ②

재해 빈발성 및 행동과학

12. 다음 중 매슬로우(Maslow)가 제창한 인간의 욕구 5단계 이론을 단계별로 옳게 나열한 것은? [10.2/14.2/15.2/20.1]

① 생리적 욕구 → 안전욕구 → 사회적 욕구 → 존경의 욕구 → 자아실현의 욕구
② 안전욕구 → 생리적 욕구 → 사회적 욕구 → 존경의 욕구 → 자아실현의 욕구
③ 사회적 욕구 → 생리적 욕구 → 안전욕구 → 존경의 욕구 → 자아실현의 욕구
④ 사회적 욕구 → 안전욕구 → 생리적 욕구 → 존경의 욕구 → 자아실현의 욕구

해설 매슬로우(Maslow)가 제창한 인간의 욕구 5단계

1단계	2단계	3단계	4단계	5단계
생리적 욕구	안전 욕구	사회적 욕구	존경의 욕구	자아실현의 욕구

12-1. 매슬로우(Maslow)의 욕구단계 이론 중 제2단계의 욕구에 해당하는 것은? [13.2/16.4/19.2]

① 사회적 욕구
② 안전에 대한 욕구
③ 자아실현의 욕구
④ 존경과 긍지에 대한 욕구

해설 안전욕구(2단계) : 안전을 구하려는 자기보존의 욕구

정답 ②

12-2. 매슬로우(Maslow)의 욕구단계 이론 중 제3단계로 옳은 것은? [18.1/18.4]

① 생리적 욕구
② 안전에 대한 욕구

정답 11. ① 12. ①

③ 존경과 긍지에 대한 욕구
④ 사회적(애정적) 욕구

해설 사회적 욕구(3단계) : 애정과 소속에 대한 욕구

정답 ④

12-3. 매슬로우(Maslow)의 욕구 5단계 이론 중 인간이 갖고자 하는 최고의 욕구에 해당하는 것은? [09.4/11.2/14.1/15.4/16.1/18.2]

① 자아실현의 욕구 ② 사회적인 욕구
③ 안전의 욕구 ④ 생리적인 욕구

해설 자아실현의 욕구(5단계) : 잠재적 능력을 실현하고자 하는 욕구(성취욕구)

정답 ①

12-4. 다음 중 매슬로우(Maslow)의 욕구단계 이론에 관한 설명으로 틀린 것은? [13.4]

① 욕구의 발생은 서로 중첩되어 나타난다.
② 각 단계의 욕구는 "만족 또는 충족 후 진행"의 성향을 갖는다.
③ 대체적으로 인생이나 경력의 초기에는 사회적 욕구가 우세하게 나타난다.
④ 궁극적으로는 자기의 잠재력을 최대한 발휘하여 하고 싶은 일을 실현하고자 한다.

해설 ③ 대체적으로 인생이나 경력의 초기에는 생리적 욕구가 우세하게 나타난다.

정답 ③

13. 맥그리거(McGregor)의 Y이론의 관리처방에 해당하는 것은? [10.1/10.3/12.2/17.2/17.4]

① 목표에 의한 관리
② 권위주의적 리더십 확립
③ 경제적 보상체제의 강화
④ 면밀한 감독과 엄격한 통제

해설 맥그리거(McGregor)의 X이론과 Y이론의 특징

X이론(독재적 리더십)	Y이론(민주적 리더십)
인간 불신감	상호 신뢰감
성악설	성선설
인간은 원래 게으르고 태만하여 남의 지배를 받기를 즐긴다.	인간은 부지런하고 근면 적극적이며 자주적이다.
물질욕구, 저차원 욕구	정신욕구, 고차원 욕구
명령 통제에 의한 관리	자기 통제에 의한 관리
저개발국형	선진국형
경제적 보상체제의 강화	분권화의 권한과 위임
권위주의적 리더십의 확립	민주적 리더십의 확립
면밀한 감독과 엄격한 통제	목표에 의한 관리
상부책임의 강화	직무확장

14. 다음 중 관료주의에 대한 설명으로 틀린 것은? [12.2]

① 의사결정에는 작업자의 참여가 필수적이다.
② 인간을 조직 내의 한 구성원으로만 취급한다.
③ 개인의 성장이나 자아실현의 기회가 주어지지 않는다.
④ 사회적 여건이나 기술의 변화에 신속하게 대응하기 어렵다.

해설 ① 관료주의에서는 의사결정에 작업자가 참여할 수 없다.

15. 테크니컬 스킬즈(technical skills)에 관한 설명으로 옳은 것은? [13.2/20.1]

① 모럴(morale)을 앙양시키는 능력
② 인간을 사물에게 적응시키는 능력

정답 13. ① 14. ① 15. ③

③ 사물을 인간에게 유리하게 처리하는 능력
④ 인간과 인간의 의사소통을 원활히 처리하는 능력

해설 테크니컬 스킬즈 : 사물을 인간의 목적에 맞게 유리하게 처리하는 능력

16. 알더퍼의 ERG(Existence Relation Growth) 이론에서 생리적 욕구, 물리적 측면의 안전욕구 등 저차원적 욕구에 해당하는 것은? [16.2/19.4/20.2]

① 관계욕구 ② 성장욕구
③ 존재욕구 ④ 사회적 욕구

해설 알더퍼(Alderfer)의 ERG 이론
- 존재욕구(Existence) : 생리적 욕구, 물리적 측면의 안전욕구, 저차원적 욕구
- 관계욕구(Relatedness) : 인간관계(대인관계) 측면의 안전욕구
- 성장욕구(Growth) : 자아실현의 욕구

16-1. Alderfer의 ERG 이론 중 생존(Existence)욕구에 해당되는 Maslow의 욕구 단계는? [15.1]

① 자아실현의 욕구 ② 존경의 욕구
③ 사회적 욕구 ④ 생리적 욕구

해설 Maslow의 이론과 Alderfer 이론 비교

이론	Maslow의 이론과 Alderfer 이론 비교		
Maslow	생리적 욕구	안전 욕구	자아실현의 욕구
Alderfer (ERG)	존재(생존) 욕구(E)	관계욕구 (R)	성장욕구 (G)

정답 ④

17. 다음 내용과 같은 재해 유발 원인을 가지는 재해 누발자는? [09.4]

- 저지능
- 도덕성의 결여
- 비협조성
- 소심한 성격

① 상황성 누발자 ② 습관성 누발자
③ 소질성 누발자 ④ 결합성 누발자

해설 재해 누발자

상황성 누발자	• 작업에 어려움이 많은 자 • 기계설비의 결함 • 심신에 근심이 있는 자 • 환경상 주의력의 집중이 혼란되기 때문에 발생되는 자
습관성 누발자	• 트라우마, 슬럼프
미성숙 누발자	• 기능 미숙련자 • 환경에 적응하지 못한 자
소질성 누발자	• 주의력 산만, 흥분성, 비협조성 • 도덕성 결여 • 소심한 성격 • 감각운동 부적합

17-1. 상황성 누발자의 재해 유발 원인과 거리가 먼 것은? [12.1/20.2]

① 작업의 어려움 ② 기계설비의 결함
③ 심신의 근심 ④ 주의력의 산만

해설 ④는 소질성 누발자

정답 ④

18. 직무만족에 긍정적인 영향을 미칠 수 있고, 그 결과 개인 생산능력의 증대를 가져오는 인간의 특성을 의미하는 용어는? [16.4]

① 위생요인 ② 동기부여 요인
③ 성숙-미성숙 ④ 의식의 우회

정답 16. ③ 17. ③ 18. ②

해설 동기부여 : 사람의 마음을 움직이며, 행동을 일으키게 하는 요인

19. 안전을 위한 동기부여로 틀린 것은? [19.1]

① 기능을 숙달시킨다.
② 경쟁과 협동을 유도한다.
③ 상벌제도를 합리적으로 시행한다.
④ 안전목표를 명확히 설정하여 주지시킨다.

해설 안전교육훈련의 동기부여방법

- 안전의 근본인 개념을 인식시켜야 한다.
- 안전목표를 명확히 설정한다.
- 경쟁과 협동을 유발시킨다.
- 동기유발의 최적수준을 유지한다.
- 안전활동의 결과를 평가 · 검토하고, 상과 벌을 준다.

20. 주의의 특성으로 볼 수 없는 것은? [20.1]

① 변동성 ② 선택성 ③ 방향성 ④ 통합성

해설 주의의 특성

- 변동(단속)성 : 주의는 리듬이 있어 언제나 일정한 수순을 지키지는 못한다.
- 선택성 : 한 번에 여러 종류의 자극을 자각하거나 수용하지 못하며, 소수 특정한 것을 선택하는 기능이다.
- 방향성 : 공간에 사선의 초점이 맞았을 때는 인지가 쉬우나, 사선에서 벗어난 부분은 무시되기 쉽다.
- 주의력 중복집중 : 동시에 복수의 방향을 잡지 못한다.

20-1. 다음 중 주의(attention)의 특징이 아닌 것은? [09.4/12.1]

① 선택성 ② 양립성 ③ 방향성 ④ 변동성

해설 양립성 : 자극과 반응의 관계가 인간의 기대와 모순되지 않는 성질

정답 ②

20-2. 주의(attention)의 특징 중 여러 종류의 자극을 자각할 때, 소수의 특정한 것에 한하여 주의가 집중되는 것은? [10.2/18.1/19.1]

① 선택성 ② 방향성
③ 변동성 ④ 검출성

해설 선택성 : 한 번에 여러 종류의 자극을 자각하거나 수용하지 못하며, 소수 특정한 것을 선택하는 기능

정답 ①

21. 주의의 수준에서 중간 수준에 포함되지 않는 것은? [19.2]

① 다른 곳에 주의를 기울이고 있을 때
② 가시시야 내 부분
③ 수면 중
④ 일상과 같은 조건일 경우

해설 ③ 수면 중은 인간 의식 레벨의 0단계 무의식의 생리적 상태이다.

22. 다음 중 사고의 위험이 불안전한 행위 외에 불안전한 상태에서도 적용된다는 것과 가장 관계가 있는 것은? [14.2]

① 이념성 ② 개인차
③ 부주의 ④ 지능성

해설 부주의의 발생 원인별 대책

- 내적원인 – 대책 : 소질적 문제 – 적성배치, 의식의 우회 – 상담(카운슬링), 경험과 미경험자 – 안전교육 · 훈련
- 외적원인 – 대책 : 작업환경 조건 불량 – 환경 개선, 작업순서의 부적정 – 작업순서 정비(인간공학적 접근)

22-1. 작업을 하고 있을 때 걱정거리, 고민거리, 욕구불만 등에 의해 다른데 정신을 빼앗기는 부주의 현상은? [10.1/13.4/17.4/18.4]

정답 19. ① 20. ④ 21. ③ 22. ③

① 의식의 중단　　② 의식의 우회
③ 의식의 과잉　　④ 의식수준의 저하

해설 의식의 우회 : 의식의 흐름이 발생한 것으로 피로, 단조로운 일, 수면, 졸음, 몽롱, 작업 중 걱정, 고민, 욕구불만 등에 의해 발생하며, 부주의 발생의 내적요인이다.

정답 ②

22-2. 다음 중 부주의 현상을 그림으로 표시한 것으로 의식의 우회를 나타낸 것은? [12.3/14.1]

① 의식의 흐름 :

② 의식의 흐름 : 

③ 의식의 흐름 : 

④ 의식의 흐름 : 

해설 부주의 현상

의식수준 저하	의식의 혼란	의식의 단절	의식의 우회
위험	위험	위험	위험

정답 ④

22-3. 부주의 현상 중 긴장상태에서 일정시간이 경과하면 피로가 발생하여 의식이 점차적으로 이완되는 현상을 무엇이라 하는가? [09.2/09.4/13.1/14.4/18.4]

① 의식의 단절　　② 의식의 우회
③ 의식수준의 저하　　④ 의식의 혼란

해설 의식수준의 저하 : 긴장상태에서 일정시간이 경과하면 피로가 발생하여 의식이 점차적으로 이완되는 현상이다.

정답 ③

22-4. 부주의 현상 중 의식의 우회에 대한 예방 대책으로 옳은 것은? [18.2]

① 안전교육　　② 표준작업제도 도입
③ 상담　　④ 적성배치

해설 부주의의 발생 원인별 대책
- 내적원인 – 대책 : 소질적 문제 – 적성배치, 의식의 우회 – 상담(카운슬링), 경험과 미경험자 – 안전교육 · 훈련
- 외적원인 – 대책 : 작업환경 조건 불량 – 환경 개선, 작업순서의 부적정 – 작업순서 정비(인간공학적 접근)

정답 ③

22-5. 부주의의 발생 원인과 그 대책이 옳게 연결된 것은? [17.2]

① 의식의 우회 – 상담
② 소질적 조건 – 교육
③ 작업환경 조건 불량 – 작업순서 정비
④ 작업순서의 부적당 – 작업자 재배치

해설 ② 소질적 조건 – 적성배치
③ 작업환경 조건 불량 – 환경 개선
④ 작업순서의 부적당 – 작업순서 정비

정답 ①

집단관리와 리더십

23. 리더십(leadership)의 특성에 대한 설명으로 옳은 것은? [20.2]

① 지휘 형태는 민주적이다.
② 권한 여부는 위에서 위임된다.
③ 구성원과의 관계는 지배적 구조이다.
④ 권한 근거는 법적 또는 공식적으로 부여된다.

정답 23. ①

해설 리더십과 헤드십의 비교

분류	리더십 (leadership)	헤드십 (headship)
권한 행사	선출직	임명직
권한 부여	밑으로부터 동의	위에서 위임
권한 귀속	목표에 기여한 공로 인정	공식 규정에 의함
상·하의 관계	개인적인 영향	지배적인 영향
부하와의 사회적 관계	관계(간격) 좁음	관계(간격) 넓음
지휘 형태	민주주의적	권위주의적
책임 귀속	상사와 부하	상사
권한 근거	개인적, 비공식적	법적, 공식적

23-1. 개인과 상황변수에 대한 리더십의 특징으로 옳은 것은? (단, 비교대상은 헤드십(headship)으로 한다.) [15.2/19.4]

① 권한 행사 : 선출된 리더
② 권한 근거 : 개인능력
③ 지휘 형태 : 권위주의적
④ 권한 귀속 : 집단목표에 기여한 공로 인정

해설 리더십과 헤드십의 비교

분류	리더십	헤드십
권한 행사	선출직	임명직
권한 근거	개인적, 비공식적	법적, 공식적
지휘 형태	민주주의적	권위주의적
권한 귀속	목표에 기여한 공로 인정	공식 규정에 의함

(※ 문제 오류로 가답안 발표 시 ②번으로 발표되었지만, 확정 답안 발표 시 ①, ②, ④번을 정답으로 발표하였다. 본서에서는 ②번을 정답으로 한다.)

정답 ②

23-2. 헤드십(headship)에 관한 설명으로 틀린 것은? [14.1/18.1]

① 구성원과의 사회적 간격이 좁다.
② 지휘의 형태는 권위주의적이다.
③ 권한의 부여는 조직으로부터 위임받는다.
④ 권한 귀속은 공식화된 규정에 의한다.

해설 ①은 리더십의 특성

정답 ①

23-3. 리더십에 대한 설명 중 틀린 것은?

① 조직원에 의하여 선출된다. [17.4]
② 지휘의 형태는 민주주의적이다.
③ 조직원과의 사회적 간격이 넓다.
④ 권한의 근거는 개인의 능력에 의한다.

해설 ③은 헤드십의 특성

정답 ③

24. 조직이 리더에게 부여하는 권한으로 볼 수 없는 것은? [11.2/12.1/12.3/17.1/20.1]

① 보상적 권한 ② 강압적 권한
③ 합법적 권한 ④ 위임된 권한

해설
- 조직이 리더에게 부여하는 권한 : 보상적 권한, 강압적 권한, 합법적 권한
- 리더 본인이 본인에게 부여하는 권한 : 위임된 권한, 전문성의 권한

Tip) 위임된 권한 : 지도자의 계획과 목표를 부하직원이 얼마나 잘 따르는지와 관련된 권한이다.

24-1. 조직이 리더에게 부여한 권한으로 볼 수 없는 것은? [15.4]

① 전문성의 권한 ② 보상적 권한
③ 강압적 권한 ④ 합법적 권한

해설 • 조직이 리더에게 부여하는 권한 : 보상적 권한, 강압적 권한, 합법적 권한

정답 24. ④

• 리더 본인이 본인에게 부여하는 권한 : 위임된 권한, 전문성의 권한

정답 ①

25. **French와 Raven이 제시한, 리더가 가지고 있는 세력의 유형이 아닌 것은?** [14.2/19.2]

① 전문세력(expert power)
② 보상세력(reward power)
③ 위임세력(entrust power)
④ 합법세력(legitimate power)

해설 French와 Raven의 리더세력의 유형 : 보상세력, 합법세력, 전문세력, 강제세력, 참조세력 등

26. **부하의 행동에 영향을 주는 리더십 중 조언, 설명, 보상조건 등의 제시를 통한 적극적인 방법은?** [18.1]

① 강요 ② 모범
③ 제안 ④ 설득

해설 설득 : 조언, 설명, 보상조건 등의 제시로 부하의 행동에 영향을 주는 리더십

27. **리더의 행동유형 측면에서 부하들과 상담하며, 부하의 의견을 고려하는 형태의 리더십은?** [09.1/16.4]

① 참여적 리더십 ② 지원적 리더십
③ 지시적 리더십 ④ 성취 지향적 리더십

해설 참여적 리더십 : 부하와의 원만한 관계를 유지하며, 부하들의 의견을 존중하여 의사결정에 반영한다.

28. **성공적인 리더가 갖추어야 할 특성으로 가장 거리가 먼 것은?** [16.1]

① 강한 출세 욕구
② 강력한 조직능력
③ 미래지향적 사고능력
④ 상사에 대한 부정적인 태도

해설 ④ 상사에 대한 긍정적인 태도

29. **다음 중 리더십 유형과 의사결정의 관계를 올바르게 연결한 것은?** [13.4]

① 개방적 리더－리더 중심
② 개성적 리더－종업원 중심
③ 민주적 리더－전체 집단 중심
④ 독재적 리더－전체 집단 중심

해설 리더십의 3가지 유형

• 전제(권위)형 : 리더가 모든 정책을 단독적으로 결정하고 부하직원들에게 지시 명령하는 리더십으로 군림하는 독재형 리더십 형태
• 민주형 : 집단토론으로 의사결정을 하는 형태
• 자유방임형 : 리더십의 역할은 명목상 자리만 유지하는 형태

29-1. **의사결정 과정에 따른 리더십의 유형 중에서 민주형에 속하는 것은?** [10.1]

① 집단구성원에게 자유를 준다.
② 지도자가 모든 정책을 결정한다.
③ 집단토론이나 집단결정을 통해서 정책을 결정한다.
④ 명목적인 리더의 자리를 지키고 부하직원들의 의견에 따른다.

해설 민주형 : 집단토론으로 의사결정을 하는 형태

정답 ③

30. **기업조직의 원리 가운데 지시 일원화의 원리를 가장 잘 설명한 것은?** [15.1]

① 지시에 따라 최선을 다해서 주어진 임무나 기능을 수행하는 것

정답 25. ③ 26. ④ 27. ① 28. ④ 29. ③ 30. ③

② 책임을 완수하는데 필요한 수단을 상사로부터 위임받은 것
③ 언제나 직속상사에게서만 지시를 받고 특정 부하직원들에게만 지시하는 것
④ 조직의 각 구성원이 가능한 한 가지 특수 직무만을 담당하도록 하는 것

해설 지시 일원화 원리 : 1인의 직속상사에게 지시받고 특정 부하에게만 지시하는 것

31. 다음 중 리더십의 유효성(有效性)을 증대시키는 1차적 요소와 관계가 가장 먼 것은? [13.1]

① 리더 자신
② 조직의 규모
③ 상황적 변수
④ 추종자 집단

해설 리더십의 유효성 요소
리더십$(L)=f(l \times f_t \times s)$

여기서, f : 함수(function)
l : 리더 자신(leader)
f_t : 추종자 집단(follower)
s : 상황적 변수(situation)

32. 다음은 기업 내 한 부서의 구성원 상호 간의 선호도를 나타낸 소시오그램(sociogram)이다. 리더에 해당하는 인물은? [15.4]

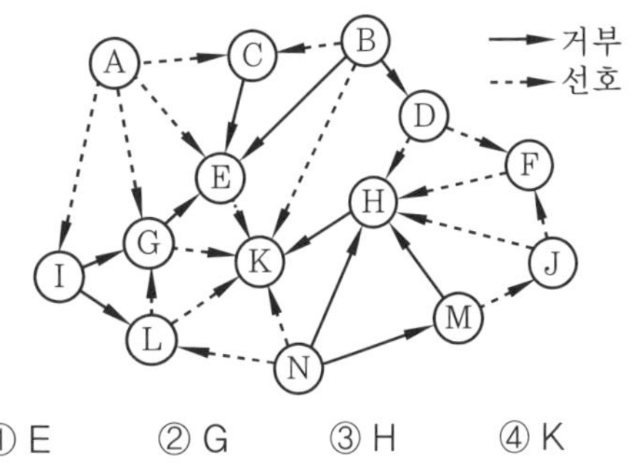

① E ② G ③ H ④ K

해설 화살표 방향이 받는 쪽으로만 되어 있는 K가 리더에 해당한다.

6 안전보건교육의 개념

교육심리학

1. 다음 중 인지(cognition) 학습에 관한 설명으로 가장 적절한 것은? [12.3]

① 근로자가 반복경험을 통해서 보호구 착용을 습관화하였다.
② 상·벌 제도를 이용하여 근로자가 보호구 착용을 잘 하도록 지도하였다.
③ 모범적인 보호구 착용으로 해당 근로자를 포상하여 이를 통해 다른 근로자가 보호구 착용을 잘 하도록 유도하였다.
④ 보호구의 중요성을 전혀 인식하지 못하는 근로자를 교육을 통해 의식을 전환시켜 보호구 착용을 습관화하도록 하였다.

해설 보호구 착용을 인식하지 못하는 근로자에게 교육을 통해 의식을 전환시켜 보호구 착용을 습관화하도록 한 것은 인지 학습에 해당한다.

2. 파블로프(Pavlov)의 조건반사설에 의한 학습이론의 원리에 해당되지 않는 것은? [15.4/18.2/19.4]

① 일관성의 원리
② 시간의 원리
③ 강도의 원리
④ 준비성의 원리

정답 31. ② 32. ④ 1. ④ 2. ④

해설 파블로프 조건반사설의 원리는 시간의 원리, 강도의 원리, 일관성의 원리, 계속성의 원리로 일정한 자극을 반복하여 자극만 주어지면 조건적으로 반응하게 된다는 것이다.

2-1. 다음 중 조건반사설에 의거한 학습이론의 원리가 아닌 것은? [15.2]

① 강도의 원리 ② 일관성의 원리
③ 계속성의 원리 ④ 시행착오의 원리

해설 파블로프 조건반사설의 원리는 시간의 원리, 강도의 원리, 일관성의 원리, 계속성의 원리로 일정한 자극을 반복하여 자극만 주어지면 조건적으로 반응하게 된다는 것이다.

정답 ④

3. 시행착오설에 의한 학습법칙이 아닌 것은?

① 효과의 법칙 [11.2/14.1/18.1]
② 준비성의 법칙
③ 연습의 법칙
④ 일관성의 법칙

해설 손다이크(Thorndike)의 시행착오설

- 연습(반복)의 법칙 : 목표가 있는 작업을 반복하는 과정 및 효과를 포함한 전 과정이다.
- 효과의 법칙 : 목표에 도달했을 때 보상을 주면 반응과 결합이 강해져 조건화가 이루어진다.
- 준비성의 법칙 : 학습을 하기 전의 상태에 따라 그 학습이 만족 · 불만족스러운가에 관한 것이다.

4. 안전관리자가 안전교육의 효과를 높이기 위해서 안전퀴즈 대회를 열어 우승자에게 상을 주었다면 이는 어떤 학습원리를 학습자에게 적용한 것인가? [14.4]

① Thorndike의 "연습의 법칙"
② Thorndike의 "준비성의 법칙"
③ Pavlov의 "강도의 원리"
④ Skinner의 "강화의 원리"

해설 스키너(Skinner)의 조작적 조건화설 : S－R 이론 원리에 속하며, 안전교육의 효과를 높이기 위해서 자극에 수동적으로 반응하는 것이 아니라 환경상의 어떤 능동적인 행위를 하는 것이다.

5. 다음 중 학습을 자극에 의한 반응으로 보는 이론과 가장 관계가 적은 것은? [12.3]

① Lewin의 장(場)설
② Pavlov의 조건반사설
③ Thorndike의 시행착오설
④ Skinner의 도구적 조건화설

해설 레빈(Lewin)의 장설 : 선천적으로 인간은 특정 목표를 추구하려는 내적긴장에 의해 행동을 발생시킨다.

6. 앞에 실시한 학습의 효과는 뒤에 실시하는 새로운 학습에 직접 또는 간접으로 영향을 주는 현상을 의미하는 것은? [18.4]

① 통찰(insight) ② 전이(transference)
③ 반사(reflex) ④ 반응(reaction)

해설 전이 : 어떤 내용을 학습한 결과가 다른 학습이나 반응에 영향을 주는 현상

7. 학습의 전이에 영향을 주는 조건이 아닌 것은? [09.1/10.3/11.3/15.2/17.4]

① 학습자의 지능 원인
② 학습자의 태도요인
③ 학습장소의 요인
④ 선행학습과 후행학습 간 시간적 간격의 원인

해설 학습전이의 조건 : 학습정도, 유사성, 시간적 간격, 학습자의 태도, 학습자의 지능

정답 3. ④ 4. ④ 5. ① 6. ② 7. ③

8. 학업성취에 직접적인 영향을 미치는 요인과 가장 거리가 먼 것은? [15.4]

① 적성(aptitude)
② 준비도(readiness)
③ 동기유발(motivating)
④ 기억과 망각(memory, forgetting)

해설 ①은 학업성취에 간접적으로 영향을 미치는 요인

9. 기억의 과정 중 과거의 학습경험을 통해서 학습된 행동이 현재와 미래에 지속되는 것을 무엇이라 하는가? [13.1/20.1]

① 기명(memorizing)
② 파지(retention)
③ 재생(recall)
④ 재인(recognition)

해설 기억의 과정

- 1단계(기명) : 사물의 인상을 마음에 간직하는 것
- 2단계(파지) : 간직, 인상이 보존되는 것
- 3단계(재생) : 보존된 인상이 다시 의식으로 떠오르는 것
- 4단계(재인) : 과거에 경험했던 것과 같은 비슷한 상태에 부딪혔을 때 떠오르는 것

9-1. 기억과정 중 다음의 내용이 설명하는 것은? [15.1/16.4/19.4]

> 과거에 경험하였던 것과 비슷한 상태에 부딪혔을 때 과거의 경험이 떠오르는 것

① 재생 ② 기명
③ 파지 ④ 재인

해설 지문은 기억의 과정 중 재인(4단계)에 대한 설명이다.

정답 ④

10. 적응기제(adjustment mechanism) 중 방어적 기제에 해당하는 것은? [17.4/18.4/19.1]

① 고립 ② 퇴행
③ 억압 ④ 보상

해설 적응기제(adjustment mechanism)

- 도피기제(escape mechanism) : 갈등을 회피, 도망감

구분	특징
억압	무의식으로 억압
퇴행	유아 시절로 돌아감
고립	외부와의 접촉을 단절(거부)
백일몽	꿈나라(공상)의 나래를 펼침

- 방어기제(defense mechanism) : 갈등의 합리화와 적극성

구분	특징
보상	스트레스를 다른 곳에서 강점으로 발휘함
투사	열등감을 다른 것에서 발견해 열등감에서 벗어나려 함
승화	열등감과 욕구불만이 사회적 · 문화적 가치로 나타남
동일시	힘과 능력 있는 사람을 통해 대리 만족 함
합리화	변명, 실패를 합리화, 자기미화

- 공격기제(aggressive mechanism) : 조소, 욕설, 비난 등 직 · 간접적 기제

10-1. 적응기제(adjustment mechanism) 중 다음에서 설명하는 것은 무엇인가? [16.4]

> 자신조차도 승인할 수 없는 욕구를 타인이나 사물로 전환시켜 바람직하지 못한 욕구로부터 자신을 지키려는 것

정답 8. ① 9. ② 10. ④

① 투사 ② 합리화
③ 보상 ④ 동일화

해설 투사 : 열등감을 다른 것에서 발견해 열등감에서 벗어나려 함

정답 ①

10-2. 적응기제(adjustment mechanism) 중 방어적 기제(defence mechanism)에 해당하는 것은? [09.4/11.1/13.1/14.2]

① 고립(isolation)
② 퇴행(regression)
③ 억압(suppression)
④ 합리화(rationalization)

해설 합리화(방어기제) : 변명, 실패를 합리화, 자기미화
Tip) 도피기제 : 억압, 퇴행, 고립, 백일몽

정답 ④

10-3. 적응기제에서 방어기제가 아닌 것은 어느 것인가? [16.2]

① 보상
② 고립
③ 합리화
④ 동일시

해설 ②는 도피기제

정답 ②

10-4. 적응기제(adjustment mechanism) 의 도피적 행동인 고립에 해당하는 것은? [17.1]

① 운동시합에서 진 선수가 컨디션이 좋지 않았다고 말한다.
② 키가 작은 사람이 키 큰 친구들과 같이 사진을 찍으려 하지 않는다.
③ 자녀가 없는 여교사가 아동교육에 전념하게 되었다.
④ 동생이 태어나자 형이 된 아이가 말을 더듬는다.

해설 도피기제의 고립 : 외부와의 접촉을 단절(거부)

정답 ②

10-5. 적응기제(adjustment mechanism)의 유형에서 "동일화(identification)"의 사례에 해당하는 것은? [09.2/11.3/19.2]

① 운동시합에 진 선수가 컨디션이 좋지 않았다고 한다.
② 결혼에 실패한 사람이 고아들에게 정열을 쏟고 있다.
③ 아버지의 성공을 자신의 성공인 것처럼 자랑하며 거만한 태도를 보인다.
④ 동생이 태어난 후 초등학교에 입학한 큰 아이가 손가락을 빨기 시작했다.

해설 동일화 : 힘과 능력 있는 사람을 통해 대리만족 함

정답 ③

10-6. 다음과 같은 스트레스에 대한 반응은 무엇에 해당하는가? [17.1]

여동생이나 남동생을 얻게 되면서 손가락을 빠는 것과 같이 어린 시절의 버릇을 나타낸다.

① 투사 ② 억압
③ 승화 ④ 퇴행

해설 퇴행 : 좌절을 심하게 당했을 때 현재보다 유치한 과거 수준으로 후퇴하는 것

정답 ④

7 교육의 내용 및 방법

교육내용

1. 산업안전보건법령상 사업 내 안전 · 보건교육의 교육과정에 해당하지 않는 것은 어느 것인가? [12.3/13.2/13.4/15.1/16.2]

① 검사원 정기점검교육
② 특별안전 · 보건교육
③ 근로자 정기안전 · 보건교육
④ 작업내용 변경 시의 교육

해설 사업 내 안전 · 보건교육의 교육과정 : 정기교육, 채용 시 교육, 작업내용 변경 시 교육, 특별교육, 건설기초안전교육

2. 산업안전보건법령상 사업 내 안전 · 보건교육 중 근로자 정기안전 · 보건교육의 내용이 아닌 것은? (단, 산업안전보건법 및 일반관리에 관한 사항은 제외한다.) [14.4]

① 산업안전 및 사고예방에 관한 사항
② 건강증진 및 질병예방에 관한 사항
③ 유해 · 위험 작업환경 관리에 관한 사항
④ 작업개시 전 점검에 관한 사항

해설 근로자의 정기안전 · 보건교육 내용
- 산업안전 및 사고예방에 관한 사항
- 산업보건 및 직업병예방에 관한 사항
- 유해 · 위험 작업환경 관리에 관한 사항
- 건강증진 및 질병예방에 관한 사항
- 직무 스트레스 예방 및 관리에 관한 사항
- 산업재해보상보험 제도에 관한 사항
- 「보건법」 및 일반관리에 관한 사항

Tip) ④는 채용 시의 교육 및 작업내용 변경 시의 교육내용

2-1. 산업안전보건법령상 사업 내 안전 · 보건교육 중 근로자 정기안전 · 보건교육의 내용이 아닌 것은? [09.2]

① 유해 · 위험 작업환경 관리에 관한 사항
② 건강증진 및 질병예방에 관한 사항
③ 산업안전 및 사고예방에 관한 사항
④ 기계 · 기구 또는 설비의 안전 · 보건점검에 관한 사항

해설 ④는 관리감독자의 업무내용

3. 산업안전보건법상 사업 내 안전 · 보건교육에 있어 관리감독자 정기안전 · 보건교육에 해당하는 것은? (단, 산업안전보건법 및 일반관리에 관한 사항은 제외한다.) [13.1]

① 정리 정돈 및 청소에 관한 사항
② 작업개시 전 점검에 관한 사항
③ 작업공정의 유해 · 위험과 재해예방 대책에 관한 사항
④ 기계 · 기구의 위험성과 작업의 순서 및 동선에 관한 사항

해설 관리감독자의 정기안전 · 보건교육 내용
- 산업보건 및 직업병예방에 관한 사항
- 표준 안전작업방법 및 지도요령에 관한 사항
- 작업공정의 유해 · 위험과 재해예방 대책에 관한 사항
- 유해 · 위험 작업환경 관리에 관한 사항
- 관리감독자의 역할과 임무에 관한 사항
- 직무 스트레스 예방 및 관리에 관한 사항
- 산업재해보상보험 제도에 관한 사항
- 안전보건교육 능력 배양에 관한 사항
- 현장 근로자와의 의사소통 능력 향상
- 의사소통 능력 향상, 강의 능력 향상
- 「보건법」 및 일반관리에 관한 사항

정답 1. ① 2. ④ 3. ③

Tip) ①, ②, ④는 채용 시의 교육 및 작업내용 변경 시의 교육내용

4. 산업안전보건법령상 사업 내 안전 · 보건교육 중 채용 시의 교육내용에 해당하지 않는 것은? (단, 산업안전보건법 및 일반관리에 관한 사항은 제외한다.) [12.2/15.4]

① 사고 발생 시 긴급조치에 관한 사항
② 유해 · 위험 작업환경 관리에 관한 사항
③ 산업보건 및 직업병예방에 관한 사항
④ 기계 · 기구의 위험성과 작업의 순서 및 동선에 관한 사항

해설 채용 시의 교육 및 작업내용 변경 시의 교육내용

- 작업개시 전 점검에 관한 사항
- 정리 정돈 및 청소에 관한 사항
- 물질안전보건자료에 관한 사항
- 산업안전 및 사고예방에 관한 사항
- 산업보건 및 직업병예방에 관한 사항
- 사고 발생 시 긴급조치에 관한 사항
- 직무 스트레스 예방 및 관리에 관한 사항
- 기계 · 기구의 위험성과 작업의 순서 및 동선에 관한 사항
- 「보건법」 및 일반관리에 관한 사항

Tip) ②는 관리감독자 정기안전보건교육 내용

4-1. 산업안전보건법령상 사업 내 안전에 있어 "채용 시의 교육 및 작업내용 변경 시의 교육내용"에 해당 하지 않는 것은? (단, 산업안전보건법 및 일반관리에 관한 사항은 제외한다.) [14.2]

① 물질안전보건자료에 관한 사항
② 사고 발생 시 긴급조치에 관한 사항
③ 작업개시 전 점검에 관한 사항
④ 표준 안전작업방법 및 지도요령에 관한 사항

해설 ④는 관리감독자 정기안전보건교육 내용

정답 ④

4-2. 산업안전보건법령상 근로자 안전 · 보건교육 중 채용 시의 교육 및 작업내용 변경 시의 교육사항으로 옳은 것은? [11.1/18.2/20.1]

① 물질안전보건자료에 관한 사항
② 건강증진 및 질병예방에 관한 사항
③ 유해 · 위험 작업환경 관리에 관한 사항
④ 표준 안전작업방법 및 지도요령에 관한 사항

해설 ②는 근로자 정기안전보건교육 내용
③, ④는 관리감독자 정기안전보건교육 내용

정답 ①

5. 산업안전보건법령상 근로자 안전보건교육 대상과 교육기간으로 옳은 것은? [20.2]

① 정기교육인 경우 : 사무직 종사 근로자 – 매분기 3시간 이상
② 정기교육인 경우 : 관리감독자 지위에 있는 사람 – 연간 10시간 이상
③ 채용 시 교육인 경우 : 일용근로자 – 4시간 이상
④ 작업내용 변경 시 교육인 경우 : 일용근로자를 제외한 근로자 – 1시간 이상

해설 ② 정기교육인 경우 : 관리감독자 지위에 있는 사람 – 연간 16시간 이상
③ 채용 시 교육인 경우 : 일용근로자 – 1시간 이상
④ 작업내용 변경 시 교육인 경우 : 일용근로자를 제외한 근로자 – 2시간 이상

5-1. 산업안전보건법령상 일용근로자의 안전 · 보건교육 과정별 교육시간 기준으로 틀린 것은? (단, 도매업과 숙박 및 음식점업 사업장의 경우는 제외한다.) [17.1/17.2/19.4]

정답 4. ② 5. ①

① 채용 시의 교육 : 1시간 이상
② 작업내용 변경 시의 교육 : 2시간 이상
③ 건설업 기초안전보건교육(건설 일용근로자) : 4시간
④ 특별교육 : 2시간 이상(흙막이지보공의 보강 또는 동바리를 설치하거나 해체하는 작업에 종사하는 일용근로자)

해설 ② 일용근로자의 작업내용 변경 시의 교육시간은 1시간 이상이다.

정답 ②

5-2. 산업안전보건법령에 따른 근로자 안전 · 보건교육 중 건설업 기초안전보건교육 과정의 건설 일용근로자의 교육시간으로 옳은 것은? [18.4]

① 1시간 ② 2시간
③ 4시간 ④ 6시간

해설 건설 일용근로자의 건설업 기초안전 · 보건교육 : 4시간 이상

정답 ③

5-3. 산업안전보건법령상 근로자 안전 · 보건교육 기준 중 다음 ( ) 안에 알맞은 것은? [18.1]

교육과정	교육대상	교육시간
채용 시의 교육	일용근로자	(㉠)시간 이상
	일용근로자를 제외한 근로자	(㉡)시간 이상

① ㉠ : 1, ㉡ : 8 ② ㉠ : 2, ㉡ : 8
③ ㉠ : 1, ㉡ : 2 ④ ㉠ : 3, ㉡ : 6

해설 채용 시의 교육

일용근로자	1시간 이상
일용근로자를 제외한 근로자	8시간 이상

정답 ①

6. 산업안전보건법령상 특별교육대상 작업별 교육작업 기준으로 틀린 것은? [16.4/17.1/20.1]

① 전압이 75V 이상인 정전 및 활선작업
② 굴착면의 높이가 2m 이상이 되는 암석의 굴착작업
③ 동력에 의하여 작동되는 프레스 기계를 3대 이상 보유한 사업장에서 해당 기계로 하는 작업
④ 1톤 미만의 크레인 또는 호이스트를 5대 이상 보유한 사업장에서 해당 기계로 하는 작업

해설 ③ 동력에 의하여 작동되는 프레스 기계를 5대 이상 보유한 사업장에서 해당 기계로 하는 작업

6-1. 산업안전보건법령상 특별안전 · 보건교육의 대상 작업에 해당하지 않는 것은? [19.1]

① 석면 해체 · 제거작업
② 밀폐된 장소에서 하는 용접작업
③ 화학설비 취급품의 검수 · 확인작업
④ 2m 이상의 콘크리트 인공 구조물의 해체

해설 ①, ②, ④는 특별안전 · 보건교육 대상 작업

정답 ③

7. 다음 중 산업안전보건법에 따라 건설용 리프트, 곤돌라를 이용한 작업을 하는 때에 근로자들에게 실시하여야 할 사업 내 안전보건교육의 종류는? [11.3]

① 일일 안전보건교육
② 특별 안전보건교육
③ 검사원 안전보건교육
④ 일반 안전보건교육

해설 특별 안전보건교육 사항
- 작업순서, 안전작업방법 및 수칙에 관한 사항
- 방호장치의 기능 및 사용에 관한 사항

정답 6. ③ 7. ②

• 기계, 기구 등 달기 와이어로프, 체인의 점검에 관한 사항
• 기계 · 기구의 특성 및 동작원리에 관한 사항
• 신호방법 및 공동작업에 관한 사항
• 그 밖에 안전보건관리에 필요한 사항

7-1. 산업안전보건법령상 특별안전보건교육 대상 작업별 교육내용 중 밀폐공간에서의 작업 시 교육내용에 포함되지 않는 것은? (단, 그 밖에 안전보건관리에 필요한 사항은 제외한다.) [14.1/18.2/19.2]

① 산소농도 측정 및 작업환경에 관한 사항
② 유해물질이 인체에 미치는 영향
③ 보호구 착용 및 사용방법에 관한 사항
④ 사고 시의 응급처치 및 비상시 구출에 관한 사항

해설 밀폐된 장소에서 작업 시 특별안전보건교육 사항
• 작업순서, 안전작업방법 및 수칙에 관한 사항
• 산소농도 측정 및 환기설비에 관한 사항
• 질식 시 응급조치에 관한 사항
• 작업환경 점검에 관한 사항
• 전격방지 및 보호구 착용에 관한 사항

정답 ②

7-2. 산업안전보건법상 아세틸렌 용접장치 또는 가스집합 용접장치를 사용하여 행하는 금속의 용접 · 용단 또는 가열 작업자에게 특별안전보건교육을 시키고자 할 때의 교육내용이 아닌 것은? [12.1/16.1]

① 용접 흄 · 분진 및 유해광선 등의 유해성에 관한 사항
② 작업방법 · 작업순서 및 응급처치에 관한 사항
③ 안전밸브의 취급 및 주의에 관한 사항
④ 안전기 및 보호구 취급에 관한 사항

해설 아세틸렌 용접장치 또는 가스집합 용접장치를 사용하는 금속의 용접 · 용단 또는 가열작업을 할 때 특별안전보건교육 내용
• 용접 흄 · 분진 및 유해광선 등의 유해성에 관한 사항
• 가스용접기, 압력조정기, 호스 및 취관부 등의 기기점검에 관한 사항
• 작업방법 · 작업순서 및 응급처치에 관한 사항
• 안전기 및 보호구 취급에 관한 사항
• 그 밖의 안전보건관리에 필요한 사항

정답 ③

8. 다음 중 산업안전보건법상 안전보건관리규정에 반드시 포함되어야 할 내용이 아닌 것은? [11.1]

① 안전보건교육에 관한 사항
② 생산성과 품질향상에 관한 사항
③ 작업장 안전관리에 관한 사항
④ 안전보건관리조직과 그 직무에 관한 사항

해설 안전보건관리규정에 반드시 포함되어야 할 사항
• 안전보건교육에 관한 사항
• 안전보건관리조직과 그 직무에 관한 사항
• 작업장 안전관리에 관한 사항
• 사고조사 및 대책수립에 관한 사항

9. 다음 중 산업안전보건법령에서 정한 안전보건관리규정의 세부내용으로 가장 적절하지 않은 것은? [14.1]

① 산업안전보건위원회의 설치 · 운영에 관한 사항
② 사업주 및 근로자의 재해예방 책임 및 의무 등에 관한 사항

정답 8. ② 9. ④

③ 근로자 건강진단, 작업환경 측정의 실시 및 조치 절차 등에 관한 사항
④ 산업재해 및 중대산업사고의 발생 시 손실 비용 산정 및 보상에 관한 사항

해설 ④ 산업재해 및 중대산업사고 발생, 급박한 산업재해 발생의 위험이 있는 경우 작업중지에 관한 사항

10. 다음 중 산업안전보건법상 산업안전보건위원회의 설치대상에 관한 내용으로 틀린 것은? [13.4]

① 상시근로자 100명 이상을 사용하는 사업장
② 건설업의 경우 공사금액이 120억 원 이상인 사업장
③ 관련 법령에 따른 토목공사업에 해당하는 공사의 경우 공사금액이 150억 원 이상인 사업장
④ 상시근로자 50명 미만을 사용하는 사업 중 다른 업종과 비교할 경우 근로자 수 대비 산업재해 발생 빈도가 현저히 높은 유해·위험 업종으로서 고용노동부령으로 정하는 사업장

해설 상시근로자 50명 이상 규모에 산업안전보건위원회 설치 운영 사업장
- 토사석 광업
- 1차 금속제조업
- 금속가공제품 제조업
- 목재 및 나무제품 제조업
- 화학물질 및 화학제품 제조업
- 자동차 및 트레일러 제조업
- 비금속 광물제품 제조업
- 기타 기계 및 장비 제조업
- 기타 운송장비 제조업

교육방법 Ⅰ

11. O.J.T(On the Job Training) 교육의 장점과 가장 거리가 먼 것은? [15.1/20.1]

① 훈련에만 전념할 수 있다.
② 직장의 실정에 맞게 실제적 훈련이 가능하다.
③ 개개인의 업무능력에 적합하고 자세한 교육이 가능하다.
④ 교육을 통하여 상사와 부하 간의 의사소통과 신뢰감이 깊게 된다.

해설 O.J.T 교육의 특징
- 개개인의 업무능력에 적합하고 자세한 교육이 가능하다.
- 작업장에 맞는 구체적인 훈련이 가능하다.
- 훈련에 필요한 업무의 연속성이 끊어지지 않아야 한다.
- 교육을 통하여 상사와 부하 간의 의사소통과 신뢰감이 깊게 된다.

Tip) ①은 OFF.J.T 교육의 특징

11-1. O.J.T(On the Job Training)의 특징 중 틀린 것은? [09.1/11.3/17.4/19.1/20.2]

① 훈련과 업무의 계속성이 끊어지지 않는다.
② 직장과 실정에 맞게 실제적 훈련이 가능하다.
③ 훈련의 효과가 곧 업무에 나타나며, 훈련의 개선이 용이하다.
④ 다수의 근로자들에게 조직적 훈련이 가능하다.

해설 ④는 OFF.J.T 교육의 특징

정답 ④

11-2. 다음 중 종업원의 안전에 관한 O.J.T 교육에 있어서 가장 중요한 역할을 담당하는 사람은? [13.4]

정답 10. ④ 11. ①

① 경영자 ② 직속상사
③ 부서장 ④ 외부 전문강사

해설 직속상사에 의한 직장의 실정에 맞는 교육이 가능하다.

정답 ②

11-3. OFF.J.T(Off the Job Training)의 특징으로 옳지 않은 것은? [09.2/12.3/15.4]

① 많은 지식, 경험을 교류할 수 있다.
② 직장의 실정에 맞게 실제적 훈련이 가능하다.
③ 다수의 근로자들에게 조직적 훈련이 가능하다.
④ 특별한 교재, 교구 및 설비 등을 이용하는 것이 가능하다.

해설 OFF.J.T 교육의 특징
- 훈련에만 전념하게 된다.
- 특별 설비기구 이용이 가능하다.
- 전문가를 강사로 초빙하는 것이 가능하다.
- 다수의 근로자들에게 조직적 훈련이 가능하다.
- 근로자가 많은 지식이나 경험을 교류할 수 있다.
- 교육 훈련 목표에 대하여 집단적 노력이 흐트러질 수 있다.

Tip) ②는 O.J.T 교육의 특징

정답 ②

12. 다음 중 안전교육의 목적과 가장 거리가 먼 것은? [12.1]

① 설비의 안전화 ② 제도의 정착화
③ 환경의 안전화 ④ 행동의 안전화

해설 안전 · 보건교육의 목적
- 행동의 안전화
- 작업환경의 안전화
- 설비와 물자의 안전화
- 인간정신의 안전화

13. 안전 · 보건교육 및 훈련은 인간 행동변화를 안전하게 유지하는 것이 목적이다. 이러한 행동변화의 전개과정 순서가 알맞은 것은? [15.1]

① 자극–욕구–판단–행동
② 욕구–자극–판단–행동
③ 판단–자극–욕구–행동
④ 행동–욕구–자극–판단

해설 행동변화의 전개과정 순서는 자극 → 욕구 → 판단 → 행동이다.

14. 안전 · 보건교육계획 수립에 반드시 포함하여야 할 사항이 아닌 것은? [15.4/19.4]

① 교육지도안
② 교육의 목표 및 목적
③ 교육장소 및 방법
④ 교육의 종류 및 대상

해설 안전 · 보건교육계획에 포함해야 할 사항
- 교육목표 설정
- 교육의 종류 및 대상
- 교육장소 및 교육방법
- 교육의 과목 및 교육내용
- 강사, 조교 편성
- 소요 예산 산정

Tip) 교육지도안–교육의 준비사항

15. 안전교육계획 수립 시 고려하여야 할 사항과 관계가 가장 먼 것은? [12.2/20.2]

① 필요한 정보를 수집한다.
② 현장의 의견을 충분히 반영한다.

정답 12. ② 13. ① 14. ① 15. ③

③ 법 규정에 의한 교육에 한정한다.
④ 안전교육 시행 체계와의 관련을 고려한다.

해설 ③ 법 규정에 의한 교육은 필수 교육 외에도 필요한 교육계획을 수립한다.

16. 교육의 3요소 중 교육의 주체에 해당하는 것은? [09.4/10.1/10.2/11.2/12.2/13.4/14.4/20.1]

① 강사 ② 교재
③ 수강자 ④ 교육방법

해설 안전교육의 3요소

교육 요소	교육의 주체	교육의 객체	교육의 매개체
형식적 요소	교수자 (강사)	교육생 (수강자)	교재 (교육자료)

17. 안전교육의 3단계에서 생활지도, 작업 동작지도 등을 통한 안전의 습관화를 위한 교육은? [09.1/09.2/12.1/13.2/14.1/19.1]

① 지식교육 ② 기능교육
③ 태도교육 ④ 인성교육

해설 안전교육의 3단계

- 제1단계(지식교육) : 시청각교육 등을 통해 지식을 전달하는 단계
- 제2단계(기능교육) : 교육대상자가 그것을 스스로 행함으로써 시범, 견학, 실습, 현장실습교육을 통해 경험을 체득하는 단계
- 제3단계(태도교육) : 안전작업 동작지도 등을 통해 안전행동을 습관화하는 단계

17-1. 작업의 종류나 내용에 따라 교육 범위나 정도가 달라지는 이론 교육방법은? [16.4]

① 지식교육 ② 정신교육
③ 태도교육 ④ 기능교육

해설 지식교육(제1단계)의 목표 및 내용

교육목표	교육내용
• 안전의식 제고 • 기능지식 주입 • 안전 감수성 향상	• 안전규정 숙지 • 안전의식 향상 • 안전 책임감 주입 • 기능과 태도교육에 필요한 기초지식 주입

정답 ①

17-2. 다음 중 기능교육의 3원칙에 해당하지 않는 것은? [11.1]

① 준비 ② 안전의식 고취
③ 위험작업의 규제 ④ 안전작업 표준화

해설 기능교육의 3원칙 : 준비, 규제, 표준화

정답 ②

17-3. 안전교육 3단계 중 2단계인 기능교육의 효과를 높이기 위해 가장 바람직한 교육방법은 무엇인가? [12.1]

① 토의식 ② 강의식 ③ 문답식 ④ 시범식

해설 제2단계(기능교육) : 교육대상자가 그것을 스스로 행함으로써 시범, 견학, 실습, 현장실습교육을 통해 경험을 체득하는 단계

정답 ④

17-4. 일반적으로 태도교육의 효과를 높이기 위하여 취할 수 있는 바람직한 교육방법은 무엇인가? [09.4/16.4]

① 강의식 ② 프로그램 학습법
③ 토의식 ④ 문답식

해설 제3단계(태도교육) : 안전작업 동작지도 등을 통해 안전행동을 습관화하는 단계

Tip) 안전교육에 있어 가장 효율적인 교육방법은 토의에 의한 교육이다.

정답 ③

정답 16. ① 17. ③

17-5. 안전교육 훈련기법에 있어 태도 개발 측면에서 가장 적합한 기본교육 훈련방식은? [10.2/17.1]

① 실습방식
② 제시방식
③ 참가방식
④ 시뮬레이션방식

해설 안전교육 훈련기법

- 안전교육의 지식교육 방식은 제시교육 방식이다.
- 안전교육의 기능교육 방식은 실습교육 방식이다.
- 안전교육의 태도교육 방식은 참가교육 방식이다.

정답 ③

17-6. 다음 중 안전태도교육의 원칙으로 적절하지 않은 것은? [14.2/19.2]

① 청취 위주의 대화를 한다.
② 이해하고 납득한다.
③ 항상 모범을 보인다.
④ 지적과 처벌 위주로 한다.

해설 안전태도교육의 원칙

- 태도교육 : 생활지도, 작업 동작지도, 적성배치 등을 통한 안전의 습관화
- 태도교육을 통한 안전태도 형성 요령
  ㉠ 청취한다.
  ㉡ 이해 · 납득시킨다.
  ㉢ 모범을 보인다.
  ㉣ 권장한다.
  ㉤ 평가(상 · 벌)한다.

정답 ④

17-7. 안전태도교육의 기본과정을 가장 올바르게 나열한 것은? [12.2/15.1]

① 청취한다 → 이해하고 납득한다 → 시범을 보인다 → 평가한다
② 이해하고 납득한다 → 들어본다 → 시범을 보인다 → 평가한다
③ 청취한다 → 시범을 보인다 → 이해하고 납득한다 → 평가한다
④ 대량발언 → 이해하고 납득한다 → 들어본다 → 평가한다

해설 안전태도교육의 기본과정

1단계	2단계	3단계	4단계
청취한다.	이해 및 납득시킨다.	시범을 보인다.	평가한다(상 · 벌을 준다).

정답 ①

17-8. 다음 중 안전태도교육의 과정에 있어 첫 번째 단계에 행하는 것으로 가장 적절한 것은? [11.3]

① 요구되는 목표를 권장한다.
② 목표 달성 시 보상을 설명한다.
③ 우수한 모범사례를 제시한다.
④ 부하의 생각과 의견을 청취한다.

해설 안전태도교육의 1단계(청취) : 부하의 생각과 의견을 청취한다.

정답 ④

18. 교육 훈련의 효과는 5관을 최대한 활용하여야 하는데 다음 중 효과가 가장 큰 것은 어느 것인가? [16.1]

① 청각 ② 시각
③ 촉각 ④ 후각

해설 오감의 교육 효과치

시각 효과	청각 효과	촉각 효과	미각 효과	후각 효과
60%	20%	15%	3%	2%

정답 18. ②

19. **기능(기술)교육의 진행방법 중 하버드학파의 5단계 교수법의 순서로 옳은 것은?** [20.2]

① 준비 → 연합 → 교시 → 응용 → 총괄
② 준비 → 교시 → 연합 → 총괄 → 응용
③ 준비 → 총괄 → 연합 → 응용 → 교시
④ 준비 → 응용 → 총괄 → 교시 → 연합

해설 하버드학파의 5단계 교수법

1단계	2단계	3단계	4단계	5단계
준비 시킨다.	교시 시킨다.	연합 한다.	총괄 한다.	응용 시킨다.

19-1. **하버드학파의 5단계 교수법에 해당되지 않는 것은?** [10.2/16.1/19.1]

① 교시(presentation)
② 연합(association)
③ 추론(reasoning)
④ 총괄(generalization)

해설 ③은 듀이의 사고과정 5단계 중 4단계(추론한다)이다.

정답 ③

교육방법 II

20. **기업 내 정형교육 중 대상으로 하는 계층이 한정되어 있지 않고, 한 번 훈련을 받은 관리자는 그 부하인 감독자에 대해 지도원이 될 수 있는 교육방법은?** [18.1]

① TWI(Training Within Industry)
② MTP(Management Training Program)
③ CCS(Civil Communication Section)
④ ATT(American Telephone & Telegram Co.)

해설 ATT : 직급 상하를 떠나 부하직원이 상사의 강사가 될 수 있다.

21. **다음 설명에 해당하는 교육방법은 어느 것인가?** [09.1/12.3]

> ATP(Administration Training Program)라고도 하며, 당초에는 일부 회사의 톱 매니지먼트(Top Management)에 대해서만 행하여졌으나 그 후에 널리 보급되었으며, 정책의 수립, 조직, 통제 및 운영 등의 교육내용을 가지고 있다.

① TWI(Training Within Industry)
② ATT(American Telephone & Telegram Co.)
③ MTP(Management Training Program)
④ CCS(Civil Communication Section)

해설 CCS : 강의법에 토의법이 가미된 것으로 정책의 수립, 조직, 통제 및 운영으로 되어 있다(ATP라고도 한다).

22. **일선 관리감독자를 대상으로, 작업지도기법, 작업개선기법, 인간관계 관리기법 등을 교육하는 방법은?** [10.3/11.2/14.2/16.1]

① ATT(American Telephone & Telegram Co.)
② MTP(Management Training Program)
③ CCS(Civil Communication Section)
④ TWI(Training Within Industry)

해설 TWI 교육과정 4가지 : 작업방법 훈련, 작업지도 훈련, 인간관계 훈련, 작업안전 훈련

22-1. **안전교육방법 중 TWI의 교육과정이 아닌 것은?** [17.2/18.2]

① 작업지도 훈련 ② 인간관계 훈련
③ 정책수립 훈련 ④ 작업방법 훈련

정답 19. ② 20. ④ 21. ④ 22. ④

해설 TWI 교육과정 4가지 : 작업방법 훈련, 작업지도 훈련, 인간관계 훈련, 작업안전 훈련

정답 ③

23. 학습지도의 형태 중 몇 사람의 전문가에 의하여 과제에 관한 견해가 발표된 뒤 참가자로 하여금 의견이나 질문을 하게 하여 토의하는 방법은? [11.2/18.4]

① 패널 디스커션(panel discussion)
② 심포지엄(symposium)
③ 포럼(forum)
④ 버즈세션(buzz session)

해설
- 심포지엄 : 몇 사람의 전문가에 의하여 과제에 관한 견해를 발표한 뒤에 참가자로 하여금 의견이나 질문을 하게 하여 토의하는 방법이다.
- 버즈세션(6-6 회의) : 6명의 소집단별로 자유토의를 행하여 의견을 조합하는 방법이다.
- 케이스 메소드(사례연구법) : 먼저 사례를 제시하고 문제의 사실들과 그 상호관계에 대하여 검토하고 대책을 토의한다.
- 패널 디스커션 : 패널멤버가 피교육자 앞에서 토의하고, 이어 피교육자 전원이 참여하여 토의하는 방법이다.
- 포럼 : 새로운 자료나 교재를 제시하고 피교육자로 하여금 문제점을 제기하게 하여 토의하는 방법이다.

23-1. 토의(회의)방식 중 참가자가 다수인 경우에 전원을 토의에 참가시키기 위하여 소집단으로 나누어 진행하는 방식을 무엇이라고 하는가? [09.1]

① 포럼(forum)
② 버즈세션(buzz session)
③ 심포지엄(symposium)
④ 패널 디스커션(panel discussion)

해설 버즈세션(6-6 회의) : 6명의 소집단별로 자유토의를 행하여 의견을 조합하는 방법이다.

정답 ②

23-2. 어떤 상황의 판단능력과 사실의 분석 및 문제의 해결능력을 키우기 위하여 먼저 사례를 조사하고, 문제적 사실들과 그의 상호관계에 대하여 검토하고, 대책을 토의하도록 하는 교육기법은 무엇인가? [15.2]

① 심포지엄(symposium)
② 롤 플레잉(role playing)
③ 케이스 메소드(case method)
④ 패널 디스커션(panel discussion)

해설 케이스 메소드(사례연구법) : 먼저 사례를 제시하고 문제의 사실들과 그 상호관계에 대하여 검토하고 대책을 토의한다.

정답 ③

23-3. 토의식 교육방법의 종류 중 새로운 자료나 교재를 제시하고 피교육자로 하여금 문제점을 제기하게 하거나 여러 가지 방법으로 의견을 발표하게 하고 청중과 토론자 간의 활발한 의견개진과 충돌로 합의를 도출해내는 방법을 무엇이라 하는가? [13.4]

① 포럼(forum)
② 심포지엄(symposium)
③ 버즈세션(buzz session)
④ 케이스 메소드(case method)

해설 포럼 : 새로운 자료나 교재를 제시하고 피교육자로 하여금 문제점을 제기하게 하여 토의하는 방법이다.

정답 ①

정답 23. ②

23-4. 토의법의 유형 중 다음에서 설명하는 것은? [17.2]

> 교육과제에 정통한 전문가 4~5명이 피교육자 앞에서 자유로이 토의를 실시한 다음에 피교육자 전원이 참가하여 사회자의 사회에 따라 토의하는 방법

① 포럼(forum)
② 패널 디스커션(panel discussion)
③ 심포지엄(symposium)
④ 버즈세션(buzz session)

해설 패널 디스커션 : 패널멤버가 피교육자 앞에서 토의하고, 이어 피교육자 전원이 참여하여 토의하는 방법이다.

정답 ②

24. 학생이 마음속에 생각하고 있는 것을 외부에 구체적으로 실현하고 형상화하기 위하여 자기 스스로가 계획을 세워 수행하는 학습활동으로 이루어지는 학습지도의 형태는? [18.1]

① 케이스 메소드(case mathod)
② 패널 디스커션(panel discussion)
③ 구안법(project method)
④ 문제법(problem method)

해설 구안법 : 학습자가 스스로 실제에 있어서 일의 계획과 수행능력을 기르는 교육방법

24-1. 학습지도 중 구안법(project method)의 4단계 순서로 옳은 것은? [17.4]

① 계획 → 목적 → 수행 → 평가
② 계획 → 수행 → 목적 → 평가
③ 목적 → 수행 → 계획 → 평가
④ 목적 → 계획 → 수행 → 평가

해설 구안법의 순서

제1단계	제2단계	제3단계	제4단계
목적결정	계획수립	활동(수행)	평가

정답 ④

25. 교육 대상자 수가 많고, 교육 대상자의 학습능력의 차이가 큰 경우 집단안전교육 방법으로서 가장 효과적인 방법은? [16.1]

① 문답식 교육 ② 토의식 교육
③ 시청각 교육 ④ 상담식 교육

해설 시청각 교육은 많은 교육 대상자의 집단안전교육에 적합하다.

25-1. 교육의 효과를 높이기 위하여 시청각 교재를 최대한으로 활용하는 시청각적 방법의 필요성이 아닌 것은? [17.1]

① 교재의 구조화를 기할 수 있다.
② 대량 수업체제가 확립될 수 있다.
③ 교수의 평준화를 기할 수 있다.
④ 개인차를 최대한으로 고려할 수 있다.

해설 ④ 강사의 개인차에서 오는 교수법의 평준화를 기할 수 있다.

정답 ④

26. 다음 중 학습지도의 원리에 해당하지 않는 것은? [13.1/13.2]

① 자기활동의 원리 ② 사회화의 원리
③ 직관의 원리 ④ 분리의 원리

해설 학습지도의 원리

- 통합의 원리
- 직관의 원리
- 목적의 원리
- 자발성의 원리
- 사회화의 원리
- 생활화의 원리
- 자연화의 원리
- 개별화의 원리

정답 24. ③ 25. ③ 26. ④

27. 다음 중 STOP 기법의 설명으로 옳은 것은? [13.2]

① 교육 훈련의 평가방법으로 활용된다.
② 일용직 근로자의 안전교육 추진방법이다.
③ 경영층의 대표적인 위험예지훈련 방법이다.
④ 관리감독자의 안전관찰 훈련으로 현장에서 주로 실시한다.

해설 STOP(Safety Training Observation Program) 기법 : 행동중심 안전관리기법이며, 관리감독자의 안전관찰 훈련으로 현장에서 주로 실시한다.

28. 안전교육의 방법 중 프로그램 학습법(programmed self-instruction method)에 관한 설명으로 틀린 것은? [13.2]

① 개발비가 적게 들어 쉽게 적용할 수 있다.
② 수업의 모든 단계에서 적용이 가능하다.
③ 한 번 개발된 프로그램 자료는 개조하기 어렵다.
④ 수강자들이 학습이 가능한 시간대의 폭이 넓다.

해설 프로그램 학습법

- 수업의 모든 단계에 적용이 가능하다.
- 기본개념 학습이나 논리적인 학습에 유리하다.
- 지능, 학습속도 등 개인차를 고려할 수 있다.
- 학습마다 피드백을 받을 수 있다.
- 학습자의 학습 진행과정을 알 수 있다.
- 수강자들이 학습이 가능한 시간대의 폭이 넓다.
- 개발된 프로그램은 변경(개조)이 불가능하며, 교육내용이 고정되어 있고 개발비용이 많이 든다.

29. 강의계획에서 주제를 학습시킬 범위와 내용의 정도를 무엇이라 하는가? [13.4/14.1/17.2]

① 학습목적　　② 학습목표
③ 학습정도　　④ 학습성과

해설 학습목적의 3요소

- 목표 : 학습의 목적, 지표
- 주제 : 목표 달성을 위한 주제
- 학습정도 : 주제를 학습시킬 범위와 내용의 정도

30. 학습정도(level of learning)의 4단계 요소가 아닌 것은? [17.2]

① 지각　　② 적용
③ 인지　　④ 정리

해설 학습의 정도 4단계

1단계	2단계	3단계	4단계
인지 : 인지해야 한다.	지각 : 알아야 한다.	이해 : 이해해야 한다.	적용 : 적용할 수 있다.

31. 다음 중 안전교육의 4단계를 올바르게 나열한 것은? [09.2/10.1/14.2/19.4]

① 도입 → 확인 → 제시 → 적용
② 도입 → 제시 → 적용 → 확인
③ 확인 → 제시 → 도입 → 적용
④ 제시 → 확인 → 도입 → 적용

해설 안전교육방법의 4단계

제1단계	제2단계	제3단계	제4단계
도입(학습할 준비)	제시(작업 설명)	적용(작업 진행)	확인 (결과)

31-1. 다음 중 안전교육의 진행에서 "새로운 지식이나 기능을 설명하고 실연하는 단계"에 해당되는 것은? [14.4]

① 확인　　② 제시
③ 적용　　④ 도입

정답 27. ④　28. ①　29. ③　30. ④　31. ②

해설 제시(작업설명) : 새로운 지식이나 기능을 설명하고 실연하는 단계

정답 ②

31-2. 안전지식교육 실시 4단계에서 지식을 실제의 상황에 맞추어 문제를 해결해 보고 그 수법을 이해시키는 단계로 옳은 것은? [19.2]

① 도입 ② 제시
③ 적용 ④ 확인

해설 적용(작업진행) : 지식을 실제의 상황에 맞추어 문제를 해결해 보는 단계

정답 ③

31-3. 강의식 교육지도에서 가장 많은 시간이 할당되는 단계는? [15.1]

① 도입 ② 제시
③ 적용 ④ 확인

해설 단계별 교육시간

제1단계	제2단계	제3단계	제4단계
도입(학습할 준비)	제시(작업설명)	적용(작업진행)	확인(결과)
강의식 5분	강의식 40분	강의식 10분	강의식 5분
토의식 5분	토의식 10분	토의식 40분	토의식 5분

정답 ②

31-4. 토의식 교육지도에 있어서 가장 시간이 많이 소요되는 단계는? [09.4/16.2]

① 도입 ② 제시
③ 적용 ④ 확인

해설 단계별 교육시간

제1단계	제2단계	제3단계	제4단계
도입(학습할 준비)	제시(작업설명)	적용(작업진행)	확인(결과)
강의식 5분	강의식 40분	강의식 10분	강의식 5분
토의식 5분	토의식 10분	토의식 40분	토의식 5분

정답 ③

32. 다음 중 교육 훈련 평가의 4단계를 올바르게 나열한 것은? [13.1]

① 학습 → 반응 → 행동 → 결과
② 학습 → 행동 → 반응 → 결과
③ 행동 → 반응 → 학습 → 결과
④ 반응 → 학습 → 행동 → 결과

해설 교육 훈련 평가의 4단계

제1단계	제2단계	제3단계	제4단계
반응	학습	행동	결과

33. 교육 훈련의 평가방법에 해당하지 않는 것은? [10.1/14.1/14.2/19.4]

① 관찰법 ② 모의법
③ 면접법 ④ 테스트법

해설 교육 훈련의 평가방법

- 관찰법
- 면접법(문답법)
- 테스트법
- 자료분석법
- 상호평가법

Tip) 모의법 : 실제의 장면을 극히 유사하게 인위적으로 만들어 그 속에서 학습하도록 하는 교육방법

정답 32. ④ 33. ②

2과목 인간공학 및 시스템 안전공학

1 안전과 인간공학

인간공학의 정의

1. 산업안전 분야에서의 인간공학을 위한 제반 언급사항으로 관계가 먼 것은? [18.1]

① 안전관리자와의 의사소통 원활화
② 인간과오 방지를 위한 구체적 대책
③ 인간행동 특성자료의 정량화 및 축적
④ 인간-기계체계의 설계 개선을 위한 기금의 축적

해설 ④는 관련법의 개정에 관한 사항이다.

2. 다음 중 인간공학에 관련된 설명으로 틀린 것은? [14.2/17.1]

① 편리성, 쾌적성, 효율성을 높일 수 있다.
② 사고를 방지하고 안전성과 능률성을 높일 수 있다.
③ 인간의 특성과 한계점을 고려하여 제품을 설계한다.
④ 생산성을 높이기 위해 인간을 작업특성에 맞추는 것이다.

해설 인간공학의 목표
- 에러 감소 : 안전성 향상과 사고방지
- 생산성 증대 : 기계 조작의 능률성과 생산성의 향상
- 안전성 향상 : 작업환경의 쾌적성

Tip) 생산성을 높이기 위해 기계를 인간의 작업특성에 맞추는 것이다.

2-1. 인간공학의 주된 연구 목적과 가장 거리가 먼 것은? [13.2/15.2]

① 제품품질 향상
② 작업의 안전성 향상
③ 작업환경의 쾌적성 향상
④ 기계 조작의 능률성 향상

해설 인간공학의 연구 목적 : 쾌적성 향상, 안전성 향상, 기계 조작의 능률성과 생산성 향상

정답 ①

2-2. 다음 중 인간공학의 연구 목적과 가장 거리가 먼 것은? [11.2]

① 일과 일상생활에서 시용하는 도구, 기구 등의 설계에 있어서 인간을 우선적으로 고려한다.
② 인간의 능력, 한계, 특성 등을 고려하면서 전체 인간-기계 시스템의 효율을 증가시킨다.
③ 시스템의 생산성 극대화를 위하여 인간의 특성을 연구하고, 이를 제한 · 통제한다.
④ 시스템이나 절차를 설계할 때 인간의 특성에 관한 정보를 체계적으로 응용한다.

해설 ③ 시스템의 생산성 극대화를 위하여 인간의 특성을 연구하고, 조화되도록 설계하기 위한 수단과 방법이다.

정답 ③

3. 다음 중 현장에서 인간공학의 적용 분야로 가장 거리가 먼 것은? [12.2/13.4]

정답 1. ④ 2. ④ 3. ①

① 설비관리
② 제품설계
③ 재해 · 질병예방
④ 장비 · 공구 · 설비의 설계

해설 사업장에서의 인간공학 적용 분야
• 작업환경 개선
• 장비 · 공구 · 설비의 설계
• 인간-기계 인터페이스 디자인
• 작업 공간의 설계 · 제품설계
• 재해 및 질병예방

4. 인간공학의 연구방법에서 체계 개발에 있어 사용될 수 있는 인간기준이 아닌 것은?

① 인간성능 척도 [10.1/10.4]
② 객관적 반응
③ 생리학적 지표
④ 사고 빈도

해설 인간기준 4가지의 평가 척도 : 인간성능 척도, 생리학적 지표, 주관적 반응, 사고 빈도

4-1. 다음 중 기준의 유형 가운데 체계기준(system criteria)에 해당되지 않는 것은?

① 운용비 [09.1/11.1/12.1]
② 신뢰도
③ 사고 빈도
④ 사용상의 용이성

해설 ③은 인간기준 4가지의 평가 척도

정답 ③

5. 다음 중 인간공학의 정의에 관한 설명으로 적절하지 않은 것은? [12.4]

① 인간공학이란 인간이 사용할 수 있도록 설계하는 과정을 말한다.
② 인간공학의 초점은 인간이 만들어 생활의 여러 국면에서 사용하는 물건, 기구, 혹은 환경을 설계하는 과정에서 기계나 설비를 고려하여 주는데 있다.
③ 인간공학의 접근방법은 인간이 만들어 사람이 사용하는 물건, 기구 혹은 환경을 설계하는데 인간의 특성이나 행동에 관한 적절한 정보를 체계적으로 적용하는 것이다.
④ 인간공학의 목표는 인간이 만든 물건, 기구, 혹은 환경 등을 잘 사용할 수 있도록 실용적 효능을 높이고, 이러한 과정에서 특정한 인생의 가치 기준을 유지하거나 높이는데 있다.

해설 ② 인간공학의 초점은 제품 또는 환경을 설계하는 과정에서 인간의 생리적, 심리적인 특성을 고려하는데 있다.

6. 다음 중 자동차 가속페달과 브레이크 페달 간의 간격, 브레이크 폭 등을 결정하는데 사용할 수 있는 가장 적합한 인간공학 이론은? [11.2]

① Miller의 법칙
② Fitts의 법칙
③ Weber의 법칙
④ Wickens의 모델

해설 Fitts의 법칙
• 목표까지 움직이는 거리와 목표의 크기에 요구되는 정밀도가 동작시간에 걸리는 영향을 예측한다.
• 목표물과의 거리가 멀고, 목표물의 크기가 작을수록 동작에 걸리는 시간은 길어진다.

7. 안전가치 분석의 특징으로 틀린 것은? [17.2]

① 기능 위주로 분석한다.
② 왜 비용이 드는가를 분석한다.
③ 특정 위험의 분석을 위주로 한다.
④ 그룹 활동은 전원의 중지를 모은다.

해설 안전가치 분석의 특징
• 기능 위주로 분석한다.

정답 4. ② 5. ② 6. ② 7. ③

- 왜 비용이 드는가를 분석한다.
- 그룹 활동은 전원의 중지를 모은다.

8. 인간성능에 관한 척도와 가장 거리가 먼 것은? [16.4]

① 빈도수 척도　② 지속성 척도
③ 자연성 척도　④ 시스템 척도

해설 인간성능 특성 : 속도, 정확성, 사용자 만족, 유일한 기술을 개발하는데 필요한 시간
Tip) 인간공학의 기준 척도는 인간의 성능과 시스템 성능으로 구분한다.

9. 시스템의 평가 척도 중 시스템의 목표를 잘 반영하는가를 나타내는 척도는? [10.2/15.4]

① 신뢰성　② 타당성
③ 민감도　④ 무오염성

해설 적절성(타당성) : 기준이 의도한 목적에 적합한지를 나타내는 척도

9-1. 일반적으로 연구조사에 사용되는 기준 중 기준척도의 신뢰성이 의미하는 것은?

① 보편성 [09.2/09.4/15.2]
② 적절성
③ 반복성
④ 객관성

해설 신뢰성(반복성) : 반복시험 시 재연성이 있어야 하며, 척도의 신뢰성은 반복성을 의미한다.

정답 ③

10. 활동의 내용마다 "우 · 양 · 가 · 불가"로 평가하고 이 평가내용을 합하여 다시 종합적으로 정규화하여 평가하는 안전성 평가기법은? [20.2]

① 평정척도법　② 쌍대비교법
③ 계층적 기법　④ 일관성 검정법

해설 평정척도법의 종류
- 평정척도 : 우 · 양 · 가 · 불가, 1～5, 매우 만족～매우 불만족
- 표준평정척도 : 본인의 학교 성적은 어느 정도인가요?

상위 5%	상위 20%	중위 50%	하위 20%	하위 5%

- 숫자평정척도 : 본인이 의자에 앉는 자세는 바르다고 생각하십니까?

5	4	3	2	1

- 도식평정척도 : 본인의 식습관에 만족하십니까?

매우 만족	만족	보통	불만족	매우 불만족

11. 다음 중 운용상의 시스템 안전에서 검토 및 분석해야 할 사항으로 틀린 것은? [12.1]

① 훈련
② 사고조사에의 참여
③ ECR(Error Cause Removal) 제안 제도
④ 고객에 의한 최종 성능검사

해설 ③은 작업자 자신이 직업상 오류 원인을 연구하여 제반오류의 개선을 하도록 한다.

인간-기계체계

12. 인간-기계 시스템을 설계하기 위해 고려해야 할 사항과 거리가 먼 것은? [20.2]

① 시스템 설계 시 동작경제의 원칙이 만족되도록 고려한다.

정답 8. ④ 9. ② 10. ① 11. ③ 12. ②

② 인간과 기계가 모두 복수인 경우, 종합적인 효과보다 기계를 우선적으로 고려한다.
③ 대상이 되는 시스템이 위치할 환경 조건이 인간에 대한 한계치를 만족하는가의 여부를 조사한다.
④ 인간이 수행해야 할 조작이 연속적인가 불연속적인가를 알아보기 위해 특성조사를 실시한다.

해설 ② 인간과 기계가 모두 복수인 경우, 종합적인 효과보다 인간을 우선적으로 고려한다.

12-1. 인간-기계 시스템에서 기본적인 기능에 해당하지 않는 것은? [11.2/16.4/18.4]

① 감각기능
② 정보저장기능
③ 작업환경 측정기능
④ 정보처리 및 결정기능

해설 인간-기계 기본기능 : 행동기능, 정보의 수용(감지), 정보저장(보관), 정보입력, 정보처리 및 의사결정 등

정답 ③

12-2. 정보처리기능 중 정보보관에 해당되는 것과 관계가 없는 것은? [17.2]

① 감지 ② 정보처리
③ 공간 ④ 행동기능

해설 ①, ②, ④는 정보보관과 연관되는 기본기능의 유형이다.

정답 ③

13. 전통적인 인간-기계(man-machin)체계의 대표적 유형과 거리가 먼 것은? [09.2/11.4/14.1/14.4/15.4/17.2/17.4/19.1/19.2]

① 수동체계 ② 기계화 체계
③ 자동체계 ④ 인공지능 체계

해설 • 수동 시스템 : 사용자가 스스로 기계 시스템의 동력원으로 작용하여 작업을 수행한다.
• 기계화 시스템 : 반자동 시스템 체계로 운전자의 조종에 의해 기계의 제어기능을 담당한다.
• 자동화 시스템 : 프로그램화 되어 있는 조종장치로 기계를 통제하는 것은 기계가 한다.

14. system 요소 간의 link 중 인간 커뮤니케이션 link에 해당되지 않는 것은? [14.1]

① 방향성 link ② 통신계 link
③ 시각 link ④ 컨트롤 link

해설 인간 커뮤니케이션 링크 : 방향성 링크, 통신계 링크, 시각 링크, 장치 링크 등

15. 기계와 인간의 상대적 수행도를 나타내는 다음 그림에서 시스템의 재설계가 요구되는 영역은? [09.1]

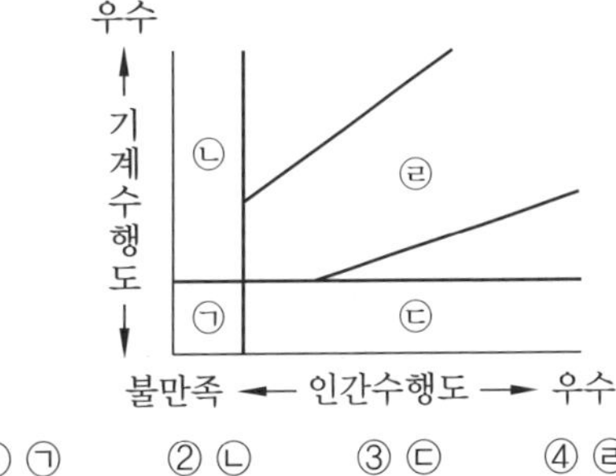

① ㉠ ② ㉡ ③ ㉢ ④ ㉣

해설 ㉠ 영역은 인간수행도와 기계수행도가 매우 불만족인 상태이므로 재설계가 요구된다.

16. 설계강도 이상의 급격한 스트레스에 의해 발생하는 고장에 해당하는 것은 어느 것인가? [09.1/13.4/17.4/18.4]

① 초기고장 ② 우발고장
③ 마모고장 ④ 열화고장

정답 13. ④ 14. ④ 15. ① 16. ②

해설 • 초기고장 기간 : 감소형, 디버깅 기간, 번인 기간이다.
• 우발고장 기간 : 일정형으로 고장률이 비교적 낮다. 설계강도 이상의 급격한 스트레스에 의해 우발적으로 발생하는 고장이다.
• 마모고장 기간 : 증가형(FR)으로 정기적인 검사가 필요하며, 설비의 피로에 의해 생기는 고장이다.

16-1. 다음 중 시스템의 수명곡선(욕조곡선)에서 우발고장 기간에 발생하는 고장의 원인으로 볼 수 없는 것은? [13.2/14.2]

① 사용자의 과오 때문에
② 안전계수가 낮기 때문에
③ 부적절한 설치나 시동 때문에
④ 최선의 검사방법으로도 탐지되지 않는 결함 때문에

해설 ③은 초기고장 기간(디버깅 기간)에 발생하는 고장의 원인

정답 ③

17. 사고나 위험, 오류 등의 정보를 근로자의 직접 면접, 조사 등을 사용하여 수집하고, 인간-기계 시스템 요소들의 관계 규명 및 중대작업 필요조건 확인을 통한 시스템 개선을 수행하는 기법은? [13.1]

① 직무위급도 분석
② 인간실수율 예측기법
③ 위급사건기법
④ 인간실수 자료은행

해설 위급사건기법(면접법) : 사고나 위험, 오류 등의 정보를 근로자의 직접 면접, 조사 등을 사용하여 수집하고, 인간-기계 시스템 요소들의 관계 규명 및 중대작업 필요조건 확인을 통해 시스템 개선을 수행하는 기법

18. 인간-기계체계에서 인간의 과오에 기인된 원인확률을 분석하여 위험성의 예측과 개선을 위한 평가기법은? [12.4/15.4/17.1/17.2]

① PHA ② FMEA
③ THERP ④ MORT

해설 THERP(인간실수율 예측기법) : 인간의 과오를 정량적으로 평가하기 위해 Swain 등에 의해 개발된 기법으로 인간의 과오율 추정법 등 5개의 스텝으로 되어 있다.

19. 다음 중 인간-기계체계에서 시스템 활동의 흐름과정을 탐지 분석하는 방법이 아닌 것은? [17.4]

① 가동분석
② 운반공정 분석
③ 신뢰도 분석
④ 사무공정 분석

해설 ③은 신뢰도 평가 지수

20. 인간-기계 시스템 설계과정의 주요 6단계를 올바른 순서로 나열한 것은 어느 것인가? [11.1/12.4/16.1/18.4/19.2]

㉠ 기본설계 ㉡ 시스템 정의 ㉢ 목표 및 성능 명세 결정 ㉣ 인간-기계 인터페이스 (human-machine interface) 설계 ㉤ 매뉴얼 및 성능보조자료 작성 ㉥ 시험 및 평가

① ㉢ → ㉡ → ㉠ → ㉣ → ㉤ → ㉥
② ㉠ → ㉡ → ㉢ → ㉣ → ㉤ → ㉥
③ ㉡ → ㉢ → ㉠ → ㉤ → ㉣ → ㉥
④ ㉢ → ㉠ → ㉡ → ㉤ → ㉣ → ㉥

정답 17. ③ 18. ③ 19. ③ 20. ①

해설 인간-기계 시스템 설계 순서

1단계	2단계	3단계	4단계	5단계	6단계
목표 및 성능 명세 결정	시스템의 정의	기본 설계	인터페이스 설계	보조물 설계	시험 및 평가

20-1. 다음 중 인간-기계 시스템의 설계단계를 6단계로 구분할 때 제3단계인 기본설계 단계에 속하지 않는 것은? [13.2]

① 직무분석 ② 기능의 할당
③ 인터페이스 설계 ④ 인간성능 요건 명세

해설 ③은 4단계(계면설계)

Tip) 3단계(기본설계) : 시스템의 형태를 갖추기 시작하는 단계(직무분석, 작업설계, 기능할당, 인간성능 요건 명세)

정답 ③

21. 시스템의 정의에 포함되는 조건 중 틀린 것은? [18.2]

① 제약된 조건 없이 수행
② 요소의 집합에 의한 구성
③ 시스템 상호 간에 관계를 유지
④ 어떤 목적을 위하여 작용하는 집합체

해설 ① 일정하게 정해진 조건 아래에서 수행

22. 작업설계를 함에 있어서 작업만족도를 얻기 위한 수단으로 볼 수 없는 것은? [10.1]

① 작업순환 ② 작업분석
③ 작업윤택화 ④ 작업확대

해설 작업만족도를 얻기 위한 수단 : 작업확대, 작업윤택화, 작업순환 등

Tip) 작업분석(새로운 작업방법의 개발원칙) : 제거, 결합, 재배치, 재조정, 단순화

체계설계와 인간요소

23. 인간공학의 중요한 연구과제인 계면(interface)설계에 있어서 다음 중 계면에 해당되지 않는 것은? [14.2]

① 작업공간 ② 표시장치
③ 조종장치 ④ 조명시설

해설 계면설계 : 인간과 기계가 접촉하는 계면에서의 설계 감성적 차원의 조화성을 도입하는 공학으로 작업공간, 표시장치, 조종장치, 제어, 컴퓨터 대화 등이 포함된다.

24. 체계 분석 및 설계에 있어서 인간공학의 가치와 가장 거리가 먼 것은? [13.4/18.1/18.2]

① 성능의 향상
② 인력이용률의 감소
③ 사용자의 수용도 향상
④ 사고 및 오용으로부터의 손실 감소

해설 ② 인력이용률의 향상

Tip) 체계 분석 및 설계에 있어서의 인간공학의 기여도

- 성능의 향상
- 훈련비용의 절감
- 인력이용률의 향상
- 사용자의 수용도 향상
- 생산 및 보전의 경제성 향상

24-1. 체계 분석 및 설계에 있어서 인간공학의 가치와 가장 거리가 먼 것은? [17.2]

① 성능의 향상
② 훈련비용의 증가
③ 사용자의 수용도 향상
④ 생산 및 보전의 경제성 증대

해설 ② 훈련비용의 감소

정답 ②

정답 21. ① 22. ② 23. ④ 24. ②

2 정보 입력 표시

시각적 표시장치

1. 다음 중 시각적 표시장치를 사용하는 것이 청각적 표시장치를 사용하는 것보다 좋은 경우는? [18.1]

① 메시지가 후에 참조되지 않을 때
② 메시지가 공간적인 위치를 다룰 때
③ 메시지가 시간적인 사건을 다룰 때
④ 사람의 일이 연속적인 움직임을 요구할 때

해설 시각장치와 청각장치의 비교

시각장치의 특성	• 메시지가 복잡하고 길 때 • 메시지가 후에 재참조될 경우 • 메시지가 공간적 위치를 다루는 경우 • 수신자의 청각계통이 과부하상태일 때 • 주위 장소가 너무 시끄러울 경우 • 즉각적인 행동을 요구하지 않을 때 • 한 곳에 머무르는 경우
청각장치의 특성	• 메시지가 짧고, 간단할 때 • 메시지가 재참조되지 않을 경우 • 메시지가 시간적인 사상을 다루는 경우 • 수신자의 시각계통이 과부하상태일 때 • 주위 장소가 밝거나 암조응일 때 • 메시지에 대한 즉각적인 행동을 요구할 때 • 자주 움직이는 경우

1-1. 정보입력에 사용되는 표시장치 중 청각장치보다 시각장치를 사용하는 것이 더 유리한 경우는? [09.2]

① 정보의 내용이 긴 경우
② 수신자가 직무상 자주 이동하는 경우
③ 정보의 내용이 즉각적인 행동을 요하는 경우
④ 정보를 나중에 다시 확인하지 않아도 되는 경우

해설 ②, ③, ④는 청각적 표시장치의 특성

정답 ①

2. 시각적 표시장치에서 지침의 일반적인 설계 방법으로 적절하지 않은 것은? [09.1/12.1]

① 뾰족한 지침을 사용한다.
② 지침의 끝은 작은 눈금과 겹치도록 한다.
③ 지침을 눈금면에 밀착시킨다.
④ 원형 눈금의 경우 지침의 색은 선단에서 눈금의 중심까지 칠한다.

해설 ② 지침의 끝은 눈금과 맞닿되 겹치지 않게 한다.

3. 표시값의 변화 방향이나 변화 속도를 관찰할 필요가 있는 경우에 가장 적합한 표시장치는? [10.1/12.2/16.1/16.2/20.2]

① 동목형 표시장치 ② 계수형 표시장치
③ 묘사형 표시장치 ④ 동침형 표시장치

해설 정량적 표시장치
• 동침형 : 표시값의 변화 방향이나 속도를 나타낼 때 눈금이 고정되고 지침이 움직이는 지침 이동형
• 동목형 : 나타내고자 하는 값의 범위가 클 때 지침이 고정되고 눈금이 움직이는 지침 고정형
• 계수형 : 수치를 정확하게 충분히 읽어야 할 경우에 적합하며, 원형 표시장치보다 판독오차가 적고 판독시간도 짧다(전력계, 택시 요금계).

정답 1. ② 2. ② 3. ④

3-1. 다음 중 시각적 표시장치에 관한 설명으로 옳은 것은? [14.4]

① 정량적 표시장치는 연속적으로 변하는 변수의 근사값, 변화 경향 등을 나타냈을 때 사용한다.
② 계기가 고정되어 있고, 지침이 움직이는 표시장치를 동목형(moving scale) 장치라고 한다.
③ 계수형(digital) 장치는 수치를 정확하게 읽어야 할 경우에 사용한다.
④ 정량적 표시장치의 눈금은 2 또는 3의 배수로 배열을 사용하는 것이 좋다.

해설 ① 정량적 표시장치는 수치값으로 표현 가능한 변수를 나타낸다.
② 계기가 고정되어 있고, 지침이 움직이는 표시장치를 동침형(moving pointer) 장치라고 한다.
④ 정량적 표시장치의 눈금은 1, 2, 3 …으로 배열을 사용하는 것이 좋다.

정답 ③

3-2. 다음 중 정량적 표시장치의 눈금 수열로 가장 인식하기 쉬운 것은? [13.1]

① 1, 2, 3 … ② 2, 4, 5 …
③ 3, 6, 9 … ④ 4, 8, 12 …

해설 정량적 눈금의 표시는 1씩 증가하는 1, 2, 3 … 수열이 인식하기에 쉽다.

정답 ①

3-3. 정량적 표시장치 중 정확한 정보전달 측면에서 가장 우수한 장치는? [15.4]

① 디지털 표시장치
② 지침고정형 표시장치
③ 원형 지침이동형 표시장치
④ 수직형 지침이동형 표시장치

해설 정량적 표시장치 중 정확한 값을 읽어야 하는 경우에는 아날로그보다 디지털 표시장치가 유리하다.

정답 ①

3-4. 정성적(아날로그) 표시장치를 사용하기에 가장 적절하지 않은 것은? [12.1/16.4]

① 전력계와 같이 신속 정확한 값을 알고자 할 때
② 비행기 고도의 변화율을 알고자 할 때
③ 자동차 시속을 일정한 수준으로 유지하고자 할 때
④ 색이나 형상을 암호화하여 설계할 때

해설 ①은 정량적 표시장치를 사용한다.

정답 ①

3-5. 다음 중 시각적 표시장치에 있어 성격이 다른 것은? [15.2]

① 디지털 온도계
② 자동차 속도계기판
③ 교통신호등의 좌회전 신호
④ 은행의 대기인원 표시등

해설 ③은 정성적 표시장치
①, ②, ④는 정량적 표시장치

정답 ③

3-6. 다음 중 자동차나 항공기의 앞유리 혹은 차양판 등에 정보를 중첩 · 투사하는 표시장치는? [15.1/19.1]

① CRT ② LCD
③ HUD ④ LED

해설 HUD : 자동차나 항공기의 전방을 주시한 상태에서 원하는 계기정보를 볼 수 있도록 전방 시선높이 방향의 유리 또는 차양판에 정보를 중첩 · 투사하는 표시장치로 정성적, 묘사적 표시장치

정답 ③

4. 항공기 위치 표시장치의 설계원칙에 있어, 다음 설명에 해당하는 것은? [13.4/18.1]

> 항공기의 경우 일반적으로 이동 부분의 영상은 고정된 눈금이나 좌표계에 나타내는 것이 바람직하다.

① 통합 ② 양립적 이동
③ 추종표시 ④ 표시의 현실성

해설 지문은 양립적 이동에 관한 적용이다.

5. 인간의 시각특성을 설명한 것으로 옳은 것은? [19.2]

① 적응은 수정체의 두께가 얇아져 근거리의 물체를 볼 수 있게 되는 것이다.
② 시야는 수정체의 두께 조절로 이루어진다.
③ 망막은 카메라의 렌즈에 해당된다.
④ 암조응에 걸리는 시간은 명조응보다 길다.

해설 • 완전 암조응 소요시간 : 보통 30~40분 소요
• 완전 명조응 소요시간 : 보통 1~2분 소요

5-1. 인간의 눈에서 빛이 가장 먼저 접촉하는 부분은? [18.2]

① 각막 ② 망막
③ 초자체 ④ 수정체

해설 눈 부위의 기능
• 망막 : 상이 맺히는 곳으로 카메라 필름에 해당한다.
• 동공 : 홍채 안쪽 중앙의 비어 있는 공간을 말한다.
• 수정체 : 빛을 굴절시키며, 렌즈의 역할을 한다.
• 각막 : 안구 표면의 막으로 빛이 최초로 통과하는 부분이며, 눈을 보호한다.

정답 ①

5-2. 다음 중 망막의 원추세포가 가장 낮은 민감성을 보이는 파장의 색은? [14.2]

① 적색 ② 회색
③ 청색 ④ 녹색

해설 원추세포는 밝은 곳에서 민감하며, 특히 적색, 청색, 녹색에 매우 민감하다.

정답 ②

6. 거리가 있는 한 물체에 대한 약간 다른 상이 두 눈의 망막에 맺힐 때, 이것을 구별할 수 있는 능력은? [18.4]

① vernier acuity
② stereoscopic acuity
③ dynamic visual acuity
④ minimum perceptible acuity

해설 시력의 척도
• 배열시력(vernier acuity) : 하나의 수직선이 중간에서 끊겨 아래 부분이 옆으로 옮겨진 경우에 미세한 치우침을 구별하는 능력
• 입체시력(stereoscopic acuity) : 거리가 있는 한 물체에 대한 약간 다른 상이 두 눈의 망막에 맺힐 때, 이것을 구별하는 능력
• 동적시력(dynamic visual acuity) : 움직이는 물체를 잘 인지하는 능력
• 최소지각시력(minimum perceptible acuity) : 배경으로부터 한 점을 구별하여 탐지할 수 있는 최소의 점
• 최소분간시력(minimum separable acuity) : 일반적으로 사용되는 시력으로 눈이 식별할 수 있는 표적의 최소 공간

7. 40세 이후 노화에 의한 인체의 시지각능력 변화로 틀린 것은? [15.1]

① 근시력 저하
② 휘광에 대한 민감도 저하

정답 4. ② 5. ④ 6. ② 7. ②

③ 망막에 이르는 조명량 감소
④ 수정체 변색

해설 40세 이후 노화에 의한 인체의 시지각 능력 변화로 근시력 저하, 망막에 이르는 조명량 감소, 수정체 변색 등이 있다.

8. 창문을 통해 들어오는 직사휘광을 처리하는 방법으로 가장 거리가 먼 것은? [16.2]

① 창문을 높이 단다.
② 간접조명 수준을 높인다.
③ 차양이나 발(blind)을 사용한다.
④ 옥외 창 위에 드리우개(overhang)를 설치한다.

해설 광원으로부터의 직사휘광 처리방법
- 광원의 휘도를 줄이고 광원의 수를 늘린다.
- 광원을 시선에서 멀리 위치시킨다.
- 휘광원 주위를 밝게 하여 광도비를 줄인다.
- 가리개, 갓, 차양 등을 사용한다.

9. 글자의 설계 요소 중 검은 바탕에 쓰여진 흰 글자가 번져 보이는 현상과 가장 관련 있는 것은? [11.2/20.1]

① 획폭비 ② 글자체
③ 종이크기 ④ 글자두께

해설 획폭비 : 문자나 숫자의 높이에 대한 획 굵기의 비로 글자가 번져 보이는 현상

9-1. 옥외의 자연조명에서 최적 명시거리일 때 문자나 숫자의 높이에 대한 획폭비는 일반적으로 검은 바탕에 흰 숫자를 쓸 때는 (A), 흰 바탕에 검은 숫자를 쓸 때는 (B)가 독해성이 최적이 된다고 한다. 다음 중 (A), (B)의 획폭비로 가장 적절한 것은? [09.4]

① (A) 1 : 5.3, (B) 1 : 10
② (A) 1 : 3.1, (B) 1 : 12
③ (A) 1 : 11.1, (B) 1 : 4
④ (A) 1 : 13.3, (B) 1 : 8

해설 획폭비는 흰 숫자의 경우에 1 : 13.3이고, 검은 숫자의 경우는 1 : 8 정도이다.
Tip) 획폭비 : 문자나 숫자의 높이에 대한 획 굵기의 비로 글자가 번져 보이는 현상

정답 ④

10. 사물을 볼 수 있는 최소 각이 30초인 사람과 최소 각이 1분인 사람의 산술적 시력 차이는 얼마인가? [09.1]

① 0.5 ② 1.0
③ 1.5 ④ 2.0

해설 시력 차이 $=\frac{1}{\text{시각30초}}-\frac{1}{\text{시각1분}}$

$$=\frac{2}{\text{시각1분}}-\frac{1}{\text{시각1분}}=\frac{1}{\text{시각1분}}=1.0$$

11. 작업장 내의 색채조절이 적합하지 못한 경우에 나타나는 상황이 아닌 것은? [17.1]

① 안전표지가 너무 많아 눈에 거슬린다.
② 현란한 색 배합으로 물체 식별이 어렵다.
③ 무채색으로만 구성되어 중압감을 느낀다.
④ 다양한 색채를 사용하면 작업의 집중도가 높아진다.

해설 ④ 다양한 색채를 사용하면 시각의 혼란으로 재해 발생이 높아진다.

11-1. 시야는 색상에 따라 그 범위가 달라지는데 다음 중 시야의 범위가 가장 넓은 색상은? [10.2]

① 백색 ② 청색 ③ 적색 ④ 녹색

해설 시야의 범위가 넓은 색상 순서 : 백색 > 녹색 > 적색 > 청색

정답 ①

정답 8. ② 9. ① 10. ② 11. ④

12. 안전색채와 표시사항이 맞게 연결된 것은? [19.4]

① 녹색-안내표시 ② 황색-금지표시
③ 적색-경고표시 ④ 회색-지시표시

해설 ② 황색-주의표시, ③ 적색-금지표시, ④ 회색-안전색채로 사용하지 않는다.

13. 시각적 부호 중 교통표지판, 안전보건표지 등과 같이 부호가 이미 고안되어 있으므로 이를 배워야 하는 부호를 무엇이라 하는가? [09.1]

① 추상적 부호
② 묘사적 부호
③ 임의적 부호
④ 상태적 부호

해설 시각적 부호 유형

- 묘사적 부호 : 사물의 행동을 단순하고 정확하게 묘사(위험표지판의 해골과 뼈, 도보표지판의 걷는 사람)
- 추상적 부호 : 전언의 기본요소를 도식적으로 압축한 부호
- 임의적 부호 : 부호가 이미 고안되어 있으므로 이를 배워야 하는 부호(경고표지는 삼각형, 안내표지는 사각형, 지시표지는 원형 등)

14. 다음 중 텍스트 정보를 표현하는 방법의 설명으로 옳은 것은? [11.4]

① 영문 대문자는 소문자보다 읽기 쉽다.
② 자간이 좁을 때보다 보통일 때 더 많은 단어를 읽을 수 있다.
③ 행간이 좁을수록 더 읽기 쉽다.
④ 문장은 수동문이나 부정문보다 능동문이나 긍정문이 더 이해하기 쉽다.

해설 ① 영문 소문자는 대문자보다 읽기 쉽다.
② 자간이 보통일 때보다 좁을수록 더 많은 단어를 읽을 수 있다.
③ 행간이 넓을수록 더 읽기 쉽다.

15. 단일차원의 시각적 암호 중 구성암호, 영문자암호, 숫자암호에 대하여 암호로서의 성능이 가장 좋은 것부터 배열한 것은? [09.2/17.2]

① 숫자암호-영문자암호-구성암호
② 구성암호-숫자암호-영문자암호
③ 영문자암호-숫자암호-구성암호
④ 영문자암호-구성암호-숫자암호

해설 시각적 암호의 성능 순서 : 숫자암호 → 색암호 → 영문자암호 → 기하학적 형상 → 구성암호

청각적 표시장치

16. 시각적 표시장치와 비교하여 청각적 표시장치를 사용하기 적당한 경우는? [19.4]

① 메시지가 짧다.
② 메시지가 복잡하다.
③ 한 자리에서 일을 한다.
④ 메시지가 공간적 위치를 다룬다.

해설 ②, ③, ④는 시각적 표시장치의 특성

16-1. 정보를 전송하기 위해 청각적 표시장치를 사용해야 효과적인 경우에 해당하는 것은? [10.1/10.2/14.2/14.4/18.2/19.2]

① 전언이 복잡할 경우
② 전언이 후에 재참조될 경우
③ 전언이 공간적인 위치를 다룰 경우
④ 전언이 즉각적인 행동을 요구할 경우

해설 ①, ②, ③은 시각적 표시장치의 특성

정답 ④

16-2. 정보전달용 표시장치에서 청각적 표현이 좋은 경우가 아닌 것은? [09.4/12.1/17.2]

정답 12. ① 13. ③ 14. ④ 15. ① 16. ①

① 메시지가 복잡하다.
② 시각장치가 지나치게 많다.
③ 즉각적인 행동이 요구된다.
④ 메시지가 그때의 사건을 다룬다.

해설 ①은 시각적 표시장치의 특성

정답 ①

17. 인간이 느끼는 소리의 높고 낮은 정도를 나타내는 물리량은? [18.4]

① 음압 ② 주파수
③ 지속시간 ④ 명료도

해설 주파수 : 인간이 청각으로 느끼는 소리의 고저 정도를 나타내는 물리량

17-1. 인간의 가청주파수 범위는? [17.1/17.4]

① 2~10000Hz ② 20~20000Hz
③ 200~30000Hz ④ 200~40000Hz

해설 인간의 가청주파수 범위 : 20~20000Hz

정답 ②

17-2. 가청주파수 내에서 사람의 귀가 가장 민감하게 반응하는 주파수대역은? [17.4/20.1]

① 20~20000Hz ② 50~15000Hz
③ 100~10000Hz ④ 500~3000Hz

해설 사람의 귀가 가장 민감하게 반응하는 주파수대역(중음역)은 500~3000Hz이다.

정답 ④

17-3. 작업자가 소음 작업환경에 장기간 노출되어 소음성 난청이 발병하였다면 일반적으로 청력손실이 가장 크게 나타나는 주파수는? [09.1/11.1/16.1]

① 1000Hz ② 2000Hz
③ 4000Hz ④ 6000Hz

해설 소음에 의한 청력손실의 주파수대역은 3000~4000Hz이다.

정답 ③

18. 소음성 난청 유소견자로 판정하는 구분을 나타내는 것은? [18.2]

① A ② C ③ D_1 ④ D_2

해설 건강진단 판정기준

A	C_1	C_2	D_1	D_2
건강한 근로자	일반질병 관찰 대상자	직업병 관찰 대상자	직업병 확진자	일반질병 확진자

19. 다음 중 음의 강약을 나타내는 기본단위는? [15.2/19.2]

① dB ② pont
③ hertz ④ diopter

해설 • 데시벨(dB) : 음의 강약(소음)의 기본단위
• 허츠(herts) : 진동수의 단위
• 디옵터(diopter) : 렌즈나 렌즈계통의 배율단위
• 루멘(lumen) : 광선속의 국제단위

19-1. 다음 중 음(音)의 크기를 나타내는 단위로만 나열된 것은? [10.2/14.1]

① dB, nit
② phon, lb
③ dB, psi
④ phon, dB

해설 음(音)의 크기 단위
• dB : 음의 강약(소음)의 기본단위
• phon : 1000Hz 순음의 음압수준(dB)을 나타낸다.

정답 ④

정답 17. ② 18. ③ 19. ①

19-2. 음의 세기인 데시벨(dB)을 측정할 때 기준음압의 주파수는? [16.2]

① 10Hz ② 100Hz
③ 1000Hz ④ 10000Hz

해설 기준음압의 주파수 측정기준은 1000Hz이다.

정답 ③

19-3. 다음의 설명에서 (   ) 안의 내용을 맞게 나열한 것은? [14.4/19.1]

> 40phon은 (㉠)sone을 나타내며, 이는 (㉡)dB의 (㉢)Hz 순음의 크기를 나타낸다.

① ㉠ : 1, ㉡ : 40, ㉢ : 1000
② ㉠ : 1, ㉡ : 32, ㉢ : 1000
③ ㉠ : 2, ㉡ : 40, ㉢ : 2000
④ ㉠ : 2, ㉡ : 32, ㉢ : 2000

해설 • 1000Hz에서 1dB=1phon이다.
• 1sone : 40dB의 1000Hz 음압수준을 가진 순음의 크기(=40phon)를 1sone이라 한다.

정답 ①

19-4. 음압수준이 120dB인 경우 1000Hz에서의 phon 값과 sone 값으로 옳은 것은?

① 100phon, 64sone [11.1/11.2/13.1/16.1]
② 100phon, 128sone
③ 120phon, 128sone
④ 120phon, 256sone

해설 ㉠ 1000Hz에서 1dB=1phon이므로 120dB=120phon
㉡ sone치 $=2^{(\text{phon치}-40)/10}=2^{(120-40)/10}=2^8$ $=256$ sone

정답 ④

19-5. 소음이 심한 기계로부터 1.5m 떨어진 곳의 음압수준이 100dB라면 이 기계로부터 5m 떨어진 곳의 음압수준은 약 얼마인가?

① 85dB ② 90dB [16.4]
③ 96dB ④ 102dB

해설 음압수준 $dB_2 = dB_1 - 20\log\left(\frac{d_2}{d_1}\right)$

$$=100-20\log\left(\frac{5}{1.5}\right) \fallingdotseq 90\,\text{dB}$$

여기서, dB_1 : 소음기계로부터 d_1 떨어진 곳의 소음
dB_2 : 소음기계로부터 d_2 떨어진 곳의 소음

정답 ②

20. 한 사무실에서 타자기의 소리 때문에 말소리가 묻히는 현상을 무엇이라 하는가? [17.2]

① dBA ② CAS
③ phon ④ masking

해설 masking(차폐, 은폐) 현상 : 높은 음과 낮은 음이 공존할 때 낮은 음이 강한 음에 가로막혀 감도가 감소되는 현상

21. 청각적 표시장치 지침에 관한 설명으로 틀린 것은? [16.1]

① 신호는 최소한 0.5~1초 동안 지속한다.
② 신호는 배경소음과 다른 주파수를 이용한다.
③ 소음은 양쪽 귀에, 신호는 한쪽 귀에 들리게 한다.
④ 300m 이상 멀리 보내는 신호는 2000Hz 이상의 주파수를 사용한다.

해설 ④ 300m 이상 멀리 보내는 신호는 1000Hz 이하의 주파수를 사용한다.

21-1. 청각적 표시장치에서 300m 이상의 장거리용 경보기에 사용하는 진동수로 가장 적절한 것은? [17.1]

정답 20. ④ 21. ④

① 800Hz 전후
② 2200Hz 전후
③ 3500Hz 전후
④ 4000Hz 전후

해설 300m 이상 멀리 보내는 신호는 1000Hz 이하의 주파수를 사용한다.

정답 ①

22. 중추신경계의 피로, 즉 정신피로의 척도로 사용되는 것으로서 점멸률을 점차 증가(감소)시키면서 피실험자가 불빛이 계속 켜져 있는 것으로 느끼는 주파수를 측정하는 방법은? [18.4]

① VFF ② EMG
③ EEG ④ MTM

해설 VFF(시각적 점멸융합주파수) : 시각적 혹은 청각적으로 주어지는 계속적인 자극을 연속적으로 느끼게 되는 주파수로 조명강도의 대수치에 선형적으로 비례한다.

22-1. 중추신경계의 피로(정신피로)의 척도로 사용할 수 있는 시각적 점멸융합주파수(VFF)를 측정할 때 영향을 주는 변수로 틀린 것은? [12.4]

① VFF는 조명강도의 대수치에 선형적으로 반비례한다.
② 표적과 주변의 휘도가 같을 때 VFF는 최대가 된다.
③ 휘도만 같다면 색상은 VFF에 영향을 주지 않는다.
④ VFF는 사람들 간에는 큰 차이가 있으나 개인의 경우 일관성이 있다.

해설 ① VFF는 조명강도의 대수치에 선형적으로 비례한다.

정답 ①

23. 다음 중 소음의 크기에 대한 설명으로 틀린 것은? [13.2]

① 저주파 음은 고주파 음만큼 크게 들리지 않는다.
② 사람의 귀는 모든 주파수의 음에 동일하게 반응한다.
③ 크기가 같아지려면 저주파 음은 고주파 음보다 강해야 한다.
④ 일반적으로 낮은 주파수(100Hz 이하)에 덜 민감하고, 높은 주파수에 더 민감하다.

해설 ② 사람의 귀는 주파수에 따라 반응의 차이가 있다.

23-1. 다음 중 경계 및 경보신호를 설계할 때 적합하지 않은 것은? [11.4]

① 배경소음의 진동수와 같은 신호를 사용한다.
② 주의를 끌기 위해서는 변조된 신호를 사용한다.
③ 장애물이 있는 경우에는 500Hz 이하의 진동수를 갖는 신호를 사용한다.
④ 경보 효과를 높이기 위해서 개시시간이 짧은 고감도 신호를 사용한다.

해설 ① 배경소음의 진동수와 다른 진동수의 신호를 사용한다.

정답 ①

24. 다음 중 음성통신 시스템의 구성요소에서 우수한 화자(speaker)의 조건으로 틀린 것은? [15.4]

① 큰 소리로 말한다.
② 음절 지속시간이 길다.
③ 말할 때 기본 음성주파수의 변화가 적다.
④ 전체 발음시간이 길고, 쉬는 시간이 짧다.

해설 ③ 말할 때 기본 음성주파수의 변화가 커야 한다.

정답 22. ① 23. ② 24. ③

24-1. 다음 중 음성인식에서 이해도가 가장 좋은 것은? [15.1]

① 음소 ② 음절
③ 단어 ④ 문장

해설 음성인식에서 문장의 구조로 된 것이 독립음절보다 전달확률이 높다.

정답 ④

25. 다음은 1/100초 동안 발생한 3개의 음파를 나타낸 것이다. 음의 세기가 가장 큰 것과 가장 높은 음은 무엇인가? [12.1/20.1]

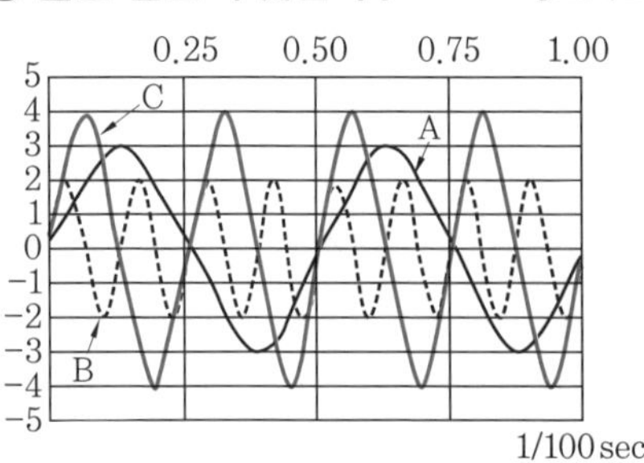

① 가장 큰 음의 세기 : A, 가장 높은 음 : B
② 가장 큰 음의 세기 : C, 가장 높은 음 : B
③ 가장 큰 음의 세기 : C, 가장 높은 음 : A
④ 가장 큰 음의 세기 : B, 가장 높은 음 : C

해설 음파(sound wave)
- 가장 큰 음의 세기 : 진폭이 가장 큰 것 → C
- 가장 높은 음 : 같은 시간 동안 진동수가 많은 것 → B

26. 소음을 방지하기 위한 대책으로 틀린 것은? [18.1]

① 소음원 통제 ② 차폐장치 사용
③ 소음원 격리 ④ 연속소음 노출

해설 소음방지 대책
- 소음원의 통제 : 기계설계 단계에서 소음에 대한 반영, 차량에 소음기 부착 등
- 소음의 격리 : 방, 장벽, 창문, 소음차단벽 등을 사용
- 차폐장치 및 흡음재 사용
- 음향처리제 사용
- 적절한 배치(layout)
- 배경음악
- 방음보호구 사용 : 귀마개, 귀덮개 등을 사용하는 것은 소극적인 대책

26-1. 다음 중 작업장에서 발생하는 소음에 대한 대책으로 가장 먼저 고려하여야 할 적극적인 방법은? [11.2/14.4]

① 소음원의 격리
② 소음원의 제거
③ 귀마개 등 보호구의 착용
④ 덮개 등 방호장치의 설치

해설 작업장에서 발생하는 소음원을 제거하는 것이 가장 적극적인 소음방지 대책이다.

정답 ②

26-2. 다음 중 연마작업장의 가장 소극적인 소음 대책은? [19.1]

① 음향처리제를 사용할 것
② 방음 보호용구를 착용할 것
③ 덮개를 씌우거나 창문을 닫을 것
④ 소음원으로부터 적절하게 배치할 것

해설 소음방지 대책 : 소음원의 통제, 소음의 격리, 차폐장치 및 흡음재 사용, 음향처리제 사용, 적절한 배치, 배경음악, 방음보호구 사용(소극적인 대책) 등

정답 ②

27. 산업안전보건법령에서 정한 물리적 인자의 분류기준에 있어서 소음은 소음성 난청을 유발할 수 있는 몇 dB(A) 이상의 시끄러운 소리로 규정하고 있는가? [10.1/15.4/17.1]

① 70 ② 85 ③ 100 ④ 115

정답 25. ② 26. ④ 27. ②

해설 소음작업 : 1일 8시간 작업을 기준으로 85dB 이상의 소음이 발생하는 작업

28. **2개 공정의 소음수준 측정 결과 1공정은 100dB에서 2시간, 2공정은 90dB에서 1시간 소요될 때 총 소음량(TND)과 소음설계의 적합성을 올바르게 나열한 것은? (단, 우리나라는 90dB에 8시간 노출될 때를 허용기준으로 하며, 5dB 증가할 때 허용시간은 1/2로 감소되는 법칙을 적용한다.)** [14.2]

① TND=0.83, 적합
② TND=0.93, 적합
③ TND=1.03, 적합
④ TND=1.13, 부적합

해설 소음량(TND)

$$=\frac{(\text{실제 노출시간})_1}{(\text{1일 노출기준})_1}+\cdots+\frac{(\text{실제 노출시간})_n}{(\text{1일 노출기준})_n}$$

$$=\frac{2}{2}+\frac{1}{8}=1.125$$

∴ TND > 1이므로 부적합하다.

29. **청각신호의 수신과 관련된 인간의 기능으로 볼 수 없는 것은?** [12.4/16.2]

① 검출(detaction)
② 순응(adaptation)
③ 위치 판별(directional judgement)
④ 절대적 식별(absolute judgement)

해설 청각신호의 3가지 기능 : 검출, 위치 판별, 절대적 식별

Tip) 순응(adaptation) : 환경 등의 변화에 적응하여 익숙해지는 현상

29-1. **다음 중 절대적으로 식별 가능한 청각 차원의 수준의 수가 가장 적은 것은?** [12.2]

① 강도 ② 진동수
③ 지속시간 ④ 음의 방향

해설 절대적으로 식별 가능한 청각차원의 수준의 순서 : 진동수(4~7) > 강도(3~5) > 지속시간(2~3) > 음의 방향(2)

정답 ④

29-2. **한 자극 차원에서의 절대 식별 수에 있어 순음의 경우 평균 식별 수는 어느 정도 되는가?** [13.2]

① 1 ② 5 ③ 9 ④ 13

해설 한 자극 차원에서의 절대 식별 수에 있어 순음은 5음 정도 밖에 확인하지 못한다.

정답 ②

29-3. **청각신호의 위치를 식별할 때 사용하는 척도는?** [15.1]

① AI(Articulation Index)
② JND(Just Noticeable Difference)
③ MAMA(Minimum Audible Movement Angle)
④ PNC(Preferred Noise Criteria)

해설 MAMA(최소 가청 각도) : 청각신호의 위치를 식별하는 척도지수

정답 ③

29-4. **신호의 강도, 진동수에 의한 신호의 상대식별 등 물리적 자극의 변화 여부를 감지할 수 있는 최소의 자극범위를 의미하는 것은?** [14.1]

① chunking
② stimulus range
③ SDT(Signal Detection Theory)
④ JND(Just Noticeable Difference)

해설 변화감지역(JND)이 작을수록 그 자극 차원의 변화를 쉽게 검출할 수 있다.

정답 ④

정답 28. ④ 29. ②

30. 통신에서 잡음 중의 일부를 제거하기 위해 필터(filter)를 사용하였다면 이는 다음 중 어느 것의 성능을 향상시키는 것인가? [13.2]

① 신호의 검출성 ② 신호의 양립성
③ 신호의 산란성 ④ 신호의 표준성

해설 신호의 검출성 : 통신에서 신호에 잡음을 제거하는 여과기(필터)를 사용하여 검출성을 향상시킨다.

31. 다음 중 귀의 구조를 설명한 내용으로 틀린 것은? [10.4/15.2]

① 외이(outer ear)는 외이도, 귓바퀴로 이루어져 있다.
② 중이(middle ear)는 고막, 추골, 침골, 등골로 연결되어 있다.
③ 내이(inner ear)는 난원창, 청신경으로 이루어져 있다.
④ 달팽이관(cochlea)은 나선형으로 생긴 관으로 기저막이 진동한다.

해설 ② 중이에는 인두와 교통하여 고실 내압을 조절하는 유스타키오관이 존재한다.
Tip) 중이는 고막에 가해지는 미세한 압력의 변화를 22배로 증폭한다.

32. 다음 중 소음의 영향에 대한 일반적인 설명과 가장 거리가 먼 것은? [11.2]

① 간단하고 정규적인 과업의 퍼포먼스는 소음의 영향이 없으며 오히려 개선되는 경우도 있다.
② 시력, 대비판별, 암시, 순응, 눈 동작속도 등 감각기능은 모두 소음의 영향이 적다.
③ 운동 퍼포먼스는 균형과 관계되지 않는 한 소음에 의해 나빠지지 않는다.
④ 쉬지 않고 계속 실행하는 과업에 있어 소음은 긍정적인 영향을 미친다.

해설 ④ 쉬지 않고 계속되는 소음은 작업에 악영향을 미친다.

촉각 및 후각적 표시장치

33. 촉각적 표시장치에서 기본정보 수용기로 주로 사용되는 것은? [16.4]

① 귀 ② 눈 ③ 코 ④ 손

해설 사람의 감각기관

귀	눈	코	손
청각	시각	후각	촉각

Tip) 촉각적 암호화 : 점자, 진동, 온도 등

34. 사람의 감각기관 중 반응속도가 가장 느린 것은? [17.2]

① 청각 ② 시각
③ 미각 ④ 촉각

해설 감각기능의 반응속도
청각 : 0.17초 > 촉각 : 0.18초 > 시각 : 0.20초 > 미각 : 0.29초 > 통각 : 0.7초

35. 조종장치의 촉각적 암호화를 위하여 고려하는 특성으로 볼 수 없는 것은? [17.4/20.2]

① 형상 ② 무게
③ 크기 ④ 표면촉감

해설 조종장치의 촉각적 암호화 특성 : 형상, 크기, 표면촉감

36. 다음 그림에서 A는 자극의 불확실성, B는 반응의 불확실성을 나타낼 때 C 부분에 해당하는 것은? [10.2]

정답 30. ① 31. ② 32. ④ 33. ④ 34. ③ 35. ② 36. ①

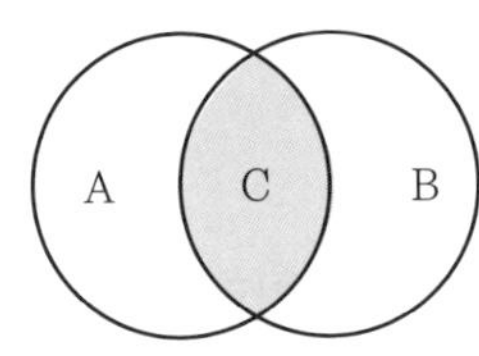

① 전달된 정보량
② 불안전한 행동량
③ 자극과 반응의 확실성
④ 자극과 반응의 검출성

해설 C는 A와 B의 공통적으로 전달된 정보량을 나타낸다.

인간요소와 휴먼 에러

37. 다음 중 인간 에러 원인의 수준적 분류에 있어 작업자 자신으로부터 발생하는 에러를 무엇이라 하는가? [13.4/14.1/14.2/16.4/19.2]

① command error ② secondary error
③ primary error ④ third error

해설 실수 원인의 수준적 분류
- 1차 실수(primary error) : 작업자 자신으로부터 발생한 에러
- 2차 실수(secondary error) : 작업형태나 작업조건 중 문제가 생겨 발생한 에러
- 커맨드 실수(command error) : 직무를 하려고 해도 필요한 정보, 물건, 에너지 등이 없어 발생하는 실수

37-1. 휴먼 에러(human error)의 분류 중 필요한 임무나 절차의 순서착오로 인하여 발생하는 오류는? [11.2/20.1]

① omission error ② sequential error
③ commission error ④ extraneous error

해설 휴먼 에러
- 시간지연오류(time error) : 시간지연으로 발생한 에러
- 순서오류(sequential error) : 작업공정의 순서착오로 발생한 에러
- 생략, 누설, 부작위오류(omission error) : 작업공정의 절차를 수행하지 않은 것에 기인한 에러
- 작위적오류, 실행오류(commission error) : 필요한 작업 또는 절차의 불확실한 수행으로 발생한 에러
- 과잉행동오류(extraneous error) : 불필요한 작업절차의 수행으로 발생한 에러

정답 ②

37-2. 운전자가 직무를 수행하지만 틀리게 수행함으로써 발생하는 작위(commission) 실수의 범주에 포함되지 않는 것은? [11.1]

① 생략착오
② 시간착오
③ 순서착오
④ 정성적착오

해설 작위적오류, 실행오류(commission error) : 필요한 작업 또는 절차의 불확실한 수행으로 발생한 에러(선택, 순서, 시간, 정성적착오)

정답 ①

37-3. 스웨인(Swain)의 인적 오류(혹은 휴먼 에러) 분류방법에 의할 때, 자동차 운전 중 습관적으로 손을 창문 밖으로 내어 놓았다가 다쳤다면 다음 중 이때 운전자가 행한 에러의 종류로 옳은 것은? [12.2]

① 실수(slip)
② 작위오류(commission error)
③ 불필요한 수행오류(extraneous error)
④ 누락오류(omission error)

정답 37. ③

해설 과잉행동오류(extraneous error) : 불필요한 작업절차의 수행으로 발생한 에러

정답 ③

38. 작업자가 100개의 부품을 육안검사하여 20개의 불량품을 발견하였다. 실제 불량품이 40개라면 인간 에러(human error) 확률은 약 얼마인가? [17.4/20.1]

① 0.2 ② 0.3 ③ 0.4 ④ 0.5

해설 인간 에러 확률(HEP)

$$=\frac{\text{인간의 과오 수}}{\text{전체 과오 발생기회 수}}$$

$$=\frac{40-20}{100}=0.2$$

39. 품질검사 작업자가 한 로트에서 검사 오류를 범할 확률이 0.1이고, 이 작업자가 하루에 5개의 로트를 검사한다면, 5개 로트에서 에러를 범하지 않을 확률은? [14.2]

① 90% ② 75%
③ 59% ④ 40%

해설 확률$(R)=(1-P)^n=(1-0.1)^5$

$=0.59049=59\%$

여기서, P : 인간 실수 확률, n : 로트의 수

40. 휴먼 에러의 배후요소 중 작업방법, 작업순서, 작업정보, 작업환경과 가장 관련이 깊은 것은? [18.2]

① Man ② Machine
③ Media ④ Management

해설 인간 에러의 배후요인 4요소(4M)

- Man(인간) : 인간관계
- Machine(기계) : 인간공학적 설계
- Media(매체) : 작업방법, 작업환경, 작업순서 등
- Management(관리) : 안전기준의 정비, 법규 준수 등

41. 다음 중 작업방법의 개선원칙(ECRS)에 해당되지 않는 것은? [14.2]

① 교육(Education) ② 결합(Combine)
③ 재배치(Rearrange) ④ 단순화(Simplify)

해설 작업 개선원칙(ECRS)

- 제거(Eliminate) : 생략과 배제의 원칙
- 결합(Combine) : 결합과 분리의 원칙
- 재조정(Rearrange) : 재편성과 재배열의 원칙
- 단순화(Simplify) : 단순화의 원칙

42. 다음 중 인간 에러(human error)를 예방하기 위한 기법과 가장 거리가 먼 것은? [09.4]

① 작업상황의 개선
② 위급사건기법의 적용
③ 요원의 변경
④ 시스템의 영향 감소

해설 위급사건기법(면접법) : 사고나 위험, 오류 등의 정보를 근로자의 직접 면접, 조사 등을 사용하여 수집하고, 인간-기계 시스템 요소들의 관계 규명 및 중대작업 필요조건 확인을 통해 시스템 개선을 수행하는 기법

42-1. 인적 오류로 인한 사고를 예방하기 위한 대책 중 성격이 다른 것은? [16.2]

① 작업의 모의훈련
② 정보의 피드백 개선
③ 설비의 위험요인 개선
④ 적합한 인체측정치 적용

해설 ①은 내적원인의 대책
②, ③, ④는 설비 및 환경적 측면의 대책

정답 ①

정답 38. ① 39. ③ 40. ③ 41. ① 42. ②

43. 인간의 정보처리기능 중 그 용량이 7개 내외로 작아, 순간적 망각 등 인적 오류의 원인이 되는 것은? [19.2]

① 지각 ② 작업기억
③ 주의력 ④ 감각보관

해설 작업기억 : 인간의 정보보관은 시간이 흐름에 따라 쇠퇴할 수 있다. 작업기억은 용량이 7개 내외로 작아, 순간적 망각 등 인적 오류의 원인이 된다.

43-1. 작업기억(working memory)과 관련된 설명으로 옳지 않은 것은? [11.4/17.2/20.2]

① 오랜 기간 정보를 기억하는 것이다.
② 작업기억 내의 정보는 시간이 흐름에 따라 쇠퇴할 수 있다.
③ 작업기억의 정보는 일반적으로 시각, 음성, 의미 코드의 3가지로 코드화된다.
④ 리허설(rehearsal)은 정보를 작업기억 내에 유지하는 유일한 방법이다.

해설 ① 인간의 정보보관은 시간이 흐름에 따라 쇠퇴할 수 있다.

정답 ①

43-2. 작업기억(working memory)에서 일어나는 정보 코드화에 속하지 않는 것은? [18.2]

① 의미 코드화 ② 음성 코드화
③ 시각 코드화 ④ 다차원 코드화

해설 작업기억의 정보는 일반적으로 시각, 음성, 의미 코드의 3가지로 코드화된다.

정답 ④

44. 다음 중 인간의 실수(human errors)를 감소시킬 수 있는 방법으로 가장 적절하지 않은 것은? [12.1]

① 직무수행에 필요한 능력과 기량을 가진 사람을 선정함으로써 인간의 실수를 감소시킨다.
② 적절한 교육과 훈련을 통하여 인간의 실수를 감소시킨다.
③ 인간의 과오를 감소시킬 수 있도록 제품이나 시스템을 설계한다.
④ 실수를 발생한 사람에게 주의나 경고를 주어 재발생하지 않도록 한다.

해설 ④ 인간의 실수를 감소시킬 수 있는 방법으로 주의나 경고보다는 동기유발이 더 효과적이다.

45. 상황해석을 잘못하거나 목표를 착각하여 행하는 인간의 실수는? [18.4]

① 착오(mistake) ② 실수(slip)
③ 건망증(lapse) ④ 위반(violation)

해설 착오(mistake) : 상황해석을 잘못하거나 목표를 착각하여 행하는 인간의 실수(순서, 패턴, 형상, 기억오류 등)

45-1. 인간-기계 시스템에서 인간 실수가 발생하는 원인 중 출력착오에 해당하는 것은? [15.4]

① 감각의 착오
② 입력의 착오
③ 정보처리 착오
④ 신체적 반응의 착오

해설 출력착오 : 신체적 반응의 착오
Tip) 입력착오 : 감각, 입력, 정보처리 착오

정답 ④

46. 기계설비의 본질안전화를 개선시키기 위하여 검토하여야 할 사항으로 가장 적절한 것은? [15.4]

정답 43. ② 44. ④ 45. ① 46. ②

① 재료, 제품, 공구 등을 놓아둘 수 있는 충분한 공간의 확보
② 작업자의 실수나 잘못이 있어도 사고가 발생하지 않도록 기계설비 설계
③ 안전한 통로를 설정하고, 작업장소와 통로를 명확히 구분
④ 작업의 흐름에 따라 기계설비를 배치시켜 운반작업 최소화

해설 본질적 안전화 : 작업자의 실수나 잘못이 있어도 사고가 발생하지 않도록 기계설비를 설계한다.

46-1. 사용자의 잘못된 조작 또는 실수로 인해 기계의 고장이 발생하지 않도록 설계하는 방법은? [20.2]

① FMEA　② HAZOP
③ fail safe　④ fool proof

해설 풀 프루프(fool proof)
- 사용자의 실수가 있어도 안전장치가 설치되어 재해로 연결되지 않는 구조이다.
- 초보자가 작동을 시켜도 안전하다는 뜻이다.
- 오조작을 하여도 사고가 발생하지 않는다.

정답 ④

46-2. 안전설계 방법 중 페일 세이프 설계(fail-safe design)에 대한 설명으로 가장 적절한 것은? [15.1/16.2]

① 오류가 전혀 발생하지 않도록 설계
② 오류가 발생하기 어렵게 설계
③ 오류의 위험을 표시하는 설계
④ 오류가 발생하였더라도 피해를 최소화하는 설계

해설 페일 세이프(fail safe) 설계 : 기계설비의 일부가 고장 났을 때, 기능이 저하되더라도 전체로서는 운전이 가능한 구조

정답 ④

46-3. 페일 세이프(fail-safe)의 원리에 해당되지 않는 것은? [16.1/17.4]

① 교대구조
② 다경로 하중구조
③ 배타설계구조
④ 하중경감구조

해설 페일 세이프(fail-safe)의 원리 : 다경로 하중구조, 하중경감구조, 교대구조, 이중구조 등
Tip) 배타설계 : 오류를 범할 수 없도록 사물을 설계하는 방법을 말한다.

정답 ③

46-4. 안전제어장치 중 사출기의 도어에 설치되어 도어가 열려 있는 경우에는 사출기가 동작되지 않도록 하는 것을 무엇이라 하는가? [14.4]

① 비상제어장치　② 인터록장치
③ 인트라록장치　④ 트랜스록장치

해설 인터록(inter-lock)장치 : 기계식, 전기적, 기구적, 유공압장치 등의 안전장치 또는 덮개를 제거하는 경우 자동으로 전원을 차단하는 장치

정답 ②

47. 의사결정에 있어 결정자가 각 대안에 대해 어떤 결과가 발생할 것인가를 알고 있으나, 주어진 상태에 대한 확률을 모를 경우에 행하는 의사결정을 무엇이라 하는가? [13.1]

① 대립상태 하에서 의사결정
② 위험한 상황 하에서 의사결정
③ 확실한 상황 하에서 의사결정
④ 불확실 상황 하에서 의사결정

해설 문제에 대한 확률을 모를 경우에 행하는 의사결정을 불확실 상황 하에서의 의사결정이라 한다.

정답 47. ④

48. 인지 및 인식의 오류를 예방하기 위해 목표와 관련하여 작동을 계획해야 하는데 특수하고 친숙하지 않은 상황에서 발생하며, 부적절한 분석이나 의사결정을 잘못하여 발생하는 오류는? [13.2]

① 기능에 기초한 행동(skill-based behavior)
② 규칙에 기초한 행동(rule-based behavior)
③ 지식에 기초한 행동(knowledge-based behavior)
④ 사고에 기초한 행동(accident-based behavior)

해설 지식에 기초한 행동 : 특수하고 친숙하지 않은 상황에서 발생하며, 부적절한 분석이나 의사결정을 잘못하여 발생하는 오류

3 인간계측 및 작업 공간

인체계측 및 인간의 체계제어

1. 다음 중 통제표시비를 설계할 때 고려해야 할 5가지 요소가 아닌 것은? [09.2/14.4/20.1]

① 공차 ② 조작시간
③ 일치성 ④ 목측거리

해설 통제비 설계 시 고려사항 : 계기의 크기, 공차, 방향성, 조작시간, 목측거리

1-1. 통제표시비(control-display ratio)를 설계할 때 고려하는 요소에 관한 설명으로 틀린 것은? [14.2/19.1]

① 통제표시비가 낮다는 것은 민감한 장치라는 것을 의미한다.
② 목시거리(目示距離)가 길면 길수록 조절의 정확도는 떨어진다.
③ 짧은 주행시간 내에 공차의 인정범위를 초과하지 않는 계기를 마련한다.
④ 계기의 조절시간이 짧게 소요되도록 계기의 크기(size)는 항상 작게 설계한다.

해설 ④ 계기의 조절시간이 짧게 소요되도록 적당한 크기를 선택한다. 크기가 작으면 상대적으로 오차가 많이 발생한다.

정답 ④

2. 크기가 다른 복수의 조종장치를 촉감으로 구별할 수 있도록 설계할 때 구별이 가능한 최소의 직경 차이와 최소의 두께 차이로 가장 적합한 것은? [15.2]

① 직경 차이 : 0.95cm, 두께 차이 : 0.95cm
② 직경 차이 : 1.3cm, 두께 차이 : 0.95cm
③ 직경 차이 : 0.95cm, 두께 차이 : 1.3cm
④ 직경 차이 : 1.3cm, 두께 차이 : 1.3cm

해설 크기를 이용한 조종장치에서 촉감에 의하여 크기 차이를 정확히 구별할 수 있는 최소의 직경은 1.3cm, 최소의 두께는 0.95cm가 적합하다.

3. 조종반응비율(C/R비)에 관한 설명으로 틀린 것은? [16.1]

① 조종장치와 표시장치의 물리적 크기와 성질에 따라 달라진다.
② 표시장치의 이동거리를 조종장치의 이동거리로 나눈 값이다.

정답 48. ③ 1. ③ 2. ② 3. ②

③ 조종반응비율이 낮다는 것은 민감도가 높다는 의미이다.
④ 최적의 조종반응비율은 조종장치의 조종시간과 표시장치의 이동시간이 교차하는 값이다.

해설 ② C/R비 $=\frac{\text{조종장치 이동거리}}{\text{표시장치 이동거리}}$

3-1. 선형 조종장치를 16cm 옮겼을 때, 선형 표시장치가 4cm 움직였다면, C/R비는 얼마인가? [09.4/10.1/15.1/15.2/15.4/18.1/18.4]

① 0.2　　② 2.5
④ 4.0　　④ 5.3

해설 C/R비 $=\frac{\text{조종장치 이동거리}}{\text{표시장치 이동거리}}=\frac{16}{4}=4.0$

정답 ④

3-2. 연속제어 조종장치에서 정확도보다 속도가 중요하다면 조종반응(C/R)의 비율은 어떻게 하여야 하는가? [11.2]

① C/R 비율을 1로 조절하여야 한다.
② C/R 비율을 1보다 낮게 조절하여야 한다.
③ C/R 비율을 1보다 높게 조절하여야 한다.
④ C/R 비율을 조절할 필요가 없다.

해설 정확도보다 속도가 중요할 때는 C/R 비율을 1보다 낮게 조절하여야 한다.

정답 ②

3-3. 다음 그림은 C/R비와 시간과의 관계를 나타낸 그림이다. ㉠~㉣에 들어갈 내용으로 맞는 것은? [13.1/17.1]

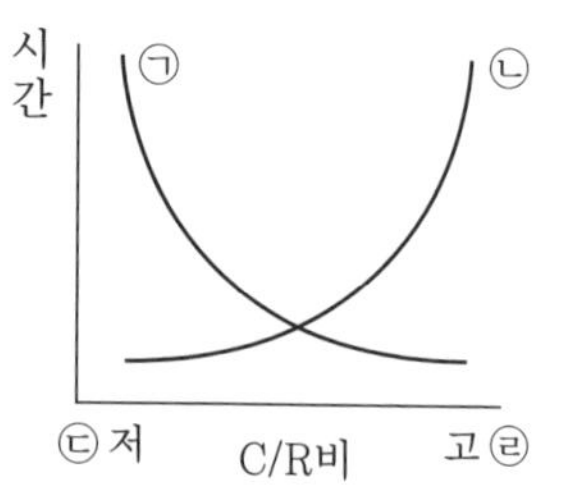

① ㉠ : 이동시간, ㉡ : 조종시간, ㉢ : 민감, ㉣ : 둔감
② ㉠ : 이동시간, ㉡ : 조종시간, ㉢ : 둔감, ㉣ : 민감
③ ㉠ : 조종시간, ㉡ : 이동시간, ㉢ : 민감, ㉣ : 둔감
④ ㉠ : 조종시간, ㉡ : 이동시간, ㉢ : 둔감, ㉣ : 민감

해설 선형 표시장치와 C/R비
- 조종시간은 통제표시비가 증가함에 따라 감소하다가 안정된다.
- 이동시간은 통제표시비가 감소함에 따라 감소하다가 안정된다.

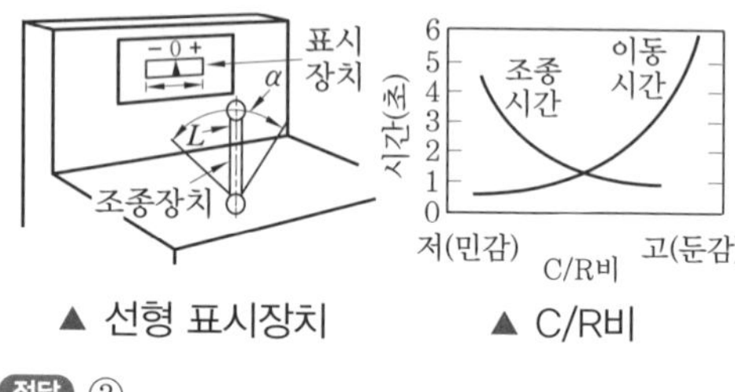

▲ 선형 표시장치　　▲ C/R비

정답 ③

3-4. 다음 중 통제비에 관한 설명으로 틀린 것은? [11.1]

① C/D비라고도 한다.
② 최적 통제비는 이동시간과 조종시간의 교차점이다.
③ 매슬로우(Maslow)가 정의하였다.
④ 통제기기와 시각표시 관계를 나타내는 비율이다.

해설 ③ 매슬로우(Maslow)는 욕구위계 이론을 정의했다.

정답 ③

3-5. 레버를 10° 움직이면 표시장치는 1cm 이동하는 조종장치가 있다. 레버의 길이가

20cm라고 하면 이 조종장치의 통제표시비(C/D비)는 약 얼마인가? [10.2/10.4/16.4/19.2]

① 1.27 ② 2.38 ③ 3.49 ④ 4.51

해설 $C/D비 = \frac{(\alpha/360) \times 2\pi L}{표시장치\ 이동거리}$

$= \frac{(10/360) \times 2\pi \times 20}{1} \fallingdotseq 3.49$

정답 ③

4. 다음 통제용 조종장치의 형태 중 그 성격이 다른 것은? [11.4/12.1/12.2/14.1]

① 노브(knob)
② 푸시버튼(push button)
③ 토글스위치(toggle switch)
④ 로터리 선택스위치(rotary select switch)

해설 ①은 양을 연속적으로 조절하는 장치

Tip) 개폐에 의한 통제 : 푸시버튼, 토글스위치, 로터리 선택스위치 등

5. 조종장치의 저항 중 갑작스러운 속도의 변화를 막고 부드러운 제어동작을 유지하게 해주는 저항은? [16.2/19.4]

① 점성저항 ② 관성저항
③ 마찰저항 ④ 탄성저항

해설 점성저항

- 출력과 반대 방향으로, 속도에 비례해서 작용하는 힘 때문에 생기는 저항력이다.
- 원활한 제어를 도우며, 규정된 변위속도를 유지하는 효과가 있다(부드러운 제어동작이다).
- 우발적인 조종장치의 동작을 감소시키는 효과가 있다.

6. 다음 중 인간공학적으로 조종구(ball control)를 설계할 때 고려하여야 할 사항이 아닌 것은? [13.4]

① 마찰력 ② 탄성력
③ 중량감 ④ 관성력

해설 조종구 설계 시 고려사항 : 마찰력, 탄성력, 관성력 등

7. 다음 형상암호화 조종장치 중 이산 멈춤 위치용 조종장치는? [14.1/19.1/20.2]

①
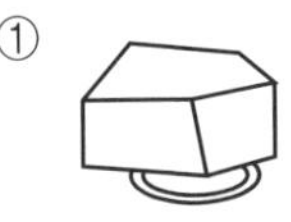

②
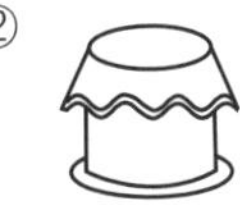

③
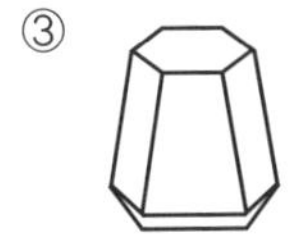

④
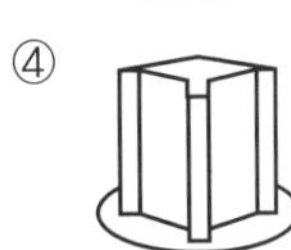

해설 제어장치의 형태코드법

- 복수 회전(다회전용) : 연속 조절에 사용하는 놉으로 1회전 이상 빙글 돌릴 수 있으며, 놉의 위치가 제어조작의 정보로 중요하지 않다. → ②와 ③
- 분별 회전(단회전용) : 연속 조절에 사용하는 놉으로 빙글 돌릴 필요가 없고, 1회전 미만이며 놉의 위치가 제어조작의 정보로 중요하다. → ④
- 멈춤쇠 위치 조정(이산 멈춤 위치용) : 놉의 위치 제어조작의 정보가 분산 설정 제어장치로 사용된다. → ①

8. 인간의 기대하는 바와 자극 또는 반응들이 일치하는 관계를 무엇이라 하는가? [18.2]

① 관련성 ② 반응성 ③ 양립성 ④ 자극성

해설 양립성 : 자극과 반응의 관계가 인간의 기대와 모순되지 않는 성질

8-1. 다수의 표시장치(디스플레이)를 수평으로 배열할 경우 해당 제어장치를 각각의 표시장치 아래에 배치하면 좋아지는 양립성의 종류는? [20.2]

정답 4. ① 5. ① 6. ③ 7. ① 8. ③

① 공간 양립성 ② 운동 양립성
③ 개념 양립성 ④ 양식 양립성

해설 공간 양립성 : 제어장치를 각각의 표시장치 아래에 배치하면 좋아지는 양립성, 오른쪽은 오른손 조절장치, 왼쪽은 왼손 조절장치

정답 ①

8-2. 다음 내용에 해당하는 양립성의 종류는? [09.1]

> 자동차를 운전하는 과정에서 우측으로 회전하기 위하여 핸들을 우측으로 돌린다.

① 개념의 양립성 ② 운동의 양립성
③ 공간의 양립성 ④ 감성의 양립성

해설 지문은 운동의 양립성에 대한 내용이다.

정답 ②

9. 암호체계 사용상의 일반적인 지침에 해당하지 않는 것은? [09.2/19.1]

① 암호의 검출성 ② 부호의 양립성
③ 암호의 표준화 ④ 암호의 단일차원화

해설 암호체계 사용상 일반적인 지침 : 검출성(감지장치로 검출), 변별성(인접자극의 상이도 영향), 표준화, 암호의 다차원화, 부호의 의미와 양립성 등

9-1. 암호체계 사용상의 일반적 지침 중 부호의 양립성(compatibility)에 관한 설명으로 옳은 것은? [12.4]

① 자극은 주어진 상황하의 감지장치나 사람이 감지할 수 있는 것이어야 한다.
② 암호의 표시는 다른 암호 표시와 구별될 수 있어야 한다.
③ 자극과 반응 간의 관계가 인간의 기대와 모순되지 않아야 한다.
④ 일반적으로 2가지 이상을 조합하여 사용하면 정보의 전달이 촉진된다.

해설 ①은 감지할 수 있는 검출성
②는 다른 암호 표시와 구별될 수 있는 판별성(변별성)
④는 다차원 시각적 암호

정답 ③

9-2. 암호체계 사용상의 일반적인 지침에서 "암호의 변별성"을 의미하는 것으로 가장 적절한 것은? [10.1]

① 암호화한 자극은 감지장치나 사람이 감지할 수 있어야 한다.
② 모든 암호의 표시는 다른 암호 표시와 구분될 수 있어야 한다.
③ 암호를 사용할 때에는 사용자가 그 뜻을 분명히 알 수 있어야 한다.
④ 두 가지 이상의 암호 차원을 조합해서 사용하면 정보전달이 촉진된다.

해설 ①은 검출성, ③은 부호의 의미,
④는 다차원 시각적 암호

정답 ②

10. 다음 중 인체측정치의 응용원칙과 거리가 먼 것은? [13.4/18.1]

① 극단치를 고려한 설계
② 조절범위를 고려한 설계
③ 평균치를 기준으로 한 설계
④ 기능적 치수를 이용한 설계

해설 인체계측의 설계원칙
- 최대치수와 최소치수(극단치)를 기준으로 한 설계
- 크고 작은 많은 사람에 맞도록 조절범위를 고려한 설계
- 최대 · 최소치수, 조절식으로 하기에 곤란한 경우 평균치를 기준으로 한 설계

정답 9. ④ 10. ④

10-1. 통로나 그네의 줄 등을 설계하는데 있어 가장 적합한 인체측정자료의 응용원칙은? [09.1/10.4/12.2/18.4]

① 평균치 설계 ② 최대 집단치 설계
③ 최소 집단치 설계 ④ 가변적(조절식) 설계

해설 최대 집단치 설계 : 통로, 출입문의 높이, 위험구역 울타리 등

정답 ②

10-2. 인체계측자료를 응용하여 제품을 설계하고자 할 때, 제품과 적용기준으로 틀린 것은? [11.1/13.2/14.4/17.4]

① 공구–평균치 설계기준
② 출입문–최대 집단치 설계기준
③ 안내데스크–평균치 설계기준
④ 선반 높이–최대 집단치 설계기준

해설 ④ 선반 높이–최소 집단치 설계기준

정답 ④

10-3. 인체계측자료에서 주로 사용하는 변수가 아닌 것은? [17.1]

① 평균 ② 5 백분위수
③ 최빈값 ④ 95 백분위수

해설 인체계측의 설계원칙
- 최대치수와 최소치수(극단치)를 기준으로 한 설계
- 크고 작은 많은 사람에 맞도록 조절범위(5~95%)를 고려한 설계
- 최대 · 최소치수, 조절식으로 하기에 곤란한 경우 평균치를 기준으로 한 설계

정답 ③

10-4. 인체측정치 응용원칙 중 가장 우선적으로 고려해야 하는 원칙은? [11.2/15.1]

① 조절식 설계 ② 최대치 설계
③ 최소치 설계 ④ 평균치 설계

해설 조절식 설계 : 크고 작은 많은 사람에 맞도록 조절범위를 통상 5~95%로 설계한다.

정답 ①

11. 인체측정치를 이용한 설계에 관한 설명으로 옳은 것은? [16.1]

① 평균치를 기준으로 한 설계를 제일 먼저 고려한다.
② 자세와 동작에 따라 고려해야 할 인체측정 치수가 달라진다.
③ 의자의 깊이와 너비는 작은 사람을 기준으로 설계한다.
④ 큰 사람을 기준으로 한 설계는 인체측정치의 5%tile을 사용한다.

해설
- 기능적 인체치수(동적 인체계측) : 신체적 기능수행 시 체위의 움직임에 따라 계측하는 방법
- 구조적 인체치수(정적 인체계측) : 신체를 고정(정지)시킨 자세에서 계측하는 방법

11-1. 인체계측에 관한 설명으로 틀린 것은? [13.1/14.2]

① 의자, 피복과 같이 신체모양과 치수와 관련성이 높은 설비의 설계에 중요하게 반영된다.
② 일반적으로 몸의 측정치수는 구조적 치수(structural dimension)와 기능적 치수(functional dimension)로 나눌 수 있다.
③ 인체계측치의 활용 시에는 문화적 차이를 고려하여야 한다.
④ 인체계측치를 활용한 설계는 인간의 안락에는 영향을 미치지만 성능수행과는 관련성이 없다.

해설 ④ 인체계측치를 활용한 설계는 인간의 안락과 성능수행 모두에 영향을 미친다.

정답 ④

정답 11. ②

11-2. 공간이나 제품의 설계 시 움직이는 몸의 자세를 고려하기 위해 사용되는 인체치수는? [10.2/11.4/17.2]

① 비례적 인체치수 ② 구조적 인체치수
③ 기능적 인체치수 ④ 해부적 인체치수

해설 • 기능적 인체치수(동적 인체계측) : 신체적 기능수행 시 체위의 움직임에 따라 계측하는 방법
• 구조적 인체치수(정적 인체계측) : 신체를 고정(정지)시킨 자세에서 계측하는 방법

정답 ③

11-3. 다음 중 인체계측치수의 성격이 다른 것은? [15.4]

① 팔 뻗침 ② 눈높이
③ 앉은 키 ④ 엉덩이 너비

해설 ①은 기능적 인체치수
②, ③, ④는 구조적 인체치수

정답 ①

12. 다음 중 수공구의 일반적인 설계원칙과 거리가 먼 것은? [10.1/14.1/16.2/19.1]

① 손목은 곧게 유지되도록 설계한다.
② 손가락 동작의 반복을 피하도록 설계한다.
③ 손잡이는 손바닥과의 접촉면적이 작게 설계한다.
④ 공구의 무게를 줄이고 사용 시 균형이 유지되도록 한다.

해설 수공구 설계원칙
• 손목을 곧게 유지하여야 한다.
• 조직의 압축응력을 피한다.
• 반복적인 모든 손가락 움직임을 피한다.
• 손잡이는 손바닥의 접촉면적을 크게 설계하여야 한다.
• 공구의 무게를 줄이고 사용 시 균형이 유지되도록 한다.
• 안전작동을 고려하여 무게 균형이 유지되도록 설계한다.

신체활동의 생리학적 측정법

13. 다음 중 육체적 활동에 대한 생리학적 측정방법과 가장 거리가 먼 것은? [20.2]

① EMG ② EEG
③ 심박수 ④ 에너지소비량

해설 뇌전도(EEG) : 뇌 활동에 따른 전위변화로 정신작업에 대한 생리적 척도이다.

13-1. 생리적 스트레스를 전기적으로 측정하는 방법으로 옳지 않은 것은? [14.2/19.2]

① 뇌전도(EEG)
② 근전도(EMG)
③ 전기피부반응(GSR)
④ 안구반응(EOG)

해설 안구반응(EOG) : 눈 전위도 검사로 안구의 반복적인 수평운동 시 나타나는 양쪽 전극 간의 전위변화를 기록한 것이다.

정답 ④

13-2. 심장 근육의 활동 정도를 측정하는 전기 생리신호로 신체적 작업부하 평가 등에 사용할 수 있는 것은? [10.4/11.1]

① ECG ② EEG ③ EOG ④ EMG

해설 ECG, EKG(심전도) : 심장근의 활동 척도로 육체적 활동에 대한 생리적 척도이다.

정답 ①

정답 12. ③ 13. ②

13-3. 심장의 박동주기 동안 심근의 전기적 신호를 피부에 부착한 전극들로부터 측정하는 것으로 심장이 수축과 확장을 할 때, 일어나는 전기적 변동을 기록한 것은? [12.2/17.4]

① 뇌전도계 ② 근전도계
③ 심전도계 ④ 안전도계

해설 심전도계 : 심장이 수축과 확장을 할 때 일어나는 전기적 변동을 기록한 것

정답 ③

13-4. 신체반응의 척도 중 생리적 스트레인의 척도로 신체적 변화의 측정대상에 해당하지 않는 것은? [11.4/18.1]

① 혈압 ② 부정맥
③ 혈액성분 ④ 심박수

해설 신체적 변화의 측정대상 : 혈압, 부정맥, 심박수, 호흡 등

정답 ③

13-5. 다음 중 정신활동의 척도와 가장 거리가 먼 것은? [09.4]

① EEG ② 부정맥
③ 점멸융합주파수 ④ GOMS 척도

해설 정신적 작업부하 척도 : 뇌전도(EEG), 부정맥, 뇌전위(점멸융합주파수), 심박수, 동공반응(눈 깜빡임률), 호흡 수 등

정답 ④

13-6. 다음 중 정신적 작업부하에 대한 생리적 측정치에 해당하는 것은? [13.1]

① 에너지대사량 ② 최대 산소소비능력
③ 근전도 ④ 부정맥 지수

해설 정신적 작업부하 척도 : 뇌전도(EEG), 부정맥, 뇌전위(점멸융합주파수), 심박수, 동공반응(눈 깜빡임률), 호흡 수 등

Tip) 부정맥 : 심장이 불규칙적으로 뛰는 것

정답 ④

13-7. 인간-기계 시스템 평가에 사용되는 인간기준 척도 중에서 유형이 다른 것은?

① 심박수 [15.1]
② 안락감
③ 산소소비량
④ 뇌전위(EEG)

해설
- 생리적 척도 : 심박수, 산소소비량, 뇌전위(EEG), 근전도(EMG) 등
- 심리적 척도 : 권태감, 안락감, 편의성, 선호도 등

정답 ②

14. 손과 같은 신체부위를 반복적으로 사용하기 때문에 발생하는 질환을 무엇이라 하는가? [10.4]

① CTD ② ENG ③ VFF ④ EEG

해설 누적손상장애(CTD) : 손과 같은 특정 신체부위를 반복적으로 사용하기 때문에 발생하는 질환

14-1. 다음 중 누적손실장애(CTDs)의 원인으로 거리가 먼 것은? [09.2/11.1]

① 진동공구의 사용
② 과도한 힘의 사용
③ 높은 장소에서의 작업
④ 부적절한 자세에서의 작업

해설 CTDs(누적손상장애)의 원인
- 부적절한 자세와 무리한 힘의 사용
- 반복도가 높은 작업과 비 휴식
- 장시간의 진동, 낮은 온도(저온) 등

정답 ③

정답 14. ①

15. 급작스러운 큰 소음으로 인하여 생기는 생리적 변화가 아닌 것은? [09.1/19.4]

① 혈압상승 ② 근육이완
③ 동공팽창 ④ 심장박동수 증가

해설 ② 근육을 긴장시킨다.

16. 고온 작업자의 고온 스트레스로 인해 발생하는 생리적 영향이 아닌 것은? [16.1]

① 피부 온도의 상승
② 발한(sweating)의 증가
③ 심박출량(cardiac output)의 증가
④ 근육에서의 젖산 감소로 인한 근육통과 근육피로 증가

해설 ④ 근육에서 젖산이 증가하여 근육통과 근육피로가 증가한다.

16-1. 얼음과 드라이아이스 등을 취급하는 작업에 대한 대책으로 적절하지 않은 것은? [11.4/14.2]

① 더운 물과 더운 음식을 섭취한다.
② 가능한 한 식염을 많이 섭취한다.
③ 혈액순환을 위해 틈틈이 운동을 한다.
④ 오랫동안 한 장소에 고정하여 작업하지 않는다.

해설 ② 더운 환경에서 작업 시 식염을 섭취한다.

정답 ②

17. 작업종료 후에도 체내에 쌓인 젖산을 제거하기 위하여 추가로 요구되는 산소량을 무엇이라고 하는가? [13.2/19.4]

① ATP
② 에너지 대사율
③ 산소부채
④ 산소최대섭취능

해설 산소부채 : 활동이 끝난 후에도 남아 있는 젖산을 제거하기 위해 필요한 산소

18. 체내에서 유기물을 합성하거나 분해하는 데는 반드시 에너지의 전환이 뒤따른다. 이것을 무엇이라 하는가? [19.1]

① 에너지 변환 ② 에너지 합성
③ 에너지 대사 ④ 에너지 소비

해설 에너지 대사 : 생물체 체내에서 일어나는 에너지의 전환, 방출, 저장 시 필요한 에너지의 모든 과정을 말한다.

19. 에너지 대사율(relative metabolic rate)에 관한 설명으로 틀린 것은? [16.1]

① 작업대사량은 작업 시 소비에너지와 안정 시 소비에너지의 차로 나타낸다.
② RMR은 작업대사량을 기초대사량으로 나눈 값이다.
③ 산소소비량을 측정할 때 더글라스 백(douglas bag)을 이용한다.
④ 기초대사량은 의자에 앉아서 호흡하는 동안에 측정한 산소소비량으로 구한다.

해설 ④ 기초대사량은 생명체를 유지하는데 필요한 최소한의 에너지량을 말한다.

Tip) 에너지 대사율(RMR)

$$= \frac{\text{작업 시 소비에너지} - \text{안정 시 소비에너지}}{\text{기초대사 시 소비에너지}}$$

$$= \frac{\text{작업대사량}}{\text{기초대사량}}$$

19-1. 다음 중 기초대사량에 관한 설명으로 가장 적절한 것은? [09.4/14.1]

① 신체기능만을 유지하는데 필요한 대사량
② 가벼운 운동할 때 필요한 대사량
③ 일상적인 생활에 필요한 대사량

정답 15. ② 16. ④ 17. ③ 18. ③ 19. ④

④ 권장하는 정상작업 중에 소요되는 대사량

해설 기초대사량 : 생명체를 유지하는데 필요한 최소한의 에너지량

$$\text{기초대사량(BMR)}=\frac{\text{작업대사량}}{\text{에너지대사량}}$$

정답 ①

19-2. 에너지 대사율(RMR)에 의한 작업강도에서 경작업이란 작업강도가 얼마인 작업을 의미하는가? [16.4]

① 1~2 ② 2~4
③ 4~7 ④ 7~9

해설 작업강도의 에너지 대사율(RMR)

경작업	보통작업(中)	보통작업(重)	초중작업
0~2	2~4	4~7	7 이상

정답 ①

20. 인체에서 뼈의 주요 기능으로 볼 수 없는 것은? [18.2]

① 대사 작용 ② 신체의 지지
③ 조혈 작용 ④ 장기의 보호

해설
- 뼈의 역할 : 신체 중요 부분 보호, 신체의 지지 및 형상 유지, 신체활동 수행
- 뼈의 기능 : 골수에서 혈구세포를 만드는 조혈기능, 칼슘, 인 등의 무기질 저장 및 공급기능

21. 건강한 남성이 8시간 동안 특정 작업을 실시하고, 분당 산소소비량이 1.1L/분으로 나타났다면 8시간 총 작업시간에 포함될 휴식시간은 약 몇 분인가? (단, Murrell의 방법을 적용하며, 휴식 중 에너지소비율은 1.5kcal/min이다.) [10.1/14.4/16.2/20.1/20.2]

① 30분 ② 54분
③ 60분 ④ 75분

해설 휴식시간 계산

㉠ 작업 시 평균 에너지소비량
$=5\text{kcal/L}\times1.1\text{L/min}$
$=5.5\text{kcal/min}$

여기서, 평균 남성의 표준 에너지소비량 : 5kcal/L

㉡ $\text{휴식시간}(R)=\frac{\text{작업시간(분)}\times(E-5)}{E-1.5}$
$=\frac{480\times(5.5-5)}{5.5-1.5}$
$=60$분

여기서, E : 작업 시 평균 에너지소비량(kcal/분)
1.5 : 휴식시간에 대한 평균 에너지소비량(kcal/분)
5 : 기초대사를 포함한 보통작업의 평균 에너지(kcal/분)

22. 어떤 작업자의 배기량을 측정하였더니, 10분간 200L이었고, 배기량을 분석한 결과 O_2 : 16%, CO_2 : 4%였다. 분당 산소소비량은 약 얼마인가? [17.1]

① 1.05L/분 ② 2.05L/분
③ 3.05L/분 ④ 4.05L/분

해설 산소소비량 계산

㉠ 분당 배기량$(V_{배기})=\frac{200}{10}=20\text{L/분}$

㉡ 분당 흡기량$(V_{흡기})$
$=\frac{V_{배기}\times(100-O_2-CO_2)}{79}$
$=\frac{20\times(100-16-4)}{79}\fallingdotseq20.25\text{L/분}$

㉢ 분당 산소소비량
$=(0.21\times V_{흡기})-(O_2\times V_{배기})$
$=(0.21\times20.25)-(0.16\times20)\fallingdotseq1.05\text{L/분}$

정답 20. ① 21. ③ 22. ①

작업 공간 및 작업 자세

23. 공간배치의 원칙에 해당되지 않는 것은? [14.1/20.1]

① 중요성의 원칙
② 다양성의 원칙
③ 사용 빈도의 원칙
④ 기능별 배치의 원칙

해설 부품(공간)배치의 원칙
- 중요성(도)의 원칙(위치결정) : 중요한 순위에 따라 우선순위를 결정한다.
- 사용 빈도의 원칙(위치결정) : 사용하는 빈도에 따라 우선순위를 결정한다.
- 사용 순서의 원칙(배치결정) : 사용 순서에 따라 장비를 배치한다.
- 기능별(성) 배치의 원칙(배치결정) : 기능이 관련된 부품들을 모아서 배치한다.

23-1. 인간공학적 부품배치의 원칙에 해당하지 않는 것은? [13.1/13.2/15.2/15.4/17.4/19.1]

① 신뢰성의 원칙 ② 사용 순서의 원칙
③ 중요성의 원칙 ④ 사용 빈도의 원칙

해설 부품(공간)배치의 원칙
- 위치결정 : 중요성(도)의 원칙, 사용 빈도의 원칙
- 배치결정 : 기능별(성) 배치의 원칙, 사용 순서의 원칙

정답 ①

24. 동작경제의 원칙이 아닌 것은? [15.1/16.4]

① 동작의 범위는 최대로 할 것
② 동작은 연속된 곡선운동으로 할 것
③ 양손은 좌우 대칭적으로 움직일 것
④ 양손은 동시에 시작하고 동시에 끝내도록 할 것

해설 ① 동작의 범위는 처리 가능한 범위에서 최소로 할 것

25. 다음 중 한 장소에 앉아서 수행하는 작업 활동에 있어서의 작업에 사용하는 공간을 무엇이라 하는가? [12.2]

① 작업 공간 포락면
② 정상작업 포락면
③ 작업 공간 파악한계
④ 정상작업 파악한계

해설 작업 공간 포락면 : 한 장소에 앉아서 수행하는 작업활동에서 사람이 작업하는데 사용하는 공간이며, 작업의 성질에 따라 포락면의 경계가 달라진다.

26. 작업자의 작업 공간과 관련된 내용으로 옳지 않은 것은? [20.2]

① 서서 작업하는 작업 공간에서 발바닥을 높이면 뻗침길이가 늘어난다.
② 서서 작업하는 작업 공간에서 신체의 균형에 제한을 받으면 뻗침길이가 늘어난다.
③ 앉아서 작업하는 작업 공간은 동적 팔뻗침에 의해 포락면(reach envelope)의 한계가 결정된다.
④ 앉아서 작업하는 작업 공간에서 기능적 팔뻗침에 영향을 주는 제약이 적을수록 뻗침길이가 늘어난다.

해설 ② 서서 작업하는 작업 공간에서 신체의 균형에 제한을 받으면 뻗침길이가 줄어든다.

26-1. 서서 하는 작업의 작업대 높이에 대한 설명으로 옳지 않은 것은? [12.1/15.2/19.2]

① 정밀작업의 경우 팔꿈치 높이보다 약간 높게 한다.
② 경작업의 경우 팔꿈치 높이보다 약간 낮게 한다.

정답 23. ② 24. ① 25. ① 26. ②

③ 중작업의 경우 경작업의 작업대 높이보다 약간 낮게 한다.
④ 작업대의 높이는 기준을 지켜야 하므로 높낮이가 조절되어서는 안 된다.

해설 입식 작업대 높이
- 정밀작업 : 팔꿈치 높이보다 5~10cm 높게 설계
- 일반작업(경작업) : 팔꿈치 높이보다 5~10cm 낮게 설계
- 힘든작업(중작업) : 팔꿈치 높이보다 10~20cm 낮게 설계

정답 ④

27. 다음 중 선 자세 작업이 앉은 자세 작업보다 좋은 경우가 아닌 것은? [13.4]

① 신체적 안정감이 필요한 경우
② 작업자들이 자주 이동하는 경우
③ 손으로 큰 힘을 써서 작업하는 경우
④ 매우 크거나 무거운 중량물을 취급하는 경우

해설 ①은 앉은 자세가 더 안정적이다.

28. 다음 중 인체측정과 작업 공간 설계에 관한 용어의 설명으로 틀린 것은? [15.4/18.4/19.2]

① 정상작업영역 : 상완을 자연스럽게 수직으로 늘어뜨린 채, 손목을 움직여 닿을 수 있는 영역을 말한다.
② 최대작업영역 : 전완과 상완을 곧게 펴서 파악할 수 있는 영역을 말한다.
③ 정적 인체치수 : 마틴식 인체측정기를 사용하여 측정한다.
④ 동적 인체치수 : 신체의 움직임에 따른 활동 범위 등을 측정한다.

해설 정상작업영역 : 수평 작업대에서 상완을 자연스럽게 늘어뜨린 상태에서 전완을 뻗어 파악할 수 있는 영역

29. 작업영역을 설계할 때 조정 가능성의 대상에 해당하지 않는 것은? [10.2]

① 작업대의 조정 가능성
② 작업공구의 조정 가능성
③ 작업대상물의 조정 가능성
④ 작업대와 관련된 작업자 자세의 조정 가능성

해설 ③ 작업대상물의 작업반경을 고려하여 작업위치의 조정 가능성

30. 다음 중 앉은 사람의 신체부위에 따른 공명진동수(Hz)가 바르게 표현된 것은? [13.4]

① 3~4Hz일 때 경부골(목)의 공명
② 10~15Hz일 때 안구(눈)의 공명
③ 20~50Hz일 때 요추골(상체)의 공명
④ 40~50Hz일 때 견대(어깨)의 공명

해설 ② 60~90Hz일 때 안구(눈)의 공명
③ 5Hz 이하일 때 요추골(상체)의 공명
④ 20~30Hz일 때 견대(어깨)의 공명

31. 인간공학적인 의자설계를 위한 일반적 원칙으로 적절하지 않은 것은? [09.1/16.2/18.2]

① 척추의 허리 부분은 요부 전만을 유지한다.
② 허리 강화를 위하여 쿠션을 설치하지 않는다.
③ 좌판의 앞 모서리 부분은 5cm 정도 낮아야 한다.
④ 좌판과 등받이 사이의 각도는 90°~105°를 유지하도록 한다.

해설 의자설계 시 인간공학적 원칙
- 등받이는 요추의 전만 곡선을 유지한다.
- 등근육의 정적인 부하를 줄인다.
- 디스크가 받는 압력을 줄인다.
- 고정된 작업 자세를 피해야 한다.
- 사람의 신장에 따라 조절할 수 있도록 설계해야 한다.

정답 27. ① 28. ① 29. ③ 30. ① 31. ②

31-1. 의자의 등받이 설계에 관한 설명으로 가장 적절하지 않은 것은? [17.2]

① 등받이 폭은 최소 30.5cm가 되게 한다.
② 등받이 높이는 최소 50cm가 되게 한다.
③ 의자의 좌판과 등받이 각도는 90~105°를 유지한다.
④ 요부받침의 높이는 25~35cm로 하고 폭은 30.5cm로 한다.

해설 ④ 요부받침의 높이는 15.2~22.9cm, 폭은 30.5cm로 한다.

정답 ④

31-2. 일반적인 의자의 설계원칙에서 고려해야 할 사항과 가장 거리가 먼 것은? [11.2]

① 체중 분포
② 좌판의 높이
③ 작업자의 복장
④ 좌판의 깊이와 폭

해설 의자의 설계원칙 : 체중 분포, 좌판의 높이, 좌판의 깊이와 폭, 몸통의 안정 등

정답 ③

인간의 특성과 안전

32. 인간-기계 시스템에서 기계에 비교한 인간의 장점과 가장 거리가 먼 것은? [16.2/20.1]

① 완전히 새로운 해결책을 찾아낸다.
② 여러 개의 프로그램 된 활동을 동시에 수행한다.
③ 다양한 경험을 토대로 하여 의사결정을 한다.
④ 상황에 따라 변화하는 복잡한 자극 형태를 식별한다.

해설 ②는 기계가 인간을 능가하는 기능

33. 인간-기계 시스템에 대한 평가에서 평가척도나 기준(criteria)으로서 관심의 대상이 되는 변수는? [19.1]

① 독립변수 ② 종속변수
③ 확률변수 ④ 통제변수

해설 인간공학 연구에 사용되는 변수의 유형
- 독립변수 : 관찰하고자 하는 현상에 대한 독립변수
- 종속변수 : 독립변수의 평가척도나 기준이 되는 척도
- 통제변수 : 종속변수에 영향을 미칠 수 있지만 독립변수에 포함되지 않는 변수

34. 인터페이스 설계 시 고려해야 하는 인간과 기계와의 조화성에 해당되지 않는 것은?

① 지적 조화성 [15.2/17.1/20.1]
② 신체적 조화성
③ 감성적 조화성
④ 심미적 조화성

해설 감성공학과 인간의 인터페이스 3단계

인터페이스	특성
신체적	인간의 신체적, 형태적 특성의 적합성
인지적	인간의 인지능력, 정신적 부담의 정도
감성적	인간의 감정 및 정서의 적합성 여부

35. 이동전화의 설계에서 사용성 개선을 위해 사용자의 인지적 특성이 가장 많이 고려되어야 하는 사용자 인터페이스 요소는? [19.4]

① 버튼의 크기
② 전화기의 색깔
③ 버튼의 간격
④ 한글 입력 방식

정답 32. ② 33. ② 34. ④ 35. ④

해설 ④는 사용자 인터페이스 요소
①, ②, ③은 제품 인터페이스 요소

36. 인체의 동작 유형 중 굽혔던 팔꿈치를 펴는 동작을 나타내는 용어는? [09.2/11.2/15.2]

① 내전(adduction) ② 회내(pronation)
③ 굴곡(flexion) ④ 신전(extension)

해설 신체부위 기본운동
- 굴곡(flexion, 굽히기) : 부위(관절) 간의 각도가 감소하는 신체의 움직임
- 신전(extension, 펴기) : 관절 간의 각도가 증가하는 신체의 움직임
- 내전(adduction, 모으기) : 팔, 다리가 밖에서 몸 중심선으로 향하는 이동
- 외전(abduction, 벌리기) : 팔, 다리가 몸 중심선에서 밖으로 멀어지는 이동
- 내선(medial rotation) : 발 운동이 몸 중심선으로 향하는 회전
- 외선(lateral rotation) : 발 운동이 몸 중심선으로부터의 회전
- 하향(pronation) : 손바닥을 아래로
- 상향(supination) : 손바닥을 위로

37. 다음의 위험관리 단계를 순서대로 나열한 것으로 맞는 것은? [10.1/12.1/13.2/19.4]

㉠ 위험의 분석	㉡ 위험의 파악
㉢ 위험의 처리	㉣ 위험의 평가

① ㉠ → ㉡ → ㉣ → ㉢
② ㉡ → ㉠ → ㉣ → ㉢
③ ㉠ → ㉢ → ㉡ → ㉣
④ ㉡ → ㉢ → ㉠ → ㉣

해설 위험관리 4단계

제1단계	제2단계	제3단계	제4단계
위험파악	위험분석	위험평가	위험처리

37-1. 위험조정을 위해 필요한 기술은 조직형태에 따라 다양하며 4가지로 분류하였을 때 이에 속하지 않는 것은? [13.4/17.4/19.1]

① 전가(transfer)
② 보류(retention)
③ 계속(continuation)
④ 감축(reduction)

해설 위험(risk)처리 기술
- 위험회피(avoidance) : 위험작업 방법을 개선함으로써 위험상황이 발생하지 않게 한다.
- 위험제거(감축 : reduction) : 위험요소를 적극적으로 감축(경감)하여 예방한다.
- 위험보유(보류 : retention) : 위험의 전부를 스스로 인수하는 것이다.
- 위험전가(transfer) : 보험, 보증, 공제, 기금제도 등으로 위험조정 등을 분산한다.

정답 ③

37-2. 위험처리 방법에 관한 설명으로 틀린 것은? [13.1/17.1]

① 위험처리 대책수립 시 비용문제는 제외된다.
② 재정적으로 처리하는 방법에는 보류와 전가 방법이 있다.
③ 위험의 제어방법에는 회피, 손실제어, 위험분리, 책임전가 등이 있다.
④ 위험처리 방법에는 위험을 제어하는 방법과 재정적으로 처리하는 방법이 있다.

해설 ① 위험처리 대책수립 시 비용문제를 포함해야 한다.

정답 ①

38. 인간과 기계의 능력에 대한 실용성 한계에 관한 설명으로 틀린 것은? [10.1/19.4]

① 기능의 수행이 유일한 기준은 아니다.
② 상대적인 비교는 항상 변하기 마련이다.

정답 36. ④ 37. ② 38. ③

③ 일반적인 인간과 기계의 비교가 항상 적용된다.

④ 최선의 성능을 마련하는 것이 항상 중요한 것은 아니다.

해설 ③ 일반적인 인간과 기계의 비교가 항상 적용되지는 않는다.

39. 중량물을 반복적으로 드는 작업의 부하를 평가하기 위한 방법인 NIOSH 들기지수를 적용할 때 고려되지 않는 항목은? [16.1]

① 들기 빈도 ② 수평이동거리
③ 손잡이 조건 ④ 허리 비틀림

해설 들기작업 시 요통재해에 영향을 주는 요소 : 작업물의 무게, 수평거리, 수직거리, 비대칭 각도, 들기 빈도, 허리 비틀림, 손잡이 등의 상태

40. 다음 중 완력검사에서 당기는 힘을 측정할 때 가장 큰 힘을 낼 수 있는 팔꿈치의 각도는? [12.1]

① 90° ② 120° ③ 150° ④ 180°

해설 가장 큰 힘을 낼 수 있는 팔꿈치의 각도

- 밀어 올리기 작업 시 : 90°
- 아래로 당기기 작업 시 : 120°
- 당기기 작업 시 : 150°
- 밀기 작업 시 : 180°

41. 산업안전보건법에서 규정하는 근골격계 부담작업의 범위에 해당하지 않는 것은 어느 것인가? [17.1]

① 단기간 작업 또는 간헐적인 작업

② 하루에 10회 이상 25kg 이상의 물체를 드는 작업

③ 하루에 총 2시간 이상 쪼그리고 앉거나 무릎을 굽힌 자세에서 이루어지는 작업

④ 하루에 4시간 이상 집중적으로 자료입력 등을 위해 키보드 또는 마우스를 조작하는 작업

해설 근골격계 부담작업

- 지지되지 않은 상태이거나 임의로 자세를 바꿀 수 없는 조건에서 하루에 총 2시간 이상 목이나 허리를 구부리거나 트는 상태에서 이루어지는 작업
- 하루에 4시간 이상 집중적으로 자료입력 등을 위해 키보드 또는 마우스를 조작하는 작업
- 하루에 총 2시간 이상 목, 어깨, 팔꿈치, 손목 또는 손을 사용하여 같은 동작을 반복하는 작업
- 하루에 총 2시간 이상 머리 위에 손이 있거나, 팔꿈치가 어깨 위에 있는 상태에서 이루어지는 작업
- 하루에 총 2시간 이상 쪼그리고 앉거나 무릎을 굽힌 자세에서 이루어지는 작업
- 하루에 총 2시간 이상 지지되지 않은 상태에서 1kg 이상의 물건을 한 손의 손가락으로 집어 옮기거나, 2kg 이상에 상응하는 힘을 가하여 한 손의 손가락으로 물건을 쥐는 작업
- 하루에 총 2시간 이상 지지되지 않은 상태에서 4.5kg 이상의 물건을 한 손으로 들거나 힘으로 쥐는 작업
- 하루에 총 2시간 이상, 분당 2회 이상 4.5kg 이상의 물체를 드는 작업
- 하루에 총 2시간 이상, 시간당 10회 이상 손 또는 무릎을 사용하여 반복적으로 충격을 가하는 작업
- 하루에 10회 이상 25kg 이상의 물체를 드는 작업
- 하루에 25회 이상 10kg 이상의 물체를 무릎 아래에서 들거나, 어깨 위에서 들거나, 팔을 뻗은 상태에서 드는 작업

정답 39. ② 40. ③ 41. ①

41-1. 근골격계 질환의 인간공학적 주요 위험요인과 가장 거리가 먼 것은? [18.1]

① 과도한 힘 ② 부적절한 자세
③ 고온의 환경 ④ 단순반복 작업

해설 근골격계 질환의 위험요인 : 부적절한 자세, 과도한 힘, 접촉 스트레스, 단순반복 작업, 진동 등

정답 ③

41-2. 목과 어깨 부위의 근골격계 질환 발생과 관련하여 인과관계가 가장 적은 것은? [16.4]

① 진동
② 반복 작업
③ 과도한 힘
④ 작업 자세

해설 진동은 주로 팔과 다리에 영향이 크며, 온몸 전체에 영향을 준다.

정답 ①

41-3. 근골격계 질환을 예방하기 위한 관리적 대책으로 맞는 것은? [15.1/19.4]

① 작업공간 배치 ② 작업재료 변경
③ 작업순환 배치 ④ 작업공구 설계

해설 근골격계 질환을 예방하기 위한 관리적 대책은 작업순환 배치이다.

정답 ③

42. 다음 중 단순반복 작업으로 인한 질환의 발생 부위가 다른 것은? [15.2]

① 요부염좌
② 수완 진동증후군
③ 수근관군
④ 결절종

해설 요부염좌는 허리를 반복적으로 굽히고 펴는 동작으로 인해 발생하는 통증이다.
Tip) ②, ③, ④는 수부에서 발생하는 질환

4 작업환경 관리

작업 조건과 환경 조건

1. 다음 중 조도에 관한 설명으로 틀린 것은 어느 것인가? [09.2/10.4/13.1]

① 조도는 거리에 비례하고, 광도에 반비례한다.
② 어떤 물체나 표면에 도달하는 광의 밀도를 말한다.
③ 1lux란 1촉광의 점광원으로부터 1m 떨어진 곡면에 비추는 광의 밀도를 말한다.
④ 1fc란 1촉광의 점광원으로부터 1foot 떨어진 곡면에 비추는 광의 밀도를 말한다.

해설 ① 조도는 거리 제곱에 반비례하고, 광도에 비례한다.
Tip) 조도 : 단위 면적당 비춰지는 빛의 밝기

1-1. 어떤 물체나 표면에 도달하는 빛의 단위 면적당 밀도를 무엇이라 하는가? [16.4]

① 광량 ② 광도
③ 조도 ④ 반사율

해설 조도 : 단위 면적당 비춰지는 빛의 밝기로 단위는 lux를 사용한다.

정답 ③

정답 42. ① 1. ①

1-2. 조도의 단위에 해당하는 것은? [09.4/14.2]

① fL ② diopter
③ $lumen/m^2$ ④ lumen

해설 조도의 단위 : $1fc = 1lumen/ft^2 = 10lumen/m^2 = 10lux$

정답 ③

1-3. 단위 면적당 표면을 나타내는 빛의 양을 설명한 것으로 맞는 것은? [18.2]

① 휘도 ② 조도
③ 광도 ④ 반사율

해설 휘도 : 광원의 단위 면적당 밝기의 정도
Tip) 휘도의 척도 단위 : cd/m^2, fL, mL

정답 ①

1-4. 휘도(luminance)의 척도 단위(unit)가 아닌 것은? [18.1]

① fc ② fL
③ mL ④ cd/m^2

해설 ①은 조도의 단위

정답 ①

1-5. 광도(luminous intensity)의 단위에 해당하는 것은? [10.1/13.2]

① cd ② fc ③ nit ④ lux

해설 광도
- 광원에서 어느 특정 방향으로 나오는 빛의 세기
- 광도(cd) = 조도(lux) × $거리^2$

정답 ①

1-6. 다음 중 점광원에 적용할 때 조도를 나타낸 식으로 옳은 것은? [12.4/13.4/20.1]

① $\frac{광도}{거리}$ ② $\frac{광도^2}{거리}$

③ $\left(\frac{광도}{거리}\right)^2$ ④ $\frac{광도}{거리^2}$

해설 • 조도 $= \frac{광도}{거리^2}$

• 반사율 $= \frac{광속발산도(fL)}{조명(fc)} \times 100\%$

정답 ④

1-7. 1cd의 점광원에서 1m 떨어진 곳에서의 조도가 3lux이었다. 동일한 조건에서 5m 떨어진 곳에서의 조도는 약 몇 lux인가?

[10.2/11.1/12.1/14.1/17.1]

① 0.12
② 0.22
③ 0.36
④ 0.56

해설 ㉠ 1m에서의 조도

$= 3lux = \frac{광도}{거리^2} = \frac{광도}{1^2}$ ∴ 광도 = 3cd

㉡ 5m에서의 조도 $= \frac{광도}{거리^2} = \frac{3}{5^2} = 0.12lux$

정답 ①

1-8. 60fL의 광도를 요하는 시각 표시장치의 반사율이 75%일 때 소요조명은 몇 fc인가? [11.4]

① 75 ② 80
③ 85 ④ 90

해설 소요조명 $= \frac{광속발산도(fL)}{반사율} \times 100$

$= \frac{60}{75} \times 100 = 80fc$

정답 ②

1-9. 휘도(luminance)가 $10cd/m^2$이고, 조도(illuminacec)가 100lux일 때 반사율(reflectance)(%)은? [11.2/15.4/17.2]

① 0.1π ② 10π
③ 100π ④ 1000π

해설 $\text{반사율(\%)} = \dfrac{\text{광속발산도(fL)}}{\text{조명(fc)}} \times 100$

$= \dfrac{(cd/m^2) \times \pi}{(lux)} \times 100 = \dfrac{10\pi}{100} \times 100 = 10\pi$

(※ 실제 시험에서 정답은 ①번으로 발표되었으나, 본서에서는 공식으로 계산한 ② 10π를 정답으로 한다.)

정답 ②

1-10. 조도가 400럭스인 위치에 놓인 흰색 종이 위에 짙은 회색의 글자가 쓰여져 있다. 종이의 반사율이 80%이고, 글자의 반사율은 40%라 할 때 종이와 글자의 대비는 얼마인가? [12.4/14.1/14.4/15.2/17.4]

① -100% ② -50%
③ 50% ④ 100%

해설 $\text{대비} = \dfrac{L_b - L_t}{L_b} \times 100$

$= \dfrac{80-40}{80} \times 100 = 50\%$

여기서, L_b : 배경의 광속발산도
L_t : 표적의 광속발산도

정답 ③

2. 다음 중 작업장에서 광원으로부터의 직사휘광을 처리하는 방법으로 옳은 것은? [12.1]

① 광원의 휘도를 늘인다.
② 광원을 시선에서 가까이 위치시킨다.
③ 휘광원 주위를 밝게 하여 광도비를 늘린다.
④ 가리개, 차양을 설치한다.

해설 광원으로부터의 직사휘광 처리방법
- 광원의 휘도를 줄이고 광원의 수를 늘린다.
- 광원을 시선에서 멀리 위치시킨다.
- 휘광원 주위를 밝게 하여 광도비를 줄인다.
- 가리개, 갓, 차양 등을 사용한다.

2-1. 광원으로부터의 직사휘광을 줄이기 위한 방법으로 적절하지 않은 것은? [17.4/19.1]

① 휘광원 주위를 어둡게 한다.
② 가리개, 갓, 차양 등을 사용한다.
③ 광원을 시선에서 멀리 위치시킨다.
④ 광원의 수는 늘리고 휘도는 줄인다.

해설 ① 휘광원 주위를 밝게 하여 광도비를 줄인다.

정답 ①

3. 다음 중 시력 및 조명에 관한 설명으로 옳은 것은? [09.4/13.2]

① 표적 물체가 움직이거나 관측자가 움직이면 시력의 역치는 증가한다.
② 필터를 부착한 VDT 화면에 표시된 글자의 밝기는 줄어들지만 대비는 증가한다.
③ 대비는 표적 물체 표면에 도달하는 조도와 결과하는 광도와의 차이를 나타낸다.
④ 관측자의 시야 내에 있는 주시영역과 그 주변영역의 조도의 비를 조도비라고 한다.

해설 ① 표적 물체가 움직이거나 관측자가 움직이는 것의 감지를 역치라고 하며, 시력과는 관계가 없다.
③ 대비는 표적 물체 표면의 광도와 배경의 광도 차이를 나타낸다.
④ 조도는 빛의 밀도이며, 조도비는 조명으로 인해 생기는 밝은 곳과 어두운 곳의 비를 나타낸다.

3-1. 눈의 피로를 줄이기 위해 VDT 화면과 종이문서 간의 밝기의 비는 최대 얼마를 넘지 않도록 하는가? [15.2]

정답 2. ④ 3. ②

① 1 : 20　　② 1 : 50
③ 1 : 10　　④ 1 : 30

해설 • 화면과 종이문서 간의 밝기의 비 =1 : 10
• 화면과 시야 중앙 표면의 밝기의 비=1 : 3
• 시야 중앙과 그 변두리 사이의 밝기의 비 =1 : 10

정답 ③

4. 작업장 인공조명 설계 시 고려사항으로 가장 거리가 먼 것은? [16.4]

① 조도는 작업상 충분할 것
② 광색은 붉은색에 가까울 것
③ 취급이 간단하고 경제적일 것
④ 유해가스를 발생하지 않고, 폭발성이 없을 것

해설 ② 인공조명의 광색은 주황색을 사용하는 것이 좋다.

5. 다음 중 작업장의 조명수준에 대한 설명으로 가장 적절한 것은? [12.2]

① 작업환경의 추천 광도비는 5 : 1 정도이다.
② 천장은 80～90% 정도의 반사율을 가지도록 한다.
③ 작업영역에 따라 휘도의 차이를 크게 한다.
④ 실내표면에 반사율은 천장에서 바닥의 순으로 증가시킨다.

해설 ① 작업환경의 추천 광도비는 3 : 1 정도이다.
③ 작업영역에 따라 휘도의 차이를 작게 한다.
④ 실내표면에 반사율은 천장에서 바닥의 순으로 감소시킨다.

5-1. 다음 중 바닥의 추천반사율로 가장 적당한 것은? [12.2/19.2/19.4]

① 0～20%　　② 20～40%
③ 40～60%　　④ 60～80%

해설 옥내 최적반사율

바닥	가구, 책상	벽	천장
20～40%	25～40%	40～60%	80～90%

정답 ②

5-2. 반사 눈부심을 최소화하기 위한 옥내 추천반사율이 높은 순서대로 나열한 것은? [16.1/17.4/18.4]

① 천정 > 벽 > 가구 > 바닥
② 천정 > 가구 > 벽 > 바닥
③ 벽 > 천정 > 가구 > 바닥
④ 가구 > 천정 > 벽 > 바닥

해설 옥내 최적반사율

바닥	가구, 책상	벽	천장
20～40%	25～40%	40～60%	80～90%

정답 ①

6. 산업안전보건법령상 정밀작업 시 갖추어져야 할 작업면의 조도기준은? (단, 갱내 작업장과 감광재료를 취급하는 작업장은 제외한다.) [10.4/17.2/20.2]

① 75럭스 이상
② 150럭스 이상
③ 300럭스 이상
④ 750럭스 이상

해설 조명(조도)수준
• 초정밀작업 : 750 lux 이상
• 정밀작업 : 300 lux 이상
• 보통작업 : 150 lux 이상
• 그 밖의 기타작업 : 75 lux 이상

7. 다음과 같은 실험 결과는 어느 실험에 의한 것인가? [12.4/19.4]

정답 4. ②　5. ②　6. ③　7. ③

> 조명강도를 높인 결과 작업자들의 생산성이 향상되었고, 그 후 다시 조명강도를 낮추어도 생산성의 변화는 거의 없었다. 이는 작업자들이 받게 된 주의 및 관심에 대한 반응에 기인한 것으로, 이것은 인간관계가 작업 및 작업 공간 설계에 큰 영향을 미친다는 것을 암시한다.

① Birds 실험
② Compes 실험
③ Hawthorne 실험
④ Heinrich 실험

해설 지문은 Hawthorne 실험 결과이다.

Tip) 호손 실험 : 작업자의 태도, 감독자, 비공식 집단 등의 물리적 작업 조건보다 인간관계(심리적 태도, 감정)에 의해 생산성 향상에 영향을 미친다는 결론이다.

8. 주변 환경이 알맞은 온도에서 더운 환경으로 바뀔 때 인체의 적응 현상으로 틀린 것은? [15.4]

① 발한이 시작된다.
② 직장온도가 올라간다.
③ 피부온도가 올라간다.
④ 피부를 경유하는 혈액량이 증가한다.

해설 ② 직장온도가 내려간다.

9. 다음 중 진동이 인간성능에 끼치는 일반적인 영향이 아닌 것은? [12.2]

① 진동은 진폭에 반비례하여 시력이 손상된다.
② 진동은 진폭에 비례하여 추적능력이 손상된다.
③ 정확한 근육조절을 요하는 작업은 진동에 의해 저하된다.
④ 주로 중앙신경처리에 관한 임무는 진동의 영향을 덜 받는다.

해설 ① 진동은 진폭에 비례하여 시력이 손상된다.

9-1. 다음 중 진동이 인간성능에 미치는 일반적인 영향과 거리가 먼 것은? [10.4]

① 진동은 진폭에 비례하여 시력을 손상하며 10～25Hz의 경우에 가장 심하다.
② 진동은 진폭에 비례하여 추적능력을 손상하며 5Hz 이하의 낮은 진동수에서 가장 심하다.
③ 안정되고 정확한 근육조절을 요하는 작업은 진동에 의해서 저하된다.
④ 반응시간, 감시, 형태식별 등 주로 중앙신경처리에 달린 임무는 진동의 영향에 민감하다.

해설 ④ 반응시간, 감시, 형태식별 등 주로 중앙신경처리에 달린 임무는 진동의 영향에 둔감하다.

정답 ④

10. 하나의 특정한 자극만이 발생할 수 있을 때 반응에 걸리는 시간을 단순반응시간이라 하는데 흔히 실험에서와 같이 자극을 예상하고 있을 때 전형적으로 반응시간은 약 어느 정도인가? [10.2]

① 0.15～0.2초　② 0.5～1초
③ 1.5～2초　④ 2.5～3초

해설
- 자극을 예상하고 있을 때 반응시간 : 0.15～0.2초 정도
- 자극을 예상하지 못할 경우 반응시간 : 0.1초 정도 증가

Tip) 단순반응시간 : 하나의 특정한 자극만이 발생할 수 있을 때 반응에 걸리는 시간

정답 8. ② 9. ① 10. ①

작업환경과 인간공학

11. 건습지수로서 습구온도와 건구온도의 가중 평균치를 나타내는 Oxford 지수의 공식으로 맞는 것은? [18.2]

① WD=0.65WB+0.35DB
② WD=0.75WB+0.25DB
③ WD=0.85WB+0.15DB
④ WD=0.95WB+0.05DB

해설 • 옥스퍼드 지수(WD)
=0.85WB(습구온도)+0.15DB(건구온도)
• 습건(WD)지수라고도 하며, 습구 · 건구온도의 가중 평균치이다.

11-1. 건구온도 38℃, 습구온도 32℃일 때의 Oxford 지수는 몇 ℃인가? [13.2/20.1]

① 30.2 ② 32.9
③ 35.3 ④ 37.1

해설 옥스퍼드 지수(WD)
$=0.85W$(습구온도)$+0.15d$(건구온도)
$=(0.85\times32)+(0.15\times38)=32.9$℃

정답 ②

12. 일반적으로 인체에 가해지는 온 · 습도 및 기류 등의 외적변수를 종합적으로 평가하는 데에는 "불쾌지수"라는 지표가 이용된다. 불쾌지수의 계산식이 다음과 같은 경우, 건구온도와 습구온도의 단위로 옳은 것은? [19.2]

> 불쾌지수
> =0.72×(건구온도+습구온도)+40.6

① 실효온도 ② 화씨온도
③ 절대온도 ④ 섭씨온도

해설 • 불쾌지수(화씨)
=화씨(건구온도+습구온도)×0.4+15
• 불쾌지수(섭씨)
=섭씨(건구온도+습구온도)×0.72±40.6

13. 자연습구온도가 20℃이고, 흑구온도가 30℃일 때, 실내의 습구흑구 온도지수(WBGT : wet-bulb globe temperature)는 얼마인가? [13.4/18.1]

① 20℃ ② 23℃
③ 25℃ ④ 30℃

해설 습구흑구 온도지수(WBGT)
$=(0.7\times T_w)+(0.3\times T_g)$
$=(0.7\times20)+(0.3\times30)=23$℃
여기서, 실내의 경우이며,
T_w : 자연습구온도, T_g : 흑구온도

14. 환경요소의 조합에 의해서 부과되는 스트레스나 노출로 인해서 개인에 유발되는 긴장(strain)을 나타내는 환경요소 복합지수가 아닌 것은? [20.2]

① 카타온도(kata temperature)
② Oxford 지수(wet-dry index)
③ 실효온도(effective temperature)
④ 열 스트레스 지수(heat stress index)

해설 환경요소 복합지수 : Oxford 지수, 실효온도, 열 스트레스 지수 등
Tip) 카타 온도계 : 유리제 막대모양의 알코올 온도계로 체감의 정도를 기초로 더위와 추위를 측정한다.

15. 다음 중 실효온도(ET)의 결정요소가 아닌 것은? [09.2/16.2]

① 온도 ② 습도
③ 대류 ④ 복사

정답 11. ③ 12. ④ 13. ② 14. ① 15. ④

해설 실효온도(체감온도, 감각온도) : 온도, 습도, 공기 유동(대류)이 인체에 미치는 열효과를 통합한 경험적 감각지수이다.

Tip) 복사(radiation) : 광속으로 공간을 퍼져 나가는 열 · 에너지 등의 열전달

15-1. 상대습도가 100%, 온도 21℃일 때 실효온도(effectivetemperature)는 얼마인가? [11.1]

① 10.5℃ ② 19℃
③ 21℃ ④ 31.5℃

해설 실효온도 : 온도, 습도, 공기 유동(대류)이 인체에 미치는 열효과를 통합한 경험적 감각지수로 상대습도 100%일 때의 건구온도에서 느끼는 것과 동일한 온감이다.

정답 ③

16. 다음 중 열교환(heat exchange)의 경로에 관한 설명으로 틀린 것은? [12.4]

① 전도(conduction)는 고체나 유체의 직접 접촉에 의한 열전달이다.
② 대류(convection)는 고온의 액체나 기체의 흐름에 의한 열전달이다.
③ 복사(radiation)는 물체 사이에서 전자파의 복사에 의한 열전달이다.
④ 증발(evaporation)은 공기온도가 피부온도보다 높을 때 발생하는 열전달이다.

해설 ④ 증발(evaporation)은 인체의 열이 증발하는 것으로 열을 소모하는 요소이다.

17. 신체와 환경 간의 열교환과정을 바르게 나타낸 것은? (단, W는 수행한 일, M은 대사열 발생량, S는 열함량 변화, R은 복사열 교환량, C는 대류열 교환량, E는 증발열 발산량, Clo는 의복의 단열률이다.) [14.1/18.4]

① $W=(M+S)\pm R\pm C-E$
② $S=(M-W)\pm R\pm C-E$
③ $W=\text{Clo}\times(M-S)\pm R\pm C-E$
④ $S=\text{Clo}\times(M-W)\pm R\pm C-E$

해설 인체의 열교환과정 : 열축적(S) $=M$(대사열)$-E$(증발)$\pm R$(복사)$\pm C$(대류)$-W$(한 일)

18. 인체의 피부와 허파로부터 하루에 600g의 수분이 증발될 때 열손실율은 약 얼마인가? (단, 37℃의 물 1g을 증발시키는데 필요한 에너지는 2410J/g이다.) [15.1]

① 약 15watt ② 약 17watt
③ 약 19watt ④ 약 21watt

해설 열손실율(R)

$$=\frac{\text{증발에너지}(Q)}{\text{증발시간}(T)}=\frac{600\times2410}{24\times60\times60}$$

$=16.736\text{J/s}\fallingdotseq17\text{watt}$

19. 고열환경에서 심한 육체노동 후에 탈수와 체내 염분농도 부족으로 근육의 수축이 격렬하게 일어나는 장해는? [10.2/15.1]

① 열경련(heat cramp)
② 열사병(heat stroke)
③ 열쇠약(heat prostration)
④ 열피로(heat exhaustion)

해설 열에 의한 손상

- 열발진(heat rash) : 고온환경에서 지속적인 육체적 노동이나 운동을 함으로써 과도한 땀이나 자극으로 인해 피부에 생기는 붉은색의 작은 수포성 발진이 나타나는 현상이다.
- 열경련(heat cramp) : 고온환경에서 지속적인 육체적 노동이나 운동을 함으로써 과다한 땀의 배출로 전해질이 고갈되어 발생하는 근육, 발작 등의 경련이 나타나는 현상이다.

정답 16. ④ 17. ② 18. ② 19. ①

• 열소모(heat exhaustion) : 고온에서 장시간 중 노동을 하거나, 심한 운동으로 땀을 다량 흘렸을 때 나타나는 현상으로 땀을 통해 손실한 염분을 충분히 보충하지 못했을 때 현기증, 구토 등이 나타나는 현상, 열피로라고도 한다.
• 열사병(heat stroke) : 고온, 다습한 환경에 노출될 때 뇌의 온도상승으로 인해 나타나는 현상으로 발한정지, 심할 경우 혼수상태에 빠져 때로는 생명을 앗아간다.
• 열쇠약(heat prostration) : 작업장의 고온환경에서 육체적 노동으로 인해 체온조절중추의 기능장애와 만성적인 체력소모로 위장장애, 불면, 빈혈 등이 나타나는 현상이다.

5 시스템 안전

시스템 안전 및 안전성 평가 I

1. 다음 중 시스템 안전성 평가 기법에 관한 설명으로 틀린 것은? [14.2]

① 가능성을 정량적으로 다룰 수 있다.
② 시각적 표현에 의해 정보전달이 용이하다.
③ 원인, 결과 및 모든 사상들의 관계가 명확해진다.
④ 연역적 추리를 통해 결함사상을 빠짐없이 도출하나, 귀납적 추리로는 불가능하다.

해설 ④ 연역적, 귀납적 추리를 통해 결함사상을 빠짐없이 도출한다.

1-1. 다음 중 시스템 안전 분석법에 대한 설명으로 틀린 것은? [12.1]

① 해석의 수리적 방법에 따라 정성적, 정량적 방법이 있다.
② 해석의 논리적 방법에 따라 귀납적, 연역적 방법이 있다.
③ FTA는 연역적, 정량적 분석이 가능한 방법이다.
④ PHA는 운용사고 해석이라고 말할 수 있다.

해설 예비위험분석(PHA) : 모든 시스템 안전 프로그램 중 최초 단계의 분석으로 시스템 내의 위험요소가 얼마나 위험한 상태에 있는지를 정성적으로 평가하는 분석기법

정답 ④

1-2. 시스템의 위험분석 기법에 해당하지 않는 것은? [14.1/15.4]

① RULA ② ETA
③ FMEA ④ MORT

해설 ①은 근골격계 질환의 인간공학적 평가기법

Tip) 근골격계 질환의 인간공학적 평가기법 : OWAS, NLE, RULA 등

정답 ①

1-3. 예비위험분석(PHA)에 대한 설명으로 옳은 것은? [09.4/10.1/12.4/17.1/19.2/20.1]

① 관련된 과거 안전점검 결과의 조사에 적절하다.
② 안전 관련 법규 조항의 준수를 위한 조사방법이다.

③ 시스템 고유의 위험성을 파악하고 예상되는 재해의 위험수준을 결정한다.
④ 초기 단계에서 시스템 내의 위험요소가 어떠한 위험상태에 있는가를 정성적으로 평가하는 것이다.

해설 예비위험분석(PHA) : 모든 시스템 안전 프로그램 중 최초 단계의 분석으로 시스템 내의 위험요소가 얼마나 위험한 상태에 있는지를 정성적으로 평가하는 분석기법

정답 ④

2. 예비위험분석(PHA)에서 위험의 정도를 분류하는 4가지 범주에 속하지 않는 것은? [13.1]

① catastrophic ② critical
③ control ④ marginal

해설 PHA에서 위험의 정도 분류 4가지 범주
- 범주Ⅰ. 파국적(catastrophic)
- 범주Ⅱ. 위기적(critical)
- 범주Ⅲ. 한계적(marginal)
- 범주Ⅳ. 무시(negligible)

Tip) control : 통제(제어)력

2-1. 다음 중 시스템의 성능 저하가 인원의 부상이나 시스템 전체에 중대한 손해를 입히지 않고 제어가 가능한 상태의 위험강도는? [14.4/15.2/20.1/20.2]

① 범주 Ⅰ : 파국적
② 범주 Ⅱ : 위기적
③ 범주 Ⅲ : 한계적
④ 범주 Ⅳ : 무시

해설 PHA에서 위험의 정도 분류 4가지 범주
- 범주 Ⅰ. 파국적(catastrophic) : 시스템의 고장 등으로 사망, 시스템 매우 중대한 손상
- 범주 Ⅱ. 위기적(critical) : 시스템의 고장 등으로 심각한 상해, 시스템 중대한 손상
- 범주 Ⅲ. 한계적(marginal) : 시스템의 성능 저하가 경미한 상해, 시스템 성능 저하
- 범주 Ⅳ. 무시(negligible) : 경미한 상해, 시스템 성능 저하 없거나 미미함

정답 ③

3. 복잡한 시스템을 분업에 의하여 여럿이 분담하여 설계한 서브시스템 간의 인터페이스를 조종하여 각 서브시스템 및 전 시스템의 안전성에 악영향을 미치지 않게 하기 위한 분석기법은? [11.4/15.2]

① 운용위험분석
② 예비위험분석
③ 결함위험분석
④ 결함수 분석

해설 결함위험분석(FHA) : 분업에 의하여 분담 설계한 서브시스템 간의 인터페이스를 조정하여 전 시스템의 안전에 악영향이 없게 하는 분석기법

3-1. 다음 표와 관련된 시스템 위험분석 기법으로 가장 적합한 것은? [15.1]

프로그램 : 시스템 :

#1 구성요소 명칭	#2 구성요소 위험방식	#3 시스템 작동방식	#4 서브시스템에서 위험영향	#5 서브시스템, 대표적 시스템 위험영향	#6 환경적 요인	#7 위험영향을 받을 수 있는 2차 요인	#8 위험수준	#9 위험관리

① 예비위험분석(PHA)
② 결함위험분석(FHA)
③ 운용위험분석(OHA)
④ 사상수 분석(ETA)

해설 결함위험분석(FHA) : 분업에 의하여 분담 설계한 서브시스템 간의 인터페이스를 조정하여 전 시스템의 안전에 악영향이 없게 하는 분석기법

정답 ②

4. 사고 시나리오에서 연속된 사건들의 발생경로를 파악하고 평가하기 위한 귀납적이고 정량적인 시스템 안전 분석기법은? [16.2/18.4]

① ETA ② FMEA
③ PHA ④ THERP

해설 ETA(사건수 분석법) : 설계에서부터 사용까지의 사건들의 발생경로를 파악하고 위험을 평가하기 위한 귀납적이고 정량적인 분석기법

5. 시스템 안전 해석방법 중 고장이 직접 시스템의 손실과 인명의 사상에 연결되는 높은 위험도를 가진 요소나 고장의 형태에 따른 분석법은? [09.2]

① CA ② ETA ③ PHA ④ FMEA

해설 치명도 분석(CA) : 고장의 형태가 기기 전체의 고장에 어느 정도 영향을 주는가를 정량적으로 평가하는 기법

6. 다음은 위험분석 기법 중 어떠한 기법에 사용되는 양식인가? [13.2]

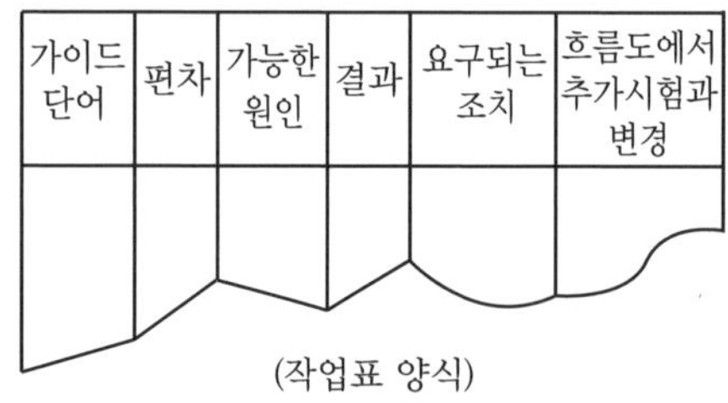

(작업표 양식)

① ETA ② THERP
③ FMEA ④ HAZOP

해설 위험 및 운전성 검토(HAZOP) : 각각의 장비에 대해 잠재된 위험이나 기능 저하 등 시설에 결과적으로 미칠 수 있는 영향을 평가하기 위하여 공정이나 설계도 등에 체계적인 검토를 행하는 단계

6-1. 화학공장(석유화학 사업장 등)에서 가동문제를 파악하는데 널리 사용되며, 위험요소를 예측하고, 새로운 공정에 대한 가동문제를 예측하는데 사용되는 위험성 평가방법은? [20.1]

① SHA ② EVP
③ CCFA ④ HAZOP

해설 위험 및 운전성 검토(HAZOP) : 각각의 장비에 대해 잠재된 위험이나 기능 저하 등 시설에 결과적으로 미칠 수 있는 영향을 평가하기 위하여 공정이나 설계도 등에 체계적인 검토를 행하는 단계

정답 ④

6-2. 위험 및 운전성 분석(HAZOP) 수행에 가장 좋은 시점은 어느 단계인가? [14.1]

① 구상 단계 ② 생산 단계
③ 설치 단계 ④ 개발 단계

해설 위험 및 운전성 검토(HAZOP) : 각각의 장비에 대해 잠재된 위험이나 기능 저하 등 시설에 결과적으로 미칠 수 있는 영향을 평가하기 위하여 공정이나 설계도 등에 체계적인 검토를 행하는 단계

정답 ④

6-3. 다음 중 위험과 운전성 연구(HAZOP)에 대한 설명으로 틀린 것은? [09.4]

① 전기설비의 위험성을 주로 평가하는 방법이다.

정답 4. ① 5. ① 6. ④

② 처음에는 과거의 경험이 부족한 새로운 기술을 적용한 공정설비에 대하여 실시할 목적으로 개발되었다.
③ 설비 전체보다 단위별 또는 부문별로 나누어 검토하고 위험요소가 예상되는 부문에 상세하게 실시한다.
④ 장치 자체는 설계 및 제작사양에 맞게 제작된 것으로 간주하는 것이 전제 조건이다.

해설 ① 화학설비, 공정 등의 위험성을 주로 평가하는 방법이다.

정답 ①

7. 시스템이 저장되고 이동되고, 실행됨에 따라 발생하는 작동 시스템의 기능이나 과업, 활동으로부터 발생되는 위험에 초점을 맞추어 진행하는 위험분석 방법은? [14.2]

① FHA ② OHA ③ PHA ④ SHA

해설 운용위험분석(OHA) : 다양한 업무 활용 등에서 제품의 사용과 함께 발생하는 작동 시스템의 기능이나 활동으로부터 발생되는 위험에 대한 분석기법

8. 높은 고장등급을 갖고 고장모드가 기기 전체의 고장에 어느 정도 영향을 주는가를 정성적으로 평가하는 해석방법은? [15.1/16.1]

① FTA ② FMEA
③ HAZOP ④ FHA

해설 고장형태 및 영향분석(FMEA) : 시스템에 영향을 미치는 모든 요소의 고장을 형태별로 분석하여 그 영향을 최소로 하고자 검토하는 전형적인 정성적, 귀납적 분석방법

8-1. 시스템 안전분석 기법 중 FMEA에 관한 설명으로 옳은 것은? [14.4]

① 원자력 발전 및 화학설비 등에 적용하기 위해 개발되었고 전문가와 브레인스토밍 팀을 구성하여 분석한다.
② 휴먼 에러와 휴먼 에러에 의한 영향을 예견하기 위해 사용되며 HAZOP와 함께 사용할 수 있다.
③ 그래픽 모델을 사용하여 분석과정을 가시화시키는 분석방법이며 논리기호를 사용한다.
④ 시스템을 구성요소로 나누어 고장의 가능성을 정하고 그 영향을 결정하여 분석하는 방법이다.

해설 고장형태 및 영향분석(FMEA) : 시스템에 영향을 미치는 모든 요소의 고장을 형태별로 분석하여 그 영향을 최소로 하고자 검토하는 전형적인 정성적, 귀납적 분석방법

정답 ④

8-2. 고장형태 및 영향분석(FMEA : Failure Mode and Effect Analysis)에서 평가요소에 해당되지 않는 것은? [09.2]

① C1 : 기능적 고장영향의 중요도
② C2 : 영향을 미치는 시스템의 범위
③ C3 : 고장 발생의 빈도
④ C4 : 고장의 영향 크기

해설 C4 : 고장방지의 가능성

정답 ④

8-3. 고장형태 및 영향분석(FMEA : Failure Mode and Effect Analysis)에서 치명도 해석을 포함시킨 분석방법으로 옳은 것은? [19.2]

① CA ② ETA ③ FMETA ④ FMECA

해설 FMECA : FMEA와 형식은 같지만, 고장 발생확률과 치명도 해석을 포함한 분석방법을 말한다.

정답 ④

정답 7. ② 8. ②

9. 산업안전을 목적으로 ERDA(미국 에너지 연구개발청)에서 개발된 시스템 안전 프로그램으로 관리, 설계, 생산, 보전 등의 넓은 범위의 안전성을 검토하기 위한 기법은?

① FTA [10.4/13.4/17.4/19.4]
② MORT
③ FHA
④ FMEA

해설 MORT : FTA와 같은 논리기법을 이용하며 관리, 설계, 생산, 보전 등에 대한 광범위한 안전성을 확보하려는 시스템 안전 프로그램

10. 시스템 안전 프로그램 계획(SSPP)에서 "완성해야 할 시스템 안전업무"에 속하지 않는 것은? [11.4/18.1]

① 정성해석
② 운용해석
③ 경제성 분석
④ 프로그램 심사의 참가

해설 시스템 안전 프로그램 계획(SSPP)에서 완성해야 할 시스템 안전업무 : 정성해석, 운용해석, 프로그램 심사의 참가 등

시스템 안전 및 안전성 평가 II

11. 시스템 수명주기 단계 중 이전 단계들에서 발생되었던 사고 또는 사건으로부터 축적된 자료에 대해 실증을 통한 문제를 규명하고 이를 최소화하기 위한 조치를 마련하는 단계는? [20.2]

① 구상 단계 ② 정의 단계
③ 생산 단계 ④ 운전 단계

해설 운전 단계 : 이전 단계들에서 발생되었던 사고 또는 사건으로부터 축적된 자료에 대해 실증을 통한 문제를 규명하고 이를 최소화한다.

Tip) 시스템 수명주기 5단계

1단계	2단계	3단계	4단계	5단계
구상	정의	개발	생산	운전

11-1. 시스템 안전의 수명주기에서 생산물의 적합성을 검토하는 단계는? [13.2/16.2/18.4]

① 구상 단계
② 정의 단계
③ 생산 단계
④ 개발 단계

해설 정의 단계 : 최종 생산물의 적합성(수용여부)을 결정하는 단계

Tip) 시스템 수명주기 5단계

1단계	2단계	3단계	4단계	5단계
구상	정의	개발	생산	운전

정답 ②

12. 시스템 설계자가 통상적으로 하는 평가방법 중 거리가 먼 것은? [16.4]

① 기능 평가 ② 성능 평가
③ 도입 평가 ④ 신뢰성 평가

해설 시스템 설계자의 평가방법 : 기능 평가, 성능 평가, 용량 평가, 신뢰성 평가 등

13. 기능적으로 분류한 전형적인 안전성 설계기준과 거리가 먼 것은? [18.4]

① 수송설비
② 기계시스템
③ 유연 생산시스템
④ 화기 또는 폭약시스템

정답 9. ② 10. ③ 11. ④ 12. ③ 13. ③

해설 유연 생산시스템의 정의 : 생산성을 감소시키지 않으면서 여러 종류의 제품을 가공처리할 수 있는 유연성이 큰 자동화 생산라인을 말한다.

14. 다음 중 MIL-STD-882B에서 시스템 안전 필요사항을 충족시키고 확인된 위험을 해결하기 위한 우선권을 정하는 순서로 옳은 것은? [11.4]

① 최소 리스크를 위한 설계 → 안전장치 설치 → 경보장치 설치 → 절차 및 교육훈련 개발
② 최소 리스크를 위한 설계 → 경보장치 설치 → 안전장치 설치 → 절차 및 교육훈련 개발
③ 절차 및 교육훈련 개발 → 최소 리스크를 위한 설계 → 경보장치 설치 → 안전장치 설치
④ 절차 및 교육훈련 개발 → 최소 리스크를 위한 설계 → 안전장치 설치 → 경보장치 설치

해설 시스템의 안전성 확보책(MIL-STD-882B)

제1단계	제2단계	제3단계	제4단계
위험설비의 최소화 설계	안전장치 설계	경보장치 설계	절차 및 교육훈련 개발

15. 다음 중 위험을 통제하는데 있어 취해야 할 첫 단계 조사는? [14.1]

① 작업원을 선발하여 훈련한다.
② 덮개나 격리 등으로 위험을 방호한다.
③ 설계 및 공정계획 시에 위험을 제거토록 한다.
④ 점검과 필요한 안전보호구를 사용하도록 한다.

해설 위험 통제 단계 중 제1단계(위험원의 제거) : 설계 및 공정계획 시에 위험을 제거한다.

16. 다음 중 안전성 평가에서 위험관리의 사명으로 가장 적절한 것은? [11.2/12.2]

① 잠재위험의 인식
② 손해에 대한 자금 융통
③ 안전과 건강관리
④ 안전공학

해설 안전성 평가에서 위험관리의 사명 : 손해에 대한 자금 융통
Tip) 안전관리 : 잠재위험의 인식, 안전과 건강관리, 안전공학, 재해의 방지 등

17. 설비나 공법 등에서 나타날 위험에 대하여 정성적 또는 정량적인 평가를 행하고 그 평가에 따른 대책을 강구하는 것은? [15.2/17.1]

① 설비보전 ② 동작분석
③ 안전계획 ④ 안전성 평가

해설 안전성 평가
• 설비의 모든 공정에 걸쳐 안전성을 평가하는 기술
• 안전성 평가의 순서는 다음과 같다.

1단계	2단계	3단계	4단계	5단계
자료의 정리	정성적 평가	정량적 평가	대책 수립	재평가

17-1. 시스템 안전성 평가의 순서를 가장 올바르게 나열한 것은? [09.1/09.2/10.4/16.1/16.4]

① 자료의 정리 → 정량적 평가 → 정성적 평가 → 대책수립 → 재평가
② 자료의 정리 → 정성적 평가 → 정량적 평가 → 재평가 → 대책수립
③ 자료의 정리 → 정량적 평가 → 정성적 평가 → 재평가 → 대책수립
④ 자료의 정리 → 정성적 평가 → 정량적 평가 → 대책수립 → 재평가

정답 14. ① 15. ③ 16. ② 17. ④

해설 안전성 평가의 순서

1단계	2단계	3단계	4단계	5단계
자료의 정리	정성적 평가	정량적 평가	대책 수립	재평가

정답 ④

17-2. 화학설비에 대한 안전성 평가 시 "정량적 평가"의 5항목이 아닌 것은? [09.1]

① 취급 물질 ② 화학설비 용량
③ 온도 ④ 전원

해설 정량적 평가(3단계) 항목 : 온도, 압력, 조작, 화학설비의 용량, 화학설비의 취급 물질 등

정답 ④

18. 시스템 안전(system safety)에 관한 설명으로 맞는 것은? [13.4/19.4]

① 과학적, 공학적 원리를 적용하여 시스템의 생산성 극대화
② 사고나 질병으로부터 자기 자신 또는 타인을 안전하게 호신하는 것
③ 시스템 구성요인의 효율적 활용으로 시스템 전체의 효율성 증가
④ 정해진 제약 조건하에서 시스템이 받는 상해나 손상을 최소화하는 것

해설 시스템 안전의 목적은 시스템의 위험성을 예방하기 위한 정해진 제약 조건하에서 시스템이 받는 상해나 손상을 최소화하는 것이다.

18-1. 다음 중 시스템 안전관리에 관한 사항으로 틀린 것은? [10.4]

① 시스템 안전에 필요한 사항의 고정
② 안전 활동의 계획, 조직 및 관리
③ 생산성 향상을 위한 중점 관리
④ 다른 시스템 프로그램 영역과의 조정

해설 시스템 안전의 목적은 시스템의 위험성을 예방하기 위한 정해진 제약 조건하에서 시스템이 받는 상해나 손상을 최소화하는 것이다.

정답 ③

18-2. 시스템 안전을 위한 업무수행 요건이 아닌 것은? [10.2/18.1]

① 안전 활동의 계획 및 관리
② 다른 시스템 프로그램과 분리 및 배제
③ 시스템 안전에 필요한 사람의 동일성 식별
④ 시스템 안전에 대한 프로그램 해석 및 평가

해설 ② 다른 시스템 프로그램 영역과의 조정

정답 ②

19. 시스템 안전계획의 수립 및 작성 시 반드시 기술하여야 하는 것으로 가장 거리가 먼 것은? [16.4]

① 안전성 관리 조직
② 시스템의 신뢰성 분석 비용
③ 작성되고 보존하여야 할 기록의 종류
④ 시스템 사고의 식별 및 평가를 위한 분석법

해설 시스템 안전계획의 수립 및 작성 시 기술사항

- 안전성 관리 조직 등 필요한 사항
- 작성되고 보존하여야 할 기록의 종류
- 시스템 사고의 식별 및 평가를 위한 분석법

20. 시스템 안전의 최종 분석 단계에서 위험을 고려하는 결정인자가 아닌 것은? [14.2]

① 효율성
② 피해 가능성
③ 비용 산정
④ 시스템의 고장모드

해설 위험을 고려하는 결정인자 : 효율성, 피해 가능성, 비용 산정 등

정답 18. ④ 19. ② 20. ④

21. 안전성의 관점에서 시스템을 분석 평가하는 접근방법과 거리가 먼 것은? [18.1]

① "이런 일은 금지한다."의 개인판단에 따른 주관적인 방법
② "어떻게 하면 무슨 일이 발생할 것인가?"의 연역적인 방법
③ "어떤 일을 하면 안 된다."라는 점검표를 사용하는 직관적인 방법
④ "어떤 일이 발생하였을 때 어떻게 처리하여야 안전한가?"의 귀납적인 방법

해설 ① "이런 일은 금지한다."의 객관적인 방법 선택

22. Chapanis의 위험수준에 의한 위험발생률 분석에 대한 설명으로 맞는 것은? [14.1/18.2]

① 자주 발생하는(frequent) > 10^{-3}/day
② 가끔 발생하는(occasional) > 10^{-5}/day
③ 거의 발생하지 않는(remote) > 10^{-6}/day
④ 극히 발생하지 않는(impossible) > 10^{-8}/day

해설 Chapanis의 위험발생률 분석

- 자주 발생하는(frequent) > 10^{-2}/day
- 가끔 발생하는(occasional) > 10^{-4}/day
- 거의 발생하지 않는(remote) > 10^{-5}/day
- 극히 발생하지 않는(impossible) > 10^{-8}/day

23. 기능식 생산에서 유연 생산시스템 설비의 가장 적합한 배치는? [17.1]

① 합류(Y)형 배치
② 유자(U)형 배치
③ 일자(-)형 배치
④ 복수라인(=)형 배치

해설 유연 생산시스템(Flexible Manufacturing System : FMS)

- 유연 생산시스템의 정의 : 생산성을 감소시키지 않으면서 여러 종류의 제품을 가공 처리할 수 있는 유연성이 큰 자동화 생산라인을 말한다.
- 유연 생산시스템 U자형 배치의 장점
  ㉠ 작업자의 이동이나 운반거리가 짧아 운반을 최소화한다.
  ㉡ U자형 라인은 작업장이 밀집되어 있어 공간이 적게 소요된다.
  ㉢ 모여서 작업하므로 작업자들의 의사소통을 증가시킨다.

6 결함수 분석법

결함수 분석

1. 다음 중 FTA 기법의 절차로 옳은 것은? [11.4]

① 시스템의 정의 → FT 작성 → 정성적 평가 → 정량적 평가
② 시스템의 정의 → FT 작성 → 정량적 평가 → 정성적 평가
③ 시스템의 정의 → 정성적 평가 → FT 작성 → 정량적 평가
④ 시스템의 정의 → 정량적 평가 → FT 작성 → 정성적 평가

정답 21. ① 22. ④ 23. ② 1. ①

해설 FTA 기법의 절차

1단계	2단계	3단계	4단계
시스템의 정의	FT 작성	정성적 평가	정량적 평가

2. FTA의 용도와 거리가 먼 것은? [17.2]

① 고장의 원인을 연역적으로 찾을 수 있다.
② 시스템의 전체적인 구조를 그림으로 나타낼 수 있다.
③ 시스템에서 고장이 발생할 수 있는 부분을 쉽게 찾을 수 있다.
④ 구체적인 초기사건에 대하여 상향식(bottom-up) 접근방식으로 재해경로를 분석하는 정량적 기법이다.

해설 FTA의 특징
- top down 형식(연역적)이다.
- 정량적 해석기법(컴퓨터 처리 가능)이다.
- 논리기호를 사용한 특정사상에 대한 해석이다.
- 서식이 간단해서 비전문가도 짧은 훈련으로 사용이 가능하다.
- human error의 검출이 어렵다.

Tip) FTA : 특정한 사고에 대하여 사고의 원인이 되는 장치 및 기기의 결함이나 작업자 오류 등을 연역적이며 정량적으로 평가하는 분석법

2-1. 결함수 분석법에 관한 설명으로 틀린 것은? [10.1/14.1/17.4]

① 잠재위험을 효율적으로 분석한다.
② 연역적 방법으로 원인을 규명한다.
③ 정성적 평가보다 정량적 평가를 먼저 실시한다.
④ 복잡하고 대형화된 시스템의 분석에 사용한다.

해설 ③ 정량적 평가보다 정성적 평가를 먼저 실시한다.

정답 ③

2-2. 다음 중 결함수 분석기법(FTA)의 활용으로 인한 장점이 아닌 것은? [13.1/13.4]

① 귀납적 전개가 가능
② 사고원인 분석의 정량화
③ 사고원인의 규명의 간편화
④ 한눈에 알기 쉽게 tree상으로 표현 가능

해설 ① top down 형식(연역적)이다.

정답 ①

3. 다음 중 결함수 분석을 적용할 필요가 없는 경우는? [18.4]

① 여러 가지 지원 시스템이 관련된 경우
② 시스템의 강력한 상호작용이 있는 경우
③ 설계 특성상 바람직하지 않은 사상이 시스템에 영향을 주지 않는 경우
④ 바람직하지 않은 사상 때문에 하나 이상의 시스템이나 기능이 정지될 수 있는 경우

해설 ③ 사상이 시스템에 영향을 주지 않는 경우는 결함수 분석을 할 필요가 없다.

4. 다음 중 FTA 분석을 위한 기본적인 가정에 해당하지 않는 것은? [15.2]

① 중복사상은 없어야 한다.
② 기본사상들의 발생은 독립적이다.
③ 모든 기본사상은 정상사상과 관련되어 있다.
④ 기본사상의 조건부 발생확률은 이미 알고 있다.

해설 ① 중복사상이 있으면 불 대수식으로 간소화한다.

정답 2. ④ 3. ③ 4. ①

5. FTA의 활용 및 기대 효과가 아닌 것은?

① 시스템의 결함 진단 [13.2/18.1]
② 사고원인 규명의 간편화
③ 사고원인 분석의 정량화
④ 시스템의 결함 비용 분석

해설 FTA의 활용 및 기대 효과
- 사고원인 규명의 간편화
- 사고원인 분석의 일반화
- 사고원인 분석의 정량화
- 안전점검 체크리스트 작성
- 시스템의 결함 진단
- 노력, 시간의 절감

6. 결함수(FT) 기호의 정의로 틀린 것은? [16.4]

① 1차 사상은 외적인 원인에 의해 발생하는 사상이다.
② 결함사상은 시스템 분석에 있어 좀 더 발전시켜야 하는 사상이다.
③ 기본사상은 고장 원인이 분석되었기 때문에 더 이상 분석할 필요가 없는 사상이다.
④ 정상적인 사상은 두 가지 상태가 규정된 시간 내에 일어날 것으로 기대 및 예정되는 사상이다.

해설 FTA의 기호

기호	명칭	기호 설명
	생략사상	정보 부족, 해석기술의 불충분으로 더 이상 전개할 수 없는 사상
	결함사상	개별적인 결함사상(비정상적인 사건)
	통상사상	통상적으로 발생이 예상되는 사상(예상되는 원인)
	기본사상	더 이상 전개되지 않는 기본적인 사상

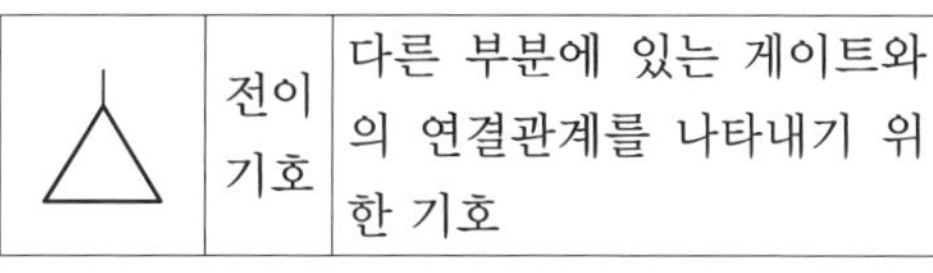

	전이기호	다른 부분에 있는 게이트와의 연결관계를 나타내기 위한 기호

6-1. FT도에 사용되는 기호 중 "시스템의 정상적인 가동상태에서 일어날 것이 기대되는 사상"을 나타내는 것은? [14.2]

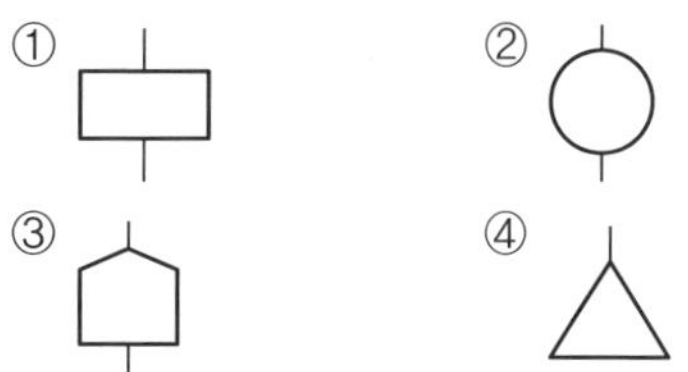

해설 통상사상 : 통상적으로 발생이 예상되는 사상(예상되는 원인)

정답 ③

6-2. FTA에서 사용되는 논리기호 중 기본사상은? [09.4/14.1/19.4/20.1]

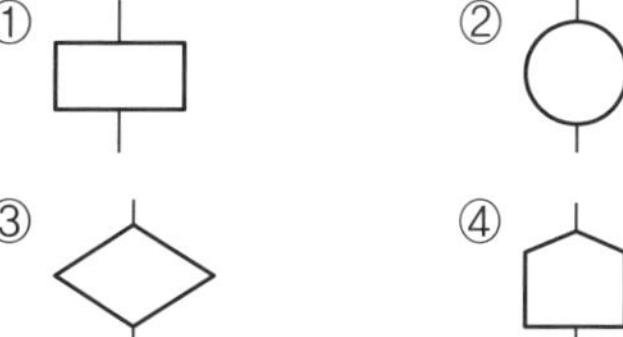

해설 기본사상 : 더 이상 전개되지 않는 기본적인 사상

정답 ②

6-3. FT도에 사용되는 기호 중 "전이기호"를 나타내는 기호는? [12.4/15.4/18.2]

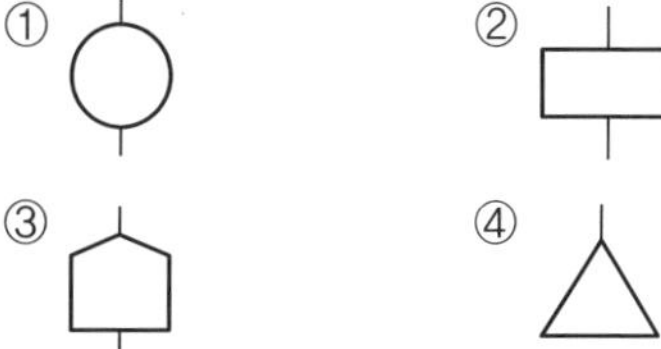

정답 5. ④ 6. ①

해설 전이기호 : 다른 부분에 있는 게이트와의 연결관계를 나타내기 위한 기호

정답 ④

6-4. 한국산업표준상 결함나무분석(FTA) 시 다음과 같이 사용되는 사상기호가 나타내는 사상은? [20.2]

① 공사상
② 기본사상
③ 통상사상
④ 심층분석사상

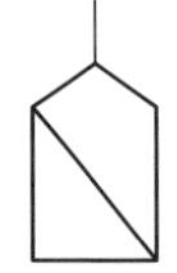

해설 공사상 : 발생할 수 없는 사상

Tip)

기호	명칭
	심층분석사상

정답 ①

6-5. FT도에 사용되는 다음의 기호가 의미하는 내용으로 옳은 것은? [10.1/13.1]

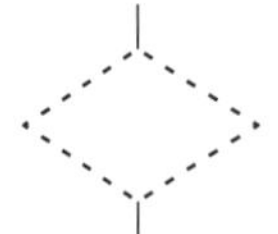

① 생략사상으로서 간소화
② 생략사상으로서 인간의 실수
③ 생략사상으로서 조직자의 간과
④ 생략사상으로서 시스템의 고장

해설 생략사상

생략사상	생략사상 인간의 실수	생략사상 조직자의 간과	생략사상 간소화

정답 ②

7. 다음의 연산표에 해당하는 논리연산은? [18.1]

입력		출력
X_1	X_2	
0	0	0
0	1	1
1	0	1
1	1	0

① XOR ② AND ③ NOT ④ OR

해설 논리연산자

- XOR : 두 개의 입력이 서로 다를 때 출력
- AND : 두 개의 입력이 서로 1일 때 출력
- NOT : 입력 값과 출력 값이 서로 반대로 출력
- OR : 한 개 이상의 입력이 1일 때 출력

7-1. FTA(Fault Tree Analysis)에 사용되는 논리 중에서 입력사상 중 어느 하나만이라도 발생하게 되면 출력사상이 발생하는 것은? [11.2]

① AND GATE
② OR GATE
③ 기본사상
④ 통상사상

해설 GATE 진리표

OR GATE			AND GATE		
입력		출력	입력		출력
0	0	0	0	0	0
0	1	1	0	1	0
1	0	1	1	0	0
1	1	1	1	1	1

정답 ②

8. FT 작성 시 논리 게이트에 속하지 않는 것은 무엇인가? [17.2]

① OR 게이트 ② 억제 게이트
③ AND 게이트 ④ 동등 게이트

정답 7. ① 8. ④

해설 FTA 논리기호

기호	명칭	발생 현상
Ai, Aj, Ak 순으로 / Ai Aj Ak	우선적 AND 게이트	입력사상 중에 어떤 현상이 다른 현상보다 먼저 일어날 경우에만 출력이 발생한다.
2개의 출력 / Ai Aj Ak	조합 AND 게이트	3개 이상의 입력 현상 중에 2개가 일어나면 출력이 발생한다.
동시발생이 없음	배타적 OR 게이트	입력사상 중 한 개의 발생으로만 출력사상이 생성되는 논리 게이트, 2개 이상의 입력이 동시에 존재할 때에 출력사상이 발생하지 않는다.
위험지속시간	위험 지속 AND 게이트	입력 현상이 생겨서 어떤 일정한 기간이 지속될 때에 출력이 발생한다.
	억제 게이트	게이트의 출력사상은 한 개의 입력사상에 의해 발생하며, 조건을 만족하면 출력이 발생하고, 조건이 만족되지 않으면 출력이 발생하지 않는다.
A	부정 게이트	입력과 반대 현상의 출력사상이 발생한다.

8-1. FT도에 사용되는 논리기호 중 AND 게이트에 해당하는 것은? [14.4/16.1/18.4/19.2]

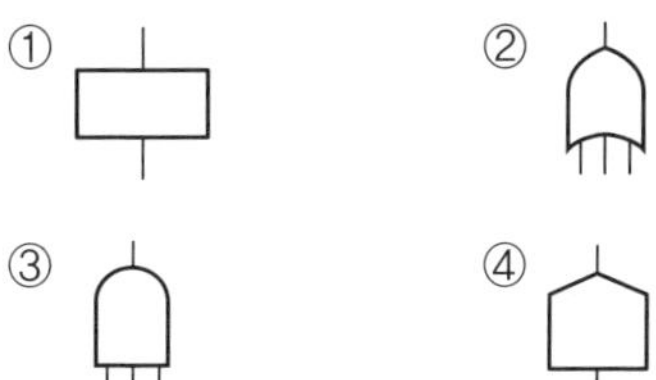

해설 AND 게이트(논리기호) : 모든 입력사상이 공존할 때에만 출력사상이 발생한다.

정답 ③

8-2. FT도에 사용되는 다음 기호의 명칭으로 맞는 것은? [10.4/15.2/17.1]

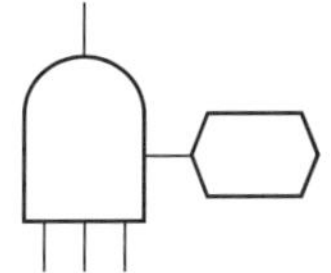

① 억제 게이트 ② 부정 게이트
③ 배타적 OR 게이트 ④ 우선적 AND 게이트

해설 우선적 AND 게이트 : 입력사상 중에 어떤 현상이 다른 현상보다 먼저 일어날 경우에만 출력이 발생한다.

정답 ④

8-3. FTA에서 사용하는 논리기호 중 3개 이상의 입력 현상 중 2개가 발생할 경우 출력이 되는 것은? [13.4/16.2/17.4]

① 조합 AND 게이트
② 배타적 OR 게이트
③ 우선적 AND 게이트
④ 위험지속 AND 게이트

해설 조합 AND 게이트 : 3개 이상의 입력 현상 중에 2개가 일어나면 출력이 발생한다.

정답 ①

8-4. FT도에서 입력 현상이 발생하여 어떤 일정 시간이 지속된 후 출력이 발생하는 것을 나타내는 게이트나 기호로 옳은 것은? [11.4/15.1]

① 위험지속기호
② 조합 AND 게이트
③ 시간단축기호
④ 억제 게이트

해설 위험지속 AND 게이트 : 입력 현상이 생겨서 어떤 일정한 기간이 지속될 때에 출력이 발생한다.

정답 ①

8-5. FT도에서 사용되는 기호 중 입력 현상의 반대 현상이 출력되는 게이트는? [12.2]

① AND 게이트 ② 부정 게이트
③ OR 게이트 ④ 억제 게이트

해설 부정 게이트 : 입력과 반대 현상의 출력 사상이 발생한다.

정답 ②

9. 결함수 분석법에서 일정 조합 안에 포함되는 기본사상들이 동시에 발생할 때 반드시 목표사상을 발생시키는 조합을 무엇이라고 하는가? [19.2/20.1]

① cut set
② decision tree
③ path set
④ 불 대수

해설 컷셋(cut set) : 정상사상을 발생시키는 기본사상의 집합, 모든 기본사상이 발생할 때 정상사상을 발생시키는 기본사상들의 집합

9-1. 다음 중 FT도에서의 컷셋(cut set)에 관한 설명으로 틀린 것은? [09.2/11.1/14.4]

① 시스템의 약점을 표현한 것이다.
② 정상사상(top event)을 발생시키는 조합이다.
③ 시스템이 고장 나지 않도록 하는 사상의 조합이다.
④ 패스셋(path set)과는 반대되는 개념이다.

해설 ③은 패스셋에 대한 설명이다.

정답 ③

10. 결함수 분석법에 있어 정상사상(top event)이 발생하지 않게 하는 기본사상들의 집합을 무엇이라고 하는가? [16.1/17.4/18.2]

① 컷셋(cut set)
② 페일셋(fail set)
③ 트루셋(truth set)
④ 패스셋(path set)

해설 패스셋(path set) : 모든 기본사상이 발생하지 않을 때 처음으로 정상사상이 발생하지 않는 기본사상들의 집합, 시스템의 고장을 발생시키지 않는 기본사상들의 집합

10-1. 다음 중 path set에 관한 설명으로 옳은 것은? [09.1]

① 시스템의 위험성을 표시한다.
② FT도에서 top사상을 일으키기 위한 필요 최소한의 조합이다.
③ 시스템이 고장 나지 않도록 하는 사상의 조합이다.
④ 일반적으로 Fussell Algorithm을 이용하여 구한다.

해설 ①, ②, ④는 컷셋(cut set)에 대한 설명

정답 ③

11. FTA에 의한 재해사례연구의 순서를 올바르게 나열한 것은? [12.2/12.4/17.1/20.2]

정답 9. ① 10. ④ 11. ②

㉠ 목표사상 선정
㉡ FT도 작성
㉢ 사상마다 재해원인 규명
㉣ 개선계획 작성

① ㉠ → ㉡ → ㉢ → ㉣
② ㉠ → ㉢ → ㉡ → ㉣
③ ㉡ → ㉢ → ㉠ → ㉣
④ ㉡ → ㉠ → ㉢ → ㉣

해설 FTA에 의한 재해사례연구의 순서

1단계	2단계	3단계	4단계
목표(톱) 사상의 선정	사상마다 재해원인 규명	FT도 작성	개선계획 작성

정성적, 정량적 분석 I

12. 다음 중 결함수 분석의 컷셋(cut set)과 패스셋(path set)에 관한 설명으로 틀린 것은? [15.4/16.2/18.1]

① 최소 컷셋은 시스템의 위험성을 나타낸다.
② 최소 패스셋은 시스템의 신뢰도를 나타낸다.
③ 최소 패스셋은 정상사상을 일으키는 최소한의 사상 집합을 의미한다.
④ 최소 컷셋은 반복사상이 없는 경우 일반적으로 퍼셀(Fussell) 알고리즘을 이용하여 구한다.

해설 최소 컷셋과 최소 패스셋

- 최소 컷셋(minimal cut set) : 정상사상을 일으키기 위한 최소한의 컷으로 컷셋 중에 타컷셋을 포함하고 있는 것을 배제하고 남은 컷셋들을 의미한다. 즉, 모든 기본사상 발생 시 정상사상을 발생시키는 기본사상의 최소 집합으로 시스템의 위험성을 말한다.
- 최소 패스셋(minimal path set) : 모든 고장이나 실수가 발생하지 않으면 재해는 발생하지 않는다는 것으로, 즉 기본사상이 일어나지 않으면 정상사상이 발생하지 않는 기본사상의 집합으로 시스템의 신뢰성을 말한다.

12-1. FTA에서 어떤 고장이나 실수를 일으키지 않으면 정상사상(top event)은 일어나지 않는다고 하는 것으로 시스템의 신뢰성을 표시하는 것은? [10.2/10.4/18.2/19.1]

① cut set
② minimal cut set
③ free event
④ minimal path set

해설 최소 패스셋(minimal path set) : 모든 고장이나 실수가 발생하지 않으면 재해는 발생하지 않는다는 것으로, 즉 기본사상이 일어나지 않으면 정상사상이 발생하지 않는 기본사상의 집합으로 시스템의 신뢰성을 말한다.

정답 ④

13. 반복되는 사건이 많이 있는 경우, FTA의 최소 컷셋과 관련이 없는 것은? [16.4/17.1/20.1]

① Fussell Algorithm
② Boolean Algorithm
③ Monte Carlo Algorithm
④ Limnios & Ziani Algorithm

해설 FTA의 최소 컷셋을 구하는 알고리즘의 종류는 Fussell Algorithm, Boolean Algorithm, Limnios & Ziani Algorithm이다.

Tip) Monte Carlo Algorithm : 구하고자 하는 수치의 확률적 분포를 반복 실험으로 구하는 방법, 시뮬레이션에 의한 테크닉의 일종이다.

정답 12. ③ 13. ③

14. 다음 중 Fussell의 알고리즘을 이용하여 최소 컷셋을 구하는 방법에 대한 설명으로 적절하지 않은 것은? [13.1]

① OR 게이트는 항상 컷셋의 수를 증가시킨다.
② AND 게이트는 항상 컷셋의 크기를 증가시킨다.
③ 중복되는 사건이 많은 경우 매우 간편하고 적용하기 적합하다.
④ 불 대수(boolean algebra) 이론을 적용하여 시스템 고장을 유발시키는 모든 기본사상들의 조합을 구한다.

해설 ③ 중복되는 사건이 많은 경우에는 적용하기 곤란하다.

15. 톱사상 T를 일으키는 컷셋에 해당하는 것은? [15.1]

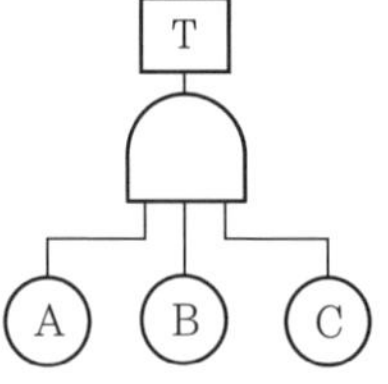

① {A} ② {A, B}
③ {B, C} ④ {A, B, C}

해설 톱사상 T를 일으키기 위해서는 AND 게이트를 통과해야 하므로 A, B, C 모두 발생되어야 한다.

15-1. 다음 그림과 같은 FT도의 컷셋(cut set)으로 옳은 것은? [10.2]

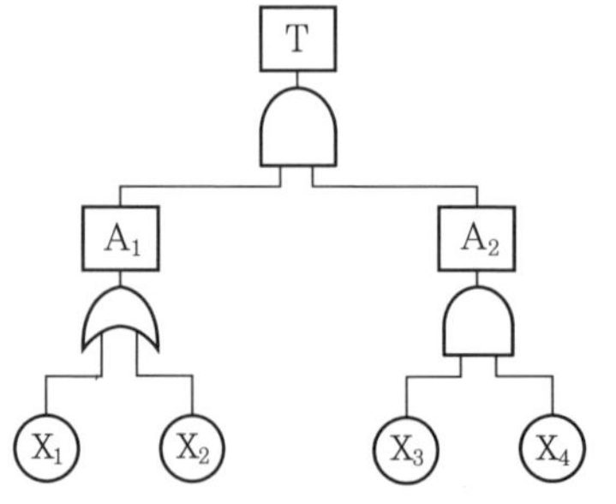

① $\{X_1, X_2, X_3\}$, $\{X_2, X_3, X_4\}$
② $\{X_1, X_3, X_4\}$, $\{X_2, X_3, X_4\}$
③ $\{X_1, X_2, X_3\}$, $\{X_1, X_3, X_4\}$
④ $\{X_2, X_3, X_4\}$, $\{X_1, X_2\}$

해설 $T = A_1 \cdot A_2 = \begin{pmatrix} X_1 \\ X_2 \end{pmatrix}(X_3X_4)$

$= \{X_1, X_3, X_4\}, \{X_2, X_3, X_4\}$

정답 ②

15-2. 다음의 FT도에서 Fussell의 알고리즘에 의해 구한 컷셋으로 옳은 것은? [11.2]

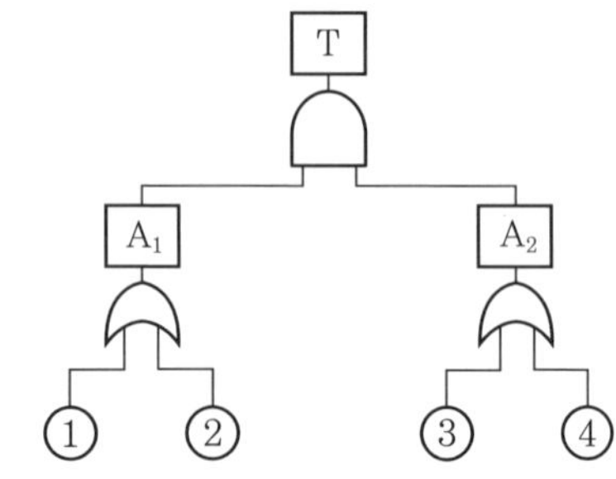

① (1, 2), (1, 3), (2, 3), (2, 4)
② (1, 3), (1, 4), (2, 3), (2, 4)
③ (1, 2), (1, 3), (1, 4), (2, 4)
④ (1, 3), (1, 4), (2, 3), (3, 4)

해설 컷셋(T) $= A_1 \cdot A_2 =$ (①+②)·(③+④)
=(①, ③), (①, ④), (②, ③), (②, ④)

정답 ②

16. 다음의 FT도에서 최소 컷셋으로 맞는 것은? [16.1/19.4]

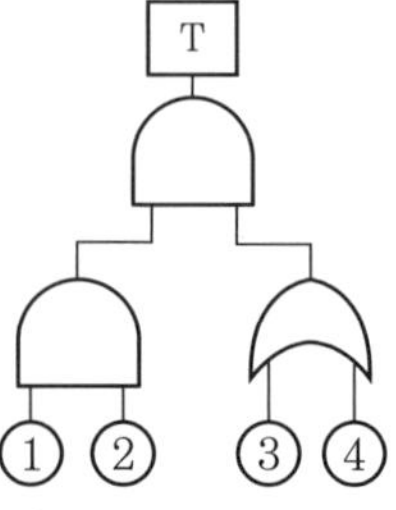

정답 14. ③ 15. ④ 16. ②

① {①, ②, ③, ④}
② {①, ②, ③}, {①, ②, ④}
③ {①, ③, ④}, {②, ③, ④}
④ {①, ③}, {①, ④}, {②, ③}, {②, ④}

해설 $T=(① ②)\begin{pmatrix}③\\④\end{pmatrix}$
$=\{①, ②, ③\}, \{①, ②, ④\}$

16-1. 다음과 같이 1~4의 기본사상을 가진 FT도에서 minimal cut set으로 옳은 것은? [14.2]

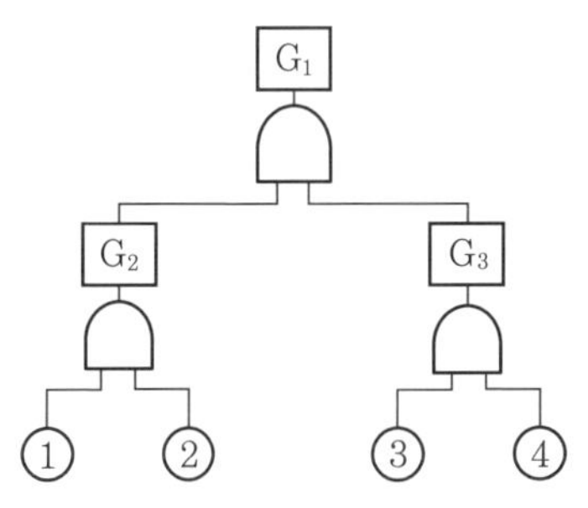

① {①, ②, ③, ④}　　② {①, ③, ④}
③ {①, ②}　　④ {③, ④}

해설 $G_1=G_2 \cdot G_3=(① ②) \cdot (③ ④)$
$=\{①, ②, ③, ④\}$

정답 ①

16-2. FT도에 의한 컷셋(cut set)이 다음과 같이 구해졌을 때 최소 컷셋(minimal cut set)으로 맞는 것은? [09.4/13.2/17.2]

(X_1, X_3) (X_1, X_2, X_3) (X_1, X_3, X_4)

① (X_1, X_3)　　② (X_1, X_2, X_3)
③ (X_1, X_3, X_4)　　④ (X_1, X_2, X_3, X_4)

해설 3개의 컷셋 중 공통된 조(X_1, X_3)가 최소 컷셋이다.

정답 ①

17. 다음의 FT도에서 몇 개의 미니멀 패스셋(minimal path sets)이 존재하는가? [19.2]

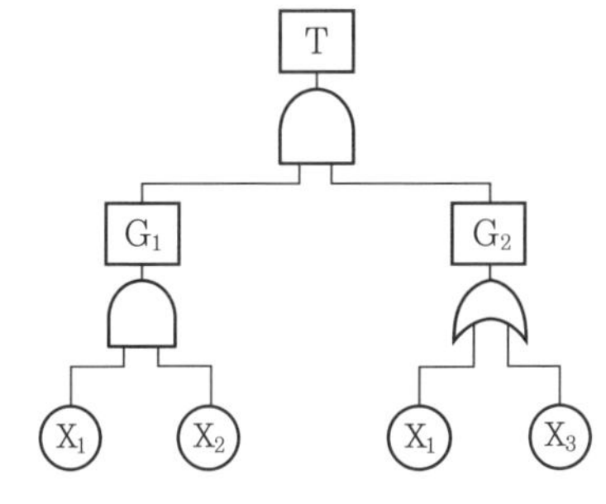

① 1개　　② 2개
③ 3개　　④ 4개

해설 최소 패스셋 : 어떤 고장이나 실수를 일으키지 않으면 재해는 일어나지 않는다고 하는 것
→ 최소 패스셋 : $\{X_1\}, \{X_2\}, \{X_1, X_3\}$

18. FT도에서 정상사상 G_1의 발생확률은? (단, $G_2=0.1$, $G_3=0.2$, $G_4=0.3$의 발생확률을 갖는다.) [15.4]

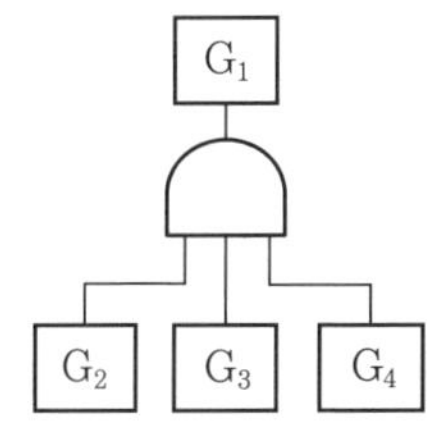

① 0.006　　② 0.300
③ 0.496　　④ 0.600

해설 $G_1=G_2 \times G_3 \times G_4$
$=0.1 \times 0.2 \times 0.3=0.006$

18-1. 다음 FT도상에서 정상사상 T의 발생확률은? (단, 기본사상 ①, ②의 발생확률은 각각 1×10^{-2}과 2×10^{-2}이다.) [13.4/15.1/15.2]

정답 17. ③　18. ①

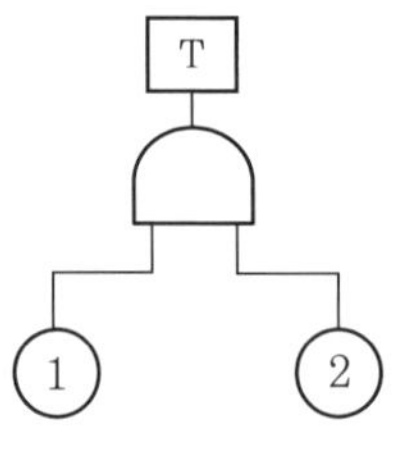

① 2×10^{-2}　　② 2×10^{-4}
③ 2.98×10^{-2}　　④ 2.98×10^{-4}

해설 T=①×②
$=(1\times10^{-2})\times(2\times10^{-2})=2\times10^{-4}$

정답 ②

18-2. 다음 FT도에서 정상사상 A의 발생확률은 약 얼마인가? (단, ①은 0.1, ②는 0.05, ③은 0.08의 발생확률을 가진다.)

[10.4]

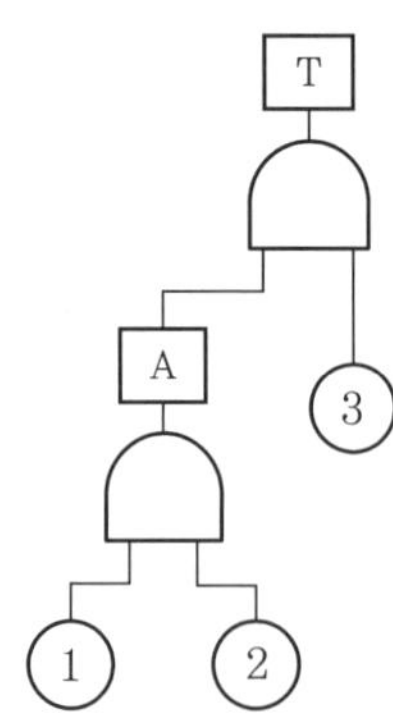

① 0.0004　　② 0.0008
③ 0.0013　　④ 0.0024

해설 T=A×③=①×②×③
$=0.1\times0.05\times0.08=0.0004$

정답 ①

18-3. 다음 FT도에서 사상 A의 발생확률은? (단, 사상 B_1의 발생확률은 0.3이고, B_2의 발생확률은 0.2이다.) [09.1/16.2/18.4]

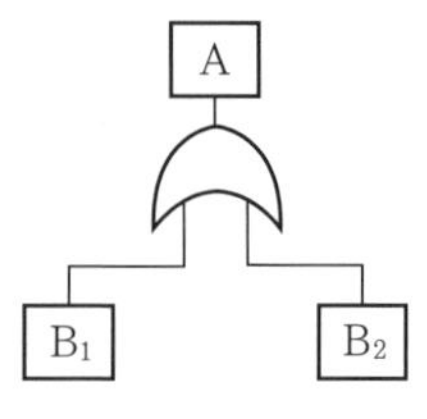

① 0.06　　② 0.44
③ 0.56　　④ 0.94

해설 $A=1-\{(1-B_1)\times(1-B_2)\}$
$=1-\{(1-0.3)\times(1-0.2)\}=0.44$

정답 ②

18-4. 다음 FT도에서 정상사상의 발생확률은 얼마인가? (단, X_1은 0.1, X_2는 0.2, X_3은 0.1, X_4는 0.2이다.) [11.2]

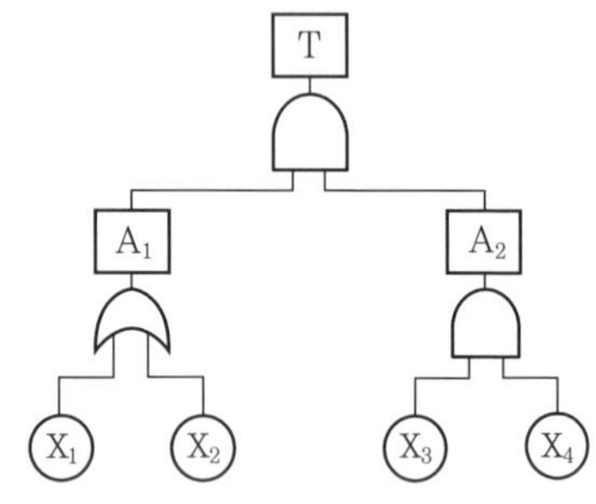

① 0.0004　　② 0.0026
③ 0.0056　　④ 0.0784

해설 $T=A_1\times A_2$
$=\{1-(1-X_1)\times(1-X_2)\}\times(X_3\times X_4)$
$=\{1-(1-0.1)\times(1-0.2)\}\times(0.1\times0.2)$
$=0.0056$

정답 ③

18-5. 기본사상 ①과 ②가 OR gate로 연결되어 있는 FT도에서 정상사상(top event)의 발생확률은 얼마인가? (단, 기본사상 ①과 ②의 발생확률은 각각 1×10^{-3}/h, 1.5×10^{-2}/h이다.) [09.4/11.1]

① 0.008 ② 0.015985
③ 0.07555 ④ 0.15085

해설 T=1−{(1−①)×(1−②)}
$=1-\{(1-1\times10^{-3}/h)\times(1-1.5\times10^{-2}/h)\}$
$=0.015985$

정답 ②

19. 다음 FTA 그림에서 a, b, c의 부품고장률이 각각 0.01일 때, 최소 컷셋(minimal cut sets)과 신뢰도로 옳은 것은? [12.2/19.1]

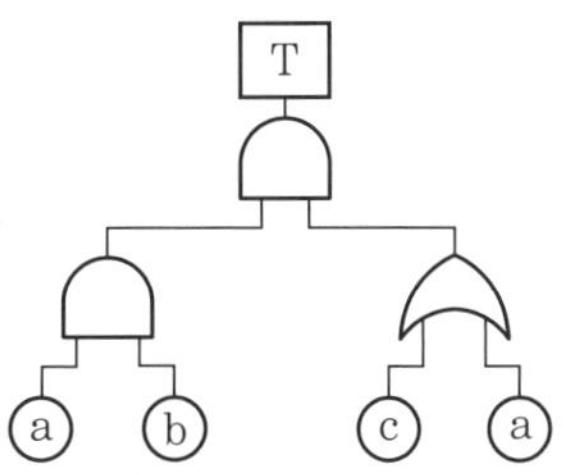

① {a, b}, $R(t)$=99.99%
② {a, b, c}, $R(t)$=98.99%
③ {a, c}
{a, b}, $R(t)$=96.99%
④ {a, b}
{a, b, c}, $R(t)$=97.99%

해설 ㉠ 컷셋=(a, b, c), (a, b)이며, 최소 컷셋은 (a, b)이다.
㉡ 고장률 $F(t)=a\times b=0.01\times0.01=0.0001$
㉢ 신뢰도 $R(t)=1-0.0001=0.9999$이므로 99.99%이다.

정성적, 정량적 분석 II

20. 그림의 부품 A, B, C로 구성된 시스템의 신뢰도는? (단, 부품 A의 신뢰도는 0.85, 부품 B와 C의 신뢰도는 각각 0.90이다.) [16.2]

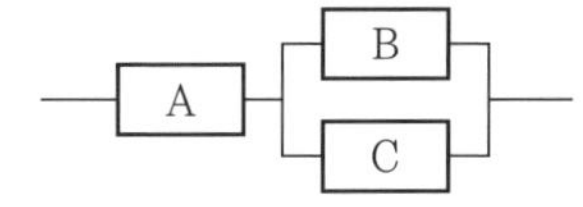

① 0.8415 ② 0.8425
③ 0.8515 ④ 0.8525

해설 신뢰도$(R_s)=A\times\{1-(1-B)\times(1-C)\}$
$=0.85\times\{1-(1-0.9)\times(1-0.9)\}=0.8415$

20-1. 그림과 같은 시스템에서 전체 시스템의 신뢰도는 얼마인가? (단, 네모 안의 숫자는 각 부품의 신뢰도이다.) [09.2/11.4/18.2]

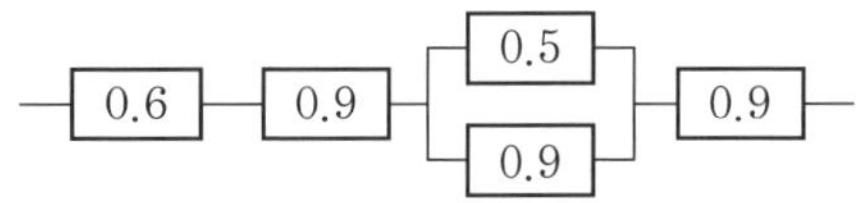

① 0.4104 ② 0.4617
③ 0.6314 ④ 0.6804

해설 $R_s=0.6\times0.9\times\{1-(1-0.5)\times(1-0.9)\}\times0.9=0.4617$

정답 ②

20-2. 그림과 같은 시스템의 신뢰도로 옳은 것은? (단, 그림의 숫자는 각 부품의 신뢰도이다.) [12.2/19.2]

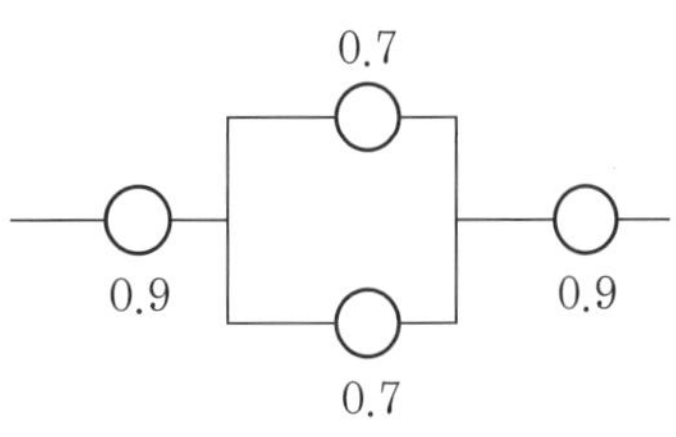

① 0.6261 ② 0.7371
③ 0.8481 ④ 0.9591

해설 $R_s=0.9\times\{1-(1-0.7)\times(1-0.7)\}\times0.9=0.7371$

정답 ②

정답 19. ① 20. ①

20-3. 세발자전거에서 각 바퀴의 신뢰도가 0.9일 때 이 자전거의 신뢰도는 얼마인가? [14.1]

① 0.729 ② 0.810
③ 0.891 ④ 0.999

해설 $R_s = 0.9 \times 0.9 \times 0.9 = 0.729$

정답 ①

20-4. 신뢰도가 0.4인 부품 5개가 병렬결합 모델로 구성된 제품이 있을 때 이 제품의 신뢰도는? [20.2]

① 0.90 ② 0.91 ③ 0.92 ④ 0.93

해설 $R_s = 1-(1-0.4)\times(1-0.4)\times(1-0.4)\times(1-0.4)\times(1-0.4) = 0.92$

정답 ③

20-5. 다음 그림과 같이 신뢰도 R인 n개의 요소가 병렬로 구성된 시스템의 전체 신뢰도로 옳은 것은? [09.4/11.2/14.4]

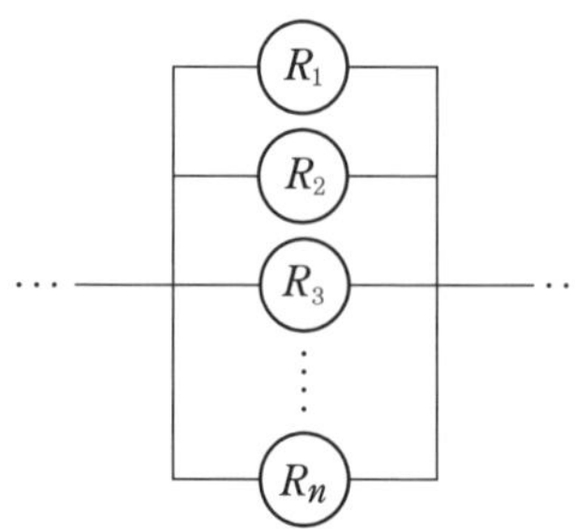

① $\prod_{i=1}^{n} R_i$ ② $1-\prod_{i=1}^{n} (R_i-1)$
③ $1-\prod_{i=1}^{n} R_i$ ④ $1-\prod_{i=1}^{n} (1-R_i)$

해설 신뢰도(R_s)

$= 1-(1-R_1)\times(1-R_2)\times\cdots\times(1-R_n)$

$= 1-\prod_{i=1}^{n}(1-R_i)$

정답 ④

20-6. 작업원 2인이 중복하여 작업하는 공정에서 작업자의 신뢰도는 0.85로 동일하며, 작업 중 50%는 작업자 1인이 수행하고 나머지 50%는 중복 작업한다면 이 공정의 인간 신뢰도는 약 얼마인가? [12.2]

① 0.6694 ② 0.7225
③ 0.9138 ④ 0.9888

해설 $\text{인간 신뢰도} = \frac{\text{작업} + \text{중복작업}}{2}$

$= \frac{0.85 + \{1-(1-0.85)^2\}}{2}$

$= \frac{0.85 + 0.9775}{2} \fallingdotseq 0.9138$

정답 ③

20-7. 조작자 한 사람의 신뢰도가 0.9일 때 요원을 중복하여 2인 1조가 되어 작업을 진행하는 공정이 있다. 작업기간 중 항상 요원 지원을 한다면 이 조의 인간 신뢰도는 얼마인가? [20.2]

① 0.93 ② 0.94
③ 0.96 ④ 0.99

해설 인간의 신뢰도$= 1-(1-0.9)^2 = 0.99$

정답 ④

20-8. 작업자가 평균 1000시간 작업을 수행하면서 4회의 실수를 한다면, 이 사람이 10시간 근무했을 경우의 신뢰도는 약 얼마인가? [14.4/19.4]

① 0.04 ② 0.018
③ 0.67 ④ 0.96

해설 신뢰도$= e^{-\lambda t}$

$= e^{(-0.004 \times 10)} = 0.96$

여기서, λ : 고장률, t : 근무시간

Tip) 고장률(λ)$=\frac{\text{실수 횟수}}{\text{총 가동시간}}=\frac{4}{1000}=0.004$

정답 ④

21. **인간-기계 시스템에서의 신뢰도 유지 방안으로 가장 거리가 먼 것은?** [19.1]

① lock system
② fail-safe system
③ fool-proof system
④ risk assessment system

해설 위험성 평가(risk assessment system) : 사업장의 유해 · 위험요인을 파악하고 해당 유해 · 위험요인에 의한 부상 또는 질병의 발생 빈도와 강도를 추정 · 결정하고 감소 대책을 수립하여 실행하는 과정

21-1. **시스템 신뢰도를 증가시킬 수 있는 방법이 아닌 것은?** [09.1]

① 페일 세이프(fail safe) 설계
② 풀 프루프(fool proof) 설계
③ 중복(redundancy) 설계
④ 록 시스템(lock system) 설계

해설 록 시스템(lock system) : 인간-기계의 불안전한 요소에 대하여 통제를 하는 시스템 설계

정답 ④

21-2. **다음 중 인간-기계 시스템에서의 신뢰도 유지방안으로 볼 수 없는 것은?** [09.4]

① fail-safe system
② control system
③ fool-proof system
④ lock system

해설 control system : 공정을 제어하여 목표하는 결과를 얻는 시스템

정답 ②

22. **다음 중 직렬구조를 갖는 시스템의 특성을 설명한 것으로 틀린 것은?** [10.1]

① 요소(要素) 중 어느 하나가 고장이면 시스템은 고장이다.
② 요소의 수가 적을수록 시스템의 신뢰도는 높아진다.
③ 요소의 수가 많을수록 시스템의 수명은 짧아진다.
④ 시스템의 수명은 요소 중에서 수명이 가장 긴 것으로 정해진다.

해설 ④ 시스템의 수명은 요소 중에서 수명이 가장 짧은 것으로 정해진다.

23. **다음 중 병렬계의 특성에 관한 설명으로 틀린 것은?** [12.4]

① 요소의 수가 많을수록 고장의 기회가 줄어든다.
② 요소의 어느 하나가 정상이면 계는 정상이다.
③ 요소의 중복도가 늘수록 계의 수명은 짧아진다.
④ 계의 수명은 요소 중 수명이 가장 긴 것으로 정해진다.

해설 ③ 요소의 중복도가 늘어날수록 시스템의 수명은 길어진다.

23-1. **다음 중 일반적으로 가장 신뢰도가 높은 시스템의 구조는?** [16.1]

① 직렬연결구조
② 병렬연결구조
③ 단일부품구조
④ 직 · 병렬 혼합구조

정답 21. ④ 22. ④ 23. ③

해설 병렬연결구조는 결함이 생긴 부품의 기능을 대체시킬 수 있도록 부품을 중복 부착시키는 시스템으로 신뢰도가 가장 높다. 요소의 어느 하나가 정상이면 계는 정상이다.

정답 ②

24. 인간-기계 시스템의 구성요소에서 다음 중 일반적으로 신뢰도가 가장 낮은 요소는? (단, 관련 요건은 동일하다는 가정이다.) [13.1]

① 수공구 ② 작업자
③ 조종장치 ④ 표시장치

해설 인간요소가 기계요소보다 신뢰도는 떨어진다.
→ ②는 인간요소, ①, ③, ④는 기계요소

25. 동전 던지기에서 앞면이 나올 확률 P(앞)=0.6이고, 뒷면이 나올 확률 P(뒤)=0.4일 때, 앞면과 뒷면이 나올 사건의 정보량을 각각 맞게 나타낸 것은? [15.4/16.1/18.4/19.1]

① 앞면 : 0.10 bit, 뒷면 : 1.00 bit
② 앞면 : 0.74 bit, 뒷면 : 1.32 bit
③ 앞면 : 0.32 bit, 뒷면 : 0.74 bit
④ 앞면 : 2.00 bit, 뒷면 : 1.00 bit

해설 ㉠ 정보량-앞면$(H)=\log_2\frac{1}{P}=\log_2\frac{1}{0.6}$
$=0.74\text{bit}$

㉡ 정보량-뒷면$(H)=\log_2\frac{1}{P}=\log_2\frac{1}{0.4}$
$=1.32\text{bit}$

25-1. 1에서 15까지 수의 집합에서 무작위로 선택할 때, 어떤 숫자가 나올지 알려주는 경우의 정보량은 약 몇 bit인가? [17.2/17.4]

① 2.91 bit ② 3.91 bit
③ 4.51 bit ④ 4.91 bit

해설 정보량$(H)=\log_2 n=\log_2 15$
$=\frac{\log 15}{\log 2}=3.91\text{bit}$

정답 ②

25-2. 빨강, 노랑, 파랑, 화살표 등 모두 4종류의 신호등이 있다. 신호등은 한 번에 하나의 등만 켜지도록 되어 있다. 1시간 동안 측정한 결과 4가지 신호등이 모두 15분씩 켜져 있었다. 이 신호등의 총 정보량은 얼마인가? [13.1]

① 1 bit ② 2 bit ③ 3 bit ④ 4 bit

해설 ㉠ 빨강 신호등의 정보량(H)
$=\log_2\frac{1}{\frac{1}{4}}=\log_2 4=2$

㉡ 노랑 신호등의 정보량(H)
$=\log_2\frac{1}{\frac{1}{4}}=\log_2 4=2$

㉢ 파랑 신호등의 정보량(H)
$=\log_2\frac{1}{\frac{1}{4}}=\log_2 4=2$

㉣ 화살표 신호등의 정보량(H)
$=\log_2\frac{1}{\frac{1}{4}}=\log_2 4=2$

㉤ 총 정보량은
$=\left(\frac{1}{4}\times 2\right)+\left(\frac{1}{4}\times 2\right)+\left(\frac{1}{4}\times 2\right)+\left(\frac{1}{4}\times 2\right)$
$=2\text{bit}$

정답 ②

25-3. 녹색과 적색의 두 신호가 있는 신호등에서 1시간 동안 적색과 녹색이 각각 30분씩 켜진다면 이 신호등의 정보량은? [16.2]

정답 24. ② 25. ②

① 0.5bit ② 1bit ③ 2bit ④ 4bit

해설 ㉠ 녹색등$=\dfrac{\log\left(\dfrac{1}{0.5}\right)}{\log 2}=1$

㉡ 적색등$=\dfrac{\log\left(\dfrac{1}{0.5}\right)}{\log 2}=1$

㉢ 신호등의 정보량$=(0.5\times1)+(0.5\times1)=1\text{bit}$

정답 ②

25-4. 동전 1개를 3번 던질 때 뒷면이 2개만 나오는 경우를 자극정보라 한다면 이때 얻을 수 있는 정보량은 약 몇 bit인가? [10.1/11.4]

① 1.13 ② 1.33 ③ 1.53 ④ 1.73

해설 ㉠ 정보량$(H)=\Sigma P_x \log_2\left(\dfrac{1}{P_x}\right)$

㉡ 동전 1개를 3번 던질 때 뒷면이 2개만 나오는 경우는 총 8회를 던져야 한다.

∴ 정보량(H)

$$=\left(0.125\times\frac{\log\frac{1}{0.125}}{\log 2}\right)+\left(0.125\times\frac{\log\frac{1}{0.125}}{\log 2}\right)+\left(0.125\times\frac{\log\frac{1}{0.125}}{\log 2}\right)=1.13\text{bit}$$

정답 ①

26. 다음 중 불 대수(boolean algebra)의 관계식으로 옳은 것은? [09.2/12.1/14.2]

① A(A · B)=B
② A+B=A · B
③ A+(A · B)=A · B
④ (A+B)(A+C)=A+B · C

해설 ① 흡수법칙 : A(A · B)=A · B
② 교환법칙 : A+B=B+A
③ 분배법칙 : A+(A · B)=A · (A+B)

7 각종 설비의 유지관리

설비관리의 개요

1. 다음 중 설비보전관리에서 설비이력카드, MTBF 분석표, 고장 원인 대책표와 관련이 깊은 관리는? [14.4/20.1]

① 보전기록관리 ② 보전자재관리
③ 보전작업관리 ④ 예방보전관리

해설 보전기록관리 : MTBF 분석표, 설비이력카드, 고장 원인 대책표 등을 유지 · 보전하기 위해 기록 및 관리하는 서류

1-1. 신뢰성과 보전성을 효과적으로 개선하기 위해 작성하는 보전기록자료로서 가장 거리가 먼 것은? [19.1/19.2]

① 자재관리표 ② MTBF 분석표
③ 설비이력카드 ④ 고장 원인 대책표

해설 보전기록자료 : MTBF 분석표, 설비이력카드, 고장 원인 대책표 등

정답 ①

1-2. 신뢰성과 보전성 개선을 목적으로 한 일반적이고 효과적인 보전기록자료에 해당하지 않는 것은? [11.2]

정답 26. ④ 1. ①

① 설비이력카드 ② 일정계획표
③ MTBF 분석표 ④ 고장 원인 대책표

해설 보전기록자료 : MTBF 분석표, 설비이력카드, 고장 원인 대책표 등

정답 ②

2. 다음 중 보전용 자재에 관한 설명으로 가장 적절하지 않은 것은? [14.1]

① 소비속도가 느려 순환사용이 불가능하므로 폐기시켜야 한다.
② 휴지 손실이 적은 자재는 원자재나 부품의 형태로 재고를 유지한다.
③ 열화 상태를 경향 검사로 예측이 가능한 품목은 적시 발주법을 적용한다.
④ 보전의 기술수준, 관리수준이 재고량을 좌우한다.

해설 ① 보전용 자재는 소비속도가 늦은 것이 많으며, 사용 빈도가 낮다.

3. 윤활관리 시스템에서 준수해야 하는 4가지 원칙이 아닌 것은? [18.2]

① 적정량 준수
② 다양한 윤활제의 혼합
③ 올바른 윤활법의 선택
④ 윤활기간의 올바른 준수

해설 윤활관리 시스템 준수사항 4가지
- 적정량 준수
- 올바른 윤활법의 선택
- 윤활기간의 올바른 준수
- 기계에 적합한 윤활제를 선정

4. 다음 중 공장설비의 고장 원인 분석방법으로 적당하지 않은 것은? [10.1]

① 고장 원인 분석은 언제, 누가, 어떻게 행하는가를 그때의 상황에 따라 결정한다.
② P-Q 분석도에 의한 고장 대책으로 빈도가 높은 고장에 대하여 근본적인 대책을 수립한다.
③ 동일 기종이 다수 설치되었을 때는 공통된 고장 개소, 원인 등을 규명하여 개선하고 자료를 작성한다.
④ 발생한 고장에 대하여 그 개소, 원인, 수리상의 문제점, 생산에 미치는 영향 등을 조사하고 재발방지 계획을 수립한다.

해설 ② P-Q 분석도는 제품과 생산량의 분석을 행하는 공정 분석의 기법이다.

설비의 운전 및 유지관리

5. 설비의 보전과 가동에 있어 시스템의 고장과 고장 사이의 시간 간격을 의미하는 용어는? [16.1]

① MTTR ② MDT ③ MTBF ④ MTBR

해설 평균고장간격(MTBF) : 수리가 가능한 기기 중 고장에서 다음 고장까지 걸리는 평균 시간

6. 사후보전에 필요한 수리시간의 평균치를 나타내는 것은? [09.1/15.1]

① MTTF ② MTBF ③ MDT ④ MTTR

해설 평균수리시간(MTTR) : 평균 수리에 소요되는 시간

7. 예방보전과 사후보전을 모두 실시할 때 보전성의 척도로 사용되는 것은? [09.4]

① MTTF ② MTBF ③ MTTR ④ MDT

해설 평균정지시간(MDT) : 예방보전과 사후보전을 모두 실시할 때 보전성의 척도

정답 2. ① 3. ② 4. ② 5. ③ 6. ④ 7. ④

8. n개의 요소를 가진 병렬시스템에 있어 요소의 수명(MTTF)이 지수분포를 따를 경우, 이 시스템의 수명으로 옳은 것은?

① MTTF×n [건설안전기사 19.2]

② MTTF×$\frac{1}{n}$

③ MTTF×$\left(1+\frac{1}{2}+\cdots+\frac{1}{n}\right)$

④ MTTF×$\left(1\times\frac{1}{2}\times\cdots\times\frac{1}{n}\right)$

해설 • 직렬계=MTTF×$\frac{1}{n}$

• 병렬계=MTTF×$\left(1+\frac{1}{2}+\cdots+\frac{1}{n}\right)$

9. 다음 중 설비의 가용도를 나타내는 공식으로 옳은 것은? [10.2]

① 가용도=$\frac{\text{작동가능시간}}{\text{작동가능시간}+\text{작동불능시간}}$

② 가용도=$\frac{\text{작동불능시간}}{\text{작동불능시간}+\text{작동가능시간}}$

③ 가용도=$\frac{\text{작동가능시간}}{\text{작동불능시간}}$

④ 가용도=$\frac{\text{작동불능시간}}{\text{작동가능시간}}$

해설 • 가용도=$\frac{MTBF}{MTBF+MTTR}$

• MTTR(평균수리시간) : 평균 수리에 소요되는 시간

• MTBF(평균고장간격) : 수리가 가능한 기기 중 고장에서 다음 고장까지 걸리는 평균시간

10. 다음의 데이터를 이용하여 MTBF를 구하면 약 얼마인가? [19.4]

가동시간	정지시간
t_1=2.7시간	t_a=0.1시간
t_2=1.8시간	t_b=0.2시간
t_3=1.5시간	t_c=0.3시간
t_4=2.3시간	t_d=0.4시간
부하시간=8시간	

① 1.8시간/회 ② 2.1시간/회

③ 2.8시간/회 ④ 3.1시간/회

해설 MTBF=$\frac{1}{\lambda}$=$\frac{\text{총 가동시간}}{\text{고장 건수}}$

=$\frac{2.7+1.8+1.5+2.3}{4}$≒2.1시간/회

10-1. 어떤 공장에서 10000시간 동안 15000개의 부품을 생산하였을 때 설비 고장으로 인하여 15개의 불량품이 발생하였다면 평균고장간격(MTBF)은 얼마인가? [15.2]

① 1×10^6시간 ② 2×10^6시간

③ 1×10^7시간 ④ 2×10^7시간

해설 MTBF=$\frac{1}{\lambda}$=$\frac{\text{총 가동시간}}{\text{고장 건수}}$

=$\frac{15000\times10000}{15}$=$1\times10^7$시간

정답 ③

11. 각각 10000시간의 평균수명을 가진 A, B 두 부품이 병렬로 이루어진 시스템의 평균수명은 얼마인가? (단, 요소 A, B의 평균수명은 지수분포를 따른다.) [13.1/16.4]

① 5000시간 ② 10000시간

③ 15000시간 ④ 20000시간

해설 병렬의 수명=평균수명+$\frac{\text{평균수명}}{\text{요소 수}}$

=10000+$\frac{10000}{2}$=15000시간

정답 8. ③ 9. ① 10. ② 11. ③

11-1. 평균고장시간(MTTF)이 4×10^8시간인 요소 2개가 병렬체계를 이루었을 때 이 체계의 수명은 얼마인가? [10.4]

① 2×10^8시간 ② 4×10^8시간
③ 6×10^8시간 ④ 8×10^8시간

해설 병렬의 수명=평균수명+$\frac{평균수명}{요소\ 수}$

$=(4\times10^8)+\frac{(4\times10^8)}{2}=6\times10^8$시간

정답 ③

12. 평균고장시간(MTTF)이 6×10^5시간인 요소 2개가 직렬계를 이루었을 때의 계(system)의 수명은? [09.1/09.2]

① 2×10^5시간 ② 3×10^5시간
③ 9×10^5시간 ④ 18×10^5시간

해설 직렬계의 수명시간=$\frac{평균수명}{요소\ 수}$

$=\frac{6\times10^5}{2}=3\times10^5$시간

13. 어떤 전자기기의 수명은 지수분포를 따르며, 그 평균수명이 1000시간이라고 할 때, 500시간 동안 고장 없이 작동할 확률은 약 얼마인가? [17.2]

① 0.1353 ② 0.3935
③ 0.6065 ④ 0.8647

해설 고장 없이 작동할 확률(R)

$=e^{-\lambda t}=e^{-t/t_0}$

$=e^{(-500/1000)}=e^{-0.5}$

$=0.6065$

여기서, λ : 고장률

t : 앞으로 고장 없이 사용할 시간

t_0 : 평균고장시간 또는 평균수명

14. 지게차 인장벨트의 수명은 평균이 100000시간, 표준편차가 500시간인 정규분포를 따른다. 이 인장벨트의 수명이 101000시간 이상일 확률은 약 얼마인가? (단, $P(Z\le1)=0.8413$, $P(Z\le2)=0.9772$, $P(Z\le3)=0.9987$이다.) [17.1]

① 1.60% ② 2.28% ③ 3.28% ④ 4.28%

해설 정규분포 $P\left(Z\ge\frac{X-\mu}{\sigma}\right)$

여기서, X : 확률변수, μ : 평균, σ : 표준편차

$\rightarrow P(X\ge101000)$

$=P\left(Z\ge\frac{101000-100000}{500}\right)$

$=P(Z\ge2)=1-P(Z\le2)$

$=1-0.9772=0.0228\times100=2.28\%$

보전성 공학

15. 설비보전방식의 유형 중 궁극적으로는 설비의 설계, 제작 단계에서 보전활동이 불필요한 체계를 목표로 하는 것은? [11.4/16.2]

① 개량보전(corrective maintenance)
② 예방보전(preventive maintenance)
③ 사후보전(break-down maintenance)
④ 보전예방(maintenance prevention)

해설 보전의 분류 및 특징

- 보전예방 : 설비의 설계 및 제작 단계에서 보전활동이 불필요한 체제를 목표로 하는 설비보전방법
- 생산보전 : 비용은 최소화하고 성능은 최대로 하는 것이 목적이며, 유지활동에는 일상보전, 예방보전, 사후보전 등이 있고, 개선활동에는 개량보전이 있다.
- 일상보전 : 설비의 열화예방에 목적이 있

정답 12. ② 13. ③ 14. ② 15. ④

으며, 수명을 연장하기 위한 설비의 점검, 청소, 주유 및 교체 등의 보전활동

- 예방보전 : 설비의 계획 단계부터 고장예방을 위해 계획적으로 하는 보전활동
  - ㉠ 정기보전 : 적정 주기를 정하고 주기에 따라 수리, 교환 등을 행하는 활동
  - ㉡ 예지보전 : 설비의 열화상태를 알아보기 위한 점검이나 점검에 따른 수리를 행하는 활동
- 사후보전 : 기계설비의 고장이나 결함 등을 보수하여 회복시키는 보전활동
- 개량보전 : 기계설비의 고장이나 결함 등의 개선을 실시하는 보전활동

15-1. 설비의 성능 저하 또는 고장에 의한 정지 때문에 수리하는 설비보전방법은? [15.4]

① 예지보전(predictive maintenance)
② 개량보전(corrective maintenance)
③ 보전예방(maintenance prevention)
④ 사후보전((break-down maintenance)

해설 사후보전 : 기계설비의 고장이나 결함 등을 보수하여 회복시키는 보전활동

정답 ④

15-2. 다음 설명에 해당하는 설비보전방식은? [12.4]

> 설비를 항상 정상, 양호한 상태로 유지하기 위한 정기적인 검사와 초기의 단계에서 성능의 저하나 고장을 제거하거나 조정(調整) 또는 수복(修復)하기 위한 설비의 보수 활동을 의미한다.

① 예방보전(preventive maintenance)
② 보전예방(maintenance prevention)
③ 개량보전(corrective maintenance)
④ 사후보전(Break-down maintenance)

해설 지문은 예방보전에 대한 설명이다.

정답 ①

15-3. 다음의 내용에서 설명하는 것은? [12.1]

> 미국의 GE사가 처음으로 사용한 보전으로, 설계에서 폐기에 이르기까지 기계설비의 전 과정에서 소요되는 설비의 열화손실과 보전비용을 최소화하여 생산성을 향상시키는 보전방법

① 생산보전 ② 계량보전
③ 사후보전 ④ 예방보전

해설 지문은 생산보전에 대한 설명이다.

정답 ①

16. 보전 효과 측정을 위해 사용하는 설비 고장강도율의 식으로 맞는 것은? [12.2/17.2]

① 부하시간÷설비 가동시간
② 총 수리시간÷설비 가동시간
③ 설비 고장 건수÷설비 가동시간
④ 설비 고장 정지시간÷설비 가동시간

해설 $\text{설비 고장강도율} = \dfrac{\text{설비 고장 정지시간}}{\text{설비 가동시간}}$

16-1. 10시간 설비 가동 시 설비 고장으로 1시간 정지하였다면 설비 고장강도율은 얼마인가? [18.1]

① 0.1% ② 9% ③ 10% ④ 11%

해설 설비 고장강도율

$$= \frac{\text{설비 고장 정지시간}}{\text{설비 가동시간}} \times 100$$

$$= \frac{1}{10} \times 100 = 10\%$$

정답 ③

정답 16. ④

3과목 건설시공학

1 시공일반

공사 시공방식 I

1. 건설공사 시공방식 중 직영공사의 장점에 속하지 않는 것은? [09.2/15.1]

① 영리를 도외시한 확실성 있는 공사를 할 수 있다.
② 임기응변의 처리가 가능하다.
③ 공사기일이 단축된다.
④ 발주, 계약 등의 수속이 절감된다.

해설 ③ 공사기일이 지연될 가능성이 크다.

2. 주문받은 건설업자가 대상계획의 기업 · 금융, 토지조달, 설계, 시공, 기계 · 기구 설치 등 주문자가 필요로 하는 모든 것을 조달하여 주문자에게 인도하는 도급 계약방식은 무엇인가? [09.2/10.2/11.2/13.1/14.2/18.1/19.2]

① 공동도급
② 실비정산 보수가산도급
③ 턴키(turn-key)도급
④ 일식도급

해설 턴키도급 : 건설업자가 금융, 토지조달, 설계, 시공, 시운전, 기계 · 기구 설치까지 조달해 주는 것으로 건축에 필요한 모든 사항을 포괄적으로 계약하는 방식

2-1. 턴키도급(turn-key base contract)의 특징이 아닌 것은? [19.4]

① 공기, 품질 등의 결함이 생길 때 발주자는 계약자에게 쉽게 책임을 추궁할 수 있다.
② 설계와 시공이 일괄로 진행된다.
③ 공사비의 절감과 공기단축이 가능하다.
④ 공사기간 중 신공법, 신기술의 적용이 불가하다.

해설 ④ 공사기간 중 신공법, 신기술의 적용이 가능하다.

정답 ④

2-2. 공동도급에 관한 설명으로 옳지 않은 것은? [09.2/20.2]

① 각 회사의 소요자금이 경감되므로 소자본으로 대규모 공사를 수급할 수 있다.
② 각 회사가 위험을 분산하여 부담하게 된다.
③ 상호기술의 확충을 통해 기술축적의 기회를 얻을 수 있다.
④ 신기술, 신공법의 적용이 불리하다.

해설 ④ 신기술, 신공법의 적용이 가능하다.

정답 ④

2-3. 공동도급의 장점 중 옳지 않은 것은 어느 것인가? [14.2/15.1/17.1/18.4]

① 공사이행의 확실성을 기대할 수 있다.
② 공사수급의 경쟁 완화를 기대할 수 있다.
③ 일식도급보다 경비 절감을 기대할 수 있다.
④ 기술, 자본 및 위험 등의 부담을 분산시킬 수 있다.

정답 1. ③ 2. ③

해설 ③ 일식도급보다 경비가 증가한다.

정답 ③

2-4. 단가 도급계약 제도에 관한 설명으로 옳지 않은 것은? [14.1/18.1]

① 시급한 공사인 경우 계약을 간단히 할 수 있다.
② 설계변경으로 인한 수량 증감의 계산이 어렵고 일식도급보다 복잡하다.
③ 공사비가 높아질 염려가 있다.
④ 총 공사비를 예측하기 힘들다.

해설 ② 설계변경으로 인한 수량 증감의 계산이 쉽고 일식도급보다 간단하다.

정답 ②

2-5. 건축공사 계약 중 단가계약의 장 · 단점이 아닌 것은? [09.1]

① 긴급 공사 시 간편하게 계약할 수 있다.
② 설계변경에 의한 수량의 증감이 용이하다.
③ 총 공사비가 판명되어 건축주의 자금계획 수립이 용이하다.
④ 공사수량이 불분명할 때 수급자가 고가로 견적할 수도 있다.

해설 ③ 총 공사비를 예측하기 힘들다(단점).
Tip) 건축주의 자금계획 수립은 단가계약의 장 · 단점은 아니다.

정답 ③

2-6. 정액도급 계약제도에 관한 설명으로 옳지 않은 것은? [14.4/18.1]

① 경쟁 입찰 시 공사비가 저렴하다.
② 건축주와의 의견조정이 용이하다.
③ 공사설계 변경에 따른 도급액 증감이 곤란하다.
④ 이윤관계로 공사가 조악해질 우려가 있다.

해설 ② 이윤관계로 공사가 조악해질 우려가 있어 건축주와의 의견조정이 어렵다.

정답 ②

2-7. 전체 공사의 진척이 원활하며 공사의 시공 및 책임한계가 명확하여 공사관리가 쉽고 하도급의 선택이 용이한 도급제도는 무엇인가? [09.4/14.4/19.1]

① 공정별 분할도급 ② 일식도급
③ 단가도급 ④ 공구별 분할도급

해설 일식도급 : 한 공사 전부를 도급자에게 맡겨 재료, 노무, 현장시공 업무 일체를 일괄하여 시행시키는 방식

정답 ②

2-8. 공사의 진척에 따라 정해진 시기에 실비와 이 실비에 미리 계약된 비율로 곱한 금액을 보수로서 시공자에게 지불하는 실비정산식 시공계약 제도는? [16.2]

① 실비비율 보수가산식
② 실비한정비율 보수가산식
③ 실비정액 보수가산식
④ 단가도급식

해설 실비비율 보수가산식 : 공사의 진척에 따라 정해진 시기에 실비와 이 실비에 미리 계약된 비율로 곱한 금액을 보수로서 시공자에게 지불하는 시공계약 제도

정답 ①

2-9. 발주자는 시공자에게 시공을 위임하고 실제로 시공에 소요된 비용, 즉 공사실비(cost)와 미리 정해 놓은 보수(fee)를 시공자가 받는 방식으로 발주자, 컨설턴트 또는 엔지니어 및 시공자 3자가 협의하여 공사비를 결정하는 도급 계약방식은? [10.2/14.1]

① 실비정산 보수가산계약
② 공동도급 계약방식
③ 파트너링 방식
④ 분할도급 계약방식

해설 실비정산 보수가산계약은 공사비 지불 방식이다.

정답 ①

2-10. 도급제도 중 긴급 공사일 경우에 가장 적합한 것은? [19.4]

① 단가도급 계약제도
② 분할도급 계약제도
③ 일식도급 계약제도
④ 정액도급 계약제도

해설 단가도급 계약제도의 특징
- 시급한 공사를 간단하게 계약할 수 있다.
- 공사를 신속하게 착공할 수 있으며, 설계변경이 쉽다.
- 공사비가 증가하며, 총 공사비를 예측하기 힘들다.

정답 ①

2-11. 공사 계약제도에 관한 설명으로 옳지 않은 것은? [18.2]

① 일식도급 계약제도는 전체 건축공사를 한 도급자에게 도급을 주는 제도이다.
② 분할도급 계약제도는 보통 부대설비공사와 일반공사로 나누어 도급을 준다.
③ 공사진행 중 설계변경이 빈번한 경우에는 직영공사 제도를 채택한다.
④ 직영공사 제도는 근로자의 능률이 상승한다.

해설 ④ 직영공사 제도라 해서 근로자의 능률이 상승하지는 않는다.

정답 ④

2-12. 설계 · 시공 일괄계약 제도에 관한 설명으로 옳지 않은 것은? [10.1/13.2/17.1]

① 단계별 시공의 적용으로 전체 공사기간의 단축이 가능하다.
② 설계와 시공의 책임소재가 일원화된다.
③ 발주자의 의도가 충분히 반영될 수 있다.
④ 계약체결 시 총 비용이 결정되지 않으므로 공사비용이 상승할 우려가 있다.

해설 ③ 발주자를 위임하는 방식으로 발주자의 의도가 제대로 반영되지 않을 우려가 있다.

정답 ③

3. 다음 중 도급계약서에 첨부되는 서류에 해당하지 않는 것은? [11.2]

① 공정표　② 설계도
③ 시방서　④ 현장설명서

해설 도급계약서의 첨부서류
- 계약서
- 설계도면
- 시방서
- 공사시방서
- 현장설명서
- 질의응답서
- 입찰유의서
- 계약 유의사항
- 공사계약 일반조건 및 특별조건 등

Tip) 공사 공정표, 시공계획서 등은 첨부하지 않아도 되는 서류이다.

3-1. 도급계약서에 첨부하지 않아도 되는 서류는? [13.4/15.2/16.1/20.1]

① 설계도면　② 공사시방서
③ 시공계획서　④ 현장설명서

해설 공사 공정표, 시공계획서 등은 첨부하지 않아도 되는 서류이다.

정답 ③

3-2. 다음 중 공사 도급계약서의 내용에 해당하지 않는 것은? [12.1]

정답 3. ①

① 공사착수 시기
② 시공정밀도
③ 계약에 관한 분쟁의 해결방안
④ 도급금액

해설 공사 도급계약서의 내용
• 도급금액 • 공사기간
• 인도시기 • 공사착수 시기
• 손해부담 • 공사금액 지불방법 및 시기
• 계약에 관한 분쟁의 해결방안 등

정답 ②

3-3. 공사계약서 내용에 포함되어야 할 내용과 가장 거리가 먼 것은? [17.4]

① 공사내용(공사명, 공사장소)
② 재해방지 대책
③ 도급금액 및 지불방법
④ 천재지변 및 그 외의 불가항력에 의한 손해부담

해설 ②는 건축 시공계획 수립 시 고려사항

정답 ②

4. 건축공사의 일반적인 시공 순서로 가장 알맞은 것은? [12.4/18.4]

① 토공사 → 방수공사 → 철근콘크리트 공사 → 창호공사 → 마무리 공사
② 토공사 → 철근콘크리트 공사 → 창호공사 → 마무리 공사 → 방수공사
③ 토공사 → 철근콘크리트 공사 → 방수공사 → 창호공사 → 마무리 공사
④ 토공사 → 방수공사 → 창호공사 → 철근콘크리트 공사 → 마무리 공사

해설 건축공사의 시공 순서

1단계	2단계	3단계	4단계	5단계
토공사	철근 콘크리트 공사	방수 공사	창호 공사	마무리 공사

5. 다음 중 입찰방식에 관한 설명으로 옳지 않은 것은? [17.2]

① 공개경쟁입찰은 관보, 신문, 게시판 등에 입찰공고를 하여야 한다.
② 지명경쟁입찰은 경쟁입찰에 의하지 않고 그 공사에 특히 적당하다고 판단되는 1개의 회사를 선정하여 발주하는 방식이다.
③ 제한경쟁입찰은 양질의 공사를 위하여 업체 자격에 대한 조건을 만족하는 업체라면 입찰에 참가하는 방식이다.
④ 부대입찰은 발주자가 입찰 참가자에게 하도급할 공종, 하도급 금액 등에 대한 사항을 미리 기재하게 하여 입찰 시 입찰서류에 첨부하여 입찰하는 제도이다.

해설 ② 지명경쟁입찰은 부적격자 입찰을 막기 위해, 공사실적 및 기술능력에 적합한 3~7개 정도의 업체를 선정하여 입찰에 참여하게 하는 방식이다.

5-1. 건설도급 회사의 공사실적 및 기술능력에 적합한 3~7개 정도의 시공회사를 선택한 후 그 시공회사로 하여금 입찰에 참여시키는 방법은? [11.2/15.4]

① 특명입찰 ② 공개경쟁입찰
③ 지명경쟁입찰 ④ 제한경쟁입찰

해설 지명경쟁입찰 : 부적격자 입찰을 막기 위해, 공사실적 및 기술능력에 적합한 3~7개 정도의 업체를 선정하여 입찰에 참여하게 하는 방식

정답 ③

5-2. 건축주가 시공회사의 신용, 자산, 공사경력, 보유기술 등을 고려하여 그 공사에 가장 적격한 단일업체에게 입찰시키는 방법은? [09.1/20.2]

정답 4. ③ 5. ②

① 공개경쟁입찰 ② 특명입찰
③ 사전자격심사 ④ 대안입찰

해설 수의계약(특명입찰) : 공사에 가장 적합한 도급자를 선정하여 계약하는 방식

정답 ②

5-3. 건설공사 입찰방식 중 공개경쟁입찰의 장점에 속하지 않는 것은? [18.2]

① 유자격자는 모두 참가할 수 있는 기회를 준다.
② 제한경쟁입찰에 비해 등록 사무가 간단하다.
③ 담합의 가능성을 줄인다.
④ 공사비가 절감된다.

해설 ② 제한경쟁입찰에 비해 등록 사무가 복잡하다.

정답 ②

5-4. 공개경쟁입찰인 경우 입찰조건을 현장에서 설명할 필요가 있는데 이때의 설명내용과 거리가 먼 것은? [09.2]

① 공사기간
② 공사비 지불조건
③ 도급자 결정방법
④ 자재의 수량

해설 ④는 설계도면의 세부 사항

정답 ④

6. 경쟁입찰에서 예정가격 이하의 최저가격으로 입찰한 자 순으로 당해계약 이행능력을 심사하여 낙찰자를 선정하는 방식은? [19.4]

① 제한적 평균가 낙찰제
② 적격심사제
③ 최적격 낙찰제
④ 부찰제

해설 • 적격심사제(최적격 낙찰제) : 입찰에서 낮은 금액으로 입찰한 자부터 공사 수행능력, 기술능력, 입찰금액을 종합적으로 심사해 낙찰자를 선정하는 방식으로 최저가 낙찰제를 막기 위한 방법이다.
• 제한적 평균가 낙찰제(부찰제) : 입찰자들의 입찰금액을 평균하여 가장 근접하게 입찰한 자를 낙찰자로 선정하는 방식이다.
• 제한적 최저가 낙찰제 : 예정가격 대비 85% 이상 입찰자 중 가장 낮은 금액으로 입찰한 자를 선정하는 방식으로 덤핑의 우려를 방지할 목적을 지니고 있다.

(※ 문제 오류로 가답안 발표 시 ②번으로 발표되었지만, 확정 답안 발표 시 ②, ③번이 정답으로 발표되었다. 본서에서는 ②번을 정답으로 한다.)

7. 일반적인 공사입찰의 순서로 옳은 것은 어느 것인가? [10.4/14.4]

① 입찰통지 → 현장설명 → 입찰 → 개찰 → 낙찰 → 계약
② 현장설명 → 입찰통지 → 입찰 → 개찰 → 낙찰 → 계약
③ 현장설명 → 입찰통지 → 입찰 → 낙찰 → 개찰 → 계약
④ 입찰통지 → 입찰 → 개찰 → 낙찰 → 현장설명 → 계약

해설 공사입찰의 순서

1단계	2단계	3단계	4단계	5단계	6단계
입찰 통지	현장 설명	입찰	개찰	낙찰	계약

8. 입찰의 절차에 있어 입찰공고에 포함되는 주요 항목이 아닌 것은? [16.4]

① 계약에 관한 분쟁의 해결방법
② 입찰의 일시와 장소

정답 6. ② 7. ① 8. ①

③ 개략적인 공사의 특성, 유형 및 규모
④ 발주자와 설계자의 명칭과 주소

해설 ①은 계약의 세부 사항에 포함되는 항목

9. 건설공사 완료 후 보수 및 재시공을 보증하기 위하여 공사 발주처 등에 예치하는 공사 금액의 명칭은? [10.4/14.2/17.4]

① 입찰보증금 ② 계약보증금
③ 지체보증금 ④ 하자보증금

해설 하자보증금 : 부실공사 등의 하자를 보장하기 위해 공사 발주처에서 예치하는 공사 대금의 3% 정도의 예치금

공사 시공방식 II

10. 공정관리에 있어서 자원배당의 대상이 아닌 것은? [16.4]

① 인력 ② 장비
③ 자재 ④ 계약

해설 인력, 장비, 자재, 자금 등은 자원배당의 대상이다.

11. 공사계약 방식 중 계약기간 및 예산에 따른 계약에서 계약의 이행에 수년을 요하는 경우 체결하는 계약은? [11.2/16.4]

① 단년도 계약 ② 개산 계약
③ 장기계속 계약 ④ 총액 계약

해설 장기계속 계약 : 계약기간 및 예산에 따라 계약에서 계약의 이행에 수년간을 요하는 경우 체결하는 계약

11-1. 공공 혹은 공익 프로젝트에 있어서 자금을 조달하고, 설계, 엔지니어링 및 시공 전부를 도급 받아 시설물을 완성하고 그 시설을 일정기간 운영하여 투자금을 회수한 후 발주자에게 시설을 인도하는 공사 계약방식은? [11.1/13.1/14.2/15.2/17.1/17.2]

① CM 계약방식 ② 공동도급 방식
③ 파트너링 방식 ④ BOT 방식

해설 BOT 방식 : 민간자본 유치방식 중 공공 프로젝트의 사회 간접시설을 설계, 시공한 후 소유권을 발주자에게 이양하고, 투자자는 일정기간 동안 시설물의 운영권을 행사하는 계약방식

정답 ④

11-2. 발주자와 수급자의 상호신뢰를 바탕으로 팀을 구성해서 프로젝트의 성공과 상호이익 확보를 위하여 공동으로 프로젝트를 집행 및 관리하는 공사 계약방식은? [16.1]

① BOT 방식 ② 파트너링 방식
③ CM 방식 ④ 공동도급 방식

해설 파트너링 방식 : 발주자가 직접 설계와 시공에 참여하고 프로젝트 관련자들이 상호 신뢰를 바탕으로 팀을 구성해서 프로젝트의 성공과 상호이익 확보를 공동 목표로 하여 프로젝트를 추진하는 계약방식

정답 ②

12. 건설공사의 공사비 절감 요소 중에서 집중분석하여야 할 부분과 거리가 먼 것은? [20.1]

① 단가가 높은 공종
② 지하공사 등의 어려움이 많은 공종
③ 공사비 금액이 큰 공종
④ 공사실적이 많은 공종

정답 9. ④ 10. ④ 11. ③ 12. ④

해설 공사비 절감 요소 중에서 집중 분석하여야 할 부분은 단가가 높은 공종, 지하공사 등의 어려움이 많은 공종, 공사비 금액이 큰 공종 등이다.

13. 공사 감리자에 대한 설명 중 틀린 것은 어느 것인가? [14.2]

① 시공계획의 검토 및 조언을 한다.
② 문서화된 품질관리에 대한 지시를 한다.
③ 품질 하자에 대한 수정방법을 제시한다.
④ 건축의 형상, 구조, 규모 등을 결정한다.

해설 ④ 건축의 형상, 구조, 규모 등의 결정은 설계도의 작성내용이다.

14. 시방서에 관한 설명으로 틀린 것은? [20.1]

① 설계도면과 공사시방서에 상이점이 있을 때는 주로 설계도면이 우선한다.
② 시방서 작성 시에는 공사 전반에 걸쳐 시공순서에 맞게 빠짐없이 기재한다.
③ 성능시방서란 목적하는 결과, 성능의 판정기준, 이를 판별할 수 있는 방법을 규정한 시방서이다.
④ 시방서에는 사용재료의 시험검사방법, 시공의 일반사항 및 주의사항, 시공정밀도, 성능의 규정 및 지시 등을 기술한다.

해설 ① 설계도면과 공사시방서가 상이할 때는 현장감독자, 현장감리자와 협의한다.

14-1. 각종 시방서에 대한 설명 중 옳지 않은 것은? [12.2]

① 자료시방서 : 재료나 자료의 제조업자가 생산제품에 대해 작성한 시방서
② 성능시방서 : 구조물의 요소나 전체에 대해 필요한 성능만을 명시해 놓은 시방서
③ 특기시방서 : 특정 공사별로 건설공사 시공에 필요한 사항을 규정한 시방서
④ 개략시방서 : 설계자가 발주자에 대해 설계 초기단계에 설명용으로 제출하는 시방서로서, 기본 설계도면이 작성된 단계에서 사용되는 재료나 공법의 개요에 관해 작성한 시방서

해설 특기시방서 : 표준시방서에 대하여 추가, 변경, 삭제를 규정한 시방서

정답 ③

14-2. 당해 공사의 특수한 조건에 따라 표준시방서에 대하여 추가, 변경, 삭제를 규정하는 시방서는? [15.4/19.2]

① 특기시방서 ② 안내시방서
③ 자료시방서 ④ 성능시방서

해설 특기시방서 : 표준시방서에 대하여 추가, 변경, 삭제를 규정한 시방서

정답 ①

14-3. 시방서(specification)는 발주자가 의도하는 건축물을 건설하기 위하여 시공자에게 요구하는 모든 사항을 나타낸 것 중 도면을 제외한 모든 것이라 할 수 있다. 다음 중 시방서 작성 시 서술내용에 해당하지 않는 것은? [12.1/14.4]

① 재료, 장비, 설비의 유형과 품질
② 시험 및 코드 요건
③ 조립, 설치, 세우기의 방법
④ 입찰 참가자격 평가기준

해설 ④는 공사계약 사전준비사항

정답 ④

14-4. 다음 중 시방서에 기재하는 사항이 아닌 것은? [10.4/15.4]

① 재료, 장비, 설비의 유형과 품질
② 조립, 설치, 세우기의 방법

정답 13. ④ 14. ①

③ 도면의 도해적 표현
④ 시험 및 코드 요건

해설 ③은 공사계약 시 작성사항

정답 ③

14-5. 공사에 필요한 표준시방서의 내용에 포함되지 않는 사항은? [17.4]

① 재료에 관한 사항
② 공법에 관한 사항
③ 공사비에 관한 사항
④ 검사 및 시험에 관한 사항

해설 ③ 공정에 따른 공사비 사용에 관한 사항－공사계약 시 작성사항

정답 ③

14-6. 공사시방서에 기재되어야 할 사항으로 옳지 않은 것은? [13.2]

① 사용재료의 품질시험방법
② 시공방법 및 시공정밀도
③ 공사계약 조건 및 공종별 시공 순서
④ 시방서의 적용범위 및 사전준비사항

해설 ③은 공사계약 시 작성사항

정답 ③

14-7. 공사에 필요한 특기시방서에 기재하지 않아도 되는 사항은? [09.4/11.1/16.2/19.1]

① 인도 시 검사 및 인도시기
② 각 부위별 시공방법
③ 각 부위별 사용재료
④ 사용재료의 품질

해설 ①은 공사계약 시 작성사항

정답 ①

15. 공사관리 기법 중 VE(Value Engineering) 가치향상의 방법으로 옳지 않은 것은? [16.2]

① 기능은 올리고 비용은 내린다.
② 기능은 많이 내리고 비용은 조금 내린다.
③ 기능은 많이 올리고 비용은 약간 올린다.
④ 기능은 일정하게 하고 비용은 내린다.

해설 $VE=\frac{F}{C}$

여기서, F : 기능, C : 비용

15-1. $V.E$ 적용 시 일반적으로 원가 절감의 가능성이 가장 큰 단계는? [18.2]

① 기획설계　② 공사착수
③ 공사 중　④ 유지관리

해설 기획설계 단계에서 원가 절감이 가장 크고 공정이 진행될수록 원가 절감은 적어진다.

정답 ①

15-2. $V.E$(Value Engineerining)에서 원가절감을 실현할 수 있는 대상 선정이 잘못된 것은? [14.2/17.2]

① 수량이 많은 것
② 반복 효과가 큰 것
③ 장시간 사용으로 숙달되어 개선 효과가 큰 것
④ 내용이 간단한 것

해설 ④ 내용이 복잡한 것일수록 원가 절감 효과가 크다.

정답 ④

16. 건설공사 원가 구성체계 중 직접공사비에 포함되지 않는 것은? [10.1/12.2/18.4]

① 자재비　② 일반관리비
③ 경비　④ 노무비

해설 직접공사비 : 외주비, 노무비, 경비, 자재비 등

Tip) 간접공사비 : 일반관리비, 사무비 등

정답 15. ②　16. ②

17. 건축 생산조직에 관한 설명으로 옳은 것은? [17.4]

① CM은 시공자가 직접공사의 타당성 조사, 설계, 시공, 사용 등을 포함하는 건설공사 전 과정을 조정하는 것이다.
② EC화는 종래의 단순한 시공업과 비교하여 건설사업 전반에 걸쳐 종합, 기획, 관리하는 업무영역의 확대를 말한다.
③ 발주자와 직접 공사계약을 하는 업자를 하도급자라고 한다.
④ 감리자란 시공자의 위탁을 받아 공사의 시공과정을 검사·승인하는 자를 말한다.

해설 EC : 건설사업이 대규모화, 고도화, 다양화, 전문화되어감에 따라 단순 기술에 의한 시공만이 아닌 고부가 가치를 추구하기 위한 업무영역의 확대를 의미한다.

18. 낭비를 최소화하는 가장 효율적인 건설 생산 시스템을 의미하는 것은? [13.1]

① 인공지능(artificial intelligence)
② 린 건설(lean construction)
③ 건설관리(construction management)
④ 품질관리(quality control)

해설 린 건설(lean construction) : 건설작업 단계에서 가치 창출과정을 제외한 비가치 창출과정을 최소화하여 질적인 생산의 효율성을 증진하는 건설 생산방식

공사계획

19. 건축공사 기간을 결정하는 요소 중 1차적으로 가장 큰 영향을 주는 것은? [16.1]

① 건물의 구조 및 규모
② 시공자의 능력
③ 금융사정 및 노무사정
④ 발주자 측의 요구

해설 건축공사 기간을 결정하는 1차적 요소 중 가장 큰 영향을 주는 것은 건물의 구조 및 규모이다.

20. 시공계획서에 기재되어야 할 사항으로 부적합한 것은? [15.2]

① 작업의 질과 양 ② 시공조건
③ 사용재료 ④ 마감시공도

해설 ④는 공사 마무리 단계에서 사용되는 도면

20-1. 시공계획 시 우선 고려하지 않아도 되는 것은? [19.1]

① 상세 공정표의 작성
② 노무, 기계, 재료 등의 조달, 사용계획에 따른 수송계획 수립
③ 현장관리조직과 인사계획 수립
④ 시공도의 작성

해설 시공도 : 공사를 실시할 때, 사용재료·공법·시공 순서 따위에 관한 사항을 상세하고도 구체적으로 그린 도면

정답 ④

20-2. 착공 단계에서 공사계획은 각 공사마다 고유의 여건에 맞게 수립되어야 한다. 공사계획의 주요 내용이 아닌 것은? [15.1]

① 공정표의 작성 ② 실행예산의 편성
③ 원척도의 작성 ④ 현장원의 편성

해설 건축 시공계획의 주요 내용 : 공종별 재료량 및 품셈, 재해방지 대책, 공정표의 작성, 실행예산의 편성, 현장원의 편성 등

정답 17. ② 18. ② 19. ① 20. ④

Tip) 원척도의 작성은 본공사 시공 시 필요사항

정답 ③

20-3. 건축 목공사의 시공계획을 수립함에 있어서 필요하지 않은 것은? [10.1/15.4]

① 가설물 계획
② 시공계획도의 작성
③ 현치도 작성
④ 공정표 작성

해설 건축 목공사의 시공계획 수립 시 고려사항 : 가설물 계획, 시공계획도의 작성, 공정표 작성 등

Tip) 현치도 : 실물 크기의 치수대로 나타낸 도면

정답 ③

20-4. 공종별 시공계획서에 기재되어야 할 사항으로 거리가 먼 것은? [20.2]

① 작업 일정
② 투입 인원수
③ 품질관리기준
④ 하자보수 계획서

해설 ④는 하자가 있는 건물이나 시설 따위를 손보아 고치려는 계획을 세우는 서류

정답 ④

21. 공사계획을 수립할 때의 유의사항으로 옳지 않은 것은? [18.2]

① 마감공사는 구체공사가 끝나는 부분부터 순차적으로 착공하는 것이 좋다.
② 재료입수의 난이, 부품제작 일수, 운반조건 등을 고려하여 발주시기를 조절한다.
③ 방수공사, 도장공사, 미장공사 등과 같은 공정에는 일기를 고려하여 충분한 공기를 확보한다.
④ 공사 전반에 쓰이는 모든 시공장비는 착공 개시 전에 현장에 반입되도록 조치해야 한다.

해설 ④ 공사 전반에 쓰이는 모든 시공장비는 착공개시 공정표에 따라 공종별 세부 작업계획에 맞게 조치해야 한다.

22. 공사계획에 있어서 공법 선택 시 고려할 사항과 가장 거리가 먼 것은? [14.1/17.1]

① 공구 분할의 결정
② 품질확보
③ 공기준수
④ 작업의 안전성 확보의 제3자 재해의 방지

해설 ②, ③, ④는 공법 선택 시 고려사항

23. 공정계획에 관한 설명으로 옳지 않은 것은? [17.2]

① 지정된 공사기간 안에 완성시키기 위한 통제수단이다.
② 사업성과 원가관리와는 관계는 없다.
③ 공정표의 종류는 횡선식 공정표, 네트워크 공정표 등이 있다.
④ 우기와 혹한기, 명절 등은 공정계획 시 반영한다.

해설 ② 사업성과 원가관리와는 밀접한 관계가 있다.

23-1. 공정계획에서 공정표 작성 시 주의사항으로 옳지 않은 것은? [16.4]

① 기초공사는 옥외작업이기 때문에 기후에 좌우되기 쉽고 공정변경이 많다.
② 노무, 재료, 시공기기는 적절하게 준비할 수 있도록 계획한다.
③ 공기를 단축하기 위하여 다른 공사와 중복하여 시공할 수 없다.

정답 21. ④ 22. ① 23. ②

④ 마감공사는 기후에 좌우되는 것이 적으나 공정 단계가 많으므로 충분한 공기(工期)가 필요하다.

해설 ③ 공기를 단축하기 위하여 다른 공사와 중복하여 시공할 수 있다.

정답 ③

23-2. 공정계획 및 관리에 있어 작업의 집약화와 가장 관계가 먼 것은? [15.2]

① 부분공사로서 이미 자료화되어 있는 작업군
② 투입되는 자원의 종류가 다른 작업군
③ 관리 외의 작업군
④ 현시점에서 관리상의 중요도가 적은 작업군

해설 ②는 작업의 세분화

Tip) 집약화 : 경영하는 분야에서 노동 투입의 비중이 높아지고, 자본을 집중적으로 투자하는 일

정답 ②

공사현장 관리

24. 현장에서의 시공준비사항 중 대지상황을 파악하는 일은 매우 중요하다. 다음 중 대지상황 확인의 내용으로 옳지 않은 것은? [12.1]

① 공사가 착공되면 바로 대지경계선을 확인하고 표시나 사진을 남긴다.
② 대지의 형상 및 높이를 설계도와 대비하여 실측하고 벤치마크(bench mark)를 설치한다.
③ 공사에 영향을 미칠 수 있는 지하매설물이나 지상장애물을 조사한다.
④ 지질조사가 충실한지를 확인하고 지층의 경사, 지하수 등의 자료를 조사한다.

해설 ① 공사 착공 전에 바로 대지경계선을 확인하고 표시나 사진을 남긴다.

25. 건축공사의 착수 시 대지에 설정하는 기준점에 관한 설명으로 옳지 않은 것은? [18.2]

① 공사 중 건축물 각 부위의 높이에 대한 기준을 삼고자 설정하는 것을 말한다.
② 건축물의 그라운드 레벨(ground level)은 현장에서 공사착수 시 설정한다.
③ 기준점을 바라보기 좋고, 공사에 지장이 없는 곳에 설정한다.
④ 기준점을 대개 지정 지반면에서 0.5~1m의 위치에 두고 그 높이를 적어 둔다.

해설 ② 건축물의 그라운드 레벨(ground level)은 설계 시부터 고려하여 건축물을 설계한다.

26. 배치도에 나타난 건물의 위치를 대지에 표시하여 대지경계선과 도로경계선 등을 확인하기 위한 것은? [15.2]

① 수평규준틀 ② 줄쳐보기
③ 기준점 ④ 수직규준틀

해설 줄쳐보기 : 배치도에 나타난 건물의 위치를 대지에 표시하여 대지경계선과 도로경계선 등을 확인하기 위해 행하는 작업

26-1. 수평규준틀을 설치하는 목적에 해당하는 것은? [09.1/10.2]

① 건축물의 기초의 너비 또는 길이 등을 표시
② 도로경계의 확정
③ 신축할 건축물의 높이의 기준
④ 창문틀 위치의 정확성 확인

해설 수평규준틀은 건축물의 기초의 너비 또는 길이 등을 표시하기 위함이다.

정답 24. ① 25. ② 26. ②

Tip) 세로규준틀은 벽돌, 블록 등의 고저 및 수직면의 규준틀에 의하여 설치하는 창문틀 위치 등을 표시하기 위함이다.

정답 ①

27. 현장개설 후 자재수급 계획 시 필요조건이 아닌 것은? [13.2/16.1]

① 자재명세서 ② 납입계획서
③ 발주 · 구입시기 ④ 세금계산서

해설 ④는 자재납품 이후에 발급되는 서류

28. 콘크리트의 압축강도를 측정하기 위한 비파괴시험 방법으로서 가장 일반적으로 사용되고 있는 방법은? [13.4]

① 슈미트해머 시험 ② 비비시험
③ 코어시험 ④ 초음파 탐상시험

해설 슈미트해머 시험 : 경화된 콘크리트면에 해머로 타격하여 반발경도를 측정하는 비파괴시험(검사) 방법

29. 공사 또는 제품의 품질상태가 만족한 상태에 있는가의 여부를 판단하는데 가장 적합한 품질관리 기법은? [19.4]

① 특성요인도 ② 히스토그램
③ 파레토그램 ④ 체크시트

해설 전사적 품질관리, 즉 T.Q.C 도구

- 파레토도 : 불량품, 고장, 결점 등의 발생 건수를 원인과 현상별로 분류하고, 문제가 큰 값에서 작은 값의 순서대로 도표화한다.
- 산점도 : 서로 대응되는 두 개의 짝으로 된 데이터를 그래프용지에 점으로 나타낸 것이다.
- 체크시트 : 계수치의 데이터가 분류 항목별로 어디에 집중되어 있는가를 표로 나타낸 것이다.
- 특성요인도 : 결과에 원인이 어떻게 관계되고 있는가를 어골상으로 세분하여 분석한다.
- 히스토그램 : 도수 분포표의 각 계급의 양끝 값을 가로축에 표시하고 그 계급의 도수를 세로축에 표시하여 직사각형 모양으로 나타낸 그래프이다.

29-1. TQC의 7대 도구 중 결함부나 기타 시공 불량 등 항목을 구분하여 크기순으로 나열한 것으로, 결함항목을 집중적으로 감소시키는데 효과적으로 사용되는 것은 어느 것인가? [09.4/13.1]

① 파레토도 ② 히스토그램
③ 산포도 ④ 관리도

해설 파레토도 : 불량품, 고장, 결점 등의 발생 건수를 원인과 현상별로 분류하고, 문제가 큰 값에서 작은 값의 순서대로 도표화한다.

정답 ①

30. 다음 중 건설공사용 공정표의 종류에 해당되지 않는 것은? [18.1]

① 횡선식 공정표 ② 네트워크 공정표
③ PDM 기법 ④ WBS

해설 ④는 작업명세 구조

30-1. 네트워크 공정표에서 결합점이 가지는 여유시간을 무엇이라 하는가? [13.2/16.1]

① 액티비티(Activity) ② 더미(Dummy)
③ 패스(Path) ④ 슬랙(Slack)

해설 네트워크 공정표 용어

- 액티비티(Activity) : 프로젝트를 구성하는 단위 작업을 잇는 경로
- 더미(Dummy) : 작업이나 작업시간의 요소가 없는 작업

정답 27. ④ 28. ① 29. ② 30. ④

• 패스(Path) : 데이터가 통과하는 길
• 슬랙(Slack) : 결합점이 가지는 여유시간

정답 ④

30-2. 네트워크 공정표에서 얻을 수 있는 정보가 아닌 것은? [10.1/15.1]

① 작업방법과 능률의 파악
② 크리티컬 패스(critiacal path)와 중점작업의 파악
③ 작업 순서와 상호관계의 파악
④ 변경이 있을 때 전체에 대한 영향의 파악

해설 ① 네트워크 공정표는 작업방법 확인이 어렵다.

정답 ①

30-3. 네트워크 공정표의 특성에 관한 설명 중 옳지 않은 것은? [13.2]

① 개개의 작업 관련이 도시되어 있어 프로젝트 전체 및 부분 파악이 쉽다.
② 작업 순서 관계가 명확하여 공사담당자 간의 정보전달이 원활하다.
③ 네트워크 기법의 표시상 제약으로 작업의 세분화 정도에는 한계가 있다.
④ 공정표가 단순하여 경험이 적은 사람도 작성 및 검사하기가 쉽다.

해설 ④ 공정표 작성 및 검사에 특별한 기능이 요구된다.

정답 ④

30-4. 네트워크 공정표의 구성요소 중 부 주공정(semi-critical path)에 관한 설명으로 옳지 않은 것은? [17.4]

① 여유시간이 상대적으로 적은 공정을 의미한다.
② 공정이 부분적 또는 불연속적으로 발생한다.
③ 공기단축 시 관리대상에서는 제외된다.
④ 주공정화 할 가능성이 많은 공정이다.

해설 ③ 부 주공정은 상대적으로 시간이 짧은 공정을 의미하므로 공기단축 시 주의해야 한다.

정답 ③

31. 건설시공 분야의 향후 발전 방향으로 옳지 않은 것은? [18.4]

① 친환경 시공화
② 시공의 기계화
③ 공법의 습식화
④ 재료의 프리패브(pre-fab)화

해설 건설시공 분야는 공법의 습식화에서 친환경 시공화, 시공의 기계화, 재료(신소재) 등으로 향후 발전한다.

32. 건축공사 관리에 관한 설명으로 옳지 않은 것은? [17.2]

① 공사현장의 관리에는 산업안전보건법령의 적용을 받지 않는다.
② 지급재료는 검수 후 도급자가 보관하되 다른 자재와 구분하여 보관한다.
③ 정기안전점검은 정해진 시기에 반드시 실시한다.
④ 현장에 반입한 재료는 모두 검사를 받아야 하나, KS 표준에 의하여 제작된 합격품은 검사를 생략할 수 있다.

해설 ① 공사현장의 관리에는 산업안전보건법령의 적용을 받는다.

32-1. 건축시공 관리항목에서 중요한 시공의 5대 관리에 포함되지 않는 것은? [11.2]

① 품질관리 ② 안전관리
③ 노무관리 ④ 공정관리

정답 31. ③ 32. ①

해설 건축시공의 5대 관리 : 품질관리, 안전관리, 공정관리, 원가관리, 환경관리

정답 ③

33. 순수형 CM의 공사 단계별 기본업무 중 시공 단계의 업무가 아닌 것은? [16.4]

① 품질검사
② 작업변화 승인 및 계약변경
③ 기록문서의 제출
④ 시공사와 발주자 간 분쟁해결

해설 CM 방식 : 건설의 전 과정에 걸쳐 프로젝트를 보다 효율적이고 경제적으로 수행하기 위하여 각 부문의 전문가들로 구성된 통합관리기술(기획, 설계, 시공, 유지관리)을 건축주에게 서비스하는 방식이다.
Tip) 기록문서의 제출-공사 종료 후 제출 서류

34. 계획과 실제의 작업상황을 지속적으로 측정하여 최종 사업비용과 공정을 예측하는 기법은? [19.2]

① CAD ② EVMS
③ PMIS ④ WBS

해설 EVMS : 실제 계획과 작업상황을 지속적으로 측정하여 최종 사업비용과 공정을 예측할 수 있는 기법

35. 프리스트레스트 콘크리트를 프리텐션 방식으로 프리스트레싱할 때 콘크리트의 압축강도는 최소 얼마 이상이어야 하는가? [10.1/12.2/18.2]

① 15MPa
② 20MPa
③ 30MPa
④ 50MPa

해설 프리스트레스트 콘크리트를 프리텐션 방식으로 프리스트레싱할 때 콘크리트의 압축강도는 30MPa 이상이어야 한다.

36. 가설공사 중 직접가설공사 항목이 아닌 것은? [14.1]

① 시험설비 ② 규준틀 설치
③ 비계 설치 ④ 건축물 보양설비

해설 ①은 공통가설공사 항목

37. 다음 금속 커튼 월 공사의 작업흐름 중 ( )에 가장 적합한 것은? [12.1/15.4]

> 기준먹매김-( )-커튼 월 설치 및 보양-부속재료의 설치-유리 설치

① 자재 정리
② 구체 부착철물의 설치
③ seal 공사
④ 표면 마감

해설 금속 커튼 월 공사의 작업흐름

1단계	2단계	3단계	4단계	5단계
기준 먹매김	구체 부착 철물의 설치	커튼 월 설치 및 보양	부속 재료의 설치	유리 설치

38. 건축공사 공정의 공기단축 기법으로 사용되는 것은? [13.1]

① MCX(Minimum Cost Expedition)
② TQC(Total Quality Control)
③ TBM(Tool Box Meeting)
④ CIC(Computer Integrated Construction)

해설 MCX(Minimum Cost Expedition)
- CPM의 핵심적인 이론으로 최소비용 촉진 기법이다.
- 경상비 등 간접비를 고려하여 최소비용의 일정계획을 수립한다.
- 건축공사 공정의 공기단축에 사용되는 기법이다.

정답 33. ③ 34. ② 35. ③ 36. ① 37. ② 38. ①

2 토공사

흙막이 가시설 I

1. 지하수가 많은 지반을 탈수하여 건조한 지반으로 개량하기 위한 공법에 해당하지 않는 것은? [10.1/14.4/20.2]

① 생석회말뚝(chemico pile) 공법
② 페이퍼드레인(paper deain) 공법
③ 잭파일(jacked pile) 공법
④ 샌드드레인(sand drain) 공법

해설 지반 개량공법
- 고결공법 : 소결, 동결, 생석회 파일공법
- 강제압밀 공법 : 프리로딩 공법, 압성토 공법, 사면선단재하
- 강제압밀 탈수공법 : 페이퍼드레인, 샌드드레인
- 치환법 : 활동 치환, 굴착 치환
- 사질지반 개량 : 약액주입법, 웰 포인트 공법 등

Tip) 잭파일(jacked pile) 공법 : 구조물의 침하 발생과 지반이 약해진 경우 기초부를 보강하기 위해 강관 파일을 추가로 설치할 때 이용하는 공법

1-1. 지반 개량공법의 종류에 속하지 않는 것은? [14.1]

① 탈수다짐법 ② 치환법
③ 표준관입시험법 ④ 약액주입법

해설 ③은 사질토지반의 지반조사 방법

정답 ③

1-2. 다음 중 지반 개량공법에 해당되지 않는 것은? [15.1]

① 다짐법 ② 탈수법
③ 치환법 ④ 아일랜드 컷 공법

해설 ④는 흙파기 공법

정답 ④

1-3. 지반 개량공법 중 투수성이 나쁜 점토질 연약지반에 적용하기 어려운 것은? [12.4]

① 샌드드레인(sand drain) 공법
② 페이퍼드레인(paper drain) 공법
③ 생석회 말뚝(chemico pile) 공법
④ 웰 포인트(well point) 공법

해설 웰 포인트 공법 : 모래질지반에 지하수위를 일시적으로 저하시켜야 할 때 사용하는 공법으로 모래 탈수공법이라고 한다.

정답 ④

1-4. 점토지반에 모래를 깔고 그 위에 성토에 의해 하중을 가하면 장기간에 걸쳐 점토 중의 물이 샌드파일을 통하여 지상에 배수되어 지반을 압밀 · 강화시키는 공법은? [14.4/15.1]

① 샌드드레인 공법
② 바이브로 플로테이션 공법
③ 웰 포인트 공법
④ 그라우팅 공법

해설 샌드드레인 공법 : 연약 점토층에 사용하는 탈수 지반 개량공법이다.

정답 ①

1-5. 대형 봉상 진동기를 진동과 워터 젯에 의해 소정의 깊이까지 삽입하고 모래를 진동시켜 지반을 다지는 연약지반 개량공법은 무엇인가? [19.4]

정답 1. ③

① 고결안정공법
② 인공동결공법
③ 전기화학공법
④ vibro flotation 공법

해설 진동다짐(vibro flotation)공법 : 연약한 모래지반을 개량하기 위한 막대다짐공법으로 직경이 20cm인 기다란 진동기로 지반을 파 내려가며 모래를 다지면서 그 사이에 생긴 공간에 자갈을 넣고 막대를 빼낸다.

정답 ④

1-6. 연약지반 개량공법 중 동결공법의 특징이 아닌 것은? [13.2]

① 동토의 역학적 강도가 우수하다.
② 지하수 오염과 같은 공해우려가 있다.
③ 동토의 차수성과 부착력이 크다.
④ 동토 형성에는 일정 기간이 필요하다.

해설 ② 지하수 오염과 같은 공해우려가 없다.

정답 ②

2. 건설현장에 설치되는 자동식 세륜시설 중 측면살수시설에 관한 설명으로 옳지 않은 것은? [20.2]

① 측면살수시설의 슬러지는 컨베이어에 의한 자동배출이 가능한 시설을 설치하여야 한다.
② 측면살수시설의 살수길이는 수송차량 전장의 1.5배 이상이어야 한다.
③ 측면살수시설은 수송차량의 바퀴부터 적재함 하단부 높이까지 살수할 수 있어야 한다.
④ 용수공급은 기 개발된 지하수를 이용하고, 우수 또는 공사용수의 활용을 금한다.

해설 ④ 용수공급은 기 개발된 지하수를 이용하고, 우수 또는 공사용수의 활용 등 자체순환식으로 이용하여야 한다.

3. 지름 3～5cm 정도의 파이프 끝에 여과기를 달아 1～2m 간격으로 박고, 이를 수평으로 굵은 파이프에 연결하여 진공으로 물을 뽑아내어 지하수위를 저하시키는 공법은?

① 웰 포인트 공법 [15.4/16.4]
② 슬러리 월 공법
③ 페이퍼드레인 공법
④ 샌드드레인 공법

해설 웰 포인트 공법 : 모래질지반에 지하수위를 일시적으로 저하시켜야 할 때 사용하는 공법으로 모래 탈수공법이라고 한다.

3-1. 웰 포인트 공법에 관한 설명으로 옳지 않은 것은? [10.4]

① 기초공사에서 지반을 강화하기 위한 배수공법이다.
② 흙막이의 토압이 경감된다.
③ 기초파기, 기초공사 등을 무수상태에서 시공하는 등의 목적으로 지하수위를 낮추는 공법이다.
④ 사질지반보다 점토지반에서 탈수 효과가 크다.

해설 ④ 사질지반에서 탈수 효과가 크나, 점토지반에서는 사용할 수 없다.

정답 ④

4. 지상에서 일정 두께의 폭과 길이로 대지를 굴착하고 지반 안정액으로 공벽의 붕괴를 방지하면서 철근콘크리트 벽을 만들어 이를 가설 흙막이 벽 또는 본 구조물의 옹벽으로 사용하는 공법은 무엇인가? [12.2]

① 슬러리 월 공법
② 어스앵커 공법
③ 엄지말뚝 공법
④ 시트파일 공법

정답 2. ④ 3. ① 4. ①

해설 슬러리 월(slurry wall) 공법
- 진동, 소음이 작다.
- 차수 효과가 양호하다.
- 인접 건물의 경계선까지 시공이 가능하다.
- 흙막이 벽 자체의 강도, 강성이 우수하기 때문에 연약지반의 변형을 억제할 수 있다.
- 가설 흙막이 벽 또는 본 구조물의 옹벽으로 사용한다.
- 기계, 부대설비가 대형이어서 소규모 현장의 시공에 부적당하다.

4-1. 다음 중 흙막이 벽의 강성이 가장 강한 공법은? [10.2/12.4]

① 슬러리 월(slurry wall)
② 엄지말뚝+토류판 공법
③ CIP 공법(cast in place pile)
④ 널말뚝 공법(sheet pile)

해설 슬러리 월(slurry wall) 공법은 흙막이 벽 자체의 강도, 강성이 우수하기 때문에 연약지반의 변형을 억제할 수 있다.

정답 ①

4-2. 흙막이 공사 중 지하연속벽 공법의 특징이 아닌 것은? [13.4]

① 차수성이 높다.
② 타 공법에 비하여 공기, 공사비 면에서 불리하다.
③ 시공 중 주위지반에 지장이 없다.
④ 진동, 소음이 크다.

해설 ④ 시공 시 진동, 소음이 작다.

정답 ④

4-3. 지하연속벽(slurry wall) 공법에 관한 설명으로 옳지 않은 것은? [16.2]

① 도심지 공사에서 탑다운 공법과 같이 병행할 수 있다.
② 단면강성이 높고 지수성이 뛰어나다.
③ 벽 두께를 자유로이 설계하기 어렵다.
④ 공사비가 비교적 높고 공기가 불리한 편이다.

해설 ③ 벽 두께를 자유로이 설계할 수 있다.

정답 ③

4-4. 다음은 지하연속벽(slurry wall) 공법의 시공내용이다. 그 순서를 옳게 나열한 것은? [09.2/14.1/20.2]

㉠ 트레미관을 통한 콘크리트 타설 ㉡ 굴착 ㉢ 철근망의 조립 및 삽입 ㉣ guide wall 설치 ㉤ end pipe 설치

① ㉠ → ㉡ → ㉢ → ㉤ → ㉣
② ㉣ → ㉡ → ㉤ → ㉢ → ㉠
③ ㉡ → ㉣ → ㉤ → ㉢ → ㉠
④ ㉡ → ㉣ → ㉢ → ㉤ → ㉠

해설 지하연속벽 공법의 시공 순서
guide wall 설치 → 굴착 → end pipe 설치 → 철근망의 조립 및 삽입 → 트레미관을 통한 콘크리트 타설

정답 ②

5. 지하 4층 상가건물 터파기공사 시 흙막이 오픈 컷 방식을 적용하고 지보공 없이 넓은 작업 공간을 확보하고 기계화 시공을 실시하여 공기단축을 하고자 할 때 가장 적합한 공법은 무엇인가? [12.4/16.1]

① 비탈지운 오픈 컷 공법
② 자립공법

정답 5. ④

③ 버팀대 공법
④ 어스앵커 공법

해설 어스앵커 공법은 지하매설물 등으로 시공이 어려울 수 있으나 넓은 작업장 확보가 가능하다.

5-1. 어스앵커(earth anchor) 공법에 의한 기초 흙막이에 대한 설명으로 옳지 않은 것은? [12.1]

① 하중을 산정할 때 예상되는 수위는 항상 평균 수위로 고려하여야 한다.
② 앵커체는 수평에서 하향 10°～45° 범위 내에서 경제성과 안정성을 고려하여 경사각을 결정한다.
③ 앵커의 내력을 확인하기 위하여 각 앵커에 작용하는 설계하중의 1.2배로 긴장하여 그 지지력을 확인한 후 설계하중으로 정착한다.
④ 정착부의 해체는 채택된 공법에 맞는 것으로 하고, 긴장력을 급격히 푸는 것은 피한다.

해설 ① 하중을 산정할 때 예상되는 수위는 항상 최악의 상황을 수위로 고려하여야 한다.

정답 ①

5-2. 흙막이 공사 중 어스앵커 공법에 관한 설명 중 옳지 않은 것은? [11.4]

① 작업 공간에 대형기계의 반입이 용이하다.
② 공기단축과 동시에 안전관리도 용이하다.
③ 지반조건 변화에 대해 설계변경이 어렵다.
④ 시가지 공사 시 매설물에 주의해야 한다.

해설 ③ 지반조건 변화에 대해 설계변경을 할 수 있다.

정답 ③

5-3. earth anchor 시공에서 앵커의 스트랜드는 어디에 정착되는가? [11.1/20.1]

① angle bracket ② packer
③ sheath ④ anchor head

해설 앵커의 스트랜드는 anchor head에 정착한다.

정답 ④

6. 지하 구조물의 시공 순서를 지상에서부터 시작하여 점차 깊은 지하로 진행하여 가면서 완성하는 공법은? [11.4]

① 진관식 기초말뚝 공법
② 심초공법
③ 탑다운 공법
④ 웰 포인트 공법

해설 탑다운(top down) 공법 : 지하 터파기와 지상의 구조체 공사를 병행하여 시공할 수 있어 공기를 단축할 수 있다.

6-1. 탑다운(top-down) 공법에 관한 설명으로 옳지 않은 것은? [09.2/17.1]

① 1층 바닥을 조기에 완성하여 작업장 등으로 사용할 수 있다.
② 지하 · 지상을 동시에 공시하여 공기단축이 가능하다.
③ 소음 · 진동이 심하고 주변 구조물의 침하 우려가 크다.
④ 기둥 · 벽 등 수직부재의 구조이음에 기술적 어려움이 있다.

해설 ③ 지하공사 중 소음 · 진동의 우려가 적다.

정답 ③

6-2. top-down 공법에 대한 설명으로 옳지 않은 것은? [09.4/13.2]

① 지하층과 지상층을 동시 작업하므로 공기가 단축된다.

정답 6. ③

② 완전 역타, 부분 역타, 보 및 거더식 역타공법 등이 있다.
③ 설계변경은 언제나 가능하고, 급배기 환기시설 등이 불필요하다.
④ 도심지 공사에서 1층 작업장을 활용하고자 할 때 적용한다.

해설 ③ 설계변경은 어렵고, 급배기 환기시설 등의 설치가 필요하다.

정답 ③

6-3. 역타공법(top-down method)과 관련된 내용으로 옳지 않은 것은? [10.4/15.1]

① 지하굴착 공사장에는 중장비 때문에 급배기 환기시설이 필요하다.
② 기둥 천공 시 슬라임 처리가 완벽해야 한다.
③ 한 현장에 지하연속벽과 강성이 다른 흙막이 벽을 병행 조성하는 것이 안전상 유리하다.
④ 지하연속벽과 구조체와의 연결철근의 위치가 정확히 유지되어 있어야 한다.

해설 ③ 한 현장에 지하연속벽과 강성이 같은 흙막이 벽을 병행 조성하는 것이 안전상 유리하다.

정답 ③

7. 시트파일(sheet pile)이 쓰이는 공사로 옳은 것은? [18.4]

① 마감공사
② 구조체공사
③ 기초공사
④ 토공사

해설 강재 널말뚝 공법 : 강재 널말뚝(sheet pile)을 연속적으로 연결하여 벽체를 형성하는 공법을 사용하므로 차수성 및 수밀성이 좋아 연약지반(토공사)에 적합하다.

흙막이 가시설 Ⅱ

8. 흙막이 벽에 사용되는 계측장비의 연결이 옳은 것은? [12.1/16.2]

① 두부 변형 · 침하－트랜싯
② 측압 · 수동토압－변형계
③ 응력－경사계
④ 중간부 변형－레벨

해설 ② 변형계－흙막이 버팀대의 변형 파악
③ 경사계－지중의 수평변위량 측정, 기울어진 정도 파악
④ 레벨－지반에 대한 지표면의 침하량 측정

8-1. 인접 건축물의 벽체나 슬래브 바닥에 설치하여 구조물의 변형상태를 측정하는 장비는? [10.4/13.2]

① water level meter ② load cell
③ piezo meter ④ tilt meter

해설 틸트미터(tilt meter) : 공사 시 인접 구조물에 설치하여 구조물의 경사, 변형상태를 측정하는 기구

정답 ④

8-2. 흙막이 벽의 계측관리 중 지보공 버팀대에 작용하는 축력을 측정하는 장치의 이름은? [11.2]

① 트랜싯 ② 로드 셀
③ 크랙 게이지 ④ 레벨

해설 로드 셀 : 지보공 버팀대에 작용하는 축력을 측정하는 장치

정답 ②

8-3. 평판재하 시험용 시험기구와 거리가 먼 것은? [18.1]

정답 7. ④ 8. ①

① 잭(jack)
② 틸트미터(tilt meter)
③ 로드 셀(load cell)
④ 다이얼 게이지(dial gauge)

해설 틸트미터(tilt meter) : 공사 시 인접 구조물에 설치하여 구조물의 경사, 변형상태를 측정하는 기구

정답 ②

9. 흙막이 벽은 보통 버팀대로 지지되어 있으나 그 대신 어스앵커를 사용하기도 하는데 어스앵커 내부에서 인장응력을 받는 가장 중요한 역할을 하는 재료는? [14.4]

① 철근　② 철망
③ PC강선　④ 철골부재

해설 PC강선 : 버팀대 대신 어스앵커를 사용하기도 하며, 어스앵커 내부에서 인장응력을 받는 재료

9-1. 흙막이 벽은 보통 버팀대로 지지되어 있으나 그 대신 어스앵커를 사용하기도 하는데 어스앵커의 PC강선에 가하는 힘의 종류는 무엇인가? [15.4]

① 인장력　② 압축력
③ 비틀림　④ 전단력

해설 흙막이 벽은 버팀대 대신 어스앵커를 사용하기도 하며, 어스앵커의 PC강선에 가하는 힘은 인장응력이다.

정답 ①

10. 흙막이 벽 자체의 휨 강성과 밑넣기 부분의 가로저항에 의해 주동토압을 부담시키고 굴착하는 흙막이 공법은? [14.2]

① 버팀대식 공법　② 자립식 공법
③ 앵커방식 공법　④ 강재 널말뚝 공법

해설 자립식 공법 : 휨 강성과 밑넣기 부분의 가로저항에 의해 주동토압을 부담시키고 굴착하는 흙막이 공법

10-1. 지하 흙막이 공법 중 중앙부에서 주변부로 지하 구조물이 2단계로 시공되어 이음부 처리에 불리하고 공사기간이 길어질 수 있는 공법은? [12.2]

① strut 공법　② 앵커공법
③ 역타공법　④ 아일랜드 공법

해설 아일랜드 컷 공법 : 중앙부를 파내어 기초콘크리트를 부어 굳힌 후 여기에 의지해 주변 부분을 파내는 공법

정답 ④

10-2. 흙막이 벽체 공법 중 주열식 흙막이 공법에 해당하는 것은? [18.2]

① 슬러리 월 공법
② 엄지말뚝+토류판 공법
③ C.I.P 공법
④ 시트파일 공법

해설 주열식 공법(프리팩트 파일) : C.I.P 공법, P.I.P 공법, M.I.P 공법 등

Tip) CIP 공법 : 어스오거로 구멍을 뚫고 그 내부에 철근과 자갈을 채운 후, 미리 삽입해 둔 파이프를 통해 저면에서부터 모르타르를 채워 올라오게 한 공법

정답 ③

11. 수평버팀대식 흙막이 공법을 적용하는 것이 가장 타당한 경우는? [11.1]

① 폭이 넓고 길이가 긴 기초파기를 할 경우
② 파낸 지반이 단단하고 넓은 대지인 경우
③ 좁은 면적에서 깊은 기초파기를 할 경우
④ 기초파기 깊이가 얕고 근접 건물도 없는 경우

정답 9. ③　10. ②　11. ③

해설 수평버팀대식 흙막이 공법
- 토질에 대해 영향을 적게 받는다.
- 인근 대지로 공사범위가 넘어가지 않는다.
- 고저차가 크거나 상이한 구조인 경우 균형을 잡기 어렵다.
- 가설 구조물이 많아 중장비가 들어가기 곤란한 좁은 작업에 적합하다.

12. 흙막이 공법 선정 시 검토해야 할 사항 중 가장 거리가 먼 것은? [13.1]

① 주변 구조물의 지하매설물 상태
② 대지 주변의 유동인구 검토
③ 지하수의 배수 및 차수공법 검토
④ 공사기간과 경제성 검토

해설 흙막이 공법 선정 시 검토해야 할 사항
- 주변 구조물의 지하매설물 상태
- 인근 주변의 소음 및 진동
- 지하수의 배수 및 차수공법 검토
- 공사기간과 경제성 검토

13. 흙막이 공사 후 지표면의 재하하중에 못 견디어 흙막이 벽의 바깥에 있는 흙이 안으로 밀려 흙파기 저면이 불룩하게 솟아오르는 현상을 무엇이라 하는가? [11.4/17.4/18.2]

① 히빙 현상
② 보일링 현상
③ 수동토압 파괴 현상
④ 전단 파괴 현상

해설
- 히빙(heaving) 현상 : 연약 점토지반에서 굴착작업 시 흙막이 벽체 내·외의 토사의 중량차에 의해 흙막이 밖에 있는 흙이 안으로 밀려 들어와 솟아오르는 현상
- 보일링(boiling) 현상 : 사질지반의 흙막이 지면에서 수두차로 인한 삼투압이 발생하여 흙막이 벽 근입 부분을 침식하는 동시에 모래가 액상화되어 솟아오르는 현상

13-1. 사질지반에 널말뚝을 박고 배수하면서 기초파기를 행할 때, 널말뚝 흙파기 저면의 지하수가 용출하여 모래지반의 지지력이 상실되는 현상을 무엇이라 하는가? [10.1/12.2]

① 틱소트로피(thixotropy)
② 오픈 컷(open cut)
③ 히빙(heaving)
④ 보일링(boiling)

해설 보일링(boiling) 현상 : 사질지반의 흙막이 지면에서 수두차로 인한 삼투압이 발생하여 흙막이 벽 근입 부분을 침식하는 동시에 모래가 액상화되어 솟아오르는 현상

정답 ④

13-2. 지형과 지반의 상태에 따라 지하수가 펌프 사용 없이 솟아나는 자분샘물을 무엇이라 하는가? [15.2]

① 히빙 ② 보일링
③ 정압수 ④ 피압수

해설 피압수 : 지형과 지반의 상태에 따라 지하수가 펌프 사용 없이 솟아나는 자분샘물

정답 ④

13-3. 흙막이 벽 설계 시 고려하지 않아도 되는 것은? [13.2/17.1]

① 히빙(heaving)
② 보일링(boiling)
③ 파이핑(piping)
④ 사운딩(sounding)

해설 사운딩 : 로드의 끝에 설치한 저항체를 지반에 삽입하여 관입, 회전, 인발 등의 저항으로 지반의 강도나 변형특성을 탐사하는 시험

정답 ④

정답 12. ② 13. ①

13-4. 토공사 시 발생하는 히빙파괴(heaving faliure)의 방지 대책으로 가장 거리가 먼 것은? [18.1]

① 흙막이 벽의 근입깊이를 늘린다.
② 터파기 밑면 아래의 지반을 개량한다.
③ 지하수위를 저하시킨다.
④ 아일랜드 컷 공법을 적용하여 중량을 부여한다.

해설 ③은 보일링 현상의 방지 대책

정답 ③

13-5. 보일링(boiling) 현상을 방지하기 위한 방법으로 옳지 않은 것은? [15.2]

① 약액주입 등으로 굴착지면의 지수를 한다.
② 안전율을 만족하도록 흙막이 벽의 타입깊이를 늘린다.
③ 지하수위를 저하하는 공법을 사용한다.
④ 흙막이 벽의 배면 지하수위와 굴착저면과의 수위차를 크게 한다.

해설 ④ 굴착부와 벽의 배면 지하수위를 낮춘다.

정답 ④

13-6. 다음 중 보일링(boiling)이나 부풀어 오름을 방지하기 위한 대책으로 옳지 않은 것은? [13.1/16.2]

① 흙막이 벽의 타입깊이를 늘린다.
② 흙막이 외부의 지반면을 진동 가압한다.
③ 웰 포인트 공법으로 지하수위를 낮춘다.
④ 약액주입 등으로 굴착지면을 지수한다.

해설 ②는 히빙 현상의 원인이 된다.

정답 ②

14. 다음 중 사운딩시험 방법과 가장 거리가 먼 것은? [16.2]

① 표준관입시험
② 공내재하시험
③ 콘관입시험
④ 베인전단시험

해설 공내재하시험 : 토사층의 변형계수, 암반 변형특성을 측정하는 내지력시험

14-1. 대상지역의 지반특성을 규명하기 위하여 실시하는 사운딩시험에 해당되는 것은? [18.2]

① 함수비시험
② 액성한계시험
③ 표준관입시험
④ 1축압축시험

해설 표준관입시험

- 보링을 할 때 63.5kg의 해머로 샘플러를 76cm에서 타격하여 관입깊이 30cm에 도달할 때까지의 타격횟수 N값을 구하는 시험이다.
- 사질토지반의 시험에 주로 쓰인다.

정답 ③

14-2. 무게 63.5kg의 추를 76cm 높이에서 낙하시켜 샘플러가 30cm 관입하는데 필요한 타격횟수(N)를 측정하는 토질시험의 종류는? [14.4/17.2]

① 전단시험
② 지내력시험
③ 표준관입시험
④ 베인시험

해설 표준관입시험

- 보링을 할 때 63.5kg의 해머로 샘플러를 76cm에서 타격하여 관입깊이 30cm에 도달할 때까지의 타격횟수 N값을 구하는 시험이다.
- 사질토지반의 시험에 주로 쓰인다.

정답 ③

정답 14. ②

14-3. 표준관입시험에 관한 설명으로 옳은 것은? [09.1/11.2/17.1]

① 해머의 무게는 73.5kg이다.
② 해머의 낙하높이는 100cm이다.
③ 점토지반에서 실시하여도 높은 신뢰성을 얻을 수 있다.
④ N값이 클수록 밀실한 토질이다.

해설 ① 해머의 무게는 63.5kg이다.
② 해머의 낙하높이는 76cm이다.
③ 사질토지반의 시험에 주로 쓰인다.

정답 ④

14-4. 다음 ( ) 안에 들어갈 내용을 순서대로 연결한 것은? [13.4]

> 표준관입시험은 ( )지반의 밀실도를 측정할 때 사용되는 방법이며, 표준 샘플러를 관입량 ( )cm에 박는데 요하는 타격횟수 N을 구한다. 이때 추는 ( )kg, 낙하고는 ( )cm로 한다.

① 점토질-20-43.5-36
② 사질-20-43.5-36
③ 사질-30-63.5-76
④ 점토질-30-63.5-76

해설 표준관입시험은 사질지반의 밀실도를 측정할 때 사용되는 방법이며, 표준 샘플러를 관입량 30cm에 박는데 요하는 타격횟수 N을 구한다. 이때 추는 63.5kg, 낙하고는 76cm로 한다.

정답 ③

14-5. 표준관입시험은 63.5kg의 추를 76cm 높이에서 자유낙하시켜 샘플러가 일정 깊이까지 관입하는데 소요되는 타격횟수(N)로 시험하는데 그 깊이로 옳은 것은? [13.2/18.1]

① 15cm ② 30cm
③ 45cm ④ 60cm

해설 표준관입시험은 표준 샘플러를 관입량 30cm에 박는데 요하는 타격횟수 N을 구한다. 이때 추는 63.5kg, 낙하고는 76cm로 한다.

정답 ②

토공 및 기계

15. 토공사 기계에 관한 설명으로 옳지 않은 것은? [10.4/19.1]

① 파워쇼벨(power shovel)은 위치한 지면보다 높은 곳의 굴착에 유리하다.
② 드래그쇼벨(drag shovel)은 대형 기초굴착에서 협소한 장소의 줄기초 파기, 배수관 매설공사 등에 다양하게 사용된다.
③ 클램셸(clam shell)은 연한 지반에는 사용이 가능하나 경질층에는 부적당하다.
④ 드래그라인(drag line)은 배토판을 부착시켜 정지작업에 사용된다.

해설 ④ 드래그라인은 지면보다 낮은 땅의 굴착에 적당하고, 굴착 반지름이 크다.

15-1. 토공사의 굴착기계 용도에 관한 설명으로 옳지 않은 것은? [13.1/17.4]

① 백호는 기계보다 낮은 곳을 굴착하는데 사용한다.
② 파워쇼벨은 기계보다 높은 곳을 굴착하는데 사용한다.

정답 15. ④

③ 드래그라인은 기계보다 낮은 곳의 흙을 긁어모으는데 사용한다.

④ 클램셸은 기계보다 높은 곳의 흙과 자갈을 긁어내리는데 사용한다.

해설 ④ 클램셸은 굴착기계의 위치한 지면보다 낮은 곳의 수중굴착 및 가장 협소하고 깊은 굴착이 가능하며, 호퍼에 적합하다.

정답 ④

15-2. 토공사용 기계장비 중 기계가 서 있는 위치보다 높은 곳의 굴착에 적합한 기계장비는 무엇인가? [20.1]

① 백호우 ② 드래그라인
③ 클램셸 ④ 파워쇼벨

해설 파워쇼벨(power shovel) : 지면보다 높은 곳의 땅파기에 적합하다.

정답 ④

15-3. 트렌치와 같은 도랑파기에 가장 적합한 장비명은? [16.1]

① 불도저 ② 리퍼
③ 백호우 ④ 파워쇼벨

해설 백호우(back hoe) : 기계가 위치한 지면보다 낮은 땅의 굴착에 적합하고, 수중굴착도 가능하다.

정답 ③

15-4. 모래 채취나 수중의 흙을 퍼 올리는데 가장 적합한 기계장비는? [14.4/18.4/20.2]

① 불도저 ② 드래그라인
③ 롤러 ④ 스크레이퍼

해설 드래그라인(drag line) : 지면보다 낮은 땅의 굴착에 적당하고, 굴착 반지름이 크다.

정답 ②

15-5. 수직굴착, 수중굴착 등 일반적으로 협소한 장소의 깊은 굴착에 적합한 것으로 자갈 등의 적재에도 사용하는 토공장비는 무엇인가? [09.1/09.4/11.2/14.1/16.4/17.1]

① 클램셸
② 불도저
③ 캐리올 스크레이퍼
④ 로더

해설 클램셸 : 굴착기계의 위치한 지면보다 낮은 곳의 수중굴착 및 가장 협소하고 깊은 굴착이 가능하며, 호퍼에 적합하다.

정답 ①

15-6. 굴착, 상차, 운반, 정지작업 등을 할 수 있는 기계로, 대량의 토사를 고속으로 운반하는데 적당한 기계는? [19.2]

① 불도저 ② 앵글도저
③ 로더 ④ 캐리올 스크레이퍼

해설 캐리올 스크레이퍼 : 흙의 적재, 운반, 정지 등의 기능을 가지고 있는 장비로서 적재 용량은 $3m^3$ 이상, 작업거리는 $100 \sim 1500m$까지 운반 가능하다.

정답 ④

15-7. 파헤쳐진 흙을 담아 올리거나 이동하는데 사용하는 기계로 쇼벨, 버킷을 장착한 트랙터 또는 크롤러 형태의 기계는? [14.2/17.2]

① 불도저 ② 앵글도저
③ 로더 ④ 파워쇼벨

해설 로더 : 굴삭된 토사 · 골재 · 파쇄암 등을 운반기계에 싣는데 사용되는 기계로 쇼벨, 버킷을 장착한 트랙터 또는 크롤러 형태의 기계

정답 ③

15-8. 토공사용 장비에 해당되지 않는 것은? [15.1]

① 불도저(bulldozer)
② 트럭크레인(truck crane)
③ 그레이더(grader)
④ 스크레이퍼(scraper)

해설 트럭크레인은 트럭의 섀시 위에 지브크레인의 본체를 탑재한 이동식 크레인이다.

정답 ②

16. 콘크리트를 타설하는 펌프차에서 사용하는 압송장치의 구조방식과 가장 거리가 먼 것은? [19.4]

① 압축공기의 압력에 의한 방식
② 피스톤으로 압송하는 방식
③ 튜브 속의 콘크리트를 짜내는 방식
④ 물의 압력으로 압송하는 방식

해설 ④ 유압펌프로 압송하는 방식

16-1. 초고층 건물의 콘크리트 타설 시 가장 많이 이용되고 있는 방식은? [10.1/13.4/16.2]

① 자유낙하에 의한 방식
② 피스톤으로 압송하는 방식
③ 튜브 속의 콘크리트를 짜내는 방식
④ 물의 압력에 의한 방식

해설 초고층 건물의 콘크리트 타설 시 피스톤으로 압송하는 방식이 이용된다.

정답 ②

17. 다음 중 콘크리트 타설공사와 관련된 장비가 아닌 것은? [18.2]

① 피니셔(finisher)
② 진동기(vibrator)
③ 콘크리트 분배기(concrete distributor)
④ 항타기(air hammer)

해설 항타기 : 무거운 쇠달구를 말뚝 머리에 떨어뜨려 그 힘으로 말뚝을 땅에 박는 토목기계

17-1. 콘크리트를 타설하는데 사용하는 것으로 콘크리트가 흘러 내려가는 유도로로서, 길이는 가능한 짧게 또 굴곡이 없도록 하며 된비빔 콘크리트에서는 사용하기 어려운 것은? [14.2]

① 버킷 ② 호퍼
③ 슈트 ④ 카트

해설 슈트
• 콘크리트가 흘러 내려가는 유도로이다.
• 길이는 가능한 짧게 또 굴곡이 없도록 하며 된비빔 콘크리트에서는 사용하지 않는다.

정답 ③

흙파기

18. 그림과 같은 독립기초의 흙파기량을 옳게 산출한 것은? [09.2/15.4/20.1]

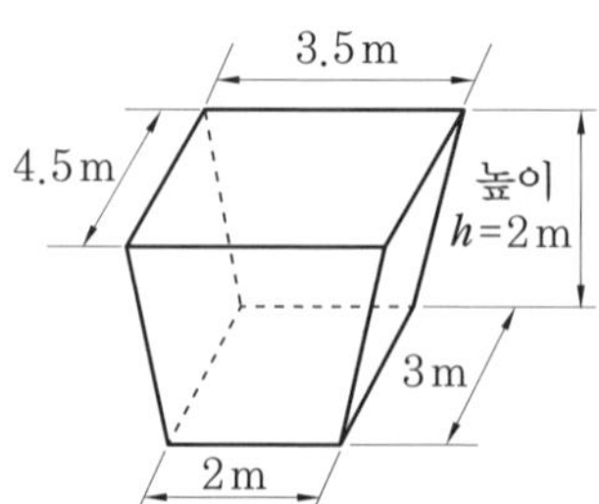

① $19.5m^3$ ② $21.0m^3$
③ $23.7m^3$ ④ $25.4m^3$

해설 독립기초의 흙파기량

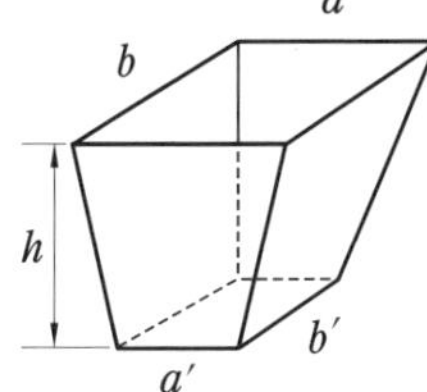

$$V=\frac{h}{6}\left\{(2a+a')b+(2a'+a)b'\right\}$$

$$=\frac{2}{6}\left\{(2\times3.5+2)\times4.5+(2\times2+3.5)\times3\right\}$$

$$=21.0\text{m}^3$$

19. 토공사에서 토량변화율 $L=1.3$, $C=0.8$인 사질토를 가지고 성토하여 다진 후에 40000m^3를 만들기 위한 굴착 및 운반토량은? [15.1]

① 굴착토량 50000m^3, 운반토량 65000m^3
② 굴착토량 65000m^3, 운반토량 70000m^3
③ 굴착토량 70000m^3, 운반토량 75000m^3
④ 굴착토량 75000m^3, 운반토량 80000m^3

해설 굴착 및 운반토량

㉠ 굴착토량$=\frac{\text{다짐 후의 토량}}{C}=\frac{40000}{0.8}$
$=50000\text{m}^3$

㉡ 운반토량=굴착토량$\times L$
$=50000\times1.3=65000\text{m}^3$

19-1. 모래의 부피증가계수(L)가 15%이고, 굴토량이 261m^3라면 잔토처리량은? [17.4]

① 300m^3　② 250m^3
③ 231m^3　④ 200m^3

해설 잔토처리량
=굴토량+(굴토량×부피증가계수)
$=261+(261\times0.15)=300.15\text{m}^3$

Tip) 잔토처리량=굴토량×1.15
$=261\times1.15=300.15\text{m}^3$

정답 ①

19-2. 그림과 같은 줄기초 파기에서 파낸 흙을 한 번에 운반하고자 할 때 4ton 트럭 약 몇 대가 필요한가? (단, 파낸 흙의 부피증가율은 20%, 파낸 흙의 단위 중량은 1.8t/m^3이다.) [09.4/16.1]

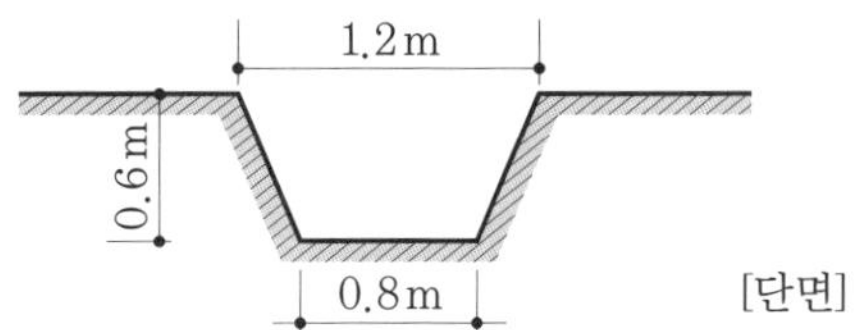

[단면]

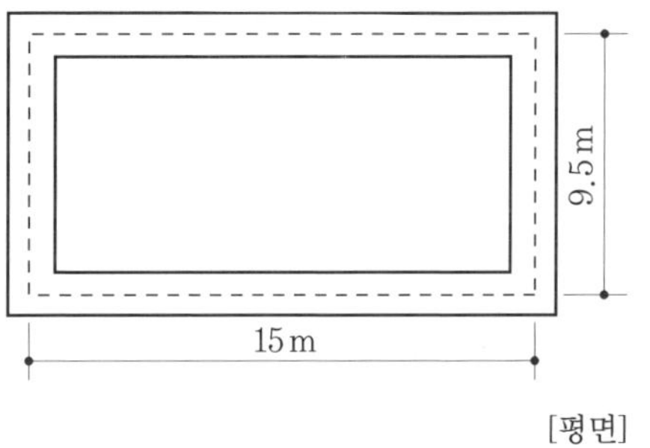

[평면]

① 10대　② 16대
③ 20대　④ 25대

해설 ㉠ 파낸 흙의 양
$=\{(1.2+0.8)\div2\times0.6\}\times49=29.4\text{m}^3$

㉡ 흙의 부피증가량$=29.4\times1.2=35.28\text{m}^3$

㉢ 흙의 무게$=35.28\times1.8=63.504\text{ton}$

㉣ 필요한 트럭 대수$=\frac{63.504}{4}=15.876$
→ 16대

정답 ②

19-3. 토량 6000m^3을 8톤 트럭으로 운반할 때 필요한 트럭 대수는? (단, 8톤 트럭 1대의 적재량은 6m^3이고 트럭은 5회 운행한다.) [16.2]

정답 19. ①

① 120대　② 150대
③ 180대　④ 200대

해설 ㉠ 8톤 트럭 1대의 적재량은 $6\,m^3$이므로 토량 $6000\,m^3$는 1000대 분량이다.
㉡ 트럭은 5회 운행한다.

$$\therefore \text{필요한 트럭 대수}=\frac{1000}{5}=200\text{대}$$

정답 ④

20. 흙파기 공법의 종류와 그에 대한 설명으로 옳지 않은 것은? [10.2]

① 어스앵커 공법-흙막이 후면에 구멍을 뚫고 로드(rod)를 앵커시켜 흙막이와 연결시키는 공법이다.
② 역타공법-지하 · 지상 병행 작업이 가능하므로 공기단축도 가능하다.
③ 트렌치 컷 공법-별도의 흙막이 벽이 필요하지 않다.
④ 아일랜드 공법-대지 중앙부에 기초 구조물을 먼저 축조한다.

해설 ③ 트렌치 컷 공법-공사기간이 길어지고 널말뚝을 이중으로 박아야 한다.

20-1. 흙파기 공법 중 트렌치 컷 공법과 역순으로 하는 공법은? [12.1]

① 아일랜드 공법　② 잠함공법
③ 타이로드 공법　④ 어스앵커 공법

해설 아일랜드 컷 공법 : 중앙부를 파내어 기초 콘크리트를 부어 굳힌 후 여기에 의지해 주변 부분을 파내는 공법

정답 ①

20-2. 아일랜드 공법과 역순의 흙파기 공사 과정으로 이루어진 공법은? [11.1]

① 오픈 컷(open cut) 공법
② 트렌치 컷(trench cut) 공법
③ 케이슨(caisson) 공법
④ 개방 잠함(open caisson)공법

해설 트렌치 컷 공법 : 아일랜드 컷 공법과 역순의 흙파기 과정으로 공사기간이 길어지고 널말뚝을 이중으로 박아야 한다.

정답 ②

20-3. 트렌치 컷 공법에 관한 설명으로 옳은 것은? [14.1]

① 온통파기를 할 수 없을 때, 히빙 현상이 예상될 때 효과적이다.
② 중앙부의 흙을 먼저 파내고 다음에 주위 부분의 흙을 파내는 공법이다.
③ 면적이 넓을수록 효과적이다.
④ 시공깊이는 안전상 10m 내외로 한정된다.

해설 ② 측벽의 흙을 먼저 파내고 다음에 중앙부의 흙을 파내는 공법이다.
③ 면적이 넓을수록 공기가 늘어나므로 비효율적이다.
④ 시공깊이는 20m 내외의 연약지반에서 주로 사용한다.

정답 ①

20-4. 표토를 제거하고 건물의 기둥 위치에 3~3.5m 지름의 우물을 파 기초를 축조하고, 그 기초 상부에 철골기둥을 세우고 1층 바닥부터 콘크리트를 친 후 지하를 향해 공사해 나가는 흙파기 공법은? [09.1/13.1]

① 심초공법
② 뉴매틱 웰 케이슨 공법
③ 개방 잠함공법
④ 톱다운 공법

정답 20. ③

해설 심초공법

- 표토를 제거하고 건물의 기둥 위치에 3~3.5m 지름의 우물을 파 기초를 축조한다.
- 기초 상부에 철골기둥을 세우고 1층 바닥부터 콘크리트를 친 후 지하를 향해 공사해 나가는 흙파기 공법이다.

정답 ①

21. 다음 중 파내기 경사각이 가장 큰 토질은? [16.1]

① 습윤 모래　② 일반 자갈
③ 건조한 진흙　④ 건조한 보통흙

해설 굴착면의 기울기 기준(2021.11.19 개정)

구분	지반 종류	기울기
보통흙	습지	1 : 1~1 : 1.5
	건지	1 : 0.5~1 : 1
암반	풍화암	1 : 1.0
	연암	1 : 1.0
	경암	1 : 0.5

Tip) 보통흙 습지가 경사각이 가장 크며, 보통흙보다는 진흙이 경사각이 크다.

기타 토공사

22. 토질시험을 흙의 물리적 성질시험과 역학적 성질시험으로 구분할 때 물리적 성질시험에 해당되지 않는 것은? [18.4]

① 직접전단시험　② 비중시험
③ 액성한계시험　④ 함수량시험

해설 ①은 역학적 성질시험이다.

23. 다음 중 토질시험 항목에 해당하지 않는 것은? [15.4]

① 소성한계시험　② 3축압축시험
③ 할렬인장시험　④ 비중시험

해설 할렬인장시험 : 콘크리트, 암석, 건축 구조물의 강도를 측정하는 시험

23-1. 토질시험 중 흙 속에 수분이 거의 없고 바삭바삭한 상태의 정도를 알아보기 위한 시험항목은? [09.4/17.1]

① 함수비시험　② 소성한계시험
③ 액성한계시험　④ 압밀시험

해설 소성한계시험 : 흙 속에 수분이 거의 없고 바삭바삭한 상태의 정도를 알아보기 위한 시험

정답 ②

23-2. 토질시험 항목 중 흙 속에 수분이 있어 끈기가 있는 상태의 정도를 알아내기 위해 실시하는 시험항목은? [10.1/15.2]

① 함수비시험
② 흙의 비중시험
③ 흙의 액성한계시험
④ 흙의 소성한계시험

해설 흙의 액성한계시험 : 흙 속에 수분이 있어 끈기가 있는 상태의 정도를 알아내기 위한 시험

정답 ③

23-3. 토질시험 중 흙의 강도 및 변형계수를 결정하는 시험으로 고무막에 넣은 원통형의 시료를 일정한 측압을 가함과 동시에 수직하중을 서서히 증대시켜 파괴하는 시험은? [10.1/12.4]

① 투수시험
② 삼축압축시험
③ 전단시험
④ 다지기시험

정답 21. ③　22. ①　23. ③

해설 삼축압축시험 : 흙의 강도 및 변형계수를 결정하는 시험으로 고무막에 넣은 원통형의 시료를 일정한 측압을 가함과 동시에 수직하중을 서서히 증대시켜 파괴하는 시험

정답 ②

23-4. 연약한 점토질지반에서 진흙의 점착력을 판별하는 토질시험은? [14.2/17.2]

① 표준관입시험
② 지내력시험
③ 슈미트해머 시험
④ 베인테스트

해설 베인테스트 : 점토(진흙)지반의 점착력을 판별하기 위하여 실시하는 토질시험

정답 ④

23-5. 지반의 토질시험 과정에서의 보링 구멍을 이용하여 +자형 날개를 지반에 박고 이것을 회전시켜 점토의 점착력을 판별하는 토질시험 방법은? [10.1/12.4/16.4]

① 표준관입시험　② 베인전단시험
③ 지내력시험　④ 압밀시험

해설 베인전단시험 : +자형으로 조합시킨 날개의 회전저항으로부터 점토의 점착력을 판별하는 토질시험

정답 ②

24. 다음 중 자연함수비가 어떤 상태에 있을 때 점토지반이 가장 안정한가? [12.1/15.2]

① 소성한계
② 소성과 수축한계 사이
③ 액성한계
④ 수축한계

해설 점토지반이 가장 안정한 상태는 고체상태이다.

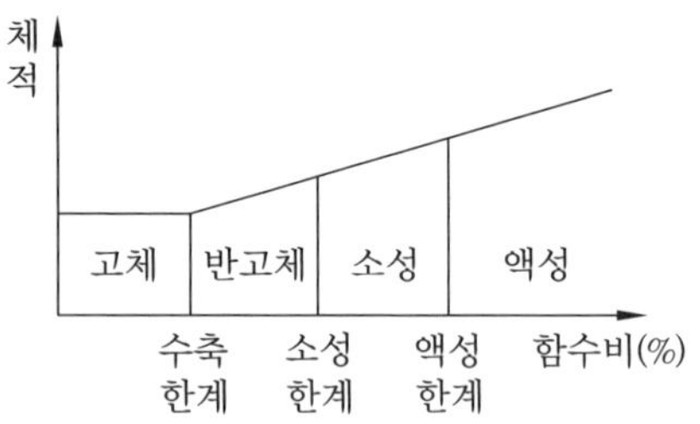

25. 지반조사 방법 중 보링에 관한 설명으로 옳지 않은 것은? [16.2/19.1]

① 보링은 지질이나 지층의 상태를 깊은 곳까지도 정확하게 확인할 수 있다.
② 회전식 보링은 불교란 시료 채취, 암석 채취 등에 많이 쓰인다.
③ 충격식 보링은 토사를 분쇄하지 않고 연속적으로 채취할 수 있으므로 가장 정확한 방법이다.
④ 수세식 보링은 30m까지의 연질층에 주로 쓰인다.

해설 ③ 충격식 보링은 와이어로프의 끝에 있는 충격날의 상하 작동에 의한 충격으로 토사 및 암석을 파쇄, 천공하는 방법이다.

Tip) 충격식 보링은 경질층을 깊이 파는데 이용하는 방식이다.

26. 다음 중 지내력시험에 대한 설명으로 옳은 것은? [09.1/13.4]

① 재하판의 크기는 75cm×75cm의 정방형 판을 사용한다.
② 단기 허용지내력도는 총 침하량이 2mm에 달했을 때까지의 하중을 적용한다.
③ 장기하중에 대한 허용지내력은 단기하중 허용지내력의 1/2이다.
④ 매회의 재하는 5ton 이하 또는 예정 파괴하중의 1/5 이하로 한다.

해설 ① 재하판의 크기는 45cm×45cm의 정방형 판을 사용한다.

정답 24. ④　25. ③　26. ③

② 총 침하량이 20mm에 달했을 때까지의 하중이 그 지반에 대한 단기 허용지내력도 이다.

④ 매회의 재하는 1ton 이하 또는 예정 파괴 하중의 1/5 이하로 한다.

27. 흙의 성질에 대한 내용 중 옳지 않은 것은? [11.2]

① 외력에 의하여 간극 내의 물이 밖으로 유출하여 입자의 간격이 좁아지며 침하하는 것을 압밀침하라고 한다.

② 자연시료에 대한 이긴시료의 강도비를 푸아송비라고 한다.

③ 투수량이 큰 것일수록 침투량이 크며 모래는 투수계수가 크다.

④ 함수량은 흙 속에 포함되어 있는 물의 중량을 나타낸 것이다.

해설 ② 자연시료에 대한 이긴시료의 강도비를 예민비라고 한다.

Tip) $예민비 = \frac{자연상태로서의\ 흙의\ 강도}{이긴상태로서의\ 흙의\ 강도}$

27-1. 다음 용어에 대한 정의로 옳지 않은 것은? [15.2/19.1]

① $함수비 = \frac{물의\ 무게}{토립자의\ 무게(건조\ 중량)} \times 100\%$

② $간극비 = \frac{간극의\ 부피}{토립자의\ 부피} \times 100\%$

③ $포화도 = \frac{물의\ 부피}{간극의\ 부피} \times 100\%$

④ $간극률 = \frac{물의\ 부피}{전체의\ 부피} \times 100\%$

해설 ④ $간극률 = \frac{흙의\ 용적}{흙\ 전체의\ 용적} \times 100\%$

정답 ④

27-2. 흙의 이김에 따라 약해지는 정도를 표시한 것은? [10.2/17.2]

① 간극비 ② 함수비

③ 포화도 ④ 예민비

해설 예민비(sensitivity ratio) : 흙의 이김에 의해 약해지는 정도를 말하는 것으로 자연시료의 강도에 이긴시료의 강도를 나눈 값으로 나타낸다.

$$예민비 = \frac{자연상태로서의\ 흙의\ 강도}{이긴상태로서의\ 흙의\ 강도}$$

Tip) • $간(공)극비 = \frac{공기+물의\ 체적}{흙의\ 체적}$

• $함수비 = \frac{물의\ 무게}{흙의\ 무게}$

• $포화도 = \frac{물의\ 체적}{공기+물의\ 체적}$

정답 ④

27-3. 자연시료의 압축강도가 6MPa이고, 이긴시료의 압축강도가 4MPa이라면 예민비는 얼마인가? [19.2]

① −2 ② 0.67

③ 1.5 ④ 2

해설 $예민비 = \frac{자연상태로서의\ 흙의\ 강도}{이긴상태로서의\ 흙의\ 강도}$

$$= \frac{6}{4} = 1.5$$

정답 ③

28. 토공사에서 사면의 안정성 검토에 직접적으로 관계가 없는 것은? [19.2]

① 흙의 입도

② 사면의 경사

③ 흙의 단위 체적 중량

④ 흙의 내부마찰각

정답 27. ② 28. ①

해설 사면의 안정성 검토 : 사면의 경사, 흙의 단위 체적 중량, 흙의 내부마찰각, 흙의 점착력 등

Tip) 흙의 입도 : 흙 입자의 크고 작은 분포상태를 나타낸 것

29. 토공사와 관련된 용어에 관한 설명으로 옳지 않은 것은? [18.1]

① 간극비 : 흙의 간극 부분 중량과 흙 입자 중량의 비

② 겔 타임(gel-time) : 약액을 혼합한 후 시간이 경과하여 유동성을 상실하게 되기까지의 시간

③ 동결심도 : 지표면에서 지하 동결선까지의 길이

④ 수동활동면 : 수동토압에 의한 파괴 시 토체의 활동면

해설 ① 간(공)극비 $= \frac{\text{공기}+\text{물의 체적}}{\text{흙의 체적}}$

3 기초공사

지정 및 기초 I

1. 기성콘크리트 말뚝에 관한 설명으로 옳지 않은 것은? [12.2/20.1]

① 공장에서 미리 만들어진 말뚝을 구입하여 사용하는 방식이다.

② 말뚝간격은 2.5d 이상 또는 750mm 중 큰 값을 택한다.

③ 말뚝이음 부위에 대한 신뢰성이 매우 우수하다.

④ 시공과정상의 항타로 인하여 자재균열의 우려가 높다.

해설 ③ 말뚝이음 부위에 대한 신뢰성이 떨어진다.

1-1. 기성콘크리트 말뚝시공에 관한 설명으로 옳지 않은 것은? [17.4]

① 말뚝 중심간격은 2.5d 이상 또는 750mm 이상으로 한다.

② 적재장소는 시공장소와 가깝고 배수가 양호하고 지반이 견고한 곳이어야 한다.

③ 2단 이하로 저장하고 말뚝받침대는 동일선상에 위치하여야 파손이 적다.

④ 시공 순서는 주변 다짐 효과를 높이기 위하여 주변부에서 중앙부로 박는다.

해설 ④ 시공 순서는 주변 다짐 효과를 최소화하기 위하여 중앙부에서 주변부로 박는다.

정답 ④

1-2. 기성콘크리트 말뚝 설치공법 중 진동공법에 관한 설명으로 옳지 않은 것은? [18.2]

① 정확한 위치에 타입이 가능하다.

② 타입은 물론 인발도 가능하다.

③ 경질지반에서는 충분한 관입깊이를 확보하기 어렵다.

정답 29. ① 1. ③

④ 사질지반에서는 진동에 따른 마찰저항의 감소로 인해 관입이 쉽다.

해설 ④ 사질지반에서는 진동에 따른 마찰저항의 증가로 인해 관입이 어렵다.

정답 ④

1-3. 기성콘크리트 말뚝을 타설할 때 그 중심간격의 기준으로 옳은 것은? [17.1/20.2]

① 말뚝머리 지름의 2.5배 이상 또한 600mm 이상
② 말뚝머리 지름의 2.5배 이상 또한 750mm 이상
③ 말뚝머리 지름의 3.0배 이상 또한 600mm 이상
④ 말뚝머리 지름의 3.0배 이상 또한 750mm 이상

해설 말뚝의 중심간격은 2.5d 이상 또는 750mm 중 큰 값을 선택한다.

정답 ②

1-4. 독립기초판(3.0m×3.0m) 하부에 말뚝머리 지름이 40cm인 기성콘크리트 말뚝을 9개 시공하려고 할 때 말뚝의 중심간격으로 가장 적당한 것은? [18.2]

① 110cm ② 100cm ③ 90cm ④ 80cm

해설 말뚝의 중심간격
=말뚝머리 지름 40cm×2.5=100cm

Tip) 말뚝의 중심간격은 2.5d 이상 또는 75cm 중 큰 값을 선택한다.

정답 ②

2. 기초공사의 지정공사 중 얕은 지정공법이 아닌 것은? [20.1]

① 모래지정 ② 잡석지정
③ 나무말뚝 지정 ④ 밑창콘크리트 지정

해설 얕은 지정공법 : 모래지정, 잡석지정, 밑창콘크리트 지정 등

Tip) 나무말뚝 지정 : 나무말뚝을 박아 구조물의 하중을 기초 또는 기초 슬래브에서 지반으로 전달시키는 깊은 지정공법

2-1. 다음 중 가장 깊은 기초지정은? [19.1]

① 우물통식 지정 ② 긴 주춧돌 지정
③ 잡석지정 ④ 자갈지정

해설 깊은 기초지정 : 우물통식 지정, 잠함기초 지정, 말뚝기초, 피어기초 등

Tip) 보통지정 : 긴 주춧돌 지정, 잡석지정, 자갈지정

정답 ①

2-2. 자갈지정에 관한 설명 중 옳지 않은 것은? [13.4]

① 자갈을 깔고 난 후 바이브로 래머 등으로 다진다.
② 연약한 점토지반에서 사용되는 공법이다.
③ 지정은 두께 5~10cm 정도로 자갈깔기를 한다.
④ 잘 다진 자갈 위에 밑창콘크리트를 타설한다.

해설 ② 굳은 지반에 사용되는 지정이다.

정답 ②

2-3. 다음 중 잡석지정에 대한 설명으로 틀린 것은? [14.4]

① 잡석지정은 세워서 깔아야 한다.
② 견고한 자갈층이나 굳은 모래층에서는 잡석지정이 불필요하다.
③ 잡석지정을 사용하면 콘크리트 두께를 절약할 수 있다.
④ 잡석지정은 지내력을 증진시키기 위해서 중앙에서 가장자리로 다진다.

정답 2. ③

해설 ④ 잡석지정은 기초 콘크리트 타설 시 흙의 혼입을 방지하기 위해 사용한다.

정답 ④

2-4. 건설공사에서 래머(rammer)의 용도는? [10.1/12.4/19.4]

① 철근절단
② 철근절곡
③ 잡석다짐
④ 토사적재

해설 래머, 롤러, 탬퍼 등은 지반을 다지는 소형 다짐기계이다.

정답 ③

2-5. 다음 중 직접기초 지정과 관계가 없는 것은? [12.2]

① 제물치장 ② 모래
③ 버림콘크리트 ④ 잡석

해설 제물치장(노출) 콘크리트 : 외장을 하지 않고, 노출된 콘크리트면 자체가 마감면이 되는 콘크리트

정답 ①

3. 기존 건물에 근접하여 구조물을 구축할 때 기존 건물의 균열 및 파괴를 방지할 목적으로 지하에 실시하는 보강공법을 무엇이라고 하는가? [10.2/11.4/12.1/13.4/18.4/19.1]

① BH(Boring Hole)
② 베노토(benoto) 공법
③ 언더피닝(under pinning) 공법
④ 심초공법

해설 언더피닝 공법 : 인접한 기존 건축물 인근에서 건축공사를 실시할 경우 기존 건축물의 지반과 기초를 보강하는 공법

3-1. 기초보강공사 중 언더피닝(under pinning) 공법으로 보강해야 할 경우가 아닌 것은? [10.4/13.2]

① 기존 건물에 근접하여 구조물을 구축할 경우
② 기존 건물의 파일머리보다 깊은 구조물을 건설할 경우
③ 지하수면의 이동이 발생하거나 파일두부가 파손되어 지층내력이 약화된 경우
④ 기존 건물의 기초가 침하하여 보나 기둥을 보강할 경우

해설 언더피닝 공법은 인접한 기존 건축물 인근에서 공사 시 기존 건축물의 지반과 기초를 보강하는 공법이다.

정답 ④

3-2. under pinning 공법을 적용하기에 부적합한 경우는? [11.1/17.1]

① 인접 지상 구조물의 철거 시
② 지하 구조물 밑에 지중 구조물을 설치할 때
③ 기존 구조물에 근접한 굴착 시 구조물의 침하나 경사를 미연에 방지할 경우
④ 기존 구조물의 지지력 부족으로 건물에 침하나 경사가 생겼을 때 이것을 복원하는 경우

해설 언더피닝 공법은 인접한 기존 건축물 인근에서 공사 시 기존 건축물의 지반과 기초를 보강하는 공법이다.

정답 ①

3-3. 다음 중 언더피닝 공법이 아닌 것은? [17.2]

① 2중 널말뚝 공법
② 강재말뚝 공법
③ 웰 포인트 공법
④ 모르타르 및 약액주입법

정답 3. ③

해설 웰 포인트 공법 : 모래질지반에 지하수위를 일시적으로 저하시켜야 할 때 사용하는 공법으로 모래 탈수공법이라고 한다.

정답 ③

4. 사질지반에서 지하수를 강제로 뽑아내어 지하수위를 낮추어서 기초공사를 하는 공법은 무엇인가? [18.2/19.2]

① 케이슨 공법
② 웰 포인트 공법
③ 샌드드레인 공법
④ 레어먼드파일 공법

해설 웰 포인트 공법 : 모래질지반에 지하수위를 일시적으로 저하시켜야 할 때 사용하는 공법으로 모래 탈수공법이라고 한다.

4-1. 웰 포인트 공법에 대한 설명 중 옳지 않은 것은? [12.1]

① 지하수위를 낮추는 공법이다.
② 파이프의 간격은 1~3m 정도로 한다.
③ 일반적으로 사질지반에 이용하면 유효하다.
④ 점토질지반에 이용 시 샌드파일을 사용한다.

해설 ④ 점토질지반보다는 사질지반에 유효한 공법이다.

정답 ④

5. L.W(Labiles Wasserglass) 공법에 관한 설명으로 옳지 않은 것은? [17.4]

① 물유리 용액과 시멘트 현탁액을 혼합하면 규산수화물을 생성하여 겔(gel)화하는 특성을 이용한 공법이다.
② 지반강화와 차수 목적을 얻기 위한 약액주입공법의 일종이다.
③ 미세공극의 지반에서도 그 효과가 확실하여 널리 쓰인다.
④ 배합비 조절로 겔 타임 조절이 가능하다.

해설 ③ 미세공극의 지반에서 그 효과가 불확실하다.

6. 점토질지반에서 지반 개량의 목적과 거리가 먼 것은? [10.2/11.4]

① 연약지반 강화
② 예민비 개선
③ 부동침하 방지
④ 지반의 지지력 증대

해설 예민비 : 흙의 이김에 의해 약해지는 정도를 말하는 것으로 자연시료의 강도에 이긴 시료의 강도를 나눈 값으로 나타낸다.

지정 및 기초 Ⅱ

7. 굴착토사와 안정액 및 공수 내의 혼합물을 드릴 파이프 내부를 통해 강제로 역순환시켜 지상으로 배출하는 공법으로 다음과 같은 특징이 있는 현장타설 콘크리트 말뚝공법은 무엇인가? [09.4/15.1/19.2]

- 점토, 실트층 등에 적용한다.
- 시공심도는 통상 30~70m까지로 한다.
- 시공직경은 0.9~3m 정도까지로 한다.

① 어스드릴 공법
② 리버스 서큘레이션 공법
③ 뉴메틱 케이슨 공법
④ 심초공법

해설 지문은 리버스 서큘레이션 공법(역순환 공법)의 특징이다.

정답 4. ② 5. ③ 6. ② 7. ②

7-1. 굴착 구멍 내에 지하수위보다 2m 이상 높게 물을 채워 굴착벽면에 2t/m^2 이상의 정수압에 의해 벽면붕괴를 방지하며 굴착한 후 형성시킨 제자리콘크리트 말뚝은? [09.2]

① 리버스 서큘레이션 파일
② 베노토 파일
③ 프랭키 파일
④ 레이몬드 파일

해설 리버스 서큘레이션 드릴공법 : 굴착토사와 안정액 및 공수 내의 혼합물을 드릴 파이프 내부를 통해 강제로 역순환시켜 지상으로 배출하는 공법

정답 ①

7-2. 표토붕괴를 방지하기 위하여 스탠드 파이프를 박고 그 이하는 케이싱을 사용하지 않고 회전식 버킷을 이용하여 굴삭하는 공법은? [09.4/12.2]

① 어스드릴 공법　② 어스오거 공법
③ 베노토 공법　④ 이코스 공법

해설 어스드릴 공법 : 콘크리트 말뚝 타설을 위한 굴착방법의 일종이며, 안정액으로 벤토나이트 용액을 사용하고 표층부에서만 케이싱을 사용하는 공법

정답 ①

7-3. 제자리콘크리트 말뚝을 시공할 때 목표 지점까지 케이싱 튜브로 공벽을 보호하면서 굴착하는 공법은? [11.4]

① 심초말뚝 공법
② 베노토(benoto)말뚝 공법
③ 어스드릴(earth drill) 공법
④ 리버스 서큘레이션(reverse circulation)말뚝 공법

해설 베노토 공법 : 토사를 파내면서 해머 그래브를 이용해 케이싱을 말뚝 끝까지 지반에 압입하는 방법으로 올 케이싱 공법이라고도 한다.

정답 ②

7-4. 토류벽 공법 중에서 지반을 천공한 후 그 공 내에 H형강을 삽입하고 현장에서 파낸 흙과 시멘트를 섞어 주입하여 토류벽을 형성하는 공법은? [10.1]

① PIP 공법
② CIP 공법
③ 소일콘크리트 말뚝공법
④ 프리캐스트 콘크리트 말뚝공법

해설 소일콘크리트 말뚝공법 : 지반을 천공한 후 그 공 내에 H형강을 삽입하고 현장에서 파낸 흙과 시멘트를 섞어 주입하는 공법

정답 ③

7-5. H－Pile＋토류판 공법이라고도 하며 비교적 시공이 용이하나, 지하수위가 높고 투수성이 큰 지반에서는 차수공법을 병행해야 하고, 연약한 지층에서는 히빙 현상이 생길 우려가 있는 것은? [19.4]

① 지하연속벽 공법　② 시트파일 공법
③ 엄지말뚝 공법　④ 주열벽 공법

해설 엄지말뚝 공법
- H－Pile＋토류판 공법이라고도 한다.
- 비교적 시공이 용이하고 경제적인 공법이다.
- 지하수위가 높고 투수성이 큰 지반에서는 차수공법을 병행해야 한다.
- 연약한 지층에서는 히빙 현상이 생길 우려가 있다.

정답 ③

8. 개방 잠함(open caisson)에 대한 설명으로 옳은 것은? [11.2]

① 건물 외부 작업이므로 기후의 영향을 많이 받는다.
② 잠함의 외주벽이 흙막이 역할을 하므로 공기단축을 기대할 수 있다.
③ 근린지역에 소음 발생이 크다.
④ 실의 내부 갓 둘레 부분을 중앙 부분보다 먼저 판다.

해설 개방 잠함공법은 잠함의 외벽이 흙막이 역할을 하며, 소음이나 진동이 없고 공기도 단축된다.

9. 독립기초에서 지중보의 역할에 관한 설명으로 옳은 것은? [19.2]

① 흙의 허용지내력도를 크게 한다.
② 주각을 서로 연결시켜 고정상태로 하여 부동침하를 방지한다.
③ 지반을 압밀하여 지반강도를 증가시킨다.
④ 콘크리트의 압축강도를 크게 한다.

해설 지중보의 역할은 땅 밑에서 주각을 서로 연결시켜 고정상태로 하여 부동침하를 방지한다.

10. 강말뚝(H형강, 강관말뚝)에 관한 설명으로 옳지 않은 것은? [16.2/19.4]

① 깊은 지지층까지 도달시킬 수 있다.
② 휨강성이 크고 수평하중과 충격력에 대한 저항이 크다.
③ 부식에 대한 내구성이 뛰어나다.
④ 재질이 균일하고 절단과 이음이 쉽다.

해설 ③ 지중에서 부식되기 쉽고, 타 말뚝에 비하여 재료비가 고가이다.

11. 말뚝의 이음공법 중 강성이 가장 우수한 방식은? [14.1/18.1]

① 장부식 이음 ② 충전식 이음
③ 리벳식 이음 ④ 용접식 이음

해설 용접식 이음 : 현장에서 직접 용접하는 방식으로 시공이 쉽고 강성이 우수하다.

12. 말뚝의 종류에 있어서 재료상의 분류가 아닌 것은? [11.4]

① 철제말뚝
② 기성콘크리트 말뚝
③ 지지말뚝
④ 제자리콘크리트 말뚝

해설 ③은 기능상의 분류

13. 프리팩트 파일의 종류 중 파이프 회전축의 선단에 커터를 장치하여 흙을 뒤섞으며 지중을 굴착한 다음, 파이프 선단으로 모르타르를 분출시켜 흙과 모르타르를 혼합하여 소일 콘크리트 말뚝을 형성하는 것은? [09.4]

① PIP 말뚝
② MIP 말뚝
③ CIP 말뚝
④ 슬러리 월

해설 MIP 말뚝 : 파이프 회전축의 선단에 커터를 장착하여 흙을 뒤섞으며 땅속으로 굴착한 뒤, 다시 회전시켜 빼내면서 모르타르를 선단에서 분출하여 만드는 소일 콘크리트 말뚝

14. 다음 중 기초지반의 성질을 적극적으로 개량하기 위한 지반 개량공법에 해당하지 않는 것은? [18.4]

① 다짐공법
② SPS공법
③ 탈수공법
④ 고결안정공법

해설 ②는 흙막이 버팀대 공법

정답 8. ② 9. ② 10. ③ 11. ④ 12. ③ 13. ② 14. ②

15. 말뚝박기 기계인 디젤해머(diesel hammer)에 대한 설명으로 옳지 않은 것은?

① 박는 속도가 빠르다. [10.4/15.1]
② 타격음이 작다.
③ 타격에너지가 크다.
④ 운전이 용이하다.

해설 ② 타격음이 크다.

16. 기초의 종류 중 기초 슬래브의 형식에 따른 분류가 아닌 것은? [15.4]

① 독립기초 ② 연속기초
③ 복합기초 ④ 직접기초

해설 기초의 종류
- 기초 슬래브의 형식 : 푸팅기초(독립기초, 복합기초, 연속기초), 온통기초
- 지정형식 : 얕은 기초(전체기초, 프로팅기초, 지반 개량), 깊은 기초(말뚝기초, 피어기초, 잠함기초)

16-1. 기초를 얕은 기초와 깊은 기초로 나눌 때 얕은 기초의 종류가 아닌 것은? [11.4]

① 온통기초
② 캔틸레버 기초
③ 말뚝기초
④ 복합기초

해설 지정형식
- 얕은 기초 : 전체기초, 프로팅기초, 지반 개량
- 깊은 기초 : 말뚝기초, 피어기초, 잠함기초

정답 ③

16-2. 2개 이상의 기둥을 1개의 기초판으로 받치는 기초는? [11.1/16.4]

① 독립기초 ② 복합기초
③ 호박돌기초 ④ 말뚝기초

해설 복합기초 : 2개 이상의 기둥을 1개의 기초판으로 받치는 기초

정답 ②

16-3. 지상에서 구조체를 미리 축조하여 침하시킨 기초는? [12.2]

① 독립기초 ② 온통기초
③ 복합기초 ④ 잠함기초

해설 잠함기초 : 지상에서 구조체를 미리 축조하여 침하시킨 기초

정답 ④

16-4. 피어기초 공사와 가장 거리가 먼 용어는? [16.1]

① 트레미관 ② 디젤해머
③ 벤토나이트액 ④ 케이싱관

해설 ②는 말뚝을 박는 기계

Tip) 피어기초 지정 : 지름이 큰 말뚝을 pier라 하며, 우물기초나 깊은 기초공법은 구조물의 하중을 지지층에 전달하도록 하는 기초공법이다.

정답 ②

17. 말뚝 설치공법을 타입공법과 매입공법으로 구분할 때 다음 중 타입공법에 해당하는 것은? [16.4]

① 진동공법
② 중굴공법
③ 선굴착 공법
④ 워터 젯(water jet) 공법

해설
- 타입공법 : 진동공법으로 말뚝을 박는 공법이다.
- 매입공법 : 중굴공법, 선굴착 공법, 워터 젯(water jet) 공법 등

정답 15. ② 16. ④ 17. ①

17-1. 말뚝 설치공법 중 모래층 또는 진흙층 등에 고압으로 물을 분사시켜 수압에 의해 지반을 무르게 만든 다음 말뚝을 박는 공법은? [11.1]

① 디젤해머 공법 ② 진동공법
③ 압입공법 ④ 워터 젯 공법

해설 워터 젯 공법 : 관입이 곤란한 모래층 또는 진흙층 등에 고압으로 물을 분사시켜 지반을 무르게 만든 다음 말뚝을 박는 공법

정답 ④

18. 공사현장의 소음 · 진동관리를 위한 내용 중 옳지 않은 것은? [18.1]

① 일정 면적 이상의 건축공사장은 특정 공사 사전신고를 한다.
② 방음벽 등 차음 · 방진시설을 설치한다.
③ 파일공사는 가능한 타격공법을 시행한다.
④ 해체공사 시 압쇄공법을 채택한다.

해설 ③ 파일공사는 오거로 지반을 천공한 후 말뚝을 삽입하는 공법 등으로 소음을 줄일 수 있다.

4 철근콘크리트 공사

콘크리트 공사 Ⅰ

1. 수밀콘크리트 공사에 관한 설명으로 옳지 않은 것은? [12.1/20.1]

① 배합은 콘크리트의 소요의 품질이 얻어지는 범위 내에서 단위 수량 및 물-결합재비는 되도록 작게 하고, 단위 굵은 골재량은 되도록 크게 한다.
② 소요 슬럼프는 되도록 크게 하되, 210mm를 넘지 않도록 한다.
③ 연속 타설 시간간격은 외기온도가 25℃ 이하일 경우에는 2시간을 넘어서는 안 된다.
④ 타설과 관련하여 연직 시공이음에는 지수판 등 물의 통과흐름을 차단할 수 있는 방수처리재 등의 재료 및 도구를 사용하는 것을 원칙으로 한다.

해설 ② 소요 슬럼프는 되도록 작게 하되, 180mm를 넘지 않도록 한다.

1-1. 수밀콘크리트의 배합에 관한 설명으로 옳지 않은 것은? [20.2]

① 배합은 콘크리트의 소요의 품질이 얻어지는 범위 내에서 단위 수량 및 물-결합재비는 되도록 크게 하고, 단위 굵은 골재량은 되도록 작게 한다.
② 콘크리트의 소요 슬럼프는 되도록 작게 하여 180mm를 넘지 않도록 하며, 콘크리트 타설이 용이할 때에는 120mm 이하로 한다.
③ 콘크리트의 워커빌리티를 개선시키기 위해 공기연행제, 공기연행감수제 또는 고성능 공기연행감수제를 사용하는 경우라도 공기량은 4% 이하가 되게 한다.
④ 물-결합재비는 50% 이하를 표준으로 한다.

해설 ① 배합은 콘크리트의 소요의 품질이 얻어지는 범위 내에서 단위 수량 및 물-결합재비는 되도록 작게 하고, 단위 굵은 골재량은 되도록 크게 한다.

정답 ①

정답 18. ③ 1. ②

1-2. 수밀콘크리트 제작방법에 관한 사항 중 옳지 않은 것은? [13.4]

① 틈새가 없는 질이 우수한 거푸집을 사용한다.
② 가급적 물-시멘트비를 크게 한다.
③ 이음치기를 하지 않는 것이 좋다.
④ 양생을 충분히 하는 것이 좋다.

해설 ② 가급적 물-시멘트비를 작게 한다.

정답 ②

2. 한중콘크리트에 관한 설명으로 옳지 않은 것은? [11.1/20.1]

① 골재가 동결되어 있거나 골재에 빙설이 혼입되어 있는 골재는 그대로 사용할 수 없다.
② 재료를 가열할 경우, 시멘트를 직접 가열하는 것으로 하며, 물 또는 골재는 어떠한 경우라도 직접 가열할 수 없다.
③ 한중콘크리트에는 공기연행 콘크리트를 사용하는 것을 원칙으로 한다.
④ 단위 수량은 초기동해를 적게 하기 위하여 소요의 워커빌리티를 유지할 수 있는 범위 내에서 되도록 적게 정하여야 한다.

해설 ② 재료를 가열할 경우, 물을 가열하여 사용하는 것을 원칙으로 하며, 골재는 불꽃에 직접 대지 않는다.

2-1. 한중콘크리트 공사에서 콘크리트의 물-결합재비는 원칙적으로 얼마 이하이어야 하는가? [12.4/17.4]

① 50% ② 55%
③ 60% ④ 65%

해설 동해를 막기 위한 한중콘크리트의 물-결합재비는 60%로 낮춘다.

정답 ③

2-2. 한중콘크리트 공사에서 콘크리트의 초기동해 방지에 필요한 압축강도는 얼마인가? [14.4]

① 5MPa ② 10MPa
③ 15MPa ④ 20MPa

해설 한중콘크리트의 초기동해 방지에 필요한 압축강도는 5MPa(50kgf/cm^2) 이상이어야 한다.

정답 ①

2-3. 한중콘크리트의 시공에 관한 설명으로 옳지 않은 것은? [20.2]

① 하루의 평균기온이 4℃ 이하가 예상되는 조건일 때는 콘크리트가 동결할 염려가 있으므로 한중콘크리트로 시공하여야 한다.
② 기상조건이 가혹한 경우나 부재 두께가 얇을 경우에는 타설할 때의 콘크리트의 최저온도는 10℃ 정도를 확보하여야 한다.
③ 콘크리트를 타설할 마무리된 지반이 이미 동결되어 있는 경우에는 녹이지 않고 즉시 콘크리트를 타설하여야 한다.
④ 타설이 끝난 콘크리트는 양생을 시작할 때까지 콘크리트 표면의 온도가 급랭할 가능성이 있으므로, 콘크리트를 타설한 후 즉시 시트나 적당한 재료로 표면을 덮는다.

해설 ③ 콘크리트를 타설할 마무리된 지반이 이미 동결되어 있는 경우에는 해동 후 콘크리트를 타설하여야 한다.

Tip) 빙설이 혼입된 골재, 동결상태의 골재는 원칙적으로 비빔에 사용하지 않는다.

정답 ③

3. 슬럼프 저하 등 워커빌리티의 변화가 생기기 쉬우며 동일 슬럼프를 얻기 위한 단위 수

정답 2. ② 3. ③

량이 많아 콜드 조인트가 생기는 문제점을 갖고 있는 콘크리트는? [18.1]

① 한중콘크리트
② 매스콘크리트
③ 서중콘크리트
④ 팽창콘크리트

해설 서중콘크리트 : 슬럼프 저하 등 워커빌리티의 변화가 생기기 쉬우며, 콜드 조인트가 생기는 문제점을 갖고 있다.

3-1. 서중콘크리트의 특징에 관한 설명으로 옳지 않은 것은? [16.1]

① 콘크리트의 단위 수량이 증가한다.
② 콘크리트의 응결이 촉진된다.
③ 균열이 발생하기 쉽다.
④ 슬럼프 로스가 발생하지 않는다.

해설 ④ 슬럼프 로스가 발생하기 쉽다.

정답 ④

3-2. 서중콘크리트 공사에 대한 설명으로 옳은 것은? [09.4/11.4]

① 서중콘크리트란 일 평균 기온 20도를 초과하는 시기에 시공되는 콘크리트를 말한다.
② 서중콘크리트는 초기강도 발현이 빠르기 때문에 장기강도가 높다.
③ 부어 넣을 때의 콘크리트 온도는 40도 이하로 한다.
④ 혼화제는 AE감수제 지연형 또는 감수제 지연형을 사용한다.

해설 서중콘크리트의 특징

- 시멘트, 골재와 물은 저온의 것을 사용한다.
- 하루 평균기온이 25℃, 최고온도가 30℃를 초과하는 시기에 시공되는 콘크리트를 말한다.
- 초기강도의 발현은 빠르지만 장기강도의 증진이 작다.
- 혼화제는 AE감수제 지연형 또는 감수제 지연형을 사용한다.
- 부어 넣을 때의 콘크리트 온도는 하루 평균기온이 25℃ 또는 최고온도 30℃ 이하로 한다.
- 거푸집이나 지반이 건조해서 콘크리트의 유동성을 떨어뜨릴 우려가 있으므로 습윤 상태를 충분히 유지해야 한다.

정답 ④

4. 콘크리트의 재료로 사용되는 골재에 관한 설명 중 옳지 않은 것은? [12.4]

① 골재는 견고하고 내구적이며, 유해물질의 함유량이 적어야 한다.
② 골재의 입형은 예각으로 된 것은 좋지 않다.
③ 골재의 강도는 경화시멘트 페이스트의 강도 이하이어야 한다.
④ 골재는 물리적 · 화학적으로 안정되어야 한다.

해설 ③ 골재의 강도는 경화시멘트 페이스트의 강도 이상이어야 한다.

5. 콘크리트의 건조수축을 크게 하는 요인에 해당되지 않는 것은? [11.4/20.2]

① 분말도가 큰 시멘트 사용
② 흡수량이 많은 골재를 사용할 때
③ 부재의 단면치수가 클 때
④ 온도가 높을 경우, 습도가 낮을 경우

해설 ③ 부재의 단면치수가 크면 건조수축은 작아진다.

6. 기초 하부의 먹매김을 용이하게 하기 위하여 60mm 정도의 두께로 강도가 낮은 콘크리트를 타설하여 만든 것은? [20.2]

정답 4. ③ 5. ③ 6. ①

① 밑창콘크리트 ② 매스콘크리트
③ 제자리콘크리트 ④ 잡석지정

해설 밑창콘크리트 지정 : 잡석이나 자갈 위 기초 부분의 먹매김을 위해 사용하며, 콘크리트 강도는 15 MPa 이상의 것을 두께 5~6 cm 정도로 설계한다.

7. **경량골재 콘크리트 공사에 관한 사항으로 옳지 않은 것은?** [09.4/13.4/19.1]

① 슬럼프 값은 180 mm 이하로 한다.
② 경량골재는 배합 전 완전히 건조시켜야 한다.
③ 경량골재 콘크리트는 공기연행 콘크리트로 하는 것을 원칙으로 한다.
④ 물-결합재비의 최댓값은 60%로 한다.

해설 ② 경량골재는 충분히 물을 흡수시킨 상태로 사용하여야 한다.

7-1. **경량콘크리트(light weight concrete)에 관한 설명으로 옳지 않은 것은?** [09.4/14.1/17.2]

① 기건비중은 2.0 이하, 단위 중량은 1400~2000 kg/m^3 정도이다.
② 열전도율이 보통콘크리트와 유사하여 동일한 단열성능을 갖는다.
③ 물과 접하는 지하실 등의 공사에는 부적합하다.
④ 경량이어서 인력에 의한 취급이 용이하고, 가공도 쉽다.

해설 ② 내화성이 크고 열전도율이 작으며 단열, 방음 효과가 우수하다.

정답 ②

7-2. **경량콘크리트의 특징이 아닌 것은?** [13.4]

① 자중이 적고 건물중량이 경감된다.
② 강도가 작다.
③ 건조수축이 적다.
④ 내화성이 크고 열전도율이 작으며 방음 효과가 크다.

해설 ③ 건조수축이 크다.

정답 ③

8. **KS L 5201(포틀랜드 시멘트)에 규정되어 있는 포틀랜드 시멘트의 종류가 아닌 것은?** [14.2]

① 중용열 포틀랜드 시멘트
② 고로 포틀랜드 시멘트
③ 조강 포틀랜드 시멘트
④ 내황산염 포틀랜드 시멘트

해설 포틀랜드 시멘트 : 조강, 저열, 중용열, 보통, 내황산염
Tip) 고로 포틀랜드 시멘트 - 혼합시멘트

8-1. **석회와 알루미나 성분을 많이 포함한 시멘트로서 보통 포틀랜드 시멘트의 7일 강도를 3일 만에 발현시킬 수 있는 것은?** [11.1]

① 저열 포틀랜드 시멘트
② 조강 포틀랜드 시멘트
③ 중용열 포틀랜드 시멘트
④ 백색 포틀랜드 시멘트

해설 조강 포틀랜드 시멘트 : 석회와 알루미나 성분을 많이 포함한 시멘트로서 보통 포틀랜드 시멘트의 7일 강도를 3일 만에 발현시킬 수 있는 시멘트

정답 ②

8-2. **콘크리트의 중심온도를 10~20℃ 정도로 낮출 수 있기 때문에 단면이 큰 초고층 건축물 등에 많이 사용되고, 초유 등 콘크리트의 제조에도 유리하다고 알려진 시멘트는?** [10.2]

① 조강 포틀랜드 시멘트
② 보통 포틀랜드 시멘트

정답 7. ② 8. ②

③ 저발열 포틀랜드 시멘트
④ 백색 포틀랜드 시멘트

해설 저발열 포틀랜드 시멘트
- 콘크리트의 중심온도를 10~20℃ 정도로 낮출 수 있다.
- 단면이 큰 초고층 건축물 등에 많이 사용된다.
- 낮은 비중과 유변학적 특성으로 초유 등 콘크리트의 제조에도 유리하다.

정답 ③

8-3. 중용열 포틀랜드 시멘트의 특성이 아닌 것은? [18.1]

① 블리딩 현상이 크게 나타난다.
② 장기강도 및 내화학성의 확보에 유리하다.
③ 모르타르의 공극 충전 효과가 크다.
④ 내침식성 및 내구성이 크다.

해설 중용열 포틀랜드 시멘트
- 경화 시 수화열이 작아지도록 조정한 포틀랜드 시멘트이다.
- 보통 포틀랜드 시멘트보다 실리카를 많이 포함하여 산화칼슘을 적게 함유한다.
- 화학저항성이 크고 내산성이 우수하다.
- 안전성이 좋고 발열량이 적으며 내침식성, 내구성이 좋으나 수화속도가 늦다.
- 댐, 대형 교량 등의 매스콘크리트용에 적합하다.

Tip) 블리딩 : 아직 굳지 않은 콘크리트 표면에 물과 함께 유리석회, 유기불순물 등이 떠오르는 현상(콘크리트 재료분리 현상)

정답 ①

9. 다음과 같은 조건에서 콘크리트의 압축강도를 시험하지 않을 경우 거푸집 널의 해체시기로 옳은 것은? (단, 기초, 보, 기둥 및 벽의 측면) [09.2/15.1/18.2/19.1]

- 조강 포틀랜드 시멘트 사용
- 평균기온 20℃ 이상

① 2일 ② 3일 ③ 4일 ④ 6일

해설 압축강도를 시험하지 않을 경우 거푸집 널의 해체시기

구분	시멘트		
	조강 포틀랜드	고로슬래그(1종) 포틀랜드 포졸란(A종) 플라이애시(1종) 보통 포틀랜드	고로슬래그(2종) 포틀랜드 포졸란(B종) 플라이애시(2종) –
20℃ 이상	2일	3일	4일
10℃ 이상 20℃ 미만	3일	4일	6일

10. 콘크리트 타설작업에 있어 진동다짐을 하는 목적으로 옳은 것은? [13.2/14.1/19.1]

① 콘크리트 점도를 증진시켜 준다.
② 시멘트를 절약시킨다.
③ 콘크리트의 동결을 방지하고 경화를 촉진시킨다.
④ 콘크리트의 거푸집 구석구석까지 충전시킨다.

해설 진동다짐을 하는 목적은 콘크리트의 거푸집 구석구석까지 충전시키는 콘크리트의 밀실화를 위해서이다.

10-1. 콘크리트 타설작업 시 진동기를 사용하는 가장 큰 목적은? [18.4]

① 재료분리 방지
② 작업능률 증진
③ 경화작용 촉진
④ 콘크리트 밀실화 유지

정답 9. ① 10. ④

해설 진동다짐을 하는 목적은 콘크리트의 거푸집 구석구석까지 충전시키는 콘크리트의 밀실화를 위해서이다.

정답 ④

11. 콘크리트 타설 및 다짐에 관한 설명으로 옳은 것은? [18.2]

① 타설한 콘크리트는 거푸집 안에서 횡 방향으로 이동시켜도 좋다.

② 콘크리트 타설은 타설기계로부터 가까운 곳부터 타설한다.

③ 이어치기 기준시간이 경과되면 콜드 조인트의 발생 가능성이 높다.

④ 노출콘크리트에는 다짐봉으로 다지는 것이 두드림으로 다지는 것보다 품질관리상 유리하다.

해설 콘크리트 타설 및 다짐

- 타설 구획 내의 먼 곳부터 타설한다.
- 한 구획 내의 콘크리트는 타설이 완료될 때까지 연속해서 타설하여야 한다.
- 타설한 콘크리트를 거푸집 안에서 횡 방향으로 이동시켜서는 안 된다.
- 이어치기 기준시간이 경과되면 콜드 조인트가 발생하므로 콜드 조인트가 발생하지 않도록 타설한다.
- 노출콘크리트에는 다짐봉으로 다지는 것보다 두드림으로 다지는 것이 품질관리상 유리하다.

11-1. 콘크리트 타설 시 다짐에 대한 설명으로 옳지 않은 것은? [10.2/17.1]

① 내부진동기는 슬럼프가 15cm 이하일 때 사용하는 것이 좋다.

② 슬럼프가 클수록 오래 다지도록 한다.

③ 진동기를 인발할 때에는 진동을 주면서 천천히 뽑아 콘크리트에 구멍을 남기지 않도록 한다.

④ 콘크리트 다짐 시 철근에 진동을 주지 않는다.

해설 ② 슬럼프가 클수록 다짐은 최소화하여야 한다.

Tip) 묽은 반죽은 진동다짐의 효과가 없다.

정답 ②

11-2. 콘크리트 타설작업의 기본원칙 중 옳은 것은? [12.4/16.4]

① 타설 구획 내의 가까운 곳부터 타설한다.

② 타설 구획 내의 콘크리트는 휴식시간을 가지면서 타설한다.

③ 낙하높이는 가능한 크게 한다.

④ 타설 위치에 가까운 곳까지 펌프, 버킷 등으로 운반하여 타설한다.

해설 ① 타설 구획 내의 먼 곳부터 타설한다.

② 타설 구획 내의 콘크리트는 휴식시간 없이 연속하여 타설한다.

③ 낙하높이는 가능한 낮게 한다.

정답 ④

11-3. 콘크리트 타설에 관한 설명 중 옳지 않은 것은? [09.1/15.1]

① 부어넣기는 기둥(벽) → 보 → 슬래브 순으로 한다.

② 한 구획의 타설이 시작되면 콘크리트가 일체가 되도록 연속적으로 부어 넣는다.

③ 비비는 장소 또는 플로어 호퍼에서 가까운 곳부터 부어 넣는다.

④ 콘크리트의 자유낙하 높이는 콘크리트가 분리되지 않도록 가능한 한 낮게 타설한다.

해설 ③ 비비는 장소 또는 플로어 호퍼에서 먼 곳부터 부어 넣는다.

정답 ③

정답 11. ③

11-4. 450 m^3의 콘크리트를 타설할 경우 강도시험용 1회의 공시체는 몇 m^3마다 제작하는가? (단, KS 기준) [10.4/17.1]

① 30 m^3 ② 50 m^3
③ 100 m^3 ④ 150 m^3

해설 콘크리트 품질관리에서 150 m^3마다 1회 이상 시험한다.

Tip) 1회 시험 결과는 채취한 시료 3개의 공시체를 28일 강도 평균값으로 한다.

정답 ④

콘크리트 공사 II

12. 시공과정상 불가피하게 콘크리트를 이어치기할 때 서로 일체화되지 않아 발생하는 시공 불량 이음부를 무엇이라고 하는가? [19.1]

① 컨스트럭션 조인트(construction joint)
② 콜드 조인트(cold joint)
③ 컨트롤 조인트(control joint)
④ 익스팬션 조인트(expansion joint)

해설 콜드 조인트(cold joint) : 시공과정상 불가피하게 콘크리트를 이어치기 할 때 발생하는 줄눈

12-1. 철근콘크리트 공사에서 건축 구조물의 온도변화에 따른 팽창, 수축 혹은 부동침하에 의한 균열 발생 등이 예상되는 부위에 설치하는 것으로 시공 시 타설부터 분리해서 계획한 줄눈은? [11.2]

① cold joint
② expansion joint
③ control joint
④ construction joint

해설 익스팬션 조인트(expansion joint) : 건축 구조물의 온도변화에 따른 팽창, 수축, 혹은 부동침하, 진동 등에 의해 균열 발생 등이 예상되는 부위에 설치하는 이음부

정답 ②

12-2. 콘크리트 부재에 균열이 생길만한 곳에 미리 줄눈을 설치하고, 그 결함 부위로 균열이 집중적으로 생기게 하여 다른 부분의 균열을 방지하는 줄눈은? [13.2]

① 신축줄눈 ② 시공줄눈
③ 조절줄눈 ④ 침하줄눈

해설 조절줄눈 : 건조, 수축에 의한 균열의 집중을 유도하기 위해 균열이 생길만한 구조물의 부재에 미리 결함 부위를 만들어 한 곳으로 균열을 유도한다.

정답 ③

12-3. 콘크리트 공사에서 발생하는 결함이라고 보기 어려운 것은? [14.2]

① 재료분리의 발생
② 콜드 조인트의 발생
③ 컨스트럭션 조인트의 발생
④ 동해에 의한 콘크리트 강도 저하

해설 컨스트럭션 조인트 : 일체화 구조에서 한 번에 시공이 불가능하여 생기는 이음부

정답 ③

13. 다음 중 콘크리트 이어붓기 위치에 관한 설명으로 옳지 않은 것은? [11.1/18.2]

① 보 및 슬래브는 전단력이 작은 스팬의 중앙부에 수직으로 이어 붓는다.
② 기둥 및 벽에서는 바닥 및 기초의 상단 또는 보의 하단에 수평으로 이어 붓는다.

정답 12. ② 13. ③

③ 캔틸레버로 내민보나 바닥판은 간사이의 중앙부에 수직으로 이어 붓는다.
④ 아치는 아치축에 직각으로 이어 붓는다.

해설 ③ 캔틸레버로 내민보나 바닥판은 이어 붓지 않는다.

13-1. 다음 중 철근콘크리트 구조 시공 시 콘크리트 이어붓기 위치에 관한 설명으로 옳지 않은 것은? [17.1]

① 기둥이음은 기둥의 중간에서 수평으로 한다.
② 아치의 이음은 아치축에 직각으로 설치한다.
③ 보, 바닥판 이음은 그 스팬의 중앙 부근에서 수직으로 한다.
④ 벽은 개구부 등 끊기 좋은 위치에서 수직 또는 수평으로 한다.

해설 ① 기둥 및 벽에서는 바닥 및 기초의 상단 또는 보의 하단에 수평으로 이어 붓는다.

정답 ①

14. 다음 중 콘크리트 이어치기에 대한 설명으로 옳은 것은? [09.4]

① 슬래브, 보는 스팬의 중앙 또는 단부의 1/4에서 이어치기를 한다.
② 기둥, 기초는 슬래브의 하단에서 이어친다.
③ 원칙적으로 응력이 큰 곳에서 한다.
④ 캔틸레버 보는 단부에서 이어치기를 한다.

해설 ② 기둥 및 벽은 바닥슬래브 및 기초의 상단에서 이어친다.
③ 원칙적으로 응력이 큰 곳은 피해야 한다.
④ 캔틸레버 보는 이어치기를 하지 않고 한 번에 타설한다.

15. 콘크리트 타설 후 콘크리트의 소요강도를 단기간에 확보하기 위하여 고온 · 고압에서 양생하는 방법은? [09.1/10.4/18.1]

① 봉합양생 ② 습윤양생
③ 전기양생 ④ 오토클레이브 양생

해설 오토클레이브 양생
- 170~215℃ 사이의 온도에서 8.0kg/cm^2 정도의 증기압을 가하는 양생방법이다.
- 재령 1년의 강도를 단기간 내에 확보할 수 있다.

16. 콘크리트 타설 시 물과 다른 재료와의 비중 차이로 콘크리트 표면에 물과 함께 유리석회, 유기불순물 등이 떠오르는 현상을 무엇이라 하는가? [12.2/15.4]

① 블리딩 ② 컨시스턴시
③ 레이턴스 ④ 워커빌리티

해설 블리딩 : 아직 굳지 않은 콘크리트 표면에 물과 함께 유리석회, 유기불순물 등이 떠오르는 현상(콘크리트 재료분리 현상)

17. 재료분리를 일으키지 않고 타설, 다지기 등의 작업이 용이하게 될 수 있는 정도를 나타내는 굳지 않은 콘크리트의 성질을 말하는 것은? [15.1]

① 워커빌리티 ② 피니셔빌리티
③ 펌퍼빌리티 ④ 플라스티시티

해설 워커빌리티 : 콘크리트 묽기 정도(시공연도)를 말하며, 재료분리에 저항하는 정도를 나타내는 굳지 않은 콘크리트의 성질을 말한다.

17-1. 철근콘크리트 공사에서 컨시스턴시(consistency)의 정의로 옳은 것은? [11.4]

① 반죽질기 여하에 따르는 작업의 난이도 정도 및 재료분리에 저항하는 정도를 나타내는 굳지 않은 콘크리트의 성질
② 주로 수량의 다소에 따르는 반죽의 되고 진 정도를 나타내는 굳지 않은 콘크리트의 성질

정답 14. ① 15. ④ 16. ① 17. ①

③ 거푸집에 쉽게 다져 넣을 수 있고, 거푸집을 제거하면 천천히 변하는 굳지 않은 콘크리트의 성질
④ 굵은 골재의 최대치수 등에 따르는 마무리하기 쉬운 정도를 나타내는 굳지 않은 콘크리트의 성질

해설 반죽질기(consistency) : 혼합물의 묽기 정도에 따르는 반죽의 되고 진 정도를 나타내는 굳지 않은 콘크리트의 성질

정답 ②

17-2. 굳지 않은 콘크리트에 실시하는 시험이 아닌 것은? [09.2/13.4/17.1]

① 슬럼프시험 ② 플로우시험
③ 슈미트해머 시험 ④ 리몰딩시험

해설 슈미트해머 시험 : 경화된 콘크리트면에 해머로 타격하여 반발경도를 측정하는 비파괴시험(검사) 방법

정답 ③

17-3. 굳지 않은 콘크리트의 품질측정에 관한 시험이 아닌 것은? [18.4]

① 슬럼프시험
② 블리딩시험
③ 공기량시험
④ 블레인 공기투과시험

해설 ④는 시멘트 분말도를 측정하는 방법

정답 ④

17-4. 보통콘크리트 공사에서 굳지 않은 콘크리트에 포함된 염화물량은 염소이온량으로서 얼마 이하를 원칙으로 하는가? [12.1/18.4]

① $0.2kg/m^3$ ② $0.3kg/m^3$
③ $0.4kg/m^3$ ④ $0.7kg/m^3$

해설 콘크리트 $1m^3$ 내 함유된 염화물량은 염소이온량으로서 $0.3kg/m^3$ 이하이다.

정답 ②

18. 고강도 콘크리트에 관한 설명으로 옳지 않은 것은? [10.1]

① 보통콘크리트의 경우 설계기준 강도가 40MPa 이상이다.
② 물-시멘트비는 50% 이하로 한다.
③ 골재의 최대크기는 40mm 이하로서 가능한 25mm 이하를 사용하도록 한다.
④ 플라이애시, 고로슬래그 등의 혼화재는 사용을 억제한다.

해설 ④ 플라이애시, 고로슬래그, 발포제 등은 시공연도를 개선하는 효과가 있다.

19. 혼화재료에 관한 다음 설명 중 옳지 않은 것은? [10.2]

① AE제는 콘크리트의 워커빌리티를 향상시키는데 사용된다.
② 지연제는 서중콘크리트의 발열 억제나 콜드조인트의 방지에 유효하다.
③ 실리카흄은 고강도 콘크리트의 제조에 사용된다.
④ 플라이애시는 콘크리트의 초기강도 증진에 사용된다.

해설 ④ 플라이애시는 콘크리트의 초기강도 감소, 장기강도를 증가시킨다.

19-1. 혼화재(混和材)에 관한 설명으로 옳지 않은 것은? [17.4]

① 시멘트량의 1% 정도 이하로 배합설계에서 그 자체의 용적을 무시한다.
② 종류로는 플라이애시, 고로슬래그, 실리카흄 등이 있다.

정답 18. ④ 19. ④

③ 포졸란 반응이 있는 것은 플라이애시, 고로슬래그, 규산백토 등이 있다.
④ 인공산으로는 플라이애시, 고로슬래그, 소성점토 등이 있다.

해설 ① 콘크리트의 물성을 개선하기 위해 시멘트량의 5% 이상으로 사용한다.

정답 ①

19-2. 시멘트 혼화재로서 규소합금 제조 시 발생하는 폐가스를 집진하여 얻어진 부산물의 초미립자(1μm 이하)로서 고강도 콘크리트를 제조하는데 사용하는 혼화재는? [16.1]

① 플라이애시 ② 실리카흄
③ 고로슬래그 ④ 포졸란

해설 실리카흄 : 규소합금 제조 시 발생하는 폐가스를 집진하여 얻어진 부산물로 화학적 저항성 증대, 블리딩이 저감된다.

정답 ②

19-3. 콘크리트용 혼화재 중 포졸란을 사용한 콘크리트의 효과로 옳지 않은 것은? [20.1]

① 워커빌리티가 좋아지고 블리딩 및 재료분리가 감소된다.
② 수밀성이 크다.
③ 조기강도는 매우 크나 장기강도의 증진은 낮다.
④ 해수 등에 화학적 저항이 크다.

해설 ③ 초기강도는 감소하나 장기강도가 증진된다.

정답 ③

20. 콘크리트의 공기량에 관한 설명으로 옳은 것은? [13.2/18.4]

① 공기량은 잔골재의 입도에 영향을 받는다.
② AE제의 양이 증가할수록 공기량은 감소하나 콘크리트의 강도는 증대한다.
③ 공기량은 비빔 초기에는 기계비빔이 손비빔의 경우보다 적다.
④ 공기량은 비빔시간이 길수록 증가한다.

해설 공기량은 자갈의 입도에는 영향이 거의 없고, 잔골재의 입도에 영향이 크다.

20-1. A.E 콘크리트의 공기량에 관한 설명으로 옳은 것은? [09.1/11.2]

① 공기량은 A.E제의 양이 증가할수록 감소하나 콘크리트의 강도는 증대한다.
② 공기량은 기계비빔이 손비빔의 경우보다 적다.
③ 공기량은 비빔시간이 길수록 증가한다.
④ 공기량은 잔골재의 미립분이 많을수록 증가한다.

해설 ④ AE제에 의한 공기량은 잔골재의 입도에 영향이 크며, 미립분일 때 가장 증대한다.

Tip) A.E제에 의한 공기량의 변화
- 공기량은 기계비빔이 손비빔보다 증가한다.
- 공기량은 온도가 높아질수록 감소한다.
- 공기량은 진동을 주면 감소한다.
- 공기량은 3~5분까지 증가하고 그 이상은 감소한다.
- 자갈입도에는 거의 영향이 없다.
- 미립분일 때 가장 증대한다.

정답 ④

20-2. 혼화제인 AE제를 콘크리트 비빔할 때 투입했을 경우 콘크리트의 공기량에 대한 설명 중 옳지 않은 것은? [10.1/11.1/12.4]

① AE제에 의한 공기량은 기계비빔이 손비빔보다 증가한다.
② AE제에 의한 공기량은 진동을 주면 감소한다.

정답 20. ①

③ AE제에 의한 공기량은 온도가 높아질수록 증가한다.
④ AE제에 의한 공기량은 자갈의 입도에는 거의 영향이 없고, 잔골재의 입도에는 영향이 크다.

해설 ③ AE제에 의한 공기량은 온도가 높아질수록 감소한다.

정답 ③

20-3. 혼화제인 AE제가 콘크리트의 물성에 미치는 영향에 대한 설명 중 옳지 않은 것은? [10.4]

① 동결융해에 대한 저항성이 크게 된다.
② 철근과의 부착강도는 커지는 경향이 있다.
③ 시공성이 좋아진다.
④ 단위 수량이 적게 된다.

해설 ② 철근과의 부착강도는 다소 감소한다.

정답 ②

20-4. 콘크리트에 사용하는 AE제의 특징이 아닌 것은? [17.4]

① 내구성, 수밀성 증대
② 블리딩 현상 증가
③ 단위 수량 감소
④ 건조수축 감소

해설 ② 콘크리트에 사용하는 AE제는 블리딩 현상을 감소시킨다.

정답 ②

21. 발포제의 한 종류로 시멘트와의 화학반응에 의해 특수한 가스를 발생시켜 기포를 도입하는 혼화제는? [09.2/14.4]

① 알루미늄 분말 ② 포졸란
③ 플라이애시 ④ 실리카흄

해설 알루미늄 분말은 발포제로 시멘트와의 화학반응에 의해 가스를 발생시켜 기포를 도입하는 혼화제이다.

22. 다음 중 방사선 차폐와 가장 관계 깊은 콘크리트는? [11.4]

① 경량콘크리트 ② 중량콘크리트
③ 수밀콘크리트 ④ 팽창콘크리트

해설 중량콘크리트는 X선, γ선, 중성자선을 차폐할 목적으로 사용된다.

콘크리트 공사 Ⅲ

23. 콘크리트 배합을 결정하는데 있어서 직접적으로 관계가 없는 것은? [15.4]

① 물-시멘트비
② 골재의 강도
③ 단위 시멘트량
④ 슬럼프 값

해설 골재의 강도는 콘크리트 배합을 결정하는데 있어서 직접적으로 관계가 없다.

23-1. 콘크리트 배합설계 시 강도에 가장 큰 영향을 미치는 요소는? [13.1/19.2]

① 모래와 자갈의 비율
② 물과 시멘트의 비율
③ 시멘트와 모래의 비율
④ 시멘트와 자갈의 비율

해설 물과 시멘트의 비율

$$= \frac{\text{물의 중량}}{\text{시멘트의 중량}} \times 100\%$$

정답 ②

24. 콘크리트 공사에서 골재 중의 수량을 측정할 때 표면수는 없지만 내부는 포화상태로 함수되어 있는 골재의 상태를 무엇이라 하는가? [12.1]

① 절건상태 ② 표건상태
③ 기건상태 ④ 습윤상태

해설 표건상태 : 골재입자의 표면수는 없지만 내부는 포화상태로 함수되어 있는 골재의 상태
Tip) 골재의 함수상태

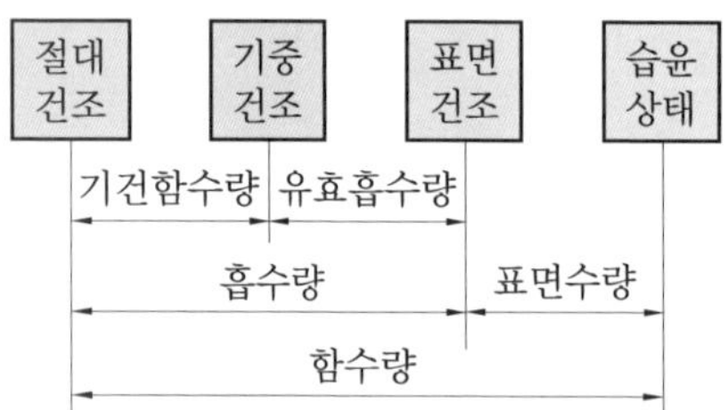

25. 철근콘크리트 공사에서 철근의 최소 피복두께를 확보하는 이유로 볼 수 없는 것은 어느 것인가? [16.4]

① 콘크리트 산화막에 의한 철근의 부식방지
② 콘크리트의 조기강도 증진
③ 철근과 콘크리트의 부착응력 확보
④ 화재, 염해, 중성화 등으로부터의 보호

해설 철근의 최소 피복두께를 확보하는 이유는 철근의 부식방지, 부착응력 확보, 화재, 염해, 중성화 등으로부터의 보호 등이다.

25-1. 프리스트레스 하지 않는 부재의 현장치기 콘크리트에서 다음과 같은 조건을 가진 부재의 최소 피복두께로서 옳은 것은? [17.1]

- 옥외의 공기나 흙에 직접 접하지 않는 콘크리트
  - 보, 기둥

① 30mm ② 40mm
③ 50mm ④ 60mm

해설 옥외의 공기나 흙에 직접 접하지 않는 콘크리트에서 보와 기둥의 피복두께는 40mm 이상이어야 한다.
Tip) 흙 속에 묻혀 있는 콘크리트의 피복두께는 80mm 이상이어야 한다.

정답 ②

26. 철근콘크리트 공사에서 구조용 부재 중 기둥에 사용되는 자갈의 최대크기는? [09.4]

① 15mm ② 20mm
③ 25mm ④ 40mm

해설 콘크리트 공사 시 기둥에 사용되는 굵은 골재의 치수는 25mm 이하이다.

27. 콘크리트에 관한 설명으로 옳지 않은 것은? [17.2]

① 진동다짐한 콘크리트의 경우가 그렇지 않은 경우의 콘크리트보다 강도가 커진다.
② 공기연행제는 콘크리트의 시공연도를 좋게 한다.
③ 물-시멘트비가 커지면 콘크리트의 강도가 커진다.
④ 양생온도가 높을수록 콘크리트의 강도발현이 촉진되고 초기강도는 커진다.

해설 ③ 물-시멘트비가 작을수록 콘크리트의 강도가 커진다.

28. 콘크리트를 양생하는데 있어서 양생분(養生紛)을 뿌리는 목적으로 옳은 것은? [17.2]

① 빗물의 침입을 막기 위해서
② 표면의 양생분을 경화시키기 위해서

정답 24. ② 25. ② 26. ③ 27. ③ 28. ④

③ 표면에 떠 있는 물을 양생분으로 제거하기 위해서
④ 혼합수(混合水)의 증발을 막기 위해서

해설 혼합수의 증발을 막기 위해서 양생분(養生紛)을 뿌려 콘크리트를 양생한다.

29. 철근콘크리트 구조물의 내구성 저하요인과 거리가 먼 것은? [14.1]

① 백화 ② 염해
③ 중성화 ④ 동해

해설 백화 : 벽돌이나 타일로 마감한 건축물의 외벽에 하얀 물질이 생겨 자체 강도에도 악영향을 미치는 현상

29-1. 수산화석회는 시간의 경과와 함께 콘크리트의 표면으로부터 공기 중의 탄산가스의 영향을 받아서 서서히 탄산석회로 변화하여 알칼리성을 상실하는데 이와 같은 현상을 무엇이라 하는가? [12.2]

① 알칼리 골재반응 ② 중성화 현상
③ 동결융해 현상 ④ 염해 현상

해설 중성화 현상 : 수산화석회가 시간의 경과와 함께 콘크리트의 표면으로부터 공기 중의 탄산가스의 영향을 받아서 서서히 탄산석회로 변화하여 알칼리성을 상실하는 풍화 현상

정답 ②

29-2. 콘크리트의 탄산화에 관한 설명으로 옳지 않은 것은? [19.4]

① 일반적으로 경량콘크리트는 탄산화의 속도가 매우 느리다.
② 경화한 콘크리트의 수산화석회가 공기 중의 탄산가스의 영향을 받아 탄산석회로 변화하는 현상을 말한다.
③ 콘크리트의 탄산화에 의해 강재 표면의 보호피막이 파괴되어 철근의 녹이 발생하고, 궁극적으로 피복콘크리트를 파괴한다.
④ 조강 포틀랜드 시멘트를 사용하면 탄산화를 늦출 수 있다.

해설 ① 일반적으로 경량콘크리트는 탄산화의 속도가 매우 빠르다.

정답 ①

30. 보통의 철근콘크리트 구조에서 콘크리트 $1m^3$당 필요한 거푸집의 개략 면적으로 가장 적당한 것은? [17.2]

① 1～$2m^2$ ② 3～$4m^2$
③ 6～$8m^2$ ④ 15～$16m^2$

해설 보통의 철근콘크리트 구조에서 콘크리트 $1m^3$당 필요한 거푸집의 면적은 6～$8m^2$이다.

31. 콘크리트의 슬럼프를 측정할 때 다짐봉으로 모두 몇 번을 다져야 하는가? [12.2/16.1]

① 30회 ② 45회 ③ 60회 ④ 75회

해설 ㉠ 콘크리트를 부어 넣을 때 1회에 25회씩 다진다.
㉡ 다짐봉으로 모두 3번을 다져야 하므로 25회×3번=75회이다.

32. 철근콘크리트 구조용으로 쓰이는 것으로 보기 어려운 것은? [09.4/16.2]

① 피아노선(piano wire)
② 원형철근 (round bar)
③ 이형철근(round bar)
④ 메탈라스(metal lath)

해설 메탈라스 : 벽을 칠 때 쇠 대신 쓰는 성긴 철망으로 벽에 바른 회 따위가 떨어지지 않게 하기 위해 사용한다.

정답 29. ① 30. ③ 31. ④ 32. ④

33. 철근콘크리트 보강블록공사에 대한 설명 중 옳지 않은 것은? [10.2/13.1/15.2]

① 보강근이 들어간 부분은 블록 2단마다 콘크리트나 모르타르를 충분히 충전시켜 철근이 녹스는 것을 방지한다.
② 블록쌓기 시 되도록 고저차가 없도록 수평이 되게 쌓아 올린다.
③ 벽의 세로근은 원칙적으로 이음을 만들지 않고 기초와 테두리보에 정착시킨다.
④ 블록의 빈속을 철근과 콘크리트로 보강하여 장막벽을 구성하는 것이다.

해설 ④ 블록의 빈속을 철근과 콘크리트로 보강하여 내력벽을 구성하는 것이다.

34. 철근콘크리트 공사에서 철근의 정착위치에 관한 설명으로 틀린 것은? [14.4]

① 기둥의 주근은 벽에 정착
② 지중보의 주근은 기초 또는 기둥에 정착
③ 벽 철근은 기둥, 보, 바닥판에 정착
④ 바닥판 철근은 보 또는 벽체에 정착

해설 ① 기둥의 주근은 기초에 정착한다.

34-1. 철근콘크리트 공사 시 철근의 정착위치로 옳지 않은 것은? [19.4]

① 벽 철근은 기둥 · 보 또는 바닥판에 정착한다.
② 바닥 철근은 기둥에 정착한다.
③ 큰 보의 주근은 기둥에, 작은 보의 주근은 큰 보에 정착한다.
④ 기둥의 주근은 기초에 정착한다.

해설 ② 바닥 철근은 보 또는 벽체에 정착한다.

정답 ②

34-2. 철근의 일반적인 정착위치에 관한 설명 중 옳지 않은 것은? [13.4]

① 지중보 철근은 기초, 기둥에 정착한다.
② 기둥 하부 철근은 큰 보, 작은 보에 정착한다.
③ 벽 철근은 기둥, 보, 바닥판에 정착한다.
④ 바닥 철근은 보, 벽체에 정착한다.

해설 ② 기둥의 주근은 기초에 정착한다.

정답 ②

35. 레디믹스트 콘크리트 중 믹싱플랜트에서 어느 정도 비빈 것을 트럭믹서에 실어 운반 도중 완전히 비벼 만드는 것은? [16.2]

① 제너럴믹스트 콘크리트
② 센트럴믹스트 콘크리트
③ 슈링크믹스트 콘크리트
④ 트랜싯믹스트 콘크리트

해설 슈링크믹스트 콘크리트 : 믹싱플랜트에서 어느 정도 비빈 것을 운반 도중 완전히 비벼 만든 콘크리트

36. 벽식 프리캐스트 철근콘크리트조를 시공하는 공법으로 중층의 공동주택에 폭넓게 채용되는 PC 공법은? [12.2]

① WPC 공법 ② HPC 공법
③ RPC 공법 ④ Half PC 공법

해설 WPC 공법 : 벽식 프리캐스트 철근콘크리트조를 시공하는 공법으로 중층의 공동주택에 폭넓게 채용된다.

36-1. 공업화 공법(PC 공법)에 의한 콘크리트 공사의 특징과 관련이 없는 것은 어느 것인가? [09.2/16.4]

① 프리패브 공법이기 때문에 현장에서의 공정이 단축된다.
② 기상의 영향을 덜 받는다.
③ 각 부품의 접합부가 일체화되기가 어렵다.
④ 품질의 균질성을 기대하기 어렵다.

정답 33. ④ 34. ① 35. ③ 36. ①

해설 ④ 품질의 균질성이 향상된다.

정답 ④

36-2. 콘크리트를 수직부재인 기둥과 벽, 수평부재인 보, 슬래브를 구획하여 타설하는 공법을 무엇이라 하는가? [10.4]

① V.H 분리 타설공법
② N.H 분리 타설공법
③ H.S 분리 타설공법
④ H.N 분리 타설공법

해설 V.H 분리 타설공법 : 수직부재인 기둥과 벽, 수평부재인 보, 슬래브를 별도의 구획으로 타설한다.

Tip) V.H 동시 타설공법 : 수직부재인 기둥과 벽, 수평부재인 보, 슬래브를 일체의 구획으로 타설한다.

정답 ①

36-3. 거푸집 내에 자갈을 먼저 채우고, 공극부에 유동성이 좋은 모르타르를 주입해서 일체의 콘크리트가 되도록 한 공법은? [18.4]

① 수밀콘크리트
② 진공콘크리트
③ 숏크리트
④ 프리팩트 콘크리트

해설 프리팩트 콘크리트 : 거푸집 내에 자갈을 먼저 채우고, 공극부에 유동성이 좋은 모르타르를 주입해서 일체의 콘크리트가 되도록 한 공법을 사용한 콘크리트로 수중공사에 많이 사용한다.

정답 ④

36-4. 모르타르 혹은 콘크리트를 호스를 사용하여 압축공기로 시공면에 뿜는 공법을 무엇이라 하는가? [13.4]

① 프리팩트공법 ② 진공탈수공법
③ 숏크리트공법 ④ 슬립폼공법

해설 뿜어붙이기 콘크리트(shot crete) 공법 : 모르타르 혹은 콘크리트를 압축공기로 시공면에 뿜는 공법으로 비탈면, 터널의 보강공사에 주로 사용한다.

정답 ③

36-5. 숏크리트(shotcrete) 공정이 필요한 공법은? [15.1]

① 강재 널말뚝 공법
② 엄지말뚝식 흙막이 공법
③ 지하연속벽 공법
④ 소일네일링 공법

해설 소일네일링 공법 : 지반에 철근을 삽입하고 바깥쪽에 2차에 걸친 숏크리트 공법으로 일체화를 안정시키는 공법

Tip) 숏크리트 공법 : 건나이트라고도 하며, 모르타르 혹은 콘크리트를 압축공기로 분사하여 바르는 것이다.

정답 ④

37. 콘크리트 비파괴검사 중에서 강도를 추정하는 측정방법과 거리가 먼 것은? [13.1/15.2]

① 슈미트해머법 ② 초음파 속도법
③ 인발법 ④ 방사선 투과법

해설 방사선 투과검사는 철골 등 용접부에 X선, γ선을 투과하여 물체의 결함 및 콘크리트 밀도, 철근 위치를 검출하는 방법이다.

38. 일정한 지속 하중에 있는 콘크리트가 하중은 변함이 없는데도 불구하고 시간이 경과하면서 변형이 점차 증가하는 현상은? [13.2]

정답 37. ④ 38. ①

① 크리프 현상　② 블리딩 현상
③ 중성화 현상　④ 레이턴스 현상

해설 크리프 현상 : 일정한 하중이 계속 작용하면 하중의 변화가 없는데도 불구하고 시간이 경과하면서 변형이 점차 증가하는 현상

Tip) 크리프 계수 $= \dfrac{\text{크리프 변형률}}{\text{탄성 변형률}}$

39. 다음 콘크리트 균열 중 경화 전에 발생되는 균열은? [11.2]

① 소성수축 균열
② 화학적 반응 균열
③ 철근의 부식으로 인한 균열
④ 건조수축 균열

해설 • 경화 전 균열 : 소성수축 균열, 침하균열, 온도균열, 거푸집 변형이나 충격 등
• 경화 후 균열 : 크리프, 건조수축 균열, 물리적 및 화학적 원인에 의한 균열 등

39-1. 콘크리트 재료적 성질에 기인하는 콘크리트 균열의 원인이 아닌 것은? [12.2/15.4]

① 알칼리 골재반응
② 콘크리트의 중성화
③ 시멘트의 수화열
④ 혼화재료의 불균일한 분산

해설 ④는 시공 원인에 의한 콘크리트 균열

정답 ④

40. 점토에서 분사 현상(quick sand)이 잘 일어나지 않는 직접적이 이유는? [12.2]

① 흙의 공극이 크기 때문
② 점토입자의 비중이 크기 때문
③ 입자가 너무 작기 때문
④ 점착력이 있기 때문

해설 점토에서 분사 현상이 잘 일어나지 않는 직접적인 이유는 점토는 점착력을 가지고 있기 때문이다.

41. 온도 및 습도의 변화에 따라 발생하는 콘크리트 내부의 큰 응력에 대비하여 부재의 신축이 자유롭게 되도록 설치하는 신축이음(expansion joint)을 두는 경우에 해당하지 않는 것은? [10.1]

① 기존 건축물과 증축 건물과의 접합부
② 건축물의 한 끝에 달린 날개형 건물 사이
③ 두 고층 사이에 있는 짧은 저층 건축물
④ 건축 평면이 ㄱ·ㄷ·+·T형의 교차 부분

해설 ③ 두 고층 사이에 있는 긴 저층 건축물

철근공사 I

42. 철골 용접접합에 대한 용어 설명 중 옳지 않은 것은? [13.1]

① 모살용접 : 목두께의 방향이 모재의 면과 45° 또는 거의 45°의 각을 이루는 용접
② 슬래그(slag) : 용접부에 잔류하는 산화물 등의 비금속 물질이 용접금속 속에 녹아 있는 것
③ 블로우 홀(blow hole) : 비드(bead)의 가장자리에서 모재가 깊이 먹어 들어간 모양으로 된 것
④ 오버랩(overlap) : 용접금속이 모재에 융착되지 않고 단순히 겹쳐있는 용접

해설 ③ 블로우 홀(blow hole) : 용접부에 작은 구멍이 산재되어 있는 형태로 기공이 발생하면 용접부를 완전 제거한 후 재용접하여야 한다.

정답 39. ① 40. ④ 41. ③ 42. ③

43. 철근의 이음방식이 아닌 것은? [16.4/20.1]

① 용접이음 ② 겹침이음
③ 갈고리 이음 ④ 기계적 이음

해설 철근의 이음방법
• 용접이음 • 가스압접 이음
• 겹침이음 • 기계식 이음

43-1. 철근의 이음방법 중 용접이음의 종류가 아닌 것은? [16.2]

① 아크(arc)용접
② 플러시 버트(flush butt) 용접
③ cad welding
④ 가스(gas)압접

해설 철근의 이음방법에는 용접이음(아크용접, 플러시 버트 용접, 가스압접), 겹침이음, 가스압접 이음, 기계식 이음이 있다.
Tip) cad welding : 철근에 슬리브를 끼우고 화약과 합금을 섞은 혼합물을 넣어 폭발 · 용해시키면 합금이 녹아 철근을 충진 이음시킨다.

정답 ③

43-2. 철근이음의 종류 중 기계적 이음과 가장 거리가 먼 것은? [17.2/18.2/20.2]

① 나사식 이음 ② 가스압접 이음
③ 충진식 이음 ④ 압착식 이음

해설 철근의 기계적 이음 : 나사식 이음, 충진식 이음, 압착식 이음, cad welding 등
Tip) 가스압접 이음 : 산소-아세틸렌염으로 가열하여 적열상태에서 부풀려 접합하는 철근이음 방식

정답 ②

43-3. 다음 용접방식 중 용접기구에 의한 분류가 아닌 것은? [13.1]

① 아크 수동용접
② 일렉트로 슬래그 용접
③ 가스압접
④ 필렛용접

해설 용접기구에 의한 분류 : 아크 수동용접, 일렉트로 슬래그 용접, 가스압접
Tip) 필렛용접은 용접방법에 의한 분류

정답 ④

43-4. 철근이음 공법 중 지름이 큰 철근을 이음할 경우 철근의 재료를 절감하기 위하여 활용하는 공법이 아닌 것은? [10.2/13.2/18.1]

① 가스압접 이음
② 맞댄용접 이음
③ 나사식 커플링이음
④ 겹친이음

해설 겹친이음은 겹쳐 이음할 때 2곳 이상을 결속선으로 이음하는 방식으로 철근의 재료 손실이 크다.

정답 ④

43-5. 철근의 가스압접 이음에 대한 설명으로 옳지 않은 것은? [09.1/12.4/15.4]

① 접합 전에 압접면을 그라인더로 평탄하게 가공해야 한다.
② 이음공법 중 접합강도가 아주 큰 편이며 성분 원소의 조직변화가 적다.
③ 철근의 항복점 또는 재질이 다른 경우에도 적용 가능하다.
④ 이음위치는 인장력이 가장 적은 곳에서 하고 한 곳에 집중해서는 안 된다.

해설 ③ 철근의 재질이 다른 경우에는 적용하기 어렵다.
Tip) 철근의 가스압접 이음은 같은 재질에 적용한다.

정답 ③

정답 43. ③

44. 철근콘크리트 구조에서 철근이음 시 유의사항으로 옳지 않은 것은? [19.2]

① 동일한 곳에 철근 수의 반 이상을 이어야 한다.

② 이음의 위치는 응력이 큰 곳을 피하고 엇갈리게 잇는다.

③ 주근의 이음은 인장력이 가장 작은 곳에 두어야 한다.

④ 큰 보의 경우 하부 주근의 이음위치는 보 경간의 양단부이다.

해설 ① 동일한 곳에서 철근 수의 반 이상을 이어서는 안 된다.

44-1. 철근콘크리트 공사에서의 철근이음에 관한 설명으로 틀린 것은? [11.4/12.1/14.2/17.4]

① 철근의 이음위치는 되도록 응력이 큰 곳을 피한다.

② 일반적으로 이음을 할 때는 한 곳에서 철근 수의 반 이상을 이어야 한다.

③ 철근이음에는 겹침이음, 용접이음, 기계적 이음 등이 있다.

④ 철근이음은 힘의 전달이 연속적이고, 응력 집중 등 부작용이 생기지 않아야 한다.

해설 ② 일반적으로 이음을 할 때는 한 곳에서 철근 수의 반 이상을 이어서는 안 된다.

정답 ②

45. 철근이음의 종류에 따른 검사시기와 횟수의 기준으로 옳지 않은 것은? [20.2]

① 가스압접 이음 시 외관검사는 전체 개소에 대해 시행한다.

② 가스압접 이음 시 초음파 탐사검사는 1검사 로트마다 30개소 발취한다.

③ 기계적 이음의 외관검사는 전체 개소에 대해 시행한다.

④ 용접이음의 인장시험은 700개소마다 시행한다.

해설 ④ 용접이음의 인장시험은 500개소마다 시행한다.

45-1. 철근의 이음을 검사할 때 가스압접 이음의 검사항목이 아닌 것은? [19.1]

① 이음위치 ② 이음길이

③ 외관검사 ④ 인장시험

해설 가스압접 이음의 검사항목 : 이음위치, 외관검사, 인장시험, 초음파검사 등

정답 ②

46. 철근 보관 및 취급에 관한 설명으로 옳지 않은 것은? [16.1/20.1]

① 철근 고임대 및 간격재는 습기방지를 위하여 직사일광을 받는 곳에 저장한다.

② 철근 저장은 물이 고이지 않고 배수가 잘 되는 곳에 이루어져야 한다.

③ 철근 저장 시 철근의 종별, 규격별, 길이별로 적재한다.

④ 저장장소가 바닷가 해안 근처일 경우에는 창고 속에 보관하도록 한다.

해설 ① 철근 고임대 및 간격재는 습기방지를 위하여 지면에 방습처리하고 직사일광을 받는 곳을 피해 저장한다.

47. 용접작업에서 용접봉을 용접 방향에 대하여 서로 엇갈리게 움직여서 용가금속을 용착시키는 운봉방법은? [11.2/14.1/15.2/17.2/20.2]

① 단속용접 ② 개선

③ 위핑 ④ 레그

해설 위핑 : 용접봉을 용접 방향에 대해 가로 방향으로 교대로 움직여 용접을 하는 운봉법

정답 44. ① 45. ④ 46. ① 47. ③

48. **공정별 검사항목 중 용접 전 검사에 해당되지 않는 것은?** [20.1]

① 트임새 모양 ② 비파괴검사
③ 모아대기법 ④ 용접자세의 적부

해설 • 용접 전의 검사항목 : 트임새 모양, 모아대기법, 구속법, 용접이음, 용접자세의 적부 등
• 용접 후의 검사항목 : 육안검사, 비파괴검사(침투탐상법, 방사선 투과법, 초음파 탐상법, 자기분말 탐상법), 절단검사 등

48-1. **용접 착수 전 검사항목에 속하지 않는 것은?** [11.4/14.4]

① 트임새 모양 ② 모아대기법
③ 운봉 ④ 구속법

해설 용접 전의 검사항목 : 트임새 모양, 모아대기법, 구속법, 용접이음, 용접자세의 적부 등
Tip) 운봉 : 용접봉으로 용접할 때 용접선상에서 용접봉을 이동시키는 조작을 말한다. 아크의 발생, 중단, 재아크, 위핑 등이 포함된다.

정답 ③

48-2. **철골공사에서 현장 용접부 검사 중 용접 전 검사가 아닌 것은?** [13.4/18.4]

① 비파괴검사
② 개선 정도 검사
③ 개선면의 오염 검사
④ 가부착 상태 검사

해설 ①은 용접 후의 검사사항이다.

정답 ①

49. **철골구조의 용접결함에 대한 검사방법이 아닌 것은?** [16.4]

① 자연전극 전위법 ② 육안검사
③ 염색침투 탐상검사 ④ 초음파 탐상검사

해설 ①은 콘크리트 내부 철근 부식 여부를 검사하는 비파괴검사이다.

50. **철골공사의 철골부재 용접에서 용접결함이 아닌 것은?** [10.4/11.1/13.2/14.1/19.2]

① 언더컷(undercut)
② 오버랩(overlap)
③ 위핑(weeping)
④ 블로우 홀(blow hole)

해설 용접결함

언더컷(undercut)	오버랩(overlap)
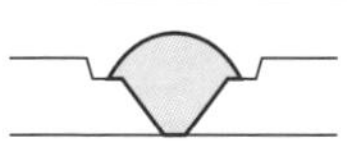	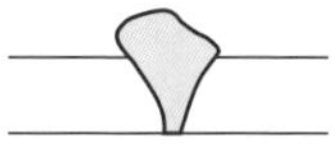
크랙(crack)	**기공(blow hole)**
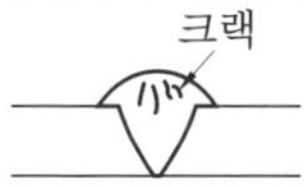 크랙	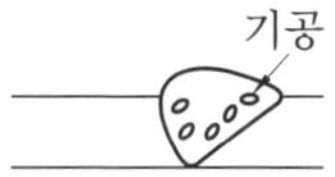 기공

Tip) 위핑 : 용접봉을 용접 방향에 대해 가로 방향으로 교대로 움직여 용접을 하는 운봉법

50-1. **철골부재의 용접접합 시 발생되는 용접결함의 종류가 아닌 것은?** [10.2/18.4/20.2]

① 엔드 탭 ② 언더컷
③ 블로우 홀 ④ 오버랩

해설 엔드 탭 : 용접결함을 방지하기 위해 부재에 임시로 붙이는 보조판

정답 ①

50-2. **철골공사에서 용접결함이 아닌 것은?** [12.2]

① 크랙 ② 언더컷
③ 오버랩 ④ 스캘럽

해설 스캘럽 : 용접선의 교차를 피하기 위하여 부채꼴과 같이 오목, 들어가게 파 놓은 것

정답 ④

정답 48. ② 49. ① 50. ③

50-3. 철골공사의 용접결함이 아닌 것은?

① 오버랩 ② 언더컷 [13.4]
③ 블로우 홀 ④ 비드

해설 비드 : 용접할 때 녹아 붙어 만들어지는 가늘고 긴 띠의 모양

▲ 비드

정답 ④

50-4. 철골부재의 용접에서 용접 상부에 따라 모재가 녹아 용착금속이 채워지지 않고 홈으로 남게 된 부분은? [12.4]

① 오버랩(overlap)
② 언더컷(undercut)
③ 블로우 홀(blowhole)
④ 크랙(crack)

해설 언더컷(undercut) : 모재가 녹아 용착금속이 채워지지 않고 홈으로 남게 된 부분

정답 ②

50-5. 용접 시 나타나는 결함에 관한 설명으로 옳지 않은 것은? [19.4]

① 위핑 홀(weeping hole) : 용접 후 냉각 시 용접 부위에 공기가 포함되어 공극이 발생되는 것
② 오버랩(overlap) : 용접금속과 모재가 융합되지 않고 겹쳐지는 것
③ 언더컷(undercut) : 모재가 녹아 용착금속이 채워지지 않고 홈으로 남게 된 부분
④ 슬래그(slag) 감싸기 : 용접봉의 피복제 심선과 모재가 변하여 생긴 회분이 용착금속 내에 혼입된 것

해설 위핑 : 용접봉을 용접 방향에 대해 가로 방향으로 교대로 움직여 용접을 하는 운봉법

정답 ①

51. 철골공사에서 각 용접부의 명칭에 관한 설명으로 옳지 않은 것은? [15.2]

① 엔드 탭(end tab) : 모재 양쪽에 모재와 같은 개선 형상을 가진 판
② 뒷댐재 : 루트 간격 아래에 판을 부착한 것
③ 스캘럽 : 용접선의 교차를 피하기 위하여 부채꼴과 같이 오목, 들어가게 파 놓은 것
④ 스패터 : 모살용접이 각진 부분에서 끝날 경우 각진 부분에서 그치지 않고 연속적으로 그 각을 돌아가며 용접하는 것

해설 스패터 : 용접 시 튀어나온 슬래그가 굳는 현상

52. 철골공사에서 용접검사 중 초음파 탐상법의 특징이 아닌 것은? [16.1]

① 기록성이 없다.
② 미소한 blow-hole의 검출이 가능하다.
③ 검사속도가 빠른 편이다.
④ 인체에 위험을 미치지 않는다.

해설 ② 미소한 blow-hole의 검출이 어렵다.
Tip) 초음파 탐상검사 : 짧은 파장의 음파를 검사물의 내부에 입사시켜 내부의 결함을 검출하는 방법

철근공사 II

53. 철골공사에서의 용접작업 시 유의사항으로 옳지 않은 것은? [15.1]

① 용접자세는 하향자세로 하는 것이 좋다.
② 수축량이 작은 부분부터 용접하고 수축량이 큰 부분은 최후에 용접한다.

정답 51. ④ 52. ② 53. ②

③ 용접 전에 용접모재 표면의 수분, 슬래그, 도료 등 용접에 지장을 주는 불순물을 제거한다.

④ 감전방지를 위해 안전홀더를 사용한다.

해설 ② 수축량이 큰 부분부터 용접하고 수축량이 작은 부분은 최후에 용접한다.

54. 철골조 용접 공작에서 용접봉의 피복제 역할로 옳지 않은 것은? [10.4/13.1/17.1]

① 함유 원소를 이온화하여 아크를 안정시킨다.

② 용착금속에 합금원소를 가한다.

③ 용착금속의 산화를 촉진하여 고열을 발생시킨다.

④ 용융금속의 탈산, 정련을 한다.

해설 용접봉의 피복제 역할

- 함유 원소를 이온화하여 아크를 안정시킨다.
- 용착금속에 합금원소를 가한다.
- 용융금속의 탈산, 정련을 한다.
- 표면의 냉각, 응고속도를 낮춘다.
- 용적을 미세화하고, 용착효율을 높인다.

55. 형강 또는 판 등의 겹침이음, T자이음, 각이음 등에 쓰이며, 철판과 철판이 겹치거나 맞닿는 부분의 각을 이루는 부분을 용접하는 방식의 명칭은? [10.1]

① 모살용접 ② 맞댐용접

③ 점용접 ④ 완전용입 용접

해설 모살용접 : 목두께의 방향이 모재의 면과 45° 또는 거의 45°의 각을 이루는 용접

56. 철골공사의 용접작업 시 맞댄용접의 앞벌림 모양과 관련이 없는 것은? [12.4/15.2]

① I자형 ② U자형

③ Z자형 ④ H자형

해설 맞댄용접(맞대기 이음)

- 한면 홈이음 : I형, V형, ⩗형(베벨형), U형, J형
- 양면 홈이음 : 양면 I형, X형, K형, H형, 양면 J형

57. 현장용접 시 발생하는 화재에 대한 예방조치와 가장 거리가 먼 것은? [11.1/15.4]

① 용접기의 완전한 접지(earth)를 한다.

② 용접 부분 부근의 가연물이나 인화물을 치운다.

③ 착의, 장갑, 구두 등을 건조상태로 한다.

④ 불꽃이 비산하는 장소에 주의한다.

해설 ③ 착의, 장갑, 구두 등을 화재예방을 위해 적당한 습윤상태로 유지한다.

58. 철골공사의 접합방법 중 용접시공에 관한 사항으로 틀린 것은? [14.2]

① 항상 용접열의 분포가 균등하도록 조치하고 일시에 다량의 열이 한 곳에 집중되지 않도록 해야 한다.

② 용접자세는 가능한 한 회전지그를 이용하여 아래보기 또는 수평자세로 한다.

③ 아크 발생은 필히 용접부 내에서 일어나도록 해야 한다.

④ 부재이음에 용접과 볼트를 불가피하게 병용할 경우에는 볼트를 조인 후에 용접하는 것을 원칙으로 한다.

해설 ④ 부재이음에 용접과 볼트를 불가피하게 병용할 경우에는 용접 후에 볼트를 조이는 것을 원칙으로 한다.

59. 철근공사 작업 시 유의사항으로 옳지 않은 것은? [11.1/13.2/15.4/19.4]

① 철근공사 착공 전 구조 도면과 구조 계산서를 대조하는 확인작업 수행

정답 54. ③ 55. ① 56. ③ 57. ③ 58. ④ 59. ④

② 도면 오류를 파악한 후 정정을 요구하거나 철근 상세도를 구조 평면도에 표시하여 승인 후 시공
③ 품질이 규격값 이하인 철근의 사용 배제
④ 구부러진 철근은 다시 펴는 가공작업을 거친 후 재사용

해설 ④ 한 번 구부러진 철근은 다시 펴서 재사용하지 않는다.

59-1. 철근의 가공에 관한 설명 중 옳지 않은 것은? [16.1]

① 한 번 구부린 철근은 다시 펴서 사용해서는 안 된다.
② 철근은 시어커터(shear cutter)나 전동 톱에 의해 절단한다.
③ 인력에 의한 절곡은 규정상 불가하다.
④ 철근은 열을 가하여 절단하거나 절곡해서는 안 된다.

해설 ③ 인력에 의한 절곡은 현장에서 가능하다.

정답 ③

59-2. 철근가공에 관한 설명으로 옳지 않은 것은? [17.4]

① 대지의 여유가 없어도 정밀도 확보를 위해 현장가공을 우선적으로 고려한다.
② 철근가공은 현장가공과 공장가공으로 나눌 수 있다.
③ 공장가공은 현장가공에 비해 절단 손실을 줄일 수 있다.
④ 공장가공은 현장가공보다 운반비가 높은 경우가 많다.

해설 ① 대지의 여유가 없으면 정밀도 확보를 위해 공장가공을 우선적으로 고려한다.

Tip) 현장가공을 하려면 대지 확보가 우선적으로 이루어져야 한다.

정답 ①

59-3. KCS에 따른 철근가공 및 이음 기준에 관한 내용으로 틀린 것은? [17.2/18.4/19.2]

① 철근은 상온에서 가공하는 것을 원칙으로 한다.
② 철근 상세도에 철근의 구부리는 내면 반지름이 표시되어 있지 않은 때에는 콘크리트 구조설계 기준에 규정된 구부림의 최소 내면 반지름 이상으로 철근을 구부려야 한다.
③ D32 이하의 철근은 겹침이음을 할 수 없다.
④ 장래의 이음에 대비하여 구조물로부터 노출시켜 놓은 철근은 손상이나 부식이 생기지 않도록 보호하여야 한다.

해설 ③ D35 이상의 철근은 겹침이음을 할 수 없다.

정답 ③

60. 다음 중 철골부재 간 사이를 트이게 한 홈인 개선부를 뜻하는 용어는? [11.1]

① 가우징(gouging) ② 스패터(spatter)
③ 그루브(groove) ④ 위핑(weeping)

해설 그루브 : 용접부에 있어서 용착금속의 용입을 좋게 하여 강도를 높이기 위해 피용접재의 가장자리 끝을 적당한 형상으로 가공하는 것

61. 다음 철근 배근의 오류 중에서 구조적으로 가장 위험한 것은? [19.1]

① 보 늑근의 겹침
② 기둥 주근의 겹침
③ 보 하부 주근의 처짐
④ 기둥 대근의 겹침

정답 60. ③ 61. ③

해설 보 하부 주근의 처짐은 철근 배근에서 구조물의 기능에 위험을 초래한다.

62. 철근콘크리트 슬래브의 배근 기준에 관한 설명으로 옳지 않은 것은? [18.4]

① 1방향 슬래브는 장변의 길이가 단변길이의 1.5배 이상이 되는 슬래브이다.
② 건조수축 또는 온도변화에 의하여 콘크리트 균열이 발생하는 것을 방지하기 위해 수축·온도철근을 배근한다.
③ 2방향 슬래브는 단변 방향의 철근을 주근으로 본다.
④ 2방향 슬래브는 주열대와 중간대의 배근방식이 다르다.

해설 ① 1방향 슬래브는 한쪽 방향으로만 주철근이 배치된 슬래브이다.

63. 이형철근 가공 시 갈고리(hook)를 설치하지 않아도 되는 곳은? [12.4/13.1]

① 지중보의 돌출 부분의 철근
② 스터럽
③ 굴뚝의 철근
④ 기둥 및 보의 돌출 부분의 철근

해설 이형철근의 갈고리(hook) 설치

- 피복콘크리트가 파괴되기 쉬운 보, 기둥의 모서리 철근(지중보 제외)
- 열에 의해 부착력이 저하되기 쉬운 굴뚝의 철근
- 대근(hoop), 늑근(stirrup), 고정근
- 단순보의 지지단, 캔틸레버보, 슬래브 상단부의 선단
- 원형철근의 말단부

64. 지중보의 역할에 대한 설명으로 옳은 것은? [13.2]

① 흙의 허용지내력도를 크게 한다.
② 주각을 서로 연결시켜 고정상태로 하여 부동침하를 방지한다.
③ 지반을 압밀하여 지반강도를 증가시킨다.
④ 콘크리트의 허용지내력도를 크게 한다.

해설 지중보는 땅 밑에서 주각을 서로 연결시켜 고정상태로 하여 부동침하를 방지한다.

65. 건축물의 철근 조립 순서로서 옳은 것은? [18.1]

① 기초-기둥-보-slab-벽-계단
② 기초-기둥-벽-slab-보-계단
③ 기초-기둥-벽-보-slab-계단
④ 기초-기둥-slab-보-벽-계단

해설 건축물의 철근 조립 순서

1단계	2단계	3단계	4단계	5단계	6단계
기초	기둥	벽	보	slab	계단

66. 철근공사의 철근트러스 일체화 공법의 특징이 아닌 것은? [11.2/17.1]

① 현장조립의 거푸집 공사를 공장제 기성품으로 대체
② 구조적 안정성 확보
③ 가설 작업장의 면적 증가
④ support 감소, 지보공 수량 감소로 작업의 안전성

해설 ③ 가설 작업장의 면적 감소

67. 철근 피복두께에 대한 설명 중 옳지 않은 것은? [14.1]

① 철근 피복두께는 콘크리트의 표면에서 가장 가까운 주근의 표면까지의 거리이다.
② 철근을 피복하는 목적은 내구성, 내화성, 콘크리트 타설 시 유동성 확보 등에 있다.
③ 흙에 접하는 D16 이하의 철근을 사용한 내력벽의 최소 피복두께는 40mm이다.

정답 62. ① 63. ① 64. ② 65. ③ 66. ③ 67. ①

④ 과다한 피복두께는 콘크리트 균열을 유발시켜 구조물의 사용수명을 감소시킨다.

해설 ① 철근 피복두께는 철근의 표면에서 콘크리트 표면까지의 거리이다.

68. 주로 해안 구조물과 교량의 상판, 난간벽체 등의 지지 구조물, 내구성이 요구되는 건축물 등에 쓰이며, 탄소강 철근에 비해 내식성이 5~10배 정도 좋은 철근은? [14.2]

① 스테인리스 철근 ② 일반 이형철근
③ 일반 원형철근 ④ 고강도 이형철근

해설 스테인리스 철근
- 탄소강 철근에 비해 내식성이 5~10배 정도 좋으며, 강도가 크다.
- 주로 해안 구조물과 교량의 상판, 난간벽체 등의 지지 구조물, 내구성이 요구되는 건축물 등에 사용한다.

거푸집 공사 Ⅰ

69. 벽과 바닥의 콘크리트 타설을 한 번에 가능하도록 벽체용 거푸집과 슬래브 거푸집을 일체로 제작하여 한 번에 설치하고 해체할 수 있도록 한 시스템 거푸집은? [16.2/17.1/19.1]

① 갱 폼 ② 클라이밍 폼
③ 슬립 폼 ④ 터널 폼

해설 거푸집의 종류
- 트래블링 폼(travelling form) : 수평으로 연속된 구조물에 적용되며 해체 및 이동에 편리하도록 제작된 이동식 거푸집 공법이다.
- 슬라이딩 폼(sliding form, 활동 거푸집) : 거푸집을 연속적으로 이동시키면서 콘크리트를 타설, silo 공사 등에 적합한 거푸집이다.
- 터널 폼(tunnel form) : 벽체용, 바닥용 거푸집을 일체로 제작하여 벽과 바닥 콘크리트를 일체로 하는 거푸집 공법이다.
- 워플 폼(waffle form) : 무량판구조 또는 평판구조에서 벌집모양의 특수상자 형태의 기성재 거푸집으로 2방향 장선 바닥판 구조를 만드는 거푸집이다.
- 유로 폼(euro form) : 합판 거푸집에 비해 정밀도가 높고 타 거푸집과의 조합이 대체로 쉽다.
- 갱 폼(gang form) : 대형 벽체 거푸집으로서 인력절감 및 재사용이 가능한 장점이 있다.
- 플라잉 폼(flying form) : 바닥에 콘크리트를 타설하기 위한 거푸집으로 멍에, 장선 등을 일체로 제작하여 수평, 수직 이동이 가능한 전용성 및 시공정밀도가 우수하고, 외력에 대한 안전성이 크다.
- 클라이밍 폼(climbing form) : 바닥판 거푸집과 벽체 마감공사를 위한 비계틀을 일체로 조립해서 설치하는 공법으로 고소작업 시 안전성이 높다.

69-1. 타워크레인 등의 시공장비에 의해 한 번에 설치하고 탈형만 하므로 사용할 때마다 부재의 조립 및 분해를 반복하지 않아 평면상 상하부 동일단면의 벽식 구조인 아파트 건축물에 적용 효과가 큰 대형 벽체 거푸집은? [10.2/19.4]

① 갱 폼(gang form)
② 유로 폼(euro form)
③ 트래블링 폼(traveling form)
④ 슬라이딩 폼(sliding form)

해설 갱 폼 : 대형 벽체 거푸집으로서 인력절감 및 재사용이 가능한 장점이 있다.

정답 ①

정답 68. ① 69. ④

69-2. 벽 전체용 거푸집으로 거푸집과 벽체 마감공사를 위한 비계틀을 일체로 제작한 거푸집은? [09.4]

① flying form ② climbing form
③ waffle form ④ tunnel form

해설 클라이밍 폼(climbing form) : 벽 전체용 거푸집으로 거푸집과 벽체 마감공사를 위한 비계틀을 일체로 제작한 거푸집이다.

정답 ②

69-3. 무량판구조에 사용되는 특수상자 모양의 기성재 거푸집은? [17.4]

① 터널 폼 ② 유로 폼
③ 슬라이딩 폼 ④ 워플 폼

해설 워플 폼 : 무량판구조 또는 평판구조에서 벌집모양의 특수상자 형태의 기성재 거푸집으로 2방향 장선 바닥판 구조를 만드는 거푸집이다.

정답 ④

69-4. 다음 중 벽체 전용 시스템 거푸집에 해당되지 않는 것은? [20.2]

① 갱 폼 ② 클라이밍 폼
③ 슬립 폼 ④ 테이블 폼

해설 플라잉 폼(테이블 폼) : 바닥에 콘크리트를 타설하기 위한 거푸집으로 멍에, 장선 등을 일체로 제작하여 수평, 수직 이동이 가능한 전용성 및 시공정밀도가 우수하고, 외력에 대한 안전성이 크다.

정답 ④

69-5. 주로 이음이 필요한 지중보 등에서 특수 리브라스(rib lath)와 목재 프레임을 부속철물로 고정하고 콘크리트를 타설함으로써 거푸집 해체작업이 필요 없는 공법은? [16.4]

① 터널 폼 ② 메탈라스 폼
③ 슬라이딩 폼 ④ 플라잉 폼

해설 메탈라스 폼 : 강철로 만들어진 패널(panel)인 콘크리트 형틀로서 매립형 일체식 거푸집이다.

정답 ②

69-6. 벽체로 둘러싸인 구조물에 적합하고 일정한 속도로 거푸집을 상승시키면서 연속하여 콘크리트를 타설하며 마감작업이 동시에 진행되는 거푸집 공법은? [20.1]

① 플라잉 폼 ② 터널 폼
③ 슬라이딩 폼 ④ 유로 폼

해설 슬라이딩 폼(활동 거푸집) : 거푸집을 연속적으로 이동시키면서 콘크리트를 타설, silo 공사 등에 적합한 거푸집이다.

정답 ③

69-7. 슬라이딩 폼에 관한 설명으로 옳지 않은 것은? [14.1/19.2]

① 내 · 외부 비계발판을 따로 준비해야 하므로 공기가 지연될 수 있다.
② 활동(滑動) 거푸집이라고도 하며 사일로 설치에 사용할 수 있다.
③ 요오크로 서서히 끌어 올리며 콘크리트를 부어 넣는다.
④ 구조물의 일체성 확보에 유효하다.

해설 슬라이딩 폼
- 활동 거푸집, 슬립 폼(slip form)
- 콘크리트를 부어 넣으면서 거푸집을 수직 방향으로 이동시켜 연속 작업을 할 수 있는 거푸집이다.
- 사일로, 연돌 등의 공사에 적합하다.

Tip) 비계발판을 별도로 설치할 필요가 없다.

정답 ①

70. 바닥판, 보 밑 거푸집 설계에서 고려하는 하중에 속하지 않는 것은? [10.4/14.1/18.4]

① 굳지 않은 콘크리트 중량
② 작업하중
③ 충격하중
④ 측압

해설 거푸집 설계 시 고려하는 연직하중 : 고정하중, 작업하중, 충격하중, 굳지 않은 콘크리트 중량
Tip) 측압－수평하중

70-1. 바닥판, 보의 거푸집 설계 시 고려하는 계산용 하중과 가장 거리가 먼 것은? [15.2]

① 굳지 않은 콘크리트 중량
② 거푸집의 자중
③ 작업하중
④ 충격하중

해설 연직하중에서 거푸집의 중량(자중)은 미미해서 무시한다.

정답 ②

71. 거푸집 측압에 영향을 주는 요인과 거리가 먼 것은? [17.2]

① 기온
② 콘크리트 강도
③ 콘크리트의 슬럼프
④ 콘크리트 타설높이

해설 거푸집에 작용하는 콘크리트 측압에 영향을 미치는 요인

- 슬럼프(slump) 값이 클수록 크다.
- 대기의 온도가 낮고, 습도가 높을수록 크다.
- 콘크리트 타설속도가 빠를수록 크다.
- 콘크리트 타설높이가 높을수록 크다.
- 콘크리트의 부배합이 빈배합보다 측압이 크다.
- 콘크리트의 비중이 클수록 측압은 커진다.
- 콘크리트를 많이 다질수록 측압은 커진다.
- 묽은 콘크리트일수록 측압은 커진다.
- 철골이나 철근량이 적을수록 측압은 커진다.
- 거푸집의 강성이 클수록 측압은 커진다.
- 거푸집의 수평단면이 클수록 측압은 커진다.
- 조강시멘트 등을 활용하면 측압은 작아진다.

71-1. 다음 중 콘크리트의 측압에 관한 설명으로 옳지 않은 것은? [14.1/20.1]

① 콘크리트 타설속도가 빠를수록 측압이 크다.
② 콘크리트의 비중이 클수록 측압이 크다.
③ 콘크리트의 온도가 높을수록 측압이 작다.
④ 진동기를 사용하여 다질수록 측압이 작다.

해설 ④ 진동기를 사용하여 콘크리트를 많이 다질수록 측압은 커진다.
Tip) 지나친 다짐은 거푸집이 도괴될 수 있다.

정답 ④

71-2. 다음 중 콘크리트 공사 시 거푸집 측압의 증가 요인에 관한 설명으로 옳지 않은 것은? [13.1/16.1/19.4]

① 콘크리트의 타설속도가 빠를수록 증가한다.
② 콘크리트의 슬럼프가 클수록 증가한다.
③ 콘크리트에 대한 다짐이 적을수록 증가한다.
④ 콘크리트의 경화속도가 늦을수록 증가한다.

해설 ③ 콘크리트를 많이 다질수록 측압은 커진다.
Tip) 지나친 다짐은 거푸집이 도괴될 수 있다.

정답 ③

71-3. 거푸집 공사 중 콘크리트의 측압에 관한 설명으로 옳지 않은 것은? [17.4]

① 이어붓기 속도가 빠를수록 측압이 크다.
② 묽은 콘크리트일수록 측압이 작다.
③ 거푸집의 수평단면이 작을수록 측압이 작다.

④ 철골 또는 철근량이 많을수록 측압은 작아진다.

해설 ② 묽은 콘크리트일수록 측압은 커진다.

정답 ②

71-4. 거푸집 측압에 영향을 주는 요인에 관한 설명 중 옳지 않은 것은? [12.1]

① 콘크리트 타설속도가 빠를수록 측압이 크다.
② 묽은 콘크리트일수록 측압이 크다.
③ 철근량이 많을수록 측압이 크다.
④ 조강시멘트 등 응결시간이 빠른 것을 사용할수록 측압은 작아진다.

해설 ③ 철근량이 많을수록 측압은 작아진다.

정답 ③

71-5. 거푸집에 작용하는 콘크리트 측압에 관한 설명 중 옳지 않은 것은? [12.4]

① 철근 사용량이 많을수록 측압은 작아진다.
② 온도가 낮을수록 측압은 커진다.
③ 콘크리트가 부배합일수록 측압은 작아진다.
④ 거푸집 표면이 평활할수록 측압이 커진다.

해설 ③ 콘크리트의 부배합이 반배합보다 측압이 크다.

정답 ③

71-6. 다음 중 굳지 않은 콘크리트의 측압에 대한 영향이 가장 작은 것은? [15.4]

① 굳지 않은 콘크리트의 다지기 방법
② 기온 및 대기의 습도
③ 콘크리트 부어넣기 속도
④ 콘크리트 발열

해설 콘크리트 발열은 다지기 방법, 기온 · 습도, 타설높이, 타설속도 등의 요인에 비해 콘크리트 측압에 대한 영향이 작다.

정답 ④

72. 거푸집 공사의 부속자재에 대한 설명으로 옳지 않은 것은? [15.1]

① 폼타이-거푸집의 간격을 유지하고 측압에 의해 벌어지는 것을 방지함
② 세퍼레이터-거푸집이 오그라드는 것을 방지하고 상호 간의 간격을 유지시킴
③ 스페이서-슬래브와 벽체 등에 배근되는 철근이 거푸집에 밀착되는 것을 방지함
④ 인서트-바닥판, 보의 중앙부에 매립하여 처짐을 방지함

해설 인서트 : 콘크리트 표면에 여러 종류의 물체를 세우기 위해 미리 넣은 철물

72-1. 콘크리트 공사에서 비교적 간단한 구조의 합판 거푸집을 적용할 때 사용되며 측압력을 부담하지 않고 단지 거푸집의 간격만 유지시켜 주는 역할을 하는 것은? [13.2/16.2/19.2]

① 컬럼밴드 ② 턴버클
③ 폼타이 ④ 세퍼레이터

해설 세퍼레이터 : 거푸집의 간격을 일정하게 유지하고, 측벽 두께를 유지시키는 부속재료

정답 ④

72-2. 기둥 거푸집의 고정 및 측압 버팀용으로 사용되는 부속재료는? [09.2/12.4/15.2/16.4]

① 세퍼레이터 ② 컬럼밴드
③ 스페이서 ④ 잭 서포트

해설 컬럼밴드 : 기둥 거푸집의 벌어지는 변형을 방지하는 측압 버팀용으로 사용되는 부속재료

정답 ②

72-3. 벽체와 기둥의 거푸집이 굳지 않은 콘크리트 측압에 저항할 수 있도록 최종적으로 잡아주는 부재는? [18.2]

정답 72. ④

① 스페이서　　② 폼타이
③ 턴버클　　④ 듀벨

해설 폼타이 : 거푸집 패널을 일정한 간격으로 양면을 유지시키고 콘크리트 측압을 지지하는 긴결재

정답 ②

73. 거푸집 공사에서 거푸집 검사 시 받침기둥(지주의 안전하중) 검사와 가장 거리가 먼 것은? [12.1/17.4]

① 서포트의 수직 여부 및 간격
② 폼타이 등 조임철물의 재질
③ 서포트의 편심, 처짐 및 나사의 느슨함 정도
④ 수평연결대 설치 여부

해설 받침기둥 검사
- 서포트의 기울기
- 서포트의 수직 여부 및 간격
- 서포트의 편심, 처짐 및 나사의 느슨함 정도
- 수평연결대 설치 여부

거푸집 공사 Ⅱ

74. 거푸집 제거작업 시 주의사항 중 옳지 않은 것은? [11.1/11.4/17.2/20.1]

① 진동, 충격을 주지 않고 콘크리트가 손상되지 않도록 순서에 맞게 제거한다.
② 지주를 바꾸어 세울 동안에는 상부의 작업을 제한하여 집중하중을 받는 부분의 지주는 그대로 둔다.
③ 제거한 거푸집은 재사용을 할 수 있도록 적당한 장소에 정리하여 둔다.
④ 구조물의 손상을 고려하여 제거 시 찢어져 남은 거푸집 쪽널은 그대로 두고 미장공사를 한다.

해설 ④ 거푸집 제거 시 찢어져 남은 거푸집 쪽널은 제거하고 미장공사를 한다.

74-1. 거푸집 해체작업 시 주의사항 중 옳지 않은 것은? [15.4]

① 지주를 바꾸어 세우는 동안에는 그 상부작업을 제한하여 하중을 적게 한다.
② 높은 곳에 위치한 거푸집은 제거하지 않고 미장공사를 실시한다.
③ 제거한 거푸집은 재사용을 위해 묻어 있는 콘크리트를 제거한다.
④ 진동, 충격 등을 주지 않고 콘크리트가 손상되지 않도록 순서에 맞게 거푸집을 제거한다.

해설 ② 높은 곳에 위치한 거푸집은 제거하고 미장공사를 한다.

정답 ②

75. 콘크리트 공사에서 거푸집 설계 시 고려사항으로 가장 거리가 먼 것은? [16.4]

① 콘크리트의 측압
② 콘크리트 타설 시의 하중
③ 콘크리트 타설 시의 충격과 진동
④ 콘크리트의 강도

해설 거푸집 설계 시 콘크리트의 강도는 고려사항이 아니다.

76. 알루미늄 거푸집에 관한 설명으로 옳지 않은 것은? [20.2]

① 거푸집 해체 시 소음이 매우 적다.
② 패널과 패널 간 연결 부위의 품질이 우수하다.
③ 기존 재래식 공법과 비교하여 건축 폐기물을 억제하는 효과가 있다.
④ 패널의 무게를 경량화하여 안전하게 작업이 가능하다.

해설 ① 거푸집 해체 시 소음이 매우 크다.

정답 73. ② 74. ④ 75. ④ 76. ①

Tip) 알루미늄 거푸집은 초기 투자비가 많이 든다.

77. 철골 구조물에 콘크리트 슬래브를 설치하기 위한 구조재료로서 거푸집을 대용할 수 있는 것은? [14.2]

① 액세스플로어(access floor)
② 데크 플레이트(deck plate)
③ 커튼 월(curtain wall)
④ 익스팬션 조인트(expansion joint)

해설 데크 플레이트 : 철골 구조물에 콘크리트 슬래브를 설치하기 위한 구조재료로서 거푸집을 대용할 수 있다.

77-1. 데크 플레이트에 관한 설명으로 옳지 않은 것은? [19.2]

① 합판 거푸집에 비해 중량이 큰 편이다.
② 별도의 동바리가 필요하지 않다.
③ 철근트러스형은 내화피복이 불필요하다.
④ 시공환경이 깨끗하고 안전사고 위험이 적다.

해설 ① 합판 거푸집에 비해 중량이 작은 편이다.

정답 ①

78. 콘크리트 보양에 관한 설명으로 옳지 않은 것은? [15.2]

① 경화온도를 높이기 위하여 직사일광에 노출시킨다.
② 수화작용이 충분히 일어나도록 항상 습윤상태를 유지한다.
③ 콘크리트를 부어 넣은 후 1일간은 원칙적으로 그 위를 보행해서는 안 된다.
④ 평균기온이 연속적으로 2일 이상 5℃ 미만인 경우, 담당원 또는 책임기술자의 지시에 따라 가열 보온양생을 고려해야 한다.

해설 ① 보양은 콘크리트가 건조되지 않도록 해야 하므로 직사일광을 피해야 한다.

78-1. 콘크리트 보양방법 중 초기강도가 크게 발휘되어 거푸집을 가장 빨리 제거할 수 있는 방법은? [11.2/19.2]

① 살수보양 ② 수중보양
③ 피막보양 ④ 증기보양

해설 고온, 고압의 증기로 보양하는 증기보양은 초기강도를 얻어 거푸집을 가장 빨리 제거할 수 있다.

정답 ④

79. 거푸집 탈형 시 콘크리트와 거푸집 판의 분리를 원활하게 해 주는 것은? [14.4]

① 보강재 ② 박리제
③ 긴결재 ④ 지지재

해설 박리제 : 콘크리트 형판에서 틀과 쉽게 분리하기 위하여 미리 안쪽에 바르는 약제이다.

79-1. 거푸집 박리제 시공 시 유의사항으로 옳지 않은 것은? [18.1]

① 박리제가 철근에 묻어도 부착강도에는 영향이 없으므로 충분히 도포하도록 한다.
② 박리제의 도포 전에 거푸집 면의 청소를 철저히 한다.
③ 콘크리트 색조에는 영향이 없는지 확인 후 사용한다.
④ 콘크리트 타설 시 거푸집의 온도 및 탈형시간을 준수한다.

해설 ① 박리제가 철근에 묻으면 부착강도가 저하되므로 묻지 않도록 주의해야 한다.

정답 ①

정답 77. ② 78. ① 79. ②

80. 거푸집 공사에서 거푸집 상호 간의 간격을 유지하는 것으로서 보통 철근제, 파이프제를 사용하는 것은? [18.1]

① 데크 플레이트(deck plate)
② 격리제(separator)
③ 박리제(form oil)
④ 캠버(camber)

해설 격리제 : 거푸집 상호 간의 간격, 측벽 두께를 유지하는 것으로서 보통 철근제, 파이프제를 사용한다.

81. 거푸집 존치기간 결정요인과 가장 거리가 먼 것은? [14.2]

① 시멘트의 종류 ② 골재의 밀도
③ 구조물 부위 ④ 기온

해설 거푸집 존치기간 결정요소 : 시멘트 종류, 구조물 부위, 온도(기온) 등

82. 콘크리트 표준시방서에 따른 거푸집 존치기간이 가장 긴 것은? [12.4/16.1/16.2/18.1]

① 보 밑면 ② 기둥
③ 보 측면 ④ 벽

해설 보 밑면은 기초 옆, 보 옆, 기둥, 벽보다 2~3일 정도 더 존치해야 한다.

83. 철근콘크리트 공사에서 거푸집의 역할에 관한 설명으로 옳지 않은 것은? [16.1]

① 콘크리트의 응결과 경화를 촉진시킨다.
② 콘크리트를 일정한 형상과 치수로 유지시킨다.
③ 콘크리트의 수분 누출을 방지한다.
④ 콘크리트에 대한 외기의 영향을 방지한다.

해설 거푸집의 역할은 일정한 형상과 치수로 유지, 수분과 시멘트 풀의 누출방지, 외기의 영향 방지 등이다.

84. 거푸집 공사의 발전 방향으로 옳지 않은 것은? [09.2/16.4]

① 소형 패널 위주의 거푸집 제작
② 설치의 단순화를 위한 유닛(unit)화
③ 높은 전용횟수
④ 부재의 경량화

해설 ① 대형 패널화 및 시스템 위주로 되어 가고 있다.

85. 콘크리트 타설에 앞서 거푸집에 물 뿌리기를 하는 가장 큰 이유는? [15.2]

① 콘크리트에 대한 거푸집의 수분 흡수를 방지하기 위하여
② 거푸집에 발생하는 측압의 감소를 위하여
③ 거푸집의 휨을 방지하기 위하여
④ 콘크리트의 초기강도 증진을 위하여

해설 콘크리트 타설에 앞서 거푸집에 물을 뿌리는 이유는 거푸집의 수분 흡수를 방지하기 위해서이다.

86. 섬유재 거푸집에 관한 설명으로 옳지 않은 것은? [15.4]

① 탈수 효과로 표면강도가 약간 감소한다.
② 경화시간이 단축된다.
③ 동결융해 저항성이 향상된다.
④ 통기 효과로 인한 블리딩 감소 및 잉여수의 배출로 미관이 좋아진다.

해설 ① 탈수 효과로 표면강도가 증가한다.

87. 거푸집 공사에 대한 설명으로 옳지 않은 것은? [11.2]

① 거푸집 시공 시 바닥, 보, 중앙부 치켜 올림은 Z/100~Z/150(Z는 간사이)이다.

정답 80. ② 81. ② 82. ① 83. ① 84. ① 85. ① 86. ① 87. ①

② 거푸집 널의 쪽매는 수밀하게 되어 시멘트 페이스트가 새지 않게 한다.
③ 소요자재가 절약되고 반복 사용이 가능하게 한다.
④ 철근과 거푸집 간격 유지는 spacer를 활용 한다.

해설 ① 거푸집 시공 시 바닥, 보, 중앙부 치켜 올림은 Z/300~Z/500(Z는 간사이)이다.

88. 무지주 공법 중 보우빔(bow beam)의 특징이 아닌 것은? [14.4]

① 인보가 있어 스팬의 조정이 가능하다.
② 층고가 높고 큰 스팬에 유리하다.
③ 무폼타이 거푸집이다.
④ 구조적으로 안전성이 확보된다.

해설 ① 스팬의 조정이 불가능하다.
Tip) 페코빔 : 인보가 있어 스팬의 조정이 가능하다.

5 철골공사

철골작업 공작

1. 철골공사에서 산소-아세틸렌 불꽃을 이용하여 강재의 표면에 홈을 따내는 방법은 무엇인가? [11.4/12.2/20.1]

① gas gouging ② blow hole
③ flux ④ weaving

해설 가스 가우징(gas gouging) : 용접부의 홈파기로서 다층용접 시 먼저 용접한 부위의 결함 제거나 주철의 균열 보수를 하기 위하여 좁은 홈을 파내는 것
Tip) • 피트(pit), 블로우 홀(blow hole), 오버랩(overlap) 등은 용접결함의 종류이다.
• 플럭스(flux)는 용접봉의 피복제 역할을 하는 재료이다.
• 위빙(weaving)은 용접봉을 용접 방향에 대해 서로 엇갈리게 움직여 용접을 하는 운봉법이다.

2. 철골조에서 판보(plate girder)의 보강재에 해당되지 않는 것은? [09.1/19.1]

① 커버 플레이트 ② 윙 플레이트
③ 필러 플레이트 ④ 스티프너

해설 판보(plate girder)의 보강재에는 커버 플레이트, 필러 플레이트, 스티프너 등이 있다.
Tip) 윙 플레이트 : 기둥의 하부를 보강해 주는 플레이트

3. 철골공사와 직접적으로 관련된 용어가 아닌 것은? [14.2/19.1]

① 토크렌치 ② 너트회전법
③ 적산온도 ④ 스터드 볼트

해설 철골공사와 관련된 용어 : 토크렌치(공구), 너트회전법(검사법), 스터드 볼트(부품)
Tip) 적산온도 : 콘크리트 타설 후 양생될 때까지의 온도 누적합계

3-1. 다음 중 철골공사와 관계가 없는 것은? [16.2]

① 가이데릭(gay derrick)
② 고력 볼트(high tension bolt)
③ 맞댐 용접(butt welding)
④ 램머(rammer)

정답 88. ① 1. ① 2. ② 3. ③

해설 ④는 충격식 지반 다짐기계

정답 ④

3-2. 철골구조의 조립 및 설치와 관계없는 것은? [15.2]

① 토크렌치(torque wrench)
② 타워크레인(tower crane)
③ 임팩트렌치(impact wrench)
④ 트렌치 컷(trench cut)

해설 ④는 흙파기 공법

정답 ④

3-3. 철골 조립 및 설치에 있어서 사용되는 기계와 거리가 먼 것은? [14.4]

① 진폴(gin-pole)
② 윈치(winch)
③ 타워크레인(tower crane)
④ 리버스 서큘레이션 드릴(reverse circulation drill)

해설 리버스 서큘레이션 드릴 : 회전 비트에 의해 지반을 굴착하는 현장타설 말뚝시공용 기계

정답 ④

4. 고력 볼트 접합에서 축부가 굵게 되어 있어 볼트 구멍에 빈틈이 남지 않도록 고안된 볼트는? [15.1/19.1]

① TC 볼트　② PI 볼트
③ 그립 볼트　④ 지압형 고장력 볼트

해설 지압형 고장력 볼트 : 축부가 굵게 되어 있어 볼트 구멍에 빈틈이 남지 않도록 고안된 볼트

Tip) 고력 볼트 : 인장강도가 높은 볼트로 접합부에 높은 강성과 강도를 얻기 위해 사용한다.

5. 철골공사 중 고력 볼트 접합에 관한 설명으로 옳지 않은 것은? [14.1/16.2]

① 고력 볼트 세트의 구성은 고력 볼트 1개, 너트 1개 및 와셔 2개로 구성한다.
② 접합방식의 종류는 마찰접합, 지압접합, 인장접합이 있다.
③ 볼트의 호칭지름에 의한 분류는 D16, D20, D22, D24로 한다.
④ 조임은 토크관리법과 너트회전법에 따른다.

해설 ③ 볼트의 호칭지름에 의한 분류는 M16, M20, M22, M24로 한다.

5-1. 철골공사에 활용되는 고력 볼트 M24의 표준구멍의 직경으로 옳은 것은? [16.1]

① 25mm　② 26mm
③ 27mm　④ 28mm

해설 표준구멍=고력 볼트 호칭지름+3mm
=24+3=27mm → (공칭축 지름≥27mm)

Tip) 표준구멍=고력 볼트 호칭지름+2mm
→ (공칭축 지름<27mm)

정답 ③

5-2. 고장력 볼트 접합에 관한 설명으로 옳지 않은 것은? [09.2/12.2/19.4]

① 현장에서의 시공설비가 간편하다.
② 접합부재 상호 간의 마찰력에 의하여 응력이 전달된다.
③ 불량개소의 수정이 용이하지 않다.
④ 작업 시 화재의 위험이 적다.

해설 ③ 불량개소의 수정이 쉽고 용이하다.

정답 ③

5-3. 다음 (　　) 안에 알맞은 내용을 순서대로 옳게 나타낸 것은? [11.2]

정답 4. ④　5. ③

> 고장력 볼트 이음에서 가볼트는 (㉠)볼트 이상을 사용하고, 소요 볼트의 (㉡)정도 또는 (㉢)개 이상을 웨브와 플랜지에 균형 있게 배치한다.

① ㉠ : 대, ㉡ : $\frac{1}{2}$, ㉢ : 2

② ㉠ : 중, ㉡ : $\frac{1}{3}$, ㉢ : 3

③ ㉠ : 대, ㉡ : $\frac{1}{3}$, ㉢ : 3

④ ㉠ : 중, ㉡ : $\frac{1}{3}$, ㉢ : 2

해설 고장력 볼트 이음에서 가볼트는 중 볼트 이상을 사용하고, 소요 볼트의 $\frac{1}{3}$ 정도 또한 2개 이상을 웨브와 플랜지에 균형 있게 배치한다.

정답 ④

6. 철골부재의 절단 및 가공조립에 사용되는 기계의 선택이 잘못된 것은? [10.1/18.1]

① 메탈터치 부위 가공－페이싱 머신(facing machine)
② 형강류 절단－해크 소(hack saw)
③ 판재류 절단－플레이트 쉐어링기(plate shearing)
④ 볼트 접합부 구멍 가공－로터리 플레이너(rotary planer)

해설 ④ 볼트 접합부 구멍 가공－드릴머신으로 드릴링 또는 리밍 가공

7. 철골공사에서 쓰이는 내화피복 공법의 종류가 아닌 것은? [18.2]

① 성형판 붙임공법 ② 뿜칠공법
③ 미장공법 ④ 나중 매입공법

해설 철골공사의 내화피복 공법
- 습식공법 : 타설공법, 조적공법, 미장공법, 뿜칠공법
- 건식공법 : 성형판 붙임, 세라믹 피복
- 합성공법

Tip) 나중 매입공법－앵커볼트 매립방법

7-1. 철골부재의 내화피복에 관한 설명으로 옳지 않은 것은? [09.1/17.1]

① 뿜칠공법은 큰 면적의 내화피복을 단시간에 시공할 수 있다.
② 성형판 붙임공법은 주로 기둥과 보의 내화피복에 사용된다.
③ 타설공법은 임의의 치수와 형상의 내화피복이 가능하다.
④ 미장공법은 바탕작업이 단순하고 양생에 소요되는 시간이 짧다.

해설 ④ 미장공법은 시공기간이 오래 걸리는 단점이 있다.

Tip) 미장 : 건축공사에서 벽이나 천장, 바닥 따위에 흙이나 회, 시멘트 등을 바르는 작업

정답 ④

8. 철골 내화피복 공사 중 멤브레인 공법에 사용되는 재료는? [10.2/20.1]

① 경량콘크리트 ② 철망 모르타르
③ 뿜칠 플라스터 ④ 암면흡음판

해설 멤브레인 공법은 건식공법으로 암면흡음판을 철골에 붙여 시공하는 철골 내화피복 공사이다.

9. 철골부재 양중장비 중 고층건물에 가장 적합한 것은? [13.4]

정답 6. ④ 7. ④ 8. ④ 9. ②

① 가이데릭(guy derrick)
② 타워크레인(tower crane)
③ 트럭크레인(truck crane)
④ 진폴(gin pole)

해설 타워크레인 : 탑 모양의 기중기로서 무거운 물건을 들어 올려 상하 또는 수평으로 이동시키는 기계

10. 철골조 건물의 연면적이 5000 m²일 때 이 건물 철골재의 무게산출량은? (단, 단위 면적당 강재사용량은 0.1~0.15 ton/m²이다.) [10.1/20.2]

① 30~40 ton ② 100~250 ton
③ 300~400 ton ④ 500~750 ton

해설 무게산출량=건물의 연면적×단위 면적당 강재사용량=$5000\,m^2 \times 0.1 \sim 0.15\,ton/m^2$ $=500 \sim 750\,ton$

11. 구조물의 시공과정에서 발생하는 구조물의 팽창 또는 수축과 관련된 하중으로, 신축량이 큰 장경간, 연도, 원자력 발전소 등을 설계할 때나 또는 일교차가 큰 지역의 구조물에 고려해야 하는 하중은? [12.1/19.4]

① 시공하중 ② 충격 및 진동하중
③ 온도하중 ④ 이동하중

해설 온도하중은 구조물의 팽창 또는 수축과 관련된 하중으로, 원자력 발전소 등 온도차가 큰 구조물에 고려해야 하는 하중이다.

12. 강 구조물에 실시하는 녹막이 도장에서 도장하는 작업 중이거나 도료의 건조기간 중 도장하는 장소의 환경 및 기상조건이 좋지 않아 공사감독자가 승인할 때까지 도장이 금지되는 상황이 아닌 것은? [19.4]

① 주위의 기온이 5℃ 미만일 때
② 상대습도가 85% 이하일 때
③ 안개가 끼었을 때
④ 눈 또는 비가 올 때

해설 ② 상대습도가 85% 이하일 때는 도장 작업을 실시해야 한다.

13. 철골공사에서 녹막이 칠을 해야 하는 부분은? [15.4]

① 고력 볼트 마찰 접합부의 마찰면
② 조립상 표면접합이 되는 면
③ 콘크리트에 매설되는 부분
④ 개방형 단면을 한 부재

해설 녹막이 칠을 피해야 할 부분
- 기계가공 마무리 면
- 조립상 표면접합이 되는 면
- 고력 볼트 마찰 접합부의 마찰면
- 폐쇄형 단면을 한 부재의 밀폐된 면
- 현장에서 깎기 마무리가 필요한 부분
- 콘크리트에 밀착 또는 매입되는 부분
- 현장용접 부위 및 그곳에 인접하는 양측 100 mm 이내(용접 부위에서 50 mm 이내)

13-1. 철골공사의 녹막이 칠에 관한 설명으로 옳지 않은 것은? [12.1/14.4/18.1]

① 초음파 탐상검사에 지장을 미치는 범위는 녹막이 칠을 하지 않는다.
② 바탕만들기를 한 강재 표면은 녹이 생기기 쉽기 때문에 즉시 녹막이 칠을 하여야 한다.
③ 콘크리트에 묻히는 부분에는 녹막이 칠을 하여야 한다.
④ 현장용접 예정 부분은 용접부에서 100 mm 이내에 녹막이 칠을 하지 않는다.

해설 ③ 콘크리트에 묻히는 부분에는 녹막이 칠을 하지 않는다.

정답 ③

정답 10. ④ 11. ③ 12. ② 13. ④

14. 철골공사와 관련된 전반적인 사항에 대한 설명 중 옳은 것은? [12.4]

① 윙 플레이트는 철골기둥과 보를 연결하는데 사용한다.
② 고력 볼트의 접합은 마찰접합, 지압접합, 인장접합이 있다.
③ 용접의 품질은 용접공의 기능도에 좌우되지는 않는다.
④ 내화피복 습식공법은 PC판, ALC판 등을 활용한다.

해설 ① 윙 플레이트는 주각부의 하중을 플레이트로 분산시키는데 사용한다.
③ 용접의 품질은 용접공의 기능도가 큰 영향을 준다.
④ PC판, ALC판 등을 활용하는 것은 건식공법이다.

14-1. 철골공사에 관한 설명으로 옳지 않은 것은? [17.4]

① 현장용접 시 기온과 관계없이 부재를 예열하지 않는다.
② 세우기 장비는 철골구조의 형태 및 총 중량을 고려한다.
③ 철골 세우기는 가조립 후 변형 바로잡기를 한다.
④ 가조립 시 최소 2개 이상 가볼트 조임한다.

해설 ① 기온이 0℃ 이하에서는 저온 균열이 생기기 쉬우므로 홈 양끝 100mm 너비를 40~70℃로 예열한 후 용접한다.

정답 ①

15. 철골공사에서 기둥 축소량(column shortening)에 대한 설명으로 옳지 않은 것은? [13.4]

① 방지 대책으로 전체 건물의 층을 몇 절로 등분하여 변위 차이를 최소화한다.
② 철골기둥의 높이 증가와 하중의 증가로 인해 수직하중이 증대되어 발생되는 기둥의 수축량이다.
③ 기둥 축소에 따른 영향으로 슬래브, 보와 같은 수평부재의 초기 위치가 변화된다.
④ 방지 대책으로 가조립 후 곧바로 본조립을 실시한다.

해설 ④는 기둥 축소량의 방지 대책은 아니다.

16. 철골공사 시 앵커볼트 매입공법에 해당하지 않는 것은? [12.4]

① 고정 매입공법 ② 가동 매입공법
③ 나중 매입공법 ④ 중심 매입공법

해설 앵커볼트 매입공법 : 고정 매입공법, 가동 매입공법, 나중 매입공법, 용접법 등

16-1. 기초 콘크리트에 앵커볼트를 묻을 구멍을 내 두었다가 콘크리트가 경화한 뒤 볼트에 그라우트 모르타르로 충전하면서 고정하는 공법으로, 소규모 앵커볼트 매입에 적당한 것은? [10.4/13.1]

① 고정 매입공법 ② 가동 매입공법
③ 전면 바름공법 ④ 전면 그라우트 공법

해설 가동 매입공법
- 앵커볼트를 묻을 구멍을 내 두었다가 콘크리트가 경화한 뒤 볼트에 그라우트 모르타르로 충전하면서 고정하는 공법이다.
- 소규모 앵커볼트 매입에 적당하다.

정답 ②

17. 철골공사 강재 절단 시 고려해야 할 내용 중 옳지 않은 것은? [11.1]

① 수동절단은 경미한 공사에는 거의 사용되지 않는다.

정답 14. ② 15. ④ 16. ④ 17. ①

② 절단면은 도면에 특기가 표시된 것 외에는 측선에 수직이어야 한다.
③ 절단면은 심한 톱날홈, 절삭남김, 파형, 슬래그 부착 등이 있을 때 그라인더로 갈아서 제거한다.
④ 강재의 절단은 자동가스절단 또는 frame planner로 절단하며, 전단 절단하는 경우 강재의 판 두께는 13mm 이하로 한다.

해설 ① 수동절단은 경미한 공사에도 사용된다.

철골 세우기

18. 철골기둥 세우기의 순서를 올바르게 나열한 것은? [14.2]

㉠ 기둥 세우기
㉡ 주각모르타르 채움
㉢ 기둥 중심선 먹매김
㉣ 기초볼트 위치 점검

① ㉢-㉣-㉠-㉡ ② ㉢-㉠-㉣-㉡
③ ㉡-㉢-㉠-㉣ ④ ㉡-㉢-㉣-㉠

해설 철골기둥 세우기의 순서

1단계	2단계	3단계	4단계
기둥 중심선 먹매김	기초볼트 위치 점검	기둥 세우기	주각모르타르 채움

19. 철골공사에서 철골 세우기 계획을 수립할 때 철골 제작공장과 협의해야 할 사항이 아닌 것은? [17.2/20.1]

① 철골 세우기 검사일정 확인
② 반입시간의 확인
③ 반입 부재 수의 확인
④ 부재 반입의 순서

해설 철골 세우기 계획수립 시 철골 제작공장과 협의사항은 반입시간의 확인, 반입 부재수의 확인, 부재 반입의 순서 등이다.

20. 철골작업에서 사용되는 철골 세우기용 기계로 옳은 것은? [10.2/19.1]

① 진폴(gin pole)
② 앵글도저(angle dozer)
③ 모터그레이더(motor grader)
④ 캐리올 스크레이퍼(carryall scraper)

해설 철골 세우기용 기계설비 : 가이데릭, 스티프 레그 데릭, 진폴, 크레인, 이동식 크레인 등

20-1. 다음 중 철골 세우기용 기계가 아닌 것은? [19.4]

① 드래그라인 ② 가이데릭
③ 타워크레인 ④ 트럭크레인

해설 드래그라인(drag line) : 차량계 건설기계로 지면보다 낮은 땅의 굴착에 적당하고, 굴착 반지름이 크다.

정답 ①

20-2. 철골 세우기 장비의 종류 중 이동식 세우기 장비에 해당하는 것은? [16.4/20.2]

① 크롤러 크레인 ② 가이데릭
③ 스티프 레그 데릭 ④ 타워크레인

해설 크롤러 크레인 : 이동식 크레인의 일종으로서 무한궤도로 주행하는 크레인

정답 ①

21. 가이데릭의 붐 회전범위는 얼마인가? [12.1]

① 90° ② 180° ③ 270° ④ 360°

정답 18. ① 19. ① 20. ① 21. ④

해설 회전범위
- 가이데릭의 붐 : 360°
- 스티프 레그 데릭 : 270°

22. 강 구조물 제작 시 마킹(금긋기)에 관한 설명으로 옳지 않은 것은? [19.2]

① 강판 절단이나 형강 절단 등, 외형 절단을 선행하는 부재는 미리 부재 모양별로 마킹 기준을 정해야 한다.
② 마킹검사는 띠철이나 형판 또는 자동가공기(CNC)를 사용하여 정확히 마킹되었는가를 확인한다.
③ 주요 부재의 강판에 마킹할 때에는 펀치(punch) 등을 사용한다.
④ 마킹 시 용접열에 의한 수축 여유를 고려하여 최종 교정, 다듬질 후 정확한 치수를 확보할 수 있도록 조치해야 한다.

해설 ③ 주요 부재의 강판에 마킹할 때에는 펀치(punch) 등을 사용하지 않아야 한다.

23. 강 구조 공사 시 볼트의 현장시공에 관한 설명으로 옳지 않은 것은? [19.4]

① 볼트조임 작업 전에 마찰접합면의 녹, 밀스케일 등은 마찰력 확보를 위하여 제거하지 않는다.
② 마찰내력을 저감시킬 수 있는 틈이 있는 경우에는 끼움판을 삽입해야 한다.
③ 현장조임은 1차 조임, 마킹, 2차 조임(본조임), 육안검사의 순으로 한다.
④ 1군의 볼트조임은 중앙부에서 가장자리의 순으로 한다.

해설 ① 볼트조임 작업 전에 마찰접합면의 흙, 먼지 또는 유해한 도료, 유류, 녹, 밀스케일 등 마찰력을 저감시키는 불순물은 제거하여야 한다.

24. 강재면에 강필로 볼트구멍 위치와 절단개소 등을 그리는 일은? [17.4]

① 원척도 ② 본뜨기
③ 금매김 ④ 변형 바로잡기

해설 금매김 : 강재판 위에 강필로 볼트구멍 위치와 절단개소 등을 그리는 작업

25. 철골구조에서 최상층으로부터 4개 층에 해당하는 바닥의 내화요구시간 기준은? [13.4]

① 30분 ② 1시간
③ 1시간 30분 ④ 2시간

해설 최상층으로부터 4개 층에 해당하는 바닥의 내화요구시간은 1시간이다.

26. 철골조와 목조건축에서는 지붕대들보를 올릴 때 행하는 의식이며, 철근콘크리트조에서는 최상층의 거푸집 혹은 철근 배근 시 또는 콘크리트를 타설한 후 행하는 식은? [16.2]

① 상량식(上梁式) ② 착공식(着工式)
③ 정초식(定礎式) ④ 준공식(竣工式)

해설 상량식(上梁式) : 철골조와 목조건축에서 지붕대들보를 올릴 때 행하는 의식, 철근콘크리트조에서 최상층의 거푸집 혹은 철근 배근 시 또는 콘크리트를 타설한 후 행하는 의식

27. 돌 공사에서 건식공법의 장점이 아닌 것은? [15.1]

① 동결, 백화 현상이 없다.
② 고층건물에 유리하다.
③ 겨울철 공사가 가능하다.
④ 구조체와 긴결이 매우 쉬운 편이다.

해설 ④ 구조체와 긴결이 습식공법에 비해 어렵다.

정답 22. ③ 23. ① 24. ③ 25. ② 26. ① 27. ④

4과목 건설재료학

1 건설재료 일반

건설재료의 발달

1. 최근 에너지 저감 및 자연친화적인 건축물의 확대 정책에 따라 에너지 저감, 유해물질 저감, 자원의 재활용, 온실가스 감축 등을 유도하기 위한 건설자재 인증제도와 거리가 먼 것은? [17.2]

① 환경표지 인증제도
② GR(Good Recycle) 인증제도
③ 탄소성적표지 인증제도
④ GD(Good Design)마크 인증제도

해설 GD마크 : 디자인 인증마크

2. 재료의 열에 관한 성질 중 "재료 표면에서의 열전달 → 재료 속에서의 열전도 → 재료 표면에서의 열전달"과 같은 열이동을 나타내는 용어는? [16.4]

① 열용량 ② 열관류
③ 비열 ④ 열팽창계수

해설 • 열관류 : 벽체 양측의 온도가 다를 때 고온 측에서 저온 측으로의 열이동
• 열용량 : 물질의 온도를 1℃ 올리는데 필요한 열량
• 비열 : 물질 1kg의 온도를 1℃ 올리는데 필요한 열량
• 열팽창계수 : 물질의 온도가 1℃ 상승할 때 늘어난 길이

3. 재료의 열팽창계수에 대한 설명으로 틀린 것은? [15.2]

① 온도의 변화에 따라 물체가 팽창 · 수축하는 비율을 말한다.
② 길이에 관한 비율인 선팽창계수와 용적에 관한 체적팽창계수가 있다.
③ 일반적으로 체적팽창계수는 선팽창계수의 3배이다.
④ 체적팽창계수의 단위는 W/m · K이다.

해설 ④ 체적팽창계수의 단위는 $10^{-6}K^{-1}$이다.
Tip) W/m · K는 열전도율의 단위이다.

4. 재료가 외력을 받으면서 발생하는 변형에 저항하는 정도를 나타내는 것은? [14.2]

① 가소성 ② 강성
③ 취성 ④ 좌굴

해설 • 강성 : 외력을 받았을 때 변형에 저항하는 성질
• 연성 : 재료가 가늘고 길게 늘어나는 성질
• 취성 : 작은 변형에도 파괴되는 성질
• 소성 : 힘을 제거해도 본래 상태로 돌아가지 않고 영구변형이 남는 성질
• 좌굴 : 기둥의 양단에 압축하중이 가해졌을 경우 하중이 어느 크기에 이르면 기둥이 휘는 현상

정답 1. ④ 2. ② 3. ④ 4. ②

건설재료의 분류와 요구성능

5. 건축재료의 화학적 조성에 의한 분류에서 유기재료에 속하지 않는 것은? [11.4/19.1]

① 목재 ② 아스팔트
③ 플라스틱 ④ 시멘트

해설 • 무기재료 : 철강, 알루미늄, 시멘트, 콘크리트, 석재, 유리 등
• 유기재료 : 아스팔트, 목재, 합성수지, 도료, 섬유판 등

5-1. 다음 재료 중 무기재료에 속하는 재료는? [13.1]

① 알루미늄 ② 목재
③ 플라스틱 ④ 섬유판

해설 ①은 무기재료
②, ③, ④는 유기재료

정답 ①

6. 다음 중 실(seal)재가 아닌 것은? [15.4/20.2]

① 코킹재 ② 퍼티
③ 트래버틴 ④ 개스킷

해설 ③은 대리석의 일종으로 갈면 광택이 난다.

6-1. 실링재와 같은 뜻의 용어로 부재의 접합부에 충전하여 접합부를 기밀 · 수밀하게 하는 재료는? [11.4/18.2]

① 백업재 ② 코킹재
③ 가스켓 ④ AE감수제

해설 실(seal)재에는 퍼티, 코킹, 실런트 등이 있다.

정답 ②

6-2. 퍼티, 코킹, 실런트 등의 총칭으로서 건축물의 프리패브 공법, 커튼 월 공법 등의 공장 생산화가 추진되면서 주목받기 시작한 재료는? [19.4]

① 아스팔트 ② 실링재
③ 셀프 레벨링재 ④ FRP 보강재

해설 실(seal)재에는 퍼티, 코킹, 실런트 등이 있다.

정답 ②

7. 다음 중 천연 아스팔트가 아닌 것은? [09.4]

① 로크 아스팔트
② 레이크 아스팔트
③ 아스팔트 컴파운드
④ 아스팔타이트

해설 아스팔트 컴파운드 : 블로운 아스팔트의 내열성, 내한성 등을 개량하기 위해 동식물성 유지와 광물질 분말을 혼입한 제품

8. 유기 천연섬유 또는 석면섬유를 결합한 원지에 연질의 스트레이트 아스팔트를 침투시킨 것으로 아스팔트 방수 중간층재로 사용되는 것은? [09.2/10.4/15.1/18.4/19.1]

① 아스팔트 펠트 ② 아스팔트 컴파운드
③ 아스팔트 프라이머 ④ 아스팔트 루핑

해설 아스팔트 펠트 : 목면, 마사, 양모, 폐지 등을 혼합하여 만든 원지에 연질의 스트레이트 아스팔트를 침투시킨 제품

Tip) • 아스팔트 루핑 : 아스팔트 펠트의 양면에 블로운 아스팔트를 가열 · 용융시켜 피복한 제품
• 아스팔트 프라이머 : 블로운 아스팔트를 용제에 녹인 것으로 액상을 하고 있으며, 아스팔트 방수의 바탕처리재

정답 5. ④ 6. ③ 7. ③ 8. ①

- 아스팔트 컴파운드 : 블로운 아스팔트의 내열성, 내한성 등을 개량하기 위해 동식물성 유지와 광물질 분말을 혼입한 제품
- 아스팔트 에멀전 : 유화제를 써서 아스팔트를 미립자로 수중에 분산시킨 다갈색 액체로서 깬자갈의 점결제 등으로 쓰이는 제품
- 아스팔트 싱글 : 아스팔트의 주재료로 지붕마감재
- 아스팔트 블록 : 아스팔트의 주재료로 바닥마감재

8-1. 블로운 아스팔트를 용제에 녹인 것으로 액상이며, 아스팔트 방수의 바탕처리재로 이용되는 것은? [12.1/19.2]

① 아스팔트 펠트 ② 콜타르
③ 아스팔트 프라이머 ④ 피치

해설 아스팔트 프라이머 : 블로운 아스팔트를 용제에 녹인 것으로 액상을 하고 있으며, 아스팔트 방수의 바탕처리재

정답 ③

8-2. 블로운 아스팔트에 내열성 · 내한성 · 내후성 등을 개량하기 위하여 동물섬유나 식물섬유를 혼합하여 유동성을 부여한 것은? [10.2]

① 스트레이트 아스팔트(straight asphalt)
② 아스팔트 프라이머(asphalt primer)
③ 아스팔트 컴파운드(asphalt compound)
④ 아스팔타이트(asphaltite)

해설 아스팔트 컴파운드 : 블로운 아스팔트의 내열성, 내한성 등을 개량하기 위해 동식물성 유지와 광물질 분말을 혼입한 제품

정답 ③

8-3. 유화제를 써서 아스팔트를 미립자로 수중에 분산시킨 다갈색 액체로서 깬자갈의 점결제 등으로 쓰이는 아스팔트 제품은? [16.2]

① 아스팔트 프라이머
② 아스팔트 에멀전
③ 아스팔트 그라우트
④ 아스팔트 컴파운드

해설 아스팔트 에멀전 : 유화제를 써서 아스팔트를 미립자로 수중에 분산시킨 다갈색 액체로서 깬자갈의 점결제 등으로 쓰이는 제품

정답 ②

8-4. 두꺼운 아스팔트 루핑을 4각형 또는 6각형 등으로 절단하여 경사지붕재로 사용되는 것은? [19.4]

① 아스팔트 싱글 ② 망상 루핑
③ 아스팔트 시트 ④ 석면 아스팔트 펠트

해설
- 아스팔트 싱글 : 아스팔트의 주재료로 지붕마감재
- 망상 루핑(망형 루핑) : 아스팔트를 가열하여 용융시켜 피복한 제품
- 아스팔트 시트 : 유기합성 섬유를 주원료로 한 원지에 아스팔트를 융착시켜 만든 시트형으로 방수공사에 주로 사용
- 아스팔트 펠트 : 목면, 마사, 양모, 폐지 등을 혼합하여 만든 원지에 연질의 스트레이트 아스팔트를 침투시킨 제품

정답 ①

새로운 재료 및 재료 설계

9. 목재 및 기타 식물의 섬유질소편에 합성수지 접착제를 도포하여 가열압착 성형한 판상제품은? [12.2/13.4/20.1]

① 파티클 보드 ② 시멘트 목질판
③ 집성목재 ④ 합판

정답 9. ①

해설 파티클(칩) 보드 : 목재를 작은 조각으로 하여 충분히 건조시킨 후 합성수지와 같은 유기질의 접착제로 열압 제판한 목재가공품

10. 목재의 가공제품인 MDF에 관한 설명으로 옳지 않은 것은? [13.4/19.4]

① 샌드위치 판넬이나 파티클 보드 등 다른 보드류 제품에 비해 매우 경량이다.
② 습기에 약한 결점이 있다.
③ 다른 보드류에 비하여 곡면가공이 용이한 편이다.
④ 가공성 및 접착성이 우수하다.

해설 ① 샌드위치 판넬이나 파티클 보드 등 다른 보드류 제품에 비해 매우 무겁다.

11. 다음의 천장, 내벽마감재의 보드 중 내습성은 좋지 않지만 방화성과 차음성이 우수한 것은? [12.2]

① 석고보드 ② 플라스틱 보드
③ 섬유판 ④ 파티클 보드

해설 석고보드 : 방화성, 단열성, 차음성이 우수하며 부식이 안 되고 충해를 받지 않는다. 내습성은 좋지 않아 흡수로 인해 강도가 현저하게 저하된다.

11-1. 석고보드 공사에 관한 설명으로 옳지 않은 것은? [17.2]

① 석고보드는 두께 9.5mm 이상의 것을 사용한다.
② 목조 바탕의 띠장 간격은 200mm 내외로 한다.
③ 경량철골 바탕의 칸막이벽 등에서는 기둥, 샛기둥의 간격을 450mm 내외로 한다.
④ 석고보드용 평머리못 및 기타 설치용 철물은 용융아연 도금 또는 유리 크롬 도금이 된 것으로 한다.

해설 ② 목조 바탕의 띠장 간격은 450mm 내외로 한다.

정답 ②

12. 다음 중 마루판으로 사용되지 않는 것은? [17.2/17.4]

① 플로팅 보드
② 파키트리 패널
③ 파키트리 블록
④ 코펜하겐 리브

해설 플로팅 보드, 파키트리 패널, 파키트리 블록은 마루판으로 사용된다.

Tip) 코펜하겐 리브 : 넓은 면적의 극장(영화관), 집회장 등의 실내 천장 또는 내벽에 붙여 음향 조절 및 장식 효과를 겸하는 재료

13. 극장 및 영화관 등의 실내 천장 또는 내벽에 붙여 음향 조절 및 장식 효과를 겸하는 재료는? [12.4/15.2/18.1]

① 플로링 보드 ② 프린트 합판
③ 집성목재 ④ 코펜하겐 리브

해설 코펜하겐 리브 : 넓은 면적의 극장(영화관), 집회장 등의 실내 천장 또는 내벽에 붙여 음향 조절 및 장식 효과를 겸하는 재료

13-1. 코펜하겐 리브판에 관한 설명 중 옳지 않은 것은? [15.4]

① 두께 50mm, 너비 100mm 정도의 판을 가공한 것이다.
② 집회장, 강당, 영화관, 극장에 붙여 음향 조절 효과를 낸다.
③ 열의 차단성이 우수하며 강도도 커서 외장용으로 주로 사용된다.
④ 원래 코펜하겐의 방송국 벽에 음향 효과를 내기 위해 사용한 것이 최초이다.

정답 10. ① 11. ① 12. ④ 13. ④

해설 ③ 코펜하겐 리브는 넓은 면적의 극장(영화관), 집회장 등의 실내 천장 또는 내벽에 붙여 음향 조절 및 장식 효과를 겸하는 재료이다.

정답 ③

14. 충분히 건조되고 질긴 삼, 어저귀, 종려털 또는 마닐라 삼을 쓰며, 바름벽이 바탕에서 떨어지는 것을 방지하는 역할을 하는 것은?

① 라프코트(rough coat) [10.1]
② 수염
③ 리신바름(lithin coat)
④ 테라조 바름

해설 수염 : 삼, 어저귀, 종려털 등을 사용하며, 바름벽이 바탕에서 떨어지는 것을 방지한다.

난연재료의 분류와 요구성능

15. 화재에 의한 목재의 가연 발생을 막기 위한 방화법 중 옳지 않은 것은? [16.1]

① 유성페인트 도포
② 난연처리
③ 불연성 막에 의한 피복
④ 대단면화

해설 ① 목재의 방화를 막기 위해 방화페인트를 도포하여야 한다.

Tip) 유성페인트는 독성 및 화재 발생의 위험이 있다.

15-1. 목재의 방화법과 가장 관계가 먼 것은? [14.1]

① 부재의 소단면화
② 불연성 막이나 층에 의한 피복
③ 방화페인트의 도포
④ 난연처리

해설 ① 부재의 대단면화

정답 ①

16. 화재 시 개구부에서의 연소(筵疏)를 방지하는 효과가 있는 유리는? [17.2]

① 망입유리
② 접합유리
③ 열선흡수유리
④ 열선반사유리

해설 망입유리

- 두꺼운 판유리에 망 구조물을 넣어 만든 유리로 철선(철사), 황동선, 알루미늄 망 등이 사용된다.
- 충격으로 파손될 경우에도 파편이 흩어지지 않으며, 방화용으로 쓰인다.
- 화재 시 개구부에서의 연소를 방지하는 효과가 있다.

17. 화재 시 유리가 파손되는 원인과 관계가 적은 것은? [17.2]

① 열팽창계수가 크기 때문이다.
② 급가열 시 부분적 면내(面內) 온도차가 커지기 때문이다.
③ 용융온도가 낮아 녹기 때문이다.
④ 열전도율이 작기 때문이다.

해설 ③ 유리의 용융온도는 700℃로 유리가 녹아서 파손되지는 않는다.

정답 14. ② 15. ① 16. ① 17. ③ 18. ②

2 각종 건설재료의 특성, 용도, 규격에 관한 사항

목재 I

1. 목재에 관한 설명으로 틀린 것은? [18.4]

① 활엽수는 침엽수에 비해 경도가 크다.
② 제재 시 취재율은 침엽수가 높다.
③ 생재를 건조하면 수축하기 시작하고 함수율이 섬유포화점 이하로 되면 수축이 멈춘다.
④ 활엽수는 침엽수에 비해 건조시간이 많이 소요되는 편이다.

해설 ③ 생재를 건조하면 수축하기 시작하고 함수율이 섬유포화점 이하로 되면 함수율에 비하여 수축이 일어난다.
Tip) 함수율이 섬유포화점 이상에서는 신축이 일어나지 않는다.

1-1. 목재에 관한 설명으로 틀린 것은? [17.2]

① 석재나 금속에 비하여 손쉽게 가공할 수 있다.
② 다른 재료에 비하여 열전도율이 매우 크다.
③ 건조한 것은 타기 쉬우며 건조가 불충분한 것은 썩기 쉽다.
④ 건조재는 전기의 불량 도체이지만 함수율이 커질수록 전기전도율은 증가한다.

해설 ② 다른 재료에 비하여 열전도율이 작다.
Tip) 겉보기 비중이 작은 목재일수록 열전도율은 작다.

정답 ②

1-2. 다음 목재에 관한 설명 중 옳지 않은 것은? [13.2]

① 목질부 중 수심 부근에 있는 부분을 심재라고 한다.
② 다른 재료에 비해 비강도가 큰 편이다.
③ 목재를 직사광선에서 건조시키는 것은 바람직하지 않다.
④ 목재의 압축 및 인장강도는 섬유 방향에 평행인 경우보다 직각인 경우가 더 크다.

해설 ④ 목재의 압축 및 인장강도는 섬유 방향에 평행인 경우보다 직각인 경우가 더 작다.

정답 ④

2. 목재의 역학적 성질에 영향을 미치는 요인과 가장 관계가 먼 것은? [13.1]

① 함수율 ② 비중
③ 나이테 ④ 옹이

해설 나이테 : 나무의 성장연수를 나타낸다.

3. 목재의 역학적 성질에 관한 설명으로 옳지 않은 것은? [16.2/19.1]

① 섬유 평행 방향의 휨강도와 전단강도는 거의 같다.
② 강도와 탄성은 가력 방향과 섬유 방향과의 관계에 따라 현저한 차이가 있다.
③ 섬유에 평행 방향의 인장강도는 압축강도보다 크다.
④ 목재의 강도는 일반적으로 비중에 비례한다.

해설 ① 목재의 섬유 평행 방향의 강도 크기는 인장강도 > 휨강도 > 압축강도 > 전단강도 순서이다.

3-1. 목재의 강도에 관한 설명 중 옳지 않은 것은? [15.4]

정답 1. ③ 2. ③ 3. ①

① 목재의 제강도 중 섬유 평행 방향의 인장강도가 가장 크다.
② 목재를 기둥으로 사용할 때 일반적으로 목재는 섬유의 평행 방향으로 압축력을 받는다.
③ 함수율이 섬유포화점 이상으로 클 경우 함수율 변동에 따른 강도변화가 크다.
④ 목재의 인장강도 시험 시 죽은 옹이의 면적을 뺀 것을 재단면으로 가정한다.

해설 ③ 함수율이 섬유포화점 이하에서는 함수율 감소에 따라 강도가 증대된다.

정답 ③

3-2. 일반적으로 목재의 강도 중 가장 작은 것은? [16.1/16.4]

① 압축강도 ② 전단강도
③ 인장강도 ④ 휨강도

해설 목재의 섬유 평행 방향의 강도 크기는 인장강도 > 휨강도 > 압축강도 > 전단강도 순서이다.

정답 ②

4. 다음 재료 중 비강도(比强度)가 가장 높은 것은? [12.4/15.1]

① 목재 ② 콘크리트
③ 강재 ④ 석재

해설 재질의 비강도는 목재 > 콘크리트 > 강재 > 석재 순서이다.

Tip) $\text{비강도} = \dfrac{\text{강도}}{\text{비중}}$

5. 목재의 함수율에 관한 설명으로 옳지 않은 것은? [16.2/20.2]

① 목재의 함유 수분 중 자유수는 목재의 중량에는 영향을 끼치지만 목재의 물리적 성질과는 관계가 없다.
② 침엽수의 경우 심재의 함수율은 항상 변재의 함수율보다 크다.
③ 섬유포화상태의 함수율은 30% 정도이다.
④ 기건상태란 목재가 통상 대기의 온도, 습도와 평형된 수분을 함유한 상태를 말하며, 이 때의 함수율은 15% 정도이다.

해설 ② 침엽수의 경우 변재가 항상 심재보다 함수율이 크다.

5-1. 목재의 함수율에 관한 설명으로 옳지 않은 것은? [10.4/18.1/19.2]

① 함수율이 30% 이상에서는 함수율의 증감에 따라 강도의 변화가 심하다.
② 기건재의 함수율은 15% 정도이다.
③ 목재의 진비중은 일반적으로 1.54 정도이다.
④ 목재의 함수율 30% 정도를 섬유포화점이라 한다.

해설 ① 함수율이 30% 이상에서는 함수율의 증감에 따라 강도의 변화가 없다.

정답 ①

5-2. 목재 섬유포화점의 범위는 대략 얼마인가? [13.1]

① 약 5~10% ② 약 15~20%
③ 약 25~30% ④ 약 35~40%

해설 목재에서 흡착수만이 최대한도로 존재하고 있는 상태인 섬유포화점의 함수율은 30% 정도이며, 이 범위에서는 목재 강도의 증감이 없다.

정답 ③

5-3. 다음 목재의 함수율 중 압축강도가 가장 높은 것은? [10.2]

① 10% ② 15% ③ 20% ④ 30%

정답 4. ① 5. ②

해설 목재의 함수율이 작을수록 압축강도는 커진다.

정답 ①

5-4. 목재 기건상태의 함수율은 약 얼마인가? [15.2/17.1]

① 15%　② 30%
③ 45%　④ 60%

해설 목재가 대기의 온도와 습도에 맞게 평형에 도달한 상태를 의미하는 기건상태에서의 함수율은 약 15%이다.

정답 ①

6. 9cm×9cm×210cm 목재의 건조 전 질량이 7.83kg이고 건조 후 질량이 6.8kg이었다면 이 목재의 대략적인 함수율은? (단, 절대건조 상태가 될 때까지 건조) [12.2/16.4/17.4]

① 15%　② 20%
③ 25%　④ 30%

해설 함수율

$$=\frac{\text{습윤상태 질량}-\text{건조상태 질량}}{\text{건조상태 질량}}\times 100$$

$$=\frac{7.83-6.8}{6.8}\times 100 \fallingdotseq 15\%$$

7. 절대건조 비중이 0.69인 목재의 공극률은 얼마인가? [09.4/14.4/18.2/18.4]

① 31.0%　② 44.8%
③ 55.2%　④ 69.0%

해설 공극률

$$=\left(1-\frac{\text{목재의 절대건조 비중}}{\text{목재의 비중}}\right)\times 100$$

$$=\left(1-\frac{0.69}{1.54}\right)\times 100 \fallingdotseq 55.2\%$$

Tip) 목재의 비중은 1.54이다.

8. 목재를 수중에 완전 침수시키는 목적으로 옳은 것은? [11.4/13.4]

① 가공하기 쉽게 하기 위하여
② 강도를 강하게 하기 위하여
③ 부패되지 않게 하기 위하여
④ 열전도율을 작게 하기 위하여

해설 목재를 수중에 완전 침수시키는 목적은 목재와 공기의 접촉을 막아 부패되지 않게 하기 위해서이다.

9. 목재의 부패 조건에 관한 설명 중 옳지 않은 것은? [15.4]

① 대부분의 부패균은 섭씨 약 20~40℃ 사이에서 가장 활동이 왕성하다.
② 목재의 증기건조법은 살균 효과도 있다.
③ 부패균의 활동은 습도는 약 90% 이상에서 가장 활발하고 약 20% 이하로 건조시키면 번식이 중단된다.
④ 수중에 잠겨진 목재는 습도가 높기 때문에 부패균의 발육이 왕성하다.

해설 ④ 수중에 잠겨진 목재는 공기와 접촉되지 않으므로 부패되지 않는다.

10. 목재의 방부제 처리법 중 가장 침투깊이가 깊어 방부 효과가 크고 내구성이 양호한 것은? [16.1]

① 침지법
② 도포법
③ 가압주입법
④ 상압주입법

해설 가압주입법 : 압력용기 속에 목재를 넣어 압력을 가하고 방부제를 주입하는 방법으로 방부 효과가 좋다.

정답 6. ①　7. ③　8. ③　9. ④　10. ③

11. 목재의 수용성 방부제 중 방부 효과는 좋으나 목질부를 약화시켜 전기전도율이 증가되고 비내구성인 것은? [10.2/20.1]

① 황산동 1% 용액
② 염화아연 4% 용액
③ 크레오소트오일
④ 염화제2수은 1% 용액

해설 염화아연 4% 용액 : 목재의 수용성 방부제로 방부 효과는 좋으나 목질부를 약화시켜 전기전도율이 증가되고 비내구성이다.

12. 다음 중 목재의 유용성 방부제에 해당하는 것은? [09.2]

① 유성페인트 ② PCP
③ 크레오소트오일 ④ 수성페인트

해설 PCP 방부제 : 유용성 방부제로서 자극적인 냄새 등으로 인체에 피해를 주지만, 방부력은 우수하다.

12-1. 다음 중 목재의 유용성 방부제로서 무색제품이며 방부제 위에 페인트칠도 가능한 것은? [13.4]

① 크레오소트오일 ② P.C.P
③ 아스팔트 ④ 콜타르

해설 PCP 방부제 : 유용성 방부제로서 자극적인 냄새 등으로 인체에 피해를 주지만, 방부력은 우수하다.

정답 ②

12-2. 방부성이 우수하고 철류의 부식이 적으나 외관이 미려하지 않아 토대, 기둥, 도리 등에 널리 사용되는 유성 방부제는? [09.1]

① 콜타르 ② 아스팔트
③ 카세인 ④ 크레오소트오일

해설 크레오소트오일 : 유성 방부제의 대표적인 것으로 방부성이 우수하나, 흑갈색으로 외관이 좋지 못해 눈에 보이지 않는 토대, 기둥, 도리 등에 이용되는 방부제

정답 ④

13. 목재의 무늬를 가장 잘 나타내는 투명도료는? [18.2]

① 유성페인트 ② 클리어래커
③ 수성페인트 ④ 에나멜페인트

해설 클리어래커(clear lacquer)
- 질산셀룰로오스(질화면)를 주성분으로 하는 속건성의 투명 마무리 도료로 용제 증발에 의해 막을 만든다.
- 담색으로서 우아한 광택이 있고 내부 목재용으로 쓰인다.

13-1. 목재의 무늬나 바탕의 특징을 잘 나타낼 수 있는 마무리 도료는? [10.2/15.2]

① 유성페인트 ② 클리어래커
③ 에나멜래커 ④ 수성페인트

해설 클리어래커 : 목재의 무늬나 바탕의 특징을 살리는데 적합한 투명 피막을 형성하는 질화면 도료

정답 ②

목재 Ⅱ

14. 다음 중 목재 건조의 목적 및 효과가 아닌 것은? [14.4]

① 중량의 경감 ② 강도의 증진
③ 가공성 증진 ④ 균류 발생의 방지

해설 목재 건조의 목적 및 효과 : 중량의 경감, 강도의 증진, 균류 발생의 방지 등

정답 11. ② 12. ② 13. ② 14. ③

14-1. 목재를 건조시키는 목적에 해당되지 않는 것은? [12.4]

① 목재의 자중을 가볍게 한다.
② 부패나 충해를 방지한다.
③ 변형을 증가시킨다.
④ 도장을 용이하게 한다.

해설 ③ 변형을 감소시킨다.

정답 ③

15. 목재의 건조에 관한 설명으로 옳지 않은 것은? [20.2]

① 대기건조 시 통풍이 잘 되게 세워 놓거나, 일정 간격으로 쌓아 올려 건조시킨다.
② 마구리 부분은 급격히 건조되면 갈라지기 쉬우므로 페인트 등으로 도장한다.
③ 인공건조법으로 건조 시 기간은 통상 약 5~6주 정도이다.
④ 고주파건조법은 고주파 에너지를 열에너지로 변화시켜 발열 현상을 이용하여 건조한다.

해설 ③ 인공건조법으로 건조 시 자연건조에 비해 빠르게 건조가 가능하다.

15-1. 목재의 자연건조 시 주의사항으로 틀린 것은? [14.2]

① 건조시간의 절약을 위해 가능한 한 마구리를 노출한다.
② 목재 상호 간의 간격을 충분히 하고 지면에서는 20cm 이상 높이의 괨목을 놓고 쌓는다.
③ 건조를 균일하게 하기 위해 때때로 상하 좌우로 환적한다.
④ 뒤틀림을 막기 위해 오림목을 고루 괴어둔다.

해설 ① 목재의 자연건조 시 마구리를 노출하면 수분 감소로 인해 갈라지므로 수분 증발을 억제할 수 있는 조치를 해야 한다.

정답 ①

15-2. 다음 중 목재의 건조법이 아닌 것은? [17.2]

① 주입건조법 ② 공기건조법
③ 증기건조법 ④ 송풍건조법

해설 목재의 건조법
- 자연건조 : 수침법, 천연(공기)건조법
- 인공건조 : 증기건조법, 송풍건조법, 진공건조법, 열기법, 훈연법, 고주파건조법 등

정답 ①

15-3. 목재 건조방법 중 인공건조법이 아닌 것은? [19.4]

① 증기건조법 ② 수침법
③ 훈연건조법 ④ 진공건조법

해설 ②는 침수건조법으로 자연건조법에 해당한다.

정답 ②

16. 목재의 건조속도에 관한 설명으로 옳지 않은 것은? [17.1]

① 습도가 높을수록 건조속도는 늦어진다.
② 온도가 높을수록 건조속도가 빠르다.
③ 목재의 비중이 클수록 건조속도는 빠르다.
④ 목재의 두께가 두꺼울수록 건조시간이 길어진다.

해설 ③ 목재의 비중이 클수록 건조속도는 느리다.

17. 목재가 건조과정에서 방향에 따른 수축률의 차이로 나이테에 직각 방향으로 갈라지는 결함은? [16.2]

① 변색 ② 뒤틀림
③ 할렬 ④ 수지낭

해설 할렬 : 목재 건조과정에서 방향에 따른 수축률의 차이로 나이테에 직각 방향으로 갈라지는 결함

정답 15. ③ 16. ③ 17. ③

18. 합판에 관한 설명으로 옳은 것은? [19.2]

① 곡면가공이 어렵다.
② 함수율의 변화에 따른 신축변형이 적다.
③ 2매 이상의 박판을 짝수배로 겹쳐 만든 것이다.
④ 합판 제조 시 목재의 손실이 많다.

해설 합판
- 3매 이상의 홀수의 단판을 방향이 직교되게 접착제로 붙여 만든다.
- 함수율 변화에 의한 신축변형이 적다.
- 곡면가공이 쉬우며, 균열이 생기지 않는다.
- 표면가공법으로 흡음 효과를 낼 수 있다.
- 내수성이 뛰어나 외장용으로 주로 사용된다.
- 합판 제조 시 목재로 너비가 넓은 판을 쉽게 대량생산할 수 있어 목재의 손실이 적다.

18-1. 합판에 관한 설명으로 옳은 것은? [17.4]

① 곡면가공 시 균열이 발생하기 때문에 곡면가공이 불가능하다.
② 함수율 변화에 따른 팽창 · 수축의 방향성이 크다.
③ 표면가공법으로 흡음 효과를 낼 수 있다.
④ 내수성이 매우 작기 때문에 내장용으로만 사용된다.

해설 ① 곡면가공이 쉬우며, 균열이 생기지 않는다.
② 함수율 변화에 의한 신축변형이 적다.
④ 내수성이 뛰어나 외장용으로 주로 사용된다.

정답 ③

18-2. 합판(plywood)의 특성에 관한 설명 중 틀린 것은? [14.2]

① 방향성이 있다.
② 신축변형이 적다.
③ 흡음 효과를 낼 수 있다.
④ 곡면가공 시에도 균열이 적다.

해설 ① 방향성이 없다.

Tip) 3매 이상의 홀수의 단판을 방향이 직교되게 접착제로 붙여 만들어 방향성이 없다.

정답 ①

19. 목재의 재료적 특징으로 틀린 것은? [18.1]

① 온도에 대한 신축이 적다.
② 열전도율이 작아 보온성이 뛰어나다.
③ 강재에 비하여 비강도가 작다.
④ 음의 흡수 및 차단성이 크다.

해설 ③ 강재에 비하여 비강도가 크다.

19-1. 목재의 특징으로 틀린 것은? [17.1]

① 가연성이다.
② 진동 감속성이 작다.
③ 섬유포화점 이하에서 함수율 변동에 따라 변형이 크다.
④ 콘크리트 등 다른 건축재료에 비해 내구성이 약하다.

해설 ② 진동 감속(흡수)성이 크다.

정답 ②

19-2. 목재의 성질에 관한 설명으로 틀린 것은? [13.1/15.2]

① 비중이 큰 목재는 일반적으로 강도가 크다.
② 가공은 쉽지만 부패하기 쉽다.
③ 열전도율이 커서 보온재료로 사용이 불가능하다.
④ 섬유 방향에 따라서 전기전도율은 다르다.

해설 ③ 열전도율이 작으며, 보온재료로 사용이 가능하다.

Tip) 목재는 비중에 비해 강도가 큰 편이며, 목재의 비중은 1.54이다.

정답 ③

정답 18. ② 19. ③

20. **목재의 조직에 관한 설명으로 옳지 않은 것은?** [11.1/18.2]

① 수선은 침엽수와 활엽수가 다르게 나타난다.
② 심재는 색이 진하고 수분이 적고 강도가 크다.
③ 봄에 이루어진 목질부를 춘재라 한다.
④ 수간의 횡단면을 기준으로 제일 바깥쪽의 껍질을 형성층이라 한다.

해설 ④ 수간의 제일 바깥쪽은 껍질을 형성하는 층으로 외수피이다.

20-1. **목재의 심재와 변재에 대한 설명으로 옳지 않은 것은?** [14.4]

① 심재는 변재보다 강도가 크다.
② 변재는 흡수성이 커서 신축이 크다.
③ 심재는 목질부 중 수심 부근에서 위치한다.
④ 변재는 심재보다 다량의 수액을 포함하고 있다.

해설 ④ 심재는 다량의 수액을 저장하고 있으며 비중이 크다.

정답 ④

21. **목재의 강도에 관한 설명 중 옳지 않은 것은?** [14.1]

① 심재의 강도가 변재보다 크다.
② 함수율이 높을수록 강도가 크다.
③ 추재의 강도가 춘재보다 크다.
④ 절건비중이 클수록 강도가 크다.

해설 ② 함수율이 높을수록 강도는 작아진다.

22. **건축재료 중 압축강도가 일반적으로 가장 큰 것부터 작은 순서대로 나열된 것은?** [17.1]

① 화강암-보통콘크리트-시멘트 벽돌-참나무
② 보통콘크리트-화강암-참나무-시멘트 벽돌
③ 화강암-참나무-보통콘크리트-시멘트 벽돌
④ 보통콘크리트-참나무-화강암-시멘트 벽돌

해설 건축재료의 압축강도의 순서
화강암(500~1943 kg/cm^2) > 참나무(610 kg/cm^2) > 보통콘크리트(300~400 kg/cm^2) > 시멘트 벽돌(80 kg/cm^2)

23. **다음 중 목재의 결점이 아닌 것은?** [15.1]

① 옹이 ② 도관
③ 껍질박이 ④ 지선

해설 도관은 활엽수에 있는 수분이 지나가는 통로이다.

23-1. **목재의 결점에 해당되지 않는 것은?** [13.2]

① 옹이 ② 지선
③ 입피 ④ 소편

해설 소편은 나비류나 날도래류, 섬유질의 절삭편 등이다.

정답 ④

24. **다음 목재 중 실내 치장용으로 사용하기에 적합하지 않은 것은?** [11.2/17.1]

① 느티나무 ② 단풍나무
③ 오동나무 ④ 소나무

해설 소나무의 용도는 기둥, 보, 나무말뚝 등이다.

25. **침엽수에 있어서 가도관 역할을 하는 목세포는 수목 전 체적의 몇 % 정도를 차지하는가?** [09.4/14.4]

① 90~97 ② 75~90
③ 40~45 ④ 30~40

해설 침엽수에서 가도관 역할을 하는 목세포는 수목 전 체적의 90~97% 정도를 차지한다.
Tip) 목세포는 가늘고 긴 모양으로 침엽수에서는 가도관 역할을 한다.

4과목 건설재료학

정답 20. ④ 21. ② 22. ③ 23. ② 24. ④ 25. ①

26. 원목을 적당한 각재로 만들어 칼로 엷게 절단하여 만든 베니어는? [11.2]

① 로터리 베니어(rotary veneer)
② 하프 라운드 베니어(half round veneer)
③ 소드 베니어(sawed veneer)
④ 슬라이스드 베니어(slicecd veneer)

해설 슬라이스드 베니어 : 원목을 칼로 엷게 절단하여 만든 베니어

27. 다음 중 목재제품의 용도로 옳지 않은 것은? [09.4]

① 파키트 패널 : 마루판재
② 코르크 보드 : 보온재
③ 파티클 보드 : 칸막이벽
④ 코펜하겐 리브 : 바닥장식재

해설 코펜하겐 리브 : 실내 천장 또는 내벽에 붙여 음향 조절 및 장식 효과를 겸하는 수장재료

28. 목재가공품 중 판재와 각재를 접착하여 만든 것으로 보, 기둥, 아치, 트러스 등의 구조부재로 사용되는 것은? [09.2/14.1/19.1]

① 파키트 패널 ② 집성목재
③ 파티클 보드 ④ 석고보드

해설 집성목재 : 두께 1.5~3cm의 제재판재 또는 소각재 등의 부재를 섬유 평행 방향으로 여러 장을 겹쳐 붙여서 만든 목재로 보, 기둥, 아치, 트러스 등의 구조재료로 사용할 수 있다.

28-1. 집성목재에 관한 설명으로 옳지 않은 것은? [19.4]

① 옹이, 균열 등의 각종 결점을 제거하거나 이를 적당히 분산시켜 만든 균질한 조직의 인공목재이다.
② 보, 기둥, 아치, 트러스 등의 구조재료로 사용할 수 있다.
③ 직경이 작은 목재들을 접착하여 장대재로 활용할 수 있다.
④ 소재를 약제처리 후 집성 접착하므로 양산이 어려우며, 건조균열 및 변형 등을 피할 수 없다.

해설 ④ 소재를 제재판재 또는 소각재 등의 부재를 접착하여 만든 목재로 양산이 쉬우며, 건조재를 사용하므로 비틀림 변형 등이 생기지 않는다.

정답 ④

28-2. 집성목재의 특징에 관한 설명으로 옳지 않은 것은? [18.4]

① 응력에 따라 필요로 하는 단면의 목재를 만들 수 있다.
② 목재의 강도를 인공적으로 자유롭게 조절할 수 있다.
③ 3장 이상의 단판인 박판을 홀수로 섬유 방향에 직교하도록 접착제로 붙여 만든 것이다.
④ 외관이 미려한 박판 또는 치장합판, 프린트 합판을 붙여서 구조재, 마감재, 화장재를 겸용한 인공목재의 제조가 가능하다.

해설 ③은 합판에 대한 설명이다.

정답 ③

29. 수장용 집성재(KS F 3118)의 품질기준 항목이 아닌 것은? [16.2]

① 접착력 ② 난연성
③ 함수율 ④ 굽음 및 뒤틀림

해설 수장용 집성재의 품질기준 항목 : 치수, 접착력, 함수율, 굽음 및 뒤틀림 등
Tip) 난연성 : 불에 잘 타지 아니하는 성질

정답 26. ④ 27. ④ 28. ② 29. ②

점토재 I

30. 점토제품 제조에 관한 설명으로 옳지 않은 것은? [15.4/20.1]

① 원료조합에는 필요한 경우 제점제를 첨가한다.

② 반죽과정에서는 수분이나 경도를 균질하게 한다.

③ 숙성과정에서는 반죽 덩어리를 되도록 크게 뭉쳐 둔다.

④ 성형은 건식, 반건식, 습식 등으로 구분한다.

해설 ③ 숙성과정에서는 반죽 덩어리를 되도록 작게 뭉쳐 둔다.

31. 다음 중 점토제품에 대한 설명으로 틀린 것은? [09.4/15.1]

① 습식제법이 건식제법에 비해 타일의 치수정밀도가 좋다.

② 도기질 제품으로 내장타일이 있다.

③ 석기질 제품으로 클링커 타일이 있다.

④ 외장타일은 습식제법으로 제조된다.

해설 ① 건식제법이 습식제법에 비해 타일의 치수정밀도가 좋다.

31-1. 점토제품으로 소성온도가 가장 높은 것은? [17.2]

① 도기 ② 토기 ③ 자기 ④ 석기

해설 점토제품의 종류

구분	소성온도 (℃)	흡수율 (%)	점토제품
토기	790~1000	20 이상	기와, 벽돌, 토관
도기	1100~1230	10	타일, 테라코타, 위생도기
석기	1160~1350	3~10	타일, 클링커 타일
자기	1250~1430	0~1	자기질 타일, 모자이크 타일, 위생도기

정답 ③

31-2. 점토 소성제품의 흡수성이 큰 것부터 순서대로 옳게 나열한 것은? [17.1/17.2/19.2]

① 토기>도기>석기>자기

② 토기>도기>자기>석기

③ 도기>토기>석기>자기

④ 도기>토기>자기>석기

해설 점토의 종류별 흡수율(%)

점토	토기	도기	석기	자기
흡수율	20 이상	10	3~10	0~1

정답 ①

31-3. 점토의 종류와 제품과의 관계를 나타낸 것 중 옳지 않은 것은? [16.1]

① 토기－벽돌

② 자기－기와

③ 도기－내장타일

④ 석기－외장타일

해설 ② 자기－자기질 타일, 모자이크 타일, 위생도기

Tip) 토기－기와

정답 ②

31-4. 점토제품에 관한 설명으로 옳지 않은 것은? [19.1]

① 점토의 주요 구성성분은 알루미나, 규산이다.

② 점토입자가 미세할수록 가소성이 좋으며 가소성이 너무 크면 샤모트 등을 혼합 사용한다.

정답 30. ③ 31. ①

③ 점토제품의 소성온도는 도기질의 경우 1230~1460℃ 정도이며, 자기질은 이보다 현저히 낮다.

④ 소성온도는 점토의 성분이나 제품에 따라 다르며, 온도측정은 제게르 콘(seger cone)으로 한다.

해설 ③ 점토제품의 소성온도는 도기질의 경우 1100~1230℃ 정도이며, 자기질은 이보다 현저히 높다.

정답 ③

31-5. 점토의 종류별 특성과 용도에 대한 설명으로 옳지 않은 것은? [16.4]

① 자토는 백색으로 가소성이 부족하며 도자기 원료로 쓰인다.

② 석기점토는 유색의 치밀한 구조로 내화도가 높으며 유색 도기의 원료로 쓰인다.

③ 석회질 점토는 용해되기가 어려우며 경질 도기의 원료로 쓰인다.

④ 내화점토는 회백색 또는 담색이며 내화벽돌, 유약 원료로 쓰인다.

해설 ③ 석회질 점토는 연질 도기의 원료로 쓰인다.

Tip) 장석과 점토질은 경질 도기의 원료로 쓰인다.

정답 ③

31-6. 점토재료 중 자기에 관한 설명으로 옳은 것은? [18.1]

① 소지는 적색이며, 다공질로서 두드리면 탁음이 난다.

② 흡수율이 5% 이상이다.

③ 1000℃ 이하에서 소성된다.

④ 위생도기 및 타일 등으로 사용된다.

해설 ① 자기는 일반적으로 백색이며, 두드리면 청음이 난다.

② 흡수율은 0~1%이다.

③ 소성온도는 1250~1430℃ 정도이다.

Tip) 자기는 철분이 적은 장석점토를 주원료로 사용한다.

정답 ④

31-7. 테라코타에 대한 설명으로 틀린 것은? [15.2]

① 도토, 자토 등을 반죽하여 형틀에 넣고 성형하여 소성한 속이 빈 대형의 점토제품이다.

② 석재보다 가볍다.

③ 압축강도는 화강암과 거의 비슷하다.

④ 화강암보다 내화도가 높으며 대리석보다 풍화에 강하다.

해설 ③ 압축강도는 화강암보다 작다.

Tip) 테라코타는 건축물의 패러핏, 주두 등의 장식에 사용되는 공동의 대형 점토제품이다.

정답 ③

32. 점토재료에서 SK 번호는 무엇을 의미하는가? [09.2/18.1]

① 소성하는 가마의 종류를 표시

② 소성온도를 표시

③ 제품의 종류를 표시

④ 점토의 성분을 표시

해설 소성온도에 따라 붙여지는 SK 번호를 제게르 번호라고 한다.

33. 점토광물 중 적갈색으로 내화성이 부족하고 보통벽돌, 기와, 토관의 원료로 사용되는 것은? [17.1]

① 석기점토 ② 사질점토

③ 내화점토 ④ 자토

정답 32. ② 33. ②

해설 사질점토는 적갈색으로 용해되기 쉬운 특성이 있어 내화성이 좋지 않고, 보통벽돌, 기와, 토관의 원료로 사용된다.

34. 다음 중 점토제품이 아닌 것은? [17.4/20.1]

① 테라조 ② 테라코타
③ 타일 ④ 내화벽돌

해설 테라조는 대리석, 화강석 등을 종석으로 한 인조석(모조석)의 일종이다.

34-1. 점토제품의 원료와 그 역할이 올바르게 연결된 것은? [15.4]

① 규석, 모래-점성 조절
② 장석, 석회석-균열방지
③ 샤모트(chamotte)-내화성 증대
④ 식염, 붕사-용융성 조절

해설 ② 장석, 석회석-용융성 조절
③ 샤모트(chamotte)-가소성 조절
④ 식염, 붕사-표면 사유제

정답 ①

35. 점토에 대한 설명으로 틀린 것은? [14.4]

① 점토는 불순물이 많을수록 흡수율이 크며, 강도와 비중은 감소한다.
② 점토의 주성분은 SiO_2, Al_2O_3, Fe_2O_3, CaO, MgO 등이다.
③ 화학적으로 순수한 점토를 카올린, 구워진 점토분말을 샤모트라고 한다.
④ 침적점토는 바람이나 물에 의해 멀리 운반되어 침적되므로 입자가 크며 가소성이 적다.

해설 ④ 침적점토는 바람이나 물에 의해 멀리 운반되어 침적되므로 입자가 미세하며 가소성이 크다.

35-1. 건축재료 중 점토에 대한 설명으로 옳지 않은 것은? [14.1]

① 양질의 점토는 습윤상태에서 현저한 가소성을 나타낸다.
② 점토는 수성암에서만 생성된다.
③ 점토의 주성분은 실리카와 알루미나이다.
④ 점토의 압축강도는 인장강도의 약 5배 정도이다.

해설 ② 점토는 화강암, 석영 등이 풍화, 분해되어 생성된다.

정답 ②

35-2. 점토의 일반적 성질에 대한 설명 중 옳지 않은 것은? [10.1]

① 소성수축은 점토의 조직 및 용융도 등과 관계가 있다.
② 점토의 압축강도는 인장강도의 약 5배이다.
③ 좋은 점토일수록 가소성이 작다.
④ 인장강도는 점토의 종류, 입자 크기 등에 의해서 크게 영향을 받는다.

해설 ③ 점토의 입자가 미세할수록 가소성이 좋아진다.

정답 ③

35-3. 점토의 물리적 성질에 관한 설명으로 옳지 않은 것은? [16.2]

① 점토의 압축강도는 인장강도의 약 5배 정도이다.
② 양질의 점토일수록 가소성이 좋다.
③ 순수한 점토일수록 용융점이 높고 강도도 크다.
④ 불순 점토일수록 비중이 크다.

해설 ④ 불순 점토일수록 비중이 작고, 알루미나분이 많을수록 크다.

정답 ④

정답 34. ① 35. ④

36. 점토 소성제품의 특징에 관한 설명으로 옳은 것은? [16.4]

① 내열성 및 전기절연성이 부족하다.
② 화학적 저항성, 내후성이 우수하다.
③ 백화 현상 발생의 우려가 적다.
④ 연성이며 가공이 용이하다.

해설 ① 내열성 및 전기절연성이 크다.
③ 백화 현상 발생의 우려가 크다.
④ 소성 후에는 연성이 없고 가공이 어렵다.

37. 다음 중 타일에 관한 설명으로 옳지 않은 것은? [16.2]

① 타일은 점토 또는 암석의 분말을 성형, 소성하여 만든 박판제품을 총칭한 것이다.
② 타일은 용도에 따라 내장타일, 외장타일, 바닥타일 등으로 분류할 수 있다.
③ 일반적으로 모자이크 타일 및 내장타일은 습식법, 외장타일은 건식법에 의해 제조된다.
④ 타일의 백화 현상은 수산화석회와 공기 중 탄산가스의 반응으로 나타난다.

해설 ③ 일반적으로 모자이크 타일 및 내장타일은 건식법, 외장타일은 습식법에 의해 제조된다.

37-1. 고온으로 충분히 소성한 석기질 타일로서 표면은 거칠게 요철무늬를 넣고 두께는 2.5cm 정도로서 테라스, 옥상 등에 쓰이는 바닥용 타일은? [09.2]

① 스크래치 타일 ② 모자이크 타일
③ 클링커 타일 ④ 카보런덤 타일

해설 클링커 타일 : 식염유를 바른 진한 다갈색 타일로서 다른 타일에 비해 두께가 두껍고 홈줄을 넣은 외부 바닥용 특수타일이다.

정답 ③

37-2. 표면에 여러 가지 직물무늬 모양이 나타나게 만든 타일로서 무늬, 형상 또는 색상이 다양하여 주로 내장타일로 쓰이는 것은? [19.1]

① 폴리싱 타일
② 태피스트리 타일
③ 논 슬립 타일
④ 모자이크 타일

해설 태피스트리 타일 : 타일 표면에 직물무늬 모양이 나타나게 만든 타일로서 무늬, 형상 또는 색상이 다양하여 장식타일로 사용된다.

정답 ②

37-3. 다음 중 내외벽 및 바닥에 사용되는 4cm 각 이하의 소형타일은? [09.4]

① 스크래치 타일 ② 클링커 타일
③ 모자이크 타일 ④ 보더 타일

해설 모자이크 타일은 내외벽 및 바닥에 사용되는 40mm 각, 18mm 각 이하의 소형타일이다.

정답 ③

점토재 II

38. 보통벽돌에 관한 설명으로 옳지 않은 것은? [17.4]

① 일반적으로 잘 구워진 것일수록 치수가 작아지고 색이 옅어지며, 두드리면 탁음이 난다.
② 건축용 점토 소성벽돌의 적색은 원료의 산화철 성분에서 기인한다.
③ 보통벽돌의 기본치수는 190×90×57mm이다.
④ 진흙을 빚어 소성하여 만든 벽돌로서 점토벽돌이라고도 한다.

정답 36. ② 37. ③ 38. ①

해설 ① 일반적으로 잘 구워진 것일수록 치수가 작아지고 암적색을 띠며, 두드리면 청음이 난다.

38-1. 보통벽돌이 적색 또는 적갈색을 띠고 있는 것은 원료점토 중에 무엇을 포함하고 있기 때문인가? [09.1/18.1]

① 산화철 ② 산화규소
③ 산화칼륨 ④ 산화나트륨

해설 벽돌이 적색 또는 적갈색을 띠고 있는 것은 점토에 산화철이 포함되어 있기 때문이다.

정답 ①

38-2. 건축용 소성 점토벽돌의 색채에 영향을 주는 주요한 요인이 아닌 것은? [12.4/20.2]

① 철화합물 ② 망간화합물
③ 소성온도 ④ 산화나트륨

해설 철화합물, 망간화합물, 소성온도, 석회 등이 점토벽돌의 색채에 영향을 준다.

정답 ④

38-3. 표준형 점토벽돌의 치수로 옳은 것은? [13.2/14.2]

① 210×90×57mm ② 210×110×60mm
③ 190×100×60mm ④ 190×90×57mm

해설 표준형 벽돌의 벽돌치수

구분	길이×너비×두께
벽돌치수	190×90×57
	205×90×75
허용차	±5.0 ±3.0 ±2.5

정답 ④

38-4. 점토벽돌(KS L 4201)의 성능시험 방법과 관련된 항목이 아닌 것은? [15.4]

① 겉모양 ② 압축강도
③ 내충격성 ④ 흡수율

해설 겉모양, 압축강도, 흡수율 등은 점토벽돌의 성능시험 항목이다.

정답 ③

38-5. 점토벽돌 1종의 흡수율과 압축강도 기준으로 옳은 것은? [18.2]

① 흡수율 10% 이하-압축강도 24.50MPa 이상
② 흡수율 10% 이하-압축강도 20.59MPa 이상
③ 흡수율 15% 이하-압축강도 24.50MPa 이상
④ 흡수율 15% 이하-압축강도 20.59MPa 이상

해설 점토벽돌의 압축강도(KS L 4201)

구분	1종	2종
흡수율(%)	10.0 이하	15.0 이하
압축강도(MPa)	24.50 이상	14.70 이상

정답 ①

39. 다음 중 내화벽돌에 관한 설명으로 옳은 것은? [19.4]

① 내화점토를 원료로 하여 소성한 벽돌로서, 내화도는 600~800℃의 범위이다.
② 표준형(보통형) 벽돌의 크기는 250×120×60mm이다.
③ 내화벽돌의 종류에 따라 내화 모르타르도 반드시 그와 동질의 것을 사용하여야 한다.
④ 내화도는 일반벽돌과 동등하며 고온에서보다 저온에서 경화가 잘 이루어진다.

해설 ① 내화벽돌의 내화도는 1500~2000℃의 범위이다.
② 표준형 벽돌의 크기는 230×114×65mm 이다.
④ 내화벽돌은 고온에 견디는 내화도가 SK 26 이상이어야 한다.

정답 39. ③

39-1. 내화벽돌에서 S.K 29, 33, 42 등의 번호는 구체적으로 무엇을 나타내는가? [13.4]

① 소성점토의 성분 표시
② 제품 종류의 표시
③ 내화도의 표시
④ 흡수도의 표시

해설 내화도의 표시

저급	중급	고급
S.K 26~29	S.K 30~33	S.K 34~42

정답 ③

39-2. 내화벽돌은 최소 얼마 이상의 내화도를 가진 것을 의미하는가? [10.2/19.2]

① SK 26　② SK 28
③ SK 30　④ SK 32

해설 내화벽돌은 고온에 견디는 내화도가 SK 26 이상이어야 한다.

정답 ①

40. 아치벽돌, 원형벽체를 쌓는데 쓰이는 원형벽돌과 같이 형상, 치수가 규격에서 정한 바와 다른 벽돌로서 특수한 구조체에 사용될 목적으로 제조되는 것은? [15.1]

① 오지벽돌　② 이형벽돌
③ 포도벽돌　④ 다공벽돌

해설 이형벽돌 : 형상, 치수가 규격에서 정한 바와 다른 벽돌로서 특수한 구조체에 사용될 목적으로 제조된다.

40-1. 내부에 몇 개의 구멍을 가진 벽돌로 단열, 방음을 위해 방음벽, 단열벽 등에 사용되며, 경량으로 칸막이벽에도 사용되는 것은? [15.2]

① 중공벽돌　② 이형벽돌
③ 규석벽돌　④ 샤모트벽돌

해설 중공벽돌 : 내부에 몇 개의 구멍을 가진 벽돌로 단열, 방음을 위해 방음벽, 단열벽 등에 사용되며, 경량으로 칸막이벽에도 사용된다.

정답 ①

41. 과소품(過燒品) 벽돌의 특징으로 틀린 것은? [15.2]

① 강도가 약하다.
② 형태가 고르지 못하다.
③ 균열이 많이 보인다.
④ 색채가 고르지 못하다.

해설 ① 압축강도가 크다.

42. 벽돌벽 두께 1.5B, 벽 면적 40m^2 쌓기에 소요되는 붉은 벽돌(190×90×57)의 소요량은? (단, 할증률을 고려한다.) [14.4]

① 8850장　② 8960장
③ 9229장　④ 9408장

해설 소요량=면적×매수×할증률
=40×224×1.03=9229장

Tip) 벽돌 규격의 표준형(붉은 벽돌, 할증률 3%일 때)

벽 두께 / 벽돌 규격(mm)	0.5B	1.0B	1.5B	2.0B
190×90×57 표준형	75매	149매	224매	298매

시멘트 및 콘크리트 Ⅰ

43. 콘크리트의 혼화재료에 속하지 않는 것은? [11.4]

① 염화칼슘　② AE제
③ 타르　④ 포졸란

정답 40. ②　41. ①　42. ③　43. ③

해설 타르 : 석탄, 나무 등 유기물을 분해 증류할 때 나오는 점성의 검은색 액체

43-1. 콘크리트의 건조수축, 구조물의 균열 방지를 주목적으로 사용되는 혼화재료는 무엇인가? [09.4/12.4/14.1/17.2/18.4]

① 팽창재 ② 지연제
③ 플라이애시 ④ 유동화제

해설 팽창재 : 콘크리트의 건조수축 시 발생하는 균열을 보완, 개선하기 위하여 콘크리트 속에 다량의 거품을 넣거나 기포를 발생시키기 위해 첨가하는 혼화재

정답 ①

43-2. 시멘트 혼화재료 중 연행공기를 발생시켜 볼 베어링 효과가 나타나도록 하는 것은? [16.1]

① 포졸란 ② 플라이애시
③ AE제 ④ 경화촉진제

해설 AE제를 혼입하면 워커빌리티가 좋아지며, 혼화재료 중 연행공기(미세한 기포)를 발생시켜 볼 베어링 효과가 나타난다.

정답 ③

43-3. 콘크리트 혼화제 중 AE제를 사용하는 목적과 가장 거리가 먼 것은? [11.4/13.2/20.1]

① 동결융해에 대한 저항성 개선
② 단위 수량 감소
③ 워커빌리티 향상
④ 철근과의 부착강도 증대

해설 ④ 철근에 대한 부착강도가 다소 감소한다.

정답 ④

43-4. 콘크리트에 사용하는 혼화제 중 AE제의 특징으로 옳지 않은 것은? [19.2]

① 워커빌리티를 개선시킨다.
② 블리딩을 감소시킨다.
③ 마모에 대한 저항성을 증대시킨다.
④ 압축강도를 증가시킨다.

해설 ④ 동일 물-시멘트비인 경우 압축강도가 낮다.

Tip) AE콘크리트는 공기량이 1% 증가하면 압축강도가 4~5% 정도 저하한다.

정답 ④

43-5. 콘크리트 혼화재료 중 플라이애시(fly ash)에 관한 설명으로 틀린 것은? [15.2]

① 콘크리트의 워커빌리티(workability)를 좋게 한다.
② 주성분은 탄소(C)이다.
③ 콘크리트의 수밀성을 향상시킨다.
④ 콘크리트의 수화 초기 시 발열량을 감소시킨다.

해설 ② 주성분은 세립의 석탄재로서 콘크리트에 혼합제로 쓰이는 규산질 물질로 포졸란의 일종이다.

정답 ②

43-6. 플라이애시를 혼입한 콘크리트의 특성에 관한 설명 중 옳은 것은? [14.4]

① 동일한 워커빌리티를 가진 보통콘크리트보다 많은 단위 수량을 필요로 한다.
② 동일한 조건의 보통콘크리트보다 중성화 속도가 느리다.
③ 동일한 조건의 보통콘크리트보다 화학저항성이 증대한다.
④ 초기강도는 증가되지만 장기강도에는 큰 영향을 미치지 않는다.

해설 플라이애시 시멘트는 화력발전소 등에서 완전 연소한 미분탄의 회분과 포틀랜드 시

멘트를 혼합한 것으로 콘크리트의 강도와 화학저항성이 풍부하며, 초기 수화열이 낮다.

정답 ③

43-7. 혼화재료 중 플라이애시가 콘크리트에 미치는 작용에 대한 설명으로 옳지 않은 것은? [11.2]

① 콘크리트의 워커빌리티를 개선시킨다.
② 콘크리트의 수밀성을 향상시킨다.
③ 해수 중의 황산염에 대한 저항성을 높인다.
④ 콘크리트 수화 초기에 발열량을 증가시킨다.

해설 ④ 플라이애시는 수화 초기 발열량을 감소시키고, 장기강도를 증가시킨다.

정답 ④

43-8. 콘크리트의 혼화재료와 그 작용의 조합으로 틀린 것은? [15.1]

① 염화칼슘–응결경화 촉진
② 포졸란–시공연도 증진
③ 알루미늄 분말–발포, 경량
④ 슬래그 분말–초기강도 증진

해설 ④ 슬래그 분말–수화열 억제, 알칼리 골재반응 억제

정답 ④

43-9. 콘크리트의 경화촉진제로 사용되는 것은? [09.4/11.2]

① 산화아연 ② 인산염
③ 염화칼슘 ④ 마그네시아염

해설 응결시간을 단축시키는 촉진제로 염화칼슘, 염화나트륨, 규산소다를 사용한다.

Tip) 염화칼슘은 경화촉진을 목적으로 이용되는 혼화제이다.

정답 ③

43-10. 혼화재료 중 사용량이 비교적 많아서 그 자체의 부피가 콘크리트 비비기 용적에 계산되는 혼화재에 해당되지 않는 것은?

① 플라이애시 [15.4]
② 팽창재
③ 고성능 AE감수제
④ 고로슬래그 미분말

해설 AE감수제 : 작업성능이나 동결융해 저항성능의 향상

정답 ③

44. 콘크리트 타설 중 발생되는 재료분리에 대한 대책으로 가장 알맞은 것은? [20.1]

① 굵은 골재의 최대치수를 크게 한다.
② 바이브레이터로 최대한 진동을 가한다.
③ 단위 수량을 크게 한다.
④ AE제나 플라이애시 등을 사용한다.

해설 재료분리에 대한 대책

- 굵은 골재의 최대치수를 작게 한다.
- 물–시멘트비를 작게 한다.
- 단위 수량을 감소시켜야 한다.
- AE제나 플라이애시 등을 사용한다.

45. 골재의 수량과 관련된 설명으로 옳지 않은 것은? [19.2/19.4]

① 흡수량 : 습윤상태의 골재 내외에 함유하는 전 수량
② 표면수량 : 습윤상태의 골재표면의 수량
③ 유효흡수량 : 흡수량과 기건상태의 골재 내에 함유된 수량의 차
④ 절건상태 : 일정 질량이 될 때까지 110℃ 이하의 온도로 가열 건조한 상태

해설 골재의 함수상태

- 흡수량=(표면건조 상태의 중량)–(절대건조 상태의 중량)

정답 44. ④ 45. ①

• 표면수량=(습윤상태의 중량)−(표면건조 상태의 중량)
• 유효흡수량=(표면건조 상태의 중량)−(기건상태의 중량)
• 전 함수량=습윤상태−절건상태

Tip) 함수량 : 습윤상태의 골재 내외에 함유하는 전 수량

45-1. 골재의 함수상태에 대한 다음 식 중 옳지 않은 것은? [10.2]

① 흡수량=(표면건조 상태의 중량)−(절대건조 상태의 중량)
② 유효흡수량=(표면건조 상태의 중량)−(기건상태의 중량)
③ 표면수량=(습윤상태의 중량)−(표면건조 상태의 중량)
④ 전체 함수량=(습윤상태의 중량)−(기건상태의 중량)

해설 ④ 전 함수량=습윤상태−절건상태

정답 ④

45-2. 콘크리트 배합설계에 있어서 기준이 되는 골재의 함수상태는? [14.2/18.4]

① 절건상태 ② 기건상태
③ 표건상태 ④ 습윤상태

해설 표건상태 : 골재입자의 표면수는 없지만 내부는 포화상태로 함수되어 있는 골재의 상태

Tip) 골재의 함수상태

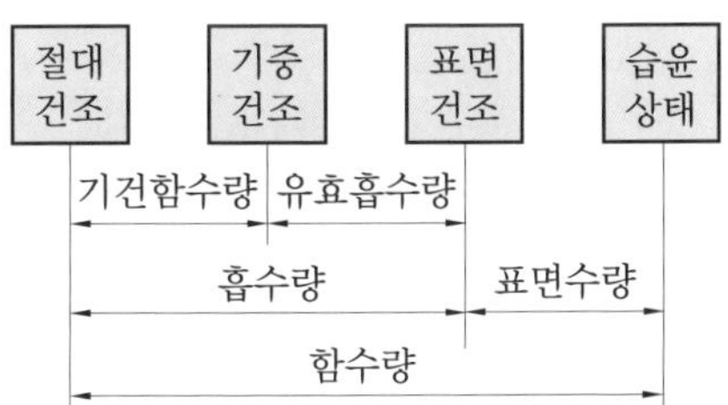

정답 ③

45-3. 콘크리트의 배합설계 시 표준이 되는 골재의 상태는? [11.4/17.2]

① 절대건조 상태
② 기건상태
③ 표면건조 내부 포화상태
④ 습윤상태

해설 배합설계 시 표준이 되는 골재의 상태는 표면건조 내부 포화상태이다.

정답 ③

45-4. KS F 2503(굵은 골재의 밀도 및 흡수율 시험방법)에 따른 흡수율 산정식은 다음과 같다. 여기에서 A가 의미하는 것은? [20.2]

$$Q=\frac{B-A}{A}\times 100\%$$

① 절대건조 상태 시료의 질량(g)
② 표면건조 포화상태 시료의 질량(g)
③ 시료의 수중질량(g)
④ 기건상태 시료의 질량(g)

해설 흡수율 $Q=\frac{B-A}{A}\times 100\%$

여기서, A : 절대건조 상태 시료의 질량(g)
B : 표면건조 상태 시료의 질량(g)

정답 ①

45-5. 잔골재를 각 상태에서 계량한 결과 그 무게가 다음과 같을 때 이 골재의 유효흡수율은? [19.1]

• 절건상태 : 2000g
• 기건상태 : 2066g
• 표면건조 내부 포화상태 : 2124g
• 습윤상태 : 2152g

① 1.32% ② 2.81% ③ 6.20% ④ 7.60%

해설 유효흡수율(%)

$$=\frac{\text{표면건조 포화상태}-\text{기건상태}}{\text{기건상태}}\times 100\%$$

$$=\frac{2124-2066}{2066}\times 100\%=2.81\%$$

정답 ②

45-6. KS F 2527에 규정된 콘크리트용 부순 굵은 골재의 물리적 성질을 알기 위한 실험 항목 중 흡수율의 기준으로 옳은 것은? [13.2/20.1]

① 1% 이하
② 3% 이하
③ 5% 이하
④ 10% 이하

해설 콘크리트용 부순 굵은 골재의 흡수율은 3% 이하이다.

정답 ②

46. 콘크리트 바닥강화재의 사용 목적과 가장 거리가 먼 것은? [16.1/20.1]

① 내마모성 증진 ② 내화학성 증진
③ 분진방지성 증진 ④ 내화성 증진

해설 바닥강화재의 사용 목적 : 내마모성 증진, 내화학성 증진, 분진방지성 증진 등

47. 콘크리트의 건조수축에 대한 설명으로 옳은 것은? [11.1/15.2]

① 단위 수량이 증가하면 건조수축량이 감소한다.
② 부재치수가 클수록 건조수축량이 적다.
③ 골재 중에 포함한 미립분이나 점토는 건조수축을 감소시킨다.
④ 습윤양생 기간은 건조수축에 큰 영향을 준다.

해설 ① 단위 수량이 증가하면 건조수축량이 증가한다.
③ 골재 중에 포함한 미립분이나 점토는 건조수축을 증가시킨다.
④ 습윤양생 기간은 건조수축에 크게 관련이 없다.

47-1. 콘크리트의 건조수축 현상에 관한 설명으로 옳지 않은 것은? [20.2]

① 단위 시멘트량이 작을수록 커진다.
② 단위 수량이 클수록 커진다.
③ 골재가 경질이면 작아진다.
④ 부재치수가 크면 작아진다.

해설 ① 단위 시멘트량이 많을수록 크다.

정답 ①

48. 시멘트 모르타르 바름의 작업성이나 부착력 향상을 위해 첨가하는 혼화제에 속하지 않는 것은? [09.2/16.4]

① 메틸셀룰로오스(CMC)
② 합성수지에멀션
③ 고무계 라텍스
④ 에폭시수지

해설 에폭시수지
- 내수성, 내습성, 내약품성, 전기절연성이 우수하다.
- 피막이 단단하고 유연성이 부족하다.
- 접착력이 강해 금속, 나무, 유리 등 특히 경금속 항공기 접착에도 사용한다.

시멘트 및 콘크리트 Ⅱ

49. 콘크리트의 워커빌리티 측정법에 해당되지 않는 것은? [20.2]

① 슬럼프시험

정답 46. ④ 47. ② 48. ④ 49. ④

② 다짐계수시험
③ 비비시험
④ 오토클레이브 팽창도시험

해설 ④ 오토클레이브 팽창도시험 - 시멘트의 안정성 측정방법

49-1. 콘크리트의 워커빌리티 측정법이 아닌 것은? [15.2]

① 슬럼프시험 ② 다짐계수시험
③ 비비시험 ④ 슈미트해머 시험

해설 ④ 슈미트해머 시험 - 콘크리트의 압축강도를 측정하는 비파괴 검사법

정답 ④

50. 굳지 않은 콘크리트의 성질에 관한 기술 중 옳은 것은? [13.1]

① 워커빌리티는 정량적인 수치로 표현하는 것이 용이하다.
② 컨시스턴시는 콘크리트의 유동속도와 무관하다.
③ 플라스티시티는 굵은 골재의 최대치수, 잔골재율, 잔골재 입도 등에 의한 마감성의 난이를 표시하는 성질이다.
④ 같은 슬럼프를 나타내는 컨시스턴시의 것이라도 워커빌리티가 동일하다고는 할 수 없다.

해설 굳지 않은 콘크리트의 성질을 표시하는 용어

- 컨시스턴시 : 콘크리트의 유동성의 정도가 물의 양에 의해 변하는 것을 말한다.
- 워커빌리티 : 컨시스턴시에 의한 부어넣기 작업의 난이도 정도 및 재료분리에 저항하는 정도를 나타내는 굳지 않은 콘크리트의 성질이다.
- 플라스티시티 : 거푸집 등의 형상에 쉽게 다져 넣을 수 있고, 거푸집을 떼면 천천히 모양이 변하지만 무너지거나 재료분리가 되지 않는 성질이다.
- 피니셔빌리티 : 마무리 작업의 난이도(쉬운 정도)를 나타낸다.

50-1. 굳지 않은 콘크리트의 성질을 나타낸 용어에 관한 설명으로 옳지 않은 것은? [17.4]

① 컨시스턴시(consistency)-콘크리트에 사용되는 물의 양에 의한 콘크리트 반죽의 질기
② 워커빌리티(workability)-콘크리트의 부어넣기 작업 시의 작업 난이도 및 재료분리에 대한 저항성
③ 피니셔빌리티(finishability)-굵은 골재의 최대치수, 잔골재율, 잔골재의 입도 등에 따른 마무리 작업의 난이도
④ 플라스티시티(plasticity)-콘크리트를 펌핑하여 부어넣는 위치까지 이동시킬 때의 펌핑성

해설 ④ 플라스티시티(plasticity) - 거푸집 등의 형상에 쉽게 다져 넣을 수 있고, 거푸집을 떼면 천천히 모양이 변하지만 무너지거나 재료분리가 되지 않는 성질

정답 ④

50-2. 용이하게 거푸집에 충전시킬 수 있으며 거푸집을 제거하면 서서히 형태가 변화하나, 재료가 분리되지 않아 굳지 않는 콘크리트의 성질은 무엇인가? [20.1]

① 워커빌리티 ② 컨시스턴시
③ 플라스티시티 ④ 피니셔빌리티

해설 플라스티시티

- 재료가 분리되지 않아 굳지 않는 콘크리트의 성질을 말한다.
- 거푸집 등의 형상에 순응하여 채우기 쉽다.

정답 ③

정답 50. ④

50-3. 굳지 않은 콘크리트의 성질 중 단위 수량에 지배되는 묽기 정도를 나타내는 것으로 보통 슬럼프 값으로 표시되는 것은? [13.2]

① 마감성(finishability)
② 반죽질기(consistency)
③ 워커빌리티(workability)
④ 플라스티시티(plasticity)

해설 ① 마감성(finishability) : 마무리 작업의 난이도(쉬운 정도)를 나타낸다.
③ 워커빌리티(workability) : 컨시스턴시에 의한 부어넣기 작업의 난이도 정도 및 재료분리에 저항하는 정도를 나타내는 굳지 않은 콘크리트의 성질
④ 플라스티시티(plasticity) : 거푸집 등의 형상에 쉽게 다져 넣을 수 있고, 거푸집을 떼면 천천히 모양이 변하지만 무너지거나 재료분리가 되지 않는 성질

정답 ②

50-4. 콘크리트의 워커빌리티(workability)에 영향을 주는 요소가 아닌 것은? [15.1]

① 시멘트의 성질 ② 공기량
③ 혼화재료 ④ 풍향

해설 워커빌리티에 영향을 주는 요소 : 시멘트의 성질, 공기량, 혼화재료, 물의 양 등

정답 ④

50-5. 다음 중 콘크리트의 워커빌리티에 영향을 주는 인자에 관한 설명으로 옳지 않은 것은? [14.2/19.1]

① 단위 수량이 많을수록 콘크리트의 컨시스턴시는 커진다.
② 일반적으로 부배합의 경우는 빈배합의 경우보다 콘크리트의 플라스티시티가 증가하므로 워커빌리티가 좋다고 할 수 있다.
③ AE제나 감수제에 의해 콘크리트 중에 연행된 미세한 공기는 볼 베어링 작용을 통해 콘크리트의 워커빌리티를 개선한다.
④ 둥근 형상의 강자갈의 경우보다 편평하고 세장한 입형의 골재를 사용할 경우 워커빌리티가 개선된다.

해설 ④ 깬자갈이나 깬모래는 접촉단면적이 커서 부착력은 증가, 워커빌리티가 저하된다.
Tip) 잔골재를 크게 하고 단위 수량을 크게 해야 워커빌리티가 좋아진다.

정답 ④

50-6. 다음 중 콘크리트 워커빌리티에 관한 기술로 옳지 않은 것은? [09.1]

① 모가 진 깬자갈보다 둥글둥글한 강자갈을 사용하면 워커빌리티가 좋아진다.
② 시멘트의 종류에 따라 워커빌리티가 다르다.
③ 감수제를 첨가하면 단위 수량을 감소시켜 워커빌리티가 저하된다.
④ AE제를 첨가하면 워커빌리티가 좋아진다.

해설 ③ 감수제를 병용하면 워커빌리티 개선에 더욱 효과가 크다.

정답 ③

51. 수밀콘크리트의 배합에 관한 설명으로 옳지 않은 것은? [16.1]

① 배합은 콘크리트의 소요품질이 얻어지는 범위 내에서 단위 수량 및 물 결합재비를 가급적 적게 한다.
② 콘크리트의 소요 슬럼프는 가급적 크게 하고 210mm 이하가 되도록 한다.
③ 콘크리트의 워커빌리티를 개선시키기 위해 공기연행제, 공기연행 감수제 또는 고성능 공기연행 감수제를 사용하는 경우라도 공기량은 4% 이하가 되게 한다.
④ 물 결합재비는 50% 이하를 표준으로 한다.

정답 51. ②

해설 ② 수밀콘크리트의 소요 슬럼프는 가급적 작게 하고 180mm 이하가 되도록 한다.

52. 한중콘크리트의 계획배합 시 물 결합재비는 원칙적으로 얼마 이하로 하여야 하는가? [19.4]

① 50% ② 55%
③ 60% ④ 65%

해설 한중콘크리트의 물 결합재비는 60% 이하로 하여야 한다.

53. 다음은 특정 콘크리트의 절대용적 배합을 나타낸 것이다. 이 콘크리트의 물-시멘트비를 구하면? (단, 시멘트의 밀도는 3.15g/cm³이다.) [17.2]

> • 단위 수량(kg/m³) : 180
> • 절대용적(L/m³) : 시멘트 95, 모래 305, 자갈 380

① 50% ② 55% ③ 60% ④ 65%

해설 물-시멘트비

$$=\frac{\text{물의 무게}}{\text{시멘트의 무게(밀도×부피)}}$$

$$=\frac{180}{3.15\times95}\times100=60.15\%$$

53-1. 물-시멘트 비 65%로 콘크리트 1m³를 만드는데 필요한 물의 양으로 적당한 것은? (단, 콘크리트 1m³당 시멘트는 8포대이며, 1포대는 40kg이다.) [16.4/19.1]

① 0.1m³ ② 0.2m³ ③ 0.3m³ ④ 0.4m³

해설 물-시멘트비 $=\frac{\text{물의 무게}}{\text{시멘트의 무게}}$

∴ 물의 양(m^3)

=물-시멘트비×시멘트의 무게

$=0.65\times320\text{kg}=208\text{kg}$

$=208\text{L}\div1000≒0.2\text{m}^3$

Tip) • 부피 $=\frac{\text{무게}}{\text{밀도(비중)}}$

• $1\text{m}^3=1000\text{L}$

정답 ②

54. 콘크리트의 배합을 정할 때 목표로 하는 압축강도로 품질의 편차 및 양생온도 등을 고려하여 설계기준 강도에 할증한 것을 무엇이라 하는가? [18.2]

① 배합강도 ② 설계강도
③ 호칭강도 ④ 소요강도

해설 콘크리트 배합 시 목표로 하는 압축강도로 설계기준 강도에 할증한 것을 배합강도라 한다.

55. 콘크리트용 골재에 관한 설명 중 옳지 않은 것은? [16.4]

① 골재는 시멘트 페이스트와의 부착이 강한 표면 구조를 가져야 한다.
② 부순 골재는 실적률이 크고 콘크리트에 사용될 때 워커빌리티가 좋아진다.
③ 골재의 강도는 경화시멘트 페이스트의 강도 이상이어야 한다.
④ 골재는 비중이 작은 것일수록 공극과 내부 균열이 많다.

해설 ② 부순 골재의 실적률은 강자갈의 실적률보다 작다.

Tip) 깬자갈이나 깬모래는 접촉단면적이 커서 부착력은 증가하고, 워커빌리티가 저하된다.

55-1. 콘크리트용 골재에 요구되는 성질이 아닌 것은? [15.1]

① 콘크리트의 유동성을 확보할 수 있도록 정방형의 입형과 적절한 입도일 것

정답 52. ③ 53. ③ 54. ① 55. ②

② 물리적, 화학적으로 안정성을 가질 것
③ 시멘트 페이스트의 강도보다 강할 것
④ 유해한 물질을 함유하지 않을 것

해설 ① 콘크리트용 골재의 입형은 편평, 길쭉한 것, 세장하지 않은 것이 좋다.

정답 ①

55-2. 콘크리트 골재에 요구되는 성질로 옳지 않은 것은? [14.1]

① 골재는 청정, 내구적인 것으로 유해량의 먼지, 흙, 유기불순물 등을 포함하지 않을 것
② 골재의 강도는 콘크리트 중의 경화시멘트 페이스트의 강도 이상일 것
③ 골재의 입형은 세장하고, 표면이 매끈할 것
④ 입도는 조립에서 세립까지 연속적으로 균등히 혼합되어 있을 것

해설 ③ 골재는 표면이 거칠고, 둔각으로 된 것이 좋다.

정답 ③

56. 콘크리트 배합(mix proportion) 중 실제 현장 골재의 표면수 · 흡수량 및 입도상태를 고려하여 시방배합을 현장상태에 적합하게 보정하는 배합은? [14.1]

① 현장배합(job mix)
② 용적배합(volume mix)
③ 중량배합(weight mix)
④ 계획배합(specified mix)

해설 현장배합 : 실제 현장 골재의 표면수 · 흡수량 및 입도상태를 고려하여 시방배합을 현장상태에 적합하게 보정하는 배합

57. 다음 중 골재로 사용할 수 없는 것은? [11.2/17.4]

① 락크 울(rock wool)
② 질석(vermiculite)
③ 펄라이트(perlite)
④ 화산자갈(volcanic gravel)

해설 골재가 가능한 재료 : 질석, 펄라이트, 화산자갈 등
Tip) 락크 울(rock wool) – 인공 무기섬유의 일종

57-1. 다음 골재 중 경량골재에 해당되는 것은? [12.4]

① 자철광 ② 중정석
③ 팽창혈암 ④ 갈철광

해설 중량콘크리트용 골재 : 철광석, 중정석, 철편 등의 비중이 큰 콘크리트로서 방사선 차폐용 골재

정답 ③

57-2. 경량콘크리트 제작에 사용되는 골재와 거리가 먼 것은? [16.4]

① 펄라이트 ② 화산암
③ 중정석 ④ 팽창질석

해설 ③은 중량콘크리트용 골재

정답 ③

57-3. 철근콘크리트 구조용 골재로 해사를 사용할 경우 우선 조치하여야 할 사항은 어느 것인가? [15.1]

① 해사를 충분히 건조시킨 후 사용한다.
② 물-시멘트비를 증가시킨다.
③ 조골재를 많이 넣어 잔골재율을 낮춘다.
④ 토사를 충분히 물에 씻어 사용한다.

해설 철근콘크리트 구조용 골재로 해사를 사용할 경우 토사를 충분히 물에 씻어 염분을 0.04% 이하로 하여 사용한다.

정답 ④

정답 56. ① 57. ①

58. 철근콘크리트에 사용하는 굵은 골재의 최대치수를 정하는 가장 중요한 이유는? [15.4]

① 재료분리 현상을 막기 위해서
② 콘크리트가 철근 사이를 자유롭게 통과할 수 있도록 하기 위해서
③ 균질한 콘크리트를 만들기 위해서
④ 사용골재를 줄이기 위해서

해설 굵은 골재의 최대치수를 정하는 가장 중요한 이유는 콘크리트가 철근 사이를 자유롭게 통과할 수 있도록 하기 위해서이다.

59. 콘크리트의 배합설계 시 굵은 골재의 절대용적이 500 cm^3, 잔골재의 절대용적이 300 cm^3라 할 때 잔골재율(%)은? [20.2]

① 37.5% ② 40.0%
③ 52.5% ④ 60.0%

해설 $\text{잔골재율} = \dfrac{\text{잔골재의 절대용적}}{\text{전체 골재의 절대용적}} \times 100$

$= \dfrac{300}{800} \times 100 = 37.5\%$

60. 다음 중 콘크리트의 골재시험과 관계없는 것은? [09.2]

① 단위 용적 중량시험
② 안정성시험
③ 체가름시험
④ 크리프시험

해설 크리프(creep) : 콘크리트에 외력을 일정하게 가하면 시간의 흐름에 따라 콘크리트의 변형이 증대되는 현상

61. 콘크리트 구조물의 크리프(creep) 현상에 대한 설명 중 옳지 않은 것은? [09.4/13.1]

① 작용 응력이 클수록 크리프는 크다.
② 물-시멘트비가 클수록 크리프는 크다.
③ 외부 습도가 높을수록 크리프는 작다.
④ 구조부재의 치수가 클수록 크리프는 크다.

해설 ④ 구조부재의 치수가 작을수록 크리프는 크다.

시멘트 및 콘크리트 Ⅲ

62. 각종 시멘트의 특성에 관한 설명으로 옳지 않은 것은? [18.2]

① 중용열 포틀랜드 시멘트는 수화 시 발열량이 비교적 크다.
② 고로 시멘트를 사용한 콘크리트는 보통콘크리트보다 초기강도가 작은 편이다.
③ 알루미나 시멘트는 내화성이 좋은 편이다.
④ 실리카 시멘트로 만든 콘크리트는 수밀성과 화학저항성이 크다.

해설 ① 중용열 포틀랜드 시멘트는 수화열이 작고 수축률이 적어 균열 발생이 적다.

62-1. 콘크리트용 시멘트에 관한 설명으로 옳지 않은 것은? [17.1]

① 콘크리트 강도는 물-시멘트비에 영향을 받지 않는다.
② 고로 시멘트와 실리카 시멘트는 보통 포틀랜드 시멘트보다 수화작용이 느려서 초기강도가 작다.
③ 시멘트의 분말도가 클수록 초기 콘크리트 강도 발현이 빠르다.
④ 알루미나 시멘트, 고로 시멘트, 실리카 시멘트는 내해수성이 크다.

해설 ① 콘크리트의 강도는 대체로 물-시멘트비에 의해 결정된다.

정답 ①

정답 58. ② 59. ① 60. ④ 61. ④ 62. ①

62-2. 수화속도를 지연시켜 수화열을 작게 한 시멘트로, 건조수축이 작고 내황산염이 크며, 건축용 매스콘크리트 등에 사용되는 시멘트는? [11.1/15.2]

① 중용열 포틀랜드 시멘트
② 조강 포틀랜드 시멘트
③ 초조강 포틀랜드 시멘트
④ 백색 포틀랜드 시멘트

해설 중용열 포틀랜드 시멘트 : 시멘트의 발열량을 저감시킬 목적으로 제조된 시멘트로 건조수축이 작고 내황산염성이 크기 때문에 댐 공사에 사용되는 시멘트이다.

정답 ①

62-3. 중용열 포틀랜드 시멘트의 일반적인 특징 중 옳지 않은 것은? [13.4/19.4]

① 수화발열량이 적다.
② 초기강도가 크다.
③ 건조수축이 적다.
④ 내구성이 우수하다.

해설 ② 초기강도는 작으나 장기강도가 크다.

정답 ②

62-4. 중용열 포틀랜드 시멘트에 관한 설명으로 옳지 않은 것은? [19.2]

① 수화열이 작고 수화속도가 비교적 느리다.
② C_3A가 많으므로 내황산염성이 작다.
③ 건조수축이 작다.
④ 건축용 매스콘크리트에 사용된다.

해설 ② C_3A가 적고, 내황산염성이 크다.

Tip) 댐, 원자로 차폐용 콘크리트 등 대형 구조물 시공에 사용된다.

정답 ②

62-5. 중용열 포틀랜드 시멘트에 대한 설명 중 옳지 않은 것은? [14.1]

① 수화열이 적어 한중 공사에 적합하다.
② 단기강도는 조강 포틀랜드 시멘트보다 작다.
③ 내구성이 크며 장기강도가 크다.
④ 방사선 차단용 콘크리트에 적합하다.

해설 ① 수화열이 낮아 수축, 균열 발생이 적다.

정답 ①

62-6. 중용열 포틀랜드 시멘트에 관한 설명으로 옳지 않은 것은? [17.1]

① 수축이 작고 화학저항성이 일반적으로 크다.
② 매스콘크리트 등에 사용된다.
③ 단기강도는 보통 포틀랜드 시멘트보다 낮다.
④ 긴급 공사, 동절기 공사에 주로 사용된다.

해설 ④는 조강 포틀랜드 시멘트의 특징

정답 ④

62-7. 다음 시멘트 중 조기강도가 가장 큰 시멘트는? [19.4]

① 보통 포틀랜드 시멘트
② 고로 시멘트
③ 알루미나 시멘트
④ 실리카 시멘트

해설 알루미나 시멘트
- 성분 중에 Al_2O_3가 많으므로 조기강도가 높고 염분이나 화학적 저항성이 크다.
- 수화열량이 커서 대형 단면부재에 사용하기는 적당하지 않고 긴급 공사나 동절기 공사에 좋다.

정답 ③

62-8. 물을 가한 후 24시간 이내에 보통 포틀랜드 시멘트의 4주 강도 정도가 발현되며, 내화성이 풍부한 시멘트는? [16.4]

① 팽창 시멘트
② 중용열 시멘트
③ 고로 시멘트
④ 알루미나 시멘트

해설 알루미나 시멘트
- 성분 중에 Al_2O_3가 많으므로 조기강도가 높고 염분이나 화학적 저항성이 크다.
- 수화열량이 커서 대형 단면부재에 사용하기는 적당하지 않고 긴급 공사나 동절기 공사에 좋다.

정답 ④

62-9. 알루미나 시멘트의 특징에 관한 설명으로 옳지 않은 것은? [09.1/16.2]

① 초기강도가 크다.
② 해수에 대한 화학적 저항성이 크다.
③ 응결, 경화 시에 발열량이 크다.
④ 내화콘크리트용으로는 사용이 불가능하다.

해설 ④ 내화콘크리트의 시멘트로서 적합하다.

정답 ④

62-10. 알루미나 시멘트의 특징에 관한 설명 중 옳지 않은 것은? [11.4]

① 조기강도가 크다.
② 바닷물에 대한 화학적 저항성이 크다.
③ 내화콘크리트의 시멘트로서 적합하다.
④ 콘크리트 내 철근의 부식방지 효과가 뛰어나다.

해설 ④ 콘크리트 내 철근의 부식 등에 유의하여야 한다.

정답 ④

62-11. 다음 시멘트 중 댐 등 단면이 큰 구조물에 적용하기 어려운 것은? [12.2/16.2]

① 중용열 포틀랜드 시멘트
② 고로 시멘트
③ 플라이애시 시멘트
④ 조강 포틀랜드 시멘트

해설 조강 포틀랜드 시멘트 : 수화열이 커서 단면이 큰 구조물에 부적합하며, 긴급 공사나 겨울철 공사에 사용된다.

정답 ④

62-12. 다음 중 매스콘크리트용으로 가장 적합하지 않은 시멘트는? [12.4]

① 조강 포틀랜드 시멘트
② 중용열 포틀랜드 시멘트
③ 고로 시멘트
④ 플라이애시 시멘트

해설 조강 포틀랜드 시멘트 : 수화열이 커서 단면이 큰 구조물에 부적합하며, 긴급 공사나 겨울철 공사에 사용된다.

정답 ①

62-13. 소량의 안료를 첨가하여 건축물 내외면의 마감, 각종 인조석 제조에 사용되는 시멘트는? [11.1/11.4]

① 백색 포틀랜드 시멘트
② 고로슬래그 시멘트
③ 중용열 포틀랜드 시멘트
④ 알루미나 시멘트

해설 백색 포틀랜드 시멘트 : 성분 중에 Fe_2O_3의 포함률이 5% 이내이며, 건축물의 내외장면의 마감, 각종 인조석, 현장타설 착색 콘크리트로 사용된다.

정답 ①

62-14. 시멘트 종류에 따른 사용용도를 나타낸 것으로 옳지 않은 것은? [17.1]

① 조강 포틀랜드 시멘트－한중 공사
② 중용열 포틀랜드 시멘트－매스콘크리트 및 댐 공사
③ 고로 시멘트－타일 줄눈공사
④ 내황산염 포틀랜드 시멘트－온천지대나 하수도 공사

해설 ③ 고로 시멘트－수화열량이 적어 매스콘크리트로 사용

정답 ③

63. 시멘트가 시간의 경과에 따라 조직이 굳어져 최종강도에 이르기까지 강도가 서서히 커지는 상태를 무엇이라고 하는가? [19.4]

① 중성화　② 풍화
③ 응결　④ 경화

해설 경화 : 시멘트가 서서히 굳어져 최종강도에 이르기까지 강도가 커지는 현상

64. 다음 중 시멘트에 관한 설명으로 옳지 않은 것은? [18.4]

① 시멘트의 강도는 시멘트의 조성, 물－시멘트비, 재령 및 양생 조건 등에 따라 다르다.
② 응결시간은 분말도가 미세한 것일수록, 또한 수량이 작을수록 짧아진다.
③ 시멘트의 풍화란 시멘트가 습기를 흡수하여 생성된 수산화칼슘과 공기 중의 탄산가스가 작용하여 탄산칼슘을 생성하는 작용을 말한다.
④ 시멘트의 안정성은 단위 중량에 대한 표면적에 의하여 표시되며, 블레인법에 의해 측정된다.

해설 ④ 시멘트의 안정성 측정법으로 오토클레이브 팽창도시험 방법이 있다.

Tip) 시멘트의 분말도 : 단위 중량에 대한 표면적을 의미하며, 블레인시험으로 측정할 수 있다.

64-1. 다음 중 시멘트의 안정성 시험은?

① 슬럼프 테스트　[11.4/17.4]
② 블레인법
③ 길모아시험
④ 오토클레이브 팽창도시험

해설 오토클레이브 팽창도시험－시멘트의 안정성을 측정하는 시험

정답 ④

65. 다음 중 시멘트의 응결시험 방법으로 옳은 것은? [15.4]

① 비카시험　② 오토클레이브 시험
③ 블레인시험　④ 비비시험

해설
- 비카트침 시험 : 시멘트의 표준주도의 결정과 초결, 종결시험으로 응결시간을 측정한다.
- 오토클레이브 팽창도시험 : 시멘트의 안정성을 측정하는 시험이다.
- 블레인시험 : 시멘트의 분말도를 측정하는 시험이다.
- 비비시험 : 콘크리트의 반죽질기를 측정하는 시험이다.

66. 다음 중 콘크리트의 시공연도 시험방법이 아닌 것은? [12.4]

① 비카트침 시험(vicat test)
② 비비시험(vee bee test)
③ 플로우시험(flow test)
④ 슬럼프시험(slump test)

해설 콘크리트의 시공연도 시험방법으로 비비시험, 플로우시험, 슬럼프시험이 있으며 콘크리트의 반죽질기를 측정한다.

Tip) 비카트침 시험 : 시멘트의 표준주도의 결정과 초결, 종결시험으로 응결시간을 측정한다.

정답 63. ④　64. ④　65. ①　66. ①

67. 다음 시멘트 조성 화합물 중 수화속도가 느리고 수화열도 작게 해주는 성분은? [19.1]

① 규산3칼슘 ② 규산2칼슘
③ 알루미산 3칼슘 ④ 알루미산 철4칼슘

해설 시멘트 조성 화합물

명칭	규산 2칼슘 (C_2S)	규산 3칼슘 (C_3S)	알루미산 3칼슘 (C_3A)	알루미산 철4칼슘 (C_4AF)
조기강도	작다	크다	크다	작다
장기강도	크다	보통	작다	작다
수화 작용 속도	느리다	보통	빠르다	보통
수화 발열량	작다	크다	매우 크다	보통

67-1. 시멘트 클링커 구성 화합물 중 아리트라고도 부르며 수화반응이 비교적 빠르고 시멘트의 초기강도(3~28일 강도)를 지배하는 것은? [11.2/12.1]

① 규산제3칼슘(C_3S)
② 규산제2칼슘(C_2S)
③ 알루미산 제3칼슘(C_3A)
④ 알루미산 철 제4칼슘(C_4AF)

해설 규산제3칼슘(C_3S) : 수화반응이 비교적 빠르고, 수화발열량이 크며, 공기 중 수축이 작다.

정답 ①

67-2. 시멘트의 주요 조성 화합물 중에서 재령 28일 이후 시멘트 수화물의 강도를 지배하는 것은? [10.2]

① 규산제3칼슘
② 규산제2칼슘
③ 알루미산 제3칼슘
④ 알루미산 철 제4칼슘

해설 규산제2칼슘(C_2S) : 수화반응이 느리고, 수화발열량이 작으며, 공기 중 수축이 약간 있다.

정답 ②

시멘트 및 콘크리트 Ⅳ

68. 콘크리트의 강도를 결정하는 변수에 대한 설명으로 옳지 않은 것은? [11.1]

① 물-시멘트비가 일정한 콘크리트에서 공기량 증가에 따른 콘크리트 강도는 감소한다.
② 물-시멘트비가 일정할 때 빈배합 콘크리트가 부배합의 경우보다 높은 강도를 낼 수 있다.
③ 콘크리트 비빔방법 중 손비빔으로 하는 것보다 기계비빔으로 하는 것이 강도가 커진다.
④ 물-시멘트비가 일정할 때 굵은 골재의 최대치수가 클수록 콘크리트의 강도는 커진다.

해설 ④ 물-시멘트비가 일정할 때 골재의 최대치수는 강도에 영향이 없다.
Tip) 굵은 골재의 최대치수가 클수록 수밀성이 작아진다.

69. 다음은 시멘트를 조기강도가 큰 것으로부터 작은 순서대로 열거한 것이다. 옳은 것은? [15.2]

① 알루미나 시멘트-고로 시멘트-보통 포틀랜드 시멘트
② 보통 포틀랜드 시멘트-고로 시멘트-알루미나 시멘트
③ 알루미나 시멘트-보통 포틀랜드 시멘트-고로 시멘트

정답 67. ② 68. ④ 69. ③

④ 보통 포틀랜드 시멘트 – 알루미나 시멘트 – 고로 시멘트

해설 조기강도가 큰 순서는 알루미나 시멘트 > 보통 포틀랜드 시멘트 > 고로 시멘트이다.

70. 콘크리트의 중성화에 관한 설명으로 옳지 않은 것은? [10.1/11.1]

① pH가 5.0 정도의 산성인 콘크리트가 pH 7.0 정도의 중성을 띠게 되는 현상을 말한다.
② 콘크리트의 중성화는 주로 공기 중의 이산화탄소 침투에 기인하는 것이다.
③ 중성화가 진행되어도 콘크리트의 강도는 거의 변화가 없으나, 중성화되면 철근이 부식하기 쉽게 된다.
④ 콘크리트의 중성화에 영향을 미치는 요인으로는 물–시멘트비, 시멘트 골재의 종류, 혼화재료의 사용 유무 등이 있다.

해설 ① pH 12~13 정도의 알칼리성인 콘크리트가 시간 경과에 따라 pH 7 정도의 중성을 띄게 되는 현상을 말한다.

70-1. 다음 중 콘크리트의 중성화에 관한 설명으로 옳지 않은 것은? [20.4]

① 경화한 강알칼리성 콘크리트가 이산화탄소의 영향을 받아 알칼리성을 상실하는 것을 말한다.
② 콘크리트의 중성화는 주로 공기 중의 이산화탄소 침투에 기인하는 것이다.
③ 중성화가 진행되어도 철근은 영향을 거의 받지 않는 반면, 콘크리트의 강도는 급격하게 떨어진다.
④ 콘크리트의 중성화에 영향을 미치는 요인으로는 물–시멘트비, 시멘트의 골재의 종류, 혼화재료의 사용 유무 등이 있다.

해설 ③ 중성화가 진행되어도 콘크리트의 강도는 거의 변화가 없으나, 철근은 부식되기 쉽다.

정답 ③

70-2. 콘크리트의 중성화 시험을 위해 사용하는 것은? [13.2]

① 질산은 용액 ② 황산나트륨 용액
③ 페놀프탈레인 용액 ④ 탄산나트륨 용액

해설 페놀프탈레인 용액 – 콘크리트의 중성화 시험 용액

정답 ③

71. 콘크리트용 골재의 입도에 관한 설명으로 옳지 않은 것은? [19.2]

① 입도란 골재의 작고 큰 입자의 혼합된 정도를 말한다.
② 입도가 적당하지 않은 골재를 사용할 경우에는 콘크리트의 재료분리가 발생하기 쉽다.
③ 골재의 입도를 표시하는 방법으로 조립률이 있다.
④ 골재의 입도는 블레인시험으로 구한다.

해설 ④ 골재의 입도는 골재의 입도상태를 측정한다.
Tip) 블레인시험 – 시멘트의 분말도 측정

71-1. 골재의 입도와 최대치수에 대한 설명으로 옳지 않은 것은? [14.4]

① 골재의 입도는 골재의 입자크기의 분포 정도를 나타낸다.
② 입도분포가 양호한 골재는 실적률이 낮다.
③ 단위 용적당 굵은 골재의 최대치수가 지나치게 크면 재료분리 현상이 커진다.
④ 골재의 최대치수는 철근치수와 배근간격에 따라 결정된다.

정답 70. ① 71. ④

해설 ② 입도분포가 양호한 골재는 실적률이 높다.

정답 ②

71-2. 골재의 입도분포가 적정하지 않을 때 콘크리트에 나타날 수 있는 현상으로 옳지 않은 것은? [18.4]

① 유동성, 충전성이 불충분해서 재료분리가 발생할 수 있다.
② 경화콘크리트의 강도가 저하될 수 있다.
③ 콘크리트의 곰보 발생의 원인이 될 수 있다.
④ 콘크리트의 응결과 경화에 크게 영향을 줄 수 있다.

해설 ④ 콘크리트의 응결과 경화에 크게 영향을 주지 않는다.

정답 ④

72. 건설용 재료로서 콘크리트가 가지는 장점이 아닌 것은? [13.4]

① 압축강도와 인장강도가 모두 크다.
② 내구성 및 내화성이 좋다.
③ 자유로운 형태를 구현할 수 있다.
④ 재료의 확보가 용이하다.

해설 ① 압축강도 : 인장강도 $=1 : \frac{1}{10} \sim \frac{1}{13}$

72-1. 보통콘크리트에서 인장강도/압축강도의 비로 가장 알맞은 것은? [15.1/17.4/18.1]

① 1/2~1/5
② 1/5~1/7
③ 1/9~1/13
④ 1/17~1/10

해설 경화된 보통콘크리트의 강도

압축강도$(1) >$ 전단강도$\left(\frac{1}{4} \sim \frac{1}{7}\right) >$ 휨강도 $\left(\frac{1}{5} \sim \frac{1}{8}\right) >$ 인장강도$\left(\frac{1}{10} \sim \frac{1}{13}\right)$

정답 ③

73. 콘크리트용 골재에 관한 설명으로 옳지 않은 것은? [13.1]

① 골재의 조립률이란 일정 용기 내에 골재가 차지하는 실제 용적의 비율이다.
② 일반적으로 비중이 큰 것은 공극, 흡수율이 적으므로 동결에 의한 손실도 적고 내구성이 크다.
③ 실적률이 클수록 골재의 입도분포가 적당하여 시멘트 페이스트량이 적게 든다.
④ 알칼리 골재반응은 골재 중의 실리카질 광물이 시멘트 중의 알칼리 성분과 화학적으로 반응하는 것이다.

해설 ① 골재의 조립률이란 1조(9개의 체)를 통과하지 않고 남은 골재량을 100으로 나눈 값이다.

∴ 조립률(FM)

$$=\frac{\text{체를 통과하지 않고 남은 골재량}}{100}$$

73-1. 체가름시험을 하였을 때 각 체에 남는 누계량의 전체 시료에 대한 질량백분율의 합을 100으로 나눈 값은? [18.2]

① 실적률 ② 유효흡수율
③ 조립률 ④ 함수율

해설 골재의 조립률이란 1조(9개의 체)를 통과하지 않고 남은 골재량을 100으로 나눈 값이다.

∴ 조립률(FM)

$$=\frac{\text{체를 통과하지 않고 남은 골재량}}{100}$$

정답 ③

정답 72. ① 73. ①

73-2. 골재의 조립률(fineness modulus)에 관한 설명 중 옳지 않은 것은? [10.1/11.4/14.4]

① 모래보다 자갈의 조립률이 크다.
② 자갈의 조립률이 2.6~3.1이면 입도가 좋은 편이다.
③ 같은 골재라도 입경(粒經)이 크면 조립률은 커진다.
④ 조립률을 구하기 위해서 체가름시험 방법을 활용한다.

해설 ② 자갈(굵은 골재)의 조립률이 6~7이면 입도가 좋은 편이다.

Tip) • 모래의 조립률은 2.0~3.0 정도이다.
• 잔골재의 조립률은 2.6~3.1 정도이다.

정답 ②

73-3. 프리플레이스트 콘크리트에서 주입용 모르타르에 쓰이는 모래의 조립률(FM값) 범위로 가장 알맞은 것은? [18.1]

① 0.7~1.2 ② 1.4~2.2
③ 2.3~3.7 ④ 3.8~4.0

해설 프리플레이스트 콘크리트에서 주입용 모르타르에 쓰이는 모래의 조립률(FM값) 범위는 1.4~2.2이다.

정답 ②

74. 미리 거푸집 속에 특정한 입도를 가지는 굵은 골재를 채워 놓고 그 간극에 모르타르를 주입하여 제조한 콘크리트는? [18.2]

① 폴리머 시멘트 콘크리트
② 프리플레이스트 콘크리트
③ 수밀 콘크리트
④ 서중 콘크리트

해설 프리플레이스트 콘크리트 : 특정한 입도를 가진 굵은 골재를 거푸집에 채워 넣고 그 굵은 골재 사이의 공극에 특수한 모르타르를 압력으로 주입하여 만드는 콘크리트로 수중 콘크리트 타설 시 사용한다.

74-1. 보통 철근 대신 고강도 피아노선을 사용하여 단면을 작게 하면서 큰 응력을 받게 한 콘크리트는? [11.2]

① 프리스트레스트 콘크리트
② 프리캐스트 콘크리트
③ 레디믹스트 콘크리트
④ 프리플레이스트 콘크리트

해설 프리스트레스트 콘크리트 : 고강도 강선을 사용하여 인장응력을 증가시켜 휨 저항을 크게 한 것을 말한다.

정답 ①

75. 시멘트의 분말도에 관한 설명으로 옳지 않은 것은? [18.1]

① 시멘트의 분말도는 단위 중량에 대한 표면적이다.
② 분말도가 큰 시멘트일수록 물과 접촉하는 표면적이 증대되어 수화반응이 촉진된다.
③ 분말도 측정은 슬럼프시험으로 한다.
④ 분말도가 지나치게 클 경우에는 풍화되기가 쉽다.

해설 ③ 분말도 측정은 체분석법, 블레인법 등으로 한다.

Tip) 슬럼프시험 – 콘크리트의 시공연도 측정

75-1. 시멘트의 비표면적을 구하는 블레인시험은 무엇을 측정하기 위한 것인가? [11.1]

① 비중 ② 수화속도
③ 안전성 ④ 분말도

해설 블레인시험 – 시멘트의 분말도 측정

정답 ④

정답 74. ② 75. ③

75-2. 시멘트의 분말도가 클수록 나타나는 특징에 해당하지 않는 것은? [11.4/14.2]

① 수화작용이 촉진된다.
② 초기강도가 증대된다.
③ 풍화작용이 억제된다.
④ 초기에 균열이 많이 발생한다.

해설 ③ 풍화되기 쉽다.

정답 ③

75-3. 시멘트의 분말도가 높을수록 생기는 특성이 아닌 것은? [09.1/10.2/12.2/13.4]

① 수화작용이 빠르고 수밀성이 크다.
② 균열 발생도가 낮다.
③ 블리딩이 적어진다.
④ 초기강도의 발생이 빠르며 강도 증진률이 높다.

해설 ② 수축균열이 많이 발생한다.

정답 ②

76. 시멘트의 수화반응 속도에 영향을 주는 요인으로 가장 거리가 먼 것은? [15.1]

① 시멘트의 화학성분
② 골재의 강도
③ 분말도
④ 혼화제

해설 ②는 수화반응 속도에 영향을 주지 않는다.

77. 시멘트에 대한 일반적인 내용으로 옳지 않은 것은? [12.4]

① 시멘트의 수화반응에서 경화 이후의 과정을 응결이라 한다.
② 시멘트의 분말도가 클수록 수화작용이 빠르다.
③ 시멘트가 풍화되면 수화열이 감소된다.
④ 시멘트는 풍화되면 비중이 작아진다.

해설 ① 시멘트의 수화반응에서 응결 이후의 과정을 경화라 한다.

77-1. 시멘트에 물을 가하여 혼합하여 만들어진 시멘트 페이스트가 시간경과에 따라 유동성을 잃고 응고하는 현상을 무엇이라 하는가? [16.2]

① 응결 ② 풍화
③ 건조수축 ④ 경화

해설 응결 : 시멘트에 약간의 물을 첨가하여 혼합시키면 가소성이 있는 페이스트가 얻어지나 시간이 지나면 유동성을 잃고 응고하는 현상

정답 ①

77-2. 시멘트가 공기 중의 수분을 흡수하여 일어나는 수화작용을 의미하는 용어는? [13.4]

① 풍화 ② 경화 ③ 수축 ④ 응결

해설 풍화 : 시멘트가 저장 중 공기와 접촉하여 공기 중의 수분 및 이산화탄소 등을 흡수하면서 발생하는 반응

정답 ①

77-3. 풍화된 시멘트를 사용했을 경우에 관한 설명으로 옳지 않은 것은? [17.4]

① 응결이 늦어진다.
② 수화열이 증가한다.
③ 비중이 작아진다.
④ 강도가 감소된다.

해설 ② 수화열이 감소한다.

정답 ②

78. 시멘트를 저장할 때의 주의사항 중 옳지 않은 것은? [17.2]

정답 76. ② 77. ① 78. ②

① 쌓을 때 너무 압축력을 받지 않게 13포대 이내로 한다.
② 통풍을 좋게 한다.
③ 3개월 이상 된 것은 재시험하여 사용한다.
④ 저장소는 방습구조로 한다.

해설 ② 시멘트는 저장 중에 공기와 접촉하면 수분 및 이산화탄소를 흡수하여 수화반응이 일어난다.

78-1. 시멘트의 저장과 관련된 기준으로 옳지 않은 것은? [10.4/16.1]

① 3개월 이하 단기간 저장한 시멘트는 굳은 덩어리가 있더라도 사용이 가능하다.
② 시멘트를 쌓아 올리는 높이는 13포대 이하로 하는 것이 바람직하다.
③ 시멘트의 온도는 일반적으로 50℃ 정도 이하를 사용하는 것이 좋다.
④ 시멘트는 방습적인 구조로 된 사일로 또는 창고에 품종별로 구분하여 저장하여야 한다.

해설 ① 시멘트의 굳은 덩어리는 접착성이 떨어지므로 폐기한다.

정답 ①

시멘트 및 콘크리트 V

79. 보통 포틀랜드 시멘트의 성질에 관한 설명 중 옳지 않은 것은? [13.1]

① 시멘트의 분말도가 수화속도에 큰 영향을 준다.
② 시멘트의 분말도가 높으면 응결, 경화속도가 빠르다.
③ 온도와 습도가 높으면 응결시간이 느리며 경화가 지연된다.
④ 혼합용수가 많으면 응결, 경화가 느리다.

해설 응결속도가 빨라지는 인자 : 온도, 분말도, 알루미네이트 비율

Tip) 시멘트의 응결시간 : 습도가 높으면 응결시간이 느리고, 습도가 낮으면 응결시간은 빨라진다.

79-1. 보통 포틀랜드 시멘트의 성질에 관한 다음 설명 중 옳지 않은 것은? [09.2]

① 분말도는 수화작용 속도에 큰 영향을 미친다.
② 분말도가 큰 것일수록 풍화속도는 느려진다.
③ 분말도가 큰 것일수록 초기강도의 발생이 빠르다.
④ 분말도가 지나치게 크면 건조수축이 커져서 균열이 발생하기 쉽다.

해설 ② 분말도가 큰 것일수록 풍화되기 쉽다.

정답 ②

79-2. 보통 포틀랜드 시멘트의 비중에 관한 설명으로 옳지 않은 것은? [16.1]

① 동일한 시멘트의 경우에 풍화한 것일수록 비중이 작아진다.
② 일반적으로 3.15 정도이다.
③ 르샤틀리에의 비중병으로 측정된다.
④ 소성온도와 상관없이 일정하며, 제조 직후의 값이 가장 작다.

해설 ④ 소성온도와 성분에 따라 다르며, 제조 직후 보다는 풍화한 것일수록 값이 작다.

정답 ④

79-3. KS L 5201에 따른 1종 보통 포틀랜드 시멘트의 28일 압축강도 기준으로 옳은 것은? [16.4]

① 10MPa 이상 ② 12.5MPa 이상
③ 22.5MPa 이상 ④ 42.5MPa 이상

정답 79. ③

해설 보통 포틀랜드 시멘트의 압축강도(MPa) 기준

구분	1종	2종	3종	4종
1일	–	–	10.0 이상	–
3일	12.5 이상	7.5 이상	20.0 이상	–
7일	22.5 이상	15.0 이상	32.5 이상	7.5 이상
28일	42.5 이상	32.5 이상	47.5 이상	22.5 이상

정답 ④

79-4. 보통 포틀랜드 시멘트의 품질규정(KS L 5201)에서 비카시험의 초결시간과 종결시간으로 옳은 것은? [15.2]

① 30분 이상–6시간 이하
② 60분 이상–6시간 이하
③ 60분 이상–10시간 이하
④ 2시간 이상–10시간 이하

해설 보통 포틀랜드 시멘트의 비카시험

구분	1종	2종	3종	4종	5종
초결(분)	60 이상	60 이상	45 이상	60 이상	60 이상
종결(시간)	10 이하	10 이하	10 이하	10 이하	10 이하

정답 ③

79-5. 보통 포틀랜드 시멘트 제조 시 석고를 넣는 이유로 알맞은 것은? [09.4]

① 강도를 높이기 위하여
② 균열을 줄이기 위하여
③ 응결시간 조절을 위하여
④ 수축팽창을 줄이기 위하여

해설 보통 포틀랜드 시멘트 제조 시 석고(응결 지연제)를 넣는 이유는 응결시간 조절을 위해서이다.

정답 ③

79-6. 시멘트 제조 시 클링커(clinker)에 석고를 첨가하는 주된 이유는? [11.4]

① 조기강도의 증진 ② 응결속도의 조절
③ 시멘트 색의 조절 ④ 내약품성의 증대

해설 시멘트 제조 시 클링커에 석고를 첨가하는 이유는 응결이 초기에 급속하게 일어나지 않도록 응결속도를 조절하기 위해서이다.

정답 ②

80. 고로 시멘트는 포틀랜드 시멘트 클링커에 어떤 물질을 첨가한 것인가? [12.4]

① 고로슬래그 ② 플라이애시
③ 포졸란 ④ 알루미나

해설 고로 시멘트는 포틀랜드 시멘트 클링커에 급랭한 고로슬래그를 혼합한 것이다.

80-1. 보통 포틀랜드 시멘트와 비교한 고로 시멘트의 특징으로 틀린 것은? [12.1/13.2/16.1]

① 장기강도가 크다.
② 해수나 하수 등에 대한 저항성이 우수하다.
③ 미분말로서 초기강도 발현이 용이하다.
④ 초기 수화열이 낮다.

해설 ③ 초기강도가 낮고, 발열량이 적다.

정답 ③

81. P.S.콘크리트 부재 제작 시 프리스트레스(prestress)를 도입시키기 위해 개발된 시멘트는? [13.1/15.4]

① 제트 시멘트 ② 알루미나 시멘트

정답 80. ① 81. ④

③ 인산 시멘트 ④ 팽창 시멘트

해설 프리스트레스를 도입시키기 위해 개발된 시멘트는 팽창 시멘트이다.

82. 다음 중 시멘트의 제조공정 순서에서 가장 먼저 하는 공정은? [12.1]

① 주원료의 분쇄 ② 혼합
③ 가열 및 소성 ④ 석고 첨가

해설 제조공정은 주원료의 분쇄 → 혼합 → 가열 및 소성 → 석고 첨가 순서이다.

83. 시멘트(cement)의 화학성분 중 가장 많이 함유되어 있는 것은? [09.2]

① SiO_2 ② Fe_2O_3 ③ Al_2O_3 ④ CaO

해설 시멘트에 함유된 화학성분은 $CaO > SiO_2 > Al_2O_3 > Fe_2O_3$ 순서이다.

84. 초속경 시멘트의 특징에 관한 설명으로 옳지 않은 것은? [18.4]

① 주수 후 2~3시간 내에 $100 kgf/cm^2$ 이상의 압축강도를 얻을 수 있다.
② 응결시간이 짧으나 건조수축이 매우 큰 편이다.
③ 긴급 공사 및 동절기 공사에 주로 사용된다.
④ 장기간에 걸친 강도 증진 및 안정성이 높다.

해설 ② 초속경 시멘트는 건조수축이 거의 발생되지 않는다.

85. 수분 상승으로 인하여 콘크리트의 표면에 떠올라 얇은 피막으로 되어 침적한 물질은 무엇인가? [09.1/17.4]

① 레이턴스 ② 폴리머
③ 마그네시아 ④ 포졸란

해설 레이턴스 : 아직 굳지 않은 시멘트나 콘크리트 표면에 수분 상승으로 인하여 떠오른 얇은 피막으로 백색의 미세한 침전물이다.

85-1. 콘크리트에서 볼 수 있는 레이턴스(laitance) 현상의 피해로 대표적인 것은 어느 것인가? [09.2/13.2]

① 콘크리트의 수축균열 현상이 심화된다.
② 콘크리트의 응결 · 경화가 지연된다.
③ 경화콘크리트 내부에 공극이 발생한다.
④ 연속되는 콘크리트와의 부착력이 떨어진다.

해설 레이턴스
- 아직 굳지 않은 시멘트나 콘크리트 표면에 수분 상승으로 인하여 떠오른 얇은 피막으로 백색의 미세한 침전물이다.
- 콘크리트와의 부착력이 떨어진다.

정답 ④

86. 철근콘크리트 구조의 부착강도에 관한 설명으로 옳지 않은 것은? [18.2]

① 최초 시멘트 페이스트의 점착력에 따라 발생한다.
② 콘크리트 압축강도가 증가함에 따라 일반적으로 증가한다.
③ 거푸집 강성이 클수록 부착강도의 증가율은 높아진다.
④ 이형철근의 부착강도가 원형철근보다 크다.

해설 ③ 거푸집 강성과 부착강도는 관련이 없다.

87. 보통 콘크리트의 단위 시멘트량 최소치로 옳은 것은? [12.1]

① $200 kg/m^3$ ② $250 kg/m^3$
③ $270 kg/m^3$ ④ $300 kg/m^3$

해설 보통콘크리트의 단위 시멘트량은 $270 kg/m^3$이다.

Tip) 철근콘크리트의 단위 시멘트량은 $300 kg/m^3$이다.

정답 82. ① 83. ④ 84. ② 85. ① 86. ③ 87. ③

88. 철근콘크리트 1m^3 무게는 대략 얼마 정도인가? [17.2]

① 1t ② 2t
③ 2.4t ④ 3t

해설 철근콘크리트 무게=체적×비중
$=1\text{m}^3\times 2.4=2.4\text{t}$
여기서, 철근콘크리트의 비중 : 2.4

89. 속빈 콘크리트 블록(KS F 4002)에 대한 설명 중 옳지 않은 것은? [10.4]

① 구멍을 제외한 실제 단면적에 가해진 하중으로 압축강도를 구한다.
② A종 블록의 기건비중은 1.7 미만이다.
③ C종 블록의 압축강도는 8MPa 이상이다.
④ 모양 및 치수에 따라 기본블록과 이형블록으로 나뉜다.

해설 ① 전 단면적에 대한 압축강도(MPa)
$=\dfrac{\text{최대하중}}{\text{가압 전 단면적}}$

89-1. 속빈 콘크리트 A종 블록의 전 단면적에 대한 압축강도 규정은? (단, 전 단면적이란 가압면(길이×두께)으로서, 속빈 부분 및 블록 양끝의 오목하게 들어간 부분의 면적도 포함한다.) [12.2]

① 4MPa 이상 ② 6MPa 이상
③ 8MPa 이상 ④ 10MPa 이상

해설 속빈 콘크리트 블록

구분	기건비중	전 단면적에 대한 압축강도
A종 블록	1.7 미만	4MPa 이상
B종 블록	1.9 미만	6MPa 이상
C종 블록	–	8MPa 이상

정답 ①

89-2. 속빈 콘크리트 블록(KS F 4002)의 성능을 평가하는 시험항목과 거리가 먼 것은? [14.1]

① 기건비중 시험
② 전 단면적에 대한 압축강도 시험
③ 내충격성 시험
④ 흡수율시험

해설 속빈 콘크리트 블록의 성능을 평가하는 시험항목 : 시험체, 기건비중 시험, 흡수율시험, 전 단면적에 대한 압축강도 시험

정답 ③

90. 모래의 함수율과 용적변화에서 이넌데이트(inundate) 현상이란 어떤 상태를 말하는가? [18.2]

① 함수율 0~8%에서 모래의 용적이 증가하는 현상
② 함수율 8%의 습윤상태에서 모래의 용적이 감소하는 현상
③ 함수율 8%에서 모래의 용적이 최고가 되는 현상
④ 절건상태와 습윤상태에서 모래의 용적이 동일한 현상

해설 이넌데이트(inundate) 현상 : 절건상태와 습윤상태에서 모래의 용적이 같아지는 현상

91. 콘크리트 제조에 사용되는 일반적인 구성재료가 아닌 것은? [16.2]

① 혼화재료 ② 시멘트
③ 염화물 ④ 골재

해설 염화물 : 콘크리트 제조에 사용되는 구성재료의 불순물인 염분이다.

92. 콘크리트의 수화속도에 영향을 미치는 인자가 아닌 것은? [10.4/13.2]

정답 88. ③ 89. ① 90. ④ 91. ③ 92. ④

① 혼화재료
② 물-시멘트비
③ 양생온도
④ 사용자갈의 크기

해설 콘크리트의 수화속도에 영향을 미치는 인자 : 혼화재료, 물-시멘트비, 양생온도 등

시멘트 및 콘크리트 Ⅵ

93. 다음 중 20℃ 기건상태에서 단열성이 가장 우수한 것은? [17.4]

① 화강암 ② 판유리
③ 알루미늄 ④ ALC

해설 경량 기포 콘크리트(ALC)
- 경량성, 흡음 · 차음성, 단열성이 크다.
- 습기에 취약하며 동해에 약해 수밀성, 방수성이 낮다.
- 강도가 낮아 주로 비내력벽, 지붕, 바닥재로 사용된다.
- 현장에서 절단 및 가공이 용이하다.
- 인력에 의한 취급이 간편하며, 크기 조절이 자유로워 대형판 제조도 가능하다.

93-1. ALC 제품의 특성에 관한 설명으로 옳지 않은 것은? [18.4]

① 흡수성이 크다.
② 단열성이 크다.
③ 경량으로서 시공이 용이하다.
④ 강알칼리성이며 변형과 균열의 위험이 크다.

해설 ④ 약알칼리성이며 변형과 균열의 위험이 적다.

정답 ④

93-2. ALC(Autoclave Lightweight Concrete) 제품에 대한 설명 중 옳지 않은 것은? [14.1]

① 대형판 제조가 불가능하다.
② 시공이 용이하고 내화성이 크다.
③ 제품 발포제로서 알루미늄 분말을 사용한다.
④ 절건상태에서 비중이 0.45~0.55 정도이다.

해설 ① 대형판 제조가 가능하다.

정답 ①

93-3. ALC(Autoclaved Lightweight Concrete) 제품에 관한 설명 중 옳지 않은 것은? [09.2]

① 주원료는 백색 포틀랜드 시멘트이다.
② 보통콘크리트에 비해 다공질이고 열전도율이 낮다.
③ 물에 노출되지 않는 곳에서 사용하도록 한다.
④ 경량제이므로 인력에 의한 취급이 가능하고 현장가공 등 시공성이 우수하다.

해설 ① 주원료는 규산질, 석회질을 원료로 하여 기포제와 발포제를 첨가하여 만든다.

정답 ①

94. 건설구조용으로 사용하고 있는 각 재료에 관한 설명으로 옳지 않은 것은? [18.4]

① 레진콘크리트는 결합재로 시멘트, 폴리머와 경화제를 혼합한 액상수지를 골재와 배합하여 제조한다.
② 섬유보강 콘크리트는 콘크리트의 인장강도와 균열에 대한 저항성을 높이고 인성을 대폭 개선시킬 목적으로 만든 복합재료이다.
③ 폴리머 함침콘크리트는 미리 성형한 콘크리트에 액상의 폴리머 원료를 침투시켜 그 상태에서 고결시킨 콘크리트이다.
④ 폴리머 시멘트 콘크리트는 시멘트와 폴리머를 혼합하여 결합재로 사용한 콘크리트이다.

정답 93. ④ 94. ①

해설 ① 레진콘크리트는 불포화 폴리에스테르수지를 결합재로 골재와 배합하여 제조한 콘크리트이다.

95. 콘크리트의 블리딩 현상에 대한 설명 중 옳지 않은 것은? [17.1]

① 콘크리트의 컨시스턴시가 클수록 블리딩은 증대한다.
② AE콘크리트는 보통콘크리트에 비하여 블리딩 현상이 적다.
③ 블리딩 현상에 의해 떠오른 미립물은 상호 간 접착력을 증대시킨다.
④ 콘크리트 면이 침하되어 콘크리트 균열의 원인이 된다.

해설 ③ 블리딩 현상에 의해 떠오른 미립물은 상호 간 접착력을 감소시킨다.
Tip) 블리딩 현상은 콘트리트의 응결이 시작하기 전 침하하는 현상이다.

96. 실적률이 큰 골재를 사용한 콘크리트에 대한 설명 중 옳지 않은 것은? [11.1/14.1]

① 단위 시멘트량을 줄일 수 있다.
② 콘크리트의 마모저항의 증대를 기대할 수 있다.
③ 콘크리트의 내구성 및 강도를 높일 수 있다.
④ 콘크리트의 투수성이나 흡습성이 커진다.

해설 ④ 콘크리트의 투수성이나 흡습성이 감소된다.

97. 시멘트의 수화열에 의한 온도의 상승 및 하강에 따라 작용된 구속응력에 의해 균열이 발생할 위험이 있어, 이에 대한 특수한 고려를 요하는 콘크리트는? [18.2]

① 매스콘크리트 ② 유동화콘크리트
③ 한중콘크리트 ④ 수밀콘크리트

해설 매스콘크리트 : 부재의 단면치수가 슬리브에서 80cm 이상일 때 타설하는 콘크리트

97-1. 매스콘크리트에서 균열 제어를 하기 위한 대책으로 틀린 것은? [10.4/14.2]

① 콘크리트의 온도상승을 적게 한다.
② 굵은 골재의 최대치수는 건조수축 등을 고려하여 되도록 작은 값을 사용한다.
③ 급격한 온도변화를 피한다.
④ 저발열성 시멘트를 사용한다.

해설 ② 굵은 골재의 최대치수는 건조수축 등을 고려하여 되도록 큰 값을 사용한다.

정답 ②

97-2. 매스콘크리트에서 발열온도를 저감시키기 위한 대책 중 옳지 않은 것은? [10.1]

① 슬럼프를 작게 한다.
② 골재치수를 작게 한다.
③ 양질의 골재를 사용한다.
④ 양질의 혼화재를 사용한다.

해설 ② 골재치수는 굵은 골재를 사용한다.

정답 ②

98. 환경 문제 해결에 부응하는 특수콘크리트 중 제올라이트(zeolite) 등을 콘크리트에 적용하여 습도상승 등을 억제하는 콘크리트는? [14.4]

① 조습성 콘크리트
② 저소음 콘크리트
③ 자원순환 콘크리트
④ 다공질 색상 콘크리트

해설 조습성 콘크리트 : 제올라이트 등을 콘크리트에 적용하여 습도상승 등을 억제하는 콘크리트

정답 95. ③ 96. ④ 97. ① 98. ①

99. 고강도 콘크리트 건축물의 폭열방지 대책으로 콘크리트에 혼입하여 사용하는 섬유는? [14.4]

① 강섬유 ② 탄소섬유
③ 아라미드섬유 ④ 폴리프로필렌섬유

해설 고강도 콘크리트 건축물의 폭열방지를 위해 콘크리트에 폴리프로필렌섬유를 혼입한다.

100. 다음 중 콘크리트용 철근의 부식을 방지하기 위해 일반적으로 사용되는 방청제의 주 성분은? [12.1]

① 페놀 ② 테라핀유
③ 염화칼슘 ④ 아초산염

해설 아초산염 : 철근의 부식을 방지하기 위해 사용되는 대표적인 방청제

101. 동절기 공사의 콘크리트 초기동해를 방지하는 방법 중 옳지 않은 것은? [12.2]

① 적정량의 연행공기를 넣어준다.
② 보온양생을 충분히 한다.
③ 조강 포틀랜드 시멘트를 사용한다.
④ 물-시멘트비를 크게 한다.

해설 ④ 물-시멘트비를 작게 한다.

101-1. 다음 중 콘크리트의 동결과 융해에 대한 저항성을 높이는 방법으로 옳지 않은 것은? [12.1]

① AE제를 사용한다.
② 빈배합의 콘크리트를 만든다.
③ 물-시멘트비를 줄인다.
④ 수밀한 콘크리트를 만든다.

해설 ② 빈배합 콘크리트의 공기량이 증가하면 동결과 융해에 약해진다.

정답 ②

102. 콘크리트 내의 공극을 메워 조직을 치밀하게 하는 공극 충전에 이용되는 재료로 가장 적합한 것은? [16.2]

① 포졸란계
② 실리콘계
③ 아스팔트계
④ 물유리

해설 포졸란계 : 콘크리트 내의 공극을 메워 조직을 치밀하게 하는 공극 충전재

103. 다음 중 프리캐스트 콘크리트 파일에 속하는 것은? [11.2]

① 심플렉스 파일
② 프랭키 파일
③ 원심력 철근콘크리트 파일
④ 컴프레솔 파일

해설 현장 타설 말뚝의 관입공법 : 심플렉스 파일, 프랭키 파일, 컴프레솔 파일 등

금속재 I

104. 비철금속에 관한 설명으로 옳지 않은 것은? [17.1]

① 비철금속은 철 이외의 금속을 말한다.
② 철금속에 비하여 내식성이 우수하고 경량이다.
③ 가공이 용이하여 건축용 장식에도 사용된다.
④ 비철금속의 종류는 철강과 탄소강이 있다.

해설 ④ 금속의 종류에 철강과 탄소강이 있다.

정답 99. ④ 100. ④ 101. ④ 102. ① 103. ③ 104. ④

104-1. 비철금속에 관한 설명으로 옳은 것은? [19.4]

① 알루미늄은 융점이 높기 때문에 용해 주조도는 좋지 않으나 내화성이 우수하다.
② 황동은 동과 주석 또는 기타의 원소를 가하여 합금한 것으로, 청동과 비교하여 주조성이 우수하다.
③ 니켈은 아황산가스가 있는 공기에서는 부식되지 않지만 수중에서는 색이 변한다.
④ 납은 내식성이 우수하고 방사선의 투과도가 낮아 건축에서 방사선 차폐용 벽체에 이용된다.

해설 ① 알루미늄은 융점이 낮아 용해 주조도는 좋으나 내화성이 좋지 않다.
② 황동은 구리와 아연으로 된 합금으로 청동과 비교하여 주조성이 좋다.
③ 니켈은 아황산가스가 있는 공기에서 부식된다.
Tip) 납 : 비중(11.34)이 비교적 크고 용융점(327.46℃)이 낮아 가공이 쉬우며, 방사선 투과도가 낮아 건축에서 방사선 차폐용 벽체에 이용된다.

정답 ④

104-2. 비철금속에 관한 설명으로 옳지 않은 것은? [20.2]

① 청동은 동과 주석의 합금으로 건축장식 철물 또는 미술공예 재료에 사용된다.
② 황동은 동과 아연의 합금으로 산에는 침식되기 쉬우나 알칼리나 암모니아에는 침식되지 않는다.
③ 알루미늄은 광선 및 열의 반사율이 높지만 연질이기 때문에 손상되기 쉽다.
④ 납은 비중이 크고 전성, 연성이 풍부하다.

해설 ② 황동은 구리와 아연으로 된 합금이며, 산 · 알칼리에 침식되기 쉽다.

정답 ②

105. 비철금속 중 동(銅)에 관한 설명으로 옳지 않은 것은? [19.1]

① 맑은 물에는 침식되나 해수에는 침식되지 않는다.
② 전 · 연성이 좋아 가공하기 쉬운 편이다.
③ 철강보다 내식성 우수하다.
④ 건축재료로는 아연 또는 주석 등을 활용한 합금을 주로 사용한다.

해설 ① 맑은 물에 부식하여 녹청색으로 변하지만, 내부까지는 부식되지 않으며, 해수 및 암모니아에는 침식된다.

105-1. 구리에 관한 설명으로 옳지 않은 것은? [20.1]

① 상온에서 연성, 전성이 풍부하다.
② 열 및 전기전도율이 크다.
③ 암모니아와 같은 약알칼리에 강하다.
④ 황동은 구리와 아연을 주체로 한 합금이다.

해설 ③ 암모니아와 같은 알칼리성에 약하다.

정답 ③

105-2. 구리(Cu)와 주석(Sn)을 주체로 한 합금으로 주조성이 우수하고 내식성이 크며 건축장식 철물 또는 미술공예 재료에 사용되는 것은? [13.4/14.2/18.2]

① 청동 ② 황동
③ 양백 ④ 두랄루민

해설 청동은 구리와 주석을 주체로 한 합금으로 건축장식 부품 또는 미술공예 재료로 사용된다.

정답 ①

105-3. 동합금 중 청동(bronze)에 대한 설명으로 옳지 않은 것은? [11.2]

① 동(Cu)과 주석(Sn)을 주성분으로 한다.

정답 105. ①

② 황동에 비해 내식성이 약하다.
③ 황동에 비해 주조성이 뛰어나다.
④ 건축물의 장식 부품 또는 미술공예 재료로 사용된다.

해설 ② 황동에 비해 내식성이 크다.
Tip) 청동 : 주조성, 강도, 내마멸성이 좋다.

정답 ②

105-4. 다음 중 황동의 주성분으로 옳은 것은? [12.1]

① 구리와 아연 ② 구리와 니켈
③ 구리와 알루미늄 ④ 구리와 철

해설 황동은 구리와 아연으로 된 합금이다.

정답 ①

105-5. 황동의 성질에 대한 설명으로 옳지 않은 것은? [09.4]

① 동과 주석의 합금이다.
② 가공이 용이하고 내식성이 크다.
③ 알칼리 및 암모니아에 침식되기 쉽다.
④ 논 슬립, 코너비드, 경첩 등으로 쓰인다.

해설 ① 황동은 구리와 아연으로 된 합금이다.

정답 ①

106. 방사선 차단성이 가장 큰 금속은? [17.2]

① 납 ② 알루미늄
③ 동 ④ 주철

해설 납 : 비중(11.34)이 비교적 크고 용융점(327.46℃)이 낮아 가공이 쉬우며, 방사선 투과도가 낮아 건축에서 방사선 차폐용 벽체에 이용된다.

106-1. 다음 중 납(Pb)에 대한 설명으로 틀린 것은? [15.1]

① 방사선의 투과도가 낮아 건축에서 방사선 차폐용 벽체에 이용된다.
② 비중이 11.4로 아주 크고 연질이며 전 · 연성이 크다.
③ 콘크리트 중에 매입할 경우 적당히 표면을 피복할 필요가 있다.
④ 증류수에 용해가 되지 않으며, 인체에도 무해하여 주로 수도관에 사용된다.

해설 ④ 증류수에 용해되며, 인체에 유해한 영향을 미친다.

정답 ④

107. 금속의 종류 중 아연에 관한 설명으로 옳지 않은 것은? [16.4]

① 인장강도나 연신율이 낮은 편이다.
② 이온화 경향이 크고, 구리 등에 의해 침식된다.
③ 아연은 수중에서 부식이 빠른 속도로 진행된다.
④ 철판의 아연도금에 널리 사용된다.

해설 ③ 아연은 수중에서 내식성이 크다.

108. 알루미늄에 관한 설명으로 옳지 않은 것은? [09.4/13.2/16.1]

① 250~300℃에서 풀림한 것은 콘크리트 등의 알칼리에 침식되지 않는다.
② 비중은 철의 1/3 정도이다.
③ 전연성이 좋고 내식성이 우수하다.
④ 온도가 상승함에 따라 인장강도가 급격히 감소하고 600℃에서 거의 0이 된다.

해설 ① 250~300℃에서 풀림한 것은 콘크리트 등의 산 · 알칼리에 침식되기 쉽다.

108-1. 알루미늄의 성질에 관한 설명으로 옳지 않은 것은? [18.1]

정답 106. ① 107. ③ 108. ①

① 반사율이 작으므로 열 차단재로 쓰인다.
② 독성이 없으며 무취이고 위생적이다.
③ 산과 알칼리에 약하여 콘크리트에 접하는 면에는 방식처리를 요한다.
④ 융점이 낮기 때문에 용해 주조도는 좋으나 내화성이 부족하다.

해설 ① 반사율, 열 및 전기전도성이 크다.

정답 ①

108-2. 알루미늄과 그 합금재료의 일반적인 성질에 관한 설명으로 옳지 않은 것은? [17.2/19.1]

① 산, 알칼리에 강하다.
② 내화성이 작다.
③ 열 · 전기전도성이 크다.
④ 비중이 철의 약 1/3이다.

해설 ① 산과 알칼리에 약하다. 해수 중에서 부식하기 쉬우며 황산, 인산, 질산, 염산 중에서는 침식된다.

정답 ①

108-3. 비철금속 재료 중 알루미늄에 대한 설명으로 옳지 않은 것은? [12.4/17.1]

① 전기와 열의 양도체이다.
② 알칼리에 침식된다.
③ 융점은 640~660℃ 정도이다.
④ 열에 의한 팽창계수는 콘크리트와 유사하다.

해설 재료의 열팽창계수

재료	열팽창계수
알루미늄	21×10^{-6}
콘크리트	10×10^{-6}

→ 알루미늄의 열팽창계수는 콘크리트의 열팽창계수에 2배 정도이다.

정답 ④

108-4. 습기가 있는 콘크리트나 모르타르에 알루미늄 새시를 직접 닿지 않도록 해야 하는데 그 이유로 가장 적합한 것은? [10.4/15.4]

① 연질이며 강도가 낮아서
② 내수성이 약해서
③ 산, 알칼리, 해수 등에 쉽게 침식되어서
④ 열팽창률이 달라서

해설 알루미늄은 산과 알칼리에 약하다. 해수 중에서 부식하기 쉬우며 황산, 인산, 질산, 염산 중에서는 침식된다.

정답 ③

108-5. 알루미늄의 용도로 가장 적합하지 않은 것은? [17.4]

① 창호철물
② 콘크리트에 면하는 마감재
③ 새시
④ 라디에이터

해설 알루미늄은 산과 알칼리에 약하므로 콘크리트에 면하는 마감재로 사용하면 부식된다.

정답 ②

109. 각종 금속의 성질 및 사용법에 관한 설명으로 틀린 것은? [15.1]

① 아연판은 철과 접촉하면 침식되므로 아연못을 사용한다.
② 동은 대기 중에서 내구성이 있으나 암모니아에 침식된다.
③ 연은 산과 알칼리에 강하므로 콘크리트에 직접 매설하여도 침식이 적다.
④ 동은 전연성이 풍부하므로 가공하기 쉽다.

해설 ③ 납(Pb : 연)은 알칼리에 잘 침식되므로 콘크리트 중에 매입할 경우 침식된다.

109-1. 다음 금속관 중 가장 내산성이 우수한 것은? [12.1]

정답 109. ③

① 연관 ② 동관
③ 알루미늄관 ④ 강관

해설 납(연)은 전 · 연성이 크며, 내산성이 우수한 금속이다.

정답 ①

110. **다음 중 열 및 전기전도율이 가장 큰 금속은?** [12.2/15.4]

① 알루미늄 ② 크롬
③ 니켈 ④ 구리

해설 전도율은 은 > 구리 > 금 > 크롬 > 알루미늄 > 마그네슘 > 아연 > 니켈 > 철 > 납 > 안티몬 등의 순서이다.

111. **다음 금속 중 이온화 경향이 가장 큰 것은?** [10.2/11.1/15.2]

① Zn ② Cu ③ Ni ④ Fe

해설 이온화 경향은 Mg > Al > Zn > Fe > Ni > Sn > Pb > (H) > Cu 순서이다.

112. **크롬 · 니켈 등을 함유하며 탄소량이 적고 내식성, 내열성이 뛰어나며 건축재료로 다방면에 사용되는 특수강은?** [10.2/13.1]

① 동강(copper steel)
② 주강(steel casting)
③ 스테인리스강(stainless steel)
④ 저탄소강(low carbon steel)

해설 스테인리스강의 성분원소는 Cr 17～20%, Ni 7～10%, C 0.2% 이하로 탄소량이 적고 내식성 · 내열성이 우수하다.

112-1. **스테인리스강은 어떤 성분의 금속이 많이 포함되어 있는 금속재료인가?** [09.2/11.4]

① 망간 ② 규소
③ 크롬 ④ 인

해설 크롬 : 은백색의 광택이 나는 단단한 금속 원소로 염산과 황산에는 녹으나 공기 중에는 녹이 슬지 않으며, 도금이나 합금재료로 널리 쓰인다.

Tip) 스테인리스강의 성분원소는 Cr 17～20%, Ni 7～10%, C 0.2% 이하이다.

정답 ③

112-2. **스테인리스강에 대한 설명으로 옳지 않은 것은?** [15.4]

① 강도가 높고 열에 대한 저항성이 크다.
② 먼지가 잘 끼고 표면이 더러워지면 청소가 어렵다.
③ 크롬(Cr)의 첨가량이 증가할수록 내식성이 좋아진다.
④ 전기저항성이 크고 열전도율이 낮다.

해설 ② 녹슬지 않고 먼지 등 표면이 더러워져도 청소하기 쉽다.

정답 ②

금속재 II

113. **금속의 기계적 성질에 대한 설명 중 옳은 것은?** [16.2]

① 강은 탄소의 함유량이 많을수록 강도는 작아진다.
② 신율은 탄소량이 증가할수록 비례해서 증가한다.
③ 경도는 탄소량 2%까지는 탄소량에 비례하고, 그 이상에서는 감소한다.
④ 봉강은 탄소량이 적을수록 연질이므로 굴곡가공이 용이하다.

정답 110. ④ 111. ① 112. ③ 113. ④

해설 ① 강은 탄소함유량이 약 0.85%까지는 인장강도가 증가하지만, 그 이상이 되면 다시 감소한다.
② 연신율은 탄소량이 증가할수록 감소한다.
③ 탄소함유량이 증가하면 경도와 전기저항은 증가하며 연성, 단면수축률은 저하한다.

113-1. 강에 함유된 탄소량의 증감과 관련이 없는 것은? [14.1/17.1]

① 경도의 증감
② 내산, 내알칼리성의 증감
③ 인장강도의 증감
④ 연성(신장률)의 증감

해설 탄소성분의 증가가 강재 성질에 끼치는 영향
- 탄소함유량이 약 0.85%까지는 인장강도가 증가한다.
- 경도, 비열, 전기저항은 증가한다.
- 인성, 연신율, 열전도율, 비중은 감소한다.
- 연성 및 전성과 용접성이 저하된다.

정답 ②

113-2. 강의 물리적 성질 중 탄소함유량이 증가함에 따라 나타나는 현상이 아닌 것은? [14.2/18.4]

① 비중이 낮아진다.
② 열전도율이 커진다.
③ 팽창계수가 낮아진다.
④ 비열과 전기저항이 커진다.

해설 ② 열전도율이 작아진다.

정답 ②

113-3. 강의 탄소함유량이 증가함에 따른 성질변화에 관한 설명으로 옳지 않은 것은? [13.4]

① 경도가 높아진다.
② 인성이 낮아진다.
③ 연성이 낮아진다.
④ 용접성이 좋아진다.

해설 ④ 용접성이 저하된다.

정답 ④

113-4. 탄소함유량이 많은 것부터 순서대로 옳게 나열한 것은? [10.1/14.4/19.2]

① 연철 > 탄소강 > 주철
② 연철 > 주철 > 탄소강
③ 탄소강 > 주철 > 연철
④ 주철 > 탄소강 > 연철

해설 주철(탄소 1.7~4.5%) > 탄소강 > 강철(탄소 0.1~1.7%) > 연철(탄소 0.1% 이하) > 순철(탄소 0.03% 이하)

정답 ④

114. 다음 철물 중 창호용이 아닌 것은 어느 것인가? [09.1/13.1]

① 안장쇠　　② 크레센트
③ 도어체인　　④ 플로어 힌지

해설 창호용 철물 : 크레센트, 도어체인, 플로어 힌지, 피벗 힌지, 래버터리 힌지, 나이트 래치, 도어 스톱, 경첩, 지도리 등
Tip) 안장쇠 : 한 부재에 걸쳐 놓고 다른 부재를 받칠 수 있게 안장처럼 만든 쇠

114-1. 금속제 용수철과 완충유와의 조합작용으로 열린 문이 자동으로 닫히게 하는 것으로 바닥에 설치되며, 일반적으로 무게가 큰 중량 창호에 사용되는 것은? [11.2/18.2]

① 래버터리 힌지　　② 플로어 힌지
③ 피벗 힌지　　④ 도어 클로저

해설 플로어 힌지 : 문을 경첩으로 유지할 수 없는 무거운 문의 개폐용으로 사용한다.

정답 ②

114-2. 창호 철물로서 도어 체크를 달 수 있는 문은? [12.1/12.4]

① 미닫이문 ② 여닫이문
③ 접이문 ④ 미서기문

해설 도어 체크 : 여닫이 출입 등에 사용하는 철물로 일정한 간격만 문이 열리고, 닫힐 때 서서히 닫히게 하는 철물

정답 ②

115. 다음 중 금속제품과 그 용도를 짝지은 것 중 옳지 않은 것은? [09.2]

① 데크 플레이트－콘크리트 슬래브의 거푸집
② 조이너－천장, 벽 등의 이음새 노출방지
③ 코너비드－기둥, 벽의 모서리 미장바름 보호
④ 펀칭메탈－천장 달대를 고정시키는 철물

해설 ④ 인서트－콘크리트 타설 후 달대를 매달기 위해 사전에 매설시키는 고정철물
Tip) 펀칭메탈－여러 가지 모양의 구멍을 뚫은 철판

115-1. 실내의 라디에이터 커버, 환기구멍 등에 사용되는 금속가공 제품은? [09.1/11.1]

① 펀칭메탈(punching metal)
② 벤틸레이터(ventilator)
③ 리브라스(rib lath)
④ 논 슬립(non－slip)

해설 펀칭메탈 : 두께가 얇은 강철판에 환기를 위한 구멍을 뚫어 만든 것으로 라디에이터 커버, 환기구멍 등에 사용되는 금속가공 제품

정답 ①

115-2. 콘크리트 표면 등에 어떤 구조물 등을 달아 매기 위하여 콘크리트를 부어넣기 전에 미리 묻어 넣은 고정철물로 주철제 또는 철판가공품의 명칭은? [10.4/11.4]

① 인서트 ② 코너비드
③ 드라이브핀 ④ 조이너

해설 인서트 : 콘크리트 타설 후 달대를 매달기 위해 사전에 매설시키는 고정철물

정답 ①

115-3. 철근콘크리트 바닥판 밑에 반자틀이 계획되어 있음에도 불구하고 실수로 인하여 인서트(insert)를 설치하지 않았다고 할 때 인서트의 효과를 낼 수 있는 철물 설치방법으로 옳지 않은 것은? [11.1]

① 익스팬션 볼트(expansion bolt) 설치
② 스크루 앵커(screw anchor) 설치
③ 드라이브 핀(drive pin) 설치
④ 개스킷(gasket) 설치

해설 개스킷 : 실린더의 이음매나 파이프의 접합부 따위를 메우는데 쓰는 얇은 판 모양의 패킹

정답 ④

116. 주철의 최대 장점인 주조성을 가지며 또한 결점인 취성을 제거하여 강과 같이 단조할 수 있는 제품으로 듀벨, 창호철물, 파이프 등에 사용되는 것은? [14.2]

① 고급주철 ② 강성주철
③ 가단주철 ④ 백주철

해설 가단주철 : 인성, 내식성이 우수하며, 고강도 부품이나 듀벨, 창호철물, 파이프 등의 재료로 사용된다.

116-1. 보의 이음 부분에 볼트와 함께 보강철물로 사용되는 것으로 두 부재 사이의 전단력에 저항하는 목재구조용 철물은? [16.2]

① 꺽쇠 ② 띠쇠
③ 듀벨 ④ 감잡이쇠

정답 115. ④ 116. ③

해설 듀벨 : 2개의 목재를 접합할 때 두 부재 사이에 끼워 볼트와 같이 사용하여 전단력에 저항하도록 한 철물

정답 ③

117. 철골부재로 쓰이는 형강은 주로 어떤 방법으로 제조하는가? [13.2]

① 인발법 ② 단조법
③ 주조법 ④ 압연법

해설 형강, 강판 등은 주로 압연법으로 제조한다.
Tip) 재결정온도를 기준으로 열간압연과 냉간압연으로 구분한다.

118. 금속재료의 부식을 방지하는 방법이 아닌 것은? [09.2/12.4/14.4/20.1]

① 이종금속을 인접 또는 접촉시켜 사용하지 말 것
② 균질한 것을 선택하고 사용 시 큰 변형을 주지 말 것
③ 큰 변형을 준 것은 풀림(annealing)하지 않고 사용할 것
④ 표면을 평활하고 깨끗이 하며, 가능한 건조 상태로 유지할 것

해설 ③ 큰 변형을 준 것은 가능한 한 풀림하여 사용할 것

118-1. 금속의 부식방지 대책으로 옳지 않은 것은? [09.1/19.4]

① 가능한 한 두 종의 서로 다른 금속은 틈이 생기지 않도록 밀착시켜서 사용한다.
② 균질한 것을 선택하고 사용할 때 큰 변형을 주지 않도록 주의한다.
③ 표면을 평활, 청결하게 하고 가능한 한 건조상태를 유지하며 부분적인 녹은 빨리 제거한다.
④ 큰 변형을 준 것은 가능한 한 풀림하여 사용한다.

해설 ① 가능한 한 이종금속을 인접 또는 접촉시켜 사용하지 않는다.

정답 ①

118-2. 철강의 부식 및 방식에 대한 설명 중 옳지 않은 것은? [11.2]

① 철강의 표면은 대기 중의 습기나 탄산가스와 반응하여 녹을 발생시킨다.
② 철강은 물과 공기에 번갈아 접촉되면 부식되기 쉽다.
③ 방식법에는 철강의 표면을 Zn, Sn, Ni 등과 같은 내식성이 강한 금속으로 도금하는 방법이 있다.
④ 일반적으로 산에는 부식되지 않으나 알칼리에는 부식된다.

해설 ④ 철강은 일반적으로 산이나 알칼리에 약하며, 백점(flake)이나 헤어크랙(hair crack)의 원인이 된다.

정답 ④

119. 금속면의 보호와 부식방지를 목적으로 사용하는 방청도료와 가장 거리가 먼 것은? [19.2]

① 광명단 조합페인트
② 알루미늄 도료
③ 에칭프라이머
④ 캐슈수지 도료

해설 캐슈 : 옻나무, 캐슈의 껍질에 포함된 액을 주원료로 한 유성도료로 광택이 우수하고 내열성, 내수성, 내약품성이 우수한 도료이며 가구의 도장에 많이 쓰인다.

정답 117. ④ 118. ③ 119. ④

120. 구조용 강재에 관한 설명으로 옳지 않은 것은? [18.1]

① 탄소의 함유량을 1%까지 증가시키면 강도와 경도는 일반적으로 감소한다.
② 구조용 탄소강은 보통 저탄소강이다.
③ 구조용 강 중 연강은 철근 또는 철골재로 사용된다.
④ 구조용 강재의 대부분은 압연강재이다.

해설 ① 탄소함유량이 약 0.85%까지는 인장강도가 증가하지만, 그 이상이 되면 다시 감소한다. 탄소의 함유량이 증가하면 경도는 계속 증가하며 취성이 나타난다.

121. 강재의 인장시험 시 탄성에서 소성으로 변하는 경계는? [10.1/14.1/16.4]

① 비례한계점 ② 변형경화점
③ 항복점 ④ 인장강도점

해설 C(항복점) : 하중을 제거한 후에도 영구변형이 되어 탄성에서 소성으로 변하는 점

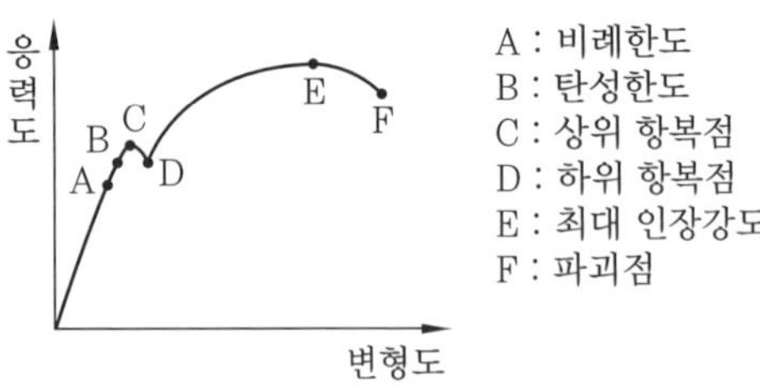

▲ 강의 응력-변형도 곡선

122. 강의 열처리란 금속재료에 필요한 성질을 주기 위하여 가열 또는 냉각하는 조작을 말하는데 다음 중 강의 열처리 방법에 해당하지 않는 것은? [16.4]

① 늘림 ② 불림
③ 풀림 ④ 뜨임질

해설 열처리의 방법과 목적
- 담금질 : 재질을 경화한다.
- 뜨임 : 담금질한 재질에 인성을 부여한다.
- 풀림 : 재질을 연하고 균일하게 한다.
- 불림 : 조직을 미세화하고 균일하게 한다.

122-1. 불림하거나 담금질한 강을 다시 200~600℃로 가열한 후에 공기 중에서 냉각하는 처리를 말하며, 경도를 감소시키고 내부응력을 제거하며 연성과 인성을 크게 하기 위해 실시하는 것은? [10.4/19.2]

① 뜨임질 ② 압출
③ 중합 ④ 단조

해설 뜨임 : 담금질로 인한 취성(내부응력)을 제거하고 강도를 떨어뜨려 강인성을 증가시키기 위한 열처리이다.

정답 ①

122-2. 고온으로 가열하여 소정의 시간 동안 유지한 후에 냉수, 온수 또는 기름에 담가 냉각하는 처리로 강도 및 경도, 내마모성의 증진을 목적으로 실시하는 강의 열처리법은? [09.4/12.2]

① 불림(normalizing) ② 풀림(annealing)
③ 담금질(quenching) ④ 뜨임(tempering)

해설 담금질 : 강을 고온으로 가열하여 소정의 시간 동안 유지한 후에 냉수, 온수 또는 기름에 담가 냉각하는 처리로 재질을 경화한다.

정답 ③

123. 강재의 경우 저온에서 인장할 때 또는 결함부가 있게 되면 연신율과 단면수축률이 없이 파단되는 현상을 무엇이라 하는가? [14.2]

① 연성파괴 ② 취성파괴
③ 청열취성 ④ 저온취성

해설 취성파괴 : 강재가 연성을 갖지 않고 파괴되는 성질

정답 120. ① 121. ③ 122. ① 123. ②

미장재 I

124. 미장재료의 종류와 특성에 대한 설명 중 옳지 않은 것은? [12.4]

① 시멘트 모르타르는 시멘트를 결합재로 하고 모래를 골재로 하여 이를 물과 혼합하여 사용하는 수경성 미장재료이다.
② 테라조 현장바름은 주로 바닥에 쓰이고 벽에는 공장제품 테라조판을 붙인다.
③ 소석회는 돌로마이트 플라스터에 비해 점성이 높고, 작업성이 좋기 때문에 풀을 필요로 하지 않는다.
④ 석고 플라스터는 경화 · 건조 시 치수 안정성이 우수하며 내화성이 높다.

해설 ③ 소석회는 돌로마이트 플라스터에 비해 점성이 떨어진다.

124-1. 각종 미장재료에 대한 설명으로 옳지 않은 것은? [14.1/17.1]

① 석고 플라스터는 가열하면 결정수를 방출하여 온도상승을 억제하기 때문에 내화성이 있다.
② 바라이트 모르타르는 방사선 방호용으로 사용된다.
③ 돌로마이트 플라스터는 수축률이 크고 균열이 쉽게 발생한다.
④ 혼합석고 플라스터는 약산성이며 석고 라스보드에 적합하다.

해설 ④ 혼합석고 플라스터는 약알칼리성이며, 부착강도는 약하다.

정답 ④

124-2. 각종 미장재료에 대한 설명 중 옳지 않은 것은? [14.4]

① 회반죽 바름은 수경성 재료이며 소석회에 물과 풀을 넣고 여물을 섞어 바른다.
② 질석 모르타르는 질석을 모르타르에 혼입한 것으로 내화피복용 바름재로 쓰인다.
③ 돌로마이트 플라스터는 기경성 재료이며 건조수축이 크다.
④ 석고 플라스터는 석고를 주원료로 하고 혼화재, 접착제, 응결시간 조절제 등을 혼합한 플라스터이다.

해설 ① 회반죽은 소석회에 여물, 모래, 해초풀 등을 넣어 반죽한 것으로 기경성 미장재료이다. 회반죽에 석고를 약간 혼합하면 수축균열을 방지할 수 있는 효과가 있다.

정답 ①

124-3. 미장재료에 관한 설명으로 옳지 않은 것은? [20.2]

① 회반죽벽은 습기가 많은 장소에서 시공이 곤란하다.
② 시멘트 모르타르는 물과 화학반응을 하여 경화되는 수경성 재료이다.
③ 돌로마이트 플라스터는 마그네시아 석회에 모래, 여물을 섞어 반죽한 바름벽 재료를 말한다.
④ 석고 플라스터는 공기 중의 탄산가스를 흡수하여 경화한다.

해설 ④ 돌로마이트 플라스터는 공기 중의 탄산가스를 흡수하여 경화한다(기경성 재료).

정답 ④

124-4. 다음 미장재료 중 기경성 재료에 해당되지 않는 것은? [13.4/14.4]

① 진흙 ② 석고 플라스터
③ 회반죽 ④ 돌로마이트 플라스터

정답 124. ③

해설 • 수경성 재료 : 물과 반응하여 경화되는 미장재료로 통풍이 잘 되지 않는 지하실과 같은 장소에서도 사용할 수 있다. 시멘트 모르타르, 석고 플라스터, 무수(경)석고 플라스터, 인조석바름 등이 있다.
• 기경성 재료 : 이산화탄소와 반응하여 경화되는 미장재료이다. 돌로마이트 플라스터, 회반죽, 진흙질, 소석회, 회사벽, 아스팔트 모르타르 등이 있다.

정답 ②

124-5. 다음 중 미장재료의 분류에서 물과 화학반응하여 경화하는 수경성 재료가 아닌 것은? [19.1]

① 순석고 플라스터
② 경석고 플라스터
③ 혼합석고 플라스터
④ 돌로마이트 플라스터

해설 수경성 재료 : 물과 반응하여 경화되는 미장재료로 통풍이 잘 되지 않는 지하실과 같은 장소에서도 사용할 수 있다. 시멘트 모르타르, 석고 플라스터, 무수(경)석고 플라스터, 인조석바름 등이 있다.
Tip) 돌로마이트 플라스터－기경성 재료

정답 ④

124-6. 회반죽은 공기 중의 무엇과 반응하여 화학변화를 일으켜 경화하는가? [11.1]

① 산소 ② 질소
③ 수소 ④ 탄산가스

해설 회반죽 : 공기 중의 이산화탄소(탄산가스)와의 화학반응으로 경화하는 기경성 미장재료이다.

정답 ④

124-7. 다음 미장재료 중 수경성에 해당되지 않는 것은? [13.1]

① 보드용 석고 플라스터
② 돌로마이트 플라스터
③ 인조석 바름
④ 시멘트 모르타르

해설 돌로마이트 플라스터 : 소석회보다 점성이 높고, 풀을 넣지 않아 냄새, 곰팡이가 없어 변색될 염려가 없으며 경화 시 수축률이 큰 기경성 미장재료이다.

정답 ②

124-8. 수경성 미장재료를 시공할 때 주의사항이 아닌 것은? [16.1]

① 적절한 통풍을 필요로 한다.
② 물을 공급하여 양생한다.
③ 습기가 있는 장소에서 시공이 유리하다.
④ 경화 시 직사일광 건조를 피한다.

해설 ① 공기의 통풍이 나쁜 지하실 등에서도 사용한다.
Tip) 수경성 미장재료에는 시멘트 모르타르, 석고 플라스터 등이 있다.

정답 ①

125. 석고 플라스터의 일반적인 특성에 관한 설명으로 옳지 않은 것은? [18.4]

① 해초풀을 섞어 사용한다.
② 경화시간이 짧다.
③ 신축이 적다.
④ 내화성이 크다.

해설 석고 플라스터는 고온소성의 무수석고를 혼화재, 접착제 등과 혼합한 수경성 미장재료로 가열하면 결정수를 방출하여 온도상승을 억제하기 때문에 내화성이 있다.
Tip) 회반죽 : 소석회에 여물, 모래, 해초풀 등을 넣어 반죽한 것으로 기경성 미장재료

정답 125. ①

125-1. 석고 플라스터 미장재료에 대한 설명으로 옳지 않은 것은? [14.2]

① 응결시간이 길고, 건조수축이 크다.
② 가열하면 결정수를 방출하므로 온도상승이 억제된다.
③ 물에 용해되므로 물과 접촉하는 부위에서의 사용은 부적합하다.
④ 일반적으로 소석고를 주성분으로 한다.

해설 ①은 돌로마이트 플라스터의 특징

정답 ①

125-2. 다음 미장재료 중 경화속도가 가장 빠른 것은? [15.2]

① 시멘트 모르타르
② 회반죽
③ 돌로마이트 플라스터
④ 석고 플라스터

해설 석고 플라스터는 시멘트에 비해 경화속도가 매우 빠르다.

정답 ④

125-3. 다음 미장재료 중 균열 발생이 가장 적은 것은? [19.4]

① 회반죽
② 시멘트 모르타르
③ 경석고 플라스터
④ 돌로마이트 플라스터

해설 경석고 플라스터는 점성이 큰 재료이므로 여물이나 풀이 필요 없는 미장재료이다.

정답 ③

125-4. 고온소성의 무수석고를 특별한 화학처리를 한 것으로 경화 후 아주 단단해지며 킨즈 시멘트라고도 하는 것은? [09.1/17.4/20.1]

① 돌로마이트 플라스터
② 스타코
③ 순석고 플라스터
④ 경석고 플라스터

해설 경석고 플라스터(킨즈 시멘트) : 무수석고를 화학처리를 한 것으로 경도가 높고 경화되면 강도가 더 커진다.

정답 ④

125-5. 석고계 플라스터 중 가장 경질이며 벽바름 재료뿐만 아니라 바닥바름 재료로도 사용되는 것은? [10.4]

① 킨즈 시멘트
② 혼합석고 플라스터
③ 회반죽
④ 돌로마이트 플라스터

해설 경석고 플라스터(킨즈 시멘트) : 무수석고를 화학처리를 한 것으로 경도가 높고 경화되면 강도가 더 커진다.

정답 ①

126. 공기 중의 탄산가스와 화학반응을 일으켜 경화하는 미장재료는? [10.1/12.4/15.1/17.4]

① 경석고 플라스터
② 시멘트 모르타르
③ 돌로마이트 플라스터
④ 혼합석고 플라스터

해설 돌로마이트 플라스터 : 소석회보다 점성이 높고, 풀을 넣지 않아 냄새, 곰팡이가 없어 변색될 염려가 없으며 경화 시 수축률이 큰 기경성 미장재료이다.

Tip) 기경성 재료 : 이산화탄소(탄산가스)와 반응하여 경화되는 미장재료이다.

126-1. 돌로마이트 플라스터는 대기 중의 무엇과 화합하여 경화하는가? [16.2]

정답 126. ③

① 이산화탄소(CO_2) ② 물(H_2O)
③ 산소(O_2) ④ 수소(H_2)

해설 돌로마이트 플라스터는 대기 중의 이산화탄소(탄산가스)와 반응 화합하여 경화한다.

정답 ①

126-2. 돌로마이트 플라스터에 관한 설명으로 옳은 것은? [10.4/18.1/18.4]

① 소석회에 비해 점성이 낮고, 작업성이 좋지 않다.
② 여물을 혼합하여도 건조수축이 크기 때문에 수축균열이 발생되는 결점이 있다.
③ 회반죽에 비해 조기강도 및 최종강도가 작다.
④ 물과 반응하여 경화하는 수경성 재료이다.

해설 ① 소석회에 비해 점성이 높고, 작업성이 좋다.
③ 회반죽에 비해 조기강도 및 최종강도가 크다.
④ 탄산가스와 반응하여 경화하는 기경성 재료이다.

정답 ②

126-3. 미장재료 중 돌로마이트 플라스터에 관한 설명으로 옳지 않은 것은? [18.2]

① 돌로마이트에 모래, 여물을 섞어 반죽한 것이다.
② 소석회보다 점성이 크다.
③ 회반죽에 비하여 최종강도는 작고 착색이 어렵다.
④ 건조수축이 커서 균열이 생기기 쉽다.

해설 ③ 회반죽에 비하여 조기강도 및 최종강도가 크고 착색이 쉽다.

정답 ③

126-4. 돌로마이트 플라스터에 대한 설명으로 옳지 않은 것은? [10.2/13.4]

① 풀이 필요하지 않아 변색, 냄새, 곰팡이가 없다.
② 소석회에 비해 점성이 낮으며, 약산성이므로 유성페인트 마감을 할 수 있다.
③ 응결시간이 길다.
④ 회반죽에 비하여 조기강도 및 최종강도가 크다.

해설 ② 소석회에 비해 점성이 높다.

정답 ②

127. 미장재료의 균열방지를 위해 사용되는 보강재료가 아닌 것은? [18.4]

① 여물 ② 수염
③ 종려잎 ④ 강섬유

해설 강섬유 : 콘크리트 강도 보강재료

미장재 II

128. 미장재료인 회반죽을 혼합할 때 소석회와 함께 사용되는 것은? [17.2/19.4]

① 카세인 ② 아교
③ 목섬유 ④ 해초풀

해설 회반죽은 소석회에 모래, 해초풀, 여물 등을 혼합하여 바르는 미장재료이다.

128-1. 다음 중 회반죽 바름의 주원료가 아닌 것은? [13.1/16.4/20.2]

① 소석회 ② 점토
③ 모래 ④ 해초풀

정답 127. ④ 128. ④

해설 회반죽은 소석회에 모래, 해초풀, 여물 등을 혼합하여 바르는 미장재료이다.

Tip) 점토 : 지름이 0.002mm 이하인 미세한 흙 입자

정답 ②

128-2. 회반죽 바름 시 사용하는 해초풀은 채취 후 1~2년 경과된 것이 좋은데 그 이유는 무엇인가? [13.4]

① 점도가 높기 때문이다.
② 알칼리도가 높기 때문이다.
③ 색상이 우수하기 때문이다.
④ 염분제거가 쉽기 때문이다.

해설 ④ 염분제거로 해초풀은 채취 후 1~2년 경과된 것이 좋다.

정답 ④

128-3. 다음 중 회반죽에 여물을 넣는 가장 주된 이유는? [11.1]

① 균열을 방지하기 위하여
② 강도를 높이기 위하여
③ 경화속도를 높이기 위하여
④ 경도를 높이기 위하여

해설 회반죽에 여물을 넣는 이유는 균열을 방지하기 위해서이다.

정답 ①

129. 다음 중 미장바름에 쓰이는 착색제에 요구되는 성질로 옳지 않은 것은? [11.2]

① 물에 녹지 않아야 한다.
② 내알칼리성이어야 한다.
③ 입자가 굵어야 한다.
④ 미장재료에 나쁜 영향을 주지 않는 것이어야 한다.

해설 ③ 입자가 미세하고 부드러워야 한다.

130. 흙바름재의 바탕에 바름하는 재래식 재료가 아닌 것은? [17.1]

① 진흙 ② 새벽흙
③ 짚여물 ④ 고무라텍스

해설 흙바름재의 재래식 재료에는 진흙, 새벽흙, 짚여물 등이 있다.

130-1. 금속성형 가공제품 중 천장, 벽 등의 모르타르 바름 바탕용으로 사용되는 것은? [12.2/17.4]

① 인서트
② 메탈라스
③ 와이어클리퍼
④ 와이어로프

해설 메탈라스 : 얇은 강판에 마름모꼴의 구멍을 일정 간격으로 연속적으로 뚫어 철망처럼 만든 것으로 천장, 벽 등의 미장바탕에 사용한다.

정답 ②

131. 벽, 기둥 등의 모서리 부분에 미장바름을 보호하기 위한 철물은? [16.1/18.1/19.1]

① 줄눈대 ② 조이너
③ 인서트 ④ 코너비드

해설 코너비드 : 기둥이나 벽 등의 모서리를 보호하기 위해 밀착시켜 붙이는 보호용 철물

131-1. 미장공사에서 코너비드가 사용되는 곳은? [10.2/11.1/16.2]

① 계단 손잡이 ② 기둥의 모서리
③ 거푸집 가장자리 ④ 화장실 칸막이

해설 코너비드 : 기둥이나 벽 등의 모서리를 보호하기 위해 밀착시켜 붙이는 보호용 철물

정답 ②

정답 129. ③ 130. ④ 131. ④

132. 미장바름의 종류 중 돌로마이트에 화강석 부스러기, 색모래, 안료 등을 섞어 정벌바름하고 충분히 굳지 않은 때에 거친 솔 등으로 긁어 거친 면으로 마무리한 것은? [18.2]

① 모조석 ② 라프코트
③ 리신바름 ④ 흙바름

해설 리신바름 : 돌로마이트에 화강석 부스러기, 색모래, 안료 등을 섞어 정벌바름하고 충분히 굳지 않은 때에 표면에 거친 솔, 얼레빗 같은 것으로 긁어 거친 면으로 마무리하는 인조석 바름

132-1. 바닥바름재로 백시멘트와 안료를 사용하며 종석으로 화강암, 대리석 등을 사용하고 갈기로 마감을 하는 것은? [11.2/19.2]

① 리신바름
② 인조석 바름
③ 라프코트
④ 테라조 바름

해설 테라조 : 대리석, 화강석, 사문암 등을 종석으로 한 인조석(모조석)의 일종이다.

정답 ④

133. 펄라이트 모르타르 바름에 대한 설명으로 틀린 것은? [14.2]

① 재료는 진주암 또는 흑요석을 소성 팽창시킨 것이다.
② 펄라이트는 비중 0.3 정도의 백색입자이다.
③ 내화피복재 바름으로 쓰인다.
④ 균열이 거의 발생하지 않는다.

해설 ④ 균열이 발생할 수 있는 인조석 바름의 한 종류이다.

Tip) 펄라이트는 진주암, 흑요석 등을 분쇄해서 1000℃ 정도로 가열시킨 경량골재이다.

134. 벽돌면 내벽의 시멘트 모르타르 바름 두께 표준으로 옳은 것은? [18.4]

① 24mm ② 18mm
③ 15mm ④ 12mm

해설 시멘트 모르타르 바름 두께(mm)

바름 부분		바닥	내벽	천정, 치양	바깥벽
바름 두께	초벌바름	24	7	6	9
	재벌바름		7	6	9
	정벌바름		4	3	6
합계		24	18	15	24

135. 섬유벽 바름에 대한 설명으로 옳지 않은 것은? [12.1]

① 주원료는 섬유상 또는 입상물질과 이들의 혼합재이다.
② 균열 발생은 크나, 내구성이 우수하다.
③ 목질섬유, 합성수지 섬유, 암면 등이 쓰인다.
④ 시공이 용이하기 때문에 기존 벽에 덧칠하기도 한다.

해설 ② 균열 발생은 적고, 내구성이 약하다.

136. 미장공사에서 바탕청소를 하는 가장 주된 목적은? [09.4/16.4]

① 바름층의 경화 및 건조 촉진
② 바탕층의 강도 증진
③ 바름층과의 접착력 향상
④ 바름층의 강도 증진

해설 미장공사에서 바탕청소를 하는 목적은 바름층과의 접착력 향상을 위해서이다.

정답 132. ③ 133. ④ 134. ② 135. ② 136. ③

합성수지

137. 합성수지에 관한 일반적인 설명으로 옳은 것은? [09.2]

① 내열, 내화성이 우수하여 500℃ 이상에서 견딜 수 있다.
② 일반적으로 투명 또는 백색계통으로 안료 첨가 시 착색이 가능하다.
③ 내마모성 및 표면강도는 우수하나 내수성이 좋지 않다.
④ 경량이며 강도가 크고 변형이 적기 때문에 구조재료로 유리하다.

해설 ① 내열, 내화성이 낮고 화재 시 유독가스가 발생한다.
③ 내마모성 및 표면강도는 약하나 내수성, 수밀성이 좋다.
④ 경량이며 강도가 크고 가소성과 가방성이 뛰어나 경량 구조재료로 유리하다.

137-1. 합성수지의 일반적인 성질에 관한 설명으로 옳지 않은 것은? [16.2]

① 마모가 크고 탄력성이 작으므로 바닥재료로 사용이 곤란하다.
② 내산, 내알칼리 등의 내화학성이 우수하다.
③ 전성, 연성이 크고 피막이 강하다.
④ 내열성, 내화성이 적고 비교적 저온에서 연화, 연질된다.

해설 ① 마모가 크고 탄력성이 크므로 바닥재료로 많이 사용된다.

정답 ①

138. 합성수지에 대한 설명 중 옳지 않은 것은? [13.2]

① 페놀수지는 내열성 · 내수성이 양호하여 파이프, 덕트 등에 사용된다.
② 염화비닐수지는 열가소성 수지에 속한다.
③ 실리콘수지는 전기적 성능은 우수하나 내약품성 · 내후성이 좋지 않다.
④ 에폭시수지는 내약품성이 양호하며 금속도료 및 접착제로 쓰인다.

해설 ③ 실리콘수지는 전기절연성, 내화학성, 내후성이 좋다.

138-1. 합성수지에 대한 설명 중 틀린 것은? [15.2]

① 요소수지 : 내수합판의 접착제로 널리 사용되며 도료, 마감재, 장식재로 쓰인다.
② 에폭시수지 : 내수성, 내약품성, 전기절연성이 우수하여 건축 분야에 널리 사용된다.
③ 실리콘 : 발수성이 좋지 않으며, 기포성 제품으로 가공하여 보온재나 쿠션재로 사용된다.
④ 아크릴수지 : 투명도가 높아 채광판, 도어판, 칸막이벽 등에 쓰인다.

해설 실리콘 : 발수성이 있기 때문에 건축물, 전기절연물 등의 방수에 쓰인다.

정답 ③

138-2. 내열성이 매우 우수하며 물을 튀기는 발수성을 가지고 있어서 방수재료는 물론 개스킷, 패킹, 전기절연재, 기타 성형품의 원료로 이용되는 합성수지는? [19.4/20.1]

① 멜라민수지 ② 페놀수지
③ 실리콘수지 ④ 폴리에틸렌수지

해설 실리콘수지 : 내열성, 내한성이 우수한 열경화성 수지로 −60~260℃의 범위에서는 안정하고 탄성이 있으며 내후성 및 내화학성이 우수하다. 방수재료, 개스킷, 패킹, 전기절연재, 기타 성형품의 원료로 이용된다.

정답 ③

정답 137. ② 138. ③

138-3. 합성수지 중 PVC라 불리우며 사용 온도는 −10～60℃이며 판재, 타일, 파이프, 도료 등으로 사용되는 것은? [10.1/13.1]

① 염화비닐수지 ② 폴리에틸렌수지
③ 아크릴수지 ④ 페놀수지

해설 염화비닐수지 : P.V.C라고 칭하며 내산, 내알칼리성 및 내후성이 우수하고 판재, 타일, 파이프, 도료 등으로 사용된다.

정답 ①

138-4. 유리섬유로 보강하여 항공기, 차량 등의 구조재뿐 아니라 욕조, 창호재 등으로 이용되는 합성수지는? [11.4]

① 요소수지 ② 아크릴수지
③ 폴리에스테르수지 ④ 폴리에틸렌수지

해설 폴리에스테르수지 : 건축용으로 글라스 섬유로 강화된 평판 또는 판상제품으로 주로 사용되는 열경화성 수지로서 항공기, 차량 등의 구조재뿐 아니라 욕조, 창호재 등으로 이용된다.

정답 ③

138-5. 폴리에스테르수지에 관한 설명 중 틀린 것은? [15.1]

① 전기절연성이 우수하다.
② 도료, 파이프 등에 사용된다.
③ 건축용으로는 판상제품으로 주로 사용된다.
④ 불포화 폴리에스테르수지는 열가소성 수지이다.

해설 ④ 불포화 폴리에스테르수지는 섬유강화 플라스틱(FRP)으로 열경화성 수지이다.

정답 ④

138-6. 합성섬유 중 폴리에스테르섬유의 특징에 대한 설명으로 옳지 않은 것은? [11.2]

① 강도와 신도를 제조공정상에서 조절할 수 있다.
② 영계수가 커서 주름이 생기지 않는다.
③ 다른 섬유와 혼방성이 풍부하다.
④ 유연하고 울에 가까운 감촉이다.

해설 폴리에스테르수지 : 기계적 성질, 내약품성, 내후성이 우수한 열경화성 수지로 침구나 커버류 등에 많이 사용된다.

정답 ④

138-7. 유리섬유를 불규칙하게 혼입하고 상온 가압하여 성형한 판으로 설비재 · 내외수장재로 쓰이는 것은? [17.2]

① 멜라민치장판
② 폴리에스테르 강화판
③ 아크릴평판
④ 염화비닐판

해설 폴리에스테르 강화판(FRP) : 유리섬유를 폴리에스테르수지에 불규칙하게 혼입한 후에 상온에서 가압 성형한 판으로 알칼리 이외의 화약약품에는 저항성이 있고 경질이므로 설비재, 내외의 수장재로 쓰인다.

정답 ②

138-8. 유리섬유 보강콘크리트(GFRC)의 설명으로 옳지 않은 것은? [10.2/12.2]

① 고강도이기 때문에 경량화가 가능하다.
② 시멘트 모르타르 또는 시멘트 페이스트에 보강재로 내알칼리성 유리섬유를 넣어 만든다.
③ 유리섬유의 혼입율은 10～20% 정도이다.
④ 패널은 마감을 겸한 반영구적 거푸집으로도 사용될 수 있다.

해설 ③ 유리섬유의 혼입율은 10% 이하, 보통 5% 정도이다.

정답 ③

139. 다음 중 열경화성 수지가 아닌 것은?

① 요소수지 [09.2/15.4]
② 폴리에틸렌수지
③ 실리콘수지
④ 알키드수지

해설 • 열경화성 수지 : 가열하면 연화되어 변형하나, 냉각시키면 그대로 굳어지는 수지로 페놀수지, 폴리에스테르수지, 요소수지, 멜라민수지, 실리콘수지, 푸란수지, 에폭시수지, 알키드수지 등
• 열가소성 수지 : 열을 가하여 자유로이 변형할 수 있는 성질의 합성수지로 염화비닐수지, 아크릴수지, 폴리프로필렌수지, 폴리에틸렌수지, 폴리스티렌수지 등

139-1. 합성수지 중 열경화성 수지가 아닌 것은? [10.2/18.2]

① 페놀수지 ② 요소수지
③ 에폭시수지 ④ 아크릴수지

해설 ①, ②, ③은 열경화성 수지
④는 열가소성 수지

정답 ④

139-2. 다음 중 열가소성 수지가 아닌 것은? [18.4/20.2]

① 염화비닐수지 ② 초산비닐수지
③ 요소수지 ④ 폴리스티렌수지

해설 ①, ②, ④는 열가소성 수지
③은 열경화성 수지

정답 ③

139-3. 다음 열가소성 수지 중 투명도가 가장 높은 것은? [11.2/12.1]

① 아크릴수지 ② 염화비닐수지
③ 폴리에틸렌수지 ④ 폴리스티렌수지

해설 아크릴수지 : 열가소성 수지로서 투명도가 높으므로 유기유리라고도 한다.

정답 ①

139-4. 다음 합성수지 중 투명도가 가장 큰 것은? [16.1]

① 페놀수지 ② 메타크릴수지
③ 네오프렌수지 ④ A.B.S수지

해설 메타크릴수지는 합성수지 중 투명도가 가장 큰 아크릴수지이다.

정답 ②

139-5. 열가소성 수지로서 두께가 얇은 시트를 만들어 건축용 방수재료로 이용되며 내화학성의 파이프로도 활용되는 것은? [14.4]

① 폴리스티렌수지
② 폴리에틸렌수지
③ 폴리우레탄수지
④ 요소수지

해설 폴리에틸렌수지 : 열가소성 수지로서 얇은 시트로 방수, 방습시트, 전선피복, 포장필름 등에 사용된다.

정답 ②

139-6. 발포제로서 보드상으로 성형하여 단열재로 널리 사용되며 천장재, 전기용품 등에도 쓰이는 열가소성 수지는? [17.1]

① 폴리스티렌수지 ② 실리콘수지
③ 폴리에스테르수지 ④ 요소수지

해설 폴리스티렌수지
• 무색투명하고 착색하기 쉬우며, 내수성, 내마모성, 내화학성, 전기절연성, 가공성이 우수하다.
• 단단하나 부서지기 쉽고, 충격에 약하며, 내열성이 작은 단점이 있다.

정답 139. ②

• 전기용품, 절연재, 저온 단열재로 쓰이고, 건축물의 천장재, 블라인드 등에 사용된다.

정답 ①

139-7. 무수프탈산과 글리세린의 순수 수지를 각종 지방산, 유지, 천연수지로 변성한 것으로 내후성, 밀착성, 가소성이 좋고, 내수·내알칼리성이 부족한 열경화성 수지는? [10.4]

① 푸란수지 ② 폴리에틸렌수지
③ 불소수지 ④ 알키드수지

해설 알키드수지 : 무수프탈산과 글리세린의 순수 수지를 각종 지방산, 유지, 천연수지로 변성한 열경화성 수지로 내후성, 밀착성, 가소성이 좋고, 내수·내알칼리성은 부족하다.

정답 ④

140. 합성수지와 그 용도의 조합으로서 부적당한 것은? [10.4]

① 멜라민수지-천장판
② 아크릴수지-채광판
③ 폴리에스테르수지-타일
④ 폴리스티렌수지-발포보온판

해설 폴리에스테르수지 : 건축용으로는 글라스섬유로 강화된 평판 또는 판상제품으로 주로 사용되는 열경화성 수지

140-1. 다음 중 염화비닐수지의 용도로 가장 적합하지 않은 것은? [13.4]

① 파이프 ② 타일
③ 도료 ④ 유리 대용품

해설 ④는 아크릴수지의 용도로 쓰인다.

정답 ④

141. 염화비닐과 질산비닐을 주원료로 하여 석면, 펄프 등을 충전제로 하고 안료를 혼합하여 롤러로 성형 가공한 것으로 폭 90cm, 두께 2.5mm 이하의 두루마리형으로 되어 있는 것은? [16.1]

① 염화비닐 타일 ② 아스팔트 타일
③ 폴리스티렌 타일 ④ 비닐 시트

해설 비닐 시트 : 염화비닐과 질산비닐을 주원료로 하여 석면, 펄프 등을 충전제로 하고 안료를 혼합하여 롤러로 성형 가공한 것으로 폭 90cm, 두께 2.5mm 이하의 두루마리형이다.

142. 아마인유의 산화물인 리녹신에 수지, 고무질 물질, 코르크 분말, 안료 등을 섞어 종이모양으로 압연 성형하여 바닥 또는 벽의 수장재로 쓰이는 제품은? [09.4/10.1]

① 리놀륨 ② 비닐 타일
③ 아스팔트 타일 ④ 염화비닐 타일

해설 리놀륨 : 리녹신에 수지, 고무 물질, 코르크 분말 등을 섞어 마포, 삼베 등에 발라 두꺼운 종이모양으로 압연 성형한 제품이다. 유지계 마감재료로 바닥이나 벽에 붙인다.

143. 플라스틱 재료의 일반적인 성질에 대한 설명 중 옳은 것은? [09.1/12.4/15.1]

① 산이나 알칼리, 염류 등에 대한 저항성이 약하다.
② 전기저항성이 불량하여 절연재료로 사용할 수 없다.
③ 내수성 및 내투습성이 좋지 않아 방수피막제 등으로 사용이 불가능하다.
④ 상호 간 계면접착이 잘 되며 금속, 콘크리트, 목재, 유리 등 다른 재료에도 잘 부착된다.

해설 ① 산이나 알칼리, 염류 등에 대한 저항성이 우수하다.
② 전기절연성이 좋아 절연재료로 사용할 수 있다.

정답 140. ③ 141. ④ 142. ① 143. ④

③ 내수성 및 내투습성이 좋아 녹슬거나 부식되지 않는다.

143-1. 플라스틱 재료의 일반적인 성질에 대한 설명으로 옳지 않은 것은? [09.4/13.1]

① 플라스틱의 강도는 목재보다 크며 인장강도가 압축강도보다 매우 크다.
② 플라스틱은 상호 간 접착이 잘 되며, 금속, 콘크리트, 목재, 유리 등 다른 재료에도 부착이 잘 된다.
③ 플라스틱은 일반적으로 전기절연성이 양호하다.
④ 플라스틱은 열에 의한 팽창 및 수축이 크다.

해설 ① 플라스틱은 압축강도가 높지만 인장강도는 낮다.

정답 ①

143-2. 다음 중 플라스틱(plastic)의 장점으로 옳지 않은 것은? [20.1]

① 전기절연성이 양호하다.
② 가공성이 우수하다.
③ 비강도가 콘크리트에 비해 크다.
④ 경도 및 내마모성이 강하다.

해설 ④ 경도 및 내마모성이 낮다.

정답 ④

도료 및 접착제

144. 합성수지와 체질 안료를 혼합한 입체무늬 모양을 내는 뿜칠용 도료로서 콘크리트나 모르타르 바탕에 도장하는 도료는? [13.2]

① 래커 ② 캐슈
③ 오일 서페이서 ④ 본 타일

해설 본 타일 : 합성수지와 체질 안료를 혼합한 입체무늬 모양을 내는 뿜칠용 도료로서 콘크리트나 모르타르 바탕에 도장하는 도료

145. 목재와 철강재 양쪽 모두에 사용할 수 있는 도료가 아닌 것은? [19.1]

① 래커에나멜 ② 유성페인트
③ 에나멜페인트 ④ 광명단

해설 광명단은 보일드유를 유성페인트에 녹인 것으로 철제류에 사용되는 녹 방지용 바탕칠 도료이다.

146. 특수도료 중 방청도료의 종류에 해당하지 않는 것은? [10.1]

① 인광 도료 ② 광명단 도료
③ 워시프라이머 ④ 징크로메이트 도료

해설 방청도료 : 광명단 조합페인트, 에칭프라이머, 징크로메이트 도료, 알루미늄 도료, 규산 도료, 크롬산아연 등
Tip) 인광(발광) 도료 : 어두운 곳에서 빛을 내는 도료

146-1. 다음 중 방청도료와 가장 거리가 먼 것은? [10.2/13.1/16.1]

① 알루미늄 페인트 ② 역청질 페인트
③ 워시프라이머 ④ 오일 서페이서

해설 ④는 재벌칠용 도료로 바탕의 흡입방지 효과가 있다.

정답 ④

147. 각종 도료 및 도료의 원료에 관한 설명으로 옳지 않은 것은? [16.4]

① 알키드수지를 활용한 도료는 건조 초기의 내수성이 떨어지며 내알칼리성이 좋지 못하다.

정답 144. ④ 145. ④ 146. ① 147. ④

② 바니시는 수지류를 건성유 또는 휘발성 용제로 용해한 것이다.
③ 가소제는 건조된 도막에 탄성 · 교착성 등을 줌으로써 내구력을 증가시키는데 쓰이는 도막형성 부요소이다.
④ 시너(thinner)는 도막형성재로서 도막의 주요소를 용해시킨다.

해설 ④ 시너(thinner)는 페인트, 니스 등의 도료를 희석하여 점도를 낮추는 용도로 사용한다.

147-1. 천연수지 · 합성수지 또는 역청질 등을 건섬유와 같이 열 반응시켜 건조제를 넣고 용제에 녹인 것은? [16.4]

① 유성페인트 ② 래커
③ 바니시 ④ 에나멜페인트

해설 유성바니시(니스) : 천연수지 · 합성수지 또는 역청질 등을 건섬유와 같이 열 반응시켜 건조제를 넣고 용제에 녹인 것으로 도장공사와 내부용 목재의 도료로 사용되는 투명도료이다.

정답 ③

147-2. 건축물에 통상 사용되는 도료 중 내후성, 내알칼리성, 내산성 및 내수성이 가장 좋은 것은? [20.1]

① 에나멜페인트 ② 페놀수지 바니시
③ 알루미늄 페인트 ④ 에폭시수지 도료

해설 에폭시수지 도료
- 내마모성이 우수하고 수축, 팽창이 거의 없다.
- 내약품성, 내수성, 접착력이 우수하다.
- non-slip 효과가 있다.

정답 ④

147-3. 에폭시 도장에 관한 설명으로 옳지 않은 것은? [14.1/17.4]

① 내마모성이 우수하고 수축, 팽창이 거의 없다.
② 내약품성, 내수성, 접착력이 우수하다.
③ 자외선에 특히 강하여 외부에 주로 사용한다.
④ non-slip 효과가 있다.

해설 ③ 자외선에 특히 약하며, 외부에 노출되면 탈색과 기포가 발생한다.

정답 ③

148. 도료의 사용용도에 관한 설명으로 틀린 것은? [15.1]

① 아스팔트 페인트 : 방수, 방청, 전기절연용으로 사용
② 유성바니시 : 내후성이 우수하여 외부용으로 사용
③ 징크로메이트 : 알루미늄 판이나 아연철판의 초벌용으로 사용
④ 합성수지 페인트 : 콘크리트나 플라스터 면에 사용

해설 유성바니시(니스) : 도장공사와 내부용 목재의 도료로 사용되는 투명도료

148-1. 다음 재료 중 건물 외벽에 사용하기에 적합하지 않은 것은? [12.1/20.1]

① 유성페인트
② 바니시
③ 에나멜페인트
④ 합성수지 에멀션페인트

해설 유성바니시(니스) : 도장공사와 내부용 목재의 도료로 사용되는 투명도료

정답 ②

148-2. 콘크리트 면에 주로 사용하는 도장 재료는? [17.1]

정답 148. ②

① 오일페인트
② 합성수지 에멀션페인트
③ 래커에나멜
④ 에나멜페인트

해설 도장재료
- 오일페인트 – 철재, 목재
- 합성수지 에멀션페인트 – 콘크리트
- 래커에나멜 – 목재
- 에나멜페인트 – 철재

정답 ②

148-3. 콘크리트 표면 도장에 가장 적합한 도료는? [15.4]

① 염화비닐수지 도료 ② 조합페인트
③ 클리어래커 ④ 알루미늄 페인트

해설 염화비닐수지 도료 : 자연에서 용제가 증발해서 표면에 피막이 형성되는 도료로 콘크리트 표면 도장에 적합하다.

정답 ①

148-4. 도료의 사용부위별 페인트를 연결한 것으로 옳지 않은 것은? [18.4]

① 목재면–목재용 래커페인트
② 모르타르면–실리콘페인트
③ 외부 철재 구조물–조합페인트
④ 내부 철재 구조물–수성페인트

해설 ④ 내부 철재 구조물 – 유성페인트
Tip) 수성페인트 : 안료를 물에 용해시킨 수용성 분말상태의 도료로 내구성과 내수성이 약하다.

정답 ④

149. 도장공사에 사용되는 초벌도료에 대한 설명으로 옳지 않은 것은? [13.2]

① 도장면과의 부착성을 높이고 재벌, 정벌칠하기 작업이 원활하도록 만드는 것이 초벌도료이다.
② 철재면 초벌도료는 방청도료이다.
③ 콘크리트, 모르타르 벽면에는 유성페인트로 초벌칠을 한다.
④ 목재면의 초벌도료는 목재면의 흡수성을 막고, 부착성을 증진시키고, 아울러 수액이나 송진 등의 침출을 방지한다.

해설 ③ 콘크리트, 모르타르 벽면에는 에폭시수지 프라이머로 초벌칠을 한다.

150. 도장재료의 주요 구성요소 중 도막에 색을 주거나 기계적인 성질을 보강하는 역할의 불용성 요소는? [13.2]

① 안료 ② 전색제
③ AE제 ④ 용제

해설 안료 : 물 및 대부분의 유기용제에 녹지 않는 분말상의 착색제

151. 도막의 일부가 하지로부터 부풀어 지름이 10mm 되는 것부터 좁쌀 크기 또는 미세한 수포가 발생하는 도막결함은? [18.1]

① 백화 ② 변색
③ 부풀음 ④ 번짐

해설 부풀음(도막결함) : 도막의 일부가 하지로부터 부풀어 지름이 크고 작은 수포가 발생하는 결함

152. 각종 접착제에 관한 설명으로 틀린 것은? [15.1]

① 요소수지 접착제는 요소와 포름알데히드를 사용하여 만들며 목공용에 적당하다.
② 멜라민수지 접착제는 내수성이 우수하여 금속, 고무, 유리 등에 사용한다.

정답 149. ③ 150. ① 151. ③ 152. ②

③ 실리콘수지 접착제는 내수성이 대단히 크고 전기절연성도 우수하여 유리섬유판, 가죽 등의 접합에 사용된다.
④ 에폭시수지 접착제는 내수성, 내약품성, 전기절연성이 모두 우수한 만능형 접착제이다.

해설 ② 멜라민수지 접착제는 내수성이 우수하며, 목재 접착에 사용한다.

152-1. 기본 점성이 크며 내수성, 내약품성, 전기절연성이 우수하고 금속, 플라스틱, 도자기, 유리, 콘크리트 등의 접합에 사용되는 만능형 접착제는? [10.2/11.1/16.4/19.2/19.4]

① 아크릴수지 접착제
② 페놀수지 접착제
③ 에폭시수지 접착제
④ 멜라민수지 접착제

해설 에폭시수지 접착제
- 내수성, 내습성, 내약품성, 내산성, 내알칼리성, 전기절연성이 우수하다.
- 접착력이 강해 금속, 나무, 유리 등 특히 경금속 항공기 접착에도 사용한다.
- 피막이 단단하고 유연성이 부족하다.

정답 ③

152-2. 다음 접착제 중에서 내수성이 가장 강한 것은? [16.1]

① 아교　② 카세인
③ 실리콘수지　④ 혈액 알부민

해설 실리콘수지 : 내열성, 내수성, 내한성이 우수하고 방수제로 쓰이며 저온에서도 탄성이 있다.

정답 ③

152-3. 다음 중 합성수지계 접착제가 아닌 것은? [15.4]

① 비닐수지 접착제　② 에폭시수지 접착제
③ 요소수지 접착제　④ 카세인

해설 카세인 접착제 : 대두, 우유 등에서 추출한 단백질계 천연 접착제

정답 ④

152-4. 다음 중 천연 접착제로 볼 수 없는 것은? [19.1]

① 전분　② 아교
③ 멜라민수지　④ 카세인

해설 멜라민수지 : 수지 성형품 중에서 표면경도가 크고 광택을 지니면서 착색이 자유롭고 내수성, 내열성이 우수한 수지로 목재 접착, 마감재, 전기부품 등에 활용되는 수지

정답 ③

152-5. 단백질계 접착제 중 동물성 단백질이 아닌 것은? [12.2/18.2]

① 카세인　② 아교
③ 알부민　④ 아마인유

해설 아마인유 : 아마의 씨에 함유된 식물성 건성 지방유로 도료 등에 사용된다.

정답 ④

152-6. 다음 접착제 중 고무상의 고분자 물질로서 내유성 및 내약품성이 우수하며 줄눈재, 구멍메움재로 사용되는 것은? [12.1]

① 천연고무　② 치오콜
③ 네오프렌　④ 아교

해설 치오콜 : 탄성 실란트로 고무상의 고분자 물질로서 내유성 및 내약품성이 우수하며 줄눈재, 구멍메움재로 사용된다.

정답 ②

153. 접착제를 사용할 때의 주의사항으로 옳지 않은 것은? [14.1/19.1]

① 피착제의 표면은 가능한 한 습기가 없는 건조상태로 한다.
② 용제, 희석제를 사용할 경우 과도하게 희석시키지 않도록 한다.
③ 용제성의 접착제는 도포 후 용제가 휘발한 적당한 시간에 접착시킨다.
④ 접착처리 후 일정한 시간 내에는 가능한 한 압축을 피해야 한다.

해설 ④ 접착처리 후 양생이 되기 전에 최대한 압축해야 한다.

154. 건축용 접착제에 기본적으로 요구되는 성능으로 옳지 않은 것은? [12.1]

① 경화 시 체적수축 등의 변형을 일으키지 않을 것
② 취급이 용이하고 사용 시 유동성이 없을 것
③ 장기 하중에 의한 크리프가 없을 것
④ 진동, 충격의 반복에 잘 견딜 것

해설 ② 취급이 용이하고 사용 시 유동성이 있어야 한다.

155. 습도와 물을 특별히 고려할 필요가 없는 장소에 설치하는 목재 창호용 접착제로 적합한 것은? [14.4]

① 페놀수지 목재 접착제
② 요소수지 목재 접착제
③ 초산비닐수지 에멀션 목재 접착제
④ 실리콘수지 접착제

해설 초산비닐수지 에멀션 접착제 : 습도와 물을 특별히 고려할 필요가 없는 장소에 설치하는 창호용 접착제로 작업성이 좋고 목재, 가구, 창호, 도배 등 다양한 종류의 접착에 쓰인다.

석재

156. 석재의 특성에 대한 설명으로 옳지 않은 것은? [12.2]

① 압축강도가 크며 내구성, 내마모성 우수하다.
② 장대재를 얻기 쉽다.
③ 밀도가 크고 가공성이 불량하다.
④ 내화성이 약하다.

해설 ② 장대재를 얻기 어렵다.

156-1. 석재에 관한 일반적인 설명으로 옳지 않은 것은? [11.2]

① 석재의 강도는 비중과 흡수율이 클수록 커진다.
② 석재의 강도는 압축강도가 가장 크고, 인장, 휨 및 전단강도는 압축강도에 비하여 매우 작다.
③ 일반적으로 규산분을 많이 함유한 석재는 내산성이 크다.
④ 트래버틴은 대리석의 일종으로 탄산석회를 포함한 물에서 침전, 생성된 것이다.

해설 ① 석재의 강도는 비중이 크고 흡수율이 작을수록 커진다.

정답 ①

156-2. 다음 중 석재의 장점에 해당되지 않는 것은? [09.1]

① 내화성이며 압축강도가 크다.
② 비중이 작으며 가공성이 좋다.
③ 종류가 다양하고 색조와 광택이 있어 외관이 장중하고 미려하다.
④ 내구성 · 내수성 · 내화학성이 풍부하다.

해설 ② 비중이 커서 가공성이 불량하다.

정답 ②

정답 153. ④ 154. ② 155. ③ 156. ②

157. **석재를 대상으로 실시하는 시험의 종류와 거리가 먼 것은?** [18.2]

① 비중시험
② 흡수율시험
③ 압축강도시험
④ 인장강도시험

해설 석재시험에는 흡수율시험, 공극시험, 강도시험(압축, 휨, 마모), 비중시험 등이 있다.

158. **다음 중 화성암에 속하는 석재는?** [20.1]

① 부석 ② 사암
③ 석회석 ④ 사문암

해설 석재의 성인에 의한 분류
- 수성암 : 응회암, 석회암, 사암 등
- 화성암 : 현무암, 화강암, 안산암, 부석 등
- 변성암 : 사문암, 대리암, 석면, 트래버틴 등

158-1. **화성암의 일종으로 내구성 및 강도가 크고 외관이 수려하며, 절리의 거리가 비교적 커서 대재를 얻을 수 있으나, 함유 광물의 열팽창계수가 달라 내화성이 약한 석재는?** [13.2/19.1]

① 안산암 ② 사암
③ 화강암 ④ 응회암

해설 화강암 : 석영, 운모, 정장석, 사장석 따위를 주성분으로 석질이 견고한 석재로 외장, 내장, 구조재, 도로포장재, 콘크리트 골재 등에 사용되며, 광물의 열팽창계수가 달라 내화성이 약하다.

정답 ③

158-2. **다음 석재 중 화성암(火成巖)－심성암(深成巖)－현정질(顯晶質)에 해당하는 것은?** [12.1]

① 화강암 ② 안산암
③ 응회암 ④ 편암

해설 화강암 : 석영, 운모, 정장석, 사장석 따위를 주성분으로 화성암 중 현정질 심성암에 해당하며, 석질이 견고한 석재로 외장, 내장, 구조재, 도로포장재, 콘크리트 골재 등에 사용된다.

정답 ①

158-3. **화강암에 대한 설명 중 옳지 않은 것은?** [12.1]

① 내화도가 높아 가열 시 균열이 적다.
② 내마모성이 우수하다.
③ 절리의 거리가 비교적 커서 큰 판재를 생산할 수 있다.
④ 구조재로 사용이 가능하다.

해설 ① 화강암은 광물의 열팽창계수가 달라 내화성이 약하며, 내화도는 600℃ 정도이다.

정답 ①

158-4. **화강암이 열을 받았을 때 파괴되는 가장 주된 원인은?** [11.2/19.2]

① 화학성분의 열분해
② 조직의 용융
③ 조암광물의 종류에 따른 열팽창계수의 차이
④ 온도상승에 따른 압축강도 저하

해설 화강암이 열을 받았을 때 파괴되는 것은 조암광물의 종류에 따른 열팽창계수의 차이가 원인으로 내화성이 약하다.

정답 ③

159. **석회암이 열에 약한 이유로 가장 타당한 것은?** [14.2]

① 석재 내부에서 발생하는 열압력에 의한 균열 때문이다.
② 조암광물의 열팽창계수의 차이 때문이다.

정답 157. ④ 158. ① 159. ④

③ 조암광물의 융점의 차이 때문이다.
④ 주성분이 열분해되기 때문이다.

해설 석회암은 주성분이 열분해되기 때문에 내화성이 부족하다.

160. 석회석을 900~1200℃로 소성하면 생성되는 것은? [11.2/16.2]

① 돌로마이트 석회 ② 생석회
③ 회반죽 ④ 소석회

해설 생석회
- 석회는 천연 석회석이나 조개껍데기를 구워서 제조한다.
- 석회석 또는 탄산칼슘($CaCO_3$)을 900~1200℃로 소성하여 생성한다.
- 생석회는 수분과 이산화탄소를 흡수하면 소석회나 탄산칼슘으로 수산화 작용한다.
- 강한 알칼리성이다.

161. 각종 석재에 대한 설명으로 옳지 않은 것은? [16.1]

① 대리석은 강도가 매우 높지만 내화성이 낮고 풍화되기 쉬우며 산에 약하기 때문에 실외용으로 적합하지 않다.
② 점판암은 박판으로 채취할 수 있으므로 슬레이트로서 지붕 등에 사용된다.
③ 화강암은 견고하고 대형재를 생산할 수 있으며 외장재로 사용이 가능하다.
④ 응회암은 화성암의 일종으로 내화벽 또는 구조재 등에 쓰인다.

해설 ④ 응회암은 수성암의 일종이며, 가공은 용이하나 흡수성이 높고, 강도가 높지 않아 건축용으로는 부적당하다.

161-1. 다음 중 석재의 용도로 옳지 않은 것은? [10.1/13.4]

① 화강석-외장재
② 대리석-내장재
③ 점판암-구조재
④ 석회암-콘크리트 원료

해설 ③ 점판암-지붕재

정답 ③

161-2. 다음 석재 중 박판으로 채취할 수 있어 슬레이트 등에 사용되는 것은? [12.2]

① 응회암 ② 점판암
③ 사문암 ④ 트래버틴

해설 점판암 : 박판으로 채취할 수 있으므로 슬레이트로서 지붕 등에 사용된다.

정답 ②

161-3. 감람석이 변질된 것으로 암녹색 바탕에 아름다운 무늬를 갖고 있으나 풍화성이 있어 실내 장식용으로 사용되는 것은? [13.4]

① 현무암 ② 사문암
③ 안산암 ④ 응회암

해설 사문암 : 감람석이 변질된 것으로 암녹색 바탕에 흑백색의 무늬가 있고, 경질이나 풍화성으로 인하여 실내 장식용으로서 대리석 대용으로 사용된다.

정답 ②

161-4. 보통콘크리트용 쇄석의 원석으로 가장 부적당한 것은? [15.1]

① 현무암 ② 안산암
③ 화강암 ④ 응회암

해설 응회암 : 가공은 용이하나 흡수성이 높고, 강도가 높지 않아 건축용으로는 부적당하다.

정답 ④

정답 160. ② 161. ④

161-5. 다음 석재 중에서 외장용으로 적합하지 않은 것은? [13.1/15.2/16.4]

① 대리석 ② 화강석
③ 안산암 ④ 점판암

해설 대리석 : 열과 산에는 약하지만 세공이 쉬워 실내 장식용이나 건축, 조각 따위에 많이 쓰인다.

정답 ①

162. 현무암, 안산암, 사문암 등의 원료를 고열로 용융시킨 후 세공으로 분출시키면서 면상으로 만들어 냉수나 압축공기로 냉각시켜 섬유화한 것은? [10.4]

① 암면 ② 펄라이트
③ 석면 ④ 유리섬유

해설 암면 : 현무암, 안산암, 사문암 등의 원료를 고열로 용융시킨 후 세공으로 분출시키면서 면상으로 만들어 냉수나 압축공기로 냉각시켜 섬유화한 것

163. 석재 백화 현상의 원인이 아닌 것은? [17.1]

① 빗물 처리가 불충분한 경우
② 줄눈 시공이 불충분한 경우
③ 줄눈 폭이 큰 경우
④ 석재 배면으로부터의 누수에 의한 경우

해설 ③ 줄눈 폭은 백화 현상과 크게 관련이 없다.

Tip) 백화 현상 : 시멘트의 가용성 성분인 수산화칼슘, 알칼리 금속 등이 물에 용해되어 구조물의 표면에 백색의 물질이 나타나는 현상

164. 석재를 다듬을 때 쓰는 방법으로 양날망치로 정다듬한 면을 일정 방향으로 찍어 다듬는 석재 표면 마무리 방법은? [09.2/13.1/18.1]

① 잔다듬
② 도드락다듬
③ 혹두기
④ 거친갈기

해설 정다듬은 정다듬한 면을 정, 도드락다듬은 도드락망치, 잔다듬은 양날망치를 사용하여 다듬는 마무리 방법이다.

165. 돌붙임공법 중에서 석재를 미리 붙여 놓고 콘크리트를 타설하여 일체화시키는 방법은? [20.2]

① 조적공법
② 앵커긴결공법
③ GPC공법
④ 강재트러스 지지공법

해설 GPC공법 : 석재를 미리 붙여 놓고 콘크리트를 타설하여 일체화시키는 방법으로 현장에서 석재와 콘크리트를 일체화하는 조립식 판넬법이다.

166. 백색 시멘트와 종석, 안료를 혼합하여 천연석과 유사한 외관을 가진 인조석으로 만든 것으로서 의석 또는 캐스트 스톤(cast stone)이라고 하는 것은? [14.4]

① 모조석(imitation stone)
② 리신바름(lithin coat)
③ 라프코트(rough coat)
④ 테라조 바름(terrazo finish)

해설 모조석 : 백색 시멘트와 종석, 안료를 혼합하여 외관을 천연석과 유사하게 만든 인조석

167. 인조석 및 석재가공 제품에 관한 설명으로 옳지 않은 것은? [17.2]

정답 162. ① 163. ③ 164. ① 165. ③ 166. ① 167. ④

① 테라조는 대리석, 사문암 등의 종석을 백색 시멘트나 수로 결합시키고 가공하여 생산한다.
② 에보나이트는 주로 가구용 테이블 상판, 실내 벽면 등에 사용된다.
③ 초경량 스톤패널은 로비(lobby) 및 엘리베이터의 내장재 등으로 사용된다.
④ 패블스톤은 조약돌의 질감을 내지만 백화현상의 우려가 있다.

해설 ④ 패블스톤은 백화 현상의 우려가 없다.

167-1. 테라조의 종석으로 가장 적당한 것은? [13.2]

① 대리석 ② 현무암
③ 감람석 ④ 진주암

해설 테라조는 대리석, 화강석, 사문암 등을 종석으로 한 인조석(모조석)의 일종이다.

정답 ①

167-2. 인조석이나 테라조 바름에 쓰이는 종석이 아닌 것은? [12.4]

① 화강석 ② 사문암
③ 대리석 ④ 샤모트

해설 테라조는 대리석, 화강석, 사문암 등을 종석으로 한 인조석(모조석)의 일종이다.

정답 ④

168. 진주암, 흑요석 등을 분쇄하여 고온에서 급속히 팽창시킨 것으로 경량골재로 사용되는 인조석은? [09.2]

① 암면 ② 테라조
③ 질석 ④ 펄라이트

해설 펄라이트 : 진주암, 흑요석 등을 분쇄해서 고열로 가열 팽창시킨 경량골재

169. 방사선 차폐용 콘크리트 제작에 사용되는 골재로서 적합하지 않은 것은? [19.4]

① 흑요석 ② 적철광
③ 중정석 ④ 자철광

해설 방사선 차폐용 콘크리트 제작에는 적철광, 자철광, 중정석 등의 중량골재를 사용한다.
Tip) 흑요석 – 경량골재

170. 석회석이 변화되어 결정화한 것으로 석질이 치밀하고 견고할 뿐 아니라 외관이 미려하여 실내 장식재 또는 조각재로 사용되는 석재는? [12.2/12.4]

① 화강암 ② 안산암
③ 응회암 ④ 대리석

해설 대리석 : 열과 산에는 약하지만 세공이 쉬워 실내 장식용이나 건축, 조각 따위에 많이 쓰인다.

170-1. 대리석의 성질과 용도에 관한 설명으로 옳은 것은? [17.4]

① 석질이 치밀하고, 판석으로서 지붕 외벽 등에 사용되며 비석, 숫돌로도 이용된다.
② 조적재, 기초석재 등으로 주로 쓰인다.
③ 내화도는 높으나 조잡하여 경량골재, 내화재 등에 사용한다.
④ 열, 산에는 약하지만 외관이 미려하므로 장식용으로 사용된다.

해설 대리석 : 열과 산에는 약하지만 세공이 쉬워 실내 장식용이나 건축, 조각 따위에 많이 쓰인다.

정답 ④

170-2. 대리석에 대한 설명으로 옳지 않은 것은? [10.4]

정답 168. ④ 169. ① 170. ④

① 석회석이 변화되어 결정화한 것이다.
② 대리석은 강도가 높아 표면 광택이 좋고 내산성, 내마모성이 크다.
③ 석질이 치밀하고 외관이 미려하다.
④ 트래버틴은 대리석의 일종이다.

해설 ② 대리석은 강도가 높고, 산과 열에 약하며, 내구성이 작아 외장에 부적합하다.

정답 ②

171. 대리석을 붙이기 할 때 사용되는 모르타르로 가장 적합한 것은? [13.4]

① 시멘트 모르타르 ② 방수 모르타르
③ 석고 모르타르 ④ 석회 모르타르

해설 석고 모르타르 : 대리석을 붙이기 할 때 사용되는 모르타르로 알칼리 성분에 의하여 변색될 수 있다.

172. 암석이 가장 쪼개지기 쉬운 면을 말하며 절리보다 불분명하지만 방향이 대체로 일치되어 있는 것은? [14.1]

① 석리 ② 입상조직
③ 석목 ④ 선상조직

해설 석목 : 암석이 가장 쪼개지기 쉬운 면을 말하며, 절리보다 불분명하지만 방향이 대체로 일치되어 있다.

173. 어떤 석재의 질량이 다음과 같을 때 이 석재의 표면건조 포화상태의 비중은 얼마인가? [09.1/10.2/16.2]

- 공시체의 건조 질량 : 400g
- 공시체의 물속 질량 : 300g
- 공시체의 침수 후 표면건조 포화상태의 공시체의 질량 : 450g

① 1.33 ② 1.50 ③ 2.67 ④ 4.51

해설 표면건조 포화상태의 비중

$$=\frac{\text{건조한 상태의 질량}}{\text{표면건조 포화상태의 질량}-\text{물속 질량}}$$

$$=\frac{400}{450-300}\fallingdotseq 2.67$$

기타재료

174. 그물유리라고도 하며 주로 방화 및 방재용으로 사용하는 유리는? [10.4/12.4/19.2]

① 강화유리
② 망입유리
③ 복층유리
④ 열선반사유리

해설 망입유리 : 두꺼운 판유리에 망 구조물을 넣어 만든 유리로 철선(철사), 황동선, 알루미늄 망 등이 사용되며, 충격으로 파손될 경우에도 파편이 흩어지지 않는다.

174-1. 유리면에 부식액의 방호막을 붙이고 이 막을 모양에 맞게 오려낸 후 그 부분에 유리 부식액을 발라 소요 모양으로 만들어 장식용으로 사용하는 유리는? [12.2/20.1]

① 샌드블라스트 유리
② 에칭유리
③ 매직유리
④ 스팬드럴유리

해설 에칭(부식)유리 : 유리면에 부식액의 방호막을 붙이고 이 막을 모양에 맞게 오려낸 후 그 부분에 유리 부식액을 발라 소요 모양으로 만든 유리이다.

정답 ②

정답 171. ③ 172. ③ 173. ③ 174. ②

174-2. 열적외선을 반사하는 은 소재 도막으로 코팅하여 방사율과 열관류율을 낮추고 가시광선 투과율을 높인 유리는? [19.4]

① 스팬드럴유리 ② 배강도유리
③ 로이유리 ④ 에칭유리

해설 로이(Low-E)유리 : 적외선을 반사하는 도막을 코팅하여 방사율과 열관류율을 낮춘 고단열 유리로서 복층유리로 제조된다.

정답 ③

174-3. 투사광선의 방향을 변화시키거나 집중 또는 확산시킬 목적으로 만든 이형 유리제품으로 주로 지하실 또는 지붕 등의 채광용으로 사용되는 것은? [11.2/20.1]

① 프리즘유리 ② 복층유리
③ 망입유리 ④ 강화유리

해설 프리즘유리
- 투사광선의 방향을 변화시키거나 집중 또는 확산시킬 목적의 유리제품이다.
- 지하실 또는 지붕 등의 채광용으로 사용된다.

정답 ①

174-4. 2장 이상의 판유리 사이에 강하고 투명하면서 접착성이 강한 플라스틱 필름을 삽입하여 제작한 안전유리를 무엇이라 하는가? [18.1]

① 접합유리 ② 복층유리
③ 강화유리 ④ 프리즘유리

해설 접합유리
- 2장 이상의 판유리 사이에 강하고 투명하면서 접착성이 강한 플라스틱 필름을 삽입하여 제작한 안전유리이다.
- 유리 사이에 수지층을 삽입하여 만든 유리이다.

정답 ①

174-5. 유리를 600℃ 이상의 연화점까지 가열하여 특수한 장치로 균등히 공기를 내뿜어 급랭시킨 것으로 강하고 또한 파괴되어도 세립상으로 되는 유리는? [18.4/19.1/19.4]

① 에칭유리 ② 망입유리
③ 강화유리 ④ 복층유리

해설 강화유리는 깨지면 잘게 깨지면서 비산한다.

정답 ③

174-6. 건축공사의 일반창유리로 사용되는 것은? [10.4/20.2]

① 석영유리 ② 붕규산유리
③ 칼라석회유리 ④ 소다석회유리

해설 소다석회유리의 용도에는 일반창유리, 병유리, 채광용 창유리 등이 있다.

정답 ④

174-7. 일반적으로 철, 크롬, 망간 등의 산화물을 혼합하여 제조한 것으로 염색품의 색이 바래는 것을 방지하고 채광을 요구하는 진열장 등에 이용되는 유리는? [20.2]

① 자외선흡수유리
② 망입유리
③ 복층유리
④ 유리블록

해설 자외선흡수유리
- 철, 크롬, 망간 등의 산화물을 혼합하여 제조한 유리이다.
- 자외선을 흡수하는 것을 목적으로 만든 유리이다.
- 염색품의 색이 바래는 것을 방지하고 채광을 요구하는 진열장 등에 사용된다.

정답 ①

174-8. 보통판유리에 미량의 금속산화물을 첨가한 것으로 열에 의한 온도차에 의해 파손될 우려가 있어 창면 일부만이 그늘지거나 온도차가 많이 나는 곳의 사용을 피하는 유리는? [10.1]

① 프리즘유리 ② 자외선흡수유리
③ 열선흡수유리 ④ 스팬드럴유리

해설 열선흡수유리 : 보통판유리에 미량의 금속산화물을 첨가한 유리로서 열에 의한 온도차에 의해 파손될 우려가 있어 창면 일부만이 그늘지거나 온도차가 많이 나는 곳의 사용을 피한다.

정답 ③

174-9. 열선흡수유리의 특징에 관한 설명으로 옳지 않은 것은? [19.2]

① 여름철 냉방부하를 감소시킨다.
② 자외선에 의한 상품 등의 변색을 방지한다.
③ 유리의 온도상승이 매우 적어 실내의 기온에 별로 영향을 받지 않는다.
④ 채광을 요구하는 진열장에 이용된다.

해설 ③ 열에 의한 온도차에 의해 파손될 우려가 있어 창면 일부만이 그늘지거나 온도차가 많이 나는 곳의 사용을 피한다.

정답 ③

174-10. 열선흡수유리의 특징에 대한 설명 중 옳지 않은 것은? [11.4]

① 여름철 냉방부하를 감소시킨다.
② 자외선에 의한 상품 등의 변색을 방지한다.
③ 단열 효과가 크고 결로방지용으로 우수하다.
④ 채광을 요구하는 진열장에 이용된다.

해설 ③은 복층유리의 특징이다.

정답 ③

174-11. 다음의 각종 유리제품에 대한 설명 중 옳지 않은 것은? [10.1]

① 망입유리-깨어지는 경우에도 파편이 튀지 않는다.
② 스테인드글라스-단열성 및 차단성이 우수하다.
③ 복층유리-방음성과 열차단성이 우수하다.
④ 유리블록-보통 유리창보다 균일한 확산광을 얻을 수 있다.

해설 ② 스테인드글라스-단열성 및 차단성이 나쁘다.

정답 ②

174-12. 각종 색유리의 작은 조각을 도안에 맞추어 절단하여 조합해서 만든 것으로 성당의 창 등에 사용되는 유리제품은? [10.4]

① 내열유리
② 유리타일
③ 샌드블라스트 유리
④ 스테인드글라스

해설 스테인드글라스 : 각종 색유리의 작은 조각을 도안에 맞추어 절단하여 조합해서 만든 유리제품

정답 ④

175. 건물의 바닥 충격음을 저감시키는 방법에 관한 설명으로 옳지 않은 것은 어느 것인가? [12.2/14.4/15.2/20.2]

① 완충재를 바닥 공간 사이에 넣는다.
② 부드러운 표면 마감재를 사용하여 충격력을 작게 한다.
③ 바닥을 띄우는 이중바닥으로 한다.
④ 바닥 슬래브의 중량을 작게 한다.

해설 ④ 바닥 슬래브의 중량을 크게 하고, 두께를 두껍게 해야 한다.

정답 175. ④

176. 단열재료의 성질에 관한 설명 중 옳은 것은? [13.2]

① 열전도율이 높을수록 단열성능이 크다.
② 같은 두께인 경우 경량재료가 단열에 더 효과적이다.
③ 단열재는 밀도가 다르더라도 단열성능은 같다.
④ 대부분 단열재는 흡음성이 떨어진다.

해설 단열재료의 성질
- 열전도율과 열관류율이 낮을수록 단열성능이 크다.
- 같은 두께인 경우 경량재료가 단열성능이 크다.
- 다공질의 재료가 많으므로 투기성과 흡수율이 낮아야 한다.
- 비중이 작고, 내화성 및 내부식성이 좋아야 한다.

176-1. 단열재에 관한 설명으로 옳지 않은 것은? [19.2]

① 열전도율이 낮은 것일수록 단열 효과가 좋다.
② 열관류율이 높은 재료는 단열성이 낮다.
③ 같은 두께인 경우 경량재료인 편이 단열 효과가 나쁘다.
④ 단열재는 보통 다공질의 재료가 많다.

해설 ③ 같은 두께인 경우 경량재료인 편이 단열 효과가 크다.

정답 ③

176-2. 단열재의 선정 조건으로 옳지 않은 것은? [20.2]

① 흡수율이 낮을 것
② 비중이 클 것
③ 열전도율이 낮을 것
④ 내화성이 좋을 것

해설 ② 비중이 작을 것

정답 ②

176-3. 단열재의 선정 조건 중 옳지 않은 것은? [10.1/12.4]

① 비중이 작을 것 ② 투기성이 클 것
③ 흡수율이 낮을 것 ④ 열전도율이 낮을 것

해설 ② 투기성이 작을 것

정답 ②

176-4. 재료의 단열성에 영향을 미치는 요인이 아닌 것은? [14.2]

① 재료의 두께 ② 재료의 밀도
③ 재료의 강도 ④ 재료의 표면상태

해설 재료의 단열성에 영향을 미치는 요인 : 재료의 두께, 재료의 밀도, 재료의 표면상태, 재료의 온도 등

정답 ③

177. 단열재의 특성과 관련된 전열의 3요소와 거리가 먼 것은? [16.1/19.1]

① 전도 ② 대류 ③ 복사 ④ 결로

해설 결로 : 물건의 표면에 작은 물방울이 서려 붙는 현상

178. 각종 단열재에 대한 설명 중 옳지 않은 것은? [13.1]

① 암면은 암석으로부터 인공적으로 만들어진 내열성이 높은 광물섬유를 이용하여 만드는 제품으로 단열성, 흡음성이 뛰어나다.
② 세라믹파이버의 원료는 실리카와 알루미나이며, 알루미나의 함유량을 늘리면 내열성이 상승한다.
③ 경질우레탄 폼은 방수성, 내투습성이 뛰어나기 때문에 방습층을 겸한 단열재로 사용된다.

정답 176. ② 177. ④ 178. ④

④ 펄라이트판은 천연의 목질섬유를 원료로 하며, 단열성이 우수하여 주로 건축물의 외벽 단열재 바름에 사용된다.

해설 ④ 펄라이트판은 광물질 단열재로 상용되고 있다.
Tip) 셀룰로즈섬유판이 천연의 목질섬유를 원료로 한다.

178-1. 다음 단열재료 중 가장 높은 온도에서 사용할 수 있는 것은? [17.4]

① 세라믹파이버 ② 암면
③ 석면 ④ 글라스 울

해설 세라믹파이버 : 세라믹을 원료로 만든 섬유이며, 1000℃ 이상의 고온에서도 견디는 섬유로 본래 공업용 가열로의 내화단열재로 사용되었으나 최근에는 철골의 내화피복재로 쓰이는 단열재이다.

정답 ①

178-2. 1000℃ 이상의 고온에서도 견디는 단열재료로 최근 철골의 내화피복재로 많이 사용되는 것은? [14.2]

① 규산칼슘판 ② 펄라이트판
③ 세라믹섬유 ④ 경질우레탄 폼

해설 세라믹섬유(세라믹파이버) : 세라믹을 원료로 만든 섬유이며, 1000℃ 이상의 고온에서도 견디는 섬유로 본래 공업용 가열로의 내화단열재로 사용되었으나 최근에는 철골의 내화피복재로 쓰이는 단열재이다.

정답 ③

178-3. 단열재료 중 무기질 재료가 아닌 것은? [18.1]

① 유리면 ② 경질우레탄 폼
③ 세라믹섬유 ④ 암면

해설 유기질 단열재료 : 셀룰로즈섬유판, 연질섬유판, 경질우레탄 폼, 폴리스티렌 폼 등
Tip) 무기질 단열재료 : 유리면, 암면, 세라믹섬유, 펄라이트판, 규산칼슘판 등

정답 ②

178-4. 건축용 단열재 중 무기질이 아닌 것은? [15.4]

① 암면
② 유리섬유
③ 세라믹파이버
④ 셀룰로즈파이버

해설 유기질 단열재료 : 셀룰로즈섬유판, 연질섬유판, 경질우레탄 폼, 폴리스티렌 폼 등
Tip) 무기질 단열재료 : 유리면, 암면, 세라믹섬유, 펄라이트판, 규산칼슘판 등

정답 ④

178-5. 무기질 단열재료 중 규산질 분말과 석회 분말을 오토클레이브 중에서 반응시켜 얻은 겔에 보강섬유를 첨가하여 프레스 성형하여 만드는 것은? [12.2]

① 유리면 ② 세라믹섬유
③ 펄라이트판 ④ 규산칼슘판

해설 규산칼슘판
- 규산질 분말과 석회 분말을 오토클레이브 중에서 반응시켜 얻은 겔에 보강섬유를 첨가하여 프레스 성형하여 만든다.
- 내열성과 내파손성이 우수하여 철골 내화피복으로 사용된다.

정답 ④

178-6. 규산칼슘판 단열재에 대한 설명으로 옳은 것은? [10.4/13.2/16.2]

① 용융유리를 흡착법 등으로 수 μm의 가는 섬유로 만든 것

② 각종 슬래그에 석회암을 첨가하여 가는 섬유형태로 만든 것
③ 주원료인 식물섬유를 쪄서 분해한 밀도 0.4g/cm^3 미만인 것
④ 내열성과 내파손성이 우수하여 철골 내화피복으로 사용되는 것

해설 규산칼슘판
• 규산질 분말과 석회 분말을 오토클레이브 중에서 반응시켜 얻은 겔에 보강섬유를 첨가하여 프레스 성형하여 만든다.
• 내열성과 내파손성이 우수하여 철골 내화피복으로 사용된다.
Tip) ①은 유리면, ②는 암면, ③은 연질섬유판

정답 ④

179. 다음 중 흡음재료로 보기 어려운 것은?

[19.2]
① 연질우레탄 폼
② 석고보드
③ 테라조
④ 연질섬유판

해설 흡음재료 : 연질우레탄 폼, 석고보드, 연질섬유판, 코르크판 등
Tip) 테라조는 대리석, 화강석, 사문암 등을 종석으로 한 인조석(모조석)의 일종이다.

180. 흡음재료의 특성에 대한 설명으로 옳은 것은? [16.1]

① 유공판재료는 재료 내부의 공기진동으로 고음역의 흡음 효과를 발휘한다.
② 판상재료는 뒷면의 공기층에 강제진동으로 흡음 효과를 발휘한다.
③ 다공질재료는 적당한 크기나 모양의 관통 구멍을 일정 간격으로 설치하여 흡음 효과를 발휘한다.
④ 유공판재료는 연질섬유판, 흡음텍스가 있다.

해설 흡음재료의 특성으로 판상재료는 뒷면의 공기층에 강제진동으로 흡음 효과를 발휘한다.

181. 차음재료의 요구성능에 대한 설명으로 옳은 것은? [12.2]

① 비중이 작을 것
② 밀도가 작을 것
③ 음의 투과손실이 클 것
④ 다공질 또는 섬유질이어야 할 것

해설 차음재료는 외부와의 음의 교류를 차단하는 재료로 음의 투과손실이 커야 한다.

방수

182. KS F 3211(건설용 도막방수제)에서 주요 원료에 따른 방수재의 종류에 해당하지 않는 것은? [09.1/12.1/14.2]

① 우레탄고무계 방수재
② 아크릴고무계 방수재
③ 에폭시고무계 방수재
④ 고무아스팔트계 방수재

해설 건설용 도막방수제(KS F 3211) : 우레탄고무계 방수재, 아크릴고무계 방수재, 실리콘고무계 방수재, 고무아스팔트계 방수재 등

183. 용제 또는 유제상태의 방수제를 바탕면에 여러 번 칠하여 방수막을 형성하는 방수법은? [20.2]

① 아스팔트 루핑방수 ② 도막방수
③ 시멘트 방수 ④ 시트방수

정답 179. ③ 180. ② 181. ③ 182. ③ 183. ②

해설 도막방수 : 방수제를 바탕면에 여러 번 칠하여 얇은 수지피막을 만들어 방수 효과를 얻는다.

183-1. 내약품성, 내마모성이 우수하여 화학공장의 방수층을 겸한 바닥 마무리재로 가장 적합한 것은? [20.2]

① 합성고분자 방수
② 무기질 침투방수
③ 아스팔트 방수
④ 에폭시 도막방수

해설 에폭시 도막방수 : 내약품성, 내마모성이 우수하여 화학공장의 방수층을 겸한 바닥 마무리재로 적합하다.

정답 ④

184. 도막방수에 관한 설명으로 옳지 않은 것은? [18.1]

① 복잡한 형상에도 시공이 용이하다.
② 시트 간의 접착이 불완전할 수 있다.
③ 내약품성이 우수하다.
④ 균일한 두께의 시공이 곤란하다.

해설 ② 시트 간의 접착성이 좋으며, 신속한 작업을 할 수 있다.

184-1. 도막방수 재료의 특징으로 틀린 것은? [15.2]

① 복잡한 부위의 시공성이 좋다.
② 신속한 작업 및 접착성이 좋다.
③ 바탕면의 미세한 균열에 대한 저항성이 있다.
④ 누수 시 결함 발견이 어렵고 국부적으로 보수가 어렵다.

해설 ④ 누수 시 결함 발견이 쉽고 국부적으로 보수가 가능하다.

정답 ④

185. 다음 중 석유 아스팔트에 속하지 않는 것은? [18.1]

① 블로운 아스팔트
② 스트레이트 아스팔트
③ 아스팔타이트
④ 컷백 아스팔트

해설 아스팔타이트 : 천연석유가 지층의 갈라진 틈 사이에 침투한 후 지열, 공기 따위의 작용으로 오랜 기간에 걸쳐 그 내부에서 중합반응 또는 축합반응을 일으키는 천연 아스팔트이다.

185-1. 지하실 방수공사에 사용되며, 아스팔트 펠트, 아스팔트 루핑 방수재료의 원료로 사용되는 것은? [13.1/15.4/20.1]

① 스트레이트 아스팔트
② 블로운 아스팔트
③ 아스팔트 컴파운드
④ 아스팔트 프라이머

해설 스트레이트 아스팔트
- 신장성, 접착력, 방수성이 우수하고 좋다.
- 연화점이 낮고 온도에 의한 감온성이 크다.
- 지하실 방수에 주로 쓰이고, 아스팔트 루핑 제조에 사용된다.

정답 ①

186. 멤브레인 방수공사와 관련된 용어에 관한 설명으로 옳지 않은 것은? [18.2]

① 멤브레인 방수층-불투수성 피막을 형성하는 방수층
② 절연용 테이프-바탕과 방수층 사이의 국부적인 응력집중을 막기 위한 바탕면 부착테이프
③ 프라이머-방수층과 바탕을 견고하게 밀착시킬 목적으로 바탕면에 최초로 도포하는 액상재료

정답 184. ② 185. ③ 186. ④

④ 개량 아스팔트-아스팔트 방수층을 형성하기 위해 사용하는 시트형상의 재료

해설 ④ 개량 아스팔트-아스팔트 방수층에 고무, 합성수지를 배합하여 감온성 등을 개선한 재료

186-1. 다음 방수공법 중 멤브레인 방수공법이 아닌 것은? [10.1]

① 아스팔트 방수
② 시트방수
③ 우레탄 방수
④ 무기질계 침투방수

해설 멤브레인(피막) 방수 : 아스팔트 방수, 합성고분자 시트방수, 도막방수, 우레탄 방수 등

정답 ④

187. 아스팔트 방수공사 시 바탕처리에 관한 설명으로 옳지 않은 것은? [17.1]

① 바탕면을 충분히 건조시킬 것
② 바탕면에 물 흘림 경사를 충분히 둘 것
③ 바탕면을 거칠게 마무리할 것
④ 구석, 모서리 등을 둥글게 처리할 것

해설 ③ 바탕면을 평활하게 마무리할 것

188. 방수공사에서 아스팔트 품질 결정요소와 가장 거리가 먼 것은? [14.1]

① 침입도 ② 신도
③ 연화점 ④ 마모도

해설 아스팔트 품질 결정요소 : 감온성, 침입도, 신도, 연화점 등

189. 아스팔트는 온도에 의한 반죽질기가 현저하게 변화하는데 이러한 변화가 일어나기 쉬운 정도를 무엇이라 하는가? [11.4/14.2]

① 감온성 ② 침입도
③ 신도 ④ 연화성

해설 감온성 : 온도에 의한 반죽질기가 현저하게 변화하는데 이러한 변화가 일어나기 쉬운 정도를 의미한다.

190. KS F 4052에 따라 방수공사용 아스팔트는 사용용도에 따라 4종류로 분류된다. 이 중, 감온성이 낮은 것으로서 주로 일반지역의 노출 지붕 또는 기온이 비교적 높은 지역의 지붕에 사용하는 것은? [20.2]

① 1종(침입도 지수 3 이상)
② 2종(침입도 지수 4 이상)
③ 3종(침입도 지수 5 이상)
④ 4종(침입도 지수 6 이상)

해설 KS F 4052에 따른 방수공사용 아스팔트

- 1종 : 보통 감온성, 실내, 지하
- 2종 : 약간 낮은 감온성, 경사가 완만한 옥외 구조물
- 3종 : 낮은 감온성, 노출 지붕, 기온이 높은 지역의 지붕
- 4종 : 아주 낮은 감온성, 연질로서 한랭지역의 지붕

정답 187. ③ 188. ④ 189. ① 190. ③

5과목 건설안전기술

1 건설공사 안전개요

공정계획 및 안전성 심사

1. 다음은 산업안전보건법령에 따른 승강설비의 설치에 관한 내용이다. (   )에 들어갈 내용으로 옳은 것은? [17.2/20.2]

> 사업주는 높이 또는 깊이가 (   )를 초과하는 장소에서 작업하는 경우 해당 작업에 종사하는 근로자가 안전하게 승강하기 위한 건설작업용 리프트 등의 설비를 설치하여야 한다. 다만, 승강설비를 설치하는 것이 작업의 성질상 곤란한 경우에는 그러하지 아니하다.

① 2m ② 3m
③ 4m ④ 5m

해설 사업주는 높이 또는 깊이가 2m를 초과하는 장소에 건설작업용 리프트 등의 설비를 설치하여야 한다.

2. 산업안전보건법령에 따른 중량물을 취급하는 작업을 하는 경우의 작업계획서 내용에 포함되지 않는 사항은? [18.2]

① 추락위험을 예방할 수 있는 안전 대책
② 낙하위험을 예방할 수 있는 안전 대책
③ 전도위험을 예방할 수 있는 안전 대책
④ 위험물 누출위험을 예방할 수 있는 안전 대책

해설 중량물 취급 작업 시 작업계획서는 추락위험, 낙하위험, 전도위험, 협착위험, 붕괴위험 등에 대한 예방을 할 수 있는 안전 대책을 포함하여야 한다.

2-1. 중량물의 취급 작업 시 근로자의 위험을 방지하기 위하여 사전에 작성하여야 하는 작업계획서 내용에 해당되지 않는 것은? [19.1]

① 추락위험을 예방할 수 있는 안전 대책
② 낙하위험을 예방할 수 있는 안전 대책
③ 전도위험을 예방할 수 있는 안전 대책
④ 침수위험을 예방할 수 있는 안전 대책

해설 중량물 취급 작업 시 작업계획서는 추락위험, 낙하위험, 전도위험, 협착위험, 붕괴위험 등에 대한 예방을 할 수 있는 안전 대책을 포함하여야 한다.

정답 ④

3. 산업안전보건법령에서 정의하는 산소결핍증의 정의로 옳은 것은? [15.4/18.4]

① 산소가 결핍된 공기를 들여 마심으로써 생기는 증상
② 유해가스로 인한 화재 · 폭발 등의 위험이 있는 장소에서 생기는 증상
③ 밀폐공간에서 탄산가스 · 황화수소 등의 유해물질을 흡입하여 생기는 증상
④ 공기 중의 산소농도가 18% 이상 23.5% 미만의 환경에 노출될 때 생기는 증상

해설 산소결핍증은 산소의 농도가 18% 미만인 상태에서 공기를 들여 마심으로써 생기는 증상을 말한다.

정답 1. ① 2. ④ 3. ①

4. 다음은 산업안전보건법령에 따른 지붕 위에서의 위험방지에 관한 사항이다. ( ) 안에 알맞은 것은? [16.1/16.4/17.1/18.1/19.2]

> 슬레이트, 선라이트 등 강도가 약한 재료로 덮은 지붕 위에서 작업을 할 때에 발이 빠지는 등 근로자가 위험해질 우려가 있는 경우 폭 ( )센티미터 이상의 발판을 설치하거나 안전방망을 치는 등 근로자의 위험을 방지하기 위하여 필요한 조치를 하여야 한다.

① 20 ② 25
③ 30 ④ 40

해설 슬레이트, 선라이트 등 강도가 약한 재료로 덮은 지붕 위에서 작업을 할 때 발이 빠지는 등의 위험을 방지하기 위한 산업안전보건법령에 따른 작업발판의 최소 폭은 30cm 이상이다.

5. 산업안전보건법령에 따른 크레인을 사용하여 작업을 하는 때 작업시작 전 점검사항에 해당되지 않는 것은? [17.4/20.2]

① 권과방지장치 · 브레이크 · 클러치 및 운전장치의 기능
② 주행로의 상측 및 트롤리(trolley)가 횡행하는 레일의 상태
③ 원동기 및 풀리(pulley)기능의 이상 유무
④ 와이어로프가 통하고 있는 곳의 상태

해설 ③은 컨베이어 등을 사용하여 작업할 때의 점검사항이다.

6. 다음 중 건설공사관리의 주요 기능이라 볼 수 없는 것은? [16.1]

① 안전관리 ② 공정관리
③ 품질관리 ④ 재고관리

해설 건설공사관리의 주요 기능 : 안전관리, 생산관리, 원가관리, 품질관리, 공정관리 등

지반의 안정성 I

7. 암질변화 구간 및 이상 암질 출현 시 판별방법과 가장 거리가 먼 것은? [10.1/20.2]

① R.Q.D ② R.M.R
③ 지표침하량 ④ 탄성파 속도

해설 암질 판별방법 : R.Q.D(%), R.M.R(%), 탄성파 속도(m/sec), 진동치 속도(cm/sec=kine), 일축압축강도(kg/cm^2)

7-1. 굴착공사 중 암질변화 구간 및 이상 암질 출현 시에는 암질 판별시험을 수행하는데 이 시험의 기준과 거리가 먼 것은? [17.1]

① 함수비 ② R.Q.D
③ 탄성파 속도 ④ 일축압축강도

해설 암질 판별방법 : R.Q.D(%), R.M.R(%), 탄성파 속도(m/sec), 진동치 속도(cm/sec=kine), 일축압축강도(kg/cm^2)

정답 ①

7-2. 발파공사 암질변화 구간 및 이상 암질 출현 시 적용하는 암질 판별방법과 거리가 먼 것은? [18.1]

① R.Q.D ② RMR 분류
③ 탄성파 속도 ④ 하중계(load cell)

해설 하중계(load cell) : 축하중의 변화 상태를 측정하는 계측장치

정답 ④

정답 4. ③ 5. ③ 6. ④ 7. ③

8. 토중수(soil water)에 관한 설명으로 옳은 것은? [18.4]

① 화학수는 원칙적으로 이동과 변화가 없고 공학적으로 토립자와 일체로 보며 100℃ 이상 가열하여 제거할 수 있다.
② 자유수는 지하의 물이 지표에 고인 물이다.
③ 모관수는 모관작용에 의해 지하수면 위쪽으로 솟아 올라온 물이다.
④ 흡착수는 이동과 변화가 없고 110±5℃ 이상으로 가열해도 제거되지 않는다.

해설 토중수는 토양 속에 함유되어 있는 물을 통틀어 이르는 말로 모관수는 모관작용에 의해 지하수면 위쪽으로 솟아 올라온 물을 말한다.

9. 점착성이 있는 흙의 함수량을 변화시킬 때 액성, 소성, 반고체, 고체의 상태로 변화하는 흙의 성질을 무엇이라 하는가? [10.2/12.4]

① 간극비
② 연경도
③ 예민비
④ 포화도

해설 연경도 : 흙의 함수량에 따라 액체, 소성, 반고체, 고체의 상태로 변화하는 흙의 성질

9-1. 흙의 연경도에서 반고체상태와 소성상태의 한계를 무엇이라 하는가? [11.4/18.1]

① 액성한계
② 소성한계
③ 수축한계
④ 반수축한계

해설 아터버그 한계(atterberg limit) : 함수비에 따라 다르게 나타나는 흙의 특성을 구분하기 위해 사용하는 함수비의 기준으로 액성한계(LL), 소성한계(PL), 수축한계(SL)이다.

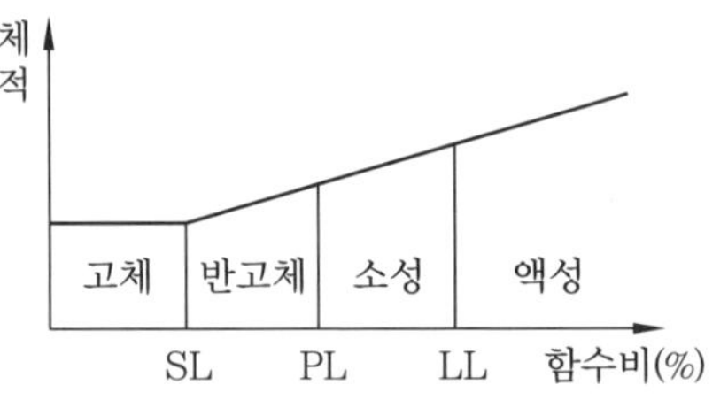

▲ 아터버그 한계(atterberg limit)

정답 ②

9-2. 흙의 액성한계 $W_L=48\%$, 소성한계 $W_P=26\%$일 때 소성지수(I_p)는 얼마인가? [09.1/15.4/16.2]

① 18%
② 22%
③ 26%
④ 32%

해설 소성지수$(I_p)=W_L-W_P$
$=48-26=22\%$

정답 ②

10. 다음 중 점성토의 성질과 거리가 먼 것은? [11.1]

① 예민비(sensitivity ratio)
② 리칭 현상(leaching phenomenon)
③ 틱소트로피 현상(thixotropy phenomenon)
④ 액상화 현상(liquefaction)

해설 ④는 모래층지반에서 발생하며, 유효응력이 감소하고 전단강도가 떨어지는 현상

11. 흙을 크게 분류하면 사질토와 점성토로 나눌 수 있는데 그 차이점으로 옳지 않은 것은? [12.2]

① 흙의 내부 마찰각은 사질토가 점성토보다 크다.
② 지지력은 사질토가 점성토보다 크다.
③ 점착력은 사질토가 점성토보다 작다.
④ 장기침하량은 사질토가 점성토보다 크다.

정답 8. ③ 9. ② 10. ④ 11. ④

해설 ④ 장기침하량은 점성토가 사질토보다 크다.

12. 점성토지반의 개량공법으로 적합하지 않은 것은? [12.4/13.2]

① 바이브로 플로테이션 공법
② 프리로딩 공법
③ 치환공법
④ 페이퍼드레인 공법

해설 점토질지반 개량공법 : 치환공법, 탈수공법
- 치환공법
- 탈수공법 : 샌드드레인, 페이퍼드레인, 프리로딩, 침투압, 생석회 말뚝공법

Tip) 바이브로 플로테이션(vibro flotation) 공법은 모래의 탈수공법이다.

12-1. 연약한 지반 위에 성토를 하거나 직접 기초를 건설하고자 할 때 지중 점토층의 압밀을 촉진시키기 위한 탈수공법의 종류가 아닌 것은? [10.2]

① 샌드드레인 공법 ② 웰 포인트 공법
③ 약액주입공법 ④ 페이퍼드레인 공법

해설 탈수공법의 종류
- 웰 포인트 공법–사질지반
- 샌드드레인 공법–점토질지반
- 페이퍼드레인 공법–점토질 지반
- 생석회 말뚝공법–점토질 지반

정답 ③

12-2. 연약지반 처리공법 중 압밀에 의해 강도를 증가시키는 방법이 아닌 것은? [11.1]

① 여성토 공법
② 샌드드레인 공법
③ 고결공법
④ 페이퍼드레인 공법

해설 압밀에 의해 강도를 증가시키는 방법 : 여성토(프리로딩) 공법, 샌드드레인 공법, 페이퍼드레인 공법 등

Tip) 고결안정공법 : 생석회 말뚝공법, 동결공법, 소결공법 등

정답 ③

12-3. 지반개량공법 중 고결안정공법에 해당하지 않는 것은? [12.1]

① 생석회 말뚝공법 ② 동결공법
③ 동다짐 공법 ④ 소결공법

해설 고결안정공법 : 생석회 말뚝공법, 동결공법, 소결공법 등

정답 ③

13. 다음 중 터널식 굴착방법과 거리가 먼 것은? [09.1]

① TBM 공법 ② NATM 공법
③ 실드공법 ④ 어스앵커 공법

해설 ④는 흙막이 공법(버팀대식 공법)

13-1. 다음 터널 공법 중 전단면 기계굴착에 의한 공법에 속하는 것은? [20.1]

① ASSM(American Steel Supported Method)
② NATM(New Austrian Tunneling Method)
③ TBM(Tunnel Boring Machine)
④ 개착식 공법

해설 TBM(Tunnel Boring Machine) 공법은 터널 공법 중 전단면 기계굴착에 의한 공법이다.

정답 ③

14. 채석작업을 하는 때에 채석계획서 작성 시 포함할 사항으로 옳지 않은 것은? [10.2]

정답 12. ① 13. ④ 14. ②

① 굴착면의 높이와 기울기
② 기둥침하의 유무 및 상태 확인
③ 암석의 분할방법
④ 표토 또는 용수의 처리방법

해설 채석작업 시 작업계획서 내용
- 발파방법
- 암석의 분할방법
- 암석의 가공장소
- 굴착면의 높이와 기울기
- 굴착면 소단(小段)의 위치와 넓이
- 갱내에서의 낙반 및 붕괴방지방법
- 노천굴착과 갱내굴착의 구별 및 채석방법
- 토석 또는 암석의 적재 및 운반방법과 운반경로
- 표토 또는 용수(勇水)의 처리방법
- 사용하는 굴착기계 · 분할기계 · 적재기계 또는 운반기계의 종류 및 성능

지반의 안정성 II

15. 연약지반을 굴착할 때, 흙막이 벽 뒤쪽 흙의 중량이 바닥의 지지력보다 커지면, 굴착저면에서 흙이 부풀어 오르는 현상은?

① 슬라이딩(sliding) [12.1/12.2/14.4/19.2]
② 보일링(boiling)
③ 파이핑(piping)
④ 히빙(heaving)

해설 히빙(heaving) 현상 : 연약 점토지반에서 굴착작업 시 흙막이 벽체 내 · 외의 토사의 중량 차에 의해 흙막이 밖에 있는 흙이 안으로 밀려 들어와 솟아오르는 현상

15-1. 히빙(heaving) 현상이 가장 쉽게 발생하는 토질지반은? [15.4/20.2]

① 연약한 점토지반 ② 연약한 사질토지반
③ 견고한 점토지반 ④ 견고한 사질토지반

해설 히빙(heaving) 현상 : 연약 점토지반에서 굴착작업 시 흙막이 벽체 내 · 외의 토사의 중량 차에 의해 흙막이 밖에 있는 흙이 안으로 밀려 들어와 솟아오르는 현상

정답 ①

15-2. 흙막이 가시설 공사 중 발생할 수 있는 히빙(heaving) 현상에 관한 설명으로 틀린 것은? [14.2]

① 흙막이 벽체 내 · 외의 토사의 중량차에 의해 발생한다.
② 연약한 점토지반에서 굴착면의 융기로 발생한다.
③ 연약한 사질토지반에서 주로 발생한다.
④ 흙막이 벽의 근입장 깊이가 부족할 경우 발생한다.

해설 ③은 보일링(boiling) 현상에 대한 내용이다.

정답 ③

16. 연약 점토 굴착 시 발생하는 히빙 현상의 효과적인 방지 대책으로 옳은 것은? [18.4]

① 언더피닝 공법 적용
② 샌드드레인 공법 적용
③ 아일랜드 공법 적용
④ 버팀대 공법 적용

해설 히빙 현상 방지 대책
- 어스앵커를 설치한다.
- 흙막이 벽의 근입심도를 확보한다.
- 양질의 재료로 지반개량을 실시한다.
- 굴착 주변의 상재하중을 제거한다.
- 토류벽의 배면토압을 경감시킨다.
- 굴착저면에 토사 등 인공중력을 가중시킨다(아일랜드 공법 적용).

정답 15. ④ 16. ③

Tip) 아일랜드 공법 : 널말뚝 흙막이의 안쪽에 안정한 비탈면을 남기고 내부를 구축한 후, 구축부에 버팀목을 가설하면서 굴착 · 구축하는 공법

16-1. 히빙(heaving)의 방지 대책 중 옳지 않은 것은? [10.4]

① 굴착 주변의 상재하중을 증가시킨다.
② 시트 파일 등의 근입심도를 검토한다.
③ 케이슨 공법을 채택한다.
④ 굴착 주변을 웰 포인트 공법과 병행한다.

해설 ① 굴착 주변의 상재하중을 제거한다.

정답 ①

17. 사질토지반에서 보일링(boiling) 현상에 의한 위험성이 예상될 경우의 대책으로 옳지 않은 것은? [18.1]

① 흙막이 말뚝의 밑둥넣기를 깊게 한다.
② 굴착저면보다 깊은 지반을 불투수로 개량한다.
③ 굴착 밑 투수층에 만든 피트(pit)를 제거한다.
④ 흙막이 벽 주위에서 배수시설을 통해 수두차를 적게 한다.

해설 ③ 굴착 밑 투수층에 피트(pit) 등을 설치한다.

17-1. 사질지반에 흙막이를 하고 터파기를 실시하면 지반수위와 터파기 저면과의 수위차에 의해 보일링 현상이 발생할 수 있다. 이때 이 현상을 방지하는 방법이 아닌 것은? [13.1]

① 흙막이 벽의 저면 타입깊이를 크게 한다.
② 차수성이 높은 흙막이 벽을 사용한다.
③ 웰 포인트로 지하수면을 낮춘다.
④ 주동토압을 크게 한다.

해설 ④ 주동토압을 작게 한다.

Tip) 주동토압 : 흙이 가로 방향으로 팽창하여 옹벽에 미치는 흙의 가로 방향의 압력

정답 ④

17-2. 보일링 현상을 방지하기 위한 대책으로 가장 거리가 먼 것은? [11.4]

① 굴착배면의 지하수위를 낮춘다.
② 토류벽의 근입깊이를 깊게 한다.
③ 토류벽 상단부에 버팀대를 보강한다.
④ 토류벽 선단에 코어 및 필터를 설치한다.

해설 ③ 토류벽 인접지반에 중량물 적치를 피한다.

정답 ③

18. 파이핑(piping) 현상에 의한 흙 댐(earth dam)의 파괴를 방지하기 위한 안전 대책 중 옳지 않은 것은? [17.4]

① 흙 댐의 하류 측에 필터를 설치한다.
② 흙 댐의 상류 측에 차수판을 설치한다.
③ 흙 댐 내부에 점토 코어(core)를 넣는다.
④ 흙 댐에서 물의 침투 유도길이를 짧게 한다.

해설 ④ 흙 댐에서 물의 침투 유도길이를 길게 한다.

Tip) 파이핑 현상 : 보일링 현상으로 인하여 지반 내에서 물이 흘러 통로가 생기면서 흙이 세굴되는 현상

19. 느슨하게 쌓여 있는 모래지반이 물로 포화되어 있을 때 지진이나 충격을 받으면 일시적으로 전단강도를 잃어버리는 현상은? [09.1/13.2]

① 모관 현상
② 보일링 현상
③ 틱소트로피
④ 액상화 현상

정답 17. ③ 18. ④ 19. ④

해설 액상화 현상 : 모래층지반에서 발생하며, 유효응력이 감소하고 전단강도가 떨어지는 현상

20. 다음 중 흙의 동상방지 대책으로 틀린 것은? [15.1]

① 동결되지 않는 흙으로 치환하는 방법
② 흙 속에 단열재료를 매입하는 방법
③ 지표의 흙을 화학약품으로 처리하는 방법
④ 세립토층을 설치하여 모관수의 상승을 촉진시키는 방법

해설 ④ 모관수의 상승을 차단하기 위하여 조립토층을 설치한다.

20-1. 흙의 동상을 방지하기 위한 대책으로 틀린 것은? [11.1/14.2]

① 물의 유통을 원활하게 하여 지하수위를 상승시킨다.
② 모관수의 상승을 차단하기 위하여 지하수위 상층에 조립토층을 설치한다.
③ 지표의 흙을 화학약품으로 처리한다.
④ 흙 속에 단열재료를 매입한다.

해설 ① 지하수위를 저하시킨다.

정답 ①

21. 말뚝박기 해머(hammer) 중 연약지반에 적합하고 상대적으로 소음이 적은 것은? [16.1]

① 드롭 해머(drop hammer)
② 디젤 해머(diesel hammer)
③ 스팀 해머(steam hammer)
④ 바이브로 해머(vibro hammer)

해설 바이브로 해머(vibro hammer)는 연약지반에 적합하고 상대적으로 소음이 적은 해머이다.

22. 다음 중 흙의 다짐 효과에 대한 설명으로 옳은 것은? [11.1]

① 흙의 투수성이 증가한다.
② 동상 현상이 감소한다.
③ 전단강도가 감소한다.
④ 흙의 밀도가 낮아진다.

해설 흙의 다짐 효과

- 흙의 밀도가 높아진다.
- 지반의 지지력이 증가한다.
- 전단강도가 증가된다.
- 흙의 투수성이 감소된다.
- 동상 현상이나 팽창 · 수축작용이 감소한다.

22-1. 흙의 다짐에 대한 목적 및 효과로 옳지 않은 것은? [13.4]

① 흙의 밀도가 높아진다.
② 흙의 투수성이 증가한다.
③ 지반의 지지력이 증가한다.
④ 동상 현상이나 팽창작용 등이 감소한다.

해설 ② 흙의 투수성이 감소된다.

정답 ②

23. 다음의 (　　) 안에 알맞은 수치는? [12.4]

> 표준관입시험이란 보링공을 이용하여 rod의 선단에 표준관입시험용 sampler를 단 것을 무게 (㉠)의 쇠뭉치로 76cm의 높이에서 자유낙하시켜 sampler의 관입깊이 (㉡)에 해당하는 매입에 필요한 타격횟수 N을 측정하는 시험이다.

① ㉠ : 53.5kg, ㉡ : 30cm
② ㉠ : 53.5kg, ㉡ : 40cm
③ ㉠ : 63.5kg, ㉡ : 30cm
④ ㉠ : 63.5kg, ㉡ : 40cm

정답 20. ④ 21. ④ 22. ② 23. ③

해설 표준관입시험
- 63.5kg 무게의 추를 76cm 높이에서 자유낙하하여 타격하는 시험이다.
- N치(N－value)는 지반을 30cm 굴진하는데 필요한 타격횟수를 의미한다.
- 사질지반에 적용하며, 점토지반에서는 편차가 커서 신뢰성이 떨어진다.

23-1. 표준관입시험(SPT)에서의 N값은 샘플러를 63.5kg 해머로 흐트러지지 않을 지반에 몇 cm 관입하는데 필요한 타격횟수인가? [10.2]

① 15cm ② 30cm ③ 60cm ④ 75cm

해설 N치(N－value)는 지반을 30cm 굴진하는데 필요한 타격횟수를 의미한다.

정답 ②

23-2. 다음 중 모래지반의 내부마찰각을 구할 수 있는 시험방법은? [10.1]

① 웰 포인트 ② 표준관입시험
③ 지내력시험 ④ 베인테스트

해설 표준관입시험은 사질지반에 적용하며, 점토지반에서는 편차가 커서 신뢰성이 떨어진다.

정답 ②

24. 지반조사의 방법 중 지반을 강관으로 천공하고 토사를 채취 후 여러 가지 시험을 시행하여 지반의 토질 분포, 흙의 층상과 구성 등을 알 수 있는 것은? [19.1]

① 보링 ② 표준관입시험
③ 베인테스트 ④ 평판재하시험

해설 보링 : 지반을 강관으로 천공하고 토사를 채취 후 지반의 토질 분포, 흙의 층상과 구성 등을 조사하는 방법

24-1. 지반의 조사방법 중 지질의 상태를 가장 정확히 파악할 수 있는 보링방법은? [17.2]

① 충격식 보링(percussion boring)
② 수세식 보링(wash boring)
③ 회전식 보링(rotary boring)
④ 오거 보링(auger boring)

해설 회전식 보링 : 지질의 상태를 가장 정확히 파악할 수 있는 보링방법

정답 ③

24-2. 지반조사 방법 중 작업현장에서 인력으로 간단하게 실시할 수 있는 것으로 얕은 깊이(사질토의 경우 약 3～4m)의 토사 채취를 활용하는 방법은? [10.1]

① 오거 보링(auger boring)
② 수세식 보링(wash boring)
③ 회전식 보링(rotary boring)
④ 충격식 보링(percussion boring)

해설 오거 보링 : 오거는 지반조사를 하는 방법으로 심도는 10m까지 가능하지만, 사질토의 경우 모래가 섞여 붕괴되므로 3～4m 정도까지 가능하다.

정답 ①

25. 낙하추나 화약의 폭발 등으로 인공진동을 일으켜 지반의 종류, 지층 및 강성도 등을 알아내는데 활용되는 지반조사 방법은? [11.1]

① 탄성파탐사
② 전기저항탐사
③ 방사능탐사
④ 유량검측탐사

해설 탄성파탐사 : 낙하추나 화약의 폭발 등으로 인공진동을 일으켜 지반의 종류, 지층 및 강성도 등을 알아내는데 활용되는 지반조사 방법

정답 24. ① 25. ①

건설업 산업안전보건관리비

26. 안전관리비의 사용 항목에 해당하지 않는 것은? [11.1/20.2]

① 안전시설비
② 개인보호구 구입비
③ 접대비
④ 사업장의 안전 · 보건진단비

해설 안전관리비의 사용 항목
• 안전시설비
• 본사사용비
• 개인보호구 및 안전장구 구입비
• 사업장의 안전 · 보건진단비
• 안전보건교육비 및 행사비
• 근로자의 건강관리비
• 건설재해예방 기술지도비
• 안전관리자 등의 인건비 및 각종 업무수당

26-1. 건설업 산업안전보건관리비의 사용 항목으로 가장 거리가 먼 것은? [15.2/19.4]

① 안전시설비
② 사업장의 안전진단비
③ 근로자의 건강관리비
④ 본사 일반관리비

해설 ④ 본사사용비는 산업안전보건관리비의 사용 항목이지만, 본사 일반관리비는 해당되지 않는다.

정답 ④

26-2. 건설업 산업안전보건관리비의 사용 항목이 아닌 것은? [13.2]

① 안전관리계획서 작성비용
② 안전관리자의 인건비
③ 안전시설비
④ 안전진단비

해설 ①은 산업안전보건관리비의 사용 항목에 해당되지 않는다.

정답 ①

27. 산업안전보건관리비 중 안전시설비 등의 항목에서 사용 가능한 내역은? [17.1/19.1]

① 외부인 출입금지, 공사장 경계표시를 위한 가설울타리
② 비계 · 통로 · 계단에 추가 설치하는 추락방지용 안전난간
③ 절토부 및 성토부 등의 토사 유실방지를 위한 설비
④ 공사 목적물의 품질확보 또는 건설장비 자체의 운행 감시, 공사 진척상황 확인, 방범 등의 목적을 가진 CCTV 등 감시용 장비

해설 비계 · 통로 · 계단에 추가 설치하는 사다리 전도방지장치, 추락방지용 안전난간, 방호선반 등은 안전시설비로 사용할 수 있다.
Tip) 안전통로(각종 비계, 작업발판, 가설계단 · 통로, 사다리 등)는 안전시설비로 사용할 수 없다.

27-1. 산업안전보건관리비 중 안전시설비의 항목에서 사용할 수 있는 항목에 해당하는 것은? [17.2/20.1]

① 외부인 출입금지, 공사장 경계표시를 위한 가설울타리
② 작업발판
③ 절토부 및 성토부 등의 토사 유실방지를 위한 설비
④ 사다리 전도방지장치

해설 비계 · 통로 · 계단에 추가 설치하는 사다리 전도방지장치, 추락방지용 안전난간, 방호선반 등은 안전시설비로 사용할 수 있다.

정답 ④

정답 26. ③ 27. ②

27-2. 산업안전보건관리비 중 추락방지용 안전시설비의 항목에서 사용할 수 있는 내역이 아닌 것은? [09.2/11.4]

① 안전난간 ② 작업발판
③ 개구부 덮개 ④ 안전대 걸이설비

해설 안전통로(각종 비계, 작업발판, 가설계단 · 통로, 사다리 등)는 안전시설비로 사용할 수 없다.

정답 ②

28. 산업안전보건관리비 중 안전관리자 등의 인건비 및 각종 업무수당 등의 항목에서 사용할 수 없는 내역은? [09.2/12.2/18.4]

① 교통 통제를 위한 교통정리 신호수의 인건비
② 공사장 내에서 양중기 · 건설기계 등의 움직임으로 인한 위험으로부터 주변 작업자를 보호하기 위한 유도자 또는 신호자의 인건비
③ 전담 안전 · 보건관리자의 인건비
④ 고소작업대 작업 시 낙하물 위험예방을 위한 하부 통제, 화기작업 시 화재 감시 등 공사현장의 특성에 따라 근로자 보호만을 목적으로 배치된 유도자 및 신호자 또는 감시자의 인건비

해설 ① 교통정리원, 경비원, 자재정리원의 인건비는 산업안전보건관리비 사용 제외 항목이다.

29. 산업안전보건관리비에 관한 설명으로 옳지 않은 것은? [19.2]

① 발주자는 수급인이 안전관리비를 다른 목적으로 사용한 금액에 대해서는 계약금액에서 감액 조정할 수 있다.
② 발주자는 수급인이 안전관리비를 사용하지 아니한 금액에 대하여는 반환을 요구할 수 있다.
③ 자기공사자는 원가계산에 의한 예정가격 작성 시 안전관리비를 계상한다.
④ 발주자는 설계변경 등으로 대상액의 변동이 있는 경우 공사 완료 후 정산하여야 한다.

해설 ④ 발주자 또는 자기공사자는 설계변경 등으로 대상액의 변동이 있는 경우, 지체 없이 안전관리비를 조정 계상하여야 한다.

30. 건설업 산업안전보건관리비를 계산할 때 대상액이 5억 원 미만일 경우 대상액에 곱해 주는 비율이 가장 작은 공사 종류는?

① 철도, 궤도신설공사 [09.4/16.1/20.1]
② 일반건설공사(을)
③ 중건설공사
④ 특수 및 기타 건설공사

해설 건설공사 종류 및 규모별 안전관리비 계상기준표

건설공사 구분	대상액 5억 원 미만	대상액 5억 원 이상 50억 원 미만	대상액 50억 원 이상
일반건설공사(갑)	2.93%	1.86%	1.97%
일반건설공사(을)	3.09%	1.99%	2.10%
중건설공사	3.43%	2.35%	2.44%
철도 · 궤도신설공사	2.45%	1.57%	1.66%
특수 및 그 밖에 공사	1.85%	1.20%	1.27%

30-1. 산업안전보건관리비 계상을 위한 대상액이 56억 원인 교량공사의 산업안전보건관리비는 얼마인가? (단, 일반건설공사(갑)에 해당한다.) [18.1/18.2]

정답 28. ① 29. ④ 30. ④

① 104,160천 원 ② 110,320천 원
③ 144,800천 원 ④ 150,400천 원

해설 산업안전보건관리비 = 대상액 × 계상기준표의 비율 = 56억 원 × 0.0197 = 110,320천 원

정답 ②

31. 건설업 산업안전보건관리비 계상 및 사용기준을 적용하는 공사금액 기준으로 옳은 것은? [17.2]

① 총 공사금액 2천만 원 이상인 공사
② 총 공사금액 4천만 원 이상인 공사
③ 총 공사금액 6천만 원 이상인 공사
④ 총 공사금액 1억 원 이상인 공사

해설 산업재해보상보험법의 적용을 받는 공사 중 총 공사금액 2천만 원 이상인 공사에 적용한다. 다만, 다음 각 호의 어느 하나에 해당되는 공사 중 단가계약에 의하여 행하는 공사에 대하여는 총 계약금액을 기준으로 이를 적용한다.

- 전기공사법에 따른 전기공사로 저압 · 고압 또는 특고압 작업으로 이루어지는 공사
- 정보통신공사업법에 따른 정보통신공사

(※ 관련 규정 개정 전 문제로 본서에서는 ①번을 정답으로 한다. 총 공사금액이 4000만 원에서 2000만 원으로 21년도에 개정되었다.)

32. 건설산업기본법 시행령에 따른 토목공사업에 해당되는 건설공사 현장에서 전담 안전관리자 최소 1인을 두어야 하는 공사금액의 기준으로 옳은 것은? [17.4]

① 150억 원 이상
② 180억 원 이상
③ 210억 원 이상
④ 250억 원 이상

해설 토목공사업은 150억 원을 기준으로 안전관리자를 최소 1명 두어야 한다.

사전안전성 검토 (유해 · 위험방지 계획서)

33. 옥내 사업장에는 비상시에 근로자에게 신속하게 알리기 위한 경보용 설비 또는 기구를 설치하여야 하는데 그 설치기준으로 옳은 것은? [11.4]

① 연면적이 400 m^2이거나 상시 40명 이상의 근로자가 작업하는 옥내 작업장
② 연면적이 400 m^2이거나 상시 50명 이상의 근로자가 작업하는 옥내 작업장
③ 연면적이 500 m^2이거나 상시 40명 이상의 근로자가 작업하는 옥내 작업장
④ 연면적이 500 m^2이거나 상시 50명 이상의 근로자가 작업하는 옥내 작업장

해설 사업주는 연면적이 400 m^2 이상이거나 상시 50인 이상의 근로자가 작업하는 옥내 작업장에는 비상시에 근로자에게 신속하게 알리기 위한 경보용 설비 또는 기구를 설치하여야 한다.

34. 다음 중 유해 · 위험방지 계획서의 작성 및 제출대상에 해당되는 공사는 어느 것인가? [09.4/12.2/13.1/15.4/19.1/19.2]

① 지상높이가 20m인 건축물의 해체공사
② 깊이 9.5m인 굴착공사
③ 최대 지간거리가 50m인 교량 건설공사
④ 저수용량 1천만 톤인 용수 전용 댐

해설 유해 · 위험방지 계획서 제출대상 건설공사 기준

- 시설 등의 건설 · 개조 또는 해체공사
  - ㉠ 지상높이가 31m 이상인 건축물 또는 인공 구조물
  - ㉡ 연면적 30000 m^2 이상인 건축물
  - ㉢ 연면적 5000 m^2 이상인 시설

정답 31. ① 32. ① 33. ② 34. ③

㉮ 문화 및 집회시설(전시장, 동물원, 식물원은 제외)
㉯ 운수시설(고속철도 역사, 집배송시설은 제외)
㉰ 종교시설, 의료시설 중 종합병원
㉱ 숙박시설 중 관광숙박시설
㉲ 판매시설, 지하도상가, 냉동 · 냉장창고시설

- 연면적 5000m^2 이상인 냉동 · 냉장창고시설의 설비공사 및 단열공사
- 최대 지간길이가 50m 이상인 교량 건설 등의 공사
- 터널 건설 등의 공사
- 깊이 10m 이상인 굴착공사
- 다목적 댐, 발전용 댐 및 저수용량 2천만 톤 이상의 용수 전용 댐, 지방상수도 전용 댐 건설 등의 공사

34-1. 다음 중 유해 · 위험방지 계획서 제출 대상 공사에 해당하는 것은? [18.2]

① 지상높이가 25m인 건축물 건설공사
② 최대 지간길이가 45m인 교량공사
③ 깊이가 8m인 굴착공사
④ 제방높이가 50m인 다목적 댐 건설공사

해설 ① 지상높이가 31m 이상인 건축물 건설공사
② 최대 지간길이가 50m 이상인 교량공사
③ 깊이가 10m 이상인 굴착공사

정답 ④

35. 건설공사 유해 · 위험방지 계획서 제출 시 공통적으로 제출하여야 할 첨부서류가 아닌 것은? [11.1/13.2/18.1/20.2]

① 공사개요서
② 전체공정표
③ 산업안전보건관리비 사용계획서
④ 가설도로 계획서

해설 유해 · 위험방지 계획서 첨부서류

- 공사개요서
- 전체공정표
- 안전관리조직표
- 산업안전보건관리비 사용계획
- 건설물, 사용 기계설비 등의 배치를 나타내는 도면
- 재해 발생 위험 시 연락 및 대피방법
- 공사현장의 주변 현황 및 주변과의 관계를 나타내는 도면(매설물 현황을 포함한다.)

35-1. 다음 중 유해 · 위험방지 계획서 제출 시 첨부해야 하는 서류와 가장 거리가 먼 것은? [10.4/19.4]

① 건축물 각 층의 평면도
② 기계, 설비의 배치도면
③ 원재료 및 제품의 취급, 제조 등의 작업방법의 개요
④ 비상조치 계획서

해설 ④는 비상조치에 관한 사항

정답 ④

36. 유해 · 위험방지 계획서 검토자의 자격요건에 해당되지 않는 것은? [14.2]

① 건설안전 분야 산업안전지도사
② 건설안전기사로서 실무경력 3년인 자
③ 건설안전산업기사 이상으로서 실무경력 7년인 자
④ 건설안전기술사

해설 ② 건설안전기사로서 건설안전 관련 실무경력이 5년 이상인 자

정답 35. ④ 36. ②

2 건설공구 및 장비

건설공구

1. 석재가공 동력공구 중 진동드릴 사용 시 주의사항으로 옳지 않은 것은? [14.4]

① 드릴비트의 경도는 최대한 높은 것을 사용한다.
② 진동드릴의 손잡이는 충격완화를 위해 두꺼운 고무로 씌운다.
③ 작업 중인 작업자의 앞에 접근하지 않는다.
④ 작업자는 안전화를 착용한다.

해설 ① 드릴비트의 경도는 작업재료에 적합한 것을 사용한다.

2. 건설현장에서 사용하는 공구 중 토공용이 아닌 것은? [20.1]

① 착암기　② 포장파괴기
③ 연마기　④ 점토굴착기

해설 ③은 숫돌을 사용하며 연삭 또는 절단용 공구이다.

3. 해체공법에 대한 설명 중 핸드 브레이커 공법의 특징을 옳게 설명한 것은? [09.2/10.4]

① 좁은 장소의 작업에 유리하고 타공법과 병행하여 사용할 수 있다.
② 분진 발생이 거의 없어 그 밖에 보호구가 불필요하다.
③ 파괴력이 크고 공기단축 및 노동력 절감에 유리하다.
④ 소음, 진동은 없으나 기둥과 기초물 해체 시에는 사용이 불가능하다.

해설 핸드 브레이커 : 해체용 장비로서 작은 부재의 파쇄에 유리하며 소음, 진동 및 분진이 발생하고, 특히 작업원의 작업시간을 제한하여야 하는 장비이다.

3-1. 핸드 브레이커 취급 시 안전에 관한 유의사항으로 옳지 않은 것은? [19.1]

① 기본적으로 현장 정리가 잘 되어 있어야 한다.
② 작업 자세는 항상 하향 45° 방향으로 유지하여야 한다.
③ 작업 전 기계에 대한 점검을 철저히 한다.
④ 호스의 교차 및 꼬임 여부를 점검하여야 한다.

해설 ② 끝의 부러짐을 방지하기 위해 작업자세는 하향 수직 방향으로 유지한다.

정답 ②

4. 구조물 해체작업용 기계 · 기구와 직접적으로 관계가 없는 것은? [12.1]

① 대형 브레이커
② 압쇄기
③ 핸드 브레이커
④ 착암기

해설 ④는 구멍을 뚫는 기계

4-1. 다음 중 구조물의 해체작업을 위한 기계 · 기구가 아닌 것은? [10.4/18.2]

① 쇄석기　② 데릭
③ 압쇄기　④ 철제 해머

해설 ②는 철골 세우기용의 대표적인 기계

정답 ②

정답 1. ①　2. ③　3. ①　4. ④

4-2. 철도(鐵道)의 위를 가로질러 횡단하는 콘크리트 고가교가 노후화되어 이를 해체하려고 한다. 철도의 통행을 최대한 방해하지 않고 해체하는데 가장 적당한 해체용 기계 · 기구는? [18.4]

① 철제 해머
② 압쇄기
③ 핸드 브레이커
④ 절단기

해설 철제 해머, 압쇄기, 핸드 브레이커를 이용하여 해체할 경우에는 파편 등이 날릴 위험이 있으므로 절단기로 해체하여야 한다.

정답 ④

5. 해체용 기계 · 기구의 취급에 대한 설명으로 틀린 것은? [12.1]

① 해머는 적절한 직경과 종류의 와이어로프로 매달아 사용해야 한다.
② 압쇄기는 셔블(shovel)에 부착 설치하여 사용한다.
③ 차체에 무리를 초래하는 중량의 압쇄기 부착을 금지한다.
④ 해머 사용 시 충분한 견인력을 갖춘 도저에 부착하여 사용한다.

해설 ④ 해머 사용 시 이동식 크레인에 부착하여 사용한다.

6. 다음 중 압쇄기에 의한 건물의 파쇄작업 순서로 옳은 것은? [09.1]

① 슬래브-기둥-보-벽체
② 기둥-슬래브-보-벽체
③ 기둥-보-벽체-슬래브
④ 슬래브-보-벽체-기둥

해설 압쇄기에 의한 건물의 파쇄작업은 슬래브-보-벽체-기둥 등의 순서로 한다.

7. 항타기 및 항발기를 조립하는 경우 점검하여야 할 사항이 아닌 것은? [09.1/20.2]

① 과부하장치 및 제동장치의 이상 유무
② 권상장치의 브레이크 및 쐐기장치 기능의 이상 유무
③ 본체 연결부의 풀림 또는 손상의 유무
④ 권상기의 설치상태의 이상 유무

해설 항타기 및 항발기를 조립하는 경우 점검사항

- 본체 연결부의 풀림 또는 손상의 유무
- 권상용 와이어로프 · 드럼 및 도르래의 부착상태의 이상 유무
- 권상장치의 브레이크 및 쐐기장치 기능의 이상 유무
- 권상기의 설치상태의 이상 유무
- 버팀의 방법 및 고정상태의 이상 유무

8. 항타기 및 항발기의 도괴방지를 위하여 준수해야 할 기준으로 옳지 않은 것은? [18.4]

① 버팀대만으로 상단 부분을 안정시키는 경우에는 버팀대는 2개 이상으로 하고 그 하단 부분은 견고한 버팀 · 말뚝 또는 철골 등으로 고정시킬 것
② 버팀줄만으로 상단 부분을 안정시키는 경우에는 버팀줄을 3개 이상으로 하고 같은 간격으로 배치할 것
③ 평형추를 사용하여 안정시키는 경우에는 평형추의 이동을 방지하기 위하여 가대에 견고하게 부착시킬 것
④ 연약한 지반에 설치하는 경우에는 각부(脚部)나 가대(架臺)의 침하를 방지하기 위하여 깔판 · 깔목 등을 사용할 것

해설 ① 버팀대만으로 상단 부분을 안정시키는 경우에는 버팀대는 3개 이상으로 하고 그 하단 부분은 견고한 버팀 · 말뚝 또는 철골 등으로 고정시킬 것

정답 5. ④ 6. ④ 7. ① 8. ①

9. 항타기 또는 항발기의 권상용 와이어로프의 안전계수 기준은? [11.1/16.4]

① 2 이상 ② 3 이상
③ 4 이상 ④ 5 이상

해설 항타기 또는 항발기의 권상용 와이어로프의 안전율은 5 이상이어야 한다.

9-1. 항타기 또는 항발기에서 와이어로프의 절단하중 값과 와이어로프에 걸리는 하중의 최댓값이 보기항과 같을 때 사용 가능한 경우는? [15.4]

① 와이어로프의 절단하중 값 : 10ton, 와이어로프에 걸리는 하중의 최댓값 : 2ton
② 와이어로프의 절단하중 값 : 15ton, 와이어로프에 걸리는 하중의 최댓값 : 4ton
③ 와이어로프의 절단하중 값 : 20ton, 와이어로프에 걸리는 하중의 최댓값 : 6ton
④ 와이어로프의 절단하중 값 : 25ton, 와이어로프에 걸리는 하중의 최댓값 : 8ton

해설 ① 안전율 $=\dfrac{\text{절단하중}}{\text{하중의 최댓값}}=\dfrac{10}{2}=5$

② 안전율 $=\dfrac{\text{절단하중}}{\text{하중의 최댓값}}=\dfrac{15}{4}=3.75$

③ 안전율 $=\dfrac{\text{절단하중}}{\text{하중의 최댓값}}=\dfrac{20}{6}=3.333$

④ 안전율 $=\dfrac{\text{절단하중}}{\text{하중의 최댓값}}=\dfrac{25}{8}=3.125$

Tip) 항타기 또는 항발기의 권상용 와이어로프의 안전율은 5 이상이어야 한다.

정답 ①

10. 항타기 · 항발기의 권상용 와이어로프로 사용 가능한 것은? [09.1/10.4/14.2/15.2]

① 이음매가 있는 것
② 와이어로프의 한 꼬임에서 끊어진 소선의 수가 5%인 것
③ 지름의 감소가 호칭지름의 8%인 것
④ 심하게 변형된 것

해설 사용이 불가한 와이어로프의 기준
- 심하게 변형된 것
- 이음매가 있는 것
- 와이어로프의 한 꼬임에서 끊어진 소선의 수가 10% 이상인 것
- 지름의 감소가 호칭지름의 7% 이상인 것

건설장비

11. 크레인의 종류에 해당하지 않는 것은?

① 자주식 트럭크레인 [12.1]
② 크롤러 크레인
③ 타워크레인
④ 가이데릭

해설 ④는 철골 세우기용의 대표적인 기계

12. 다음 중 수중 굴착작업 시 가장 적합한 공법은? [09.4]

① 아일랜드 컷(island cut) 공법
② 트랜치 컷(trench cut) 공법
③ 케이슨(caisson) 공법
④ 브레이커(braker) 공법

해설 케이슨(caisson) 공법 : 저면이 폐쇄된 케이슨을 해상에서 예인하여 미리 정지된 지지층에 설치하고 내부를 모래, 자갈, 콘크리트, 물 등으로 채워 침하시키는 공법

정답 9. ④ 10. ② 11. ④ 12. ③

13. 건설기계에 관한 설명 중 옳은 것은? [14.1]

① 백호는 장비가 위치한 지면보다 높은 곳의 땅을 파는 데에 적합하다.
② 바이브레이션 롤러는 노반 및 소일시멘트 등의 다지기에 사용된다.
③ 파워쇼벨은 지면에 구멍을 뚫어 낙하 해머 또는 디젤 해머에 의해 강관말뚝, 널말뚝 등을 박는데 이용된다.
④ 가이데릭은 지면을 일정한 두께로 깎는 데에 이용된다.

해설 건설기계의 용도
- 파워쇼벨 : 지면보다 높은 곳의 땅파기에 적합하다.
- 드래그쇼벨(백호) : 지면보다 낮은 땅을 파는데 적합하고 수중굴착도 가능하다.
- 드래그라인 : 지면보다 낮은 땅을 파는데 적합하고 굴착 반지름이 크다.
- 클램쉘 : 수중굴착 및 가장 협소하고 깊은 굴착이 가능하며, 호퍼에 적합하다.
- 바이브레이션 롤러 : 노반 및 소일시멘트 등의 다지기에 사용된다.
- 가이데릭 : 360° 회전 고정 선회식의 기중기로 붐의 기복 · 회전에 의해서 짐을 이동시키는 장치이다.

13-1. 토공사용 기계의 용도에 관한 설명 중 옳지 않은 것은? [11.1/11.4]

① 파워쇼벨은 지반면보다 높은 곳의 굴착에 적합하다.
② 드래그쇼벨은 지반면보다 낮은 곳의 굴착에 적합하다.
③ 드래그라인은 지반면보다 낮은 경질지반의 굴착에 적당하다.
④ 클램쉘은 우물통과 같은 협소한 장소의 흙을 퍼 올리는데 적합하다.

해설 ③ 드래그라인은 지면보다 낮은 땅의 굴착에 적당하고 굴착 반지름이 크다.
Tip) 드래그쇼벨(백호)이 지반면보다 낮은 경질지반의 굴착에 적당하다.

정답 ③

13-2. 흙파기 공사용 기계에 관한 설명 중 틀린 것은? [15.2]

① 불도저는 일반적으로 거리 60m 이하의 배토작업에 사용된다.
② 클램쉘은 좁은 곳의 수직파기를 할 때 사용한다.
③ 파워쇼벨은 기계가 위치한 면보다 낮은 곳을 파낼 때 유용하다.
④ 백호는 토질의 구멍파기나 도랑파기에 이용된다.

해설 ③ 파워쇼벨은 기계가 위치한 면보다 높은 곳을 파낼 때 적합하다.

정답 ③

13-3. 다음 건설기계의 명칭과 각 용도가 옳게 연결된 것은? [15.1]

① 드래그라인–암반굴착
② 드래그쇼벨–흙 운반작업
③ 클램쉘–정지작업
④ 파워쇼벨–지반면보다 높은 곳의 흙파기

해설 파워쇼벨은 지면보다 높은 곳의 흙파기에 적합하다.

정답 ④

13-4. 수중굴착 및 구조물의 기초바닥 등과 같은 협소하고 상당히 깊은 범위의 굴착과 호퍼작업에 가장 적당한 굴착기계는? [12.4/16.2/17.2]

① 파워쇼벨
② 항타기

정답 13. ②

③ 클램쉘
④ 리버스 서큘레이션 드릴

해설 클램쉘 : 수중굴착 및 가장 협소하고 깊은 굴착이 가능하며, 호퍼에 적합하다.

정답 ③

13-5. 다음 그림의 형태 중 클램쉘(clam shell) 장비에 해당하는 것은? [19.4]

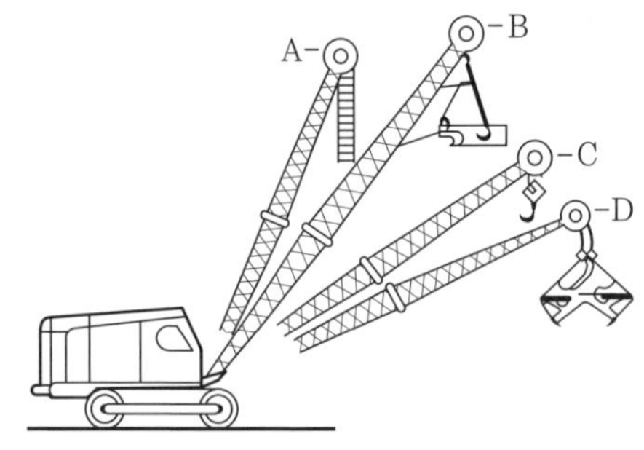

① A ② B ③ C ④ D

해설 클램쉘 : 수중굴착 및 가장 협소하고 깊은 굴착이 가능하며, 호퍼에 적합하다.
Tip) A : 파일 드라이버, B : 드래그라인, C : 크레인의 훅

정답 ④

13-6. 다음 건설기계 중 굴착장비가 아닌 것은? [14.4]

① 파워쇼벨 ② 모터그레이더
③ 백호우 ④ 드래그라인

해설 모터그레이더(motor grader) : 끝마무리 작업, 지면의 정지작업을 하며, 전륜을 기울게 할 수 있어 비탈면 고르기 작업도 가능하다.

정답 ②

13-7. 다음 중 쇼벨계 굴착기계에 속하지 않는 것은? [10.1/18.1]

① 파워쇼벨(power shovel)
② 클램쉘(clam shell)
③ 스크레이퍼(scraper)
④ 드래그라인(dragline)

해설 스크레이퍼 : 굴착, 싣기, 운반, 흙깔기 등의 작업을 하나의 기계로서 연속적으로 행할 수 있으며 비행장과 같이 대규모 정지작업에 적합하고 피견인식과 자주식의 두 종류가 있다.

정답 ③

14. 갈퀴형태의 배토판을 부착한 건설장비로서 나무뿌리 제거용이나 지상청소에 사용하는데 적합한 불도저는? [12.4]

① 스트레이트도저 ② 틸트도저
③ 레이크도저 ④ 앵글도저

해설
- 스트레이트도저 : 블레이드가 수평이며, 진행방향에 직각으로 블레이드를 부착한 것으로 중굴착 작업에 사용한다.
- 틸트도저 : 블레이드면의 좌우를 상하 25~30°까지 기울일 수 있는 불도저로 단단한 흙의 고랑파기 작업에 사용한다.
- 레이크도저 : 블레이드 대신 갈퀴형태의 배토판을 부착한 건설장비로서 나무뿌리 제거용이나 지상청소에 사용하는데 적합한 불도저이다.
- 앵글도저 : 블레이드면의 좌우를 전후 25~30° 각도로 회전시킬 수 있어 사면 굴착 · 정지 · 흙메우기 등 흙을 측면으로 보내는 작업에 사용한다.

14-1. 블레이드의 길이가 길고 낮으며 블레이드의 좌우를 전후 25~30° 각도로 회전시킬 수 있어 흙을 측면으로 보낼 수 있는 도저는? [13.1/20.2]

정답 14. ③

① 레이크도저
② 스트레이트도저
③ 앵글도저
④ 틸트도저

해설 앵글도저 : 블레이드면의 좌우를 전후 25~30° 각도로 회전시킬 수 있어 사면 굴착 · 정지 · 흙메우기 등 흙을 측면으로 보내는 작업에 사용한다.

정답 ③

14-2. 블레이드를 레버로 조정할 수 있으며, 좌우를 상하 25~30°까지 기울일 수 있는 불도저는? [11.1]

① 틸트도저 ② 스트레이트도저
③ 앵글도저 ④ 터나도저

해설 틸트도저 : 블레이드면의 좌우를 상하 25~30°까지 기울일 수 있는 불도저로 단단한 흙의 고랑파기 작업에 사용한다.

정답 ①

15. 쇼벨계 굴착기에 부착하며, 유압을 이용하여 콘크리트의 파괴, 빌딩 해체, 도로 파괴 등에 쓰이는 것은? [13.2]

① 파일 드라이버 ② 디젤 해머
③ 브레이커 ④ 오우거

해설 브레이커 : 쇼벨(shovel)계 굴착기에 부착하며, 유압을 이용하여 콘크리트의 파괴, 빌딩 해체, 도로 파괴 등에 사용한다.

15-1. 대형 브레이커에 대한 설명 중 옳지 않은 것은? [11.1]

① 수직 및 수평의 테두리 끊기 작업에도 사용할 수 있다.
② 공기식보다 유압식이 많이 사용된다.
③ 쇼벨(shovel)에 부착하여 사용하며 일반적으로 상향작업에 적합하다.
④ 고층건물에서는 건물 위에 기계를 놓아서 작업할 수 있다.

해설 ③ 쇼벨(shovel)계 굴착기에 부착하여 사용하며, 수평작업 및 하향작업에 적합하다.

정답 ③

16. 앞뒤 두 개의 차륜이 있으며(2축 2륜) 각각의 차축이 평행으로 배치된 것으로 찰흙, 점성토 등의 두꺼운 흙을 다짐하는 데는 적당하나 단단한 각재를 다지는 데는 부적당한 로드롤러는? [09.2/10.1/17.1]

① 머캐덤롤러(macadam roller)
② 탠덤롤러(tandem roller)
③ 탬핑롤러(tamping roller)
④ 진동롤러(vibration roller)

해설 탠덤롤러 : 앞뒤 2개의 차륜으로 구성되어 있으며, 아스팔트 포장의 마무리, 점성토 다짐에 사용한다.

16-1. 드럼에 다수의 돌기를 붙여 놓은 기계로 점토층의 내부를 다지는데 적합한 것은? [18.2]

① 탠덤롤러
② 타이어롤러
③ 진동롤러
④ 탬핑롤러

해설 탬핑롤러
• 고함수비의 점성토지반에 효과적인 다짐작업에 적합한 롤러이다.
• 롤러 표면에 돌기를 붙여 접지면적을 작게 하여, 땅 깊숙이 다짐이 가능하다.

Tip) 전압식 다짐기계 : 머캐덤롤러, 탠덤롤러, 타이어롤러, 탬핑롤러

정답 ④

정답 15. ③ 16. ②

17. 무한궤도식 장비와 타이어식(차륜식) 장비의 차이점에 관한 설명으로 옳은 것은? [19.2]

① 무한궤도식은 기동성이 좋다.
② 타이어식은 승차감과 주행성이 좋다.
③ 무한궤도식은 경사지반에서의 작업에 부적당하다.
④ 타이어식은 땅을 다지는데 효과적이다.

해설 ① 타이어식은 기동성이 좋다.
③ 무한궤도식은 경사지반에서의 작업에 적당하다.
④ 무한궤도식은 땅을 다지는데 효과적이다.

18. 굴착이 곤란한 경우 발파가 어려운 암석의 파쇄 굴착 또는 암석 제거에 적합한 장비는? [11.1/14.4/17.1/19.1]

① 리퍼 ② 스크레이퍼
③ 롤러 ④ 드래그라인

해설 리퍼 : 아스팔트 포장도로 지반의 파쇄 또는 연한 암석지반에 가장 적당한 장비이다.

19. 다음 중 차량계 건설기계에 속하지 않는 것은? [16.4/17.2]

① 배쳐플랜트 ② 모터그레이더
③ 크롤러드릴 ④ 탠덤롤러

해설 ①은 콘크리트 제조설비이다.

19-1. 차량계 건설기계 중 도로포장용 건설기계에 해당되지 않는 것은? [17.4]

① 아스팔트 살포기 ② 아스팔트 피니셔
③ 콘크리트 피니셔 ④ 어스 오거

해설 ④는 천공용 건설기계이다.

정답 ④

20. 스크레이퍼의 용도로 가장 거리가 먼 것은? [09.1/10.4/15.4]

① 적재 ② 운반
③ 하역 ④ 양중

해설 스크레이퍼는 굴착, 적재, 성토적재, 채굴, 운반 등을 할 수 있는 차량계 건설기계이다.

21. 다음 중 굴착기의 전부장치와 거리가 먼 것은? [12.4/13.1/16.2]

① 붐(boom) ② 암(arm)
③ 버킷(bucket) ④ 블레이드(blade)

해설 ④는 불도저의 부속장치(삽날)이다.

22. 굴착공사를 위한 기본적인 토질조사 시 조사내용에 해당되지 않는 것은? [18.4]

① 주변에 기 절토된 경사면의 실태조사
② 사운딩
③ 물리탐사(탄성파 조사)
④ 반발경도시험

해설 ④는 콘크리트의 비파괴검사 방법이다.

안전수칙

23. 재해 발생과 관련된 건설공사의 주요 특징으로 틀린 것은? [15.1]

① 재해 강도가 높다.
② 추락재해의 비중이 높다.
③ 근로자의 직종이 매우 단순하다.
④ 작업환경이 다양하다.

해설 ③ 근로자의 직종이 매우 다양하다.

24. 다음 중 건설재해 방지 대책으로 옳지 않은 것은? [15.4]

정답 17. ② 18. ① 19. ① 20. ④ 21. ④ 22. ④ 23. ③ 24. ④

① 공사계획 시부터 적정한 공법 및 공기를 선택하여 안전관리상에 무리가 없도록 한다.
② 하도급을 줄 때 안전관리 책임한계를 명확히 한다.
③ 매일 작업시작 전에 안전보건에 관한 교육을 정기적 또는 수시로 실시한다.
④ 작업시간을 자유롭게 하여 근로자의 편의를 도모한다.

해설 ④ 작업시간과 휴식시간을 자유롭게 하면 건설재해를 방지하기 어렵다.

25. 작업 조건에 알맞은 보호구의 연결이 옳지 않은 것은? [13.2]

① 안전대 : 높이 또는 깊이 2m 이상의 추락할 위험이 있는 장소에서의 작업
② 보안면 : 물체가 흩날릴 위험이 있는 작업
③ 안전화 : 물체의 낙하·충격, 물체에의 끼임, 감전 또는 정전기의 대전(帶電)에 의한 위험이 있는 작업
④ 방열복 : 고열에 의한 화상 등의 위험이 있는 작업

해설 작업 조건에 맞는 보호구
- 안전장갑 : 감전의 위험이 있는 작업
- 안전대 : 높이 또는 깊이 2m 이상의 추락할 위험이 있는 장소에서의 작업
- 안전화 : 물체의 낙하·충격, 물체에의 끼임, 감전 또는 정전기의 대전에 의한 위험이 있는 작업
- 안전모 : 물체가 낙하·비산위험 또는 작업자가 추락할 위험이 있는 작업
- 보안경 : 용접 시 불꽃, 바이트 연삭과 같이 물체가 흩날릴 위험이 있는 작업
- 보안면 : 용접 시 불꽃 또는 물체가 흩날릴 위험이 있는 작업
- 방열복 : 용해 등 고열에 의한 화상의 위험이 있는 작업
- 방한복 : 섭씨 영하 18도 이하인 냉동창고 등에서 하는 작업

(※ 문제 오류로 실제 시험에서는 모두 정답으로 처리되었다. 본서에서는 ①번을 정답으로 한다.)

25-1. 안전장갑을 사용해야 할 작업이 아닌 것은? [11.2]

① 전기용접을 하는 작업
② 드릴을 사용하는 작업
③ 굳지 않은 콘크리트에 접촉하는 작업
④ 감전위험이 있는 작업

해설 드릴작업 시에는 면장갑 착용을 금한다.

정답 ②

26. 철골공사의 작업 조건과 재해방지 설비가 짝지어진 것 중 옳지 않은 것은? [10.4]

① 추락자를 보호할 수 있는 것으로서 작업대 설치가 어렵거나 개구부 주위로 난간설치가 어려운 곳-추락방지용 방망
② 작업자의 신체를 보호하기 위한 것으로서 안전한 작업대나 난간설비를 할 수 없는 곳-안전대
③ 불꽃 비산방지를 위한 것으로 용접, 용단을 수반하는 작업 시-안전모
④ 상부에서 낙하된 것을 막는 것으로서 철골 건립, 볼트 체결 등의 작업 시-방호울타리

해설 ③ 물체가 낙하·비산위험 또는 작업자가 추락할 위험이 있는 작업 시-안전모

27. 정기안전점검 결과 건설공사의 물리적·기능적 결함 등이 발견되어 보수·보강 등의 조치를 하기 위하여 필요한 경우에 실시하는 것은? [14.1/19.2]

① 자체안전점검 ② 정밀안전점검
③ 상시안전점검 ④ 품질관리점검

정답 25. ① 26. ③ 27. ②

해설 정밀안전진단 : 일상, 정기, 특별, 임시 점검에서 시설물의 물리적 · 기능적 결함을 발견하고 그에 대한 신속하고 적절한 조치를 하기 위하여 구조적 안전성과 결함의 원인 등을 조사 · 측정 · 평가하여 보수 · 보강 등의 방법을 제시한다.

28. 가열에 사용되는 가스 등의 용기를 취급하는 경우에 준수하여야 할 사항으로 옳지 않은 것은? [19.4]

① 밸브의 개폐는 최대한 빨리 할 것
② 전도의 위험이 없도록 할 것
③ 용기의 온도를 섭씨 40도 이하로 유지할 것
④ 운반하는 경우에는 캡을 씌울 것

해설 ① 밸브의 개폐는 서서히 할 것

29. 콘크리트 타설 시 안전에 유의해야 할 사항으로 옳지 않은 것은? [11.1/16.2]

① 콘크리트 다짐 효과를 위하여 최대한 높은 곳에서 타설한다.
② 타설 순서는 계획에 의하여 실시한다.
③ 콘크리트를 치는 도중에는 거푸집, 동바리 등의 이상 유무를 확인하여야 한다.
④ 타설 시 비어 있는 공간이 발생되지 않도록 밀실하게 부어 넣는다.

해설 ① 배출구와 치기면까지의 높이는 최대한 낮게 한다.

29-1. 콘크리트 타설 시 안전수칙 사항으로 옳은 것은? [13.1/13.2/16.4/19.2]

① 콘크리트는 한 곳으로 치우쳐 타설하여야 한다.
② 콘크리트 타설작업 시 거푸집 붕괴의 위험이 발생할 우려가 있더라도 타설작업을 우선 완료하고 나서 상황을 판단한다.
③ 바닥 위에 흘린 콘크리트는 그대로 양생하도록 한다.
④ 최상부의 슬래브(slab)는 이어붓기를 가급적 피하고 일시에 전체를 타설한다.

해설 최상부의 슬래브는 이어붓기를 되도록 피하고 일시에 전체를 타설하도록 하여야 한다.

정답 ④

29-2. 펌프카에 의한 콘크리트 타설 시 안전수칙으로 옳지 않은 것은? [15.4]

① 타설 순서는 계획에 의거 실시
② 타설속도 및 속도 준수
③ 장비사양의 적정호스 길이 초과 시 압송관 연결
④ 펌프카 전후에는 식별이 용이한 안전표지판 설치

해설 ③ 장비사양의 적정호스의 길이를 초과하면 안 된다.

정답 ③

30. 지게차 헤드가드에 대한 설명 중 옳지 않은 것은? [09.4/12.2]

① 상부틀의 각 개구의 폭 또는 길이가 16cm 미만일 것
② 앉아서 조작하는 경우 운전자의 좌석의 윗면에서 헤드가드 상부틀 아랫면까지의 높이는 1m 이상일 것
③ 서서 조작하는 경우 운전석의 바닥면에서 헤드가드의 상부틀 하면까지의 높이가 2m 이상일 것
④ 강도는 지게차의 최대하중의 1배의 값의 등분포정하중에 견딜 수 있는 것일 것

해설 ④ 강도는 지게차의 최대하중의 2배의 값의 등분포정하중에 견딜 수 있는 것일 것

정답 28. ① 29. ① 30. ④

31. **발파작업에 종사하는 근로자가 준수하여야 할 사항으로 옳지 않은 것은?** [18.2]

① 장전구는 마찰 · 충격 · 정전기 등에 의한 폭발의 위험이 없는 안전한 것을 사용할 것
② 발파공의 충진재료는 점토 · 모래 등 발화성 또는 인화성의 위험이 없는 재료를 사용할 것
③ 얼어붙은 다이나마이트는 화기에 접근시키거나 그 밖의 고열물에 직접 접촉시켜 단시간 안에 융해시킬 수 있도록 할 것
④ 전기뇌관에 의한 발파의 경우 점화하기 전에 화약류를 장전한 장소로부터 30m 이상 떨어진 안전한 장소에서 전선에 대하여 저항측정 및 도통시험을 할 것

해설 ③ 얼어붙은 다이나마이트는 화기에 접근시키거나 그 밖의 고열물에 직접 접촉시키는 등 위험한 방법으로 융해되지 않도록 할 것

31-1. **발파작업에 종사하는 근로자가 발파 시 준수하여야 할 기준으로 옳지 않은 것은?** [15.4/17.4]

① 벼락이 떨어질 우려가 있는 경우에는 화약 또는 폭약의 장전작업을 중지하고 근로자들을 안전한 장소로 대피시켜야 한다.
② 근로자가 안전한 거리에 피난할 수 없는 경우에는 전면과 상부를 견고하게 방호한 피난장소를 설치하여야 한다.
③ 전기뇌관 외에 것에 의하여 점화 후 장전된 화약류의 폭발 여부를 확인하기 곤란한 경우에는 점화한 때부터 15분 이내에 신속히 확인하여 처리하여야 한다.
④ 얼어붙은 다이나마이트는 화기에 접근시키거나 그 밖의 고열물에 직접 접촉시키는 등 위험한 방법으로 융해되지 않도록 한다.

해설 ③ 전기뇌관 외에 것에 의하여 점화 후 장전된 화약류의 폭발 여부를 확인하기 곤란한 경우에는 점화한 때부터 15분 이상이 지난 후에 확인하여 처리한다.

정답 ③

32. **가설공사와 관련된 안전율에 대한 정의로 옳은 것은?** [10.1/16.2]

① 재료의 파괴응력도와 허용응력도의 비율이다.
② 재료가 받을 수 있는 허용응력도이다.
③ 재료의 변형이 일어나는 한계응력도이다.
④ 재료가 받을 수 있는 허용하중을 나타내는 것이다.

해설 $안전율=\frac{극한강도}{최대응력}=\frac{최대응력}{허용응력}$
$=\frac{파괴하중}{안전하중}=\frac{파괴하중}{최대\ 사용하중}$

33. **단면적이 800mm^{2}인 와이어로프에 의지하여 체중 800N인 작업자가 공중작업을 하고 있다면 이때 로프에 걸리는 인장응력은 얼마인가?** [09.4]

① 1MPa ② 2MPa
③ 3MPa ④ 4MPa

해설 $인장응력=\frac{와이어로프에\ 의지하는\ 하중}{단면적}$
$=\frac{800}{800}=1\,\text{MPa}$

34. **옹벽의 활동에 대한 저항력은 옹벽에 작용하는 수평력보다 최소 몇 배 이상 되어야 안전한가?** [10.1/11.1/13.2]

① 0.5 ② 1.0 ③ 1.5 ④ 2.0

해설 옹벽의 활동에 대한 저항력(F)
$=\frac{활동에\ 대한\ 저항력}{활동력}\geq 1.5$

정답 31. ③ 32. ① 33. ① 34. ③

35. 감전재해의 방지 대책에서 직접접촉에 대한 방지 대책에 해당하는 것은? [10.1/15.2]

① 충전부에 방호망 또는 절연덮개 설치
② 보호접지(기기외함의 접지)
③ 보호절연
④ 안전전압 이하의 전기기기 사용

해설 ②, ③, ④는 간접접촉에 대한 감전방지 방법

36. 건설현장의 중장비작업 시 일반적인 안전수칙으로 옳지 않은 것은? [12.2]

① 승차석 외의 위치에 근로자를 탑승시키지 아니한다.
② 중기 및 장비는 항상 사용 전에 점검한다.
③ 중장비는 사용법을 확실히 모를 때는 관리감독자가 현장에서 시운전을 해본다.
④ 경우에 따라 취급자가 없을 경우에는 사용이 불가능하다.

해설 ③ 중장비는 운전 전문가가 운전해야 한다.

37. 위험물질을 제조 · 취급하는 작업장과 그 작업장이 있는 건축물에서의 비상구 설치 관련 기준으로 옳지 않은 것은? [12.4]

① 출입구와 같은 방향에 있지 아니하고, 출입구로부터 2m 이상 떨어져 있을 것
② 작업장의 각 부분으로부터 하나의 비상구 또는 출입구까지의 수평거리가 50m 이하가 되도록 할 것
③ 비상구의 너비는 0.75m 이상으로 하고, 높이는 1.5m 이상으로 할 것
④ 비상구의 문은 피난 방향으로 열리도록 하고, 실내에서 항상 열 수 있는 구조로 할 것

해설 ① 출입구와 같은 방향에 있지 아니하고, 출입구로부터 3m 이상 떨어져 있을 것

3 건설재해 및 대책

떨어짐(추락)재해 및 대책

1. 추락의 정의로 옳은 것은? [11.1]

① 고소에 위치한 자재, 도구, 공구 등이 하부로 떨어지는 것
② 계단 경사로 등에서 굴러 떨어지는 것
③ 고소 근로자가 위치에너지의 상실로 인해 하부로 떨어지는 것
④ 고소에 위치한 가설물의 일부가 붕괴하는 것

해설 추락사고 : 사람이 건물이나 계단, 사다리 등 높은 곳에서 떨어지는 사고

2. 건설공사에서 발코니 단부, 엘리베이터 입구, 재료 반입구 등과 같이 벽면 혹은 바닥에 추락의 위험이 우려되는 장소를 의미하는 용어는? [12.2/16.4]

① 중간 난간대 ② 가설통로
③ 개구부 ④ 비상구

해설 개구부 : 발코니 단부, 엘리베이터 입구, 재료 반입구 등과 같은 장소로 추락의 위험이 있는 장소

3. 고소작업대가 갖추어야 할 설치 조건으로 옳지 않은 것은? [17.1]

정답 35. ① 36. ③ 37. ① 1. ③ 2. ③ 3. ①

① 작업대를 와이어로프 또는 체인으로 올리거나 내릴 경우에는 와이어로프 또는 체인이 끊어져 작업대가 떨어지지 아니하는 구조이어야 하며, 와이어로프 또는 체인의 안전율은 3 이상일 것
② 작업대를 유압에 의해 올리거나 내릴 경우에는 작업대를 일정한 위치에 유지할 수 있는 장치를 갖추고 압력의 이상 저하를 방지할 수 있는 구조일 것
③ 작업대에 끼임 · 충돌 등 재해를 예방하기 위한 가드 또는 과상승방지장치를 설치할 것
④ 작업대에 정격하중(안전율 5 이상)을 표시할 것

해설 ① 작업대를 와이어로프 또는 체인으로 올리거나 내릴 경우에는 와이어로프 또는 체인의 안전율이 5 이상일 것

3-1. 다음은 고소작업대를 설치하는 경우에 대한 내용이다. ( ) 안에 알맞은 숫자는 어느 것인가? [12.4/15.4]

> 작업대를 와이어로프 또는 체인으로 올리거나 내릴 경우에는 와이어로프 또는 체인이 끊어져 작업대가 떨어지지 아니하는 구조이어야 하며, 와이어로프 또는 체인의 안전율은 ( ) 이상일 것

① 5 ② 7
③ 8 ④ 10

해설 작업대를 와이어로프 또는 체인으로 올리거나 내릴 경우에는 와이어로프 또는 체인의 안전율이 5 이상일 것

정답 ①

3-2. 고소작업대를 설치 및 이동하는 경우의 준수사항으로 옳지 않은 것은? [17.4]

① 바닥과 고소작업대는 가능하면 수평을 유지하도록 할 것
② 이동하는 경우에는 작업대를 가장 높게 올릴 것
③ 이동통로의 요철상태 또는 장애물의 유무 등을 확인할 것
④ 갑작스러운 이동을 방지하기 위하여 아웃트리거 또는 브레이크 등을 확실히 사용할 것

해설 ② 이동하는 경우에는 작업대를 가장 낮게 내릴 것

정답 ②

4. 산업안전보건기준에 관한 규칙에서 규정하는 현장에서 고소작업대 사용 시 준수사항이 아닌 것은? [11.1/16.2]

① 작업자가 안전모 · 안전대 등의 보호구를 착용하도록 할 것
② 관계자가 아닌 사람이 작업구역 내에 들어오는 것을 방지하기 위하여 필요한 조치를 할 것
③ 작업을 지휘하는 자를 선임하여 그 자의 지휘하에 작업을 실시할 것
④ 안전한 작업을 위하여 적정수준의 조도를 유지할 것

해설 ③ 10m 이상의 고소작업대를 사용하는 경우에 작업을 지휘하는 자를 선임한다.

5. 근로자의 추락 등에 의한 위험을 방지하기 위하여 안전난간을 설치할 때 준수하여야 할 기준으로 옳지 않은 것은? [09.2/11.1/15.4]

① 안전난간은 구조적으로 가장 취약한 지점에서 가장 취약한 방향으로 작용하는 100kg 이상의 하중에 견딜 수 있는 튼튼한 구조일 것
② 난간대는 지름 1.5cm 이상의 금속제 파이프나 그 이상의 강도를 가진 재료일 것

정답 4. ③ 5. ②

③ 난간기둥은 상부 난간대와 중간 난간대를 견고하게 떠받칠 수 있도록 적정한 간격을 유지할 것
④ 상부 난간대와 중간 난간대는 난간 길이 전체에 걸쳐 바닥면 등과 평행을 유지할 것

해설 ② 난간대는 지름 2.7cm 이상의 금속제 파이프나 그 이상의 강도를 가진 재료일 것

5-1. 안전난간의 구조 및 설치기준으로 옳지 않은 것은? [12.1/13.2/16.1]

① 안전난간은 상부 난간대, 중간 난간대, 발끝막이판, 난간기둥으로 구성할 것
② 상부 난간대와 중간 난간대는 난간 길이 전체에 걸쳐 바닥면 등과 평행을 유지할 것
③ 발끝막이판은 바닥면 등으로부터 10cm 이상의 높이를 유지할 것
④ 안전난간은 구조적으로 가장 취약한 지점에서 가장 취약한 방향으로 작용하는 80kg 이상의 하중에 견딜 수 있는 튼튼한 구조일 것

해설 ④ 안전난간은 임의의 방향으로 움직이는 100kg 이상의 하중에 견딜 수 있는 튼튼한 구조일 것

정답 ④

5-2. 안전난간 설치 시 발끝막이판은 바닥면으로부터 최소 얼마 이상의 높이를 유지해야 하는가? [11.4/14.2/15.1/20.1]

① 5cm 이상
② 10cm 이상
③ 15cm 이상
④ 20cm 이상

해설 발끝막이판은 바닥면 등으로부터 10cm 이상의 높이를 유지할 것

정답 ②

6. 근로자가 추락하거나 넘어질 위험이 있는 장소에서 추락방호망의 설치기준으로 옳지 않은 것은? [19.2]

① 망의 처짐은 짧은 변 길이의 10% 이상이 되도록 할 것
② 추락방호망은 수평으로 설치할 것
③ 건축물 등의 바깥쪽으로 설치하는 경우 추락방호망의 내민길이는 벽면으로부터 3m 이상 되도록 할 것
④ 추락방호망의 설치위치는 가능하면 작업면으로부터 가까운 지점에 설치하여야 하며, 작업면으로부터 망의 설치지점까지의 수직거리는 10m를 초과하지 아니할 것

해설 ① 망의 처짐은 짧은 변 길이의 12% 이상이 되도록 할 것

6-1. 추락에 의한 위험을 방지하기 위한 안전방망의 설치기준으로 옳지 않은 것은? [13.1]

① 안전방망의 설치위치는 가능하면 작업면으로부터 가까운 지점에 설치할 것
② 건축물 등의 바깥쪽으로 설치하는 경우 망의 내민길이는 벽면으로부터 2m 이상이 되도록 할 것
③ 안전방망은 수평으로 설치하고, 망의 처짐은 짧은 변 길이의 12% 이상이 되도록 할 것
④ 작업면으로부터 망의 설치지점까지의 수직거리는 10m를 초과하지 아니할 것

해설 ② 안전방망의 내민길이는 벽면으로부터 3m 이상(낙하물방지망은 2m)이 되도록 할 것

정답 ②

6-2. 다음은 산업안전보건법령에 따른 추락의 방지를 위하여 설치하는 안전방망에 관한 내용이다. ( ) 안에 들어갈 내용으로 옳은 것은? [16.4/18.2]

> 안전방망은 수평으로 설치하고, 망의 처짐은 짧은 변의 길이의 (　　)퍼센트 이상이 되도록 할 것

① 8　② 12　③ 15　④ 20

해설 망의 처짐은 짧은 변의 길이의 12% 이상이 되도록 할 것

정답 ②

7. 추락방지용 방망을 구성하는 그물코의 모양과 크기로 옳은 것은? [19.1]

① 원형 또는 사각으로서 그 크기는 10cm 이하이어야 한다.
② 원형 또는 사각으로서 그 크기는 20cm 이하이어야 한다.
③ 사각 또는 마름모로서 그 크기는 10cm 이하이어야 한다.
④ 사각 또는 마름모로서 그 크기는 20cm 이하이어야 한다.

해설 방망의 그물코 규격은 사각 또는 마름모로서 그 크기는 10cm 이하이어야 한다.

7-1. 추락재해 방지를 위한 방망의 그물코의 크기는 최대 얼마 이하이어야 하는가? [09.2/19.4]

① 5cm
② 7cm
③ 10cm
④ 15cm

해설 그물코의 크기는 5cm와 최대 10cm가 있다.

정답 ③

8. 추락방지망의 방망 지지점은 최소 얼마 이상의 외력에 견딜 수 있는 강도를 보유하여야 하는가? [17.1]

① 500kg　② 600kg
③ 700kg　④ 800kg

해설 추락방지망의 방망 지지점은 600kg 이상의 외력에 견딜 수 있는 강도를 보유하여야 한다.

9. 추락재해 방지용 방망의 신품에 대한 인장강도는 얼마인가? (단, 그물코의 크기가 10cm이며, 매듭 없는 방망이다.) [11.1/18.2]

① 220kg　② 240kg
③ 260kg　④ 280kg

해설 방망사의 신품과 폐기 시 인장강도

그물코의 크기(cm)	매듭 없는 방망		매듭 방망	
	신품	폐기 시	신품	폐기 시
10	240kg	150kg	200kg	135kg
5	–	–	110kg	60kg

10. 추락방지망의 달기로프를 지지점에 부착할 때 지지점의 간격이 1.5m인 경우 지지점의 강도는 최소 얼마 이상이어야 하는가? [14.2/17.2/19.1]

① 200kg
② 300kg
③ 400kg
④ 500kg

해설 지지점의 강도(F)

$=200\times B=200\times 1.5=300\text{kg}$

여기서, F : 외력(kg), B : 지지점 간격(m)

11. 추락재해를 방지하기 위하여 10cm 그물코인 방망을 설치할 때 방망과 바닥면 사이의 최소 높이로 옳은 것은? (단, 설치된 방망의 단변 방향 길이 L = 2m, 장변 방향 방망의 지지간격 A = 3m이다.) [16.1]

① 2.0m　② 2.4m
③ 3.0m　④ 3.4m

정답 7. ③　8. ②　9. ②　10. ②　11. ②

해설 10cm 그물코의 경우

㉠ $L<A$, 바닥면 사이 높이(H)

$=\frac{0.85}{4}\times(L+3A)$

㉡ $L>A$, 바닥면 사이 높이(H)

$=0.85\times L$

$\rightarrow H=\frac{0.85}{4}\times(2+3\times3)\fallingdotseq2.4\text{m}$

12. 다음과 같은 조건에서 추락 시 로프의 지지점에서 최하단까지의 거리(h)를 구하면 얼마인가? [20.2]

- 로프 길이 150cm
- 로프 신율 30%
- 근로자 신장 170cm

① 2.8m ② 3.0m

③ 3.2m ④ 3.4m

해설 최하단 거리(h)

$=$로프의 길이$+$로프의 신장 길이

$+\left(\text{작업자의 키}\times\frac{1}{2}\right)$

$=150+(150\times0.3)+\left(170\times\frac{1}{2}\right)$

$=280\text{cm}=2.8\text{m}$

13. 근로자의 추락위험이 있는 장소에서 발생하는 추락재해의 원인으로 볼 수 없는 것은? [18.2]

① 안전대를 부착하지 않았다.

② 덮개를 설치하지 않았다.

③ 투하설비를 설치하지 않았다.

④ 안전난간을 설치하지 않았다.

해설 ③ 투하설비는 낙하물 위험방지

Tip) 투하설비 설치 : 높이가 최소 3m 이상인 곳에서 물체를 투하하는 때에는 투하설비를 갖춰야 한다.

13-1. 철골작업 시 추락재해를 방지하기 위한 설비가 아닌 것은? [09.1/15.2]

① 안전대 및 구명줄 ② 트렌치박스

③ 안전난간 ④ 추락방지용 방망

해설 추락재해 방지설비 : 안전대 및 구명줄, 안전난간, 추락방지용 방망, 작업발판, 덮개 등

정답 ②

13-2. 작업발판 및 통로의 끝이나 개구부로서 근로자가 추락할 위험이 있는 장소에서의 방호조치로 옳지 않은 것은? [20.2]

① 안전난간 설치

② 와이어로프 설치

③ 울타리 설치

④ 수직형 추락방망 설치

해설 작업발판 및 통로의 끝이나 개구부로서 근로자가 추락할 위험이 있는 장소에는 안전난간, 울타리, 수직형 추락방망, 덮개 등의 방호조치를 충분히 하여야 한다.

정답 ②

13-3. 작업발판 및 통로의 끝이나 개구부로서 근로자가 추락할 위험이 있는 장소에 설치하는 것과 거리가 먼 것은? [14.1]

① 교차가새 ② 안전난간

③ 울타리 ④ 수직형 추락방망

해설 ①은 비계 조립 시 비계의 좌굴 등을 방지하기 위해 보강하는 부재

정답 ①

정답 12. ① 13. ③

13-4. 높이 2m 이상의 작업발판의 끝이나 개구부 등에서 추락을 방지하기 위한 설비로 가장 거리가 먼 것은? [11.1]

① 안전난간 ② 덮개
③ 방호선반 ④ 울타리

해설 ③은 낙하재해 방지설비

정답 ③

13-5. 추락재해 방지설비의 종류가 아닌 것은? [15.2]

① 추락방망 ② 안전난간
③ 개구부 덮개 ④ 수직보호망

해설 ④는 낙하재해 방지설비

정답 ④

14. 추락방지용 방망에 표시해야 할 사항이 아닌 것은? [09.2]

① 신품인 때의 방망의 강도
② 망사의 직경
③ 제조자명
④ 그물코

해설 방망의 표시사항 : 제조자명, 제조연월, 재봉 치수, 그물코, 신품의 방망 강도 등

15. 방망의 정기시험은 사용개시 후 몇 년 이내에 실시하는가? [09.2]

① 1년 이내 ② 2년 이내
③ 3년 이내 ④ 4년 이내

해설 방망의 정기시험은 사용개시 후 1년 이내로 하고, 그 후 6개월마다 정기적으로 실시한다.

16. 물체가 떨어지거나 날아올 위험 또는 근로자가 추락할 위험이 있는 작업 시 착용하여야 할 보호구는? [20.1]

① 보안경 ② 안전모
③ 방열복 ④ 방한복

해설 안전모 : 물체가 낙하·비산위험 또는 작업자가 추락할 위험이 있는 작업

17. 물체의 낙하·충격, 물체에의 끼임, 감전 또는 정전기의 대전에 의한 위험이 있는 작업 시 공통으로 근로자가 착용하여야 하는 보호구로 적합한 것은? [09.4/13.1]

① 방열복 ② 안전대
③ 안전화 ④ 보안경

해설 안전화 : 물체의 낙하·충격, 물체에의 끼임, 감전 또는 정전기의 대전에 의한 위험이 있는 작업

18. 추락재해를 방지하기 위한 안전 대책 중 옳지 않은 것은? [09.2]

① 높이가 2m를 초과하는 장소에는 승강설비를 설치한다.
② 이동식 사다리의 폭은 30cm 이상으로 한다.
③ 사다리식 통로의 기울기는 85° 이하로 한다.
④ 슬레이트 지붕에서 발이 빠지는 등 추락위험이 있을 경우 폭 30cm 이상의 발판을 설치한다.

해설 ③ 사다리식 통로의 기울기는 75° 이하로 한다.

무너짐(붕괴)재해 및 대책 I

19. 붕괴 등에 의한 위험방지에 관한 기준에 해당되지 않는 것은? [10.4/14.4/15.1]

① 지반의 붕괴 또는 토석의 낙하 원인이 되는 빗물이나 지하수 등을 배제할 것

정답 14. ② 15. ① 16. ② 17. ③ 18. ③ 19. ②

② 높이가 2m 이상인 장소로부터 물체를 투하하는 때에는 투하설비를 설치하거나 감시인을 배치할 것
③ 갱내의 낙반 · 측벽(側壁) 붕괴의 위험이 있는 경우에는 지보공을 설치하고 부석을 제거하는 등 필요한 조치를 할 것
④ 지반은 안전한 경사로 하고 낙하의 위험이 있는 토석을 제거하거나 옹벽, 흙막이지보공 등을 설치할 것

해설 ② 높이가 3m 이상인 장소로부터 물체를 투하하는 때에는 투하설비를 설치하거나 감시인을 배치할 것－떨어짐(낙하), 날아옴(비래)재해 대책

20. 다음 그림은 풍화암에서 토사붕괴를 예방하기 위한 기울기를 나타낸 것이다. x의 값은? [16.2/20.1]

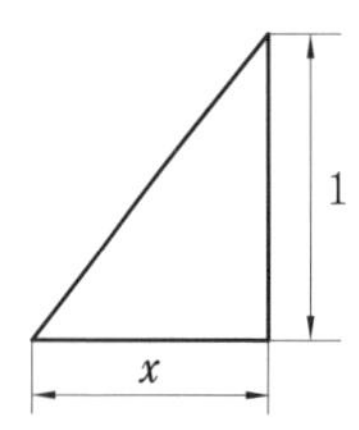

① 1.5 ② 1.0
③ 0.8 ④ 0.5

해설 굴착면의 기울기 기준(2021.11.19 개정)

구분	지반 종류	기울기	사면 형태
보통흙	습지	1 : 1 ~1 : 1.5	(그림: 1, x)
	건지	1 : 0.5 ~1 : 1	
암반	풍화암	1 : 1.0	
	연암	1 : 1.0	
	경암	1 : 0.5	

20-1. 산업안전보건기준에 관한 규칙에 따른 토사굴착 시 굴착면의 기울기 기준으로 옳지 않은 것은? [09.4/14.1/19.2]

① 보통흙인 습지－1 : 1～1 : 1.5
② 풍화암－1 : 1.0
③ 연암－1 : 1.0
④ 보통흙인 건지－1 : 1.2～1 : 5

해설 ④ 보통흙인 건지－1 : 0.5～1 : 1

정답 ④

20-2. 산업안전보건기준에 관한 규칙에 따른 굴착면의 기울기 기준으로 옳지 않은 것은? [09.2/10.2/13.1/13.4/14.2/15.2]

① 보통흙 습지－1 : 1～1 : 1.5
② 풍화암－1 : 0.8
③ 보통흙 건지－1 : 0.5～1 : 1
④ 경암－1 : 0.5

해설 ② 풍화암－1 : 1.0

정답 ②

21. 굴착공사에서 굴착깊이가 5m, 굴착저면의 폭이 5m인 경우, 양 단면 굴착을 할 때 굴착부 상단면의 폭은? (단, 굴착면의 기울기는 1 : 1로 한다.) [11.4/14.1/17.4]

① 10m ② 15m
③ 20m ④ 25m

해설 $1 : 1 = 5 : x$, $\therefore x = 5$m
→ 상단면의 폭＝5＋5＋5＝15m

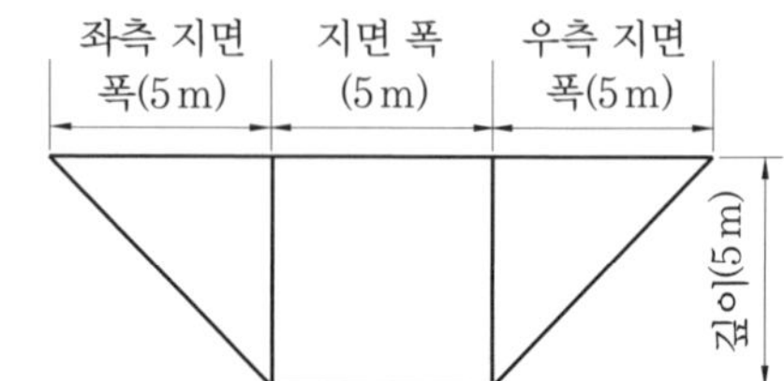

22. 굴착면 붕괴 원인과 가장 거리가 먼 것은? [19.2]

① 사면 경사의 증가
② 성토 높이의 감소
③ 공사에 의한 진동하중의 증가
④ 굴착 높이의 증가

해설 토사붕괴의 원인
- 외적요인
  ㉠ 사면, 법면의 경사 및 기울기의 증가
  ㉡ 절토 및 성토 높이의 증가
  ㉢ 공사에 의한 진동 및 반복하중의 증가
  ㉣ 지표수 및 지하수의 침투에 의한 토사중량의 증가
  ㉤ 지진, 차량, 구조물의 하중 작용
  ㉥ 토사 및 암석의 혼합층 두께
- 내적요인
  ㉠ 절토사면의 토질 · 암질
  ㉡ 성토사면의 토질구성과 분포
  ㉢ 토석의 강도 저하

22-1. 토석붕괴의 요인 중 외적요인이 아닌 것은? [11.4/15.1/16.1/17.4/19.4]

① 토석의 강도 저하
② 사면, 법면의 경사 및 기울기의 증가
③ 절토 및 성토 높이의 증가
④ 공사에 의한 진동 및 반복하중의 증가

해설 ①은 토사붕괴의 내적요인

정답 ①

22-2. 다음 중 토사붕괴의 내적요인이 아닌 것은? [12.2/15.2/16.2/18.1]

① 사면, 법면의 경사 증가
② 절토사면의 토질구성 이상
③ 성토사면의 토질구성 이상
④ 토석의 강도 저하

해설 ①은 토사붕괴의 외적요인

정답 ①

23. 비탈면붕괴 재해의 발생 원인으로 보기 어려운 것은? [14.1/18.4]

① 부석의 점검을 소홀히 하였다.
② 지질조사를 충분히 하지 않았다.
③ 굴착면 상하에서 동시작업을 하였다.
④ 안식각으로 굴착하였다.

해설 안식각(자연경사각) : 비탈면과 원지면이 이루는 흙의 사면각를 말하며, 사면에서 토사가 미끄러져 내리지 않는 각도이다.

24. 흙의 휴식각에 관한 설명으로 옳지 않은 것은? [19.4]

① 흙의 마찰력으로 사면과 수평면이 이루는 각도를 말한다.
② 흙의 종류 및 함수량 등에 따라 다르다.
③ 흙파기의 경사각은 휴식각의 1/2로 한다.
④ 안식각이라고도 한다.

해설 ③ 흙파기의 경사각은 휴식각의 2배로 한다.

25. 일반적으로 사면이 가장 위험한 경우에 해당하는 것은? [11.1/14.1/18.4]

① 사면이 완전 건조상태일 때
② 사면의 수위가 서서히 상승할 때
③ 사면이 완전 포화상태일 때
④ 사면의 수위가 급격히 하강할 때

해설 사면의 수위가 급격히 하강할 때 붕괴위험이 가장 높다.

26. 암반사면의 파괴형태가 아닌 것은? [15.1]

① 평면파괴 ② 압축파괴
③ 쐐기파괴 ④ 전도파괴

해설 암반사면의 파괴형태 : 평면파괴, 쐐기파괴, 전도파괴, 원형파괴 등

정답 22. ② 23. ④ 24. ③ 25. ④ 26. ②

27. 지반의 사면파괴 유형 중 유한사면의 종류가 아닌 것은? [11.1/20.1]

① 사면 내 파괴 ② 사면 선단 파괴
③ 사면 저부 파괴 ④ 직립 사면 파괴

해설 사면파괴 유형
- 사면 내 파괴 : 하부지반이 단단한 경우 얕은 지표층의 붕괴
- 사면 선단 파괴 : 경사가 급하고 비점착성 토질에서 발생
- 사면 저부 파괴 : 경사가 완만하고 점착성인 경우, 사면의 하부에 견고한 지층이 있을 경우 발생

27-1. 유한사면에서 사면 기울기가 비교적 완만한 점성토에서 주로 발생되는 사면파괴의 형태는? [16.4/19.1]

① 사면 저부 파괴 ② 사면 선단 파괴
③ 사면 내 파괴 ④ 국부 전단 파괴

해설 사면 저부 파괴 : 경사가 완만하고 점착성인 경우, 사면의 하부에 견고한 지층이 있을 경우 발생

정답 ①

28. 터널작업 중 낙반 등에 의한 위험방지를 위해 취할 수 있는 조치사항이 아닌 것은? [16.2]

① 터널지보공 설치
② 록볼트 설치
③ 부석의 제거
④ 산소의 측정

해설 사업주는 터널 등의 건설작업을 하는 경우에 낙반 등에 의하여 근로자가 위험해질 우려가 있는 경우에는 터널지보공 및 록볼트의 설치, 부석의 제거 등 위험방지 조치를 하여야 한다.

무너짐(붕괴)재해 및 대책 II

29. 다음 중 터널지보공을 설치한 경우에 수시로 점검하여야 할 사항에 해당하지 않는 것은? [10.2/11.4/17.1]

① 기둥침하의 유무 및 상태
② 부재의 긴압 정도
③ 매설물 등의 유무 또는 상태
④ 부재의 접속부 및 교차부의 상태

해설 터널지보공 수시점검사항
- 부재의 긴압의 정도
- 기둥침하의 유무 및 상태
- 부재의 접속부 및 교차부의 상태
- 부재의 손상 · 변형 · 부식 · 변위 · 탈락의 유무 및 상태

Tip) 매설물 등의 유무 또는 상태 – 굴착작업 시 사전 지반조사항목

30. 터널작업 시 터널지보공을 조립하거나 변경하는 경우의 조치사항으로 틀린 것은? [13.4]

① 주재(主材)를 구성하는 1세트의 부재는 동일 평면 내에 배치할 것
② 목재의 터널지보공은 그 터널지보공의 각 부재의 긴압 정도가 위치에 따라 차이나도록 할 것
③ 강(鋼)아치 지보공의 조립에서 낙하물이 근로자에게 위험을 미칠 우려가 있는 경우에는 널판 등을 설치할 것
④ 기둥에는 침하를 방지하기 위하여 받침목을 사용하는 등의 조치를 할 것

해설 ② 목재의 터널지보공은 그 터널지보공의 각 부재의 긴압 정도를 균등하게 할 것

31. 굴착작업 시 근로자의 위험을 방지하기 위하여 해당 작업, 작업장에 대한 사전조사를

정답 27. ④ 28. ④ 29. ③ 30. ② 31. ③

실시하여야 하는데 이 사전 조사항목에 포함되지 않는 것은? [11.1/18.1]

① 지반의 지하수위 상태
② 형상 · 지질 및 지층의 상태
③ 굴착기의 이상 유무
④ 매설물 등의 유무 또는 상태

해설 굴착작업 시 사전 지반조사항목
• 지반의 지하수위 상태
• 형상 · 지질 및 지층의 상태
• 매설물 등의 유무 또는 상태
• 균열 · 함수 · 용수 및 동결의 유무 또는 상태

32. 채석작업을 하는 경우 지반의 붕괴 또는 토석의 낙하로 인하여 근로자에게 발생할 우려가 있는 위험을 방지하기 위하여 취하여야 할 조치와 가장 거리가 먼 것은? [15.2]

① 작업시작 전 작업장소 및 그 주변 지반의 부석과 균열의 유무와 상태 점검
② 함수 · 용수 및 동결상태의 변화 점검
③ 진동치 속도 점검
④ 발파 후 발파장소 점검

해설 ③은 암질 판별방법

33. 굴착작업에 있어서 지반의 붕괴 또는 토석의 낙하에 의하여 근로자에게 위험을 미칠 우려가 있는 경우에 사전에 필요한 조치로 거리가 먼 것은? [15.1]

① 인화성 가스의 농도 측정
② 방호망의 설치
③ 흙막이지보공의 설치
④ 근로자의 출입금지 조치

해설 굴착작업 시 지반의 붕괴 또는 토석의 낙하에 대한 방지 대책
• 방호망 설치, 근로자의 출입금지 조치
• 옹벽 및 흙막이지보공의 설치
• 낙하의 위험이 있는 토석 제거
• 원인이 되는 빗물이나 지하수 등을 배제

33-1. 지반의 붕괴, 구축물의 붕괴 또는 토석의 낙하 등에 의하여 근로자가 위험해질 우려가 있는 경우 그 위험을 방지하기 위하여 취해야 할 조치로 옳지 않은 것은? [09.4/16.4]

① 흙막이지보공 제거
② 토석의 낙하 원인이 되는 빗물이나 지하수 등을 배제
③ 낙하의 위험이 있는 토석 제거
④ 옹벽 설치

해설 ① 흙막이지보공의 설치

정답 ①

34. 옹벽이 외력에 대하여 안정하기 위한 검토 조건이 아닌 것은? [15.2]

① 전도 ② 활동
③ 좌굴 ④ 지반지지력

해설 옹벽의 안정 검토 조건 : 전도, 활동, 지반지지력 등
Tip) 좌굴 : 압력을 받는 기둥이나 판이 어떤 한계를 넘으면 휘어지는 현상

35. 옹벽 축조를 위한 굴착작업에 관한 설명으로 옳지 않은 것은? [20.1]

① 수평 방향으로 연속적으로 시공한다.
② 하나의 구간을 굴착하면 방치하지 말고 기초 및 본체 구조물 축조를 마무리한다.
③ 절취 경사면에 전석, 낙석의 우려가 있고 혹은 장기간 방치할 경우에는 숏크리트, 록볼트, 캔버스 및 모르타르 등으로 방호한다.
④ 작업 위치의 좌우에 만일의 경우에 대비한 대피통로를 확보하여 둔다.

정답 32. ③ 33. ① 34. ③ 35. ①

해설 옹벽 축조 시공 시 기준
- 수평 방향의 연속시공을 금하며, 블록으로 나누어 단위 시공 단면적을 최소화하여 분단시공을 한다.
- 하나의 구간을 굴착하면 방치하지 말고 기초 및 본체 구조물 축조를 마무리한다.
- 절취 경사면에 전석, 낙석의 우려가 있고 혹은 장기간 방치할 경우에 숏크리트, 록볼트, 캔버스 및 모르타르 등으로 방호한다.
- 작업 위치의 좌우에 만일의 경우에 대비한 대피통로를 확보하여 둔다.

36. 잠함 또는 우물통의 내부에서 근로자가 굴착작업을 하는 경우의 준수사항으로 옳지 않은 것은? [13.4/18.1]

① 산소결핍 우려가 있는 경우에는 산소의 농도를 측정하는 사람을 지명하여 측정하도록 할 것
② 근로자가 안전하게 오르내리기 위한 설비를 설치할 것
③ 굴착깊이가 20m를 초과하는 경우에는 해당 작업장소와 외부와의 연락을 위한 통신설비 등을 설치할 것
④ 잠함 또는 우물통의 급격한 침하에 의한 위험을 방지하기 위하여 바닥으로부터 천장 또는 보까지의 높이는 2m 이내로 할 것

해설 ④ 잠함 또는 우물통의 급격한 침하에 의한 위험을 방지하기 위하여 바닥으로부터 천장 또는 보까지의 높이는 1.8m 이내로 할 것

37. 인력에 의한 굴착작업 시 준수해야 할 사항으로 옳지 않은 것은? [17.4]

① 지반의 종류에 따라서 정해진 굴착면의 높이와 기울기로 진행시켜야 한다.
② 굴착면 및 굴착심도 기준을 준수하여 작업 중 붕괴를 예방하여야 한다.
③ 굴착토사나 자재 등을 경사면 및 토류벽 천단부 주변에 쌓아 두어 하중을 보강한다.
④ 용수 등의 유입수가 있는 경우 배수시설을 한 뒤에 작업을 하여야 한다.

해설 ③ 굴착토사나 자재 등을 경사면 및 토류벽 천단부 주변으로부터 제거하여 하중을 경감한다.

38. 굴착공사 표준안전작업지침에 의하면 인력굴착작업 시 굴착면이 높아 계단식 굴착을 할 때 소단의 폭은 수평거리 얼마 정도를 하여야 하는가? [14.4]

① 1m ② 1.5m
③ 2m ④ 2.5m

해설 인력굴착작업 시 굴착면이 높아 계단식 굴착을 할 때 소단의 폭은 수평거리 2m이다.

39. 지반의 투수계수에 영향을 주는 인자에 해당하지 않는 것은? [09.4/13.4/16.2]

① 토립자의 단위 중량
② 유체의 점성계수
③ 토립자의 공극비
④ 유체의 밀도

해설 흙의 투수계수에 영향을 주는 인자
- 포화도 : 포화도가 클수록 투수계수는 크다.

  → $포화도 = \frac{물의\ 체적}{공기+물의\ 체적}$
- 공극비 : 공극비가 클수록 투수계수는 크다.

  → $공(간)극비 = \frac{공기+물의\ 체적}{흙\ 입자의\ 체적}$
- 함수비가 높은 토사는 강도 저하로 인해 붕괴할 우려가 있다.

  → $함수비 = \frac{물의\ 무게}{흙\ 입자의\ 무게}$
- 유체의 밀도 : 밀도가 클수록 투수계수는 크다.

정답 36. ④ 37. ③ 38. ③ 39. ①

• 유체의 점성계수 : 점성계수가 클수록 투수계수는 작다.

Tip) ① 물의 단위 중량이 흙의 투수계수에 영향을 준다.

39-1. 지반의 침하에 따른 구조물의 안전성에 중대한 영향을 미치는 흙의 간극비의 정의로 옳은 것은? [15.2]

① 공기의 부피 / 흙 입자의 부피
② 공기와 물의 부피 / 흙 입자의 부피
③ 공기와 물의 부피 / 흙 입자에 포함된 물의 부피
④ 공기의 부피 / 흙 입자에 포함된 물의 부피

해설 $간(공)극비=\frac{공기+물의\ 체적}{흙\ 입자의\ 체적}$

Tip) 공극비 : 공극비가 클수록 투수계수는 크다.

정답 ②

39-2. 포화도 80%, 함수비 28%, 흙 입자의 비중 2.7일 때 공극비를 구하면? [13.1/20.1]

① 0.940 ② 0.945
③ 0.950 ④ 0.955

해설 $공극비=\frac{간극의\ 체적}{흙\ 입자의\ 체적}$

$=\frac{함수비}{포화도}\times 흙\ 입자의\ 비중$

$=\frac{0.28}{0.8}\times 2.7=0.945$

Tip) • $포화도=\frac{물의\ 체적}{간극의\ 체적}$

• $함수비=\frac{물의\ 무게}{흙\ 입자의\ 무게}$

정답 ②

39-3. 함수비 20%, 공극비 0.8, 비중이 2.6인 흙의 포화도는 얼마인가? [09.2]

① 55% ② 65%
③ 75% ④ 85%

해설 $포화도=\frac{물의\ 체적}{간극(공기+물)의\ 체적}$

$=\frac{함수비}{공극비}\times 흙\ 입자의\ 비중$

$=\frac{0.2\times 2.6}{0.8}\times 100=65\%$

정답 ②

40. 지반을 구성하는 흙의 지내력시험을 한 결과 총 침하량이 2cm가 될 때까지의 하중(P)이 32tf이다. 이 지반의 허용지내력을 구하면? (단, 이때 사용된 재하판은 40cm×40cm이다.) [18.4]

① $50\,tf/m^2$ ② $100\,tf/m^2$
③ $150\,tf/m^2$ ④ $200\,tf/m^2$

해설 $허용지내력=하중(tf)\times\frac{단위\ 지내력}{재하판(m^2)}$

$=32\times\frac{1}{0.16}=200\,tf/m^2$

Tip) 단면적 $1m^2$은 $40cm\times 40cm$의 $\frac{100}{16}$배이다.

41. 토사붕괴를 방지하기 위한 대책으로 붕괴방지 공법에 해당되지 않는 것은? [12.4/16.2]

① 배토공법
② 압성토 공법
③ 집수정 공법
④ 공작물의 설치

해설 집수정 공법(배수공법) : 깊은 층의 지하수를 배제하기 위한 시공으로 땅 밀림, 산사태 억제를 위한 공법이다.

정답 40. ④ 41. ③

41-1. 비탈면붕괴 방지를 위한 붕괴방지 공법과 가장 거리가 먼 것은? [10.4/13.2]

① 배토공법
② 압성토 공법
③ 공작물의 설치
④ 웰 포인트 공법

해설 웰 포인트(well point) 공법 : 모래질지반에 지하수위를 일시적으로 저하시켜야 할 때 사용하는 공법으로 모래 탈수공법이라고 한다.

정답 ④

떨어짐(낙하), 날아옴(비래)재해 및 대책

42. 건설공사 중 작업으로 인하여 물체가 떨어지거나 날아올 위험이 있을 때 조치할 사항으로 옳지 않은 것은? [10.1/12.2]

① 안전난간 설치
② 보호구의 착용
③ 출입금지구역의 설정
④ 낙하물방지망의 설치

해설 ①은 떨어짐(추락)재해 방지설비

43. 작업으로 인하여 물체가 떨어지거나 날아올 위험이 있는 경우에 조치 및 준수하여야 할 내용으로 옳지 않은 것은? [12.1/13.2]

① 낙하물방지망, 수직보호망 또는 방호선반 등을 설치한다.
② 낙하물방지망의 내민길이는 벽면으로부터 2m 이상으로 한다.
③ 낙하물방지망의 수평면과 각도는 20° 이상 30° 이하를 유지한다.
④ 낙하물방지망은 높이 15m 이내마다 설치한다.

해설 낙하물방지망, 방호선반의 설치기준
- 설치높이는 10m 이내마다 설치하고, 내민길이는 벽면으로부터 2m 이상으로 할 것
- 수평면과의 각도는 20° 이상 30° 이하를 유지할 것

43-1. 건물 외부에 낙하물방지망을 설치할 경우 벽면으로부터 돌출되는 거리의 기준은? [09.4/11.1/12.4/20.2]

① 1m 이상 ② 1.5m 이상
③ 1.8m 이상 ④ 2m 이상

해설 설치높이는 10m 이내마다 설치하고, 내민길이는 벽면으로부터 2m 이상으로 할 것

정답 ④

43-2. 공사현장에서 낙하물방지망 또는 방호선반을 설치할 때 설치높이 및 벽면으로부터 내민길이 기준으로 옳은 것은? [15.2/16.1/19.2]

① 설치높이 : 10m 이내마다, 내민길이 : 2m 이상
② 설치높이 : 15m 이내마다, 내민길이 : 2m 이상
③ 설치높이 : 10m 이내마다, 내민길이 : 3m 이상
④ 설치높이 : 15m 이내마다, 내민길이 : 3m 이상

해설 설치높이는 10m 이내마다 설치하고, 내민길이는 벽면으로부터 2m 이상으로 할 것

정답 ①

43-3. 작업으로 인하여 물체가 떨어지거나 날아올 위험이 있는 경우 설치하는 낙하물방지망의 수평면과의 각도 기준으로 옳은 것은? [17.1/17.4]

① 10° 이상 20° 이하를 유지

정답 42. ① 43. ④

② 20° 이상 30° 이하를 유지
③ 30° 이상 40° 이하를 유지
④ 40° 이상 45° 이하를 유지

해설 낙하물방지망의 수평면과의 각도는 20° 이상 30° 이하를 유지한다.

정답 ②

44. 다음은 산업안전보건법령에 따른 작업장에서의 투하설비 등에 관한 사항이다. ( ) 안에 들어갈 내용으로 옳은 것은 어느 것인가? [11.4/13.4/18.1]

> 사업주는 높이가 ( ) 이상인 장소로부터 물체를 투하하는 경우 적당한 투하설비를 설치하거나 감시인을 배치하는 등 위험을 방지하기 위하여 필요한 조치를 하여야 한다.

① 2m ② 3m
③ 5m ④ 10m

해설 사업주는 높이가 3m 이상인 장소로부터 물체를 투하하는 경우 투하설비를 설치하여야 한다.

화재 및 대책

45. 다음 중 물질의 자연발화를 촉진시키는 요인으로 가장 거리가 먼 것은 어느 것인가? [산업안전기사 10.2/11.2/18.1/20.2]

① 표면적이 넓고, 발열량이 클 것
② 열전도율이 클 것
③ 주위온도가 높을 것
④ 적당한 수분을 보유할 것

해설 자연발화 조건
- 발열량이 크고, 열전도율이 작을 것
- 표면적이 넓고, 주위의 온도가 높을 것
- 수분이 적당량 존재할 것

46. 다음 중 유류화재의 화재급수에 해당하는 것은? [산업안전기사 10.2/11.1/18.3/20.2]

① A급 ② B급
③ C급 ④ D급

해설 화재의 종류

구분	가연물	구분색	소화제
A급	일반	백색	물, 강화액, 산 · 알칼리
B급	유류	황색	포말, 분말, CO_2
C급	전기	청색	분말, CO_2
D급	금속	색 없음	건조사, 팽창질석
E급	가스	황색	없음
K급	부엌	–	(주방화재)

47. 다음 중 화재예방에 있어 화재의 확대방지를 위한 방법으로 적절하지 않은 것은 어느 것인가? [산업안전기사 10.3/16.1]

① 가연물량의 제한
② 난연화 및 불연화
③ 화재의 조기 발견 및 초기 소화
④ 공간의 통합과 대형화

해설 ④ 공간의 통합과 대형화는 화재 발생 시 화염과 유독가스가 확산되어 대형화재로 확산된다.

Tip) ①, ②, ③ 외의 방지책으로 대형건물의 중간 중간에 방화셔터의 설치가 있다.

정답 44. ② 45. ② 46. ② 47. ④

4 건설 가시설물 설치기준

비계 I

1. 이동식 비계 작업 시 주의사항으로 옳지 않은 것은? [20.1]

① 비계의 최상부에서 작업을 하는 경우에는 안전난간을 설치한다.
② 이동 시 작업지휘자가 이동식 비계에 탑승하여 이동하며 안전 여부를 확인하여야 한다.
③ 비계를 이동시키고자 할 때는 바닥의 구멍이나 머리 위의 장애물을 사전에 점검한다.
④ 작업발판은 항상 수평을 유지하고 작업발판 위에서 안전난간을 딛고 작업을 하거나 받침대 또는 사다리를 사용하여 작업하지 않도록 한다.

해설 ② 이동 시 작업지휘자가 이동식 비계에 탑승하고 이동하면 위험하다.

1-1. 이동식 비계를 조립하여 작업을 하는 경우의 준수사항으로 옳지 않은 것은? [17.1]

① 이동식 비계의 바퀴에는 뜻밖의 갑작스러운 이동 또는 전도를 방지하기 위하여 브레이크 · 쐐기 등으로 바퀴를 고정시킨 다음 비계의 일부를 견고한 시설물에 고정하거나 아웃트리거(outrigger)를 설치하는 등 필요한 조치를 할 것
② 작업발판은 항상 수평을 유지하고 작업발판 위에서 안전난간을 딛고 작업을 하지 않도록 하며, 대신 받침대 또는 사다리를 사용하여 작업할 것
③ 비계의 최상부에서 작업을 하는 경우에는 안전난간을 설치할 것
④ 작업발판의 최대 적재하중은 250kg을 초과하지 않도록 할 것

해설 ② 작업발판은 항상 수평을 유지하고 작업발판 위에서 안전난간을 딛고 작업을 하거나 받침대 또는 사다리를 사용하여 작업하지 않도록 할 것

정답 ②

2. 사다리를 설치하여 사용함에 있어 사다리 지주 끝에 사용하는 미끄럼방지 재료로 적당하지 않은 것은? [09.4/16.1]

① 고무 ② 코르크
③ 가죽 ④ 비닐

해설 사다리 지주의 끝에 사용하는 미끄럼방지 재료에는 고무, 코르크, 가죽, 강 스파이크 등이 있다.

3. 이동식 사다리를 설치하여 사용하는 경우의 준수기준으로 옳지 않은 것은? [16.1]

① 길이가 6m를 초과해서는 안 된다.
② 다리의 벌림은 벽 높이의 1/4 정도가 적당하다.
③ 미끄럼방지 발판은 인조고무 등으로 마감한 실내용을 사용하여야 한다.
④ 벽면 상부로부터 최소한 90cm 이상의 연장길이가 있어야 한다.

해설 ④ 벽면 상부로부터 최소한 60cm 이상의 연장길이가 있어야 한다.

3-1. 고소작업에서 이동식 사다리를 사용할 때 걸치는 경사 각도는 수평에 대하여 몇 도 정도가 적당한가? [10.1]

정답 1. ② 2. ④ 3. ④

① 45°　② 60°　③ 75°　④ 85°

해설 이동식 사다리 통로 기울기는 75° 이하

정답 ③

4. 철제사다리의 설치 및 사용 시 준수해야 하는 사항으로 옳지 않은 것은? [09.4]

① 수직재와 발 받침대는 횡 좌굴을 일으키지 않도록 충분한 강도를 가진 것으로 하여야 한다.
② 발 받침대는 미끄러짐을 방지하기 위한 미끄럼방지 장치를 하여야 한다.
③ 받침대의 간격은 10~25cm로 하여야 한다.
④ 사다리 몸체 또는 전면에 기름 등과 같은 미끄러운 물질이 묻어 있어서는 아니 된다.

해설 ③ 받침대의 간격은 25~35cm로 하여야 한다.

5. 가설 구조물의 특징이 아닌 것은? [20.1]

① 연결재가 적은 구조로 되기 쉽다.
② 부재결합이 불완전할 수 있다.
③ 영구적인 구조설계의 개념이 확실하게 적용된다.
④ 단면에 결함이 있기 쉽다.

해설 ③ 가설 구조물은 임시로 사용되는 구조물이다.
Tip) 가설 구조물이 갖추어야 할 구비요건 : 안전성, 경제성, 작업성

5-1. 가설 구조물이 갖추어야 할 구비요건과 가장 거리가 먼 것은? [19.2]

① 영구성　② 경제성　③ 작업성　④ 안전성

해설 가설 구조물이 갖추어야 할 구비요건 : 안전성, 경제성, 작업성

정답 ①

6. 비계의 설치작업 시 유의사항으로 옳지 않은 것은? [16.4]

① 항상 수평, 수직이 유지되도록 한다.
② 파괴, 도괴, 동요에 대한 안전성을 고려하여 설치한다.
③ 비계의 도괴방지를 위해 가새 등 경사재는 설치하지 않는다.
④ 외쪽비계와 같은 특수비계는 문제점을 충분히 검토하여 설치한다.

해설 ③ 비계의 도괴방지를 위해 가새 등을 고려하여 설계 및 설치하여야 한다.

7. 강관을 사용하여 비계를 구성하는 경우의 준수사항으로 옳지 않은 것은? [17.4/20.2]

① 비계기둥의 간격은 띠장 방향에서는 1.85m 이하로 할 것
② 비계기둥의 간격은 장선(長線) 방향에서는 1.0m 이하로 할 것
③ 띠장 간격은 2.0m 이하로 할 것
④ 비계기둥 간의 적재하중은 400kg을 초과하지 않도록 할 것

해설 ② 비계기둥의 간격은 장선(長線) 방향에서는 1.5m 이하로 할 것

7-1. 강관비계의 구조에서 비계기둥 간의 최대허용 적재하중으로 옳은 것은?

① 500kg　[10.2/11.4/12.4/15.1/16.2/17.2]
② 400kg
③ 300kg
④ 200kg

해설 비계기둥 간의 적재하중은 400kg을 초과하지 않아야 한다.

정답 ②

정답 4. ③　5. ③　6. ③　7. ②

8. 신축공사 현장에서 강관으로 외부비계를 설치할 때 비계기둥의 최고 높이가 45m라면 관련 법령에 따라 비계기둥을 2개의 강관으로 보강하여야 하는 높이는 지상으로부터 얼마까지인가? [20.2]

① 14m ② 20m ③ 25m ④ 31m

해설 비계기둥의 가장 윗부분으로부터 31m 되는 지점 밑 부분의 비계기둥은 2개의 강관으로 묶어 세운다.

∴ 45m−31m=14m

9. 달비계 또는 높이 5m 이상의 비계를 조립·해체하거나 변경하는 작업 시 준수사항으로 틀린 것은? [15.1]

① 근로자가 관리감독자의 지휘에 따라 작업하도록 할 것

② 비, 눈 그 밖의 기상상태의 불안정으로 날씨가 몹시 나쁜 경우에는 그 작업을 중지시킬 것

③ 비계재료의 연결·해체작업을 하는 경우에는 폭 20cm 이상의 발판을 설치할 것

④ 강관비계 또는 통나무비계를 조립하는 경우 외줄로 구성하는 것을 원칙으로 할 것

해설 ④ 강관비계 또는 통나무비계를 조립하는 경우 쌍줄로 구성하는 것을 원칙으로 할 것

9-1. 건설현장에서 달비계 또는 높이 5m 이상의 비계를 조립·해체하거나 변경 시 안전대책으로 옳지 않은 것은 [14.4]

① 근로자가 관리감독자의 지휘에 따라 작업하도록 할 것

② 조립·해체 또는 변경의 시기·범위 및 절차를 그 작업에 종사하는 근로자에게 주지시킬 것

③ 비계재료의 연결·해체작업을 하는 경우에는 폭 10cm 이상의 발판을 설치할 것

④ 비, 눈 그 밖의 기상상태의 불안정으로 날씨가 몹시 나쁜 경우에는 그 작업을 중지시킬 것

해설 ③ 높이 5m 이상의 비계재료의 연결·해체작업을 하는 경우에는 폭 20cm 이상의 발판을 설치할 것

정답 ③

10. 달비계의 최대 적재하중에 관한 규정 중 달기체인 및 달기 훅의 안전계수 기준은? [19.4]

① 3 이상 ② 5 이상 ③ 7 이상 ④ 10 이상

해설 달비계의 최대 적재하중을 정하는 안전계수 기준

- 달기체인 및 달기 훅의 안전계수 : 5 이상
- 달기 와이어로프의 안전계수 : 10 이상
- 달기강선의 안전계수 : 10 이상
- 달기강대와 달비계의 하부 및 상부지점의 안전계수
  - ㉠ 목재의 경우 : 5 이상
  - ㉡ 강재의 경우 : 2.5 이상
- 화물의 하중을 직접 지지하는 달기 와이어로프 또는 달기체인의 안전계수 : 5 이상

10-1. 달비계(곤돌라의 달비계는 제외)의 최대 적재하중을 정하는 경우 달기 와이어로프 및 달기강선의 안전계수 기준으로 옳은 것은? [09.1/18.1]

① 5 이상 ② 7 이상 ③ 8 이상 ④ 10 이상

해설 달기 와이어로프 및 달기강선의 안전계수 : 10 이상

정답 ④

10-2. 작업발판에 최대 적재하중을 적재함에 있어 달비계의 하부 및 상부지점이 강재인 경우 안전계수는 최소 얼마 이상인가? [15.2]

① 2.5 ② 5 ③ 10 ④ 15

정답 8. ① 9. ④ 10. ②

해설 달기강대와 달비계의 하부 및 상부지점의 안전계수

- 목재의 경우 : 5 이상
- 강재의 경우 : 2.5 이상

정답 ①

11. 달비계 설치 시 달기체인의 사용금지 기준과 거리가 먼 것은? [12.2/15.2/18.2]

① 달기체인의 길이가 달기체인이 제조된 때의 길이의 5%를 초과한 것
② 균열이 있거나 심하게 변형된 것
③ 이음매가 있는 것
④ 링의 단면지름이 달기체인이 제조된 때의 해당 링의 지름의 10%를 초과하여 감소한 것

해설 달기체인의 사용금지 기준

- 균열이 있거나 심하게 변형 또는 부식된 것
- 달기체인의 길이가 달기체인이 제조된 때의 길이의 5%를 초과한 것
- 링의 단면지름이 달기체인이 제조된 때의 해당 링의 지름의 10%를 초과하여 감소한 것

Tip) ③은 와이어로프의 사용금지 기준

12. 달비계에 사용하는 와이어로프는 지름 감소가 공칭지름의 몇 %를 초과할 경우에 사용할 수 없도록 규정되어 있는가? [17.2]

① 5% ② 7%
③ 9% ④ 10%

해설 와이어로프의 사용금지 기준

- 이음매가 있는 것
- 꼬인 것, 심하게 변형 또는 부식된 것
- 열과 전기 충격에 의해 손상된 것
- 지름의 감소가 공칭지름의 7%를 초과하는 것
- 와이어로프의 한 꼬임에서 끊어진 소선의 수가 10% 이상인 것

13. 다음은 비계발판용 목재재료의 강도상의 결점에 대한 조사기준이다. (   ) 안에 들어갈 내용으로 옳은 것은? [18.1]

> 발판의 폭과 동일한 길이 내에 있는 결점치수의 총합이 발판 폭의 (   )을 초과하지 않을 것

① 1/2 ② 1/3
③ 1/4 ④ 1/6

해설 발판의 폭과 동일한 길이 내에 있는 결점치수의 총합이 발판 폭의 1/4을 초과하지 않을 것

비계 Ⅱ

14. 비계 등을 조립하는 경우 강재와 강재의 접속부 또는 교차부를 연결시키기 위한 전용 철물은? [13.1]

① 클램프 ② 가새
③ 턴버클 ④ 샤클

해설 클램프 : 접속부 또는 교차부를 연결시키기 위한 전용 철물

14-1. 건설현장에서 사용하는 단관비계 결속재의 종류가 아닌 것은? [13.4]

① 고정형 클램프 ② 잭 베이스
③ 자유형 클램프 ④ 특수형 클램프

해설 클램프 : 접속부 또는 교차부를 연결시키기 위한 전용 철물

Tip) ②는 틀비계의 기초에 설치하는 받침

정답 ②

정답 11. ③ 12. ② 13. ③ 14. ①

15. 다음은 비계조립에 관한 사항이다. (   ) 안에 적합한 것은? [09.1]

> 사업주는 강관비계 또는 통나무비계를 조립하는 때에는 쌍줄로 하여야 하되, 외줄로 하는 때에는 별도의 (   )을/를 설치할 수 있는 시설을 갖추어야 한다.

① 안전난간 ② 작업발판
③ 안전벨트 ④ 표지판

해설 사업주는 강관비계 또는 통나무비계를 외줄로 하는 때에는 별도의 작업발판을 설치할 수 있는 시설을 갖추어야 한다.

16. 비계발판의 크기를 결정하는 기준은? [14.1]

① 비계의 제조회사
② 재료의 부식 및 손상 정도
③ 지점의 간격 및 작업 시 하중
④ 비계의 높이

해설 비계발판의 크기 기준
- 작업발판의 폭은 40cm 이상으로 하고, 발판재료 간의 틈은 3cm 이하로 할 것
- 작업발판의 최대 적재하중은 250kg을 초과하지 않도록 할 것

17. 추락에 의하여 근로자에게 위험을 미칠 우려가 있는 때에 비계를 조립하는 등의 방법에 의하여 작업발판을 설치하여야 하는 작업장소의 최소 높이 기준은? [09.1/09.4/10.4]

① 1m 이상 ② 2m 이상
③ 3m 이상 ④ 4m 이상

해설 비계의 높이가 2m 이상인 작업장소의 경우 작업발판의 폭은 40cm 이상으로 하고, 발판재료 간의 틈은 3cm 이하로 할 것

17-1. 달비계에 설치되는 작업발판의 폭에 대한 기준으로 옳은 것은? [15.1/16.2/18.4]

① 20cm 이상 ② 40cm 이상
③ 60cm 이상 ④ 80cm 이상

해설 작업발판의 폭은 40cm 이상으로 하고, 발판재료 간의 틈은 3cm 이하로 할 것

정답 ②

17-2. 다음은 비계를 조립하여 사용하는 경우 작업발판 설치에 관한 기준이다. (   )에 들어갈 내용으로 옳은 것은? [20.2]

> 사업주는 비계(달비계, 달대비계 및 말비계는 제외한다)의 높이가 (   ) 이상인 작업장소에 다음 각 호의 기준에 맞는 작업발판을 설치하여야 한다.
> 1. 발판재료는 작업할 때의 하중을 견딜 수 있도록 견고한 것으로 할 것
> 2. 작업발판의 폭은 40센티미터 이상으로 하고, 발판재료 간의 틈은 3센티미터 이하로 할 것

① 1m ② 2m ③ 3m ④ 4m

해설 지문은 비계의 높이가 2m 이상인 작업장소의 경우 작업발판 설치에 관한 기준이다.

정답 ②

18. 와이어로프나 철선 등을 이용하여 상부지점에서 작업용 발판을 매다는 형식의 비계로서 건물 외장도장이나 청소 등의 작업에서 사용되는 비계는? [13.1/14.2]

① 브라켓 비계 ② 달비계
③ 이동식 비계 ④ 말비계

해설 달비계 : 위에서 달아 내린 비계로 건물 외벽의 도장작업을 위하여 섬유로프 등의 재료로 상부지점에서 작업용 발판을 매다는 형식의 비계

정답 15. ② 16. ③ 17. ② 18. ②

19. **말비계를 조립하여 사용하는 경우에 준수해야 하는 사항으로 틀린 것은?** [11.1/19.2]

① 지주부재의 하단에는 미끄럼방지 장치를 한다.
② 근로자는 양측 끝 부분에 올라서서 작업하도록 한다.
③ 지주부재와 수평면의 기울기를 75° 이하로 한다.
④ 말비계의 높이가 2m를 초과하는 경우에는 작업발판의 폭을 40cm 이상으로 한다.

해설 ② 근로자는 양측 끝 부분에 올라서서 작업하면 위험하다.

19-1. **말비계를 조립하여 사용하는 경우의 준수사항으로 틀린 것은?** [19.1]

① 지주부재의 하단에는 미끄럼방지 장치를 할 것
② 지주부재와 수평면과의 기울기는 85° 이하로 할 것
③ 말비계의 높이가 2m를 초과할 경우에는 작업발판의 폭을 40cm 이상으로 할 것
④ 지주부재와 지주부재 사이를 고정시키는 보조부재를 설치할 것

해설 ② 지주부재와 수평면과의 기울기는 75° 이하로 할 것

정답 ②

19-2. **다음은 산업안전보건법령에 따른 말비계를 조립하여 사용하는 경우에 관한 준수사항이다. ( ) 안에 알맞은 숫자는 어느 것인가?** [10.2/13.2/17.1]

말비계의 높이가 2m를 초과할 경우에는 작업발판의 폭을 ( )cm 이상으로 할 것

① 10 ② 20
③ 30 ④ 40

해설 말비계의 높이가 2m를 초과할 경우에는 작업발판의 폭을 40cm 이상으로 할 것

정답 ④

20. **철골 조립공사 중에 볼트작업을 하기 위해 구조체인 철골에 매달아서 작업발판으로 이용하는 비계는?** [15.4/16.1]

① 달비계 ② 말비계
③ 달대비계 ④ 선반비계

해설 달대비계 : 철골 조립공사 중에 볼트작업을 하기 위해 구조체인 철골에 매달아서 작업발판으로 이용한다.

20-1. **달대비계는 주로 어느 곳에 설치하는가?** [11.1]

① 콘크리트 기초 ② 철골기둥 및 보
③ 조적벽면 ④ 굴착사면

해설 달대비계 : 철골 조립공사 중에 볼트작업을 하기 위해 구조체인 철골에 매달아서 작업발판으로 이용한다.

정답 ②

21. **강관틀비계의 높이가 20m를 초과하는 경우 주틀 간의 간격은 최대 얼마 이하로 사용해야 하는가?** [19.1]

① 1.0m ② 1.5m
③ 1.8m ④ 2.0m

해설 강관틀비계의 높이가 20m를 초과하거나 중량물의 적재를 수반하는 작업을 할 경우에는 주틀 간의 간격을 1.8m 이하로 할 것

22. **통나무비계를 조립하는 경우에 준수하여야 하는 사항으로 옳지 않은 것은?** [12.4]

정답 19. ② 20. ③ 21. ③ 22. ③

① 비계기둥의 이음이 겹침이음인 경우에는 이음 부분에서 1m 이상을 서로 겹쳐서 두 군데 이상을 묶을 것
② 교차가새로 보강할 것
③ 비계기둥의 간격은 3.5m 이하로 할 것
④ 통나무비계는 지상높이 4층 이하 또는 12m 이하인 건축물, 공작물 등의 건조·해체 및 조립 등의 작업에만 사용하도록 할 것

해설 ③ 비계기둥의 간격은 2.5m 이하로 할 것

22-1. 통나무비계를 건축물, 공작물 등의 건조·해체 및 조립 등의 작업에 사용하기 위한 지상높이 기준은? [09.1/17.1]

① 2층 이하 또는 6m 이하
② 3층 이하 또는 9m 이하
③ 4층 이하 또는 12m 이하
④ 5층 이하 또는 15m 이하

해설 통나무비계는 지상높이 4층 이하 또는 12m 이하인 건축물, 공작물 등의 건조·해체 및 조립 등의 작업에서만 사용한다.

정답 ③

23. 시스템 비계를 사용하여 비계를 구성하는 경우에 준수하여야 할 사항으로 옳지 않은 것은? [12.4/14.4/15.1/19.2]

① 수직재와 수직재의 연결철물은 이탈되지 않도록 견고한 구조로 할 것
② 수직재·수평재·가새재를 견고하게 연결하는 구조가 되도록 할 것
③ 수직재와 받침철물의 연결부 겹침길이는 받침철물 전체 길이의 4분의 1 이상이 되도록 할 것
④ 수평재는 수직재와 직각으로 설치하여야 하며, 체결 후 흔들림이 없도록 견고하게 설치할 것

해설 ③ 수직재와 받침철물의 연결부 겹침길이는 받침철물 전체 길이의 3분의 1 이상이 되도록 할 것

24. 강관비계 중 단관비계의 벽이음 및 버팀 설치 시 수직 및 수평 방향 조립간격으로 옳은 것은? [14.1/17.4]

① 수직 방향 : 3m, 수평 방향 : 3m
② 수직 방향 : 5m, 수평 방향 : 5m
③ 수직 방향 : 6m, 수평 방향 : 8m
④ 수직 방향 : 8m, 수평 방향 : 6m

해설 비계 조립간격(m)

비계의 종류		수직 방향	수평 방향
강관	단관비계	5	5
	틀비계(높이 5m 미만은 제외)	6	8
통나무비계		5.5	7.5

24-1. 강관틀비계를 조립하여 사용하는 경우 벽이음의 수직 방향 조립간격은? [13.1]

① 2m 이내마다　② 5m 이내마다
③ 6m 이내마다　④ 8m 이내마다

해설
- 강관틀비계의 수직 방향 조립간격 기준 : 6m
- 강관틀비계의 수평 방향 조립간격 기준 : 8m

정답 ③

25. 비계를 조립, 해체하거나 또는 변경한 후 그 비계에서 작업을 할 때 당해 작업시작 전에 점검하여야 하는 사항으로 옳지 않은 것은? [11.1]

① 최대 적재하중으로 재하시험을 한다.
② 발판재료의 손상 여부 및 부착 또는 걸림상태를 점검한다.

정답 23. ③ 24. ② 25. ①

③ 연결재료 및 연결철물의 손상 또는 부식상태를 점검한다.
④ 해당 비계의 연결부 또는 접속부의 풀림상태를 확인한다.

해설 비계 작업을 시작하기 전에 점검해야 할 사항
- 손잡이의 탈락 여부
- 발판재료의 손상 여부 및 부착 또는 걸림상태
- 해당 비계의 연결부 또는 접속부의 풀림상태
- 연결재료 및 연결철물의 손상 또는 부식상태
- 로프의 부착상태 및 매단 장치의 흔들림 상태
- 기둥의 침하, 변형, 변위 또는 흔들림 상태

25-1. 기상상태의 악화로 비계에서의 작업을 중지시킨 후 그 비계에서 작업을 다시 시작하기 전에 점검해야 할 사항에 해당하지 않는 것은? [09.2/10.4/18.2]

① 기둥의 침하 · 변형 · 변위 또는 흔들림 상태
② 손잡이의 탈락 여부
③ 격벽의 설치 여부
④ 발판재료의 손상 여부 및 부착 또는 걸림상태

해설 ③ 격벽의 설치는 건조설비의 열원으로부터 직화를 사용할 때 불꽃에 의한 화재를 예방하기 위한 것이다.
Tip) 격벽 : 방과 방 사이의 간막이 벽

정답 ③

26. 양 끝이 힌지(hinge)인 기둥에 수직하중을 가하면 기둥이 수평 방향으로 휘게 되는 현상은? [12.2/16.4/17.4]

① 피로파괴 ② 폭열 현상
③ 좌굴 ④ 전단파괴

해설 좌굴 : 압력을 받는 기둥이나 판이 어떤 한계를 넘으면 휘어지는 현상

27. 비계의 수평재의 최대 휨 모멘트가 50000×10^2N · mm, 수평재의 단면계수가 5×10^6mm^{3}일 때 휨 응력(σ)은 얼마인가? [19.4]

① 0.5MPa
② 1MPa
③ 2MPa
④ 2.5MPa

해설 휨 응력$(\sigma) = \dfrac{\text{휨 모멘트}}{\text{단면계수}} = \dfrac{5000\text{N} \cdot \text{m}}{5 \times 10^{-3}\text{m}^3}$
$= 10^6\text{N/m}^2 = 1\text{MPa}$

작업통로 및 발판

28. 가설통로를 설치하는 경우 준수하여야 할 기준으로 옳지 않은 것은? [12.2/15.4/19.2]

① 견고한 구조로 할 것
② 경사는 30° 이하로 할 것
③ 경사가 30°를 초과하는 경우에는 미끄러지지 아니하는 구조로 할 것
④ 수직갱에 가설된 통로의 길이가 15m 이상인 경우에는 10m 이내마다 계단참을 설치할 것

해설 ③ 경사가 15°를 초과하는 경우에는 미끄러지지 아니하는 구조로 할 것

28-1. 가설통로를 설치하는 경우 준수해야 할 기준으로 옳지 않은 것은? [16.2/19.1]

① 경사는 45° 이하로 할 것
② 경사가 15°를 초과하는 경우에는 미끄러지지 아니하는 구조로 할 것
③ 추락할 위험이 있는 장소에는 안전난간을 설치할 것
④ 수직갱에 가설된 통로의 길이가 15m 이상인 경우에는 10m 이내마다 계단참을 설치할 것

정답 26. ③ 27. ② 28. ③

해설 ① 경사는 30° 이하로 할 것

정답 ①

28-2. 가설통로 설치 시 경사가 몇 도를 초과하면 미끄러지지 않는 구조로 설치하여야 하는가? [11.1/20.1]

① 15° ② 20° ③ 25° ④ 30°

해설 가설통로 설치 시 경사가 15°를 초과하는 경우에는 미끄러지지 아니하는 구조로 할 것

정답 ①

28-3. 건설공사 현장에 가설통로를 설치하는 경우 경사는 몇 도 이내를 원칙으로 하는가? [17.2]

① 15° ② 20° ③ 25° ④ 30°

해설 가설통로를 설치하는 경우 경사는 30° 이하로 할 것

정답 ④

28-4. 다음은 가설통로를 설치하는 경우 준수하여야 할 사항이다. ( ) 안에 들어갈 내용으로 옳은 것은? [18.2/19.4]

> 수직갱에 가설된 통로의 길이가 (㉠) 이상인 경우에는 (㉡) 이내마다 계단참을 설치할 것

① ㉠ : 8m, ㉡ : 10m
② ㉠ : 8m, ㉡ : 7m
③ ㉠ : 15m, ㉡ : 10m
④ ㉠ : 15m, ㉡ : 7m

해설 수직갱에 가설된 통로의 길이가 15m 이상인 경우에는 10m 이내마다 계단참을 설치할 것

정답 ③

29. 다음 중 통로 발판의 설치기준으로 옳지 않은 것은? [10.2]

① 작업발판의 최대 폭은 1.2m 이내이어야 한다.
② 발판 1개에 대한 지지물은 2개 이상이어야 한다.
③ 발판을 겹쳐 이음하는 경우 장선 위에서 이음을 하고 겹침길이는 20cm 이상으로 하여야 한다.
④ 작업발판 위에는 돌출된 못, 옹이, 철선 등이 없어야 한다.

해설 ① 작업발판의 최대 폭은 1.6m 이내이어야 한다.

30. 가설통로 중 경사로의 설치기준으로 옳지 않은 것은? [13.4]

① 경사로의 폭은 최소 90cm 이상이어야 한다.
② 발판 폭은 40cm 이상으로 하고, 틈은 3cm 이내로 설치하여야 한다.
③ 비탈면의 경사각은 30° 이내이어야 한다.
④ 경사로의 지지기둥은 5m 이내마다 설치하여야 한다.

해설 ④ 경사로의 지지기둥은 3m 이내마다 설치하여야 한다.

30-1. 가설통로 중 경사로에 설치되는 발판의 폭 및 틈새 기준으로 옳은 것은? [09.1]

① 발판 폭 30cm 이상, 틈 3cm 이하
② 발판 폭 40cm 이상, 틈 3cm 이하
③ 발판 폭 30cm 이상, 틈 4cm 이하
④ 발판 폭 40cm 이상, 틈 5cm 이하

해설 발판 폭은 40cm 이상으로 하고, 틈은 3cm 이내로 설치하여야 한다.

정답 ②

정답 29. ① 30. ④

31. 크레인의 운전실을 통하는 통로의 끝과 건설물 등의 벽체와의 간격은 최대 얼마 이하로 하여야 하는가? [20.1]

① 0.3m ② 0.4m ③ 0.5m ④ 0.6m

해설 건설물 등의 벽체와 통로와의 간격은 0.3m 이하로 하여야 한다.

32. 부두 등의 하역 작업장에서 부두 또는 안벽의 선을 따라 설치하는 통로의 최소 폭 기준은? [10.4/14.4/19.4/20.1/20.2]

① 30cm 이상 ② 50cm 이상
③ 70cm 이상 ④ 90cm 이상

해설 부두 또는 안벽의 선을 따라 설치하는 통로의 최소 폭은 90cm 이상으로 하여야 한다.

33. 사다리식 통로 등을 설치하는 경우 준수해야 할 기준으로 틀린 것은? [10.2/13.4/19.1]

① 접이식 사다리 기둥은 사용 시 접혀지거나 펼쳐지지 않도록 철물 등을 사용하여 견고하게 조치할 것
② 발판과 벽과의 사이는 25cm 이상의 간격을 유지할 것
③ 폭은 30cm 이상으로 할 것
④ 사다리식 통로의 길이가 10m 이상인 경우에는 5m 이내마다 계단참을 설치할 것

해설 ② 발판과 벽과의 사이는 15cm 이상의 간격을 유지할 것

33-1. 사다리식 통로의 설치기준으로 옳지 않은 것은? [15.4/18.4/19.4]

① 발판과 벽과의 사이는 15cm 이상의 간격을 유지할 것
② 사다리의 상단은 걸쳐 놓은 지점으로부터 40cm 이상 올라가도록 할 것
③ 폭은 30cm 이상으로 할 것
④ 사다리식 통로의 기울기는 75° 이하로 할 것

해설 ② 사다리의 상단은 걸쳐 놓은 지점으로부터 60cm 이상 올라가도록 할 것

정답 ②

33-2. 사다리식 통로의 구조에 대한 설명으로 옳지 않은 것은? [12.1/12.4]

① 견고한 구조로 할 것
② 폭은 20cm 이상의 간격을 유지할 것
③ 심한 손상 · 부식 등이 없는 재료를 사용할 것
④ 발판과 벽과의 사이는 15cm 이상을 유지할 것

해설 ② 폭은 30cm 이상의 간격을 유지할 것

정답 ②

33-3. 사다리식 통로 등을 설치하는 경우 발판과 벽과의 사이는 최소 얼마 이상의 간격을 유지하여야 하는가? [18.2/19.2]

① 10cm 이상 ② 15cm 이상
③ 20cm 이상 ④ 25cm 이상

해설 발판과 벽과의 사이는 15cm 이상의 간격을 유지할 것

정답 ②

33-4. 사다리식 통로로 설치할 때 사다리의 상단은 걸쳐 놓은 지점으로부터 최소 얼마 이상 올라가도록 하여야 하는가? [09.2/13.2/17.2]

① 45cm 이상
② 60cm 이상
③ 75cm 이상
④ 90cm 이상

해설 사다리의 상단은 걸쳐 놓은 지점으로부터 60cm 이상 올라가도록 할 것

정답 ②

정답 31. ① 32. ④ 33. ②

34. 공사용 가설도로에서 일반적으로 허용되는 최고 경사도는 얼마인가? [12.1/17.4]

① 5% ② 10% ③ 20% ④ 30%

해설 가설도로의 일반적으로 허용되는 최고 경사도는 10%이다.

35. 건설현장에서 가설계단 및 계단참을 설치하는 경우 안전율은 최소 얼마 이상으로 하여야 하는가? [19.4]

① 3 ② 4 ③ 5 ④ 6

해설 계단 및 계단참의 강도는 500kg/m^2 이상이어야 하며, 안전율은 4 이상이다.

35-1. 가설계단 및 계단참의 하중에 대한 지지력은 최소 얼마 이상이어야 하는가? [13.2/14.1]

① 300kg/m^2
② 400kg/m^2
③ 500kg/m^2
④ 600kg/m^2

해설 계단 및 계단참의 강도는 500kg/m^2 이상이어야 하며, 안전율은 4 이상이다.

정답 ③

36. 다음 경사각에 따른 경사로의 미끄럼막이 간격으로 옳지 않은 것은? [14.4]

① 30°−30cm ② 27°−33cm
③ 22°−40cm ④ 17°−45cm

해설 경사각에 따른 경사로의 미끄럼막이 간격

경사각	미끄럼막이 간격	경사각	미끄럼막이 간격
30도	30	22도	40
29도	33	19도	43
27도	35	17도	45
24도	38	14도	48

37. 현장에서 근로자가 안전하게 통행할 수 있도록 통로에 설치해야 하는 조명시설은 최소 몇 럭스 이상이어야 하는가? [13.2/14.1/16.4]

① 75Lux 이상 ② 80Lux 이상
③ 85Lux 이상 ④ 90Lux 이상

해설 조명(조도) 기준

- 초정밀작업 : 750Lux 이상
- 정밀작업 : 300Lux 이상
- 보통작업 : 150Lux 이상
- 기타작업 : 75Lux 이상

Tip) 기타 작업장과 통로의 조명은 75Lux 이상이어야 한다.

거푸집 및 동바리

38. 거푸집 공사에 관한 설명으로 옳지 않은 것은? [18.2]

① 거푸집 조립 시 거푸집이 이동하지 않도록 비계 또는 기타 공작물과 직접 연결한다.
② 거푸집 치수를 정확하게 하여 시멘트 모르타르가 새지 않도록 한다.
③ 거푸집 해체가 쉽게 가능하도록 박리제 사용 등의 조치를 한다.
④ 측압에 대한 안전성을 고려한다.

해설 ① 거푸집 조립 시 비계 등이 가설물에 직접 연결되어 영향을 주면 안 된다.

39. 거푸집의 일반적인 조립 순서를 옳게 나열한 것은? [12.2/14.1]

① 기둥 → 보받이 내력벽 → 큰 보 → 작은 보 → 바닥판 → 내벽 → 외벽
② 외벽 → 보받이 내력벽 → 큰 보 → 작은 보 → 바닥판 → 내력 → 기둥

정답 34. ② 35. ② 36. ② 37. ① 38. ① 39. ①

③ 기둥 → 보받이 내력벽 → 작은 보 → 큰 보 → 바닥판 → 내벽 → 외벽
④ 기둥 → 보받이 내력벽 → 바닥판 → 큰 보 → 작은 보 → 내벽 → 외벽

해설 거푸집의 조립 순서

1단계	2단계	3단계	4단계	5단계	6단계	7단계
기둥	보받이 내력벽	큰 보	작은 보	바닥판	내벽	외벽

40. 거푸집 공사 관련 재료의 선정 시 고려사항으로 옳지 않은 것은? [19.4]

① 목재 거푸집 : 흠집 및 옹이가 많은 거푸집과 합판은 사용을 금지한다.
② 강재 거푸집 : 형상이 찌그러진 것은 교정한 후에 사용한다.
③ 지보공재 : 변형, 부식이 없는 것을 사용한다.
④ 연결재 : 연결부위의 다양한 형상에 적응 가능한 소철선을 사용한다.

해설 연결재 : 기둥이나 벽판 등 구조물의 안정성을 확보하기 위하여 그것들을 서로 연결하여 묶어 주는 부재로 충분한 강도를 가져야 한다.

40-1. 강재 거푸집과 비교한 합판 거푸집의 특성이 아닌 것은? [11.1/16.1]

① 외기 온도의 영향이 적다.
② 녹이 슬지 않음으로 보관하기가 쉽다.
③ 중량이 무겁다.
④ 보수가 간단하다.

해설 ③ 중량이 가볍다.

정답 ③

40-2. 거푸집 작업에서 연결재를 선정할 때 고려해야 할 사항이 아닌 것은? [09.4/11.4]

① 조합 부품 수가 적은 것
② 회수 · 해체하기 쉬운 것
③ 충분한 강도가 있는 것
④ 박리제를 칠한 것

해설 ④ 박리제는 콘크리트 형판에서 틀과 쉽게 분리되도록 미리 안쪽에 바르는 약제로서 거푸집 해체를 쉽게 하기 위해 박리제 사용 등의 조치를 한다.

정답 ④

41. 일반 거푸집 설계 시 강도상 고려해야 할 사항이 아닌 것은? [15.2]

① 고정하중 ② 풍압
③ 콘크리트 강도 ④ 측압

해설 거푸집 설계 시 강도상 고려해야 할 사항 : 고정하중, 풍압, 측압 등

42. 거푸집 존치기간의 결정요인과 가장 거리가 먼 것은? [09.4/13.4]

① 시멘트의 종류 ② 골재의 입도
③ 하중 ④ 평균기온

해설 거푸집 존치기간의 결정요인 : 시멘트의 종류, 하중, 평균기온, 압축강도 등

43. 다음 중 거푸집 동바리 설치기준으로 옳지 않은 것은? [11.1]

① 파이프 서포트는 3본 이상 이어서 사용하지 않는다.
② 동바리로 강관을 사용할 때는 높이 2m 이내마다 수평연결재를 2개 방향으로 설치한다.
③ 조립강주를 지주로 사용할 때는 높이 5m 이내마다 수평연결재를 2방향으로 설치한다.
④ 동바리로 사용하는 강관틀에 대해서는 강관틀과 강관틀과의 사이에 교차가새를 설치한다.

정답 40. ④ 41. ③ 42. ② 43. ③

해설 ③ 조립강주를 지주로 사용할 때는 높이 4m 이내마다 수평연결재를 2방향으로 설치한다.

44. 동바리로 사용하는 파이프 서포트에 관한 설치기준으로 옳지 않은 것은? [18.2/20.2]

① 파이프 서포트를 3개 이상 이어서 사용하지 않도록 할 것
② 파이프 서포트를 이어서 사용하는 경우에는 4개 이상의 볼트 또는 전용 철물을 사용하여 이을 것
③ 높이가 3.5m를 초과하는 경우에는 높이 2m 이내마다 수평연결재를 2개 방향으로 만들고 수평연결재의 변위를 방지할 것
④ 파이프 서포트 사이에 교차가새를 설치하여 수평력에 대하여 보강 조치할 것

해설 ④ 파이프 서포트 사이에 수평연결재를 설치하여 수평력에 대하여 보강 조치할 것

44-1. 동바리로 사용하는 파이프 서포트의 높이가 3.5m를 초과하는 경우 수평연결재의 설치높이 기준은? [18.4]

① 1.5m 이내마다
② 2.0m 이내마다
③ 2.5m 이내마다
④ 3.0m 이내마다

해설 높이가 3.5m를 초과하는 경우에는 높이 2m 이내마다 수평연결재를 2개 방향으로 만들고 수평연결재의 변위를 방지할 것

정답 ②

44-2. 거푸집 동바리 등을 조립하는 때 동바리로 사용하는 파이프 서포트에 대하여는 다음 각 목에서 정하는 바에 의해 설치하여야 한다. (　　) 안에 적합한 것은? [09.1]

> 가. 파이프 서포트를 (㉠)본 이상 이어서 사용하지 아니하도록 할 것
> 나. 파이프 서포트를 이어서 사용할 때에는 (㉡)개 이상의 볼트 또는 전용 철물을 사용하여 이을 것

① ㉠ : 1, ㉡ : 2
② ㉠ : 2, ㉡ : 3
③ ㉠ : 3, ㉡ : 4
④ ㉠ : 4, ㉡ : 5

해설 동바리로 사용하는 파이프 서포트 안전기준

- 동바리로 사용하는 파이프 서포트를 3본 이상 이어서 사용하지 아니하도록 할 것
- 파이프 서포트를 이어서 사용할 때에는 4개 이상의 볼트 또는 전용 철물을 사용하여 이을 것

정답 ③

45. 하수종말처리시설 신축공사 현장에서 층고 5.4m인 배수펌프장 상부 슬래브를 타설하는 과정에서 붕괴사고가 발생했다. 다음 중 붕괴의 원인으로 볼 수 없는 것은? [10.2]

① 동바리로 사용하는 파이프 서포트를 4본으로 이어 사용하였다.
② 수평연결재를 높이 1.5m마다 견고하게 설치하였다.
③ 조립도를 작성하지 않고 목수의 경험에 의해 지보공을 설치하였다.
④ 콘크리트를 한 곳에 집중적으로 타설하였다.

해설 ① 동바리로 사용하는 파이프 서포트를 3본 이상 이어서 사용하지 않는다.
② 높이가 3.5m를 초과하는 경우에는 높이 2m 이내마다 수평연결재를 2개 방향으로 설치한다.

정답 44. ④　45. ②

③ 지보공 신축공사는 조립도를 작성하고 그 조립도에 의해 지보공을 설치한다.
④ 콘크리트를 타설하는 경우에는 편심이 발생하지 않도록 골고루 분산하여 타설한다.

46. 보 또는 슬래브의 거푸집 작업 시 주의사항이 아닌 것은? [10.4/13.4]

① 모서리는 정확하게 조립되어야 한다.
② 하부에 청소구가 있는가를 확인한다.
③ 중앙부는 약간의 솟음을 두어야 한다.
④ 벌어짐에 견딜 수 있도록 견고해야 한다.

해설 ②는 기둥, 벽의 거푸집 작업 시 주의사항이다.

47. 층고가 높은 슬래브 거푸집 하부에 적용하는 무지주 공법이 아닌 것은? [18.1]

① 보우 빔(bow beam)
② 철근일체형 데크 플레이트(deck plate)
③ 페코 빔(pecco beam)
④ 솔져 시스템(soldier system)

해설 ④는 지하층 합벽 지지용 거푸집 동바리 시스템

48. 다음 중 거푸집 동바리 설계 시 고려하여야 할 연직 방향 하중에 해당하지 않는 것은? [09.2/10.1/19.1/19.4]

① 적설하중
② 풍하중
③ 충격하중
④ 작업하중

해설 거푸집에 작용하는 연직 방향 하중 : 고정하중, 충격하중, 작업하중, 콘크리트 및 거푸집 자중 등
Tip) 풍하중－횡 방향 하중

48-1. 콘크리트 타설작업 시 거푸집에 작용하는 연직하중이 아닌 것은? [13.2/15.1/18.2]

① 콘크리트의 측압
② 거푸집의 중량
③ 굳지 않은 콘크리트의 중량
④ 작업원의 작업하중

해설 ①은 횡 방향 하중

정답 ①

49. 다음은 산업안전보건법령 중 계단 형상으로 조립하는 거푸집 동바리에 관한 사항이다. (　　) 안에 들어갈 내용으로 알맞은 것은? [17.4]

거푸집의 형상에 따른 부득이한 경우를 제외하고는 깔판 · 깔목 등을 (　　) 이상 끼우지 않도록 할 것

① 2단　　② 3단
③ 4단　　④ 5단

해설 거푸집의 형상에 따른 부득이한 경우를 제외하고는 깔판 · 깔목 등을 2단 이상 끼우지 않도록 할 것

50. 거푸집 동바리 등을 조립하는 경우 조립도에 명시하여야 할 사항은? [10.1/11.4]

① 개구부 위치
② 덧댐목의 위치
③ 작업하중
④ 동바리 · 멍에 등 부재의 재질 및 단면규격

해설 거푸집 동바리 조립도에 명시해야 할 사항 : 재료의 재질, 단면규격, 설치 간격, 이음방법 등

정답 46. ②　47. ④　48. ②　49. ①　50. ④

51. **다음 중 거푸집 동바리 등을 조립하거나 해체하는 작업을 하는 경우 준수사항으로 옳지 않은 것은?** [12.2/17.1]

① 해당 작업을 하는 구역에는 관계근로자가 아닌 사람의 출입을 금지할 것
② 비, 눈 그 밖의 기상상태의 불안정으로 날씨가 몹시 나쁜 경우에는 그 작업을 중지할 것
③ 낙하·충격에 의한 돌발적 재해를 방지하기 위하여 버팀목을 설치하고 거푸집 동바리 등을 인양장비에 매단 후에 작업을 하도록 하는 등 필요한 조치를 할 것
④ 재료, 기구 또는 공구 등을 올리거나 내리는 경우에는 근로자로 하여금 달줄·달포대 등의 사용을 금지하도록 할 것

해설 ④ 재료, 기구 또는 공구 등을 올리거나 내리는 경우에는 근로자로 하여금 달줄·달포대 등을 사용하도록 할 것

51-1. **다음 중 거푸집 동바리, 철근 등의 조립·해체작업 시 준수사항으로 옳지 않은 것은?** [09.4]

① 보, 슬래브 등의 거푸집 동바리 등을 해체할 때에는 낙하, 충격에 의한 돌발재해를 방지하기 위하여 버팀목을 설치하는 등의 조치를 할 것
② 공구 등을 올리거나 내릴 때에는 달줄·달포대 등을 사용할 것
③ 비, 눈 그 밖의 기상상태의 불안정으로 날씨가 몹시 나쁠 때는 작업을 중지시킬 것
④ 크레인 등 양중기로 철근을 운반할 경우에는 중앙의 1개소 이상을 묶어 수평으로 운반할 것

해설 ④ 크레인 등 양중기로 철근을 운반할 경우에는 양 끝을 묶어 수평으로 운반할 것

정답 ④

51-2. **거푸집 해체 시 작업자가 이행해야 할 안전수칙으로 옳지 않은 것은?** [17.2]

① 거푸집 해체는 순서에 입각하여 실시한다.
② 상하에서 동시작업을 할 때는 상하의 작업자가 긴밀하게 연락을 취해야 한다.
③ 거푸집 해체가 용이하지 않을 때에는 큰 힘을 줄 수 있는 지렛대를 사용해야 한다.
④ 해체된 거푸집, 각목 등을 올리거나 내릴 때는 달줄, 달포대 등을 사용한다.

해설 ③ 거푸집 해체가 용이하지 않더라도 큰 힘을 주는 지렛대는 사용하면 안 된다.

정답 ③

52. **2가지의 거푸집 중 먼저 해체해야 하는 것으로 옳은 것은?** [12.2]

① 기온이 높을 때 타설한 거푸집과 낮을 때 타설한 거푸집–높을 때 타설한 거푸집
② 조강 시멘트를 사용하여 타설한 거푸집과 보통 시멘트를 사용하여 타설한 거푸집–보통 시멘트를 사용하여 타설한 거푸집
③ 보와 기둥–보
④ 스팬이 큰 빔과 작은 빔–큰 빔

해설 ② 조강 시멘트를 사용하여 타설한 거푸집을 먼저 해체한다.
③ 기둥을 먼저 해체한다.
④ 스팬이 작은 빔을 먼저 해체한다.

53. **콘크리트용 거푸집의 재료에 해당되지 않는 것은?** [20.1]

① 철재 ② 목재
③ 석면 ④ 경금속

해설 석면 : 석면 섬유를 원료로 하고 습기, 열, 압력을 가하여 만들며, 열에 강하고 전기가 잘 통하지 않아서 방열재, 방화재로 사용되며, 절연성이 좋다.

정답 51. ④ 52. ① 53. ③

Tip) 석면은 발암물질로 최근에는 사용을 금한다.

54. 철근콘크리트 공사 시 활용되는 거푸집의 필요조건이 아닌 것은? [13.2/19.2]

① 콘크리트의 하중에 대해 뒤틀림이 없는 강도를 갖출 것
② 콘크리트 내 수분 등에 대한 물 빠짐이 원활한 구조를 갖출 것
③ 최소한의 재료로 여러 번 사용할 수 있는 전용성을 가질 것
④ 거푸집은 조립 · 해체 · 운반이 용이하도록 할 것

해설 ② 콘크리트 내 수분이나 모르타르 등에 대한 누출을 방지할 수 있는 수밀성을 갖출 것

55. 콘크리트의 재료분리 현상 없이 거푸집 내부에 쉽게 타설할 수 있는 정도를 나타내는 것은? [14.1/16.4]

① bleeding ② thixotropy
③ workability ④ finishability

해설 워커빌리티(workability) : 콘크리트를 혼합한 다음 운반에서 타설할 때까지 시공성의 좋고 나쁨을 나타내는 성질

56. 콘크리트의 종류 중 수중공사에 주로 이용되며, 거푸집을 조립하고 골재를 미리 채운 후 특수한 모르타르를 그 사이에 주입하여 형성하는 콘크리트는? [14.4]

① 프리플레이스트 콘크리트
② 한중콘크리트
③ 경량콘크리트
④ 섬유보강 콘크리트

해설 프리플레이스트(프리팩트) 콘크리트 : 특정한 입도를 가진 굵은 골재를 거푸집에 채워 넣고 그 굵은 골재 사이의 공극에 특수한 모르타르를 적당한 압력으로 주입하여 만드는 콘크리트로 수중콘크리트 타설 시 사용한다.

57. 철근콘크리트 공사에서 거푸집 동바리의 해체시기를 결정하는 요인으로 가장 거리가 먼 것은? [20.1]

① 시방서상의 거푸집 존치기간의 경과
② 콘크리트 강도시험 결과
③ 동절기일 경우 적산온도
④ 후속공정의 착수시기

해설 거푸집 동바리의 해체시기 결정요인
- 시방서상의 거푸집 존치기간이 경과해야 한다.
- 동절기일 경우 적산온도 등을 고려하여 양생기간이 경과해야 한다.
- 콘크리트 강도시험 결과 벽, 보, 기둥 등의 측면이 50kgf/cm^2 이상이어야 한다.

흙막이

58. 흙막이지보공을 설치하였을 때 붕괴 등의 위험방지를 위하여 정기적으로 점검하고, 이상 발견 시 즉시 보수하여야 하는 사항이 아닌 것은? [10.4/13.1/19.1/20.2]

① 침하의 정도
② 버팀대의 긴압의 정도
③ 지형 · 지질 및 지층상태
④ 부재의 손상 · 변형 · 변위 및 탈락의 유무와 상태

해설 흙막이지보공 정기점검사항
- 침하의 정도
- 버팀대의 긴압의 정도

정답 54. ② 55. ③ 56. ① 57. ④ 58. ③

• 부재의 접속부 · 부착부 및 교차부의 상태
• 부재의 손상 · 변형 · 부식 · 변위 및 탈락의 유무와 상태

59. **트렌치 굴착 시 흙막이지보공을 설치하지 않는 경우 굴착깊이는 몇 m 이하로 해야 하는가?** [13.2]

① 1.5m ② 2m
③ 3.5m ④ 4m

해설 굴착 시 흙막이지보공을 설치하지 않는 경우 굴착깊이는 1.5m 이하로 해야 한다.

60. **흙막이 벽 개굴착(open cut) 공법에 해당하지 않는 것은?** [10.1]

① 자립 흙막이 벽 공법
② 수평버팀 공법
③ 어스앵커 공법
④ 비탈면 개굴착 공법

해설 흙막이 벽 개굴착 공법 : 자립 흙막이 벽 공법, 수평버팀 공법, 어스앵커공법, 경사 개굴착 공법 등

61. **도심지에서 주변에 주요 시설물이 있을 때 침하와 변위를 적게 할 수 있는 가장 적당한 흙막이 공법은?** [18.1]

① 동결공법
② 샌드드레인 공법
③ 지하연속벽 공법
④ 뉴매틱 케이슨 공법

해설 지하연속벽 공법 : 도심지에 시설물이 있을 때 침하와 변위를 적게 할 수 있는 흙막이 공법

62. **기존 건물의 인접된 장소에서 새로운 깊은 기초를 시공하고자 한다. 이때 기존 건물의 기초가 낡아 안전상 보강하려고 할 때 적당한 공법은?** [16.4]

① 압성토 공법 ② 언더피닝 공법
③ 선행 재하공법 ④ 치환공법

해설 언더피닝 공법 : 인접한 기존 건축물 인근에서 건축공사를 실시할 경우 기존 건축물의 지반과 기초를 보강하는 공법

63. **다음 중 작업부위별 위험요인과 주요 사고형태와의 연관관계로 옳지 않은 것은 어느 것인가?** [11.1/17.2/18.4]

① 암반의 절취법면-낙하
② 흙막이지보공 설치작업-붕괴
③ 암석의 발파-비산
④ 흙막이지보공 토류판 설치-접촉

해설 ④ 흙막이지보공 토류판 설치-붕괴

64. **버팀대(strut)의 축하중 변화 상태를 측정하는 계측기는?** [11.4/17.1/17.2]

① 경사계(inclino meter)
② 수위계(water level meter)
③ 침하계(extension meter)
④ 하중계(load cell)

해설 계측장치의 설치 목적

• 지하수위계(water level meter) : 지반 내 지하수위의 변화 측정
• 간극수압계(piezo meter) : 지하의 간극수압 측정
• 지중침하계(extension meter) : 지중의 수직변위 측정
• 지중경사계(inclino meter) : 지중의 수평변위량 측정, 기울어진 정도 파악
• 지중 수평변위계(inclino meter) : 지반의 수평변위량과 위치, 방향 및 크기를 실측
• 지표면 침하계(level and staff) : 지반에 대한 지표면의 침하량 측정

정답 59. ① 60. ④ 61. ③ 62. ② 63. ④ 64. ④

- 건물경사계(tilt meter) : 인접 구조물의 기울기 측정
- 토압계(earth pressure meter) : 토압의 변화 파악
- 변형률계(strain gauge) : 흙막이 버팀대의 변형 파악
- 하중계(load cell) : 축하중의 변화 상태 측정

64-1. 웰 포인트, 샌드드레인 공법 작업 전에는 압밀침하를 예상하여 간극수압을 측정하여야 한다. 이 간극수압을 측정하는 기구는 무엇인가? [16.4]

① piezometer ② tiltmeter
③ inclinometer ④ water level meter

해설
- 간극수압계(piezo meter) : 지하의 간극수압 측정
- 건물경사계(tilt meter) : 인접 구조물의 기울기 측정
- 지중경사계(inclino meter) : 지중의 수평 변위량 측정, 기울어진 정도 파악
- 지중 수평변위계(inclino meter) : 지반의 수평변위량과 위치, 방향 및 크기를 실측
- 지하수위계(water level meter) : 지반 내 지하수위의 변화 측정

정답 ①

64-2. 흙막이 가시설의 버팀대(strut)의 변형을 측정하는 계측기에 해당하는 것은? [19.1]

① water level meter
② strain gauge
③ piezo meter
④ load cell

해설
- 지하수위계(water level meter) : 지반 내 지하수위의 변화 측정
- 변형률계(strain gauge) : 흙막이 버팀대의 변형 파악
- 간극수압계(piezo meter) : 지하의 간극수압 측정
- 하중계(load cell) : 축하중의 변화 상태 측정

정답 ②

64-3. 개착식 굴착공사에서 버팀보 공법을 적용하여 굴착할 때 지반붕괴를 방지하기 위하여 사용하는 계측장치로 거리가 먼 것은?

① 지하수위계 [18.2]
② 경사계
③ 변형률계
④ 록볼트 응력계

해설 ④는 터널공사 계측장비

정답 ④

64-4. 개착식 굴착공사(open cut)에서 설치하는 계측기기와 거리가 먼 것은? [15.1/17.2]

① 수위계 ② 경사계
③ 응력계 ④ 내공변위계

해설 ④는 터널공사 계측장비

정답 ④

65. 다음 중 건설공사 시 계측관리의 목적이 아닌 것은? [14.2]

① 지역의 특수성보다는 토질의 일반적인 특성 파악을 목적으로 한다.
② 시공 중 위험에 대한 정보 제공을 목적으로 한다.
③ 설계 시 예측치와 시공 시 측정치와의 비교를 목적으로 한다.
④ 향후 거동 파악 및 대책 수립을 목적으로 한다.

해설 ① 지역 토질의 특수성 파악을 목적으로 한다.

정답 65. ①

5 건설 구조물 공사 안전

콘크리트 구조물 공사 안전

1. 콘크리트 타설작업 시 준수사항으로 옳지 않은 것은? [10.1/12.1/15.4]

① 바닥 위에 흘린 콘크리트는 완전히 청소한다.
② 가능한 높은 곳으로부터 자연 낙하시켜 콘크리트를 타설한다.
③ 지나친 진동기 사용은 재료분리를 일으킬 수 있으므로 금해야 한다.
④ 최상부의 슬래브는 이어붓기를 되도록 피하고 일시에 전체를 타설하도록 한다.

해설 ② 콘크리트 타설작업 시 배출구와 치기면까지의 높이는 최대한 낮게 한다.

1-1. 콘크리트 타설작업을 하는 경우에 준수해야 할 사항으로 옳지 않은 것은? [17.1/20.1]

① 콘크리트를 타설하는 경우에는 편심을 유발하여 한쪽 부분부터 밀실하게 타설되도록 유도할 것
② 당일의 작업을 시작하기 전에 해당 작업에 관한 거푸집 동바리 등의 변형 · 변위 및 지반의 침하 유무 등을 점검하고 이상이 있으면 보수할 것
③ 작업 중에는 거푸집 동바리 등의 변형 · 변위 및 침하 유무 등을 감시할 수 있는 감시자를 배치하여 이상이 있으면 작업을 중지하고 근로자를 대피시킬 것
④ 설계도서상의 콘크리트 양생기간을 준수하여 거푸집 동바리 등을 해체할 것

해설 ① 콘크리트를 타설하는 경우에는 편심이 발생하지 않도록 골고루 분산 타설하여 붕괴재해를 방지할 것

정답 ①

2. 철근콘크리트 슬래브에 발생하는 응력에 대한 설명으로 옳지 않은 것은? [19.2]

① 전단력은 일반적으로 단부보다 중앙부에서 크게 작용한다.
② 중앙부 하부에는 인장응력이 발생한다.
③ 단부 하부에는 압축응력이 발생한다.
④ 휨 응력은 일반적으로 슬래브의 중앙부에서 크게 작용한다.

해설 ① 전단력은 일반적으로 중앙부보다 단부에서 크게 작용한다.

3. 콘크리트 구조물에 적용하는 해체작업 공법의 종류가 아닌 것은? [18.2]

① 연삭공법 ② 발파공법
③ 오픈 컷 공법 ④ 유압공법

해설 구조물 해체 공법의 종류

• 압쇄공법 • 절단공법
• 전도공법 • 유압공법
• 연삭공법 • 잭 공법
• 화약발파 공법 • 팽창압 공법
• 브레이커 공법

Tip) 오픈 컷 공법－터파기 공법

4. 콘크리트를 타설할 때 거푸집에 작용하는 콘크리트 측압에 영향을 미치는 요인과 가장 거리가 먼 것은? [09.1/11.4/14.1/15.4/16.2/20.2]

① 콘크리트 타설속도
② 콘크리트 타설높이
③ 콘크리트의 강도
④ 기온

정답 1. ② 2. ① 3. ③ 4. ③

해설 거푸집에 작용하는 콘크리트 측압에 영향을 미치는 요인

- 슬럼프 값이 클수록 크다.
- 벽 두께가 두꺼울수록 크다.
- 콘크리트를 많이 다질수록 크다.
- 거푸집의 강성이 클수록 측압이 크다.
- 거푸집의 수평단면이 클수록 측압이 크다.
- 대기의 온도가 낮고, 습도가 높을수록 크다.
- 콘크리트 타설속도가 빠를수록 크다.
- 콘크리트 타설높이가 높을수록 크다.
- 콘크리트의 비중이 클수록 측압은 커진다.
- 묽은 콘크리트일수록 측압은 커진다.
- 철골이나 철근량이 적을수록 측압은 커진다.

4-1. 다음 (   ) 안에 들어갈 내용으로 옳은 것은? [14.2/17.4]

> 콘크리트 측압은 콘크리트 타설속도, (   ), 단위 용적질량, 온도, 철근 배근 상태 등에 따라 달라진다.

① 골재의 형상 ② 콘크리트 강도
③ 박리제 ④ 타설높이

해설 콘크리트 측압은 콘크리트 타설속도, 타설높이, 단위 용적질량, 온도, 철근 배근 상태 등에 따라 달라진다.

정답 ④

4-2. 다음 중 콘크리트 측압에 영향을 미치는 인자로 가장 거리가 먼 것은? [09.2/11.1]

① 슬럼프
② 타설속도
③ 대기의 온도 및 습도
④ 거푸집의 종류

해설 거푸집의 종류는 거푸집에 작용하는 콘크리트 측압에 영향이 없다.

정답 ④

4-3. 콘크리트 측압에 관한 설명으로 옳지 않은 것은? [12.2/14.4/15.2/17.2]

① 대기의 온도가 높을수록 크다.
② 콘크리트의 타설속도가 빠를수록 크다.
③ 콘크리트의 타설높이가 높을수록 크다.
④ 배근된 철근량이 적을수록 크다.

해설 ① 대기의 온도가 낮고, 습도가 높을수록 크다.

정답 ①

4-4. 콘크리트 타설 시 거푸집의 측압에 영향을 미치는 인자들에 대한 설명으로 틀린 것은? [14.1/14.2]

① 슬럼프가 클수록 측압이 크다.
② 거푸집의 강성이 클수록 측압이 크다.
③ 철근량이 많을수록 측압이 작다.
④ 타설속도가 느릴수록 측압이 크다.

해설 ④ 타설속도가 빠를수록 측압이 크다.

정답 ④

5. 콘크리트의 양생방법이 아닌 것은? [16.1]

① 습윤양생 ② 건조양생
③ 증기양생 ④ 전기양생

해설 콘크리트의 양생방법 : 습윤양생, 증기양생, 전기양생, 피막양생 등

6. 콘크리트의 비파괴검사 방법이 아닌 것은? [16.2]

① 반발경도법
② 자기법
③ 음파법
④ 침지법

해설 ④는 강재의 비파괴검사법

7. 콘크리트 유동성과 묽기를 시험하는 방법은? [10.2/12.2]

정답 5. ② 6. ④ 7. ②

① 다짐시험 ② 슬럼프시험
③ 압축강도시험 ④ 평판시험

해설 슬럼프시험 : 아직 굳지 않은 콘크리트의 반죽질기를 시험하는 방법으로 원뿔대 모양의 틀에 콘크리트를 채우고 다진 뒤에 틀을 떼어냈을 때 내려앉은 정도를 재는 시험

7-1. 콘크리트 슬럼프시험 방법에 대한 설명 중 옳지 않은 것은? [10.4]

① 슬럼프 시험기구는 강제평판, 슬럼프 테스트 콘, 다짐막대, 측정기기로 이루어진다.
② 콘크리트 타설 시 작업의 용이성을 판단하는 방법이다.
③ 슬럼프 콘에 비빈 콘크리트를 같은 양의 3층으로 나누어 25회씩 다지면서 채운다.
④ 슬럼프는 슬럼프 콘을 들어 올려 강제평판으로부터 콘크리트가 무너져 내려앉은 높이까지의 거리를 m로 표시한 것이다.

해설 슬럼프시험 : 아직 굳지 않은 콘크리트의 반죽질기를 시험하는 방법으로 원뿔대 모양의 틀에 콘크리트를 채우고 다진 뒤에 틀을 떼어냈을 때 내려앉은 정도를 재는 시험(mm로 표시)

정답 ④

8. 콘크리트 타설 후 물이나 미세한 불순물이 분리 상승하여 콘크리트 표면에 떠오르는 현상을 가리키는 용어와 이때 표면에 발생하는 미세한 물질을 가리키는 용어를 옳게 나열한 것은? [12.1]

① 블리딩-레이턴스 ② 보링-샌드드레인
③ 히빙-슬라임 ④ 블로우 홀-슬래그

해설 ② 보링은 지반을 천공하고 토사를 채취 후 지반을 조사하는 방법이다.
③ 히빙은 연약 점토지반에서 굴착작업 시 흙막이 벽체 내·외의 토사의 중량차에 의해 흙막이 밖에 있는 흙이 안으로 밀려 들어와 솟아오르는 현상이다.
④ 블로우 홀은 용접결함으로 기포(氣泡)라고도 한다.

Tip) • 블리딩 : 콘크리트 타설 후 물이나 미세한 불순물이 분리 상승하여 콘크리트 표면에 떠오르는 현상
• 레이턴스 : 굳지 않은 콘크리트나 시멘트 혼합물에서 수분이 분리되어 표면으로 떠오르면서 내부의 미세한 물질이 함께 떠올라 콘크리트의 표면에 생기는 얇은 막

9. 다음 중 시멘트 창고에서 시멘트 포대의 올려 쌓기의 가장 적절한 양은? [10.2]

① 20포대 이하 ② 17포대 이하
③ 15포대 이하 ④ 13포대 이하

해설 시멘트 보관은 바닥에서 30cm 이상 띄워 방습처리 하고, 쌓기 단수는 13포대 이하로 보관한다.

10. 발파공법으로 해체작업 시 화약류 취급상 안전기준과 거리가 먼 것은? [10.2/14.4]

① 화약 사용 시에는 적절한 발파기술을 사용하며 사전에 문제점 등을 파악한 후 시행한다.
② 시공 순서는 건설공사 표준시방서에 의한다.
③ 소음으로 인한 공해, 진동, 파편에 대한 예방 대책이 있어야 한다.
④ 화약류 취급에 대하여는 총포·도검·화약류 등 단속법과 산업안전보건법 등 관계법의 규제를 받는다.

해설 ② 시공 순서는 화약류 취급 순서에 의한다.

11. 해체작업을 하는 때에 해체계획서 작성 시 포함할 사항으로 옳지 않은 것은? [10.2]

정답 8. ① 9. ④ 10. ② 11. ④

① 사업장 내 연락방법
② 해체물의 처분계획
③ 해체의 방법 및 해체 순서도면
④ 발파방법

해설 해체계획서 작성 시 포함되어야 할 사항
- 사업장 내 연락방법
- 해체물의 처분계획
- 해체의 방법 및 해체 순서도면
- 해체작업용 기계 · 기구 등의 작업계획서
- 해체작업용 화약류 등의 사용계획서
- 그 밖에 가설설비 · 방호설비 · 환기설비 · 방화설비 등 안전에 관련된 사항

철골공사 안전 I

12. 철골공사에서 용접작업을 실시함에 있어 전격예방을 위한 안전조치 중 옳지 않은 것은? [13.1/14.4/18.1/19.1]

① 전격방지를 위해 자동전격방지기를 설치한다.
② 우천, 강설 시에는 야외작업을 중단한다.
③ 개로전압이 낮은 교류 용접기는 사용하지 않는다.
④ 절연 홀더(holder)를 사용한다.

해설 ③ 개로전압이 낮은 안전한 교류 용접기를 사용한다.

13. 철골공사에서 나타나는 용접결함의 종류에 해당하지 않는 것은? [09.4/14.2/17.1]

① 가우징(gouging)
② 오버랩(overlap)
③ 언더컷(under cut)
④ 블로우 홀(blow hole)

해설 ①은 용접부의 홈파기

14. 철근 가공작업에서 가스절단을 할 때의 유의사항으로 옳지 않은 것은? [11.4/14.2/19.4]

① 가스절단 작업 시 호스는 겹치거나 구부러지거나 밟히지 않도록 한다.
② 호스, 전선 등은 작업효율을 위하여 다른 작업장을 거치는 곡선상의 배선이어야 한다.
③ 작업장에서 가연성 물질에 인접하여 용접작업할 때에는 소화기를 비치하여야 한다.
④ 가스절단 작업 중에는 보호구를 착용하여야 한다.

해설 ② 호스, 전선 등은 다른 작업장을 거치지 않는 직선상의 배선이어야 한다.

15. 철공공사의 용접, 용단작업에 사용되는 가스의 용기는 최대 몇 ℃ 이하로 보존해야 하는가? [12.4/16.1]

① 25℃　　② 36℃
③ 40℃　　④ 48℃

해설 용접, 용단작업에 사용되는 가스의 용기는 최대 40℃ 이하로 보존해야 한다.

16. 철골공사에서 기둥의 건립작업 시 앵커볼트를 매립할 때 요구되는 정밀도에서 기둥중심은 기준선 및 인접기둥의 중심으로부터 얼마 이상 벗어나지 않아야 하는가? [09.1/16.1]

① 3mm　　② 5mm
③ 7mm　　④ 10mm

해설 기둥중심은 기준선 및 인접기둥의 중심으로부터 5mm 이상 벗어나지 않아야 한다.

17. 철골기둥 건립작업 시 붕괴 · 도괴방지를 위하여 베이스 플레이트의 하단은 기준 높이 및 인접기둥의 높이에서 얼마 이상 벗어나지 않아야 하는가? [16.2/18.4]

정답 12. ③　13. ①　14. ②　15. ③　16. ②　17. ②

① 2mm ② 3mm
③ 4mm ④ 5mm

해설 베이스 플레이트의 하단은 기준 높이 및 인접기둥의 높이에서 3mm 이상 벗어나지 않아야 한다.

18. 철골공사 중 트랩을 이용해 승강할 때 안전과 관련된 항목이 아닌 것은? [12.1]

① 수평구명줄 ② 수직구명줄
③ 안전벨트 ④ 추락방지대

해설 ①은 근로자가 이동 시 잡고 이동할 수 있는 안전난간의 기능

19. 양중기계의 와이어로프에 대한 설명 중 옳은 것은? [10.2]

① 와이어로프의 안전계수는 근로자가 탑승하는 경우 그렇지 않은 경우보다 더 높아야 한다.
② 이음매가 있는 와이어로프가 이음매가 없는 와이어로프에 비해 많이 이용된다.
③ 와이어로프의 절단은 기계적 방법을 피하고 가스 용단에 의해서만 절단한다.
④ 지름의 감소가 공칭지름의 10%인 와이어로프도 사용 가능하다.

해설 ② 이음매가 없는 와이어로프가 이음매가 있는 와이어로프에 비해 많이 이용된다.
③ 와이어로프의 절단은 가스 용단에 의한 절단은 피하고 기계적 방법을 많이 이용한다.
④ 지름의 감소가 공칭지름의 7% 이상인 와이어로프는 사용이 불가능하다.

20. 양중기의 와이어로프 등 달기구의 안전계수 기준으로 옳지 않은 것은? [12.1]

① 크레인의 고리걸이 용구인 와이어로프는 5 이상
② 화물의 하중을 직접 지지하는 달기체인은 4 이상
③ 훅, 샤클, 클램프, 리프팅 빔은 3 이상
④ 근로자가 탑승하는 운반구를 지지하는 달기 체인은 10 이상

해설 ② 화물의 하중을 직접 지지하는 달기 와이어로프 또는 달기체인의 안전계수는 5 이상이다.

21. 강풍 시 타워크레인의 설치 · 수리 · 점검 또는 해체작업을 중지하여야 하는 순간풍속 기준으로 옳은 것은? [09.1/11.1/15.4/18.2]

① 순간풍속이 초당 10m를 초과하는 경우
② 순간풍속이 초당 15m를 초과하는 경우
③ 순간풍속이 초당 20m를 초과하는 경우
④ 순간풍속이 초당 30m를 초과하는 경우

해설 풍속에 따른 안전기준
- 순간풍속이 초당 10m 초과 : 타워크레인의 수리 · 점검 · 해체작업 중지
- 순간풍속이 초당 15m 초과 : 타워크레인의 운전작업 중지
- 순간풍속이 초당 30m 초과 : 타워크레인의 이탈방지 조치
- 순간풍속이 초당 35m 초과 : 건설용 리프트, 옥외용 승강기가 붕괴되는 것을 방지 조치

21-1. 타워크레인의 운전작업을 중지하여야 하는 순간풍속 기준으로 옳은 것은? [19.1]

① 초당 10m 초과 ② 초당 12m 초과
③ 초당 15m 초과 ④ 초당 20m 초과

해설 순간풍속이 초당 15m 초과 : 타워크레인의 운전작업 중지

정답 ③

21-2. 옥외에 설치되어 있는 주행크레인에 대하여 폭풍에 의한 이탈방지 조치를 취해야 하는 순간풍속 기준은? [09.4/16.1]

정답 18. ① 19. ① 20. ② 21. ①

① 매 초당 10m 초과 ② 매 초당 20m 초과
③ 매 초당 30m 초과 ④ 매 초당 40m 초과

해설 순간풍속이 초당 30m 초과 : 타워크레인의 이탈방지 조치

정답 ③

21-3. 건설작업용 리프트에 대하여 강풍이 불어올 우려가 있는 때에는 붕괴방지를 하기 위한 조치를 하여야 하는데 이때의 순간풍속 기준으로 옳은 것은? [11.4/13.4/14.1/17.2]

① 매 초당 25m를 초과
② 매 초당 30m를 초과
③ 매 초당 35m를 초과
④ 매 초당 40m를 초과

해설 순간풍속이 초당 35m 초과 : 건설용 리프트, 옥외용 승강기가 붕괴되는 것을 방지 조치

정답 ③

22. 철골작업을 중지하여야 하는 제한기준에 해당되지 않는 것은? [19.1]

① 풍속이 초당 10m 이상인 경우
② 강우량이 시간당 1mm 이상인 경우
③ 강설량이 시간당 1cm 이상인 경우
④ 소음이 65dB 이상인 경우

해설 철골공사 작업을 중지하여야 하는 기준
- 풍속이 초당 10m 이상인 경우
- 1시간당 강우량이 1mm 이상인 경우
- 1시간당 강설량이 1cm 이상인 경우

22-1. 철골작업을 실시할 때 작업을 중지하여야 하는 악천후의 기준에 해당하지 않는 것은? [12.1]

① 풍속이 10m/s 이상인 경우
② 지진이 진도 3 이상인 경우
③ 강우량이 1mm/h 이상인 경우
④ 강설량이 1cm/h 이상인 경우

해설 철골작업에서 작업을 중지해야 하는 악천후의 기준에는 풍속, 강우량, 강설량이 있다.

정답 ②

22-2. 철골작업에서 작업을 중지해야 하는 규정에 해당되지 않는 경우는? [13.2/16.2]

① 풍속이 초당 10m 이상인 경우
② 강우량이 시간당 1mm 이상인 경우
③ 강설량이 시간당 1cm 이상인 경우
④ 겨울철 기온이 영상 4℃ 이상인 경우

해설 철골작업에서 작업을 중지해야 하는 악천후의 기준에는 풍속, 강우량, 강설량이 있다.

정답 ④

22-3. 철골작업을 중지하여야 하는 강우량 기준으로 옳은 것은? [13.1/13.4/16.4/17.4/19.4]

① 시간당 1mm 이상인 경우
② 시간당 3mm 이상인 경우
③ 시간당 5mm 이상인 경우
④ 시간당 1cm 이상인 경우

해설 1시간당 강우량이 1mm 이상인 경우에는 철골작업을 중지하여야 한다.

정답 ①

22-4. 철골작업을 중지하여야 하는 강설량 기준은? [12.4/14.4]

① 1mm/시간 이상 ② 3mm/시간 이상
③ 1cm/시간 이상 ④ 3cm/시간 이상

해설 1시간당 강설량이 1cm 이상인 경우에는 철골작업을 중지하여야 한다.

정답 ③

정답 22. ④

23. 근로자가 안전하게 승강하기 위한 건설용 리프트 등의 설비를 설치하여야 하는 장소에 대한 높이 또는 깊이의 최소 기준은? [11.1]

① 2m 초과 ② 3m 초과
③ 4m 초과 ④ 5m 초과

해설 사업주는 높이 또는 깊이가 2m를 초과하는 장소에서 건설작업용 리프트 등의 설비를 설치하여야 한다.

철골공사 안전 Ⅱ

24. 철골공사 시 도괴의 위험이 있어 강풍에 대한 안전 여부를 확인해야 할 필요성이 가장 높은 경우는? [15.2]

① 연면적당 철골량이 일반건물보다 많은 경우
② 기둥에 H형강을 사용하는 경우
③ 이음부가 공장용접인 경우
④ 호텔과 같이 단면구조가 현저한 차이가 있으며 높이가 20m 이상인 건물

해설 철골공사의 강풍 등 외압에 대한 자립도 검토대상
- 높이 20m 이상의 구조물
- 구조물의 폭 : 높이가 1 : 4 이상인 구조물
- 단면구조에 현저한 차이가 있는 구조물(건물이 곧지 않고 휘어지는 등)
- 철골 사용량이 $50kg/m^2$ 이하인 구조물
- 기둥이 타이플레이트(tie plate)형인 구조물
- 이음부가 현장용접인 경우

24-1. 철골구조에서 강풍에 대한 내력이 설계에 고려되었는지 검토를 실시하지 않아도 되는 건물은? [09.2/14.1/18.4]

① 높이 30m인 구조물
② 연면적당 철골량이 45kg인 구조물
③ 단면구조가 일정한 구조물
④ 이음부가 현장용접인 구조물

해설 ③ 단면구조에 현저한 차이가 있는 구조물(건물이 곧지 않고 휘어지는 등)

정답 ③

24-2. 철골 구조물의 구조안전과 관련하여 건립 중 강풍에 의한 풍압 등 외압에 대한 내력이 설계에 고려되었는지 확인하여야 하는 구조물에 해당되지 않는 것은? [13.4]

① 연면적당 철골량 $70kg/m^2$인 구조물
② 이음부가 현장용접인 구조물
③ 높이 30m인 구조물
④ 구조물의 폭과 높이의 비가 1 : 4인 구조물

해설 ① 철골 사용량이 $50kg/m^2$ 이하인 구조물

정답 ①

25. 철골 구조물의 건립 순서를 계획할 때 일반적인 주의사항으로 틀린 것은? [09.2/15.1]

① 현장건립 순서와 공장제작 순서를 일치시킨다.
② 건립기계의 작업반경과 진행방향을 고려하여 조립 순서를 결정한다.
③ 건립 중 가볼트 체결기간을 가급적 길게 하여 안정을 기한다.
④ 연속기둥 설치 시 기둥을 2개 세우면 기둥 사이의 보도 동시에 설치하도록 한다.

해설 ③ 건립 중 가볼트 체결기간을 가급적 단축하도록 하여야 한다.

26. 다음 중 양중기에 해당하지 않는 것은 어느 것인가? [09.2/18.4]

① 크레인 ② 곤돌라 ③ 항타기 ④ 리프트

정답 23. ① 24. ④ 25. ③ 26. ③

해설 양중기의 종류 : 크레인, 이동식 크레인, 리프트, 곤돌라, 승강기 등

27. 리프트(lift)의 방호장치에 해당하지 않는 것은? [20.2]

① 권과방지장치 ② 비상정지장치
③ 과부하방지장치 ④ 자동경보장치

해설 ④는 터널작업에서의 방호장치

27-1. 리프트(lift)의 안전장치에 해당하지 않는 것은? [10.1/14.1]

① 권과방지장치 ② 비상정지장치
③ 과부하방지장치 ④ 조속기

해설 ④는 승강기의 안전장치

정답 ④

28. 리프트(lift) 사용 중 조치사항으로 옳은 것은? [14.4]

① 운반구 내부에 탑승조작장치가 설치되어 있는 리프트를 사람이 타지 않은 상태에서 작동하였다.
② 리프트 조작반은 관계근로자가 작동하기 편리하도록 항상 개방시켰다.
③ 피트 청소 시에 리프트 운반구를 주행로상에 달아 올린 상태에서 정지시키고 작업하였다.
④ 순간풍속이 초당 35m를 초과하는 태풍이 온다하여 붕괴방지를 위한 받침수를 증가시켰다.

해설 순간풍속이 초당 35m 초과 시에는 건설용 리프트, 옥외용 승강기가 붕괴되는 것을 방지 조치하여야 한다.

29. 크레인을 사용하여 작업을 하는 경우 준수해야 할 사항으로 옳지 않은 것은? [14.2/17.1]

① 인양할 하물(荷物)을 바닥에서 끌어당기거나 밀어 정위치 작업을 할 것
② 유류드럼이나 가스통 등 운반 도중에 떨어져 폭발하거나 누출될 가능성이 있는 위험물 용기는 보관함(또는 보관고)에 담아 안전하게 매달아 운반할 것
③ 미리 근로자의 출입을 통제하여 인양 중인 하물이 작업자의 머리 위로 통과하지 않도록 할 것
④ 인양할 하물이 보이지 아니하는 경우에는 어떠한 동작도 하지 아니할 것(신호하는 사람에 의하여 작업을 하는 경우는 제외한다)

해설 ① 인양할 하물을 바닥에서 끌어당기거나 밀어내는 작업은 하지 말 것

30. 다음 중 크레인의 방호장치와 거리가 먼 것은? [09.1]

① 비상정지장치 ② 권과방지장치
③ 과부하방지장치 ④ 충격흡수장치

해설 크레인의 방호장치

- 권과방지장치 : 승강기 강선의 과다감기를 방지하는 장치
- 과부하방지장치 : 과부하 시 자동으로 정지되면서 경보음이나 경보등이 발생되는 장치
- 비상정지장치 : 돌발적인 비상사태 발생 시 전원을 차단하여 크레인을 급정지시키는 장치
- 제동장치 : 기계적 접촉에 의해 운동체를 감속하거나 정지시키는 장치
- 훅 해지장치 : 훅 걸이용 와이어로프 등이 훅으로부터 벗겨지는 것을 방지하기 위한 장치

30-1. 크레인의 와이어로프가 일정 한계 이상 감기지 않도록 작동을 자동으로 정지시키는 장치는? [13.1/17.4]

정답 27. ④ 28. ④ 29. ① 30. ④

① 훅 해지장치
② 권과방지장치
③ 비상정지장치
④ 과부하방지장치

해설 • 훅 해지장치 : 훅 걸이용 와이어로프 등이 훅으로부터 벗겨지는 것을 방지하기 위한 장치
• 권과방지장치 : 승강기 강선의 과다감기를 방지하는 장치
• 비상정지장치 : 돌발적인 비상사태 발생 시 전원을 차단하여 크레인을 급정지시키는 장치
• 과부하방지장치 : 과부하 시 자동으로 정지되면서 경보음이나 경보등이 발생되는 장치

정답 ②

31. 주행크레인 및 선회크레인과 건설물 사이에 통로를 설치하는 경우, 그 폭은 최소 얼마 이상으로 하여야 하는가? (단, 건설물의 기둥에 접촉하지 않는 부분인 경우) [12.1/14.2]

① 0.3m ② 0.4m ③ 0.5m ④ 0.6m

해설 • 건설물 등의 벽체와 통로와의 간격은 0.3m 이하로 하여야 한다. 단, 기둥에 접촉하는 부분에 대해서는 0.4m 이상으로 할 수 있다.
• 주행크레인 및 선회크레인과 건설물 사이에 통로를 설치하는 경우, 그 폭은 0.6m 이상으로 하여야 한다.

32. 타워크레인을 벽체에 지지하는 경우 서면심사 서류 등이 없거나 명확하지 아니할 때 설치를 위해서는 특정 기술자의 확인을 필요로 하는데, 그 기술자에 해당하지 않는 것은? [12.1/14.2]

① 건설안전기술사
② 기계안전기술사
③ 건축시공기술사
④ 건설안전 분야 산업안전지도사

해설 자격 소지자로서 건축구조기술사, 건설기계기술사, 기계안전기술사, 건설안전기술사 또는 건설안전 분야 산업안전지도사의 확인을 받아 설치하여야 한다.

33. 다음 중 철골건립용 기계에 해당하지 않는 것은? [11.1]

① 트렌처 ② 타워크레인
③ 가이데릭 ④ 진폴

해설 트렌처 : 여러 개의 굴착용 버킷을 부착하고 이동하면서 도랑을 파는 흙파기용 굴착기계

34. 크레인이 가공전선로에 접촉하였을 때 운전자의 조치사항으로 옳지 않은 것은? [10.1]

① 접촉된 가공전선로로부터 크레인이 이탈되도록 크레인을 조정한다.
② 끊어진 전선이 크레인에 감겼을 때에는 운전자가 즉시 감긴 전선을 풀어낸다.
③ 크레인 밖에서는 크레인 반대방향으로 탈출한다.
④ 운전석에서 일어나 크레인 몸체에 접촉되지 않도록 주의하여 크레인 밖으로 점프하여 뛰어내린다.

해설 ② 끊어진 전선이 크레인에 감겼을 경우 운전자는 즉시 운전석을 이탈하여 전원을 차단한다.

35. 양중기를 사용하는 작업에서 운전자가 보기 쉬운 곳에 부착하여야 하는 사항이 아닌 것은? [15.4]

① 정격하중 ② 운전속도
③ 작업위치 ④ 경고표시

정답 31. ④ 32. ③ 33. ① 34. ② 35. ③

해설 양중기를 사용하는 작업에서 운전자가 보기 쉬운 곳에 정격하중, 운전속도, 경고표시 등을 부착하여야 한다.

36. 철골보 인양작업 시 준수사항으로 옳지 않은 것은? [13.1/17.4]

① 선회와 인양작업은 가능한 동시에 이루어지도록 한다.
② 인양용 와이어로프의 매달기 각도는 양변 60° 정도가 되도록 한다.
③ 유도로프로 방향을 잡으며 이동시킨다.
④ 철골보의 와이어로프 체결지점은 부재의 1/3 지점을 기준으로 한다.

해설 ① 선회와 인양작업을 동시에 진행하면 어렵고 위험하다.

37. 프리캐스트 부재의 현장 야적에 대한 설명으로 옳지 않은 것은? [12.2]

① 오물로 인한 부재의 변질을 방지한다.
② 벽 부재는 변형을 방지하기 위해 수평으로 포개 쌓아 놓는다.
③ 부재의 제조번호, 기호 등을 식별하기 쉽게 야적한다.
④ 받침대를 설치하여 휨, 균열 등이 생기지 않게 한다.

해설 ② 벽 부재를 수평으로 포개 쌓아 놓으면 변형될 수 있어, 수직 받침대를 세워 수직으로 야적한다.

PC(precast concrete)공사 안전

38. 건설현장에서의 PC(precast concrete) 조립 시 안전 대책으로 옳지 않은 것은? [14.4/20.1]

① 달아 올린 부재의 아래에서 정확한 상황을 파악하고 전달하여 작업한다.
② 운전자는 부재를 달아 올린 채 운전대를 이탈해서는 안 된다.
③ 신호는 사전에 정해진 방법에 의해서만 실시한다.
④ 크레인 사용 시 PC판의 중량을 고려하여 아우트리거를 사용한다.

해설 ① 달아 올린 부재의 아래에서는 작업을 금해야 한다.

38-1. PC(precast concrete) 조립 시 안전대책으로 틀린 것은? [15.1]

① 신호수를 지정한다.
② 인양 PC 부재 아래에 근로자 출입을 금지한다.
③ 크레인에 PC 부재를 달아 올린 채 주행한다.
④ 운전자는 PC 부재를 달아 올린 채 운전대에서 이탈을 금지한다.

해설 ③ 크레인에 PC 부재를 달아 올린 채 주행을 금한다.

정답 ③

39. 철근콘크리트 현장타설 공법과 비교한 PC(precast concrete)공법의 장점으로 볼 수 없는 것은? [20.2]

① 기후의 영향을 받지 않아 동절기 시공이 가능하고, 공기를 단축할 수 있다.
② 현장작업이 감소되고, 생산성이 향상되어 인력절감이 가능하다.
③ 공사비가 매우 저렴하다.
④ 공장 제작이므로 콘크리트 양생 시 최적조건에 의한 양질의 제품생산이 가능하다.

해설 ③ 대량생산이 가능하나 물류비용 등을 고려하여 공사비가 결정된다.

정답 36. ① 37. ② 38. ① 39. ③

6 운반, 하역작업

운반작업

1. 운반작업 중 요통을 일으키는 인자와 가장 거리가 먼 것은? [20.1]

① 물건의 중량
② 작업자세
③ 작업시간
④ 물건의 표면마감 종류

해설 요통재해를 일으키는 인자 : 물건의 중량, 작업자세, 작업시간 등

2. 건설공사 현장에서 재해방지를 위한 주의사항으로 옳지 않은 것은? [19.4]

① 야간작업을 할 때나 어두운 곳에서 작업할 때 채광 및 조명설비는 작업에 지장이 있더라도 물건을 식별할 수 있을 정도의 조도만을 확보, 유지하면 된다.
② 불안전한 가설물이 있나 확인하고 특히 작업발판, 안전난간 등의 안전을 점검한다.
③ 과격한 노동으로 심히 피로한 노무자는 휴식을 취하게 하여 피로회복 후 작업을 시킨다.
④ 작업장을 잘 정돈하여 안전사고 요인을 최소화한다.

해설 ① 야간작업을 할 때나 어두운 곳에서 작업할 때 채광 및 조명설비는 작업에 지장이 없도록 적정수준의 조도를 확보, 유지하여야 한다.

3. 인력에 의한 하물 운반 시 준수사항으로 옳지 않은 것은? [16.4/19.4]

① 수평거리 운반을 원칙으로 한다.
② 운반 시의 시선은 진행방향을 향하고 뒷걸음 운반을 하여서는 아니 된다.
③ 쌓여 있는 하물을 운반할 때에는 중간 또는 하부에서 뽑아내어서는 아니 된다.
④ 어깨 높이보다 낮은 위치에서 하물을 들고 운반하여서는 아니 된다.

해설 ④ 어깨 높이보다 낮은 위치에서 하물을 들고 운반하여야 한다.

4. 철근의 인력운반방법에 관한 설명으로 옳지 않은 것은? [09.2/11.1/17.2]

① 긴 철근은 두 사람이 1조가 되어 같은 쪽의 어깨에 메고 운반한다.
② 양 끝은 묶어서 운반한다.
③ 1회 운반 시 1인당 무게는 50kg 정도로 한다.
④ 공동작업 시 신호에 따라 작업한다.

해설 ③ 1회 운반 시 1인당 무게는 25kg 정도로 한다.

5. 중량물을 들어 올리는 자세에 대한 설명 중 옳은 것은? [12.2/15.4]

① 다리를 곧게 펴고 허리를 굽혀 들어 올린다.
② 되도록 자세를 낮추고 허리를 곧게 편 상태에서 들어 올린다.
③ 무릎을 굽힌 자세에서 허리를 뒤로 젖히고 들어 올린다.
④ 다리를 벌린 상태에서 허리를 숙여서 서서히 들어 올린다.

해설 중량물을 운반할 때의 자세
• 허리는 늘 곧게 펴고 팔, 다리, 복부의 근력을 이용하도록 한다.

정답 1. ④ 2. ① 3. ④ 4. ③ 5. ②

• 물건은 최대한 몸 가까이에서 잡고 들어 올리도록 한다.
• 가늘고 긴 물건을 운반 시 앞쪽을 높게 하여 어깨에 메고 뒤쪽 끝을 끌면서 운반한다.

하역작업

6. 화물을 적재하는 경우에 준수하여야 하는 사항으로 옳지 않은 것은? [14.1/19.1]

① 침하 우려가 없는 튼튼한 기반 위에 적재할 것
② 건물의 칸막이나 벽 등이 화물의 압력에 견딜 만큼의 강도를 지니지 아니한 경우에는 칸막이나 벽에 기대어 적재하지 않도록 할 것
③ 불안정할 정도로 높이 쌓아 올리지 말 것
④ 편하중이 발생하도록 쌓아 적재 효율을 높일 것

해설 ④ 편하중이 생기지 아니하도록 적재할 것

6-1. 화물취급 작업 중 화물 적재 시 준수해야 하는 사항에 속하지 않는 것은?[12.1/18.1]

① 침하의 우려가 없는 튼튼한 기반 위에 적재할 것
② 중량의 화물은 건물의 칸막이나 벽에 기대어 적재할 것
③ 불안정할 정도로 높이 쌓아 올리지 말 것
④ 편하중이 생기지 아니하도록 적재할 것

해설 ② 중량의 화물은 건물의 칸막이나 벽에 기대어 적재하지 않도록 할 것

정답 ②

6-2. 차량계 하역운반기계에 화물을 적재할 때의 준수사항과 거리가 먼 것은? [15.2/19.2]

① 하중이 한쪽으로 치우지지 않도록 적재할 것
② 구내운반차 또는 화물자동차의 경우 화물의 붕괴 또는 낙하에 의한 위험을 방지하기 위하여 화물에 로프를 거는 등 필요한 조치를 할 것
③ 운전자의 시야를 가리지 않도록 화물을 적재할 것
④ 제동장치 및 조종장치 기능의 이상 유무를 점검할 것

해설 ④는 이동식 크레인의 작업시작 전 점검사항

정답 ④

7. 차량계 건설기계의 작업계획서 작성 시 그 내용에 포함되어야 할 사항이 아닌 것은? [17.2]

① 사용하는 차량계 건설기계의 종류 및 성능
② 차량계 건설기계의 운행 경로
③ 차량계 건설기계에 의한 작업방법
④ 브레이크 및 클러치 등의 기능 점검

해설 ④는 이동식 크레인의 작업시작 전 점검사항

8. 차량계 하역운반기계 등을 사용하여 작업을 하는 때에는 작업지휘자를 지정하여야 하는데 고소작업대의 경우에는 최소 몇 m 이상의 높이에서 사용하는 경우에 작업지휘자를 지정해야 하는가? [09.2/10.4]

① 3m ② 5m ③ 8m ④ 10m

해설 차량계 하역운반기계 등을 사용하는 작업에서 작업지휘자를 지정하여 작업하는 고소작업대의 경우는 높이 10m 이상의 경우에 한 한다.

9. 차량계 하역운반기계에서 화물을 싣거나 내리는 작업에서 작업지휘자가 준수해야 할 사항과 가장 거리가 먼 것은? [10.1/14.2]

정답 6. ④ 7. ④ 8. ④ 9. ④

① 작업 순서 및 그 순서마다의 작업방법을 정하고 작업을 지휘하는 일
② 기구 및 공구를 점검하고 불량품을 제거하는 일
③ 당해 작업을 행하는 장소에 관계근로자 외의 자의 출입을 금지하는 일
④ 총 화물량을 산출하는 일

해설 화물을 싣거나 내리는 작업에서 작업지휘자의 준수사항
- 작업 순서 및 그 순서마다의 작업방법을 정하고 작업을 지휘할 것
- 기구 및 공구를 점검하고 불량품을 제거할 것
- 당해 작업을 행하는 장소에 관계근로자 외의 자의 출입을 금지할 것
- 로프 풀기 작업 또는 덮개 벗기기 작업은 적재함의 화물이 떨어질 위험이 없음을 확인한 후에 하도록 할 것

9-1. 차량계 하역운반기계에 단위 화물의 무게가 100kg 이상인 화물을 싣는 작업을 할 때 작업의 지휘자를 지정하여 준수하도록 하여야 하는 사항으로 옳지 않은 것은? [10.2]

① 작업 순서 및 그 순서마다의 작업방법을 정하고 작업을 지휘할 것
② 기구 및 공구를 점검하고 불량품을 제거할 것
③ 해당 작업을 행하는 장소에는 출입제한을 두지 않을 것
④ 로프를 풀거나 덮개를 벗기는 작업을 행하는 때에는 적재함의 화물이 낙하할 위험이 없음을 확인한 후에 해당 작업을 하도록 할 것

해설 ③ 해당 작업을 행하는 장소에 관계근로자 외의 자의 출입을 금지할 것

정답 ③

9-2. 화물을 차량계 하역운반기계에 싣고 내리는 작업 시 작업지휘자를 지정하여야 하는 것은 단위 화물 중량이 얼마 이상일 때를 기준으로 하는가? [09.4]

① 100kg ② 200kg
③ 300kg ④ 400kg

해설 화물을 싣고 내리는 작업을 할 때 작업지휘자를 지정하여야 하는 단위 화물의 무게는 100kg 이상이다.

정답 ①

10. 산업안전보건기준에 관한 규칙에 따른 추락에 의한 위험방지와 관련된 다음 ( ) 안에 들어갈 내용으로 옳은 것은? [13.4]

> 바닥으로부터 짐 윗면까지의 높이가 ( ) 이상인 화물자동차에 짐을 싣는 작업 또는 내리는 작업을 하는 때에는 추락에 의한 근로자의 위험을 방지하기 위하여 안전하게 상승 또는 하강하기 위한 설비를 설치하여야 한다.

① 2m ② 3m ③ 4m ④ 5m

해설 바닥으로부터 짐 윗면까지의 높이가 2m 이상이면 승강설비를 설치하여야 한다.

10-1. 화물자동차에서 짐을 싣는 작업 또는 내리는 작업을 할 때 바닥과 짐 윗면과의 높이가 최소 얼마 이상이면 승강설비를 설치하여야 하는가? [13.1]

① 1m ② 1.5m ③ 2m ④ 3m

해설 바닥으로부터 짐 윗면까지의 높이가 2m 이상이면 승강설비를 설치하여야 한다.

정답 ③

11. 화물용 승강기를 설계하면서 와이어로프의 안전하중이 10ton이라면 로프의 가닥수를 얼마로 하여야 하는가? (단, 와이어로프 한 가

정답 10. ① 11. ②

닥의 파단강도는 4ton이며, 화물용 승강기 와이어로프의 안전율은 6으로 한다.) [18.4]

① 10가닥 ② 15가닥
③ 20가닥 ④ 30가닥

해설 $안전율=\frac{파단하중}{안전하중}=\frac{4x}{10}=6$

$\therefore x=\frac{6\times 10}{4}=15$

12. 그림과 같이 무게 500kg의 화물을 인양하려고 한다. 이때 와이어로프 하나에 작용되는 장력(T)은 약 얼마인가? [12.4]

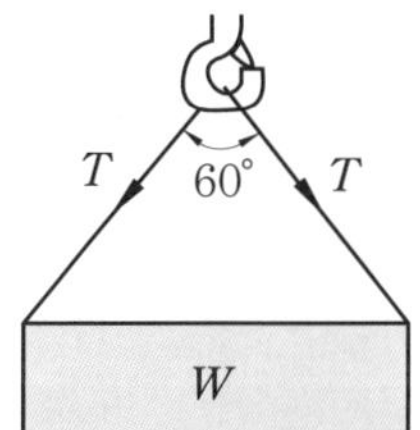

① 500kg ② 357kg
③ 289kg ④ 144kg

해설 $장력(T)=\frac{화물의\ 무게}{2}\div\cos\frac{\theta}{2}$

$=\frac{500}{2}\div\cos\frac{60}{2}\fallingdotseq 289\,\mathrm{kg}$

13. 차량계 하역운반기계 등을 이송하기 위하여 자주(自主) 또는 견인에 의하여 화물자동차에 싣거나 내리는 작업을 할 때 발판 · 성토 등을 사용하는 경우 기계의 전도 또는 전락에 의한 위험을 방지하기 위하여 준수하여야 할 사항으로 옳지 않은 것은? [17.2]

① 싣거나 내리는 작업은 견고한 경사지에서 실시할 것
② 가설대 등을 사용하는 경우에는 충분한 폭 및 강도와 적당한 경사를 확보할 것
③ 발판을 사용하는 경우에는 충분한 길이 · 폭 및 강도를 가진 것을 사용할 것
④ 지정운전자의 성명 · 연락처 등을 보기 쉬운 곳에 표시하고 지정운전자 외에는 운전하지 않도록 할 것

해설 ① 싣거나 내리는 작업을 할 때는 평탄하고 견고한 지대에서 할 것

14. 차량계 건설기계를 사용하여 작업을 하는 경우에 당해 기계의 전도 또는 전락 등에 의한 근로자의 위험을 방지하기 위해 취해야 할 조치사항과 가장 거리가 먼 것은? [14.4]

① 갓길의 붕괴방지
② 지반의 부동침하방지
③ 도로 폭의 유지
④ 버킷, 디퍼 등 작업장치를 지면에 고정

해설 건설기계의 전도전락방지 조치에는 유도자 배치, 지반의 부동침하방지, 도로 폭의 유지, 갓길 붕괴방지 조치 등이 있다.

14-1. 차량계 하역운반기계 등을 사용하는 작업을 할 때, 그 기계가 넘어지거나 굴러 떨어짐으로써 근로자에게 위험을 미칠 우려가 있는 경우에 이를 방지하기 위한 조치사항과 거리가 먼 것은? [18.2]

① 유도자 배치
② 지반의 부동침하방지
③ 상단 부분의 안정을 위하여 버팀줄 설치
④ 갓길 붕괴방지

해설 건설기계의 전도전락방지 조치에는 유도자 배치, 지반의 부동침하방지, 도로 폭의 유지, 갓길 붕괴방지 조치 등이 있다.
Tip) 상단 부분의 안정을 위하여 버팀줄 설치－항타기의 도괴방지를 위한 준수사항

정답 ③

정답 12. ③ 13. ① 14. ④

15. 차량계 건설기계의 운전자가 운전위치를 이탈하는 경우 준수해야 할 사항으로 옳지 않은 것은? [11.1/16.2]

① 버킷은 지상에서 1m 정도의 위치에 둔다.
② 브레이크를 걸어 둔다.
③ 디퍼는 지면에 내려 둔다.
④ 원동기를 정지시킨다.

해설 ① 버킷은 지면 또는 가장 낮은 위치에 두어야 한다.

15-1. 차량계 하역운반기계의 운전자가 운전위치를 이탈하는 경우 조치해야 할 내용 중 틀린 것은? [15.2]

① 포크 및 버킷을 가장 높은 위치에 두어 근로자 통행을 방해하지 않도록 하였다.
② 원동기를 정지시켰다.
③ 브레이크를 걸어 두고 확인하였다.
④ 경사지에서 갑작스런 주행이 되지 않도록 바퀴에 블록 등을 놓았다.

해설 ① 버킷은 지면 또는 가장 낮은 위치에 두어야 한다.

정답 ①

16. 차량계 건설기계의 작업 시 작업시작 전 점검사항에 해당되는 것은? [15.2]

① 권과방지장치의 이상 유무
② 브레이크 및 클러치의 기능
③ 슬링 · 와이어슬링의 매달린 상태
④ 언로드 밸브의 이상 유무

해설 ①은 크레인 작업시작 전 점검사항
③은 슬링 · 와이어슬링의 작업시작 전 점검사항
④는 공기압축기 작업시작 전 점검사항

17. 기계운반하역 시 걸이작업의 준수사항으로 옳지 않은 것은? [13.4/16.4]

① 와이어로프 등은 크레인의 훅 중심에 걸어야 한다.
② 인양 물체의 안정을 위하여 2줄 걸이 이상을 사용하여야 한다.
③ 매다는 각도는 70° 정도로 한다.
④ 근로자를 매달린 물체 위에 탑승시키지 않아야 한다.

해설 ③ 매다는 각도는 60° 이하로 하여야 한다.

정답 15. ① 16. ② 17. ③

1. 과년도 출제문제
2. CBT 실전문제

1. 과년도 출제문제와 해설

2018년도(1회차) 출제문제

|건|설|안|전|산|업|기|사|

1과목 산업안전관리론

1. 주의(attention)의 특성 중 여러 종류의 자극을 받을 때 소수의 특정한 것에만 반응하는 것은?

① 선택성
② 방향성
③ 단속성
④ 변동성

해설 선택성 : 한 번에 여러 종류의 자극을 자각하거나 수용하지 못하며, 소수 특정한 것을 선택하는 기능

2. 기업 내 정형교육 중 대상으로 하는 계층이 한정되어 있지 않고, 한 번 훈련을 받은 관리자는 그 부하인 감독자에 대해 지도원이 될 수 있는 교육방법은?

① TWI(Training Within Industry)
② MTP(Management Training Program)
③ CCS(Civil Communication Section)
④ ATT(American Telephone & Telegram Co.)

해설 ATT : 직급 상하를 떠나 부하직원이 상사의 강사가 될 수 있다.

3. 산업안전보건법령상 근로자 안전 · 보건교육 기준 중 다음 (   ) 안에 알맞은 것은?

교육과정	교육대상	교육시간
채용 시의 교육	일용근로자	(㉠)시간 이상
	일용근로자를 제외한 근로자	(㉡)시간 이상

① ㉠ : 1, ㉡ : 8
② ㉠ : 2, ㉡ : 8
③ ㉠ : 1, ㉡ : 2
④ ㉠ : 3, ㉡ : 6

해설 채용 시의 교육

일용근로자	1시간 이상
일용근로자를 제외한 근로자	8시간 이상

4. 시행착오설에 의한 학습법칙이 아닌 것은?

① 효과의 법칙
② 준비성의 법칙
③ 연습의 법칙
④ 일관성의 법칙

해설 손다이크(Thorndike)의 시행착오설

- 연습(반복)의 법칙 : 목표가 있는 작업을 반복하는 과정 및 효과를 포함한 전 과정이다.
- 효과의 법칙 : 목표에 도달했을 때 보상을 주면 반응과 결합이 강해져 조건화가 이루어진다.
- 준비성의 법칙 : 학습을 하기 전의 상태에 따라 그 학습이 만족 · 불만족스러운가에 관한 것이다.

정답 1. ① 2. ④ 3. ① 4. ④

5. 산업안전보건법령상 건설현장에서 사용하는 크레인, 리프트 및 곤돌라의 안전검사의 주기로 옳은 것은? (단, 이동식 크레인, 이삿짐운반용 리프트는 제외한다.)

① 최초로 설치한 날부터 6개월마다
② 최초로 설치한 날부터 1년마다
③ 최초로 설치한 날부터 2년마다
④ 최초로 설치한 날부터 3년마다

해설 안전검사의 주기
크레인, 리프트 및 곤돌라는 사업장에 설치한 날부터 3년 이내에 최초 안전검사를 실시하되, 그 이후부터 2년마다(건설현장에서 사용하는 것은 최초로 설치한 날부터 6개월마다) 실시한다.

6. 재해예방의 4원칙이 아닌 것은?

① 원인계기의 원칙
② 예방가능의 원칙
③ 사실보존의 원칙
④ 손실우연의 원칙

해설 하인리히의 재해예방의 4원칙 : 손실우연의 원칙, 원인계기의 원칙, 예방가능의 원칙, 대책선정의 원칙

7. 재해 발생 시 조치사항 중 대책수립의 목적은?

① 재해 발생 관련자 문책 및 처벌
② 재해손실비 산정
③ 재해 발생 원인 분석
④ 동종 및 유사재해 방지

해설 재해 발생 시에는 동종 및 유사재해 방지를 위하여 안전 대책을 수립하여야 한다.

8. 추락 및 감전위험방지용 안전모의 일반구조가 아닌 것은?

① 착장체 ② 충격흡수재
③ 선심 ④ 모체

해설 안전모의 구성요소 : 모체, 착장체(머리받침끈, 머리고정대, 머리받침고리), 턱끈으로 구성된다.

Tip) 선심은 안전화의 충격과 압축하중으로부터 발을 보호하기 위한 부품이다.

9. 학습을 자극에 의한 반응으로 보는 이론에 해당하는 것은?

① 손다이크(Thorndike)의 시행착오설
② 퀼러(Kohler)의 기호형태설
③ 톨만(Tolman)의 기호형태설
④ 레빈(Lewin)의 장이론

해설 손다이크(Thorndike) : 시행착오설에 의한 학습의 원칙은 연습의 원칙, 효과의 원칙, 준비성의 원칙으로 맹목적 연습과 시행을 반복하는 가운데 자극과 반응이 결합하여 행동하는 것이다.

10. Safe-T-Score에 대한 설명으로 틀린 것은?

① 안전관리의 수행도를 평가하는데 유용하다.
② 기업의 산업재해에 대한 과거와 현재의 안전성적을 비교 · 평가한 점수로 단위가 없다.
③ Safe-T-Score가 +2.0 이상인 경우는 안전관리가 과거보다 좋아졌음을 나타낸다.
④ Safe-T-Score가 +2.0 ~ -2.0 사이인 경우는 안전관리가 과거에 비해 심각한 차이가 없음을 나타낸다.

해설 세이프 티 스코어(Safe-T-Score) 판정기준

-2.00 이하	-2.00 ~ +2.00	+2.00 이상
과거보다 좋아졌다.	차이가 없다.	과거보다 나빠졌다.

정답 5. ① 6. ③ 7. ④ 8. ③ 9. ① 10. ③

Tip) Safe-T-Score는 기업의 산업재해에 대한 과거와 현재의 안전성적을 비교 · 평가한 점수로 안전관리의 수행도를 평가하는데 유용하다.

11. 사고예방 대책의 기본원리 5단계 중 제4단계의 내용으로 틀린 것은?

① 인사 조정
② 작업분석
③ 기술의 개선
④ 교육 및 훈련의 개선

해설 4단계 : 시정책의 선정
- 기술의 개선
- 인사 조정(작업배치의 조정)
- 교육 및 훈련의 개선
- 안전규정 및 수칙 등의 개선
- 이행, 감독, 제재 강화

Tip) 작업분석 - 2단계(사실의 발견, 현상 파악)

12. 위험예지훈련 4R 방식 중 각 라운드(round)별 내용 연결이 옳은 것은?

① 1R-목표설정
② 2R-본질추구
③ 3R-현상파악
④ 4R-대책수립

해설 위험예지훈련 4라운드

1R	2R	3R	4R
현상 파악	본질 추구	대책 수립	행동목표 설정

13. 400명의 근로자가 종사하는 공장에서 휴업일수 127일, 중대재해 1건이 발생한 경우 강도율은? (단, 1일 8시간으로 연 300일 근무조건으로 한다.)

① 10 ② 0.1 ③ 1.0 ④ 0.01

해설 $강도율=\frac{근로손실일수}{근로\ 총\ 시간\ 수}\times 1,000$

$$=\frac{127\times\frac{300}{365}}{400\times 8\times 300}\times 1,000 \fallingdotseq 0.10$$

14. 산업안전보건법령상 관리감독자의 업무의 내용이 아닌 것은?

① 해당 작업에 관련되는 기계 · 기구 또는 설비의 안전 · 보건점검 및 이상 유무의 확인
② 해당 사업장 산업보건의의 지도 · 조언에 대한 협조
③ 위험성 평가를 위한 업무에 기인하는 유해 · 위험요인의 파악 및 그 결과에 따른 개선조치의 시행
④ 작성된 물질안전보건자료의 게시 또는 비치에 관한 보좌 및 조언 · 지도

해설 ④는 보건관리자의 업무내용

15. 산업안전보건법령상 안전 · 보건표지 중 지시표지 사항의 기본모형은?

① 사각형 ② 원형
③ 삼각형 ④ 마름모형

해설 안전 · 보건표지의 기본모형

금지표지	경고표지	지시표지	안내표지
원형에 사선	삼각형 및 마름모형	원형	정사각형 또는 직사각형

16. 안전심리의 5대 요소에 해당하는 것은?

① 기질(temper) ② 지능(intelligence)
③ 감각(sense) ④ 환경(environment)

해설 안전심리의 5요소 : 동기, 기질, 감정, 습관, 습성

정답 11. ② 12. ② 13. ② 14. ④ 15. ② 16. ①

17. 리더십에 대한 설명 중 틀린 것은?

① 조직원에 의하여 선출된다.
② 지휘의 형태는 민주주의적이다.
③ 조직원과의 사회적 간격이 넓다.
④ 권한의 근거는 개인의 능력에 의한다.

해설 ③은 헤드십의 특성

18. 매슬로우(Maslow)의 욕구단계 이론의 요소가 아닌 것은?

① 생리적 욕구 ② 안전에 대한 욕구
③ 사회적 욕구 ④ 심리적 욕구

해설 매슬로우(Maslow)가 제창한 인간의 욕구 5단계

1단계	2단계	3단계	4단계	5단계
생리적 욕구	안전 욕구	사회적 욕구	존경의 욕구	자아실현의 욕구

19. 학생이 마음속에 생각하고 있는 것을 외부에 구체적으로 실현하고 형상화하기 위하여 자기 스스로가 계획을 세워 수행하는 학습활동으로 이루어지는 학습지도의 형태는?

① 케이스 메소드(case mathod)
② 패널 디스커션(panel discussion)
③ 구안법(project method)
④ 문제법(problem method)

해설 구안법 : 학습자가 스스로 실제에 있어서 일의 계획과 수행능력을 기르는 교육방법

20. 부하의 행동에 영향을 주는 리더십 중 조언, 설명, 보상조건 등의 제시를 통한 적극적인 방법은?

① 강요 ② 모범 ③ 제안 ④ 설득

해설 설득 : 조언, 설명, 보상조건 등의 제시로 부하의 행동에 영향을 주는 리더십

2과목 인간공학 및 시스템 안전공학

21. 체계 분석 및 설계에 있어서 인간공학의 가치와 가장 거리가 먼 것은?

① 성능의 향상
② 인력이용률의 감소
③ 사용자의 수용도 향상
④ 사고 및 오용으로부터의 손실 감소

해설 ② 인력이용률의 향상

Tip) 체계 분석 및 설계에 있어서의 인간공학의 기여도
- 성능의 향상
- 훈련비용의 절감
- 인력이용률의 향상
- 사용자의 수용도 향상
- 생산 및 보전의 경제성 향상

22. 소음을 방지하기 위한 대책으로 틀린 것은?

① 소음원 통제
② 차폐장치 사용
③ 소음원 격리
④ 연속소음 노출

해설 소음방지 대책 : 소음원의 통제, 소음의 격리, 차폐장치 및 흡음재 사용, 음향처리제 사용, 적절한 배치, 배경음악, 방음보호구 사용 등

23. 자연습구온도가 20℃이고, 흑구온도가 30℃일 때, 실내의 습구흑구 온도지수(WBGT : wet-bulb globe temperature)는 얼마인가?

① 20℃ ② 23℃
③ 25℃ ④ 30℃

정답 17. ③ 18. ④ 19. ③ 20. ④ 21. ② 22. ④ 23. ②

해설 습구흑구 온도지수(WBGT)

$=(0.7\times T_w)+(0.3\times T_g)$

$=(0.7\times 20)+(0.3\times 30)=23℃$

여기서, 실내의 경우이며,

T_w : 자연습구온도, T_g : 흑구온도

24. 안전성의 관점에서 시스템을 분석 평가하는 접근방법과 거리가 먼 것은?

① "이런 일은 금지한다."의 개인판단에 따른 주관적인 방법

② "어떻게 하면 무슨 일이 발생할 것인가?"의 연역적인 방법

③ "어떤 일을 하면 안 된다."라는 점검표를 사용하는 직관적인 방법

④ "어떤 일이 발생하였을 때 어떻게 처리하여야 안전한가?"의 귀납적인 방법

해설 ① "이런 일은 금지한다."의 객관적인 방법 선택

25. 시각적 표시장치를 사용하는 것이 청각적 표시장치를 사용하는 것보다 좋은 경우는?

① 메시지가 후에 참조되지 않을 때

② 메시지가 공간적인 위치를 다룰 때

③ 메시지가 시간적인 사건을 다룰 때

④ 사람의 일이 연속적인 움직임을 요구할 때

해설 ②는 시각적 표시장치의 특성, ①, ③, ④는 청각적 표시장치의 특성

26. 인체측정치의 응용원칙과 거리가 먼 것은?

① 극단치를 고려한 설계

② 조절범위를 고려한 설계

③ 평균치를 기준으로 한 설계

④ 기능적 치수를 이용한 설계

해설 인체계측의 설계원칙

- 최대치수와 최소치수(극단치)를 기준으로 한 설계
- 크고 작은 많은 사람에 맞도록 조절범위를 고려한 설계
- 최대 · 최소치수, 조절식으로 하기에 곤란한 경우 평균치를 기준으로 한 설계

27. 다음의 연산표에 해당하는 논리연산은?

입력		출력
X_1	X_2	
0	0	0
0	1	1
1	0	1
1	1	0

① XOR ② AND ③ NOT ④ OR

해설 논리연산자

- XOR : 두 개의 입력이 서로 다를 때 출력
- AND : 두 개의 입력이 서로 1일 때 출력
- NOT : 입력 값과 출력 값이 서로 반대로 출력
- OR : 한 개 이상의 입력이 1일 때 출력

28. 산업현장에서 사용하는 생산설비의 경우 안전장치가 부착되어 있으나 생산성을 위해 제거하고 사용하는 경우가 있다. 이러한 경우를 대비하여 설계 시 안전장치를 제거하면 작동이 안 되는 구조를 채택하고 있다. 이러한 구조는 무엇인가?

① fail safe ② fool proof

③ lock out ④ tamper proof

해설 탬퍼 프루프(tamper proof) : 안전장치를 제거하면 제품이 작동되지 않도록 하는 설계

29. 항공기 위치 표시장치의 설계원칙에 있어, 다음 설명에 해당하는 것은?

정답 24. ① 25. ② 26. ④ 27. ① 28. ④ 29. ②

> 항공기의 경우 일반적으로 이동 부분의 영상은 고정된 눈금이나 좌표계에 나타내는 것이 바람직하다.

① 통합　② 양립적 이동
③ 추종표시　④ 표시의 현실성

해설 지문은 양립적 이동에 관한 적용이다.

30. 시스템 안전 프로그램 계획(SSPP)에서 "완성해야 할 시스템 안전업무"에 속하지 않는 것은?

① 정성해석
② 운용해석
③ 경제성 분석
④ 프로그램 심사의 참가

해설 시스템 안전 프로그램 계획(SSPP)에서 완성해야 할 시스템 안전업무 : 정성해석, 운용해석, 프로그램 심사의 참가 등

31. 휘도(luminance)의 척도 단위(unit)가 아닌 것은?

① fc　② fL
③ mL　④ cd/m^2

해설 ①은 조도의 단위

32. 선형 조종장치를 16cm 옮겼을 때, 선형 표시장치가 4cm 움직였다면, C/R비는 얼마인가?

① 0.2　② 2.5　③ 4.0　④ 5.3

해설 $\text{C/R비} = \frac{\text{조종장치 이동거리}}{\text{표시장치 이동거리}} = \frac{16}{4} = 4.0$

33. 신체반응의 척도 중 생리적 스트레인의 척도로 신체적 변화의 측정대상에 해당하지 않는 것은?

① 혈압　② 부정맥
③ 혈액성분　④ 심박수

해설 신체적 변화의 측정대상 : 혈압, 부정맥, 심박수, 호흡 등

34. 10시간 설비 가동 시 설비 고장으로 1시간 정지하였다면 설비 고장강도율은 얼마인가?

① 0.1%　② 9%　③ 10%　④ 11%

해설 설비 고장강도율

$$= \frac{\text{설비 고장 정지시간}}{\text{설비 가동시간}} \times 100$$

$$= \frac{1}{10} \times 100 = 10\%$$

35. 인간공학적 부품배치의 원칙에 해당하지 않는 것은?

① 신뢰성의 원칙　② 사용 순서의 원칙
③ 중요성의 원칙　④ 사용 빈도의 원칙

해설 부품(공간)배치의 원칙

- 위치결정 : 중요성(도)의 원칙, 사용 빈도의 원칙
- 배치결정 : 기능별(성) 배치의 원칙, 사용 순서의 원칙

Tip) 인간공학 연구조사에 사용되는 기준인 신뢰성(반복성) : 반복시험 시 재연성이 있어야 하며, 척도의 신뢰성은 반복성을 의미한다.

36. 근골격계 질환의 인간공학적 주요 위험요인과 가장 거리가 먼 것은?

① 과도한 힘　② 부적절한 자세
③ 고온의 환경　④ 단순반복 작업

해설 근골격계 질환의 위험요인 : 부적절한 자세, 과도한 힘, 접촉 스트레스, 단순반복 작업, 진동 등

정답 30. ③　31. ①　32. ③　33. ③　34. ③　35. ①　36. ③

37. FTA의 활용 및 기대 효과가 아닌 것은?

① 시스템의 결함 진단
② 사고원인 규명의 간편화
③ 사고원인 분석의 정량화
④ 시스템의 결함 비용 분석

해설 FTA의 활용 및 기대 효과
- 사고원인 규명의 간편화
- 사고원인 분석의 일반화
- 사고원인 분석의 정량화
- 안전점검 체크리스트 작성
- 시스템의 결함 진단
- 노력, 시간의 절감

38. 시스템 안전을 위한 업무수행 요건이 아닌 것은?

① 안전 활동의 계획 및 관리
② 다른 시스템 프로그램과 분리 및 배제
③ 시스템 안전에 필요한 사람의 동일성 식별
④ 시스템 안전에 대한 프로그램 해석 및 평가

해설 ② 다른 시스템 프로그램 영역과의 조정

39. 컷셋(cut sets)과 최소 패스셋(minimal path sets)을 정의한 것으로 맞는 것은?

① 컷셋은 시스템 고장을 유발시키는 필요 최소한의 고장들의 집합이며, 최소 패스셋은 시스템의 신뢰성을 표시한다.
② 컷셋은 시스템 고장을 유발시키는 기본고장들의 집합이며, 최소 패스셋은 시스템의 불신뢰도를 표시한다.
③ 컷셋은 그 속에 포함되어 있는 모든 기본사상이 일어났을 때 톱사상을 일으키는 기본사상의 집합이며, 최소 패스셋은 시스템의 신뢰성을 표시한다.
④ 컷셋은 그 속에 포함되어 있는 모든 기본사상이 일어났을 때 톱사상을 일으키는 기본사상의 집합이며, 최소 패스셋은 시스템의 성공을 유발하는 기본사상의 집합이다.

해설
- 컷셋(cut set) : 정상사상을 발생시키는 기본사상의 집합으로 그 안에 포함되는 모든 기본사상이 발생할 때 정상사상을 발생시키는 기본사상들의 집합을 말한다.
- 최소 패스셋(minimal path set) : 모든 고장이나 실수가 발생하지 않으면 재해는 발생하지 않는다는 것으로 시스템의 신뢰성을 말한다.

40. 산업안전 분야에서의 인간공학을 위한 제반 언급사항으로 관계가 먼 것은?

① 안전관리자와의 의사소통 원활화
② 인간과오 방지를 위한 구체적 대책
③ 인간행동 특성자료의 정량화 및 축적
④ 인간-기계체계의 설계 개선을 위한 기금의 축적

해설 ④는 관련법의 개정에 관한 사항이다.

3과목 건설시공학

41. 평판재하 시험용 시험기구와 거리가 먼 것은?

① 잭(jack)
② 틸트미터(tilt meter)
③ 로드 셀(load cell)
④ 다이얼 게이지(dial gauge)

해설 틸트미터(tilt meter) : 공사 시 인접 구조물에 설치하여 구조물의 경사, 변형상태를 측정하는 기구

정답 37. ④ 38. ② 39. ③ 40. ④ 41. ②

42. 표준관입시협험은 63.5kg의 추를 76cm 높이에서 자유낙하시켜 샘플러가 일정 깊이까지 관입하는데 소요되는 타격횟수(N)로 시험하는데 그 깊이로 옳은 것은?

① 15cm ② 30cm ③ 45cm ④ 60cm

해설 표준관입시험

- 보링을 할 때 63.5kg의 해머로 샘플러를 76cm에서 타격하여 관입깊이 30cm에 도달할 때까지의 타격횟수 N값을 구하는 시험이다.
- 사질토지반의 시험에 주로 쓰인다.

43. 철근콘크리트 공사에서 콘크리트 타설 후 거푸집 존치기간을 가장 길게 해야 할 부재는?

① 슬래브 밑 ② 기둥
③ 기초 ④ 벽

해설 슬래브, 보 밑면은 기초 옆, 보 옆, 기둥보다 2~3일 정도 더 존치해야 한다.

44. 철골공사의 녹막이 칠에 관한 설명으로 옳지 않은 것은?

① 초음파 탐상검사에 지장을 미치는 범위는 녹막이 칠을 하지 않는다.
② 바탕만들기를 한 강재 표면은 녹이 생기기 쉽기 때문에 즉시 녹막이 칠을 하여야 한다.
③ 콘크리트에 묻히는 부분에는 녹막이 칠을 하여야 한다.
④ 현장용접 예정 부분은 용접부에서 100mm 이내에 녹막이 칠을 하지 않는다.

해설 ③ 콘크리트에 묻히는 부분에는 녹막이 칠을 하지 않는다.

45. 공사현장의 소음 · 진동관리를 위한 내용 중 옳지 않은 것은?

① 일정 면적 이상의 건축공사장은 특정 공사 사전신고를 한다.
② 방음벽 등 차음 · 방진시설을 설치한다.
③ 파일공사는 가능한 타격공법을 시행한다.
④ 해체공사 시 압쇄공법을 채택한다.

해설 ③ 파일공사는 오거로 지반을 천공한 후 말뚝을 삽입하는 공법 등으로 소음을 줄일 수 있다.

46. 단가 도급계약 제도에 관한 설명으로 옳지 않은 것은?

① 시급한 공사인 경우 계약을 간단히 할 수 있다.
② 설계변경으로 인한 수량 증감의 계산이 어렵고 일식도급보다 복잡하다.
③ 공사비가 높아질 염려가 있다.
④ 총 공사비를 예측하기 힘들다.

해설 ② 설계변경으로 인한 수량 증감의 계산이 쉽고 일식도급보다 간단하다.

47. 철골부재의 절단 및 가공조립에 사용되는 기계의 선택이 잘못된 것은?

① 메탈터치 부위 가공－페이싱 머신(facing machine)
② 형강류 절단－해크 소(hack saw)
③ 판재류 절단－플레이트 쉐어링기(plate shearing)
④ 볼트 접합부 구멍 가공－로터리 플레이너(rotary planer)

해설 ④ 볼트 접합부 구멍 가공－드릴머신으로 드릴링 또는 리밍 가공

48. 콘크리트 타설 후 콘크리트의 소요강도를 단기간에 확보하기 위하여 고온 · 고압에서 양생하는 방법은?

정답 42. ② 43. ① 44. ③ 45. ③ 46. ② 47. ④ 48. ④

① 봉합양생 ② 습윤양생
③ 전기양생 ④ 오토클레이브 양생

해설 오토클레이브 양생
- 170~215℃ 사이의 온도에서 8.0kg/cm^2 정도의 증기압을 가하는 양생방법이다.
- 재령 1년의 강도를 단기간 내에 확보할 수 있다.

49. 거푸집 박리제 시공 시 유의사항으로 옳지 않은 것은?

① 박리제가 철근에 묻어도 부착강도에는 영향이 없으므로 충분히 도포하도록 한다.
② 박리제의 도포 전에 거푸집 면의 청소를 철저히 한다.
③ 콘크리트 색조에는 영향이 없는지 확인 후 사용한다.
④ 콘크리트 타설 시 거푸집의 온도 및 탈형시간을 준수한다.

해설 ① 박리제가 철근에 묻으면 부착강도가 저하되므로 묻지 않도록 주의해야 한다.

50. 슬럼프 저하 등 워커빌리티의 변화가 생기기 쉬우며 동일 슬럼프를 얻기 위한 단위 수량이 많아 콜드 조인트가 생기는 문제점을 갖고 있는 콘크리트는?

① 한중콘크리트 ② 매스콘크리트
③ 서중콘크리트 ④ 팽창콘크리트

해설 서중콘크리트의 특성
- 슬럼프 저하 등 워커빌리티의 변화가 생기기 쉽다.
- 콜드 조인트가 생기는 문제점을 갖고 있다.

51. 거푸집 공사에서 거푸집 상호 간의 간격을 유지하는 것으로서 보통 철근제, 파이프제를 사용하는 것은?

① 데크 플레이트(deck plate)
② 격리제(separator)
③ 박리제(form oil)
④ 캠버(camber)

해설 격리제 : 거푸집 상호 간의 간격, 측벽 두께를 유지하는 것으로서 보통 철근제, 파이프제를 사용한다.

52. 정액도급 계약제도에 관한 설명으로 옳지 않은 것은?

① 경쟁 입찰 시 공사비가 저렴하다.
② 건축주와의 의견조정이 용이하다.
③ 공사설계 변경에 따른 도급액 증감이 곤란하다.
④ 이윤관계로 공사가 조악해질 우려가 있다.

해설 ② 이윤관계로 공사가 조악해질 우려가 있어 건축주와의 의견조정이 어렵다.

53. 주문받은 건설업자가 대상계획의 금융, 토지조달, 설계, 시공 등 기타 모든 요소를 포괄한 도급 계약방식은?

① 실비정산 보수가산도급
② 턴키(turn-key)도급
③ 정액도급
④ 공동(joint venture)도급

해설 턴키도급 : 건설업자가 금융, 토지조달, 설계, 시공, 시운전, 기계·기구 설치까지 조달해 주는 것으로 건축에 필요한 모든 사항을 포괄적으로 계약하는 방식

54. 건축물의 철근 조립 순서로서 옳은 것은?

① 기초-기둥-보-slab-벽-계단
② 기초-기둥-벽-slab-보-계단
③ 기초-기둥-벽-보-slab-계단
④ 기초-기둥-slab-보-벽-계단

정답 49. ① 50. ③ 51. ② 52. ② 53. ② 54. ③

해설 건축물의 철근 조립 순서

1단계	2단계	3단계	4단계	5단계	6단계
기초	기둥	벽	보	slab	계단

55. 말뚝의 이음공법 중 강성이 가장 우수한 방식은?

① 장부식 이음　② 충전식 이음
③ 리벳식 이음　④ 용접식 이음

해설 용접식 이음 : 현장에서 직접 용접하는 방식으로 시공이 쉽고 강성이 우수하다.

56. 토공사 시 발생하는 히빙파괴(heaving faliure)의 방지 대책으로 가장 거리가 먼 것은?

① 흙막이 벽의 근입깊이를 늘린다.
② 터파기 밑면 아래의 지반을 개량한다.
③ 지하수위를 저하시킨다.
④ 아일랜드 컷 공법을 적용하여 중량을 부여한다.

해설 ③은 보일링 현상의 방지 대책

57. 토공사와 관련된 용어에 관한 설명으로 옳지 않은 것은?

① 간극비 : 흙의 간극 부분 중량과 흙 입자 중량의 비
② 겔타임(gel-time) : 약액을 혼합한 후 시간이 경과하여 유동성을 상실하게 되기까지의 시간
③ 동결심도 : 지표면에서 지하 동결선까지의 길이
④ 수동활동면 : 수동토압에 의한 파괴 시 토체의 활동면

해설 ① 간(공)극비 $= \dfrac{\text{공기+물의 체적}}{\text{흙의 체적}}$

58. 다음 중 건설공사용 공정표의 종류에 해당되지 않는 것은?

① 횡선식 공정표　② 네트워크 공정표
③ PDM 기법　④ WBS

해설 ④는 작업명세 구조

59. 중용열 포틀랜드 시멘트의 특성이 아닌 것은?

① 블리딩 현상이 크게 나타난다.
② 장기강도 및 내화학성의 확보에 유리하다.
③ 모르타르의 공극 충전 효과가 크다.
④ 내침식성 및 내구성이 크다.

해설 중용열 포틀랜드 시멘트

- 경화 시 수화열이 작아지도록 조정한 포틀랜드 시멘트이다.
- 보통 포틀랜드 시멘트보다 실리카를 많이 포함하여 산화칼슘을 적게 함유한다.
- 화학저항성이 크고 내산성이 우수하다.
- 안전성이 좋고 발열량이 적으며 내침식성, 내구성이 좋으나 수화속도가 늦다.
- 댐, 대형 교량 등의 매스콘크리트용에 적합하다.

Tip) 블리딩 : 아직 굳지 않은 콘크리트 표면에 물과 함께 유리석회, 유기불순물 등이 떠오르는 현상(콘크리트 재료분리 현상)

60. 철근이음 공법 중 지름이 큰 철근을 이음할 경우 철근의 재료를 절감하기 위하여 활용하는 공법이 아닌 것은?

① 가스압접 이음
② 맞댄용접 이음
③ 나사식 커플링이음
④ 겹친이음

해설 겹친이음은 겹쳐 이음할 때 2곳 이상을 결속선으로 이음하는 방식으로 철근의 재료 손실이 크다.

정답 55. ④　56. ③　57. ①　58. ④　59. ①　60. ④

4과목 건설재료학

61. 도막방수에 관한 설명으로 옳지 않은 것은?

① 복잡한 형상에도 시공이 용이하다.
② 시트 간의 접착이 불완전할 수 있다.
③ 내약품성이 우수하다.
④ 균일한 두께의 시공이 곤란하다.

해설 ② 시트 간의 접착성이 좋으며, 신속한 작업을 할 수 있다.

62. 단열재료 중 무기질 재료가 아닌 것은?

① 유리면 ② 경질우레탄 폼
③ 세라믹섬유 ④ 암면

해설 유기질 단열재료 : 셀롤로즈섬유판, 연질섬유판, 경질우레탄 폼, 폴리스티렌 폼 등
Tip) 무기질 단열재료 : 유리면, 암면, 세라믹섬유, 펄라이트판, 규산칼슘판 등

63. 알루미늄의 성질에 관한 설명으로 옳지 않은 것은?

① 반사율이 작으므로 열 차단재로 쓰인다.
② 독성이 없으며 무취이고 위생적이다.
③ 산과 알칼리에 약하여 콘크리트에 접하는 면에는 방식처리를 요한다.
④ 융점이 낮기 때문에 용해 주조도는 좋으나 내화성이 부족하다.

해설 ① 반사율, 열 및 전기전도성이 크다.

64. 점토재료에서 SK 번호는 무엇을 의미하는가?

① 소성하는 가마의 종류를 표시
② 소성온도를 표시
③ 제품의 종류를 표시
④ 점토의 성분을 표시

해설 소성온도에 따라 붙여지는 SK 번호를 제게르 번호라고 한다.

65. 목재의 재료적 특징으로 옳지 않은 것은?

① 온도에 대한 신축이 적다.
② 열전도율이 작아 보온성이 뛰어나다.
③ 강재에 비하여 비강도가 작다.
④ 음의 흡수 및 차단성이 크다.

해설 ③ 강재에 비하여 비강도가 크다.

66. 점토재료 중 자기에 관한 설명으로 옳은 것은?

① 소지는 적색이며, 다공질로서 두드리면 탁음이 난다.
② 흡수율이 5% 이상이다.
③ 1000℃ 이하에서 소성된다.
④ 위생도기 및 타일 등으로 사용된다.

해설 ① 자기는 일반적으로 백색이며, 두드리면 청음이 난다.
② 흡수율은 0~1%이다.
③ 소성온도는 1250~1430℃ 정도이다.

67. 보통콘크리트에서 인장강도/압축강도의 비로 가장 알맞은 것은?

① 1/2~1/5
② 1/5~1/7
③ 1/9~1/13
④ 1/17~1/10

해설 경화된 보통콘크리트의 강도

압축강도(1) > 전단강도$\left(\frac{1}{4}\sim\frac{1}{7}\right)$ > 휨강도 $\left(\frac{1}{5}\sim\frac{1}{8}\right)$ > 인장강도$\left(\frac{1}{10}\sim\frac{1}{13}\right)$

정답 61. ② 62. ② 63. ① 64. ② 65. ③ 66. ④ 67. ③

68. 구조용 강재에 관한 설명으로 옳지 않은 것은?

① 탄소의 함유량을 1%까지 증가시키면 강도와 경도는 일반적으로 감소한다.
② 구조용 탄소강은 보통 저탄소강이다.
③ 구조용 강 중 연강은 철근 또는 철골재로 사용된다.
④ 구조용 강재의 대부분은 압연강재이다.

해설 ① 탄소함유량이 약 0.85%까지는 인장강도가 증가하지만, 그 이상이 되면 다시 감소한다. 탄소의 함유량이 증가하면 경도는 계속 증가하며 취성이 나타난다.

69. 플라스틱 제품에 관한 설명으로 옳지 않은 것은?

① 내수성 및 내투습성이 양호하다.
② 전기절연성이 양호하다.
③ 내열성 및 내후성이 약하다.
④ 내마모성 및 표면강도가 우수하다.

해설 ④ 경도 및 내마모성이 낮다.

70. 벽, 기둥 등의 모서리 부분에 미장바름을 보호하기 위한 철물은?

① 줄눈대 ② 조이너
③ 인서트 ④ 코너비드

해설 코너비드 : 벽이나 기둥 등의 모서리를 보호하기 위해 밀착시켜 붙이는 보호용 철물

71. 극장 및 영화관 등의 실내 천장 또는 내벽에 붙여 음향 조절 및 장식 효과를 겸하는 재료는?

① 플로링 보드
② 프린트 합판
③ 집성목재
④ 코펜하겐 리브

해설 코펜하겐 리브 : 넓은 면적의 극장(영화관), 집회장 등의 실내 천장 또는 내벽에 붙여 음향 조절 및 장식 효과를 겸하는 재료

72. 2장 이상의 판유리 사이에 강하고 투명하면서 접착성이 강한 플라스틱 필름을 삽입하여 제작한 안전유리를 무엇이라 하는가?

① 접합유리
② 복층유리
③ 강화유리
④ 프리즘유리

해설 접합유리
- 2장 이상의 판유리 사이에 강하고 투명하면서 접착성이 강한 플라스틱 필름을 삽입하여 제작한 안전유리이다.
- 유리 사이에 수지층을 삽입하여 만든 유리이다.

73. 보통벽돌이 적색 또는 적갈색을 띠고 있는 것은 원료점토 중에 무엇을 포함하고 있기 때문인가?

① 산화철
② 산화규소
③ 산화칼륨
④ 산화나트륨

해설 벽돌이 적색 또는 적갈색을 띠고 있는 것은 점토에 산화철이 포함되어 있기 때문이다.

74. 프리플레이스트 콘크리트에서 주입용 모르타르에 쓰이는 모래의 조립률(FM값) 범위로 가장 알맞은 것은?

① 0.7~1.2 ② 1.4~2.2
③ 2.3~3.7 ④ 3.8~4.0

해설 프리플레이스트 콘크리트에서 주입용 모르타르에 쓰이는 모래의 조립률(FM값) 범위는 1.4~2.2이다.

정답 68. ① 69. ④ 70. ④ 71. ④ 72. ① 73. ① 74. ②

75. **도막의 일부가 하지로부터 부풀어 지름이 10mm 되는 것부터 좁쌀 크기 또는 미세한 수포가 발생하는 도막결함은?**

① 백화 ② 변색
③ 부풀음 ④ 번짐

해설 부풀음(도막결함) : 도막의 일부가 하지로부터 부풀어 지름이 크고 작은 수포가 발생하는 결함

76. **돌로마이트 플라스터에 관한 설명으로 옳은 것은?**

① 소석회에 비해 점성이 낮고, 작업성이 좋지 않다.
② 여물을 혼합하여도 건조수축이 크기 때문에 수축균열이 발생되는 결점이 있다.
③ 회반죽에 비해 조기강도 및 최종강도가 작다.
④ 물과 반응하여 경화하는 수경성 재료이다.

해설 ① 소석회에 비해 점성이 높고, 작업성이 좋다.
③ 회반죽에 비해 조기강도 및 최종강도가 크다.
④ 탄산가스와 반응하여 경화하는 기경성 재료이다.

77. **목재의 함수율에 관한 설명으로 옳지 않은 것은?**

① 약 30%의 함수상태를 섬유포화점이라 한다.
② 목재는 비중과 함수율에 따라 강도가 수축에 영향을 받는다.
③ 기건상태는 목재의 수분이 전혀 없는 상태를 말한다.
④ 함수율이란 절건상태인 목재 중량에 대한 함수량의 백분율이다.

해설 ③ 기건상태에서 목재의 함수율은 15% 정도이다.

78. **시멘트의 분말도에 관한 설명으로 옳지 않은 것은?**

① 시멘트의 분말도는 단위 중량에 대한 표면적이다.
② 분말도가 큰 시멘트일수록 물과 접촉하는 표면적이 증대되어 수화반응이 촉진된다.
③ 분말도 측정은 슬럼프시험으로 한다.
④ 분말도가 지나치게 클 경우에는 풍화되기가 쉽다.

해설 ③ 분말도 측정은 체분석법, 블레인법 등으로 한다.
Tip) 슬럼프시험 – 콘크리트의 시공연도 측정

79. **석유 아스팔트에 속하지 않는 것은?**

① 블로운 아스팔트
② 스트레이트 아스팔트
③ 아스팔타이트
④ 컷백 아스팔트

해설 아스팔타이트 : 천연석유가 지층의 갈라진 틈 사이에 침투한 후 지열, 공기 따위의 작용으로 오랜 기간에 걸쳐 그 내부에서 중합반응 또는 축합반응을 일으키는 천연 아스팔트이다.

80. **석재를 다듬을 때 쓰는 방법으로 양날망치로 정다듬한 면을 일정 방향으로 찍어 다듬는 석재 표면 마무리 방법은?**

① 잔다듬
② 도드락다듬
③ 혹두기
④ 거친갈기

해설 정다듬은 정다듬한 면을 정, 도드락다듬은 도드락망치, 잔다듬은 양날망치를 사용하여 다듬는 마무리 방법이다.

정답 75. ③ 76. ② 77. ③ 78. ③ 79. ③ 80. ①

5과목 건설안전기술

81. 흙의 연경도에서 반고체상태와 소성상태의 한계를 무엇이라 하는가?

① 액성한계
② 소성한계
③ 수축한계
④ 반수축한계

해설 아터버그 한계(atterberg limit) : 함수비에 따라 다르게 나타나는 흙의 특성을 구분하기 위해 사용하는 함수비의 기준으로 액성한계(LL), 소성한계(PL), 수축한계(SL)이다.

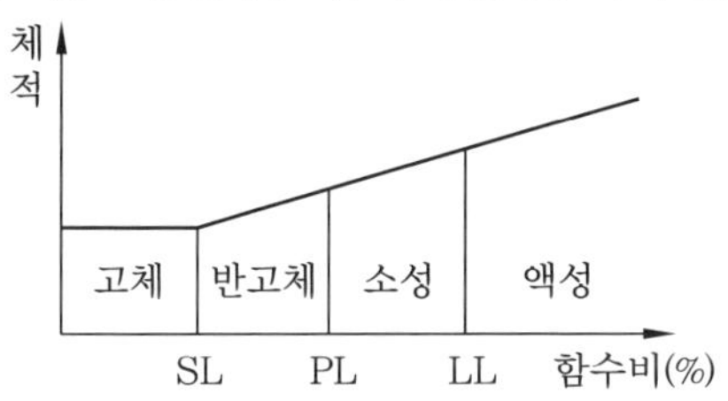

▲ 아터버그 한계(atterberg limit)

82. 층고가 높은 슬래브 거푸집 하부에 적용하는 무지주 공법이 아닌 것은?

① 보우 빔(bow beam)
② 철근일체형 데크 플레이트(deck plate)
③ 페코 빔(pecco beam)
④ 솔져 시스템(soldier system)

해설 ④는 지하층 합벽 지지용 거푸집 동바리 시스템

83. 굴착작업 시 근로자의 위험을 방지하기 위하여 해당 작업, 작업장에 대한 사전조사를 실시하여야 하는데 이 사전 조사항목에 포함되지 않는 것은?

① 지반의 지하수위 상태
② 형상 · 지질 및 지층의 상태
③ 굴착기의 이상 유무
④ 매설물 등의 유무 또는 상태

해설 굴착작업 시 사전 지반조사항목
- 지반의 지하수위 상태
- 매설물 등의 유무 또는 상태
- 형상 · 지질 및 지층의 상태
- 균열 · 함수 · 용수 및 동결의 유무 또는 상태

84. 사질토지반에서 보일링(boiling) 현상에 의한 위험성이 예상될 경우의 대책으로 옳지 않은 것은?

① 흙막이 말뚝의 밑둥넣기를 깊게 한다.
② 굴착저면보가 깊은 지반을 불투수로 개량한다.
③ 굴착 밑 투수층에 만든 피트(pit)를 제거한다.
④ 흙막이 벽 주위에서 배수시설을 통해 수두차를 적게 한다.

해설 ③ 굴착 밑 투수층에 피트(pit) 등을 설치한다.

85. 재료비가 30억 원, 직접노무비가 50억 원인 건설공사의 예정가격상 안전관리비로 옳은 것은? (단, 일반건설공사(갑)에 해당되며 계상기준은 1.97%이다.)

① 56,400,000원
② 94,000,000원
③ 150,400,000원
④ 157,600,000원

해설 안전관리비
=(재료비+직접노무비)×계상기준표의 비율
=(30억 원+50억 원)×0.0197
=157,600,000원

86. 다음 (　　) 안에 알맞은 수치는?

정답 81. ② 82. ④ 83. ③ 84. ③ 85. ④ 86. ①

> 슬레이트, 선라이트(sunlight) 등 강도가 약한 재료로 덮은 지붕 위에서 작업을 할 때에 발이 빠지는 등 근로자가 위험해질 우려가 있는 경우 폭 ( ) 이상의 발판을 설치하거나 안전방망을 치는 등 위험을 방지하기 위하여 필요한 조치를 하여야 한다.

① 30cm ② 40cm
③ 50cm ④ 60cm

해설 슬레이트, 선라이트 등 강도가 약한 재료로 덮은 지붕 위에서 작업을 할 때 발이 빠지는 등의 위험을 방지하기 위한 산업안전보건법령에 따른 작업발판의 최소 폭은 30cm 이상이다.

87. 발파공사 암질변화 구간 및 이상 암질 출현 시 적용하는 암질 판별방법과 거리가 먼 것은?

① R.Q.D ② RMR 분류
③ 탄성파 속도 ④ 하중계(load cell)

해설 하중계(load cell) : 축하중의 변화 상태를 측정하는 계측장치

88. 화물을 적재하는 경우 준수하여야 할 사항으로 옳지 않은 것은?

① 침하 우려가 없는 튼튼한 기반 위에 적재할 것
② 화물의 압력 정도와 관계없이 건물의 벽이나 칸막이 등을 이용하여 화물을 기대어 적재할 것
③ 하중이 한쪽으로 치우치지 않도록 쌓을 것
④ 불안정할 정도로 높이 쌓아 올리지 말 것

해설 ② 중량의 화물은 건물의 벽이나 칸막이 등에 기대어 적재하지 않도록 할 것

89. 토사붕괴의 내적요인이 아닌 것은?

① 사면, 법면의 경사 증가
② 절토사면의 토질구성 이상
③ 성토사면의 토질구성 이상
④ 토석의 강도 저하

해설 ①은 토사붕괴의 외적요인

90. 철골 용접 작업자의 전격방지를 위한 주의사항으로 옳지 않은 것은?

① 보호구와 복장을 구비하고, 기름기가 묻었거나 젖은 것은 착용하지 않을 것
② 작업 중지의 경우에는 스위치를 떼어 놓을 것
③ 개로전압이 높은 교류 용접기를 사용할 것
④ 좁은 장소에서의 작업에서는 신체를 노출시키지 않을 것

해설 ③ 개로전압이 낮은 안전한 교류 용접기를 사용한다.

91. 유해 · 위험방지 계획서 제출 시 첨부서류의 항목이 아닌 것은?

① 보호장비 폐기계획
② 공사개요서
③ 산업안전보건관리비 사용계획
④ 전체공정표

해설 유해 · 위험방지 계획서 첨부서류
- 공사개요서
- 전체공정표
- 안전관리조직표
- 산업안전보건관리비 사용계획
- 건설물, 사용 기계설비 등의 배치를 나타내는 도면
- 재해 발생 위험 시 연락 및 대피방법
- 공사현장의 주변 현황 및 주변과의 관계를 나타내는 도면(매설물 현황을 포함한다.)

정답 87. ④ 88. ② 89. ① 90. ③ 91. ①

92. 철골작업을 중지하여야 하는 풍속과 강우량 기준으로 옳은 것은?

① 풍속 : 10m/sec 이상, 강우량 : 1mm/h 이상
② 풍속 : 5m/sec 이상, 강우량 : 1mm/h 이상
③ 풍속 : 10m/sec 이상, 강우량 : 2mm/h 이상
④ 풍속 : 5m/sec 이상, 강우량 : 2mm/h 이상

해설 철골공사 작업을 중지하여야 하는 기준
- 풍속이 초당 10m 이상인 경우
- 1시간당 강우량이 1mm 이상인 경우
- 1시간당 강설량이 1cm 이상인 경우

93. 잠함 또는 우물통의 내부에서 근로자가 굴착작업을 하는 경우의 준수사항으로 옳지 않은 것은?

① 산소결핍 우려가 있는 경우에는 산소의 농도를 측정하는 사람을 지명하여 측정하도록 할 것
② 근로자가 안전하게 오르내리기 위한 설비를 설치할 것
③ 굴착깊이가 20m를 초과하는 경우에는 해당 작업장소와 외부와의 연락을 위한 통신설비 등을 설치할 것
④ 잠함 또는 우물통의 급격한 침하에 의한 위험을 방지하기 위하여 바닥으로부터 천장 또는 보까지의 높이는 2m 이내로 할 것

해설 ④ 잠함 또는 우물통의 급격한 침하에 의한 위험을 방지하기 위하여 바닥으로부터 천장 또는 보까지의 높이는 1.8m 이내로 할 것

94. 도심지에서 주변에 주요 시설물이 있을 때 침하와 변위를 적게 할 수 있는 가장 적당한 흙막이 공법은?

① 동결공법
② 샌드드레인 공법
③ 지하연속벽 공법
④ 뉴매틱 케이슨 공법

해설 지하연속벽 공법 : 도심지에 시설물이 있을 때 침하와 변위를 적게 할 수 있는 흙막이 공법

95. 지반 종류에 따른 굴착면의 기울기 기준으로 옳지 않은 것은?

① 보통흙의 습지－1 : 1～1 : 1.5
② 연암－1 : 0.7
③ 풍화암－1 : 1.0
④ 보통흙의 건지－1 : 0.5～1 : 1

해설 ② 암반의 연암－1 : 1.0

96. 다음은 산업안전보건법령에 따른 작업장에서의 투하설비 등에 관한 사항이다. (　　) 안에 들어갈 내용으로 옳은 것은?

> 사업주는 높이가 (　　) 이상인 장소로부터 물체를 투하하는 경우 적당한 투하설비를 설치하거나 감시인을 배치하는 등 위험을 방지하기 위하여 필요한 조치를 하여야 한다.

① 2m　　② 3m
③ 5m　　④ 10m

해설 사업주는 높이가 3m 이상인 장소로부터 물체를 투하하는 경우 투하설비를 설치하여야 한다.

97. 달비계(곤돌라의 달비계는 제외)의 최대 적재하중을 정하는 경우 달기 와이어로프 및 달기강선의 안전계수 기준으로 옳은 것은?

① 5 이상　　② 7 이상
③ 8 이상　　④ 10 이상

해설 달기 와이어로프 및 달기강선의 안전계수는 10 이상이다.

정답 92. ①　93. ④　94. ③　95. ②　96. ②　97. ④

98. **다음은 비계발판용 목재재료의 강도상의 결점에 대한 조사기준이다. (   ) 안에 들어갈 내용으로 옳은 것은?**

> 발판의 폭과 동일한 길이 내에 있는 결점치수의 총합이 발판 폭의 (   )을 초과하지 않을 것

① 1/2　② 1/3
③ 1/4　④ 1/6

해설 발판의 폭과 동일한 길이 내에 있는 결점치수의 총합이 발판 폭의 1/4을 초과하지 않을 것

99. **근로자의 추락 등의 위험을 방지하기 위하여 안전난간을 설치하는 경우 안전난간은 구조적으로 가장 취약한 지점에서 가장 취약한 방향으로 작용하는 얼마 이상의 하중에 견딜 수 있는 튼튼한 구조이어야 하는가?**

① 50kg　② 100kg
③ 150kg　④ 200kg

해설 안전난간은 임의의 방향으로 움직이는 100kg 이상의 하중에 견딜 수 있는 튼튼한 구조일 것

100. **다음 중 쇼벨계 굴착기계에 속하지 않는 것은?**

① 파워쇼벨(power shovel)
② 클램쉘(clam shell)
③ 스크레이퍼(scraper)
④ 드래그라인(dragline)

해설 스크레이퍼 : 굴착, 싣기, 운반, 흙깔기 등의 작업을 하나의 기계로서 연속적으로 행할 수 있으며 비행장과 같이 대규모 정지작업에 적합하고 피견인식과 자주식의 두 종류가 있다.

정답 98. ③　99. ②　100. ③

2018년도(2회차) 출제문제

|건|설|안|전|산|업|기|사|

1과목 산업안전관리론

1. 안전모의 시험성능기준 항목이 아닌 것은?

① 내관통성 ② 충격흡수성
③ 내구성 ④ 난연성

해설 안전모의 시험성능기준 항목 : 내관통성, 내전압성, 내수성, 난연성, 충격흡수성, 턱끈풀림

2. 안전교육방법 중 TWI의 교육과정이 아닌 것은?

① 작업지도 훈련 ② 인간관계 훈련
③ 정책수립 훈련 ④ 작업방법 훈련

해설 TWI 교육과정 4가지 : 작업방법 훈련, 작업지도 훈련, 인간관계 훈련, 작업안전 훈련

3. 재해율 중 재직근로자 1000명당 1년간 발생하는 재해자 수를 나타내는 것은?

① 연천인율 ② 도수율
③ 강도율 ④ 종합재해지수

해설 • 연천인율은 1년간 근로자 1000명을 기준으로 한 재해자 수를 나타낸다.

• 연천인율 $=\dfrac{\text{재해자 수}}{\text{연간 평균근로자 수}}\times 1000$
$=\text{도수율}\times 2.4$

4. 모랄서베이(morale survey)의 효용이 아닌 것은?

① 조직 또는 구성원의 성과를 비교 · 분석한다.
② 종업원의 정화(catharsis)작용을 촉진시킨다.
③ 경영관리를 개선하는 데에 대한 자료를 얻는다.
④ 근로자의 심리 또는 욕구를 파악하여 불만을 해소하고, 노동의욕을 높인다.

해설 ① 조직 또는 구성원의 성과를 비교 · 분석하지 않는다.

5. 내전압용 절연장갑의 성능기준상 최대사용전압에 따른 절연장갑의 구분 중 00등급의 색상으로 옳은 것은?

① 노란색 ② 흰색
③ 녹색 ④ 갈색

해설 절연장갑의 등급 및 최대사용전압

등급	등급별 색상	최대사용전압		비고
		교류(V)	직류(V)	
00	갈색	500	750	직류값 : 교류값 = 1 : 1.5
0	빨간색	1000	1500	
1	흰색	7500	11250	
2	노란색	17000	25500	
3	녹색	26500	39750	
4	등색	36000	54000	

6. 착오의 요인 중 인지과정의 착오에 해당하지 않는 것은?

① 정서불안정
② 감각차단 현상
③ 정보부족
④ 생리 · 심리적 능력의 한계

해설 ③은 판단과정착오

정답 1. ③ 2. ③ 3. ① 4. ① 5. ④ 6. ③

7. 산업안전보건법령상 안전 · 보건표지의 색채, 색도기준 및 용도 중 다음 (   ) 안에 알맞은 것은?

색채	색도기준	용도	사용례
( )	5Y 8.5/12	경고	화학물질 취급장소에서의 유해 · 위험 경고 이외의 위험 경고, 주의표지 또는 기계방호물

① 파란색 ② 노란색 ③ 빨간색 ④ 검은색

해설 노란색(5Y 8.5/12)－경고 : 화학물질 취급장소에서의 유해 · 위험 경고 이외의 위험 경고, 주의표지 또는 기계방호물

8. 안전교육훈련의 기법 중 하버드학파의 5단계 교수법을 순서대로 나열한 것으로 옳은 것은?

① 총괄 → 연합 → 준비 → 교시 → 응용
② 준비 → 교시 → 연합 → 총괄 → 응용
③ 교시 → 준비 → 연합 → 응용 → 총괄
④ 응용 → 연합 → 교시 → 준비 → 총괄

해설 하버드학파의 5단계 교수법

1단계	2단계	3단계	4단계	5단계
준비시킨다.	교시시킨다.	연합한다.	총괄한다.	응용시킨다.

9. 보호구 안전인증 고시에 따른 안전화의 정의 중 (   ) 안에 알맞은 것은?

> 경작업용 안전화란 (㉠)mm의 낙하높이에서 시험했을 때 충격과 (㉡ ±0.1)kN의 압축하중에서 시험했을 때 압박에 대하여 보호해 줄 수 있는 선심을 부착하여 착용자를 보호하기 위한 안전화를 말한다.

① ㉠ : 500, ㉡ : 10.0
② ㉠ : 250, ㉡ : 10.0
③ ㉠ : 500, ㉡ : 4.4
④ ㉠ : 250, ㉡ : 4.4

해설 안전화 높이(mm)－하중(kN)

중작업용	보통작업용	경작업용
1000－15 ±0.1	500－10 ±0.1	250－4.4 ±0.1

10. 산업재해에 있어 인명이나 물적 등 일체의 피해가 없는 사고를 무엇이라고 하는가?

① near accident ② good accident
③ true accident ④ original accident

해설 아차사고(near accident) : 인적 · 물적 손실이 없는 사고를 무상해사고라고 한다.

11. 산업안전보건법령상 안전관리자가 수행하여야 할 업무가 아닌 것은? (단, 그 밖에 안전에 관한 사항으로서 고용노동부장관이 정하는 사항은 제외한다.)

① 위험성 평가에 관한 보좌 및 조언 · 지도
② 물질안전보건자료의 게시 또는 비치에 관한 보좌 및 조언 · 지도
③ 사업장 순회점검 · 지도 및 조치의 건의
④ 산업재해에 관한 통계의 유지 · 관리 · 분석을 위한 보좌 및 조언 · 지도

해설 ②는 보건관리자의 업무내용

12. 근로자가 작업대 위에서 전기공사 작업 중 감전에 의하여 지면으로 떨어져 다리에 골절상해를 입은 경우의 기인물과 가해물로 옳은 것은?

① 기인물－작업대, 가해물－지면
② 기인물－전기, 가해물－지면
③ 기인물－지면, 가해물－전기

정답 7. ② 8. ② 9. ④ 10. ① 11. ② 12. ②

④ 기인물 – 작업대, 가해물 – 전기

해설 기인물과 가해물

- 기인물(전기) : 재해 발생의 주원인으로 근원이 되는 기계, 장치, 기구, 환경 등
- 가해물(지면) : 직접 인간에게 접촉하여 피해를 주는 기계, 장치, 기구, 환경 등

13. 지난 한 해 동안 산업재해로 인하여 직접 손실비용이 3조 1600억 원이 발생한 경우의 총 재해코스트는? (단, 하인리히의 재해손실비 평가방식을 적용한다.)

① 6조 3200억 원 ② 9조 4800억 원
③ 12조 6400억 원 ④ 15조 8000억 원

해설 총 손실액
=직접비+간접비
=직접비+(직접비×4)
=3조 1600억 원+(3조 1600억원×4)
=15조 8000억 원

14. 산업안전보건법령상 특별안전보건교육 대상 작업별 교육내용 중 밀폐공간에서의 작업별 교육내용이 아닌 것은? (단, 그 밖에 안전보건관리에 필요한 사항은 제외한다.)

① 산소농도 측정 및 작업환경에 관한 사항
② 유해물질이 인체에 미치는 영향
③ 보호구 착용 및 사용방법에 관한 사항
④ 사고 시의 응급처치 및 비상 시 구출에 관한 사항

해설 밀폐된 장소에서 작업 시 특별안전보건교육 사항

- 작업순서, 안전작업방법 및 수칙에 관한 사항
- 산소농도 측정 및 환기설비에 관한 사항
- 질식 시 응급조치에 관한 사항
- 작업환경 점검에 관한 사항
- 전격방지 및 보호구 착용에 관한 사항

15. 인간관계의 메커니즘 중 다른 사람으로부터의 판단이나 행동을 무비판적으로 논리적, 사실적 근거 없이 받아들이는 것은?

① 모방(imitation)
② 투사(projection)
③ 동일화(identification)
④ 암시(suggestion)

해설 암시 : 다른 사람의 판단이나 행동을 논리적, 사실적 근거 없이 맹목적으로 받아들이는 행동

16. 점검시기에 의한 안전점검의 분류에 해당하지 않는 것은?

① 성능점검 ② 정기점검
③ 임시점검 ④ 특별점검

해설 안전점검에는 정기, 수시, 특별, 임시점검이 있다.

17. 매슬로우(Maslow)의 욕구단계 이론 중 제5단계 욕구로 옳은 것은?

① 안전에 대한 욕구
② 자아실현의 욕구
③ 사회적(애정적) 욕구
④ 존경과 긍지에 대한 욕구

해설 매슬로우(Maslow)가 제창한 인간의 욕구 5단계

1단계	2단계	3단계	4단계	5단계
생리적 욕구	안전 욕구	사회적 욕구	존경의 욕구	자아실현의 욕구

18. 부주의 현상 중 의식의 우회에 대한 예방대책으로 옳은 것은?

① 안전교육 ② 표준작업제도 도입
③ 상담 ④ 적성배치

정답 13. ④ 14. ② 15. ④ 16. ① 17. ② 18. ③

해설 부주의의 발생 원인별 대책
- 내적원인 – 대책 : 소질적 문제 – 적성배치, 의식의 우회 – 상담(카운슬링), 경험과 미경험자 – 안전교육 · 훈련
- 외적원인 – 대책 : 작업환경 조건 불량 – 환경 개선, 작업순서의 부적정 – 작업순서 정비(인간공학적 접근)

19. 산업안전보건법령상 근로자 안전 · 보건교육 중 채용 시의 교육 및 작업내용 변경 시의 교육사항으로 옳은 것은?

① 물질안전보건자료에 관한 사항
② 건강증진 및 질병예방에 관한 사항
③ 유해 · 위험 작업환경 관리에 관한 사항
④ 표준 안전작업방법 및 지도요령에 관한 사항

해설 ②는 근로자 정기안전보건교육 내용
③, ④는 관리감독자 정기안전보건교육 내용

20. 파블로프(Pavlov)의 조건반사설에 의한 학습이론의 원리에 해당되지 않는 것은?

① 일관성의 원리
② 시간의 원리
③ 강도의 원리
④ 준비성의 원리

해설 파블로프 조건반사설의 원리는 시간의 원리, 강도의 원리, 일관성의 원리, 계속성의 원리로 일정한 자극을 반복하여 자극만 주어지면 조건적으로 반응하게 된다는 것이다.

2과목 인간공학 및 시스템 안전공학

21. 그림과 같은 시스템에서 전체 시스템의 신뢰도는 얼마인가? (단, 네모 안의 숫자는 각 부품의 신뢰도이다.)

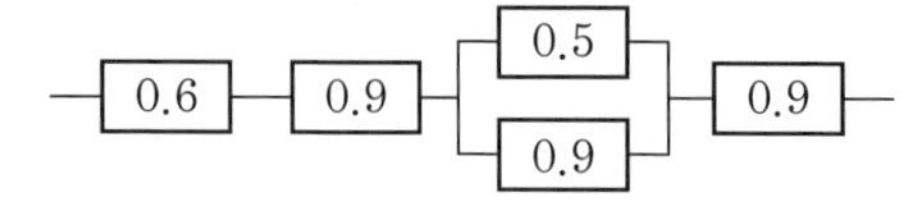

① 0.4104 ② 0.4617
③ 0.6314 ④ 0.6804

해설 $R_s=0.6\times0.9\times\{1-(1-0.5)\times(1-0.9)\}\times0.9=0.4617$

22. 건습지수로서 습구온도와 건구온도의 가중 평균치를 나타내는 Oxford 지수의 공식으로 맞는 것은?

① WD=0.65WB+0.35DB
② WD=0.75WB+0.25DB
③ WD=0.85WB+0.15DB
④ WD=0.95WB+0.05DB

해설
- 옥스퍼드 지수(WD) =0.85 WB(습구온도)+0.15 DB(건구온도)
- 습건(WD)지수라고도 하며, 습구 · 건구온도의 가중 평균치이다.

23. 시스템의 정의에 포함되는 조건 중 틀린 것은?

① 제약된 조건 없이 수행
② 요소의 집합에 의한 구성
③ 시스템 상호 간에 관계를 유지
④ 어떤 목적을 위하여 작용하는 집합체

해설 ① 일정하게 정해진 조건 아래에서 수행

24. 체계 분석 및 설계에 있어서 인간공학적 노력의 효능을 산정하는 척도의 기준에 포함되지 않는 것은?

① 성능의 향상
② 훈련비용의 절감
③ 인력이용률의 저하
④ 생산 및 보전의 경제성 향상

정답 19. ① 20. ④ 21. ② 22. ③ 23. ① 24. ③

해설 ③ 인력이용률의 향상

Tip) 체계 분석 및 설계에 있어서의 인간공학의 기여도

- 성능의 향상
- 훈련비용의 절감
- 인력이용률의 향상
- 사용자의 수용도 향상
- 생산 및 보전의 경제성 향상

25. 인간의 기대하는 바와 자극 또는 반응들이 일치하는 관계를 무엇이라 하는가?

① 관련성　② 반응성
③ 양립성　④ 자극성

해설 양립성 : 자극과 반응의 관계가 인간의 기대와 모순되지 않는 성질

26. FTA에서 어떤 고장이나 실수를 일으키지 않으면 정상사상(top event)은 일어나지 않는다고 하는 것으로 시스템의 신뢰성을 표시하는 것은?

① cut set　② minimal cut set
③ free event　④ minimal path set

해설 최소 패스셋(minimal path set) : 모든 고장이나 실수가 발생하지 않으면 재해는 발생하지 않는다는 것으로, 즉 기본사상이 일어나지 않으면 정상사상이 발생하지 않는 기본사상의 집합으로 시스템의 신뢰성을 말한다.

27. 반경 10cm의 조종구(ball control)를 30° 움직였을 때, 표시장치가 2cm 이동하였다면 통제표시비(C/R비)는 약 얼마인가?

① 1.3　② 2.6　③ 5.2　④ 7.8

해설 $\text{C/R비} = \dfrac{(\alpha/360) \times 2\pi L}{\text{표시장치 이동거리}}$

$= \dfrac{(30/360) \times 2\pi \times 10}{2} \fallingdotseq 2.6$

28. 결함수 분석법에서 일정 조합 안에 포함되어 있는 기본사상들이 모두 발생하지 않으면 틀림없이 정상사상(top event)이 발생되지 않는 조합을 무엇이라고 하는가?

① 컷셋(cut set)
② 패스셋(path set)
③ 결함수셋(fault tree set)
④ 불 대수(boolean algebra)

해설 패스셋(path set) : 모든 기본사상이 발생하지 않을 때 처음으로 정상사상이 발생하지 않는 기본사상들의 집합, 시스템의 고장을 발생시키지 않는 기본사상들의 집합

29. 인간의 눈에서 빛이 가장 먼저 접촉하는 부분은?

① 각막　② 망막
③ 초자체　④ 수정체

해설 눈 부위의 기능

- 망막 : 상이 맺히는 곳으로 카메라 필름에 해당한다.
- 동공 :홍채 안쪽 중앙의 비어 있는 공간을 말한다.
- 수정체 : 빛을 굴절시키며, 렌즈의 역할을 한다.
- 각막 : 안구 표면의 막으로 빛이 최초로 통과하는 부분이며, 눈을 보호한다.

30. FT도에 사용되는 기호 중 "전이기호"를 나타내는 기호는?

① 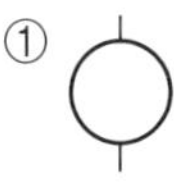
② 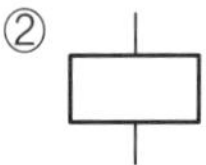
③ 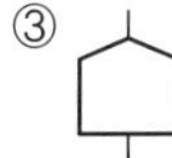
④ 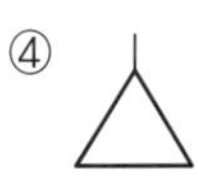

해설 전이기호 : 다른 부분에 있는 게이트와의 연결관계를 나타내기 위한 기호

정답 25. ③　26. ④　27. ②　28. ②　29. ①　30. ④

31. 인체에서 뼈의 주요 기능으로 볼 수 없는 것은?

① 대사 작용 ② 신체의 지지
③ 조혈 작용 ④ 장기의 보호

해설 • 뼈의 역할 : 신체 중요 부분 보호, 신체의 지지 및 형상 유지, 신체활동 수행
• 뼈의 기능 : 골수에서 혈구세포를 만드는 조혈기능, 칼슘, 인 등의 무기질 저장 및 공급기능

32. 작업기억(working memory)에서 일어나는 정보 코드화에 속하지 않는 것은?

① 의미 코드화
② 음성 코드화
③ 시각 코드화
④ 다차원 코드화

해설 작업기억의 정보는 일반적으로 시각, 음성, 의미 코드의 3가지로 코드화된다.

33. 휴먼 에러의 배후요소 중 작업방법, 작업순서, 작업정보, 작업환경과 가장 관련이 깊은 것은?

① Man ② Machine
③ Media ④ Management

해설 인간 에러의 배후요인 4요소(4M)
• Man(인간) : 인간관계
• Machine(기계) : 인간공학적 설계
• Media(매체) : 작업방법, 작업환경, 작업순서 등
• Management(관리) : 안전기준의 정비, 법규 준수 등

34. 소음성 난청 유소견자로 판정하는 구분을 나타내는 것은?

① A ② C ③ D_1 ④ D_2

해설 건강진단 판정기준

A	C_1	C_2	D_1	D_2
건강한 근로자	일반질병 관찰 대상자	직업병 관찰 대상자	직업병 확진자	일반질병 확진자

35. 설비의 위험을 예방하기 위한 안전성 평가 단계 중 가장 마지막에 해당하는 것은?

① 재평가 ② 정성적 평가
③ 안전 대책 ④ 정량적 평가

해설 안전성 평가의 순서

1단계	2단계	3단계	4단계	5단계	6단계
관계 자료의 정리	정성적 평가	정량적 평가	안전 대책	재해 정보 재평가	FTA에 의한 재평가

36. Chapanis의 위험수준에 의한 위험발생률 분석에 대한 설명으로 맞는 것은?

① 자주 발생하는(frequent)>10^{-3}/day
② 가끔 발생하는(occasional)>10^{-5}/day
③ 거의 발생하지 않는(remote)>10^{-6}/day
④ 극히 발생하지 않는(impossible)>10^{-8}/day

해설 Chapanis의 위험발생률 분석
• 자주 발생하는(frequent) > 10^{-2}/day
• 가끔 발생하는(occasional) > 10^{-4}/day
• 거의 발생하지 않는(remote) > 10^{-5}/day
• 극히 발생하지 않는(impossible) > 10^{-8}/day

37. 윤활관리 시스템에서 준수해야 하는 4가지 원칙이 아닌 것은?

① 적정량 준수
② 다양한 윤활제의 혼합
③ 올바른 윤활법의 선택
④ 윤활기간의 올바른 준수

정답 31. ① 32. ④ 33. ③ 34. ③ 35. ① 36. ④ 37. ②

해설 윤활관리 시스템 준수사항 4가지
• 적정량 준수
• 올바른 윤활법의 선택
• 윤활기간의 올바른 준수
• 기계에 적합한 윤활제를 선정

38. 인간공학적인 의자설계를 위한 일반적 원칙으로 적절하지 않은 것은?

① 척추의 허리 부분은 요부 전만을 유지한다.
② 허리 강화를 위하여 쿠션을 설치하지 않는다.
③ 좌판의 앞 모서리 부분은 5cm 정도 낮아야 한다.
④ 좌판과 등받이 사이의 각도는 90°~105°를 유지하도록 한다.

해설 의자설계 시 인간공학적 원칙
• 등받이는 요추의 전만 곡선을 유지한다.
• 등근육의 정적인 부하를 줄인다.
• 디스크가 받는 압력을 줄인다.
• 고정된 작업 자세를 피해야 한다.
• 사람의 신장에 따라 조절할 수 있도록 설계해야 한다.

39. 단위 면적당 표면을 나타내는 빛의 양을 설명한 것으로 맞는 것은?

① 휘도 ② 조도
③ 광도 ④ 반사율

해설 휘도 : 광원의 단위 면적당 밝기의 정도
Tip) 휘도의 척도 단위 : cd/m, fL, mL

40. 정보를 전송하기 위해 청각적 표시장치를 사용해야 효과적인 경우는?

① 전언이 복잡할 경우
② 전언이 후에 재참조될 경우
③ 전언이 공간적인 위치를 다룰 경우
④ 전언이 즉각적인 행동을 요구할 경우

해설 ①, ②, ③은 시각적 표시장치의 특성

3과목 건설시공학

41. 다음 중 콘크리트 타설공사와 관련된 장비가 아닌 것은?

① 피니셔(finisher)
② 진동기(vibrator)
③ 콘크리트 분배기(concrete distributor)
④ 항타기(air hammer)

해설 항타기 : 무거운 쇠달구를 말뚝 머리에 떨어뜨려 그 힘으로 말뚝을 땅에 박는 토목기계

42. 대상지역의 지반특성을 규명하기 위하여 실시하는 사운딩시험에 해당되는 것은?

① 함수비시험 ② 액성한계시험
③ 표준관입시험 ④ 1축압축시험

해설 표준관입시험
• 보링을 할 때 63.5kg의 해머로 샘플러를 76cm에서 타격하여 관입깊이 30cm에 도달할 때까지의 타격횟수 N값을 구하는 시험이다.
• 사질토지반의 시험에 주로 쓰인다.

43. 흙막이 공사 후 지표면의 재하하중에 못 견디어 흙막이 벽의 바깥에 있는 흙이 안으로 밀려 흙파기 저면이 불룩하게 솟아오르는 현상은?

① 히빙 현상
② 보일링 현상
③ 수동토압 파괴 현상
④ 전단 파괴 현상

해설 히빙 현상 : 연약 점토지반에서 굴착작업 시 흙막이 벽체 내·외의 토사의 중량차에 의해 흙막이 밖에 있는 흙이 안으로 밀려 들어와 솟아오르는 현상

정답 38. ② 39. ① 40. ④ 41. ④ 42. ③ 43. ①

44. 철골공사에서 쓰이는 내화피복 공법의 종류가 아닌 것은?

① 성형판 붙임공법 ② 뿜칠공법
③ 미장공법 ④ 나중 매입공법

해설 ④는 앵커볼트 매립방법

45. *VE* 적용 시 일반적으로 원가 절감의 가능성이 가장 큰 단계는?

① 기획설계 ② 공사착수
③ 공사 중 ④ 유지관리

해설 기획설계 단계에서 원가 절감이 가장 크고 공정이 진행될수록 원가 절감은 적어진다.

46. 독립기초판(3.0m×3.0m) 하부에 말뚝머리 지름이 40cm인 기성콘크리트 말뚝을 9개 시공하려고 할 때 말뚝의 중심간격으로 가장 적당한 것은?

① 110cm ② 100cm
③ 90cm ④ 80cm

해설 말뚝의 중심간격
=말뚝머리 지름 40cm×2.5=100cm
Tip) 말뚝의 중심간격은 2.5d 이상 또는 75cm 중 큰 값을 선택한다.

47. 건설공사 입찰방식 중 공개경쟁입찰의 장점에 속하지 않는 것은?

① 유자격자는 모두 참가할 수 있는 기회를 준다.
② 제한경쟁입찰에 비해 등록 사무가 간단하다.
③ 담합의 가능성을 줄인다.
④ 공사비가 절감된다.

해설 ② 제한경쟁입찰에 비해 등록 사무가 복잡하다.

48. 건축공사의 착수 시 대지에 설정하는 기준점에 관한 설명으로 옳지 않은 것은?

① 공사 중 건축물 각 부위의 높이에 대한 기준을 삼고자 설정하는 것을 말한다.
② 건축물의 그라운드 레벨(ground level)은 현장에서 공사착수 시 설정한다.
③ 기준점을 바라보기 좋고, 공사에 지장이 없는 곳에 설정한다.
④ 기준점을 대개 지정 지반면에서 0.5～1m의 위치에 두고 그 높이를 적어 둔다.

해설 ② 건축물의 그라운드 레벨(ground level)은 설계 시부터 고려하여 건축물을 설계한다.

49. 프리스트레스트 콘크리트를 프리텐션 방식으로 프리스트레싱할 때 콘크리트의 압축강도는 최소 얼마 이상이어야 하는가?

① 15MPa ② 20MPa
③ 30MPa ④ 50MPa

해설 프리스트레스트 콘크리트를 프리텐션 방식으로 프리스트레싱할 때 콘크리트의 압축강도는 30MPa 이상이어야 한다.

50. 기초파기 저면보다 지하수위가 높을 때의 배수공법으로 가장 적합한 것은?

① 웰 포인트 공법
② 샌드드레인 공법
③ 언더피닝 공법
④ 페이퍼드레인 공법

해설 웰 포인트(well point) 공법 : 모래질지반에 지하수위를 일시적으로 저하시켜야 할 때 사용하는 공법으로 모래 탈수공법이라고 한다.

51. 공사 계약제도에 관한 설명으로 옳지 않은 것은?

① 일식도급 계약제도는 전체 건축공사를 한 도급자에게 도급을 주는 제도이다.

정답 44. ④ 45. ① 46. ② 47. ② 48. ② 49. ③ 50. ① 51. ④

② 분할도급 계약제도는 보통 부대설비공사와 일반공사로 나누어 도급을 준다.
③ 공사진행 중 설계변경이 빈번한 경우에는 직영공사 제도를 채택한다.
④ 직영공사 제도는 근로자의 능률이 상승한다.

해설 ④ 직영공사 제도라 해서 근로자의 능률이 상승하지는 않는다.

52. 철근이음의 종류 중 기계적 이음과 가장 거리가 먼 것은?

① 나사식 이음 ② 가스압접 이음
③ 충진식 이음 ④ 압착식 이음

해설 철근의 기계적 이음 : 나사식 이음, 충진식 이음, 압착식 이음, cad welding 등
Tip) 가스압접 이음 : 산소－아세틸렌염으로 가열하여 적열상태에서 부풀려 접합하는 철근이음 방식

53. 콘크리트 타설 및 다짐에 관한 설명으로 옳은 것은?

① 타설한 콘크리트는 거푸집 안에서 횡 방향으로 이동시켜도 좋다.
② 콘크리트 타설은 타설기계로부터 가까운 곳부터 타설한다.
③ 이어치기 기준시간이 경과되면 콜드 조인트의 발생 가능성이 높다.
④ 노출콘크리트에는 다짐봉으로 다지는 것이 두드림으로 다지는 것보다 품질관리상 유리하다.

해설 콘크리트 타설 및 다짐
- 타설 구획 내의 먼 곳부터 타설한다.
- 한 구획 내의 콘크리트는 타설이 완료될 때까지 연속해서 타설하여야 한다.
- 타설한 콘크리트를 거푸집 안에서 횡 방향으로 이동시켜서는 안 된다.
- 이어치기 기준시간이 경과되면 콜드 조인트가 발생하므로 콜드 조인트가 발생하지 않도록 타설한다.
- 노출콘크리트에는 다짐봉으로 다지는 것보다 두드림으로 다지는 것이 품질관리상 유리하다.

54. 기성콘크리트 말뚝 설치공법 중 진동공법에 관한 설명으로 옳지 않은 것은?

① 정확한 위치에 타입이 가능하다.
② 타입은 물론 인발도 가능하다.
③ 경질지반에서는 충분한 관입깊이를 확보하기 어렵다.
④ 사질지반에서는 진동에 따른 마찰저항의 감소로 인해 관입이 쉽다.

해설 ④ 사질지반에서는 진동에 따른 마찰저항의 증가로 인해 관입이 어렵다.

55. 콘크리트의 압축강도를 시험하지 않을 경우 거푸집 널의 해체시기로 옳은 것은? (단, 조강 포틀랜드 시멘트를 사용한 기둥으로서 평균기온이 20℃ 이상일 경우)

① 2일 ② 3일 ③ 4일 ④ 6일

해설 조강 포틀랜드 시멘트의 거푸집 널 해체시기는 20℃ 이상일 경우 2일, 10℃ 이상 20℃ 미만일 경우는 3일이다.

56. 공사계획을 수립할 때의 유의사항으로 옳지 않은 것은?

① 마감공사는 구체공사가 끝나는 부분부터 순차적으로 착공하는 것이 좋다.
② 재료입수의 난이, 부품제작 일수, 운반조건 등을 고려하여 발주시기를 조절한다.
③ 방수공사, 도장공사, 미장공사 등과 같은 공정에는 일기를 고려하여 충분한 공기를 확보한다.

정답 52. ② 53. ③ 54. ④ 55. ① 56. ④

④ 공사 전반에 쓰이는 모든 시공장비는 착공 개시 전에 현장에 반입되도록 조치해야 한다.

해설 ④ 공사 전반에 쓰이는 모든 시공장비는 착공개시 공정표에 따라 공종별 세부 작업계획에 맞게 조치해야 한다.

57. 철골공사에서 용접을 할 때 발생되는 용접 결함과 직접 관계가 없는 것은?

① 크랙 ② 언더컷
③ 크레이터 ④ 위핑

해설 위핑 : 용접봉을 용접 방향에 대해 가로 방향으로 교대로 움직여 용접을 하는 운봉법

58. 벽체와 기둥의 거푸집이 굳지 않은 콘크리트 측압에 저항할 수 있도록 최종적으로 잡아주는 부재는?

① 스페이서 ② 폼타이
③ 턴버클 ④ 듀벨

해설 폼타이 : 거푸집 패널을 일정한 간격으로 양면을 유지시키고 콘크리트 측압을 지지하는 긴결재

59. 흙막이 벽체 공법 중 주열식 흙막이 공법에 해당하는 것은?

① 슬러리 월 공법
② 엄지말뚝+토류판 공법
③ C.I.P 공법
④ 시트파일 공법

해설 주열식 공법(프리팩트 파일) : C.I.P 공법, P.I.P 공법, M.I.P 공법 등

Tip) CIP 공법 : 어스오거로 구멍을 뚫고 그 내부에 철근과 자갈을 채운 후, 미리 삽입해 둔 파이프를 통해 저면에서부터 모르타르를 채워 올라오게 한 공법

60. 콘크리트 이어붓기 위치에 관한 설명으로 옳지 않은 것은?

① 보 및 슬래브는 전단력이 작은 스팬의 중앙부에 수직으로 이어 붓는다.
② 기둥 및 벽에서는 바닥 및 기초의 상단 또는 보의 하단에 수평으로 이어 붓는다.
③ 캔틸레버로 내민보나 바닥판은 간사이의 중앙부에 수직으로 이어 붓는다.
④ 아치는 아치축에 직각으로 이어 붓는다.

해설 ③ 캔틸레버로 내민보나 바닥판은 이어붓지 않는다.

4과목 건설재료학

61. 체가름시험을 하였을 때 각 체에 남는 누계량의 전체 시료에 대한 질량백분율의 합을 100으로 나눈 값은?

① 실적률 ② 유효흡수율
③ 조립률 ④ 함수율

해설 골재의 조립률 : 1조(9개의 체)를 통과하지 않고 남은 골재량을 100으로 나눈 값이다.

62. 목재의 무늬를 가장 잘 나타내는 투명도료는?

① 유성페인트 ② 클리어래커
③ 수성페인트 ④ 에나멜페인트

해설 클리어래커(clear lacquer)
- 질산셀룰로오스(질화면)를 주성분으로 하는 속건성의 투명 마무리 도료로 용제 증발에 의해 막을 만든다.
- 담색으로서 우아한 광택이 있고 내부 목재용으로 쓰인다.

정답 57. ④ 58. ② 59. ③ 60. ③ 61. ③ 62. ②

63. 구리(Cu)와 주석(Sn)을 주체로 한 합금으로 주조성이 우수하고 내식성이 크며 건축장식 철물 또는 미술공예 재료에 사용되는 것은?

① 청동 ② 황동
③ 양백 ④ 두랄루민

해설 청동은 구리와 주석을 주체로 한 합금으로 건축장식 부품 또는 미술공예 재료로 사용된다.

64. 금속제 용수철과 완충유와의 조합작용으로 열린 문이 자동으로 닫히게 하는 것으로 바닥에 설치되며, 일반적으로 무게가 큰 중량창호에 사용되는 것은?

① 래버터리 힌지 ② 플로어 힌지
③ 피벗 힌지 ④ 도어 클로저

해설 플로어 힌지 : 문을 경첩으로 유지할 수 없는 무거운 문의 개폐용으로 사용한다.

65. 각종 시멘트의 특성에 관한 설명으로 옳지 않은 것은?

① 중용열 포틀랜드 시멘트는 수화 시 발열량이 비교적 크다.
② 고로 시멘트를 사용한 콘크리트는 보통콘크리트보다 초기강도가 작은 편이다.
③ 알루미나 시멘트는 내화성이 좋은 편이다.
④ 실리카 시멘트로 만든 콘크리트는 수밀성과 화학저항성이 크다.

해설 ① 중용열 포틀랜드 시멘트는 수화열이 작고 수축률이 적어 균열 발생이 적다.

66. 절대건조 비중이 0.69인 목재의 공극률은 얼마인가?

① 31.0% ② 44.8%
③ 55.2% ④ 69.0%

해설 공극률

$$=\left(1-\frac{\text{목재의 절대건조 비중}}{\text{목재의 비중}}\right)\times 100$$

$$=\left(1-\frac{0.69}{1.54}\right)\times 100 \fallingdotseq 55.2\%$$

Tip) 목재의 비중은 1.54이다.

67. 실링재와 같은 뜻의 용어로 부재의 접합부에 충전하여 접합부를 기밀 · 수밀하게 하는 재료는?

① 백업재 ② 코킹재
③ 가스켓 ④ AE감수제

해설 실(seal)재에는 퍼티, 코킹, 실런트 등이 있다.

68. 콘크리트의 배합을 정할 때 목표로 하는 압축강도로 품질의 편차 및 양생온도 등을 고려하여 설계기준 강도에 할증한 것을 무엇이라 하는가?

① 배합강도 ② 설계강도
③ 호칭강도 ④ 소요강도

해설 콘크리트 배합 시 목표로 하는 압축강도로 설계기준 강도에 할증한 것을 배합강도라 한다.

69. 석재를 대상으로 실시하는 시험의 종류와 거리가 먼 것은?

① 비중시험 ② 흡수율시험
③ 압축강도시험 ④ 인장강도시험

해설 석재시험에는 흡수율시험, 공극시험, 강도시험(압축, 휨, 마모), 비중시험 등이 있다.

70. 미리 거푸집 속에 특정한 입도를 가지는 굵은 골재를 채워 놓고 그 간극에 모르타르를 주입하여 제조한 콘크리트는?

정답 63. ① 64. ② 65. ① 66. ③ 67. ② 68. ① 69. ④ 70. ②

① 폴리머 시멘트 콘크리트
② 프리플레이스트 콘크리트
③ 수밀 콘크리트
④ 서중 콘크리트

해설 프리플레이스트 콘크리트 : 특정한 입도를 가진 굵은 골재를 거푸집에 채워 넣고 그 굵은 골재 사이의 공극에 특수한 모르타르를 압력으로 주입하여 만드는 콘크리트로 수중 콘크리트 타설 시 사용한다.

71. 철근콘크리트 구조의 부착강도에 관한 설명으로 옳지 않은 것은?

① 최초 시멘트 페이스트의 점착력에 따라 발생한다.
② 콘크리트 압축강도가 증가함에 따라 일반적으로 증가한다.
③ 거푸집 강성이 클수록 부착강도의 증가율은 높아진다.
④ 이형철근의 부착강도가 원형철근보다 크다.

해설 ③ 거푸집 강성과 부착강도는 관련이 없다.

72. 단백질계 접착제 중 동물성 단백질이 아닌 것은?

① 카세인 ② 아교
③ 알부민 ④ 아마인유

해설 아마인유 : 아마의 씨에 함유된 식물성 건성 지방유로 도료 등에 사용된다.

73. 점토벽돌 1종의 흡수율과 압축강도 기준으로 옳은 것은?

① 흡수율 10% 이하-압축강도 24.50MPa 이상
② 흡수율 10% 이하-압축강도 20.59MPa 이상
③ 흡수율 15% 이하-압축강도 24.50MPa 이상
④ 흡수율 15% 이하-압축강도 20.59MPa 이상

해설 점토벽돌의 압축강도(KS L 4201)

구분	1종	2종
흡수율(%)	10.0 이하	15.0 이하
압축강도(MPa)	24.50 이상	14.70 이상

74. 미장재료 중 돌로마이트 플라스터에 관한 설명으로 옳지 않은 것은?

① 돌로마이트에 모래, 여물을 섞어 반죽한 것이다.
② 소석회보다 점성이 크다.
③ 회반죽에 비하여 최종강도는 작고 착색이 어렵다.
④ 건조수축이 커서 균열이 생기기 쉽다.

해설 ③ 회반죽에 비하여 조기강도 및 최종강도가 크고 착색이 쉽다.

75. 멤브레인 방수공사와 관련된 용어에 관한 설명으로 옳지 않은 것은?

① 멤브레인 방수층-불투수성 피막을 형성하는 방수층
② 절연용 테이프-바탕과 방수층 사이의 국부적인 응력집중을 막기 위한 바탕면 부착테이프
③ 프라이머-방수층과 바탕을 견고하게 밀착시킬 목적으로 바탕면에 최초로 도포하는 액상재료
④ 개량 아스팔트-아스팔트 방수층을 형성하기 위해 사용하는 시트형상의 재료

해설 ④ 개량 아스팔트-아스팔트 방수층에 고무, 합성수지를 배합하여 감온성 등을 개선한 재료

76. 합성수지 중 열경화성 수지가 아닌 것은?

① 페놀수지 ② 요소수지
③ 에폭시수지 ④ 아크릴수지

정답 71. ③ 72. ④ 73. ① 74. ③ 75. ④ 76. ④

해설 • 열경화성 수지 : 가열하면 연화되어 변형하나, 냉각시키면 그대로 굳어지는 수지로 페놀수지, 폴리에스테르수지, 요소수지, 멜라민수지, 실리콘수지, 푸란수지, 에폭시수지, 알키드수지 등
• 열가소성 수지 : 열을 가하여 자유로이 변형할 수 있는 성질의 합성수지로 염화비닐수지, 아크릴수지, 폴리프로필렌수지, 폴리에틸렌수지, 폴리스티렌수지 등

77. 미장바름의 종류 중 돌로마이트에 화강석 부스러기, 색모래, 안료 등을 섞어 정벌바름하고 충분히 굳지 않은 때에 거친 솔 등으로 긁어 거친 면으로 마무리한 것은?

① 모조석 ② 라프코트
③ 리신바름 ④ 흙바름

해설 리신바름 : 돌로마이트에 화강석 부스러기, 색모래, 안료 등을 섞어 정벌바름하고 충분히 굳지 않은 때에 표면을 거친 솔, 얼레빗 같은 것으로 긁어 거친 면으로 마무리하는 인조석 바름

78. 시멘트의 수화열에 의한 온도의 상승 및 하강에 따라 작용된 구속응력에 의해 균열이 발생할 위험이 있어, 이에 대한 특수한 고려를 요하는 콘크리트는?

① 매스콘크리트 ② 유동화콘크리트
③ 한중콘크리트 ④ 수밀콘크리트

해설 매스콘크리트 : 부재의 단면치수가 슬리브에서 80cm 이상일 때 타설하는 콘크리트

79. 목재의 조직에 관한 설명으로 옳지 않은 것은?

① 수선은 침엽수와 활엽수가 다르게 나타난다.
② 심재는 색이 진하고 수분이 적고 강도가 크다.
③ 봄에 이루어진 목질부를 춘재라 한다.
④ 수간의 횡단면을 기준으로 제일 바깥쪽의 껍질을 형성층이라 한다.

해설 ④ 수간의 제일 바깥쪽은 껍질을 형성하는 층으로 외수피이다.

80. 모래의 함수율과 용적변화에서 이넌데이트(inundate) 현상이란 어떤 상태를 말하는가?

① 함수율 0~8%에서 모래의 용적이 증가하는 현상
② 함수율 8%의 습윤상태에서 모래의 용적이 감소하는 현상
③ 함수율 8%에서 모래의 용적이 최고가 되는 현상
④ 절건상태와 습윤상태에서 모래의 용적이 동일한 현상

해설 이넌데이트(inundate) 현상 : 절건상태와 습윤상태에서 모래의 용적이 같아지는 현상

5과목 건설안전기술

81. 달비계에 사용이 불가한 와이어로프의 기준으로 옳지 않은 것은?

① 이음매가 없는 것
② 지름의 감소가 공칭지름의 7%를 초과하는 것
③ 심하게 변형되거나 부식된 것
④ 와이어로프의 한 꼬임에서 끊어진 소선(素線)의 수가 10% 이상인 것

해설 ① 이음매가 있는 것

82. 다음은 산업안전보건기준에 관한 규칙 중 가설통로의 구조에 관한 사항이다. ( ) 안에 들어갈 내용으로 옳은 것은?

정답 77. ③ 78. ① 79. ④ 80. ④ 81. ① 82. ②

수직갱에 가설된 통로의 길이가 15m 이상인 경우에는 10m 이내마다 ( )을/를 설치할 것

① 손잡이 ② 계단참
③ 클램프 ④ 버팀대

해설 수직갱에 가설된 통로의 길이가 15m 이상인 경우에는 10m 이내마다 계단참을 설치할 것

83. 다음 중 구조물의 해체작업을 위한 기계 · 기구가 아닌 것은?

① 쇄석기 ② 데릭
③ 압쇄기 ④ 철제 해머

해설 ②는 철골 세우기용의 대표적인 기계

84. 강풍 시 타워크레인의 설치 · 수리 · 점검 또는 해체작업을 중지하여야 하는 순간풍속 기준으로 옳은 것은?

① 순간풍속이 초당 10m를 초과하는 경우
② 순간풍속이 초당 15m를 초과하는 경우
③ 순간풍속이 초당 20m를 초과하는 경우
④ 순간풍속이 초당 30m를 초과하는 경우

해설 순간풍속이 초당 10m 초과 시 : 타워크레인의 수리 · 점검 · 해체작업 중지

85. 근로자의 추락위험이 있는 장소에서 발생하는 추락재해의 원인으로 볼 수 없는 것은?

① 안전대를 부착하지 않았다.
② 덮개를 설치하지 않았다.
③ 투하설비를 설치하지 않았다.
④ 안전난간을 설치하지 않았다.

해설 ③ 투하설비는 낙하물 위험방지

86. 기상상태의 악화로 비계에서의 작업을 중지시킨 후 그 비계에서 작업을 다시 시작하기 전에 점검해야 할 사항에 해당하지 않는 것은?

① 기둥의 침하 · 변형 · 변위 또는 흔들림 상태
② 손잡이의 탈락 여부
③ 격벽의 설치 여부
④ 발판재료의 손상 여부 및 부착 또는 걸림 상태

해설 ③ 격벽의 설치는 건조설비의 열원으로부터 직화를 사용할 때 불꽃에 의한 화재를 예방하기 위한 것이다.
Tip) 격벽 : 방과 방 사이의 간막이 벽

87. 사다리식 통로 등을 설치하는 경우 발판과 벽과의 사이는 최소 얼마 이상의 간격을 유지하여야 하는가?

① 5cm ② 10cm
③ 15cm ④ 20cm

해설 발판과 벽과의 사이는 15cm 이상의 간격을 유지할 것

88. 드럼에 다수의 돌기를 붙여 놓은 기계로 점토층의 내부를 다지는데 적합한 것은?

① 탠덤롤러 ② 타이어롤러
③ 진동롤러 ④ 탬핑롤러

해설 탬핑롤러
- 고함수비의 점성토지반에 효과적인 다짐작업에 적합한 롤러이다.
- 롤러 표면에 돌기를 붙여 접지면적을 작게 하여, 땅 깊숙이 다짐이 가능하다.

89. 산업안전보건법령에 따른 중량물을 취급하는 작업을 하는 경우의 작업계획서 내용에 포함되지 않는 사항은?

정답 83. ② 84. ① 85. ③ 86. ③ 87. ③ 88. ④ 89. ④

① 추락위험을 예방할 수 있는 안전 대책
② 낙하위험을 예방할 수 있는 안전 대책
③ 전도위험을 예방할 수 있는 안전 대책
④ 위험물 누출위험을 예방할 수 있는 안전 대책

해설 중량물 취급 작업 시 작업계획서는 추락위험, 낙하위험, 전도위험, 협착위험, 붕괴위험 등에 대한 예방을 할 수 있는 안전 대책을 포함하여야 한다.

90. 산업안전보건관리비 계상을 위한 대상액이 56억 원인 교량공사의 산업안전보건관리비는 얼마인가? (단, 일반건설공사(갑)에 해당한다.)

① 104,160천 원　② 110,320천 원
③ 144,800천 원　④ 150,400천 원

해설 산업안전보건관리비
=대상액×계상기준표의 비율
=56억 원×0.0197=110,320천 원

91. 콘크리트 구조물에 적용하는 해체작업 공법의 종류가 아닌 것은?

① 연삭공법　② 발파공법
③ 오픈 컷 공법　④ 유압공법

해설 ③은 터파기 공법

92. 콘크리트 타설작업 시 거푸집에 작용하는 연직하중이 아닌 것은?

① 콘크리트의 측압
② 거푸집의 중량
③ 굳지 않은 콘크리트의 중량
④ 작업원의 작업하중

해설 거푸집에 작용하는 연직 방향 하중 : 고정하중, 충격하중, 작업하중, 콘크리트 및 거푸집 자중 등
Tip) 콘크리트의 측압 – 횡 방향 하중

93. 거푸집 공사에 관한 설명으로 옳지 않은 것은?

① 거푸집 조립 시 거푸집이 이동하지 않도록 비계 또는 기타 공작물과 직접 연결한다.
② 거푸집 치수를 정확하게 하여 시멘트 모르타르가 새지 않도록 한다.
③ 거푸집 해체가 쉽게 가능하도록 박리제 사용 등의 조치를 한다.
④ 측압에 대한 안전성을 고려한다.

해설 ① 거푸집 조립 시 비계 등이 가설물에 직접 연결되어 영향을 주면 안 된다.

94. 개착식 굴착공사에서 버팀보 공법을 적용하여 굴착할 때 지반붕괴를 방지하기 위하여 사용하는 계측장치로 거리가 먼 것은?

① 지하수위계　② 경사계
③ 변형률계　④ 록볼트 응력계

해설 ④는 터널공사 계측장비

95. 다음 중 유해 · 위험방지 계획서 제출대상 공사에 해당하는 것은?

① 지상높이가 25m인 건축물 건설공사
② 최대 지간길이가 45m인 교량공사
③ 깊이가 8m인 굴착공사
④ 제방높이가 50m인 다목적 댐 건설공사

해설 ① 지상높이가 31m 이상인 건축물 건설공사
② 최대 지간길이가 50m 이상인 교량공사
③ 깊이가 10m 이상인 굴착공사

96. 차량계 하역운반기계 등을 사용하는 작업을 할 때, 그 기계가 넘어지거나 굴러 떨어짐으로써 근로자에게 위험을 미칠 우려가 있는 경우에 이를 방지하기 위한 조치사항과 거리가 먼 것은?

정답 90. ② 91. ③ 92. ① 93. ① 94. ④ 95. ④ 96. ③

① 유도자 배치
② 지반의 부동침하방지
③ 상단 부분의 안정을 위하여 버팀줄 설치
④ 갓길 붕괴방지

해설 건설기계의 전도전락방지 조치에는 유도자 배치, 지반의 부동침하방지, 도로 폭의 유지, 갓길 붕괴방지 조치 등이 있다.
Tip) 상단 부분의 안정을 위하여 버팀줄 설치 – 항타기의 도괴방지를 위한 준수사항

97. 추락재해 방지용 방망의 신품에 대한 인장강도는 얼마인가? (단, 그물코의 크기가 10cm이며, 매듭 없는 방망이다.)

① 220kg ② 240kg
③ 260kg ④ 280kg

해설 방망사의 신품과 폐기 시 인장강도

그물코의 크기 (cm)	매듭 없는 방망		매듭 방망	
	신품	폐기 시	신품	폐기 시
10	240kg	150kg	200kg	135kg
5	–	–	110kg	60kg

98. 발파작업에 종사하는 근로자가 준수하여야 할 사항으로 옳지 않은 것은?

① 장전구는 마찰 · 충격 · 정전기 등에 의한 폭발의 위험이 없는 안전한 것을 사용할 것
② 발파공의 충진재료는 점토 · 모래 등 발화성 또는 인화성의 위험이 없는 재료를 사용할 것
③ 얼어붙은 다이나마이트는 화기에 접근시키거나 그 밖의 고열물에 직접 접촉시켜 단시간 안에 융해시킬 수 있도록 할 것
④ 전기뇌관에 의한 발파의 경우 점화하기 전에 화약류를 장전한 장소로부터 30m 이상 떨어진 안전한 장소에서 전선에 대하여 저항측정 및 도통시험을 할 것

해설 ③ 얼어붙은 다이나마이트는 화기에 접근시키거나 그 밖의 고열물에 직접 접촉시키는 등 위험한 방법으로 융해되지 않도록 할 것

99. 다음은 산업안전보건법령에 따른 근로자의 추락위험 방지를 위한 추락방호망의 설치기준이다. ( ) 안에 들어갈 내용으로 옳은 것은?

> 추락방호망은 수평으로 설치하고, 망의 처짐은 짧은 변 길이의 ( ) 이상이 되도록 할 것

① 10% ② 12%
③ 15% ④ 18%

해설 추락방호망은 수평으로 설치하고, 망의 처짐은 짧은 변 길이의 12% 이상이 되도록 할 것

100. 거푸집 동바리 등을 조립하는 경우의 준수사항으로 옳지 않은 것은?

① 동바리로 사용하는 파이프 서포트는 최소 3개 이상 이어서 사용하도록 할 것
② 동바리의 상하 고정 및 미끄러짐 방지조치를 하고, 하중의 지지상태를 유지할 것
③ 동바리의 이음은 맞댄이음이나 장부이음으로 하고 같은 품질의 재료를 사용할 것
④ 강재와 강재의 접속부 및 교차부는 볼트 · 클램프 등 전용 철물을 사용하여 단단히 연결할 것

해설 ① 동바리로 사용하는 파이프 서포트는 3개 이상 이어서 사용하지 않도록 할 것

정답 97. ② 98. ③ 99. ② 100. ①

2018년도(4회차) 출제문제

|건|설|안|전|산|업|기|사|

1과목 산업안전관리론

1. 산업재해의 발생 형태 종류 중 상호자극에 의하여 순간적으로 재해가 발생하는 유형으로 재해가 일어난 장소나 그 시점에 일시적으로 요인이 집중하는 것은?

① 단순자극형　　② 단순연쇄형
③ 복합연쇄형　　④ 복합형

해설 산업재해의 발생 형태

- 단순자극형(집중형) :

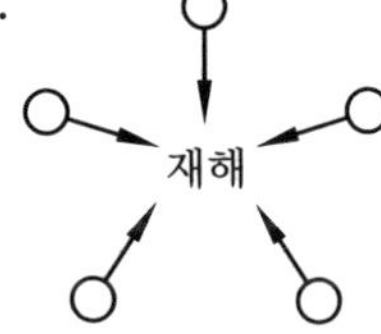

- 연쇄형

㉠ 단순연쇄형 :

재해

㉡ 복합연쇄형 :

재해

- 복합형 :

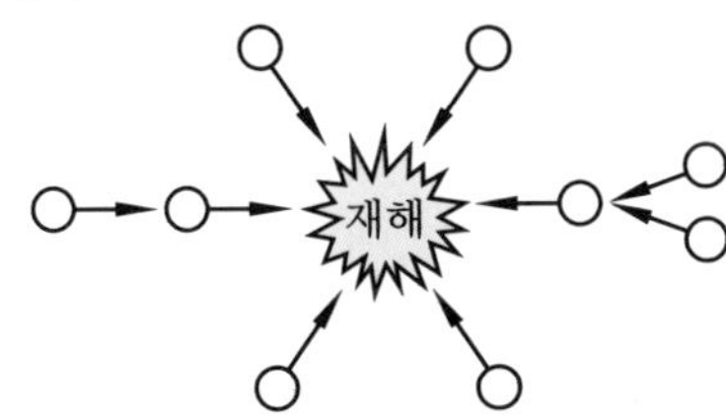

2. 평균근로자 수가 1000명인 사업장의 도수율이 10.25이고 강도율이 7.25이었을 때 이 사업장의 종합재해지수는?

① 7.62　　② 8.62
③ 9.62　　④ 10.62

해설 종합재해지수(FSI)

$=\sqrt{도수율 \times 강도율}$

$=\sqrt{10.25 \times 7.25} \fallingdotseq 8.62$

3. 자신의 결함과 무능에 의하여 생긴 열등감이나 긴장을 해소시키기 위하여 장점 같은 것으로 그 결함을 보충하려는 행동의 방어기제는?

① 보상　② 승화　③ 투사　④ 합리화

해설 방어기제(defense mechanism) : 갈등의 합리화와 적극성

구분	특징
보상	스트레스를 다른 곳에서 강점으로 발휘함
합리화	변명, 실패를 합리화, 자기미화
승화	열등감과 욕구불만이 사회적 · 문화적 가치로 나타남
동일시	힘과 능력 있는 사람을 통해 대리만족 함
투사	열등감을 다른 것에서 발견해 열등감에서 벗어나려 함

4. 재해 원인의 분석방법 중 사고의 유형, 기인물 등 분류 항목을 큰 순서대로 도표화하는 통계적 원인 분석방법은?

① 특성요인도　　② 관리도
③ 크로스도　　④ 파레토도

정답 1. ①　2. ②　3. ①　4. ④

해설 재해 분석 분류

- 관리도 : 재해 발생 건수 등을 시간에 따른 대략적인 파악에 사용한다.
- 파레토도 : 사고의 유형, 기인물 등 분류 항목을 큰 값에서 작은 값의 순서대로 도표화한다.
- 특성요인도 : 특성의 원인과 결과를 연계하여 상호관계를 어골상으로 세분하여 분석한다.
- 클로즈(크로스)분석도 : 2가지 항목 이상의 요인이 상호관계를 유지할 때 문제점을 분석한다.

5. 앞에 실시한 학습의 효과는 뒤에 실시하는 새로운 학습에 직접 또는 간접으로 영향을 주는 현상을 의미하는 것은?

① 통찰(insight) ② 전이(transference)
③ 반사(reflex) ④ 반응(reaction)

해설 전이 : 어떤 내용을 학습한 결과가 다른 학습이나 반응에 영향을 주는 현상

6. 공정안전 보고서의 안전운전계획에 포함하여야 할 세부내용이 아닌 것은?

① 설비배치도
② 안전작업허가
③ 도급업체 안전관리계획
④ 설비점검 · 검사 및 보수계획, 유지계획 및 지침서

해설 안전운전계획

- 안전작업허가
- 안전운전지침서
- 도급업체 안전관리계획
- 근로자 등 교육계획
- 가동 전 점검지침
- 변경 요소 관리계획
- 자체감사 및 사고조사계획
- 설비점검 · 검사 및 보수계획, 유지계획 및 지침서

Tip) 설비의 배치도 – 공정안전자료 세부내용

7. 인간의 의식수준 5단계 중 의식수준의 저하로 인한 피로와 단조로움의 생리적 상태가 일어나는 단계는?

① phase Ⅰ ② phase Ⅱ
③ phase Ⅲ ④ phase Ⅳ

해설 1단계(의식 흐림, 의식수준의 저하) : 피로, 단조로운 일, 수면, 졸음, 몽롱

8. 상해의 종류 중 타박, 충돌, 추락 등으로 피부 표면보다는 피하조직 등 근육부를 다친 상해를 무엇이라 하는가?

① 골절 ② 자상 ③ 부종 ④ 좌상

해설 • 부종 : 몸이 붓는 증상

- 골절 : 몸에 있는 뼈가 부러지거나 금이 간 상해
- 자상(찔림) : 칼날이나 뾰족한 물체 등 날카로운 물건에 찔린 상해
- 좌상 : 타박, 충돌, 추락 등으로 피부 표면보다는 피하조직 등 근육부를 다친 상해
- 찰과상 : 스치거나 문질러서 피부가 벗겨진 상해
- 창상(베인) : 창, 칼 등에 베인 상해

9. 산업안전보건법령에 따른 근로자 안전 · 보건교육 중 건설업 기초안전 · 보건교육 과정의 건설 일용근로자의 교육시간으로 옳은 것은?

① 1시간 ② 2시간 ③ 4시간 ④ 6시간

해설 건설 일용근로자의 건설업 기초안전 · 보건교육 : 4시간 이상

정답 5. ② 6. ① 7. ① 8. ④ 9. ③

10. **매슬로우(Maslow)의 욕구단계 이론 중 제 3단계로 옳은 것은?**

① 생리적 욕구
② 안전에 대한 욕구
③ 존경과 긍지에 대한 욕구
④ 사회적(애정적) 욕구

해설 3단계(사회적 욕구) : 애정과 소속에 대한 욕구

11. **산업안전보건법령에 따른 안전검사대상 유해 · 위험기계에 해당하지 않는 것은?**

① 산업용 원심기
② 이동식 국소배기장치
③ 롤러기(밀폐형 구조는 제외)
④ 크레인(정격하중이 2톤 미만인 것은 제외)

해설 ②는 안전검사대상 기계에서 제외 대상

12. **작업을 하고 있을 때 걱정거리, 고민거리, 욕구불만 등에 의해 다른데 정신을 빼앗기는 부주의 현상은?**

① 의식의 중단
② 의식의 우회
③ 의식의 과잉
④ 의식수준의 저하

해설 의식의 우회 : 의식의 흐름이 발생한 것으로 피로, 단조로운 일, 수면, 졸음, 몽롱, 작업 중 걱정, 고민, 욕구불만 등에 의해 발생하며, 부주의 발생의 내적요인이다.

13. **모랄서베이(morale survey)의 주요 방법 중 태도조사법에 해당하는 것은 어느 것인가?**

① 사례연구법 ② 관찰법
③ 실험연구법 ④ 면접법

해설 태도조사법의 종류 : 질문지(문답)법, 면접법, 집단토의법, 투사법

14. **보호구 안전인증 고시에 따른 안전화의 정의 중 다음 ( ) 안에 알맞은 것은?**

> 중작업용 안전화란 (㉠)mm의 낙하높이에서 시험했을 때 충격과 (㉡ ±0.1)kN의 압축하중에서 시험했을 때 압박에 대하여 보호해 줄 수 있는 선심을 부착하여 착용자를 보호하기 위한 안전화를 말한다.

① ㉠ : 250, ㉡ : 4.4
② ㉠ : 500, ㉡ : 10
③ ㉠ : 750, ㉡ : 7.4
④ ㉠ : 1000, ㉡ : 15

해설 안전화 높이(mm)－하중(kN)

중작업용	보통작업용	경작업용
1000－15±0.1	500－10±0.1	250－4.4±0.1

15. **보호구 안전인증 고시에 따른 다음 방진마스크의 형태로 옳은 것은?**

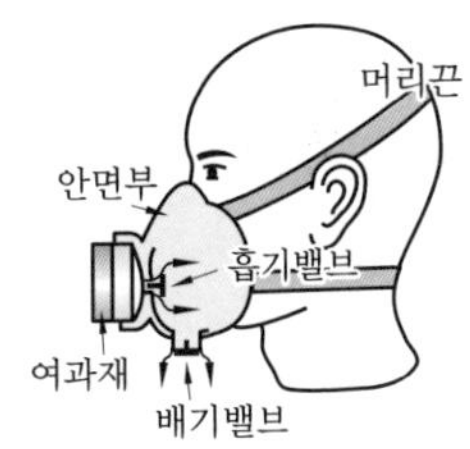

① 격리식 반면형
② 직결식 반면형
③ 격리식 전면형
④ 직결식 전면형

해설 방진마스크의 종류

▲ 격리식 반면형 ▲ 격리식 전면형

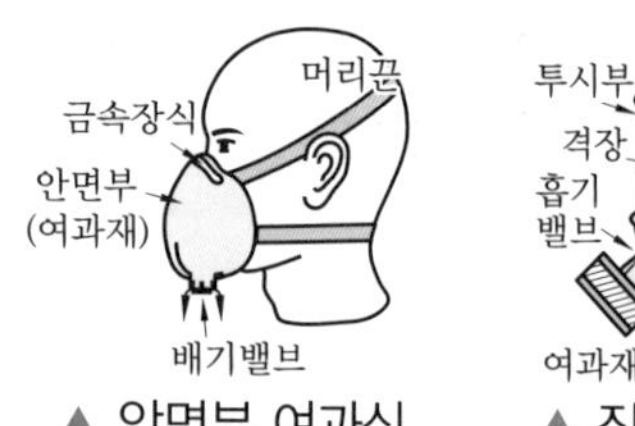

▲ 안면부 여과식

▲ 직결식 전면형

16. 산업안전보건법령에 따른 교육대상별 교육내용 중 근로자 정기안전 · 보건교육의 내용이 아닌 것은? (단, 산업안전보건법 및 일반관리에 관한 사항은 제외한다.)

① 산업재해보상보험 제도에 관한 사항
② 산업보건 및 직업병예방에 관한 사항
③ 유해 · 위험 작업환경 관리에 관한 사항
④ 작업공정의 유해 · 위험과 재해예방 대책에 관한 사항

해설 ④는 관리감독자 정기안전 · 보건교육 내용

17. 산업안전보건법령에 따른 안전 · 보건표지 중 금지표지의 종류가 아닌 것은?

① 금연
② 물체이동금지
③ 접근금지
④ 차량통행금지

해설 금지표지의 종류

금연	물체이동 금지	차량통행 금지	탑승금지

18. 다음에서 설명하는 착시 현상과 관계가 깊은 것은?

그림에서 선 ab와 선 cd는 그 길이가 동일한 것이지만, 시각적으로는 선 ab가 선 cd보다 길어 보인다.

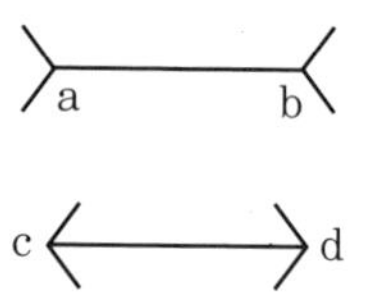

① 헬몰쯔의 착시
② 쾰러의 착시
③ 뮬러-라이어의 착시
④ 포겐도르프의 착시

해설 착시 현상

Muller-Lyer의 착시	: 선 ab가 선 cd보다 길어 보인다(실제 ab=cd).
Poggen-dorff의 착시	: 선 a와 선 c가 연결되어 있는 것처럼 보이지만 실제로는 선 a와 선 b가 연결되어 있다.
Helmholtz의 착시	: (a)는 세로로 길어 보이고, (b)는 가로로 길어 보인다.
Hering의 착시	: (a)는 양단이 벌어져 보이고, (b)는 중앙이 벌어져 보인다.
Kohler의 착시	: 우선 평행의 호를 보고 이어 직선을 본 경우에 직선은 호와의 반대 방향으로 굽어 보인다.

정답 16. ④ 17. ③ 18. ③

Zöller의 착시	: 수직선인 세로의 선이 굽어 보인다.

19. **O.J.T(On the Job Training) 교육방법에 대한 설명으로 옳은 것은?**

① 교육 훈련 목표에 대한 집단적 노력이 흐트러질 수 있다.
② 다수의 근로자에게 조직적 훈련이 가능하다.
③ 직장의 실정에 맞게 실제적 훈련이 가능하다.
④ 전문가를 강사로 초빙 가능하다.

해설 ①, ②, ④는 OFF.J.T 교육의 특징

20. **학습지도의 형태 중 몇 사람의 전문가에 의하여 과제에 관한 견해가 발표된 뒤 참가자로 하여금 의견이나 질문을 하게 하여 토의하는 방법은?**

① 패널 디스커션(panel discussion)
② 심포지엄(symposium)
③ 포럼(forum)
④ 버즈세션(buzz session)

해설 심포지엄 : 몇 사람의 전문가에 의하여 과제에 관한 견해를 발표한 뒤에 참가자로 하여금 의견이나 질문을 하게 하여 토의하는 방법

2과목 인간공학 및 시스템 안전공학

21. **설계강도 이상의 급격한 스트레스에 의해 발생하는 고장에 해당하는 것은?**

① 초기고장 ② 우발고장
③ 마모고장 ④ 열화고장

해설 우발고장 기간 : 일정형으로 고장률이 비교적 낮다. 설계강도 이상의 급격한 스트레스에 의해 우발적으로 발생하는 고장이다.

22. **다음 FT에서 G_1의 발생확률은?**

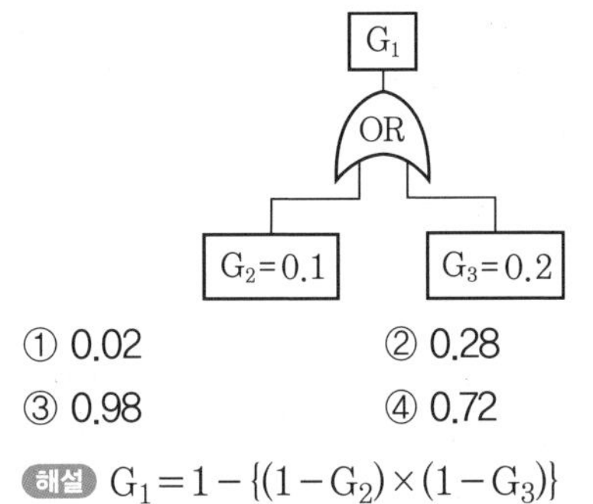

① 0.02 ② 0.28
③ 0.98 ④ 0.72

해설 $G_1 = 1 - \{(1-G_2) \times (1-G_3)\}$
$= 1 - \{(1-0.1) \times (1-0.2)\} = 0.28$

23. **어떤 상황에서 정보전송에 따른 표시장치를 선택하거나 설계할 때, 청각장치를 주로 사용하는 사례로 맞는 것은?**

① 메시지가 길고 복잡한 경우
② 메시지를 나중에 재참조하여야 할 경우
③ 메시지가 즉각적인 행동을 요구하는 경우
④ 신호의 수용자가 한 곳에 머무르고 있는 경우

해설 ①, ②, ④는 시각적 표시장치의 특성

24. **FT도 작성에 사용되는 기호에서 그 성격이 다른 하나는?**

해설 ④ AND 게이트(논리기호) : 모든 입력사상이 공존할 때에만 출력사상이 발생한다.

정답 19. ③ 20. ② 21. ② 22. ② 23. ③ 24. ④

25. 중추신경계의 피로 즉, 정신피로의 척도로 사용되는 것으로서 점멸률을 점차 증가(감소)시키면서 피실험자가 불빛이 계속 켜져 있는 것으로 느끼는 주파수를 측정하는 방법은?

① VFF ② EMG
③ EEG ④ MTM

해설 VFF(시각적 점멸융합주파수) : 시각적 혹은 청각적으로 주어지는 계속적인 자극을 연속적으로 느끼게 되는 주파수로 조명강도의 대수치에 선형적으로 비례한다.

26. 거리가 있는 한 물체에 대한 약간 다른 상이 두 눈의 망막에 맺힐 때, 이것을 구별할 수 있는 능력은?

① vernier acuity
② stereoscopic acuity
③ dynamic visual acuity
④ minimum perceptible acuity

해설 입체시력(stereoscopic acuity) : 거리가 있는 한 물체에 대한 약간 다른 상이 두 눈의 망막에 맺힐 때, 이것을 구별하는 능력

27. 조작자와 제어버튼 사이의 거리, 조작에 필요한 힘 등을 정할 때, 가장 일반적으로 적용되는 인체측정자료 응용원칙은?

① 조절식 설계원칙
② 평균치 설계원칙
③ 최대치 설계원칙
④ 최소치 설계원칙

해설 조작자와 제어버튼 사이의 거리, 조작에 필요한 힘 등을 정할 때에는 최대치수와 최소치수(극단치)를 기준으로 한 설계 중 최소치 설계원칙을 적용해야 한다.

28. 인간이 느끼는 소리의 높고 낮은 정도를 나타내는 물리량은?

① 음압 ② 주파수
③ 지속시간 ④ 명료도

해설 주파수 : 인간의 청각으로 느끼는 소리의 고저 정도를 나타내는 물리량

29. 인간-기계 시스템에서 기본적인 기능에 해당하지 않는 것은?

① 감각기능
② 정보저장기능
③ 작업환경 측정기능
④ 정보처리 및 결정기능

해설 인간-기계 기본기능 : 행동기능, 정보의 수용(감지), 정보저장(보관), 정보입력, 정보처리 및 의사결정 등

30. 기능적으로 분류한 전형적인 안전성 설계기준과 거리가 먼 것은?

① 수송설비
② 기계시스템
③ 유연 생산시스템
④ 화기 또는 폭약시스템

해설 유연 생산시스템의 정의 : 생산성을 감소시키지 않으면서 여러 종류의 제품을 가공처리할 수 있는 유연성이 큰 자동화 생산라인을 말한다.

31. 시스템 수명주기(life cycle) 단계에서 운용단계와 가장 거리가 먼 것은?

① 설계변경 검토
② 교육 훈련의 진행
③ 안전담당자의 사고조사 참여
④ 최종 생산물의 수용 여부 결정

해설 ④는 정의단계

정답 25. ① 26. ② 27. ④ 28. ② 29. ③ 30. ③ 31. ④

32. 동전 던지기에서 앞면이 나올 확률이 0.2이고, 뒷면이 나올 확률이 0.8일 때, 앞면이 나올 확률의 정보량과 뒷면이 나올 확률의 정보량이 맞게 연결된 것은?

① 앞면 : 약 2.32bit, 뒷면 : 약 0.32bit
② 앞면 : 약 2.32bit, 뒷면 : 약 1.32bit
③ 앞면 : 약 3.32bit, 뒷면 : 약 0.32bit
④ 앞면 : 약 3.32bit, 뒷면 : 약 1.52bit

해설 ㉠ 앞면 $= \dfrac{\log\left(\dfrac{1}{0.2}\right)}{\log 2} = 2.32\,\mathrm{bit}$

㉡ 뒷면 $= \dfrac{\log\left(\dfrac{1}{0.8}\right)}{\log 2} = 0.32\,\mathrm{bit}$

33. 체계설계 과정의 주요 단계가 다음과 같을 때, 가장 먼저 시행되는 단계는?

- 기본설계
- 계면설계
- 체계의 정의
- 촉진물 설계
- 시험 및 평가
- 목표 및 성능 명세 결정

① 기본설계
② 계면설계
③ 체계의 정의
④ 목표 및 성능 명세 결정

해설 인간-기계 시스템 설계 순서

1단계	2단계	3단계	4단계	5단계	6단계
목표 및 성능 명세 결정	체계의 정의	기본 설계	계면 설계	촉진물 설계	시험 및 평가

34. 상황해석을 잘못하거나 목표를 착각하여 행하는 인간의 실수는?

① 착오(mistake) ② 실수(slip)
③ 건망증(lapse) ④ 위반(violation)

해설 착오(mistake) : 상황해석을 잘못하거나 목표를 착각하여 행하는 인간의 실수(순서, 패턴, 형상, 기억오류 등)

35. 사고 시나리오에서 연속된 사건들의 발생경로를 파악하고 평가하기 위한 귀납적이고 정량적인 시스템 안전 분석기법은?

① ETA ② FMEA
③ PHA ④ THERP

해설 ETA(사건수 분석법) : 설계에서부터 사용까지의 사건들의 발생경로를 파악하고 위험을 평가하기 위한 귀납적이고 정량적인 분석기법

36. 신체와 환경 간의 열교환과정을 바르게 나타낸 것은? (단, W는 수행한 일, M은 대사열 발생량, S는 열함량 변화, R은 복사열 교환량, C는 대류열 교환량, E는 증발열 발산량, Clo는 의복의 단열률이다.)

① $W=(M+S)\pm R\pm C-E$
② $S=(M-W)\pm R\pm C-E$
③ $W=\mathrm{Clo}\times(M-S)\pm R\pm C-E$
④ $S=\mathrm{Clo}\times(M-W)\pm R\pm C-E$

해설 인체의 열교환과정 : 열축적(S) $=M$(대사열)$-E$(증발)$\pm R$(복사)$\pm C$(대류)$-W$(한 일)

37. 조종장치를 15mm 움직였을 때, 표시계기의 지침이 25mm 움직였다면 이 기기의 C/R비는?

① 0.4 ② 0.5 ③ 0.6 ④ 0.7

정답 32. ① 33. ④ 34. ① 35. ① 36. ② 37. ③

해설 $C/R비 = \frac{조종장치\ 이동거리}{표시장치\ 이동거리} = \frac{15}{25} = 0.6$

38. 결함수 분석을 적용할 필요가 없는 경우는?

① 여러 가지 지원 시스템이 관련된 경우
② 시스템의 강력한 상호작용이 있는 경우
③ 설계 특성상 바람직하지 않은 사상이 시스템에 영향을 주지 않는 경우
④ 바람직하지 않은 사상 때문에 하나 이상의 시스템이나 기능이 정지될 수 있는 경우

해설 ③ 사상이 시스템에 영향을 주지 않는 경우는 결함수 분석을 할 필요가 없다.

39. 반사 눈부심을 최소화하기 위한 옥내 추천 반사율이 높은 순서대로 나열한 것은?

① 천정>벽>가구>바닥
② 천정>가구>벽>바닥
③ 벽>천정>가구>바닥
④ 가구>천정>벽>바닥

해설 옥내 최적반사율

바닥	가구, 책상	벽	천장
20~40%	25~40%	40~60%	80~90%

40. 수평 작업대에서 위팔과 아래팔을 곧게 뻗어서 파악할 수 있는 작업영역은?

① 작업 공간 포락면
② 정상작업영역
③ 편안한 작업영역
④ 최대작업영역

해설 최대작업영역 : 전완과 상완을 곧게 펴서 파악할 수 있는 영역을 말한다.

3과목 건설시공학

41. 건설시공 분야의 향후 발전 방향으로 옳지 않은 것은?

① 친환경 시공화
② 시공의 기계화
③ 공법의 습식화
④ 재료의 프리패브(pre-fab)화

해설 건설시공 분야는 공법의 습식화에서 친환경 시공화, 시공의 기계화, 재료(신소재) 등으로 향후 발전한다.

42. 건축공사의 일반적인 시공 순서로 가장 알맞은 것은?

① 토공사 → 방수공사 → 철근콘크리트 공사 → 창호공사 → 마무리 공사
② 토공사 → 철근콘크리트 공사 → 창호공사 → 마무리 공사 → 방수공사
③ 토공사 → 철근콘크리트 공사 → 방수공사 → 창호공사 → 마무리 공사
④ 토공사 → 방수공사 → 창호공사 → 철근콘크리트 공사 → 마무리 공사

해설 건축공사의 시공 순서

1단계	2단계	3단계	4단계	5단계
토공사	철근콘크리트 공사	방수 공사	창호 공사	마무리 공사

43. 철골공사의 용접결함에 해당되지 않는 것은?

① 언더컷　　② 오버랩
③ 가우징　　④ 블로우 홀

해설 언더컷, 오버랩, 블로우 홀은 용접결함의 종류이다.

정답 38. ③　39. ①　40. ④　41. ③　42. ③　43. ③

Tip) 가우징(gouging) : 용접부의 홈파기로서 다층 용접 시 먼저 용접한 부위의 결함 제거나 주철의 균열 보수를 하기 위하여 좁은 홈을 파내는 것을 말한다.

44. 토질시험을 흙의 물리적 성질시험과 역학적 성질시험으로 구분할 때 물리적 성질시험에 해당되지 않는 것은?

① 직접전단시험 ② 비중시험
③ 액성한계시험 ④ 함수량시험

해설 ①은 역학적 성질시험이다.

45. 기존 건물의 파일머리보다 깊은 건물을 건설할 때, 지하수면의 이동이 일어나거나 기존 건물 기초의 침하나 이동이 예상될 때 지하에 실시하는 보강공법은?

① 리버스 서큘레이션 공법
② 프리보링 공법
③ 베노토 공법
④ 언더피닝 공법

해설 언더피닝 공법 : 인접한 기존 건축물 인근에서 건축공사를 실시할 경우 기존 건축물의 지반과 기초를 보강하는 공법

46. 거푸집 내에 자갈을 먼저 채우고, 공극부에 유동성이 좋은 모르타르를 주입해서 일체의 콘크리트가 되도록 한 공법은?

① 수밀콘크리트
② 진공콘크리트
③ 숏크리트
④ 프리팩트 콘크리트

해설 프리팩트 콘크리트 : 거푸집 내에 자갈을 먼저 채우고, 공극부에 유동성이 좋은 모르타르를 주입해서 일체의 콘크리트가 되도록 한 공법을 사용한 콘크리트로 수중공사에 많이 사용한다.

47. 굳지 않은 콘크리트의 품질측정에 관한 시험이 아닌 것은?

① 슬럼프시험
② 블리딩시험
③ 공기량시험
④ 블레인 공기투과시험

해설 ④는 시멘트 분말도를 측정하는 방법

48. 기초지반의 성질을 적극적으로 개량하기 위한 지반 개량공법에 해당하지 않는 것은?

① 다짐공법 ② SPS공법
③ 탈수공법 ④ 고결안정공법

해설 ②는 흙막이 버팀대 공법

49. 건설공사 원가 구성체계 중 직접공사비에 포함되지 않는 것은?

① 자재비 ② 일반관리비
③ 경비 ④ 노무비

해설 직접공사비 : 외주비, 노무비, 경비, 자재비 등

Tip) 간접공사비 : 일반관리비, 사무비 등

50. 보통콘크리트 공사에서 굳지 않은 콘크리트에 포함된 염화물량은 염소이온량으로서 얼마 이하를 원칙으로 하는가?

① $0.2kg/m^3$ ② $0.3kg/m^3$
③ $0.4kg/m^3$ ④ $0.7kg/m^3$

해설 콘크리트 $1m^3$ 내 함유된 염화물량은 염소이온량으로서 $0.3kg/m^3$ 이하이다.

51. 철근가공에 관한 설명으로 옳지 않은 것은?

① D35 이상의 철근은 산소절단기를 사용하여 절단한다.

정답 44. ① 45. ④ 46. ④ 47. ④ 48. ② 49. ② 50. ② 51. ①

② 유해한 휨이나 단면결손, 균열 등의 손상이 있는 철근은 사용하면 안 된다.
③ 한 번 구부린 철근은 다시 펴서 사용해서는 안 된다.
④ 표준 갈고리를 가공할 때에는 정해진 크기 이상의 곡률 반지름을 가져야 한다.

해설 ① 철근 절단은 절단기, 전동 톱, 쉬어 커터 등의 기계적인 방법으로 절단한다.

52. 철근콘크리트 슬래브의 배근 기준에 관한 설명으로 옳지 않은 것은?

① 1방향 슬래브는 장변의 길이가 단변길이의 1.5배 이상이 되는 슬래브이다.
② 건조수축 또는 온도변화에 의하여 콘크리트 균열이 발생하는 것을 방지하기 위해 수축·온도철근을 배근한다.
③ 2방향 슬래브는 단변 방향의 철근을 주근으로 본다.
④ 2방향 슬래브는 주열대와 중간대의 배근방식이 다르다.

해설 ① 1방향 슬래브는 한쪽 방향으로만 주철근이 배치된 슬래브이다.

53. 기계가 서 있는 위치보다 낮은 곳, 넓은 범위의 굴착에 주로 사용되며 주로 수로, 골재 채취에 많이 이용되는 기계는?

① 드래그쇼벨 ② 드래그라인
③ 로더 ④ 캐리올 스크레이퍼

해설 드래그라인(drag line) : 지면보다 낮은 땅의 굴착에 적당하고, 굴착 반지름이 크다.

54. 콘크리트 타설작업 시 진동기를 사용하는 가장 큰 목적은?

① 재료분리 방지
② 작업능률 증진
③ 경화작용 촉진
④ 콘크리트 밀실화 유지

해설 진동다짐을 하는 목적은 콘크리트의 거푸집 구석구석까지 충전시키는 콘크리트의 밀실화를 위해서이다.

55. 시트파일(sheet pile)이 쓰이는 공사로 옳은 것은?

① 마감공사 ② 구조체공사
③ 기초공사 ④ 토공사

해설 강재 널말뚝 공법 : 강재 널말뚝(sheet pile)을 연속적으로 연결하여 벽체를 형성하는 공법을 사용하므로 차수성 및 수밀성이 좋아 연약지반(토공사)에 적합하다.

56. 바닥판, 보 밑 거푸집 설계에서 고려하는 하중에 속하지 않는 것은?

① 굳지 않은 콘크리트 중량
② 작업하중
③ 충격하중
④ 측압

해설 거푸집 설계 시 고려하는 연직하중 : 고정하중, 작업하중, 충격하중, 굳지 않은 콘크리트 중량
Tip) 측압 – 수평하중

57. 철골공사에서 현장 용접부 검사 중 용접 전 검사가 아닌 것은?

① 비파괴검사 ② 개선 정도 검사
③ 개선면의 오염 검사 ④ 가부착 상태 검사

해설 ①은 용접 후의 검사사항

58. 콘크리트의 공기량에 관한 설명으로 옳은 것은?

① 공기량은 잔골재의 입도에 영향을 받는다.

정답 52. ① 53. ② 54. ④ 55. ④ 56. ④ 57. ① 58. ①

② AE제의 양이 증가할수록 공기량은 감소하나 콘크리트의 강도는 증대한다.

③ 공기량은 비빔 초기에는 기계비빔이 손비빔의 경우보다 적다.

④ 공기량은 비빔시간이 길수록 증가한다.

해설 공기량은 자갈의 입도에는 영향이 거의 없고, 잔골재의 입도에 영향이 크다.

59. 콘크리트 타설 시 거푸집에 작용하는 측압에 관한 설명으로 옳은 것은?

① 타설속도가 빠를수록 측압이 작아진다.

② 철골 또는 철근량이 많을수록 측압이 커진다.

③ 온도가 높을수록 측압이 작아진다.

④ 슬럼프가 작을수록 측압이 커진다.

해설 ③ 온도가 낮고, 습도가 높을수록 측압이 크다.

60. 공동도급의 장점 중 옳지 않은 것은?

① 공사이행의 확실성을 기대할 수 있다.

② 공사수급의 경쟁 완화를 기대할 수 있다.

③ 일식도급보다 경비 절감을 기대할 수 있다.

④ 기술, 자본 및 위험 등의 부담을 분산시킬 수 있다.

해설 ③ 일식도급보다 경비가 증가한다.

4과목 건설재료학

61. 돌로마이트 플라스터에 관한 설명으로 옳지 않은 것은?

① 소석회에 비해 점성이 높다.

② 풀이 필요하지 않아 변색, 냄새, 곰팡이가 없다.

③ 회반죽에 비하여 조기강도 및 최종강도가 작다.

④ 건조수축이 크기 때문에 수축균열이 발생한다.

해설 ③ 회반죽에 비하여 조기강도 및 최종강도가 크고 착색이 쉽다.

62. 강의 물리적 성질 중 탄소함유량이 증가함에 따라 나타나는 현상으로 옳지 않은 것은?

① 비중이 낮아진다.

② 열전도율이 커진다.

③ 팽창계수가 낮아진다.

④ 비열과 전기저항이 커진다.

해설 ② 열전도율이 작아진다.

63. 벽돌면 내벽의 시멘트 모르타르 바름 두께 표준으로 옳은 것은?

① 24mm ② 18mm ③ 15mm ④ 12mm

해설 시멘트 모르타르 바름 두께(mm)

바름 부분		바닥	내벽	천정, 치양	바깥 벽
바름 두께	초벌바름	24	7	6	9
	재벌바름		7	6	9
	정벌바름		4	3	6
합계		24	18	15	24

64. 목면 · 마사 · 양모 · 폐지 등을 원료로 하여 만든 원지에 스트레이트 아스팔트를 가열 · 용융하여 충분히 흡수시켜 만든 방수지로 주로 아스팔트 방수 중간층재로 이용되는 것은?

① 콜타르 ② 아스팔트 프라이머

③ 아스팔트 펠트 ④ 합성고분자 루핑

해설 아스팔트 펠트 : 목면, 마사, 양모, 폐지 등을 혼합하여 만든 원지에 연질의 스트레이트 아스팔트를 침투시킨 제품

정답 59. ③ 60. ③ 61. ③ 62. ② 63. ② 64. ③

Tip) • 아스팔트 루핑 : 아스팔트 펠트의 양면에 블로운 아스팔트를 가열 · 용융시켜 피복한 제품
- 아스팔트 프라이머 : 블로운 아스팔트를 용제에 녹인 것으로 액상을 하고 있으며, 아스팔트 바탕처리재
- 아스팔트 컴파운드 : 블로운 아스팔트의 내열성, 내한성 등을 개량하기 위해 동식물성 유지와 광물질 분말을 혼입한 제품
- 아스팔트 에멀젼 : 유화제를 써서 아스팔트를 미립자로 수중에 분산시킨 다갈색 액체로서 깬자갈의 점결제 등으로 쓰이는 제품
- 아스팔트 싱글 : 아스팔트의 주재료로 지붕마감재
- 아스팔트 블록 : 아스팔트의 주재료로 바닥마감재

65. 초속경 시멘트의 특징에 관한 설명으로 옳지 않은 것은?

① 주수 후 2~3시간 내에 100kgf/cm^2 이상의 압축강도를 얻을 수 있다.
② 응결시간이 짧으나 건조수축이 매우 큰 편이다.
③ 긴급 공사 및 동절기 공사에 주로 사용된다.
④ 장기간에 걸친 강도 증진 및 안정성이 높다.

해설 ② 초속경 시멘트는 건조수축이 거의 발생되지 않는다.

66. 석고 플라스터의 일반적인 특성에 관한 설명으로 옳지 않은 것은?

① 해초풀을 섞어 사용한다.
② 경화시간이 짧다.
③ 신축이 적다.
④ 내화성이 크다.

해설 석고 플라스터는 고온소성의 무수석고를 혼화재, 접착제 등과 혼합한 수경성 미장재료로 가열하면 결정수를 방출하여 온도상승을 억제하기 때문에 내화성이 있다.

Tip) 회반죽 : 소석회에 여물, 모래, 해초풀 등을 넣어 반죽한 것으로 기경성 미장재료

67. ALC 제품의 특성에 관한 설명으로 옳지 않은 것은?

① 흡수성이 크다.
② 단열성이 크다.
③ 경량으로서 시공이 용이하다.
④ 강알칼리성이며 변형과 균열의 위험이 크다.

해설 ④ 약알칼리성이며 변형과 균열의 위험이 적다.

68. 어떤 목재의 전건비중을 측정해 보았더니 0.77이었다. 이 목재의 공극률은?

① 25% ② 37.5% ③ 50% ④ 75%

해설 공극률

$$=\left(1-\frac{\text{목재의 절대건조 비중}}{\text{목재의 비중}}\right)\times 100$$

$$=\left(1-\frac{0.77}{1.54}\right)\times 100=50\%$$

Tip) 목재의 비중은 1.54이다.

69. 골재의 입도분포가 적정하지 않을 때 콘크리트에 나타날 수 있는 현상으로 옳지 않은 것은?

① 유동성, 충전성이 불충분해서 재료분리가 발생할 수 있다.
② 경화콘크리트의 강도가 저하될 수 있다.
③ 콘크리트의 곰보 발생의 원인이 될 수 있다.
④ 콘크리트의 응결과 경화에 크게 영향을 줄 수 있다.

해설 ④ 콘크리트의 응결과 경화에 크게 영향을 주지 않는다.

정답 65. ② 66. ① 67. ④ 68. ③ 69. ④

70. 목재에 관한 설명으로 옳지 않은 것은?

① 활엽수는 침엽수에 비해 경도가 크다.
② 제재 시 취재율은 침엽수가 높다.
③ 생재를 건조하면 수축하기 시작하고 함수율이 섬유포화점 이하로 되면 수축이 멈춘다.
④ 활엽수는 침엽수에 비해 건조시간이 많이 소요되는 편이다.

해설 ③ 생재를 건조하면 수축하기 시작하고 함수율이 섬유포화점 이하로 되면 함수율에 비하여 수축이 일어난다.
Tip) 함수율이 섬유포화점 이상에서는 신축이 일어나지 않는다.

71. 다음 합성수지 중 열가소성 수지가 아닌 것은?

① 염화비닐수지 ② 페놀수지
③ 아크릴수지 ④ 폴리에틸렌수지

해설 열가소성 수지 : 열을 가하여 자유로이 변형할 수 있는 성질의 합성수지로 염화비닐수지, 아크릴수지, 폴리프로필렌수지, 폴리에틸렌수지, 폴리스티렌수지 등
Tip) 페놀수지 – 열경화성 수지

72. 콘크리트 배합설계에 있어서 기준이 되는 골재의 함수상태는?

① 절건상태 ② 기건상태
③ 표건상태 ④ 습윤상태

해설 표건상태 : 골재입자의 표면수는 없지만 내부는 포화상태로 함수되어 있는 골재의 상태
Tip) 골재의 함수상태

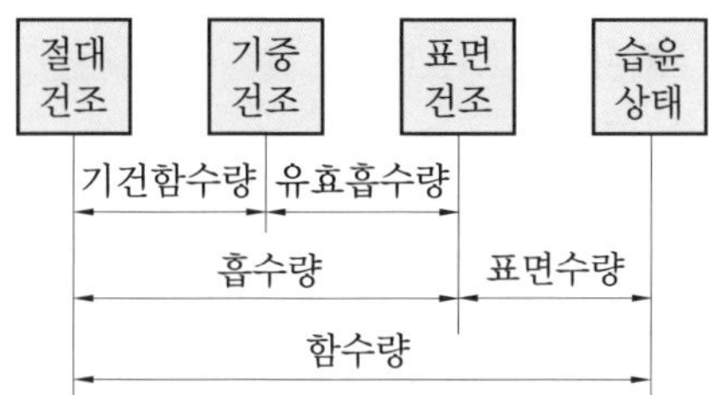

73. 건설구조용으로 사용하고 있는 각 재료에 관한 설명으로 옳지 않은 것은?

① 레진콘크리트는 결합재로 시멘트, 폴리머와 경화제를 혼합한 액상수지를 골재와 배합하여 제조한다.
② 섬유보강 콘크리트는 콘크리트의 인장강도와 균열에 대한 저항성을 높이고 인성을 대폭 개선시킬 목적으로 만든 복합재료이다.
③ 폴리머 함침콘크리트는 미리 성형한 콘크리트에 액상의 폴리머 원료를 침투시켜 그 상태에서 고결시킨 콘크리트이다.
④ 폴리머 시멘트 콘크리트는 시멘트와 폴리머를 혼합하여 결합재로 사용한 콘크리트이다.

해설 ① 레진콘크리트는 불포화 폴리에스테르수지를 결합재로 골재와 배합하여 제조한 콘크리트이다.

74. 도료의 사용부위별 페인트를 연결한 것으로 옳지 않은 것은?

① 목재면–목재용 래커페인트
② 모르타르면–실리콘페인트
③ 외부 철재 구조물–조합페인트
④ 내부 철재 구조물–수성페인트

해설 ④ 내부 철재 구조물 – 유성페인트
Tip) 수성페인트 : 안료를 물에 용해시킨 수용성 분말상태의 도료로 내구성과 내수성이 약하다.

75. 판유리를 특수 열처리하여 내부 인장응력에 견디는 압축응력층을 유리 표면에 만들어 파괴강도를 증가시킨 유리는?

① 자외선투과유리 ② 스테인드글라스
③ 열선흡수유리 ④ 강화유리

해설 강화유리는 깨지면 잘게 깨지면서 비산한다.

정답 70. ③ 71. ② 72. ③ 73. ① 74. ④ 75. ④

76. 콘크리트의 건조수축, 구조물의 균열방지를 주목적으로 사용되는 혼화재료는?

① 팽창재 ② 지연제
③ 플라이애시 ④ 유동화제

해설 팽창재 : 콘크리트의 건조수축 시 발생하는 균열을 보완, 개선하기 위하여 콘크리트 속에 다량의 거품을 넣거나 기포를 발생시키기 위해 첨가하는 혼화재

77. 미장재료의 균열방지를 위해 사용되는 보강재료가 아닌 것은?

① 여물 ② 수염
③ 종려잎 ④ 강섬유

해설 ④는 콘크리트 강도 보강재료

78. 금속의 부식을 최소화하기 위한 방법으로 옳지 않은 것은?

① 표면을 평활하게 하고 가능한 한 습한상태를 유지할 것
② 가능한 한 이종금속을 인접 또는 접촉시켜 사용하지 말 것
③ 큰 변형을 준 것은 가능한 한 풀림하여 사용할 것
④ 부분적으로 녹이 나면 즉시 제거할 것

해설 ① 표면을 평활하고 깨끗이 하며, 가능한 건조상태로 유지할 것

79. 집성목재의 특징에 관한 설명으로 옳지 않은 것은?

① 응력에 따라 필요로 하는 단면의 목재를 만들 수 있다.
② 목재의 강도를 인공적으로 자유롭게 조절할 수 있다.
③ 3장 이상의 단판인 박판을 홀수로 섬유 방향에 직교하도록 접착제로 붙여 만든 것이다.
④ 외관이 미려한 박판 또는 치장합판, 프린트합판을 붙여서 구조재, 마감재, 화장재를 겸용한 인공목재의 제조가 가능하다.

해설 ③은 합판에 대한 설명이다.

80. 시멘트에 관한 설명으로 옳지 않은 것은?

① 시멘트의 강도는 시멘트의 조성, 물-시멘트비, 재령 및 양생 조건 등에 따라 다르다.
② 응결시간은 분말도가 미세한 것일수록, 또한 수량이 작을수록 짧아진다.
③ 시멘트의 풍화란 시멘트가 습기를 흡수하여 생성된 수산화칼슘과 공기 중의 탄산가스가 작용하여 탄산칼슘을 생성하는 작용을 말한다.
④ 시멘트의 안정성은 단위 중량에 대한 표면적에 의하여 표시되며, 블레인법에 의해 측정된다.

해설 ④ 시멘트의 안정성 측정법으로 오토클레이브 팽창도시험 방법이 있다.
Tip) 시멘트의 분말도 : 단위 중량에 대한 표면적을 의미하여, 블레인시험으로 측정할 수 있다.

5과목 건설안전기술

81. 항타기 및 항발기의 도괴방지를 위하여 준수해야 할 기준으로 옳지 않은 것은?

① 버팀대만으로 상단 부분을 안정시키는 경우에는 버팀대는 2개 이상으로 하고 그 하단 부분은 견고한 버팀 · 말뚝 또는 철골 등으로 고정시킬 것
② 버팀줄만으로 상단 부분을 안정시키는 경우에는 버팀줄을 3개 이상으로 하고 같은 간격으로 배치할 것

정답 76. ① 77. ④ 78. ① 79. ③ 80. ④ 81. ①

③ 평형추를 사용하여 안정시키는 경우에는 평형추의 이동을 방지하기 위하여 가대에 견고하게 부착시킬 것
④ 연약한 지반에 설치하는 경우에는 각부(脚部)나 가대(架臺)의 침하를 방지하기 위하여 깔판 · 깔목 등을 사용할 것

해설 ① 버팀대만으로 상단 부분을 안정시키는 경우에는 버팀대는 3개 이상으로 하고 그 하단 부분은 견고한 버팀 · 말뚝 또는 철골 등으로 고정시킬 것

82. 건설공사 현장에서 사다리식 통로 등을 설치하는 경우 준수해야 할 기준으로 옳지 않은 것은?

① 사다리의 상단은 걸쳐 놓은 지점으로부터 40cm 이상 올라가도록 할 것
② 폭은 30cm 이상으로 할 것
③ 사다리식 통로의 기울기는 75° 이하로 할 것
④ 발판의 간격은 일정하게 할 것

해설 ① 사다리의 상단은 걸쳐 놓은 지점으로부터 60cm 이상 올라가도록 할 것

83. 철골기둥 건립작업 시 붕괴 · 도괴방지를 위하여 베이스 플레이트의 하단은 기준 높이 및 인접기둥의 높이에서 얼마 이상 벗어나지 않아야 하는가?

① 2mm ② 3mm ③ 4mm ④ 5mm

해설 베이스 플레이트의 하단은 기준 높이 및 인접기둥의 높이에서 3mm 이상 벗어나지 않아야 한다.

84. 토중수(soil water)에 관한 설명으로 옳은 것은?

① 화학수는 원칙적으로 이동과 변화가 없고 공학적으로 토립자와 일체로 보며 100℃ 이상 가열하여 제거할 수 있다.
② 자유수는 지하의 물이 지표에 고인 물이다.
③ 모관수는 모관작용에 의해 지하수면 위쪽으로 솟아 올라온 물이다.
④ 흡착수는 이동과 변화가 없고 110±5℃ 이상으로 가열해도 제거되지 않는다.

해설 토중수는 토양 속에 함유되어 있는 물을 통틀어 이르는 말로 모관수는 모관작용에 의해 지하수면 위쪽으로 솟아 올라온 물을 말한다.

85. 철도(鐵道)의 위를 가로질러 횡단하는 콘크리트 고가교가 노후화되어 이를 해체하려고 한다. 철도의 통행을 최대한 방해하지 않고 해체하는데 가장 적당한 해체용 기계 · 기구는?

① 철제 해머 ② 압쇄기
③ 핸드 브레이커 ④ 절단기

해설 철제 해머, 압쇄기, 핸드 브레이커를 이용하여 해체할 경우에는 파편 등이 날릴 위험이 있으므로 절단기로 해체하여야 한다.

86. 연약 점토 굴착 시 발생하는 히빙 현상의 효과적인 방지 대책으로 옳은 것은?

① 언더피닝 공법 적용
② 샌드드레인 공법 적용
③ 아일랜드 공법 적용
④ 버팀대 공법 적용

해설 아일랜드 공법은 널말뚝 흙막이의 안쪽에 안정한 비탈면을 남기고 내부를 구축한 후, 구축부에 버팀목을 가설하면서 굴착 · 구축하는 공법으로 굴착저면에 토사 등 인공중력을 가중시켜 히빙 현상을 방지한다.

87. 비탈면붕괴 재해의 발생 원인으로 보기 어려운 것은?

① 부석의 점검을 소홀히 하였다.

정답 82. ① 83. ② 84. ③ 85. ④ 86. ③ 87. ④

② 지질조사를 충분히 하지 않았다.
③ 굴착면 상하에서 동시작업을 하였다.
④ 안식각으로 굴착하였다.

해설 안식각(자연경사각) : 비탈면과 원지면이 이루는 흙의 사면각를 말하며, 사면에서 토사가 미끄러져 내리지 않는 각도이다.

88. 다음 중 양중기에 해당하지 않는 것은?

① 크레인　② 곤돌라
③ 항타기　④ 리프트

해설 양중기의 종류 : 크레인, 이동식 크레인, 리프트, 곤돌라, 승강기 등

89. 달비계에 설치되는 작업발판의 폭에 대한 기준으로 옳은 것은?

① 20cm 이상　② 40cm 이상
③ 60cm 이상　④ 80cm 이상

해설 작업발판의 폭은 40cm 이상으로 하고, 발판재료 간의 틈은 3cm 이하로 할 것

90. 유해 · 위험방지 계획서 제출대상 공사의 규모 기준으로 옳지 않은 것은?

① 최대 지간길이가 50m 이상인 교량 건설 등 공사
② 다목적 댐, 발전용 댐 및 저수용량 2천만 톤 이상인 용수 전용 댐
③ 깊이 12m 이상인 굴착공사
④ 터널 건설 등의 공사

해설 ③ 깊이 10m 이상인 굴착공사

91. 굴착공사를 위한 기본적인 토질조사 시 조사내용에 해당되지 않는 것은?

① 주변에 기 절토된 경사면의 실태조사
② 사운딩
③ 물리탐사(탄성파 조사)
④ 반발경도시험

해설 ④는 콘크리트의 비파괴검사 방법

92. 동바리로 사용하는 파이프 서포트의 높이가 3.5m를 초과하는 경우 수평연결재의 설치높이 기준은?

① 1.5m 이내마다　② 2.0m 이내마다
③ 2.5m 이내마다　④ 3.0m 이내마다

해설 높이가 3.5m를 초과하는 경우에는 높이 2m 이내마다 수평연결재를 2개 방향으로 만들고 수평연결재의 변위를 방지할 것

93. 낮은 지면에서 높은 곳을 굴착하는데 가장 적합한 굴착기는?

① 백호　② 파워쇼벨
③ 드래그라인　④ 클램쉘

해설 파워쇼벨 : 기계가 위치한 지면보다 높은 곳의 땅파기에 적합하다.

94. 지반을 구성하는 흙의 지내력시험을 한 결과 총 침하량이 2cm가 될 때까지의 하중(P)이 32tf이다. 이 지반의 허용지내력을 구하면? (단, 이때 사용된 재하판은 40cm×40cm이다.)

① 50tf/m^2　② 100tf/m^2
③ 150tf/m^2　④ 200tf/m^2

해설 $\text{허용지내력} = \text{하중(tf)} \times \dfrac{\text{단위 지내력}}{\text{재하판}(\text{m}^2)}$

$$= 32 \times \frac{1}{0.16} = 200\,\text{tf/m}^2$$

Tip) 단면적 1m^2은 40cm×40cm의 $\dfrac{100}{16}$배이다.

95. 다음 중 작업부위별 위험요인과 주요 사고형태와의 연관관계로 옳지 않은 것은?

정답 88. ③ 89. ② 90. ③ 91. ④ 92. ② 93. ② 94. ④ 95. ④

① 암반의 절취법면-낙하
② 흙막이지보공 설치작업-붕괴
③ 암석의 발파-비산
④ 흙막이지보공 토류판 설치-접촉

해설 ④ 흙막이지보공 토류판 설치-붕괴

96. 화물용 승강기를 설계하면서 와이어로프의 안전하중이 10ton이라면 로프의 가닥수를 얼마로 하여야 하는가? (단, 와이어로프 한 가닥의 파단강도는 4ton이며, 화물용 승강기 와이어로프의 안전율은 6으로 한다.)

① 10가닥 ② 15가닥
③ 20가닥 ④ 30가닥

해설 $\text{안전율} = \dfrac{\text{파단하중}}{\text{안전하중}} = \dfrac{4x}{10} = 6$

$\therefore x = \dfrac{6 \times 10}{4} = 15$

97. 산업안전보건관리비 중 안전관리자 등의 인건비 및 각종 업무수당 등의 항목에서 사용할 수 없는 내역은?

① 교통 통제를 위한 교통정리 신호수의 인건비
② 공사장 내에서 양중기 · 건설기계 등의 움직임으로 인한 위험으로부터 주변 작업자를 보호하기 위한 유도자 또는 신호자의 인건비
③ 전담 안전 · 보건관리자의 인건비
④ 고소작업대 작업 시 낙하물 위험예방을 위한 하부 통제, 화기작업 시 화재 감시 등 공사현장의 특성에 따라 근로자 보호만을 목적으로 배치된 유도자 및 신호자 또는 감시자의 인건비

해설 ① 교통정리원, 경비원, 자재정리원의 인건비는 산업안전보건관리비 사용 제외 항목

98. 일반적으로 사면이 가장 위험한 경우에 해당하는 것은?

① 사면이 완전 건조상태일 때
② 사면의 수위가 서서히 상승할 때
③ 사면이 완전 포화상태일 때
④ 사면의 수위가 급격히 하강할 때

해설 ④ 사면의 수위가 급격히 하강할 때 붕괴위험이 가장 높다.

99. 산업안전보건법령에서 정의하는 산소결핍증의 정의로 옳은 것은?

① 산소가 결핍된 공기를 들여 마심으로써 생기는 증상
② 유해가스로 인한 화재 · 폭발 등의 위험이 있는 장소에서 생기는 증상
③ 밀폐공간에서 탄산가스 · 황화수소 등의 유해물질을 흡입하여 생기는 증상
④ 공기 중의 산소농도가 18% 이상 23.5% 미만의 환경에 노출될 때 생기는 증상

해설 산소결핍증은 산소의 농도가 18% 미만인 상태에서 공기를 들여 마심으로써 생기는 증상을 말한다.

100. 철골구조에서 강풍에 대한 내력이 설계에 고려되었는지 검토를 실시하지 않아도 되는 건물은?

① 높이 30m인 구조물
② 연면적당 철골량이 45kg인 구조물
③ 단면구조가 일정한 구조물
④ 이음부가 현장용접인 구조물

해설 ③ 단면구조에 현저한 차이가 있는 구조물

정답 96. ② 97. ① 98. ④ 99. ① 100. ③

2019년도(1회차) 출제문제

|건|설|안|전|산|업|기|사|

1과목 산업안전관리론

1. 제조업자는 제조물의 결함으로 인하여 생명 · 신체 또는 재산에 손해를 입은 자에게 그 손해를 배상하여야 하는데 이를 무엇이라 하는가? (단, 당해 제조물에 대해서만 발생한 손해는 제외한다.)

① 입증 책임 ② 담보 책임
③ 연대 책임 ④ 제조물 책임

해설 제조물 책임 : 제조물의 결함으로 인하여 생명 · 신체 또는 재산에 손해를 입은 자에게 제조업자 또는 판매업자가 그 손해에 대하여 배상 책임을 지도록 하는 것을 말한다.

2. 재해예방의 4원칙에 해당하지 않는 것은?

① 예방가능의 원칙 ② 손실우연의 원칙
③ 원인계기의 원칙 ④ 선취해결의 원칙

해설 ④는 무재해운동의 기본이념 3원칙

3. 누전차단장치 등과 같은 안전장치를 정해진 순서에 따라 작동시키고 동작상황의 양부를 확인하는 점검은?

① 외관점검 ② 작동점검
③ 기술점검 ④ 종합점검

해설 작동점검 : 누전차단장치 등과 같은 안전장치를 정해진 순서에 의해 작동시켜 동작상황의 양부를 확인하는 점검

4. 모랄서베이(moral survey)의 효용이 아닌 것은?

① 조직 또는 구성원의 성과를 비교 · 분석한다.
② 종업원의 정화(catharsis)작용을 촉진시킨다.
③ 경영관리를 개선하는 데에 대한 자료를 얻는다.
④ 근로자의 심리 또는 욕구를 파악하여 불만을 해소하고, 노동의욕을 높인다.

해설 ① 조직 또는 구성원의 성과를 비교 · 분석하지 않는다.

5. 다음 중 재해사례연구에 관한 설명으로 틀린 것은?

① 재해사례연구는 주관적이며 정확성이 있어야 한다.
② 문제점과 재해요인의 분석은 과학적이고, 신뢰성이 있어야 한다.
③ 재해사례를 과제로 하여 그 사고와 배경을 체계적으로 파악한다.
④ 재해요인을 규명하여 분석하고 그에 대한 대책을 세운다.

해설 ① 재해사례연구는 객관적이며 정확성이 있어야 한다.

6. 산업안전보건법령상 특별안전 · 보건교육의 대상 작업에 해당하지 않는 것은?

① 석면 해체 · 제거작업
② 밀폐된 장소에서 하는 용접작업
③ 화학설비 취급품의 검수 · 확인작업
④ 2m 이상의 콘크리트 인공 구조물의 해체

해설 ①, ②, ④는 특별안전 · 보건교육 대상 작업

정답 1. ④ 2. ④ 3. ② 4. ① 5. ① 6. ③

7. 안전교육의 3단계에서 생활지도, 작업 동작 지도 등을 통한 안전의 습관화를 위한 교육은?

① 지식교육 ② 기능교육
③ 태도교육 ④ 인성교육

해설 제3단계(태도교육) : 안전작업 동작지도 등을 통해 안전행동을 습관화하는 단계

8. 주의(attention)의 특징 중 여러 종류의 자극을 자각할 때, 소수의 특정한 것에 한하여 주의가 집중되는 것은?

① 선택성 ② 방향성 ③ 변동성 ④ 검출성

해설 선택성 : 한 번에 여러 종류의 자극을 자각하거나 수용하지 못하며, 소수 특정한 것을 선택하는 기능

9. 재해 발생 형태별 분류 중 물건이 주체가 되어 사람이 상해를 입는 경우에 해당되는 것은?

① 추락 ② 전도
③ 충돌 ④ 낙하 · 비래

해설 낙하(비래) : 물건이 날아오거나 떨어지는 물체에 사람이 맞은 경우
Tip) 재해 발생 형태 분류 : 추락(떨어짐), 전도(넘어짐), 낙하(비래), 붕괴(도괴), 충돌

10. 위험예지훈련 중 TBM(Tool Box Meeting)에 관한 설명으로 틀린 것은?

① 작업장소에서 원형의 형태를 만들어 실시한다.
② 통상 작업시작 전 · 후 10분 정도 시간으로 미팅한다.
③ 토의는 다수인(30인)이 함께 수행한다.
④ 근로자 모두가 말하고 스스로 생각하고 "이렇게 하자"라고 합의한 내용이 되어야 한다.

해설 ③ 10명 이하의 소수가 적합하며, 시간은 10분 이내로 한다.

11. 인간의 적응기제(適應機制)에 포함되지 않는 것은?

① 갈등(conflict)
② 억압(repression)
③ 공격(aggression)
④ 합리화(rationalization)

해설 적응기제 3가지
- 도피기제 : 억압, 퇴행, 백일몽, 고립
- 방어기제 : 보상, 합리화, 승화, 동일시, 투사
- 공격기제 : 조소, 욕설, 비난 등 직 · 간접적 기제

12. 산업안전보건법상 직업병 유소견자가 발생하거나 다수 발생할 우려가 있는 경우에 실시하는 건강진단은?

① 특별건강진단 ② 일반건강진단
③ 임시건강진단 ④ 채용 시 건강진단

해설 임시건강진단 : 같은 부서에서 근무하는 근로자 또는 같은 유해인자에 노출되는 근로자에게 유사한 질병의 자각, 타각증상이 발생한 경우 직업병 유소견자가 발생하거나 많은 사람에게 발생할 우려가 있을 때 실시하는 건강진단

13. 객관적인 위험을 자기 나름대로 판정해서 의지결정을 하고 행동에 옮기는 인간의 심리특성은?

① 세이프 테이킹(safe taking)
② 액션 테이킹(action taking)
③ 리스크 테이킹(risk taking)
④ 휴먼 테이킹(human taking)

정답 7. ③ 8. ① 9. ④ 10. ③ 11. ① 12. ③ 13. ③

해설 리스크 테이킹 : 자기 주관적으로 판단하여 행동에 옮기는 현상
Tip) 안전태도가 불량한 사람은 리스크 테이킹(억측 판단)이 발생하기 쉽다.

14. **방독면마스크의 정화통 색상으로 틀린 것은?**

① 유기화합물용 – 갈색
② 할로겐용 – 회색
③ 황화수소용 – 회색
④ 암모니아용 – 노란색

해설 ④ 암모니아용 – 녹색

15. **다음 중 스트레스(stress)에 관한 설명으로 가장 적절한 것은?**

① 스트레스는 나쁜 일에서만 발생한다.
② 스트레스는 부정적인 측면만 가지고 있다.
③ 스트레스는 직무몰입과 생산성 감소의 직접적인 원인이 된다.
④ 스트레스는 상황에 직면하는 기회가 많을수록 스트레스 발생 가능성은 낮아진다.

해설 스트레스는 직무몰입과 생산성 감소의 직접적인 원인이 되며, 스트레스 요인 중 직무특성 요인은 작업속도, 근무시간, 업무의 반복성 등이다.

16. **하인리히의 재해 구성 비율에 따라 경상사고가 87건 발생하였다면 무상해사고는 몇 건이 발생하였겠는가?**

① 300건 ② 600건
③ 900건 ④ 1200건

해설 하인리히의 법칙

하인리히의 법칙	1 : 29 : 300
$X \times 3$	3 : 87 : 900

17. **산업안전보건법상 안전 · 보건표지에서 기본모형의 색상이 빨강이 아닌 것은?**

① 산화성물질 경고 ② 화기금지
③ 탑승금지 ④ 고온경고

해설 ④는 화학물질 취급 장소에서의 유해 · 위험 경고 이외의 위험 경고에 해당하며, 바탕은 노란색, 기본모형과 부호 및 그림은 검은색으로 표시한다.

18. **하버드학파의 5단계 교수법에 해당되지 않는 것은?**

① 교시(presentation)
② 연합(association)
③ 추론(reasoning)
④ 총괄(generalization)

해설 ③은 듀이의 사고과정 5단계 중 4단계(추론한다)이다.

19. **안전을 위한 동기부여로 틀린 것은?**

① 기능을 숙달시킨다.
② 경쟁과 협동을 유도한다.
③ 상벌제도를 합리적으로 시행한다.
④ 안전목표를 명확히 설정하여 주지시킨다.

해설 안전교육훈련의 동기부여방법

- 안전의 근본인 개념을 인식시켜야 한다.
- 안전목표를 명확히 설정한다.
- 경쟁과 협동을 유발시킨다.
- 동기유발의 최적수준을 유지한다.
- 안전활동의 결과를 평가 · 검토하고, 상과 벌을 준다.

20. **O.J.T(On the Job Training)의 특징이 아닌 것은?**

① 훈련에 필요한 업무의 계속성이 끊어지지 않는다.

정답 14. ④ 15. ③ 16. ③ 17. ④ 18. ③ 19. ① 20. ③

② 교육 효과가 업무에 신속히 반영된다.
③ 다수의 근로자들을 대상으로 동시에 조직적 훈련이 가능하다.
④ 개개인에게 적절한 지도 훈련이 가능하다.

해설 ③은 OFF.J.T 교육의 특징

2과목 인간공학 및 시스템 안전공학

21. 다음 그림 중 형상암호화 된 조종장치에서 단회전용 조종장치로 가장 적절한 것은?

① 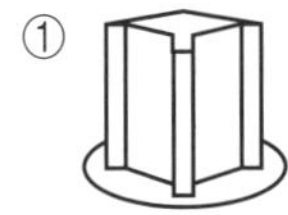
② 
③ 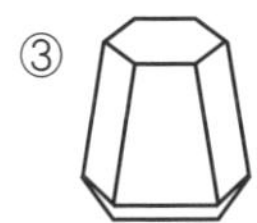
④ 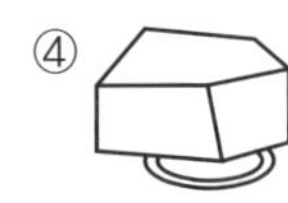

해설 제어장치의 형태코드법
- 복수 회전(다회전용) : ②와 ③
- 분별 회전(단회전용) : ①
- 멈춤쇠 위치 조정(이산 멈춤 위치용) : ④

22. 위험조정을 위해 필요한 기술은 조직형태에 따라 다양하며 4가지로 분류하였을 때 이에 속하지 않는 것은?

① 전가(transfer) ② 보류(retention)
③ 계속(continuation) ④ 감축(reduction)

해설 위험(risk)처리 기술 : 위험회피, 위험제거(감축), 위험보유(보류), 위험전가

23. FT도에 사용되는 기호 중 입력신호가 생긴 후, 일정시간이 지속된 후에 출력이 생기는 것을 나타내는 것은?

① OR 게이트 ② 위험지속기호
③ 억제 게이트 ④ 배타적 OR 게이트

해설 위험지속 AND 게이트 : 입력 현상이 생겨서 어떤 일정한 기간이 지속될 때에 출력이 발생한다.

24. 전통적인 인간-기계(man-machin)체계의 대표적 유형과 거리가 먼 것은?

① 수동체계 ② 기계화 체계
③ 자동체계 ④ 인공지능 체계

해설 인간-기계체계의 구분은 수동체계, 기계화 또는 반자동화 체계, 자동화 체계이다.

25. 암호체계 사용상의 일반적인 지침에 해당하지 않는 것은?

① 암호의 검출성 ② 부호의 양립성
③ 암호의 표준화 ④ 암호의 단일차원화

해설 암호체계 사용상 일반적인 지침 : 검출성(감지장치로 검출), 변별성(인접자극의 상이도 영향), 표준화, 암호의 다차원화, 부호의 의미와 양립성 등

26. 인간-기계 시스템에 대한 평가에서 평가척도나 기준(criteria)으로서 관심의 대상이 되는 변수는?

① 독립변수 ② 종속변수
③ 확률변수 ④ 통제변수

해설 인간공학 연구에 사용되는 변수의 유형
- 독립변수 : 관찰하고자 하는 현상에 대한 독립변수
- 종속변수 : 독립변수의 평가척도나 기준이 되는 척도
- 통제변수 : 종속변수에 영향을 미칠 수 있지만 독립변수에 포함되지 않는 변수

정답 21. ① 22. ③ 23. ② 24. ④ 25. ④ 26. ②

27. 작업장에서 구성요소를 배치하는 인간공학적 원칙과 가장 거리가 먼 것은?

① 중요도의 원칙
② 선입선출의 원칙
③ 기능성의 원칙
④ 사용 빈도의 원칙

해설 부품(공간)배치의 4원칙 : 중요성의 원칙, 사용 순서의 원칙, 사용 빈도의 원칙, 기능별 배치의 원칙

28. 통제표시비(control-display ratio)를 설계할 때 고려하는 요소에 관한 설명으로 틀린 것은?

① 통제표시비가 낮다는 것은 민감한 장치라는 것을 의미한다.
② 목시거리(目示距離)가 길면 길수록 조절의 정확도는 떨어진다.
③ 짧은 주행시간 내에 공차의 인정범위를 초과하지 않는 계기를 마련한다.
④ 계기의 조절시간이 짧게 소요되도록 계기의 크기(size)는 항상 작게 설계한다.

해설 ④ 계기의 조절시간이 짧게 소요되도록 적당한 크기를 선택한다. 크기가 작으면 상대적으로 오차가 많이 발생한다.

29. 다음 FTA 그림에서 a, b, c의 부품고장률이 각각 0.01일 때, 최소 컷셋(minimal cut sets)과 신뢰도로 옳은 것은?

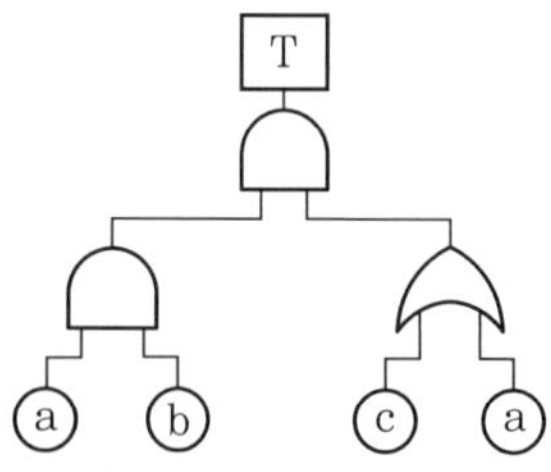

① {a, b}, $R(t)$=99.99%
② {a, b, c}, $R(t)$=98.99%
③ {a, c}
{a, b}, $R(t)$=96.99%
④ {a, b}
{a, b, c}, $R(t)$=97.99%

해설 ㉠ 컷셋=(a, b, c), (a, b)이며, 최소 컷셋은 (a, b)이다.
㉡ 고장률 $F(t)=a\times b=0.01\times 0.01=0.0001$
㉢ 신뢰도 $R(t)=1-0.0001=0.9999$이므로 99.99%이다.

30. 신뢰성과 보전성을 효과적으로 개선하기 위해 작성하는 보전기록자료로서 가장 거리가 먼 것은?

① 자재관리표 ② MTBF 분석표
③ 설비이력카드 ④ 고장 원인 대책표

해설 보전기록자료 : MTBF 분석표, 설비이력카드, 고장 원인 대책표 등

31. 동전 던지기에서 앞면이 나올 확률 P(앞)=0.6이고, 뒷면이 나올 확률 P(뒤)=0.4일 때, 앞면과 뒷면이 나올 사건의 정보량을 각각 맞게 나타낸 것은?

① 앞면 : 0.10bit, 뒷면 : 1.00bit
② 앞면 : 0.74bit, 뒷면 : 1.32bit
③ 앞면 : 0.32bit, 뒷면 : 0.74bit
④ 앞면 : 2.00bit, 뒷면 : 1.00bit

해설 ㉠ 앞면$=\dfrac{\log\left(\dfrac{1}{0.6}\right)}{\log 2}=0.74\text{bit}$

㉡ 뒷면$=\dfrac{\log\left(\dfrac{1}{0.4}\right)}{\log 2}=1.32\text{bit}$

32. 인간-기계 시스템에서의 신뢰도 유지 방안으로 가장 거리가 먼 것은?

정답 27. ② 28. ④ 29. ① 30. ① 31. ② 32. ④

① lock system
② fail−safe system
③ fool−proof system
④ risk assessment system

해설 위험성 평가(risk assessment system) : 사업장의 유해 · 위험요인을 파악하고 해당 유해 · 위험요인에 의한 부상 또는 질병의 발생 빈도와 강도를 추정 · 결정하고 감소 대책을 수립하여 실행하는 과정

33. 다음의 설명에서 (　　) 안의 내용을 맞게 나열한 것은?

> 40phon은 (㉠)sone을 나타내며, 이는 (㉡)dB의 (㉢)Hz 순음의 크기를 나타낸다.

① ㉠ : 1, ㉡ : 40, ㉢ : 1000
② ㉠ : 1, ㉡ : 32, ㉢ : 1000
③ ㉠ : 2, ㉡ : 40, ㉢ : 2000
④ ㉠ : 2, ㉡ : 32, ㉢ : 2000

해설 • 1000Hz에서 1dB=1phon이다.
• 1sone : 40dB의 1000Hz 음압수준을 가진 순음의 크기(=40phon)를 1sone이라 한다.

34. 다음 중 자동차나 항공기의 앞유리 혹은 차양판 등에 정보를 중첩 · 투사하는 표시장치는?

① CRT　② LCD
③ HUD　④ LED

해설 HUD : 자동차나 항공기의 전방을 주시한 상태에서 원하는 계기정보를 볼 수 있도록 전방 시선높이 방향의 유리 또는 차양판에 정보를 중첩 · 투사하는 표시장치로 정성적, 묘사적 표시장치

35. 어떤 결함수의 쌍대 결함수를 구하고, 컷셋을 찾아내어 결함(사고)을 예방할 수 있는 최소의 조합을 의미하는 것은?

① 최대 컷셋　② 최소 컷셋
③ 최대 패스셋　④ 최소 패스셋

해설 최소 패스셋 : 모든 고장이나 실수가 발생하지 않으면 재해는 발생하지 않는다는 것으로, 즉 기본사상이 일어나지 않으면 정상사상이 발생하지 않는 기본사상의 집합으로 시스템의 신뢰성을 말한다.

36. 일반적인 수공구의 설계원칙으로 볼 수 없는 것은?

① 손목을 곧게 유지한다.
② 반복적인 손가락 동작을 피한다.
③ 사용이 용이한 검지만 주로 사용한다.
④ 손잡이는 접촉면적을 가능하면 크게 한다.

해설 수공구 설계원칙
• 손목을 곧게 유지하여야 한다.
• 조직의 압축응력을 피한다.
• 반복적인 모든 손가락 움직임을 피한다.
• 손잡이는 손바닥의 접촉면적을 크게 설계하여야 한다.
• 공구의 무게를 줄이고 사용 시 균형이 유지되도록 한다.
• 안전작동을 고려하여 무게 균형이 유지되도록 설계한다.

37. 체내에서 유기물을 합성하거나 분해하는 데는 반드시 에너지의 전환이 뒤따른다. 이것을 무엇이라 하는가?

① 에너지 변환　② 에너지 합성
③ 에너지 대사　④ 에너지 소비

해설 에너지 대사 : 생물체 체내에서 일어나는 에너지의 전환, 방출, 저장 시 필요한 에너지의 모든 과정을 말한다.

정답 33. ①　34. ③　35. ④　36. ③　37. ③

38. 광원으로부터의 직사휘광을 줄이기 위한 방법으로 적절하지 않은 것은?

① 휘광원 주위를 어둡게 한다.
② 가리개, 갓, 차양 등을 사용한다.
③ 광원을 시선에서 멀리 위치시킨다.
④ 광원의 수는 늘리고 휘도는 줄인다.

해설 ① 휘광원 주위를 밝게 하여 광도비를 줄인다.

39. 다음 중 연마작업장의 가장 소극적인 소음 대책은?

① 음향처리제를 사용할 것
② 방음 보호용구를 착용할 것
③ 덮개를 씌우거나 창문을 닫을 것
④ 소음원으로부터 적절하게 배치할 것

해설 소음방지 대책

- 소음원의 통제 : 기계설계 단계에서 소음에 대한 반영, 차량에 소음기 부착 등
- 소음의 격리 : 방, 장벽, 창문, 소음차단벽 등을 사용
- 차폐장치 및 흡음재 사용
- 음향처리제 사용
- 적절한 배치(layout)
- 배경음악
- 방음보호구 사용 : 귀마개, 귀덮개 등을 사용하는 것은 소극적인 대책

40. 화학설비의 안전성 평가 과정에서 제 3단계인 정량적 평가 항목에 해당되는 것은?

① 목록
② 공정계통도
③ 화학설비 용량
④ 건조물의 도면

해설 정량적 평가(3단계) 항목 : 온도, 압력, 조작, 화학설비의 용량, 화학설비의 취급 물질 등

3과목 건설시공학

41. 경량골재 콘크리트 공사에 관한 사항으로 옳지 않은 것은?

① 슬럼프 값은 180mm 이하로 한다.
② 경량골재는 배합 전 완전히 건조시켜야 한다.
③ 경량골재 콘크리트는 공기연행 콘크리트로 하는 것을 원칙으로 한다.
④ 물-결합재비의 최댓값은 60%로 한다.

해설 ② 경량골재는 충분히 물을 흡수시킨 상태로 사용하여야 한다.

42. 벽과 바닥의 콘크리트 타설을 한 번에 가능하도록 벽체용 거푸집과 슬래브 거푸집을 일체로 제작하여 한 번에 설치하고 해체할 수 있도록 한 시스템 거푸집은?

① 갱 폼　　② 클라이밍 폼
③ 슬립 폼　　④ 터널 폼

해설 터널 폼 : 벽체용, 바닥용 거푸집을 일체로 제작하여 벽과 바닥 콘크리트를 일체로 하는 거푸집 공법이다.

43. 기존 건물에 근접하여 구조물을 구축할 때 기존 건물의 균열 및 파괴를 방지할 목적으로 지하에 실시하는 보강공법은?

① BH(Boring Hole)
② 베노토(benoto) 공법
③ 언더피닝(under pinning) 공법
④ 심초공법

해설 언더피닝 공법 : 인접한 기존 건축물 인근에서 건축공사를 실시할 경우 기존 건축물의 지반과 기초를 보강하는 공법

44. 철골조에서 판보(plate girder)의 보강재에 해당되지 않는 것은?

정답 38. ① 39. ② 40. ③ 41. ② 42. ④ 43. ③ 44. ②

① 커버 플레이트 ② 윙 플레이트
③ 필러 플레이트 ④ 스티프너

해설 ②는 기둥의 하부를 보강해 주는 플레이트

45. 다음 중 가장 깊은 기초지정은?

① 우물통식 지정 ② 긴 주춧돌 지정
③ 잡석지정 ④ 자갈지정

해설 깊은 기초지정 : 우물통식 지정, 잠함기초 지정, 말뚝기초, 피어기초 등
Tip) 보통지정 : 긴 주춧돌 지정, 잡석지정, 자갈지정

46. 시공계획 시 우선 고려하지 않아도 되는 것은?

① 상세 공정표의 작성
② 노무, 기계, 재료 등의 조달, 사용계획에 따른 수송계획 수립
③ 현장관리조직과 인사계획 수립
④ 시공도의 작성

해설 시공도 : 공사를 실시할 때, 사용재료 · 공법 · 시공 순서 따위에 관한 사항을 상세하고도 구체적으로 그린 도면

47. 다음과 같은 조건에서 콘크리트의 압축강도를 시험하지 않을 경우 거푸집 널의 해체시기로 옳은 것은? (단, 기초, 보, 기둥 및 벽의 측면)

• 조강 포틀랜드 시멘트 사용
• 평균기온 20℃ 이상

① 2일 ② 3일 ③ 4일 ④ 6일

해설 조강 포틀랜드 시멘트의 거푸집 널 해체시기는 20℃ 이상일 경우 2일, 10℃ 이상 20℃ 미만일 경우는 3일이다.

48. 철골공사와 직접적으로 관련된 용어가 아닌 것은?

① 토크렌치 ② 너트회전법
③ 적산온도 ④ 스터드 볼트

해설 적산온도 : 콘크리트 타설 후 양생될 때까지의 온도 누적합계

49. 공사에 필요한 특기시방서에 기재하지 않아도 되는 사항은?

① 인도 시 검사 및 인도시기
② 각 부위별 시공방법
③ 각 부위별 사용재료
④ 사용재료의 품질

해설 ①은 공사계약 시 작성사항

50. 지반조사 방법 중 보링에 관한 설명으로 옳지 않은 것은?

① 보링은 지질이나 지층의 상태를 깊은 곳까지도 정확하게 확인할 수 있다.
② 회전식 보링은 불교란 시료 채취, 암석 채취 등에 많이 쓰인다.
③ 충격식 보링은 토사를 분쇄하지 않고 연속적으로 채취할 수 있으므로 가장 정확한 방법이다.
④ 수세식 보링은 30m까지의 연질층에 주로 쓰인다.

해설 ③ 충격식 보링은 와이어로프의 끝에 있는 충격날의 상하 작동에 의한 충격으로 토사 및 암석을 파쇄, 천공하는 방법이다.
Tip) 충격식 보링은 경질층을 깊이 파는데 이용하는 방식이다.

51. 철근의 이음을 검사할 때 가스압접 이음의 검사항목이 아닌 것은?

① 이음위치 ② 이음길이

정답 45. ① 46. ④ 47. ① 48. ③ 49. ① 50. ③ 51. ②

③ 외관검사 ④ 인장시험

해설 가스압접 이음의 검사항목 : 이음위치, 외관검사, 인장시험, 초음파검사 등

52. 전체 공사의 진척이 원활하며 공사의 시공 및 책임한계가 명확하여 공사관리가 쉽고 하도급의 선택이 용이한 도급제도는?

① 공정별 분할도급 ② 일식도급
③ 단가도급 ④ 공구별 분할도급

해설 일식도급 : 한 공사 전부를 도급자에게 맡겨 재료, 노무, 현장시공 업무 일체를 일괄하여 시행시키는 방식

53. 콘크리트 타설작업에 있어 진동다짐을 하는 목적으로 옳은 것은?

① 콘크리트 점도를 증진시켜 준다.
② 시멘트를 절약시킨다.
③ 콘크리트의 동결을 방지하고 경화를 촉진시킨다.
④ 콘크리트의 거푸집 구석구석까지 충전시킨다.

해설 진동다짐을 하는 목적은 콘크리트의 거푸집 구석구석까지 충전시키는 콘크리트의 밀실화를 위해서이다.

54. 다음 철근 배근의 오류 중에서 구조적으로 가장 위험한 것은?

① 보 늑근의 겹침
② 기둥 주근의 겹침
③ 보 하부 주근의 처짐
④ 기둥 대근의 겹침

해설 보 하부 주근의 처짐은 철근 배근에서 구조물의 기능에 위험을 초래한다.

55. 토공사 기계에 관한 설명으로 옳지 않은 것은?

① 파워쇼벨(power shovel)은 위치한 지면보다 높은 곳의 굴착에 유리하다.
② 드래그쇼벨(drag shovel)은 대형 기초굴착에서 협소한 장소의 줄기초 파기, 배수관 매설공사 등에 다양하게 사용된다.
③ 클램셸(clam shell)은 연한 지반에는 사용이 가능하나 경질층에는 부적당하다.
④ 드래그라인(drag line)은 배토판을 부착시켜 정지작업에 사용된다.

해설 ④ 드래그라인은 지면보다 낮은 땅의 굴착에 적당하고, 굴착 반지름이 크다.

56. 고력 볼트 접합에서 축부가 굵게 되어 있어 볼트 구멍에 빈틈이 남지 않도록 고안된 볼트는?

① TC 볼트 ② PI 볼트
③ 그립 볼트 ④ 지압형 고장력 볼트

해설 지압형 고장력 볼트 : 축부가 굵게 되어 있어 볼트 구멍에 빈틈이 남지 않도록 고안된 볼트

Tip) 고력 볼트 : 인장강도가 높은 볼트로 접합부에 높은 강성과 강도를 얻기 위해 사용한다.

57. 다음 용어에 대한 정의로 옳지 않은 것은?

① 함수비 $= \dfrac{\text{물의 무게}}{\text{토립자의 무게(건조 중량)}} \times 100\%$

② 간극비 $= \dfrac{\text{간극의 부피}}{\text{토립자의 부피}} \times 100\%$

③ 포화도 $= \dfrac{\text{물의 부피}}{\text{간극의 부피}} \times 100\%$

④ 간극률 $= \dfrac{\text{물의 부피}}{\text{전체의 부피}} \times 100\%$

해설 ④ 간극률 $= \dfrac{\text{흙의 용적}}{\text{흙 전체의 용적}} \times 100\%$

정답 52. ② 53. ④ 54. ③ 55. ④ 56. ④ 57. ④

58. 철골작업에서 사용되는 철골 세우기용 기계로 옳은 것은?

① 진폴(gin pole)
② 앵글도저(angle dozer)
③ 모터그레이더(motor grader)
④ 캐리올 스크레이퍼(carryall scraper)

해설 철골 세우기용 기계설비 : 가이데릭, 스티프 레그 데릭, 진폴, 크레인, 이동식 크레인 등
Tip) 드래그라인(drag line) : 차량계 건설기계로 지면보다 낮은 땅의 굴착에 적당하고, 굴착 반지름이 크다.

59. 시공과정상 불가피하게 콘크리트를 이어치기 할 때 서로 일체화되지 않아 발생하는 시공 불량 이음부를 무엇이라고 하는가?

① 컨스트럭션 조인트(construction joint)
② 콜드 조인트(cold joint)
③ 컨트롤 조인트(control joint)
④ 익스팬션 조인트(expansion joint)

해설 콜드 조인트(cold joint) : 시공과정상 불가피하게 콘크리트를 이어치기 할 때 발생하는 줄눈

60. 굳지 않은 콘크리트가 거푸집에 미치는 측압에 관한 설명으로 옳지 않은 것은?

① 묽은 비빔 콘크리트가 측압은 크다.
② 온도가 높을수록 측압은 크다.
③ 콘크리트의 타설속도가 빠를수록 측압은 크다.
④ 측압은 굳지 않은 콘크리트의 높이가 높을수록 커지는 것이나 어느 일정한 높이에 이르면 측압의 증대는 없다.

해설 ② 대기의 온도가 낮고, 습도가 높을수록 측압은 크다.

4과목 건설재료학

61. 목재와 철강재 양쪽 모두에 사용할 수 있는 도료가 아닌 것은?

① 래커에나멜 ② 유성페인트
③ 에나멜페인트 ④ 광명단

해설 광명단은 보일드유를 유성페인트에 녹인 것으로 철제류에 사용되는 녹 방지용 바탕칠 도료이다.

62. 유리를 600℃ 이상의 연화점까지 가열하여 특수한 장치로 균등히 공기를 내뿜어 급랭시킨 것으로 강하고 또한 파괴되어도 세립상으로 되는 유리는?

① 에칭유리 ② 망입유리
③ 강화유리 ④ 복층유리

해설 강화유리는 깨지면 잘게 깨지면서 비산한다.

63. 미장재료의 분류에서 물과 화학반응하여 경화하는 수경성 재료가 아닌 것은?

① 순석고 플라스터
② 경석고 플라스터
③ 혼합석고 플라스터
④ 돌로마이트 플라스터

해설 돌로마이트 플라스터 : 소석회보다 점성이 높고, 풀을 넣지 않아 냄새, 곰팡이가 없어 변색될 염려가 없으며 경화 시 수축률이 큰 기경성 미장재료이다.

64. 다음 중 천연 접착제로 볼 수 없는 것은?

① 전분 ② 아교
③ 멜라민수지 ④ 카세인

정답 58. ① 59. ② 60. ② 61. ④ 62. ③ 63. ④ 64. ③

해설 멜라민수지 : 수지 성형품 중에서 표면 경도가 크고 광택을 지니면서 착색이 자유롭고 내수성, 내열성이 우수한 수지로 목재 접착, 마감재, 전기부품 등에 활용되는 수지

65. 알루미늄과 그 합금재료의 일반적인 성질에 관한 설명으로 옳지 않은 것은?

① 산, 알칼리에 강하다.
② 내화성이 작다.
③ 열 · 전기전도성이 크다.
④ 비중이 철의 약 1/3이다.

해설 ① 산과 알칼리에 약하다. 해수 중에서 부식하기 쉬우며 황산, 인산, 질산, 염산 중에서는 침식된다.

66. 잔골재를 각 상태에서 계량한 결과 그 무게가 다음과 같을 때 이 골재의 유효흡수율은?

- 절건상태 : 2000g
- 기건상태 : 2066g
- 표면건조 내부 포화상태 : 2124g
- 습윤상태 : 2152g

① 1.32%　② 2.81%
③ 6.20%　④ 7.60%

해설 유효흡수율(%)

$$=\frac{\text{표면건조 포화상태}-\text{기건상태}}{\text{기건상태}}\times 100\%$$

$$=\frac{2124-2066}{2066}\times 100\%=2.81\%$$

67. 건축재료의 화학적 조성에 의한 분류에서 유기재료에 속하지 않는 것은?

① 목재　② 아스팔트
③ 플라스틱　④ 시멘트

해설 • 무기재료 : 철강, 알루미늄, 시멘트, 콘크리트, 석재, 유리 등
• 유기재료 : 아스팔트, 목재, 합성수지, 도료, 섬유판 등

68. 유기 천연섬유 또는 석면섬유를 결합한 원지에 연질의 스트레이트 아스팔트를 침투시킨 것으로 아스팔트 방수 중간층재로 사용되는 것은?

① 아스팔트 펠트　② 아스팔트 컴파운드
③ 아스팔트 프라이머　④ 아스팔트 루핑

해설 아스팔트 펠트 : 목면, 마사, 양모, 폐지 등을 혼합하여 만든 원지에 연질의 스트레이트 아스팔트를 침투시킨 제품

Tip) • 아스팔트 루핑 : 아스팔트 펠트의 양면에 블로운 아스팔트를 가열 · 용융시켜 피복한 제품
• 아스팔트 프라이머 : 블로운 아스팔트를 용제에 녹인 것으로 액상을 하고 있으며, 아스팔트 방수의 바탕처리재
• 아스팔트 컴파운드 : 블로운 아스팔트의 내열성, 내한성 등을 개량하기 위해 동식물성 유지와 광물질 분말을 혼입한 제품
• 아스팔트 에멀젼 : 유화제를 써서 아스팔트를 미립자로 수중에 분산시킨 다갈색 액체로서 깬자갈의 점결제 등으로 쓰이는 제품
• 아스팔트 싱글 : 아스팔트의 주재료로 지붕마감재
• 아스팔트 블록 : 아스팔트의 주재료로 바닥마감재

69. 목재가공품 중 판재와 각재를 접착하여 만든 것으로 보, 기둥, 아치, 트러스 등의 구조부재로 사용되는 것은?

① 파키트 패널　② 집성목재
③ 파티클 보드　④ 석고보드

정답 65. ①　66. ②　67. ④　68. ①　69. ②

해설 집성목재 : 두께 1.5~3cm의 제재판재 또는 소각재 등의 부재를 섬유 평행 방향으로 여러 장을 겹쳐 붙여서 만든 목재로 보, 기둥, 아치, 트러스 등의 구조재료로 사용할 수 있다.

70. 다음 시멘트 조성 화합물 중 수화속도가 느리고 수화열도 작게 해주는 성분은?

① 규산3칼슘 ② 규산2칼슘
③ 알루민산 3칼슘 ④ 알루민산 철4칼슘

해설 시멘트 조성 화합물

명칭	규산 2칼슘 (C_2S)	규산 3칼슘 (C_3S)	알루민산 3칼슘 (C_3A)	알루민산 철4칼슘 (C_4AF)
조기강도	작다	크다	크다	작다
장기강도	크다	보통	작다	작다
수화 작용 속도	느리다	보통	빠르다	보통
수화 발열량	작다	크다	매우 크다	보통

71. 미장공사에서 코너비드가 사용되는 곳은?

① 계단 손잡이 ② 기둥의 모서리
③ 거푸집 가장자리 ④ 화장실 칸막이

해설 코너비드 : 기둥이나 벽 등의 모서리를 보호하기 위해 밀착시켜 붙이는 보호용 철물

72. 물-시멘트 비 65%로 콘크리트 $1m^3$를 만드는데 필요한 물의 양으로 적당한 것은? (단, 콘크리트 $1m^3$당 시멘트는 8포대이며, 1포대는 40kg이다.)

① $0.1m^3$ ② $0.2m^3$ ③ $0.3m^3$ ④ $0.4m^3$

해설 $물-시멘트비 = \frac{물의\ 무게}{시멘트의\ 무게}$

∴ 물의 양(m^3)
$=물-시멘트비 \times 시멘트의\ 무게$
$=0.65 \times 320kg = 208kg$
$=208L \div 1000 \fallingdotseq 0.2m^3$

Tip) • $부피 = \frac{무게}{밀도(비중)}$
• $1m^3 = 1000L$

73. 표면에 여러 가지 직물무늬 모양이 나타나게 만든 타일로서 무늬, 형상 또는 색상이 다양하여 주로 내장타일로 쓰이는 것은?

① 폴리싱 타일
② 태피스트리 타일
③ 논 슬립 타일
④ 모자이크 타일

해설 태피스트리 타일 : 타일 표면에 직물무늬 모양이 나타나게 만든 타일로서 무늬, 형상 또는 색상이 다양하여 장식타일로 사용된다.

74. 다음 중 콘크리트의 워커빌리티에 영향을 주는 인자에 관한 설명으로 옳지 않은 것은?

① 단위 수량이 많을수록 콘크리트의 컨시스턴시는 커진다.
② 일반적으로 부배합의 경우는 빈배합의 경우보다 콘크리트의 플라스티시티가 증가하므로 워커빌리티가 좋다고 할 수 있다.
③ AE제나 감수제에 의해 콘크리트 중에 연행된 미세한 공기는 볼 베어링 작용을 통해 콘크리트의 워커빌리티를 개선한다.
④ 둥근 형상의 강자갈의 경우보다 편평하고 세장한 입형의 골재를 사용할 경우 워커빌리티가 개선된다.

해설 ④ 깬자갈이나 깬모래는 접촉단면적이 커서 부착력은 증가, 워커빌리티가 저하된다.

Tip) 잔골재를 크게 하고 단위 수량을 크게 해야 워커빌리티가 좋아진다.

정답 70. ② 71. ② 72. ② 73. ② 74. ④

75. 점토제품에 관한 설명으로 옳지 않은 것은?

① 점토의 주요 구성성분은 알루미나, 규산이다.
② 점토입자가 미세할수록 가소성이 좋으며 가소성이 너무 크면 샤모트 등을 혼합 사용한다.
③ 점토제품의 소성온도는 도기질의 경우 1230∼1460℃ 정도이며, 자기질은 이보다 현저히 낮다.
④ 소성온도는 점토의 성분이나 제품에 따라 다르며, 온도측정은 제게르 콘(seger cone)으로 한다.

해설 ③ 점토제품의 소성온도는 도기질의 경우 1100∼1230℃ 정도이며, 자기질은 이보다 현저히 높다.

76. 접착제를 사용할 때의 주의사항으로 옳지 않은 것은?

① 피착제의 표면은 가능한 한 습기가 없는 건조상태로 한다.
② 용제, 희석제를 사용할 경우 과도하게 희석시키지 않도록 한다.
③ 용제성의 접착제는 도포 후 용제가 휘발한 적당한 시간에 접착시킨다.
④ 접착처리 후 일정한 시간 내에는 가능한 한 압축을 피해야 한다.

해설 ④ 접착처리 후 양생이 되기 전에 최대한 압축해야 한다.

77. 목재의 역학적 성질에 관한 설명으로 옳지 않은 것은?

① 섬유 평행 방향의 휨강도와 전단강도는 거의 같다.
② 강도와 탄성은 가력 방향과 섬유 방향과의 관계에 따라 현저한 차이가 있다.
③ 섬유에 평행 방향의 인장강도는 압축강도보다 크다.
④ 목재의 강도는 일반적으로 비중에 비례한다.

해설 ① 목재의 섬유 평행 방향의 강도 크기는 인장강도 > 휨강도 > 압축강도 > 전단강도 순서이다.

78. 단열재의 특성과 관련된 전열의 3요소와 거리가 먼 것은?

① 전도 ② 대류
③ 복사 ④ 결로

해설 결로 : 물건의 표면에 작은 물방울이 서려 붙는 현상

79. 비철금속 중 동(銅)에 관한 설명으로 옳지 않은 것은?

① 맑은 물에는 침식되나 해수에는 침식되지 않는다.
② 전 · 연성이 좋아 가공하기 쉬운 편이다.
③ 철강보다 내식성 우수하다.
④ 건축재료로는 아연 또는 주석 등을 활용한 합금을 주로 사용한다.

해설 ① 맑은 물에 부식하여 녹청색으로 변하지만, 내부까지는 부식되지 않으며, 해수 및 암모니아에는 침식된다.

80. 화성암의 일종으로 내구성 및 강도가 크고 외관이 수려하며, 절리의 거리가 비교적 커서 대재를 얻을 수 있으나, 함유 광물의 열팽창계수가 달라 내화성이 약한 석재는?

① 안산암 ② 사암
③ 화강암 ④ 응회암

해설 화강암 : 석영, 운모, 정장석, 사장석 따위를 주성분으로 석질이 견고한 석재로 외장, 내장, 구조재, 도로포장재, 콘크리트 골재 등에 사용되며, 광물의 열팽창계수가 달라 내화성이 약하다.

정답 75. ③ 76. ④ 77. ① 78. ④ 79. ① 80. ③

5과목 건설안전기술

81. 산업안전보건관리비 중 안전시설비 등의 항목에서 사용 가능한 내역은?

① 외부인 출입금지, 공사장 경계표시를 위한 가설울타리
② 비계 · 통로 · 계단에 추가 설치하는 추락방지용 안전난간
③ 절토부 및 성토부 등의 토사 유실방지를 위한 설비
④ 공사 목적물의 품질확보 또는 건설장비 자체의 운행 감시, 공사 진척상황 확인, 방범 등의 목적을 가진 CCTV 등 감시용 장비

해설 비계 · 통로 · 계단에 추가 설치하는 사다리 전도방지장치, 추락방지용 안전난간, 방호선반 등은 안전시설비로 사용할 수 있다.
Tip) 안전통로(각종 비계, 작업발판, 가설계단 · 통로, 사다리 등)는 안전시설비로 사용할 수 없다.

82. 콘크리트 타설용 거푸집에 작용하는 외력 중 연직 방향 하중이 아닌 것은?

① 고정하중 ② 충격하중
③ 작업하중 ④ 풍하중

해설 거푸집에 작용하는 연직 방향 하중 : 고정하중, 충격하중, 작업하중, 콘크리트 및 거푸집 자중 등
Tip) 풍하중 – 횡 방향 하중

83. 유해 · 위험방지 계획서를 제출해야 하는 공사의 기준으로 옳지 않은 것은?

① 최대 지간길이 30m 이상인 교량 건설 등 공사
② 깊이 10m 이상인 굴착공사
③ 터널 건설 등의 공사
④ 다목적 댐, 발전용 댐 및 저수용량 2천만 톤 이상의 용수 전용 댐, 지방상수도 전용 댐 건설 등의 공사

해설 ① 최대 지간길이 50m 이상인 교량 건설 등 공사

84. 철골공사에서 용접작업을 실시함에 있어 전격예방을 위한 안전조치 중 옳지 않은 것은?

① 전격방지를 위해 자동전격방지기를 설치한다.
② 우천, 강설 시에는 야외작업을 중단한다.
③ 개로전압이 낮은 교류 용접기는 사용하지 않는다.
④ 절연 홀더(holder)를 사용한다.

해설 ③ 개로전압이 낮은 안전한 교류 용접기를 사용한다.

85. 흙막이 가시설의 버팀대(strut)의 변형을 측정하는 계측기에 해당하는 것은?

① water level meter ② strain gauge
③ piezo meter ④ load cell

해설 • 지하수위계(water level meter) : 지반 내 지하수위의 변화 측정
• 변형률계(strain gauge) : 흙막이 버팀대의 변형 파악
• 간극수압계(piezo meter) : 지하의 간극수압 측정
• 하중계(load cell) : 축하중의 변화 상태 측정

86. 흙막이지보공을 설치하였을 때 정기적으로 점검하고 이상을 발견하면 즉시 보수하여야 하는 사항으로 거리가 먼 것은?

① 부재의 손상, 변형, 부식, 변위 및 탈락의 유무와 상태
② 부재의 접속부, 부착부 및 교차부의 상태

정답 81. ② 82. ④ 83. ① 84. ③ 85. ② 86. ④

부록 2019

③ 침하의 정도
④ 발판의 지지 상태

해설 흙막이지보공 정기점검사항
- 침하의 정도
- 버팀대의 긴압의 정도
- 부재의 접속부 · 부착부 및 교차부의 상태
- 부재의 손상 · 변형 · 부식 · 변위 및 탈락의 유무와 상태

87. 유한사면에서 사면 기울기가 비교적 완만한 점성토에서 주로 발생되는 사면파괴의 형태는?

① 사면 저부 파괴
② 사면 선단 파괴
③ 사면 내 파괴
④ 국부 전단 파괴

해설 사면 저부 파괴 : 경사가 완만하고 점착성인 경우, 사면의 하부에 견고한 지층이 있을 경우 발생

88. 말비계를 조립하여 사용하는 경우의 준수사항으로 틀린 것은?

① 지주부재의 하단에는 미끄럼방지 장치를 할 것
② 지주부재와 수평면과의 기울기는 85° 이하로 할 것
③ 말비계의 높이가 2m를 초과할 경우에는 작업발판의 폭을 40cm 이상으로 할 것
④ 지주부재와 지주부재 사이를 고정시키는 보조부재를 설치할 것

해설 ② 지주부재와 수평면과의 기울기는 75° 이하로 할 것

89. 사다리식 통로 등을 설치하는 경우 준수해야 할 기준으로 틀린 것은?

① 접이식 사다리 기둥은 사용 시 접혀지거나 펼쳐지지 않도록 철물 등을 사용하여 견고하게 조치할 것
② 발판과 벽과의 사이는 25cm 이상의 간격을 유지할 것
③ 폭은 30cm 이상으로 할 것
④ 사다리식 통로의 길이가 10m 이상인 경우에는 5m 이내마다 계단참을 설치할 것

해설 ② 발판과 벽과의 사이는 15cm 이상의 간격을 유지할 것

90. 지반조사의 방법 중 지반을 강관으로 천공하고 토사를 채취 후 여러 가지 시험을 시행하여 지반의 토질 분포, 흙의 층상과 구성 등을 알 수 있는 것은?

① 보링　　② 표준관입시험
③ 베인테스트　　④ 평판재하시험

해설 보링 : 지반을 강관으로 천공하고 토사를 채취 후 지반의 토질 분포, 흙의 층상과 구성 등을 조사하는 방법

91. 추락방지망의 달기로프를 지지점에 부착할 때 지지점의 간격이 1.5m인 경우 지지점의 강도는 최소 얼마 이상이어야 하는가?

① 200kg　　② 300kg
③ 400kg　　④ 500kg

해설 지지점의 강도(F)
$=200\times B=200\times 1.5=300\,\text{kg}$
여기서, F : 외력(kg), B : 지지점 간격(m)

92. 철골작업을 중지하여야 하는 제한기준에 해당되지 않는 것은?

① 풍속이 초당 10m 이상인 경우
② 강우량이 시간당 1mm 이상인 경우
③ 강설량이 시간당 1cm 이상인 경우

정답 87. ①　88. ②　89. ②　90. ①　91. ②　92. ④

④ 소음이 65dB 이상인 경우

해설 철골공사 작업을 중지하여야 하는 기준
- 풍속이 초당 10m 이상인 경우
- 1시간당 강우량이 1mm 이상인 경우
- 1시간당 강설량이 1cm 이상인 경우

93. 화물을 적재하는 경우에 준수하여야 하는 사항으로 옳지 않은 것은?

① 침하 우려가 없는 튼튼한 기반 위에 적재할 것
② 건물의 칸막이나 벽 등이 화물의 압력에 견딜 만큼의 강도를 지니지 아니한 경우에는 칸막이나 벽에 기대어 적재하지 않도록 할 것
③ 불안정할 정도로 높이 쌓아 올리지 말 것
④ 편하중이 발생하도록 쌓아 적재 효율을 높일 것

해설 ④ 편하중이 생기지 아니하도록 적재할 것

94. 강관틀비계의 높이가 20m를 초과하는 경우 주틀 간의 간격은 최대 얼마 이하로 사용해야 하는가?

① 1.0m ② 1.5m
③ 1.8m ④ 2.0m

해설 강관틀비계의 높이가 20m를 초과하거나 중량물의 적재를 수반하는 작업을 할 경우에는 주틀 간의 간격을 1.8m 이하로 할 것

95. 타워크레인의 운전작업을 중지하여야 하는 순간풍속 기준으로 옳은 것은?

① 초당 10m 초과
② 초당 12m 초과
③ 초당 15m 초과
④ 초당 20m 초과

해설 순간풍속이 초당 15m 초과 : 타워크레인의 운전작업 중지

96. 추락방지용 방망을 구성하는 그물코의 모양과 크기로 옳은 것은?

① 원형 또는 사각으로서 그 크기는 10cm 이하이어야 한다.
② 원형 또는 사각으로서 그 크기는 20cm 이하이어야 한다.
③ 사각 또는 마름모로서 그 크기는 10cm 이하이어야 한다.
④ 사각 또는 마름모로서 그 크기는 20cm 이하이어야 한다.

해설 방망의 그물코 규격은 사각 또는 마름모로서 그 크기는 10cm 이하이어야 한다.

97. 핸드 브레이커 취급 시 안전에 관한 유의사항으로 옳지 않은 것은?

① 기본적으로 현장 정리가 잘 되어 있어야 한다.
② 작업 자세는 항상 하향 45° 방향으로 유지하여야 한다.
③ 작업 전 기계에 대한 점검을 철저히 한다.
④ 호스의 교차 및 꼬임 여부를 점검하여야 한다.

해설 ② 끝의 부러짐을 방지하기 위해 작업 자세는 하향 수직 방향으로 유지한다.

98. 중량물의 취급 작업 시 근로자의 위험을 방지하기 위하여 사전에 작성하여야 하는 작업계획서 내용에 해당되지 않는 것은?

① 추락위험을 예방할 수 있는 안전 대책
② 낙하위험을 예방할 수 있는 안전 대책
③ 전도위험을 예방할 수 있는 안전 대책
④ 침수위험을 예방할 수 있는 안전 대책

해설 중량물 취급 작업 시 작업계획서는 추락위험, 낙하위험, 전도위험, 협착위험, 붕괴위험 등에 대한 예방을 할 수 있는 안전 대책을 포함하여야 한다.

정답 93. ④ 94. ③ 95. ③ 96. ③ 97. ② 98. ④

99. 가설통로를 설치하는 경우 준수해야 할 기준으로 옳지 않은 것은?

① 경사는 45° 이하로 할 것

② 경사가 15°를 초과하는 경우에는 미끄러지지 아니하는 구조로 할 것

③ 추락할 위험이 있는 장소에는 안전난간을 설치할 것

④ 수직갱에 가설된 통로의 길이가 15m 이상인 경우에는 10m 이내마다 계단참을 설치할 것

해설 ① 경사는 30° 이하로 할 것

100. 굴착이 곤란한 경우 발파가 어려운 암석의 파쇄 굴착 또는 암석 제거에 적합한 장비는?

① 리퍼

② 스크레이퍼

③ 롤러

④ 드래그라인

해설 리퍼 : 아스팔트 포장도로 지반의 파쇄 또는 연한 암석지반에 가장 적당한 장비이다.

정답 99. ① 100. ①

2019년도(2회차) 출제문제

1과목 산업안전관리론

1. 매슬로우(Maslow)의 욕구단계 이론 중 제2단계의 욕구에 해당하는 것은?

① 사회적 욕구
② 안전에 대한 욕구
③ 자아실현의 욕구
④ 존경과 긍지에 대한 욕구

해설 안전욕구(2단계) : 안전을 구하려는 자기보존의 욕구

2. French와 Raven이 제시한, 리더가 가지고 있는 세력의 유형이 아닌 것은?

① 전문세력(expert power)
② 보상세력(reward power)
③ 위임세력(entrust power)
④ 합법세력(legitimate power)

해설 French와 Raven의 리더세력의 유형 : 보상세력, 합법세력, 전문세력, 강제세력, 참조세력 등

3. 안전지식교육 실시 4단계에서 지식을 실제의 상황에 맞추어 문제를 해결해 보고 그 수법을 이해시키는 단계로 옳은 것은?

① 도입 ② 제시
③ 적용 ④ 확인

해설 안전교육방법의 4단계

제1단계	제2단계	제3단계	제4단계
도입(학습할 준비)	제시(작업 설명)	적용(작업 진행)	확인 (결과)

4. 다음 중 무재해운동의 기본이념 3원칙에 포함되지 않는 것은?

① 무의 원칙 ② 선취의 원칙
③ 참가의 원칙 ④ 라인화의 원칙

해설 무재해운동의 기본이념 3원칙 : 무의 원칙, 참가의 원칙, 선취의 원칙

5. 산업안전보건법령상 안전검사대상 유해·위험기계의 종류에 포함되지 않는 것은?

① 전단기 ② 리프트
③ 곤돌라 ④ 교류 아크 용접기

해설 ④는 자율안전확인대상 기계·기구

6. 산업안전보건법령상 특별안전보건교육 대상 작업별 교육내용 중 밀폐공간에서의 작업 시 교육내용에 포함되지 않는 것은? (단, 그 밖에 안전보건관리에 필요한 사항은 제외한다.)

① 산소농도 측정 및 작업환경에 관한 사항
② 유해물질이 인체에 미치는 영향
③ 보호구 착용 및 사용방법에 관한 사항
④ 사고 시의 응급처치 및 비상시 구출에 관한 사항

해설 밀폐된 장소에서 작업 시 특별안전보건교육 사항

- 작업순서, 안전작업방법 및 수칙에 관한 사항
- 산소농도 측정 및 환기설비에 관한 사항
- 질식 시 응급조치에 관한 사항
- 작업환경 점검에 관한 사항
- 전격방지 및 보호구 착용에 관한 사항

정답 1. ② 2. ③ 3. ③ 4. ④ 5. ④ 6. ②

7. 하인리히의 재해 발생 원인 도미노 이론에서 사고의 직접원인으로 옳은 것은?

① 통제의 부족
② 관리구조의 부적절
③ 불안전한 행동과 상태
④ 유전과 환경적 영향

해설 3단계 : 불안전한 행동 및 불안전한 상태 – 인적, 물적원인 제거 가능(직접원인)

8. 산업안전보건법령상 다음 그림에 해당하는 안전 · 보건표지의 종류로 옳은 것은?

① 부식성물질 경고
② 산화성물질 경고
③ 인화성물질 경고
④ 폭발성물질 경고

해설 물질 경고표지의 종류

인화성	산화성	폭발성	급성독성	부식성

9. 산업안전보건법령상 상시근로자 수의 산출내역에 따라, 연간 국내공사 실적액이 50억 원이고 건설업 평균임금이 250만 원이며, 노무비율은 0.06인 사업장의 상시근로자 수는?

① 10인 ② 30인 ③ 33인 ④ 75인

해설 상시근로자 수

$$=\frac{\text{연간 국내공사 실적액}\times\text{노무비율}}{\text{건설업 평균임금}\times 12}$$

$$=\frac{5{,}000{,}000{,}000\times 0.06}{2{,}500{,}000\times 12}=10\text{인}$$

10. 특성에 따른 안전교육의 3단계에 포함되지 않는 것은?

① 태도교육 ② 지식교육
③ 직무교육 ④ 기능교육

해설 안전교육의 3단계

- 제1단계(지식교육)
- 제2단계(기능교육)
- 제3단계(태도교육)

11. 주의의 수준에서 중간 수준에 포함되지 않는 것은?

① 다른 곳에 주의를 기울이고 있을 때
② 가시시야 내 부분
③ 수면 중
④ 일상과 같은 조건일 경우

해설 ③ 수면 중은 인간 의식 레벨의 0단계 무의식의 생리적 상태이다.

12. 다음 중 작업표준의 구비조건으로 옳지 않은 것은?

① 작업의 실정에 적합할 것
② 생산성과 품질의 특성에 적합할 것
③ 표현은 추상적으로 나타낼 것
④ 다른 규정 등에 위배되지 않을 것

해설 ③ 표현은 실제적이고 구체적으로 나타낼 것

13. 다음 중 산업재해 통계에 관한 설명으로 적절하지 않은 것은?

① 산업재해 통계는 구체적으로 표시되어야 한다.
② 산업재해 통계는 안전활동을 추진하기 위한 기초자료이다.
③ 산업재해 통계만을 기반으로 해당 사업장의 안전수준을 추측한다.

정답 7. ③ 8. ③ 9. ① 10. ③ 11. ③ 12. ③ 13. ③

④ 산업재해 통계의 목적은 기업에서 발생한 산업재해에 대하여 효과적인 대책을 강구하기 위함이다.

해설 ③ 산업재해 통계만을 기반으로 해당 사업장의 안전조건이나 상태의 수준을 추측하지 않는다.

14. 다음 중 안전태도교육의 원칙으로 적절하지 않은 것은?

① 청취 위주의 대화를 한다.
② 이해하고 납득한다.
③ 항상 모범을 보인다.
④ 지적과 처벌 위주로 한다.

해설 안전태도교육의 원칙

- 태도교육 : 생활지도, 작업 동작지도, 적성배치 등을 통한 안전의 습관화
- 태도교육을 통한 안전태도 형성 요령
  ㉠ 청취한다.
  ㉡ 이해 · 납득시킨다.
  ㉢ 모범을 보인다.
  ㉣ 권장한다.
  ㉤ 평가(상 · 벌)한다.

15. 다음 중 산업심리의 5대 요소에 해당하지 않는 것은?

① 적성 ② 감정
③ 기질 ④ 동기

해설 안전심리의 5요소 : 동기, 기질, 감정, 습관, 습성

16. 다음 중 위험예지훈련 4라운드의 순서가 올바르게 나열된 것은?

① 현상파악 → 본질추구 → 대책수립 → 목표설정
② 현상파악 → 대책수립 → 본질추구 → 목표설정
③ 현상파악 → 본질추구 → 목표설정 → 대책수립
④ 현상파악 → 목표설정 → 본질추구 → 대책수립

해설 위험예지훈련 4라운드

1R	2R	3R	4R
현상파악	본질추구	대책수립	행동목표설정

17. 산업안전보건법령상 안전모의 종류(기호) 중 사용 구분에서 "물체의 낙하 또는 비래 및 추락에 의한 위험을 방지 또는 경감하고, 머리부위 감전에 의한 위험을 방지하기 위한 것"으로 옳은 것은?

① A ② AB ③ AE ④ ABE

해설 ABE : 물체의 낙하 또는 비래, 추락 및 감전에 의한 위험을 방지하기 위한 것으로 내전압성 7000V 이하이다.

18. 레빈(Lewin)은 인간행동과 인간의 조건 및 환경조건의 관계를 다음과 같이 표시하였다. 이때 "f"의 의미는?

$$B=f(P \cdot E)$$

① 행동 ② 조명 ③ 지능 ④ 함수

해설 인간의 행동은 $B=f(P \cdot E)$의 상호 함수관계에 있다.

- f : 함수관계(function)
- P : 개체(person) – 연령, 경험, 심신상태, 성격, 지능, 소질 등
- E : 심리적 환경(environment) – 인간관계, 작업환경 등

19. 적응기제(adjustment mechanism)의 유형에서 "동일화(identification)"의 사례에 해당하는 것은?

정답 14. ④ 15. ① 16. ① 17. ④ 18. ④ 19. ③

① 운동시합에 진 선수가 컨디션이 좋지 않았다고 한다.
② 결혼에 실패한 사람이 고아들에게 정열을 쏟고 있다.
③ 아버지의 성공을 자신의 성공인 것처럼 자랑하며 거만한 태도를 보인다.
④ 동생이 태어난 후 초등학교에 입학한 큰 아이가 손가락을 빨기 시작했다.

해설 동일화 : 힘과 능력 있는 사람을 통해 대리만족 함

20. 산업안전보건법령상 산업재해조사표에 기록되어야 할 내용으로 옳지 않은 것은?

① 사업장 정보
② 재해 정보
③ 재해 발생 개요 및 원인
④ 안전교육계획

해설 산업재해 발생 시 기록 · 보존하여야 할 내용

- 사업장의 개요 및 근로자의 인적사항
- 재해 발생의 일시 및 장소
- 재해 발생의 원인 및 과정
- 재해 재발방지계획

2과목 인간공학 및 시스템 안전공학

21. 다음 중 인간 에러 원인의 수준적 분류에 있어 작업자 자신으로부터 발생하는 에러를 무엇이라 하는가?

① command error
② secondary error
③ primary error
④ third error

해설 실수 원인의 수준적 분류

- 1차 실수(primary error) : 작업자 자신으로부터 발생한 에러
- 2차 실수(secondary error) : 작업형태나 작업조건 중 문제가 생겨 발생한 에러
- 커맨드 실수(command error) : 직무를 하려고 해도 필요한 정보, 물건, 에너지 등이 없어 발생하는 실수

22. 정보를 전송하기 위해 청각적 표시장치를 사용해야 효과적인 경우에 해당하는 것은?

① 전언이 복잡할 경우
② 전언이 후에 재참조될 경우
③ 전언이 공간적인 위치를 다룰 경우
④ 전언이 즉각적인 행동을 요구할 경우

해설 ①, ②, ③은 시각적 표시장치의 특성

23. 고장형태 및 영향분석(FMEA : Failure Mode and Effect Analysis)에서 치명도 해석을 포함시킨 분석방법으로 옳은 것은?

① CA ② ETA
③ FMETA ④ FMECA

해설 FMECA : FMEA와 형식은 같지만, 고장 발생확률과 치명도 해석을 포함한 분석방법을 말한다.

24. 조종장치를 통한 인간의 통제 아래 기계가 동력원을 제공하는 시스템의 형태로 옳은 것은?

① 기계화 시스템 ② 수동 시스템
③ 자동화 시스템 ④ 컴퓨터 시스템

해설 기계화 시스템 : 반자동 시스템 체계로 운전자의 조종에 의해 기계의 제어기능을 담당한다.

정답 20. ④ 21. ③ 22. ④ 23. ④ 24. ①

25. 음의 강약을 나타내는 기본단위는?

① dB ② pont
③ hertz ④ diopter

해설 • 데시벨(dB) : 음의 강약(소음)의 기본 단위
• 허츠(herts) : 진동수의 단위
• 디옵터(diopter) : 렌즈나 렌즈계통의 배율 단위
• 루멘(lumen) : 광선속의 국제단위

26. FTA에서 모든 기본사상이 일어났을 때 톱(top)사상을 일으키는 기본사상의 집합을 무엇이라 하는가?

① 컷셋(cut set)
② 최소 컷셋(minimal cut set)
③ 패스셋(path set)
④ 최소 패스셋(minamal path set)

해설 컷셋(cut set) : 정상사상을 발생시키는 기본사상의 집합, 모든 기본사상이 발생할 때 정상사상을 발생시키는 기본사상들의 집합

27. 일반적으로 인체에 가해지는 온 · 습도 및 기류 등의 외적변수를 종합적으로 평가하는 데에는 "불쾌지수"라는 지표가 이용된다. 불쾌지수의 계산식이 다음과 같은 경우, 건구온도와 습구온도의 단위로 옳은 것은?

> 불쾌지수
> =0.72×(건구온도+습구온도)+40.6

① 실효온도 ② 화씨온도
③ 절대온도 ④ 섭씨온도

해설 • 불쾌지수(화씨)
=화씨(건구온도+습구온도)×0.4+15
• 불쾌지수(섭씨)
=섭씨(건구온도+습구온도)×0.72±40.6

28. 레버를 10° 움직이면 표시장치는 1cm 이동하는 조종장치가 있다. 레버의 길이가 20cm라고 하면 이 조종장치의 통제표시비(C/D비)는 약 얼마인가?

① 1.27 ② 2.38 ③ 3.49 ④ 4.51

해설 $$\text{C/D비} = \frac{(\alpha/360)\times 2\pi L}{\text{표시장치 이동거리}} = \frac{(10/360)\times 2\pi \times 20}{1} \fallingdotseq 3.49$$

29. 작업장 내부의 추천반사율이 가장 낮아야 하는 곳은?

① 벽 ② 천장
③ 바닥 ④ 가구

해설 옥내 최적반사율

바닥	가구, 책상	벽	천장
20~40%	25~40%	40~60%	80~90%

30. 서서 하는 작업의 작업대 높이에 대한 설명으로 옳지 않은 것은?

① 정밀작업의 경우 팔꿈치 높이보다 약간 높게 한다.
② 경작업의 경우 팔꿈치 높이보다 약간 낮게 한다.
③ 중작업의 경우 경작업의 작업대 높이보다 약간 낮게 한다.
④ 작업대의 높이는 기준을 지켜야 하므로 높낮이가 조절되어서는 안 된다.

해설 입식 작업대 높이
• 정밀작업 : 팔꿈치 높이보다 5~10cm 높게 설계
• 일반작업(경작업) : 팔꿈치 높이보다 5~10cm 낮게 설계
• 힘든작업(중작업) : 팔꿈치 높이보다 10~20cm 낮게 설계

정답 25. ① 26. ① 27. ④ 28. ③ 29. ③ 30. ④

31. 다음의 FT도에서 몇 개의 미니멀 패스셋(minimal path sets)이 존재하는가?

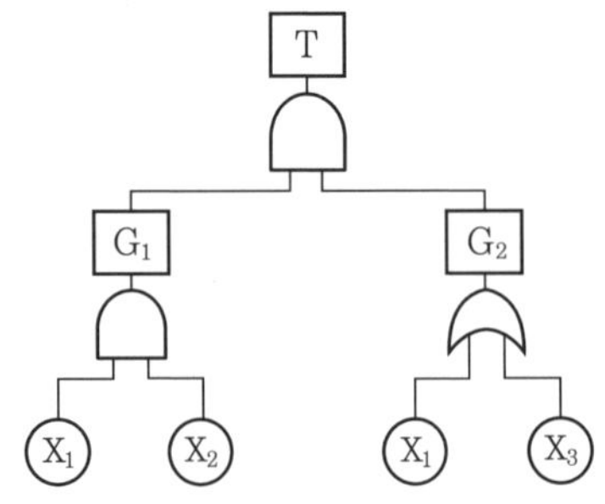

① 1개 ② 2개
③ 3개 ④ 4개

해설 최소 패스셋 : 어떤 고장이나 실수를 일으키지 않으면 재해는 일어나지 않는다고 하는 것
→ 최소 패스셋 : $\{X_1\}$, $\{X_2\}$, $\{X_1, X_3\}$

32. 위팔은 자연스럽게 수직으로 늘어뜨린 채, 아래팔만을 편하게 뻗어 작업할 수 있는 범위는?

① 정상작업역 ② 최대작업역
③ 최소작업역 ④ 작업포락면

해설 정상작업영역 : 수평 작업대에서 상완을 자연스럽게 늘어뜨린 상태에서 전완을 뻗어 파악할 수 있는 영역

33. 인간의 정보처리기능 중 그 용량이 7개 내외로 작아, 순간적 망각 등 인적 오류의 원인이 되는 것은?

① 지각 ② 작업기억
③ 주의력 ④ 감각보관

해설 작업기억 : 인간의 정보보관은 시간이 흐름에 따라 쇠퇴할 수 있다. 작업기억은 용량이 7개 내외로 작아, 순간적 망각 등 인적 오류의 원인이 된다.

34. FT도에 사용되는 논리기호 중 AND 게이트에 해당하는 것은?

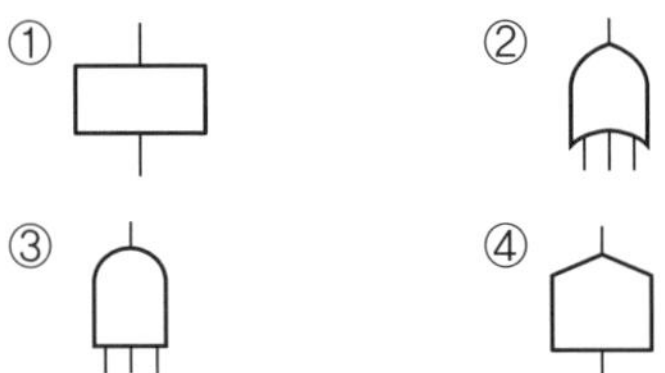

해설 AND 게이트(논리기호) : 모든 입력사상이 공존할 때에만 출력사상이 발생한다.

35. 인간의 시각특성을 설명한 것으로 옳은 것은?

① 적응은 수정체의 두께가 얇아져 근거리의 물체를 볼 수 있게 되는 것이다.
② 시야는 수정체의 두께 조절로 이루어진다.
③ 망막은 카메라의 렌즈에 해당된다.
④ 암조응에 걸리는 시간은 명조응보다 길다.

해설 • 완전 암조응 소요시간 : 보통 30~40분 소요
• 완전 명조응 소요시간 : 보통 1~2분 소요

36. 예비위험분석(PHA)에 대한 설명으로 옳은 것은?

① 관련된 과거 안전점검 결과의 조사에 적절하다.
② 안전 관련 법규 조항의 준수를 위한 조사방법이다.
③ 시스템 고유의 위험성을 파악하고 예상되는 재해의 위험수준을 결정한다.
④ 초기 단계에서 시스템 내의 위험요소가 어떠한 위험상태에 있는가를 정성적으로 평가하는 것이다.

해설 예비위험분석(PHA) : 모든 시스템 안전 프로그램 중 최초 단계의 분석으로 시스템 내의 위험요소가 얼마나 위험한 상태에 있는지를 정성적으로 평가하는 분석기법

정답 31. ③ 32. ① 33. ② 34. ③ 35. ④ 36. ④

37. 그림과 같은 시스템의 신뢰도로 옳은 것은? (단, 그림의 숫자는 각 부품의 신뢰도이다.)

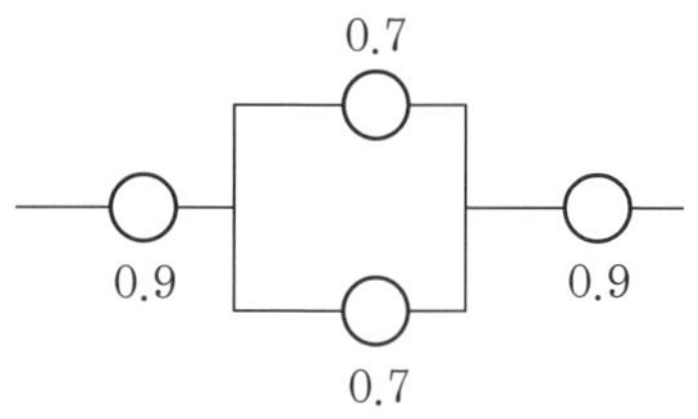

① 0.6261 ② 0.7371
③ 0.8481 ④ 0.9591

해설 $R_s=0.9\times\{1-(1-0.7)\times(1-0.7)\}\times0.9$
$=0.7371$

38. 체계설계 과정의 주요 단계 중 가장 먼저 실시되어야 하는 것은?

① 기본설계
② 계면설계
③ 체계의 정의
④ 목표 및 성능 명세 결정

해설 인간-기계 시스템 설계 순서

1단계	2단계	3단계	4단계	5단계	6단계
목표 및 성능 명세 결정	시스템의 정의	기본 설계	인터페이스 설계	보조물 설계	시험 및 평가

39. 생리적 스트레스를 전기적으로 측정하는 방법으로 옳지 않은 것은?

① 뇌전도(EEG)
② 근전도(EMG)
③ 전기피부반응(GSR)
④ 안구반응(EOG)

해설 안구반응(EOG) : 눈 전위도 검사로 안구의 반복적인 수평운동 시 나타나는 양쪽 전극 간의 전위변화를 기록한 것이다.

40. 신뢰성과 보전성 개선을 목적으로 하는 효과적인 보전기록자료에 해당하지 않는 것은?

① 설비이력카드
② 자재관리표
③ MTBF 분석표
④ 고장 원인 대책표

해설 보전기록자료 : MTBF 분석표, 설비이력카드, 고장 원인 대책표 등

3과목 건설시공학

41. 강 구조물 제작 시 마킹(금긋기)에 관한 설명으로 옳지 않은 것은?

① 강판 절단이나 형강 절단 등, 외형 절단을 선행하는 부재는 미리 부재 모양별로 마킹 기준을 정해야 한다.
② 마킹검사는 띠철이나 형판 또는 자동가공기(CNC)를 사용하여 정확히 마킹되었는가를 확인한다.
③ 주요 부재의 강판에 마킹할 때에는 펀치(punch) 등을 사용한다.
④ 마킹 시 용접열에 의한 수축 여유를 고려하여 최종 교정, 다듬질 후 정확한 치수를 확보할 수 있도록 조치해야 한다.

해설 ③ 주요 부재의 강판에 마킹할 때에는 펀치(punch) 등을 사용하지 않아야 한다.

42. 철근콘크리트 공사에서 거푸집의 상호 간 간격을 유지하는데 사용하는 것은?

① 폼 데코(form deck)
② 세퍼레이터(separator)
③ 스페이서(spacer)

정답 37. ② 38. ④ 39. ④ 40. ② 41. ③ 42. ②

④ 파이프 서포트(pipe support)

해설 세퍼레이터(separator) : 거푸집이 오그라드는 것을 방지하고 상호 간의 간격을 유지시킨다.

43. **굴착, 상차, 운반, 정지작업 등을 할 수 있는 기계로, 대량의 토사를 고속으로 운반하는데 적당한 기계는?**

① 불도저 ② 앵글도저
③ 로더 ④ 캐리올 스크레이퍼

해설 캐리올 스크레이퍼 : 흙의 적재, 운반, 정지 등의 기능을 가지고 있는 장비로서 적재용량은 3m^3 이상, 작업거리는 100～1500m까지 운반 가능하다.

44. **사질지반에서 지하수를 강제로 뽑아내어 지하수위를 낮추어서 기초공사를 하는 공법은 무엇인가?**

① 케이슨 공법
② 웰 포인트 공법
③ 샌드드레인 공법
④ 레어먼드파일 공법

해설 웰 포인트 공법 : 모래질지반에 지하수위를 일시적으로 저하시켜야 할 때 사용하는 공법으로 모래 탈수공법이라고 한다.

45. **굴착토사와 안정액 및 공수 내의 혼합물을 드릴 파이프 내부를 통해 강제로 역순환시켜 지상으로 배출하는 공법으로 다음과 같은 특징이 있는 현장타설 콘크리트 말뚝공법은 무엇인가?**

- 점토, 실트층 등에 적용한다.
- 시공심도는 통상 30～70m까지로 한다.
- 시공직경은 0.9～3m 정도까지로 한다.

① 어스드릴 공법
② 리버스 서큘레이션 공법
③ 뉴메틱 케이슨 공법
④ 심초공법

해설 지문은 리버스 서큘레이션 공법(역순환공법)의 특징이다.

46. **철근콘크리트 구조에서 철근이음 시 유의사항으로 옳지 않은 것은?**

① 동일한 곳에 철근 수의 반 이상을 이어야 한다.
② 이음의 위치는 응력이 큰 곳을 피하고 엇갈리게 잇는다.
③ 주근의 이음은 인장력이 가장 작은 곳에 두어야 한다.
④ 큰 보의 경우 하부 주근의 이음위치는 보 경간의 양단부이다.

해설 ① 동일한 곳에서 철근 수의 반 이상을 이어서는 안 된다.

47. **KCS에 따른 철근가공 및 이음 기준에 관한 내용으로 틀린 것은?**

① 철근은 상온에서 가공하는 것을 원칙으로 한다.
② 철근 상세도에 철근의 구부리는 내면 반지름이 표시되어 있지 않은 때에는 콘크리트 구조설계 기준에 규정된 구부림의 최소 내면 반지름 이상으로 철근을 구부려야 한다.
③ D32 이하의 철근은 겹침이음을 할 수 없다.
④ 장래의 이음에 대비하여 구조물로부터 노출시켜 놓은 철근은 손상이나 부식이 생기지 않도록 보호하여야 한다.

해설 ③ D35 이상의 철근은 겹침이음을 할 수 없다.

정답 43. ④ 44. ② 45. ② 46. ① 47. ③

48. **토공사에서 사면의 안정성 검토에 직접적으로 관계가 없는 것은?**

① 흙의 입도
② 사면의 경사
③ 흙의 단위 체적 중량
④ 흙의 내부마찰각

해설 사면의 안정성 검토 : 사면의 경사, 흙의 단위 체적 중량, 흙의 내부마찰각, 흙의 점착력 등

Tip) 흙의 입도 : 흙 입자의 크고 작은 분포상태를 나타낸 것

49. **철골공사의 철골부재 용접에서 용접결함이 아닌 것은?**

① 언더컷(undercut)
② 오버랩(overlap)
③ 블로우 홀(blow hole)
④ 루트(root)

해설 용접결함

언더컷(undercut)	오버랩(overlap)
크랙(crack)	기공(blow hole)
크랙	기공

50. **지상에서 일정 두께의 폭과 길이로 대지를 굴착하고 지반 안정액으로 공벽의 붕괴를 방지하면서 철근콘크리트 벽을 만들어 이를 가설 흙막이 벽 또는 본 구조물의 옹벽으로 사용하는 공법은 무엇인가?**

① 슬러리 월 공법 ② 어스앵커 공법
③ 엄지말뚝 공법 ④ 시트파일 공법

해설 슬러리 월(slurry wall) 공법

- 진동, 소음이 작다.
- 차수 효과가 양호하다.
- 인접 건물의 경계선까지 시공이 가능하다.
- 흙막이 벽 자체의 강도, 강성이 우수하기 때문에 연약지반의 변형을 억제할 수 있다.
- 가설 흙막이 벽 또는 본 구조물의 옹벽으로 사용한다.
- 기계, 부대설비가 대형이어서 소규모 현장의 시공에 부적당하다.

51. **당해 공사의 특수한 조건에 따라 표준시방서에 대하여 추가, 변경, 삭제를 규정하는 시방서는?**

① 특기시방서 ② 안내시방서
③ 자료시방서 ④ 성능시방서

해설 특기시방서 : 표준시방서에 대하여 추가, 변경, 삭제를 규정한 시방서

52. **독립기초에서 지중보의 역할에 관한 설명으로 옳은 것은?**

① 흙의 허용지내력도를 크게 한다.
② 주각을 서로 연결시켜 고정상태로 하여 부동침하를 방지한다.
③ 지반을 압밀하여 지반강도를 증가시킨다.
④ 콘크리트의 압축강도를 크게 한다.

해설 지중보의 역할은 땅 밑에서 주각을 서로 연결시켜 고정상태로 하여 부동침하를 방지한다.

53. **계획과 실제의 작업상황을 지속적으로 측정하여 최종 사업비용과 공정을 예측하는 기법은?**

① CAD ② EVMS
③ PMIS ④ WBS

정답 48. ① 49. ④ 50. ① 51. ① 52. ② 53. ②

해설 EVMS : 실제 계획과 작업상황을 지속적으로 측정하여 최종 사업비용과 공정을 예측할 수 있는 기법

54. 슬라이딩 폼에 관한 설명으로 옳지 않은 것은?

① 내 · 외부 비계발판을 따로 준비해야 하므로 공기가 지연될 수 있다.
② 활동(滑動) 거푸집이라고도 하며 사일로 설치에 사용할 수 있다.
③ 요오크로 서서히 끌어 올리며 콘크리트를 부어 넣는다.
④ 구조물의 일체성 확보에 유효하다.

해설 슬라이딩 폼
- 활동 거푸집, 슬립 폼(slip form)
- 콘크리트를 부어 넣으면서 거푸집을 수직 방향으로 이동시켜 연속 작업을 할 수 있는 거푸집이다.
- 사일로, 연돌 등의 공사에 적합하다.

Tip) 비계발판을 별도로 설치할 필요가 없다.

55. 데크 플레이트에 관한 설명으로 옳지 않은 것은?

① 합판 거푸집에 비해 중량이 큰 편이다.
② 별도의 동바리가 필요하지 않다.
③ 철근트러스형은 내화피복이 불필요하다.
④ 시공환경이 깨끗하고 안전사고 위험이 적다.

해설 ① 합판 거푸집에 비해 중량이 작은 편이다.

56. 주문받은 건설업자가 대상계획의 기업 · 금융, 토지조달, 설계, 시공, 기계 · 기구 설치 등 주문자가 필요로 하는 모든 것을 조달하여 주문자에게 인도하는 도급 계약방식은 무엇인가?

① 공동도급
② 실비정산 보수가산도급
③ 턴키(turn-key)도급
④ 일식도급

해설 턴키도급 : 건설업자가 금융, 토지조달, 설계, 시공, 시운전, 기계 · 기구 설치까지 조달해 주는 것으로 건축에 필요한 모든 사항을 포괄적으로 계약하는 방식

57. 자연시료의 압축강도가 6MPa이고, 이긴 시료의 압축강도가 4MPa이라면 예민비는 얼마인가?

① −2 ② 0.67 ③ 1.5 ④ 2

해설 $예민비=\frac{자연상태로서의\ 흙의\ 강도}{이긴상태로서의\ 흙의\ 강도}$

$=\frac{6}{4}=1.5$

58. 콘크리트 보양방법 중 초기강도가 크게 발휘되어 거푸집을 가장 빨리 제거할 수 있는 방법은?

① 살수보양 ② 수중보양
③ 피막보양 ④ 증기보양

해설 고온, 고압의 증기로 보양하는 증기보양은 초기강도를 얻어 거푸집을 가장 빨리 제거할 수 있다.

59. 콘크리트 배합설계 시 강도에 가장 큰 영향을 미치는 요소는?

① 모래와 자갈의 비율
② 물과 시멘트의 비율
③ 시멘트와 모래의 비율
④ 시멘트와 자갈의 비율

해설 물과 시멘트의 비율

$=\frac{물의\ 중량}{시멘트의\ 중량}\times 100\%$

정답 54. ① 55. ① 56. ③ 57. ③ 58. ④ 59. ②

60. 철골 용접 관련 용어 중 스패터(spatter)에 관한 설명으로 옳은 것은?

① 전단절단에서 생기는 뒤꺾임 현상
② 수동 가스절단에서 절단선이 곧지 못하여 생기는 잘록한 자국의 흔적
③ 철골 용접에서 용접부의 상부를 덮는 불순물
④ 철골 용접 중 튀어나오는 슬래그 및 금속 입자

해설 스패터 : 용접 시 튀어나온 슬래그가 굳는 현상

4과목 건설재료학

61. 진주석 또는 흑요석 등을 900~1200℃로 소성한 후에 분쇄하여 소생 팽창하면 만들어지는 작은 입자에 접착제 및 무기질 섬유를 균등하게 혼합하여 성형한 제품은?

① 규조토 보온재
② 규산칼슘 보온재
③ 질석 보온재
④ 펄라이트 보온재

해설 펄라이트 보온재 : 진주암, 흑요석 등을 분쇄하여 900~1200℃로 가열 팽창시킨 구상입자 경골재

62. 중용열 포틀랜드 시멘트에 관한 설명으로 옳지 않은 것은?

① 수화열이 작고 수화속도가 비교적 느리다.
② C_3A가 많으므로 내황산염성이 작다.
③ 건조수축이 작다.
④ 건축용 매스콘크리트에 사용된다.

해설 ② C_3A가 적고, 내황산염성이 크다.

63. 골재의 함수상태 사이의 관계를 옳게 나타낸 것은?

① 유효흡수량=표건상태－기건상태
② 흡수량=습윤상태－표건상태
③ 전 함수량=습윤상태－기건상태
④ 표면수량=기건상태－절건상태

해설 골재의 함수상태

- 흡수량=(표면건조 상태의 중량)－(절대건조 상태의 중량)
- 유효흡수량=(표면건조 상태의 중량)－(기건상태의 중량)
- 표면수량=(습윤상태의 중량)－(표면건조 상태의 중량)
- 전 함수량=습윤상태－절건상태

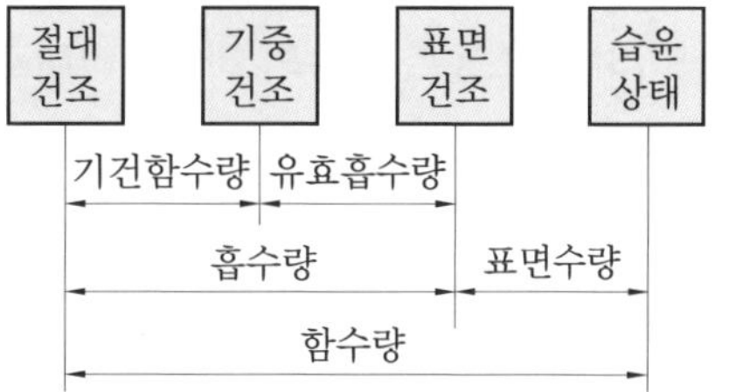

64. 바닥바름재로 백시멘트와 안료를 사용하며 종석으로 화강암, 대리석 등을 사용하고 갈기로 마감을 하는 것은?

① 리신바름
② 인조석 바름
③ 라프코트
④ 테라조 바름

해설 테라조 : 대리석, 화강석, 사문암 등을 종석으로 한 인조석(모조석)의 일종이다.

65. 다음 중 흡음재료로 보기 어려운 것은?

① 연질우레탄 폼
② 석고보드
③ 테라조
④ 연질섬유판

해설 흡음재료 : 연질우레탄 폼, 석고보드, 연질섬유판, 코르크판 등

Tip) 테라조는 대리석, 화강석, 사문암 등을 종석으로 한 인조석(모조석)의 일종이다.

정답 60. ④ 61. ④ 62. ② 63. ① 64. ④ 65. ③

66. 콘크리트용 골재의 입도에 관한 설명으로 옳지 않은 것은?

① 입도란 골재의 작고 큰 입자의 혼합된 정도를 말한다.
② 입도가 적당하지 않은 골재를 사용할 경우에는 콘크리트의 재료분리가 발생하기 쉽다.
③ 골재의 입도를 표시하는 방법으로 조립률이 있다.
④ 골재의 입도는 블레인시험으로 구한다.

해설 ④ 골재의 입도는 골재의 입도상태를 측정한다.
Tip) 블레인시험 – 시멘트의 분말도 측정

67. 블로운 아스팔트를 용제에 녹인 것으로 액상이며, 아스팔트 방수의 바탕처리재로 이용되는 것은?

① 아스팔트 펠트 ② 콜타르
③ 아스팔트 프라이머 ④ 피치

해설 아스팔트 프라이머 : 블로운 아스팔트를 용제에 녹인 것으로 액상을 하고 있으며, 아스팔트 방수의 바탕처리재

68. 단열재에 관한 설명으로 옳지 않은 것은?

① 열전도율이 낮은 것일수록 단열 효과가 좋다.
② 열관류율이 높은 재료는 단열성이 낮다.
③ 같은 두께인 경우 경량재료인 편이 단열 효과가 나쁘다.
④ 단열재는 보통 다공질의 재료가 많다.

해설 ③ 같은 두께인 경우 경량재료인 편이 단열 효과가 크다.

69. 점토 소성제품의 흡수성이 큰 것부터 순서대로 옳게 나열한 것은?

① 토기 > 도기 > 석기 > 자기
② 토기 > 도기 > 자기 > 석기
③ 도기 > 토기 > 석기 > 자기
④ 도기 > 토기 > 자기 > 석기

해설 점토의 종류별 흡수율(%)

점토	토기	도기	석기	자기
흡수율	20 이상	10	3~10	0~1

70. 화강암이 열을 받았을 때 파괴되는 가장 주된 원인은?

① 화학성분의 열분해
② 조직의 용융
③ 조암광물의 종류에 따른 열팽창계수의 차이
④ 온도상승에 따른 압축강도 저하

해설 화강암이 열을 받았을 때 파괴되는 것은 조암광물의 종류에 따른 열팽창계수의 차이가 원인으로 내화성이 약하다.

71. 목재의 함수율에 관한 설명으로 옳지 않은 것은?

① 함수율이 30% 이상에서는 함수율의 증감에 따라 강도의 변화가 심하다.
② 기건재의 함수율은 15% 정도이다.
③ 목재의 진비중은 일반적으로 1.54 정도이다.
④ 목재의 함수율 30% 정도를 섬유포화점이라 한다.

해설 ① 함수율이 30% 이상에서는 함수율의 증감에 따라 강도의 변화가 없다.

72. 콘크리트에 사용하는 혼화제 중 AE제의 특징으로 옳지 않은 것은?

① 워커빌리티를 개선시킨다.
② 블리딩을 감소시킨다.
③ 마모에 대한 저항성을 증대시킨다.
④ 압축강도를 증가시킨다.

해설 ④ 동일 물–시멘트비인 경우 압축강도가 낮다.

정답 66. ④ 67. ③ 68. ③ 69. ① 70. ③ 71. ① 72. ④

Tip) AE콘크리트는 공기량이 1% 증가하면 압축강도가 4~5% 정도 저하한다.

73. 불림하거나 담금질한 강을 다시 200~600℃로 가열한 후에 공기 중에서 냉각하는 처리를 말하며, 경도를 감소시키고 내부응력을 제거하며 연성과 인성을 크게 하기 위해 실시하는 것은?

① 뜨임질 ② 압출
③ 중합 ④ 단조

해설 뜨임 : 담금질로 인한 취성(내부응력)을 제거하고 강도를 떨어뜨려 강인성을 증가시키기 위한 열처리이다.

74. 탄소함유량이 많은 것부터 순서대로 옳게 나열한 것은?

① 연철 > 탄소강 > 주철
② 연철 > 주철 > 탄소강
③ 탄소강 > 주철 > 연철
④ 주철 > 탄소강 > 연철

해설 주철(탄소 1.7~4.5%) > 탄소강 > 강철(탄소 0.1~1.7%) > 연철(탄소 0.1% 이하) > 순철(탄소 0.03% 이하)

75. 그물유리라고도 하며 주로 방화 및 방재용으로 사용하는 유리는?

① 강화유리 ② 망입유리
③ 복층유리 ④ 열선반사유리

해설 망입유리 : 두꺼운 판유리에 망 구조물을 넣어 만든 유리로 철선(철사), 황동선, 알루미늄 망 등이 사용되며, 충격으로 파손될 경우에도 파편이 흩어지지 않는다.

76. 금속면의 보호와 부식방지를 목적으로 사용하는 방청도료와 가장 거리가 먼 것은?

① 광명단 조합페인트 ② 알루미늄 도료
③ 에칭프라이머 ④ 캐슈수지 도료

해설 캐슈 : 옻나무, 캐슈의 껍질에 포함된 액을 주원료로 한 유성도료로 광택이 우수하고 내열성, 내수성, 내약품성이 우수한 도료이며 가구의 도장에 많이 쓰인다.

77. 기본 점성이 크며 내수성, 내약품성, 전기절연성이 우수하고 금속, 플라스틱, 도자기, 유리, 콘크리트 등의 접합에 사용되는 만능형 접착제는?

① 아크릴수지 접착제
② 페놀수지 접착제
③ 에폭시수지 접착제
④ 멜라민수지 접착제

해설 에폭시수지 접착제
- 내수성, 내습성, 내약품성, 내산성, 내알칼리성, 전기절연성이 우수하다.
- 접착력이 강해 금속, 나무, 유리 등 특히 경금속 항공기 접착에도 사용한다.
- 피막이 단단하고 유연성이 부족하다.

78. 열선흡수유리의 특징에 관한 설명으로 옳지 않은 것은?

① 여름철 냉방부하를 감소시킨다.
② 자외선에 의한 상품 등의 변색을 방지한다.
③ 유리의 온도상승이 매우 적어 실내의 기온에 별로 영향을 받지 않는다.
④ 채광을 요구하는 진열장에 이용된다.

해설 ③ 열에 의한 온도차에 의해 파손될 우려가 있어 창면 일부만이 그늘지거나 온도차가 많이 나는 곳의 사용을 피한다.

79. 내화벽돌은 최소 얼마 이상의 내화도를 가진 것을 의미하는가?

부록 2019

정답 73. ① 74. ④ 75. ② 76. ④ 77. ③ 78. ③ 79. ①

① SK 26 ② SK 28
③ SK 30 ④ SK 32

해설 내화벽돌은 고온에 견디는 내화도가 SK 26 이상이어야 한다.

80. 합판에 관한 설명으로 옳은 것은?

① 곡면가공이 어렵다.
② 함수율의 변화에 따른 신축변형이 적다.
③ 2매 이상의 박판을 짝수배로 겹쳐 만든 것이다.
④ 합판 제조 시 목재의 손실이 많다.

해설 합판
- 3매 이상의 홀수의 단판을 방향이 직교되게 접착제로 붙여 만든다.
- 함수율 변화에 의한 신축변형이 적다.
- 곡면가공이 쉬우며, 균열이 생기지 않는다.
- 표면가공법으로 흡음 효과를 낼 수 있다.
- 내수성이 뛰어나 외장용으로 주로 사용된다.
- 합판 제조 시 목재로 너비가 넓은 판을 쉽게 대량생산할 수 있어 목재의 손실이 적다.

5과목 건설안전기술

81. 추락방지용 방망 그물코의 모양 및 크기의 기준으로 옳은 것은?

① 원형 또는 사각으로서 그 크기는 5cm 이하이어야 한다.
② 원형 또는 사각으로서 그 크기는 10cm 이하이어야 한다.
③ 사각 또는 마름모로서 그 크기는 5cm 이하이어야 한다.
④ 사각 또는 마름모로서 그 크기는 10cm 이하이어야 한다.

해설 방망의 그물코 규격은 사각 또는 마름모로서 그 크기는 10cm 이하이어야 한다.

82. 철근콘크리트 공사 시 활용되는 거푸집의 필요조건이 아닌 것은?

① 콘크리트의 하중에 대해 뒤틀림이 없는 강도를 갖출 것
② 콘크리트 내 수분 등에 대한 물 빠짐이 원활한 구조를 갖출 것
③ 최소한의 재료로 여러 번 사용할 수 있는 전용성을 가질 것
④ 거푸집은 조립 · 해체 · 운반이 용이하도록 할 것

해설 ② 콘크리트 내 수분이나 모르타르 등에 대한 누출을 방지할 수 있는 수밀성을 갖출 것

83. 콘크리트를 타설할 때 안전상 유의하여야 할 사항으로 옳지 않은 것은?

① 콘크리트를 치는 도중에는 거푸집, 지보공 등의 이상 유무를 확인한다.
② 진동기 사용 시 지나친 진동은 거푸집 도괴의 원인이 될 수 있으므로 적절히 사용해야 한다.
③ 최상부의 슬래브는 되도록 이어붓기를 하고 여러 번에 나누어 콘크리트를 타설한다.
④ 타워에 연결되어 있는 슈트의 접속이 확실한지 확인한다.

해설 ③ 최상부의 슬래브는 이어붓기를 되도록 피하고 일시에 전체를 타설하도록 한다.

84. 연약지반을 굴착할 때, 흙막이 벽 뒤쪽 흙의 중량이 바닥의 지지력보다 커지면, 굴착저면에서 흙이 부풀어 오르는 현상은?

① 슬라이딩(sliding) ② 보일링(boiling)
③ 파이핑(piping) ④ 히빙(heaving)

정답 80. ② 81. ④ 82. ② 83. ③ 84. ④

해설 히빙(heaving) 현상 : 연약 점토지반에서 굴착작업 시 흙막이 벽체 내·외의 토사의 중량 차에 의해 흙막이 밖에 있는 흙이 안으로 밀려 들어와 솟아오르는 현상

85. 말비계를 조립하여 사용하는 경우에 준수해야 하는 사항으로 틀린 것은?

① 지주부재의 하단에는 미끄럼방지 장치를 한다.
② 근로자는 양측 끝 부분에 올라서서 작업하도록 한다.
③ 지주부재와 수평면의 기울기를 75° 이하로 한다.
④ 말비계의 높이가 2m를 초과하는 경우에는 작업발판의 폭을 40cm 이상으로 한다.

해설 ② 근로자는 양측 끝 부분에 올라서서 작업하면 위험하다.

86. 철근콘크리트 슬래브에 발생하는 응력에 대한 설명으로 옳지 않은 것은?

① 전단력은 일반적으로 단부보다 중앙부에서 크게 작용한다.
② 중앙부 하부에는 인장응력이 발생한다.
③ 단부 하부에는 압축응력이 발생한다.
④ 휨 응력은 일반적으로 슬래브의 중앙부에서 크게 작용한다.

해설 ① 전단력은 일반적으로 중앙부보다 단부에서 크게 작용한다.

87. 슬레이트, 선라이트 등 강도가 약한 재료로 덮은 지붕 위에서 작업을 할 때 발이 빠지는 등 근로자의 위험을 방지하기 위하여 필요한 발판의 폭 기준은?

① 10cm 이상 ② 20cm 이상
③ 25cm 이상 ④ 30cm 이상

해설 슬레이트, 선라이트 등 강도가 약한 재료로 덮은 지붕 위에서 작업을 할 때 발이 빠지는 등의 위험을 방지하기 위한 작업발판의 최소 폭은 30cm 이상이다.

88. 가설 구조물이 갖추어야 할 구비요건과 가장 거리가 먼 것은?

① 영구성 ② 경제성 ③ 작업성 ④ 안전성

해설 가설 구조물이 갖추어야 할 구비요건 : 안전성, 경제성, 작업성

89. 굴착면 붕괴의 원인과 가장 거리가 먼 것은?

① 사면 경사의 증가
② 성토 높이의 감소
③ 공사에 의한 진동하중의 증가
④ 굴착 높이의 증가

해설 ② 성토 높이의 증가

90. 다음 중 유해·위험방지 계획서 작성 및 제출대상에 해당되는 공사는?

① 지상높이가 20m인 건축물의 해체공사
② 깊이 9.5m인 굴착공사
③ 최대 지간거리가 50m인 교량 건설공사
④ 저수용량 1천만 톤인 용수 전용 댐

해설 ① 지상높이가 31m 이상인 건축물 또는 인공 구조물
② 깊이 10m 이상인 굴착공사
④ 저수용량 2천만 톤인 용수 전용 댐

91. 산업안전보건관리비에 관한 설명으로 옳지 않은 것은?

① 발주자는 수급인이 안전관리비를 다른 목적으로 사용한 금액에 대해서는 계약금액에서 감액 조정할 수 있다.

정답 85. ② 86. ① 87. ④ 88. ① 89. ② 90. ③ 91. ④

② 발주자는 수급인이 안전관리비를 사용하지 아니한 금액에 대하여는 반환을 요구할 수 있다.
③ 자기공사자는 원가계산에 의한 예정가격 작성 시 안전관리비를 계상한다.
④ 발주자는 설계변경 등으로 대상액의 변동이 있는 경우 공사 완료 후 정산하여야 한다.

해설 ④ 발주자 또는 자기공사자는 설계변경 등으로 대상액의 변동이 있는 경우, 지체 없이 안전관리비를 조정 계상하여야 한다.

92. 정기안전점검 결과 건설공사의 물리적·기능적 결함 등이 발견되어 보수·보강 등의 조치를 하기 위하여 필요한 경우에 실시하는 것은?

① 자체안전점검
② 정밀안전점검
③ 상시안전점검
④ 품질관리점검

해설 정밀안전진단 : 일상, 정기, 특별, 임시 점검에서 시설물의 물리적·기능적 결함을 발견하고 그에 대한 신속하고 적절한 조치를 하기 위하여 구조적 안전성과 결함의 원인 등을 조사·측정·평가하여 보수·보강 등의 방법을 제시한다.

93. 사다리식 통로 등을 설치하는 경우 발판과 벽과의 사이는 최소 얼마 이상의 간격을 유지하여야 하는가?

① 10cm 이상
② 15cm 이상
③ 20cm 이상
④ 25cm 이상

해설 발판과 벽과의 사이는 15cm 이상의 간격을 유지할 것

94. 공사현장에서 낙하물방지망 또는 방호선반을 설치할 때 설치높이 및 벽면으로부터 내민길이 기준으로 옳은 것은?

① 설치높이 : 10m 이내마다, 내민길이 : 2m 이상
② 설치높이 : 15m 이내마다, 내민길이 : 2m 이상
③ 설치높이 : 10m 이내마다, 내민길이 : 3m 이상
④ 설치높이 : 15m 이내마다, 내민길이 : 3m 이상

해설 설치높이는 10m 이내마다 설치하고, 내민길이는 벽면으로부터 2m 이상으로 할 것

95. 산업안전보건기준에 관한 규칙에 따른 토사굴착 시 굴착면의 기울기 기준으로 옳지 않은 것은?

① 보통흙인 습지－1 : 1～1 : 1.5
② 풍화암－1 : 1.0
③ 연암－1 : 1.0
④ 보통흙인 건지－1 : 1.2～1 : 5

해설 ④ 보통흙인 건지－1 : 0.5～1 : 1

96. 시스템 비계를 사용하여 비계를 구성하는 경우에 준수하여야 할 사항으로 옳지 않은 것은?

① 수직재와 수직재의 연결철물은 이탈되지 않도록 견고한 구조로 할 것
② 수직재·수평재·가새재를 견고하게 연결하는 구조가 되도록 할 것
③ 수직재와 받침철물의 연결부 겹침길이는 받침철물 전체 길이의 4분의 1 이상이 되도록 할 것
④ 수평재는 수직재와 직각으로 설치하여야 하며, 체결 후 흔들림이 없도록 견고하게 설치할 것

정답 92. ② 93. ② 94. ① 95. ④ 96. ③

해설 ③ 수직재와 받침철물의 연결부 겹침길이는 받침철물 전체 길이의 3분의 1 이상이 되도록 할 것

97. 가설통로를 설치하는 경우 준수하여야 할 기준으로 옳지 않은 것은?

① 견고한 구조로 할 것
② 경사는 30° 이하로 할 것
③ 경사가 30°를 초과하는 경우에는 미끄러지지 아니하는 구조로 할 것
④ 수직갱에 가설된 통로의 길이가 15m 이상인 경우에는 10m 이내마다 계단참을 설치할 것

해설 ③ 경사가 15°를 초과하는 경우에는 미끄러지지 아니하는 구조로 할 것

98. 근로자가 추락하거나 넘어질 위험이 있는 장소에서 추락방호망의 설치기준으로 옳지 않은 것은?

① 망의 처짐은 짧은 변 길이의 10% 이상이 되도록 할 것
② 추락방호망은 수평으로 설치할 것
③ 건축물 등의 바깥쪽으로 설치하는 경우 추락방호망의 내민길이는 벽면으로부터 3m 이상 되도록 할 것
④ 추락방호망의 설치위치는 가능하면 작업면으로부터 가까운 지점에 설치하여야 하며, 작업면으로부터 망의 설치지점까지의 수직거리는 10m를 초과하지 아니할 것

해설 ① 망의 처짐은 짧은 변 길이의 12% 이상이 되도록 할 것

99. 차량계 하역운반기계에 화물을 적재할 때의 준수사항과 거리가 먼 것은?

① 하중이 한쪽으로 치우지지 않도록 적재할 것
② 구내운반차 또는 화물자동차의 경우 화물의 붕괴 또는 낙하에 의한 위험을 방지하기 위하여 화물에 로프를 거는 등 필요한 조치를 할 것
③ 운전자의 시야를 가리지 않도록 화물을 적재할 것
④ 제동장치 및 조종장치 기능의 이상 유무를 점검할 것

해설 ④는 이동식 크레인의 작업시작 전 점검사항

100. 무한궤도식 장비와 타이어식(차륜식) 장비의 차이점에 관한 설명으로 옳은 것은?

① 무한궤도식은 기동성이 좋다.
② 타이어식은 승차감과 주행성이 좋다.
③ 무한궤도식은 경사지반에서의 작업에 부적당하다.
④ 타이어식은 땅을 다지는데 효과적이다.

해설 ① 타이어식은 기동성이 좋다.
③ 무한궤도식은 경사지반에서의 작업에 적당하다.
④ 무한궤도식은 땅을 다지는데 효과적이다.

정답 97. ③ 98. ① 99. ④ 100. ②

2019년도(4회차) 출제문제

1과목 산업안전관리론

1. 팀워크에 기초하여 위험요인을 작업시작 전에 발견, 파악하고 그에 따른 대책을 강구하는 위험예지훈련에 해당하지 않는 것은?

① 감수성 훈련 ② 집중력 훈련
③ 즉응적 훈련 ④ 문제해결 훈련

해설 위험예지훈련의 목적은 작업자 개인의 위험에 대한 감수성과 집중력, 문제해결능력을 높이는데 있다.

2. 재해는 크게 4가지 방법으로 분류하고 있는데 다음 중 분류방법에 해당되지 않는 것은?

① 통계적 분류
② 상해 종류에 의한 분류
③ 관리적 분류
④ 재해 형태별 분류

해설 재해 분류 : 통계적 분류, 상해 종류에 의한 분류, 재해 형태별 분류, 상해 정도별 분류

3. 안전교육의 순서가 옳게 나열된 것은?

① 준비－제시－적용－확인
② 준비－확인－제시－적용
③ 제시－준비－확인－적용
④ 제시－준비－적용－확인

해설 안전교육방법의 4단계

제1단계	제2단계	제3단계	제4단계
도입 (학습할 준비)	제시 (작업설명)	적용 (작업진행)	확인 (결과)

4. 무재해운동의 근본이념으로 가장 적절한 것은?

① 인간존중의 이념 ② 이윤추구의 이념
③ 고용증진의 이념 ④ 복리증진의 이념

해설 무재해운동의 근본이념은 생명존중과 인간존중의 이념을 기본으로 한다.

5. 산업안전보건법령상 산업재해의 정의로 옳은 것은?

① 고의성 없는 행동이나 조건이 선행되어 인명의 손실을 가져올 수 있는 사건
② 안전사고의 결과로 일어난 인명피해 및 재산손실
③ 근로자가 업무에 관계되는 설비 등에 의하여 사망 또는 부상하거나 질병에 걸리는 것
④ 통제를 벗어난 에너지의 광란으로 인하여 입은 인명과 재산의 피해 현상

해설 산업재해란 근로자가 업무에 관계되는 기계 · 설비 · 원재료 · 가스 · 증기 · 분진 등에 의하거나 작업 또는 그 밖의 업무로 인하여 사망 또는 부상하거나 질병에 걸리는 것을 말한다.

6. 다음 중 적성배치 시 작업자의 특성과 가장 관계가 적은 것은?

① 연령 ② 작업조건
③ 태도 ④ 업무경력

해설
- 작업자의 특성 : 연령, 성별, 업무경력, 태도, 기능(자격) 등
- 작업의 특성 : 작업조건, 환경조건, 작업종류 등

정답 1. ③ 2. ③ 3. ① 4. ① 5. ③ 6. ②

7. 파블로프(Pavlov)의 조건반사설에 의한 학습이론의 원리에 해당되지 않는 것은?

① 일관성의 원리　② 시간의 원리
③ 강도의 원리　④ 준비성의 원리

해설 파블로프 조건반사설의 원리는 시간의 원리, 강도의 원리, 일관성의 원리, 계속성의 원리로 일정한 자극을 반복하여 자극만 주어지면 조건적으로 반응하게 된다는 것이다.

8. 교육 훈련의 평가방법에 해당하지 않는 것은?

① 관찰법　② 모의법
③ 면접법　④ 테스트법

해설 모의법 : 실제의 장면을 극히 유사하게 인위적으로 만들어 그 속에서 학습하도록 하는 교육방법

9. 산업안전보건법령상 안전모의 성능시험 항목 6가지 중 내관통성시험, 충격흡수성시험, 내전압성시험, 내수성시험 외의 나머지 2가지 성능시험 항목으로 옳은 것은?

① 난연성시험, 턱끈풀림시험
② 내한성시험, 내압박성시험
③ 내답발성시험, 내식성시험
④ 내산성시험, 난연성시험

해설 안전모의 시험성능기준 : 내관통성, 충격흡수성, 내전압성, 내수성, 난연성, 턱끈풀림

10. 직장에서의 부적응 유형 중, 자기주장이 강하고 대인관계가 빈약하며, 사소한 일에 있어서도 타인이 자신을 제외했다고 여겨 악의를 나타내는 특징을 가진 유형은?

① 망상인격　② 분열인격
③ 무력인격　④ 강박인격

해설 망상인격 : 자기주장이 강하고 대인관계가 빈약하며, 사소한 일에 있어서도 타인이 자신을 제외했다고 여겨 악의적 행동을 하는 인격

11. 개인과 상황변수에 대한 리더십의 특징으로 옳은 것은? (단, 비교대상은 헤드십(headship)으로 한다.)

① 권한 행사 : 선출된 리더
② 권한 근거 : 개인능력
③ 지휘 형태 : 권위주의적
④ 권한 귀속 : 집단목표에 기여한 공로 인정

해설 리더십과 헤드십의 비교

분류	리더십	헤드십
권한 행사	선출직	임명직
권한 근거	개인적, 비공식적	법적, 공식적
지휘 형태	민주주의적	권위주의적
권한 귀속	목표에 기여한 공로 인정	공식 규정에 의함

(※ 문제 오류로 가답안 발표 시 ②번으로 발표되었지만, 확정 답안 발표 시 ①, ②, ④번을 정답으로 발표하였다. 본서에서는 ②번을 정답으로 한다.)

12. 상해의 종류별 분류에 해당하지 않는 것은?

① 골절　② 중독
③ 동상　④ 감전

해설 상해와 재해

- 상해(외적상해) 종류 : 골절, 동상, 부종, 자상, 타박상, 절단, 중독, 질식, 찰과상, 창상, 화상 등
- 재해(사고) 발생 형태 : 낙하·비래, 넘어짐, 끼임, 부딪힘, 감전, 산소결핍, 유해광선 노출, 이상온도 노출·접촉, 소음 노출, 폭발, 화재 등

정답 7. ④　8. ②　9. ①　10. ①　11. ②　12. ④

13. 기억과정 중 다음의 내용이 설명하는 것은?

> 과거에 경험하였던 것과 비슷한 상태에 부딪혔을 때 과거의 경험이 떠오르는 것

① 재생 ② 기명
③ 파지 ④ 재인

해설 지문은 기억의 과정 중 재인(4단계)에 대한 설명이다.

14. 알더퍼(Alderfer)의 ERG 이론에 해당하지 않는 것은?

① 생존욕구 ② 관계욕구
③ 안전욕구 ④ 성장욕구

해설 알더퍼(Alderfer)의 ERG 이론 : 존재욕구(Existence), 관계욕구(Relatedness), 성장욕구(Growth)

Tip) 안전욕구 – 매슬로우(Maslow)의 욕구단계 이론

15. 자체검사의 종류 중 검사대상에 의한 분류에 포함되지 않는 것은?

① 형식검사 ② 규격검사
③ 기능검사 ④ 육안검사

해설 ④는 자체검사의 종류 중 검사방법에 의한 분류에 해당한다.

Tip) 육안검사 : 부식, 마모와 같은 결함을 시각, 촉각 등으로 검사한다.

16. 1000명 이상의 대규모 기업의 효율적이며 안전 스탭이 안전에 관한 업무를 수행하고, 라인의 관리감독자에게도 안전에 관한 책임과 권한이 부여되는 조직의 형태는?

① 라인방식
② 스탭방식
③ 라인–스탭방식
④ 인간–기계방식

해설 라인–스태프형(line–staff) 조직(혼합형 조직)

- 대규모 사업장(1000명 이상 사업장)에 적용한다.
- 장점
  - ㉠ 안전전문가에 의해 입안된 것을 경영자가 명령하므로 명령이 신속 · 정확하다.
  - ㉡ 안전정보 수집이 용이하고 빠르다.
- 단점
  - ㉠ 명령계통과 조언 · 권고적 참여의 혼돈이 우려된다.
  - ㉡ 스태프의 월권행위가 우려되고 지나치게 스태프에게 의존할 수 있다.

17. 안전 · 보건교육계획 수립에 반드시 포함하여야 할 사항이 아닌 것은?

① 교육지도안
② 교육의 목표 및 목적
③ 교육장소 및 방법
④ 교육의 종류 및 대상

해설 안전 · 보건교육 계획에 포함해야 할 사항

- 교육 목표설정
- 교육장소 및 교육방법
- 교육의 종류 및 대상
- 교육의 과목 및 교육내용
- 강사, 조교 편성
- 소요 예산 산정

Tip) 교육지도안 – 교육의 준비사항

18. 근로자가 360명인 사업장에서 1년 동안 사고로 인한 근로손실일수가 210일이었다. 강도율은 약 얼마인가? (단, 근로자 1일 8시간씩 연간 300일을 근무하였다.)

① 0.20 ② 0.22 ③ 0.24 ④ 0.26

정답 13. ④ 14. ③ 15. ④ 16. ③ 17. ① 18. ③

해설 $강도율 = \frac{근로손실일수}{근로\ 총\ 시간\ 수} \times 1000$

$= \frac{210}{360 \times 8 \times 300} \times 1000 ≒ 0.24$

19. 산업안전보건법령상 일용근로자의 안전 · 보건교육 과정별 교육시간 기준으로 틀린 것은? (단, 도매업과 숙박 및 음식점업 사업장의 경우는 제외한다.)

① 채용 시의 교육 : 1시간 이상
② 작업내용 변경 시의 교육 : 2시간 이상
③ 건설업 기초안전보건교육(건설 일용근로자) : 4시간
④ 특별교육 : 2시간 이상(흙막이지보공의 보강 또는 동바리를 설치하거나 해체하는 작업에 종사하는 일용근로자)

해설 ② 일용근로자의 작업내용 변경 시의 교육시간은 1시간 이상이다.

20. 산업안전보건법령상 안전 · 보건표지의 종류에 관한 설명으로 옳은 것은?

① "위험장소"는 경고표지로서 바탕은 노란색, 기본모형은 검은색, 그림은 흰색으로 한다.
② "출입금지"는 금지표지로서 바탕은 흰색, 기본모형은 빨간색, 그림은 검은색으로 한다.
③ "녹십자표지"는 안내표지로서 바탕은 흰색, 기본모형과 관련 부호는 녹색, 그림은 검은색으로 한다.
④ "안전모 착용"은 경고표지로서 바탕은 파란색, 관련 그림은 검은색으로 한다.

해설 ① "위험장소"는 경고표지로서 바탕은 노란색, 기본모형과 관련 부호 및 그림은 검은색으로 한다.
③ "녹십자표지"는 안내표지로서 바탕은 흰색, 기본모형과 관련 부호 및 그림은 녹색으로 한다.
④ "안전모 착용"은 지시표지로서 바탕은 파란색, 관련 부호 및 그림은 흰색으로 한다.

2과목 인간공학 및 시스템 안전공학

21. 다음의 데이터를 이용하여 MTBF를 구하면 약 얼마인가?

가동시간	정지시간
$t_1 = 2.7$시간	$t_a = 0.1$시간
$t_2 = 1.8$시간	$t_b = 0.2$시간
$t_3 = 1.5$시간	$t_c = 0.3$시간
$t_4 = 2.3$시간	$t_d = 0.4$시간
부하시간=8시간	

① 1.8시간/회 ② 2.1시간/회
③ 2.8시간/회 ④ 3.1시간/회

해설 $MTBF = \frac{1}{\lambda} = \frac{총\ 가동시간}{고장\ 건수}$

$= \frac{2.7 + 1.8 + 1.5 + 2.3}{4} ≒ 2.1시간/회$

22. 입식작업을 위한 작업대의 높이를 결정하는데 있어 고려하여야 할 사항과 가장 관계가 적은 것은?

① 작업의 빈도
② 작업자의 신장
③ 작업물의 크기
④ 작업물의 무게

해설 작업대의 높이 결정 시 고려사항 : 작업자의 신장, 작업물의 크기, 작업물의 무게 등

23. FTA(Fault Tree Analysis)에 의한 재해사례연구 순서 중 3단계에 해당하는 것은?

정답 19. ② 20. ② 21. ② 22. ① 23. ①

① FT도의 작성
② 개선계획의 작성
③ 톱사상의 선정
④ 사상의 재해원인의 규명

해설 FTA에 의한 재해사례연구의 순서

1단계	2단계	3단계	4단계
목표(톱) 사상의 선정	사상마다 재해 원인 규명	FT도 작성	개선계획 작성

24. 실내의 빛을 효과적으로 배분하고 이용하기 위하여 실내면의 반사율을 결정해야 한다. 다음 중 반사율이 가장 높아야 하는 곳은?

① 벽　② 바닥
③ 가구 및 책상　④ 천장

해설 옥내 최적반사율

바닥	가구, 책상	벽	천장
20～40%	25～40%	40～60%	80～90%

25. 급작스러운 큰 소음으로 인하여 생기는 생리적 변화가 아닌 것은?

① 혈압상승
② 근육이완
③ 동공팽창
④ 심장박동수 증가

해설 ② 근육을 긴장시킨다.

26. 인간-기계 시스템 설계의 주요 단계를 6단계로 구분하였을 때 3단계인 기본설계에 해당하지 않는 것은?

① 직무분석
② 기능의 할당
③ 보조물의 설계 결정
④ 인간성능 요건 명세 결정

해설 ③은 5단계(보조물 설계)

27. 산업안전을 목적으로 ERDA(미국 에너지 연구개발청)에서 개발된 시스템 안전 프로그램으로 관리, 설계, 생산, 보전 등의 넓은 범위의 안전성을 검토하기 위한 기법은?

① FTA　② MORT
③ FHA　④ FMEA

해설 MORT : FTA와 같은 논리기법을 이용하며 관리, 설계, 생산, 보전 등에 대한 광범위한 안전성을 확보하려는 시스템 안전 프로그램

28. 인간과 기계의 능력에 대한 실용성 한계에 관한 설명으로 틀린 것은?

① 기능의 수행이 유일한 기준은 아니다.
② 상대적인 비교는 항상 변하기 마련이다.
③ 일반적인 인간과 기계의 비교가 항상 적용된다.
④ 최선의 성능을 마련하는 것이 항상 중요한 것은 아니다.

해설 ③ 일반적인 인간과 기계의 비교가 항상 적용되지는 않는다.

29. 다음의 위험관리 단계를 순서대로 나열한 것으로 맞는 것은?

㉠ 위험의 분석　㉡ 위험의 파악
㉢ 위험의 처리　㉣ 위험의 평가

① ㉠ → ㉡ → ㉣ → ㉢
② ㉡ → ㉠ → ㉣ → ㉢
③ ㉠ → ㉢ → ㉡ → ㉣
④ ㉡ → ㉢ → ㉠ → ㉣

해설 위험관리 4단계

제1단계	제2단계	제3단계	제4단계
위험파악	위험분석	위험평가	위험처리

정답 24. ④　25. ②　26. ③　27. ②　28. ③　29. ②

30. **작업자가 평균 1000시간 작업을 수행하면서 4회의 실수를 한다면, 이 사람이 10시간 근무했을 경우의 신뢰도는 약 얼마인가?**

① 0.04 ② 0.018
③ 0.67 ④ 0.96

해설 신뢰도 $= e^{-\lambda t}$
$= e^{(-0.004 \times 10)} = 0.96$
여기서, λ : 고장률, t : 근무시간

Tip) 고장률(λ) $= \dfrac{\text{실수 횟수}}{\text{총 가동시간}} = \dfrac{4}{1000} = 0.004$

31. **이동전화의 설계에서 사용성 개선을 위해 사용자의 인지적 특성이 가장 많이 고려되어야 하는 사용자 인터페이스 요소는?**

① 버튼의 크기 ② 전화기의 색깔
③ 버튼의 간격 ④ 한글 입력 방식

해설 ④는 사용자 인터페이스 요소
①, ②, ③은 제품 인터페이스 요소

32. **시스템 안전(system safety)에 관한 설명으로 맞는 것은?**

① 과학적, 공학적 원리를 적용하여 시스템의 생산성 극대화
② 사고나 질병으로부터 자기 자신 또는 타인을 안전하게 호신하는 것
③ 시스템 구성요인의 효율적 활용으로 시스템 전체의 효율성 증가
④ 정해진 제약 조건하에서 시스템이 받는 상해나 손상을 최소화하는 것

해설 시스템 안전의 목적은 시스템의 위험성을 예방하기 위한 정해진 제약 조건하에서 시스템이 받는 상해나 손상을 최소화하는 것이다.

33. **FTA에서 사용되는 논리기호 중 기본사상은?**

① 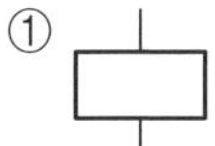
② 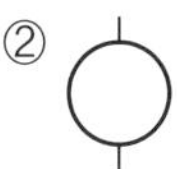
③ 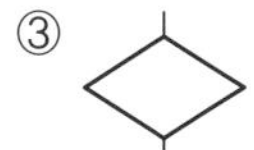
④

해설 기본사상 : 더 이상 전개되지 않는 기본적인 사상

34. **시각적 표시장치와 비교하여 청각적 표시장치를 사용하기 적당한 경우는?**

① 메시지가 짧다.
② 메시지가 복잡하다.
③ 한 자리에서 일을 한다.
④ 메시지가 공간적 위치를 다룬다.

해설 ②, ③, ④는 시각적 표시장치의 특성

35. **안전색채와 표시사항이 맞게 연결된 것은?**

① 녹색-안내표시
② 황색-금지표시
③ 적색-경고표시
④ 회색-지시표시

해설 ② 황색-주의표시, ③ 적색-금지표시, ④ 회색-안전색채로 사용하지 않는다.

36. **근골격계 질환을 예방하기 위한 관리적 대책으로 맞는 것은?**

① 작업공간 배치 ② 작업재료 변경
③ 작업순환 배치 ④ 작업공구 설계

해설 근골격계 질환을 예방하기 위한 관리적 대책은 작업순환 배치이다.

37. **다음과 같은 시험 결과는 어느 실험에 의한 것인가?**

정답 30. ④ 31. ④ 32. ④ 33. ② 34. ① 35. ① 36. ③ 37. ③

> 조명강도를 높인 결과 작업자들의 생산성이 향상되었고, 그 후 다시 조명강도를 낮추어도 생산성의 변화는 거의 없었다. 이는 작업자들이 받게 된 주의 및 관심에 대한 반응에 기인한 것으로, 이것은 인간관계가 작업 및 작업공간 설계에 큰 영향을 미친다는 것을 암시한다.

① Birds 실험　　② Compes 실험
③ Hawthorne 실험　　④ Heinrich 실험

해설 지문은 Hawthorne 실험 결과이다.

38. 작업종료 후에도 체내에 쌓인 젖산을 제거하기 위하여 추가로 요구되는 산소량을 무엇이라고 하는가?

① ATP
② 에너지 대사율
③ 산소부채
④ 산소최대섭취능

해설 산소부채 : 활동이 끝난 후에도 남아 있는 젖산을 제거하기 위해 필요한 산소

39. 다음의 FT도에서 최소 컷셋으로 맞는 것은?

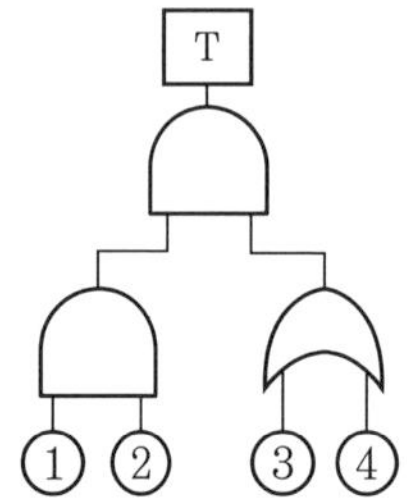

① {①, ②, ③, ④}
② {①, ②, ③}, {①, ②, ④}
③ {①, ③, ④}, {②, ③, ④}
④ {①, ③}, {①, ④}, {②, ③}, {②, ④}

해설 T=(① ②)(③ / ④)
={①, ②, ③}, {①, ②, ④}

40. 조종장치의 저항 중 갑작스러운 속도의 변화를 막고 부드러운 제어동작을 유지하게 해주는 저항은?

① 점성저항　　② 관성저항
③ 마찰저항　　④ 탄성저항

해설 점성저항
- 출력과 반대 방향으로, 속도에 비례해서 작용하는 힘 때문에 생기는 저항력이다.
- 원활한 제어를 도우며, 규정된 변위속도를 유지하는 효과가 있다(부드러운 제어동작이다).
- 우발적인 조종장치의 동작을 감소시키는 효과가 있다.

3과목 건설시공학

41. 대형 봉상 진동기를 진동과 워터 젯에 의해 소정의 깊이까지 삽입하고 모래를 진동시켜 지반을 다지는 연약지반 개량공법은 무엇인가?

① 고결안정공법　　② 인공동결공법
③ 전기화학공법　　④ vibro flotation 공법

해설 진동다짐(vibro flotation)공법 : 연약한 모래지반을 개량하기 위한 막대다짐공법으로 직경이 20cm인 기다란 진동기로 지반을 파내려가며 모래를 다지면서 그 사이에 생긴 공간에 자갈을 넣고 막대를 빼낸다.

42. 다음 중 철골 세우기용 기계가 아닌 것은?

정답 38. ③　39. ②　40. ①　41. ④　42. ①

① 드래그라인　② 가이데릭
③ 타워크레인　④ 트럭크레인

해설 철골 세우기용 기계설비 : 가이데릭, 스티프 레그 데릭, 진폴, 크레인, 이동식 크레인 등
Tip) 드래그라인(drag line) : 차량계 건설기계로 지면보다 낮은 땅의 굴착에 적당하고, 굴착 반지름이 크다.

43. 타워크레인 등의 시공장비에 의해 한 번에 설치하고 탈형만 하므로 사용할 때마다 부재의 조립 및 분해를 반복하지 않아 평면상 상하부 동일단면의 벽식 구조인 아파트 건축물에 적용 효과가 큰 대형 벽체 거푸집은?

① 갱 폼(gang form)
② 유로 폼(euro form)
③ 트래블링 폼(traveling form)
④ 슬라이딩 폼(sliding form)

해설 갱 폼 : 대형 벽체 거푸집으로서 인력절감 및 재사용이 가능한 장점이 있다.

44. 강말뚝(H형강, 강관말뚝)에 관한 설명으로 옳지 않은 것은?

① 깊은 지지층까지 도달시킬 수 있다.
② 휨강성이 크고 수평하중과 충격력에 대한 저항이 크다.
③ 부식에 대한 내구성이 뛰어나다.
④ 재질이 균일하고 절단과 이음이 쉽다.

해설 ③ 지중에서 부식되기 쉽고, 타 말뚝에 비하여 재료비가 고가이다.

45. 구조물의 시공과정에서 발생하는 구조물의 팽창 또는 수축과 관련된 하중으로, 신축량이 큰 장경간, 연도, 원자력 발전소 등을 설계할 때나 또는 일교차가 큰 지역의 구조물에 고려해야 하는 하중은?

① 시공하중　② 충격 및 진동하중
③ 온도하중　④ 이동하중

해설 온도하중은 구조물의 팽창 또는 수축과 관련된 하중으로, 원자력 발전소 등 온도차가 큰 구조물에 고려해야 하는 하중이다.

46. 강 구조 공사 시 볼트의 현장시공에 관한 설명으로 옳지 않은 것은?

① 볼트조임 작업 전에 마찰접합면의 녹, 밀스케일 등은 마찰력 확보를 위하여 제거하지 않는다.
② 마찰내력을 저감시킬 수 있는 틈이 있는 경우에는 끼움판을 삽입해야 한다.
③ 현장조임은 1차 조임, 마킹, 2차 조임(본조임), 육안검사의 순으로 한다.
④ 1군의 볼트조임은 중앙부에서 가장자리의 순으로 한다.

해설 ① 볼트조임 작업 전에 마찰접합면의 흙, 먼지 또는 유해한 도료, 유류, 녹, 밀스케일 등 마찰력을 저감시키는 불순물은 제거하여야 한다.

47. 턴키도급(turn-key base contract)의 특징이 아닌 것은?

① 공기, 품질 등의 결함이 생길 때 발주자는 계약자에게 쉽게 책임을 추궁할 수 있다.
② 설계와 시공이 일괄로 진행된다.
③ 공사비의 절감과 공기단축이 가능하다.
④ 공사기간 중 신공법, 신기술의 적용이 불가하다.

해설 ④ 공사기간 중 신공법, 신기술의 적용이 가능하다.

48. 콘크리트 공사 시 거푸집 측압의 증가 요인에 관한 설명으로 옳지 않은 것은?

정답 43. ①　44. ③　45. ③　46. ①　47. ④　48. ③

① 콘크리트의 타설속도가 빠를수록 증가한다.
② 콘크리트의 슬럼프가 클수록 증가한다.
③ 콘크리트에 대한 다짐이 적을수록 증가한다.
④ 콘크리트의 경화속도가 늦을수록 증가한다.

해설 ③ 콘크리트를 많이 다질수록 측압은 커진다.

49. 건설공사에서 래머(rammer)의 용도는?

① 철근절단 ② 철근절곡
③ 잡석다짐 ④ 토사적재

해설 래머, 롤러, 탬퍼 등은 지반을 다지는 소형 다짐기계이다.

50. 콘크리트의 탄산화에 관한 설명으로 옳지 않은 것은?

① 일반적으로 경량콘크리트는 탄산화의 속도가 매우 느리다.
② 경화한 콘크리트의 수산화석회가 공기 중의 탄산가스의 영향을 받아 탄산석회로 변화하는 현상을 말한다.
③ 콘크리트의 탄산화에 의해 강재 표면의 보호피막이 파괴되어 철근의 녹이 발생하고, 궁극적으로 피복콘크리트를 파괴한다.
④ 조강 포틀랜드 시멘트를 사용하면 탄산화를 늦출 수 있다.

해설 ① 일반적으로 경량콘크리트는 탄산화의 속도가 매우 빠르다.

51. 경쟁입찰에서 예정가격 이하의 최저가격으로 입찰한 자 순으로 당해계약 이행능력을 심사하여 낙찰자를 선정하는 방식은?

① 제한적 평균가 낙찰제
② 적격심사제
③ 최적격 낙찰제
④ 부찰제

해설
- 적격심사제(최적격 낙찰제) : 입찰에서 낮은 금액으로 입찰한 자부터 공사 수행 능력, 기술능력, 입찰금액을 종합적으로 심사해 낙찰자를 선정하는 방식으로 최저가 낙찰제를 막기 위한 방법이다.
- 제한적 평균가 낙찰제(부찰제) : 입찰자들의 입찰금액을 평균하여 가장 근접하게 입찰한 자를 낙찰자로 선정하는 방식이다.
- 제한적 최저가 낙찰제 : 예정가격 대비 85% 이상 입찰자 중 가장 낮은 금액으로 입찰한 자를 선정하는 방식으로 덤핑의 우려를 방지할 목적을 지니고 있다.

(※ 문제 오류로 가답안 발표 시 ②번으로 발표되었지만, 확정 답안 발표 시 ②, ③번이 정답으로 발표되었다. 본서에서는 ②번을 정답으로 한다.)

52. 공사 또는 제품의 품질상태가 만족한 상태에 있는가의 여부를 판단하는데 가장 적합한 품질관리 기법은?

① 특성요인도 ② 히스토그램
③ 파레토그램 ④ 체크시트

해설 히스토그램 : 도수 분포표의 각 계급의 양 끝 값을 가로축에 표시하고 그 계급의 도수를 세로축에 표시하여 직사각형 모양으로 나타낸 그래프

53. H-Pile+토류판 공법이라고도 하며 비교적 시공이 용이하나, 지하수위가 높고 투수성이 큰 지반에서는 차수공법을 병행해야 하고, 연약한 지층에서는 히빙 현상이 생길 우려가 있는 것은?

① 지하연속벽 공법 ② 시트파일 공법
③ 엄지말뚝 공법 ④ 주열벽 공법

해설 엄지말뚝 공법
- H-Pile+토류판 공법이라고도 한다.
- 비교적 시공이 용이하고 경제적인 공법이다.

정답 49. ③ 50. ① 51. ② 52. ② 53. ③

- 지하수위가 높고 투수성이 큰 지반에서는 차수공법을 병행해야 한다.
- 연약한 지층에서는 히빙 현상이 생길 우려가 있다.

54. 용접 시 나타나는 결함에 관한 설명으로 옳지 않은 것은?

① 위핑 홀(weeping hole) : 용접 후 냉각 시 용접 부위에 공기가 포함되어 공극이 발생되는 것
② 오버랩(overlap) : 용접금속과 모재가 융합되지 않고 겹쳐지는 것
③ 언더컷(undercut) : 모재가 녹아 용착금속이 채워지지 않고 홈으로 남게 된 부분
④ 슬래그(slag) 감싸기 : 용접봉의 피복제 심선과 모재가 변하여 생긴 회분이 용착금속 내에 혼입된 것

해설 위핑 : 용접봉을 용접 방향에 대해 가로 방향으로 교대로 움직여 용접을 하는 운봉법

55. 강 구조물에 실시하는 녹막이 도장에서 도장하는 작업 중이거나 도료의 건조기간 중 도장하는 장소의 환경 및 기상조건이 좋지 않아 공사감독자가 승인할 때까지 도장이 금지되는 상황이 아닌 것은?

① 주위의 기온이 5℃ 미만일 때
② 상대습도가 85% 이하일 때
③ 안개가 끼었을 때
④ 눈 또는 비가 올 때

해설 ② 상대습도가 85% 이하일 때는 도장작업을 실시해야 한다.

56. 콘크리트를 타설하는 펌프차에서 사용하는 압송장치의 구조방식과 가장 거리가 먼 것은?

① 압축공기의 압력에 의한 방식
② 피스톤으로 압송하는 방식
③ 튜브 속의 콘크리트를 짜내는 방식
④ 물의 압력으로 압송하는 방식

해설 ④ 유압펌프로 압송하는 방식

57. 철근콘크리트 공사 시 철근의 정착위치로 옳지 않은 것은?

① 벽 철근은 기둥 보 또는 바닥판에 정착한다.
② 바닥 철근은 기둥에 정착한다.
③ 큰 보의 주근은 기둥에, 작은 보의 주근은 큰 보에 정착한다.
④ 기둥의 주근은 기초에 정착한다.

해설 ② 바닥 철근은 보 또는 벽체에 정착한다.

58. 고장력 볼트 접합에 관한 설명으로 옳지 않은 것은?

① 현장에서의 시공설비가 간편하다.
② 접합부재 상호 간의 마찰력에 의하여 응력이 전달된다.
③ 불량개소의 수정이 용이하지 않다.
④ 작업 시 화재의 위험이 적다.

해설 ③ 불량개소의 수정이 쉽고 용이하다.

59. 철근공사 작업 시 유의사항으로 옳지 않은 것은?

① 철근공사 착공 전 구조 도면과 구조 계산서를 대조하는 확인작업 수행
② 도면 오류를 파악한 후 정정을 요구하거나 철근 상세도를 구조 평면도에 표시하여 승인 후 시공
③ 품질이 규격값 이하인 철근의 사용 배제
④ 구부러진 철근은 다시 펴는 가공작업을 거친 후 재사용

부록 2019

정답 54. ① 55. ② 56. ④ 57. ② 58. ③ 59. ④

해설 ④ 한 번 구부러진 철근은 다시 펴서 재사용하지 않는다.

60. 도급제도 중 긴급 공사일 경우에 가장 적합한 것은?

① 단가도급 계약제도
② 분할도급 계약제도
③ 일식도급 계약제도
④ 정액도급 계약제도

해설 단가도급 계약제도의 특징
- 시급한 공사를 간단하게 계약할 수 있다.
- 공사를 신속하게 착공할 수 있으며, 설계변경이 쉽다.
- 공사비가 증가하며, 총 공사비를 예측하기 힘들다.

4과목 건설재료학

61. 미장재료인 회반죽을 혼합할 때 소석회와 함께 사용되는 것은?

① 카세인　　② 아교
③ 목섬유　　④ 해초풀

해설 회반죽은 소석회에 모래, 해초풀, 여물 등을 혼합하여 바르는 미장재료이다.

62. 다음 중 내화벽돌에 관한 설명으로 옳은 것은?

① 내화점토를 원료로 하여 소성한 벽돌로서, 내화도는 600~800℃의 범위이다.
② 표준형(보통형) 벽돌의 크기는 250×120×60mm이다.
③ 내화벽돌의 종류에 따라 내화 모르타르도 반드시 그와 동질의 것을 사용하여야 한다.
④ 내화도는 일반벽돌과 동등하며 고온에서보다 저온에서 경화가 잘 이루어진다.

해설 ① 내화벽돌의 내화도는 1500~2000℃의 범위이다.
② 표준형 벽돌의 크기는 230×114×65mm이다.
④ 내화벽돌은 고온에 견디는 내화도가 SK 26 이상이어야 한다.

63. 골재의 수량과 관련된 설명으로 옳지 않은 것은?

① 흡수량 : 습윤상태의 골재 내외에 함유하는 전 수량
② 표면수량 : 습윤상태의 골재표면의 수량
③ 유효흡수량 : 흡수량과 기건상태의 골재 내에 함유된 수량의 차
④ 절건상태 : 일정 질량이 될 때까지 110℃ 이하의 온도로 가열 건조한 상태

해설 ① 흡수량=(표면건조 상태의 중량)-(절대건조 상태의 중량)

64. 중용열 포틀랜드 시멘트의 일반적인 특징 중 옳지 않은 것은?

① 수화발열량이 적다.
② 초기강도가 크다.
③ 건조수축이 적다.
④ 내구성이 우수하다.

해설 ② 초기강도는 작으나 장기강도가 크다.

65. 다음 시멘트 중 조기강도가 가장 큰 시멘트는?

① 보통 포틀랜드 시멘트
② 고로 시멘트
③ 알루미나 시멘트
④ 실리카 시멘트

정답 60. ①　61. ④　62. ③　63. ①　64. ②　65. ③

해설 알루미나 시멘트

- 성분 중에 Al_2O_3가 많으므로 조기강도가 높고 염분이나 화학적 저항성이 크다.
- 수화열량이 커서 대형 단면부재에 사용하기는 적당하지 않고 긴급 공사나 동절기 공사에 좋다.

66. 목재 건조방법 중 인공건조법이 아닌 것은?

① 증기건조법
② 수침법
③ 훈연건조법
④ 진공건조법

해설 ②는 침수건조법으로 자연건조법에 해당한다.

67. 비철금속에 관한 설명으로 옳은 것은?

① 알루미늄은 융점이 높기 때문에 용해 주조도는 좋지 않으나 내화성이 우수하다.
② 황동은 동과 주석 또는 기타의 원소를 가하여 합금한 것으로, 청동과 비교하여 주조성이 우수하다.
③ 니켈은 아황산가스가 있는 공기에서는 부식되지 않지만 수중에서는 색이 변한다.
④ 납은 내식성이 우수하고 방사선의 투과도가 낮아 건축에서 방사선 차폐용 벽체에 이용된다.

해설 ① 알루미늄은 융점이 낮아 용해 주조도는 좋으나 내화성이 좋지 않다.
② 황동은 구리와 아연으로 된 합금으로 청동과 비교하여 주조성이 좋다.
③ 니켈은 아황산가스가 있는 공기에서 부식된다.
Tip) 납 : 비중(11.34)이 비교적 크고 용융점(327.46℃)이 낮아 가공이 쉬우며, 방사선 투과도가 낮아 건축에서 방사선 차폐용 벽체에 이용된다.

68. 다음 유리 중 현장에서 절단 가공할 수 없는 것은?

① 망입유리 ② 강화유리
③ 소다석회 유리 ④ 무늬유리

해설 강화유리는 깨지면 잘게 깨지면서 비산하므로 현장에서 가공 시 위험하다.

69. 시멘트가 시간의 경과에 따라 조직이 굳어져 최종강도에 이르기까지 강도가 서서히 커지는 상태를 무엇이라고 하는가?

① 중성화 ② 풍화
③ 응결 ④ 경화

해설 경화 : 시멘트가 서서히 굳어져 최종강도에 이르기까지 강도가 커지는 현상

70. 다음 미장재료 중 균열 발생이 가장 적은 것은?

① 회반죽
② 시멘트 모르타르
③ 경석고 플라스터
④ 돌로마이트 플라스터

해설 경석고 플라스터는 점성이 큰 재료이므로 여물이나 풀이 필요 없는 미장재료이다.

71. 내열성, 내한성이 우수한 열경화성 수지로 −60～260℃의 범위에서는 안정하고 탄성이 있으며 내후성 및 내화학성이 우수한 것은?

① 폴리에틸렌수지
② 염화비닐수지
③ 아크릴수지
④ 실리콘수지

해설 실리콘수지 : 전기절연성, 내열성, 내한성, 내후성 및 내화성이 좋으며, 발수성이 있기 때문에 건축물, 전기절연물 등의 방수에 쓰인다.

정답 66. ② 67. ④ 68. ② 69. ④ 70. ③ 71. ④

72. 열적외선을 반사하는 은 소재 도막으로 코팅하여 방사율과 열관류율을 낮추고 가시광선 투과율을 높인 유리는?

① 스팬드럴유리 ② 배강도유리
③ 로이유리 ④ 에칭유리

해설 로이(Low-E)유리 : 적외선을 반사하는 도막을 코팅하여 방사율과 열관류율을 낮춘 고단열 유리로서 복층유리로 제조된다.

73. 방사선 차폐용 콘크리트 제작에 사용되는 골재로서 적합하지 않은 것은?

① 흑요석 ② 적철광
③ 중정석 ④ 자철광

해설 방사선 차폐용 콘크리트 제작에는 적철광, 자철광, 중정석 등의 중량골재를 사용한다.
Tip) 흑요석 – 경량골재

74. 경화제를 필요로 하는 접착제로서 그 양의 다소에 따라 접착력이 좌우되며 내산, 내알칼리, 내수성이 뛰어나고 금속 접착에 특히 좋은 것은?

① 멜라민수지 접착제
② 페놀수지 접착제
③ 에폭시수지 접착제
④ 푸란수지 접착제

해설 에폭시수지 접착제
- 내수성, 내습성, 내약품성, 내산성, 내알칼리성, 전기절연성이 우수하다.
- 접착력이 강해 금속, 나무, 유리 등 특히 경금속 항공기 접착에도 사용한다.
- 피막이 단단하고 유연성이 부족하다.

75. 한중콘크리트의 계획배합 시 물 결합재비는 원칙적으로 얼마 이하로 하여야 하는가?

① 50% ② 55% ③ 60% ④ 65%

해설 한중콘크리트의 물 결합재비는 60% 이하로 하여야 한다.

76. 목재의 가공제품인 MDF에 관한 설명으로 옳지 않은 것은?

① 샌드위치 판넬이나 파티클 보드 등 다른 보드류 제품에 비해 매우 경량이다.
② 습기에 약한 결점이 있다.
③ 다른 보드류에 비하여 곡면가공이 용이한 편이다.
④ 가공성 및 접착성이 우수하다.

해설 ① 샌드위치 판넬이나 파티클 보드 등 다른 보드류 제품에 비해 매우 무겁다.

77. 금속의 부식방지 대책으로 옳지 않은 것은?

① 가능한 한 두 종의 서로 다른 금속은 틈이 생기지 않도록 밀착시켜서 사용한다.
② 균질한 것을 선택하고 사용할 때 큰 변형을 주지 않도록 주의한다.
③ 표면을 평활, 청결하게 하고 가능한 한 건조상태를 유지하며 부분적인 녹은 빨리 제거한다.
④ 큰 변형을 준 것은 가능한 한 풀림하여 사용한다.

해설 ① 가능한 한 이종금속을 인접 또는 접촉시켜 사용하지 않는다.

78. 두꺼운 아스팔트 루핑을 4각형 또는 6각형 등으로 절단하여 경사지붕재로 사용되는 것은?

① 아스팔트 싱글 ② 망상 루핑
③ 아스팔트 시트 ④ 석면 아스팔트 펠트

해설 • 아스팔트 싱글 : 아스팔트의 주재료로 지붕마감재

정답 72. ③ 73. ① 74. ③ 75. ③ 76. ① 77. ① 78. ①

- 망상 루핑(망형 루핑) : 아스팔트를 가열하여 용융시켜 피복한 제품
- 아스팔트 시트 : 유기합성 섬유를 주원료로 한 원지에 아스팔트를 융착시켜 만든 시트형으로 방수공사에 주로 사용
- 아스팔트 펠트 : 목면, 마사, 양모, 폐지 등을 혼합하여 만든 원지에 연질의 스트레이트 아스팔트를 침투시킨 제품

79. 집성목재에 관한 설명으로 옳지 않은 것은?

① 옹이, 균열 등의 각종 결점을 제거하거나 이를 적당히 분산시켜 만든 균질한 조직의 인공목재이다.
② 보, 기둥, 아치, 트러스 등의 구조재료로 사용할 수 있다.
③ 직경이 작은 목재들을 접착하여 장대재로 활용할 수 있다.
④ 소재를 약제처리 후 집성 접착하므로 양산이 어려우며, 건조균열 및 변형 등을 피할 수 없다.

해설 ④ 소재를 제재판재 또는 소각재 등의 부재를 접착하여 만든 목재로 양산이 쉬우며, 건조재를 사용하므로 비틀림 변형 등이 생기지 않는다.

80. 퍼티, 코킹, 실런트 등의 총칭으로서 건축물의 프리패브 공법, 커튼 월 공법 등의 공장 생산화가 추진되면서 주목받기 시작한 재료는?

① 아스팔트
② 실링재
③ 셀프 레벨링재
④ FRP 보강재

해설 실(seal)재에는 퍼티, 코킹, 실런트 등이 있다.

5과목 건설안전기술

81. 철골작업을 중지하여야 하는 강우량 기준으로 옳은 것은?

① 시간당 1mm 이상인 경우
② 시간당 3mm 이상인 경우
③ 시간당 5mm 이상인 경우
④ 시간당 1cm 이상인 경우

해설 철골공사 작업을 중지하여야 하는 기준
- 풍속이 초당 10m 이상인 경우
- 1시간당 강우량이 1mm 이상인 경우
- 1시간당 강설량이 1cm 이상인 경우

82. 건설공사 현장에서 재해방지를 위한 주의사항으로 옳지 않은 것은?

① 야간작업을 할 때나 어두운 곳에서 작업할 때 채광 및 조명설비는 작업에 지장이 있더라도 물건을 식별할 수 있을 정도의 조도만을 확보, 유지하면 된다.
② 불안전한 가설물이 있나 확인하고 특히 작업발판, 안전난간 등의 안전을 점검한다.
③ 과격한 노동으로 심히 피로한 노무자는 휴식을 취하게 하여 피로회복 후 작업을 시킨다.
④ 작업장을 잘 정돈하여 안전사고 요인을 최소화한다.

해설 ① 야간작업을 할 때나 어두운 곳에서 작업할 때 채광 및 조명설비는 작업에 지장이 없도록 적정수준의 조도를 확보, 유지하여야 한다.

83. 이동식 비계를 조립하여 작업을 하는 경우에 준수해야 할 사항과 거리가 먼 것은?

① 비계의 최상부에서 작업을 하는 경우에는 안전난간을 설치할 것

정답 79. ④ 80. ② 81. ① 82. ① 83. ④

② 작업발판의 최대 적재하중은 250kg을 초과하지 않도록 할 것
③ 승강용 사다리는 견고하게 설치할 것
④ 지주부재와 수평면과의 기울기를 75° 이하로 하고, 지주부재와 지주부재 사이를 고정시키는 보조부재를 설치할 것

해설 ④는 말비계 조립 시 준수사항

84. 부두 안벽 등 하역작업을 하는 장소에 대하여 부두 또는 안벽의 선을 따라 통로를 설치할 때 통로의 최소 폭 기준은?

① 70cm 이상 ② 80cm 이상
③ 90cm 이상 ④ 100cm 이상

해설 부두 또는 안벽의 선을 따라 설치하는 통로의 최소 폭은 90cm 이상으로 한다.

85. 비계의 수평재의 최대 휨 모멘트가 50000×10^2N · mm, 수평재의 단면계수가 5×10^6mm^{3}일 때 휨 응력(σ)은 얼마인가?

① 0.5MPa ② 1MPa
③ 2MPa ④ 2.5MPa

해설 휨 응력(σ)$= \frac{\text{휨 모멘트}}{\text{단면계수}} = \frac{5000\text{N} \cdot \text{m}}{5 \times 10^{-3}\text{m}^3}$
$= 10^6\text{N/m}^2 = 1\text{MPa}$

86. 추락재해 방지를 위한 방망의 그물코의 크기는 최대 얼마 이하이어야 하는가?

① 5cm ② 7cm
③ 10cm ④ 15cm

해설 그물코의 크기는 5cm와 최대 10cm가 있다.

87. 다음 중 유해 · 위험방지 계획서 제출 시 첨부해야 하는 서류와 가장 거리가 먼 것은?

① 건축물 각 층의 평면도
② 기계, 설비의 배치도면
③ 원재료 및 제품의 취급, 제조 등의 작업방법의 개요
④ 비상조치 계획서

해설 ④는 비상조치에 관한 사항

88. 토석붕괴의 요인 중 외적요인이 아닌 것은?

① 토석의 강도 저하
② 사면, 법면의 경사 및 기울기의 증가
③ 절토 및 성토 높이의 증가
④ 공사에 의한 진동 및 반복하중의 증가

해설 ①은 토사붕괴의 내적요인

89. 철근 가공작업에서 가스절단을 할 때의 유의사항으로 옳지 않은 것은?

① 가스절단 작업 시 호스는 겹치거나 구부러지거나 밟히지 않도록 한다.
② 호스, 전선 등은 작업효율을 위하여 다른 작업장을 거치는 곡선상의 배선이어야 한다.
③ 작업장에서 가연성 물질에 인접하여 용접작업할 때에는 소화기를 비치하여야 한다.
④ 가스절단 작업 중에는 보호구를 착용하여야 한다.

해설 ② 호스, 전선 등은 다른 작업장을 거치지 않는 직선상의 배선이어야 한다.

90. 인력에 의한 하물 운반 시 준수사항으로 옳지 않은 것은?

① 수평거리 운반을 원칙으로 한다.
② 운반 시의 시선은 진행방향을 향하고 뒷걸음 운반을 하여서는 아니 된다.
③ 쌓여 있는 하물을 운반할 때에는 중간 또는 하부에서 뽑아내어서는 아니 된다.

정답 84. ③ 85. ② 86. ③ 87. ④ 88. ① 89. ② 90. ④

④ 어깨 높이보다 낮은 위치에서 하물을 들고 운반하여서는 아니 된다.

해설 ④ 어깨 높이보다 낮은 위치에서 하물을 들고 운반하여야 한다.

91. 사다리식 통로의 설치기준으로 옳지 않은 것은?

① 발판과 벽과의 사이는 15cm 이상의 간격을 유지할 것
② 사다리의 상단은 걸쳐 놓은 지점으로부터 40cm 이상 올라가도록 할 것
③ 폭은 30cm 이상으로 할 것
④ 사다리식 통로의 기울기는 75° 이하로 할 것

해설 ② 사다리의 상단은 걸쳐 놓은 지점으로부터 60cm 이상 올라가도록 할 것

92. 거푸집 공사 관련 재료의 선정 시 고려사항으로 옳지 않은 것은?

① 목재 거푸집 : 흠집 및 옹이가 많은 거푸집과 합판은 사용을 금지한다.
② 강재 거푸집 : 형상이 찌그러진 것은 교정한 후에 사용한다.
③ 지보공재 : 변형, 부식이 없는 것을 사용한다.
④ 연결재 : 연결부위의 다양한 형상에 적응 가능한 소철선을 사용한다.

해설 연결재 : 기둥이나 벽판 등 구조물의 안정성을 확보하기 위하여 그것들을 서로 연결하여 묶어 주는 부재로 충분한 강도를 가져야 한다.

93. 흙의 휴식각에 관한 설명으로 옳지 않은 것은?

① 흙의 마찰력으로 사면과 수평면이 이루는 각도를 말한다.
② 흙의 종류 및 함수량 등에 따라 다르다.
③ 흙파기의 경사각은 휴식각의 1/2로 한다.
④ 안식각이라고도 한다.

해설 ③ 흙파기의 경사각은 휴식각의 2배로 한다.

94. 가열에 사용되는 가스 등의 용기를 취급하는 경우에 준수하여야 할 사항으로 옳지 않은 것은?

① 밸브의 개폐는 최대한 빨리 할 것
② 전도의 위험이 없도록 할 것
③ 용기의 온도를 섭씨 40도 이하로 유지할 것
④ 운반하는 경우에는 캡을 씌울 것

해설 ① 밸브의 개폐는 서서히 할 것

95. 달비계(곤돌라의 달비계는 제외)의 최대 적재하중을 정하는 경우 달기체인 및 달기 훅의 안전계수 기준으로 옳은 것은?

① 2 이상 ② 3 이상
③ 5 이상 ④ 10 이상

해설 달기체인 및 달기 훅의 안전계수는 5 이상이다.

96. 다음은 가설통로를 설치하는 경우 준수하여야 할 사항이다. ( ) 안에 들어갈 내용으로 옳은 것은?

수직갱에 가설된 통로의 길이가 (㉠) 이상인 경우에는 (㉡) 이내마다 계단참을 설치할 것

① ㉠ : 8m, ㉡ : 10m
② ㉠ : 8m, ㉡ : 7m
③ ㉠ : 15m, ㉡ : 10m
④ ㉠ : 15m, ㉡ : 7m

정답 91. ② 92. ④ 93. ③ 94. ① 95. ③ 96. ③

해설 수직갱에 가설된 통로의 길이가 15m 이상인 경우에는 10m 이내마다 계단참을 설치할 것

97. **건설업 산업안전보건관리비의 사용 항목으로 가장 거리가 먼 것은?**

① 안전시설비
② 사업장의 안전진단비
③ 근로자의 건강관리비
④ 본사 일반관리비

해설 ④ 본사사용비는 산업안전보건관리비의 사용 항목이지만, 본사 일반관리비는 해당되지 않는다.

98. **다음 중 거푸집 동바리 설계 시 고려하여야 할 연직 방향 하중에 해당하지 않는 것은?**

① 적설하중 ② 풍하중
③ 충격하중 ④ 작업하중

해설 거푸집에 작용하는 연직 방향 하중 : 고정하중, 충격하중, 작업하중, 콘크리트 및 거푸집 자중 등

Tip) 풍하중 – 횡 방향 하중

99. **다음 그림의 형태 중 클램쉘(clam shell) 장비에 해당하는 것은?**

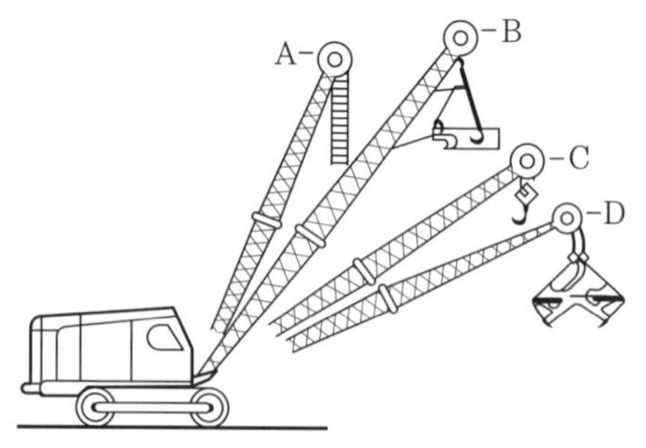

① A ② B ③ C ④ D

해설 클램쉘 : 수중굴착 및 가장 협소하고 깊은 굴착이 가능하며, 호퍼에 적합하다.

Tip) A : 파일 드라이버, B : 드래그라인, C : 크레인의 훅

100. **건설현장에서 가설계단 및 계단참을 설치하는 경우 안전율은 최소 얼마 이상으로 하여야 하는가?**

① 3 ② 4 ③ 5 ④ 6

해설 계단 및 계단참의 강도는 500kg/m^2 이상이어야 하며, 안전율은 4 이상이다.

정답 97. ④ 98. ② 99. ④ 100. ②

2020년도(1, 2회차) 출제문제

|건|설|안|전|산|업|기|사|

1과목 산업안전관리론

1. 심리검사의 특징 중 "검사의 관리를 위한 조건과 절차의 일관성과 통일성"을 의미하는 것은?

① 규준　② 표준화
③ 객관성　④ 신뢰성

해설 표준화 : 검사 절차의 표준화, 관리를 위한 조건과 절차의 일관성과 통일성

2. 산업재해의 발생 유형으로 볼 수 없는 것은?

① 지그재그형　② 집중형
③ 연쇄형　④ 복합형

해설 산업재해의 발생 형태

• 단순자극형(집중형) :

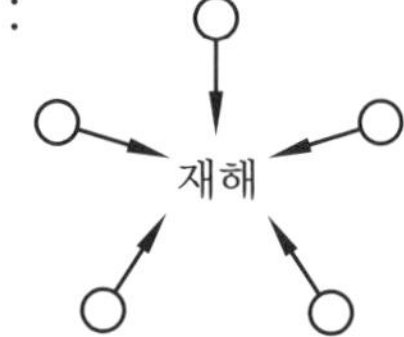

• 연쇄형

㉠ 단순연쇄형 :

○→○→○→○→ 재해

㉡ 복합연쇄형 :

○→○→○→○
재해
○→○→○→○

• 복합형 :

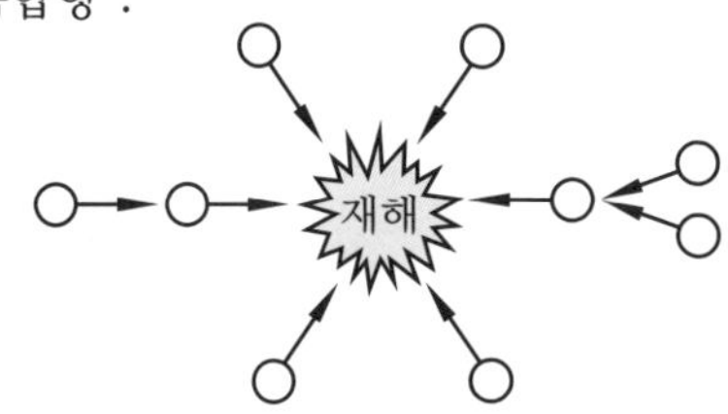

3. 산업재해예방의 4원칙 중 "재해 발생에는 반드시 원인이 있다."라는 원칙은?

① 대책선정의 원칙
② 원인계기의 원칙
③ 손실우연의 원칙
④ 예방가능의 원칙

해설 원인계기의 원칙 : 재해 발생은 반드시 원인이 있다.

4. 기계·기구 또는 설비의 신설, 변경 또는 고장, 수리 등 부정기적인 점검을 말하며, 기술적 책임자가 시행하는 점검을 무엇이라고 하는가?

① 정기점검
② 수시점검
③ 특별점검
④ 임시점검

해설 특별점검 : 태풍, 지진 등의 천재지변이 발생한 경우나 기계·기구의 신설 및 변경 또는 고장 및 수리 등 부정기적으로 특별히 실시하는 점검, 책임자가 실시

5. 산업안전보건법령상 근로자 안전·보건교육 중 채용 시의 교육 및 작업내용 변경 시의 교육사항으로 옳은 것은?

① 물질안전보건자료에 관한 사항
② 건강증진 및 질병예방에 관한 사항
③ 유해·위험 작업환경 관리에 관한 사항
④ 표준 안전작업방법 및 지도요령에 관한 사항

해설 ②는 근로자 정기안전보건교육 내용
③, ④는 관리감독자 정기안전보건교육 내용

정답 1. ② 2. ① 3. ② 4. ③ 5. ①

6. 상시근로자 수가 75명인 사업장에서 1일 8시간씩 연간 320일을 작업하는 동안에 4건의 재해가 발생하였다면 이 사업장의 도수율은 약 얼마인가?

① 17.68 ② 19.67 ③ 20.83 ④ 22.83

해설 도수(빈도)율

$$=\frac{\text{연간 재해 발생 건수}}{\text{연근로 총 시간 수}}\times 1000000$$

$$=\frac{4}{75\times 8\times 320}\times 1000000 \fallingdotseq 20.83$$

7. 위험예지훈련 기초 4라운드(4R)에서 라운드별 내용이 바르게 연결된 것은?

① 1라운드 : 현상파악
② 2라운드 : 대책수립
③ 3라운드 : 목표설정
④ 4라운드 : 본질추구

해설 위험예지훈련 4라운드

1R	2R	3R	4R
현상파악	본질추구	대책수립	행동목표 설정

8. O.J.T(On the Job Training) 교육의 장점과 가장 거리가 먼 것은?

① 훈련에만 전념할 수 있다.
② 직장의 실정에 맞게 실제적 훈련이 가능하다.
③ 개개인의 업무능력에 적합하고 자세한 교육이 가능하다.
④ 교육을 통하여 상사와 부하 간의 의사소통과 신뢰감이 깊게 된다.

해설 ①은 OFF.J.T 교육의 특징

9. 일반적으로 사업장에서 안전관리조직을 구성할 때 고려할 사항과 가장 거리가 먼 것은?

① 조직구성원의 책임과 권한을 명확하게 한다.
② 회사의 특성과 규모에 부합되게 조직되어야 한다.
③ 생산조직과는 동떨어진 독특한 조직이 되도록 하여 효율성을 높인다.
④ 조직의 기능이 충분히 발휘될 수 있는 제도적 체계가 갖추어져야 한다.

해설 ③ 생산조직과는 밀착된 조직이 되도록 하여 효율성을 높인다.

10. 다음 중 매슬로우(Maslow)가 제창한 인간의 욕구 5단계 이론을 단계별로 옳게 나열한 것은?

① 생리적 욕구 → 안전욕구 → 사회적 욕구 → 존경의 욕구 → 자아실현의 욕구
② 안전욕구 → 생리적 욕구 → 사회적 욕구 → 존경의 욕구 → 자아실현의 욕구
③ 사회적 욕구 → 생리적 욕구 → 안전욕구 → 존경의 욕구 → 자아실현의 욕구
④ 사회적 욕구 → 안전욕구 → 생리적 욕구 → 존경의 욕구 → 자아실현의 욕구

해설 매슬로우(Maslow)가 제창한 인간의 욕구 5단계

1단계	2단계	3단계	4단계	5단계
생리적 욕구	안전 욕구	사회적 욕구	존경의 욕구	자아실현의 욕구

11. 보호구 안전인증 고시에 따른 안전화의 정의 중 ( ) 안에 알맞은 것은?

경작업용 안전화란 (㉠)mm의 낙하높이에서 시험했을 때 충격과 (㉡ ±0.1)kN의 압축하중에서 시험했을 때 압박에 대하여 보호해 줄 수 있는 선심을 부착하여 착용자를 보호하기 위한 안전화를 말한다.

정답 6. ③ 7. ① 8. ① 9. ③ 10. ① 11. ④

① ㉠ : 500, ㉡ : 10.0
② ㉠ : 250, ㉡ : 10.0
③ ㉠ : 500, ㉡ : 4.4
④ ㉠ : 250, ㉡ : 4.4

해설 안전화 높이(mm) - 하중(kN)

중작업용	보통작업용	경작업용
1000 - 15 ±0.1	500 - 10 ±0.1	250 - 4.4 ±0.1

12. 조직이 리더에게 부여하는 권한으로 볼 수 없는 것은?

① 보상적 권한 ② 강압적 권한
③ 합법적 권한 ④ 위임된 권한

해설 위임된 권한 : 지도자의 계획과 목표를 부하직원이 얼마나 잘 따르는지와 관련된 권한이다.

13. 테크니컬 스킬즈(technical skills)에 관한 설명으로 옳은 것은?

① 모럴(morale)을 앙양시키는 능력
② 인간을 사물에게 적응시키는 능력
③ 사물을 인간에게 유리하게 처리하는 능력
④ 인간과 인간의 의사소통을 원활히 처리하는 능력

해설 테크니컬 스킬즈 : 사물을 인간의 목적에 맞게 유리하게 처리하는 능력

14. 산업안전보건법령상 특별교육대상 작업별 교육작업 기준으로 틀린 것은?

① 전압이 75V 이상인 정전 및 활선작업
② 굴착면의 높이가 2m 이상이 되는 암석의 굴착작업
③ 동력에 의하여 작동되는 프레스 기계를 3대 이상 보유한 사업장에서 해당 기계로 하는 작업
④ 1톤 미만의 크레인 또는 호이스트를 5대 이상 보유한 사업장에서 해당 기계로 하는 작업

해설 ③ 동력에 의하여 작동되는 프레스 기계를 5대 이상 보유한 사업장에서 해당 기계로 하는 작업

15. 재해의 원인 분석법 중 사고의 유형, 기인물 등 분류 항목을 큰 순서대로 도표화하여 문제나 목표의 이해가 편리한 것은?

① 관리도(control chart)
② 파레토도(pareto diagram)
③ 클로즈분석(close analysis)
④ 특성요인도(cause-reason diagram)

해설 파레토도 : 사고의 유형, 기인물 등 분류 항목을 큰 값에서 작은 값의 순서대로 도표화한다.

16. 하인리히 재해 발생 5단계 중 3단계에 해당하는 것은?

① 불안전한 행동 또는 불안전한 상태
② 사회적 환경 및 유전적 요소
③ 관리의 부재
④ 사고

해설 하인리히 재해 발생 도미노 이론

1단계	2단계	3단계	4단계	5단계
선천적 결함	개인적 결함	불안전한 행동 및 상태	사고	재해

17. 주의의 특성으로 볼 수 없는 것은?

① 변동성 ② 선택성
③ 방향성 ④ 통합성

해설 주의의 특성 : 변동(단속)성, 선택성, 방향성, 주의력 중복집중

정답 12. ④ 13. ③ 14. ③ 15. ② 16. ① 17. ④

18. 기억의 과정 중 과거의 학습경험을 통해서 학습된 행동이 현재와 미래에 지속되는 것을 무엇이라 하는가?

① 기명(memorizing)
② 파지(retention)
③ 재생(recall)
④ 재인(recognition)

해설 2단계(파지) : 간직, 인상이 보존되는 것

19. 교육의 3요소 중 교육의 주체에 해당하는 것은?

① 강사 ② 교재
③ 수강자 ④ 교육방법

해설 안전교육의 3요소

교육 요소	교육의 주체	교육의 객체	교육의 매개체
형식적 요소	교수자 (강사)	교육생 (수강자)	교재 (교육자료)

20. 산업안전보건법령상 안전보건표지의 종류와 형태 중 그림과 같은 경고표지는? (단, 바탕은 무색, 기본모형은 빨간색, 그림은 검은색이다.)

① 부식성물질 경고
② 폭발성물질 경고
③ 산화성물질 경고
④ 인화성물질 경고

해설 물질 경고표지의 종류

인화성	산화성	폭발성	급성독성	부식성

2과목 인간공학 및 시스템 안전공학

21. 가청주파수 내에서 사람의 귀가 가장 민감하게 반응하는 주파수대역은?

① 20∼20000Hz ② 50∼15000Hz
③ 100∼10000Hz ④ 500∼3000Hz

해설 사람의 귀가 가장 민감하게 반응하는 주파수대역(중음역)은 500∼3000Hz이다.

22. 결함수 분석법에서 일정 조합 안에 포함되는 기본사상들이 동시에 발생할 때 반드시 목표사상을 발생시키는 조합을 무엇이라고 하는가?

① cut set ② decision tree
③ path set ④ 불 대수

해설 컷셋(cut set) : 정상사상을 발생시키는 기본사상의 집합, 모든 기본사상이 발생할 때 정상사상을 발생시키는 기본사상들의 집합

23. 통제표시비(C/D비)를 설계할 때의 고려할 사항으로 가장 거리가 먼 것은?

① 공차 ② 운동성
③ 조작시간 ④ 계기의 크기

해설 통제비 설계 시 고려사항 : 계기의 크기, 공차, 방향성, 조작시간, 목측거리

24. FTA에 사용되는 기호 중 다음 기호에 해당하는 것은?

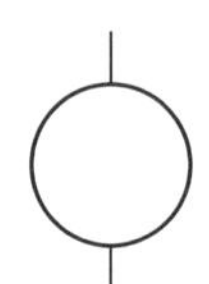

① 생략사상 ② 부정사상
③ 결함사상 ④ 기본사상

정답 18. ② 19. ① 20. ④ 21. ④ 22. ① 23. ② 24. ④

해설 기본사상 : 더 이상 전개되지 않는 기본적인 사상

25. **다음은 1/100초 동안 발생한 3개의 음파를 나타낸 것이다. 음의 세기가 가장 큰 것과 가장 높은 음은 무엇인가?**

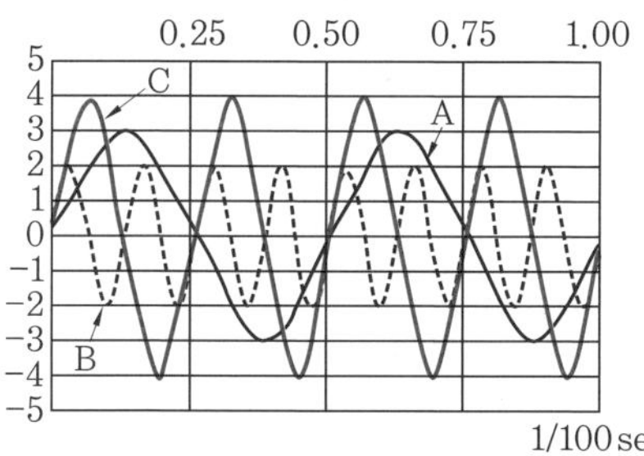

① 가장 큰 음의 세기 : A, 가장 높은 음 : B
② 가장 큰 음의 세기 : C, 가장 높은 음 : B
③ 가장 큰 음의 세기 : C, 가장 높은 음 : A
④ 가장 큰 음의 세기 : B, 가장 높은 음 : C

해설 음파(sound wave)

- 가장 큰 음의 세기 : 진폭이 가장 큰 것 → C
- 가장 높은 음 : 같은 시간 동안 진동수가 많은 것 → B

26. **건강한 남성이 8시간 동안 특정 작업을 실시하고, 분당 산소소비량이 1.1L/분으로 나타났다면 8시간 총 작업시간에 포함될 휴식시간은 약 몇 분인가? (단, Murrell의 방법을 적용하며, 휴식 중 에너지소비율은 1.5kcal/min이다.)**

① 30분 ② 54분
③ 60분 ④ 75분

해설 휴식시간 계산

㉠ 작업 시 평균 에너지소비량

$=5\,\text{kcal/L}\times1.1\,\text{L/min}$

$=5.5\,\text{kcal/min}$

여기서, 평균 남성의 표준 에너지소비량 : 5kcal/L

㉡ 휴식시간(R)$=\dfrac{\text{작업시간(분)}\times(E-5)}{E-1.5}$

$=\dfrac{480\times(5.5-5)}{5.5-1.5}$

$=60$분

여기서, E : 작업 시 평균 에너지소비량(kcal/분)

1.5 : 휴식시간에 대한 평균 에너지소비량(kcal/분)

5 : 기초대사를 포함한 보통작업의 평균 에너지(kcal/분)

27. **인간공학적 수공구의 설계에 관한 설명으로 옳은 것은?**

① 수공구 사용 시 무게 균형이 유지되도록 설계한다.
② 손잡이 크기를 수공구 크기에 맞추어 설계한다.
③ 힘을 요하는 수공구의 손잡이는 직경을 60mm 이상으로 한다.
④ 정밀작업용 수공구의 손잡이는 직경을 5mm 이하로 한다.

해설 수공구 설계원칙

- 손목을 곧게 유지하여야 한다.
- 조직의 압축응력을 피한다.
- 반복적인 모든 손가락 움직임을 피한다.
- 손잡이는 손바닥의 접촉면적을 크게 설계하여야 한다.
- 공구의 무게를 줄이고 사용 시 균형이 유지되도록 한다.
- 안전작동을 고려하여 무게 균형이 유지되도록 설계한다.

28. **반복되는 사건이 많이 있는 경우, FTA의 최소 컷셋과 관련이 없는 것은?**

① Fussell Algorithm
② Boolean Algorithm
③ Monte Carlo Algorithm

정답 25. ② 26. ③ 27. ① 28. ③

④ Limnios & Ziani Algorithm

해설 FTA의 최소 컷셋을 구하는 알고리즘의 종류는 Fussell Algorithm, Boolean Algorithm, Limnios & Ziani Algorithm이다.

Tip) Monte Carlo Algorithm : 구하고자 하는 수치의 확률적 분포를 반복 실험으로 구하는 방법, 시뮬레이션에 의한 테크닉의 일종이다.

29. 작업자가 100개의 부품을 육안검사하여 20개의 불량품을 발견하였다. 실제 불량품이 40개라면 인간 에러(human error) 확률은 약 얼마인가?

① 0.2 ② 0.3 ③ 0.4 ④ 0.5

해설 인간 에러 확률(HEP)

$$=\frac{\text{인간의 과오 수}}{\text{전체 과오 발생기회 수}}$$

$$=\frac{40-20}{100}=0.2$$

30. 휴먼 에러(human error)의 분류 중 필요한 임무나 절차의 순서착오로 인하여 발생하는 오류는?

① omission error
② sequential error
③ commission error
④ extraneous error

해설 순서오류(sequential error) : 작업공정의 순서착오로 발생한 에러

31. 모든 시스템 안전 프로그램 중 최초 단계의 분석으로 시스템 내의 위험요소가 어떤 상태에 있는지를 정성적으로 평가하는 방법은?

① CA ② FHA ③ PHA ④ FMEA

해설 예비위험분석(PHA) : 모든 시스템 안전 프로그램 중 최초 단계의 분석으로 시스템 내의 위험요소가 얼마나 위험한 상태에 있는지를 정성적으로 평가하는 분석기법

32. 시스템의 성능 저하가 인원의 부상이나 시스템 전체에 중대한 손해를 입히지 않고 제어가 가능한 상태의 위험강도는?

① 범주 Ⅰ : 파국적
② 범주 Ⅱ : 위기적
③ 범주 Ⅲ : 한계적
④ 범주 Ⅳ : 무시

해설 범주 Ⅲ. 한계적(marginal) : 시스템의 성능 저하가 경미한 상해, 시스템 성능 저하

33. 공간배치의 원칙에 해당되지 않는 것은?

① 중요성의 원칙
② 다양성의 원칙
③ 사용 빈도의 원칙
④ 기능별 배치의 원칙

해설 부품(공간)배치의 원칙

- 중요성(도)의 원칙(위치결정) : 중요한 순위에 따라 우선순위를 결정한다.
- 사용 빈도의 원칙(위치결정) : 사용하는 빈도에 따라 우선순위를 결정한다.
- 사용 순서의 원칙(배치결정) : 사용 순서에 따라 장비를 배치한다.
- 기능별(성) 배치의 원칙(배치결정) : 기능이 관련된 부품들을 모아서 배치한다.

34. 글자의 설계 요소 중 검은 바탕에 쓰여진 흰 글자가 번져 보이는 현상과 가장 관련 있는 것은?

① 획폭비 ② 글자체
③ 종이크기 ④ 글자두께

정답 29. ① 30. ② 31. ③ 32. ③ 33. ② 34. ①

해설 획폭비 : 문자나 숫자의 높이에 대한 획 굵기의 비로 글자가 번져 보이는 현상

35. 인간-기계 시스템에서 기계에 비교한 인간의 장점과 가장 거리가 먼 것은?

① 완전히 새로운 해결책을 찾아낸다.
② 여러 개의 프로그램 된 활동을 동시에 수행한다.
③ 다양한 경험을 토대로 하여 의사결정을 한다.
④ 상황에 따라 변화하는 복잡한 자극 형태를 식별한다.

해설 ②는 기계가 인간을 능가하는 기능

36. 건구온도 38℃, 습구온도 32℃일 때의 Oxford 지수는 몇 ℃인가?

① 30.2 ② 32.9
③ 35.3 ④ 37.1

해설 옥스퍼드 지수(WD)
$=0.85W$(습구온도)$+0.15d$(건구온도)
$=(0.85\times32)+(0.15\times38)=32.9$℃

37. 점광원(point source)에서 표면에 비추는 조도(lux)의 크기를 나타내는 식으로 옳은 것은? (단, D는 광원으로부터의 거리를 말한다.)

① $\dfrac{\text{광도[fc]}}{D^2[\text{m}^2]}$ ② $\dfrac{\text{광도[lm]}}{D[\text{m}]}$
③ $\dfrac{\text{광도[cd]}}{D^2[\text{m}^2]}$ ④ $\dfrac{\text{광도[fL]}}{D[\text{m}]}$

해설 조도$=\dfrac{\text{광도[cd]}}{\text{거리}^2[\text{m}^2]}=\dfrac{\text{광도[cd]}}{D^2[\text{m}^2]}$

38. 화학공장(석유화학 사업장 등)에서 가동문제를 파악하는데 널리 사용되며, 위험요소를 예측하고, 새로운 공정에 대한 가동문제를 예측하는데 사용되는 위험성 평가방법은?

① SHA ② EVP
③ CCFA ④ HAZOP

해설 위험 및 운전성 검토(HAZOP) : 각각의 장비에 대해 잠재된 위험이나 기능 저하 등 시설에 결과적으로 미칠 수 있는 영향을 평가하기 위하여 공정이나 설계도 등에 체계적인 검토를 행하는 단계

39. 인터페이스 설계 시 고려해야 하는 인간과 기계와의 조화성에 해당되지 않는 것은?

① 지적 조화성
② 신체적 조화성
③ 감성적 조화성
④ 심미적 조화성

해설 감성공학과 인간의 인터페이스 3단계

인터페이스	특성
신체적	인간의 신체적, 형태적 특성의 적합성
인지적	인간의 인지능력, 정신적 부담의 정도
감성적	인간의 감정 및 정서의 적합성 여부

40. 다음 중 설비보전관리에서 설비이력카드, MTBF 분석표, 고장 원인 대책표와 관련이 깊은 관리는?

① 보전기록관리
② 보전자재관리
③ 보전작업관리
④ 예방보전관리

해설 보전기록관리 : MTBF 분석표, 설비이력카드, 고장 원인 대책표 등을 유지·보전하기 위해 기록 및 관리하는 서류

정답 35. ② 36. ② 37. ③ 38. ④ 39. ④ 40. ①

3과목 건설시공학

41. 벽체로 둘러싸인 구조물에 적합하고 일정한 속도로 거푸집을 상승시키면서 연속하여 콘크리트를 타설하며 마감작업이 동시에 진행되는 거푸집 공법은?

① 플라잉 폼　② 터널 폼
③ 슬라이딩 폼　④ 유로 폼

해설 슬라이딩 폼(활동 거푸집) : 거푸집을 연속적으로 이동시키면서 콘크리트를 타설, silo 공사 등에 적합한 거푸집이다.

42. 철근의 이음방식이 아닌 것은?

① 용접이음　② 겹침이음
③ 갈고리 이음　④ 기계적 이음

해설 철근의 이음방법
- 용접이음
- 가스압접 이음
- 겹침이음
- 기계식 이음

43. 철근 보관 및 취급에 관한 설명으로 옳지 않은 것은?

① 철근 고임대 및 간격재는 습기방지를 위하여 직사일광을 받는 곳에 저장한다.
② 철근 저장은 물이 고이지 않고 배수가 잘 되는 곳에 이루어져야 한다.
③ 철근 저장 시 철근의 종별, 규격별, 길이별로 적재한다.
④ 저장장소가 바닷가 해안 근처일 경우에는 창고 속에 보관하도록 한다.

해설 ① 철근 고임대 및 간격재는 습기방지를 위하여 지면에 방습처리하고 직사일광을 받는 곳을 피해 저장한다.

44. 기성콘크리트 말뚝에 관한 설명으로 옳지 않은 것은?

① 공장에서 미리 만들어진 말뚝을 구입하여 사용하는 방식이다.
② 말뚝간격은 2.5d 이상 또는 750mm 중 큰 값을 택한다.
③ 말뚝이음 부위에 대한 신뢰성이 매우 우수하다.
④ 시공과정상의 항타로 인하여 자재균열의 우려가 높다.

해설 ③ 말뚝이음 부위에 대한 신뢰성이 떨어진다.

45. 철골공사에서 철골 세우기 계획을 수립할 때 철골 제작공장과 협의해야 할 사항이 아닌 것은?

① 철골 세우기 검사일정 확인
② 반입시간의 확인
③ 반입 부재 수의 확인
④ 부재 반입의 순서

해설 철골 세우기 계획수립 시 철골 제작공장과 협의사항은 반입시간의 확인, 반입 부재 수의 확인, 부재 반입의 순서 등이다.

46. 철골공사에서 산소-아세틸렌 불꽃을 이용하여 강재의 표면에 홈을 따내는 방법은 무엇인가?

① gas gouging　② blow hole
③ flux　④ weaving

해설 가스 가우징(gas gouging) : 용접부의 홈파기로서 다층용접 시 먼저 용접한 부위의 결함 제거나 주철의 균열 보수를 하기 위하여 좁은 홈을 파내는 것

Tip)
- 피트(pit), 블로우 홀(blow hole), 오버랩(overlap) 등은 용접결함의 종류이다.
- 플럭스(flux)는 용접봉의 피복제 역할을 하는 재료이다.

정답 41. ③　42. ③　43. ①　44. ③　45. ①　46. ①

• 위빙(weaving)은 용접봉을 용접 방향에 대해 서로 엇갈리게 움직여 용접을 하는 운봉법이다.

47. 토공사용 기계장비 중 기계가 서 있는 위치보다 높은 곳의 굴착에 적합한 기계장비는 무엇인가?

① 백호우 ② 드래그라인
③ 클램셸 ④ 파워쇼벨

해설 파워쇼벨(power shovel) : 지면보다 높은 곳의 땅파기에 적합하다.

48. 수밀콘크리트 공사에 관한 설명으로 옳지 않은 것은?

① 배합은 콘크리트의 소요의 품질이 얻어지는 범위 내에서 단위 수량 및 물-결합재비는 되도록 작게 하고, 단위 굵은 골재량은 되도록 크게 한다.
② 소요 슬럼프는 되도록 크게 하되, 210mm를 넘지 않도록 한다.
③ 연속 타설 시간간격은 외기온도가 25℃ 이하일 경우에는 2시간을 넘어서는 안 된다.
④ 타설과 관련하여 연직 시공이음에는 지수판 등 물의 통과흐름을 차단할 수 있는 방수처리재 등의 재료 및 도구를 사용하는 것을 원칙으로 한다.

해설 ② 소요 슬럼프는 되도록 작게 하되, 180mm를 넘지 않도록 한다.

49. 거푸집 제거작업 시 주의사항 중 옳지 않은 것은?

① 진동, 충격을 주지 않고 콘크리트가 손상되지 않도록 순서에 맞게 제거한다.
② 지주를 바꾸어 세울 동안에는 상부의 작업을 제한하여 집중하중을 받는 부분의 지주는 그대로 둔다.
③ 제거한 거푸집은 재사용을 할 수 있도록 적당한 장소에 정리하여 둔다.
④ 구조물의 손상을 고려하여 제거 시 찢어져 남은 거푸집 쪽널은 그대로 두고 미장공사를 한다.

해설 ④ 거푸집 제거 시 찢어져 남은 거푸집 쪽널은 제거하고 미장공사를 한다.

50. 공정별 검사항목 중 용접 전 검사에 해당되지 않는 것은?

① 트임새 모양 ② 비파괴검사
③ 모아대기법 ④ 용접자세의 적부

해설 • 용접 전의 검사항목 : 트임새 모양, 모아대기법, 구속법, 용접이음, 용접자세의 적부 등
• 용접 후의 검사항목 : 육안검사, 비파괴검사(침투탐상법, 방사선 투과법, 초음파 탐상법, 자기분말 탐상법), 절단검사 등

51. 철골 내화피복 공사 중 멤브레인 공법에 사용되는 재료는?

① 경량콘크리트 ② 철망 모르타르
③ 뿜칠 플라스터 ④ 암면흡음판

해설 멤브레인 공법은 건식공법으로 암면흡음판을 철골에 붙여 시공하는 철골 내화피복 공사이다.

52. 콘크리트용 혼화재 중 포졸란을 사용한 콘크리트의 효과로 옳지 않은 것은?

① 워커빌리티가 좋아지고 블리딩 및 재료분리가 감소된다.
② 수밀성이 크다.
③ 조기강도는 매우 크나 장기강도의 증진은 낮다.
④ 해수 등에 화학적 저항이 크다.

정답 47. ④ 48. ② 49. ④ 50. ② 51. ④ 52. ③

해설 ③ 초기강도는 감소하나 장기강도가 증진된다.

53. 다음 중 콘크리트의 측압에 관한 설명으로 옳지 않은 것은?

① 콘크리트 타설속도가 빠를수록 측압이 크다.
② 콘크리트의 비중이 클수록 측압이 크다.
③ 콘크리트의 온도가 높을수록 측압이 작다.
④ 진동기를 사용하여 다질수록 측압이 작다.

해설 ④ 진동기를 사용하여 콘크리트를 많이 다질수록 측압은 커진다.
Tip) 지나친 다짐은 거푸집이 도괴될 수 있다.

54. 다음 중 도급계약서에 첨부되는 서류에 해당하지 않는 것은?

① 공정표 ② 설계도
③ 시방서 ④ 현장설명서

해설 도급계약서의 첨부서류
• 계약서 • 설계도면
• 시방서 • 공사시방서
• 현장설명서 • 질의응답서
• 입찰유의서 • 계약 유의사항
• 공사계약 일반조건 및 특별조건 등
Tip) 공사 공정표, 시공계획서 등은 첨부하지 않아도 되는 서류이다.

55. 기초공사의 지정공사 중 얕은 지정공법이 아닌 것은?

① 모래지정 ② 잡석지정
③ 나무말뚝 지정 ④ 밑창콘크리트 지정

해설 얕은 지정공법 : 모래지정, 잡석지정, 밑창콘크리트 지정 등
Tip) 나무말뚝 지정 : 나무말뚝을 박아 구조물의 하중을 기초 또는 기초 슬래브에서 지반으로 전달시키는 깊은 지정공법

56. 시방서에 관한 설명으로 틀린 것은?

① 설계도면과 공사시방서에 상이점이 있을 때는 주로 설계도면이 우선한다.
② 시방서 작성 시에는 공사 전반에 걸쳐 시공순서에 맞게 빠짐없이 기재한다.
③ 성능시방서란 목적하는 결과, 성능의 판정기준, 이를 판별할 수 있는 방법을 규정한 시방서이다.
④ 시방서에는 사용재료의 시험검사방법, 시공의 일반사항 및 주의사항, 시공정밀도, 성능의 규정 및 지시 등을 기술한다.

해설 ① 설계도면과 공사시방서가 상이할 때는 현장감독자, 현장감리자와 협의한다.

57. earth anchor 시공에서 앵커의 스트랜드는 어디에 정착되는가?

① angle bracket ② packer
③ sheath ④ anchor head

해설 앵커의 스트랜드는 anchor head에 정착한다.

58. 건설공사의 공사비 절감 요소 중에서 집중분석하여야 할 부분과 거리가 먼 것은?

① 단가가 높은 공종
② 지하공사 등의 어려움이 많은 공종
③ 공사비 금액이 큰 공종
④ 공사실적이 많은 공종

해설 공사비 절감 요소 중에서 집중 분석하여야 할 부분은 단가가 높은 공종, 지하공사 등의 어려움이 많은 공종, 공사비 금액이 큰 공종 등이다.

59. 그림과 같은 독립기초의 흙파기량을 옳게 산출한 것은?

정답 53. ④ 54. ① 55. ③ 56. ① 57. ④ 58. ④ 59. ②

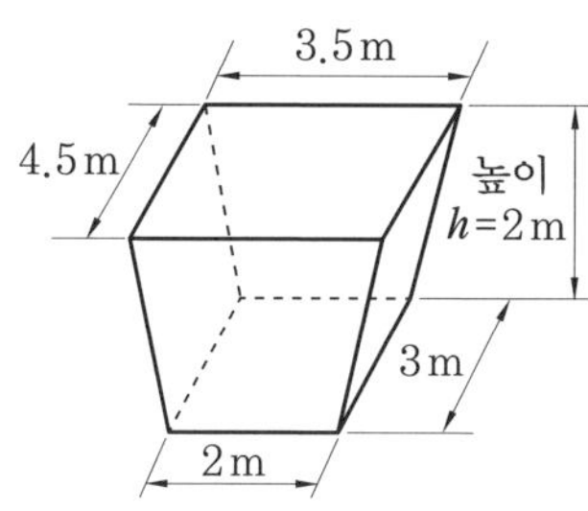

① 19.5m³ ② 21.0m³
③ 23.7m³ ④ 25.4m³

해설 독립기초의 흙파기량

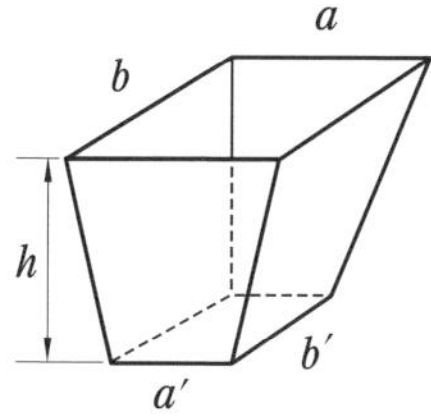

$$V=\frac{h}{6}\left\{(2a+a')b+(2a'+a)b'\right\}$$
$$=\frac{2}{6}\left\{(2\times 3.5+2)\times 4.5+(2\times 2+3.5)\times 3\right\}$$
$$=21.0\text{m}^3$$

60. 한중콘크리트에 관한 설명으로 옳지 않은 것은?

① 골재가 동결되어 있거나 골재에 빙설이 혼입되어 있는 골재는 그대로 사용할 수 없다.
② 재료를 가열할 경우, 시멘트를 직접 가열하는 것으로 하며, 물 또는 골재는 어떠한 경우라도 직접 가열할 수 없다.
③ 한중콘크리트에는 공기연행 콘크리트를 사용하는 것을 원칙으로 한다.
④ 단위 수량은 초기동해를 적게 하기 위하여 소요의 워커빌리티를 유지할 수 있는 범위 내에서 되도록 적게 정하여야 한다.

해설 ② 재료를 가열할 경우, 물을 가열하여 사용하는 것을 원칙으로 하며, 골재는 불꽃에 직접 대지 않는다.

4과목 건설재료학

61. 점토제품 제조에 관한 설명으로 옳지 않은 것은?

① 원료조합에는 필요한 경우 제점제를 첨가한다.
② 반죽과정에서는 수분이나 경도를 균질하게 한다.
③ 숙성과정에서는 반죽 덩어리를 되도록 크게 뭉쳐 둔다.
④ 성형은 건식, 반건식, 습식 등으로 구분한다.

해설 ③ 숙성과정에서는 반죽 덩어리를 되도록 작게 뭉쳐 둔다.

62. 목재의 수용성 방부제 중 방부 효과는 좋으나 목질부를 약화시켜 전기전도율이 증가되고 비내구성인 것은?

① 황산동 1% 용액
② 염화아연 4% 용액
③ 크레오소트오일
④ 염화제2수은 1% 용액

해설 염화아연 4% 용액 : 목재의 수용성 방부제로 방부 효과는 좋으나 목질부를 약화시켜 전기전도율이 증가되고 비내구성이다.

63. 유리면에 부식액의 방호막을 붙이고 이 막을 모양에 맞게 오려낸 후 그 부분에 유리 부식액을 발라 소요 모양으로 만들어 장식용으로 사용하는 유리는?

① 샌드블라스트 유리 ② 에칭유리
③ 매직유리 ④ 스팬드럴유리

해설 에칭(부식)유리 : 유리면에 부식액의 방호막을 붙이고 이 막을 모양에 맞게 오려낸 후 그 부분에 유리 부식액을 발라 소요 모양으로 만든 유리이다.

정답 60. ② 61. ③ 62. ② 63. ②

64. **목재 및 기타 식물의 섬유질소편에 합성수지 접착제를 도포하여 가열압착 성형한 판상제품은?**

① 파티클 보드 ② 시멘트 목질판
③ 집성목재 ④ 합판

해설 파티클(칩) 보드 : 목재를 작은 조각으로 하여 충분히 건조시킨 후 합성수지와 같은 유기질의 접착제로 열압 제판한 목재가공품

65. **용이하게 거푸집에 충전시킬 수 있으며 거푸집을 제거하면 서서히 형태가 변화하나, 재료가 분리되지 않아 굳지 않는 콘크리트의 성질은 무엇인가?**

① 워커빌리티 ② 컨시스턴시
③ 플라스티시티 ④ 피니셔빌리티

해설 플라스티시티
- 재료가 분리되지 않아 굳지 않는 콘크리트의 성질을 말한다.
- 거푸집 등의 형상에 순응하여 채우기 쉽다.

66. **다음 중 점토제품이 아닌 것은?**

① 테라조 ② 테라코타
③ 타일 ④ 내화벽돌

해설 테라조는 대리석, 화강석 등을 종석으로 한 인조석(모조석)의 일종이다.

67. **콘크리트 혼화제 중 AE제를 사용하는 목적과 가장 거리가 먼 것은?**

① 동결융해에 대한 저항성 개선
② 단위 수량 감소
③ 워커빌리티 향상
④ 철근과의 부착강도 증대

해설 ④ 철근에 대한 부착강도가 다소 감소한다.

68. **KS F 2527에 규정된 콘크리트용 부순 굵은 골재의 물리적 성질을 알기 위한 실험 항목 중 흡수율의 기준으로 옳은 것은?**

① 1% 이하 ② 3% 이하
③ 5% 이하 ④ 10% 이하

해설 콘크리트용 부순 굵은 골재의 흡수율은 3% 이하이다.

69. **건축물에 통상 사용되는 도료 중 내후성, 내알칼리성, 내산성 및 내수성이 가장 좋은 것은?**

① 에나멜페인트 ② 페놀수지 바니시
③ 알루미늄 페인트 ④ 에폭시수지 도료

해설 에폭시수지 도료
- 내마모성이 우수하고 수축, 팽창이 거의 없다.
- 내약품성, 내수성, 접착력이 우수하다.
- non-slip 효과가 있다.

70. **콘크리트 타설 중 발생되는 재료분리에 대한 대책으로 가장 알맞은 것은?**

① 굵은 골재의 최대치수를 크게 한다.
② 바이브레이터로 최대한 진동을 가한다.
③ 단위 수량을 크게 한다.
④ AE제나 플라이애시 등을 사용한다.

해설 재료분리에 대한 대책
- 굵은 골재의 최대치수를 작게 한다.
- 물-시멘트비를 작게 한다.
- 단위 수량을 감소시켜야 한다.
- AE제나 플라이애시 등을 사용한다.

71. **콘크리트 바닥강화재의 사용 목적과 가장 거리가 먼 것은?**

① 내마모성 증진 ② 내화학성 증진
③ 분진방지성 증진 ④ 내화성 증진

정답 64. ① 65. ③ 66. ① 67. ④ 68. ② 69. ④ 70. ④ 71. ④

해설 바닥강화재의 사용 목적 : 내마모성 증진, 내화학성 증진, 분진방지성 증진 등

72. 구리에 관한 설명으로 옳지 않은 것은?

① 상온에서 연성, 전성이 풍부하다.
② 열 및 전기전도율이 크다.
③ 암모니아와 같은 약알칼리에 강하다.
④ 황동은 구리와 아연을 주체로 한 합금이다.

해설 ③ 암모니아와 같은 알칼리성에 약하다.

73. 다음 중 플라스틱(plastic)의 장점으로 옳지 않은 것은?

① 전기절연성이 양호하다.
② 가공성이 우수하다.
③ 비강도가 콘크리트에 비해 크다.
④ 경도 및 내마모성이 강하다.

해설 ④ 경도 및 내마모성이 낮다.

74. 지하실 방수공사에 사용되며, 아스팔트 펠트, 아스팔트 루핑 방수재료의 원료로 사용되는 것은?

① 스트레이트 아스팔트
② 블로운 아스팔트
③ 아스팔트 컴파운드
④ 아스팔트 프라이머

해설 스트레이트 아스팔트
- 신장성, 접착력, 방수성이 우수하고 좋다.
- 연화점이 낮고 온도에 의한 감온성이 크다.
- 지하실 방수에 주로 쓰이고, 아스팔트 루핑 제조에 사용된다.

75. 다음 중 화성암에 속하는 석재는?

① 부석 ② 사암 ③ 석회석 ④ 사문암

해설 석재의 성인에 의한 분류
- 수성암 : 응회암, 석회암, 사암 등
- 화성암 : 현무암, 화강암, 안산암, 부석 등
- 변성암 : 사문암, 대리암, 석면, 트래버틴 등

76. 다음 재료 중 건물 외벽에 사용하기에 적합하지 않은 것은?

① 유성페인트
② 바니시
③ 에나멜페인트
④ 합성수지 에멀션페인트

해설 유성바니시(니스) : 도장공사와 내부용 목재의 도료로 사용되는 투명도료

77. 고온소성의 무수석고를 특별한 화학처리를 한 것으로 경화 후 아주 단단해지며 킨즈 시멘트라고도 하는 것은?

① 돌로마이트 플라스터
② 스타코
③ 순석고 플라스터
④ 경석고 플라스터

해설 경석고 플라스터(킨즈 시멘트) : 무수석고를 화학처리 한 것으로 경도가 높고 경화되면 강도가 더 커진다.

78. 내열성이 매우 우수하며 물을 튀기는 발수성을 가지고 있어서 방수재료는 물론 개스킷, 패킹, 전기절연재, 기타 성형품의 원료로 이용되는 합성수지는?

① 멜라민수지 ② 페놀수지
③ 실리콘수지 ④ 폴리에틸렌수지

해설 실리콘수지 : 내열성, 내한성이 우수한 열경화성 수지로 −60~260℃의 범위에서는 안정하고 탄성이 있으며 내후성 및 내화학성이 우수하다. 방수재료, 개스킷, 패킹, 전기절연재, 기타 성형품의 원료로 이용된다.

정답 72. ③ 73. ④ 74. ① 75. ① 76. ② 77. ④ 78. ③

79. 금속재료의 부식을 방지하는 방법이 아닌 것은?

① 이종금속을 인접 또는 접촉시켜 사용하지 말 것
② 균질한 것을 선택하고 사용 시 큰 변형을 주지 말 것
③ 큰 변형을 준 것은 풀림(annealing)하지 않고 사용할 것
④ 표면을 평활하고 깨끗이 하며, 가능한 건조 상태로 유지할 것

해설 ③ 큰 변형을 준 것은 가능한 한 풀림하여 사용할 것

80. 투사광선의 방향을 변화시키거나 집중 또는 확산시킬 목적으로 만든 이형 유리제품으로 주로 지하실 또는 지붕 등의 채광용으로 사용되는 것은?

① 프리즘유리　② 복층유리
③ 망입유리　④ 강화유리

해설 프리즘유리
- 투사광선의 방향을 변화시키거나 집중 또는 확산시킬 목적의 유리제품이다.
- 지하실 또는 지붕 등의 채광용으로 사용된다.

5과목 건설안전기술

81. 가설통로 설치 시 경사가 몇 도를 초과하면 미끄러지지 않는 구조로 설치하여야 하는가?

① 15°　② 20°
③ 25°　④ 30°

해설 가설통로 설치 시 경사가 15°를 초과하는 경우에는 미끄러지지 아니하는 구조로 할 것

82. 콘크리트용 거푸집의 재료에 해당되지 않는 것은?

① 철재　② 목재
③ 석면　④ 경금속

해설 석면 : 석면 섬유를 원료로 하고 습기, 열, 압력을 가하여 만들며, 열에 강하고 전기가 잘 통하지 않아서 방열재, 방화재로 사용되며, 절연성이 좋다.
Tip) 석면은 발암물질로 최근에는 사용을 금한다.

83. 건설현장에서의 PC(precast concrete) 조립 시 안전 대책으로 옳지 않은 것은?

① 달아 올린 부재의 아래에서 정확한 상황을 파악하고 전달하여 작업한다.
② 운전자는 부재를 달아 올린 채 운전대를 이탈해서는 안 된다.
③ 신호는 사전에 정해진 방법에 의해서만 실시한다.
④ 크레인 사용 시 PC판의 중량을 고려하여 아우트리거를 사용한다.

해설 ① 달아 올린 부재의 아래에서는 작업을 금해야 한다.

84. 건설현장에서 사용하는 공구 중 토공용이 아닌 것은?

① 착암기　② 포장파괴기
③ 연마기　④ 점토굴착기

해설 ③은 숫돌을 사용하며 연삭 또는 절단용 공구이다.

85. 운반작업 중 요통을 일으키는 인자와 가장 거리가 먼 것은?

① 물건의 중량
② 작업자세

정답 79. ③　80. ①　81. ①　82. ③　83. ①　84. ③　85. ④

③ 작업시간

④ 물건의 표면마감 종류

해설 요통재해를 일으키는 인자 : 물건의 중량, 작업자세, 작업시간 등

86. 철근콘크리트 공사에서 거푸집 동바리의 해체시기를 결정하는 요인으로 가장 거리가 먼 것은?

① 시방서상의 거푸집 존치기간의 경과

② 콘크리트 강도시험 결과

③ 동절기일 경우 적산온도

④ 후속공정의 착수시기

해설 거푸집 동바리의 해체시기 결정요인
- 시방서상의 거푸집 존치기간이 경과해야 한다.
- 동절기일 경우 적산온도 등을 고려하여 양생기간이 경과해야 한다.
- 콘크리트 강도시험 결과 벽, 보, 기둥 등의 측면이 50kgf/cm^2 이상이어야 한다.

87. 산업안전보건관리비 중 안전시설비의 항목에서 사용할 수 있는 항목에 해당하는 것은?

① 외부인 출입금지, 공사장 경계표시를 위한 가설울타리

② 작업발판

③ 절토부 및 성토부 등의 토사 유실방지를 위한 설비

④ 사다리 전도방지장치

해설 비계 · 통로 · 계단에 추가 설치하는 사다리 전도방지장치, 추락방지용 안전난간, 방호선반 등은 안전시설비로 사용할 수 있다.

88. 다음 그림은 풍화암에서 토사붕괴를 예방하기 위한 기울기를 나타낸 것이다. x의 값은?

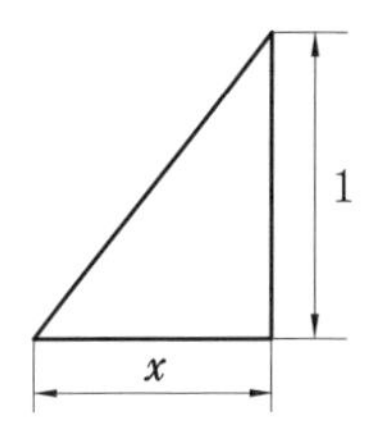

① 1.5 ② 1.0

③ 0.8 ④ 0.5

해설 굴착면의 기울기 기준(2021.11.19 개정)

구분	지반 종류	기울기	사면 형태
보통흙	습지	1 : 1 ~1 : 1.5	
	건지	1 : 0.5 ~1 : 1	
암반	풍화암	1 : 1.0	
	연암	1 : 1.0	
	경암	1 : 0.5	

89. 건설현장에서 계단을 설치하는 경우 계단의 높이가 최소 몇 미터 이상일 때 계단의 개방된 측면에 안전난간을 설치하여야 하는가?

① 0.8m ② 1.0m

③ 1.2m ④ 1.5m

해설 계단의 높이가 1m 이상일 때 계단의 개방된 측면에 안전난간을 설치하여야 한다.

90. 공사 종류 및 규모별 안전관리비 계상기준표에서 공사 종류의 명칭에 해당되지 않는 것은?

① 철도 · 궤도신설공사

② 일반건설공사(병)

③ 중건설공사

④ 특수 및 기타 건설공사

정답 86. ④ 87. ④ 88. ② 89. ② 90. ②

해설 건설공사 종류 및 규모별 안전관리비 계상기준표

건설공사 구분	대상액 5억 원 미만	대상액 5억 원 이상 50억 원 미만	대상액 50억 원 이상
일반건설공사 (갑)	2.93%	1.86%	1.97%
일반건설공사 (을)	3.09%	1.99%	2.10%
중건설공사	3.43%	2.35%	2.44%
철도 · 궤도신설 공사	2.45%	1.57%	1.66%
특수 및 그 밖에 공사	1.85%	1.20%	1.27%

91. 포화도 80%, 함수비 28%, 흙 입자의 비중 2.7일 때 공극비를 구하면?

① 0.940 ② 0.945
③ 0.950 ④ 0.955

해설 $\text{공극비}=\dfrac{\text{간극의 체적}}{\text{흙 입자의 체적}}$

$=\dfrac{\text{함수비}}{\text{포화도}}\times\text{흙 입자의 비중}$

$=\dfrac{0.28}{0.8}\times2.7=0.945$

Tip) • $\text{포화도}=\dfrac{\text{물의 체적}}{\text{간극의 체적}}$

• $\text{함수비}=\dfrac{\text{물의 무게}}{\text{흙 입자의 무게}}$

92. 크레인의 운전실을 통하는 통로의 끝과 건설물 등의 벽체와의 간격은 최대 얼마 이하로 하여야 하는가?

① 0.3m ② 0.4m
③ 0.5m ④ 0.6m

해설 건설물 등의 벽체와 통로와의 간격은 0.3m 이하로 하여야 한다.

93. 콘크리트 타설작업을 하는 경우에 준수해야 할 사항으로 옳지 않은 것은?

① 콘크리트를 타설하는 경우에는 편심을 유발하여 한쪽 부분부터 밀실하게 타설되도록 유도할 것
② 당일의 작업을 시작하기 전에 해당 작업에 관한 거푸집 동바리 등의 변형 · 변위 및 지반의 침하 유무 등을 점검하고 이상이 있으면 보수할 것
③ 작업 중에는 거푸집 동바리 등의 변형 · 변위 및 침하 유무 등을 감시할 수 있는 감시자를 배치하여 이상이 있으면 작업을 중지하고 근로자를 대피시킬 것
④ 설계도서상의 콘크리트 양생기간을 준수하여 거푸집 동바리 등을 해체할 것

해설 ① 콘크리트를 타설하는 경우에는 편심이 발생하지 않도록 골고루 분산 타설하여 붕괴재해를 방지할 것

94. 물체가 떨어지거나 날아올 위험 또는 근로자가 추락할 위험이 있는 작업 시 착용하여야 할 보호구는?

① 보안경 ② 안전모
③ 방열복 ④ 방한복

해설 안전모 : 물체가 낙하 · 비산위험 또는 작업자가 추락할 위험이 있는 작업

95. 지반의 사면파괴 유형 중 유한사면의 종류가 아닌 것은?

① 사면 내 파괴 ② 사면 선단 파괴
③ 사면 저부 파괴 ④ 직립 사면 파괴

정답 91. ② 92. ① 93. ① 94. ② 95. ④

해설 사면파괴 유형
- 사면 내 파괴 : 하부지반이 단단한 경우 얕은 지표층의 붕괴
- 사면 선단 파괴 : 경사가 급하고 비점착성 토질에서 발생
- 사면 저부 파괴 : 경사가 완만하고 점착성인 경우, 사면의 하부에 견고한 지층이 있을 경우 발생

96. 다음 터널 공법 중 전단면 기계굴착에 의한 공법에 속하는 것은?

① ASSM(American Steel Supported Method)
② NATM(New Austrian Tunneling Method)
③ TBM(Tunnel Boring Machine)
④ 개착식 공법

해설 TBM(Tunnel Boring Machine) 공법은 터널 공법 중 전단면 기계굴착에 의한 공법이다.

97. 옹벽 축조를 위한 굴착작업에 관한 설명으로 옳지 않은 것은?

① 수평 방향으로 연속적으로 시공한다.
② 하나의 구간을 굴착하면 방치하지 말고 기초 및 본체 구조물 축조를 마무리한다.
③ 절취 경사면에 전석, 낙석의 우려가 있고 혹은 장기간 방치할 경우에는 숏크리트, 록볼트, 캔버스 및 모르타르 등으로 방호한다.
④ 작업 위치의 좌우에 만일의 경우에 대비한 대피통로를 확보하여 둔다.

해설 ① 수평 방향의 연속시공을 금하며, 블록으로 나누어 단위 시공 단면적을 최소화하여 분단시공을 한다.

98. 부두 등의 하역 작업장에서 부두 또는 안벽의 선을 따라 설치하는 통로의 최소 폭 기준은?

① 30cm 이상
② 50cm 이상
③ 70cm 이상
④ 90cm 이상

해설 부두 또는 안벽의 선을 따라 설치하는 통로의 최소 폭은 90cm 이상으로 하여야 한다.

99. 이동식 비계 작업 시 주의사항으로 옳지 않은 것은?

① 비계의 최상부에서 작업을 하는 경우에는 안전난간을 설치한다.
② 이동 시 작업지휘자가 이동식 비계에 탑승하여 이동하며 안전 여부를 확인하여야 한다.
③ 비계를 이동시키고자 할 때는 바닥의 구멍이나 머리 위의 장애물을 사전에 점검한다.
④ 작업발판은 항상 수평을 유지하고 작업발판 위에서 안전난간을 딛고 작업을 하거나 받침대 또는 사다리를 사용하여 작업하지 않도록 한다.

해설 ② 이동 시 작업지휘자가 이동식 비계에 탑승하고 이동하면 위험하다.

100. 가설 구조물의 특징이 아닌 것은?

① 연결재가 적은 구조로 되기 쉽다.
② 부재결합이 불완전할 수 있다.
③ 영구적인 구조설계의 개념이 확실하게 적용된다.
④ 단면에 결함이 있기 쉽다.

해설 ③ 가설 구조물은 임시로 사용되는 구조물이다.

Tip) 가설 구조물이 갖추어야 할 구비요건 : 안전성, 경제성, 작업성

정답 96. ③ 97. ① 98. ④ 99. ② 100. ③

2020년도(3회차) 출제문제

|건|설|안|전|산|업|기|사|

1과목 산업안전관리론

1. 리더십(leadership)의 특성에 대한 설명으로 옳은 것은?

① 지휘 형태는 민주적이다.
② 권한 여부는 위에서 위임된다.
③ 구성원과의 관계는 지배적 구조이다.
④ 권한 근거는 법적 또는 공식적으로 부여된다.

해설 리더십과 헤드십의 비교

분류	리더십 (leadership)	헤드십 (headship)
권한 행사	선출직	임명직
권한 부여	밑으로부터 동의	위에서 위임
권한 귀속	목표에 기여한 공로 인정	공식 규정에 의함
상·하의 관계	개인적인 영향	지배적인 영향
부하와의 사회적 관계	관계(간격) 좁음	관계(간격) 넓음
지휘 형태	민주주의적	권위주의적
책임 귀속	상사와 부하	상사
권한 근거	개인적, 비공식적	법적, 공식적

2. 재해원인을 통상적으로 직접원인과 간접원인으로 나눌 때 직접원인에 해당되는 것은?

① 기술적 원인 ② 물적원인
③ 교육적 원인 ④ 관리적 원인

해설 3단계 : 불안전한 행동 및 상태 – 인적, 물적원인 제거 가능(직접원인)

Tip) 간접원인에는 기술적, 교육적, 관리적, 신체적, 정신적 원인 등이 있다.

3. 인간관계의 메커니즘 중 다른 사람의 행동양식이나 태도를 투입시키거나, 다른 사람 가운데서 자기와 비슷한 것을 발견한 것을 무엇이라고 하는가?

① 투사(projection)
② 모방(imitation)
③ 암시(suggestion)
④ 동일화(identification)

해설 동일화 : 다른 사람의 행동양식이나 태도를 투입시키거나 다른 사람 가운데서 본인과 비슷한 점을 발견하는 것

4. 알더퍼의 ERG(Existence Relation Growth) 이론에서 생리적 욕구, 물리적 측면의 안전욕구 등 저차원적 욕구에 해당하는 것은?

① 관계욕구 ② 성장욕구
③ 존재욕구 ④ 사회적 욕구

해설 존재욕구(Existence) : 생리적 욕구, 물리적 측면의 안전욕구, 저차원적 욕구

5. 안전교육계획 수립 시 고려하여야 할 사항과 관계가 가장 먼 것은?

① 필요한 정보를 수집한다.
② 현장의 의견을 충분히 반영한다.
③ 법 규정에 의한 교육에 한정한다.
④ 안전교육 시행 체계와의 관련을 고려한다.

해설 ③ 법 규정에 의한 교육은 필수 교육 외에도 필요한 교육계획을 수립한다.

정답 1. ① 2. ② 3. ④ 4. ③ 5. ③

6. 기능(기술)교육의 진행방법 중 하버드학파의 5단계 교수법의 순서로 옳은 것은?

① 준비 → 연합 → 교시 → 응용 → 총괄
② 준비 → 교시 → 연합 → 총괄 → 응용
③ 준비 → 총괄 → 연합 → 응용 → 교시
④ 준비 → 응용 → 총괄 → 교시 → 연합

해설 하버드학파의 5단계 교수법

1단계	2단계	3단계	4단계	5단계
준비 시킨다.	교시 시킨다.	연합 한다.	총괄 한다.	응용 시킨다.

7. 산업안전보건법령상 안전모의 시험성능기준 항목이 아닌 것은?

① 난연성 ② 인장성
③ 내관통성 ④ 충격흡수성

해설 안전모의 시험성능기준에는 내관통성, 충격흡수성, 내전압성, 내수성, 난연성, 턱끈 풀림과 부과성능기준으로 측면 변형 방호, 금속 응용물 분사 방호 등이 있다.

8. 위험예지훈련 4라운드 기법의 진행방법에 있어 문제점 발견 및 중요 문제를 결정하는 단계는?

① 대책수립 단계
② 현상파악 단계
③ 본질추구 단계
④ 행동목표설정 단계

해설 본질추구(2R) : 위험 요인 중 중요한 위험 문제점을 파악하고 표시한다.

9. 태풍, 지진 등의 천재지변이 발생한 경우나 이상상태 발생 시 기능상 이상 유·무에 대한 안전점검의 종류는?

① 일상점검 ② 정기점검
③ 수시점검 ④ 특별점검

해설 특별점검 : 태풍, 지진 등의 천재지변이 발생한 경우나 기계·기구의 신설 및 변경 또는 고장 및 수리 등 부정기적으로 특별히 실시하는 점검, 책임자가 실시

10. 산업안전보건법령상 근로자 안전보건교육 대상과 교육기간으로 옳은 것은?

① 정기교육인 경우 : 사무직 종사 근로자 – 매분기 3시간 이상
② 정기교육인 경우 : 관리감독자 지위에 있는 사람 – 연간 10시간 이상
③ 채용 시 교육인 경우 : 일용근로자 – 4시간 이상
④ 작업내용 변경 시 교육인 경우 : 일용근로자를 제외한 근로자 – 1시간 이상

해설 ② 정기교육인 경우 : 관리감독자 지위에 있는 사람 – 연간 16시간 이상
③ 채용 시 교육인 경우 : 일용근로자 – 1시간 이상
④ 작업내용 변경 시 교육인 경우 : 일용근로자를 제외한 근로자 – 2시간 이상

11. 재해예방의 4원칙에 해당하는 내용이 아닌 것은?

① 예방가능의 원칙 ② 원인계기의 원칙
③ 손실우연의 원칙 ④ 사고조사의 원칙

해설 하인리히의 재해예방의 4원칙 : 손실우연의 원칙, 원인계기의 원칙, 예방가능의 원칙, 대책선정의 원칙

12. 학습 성취에 직접적인 영향을 미치는 요인과 가장 거리가 먼 것은?

① 적성 ② 준비도
③ 개인차 ④ 동기유발

해설 ①은 학습 성취에 간접적으로 영향을 미치는 요인

정답 6. ② 7. ② 8. ③ 9. ④ 10. ① 11. ④ 12. ①

13. 산업안전보건법령상 안전 · 보건표지의 종류 중 인화성물질에 관한 표지에 해당하는 것은?

① 금지표시　　② 경고표시
③ 지시표시　　④ 안내표시

해설 물질 경고표지의 종류

인화성	산화성	폭발성	급성독성	부식성

14. 인지과정착오의 요인이 아닌 것은?

① 정서불안정
② 감각차단 현상
③ 작업자의 기능 미숙
④ 생리 · 심리적 능력의 한계

해설 ③은 판단과정착오의 능력부족

15. 안전관리조직의 형태 중 라인-스탭형에 대한 설명으로 틀린 것은?

① 대규모 사업장(1000명 이상)에 효율적이다.
② 안전과 생산업무가 분리될 우려가 없기 때문에 균형을 유지할 수 있다.
③ 모든 안전관리 업무를 생산라인을 통하여 직선적으로 이루어지도록 편성된 조직이다.
④ 안전업무를 전문적으로 담당하는 스탭 및 생산라인의 각 계층에도 겸임 또는 전임의 안전담당자를 둔다.

해설 ③은 라인형(line) 조직(직계형 조직)의 특징

16. O.J.T(On the Job Training)의 특징 중 틀린 것은?

① 훈련과 업무의 계속성이 끊어지지 않는다.
② 직장과 실정에 맞게 실제적 훈련이 가능하다.
③ 훈련의 효과가 곧 업무에 나타나며, 훈련의 개선이 용이하다.
④ 다수의 근로자들에게 조직적 훈련이 가능하다.

해설 ④는 OFF.J.T 교육의 특징

17. 재해의 원인과 결과를 연계하여 상호관계를 파악하기 위해 도표화하는 분석방법은?

① 관리도　　② 파레토도
③ 특성요인도　　④ 크로스분류도

해설 특성요인도 : 특성의 원인과 결과를 연계하여 상호관계를 어골상으로 세분하여 분석한다.

18. 연간근로자 수가 300명인 A공장에서 지난 1년간 1명의 재해자(신체장해등급 : 1급)가 발생하였다면 이 공장의 강도율은? (단, 근로자 1인당 1일 8시간씩 연간 300일을 근무하였다.)

① 4.27　② 6.42　③ 10.05　④ 10.42

해설 $강도율 = \frac{근로손실일수}{근로\ 총\ 시간\ 수} \times 1000$

$= \frac{7500}{300 \times 8 \times 300} \times 1000 \fallingdotseq 10.42$

Tip) 신체장해등급 1급의 근로손실일수는 7500일이다.

19. 무재해운동의 이념 가운데 직장의 위험요인을 행동하기 전에 예지하여 발견, 파악, 해결하는 것을 의미하는 것은?

① 무의 원칙　　② 선취의 원칙
③ 참가의 원칙　　④ 인간존중의 원칙

해설 선취해결의 원칙 : 사업장에 일체의 위험요인을 사전에 발견, 파악, 해결하여 재해를 예방하는 무재해를 실현하기 위한 원칙

정답 13. ②　14. ③　15. ③　16. ④　17. ③　18. ④　19. ②

20. 상황성 누발자의 재해 유발 원인과 거리가 먼 것은?

① 작업의 어려움 ② 기계설비의 결함
③ 심신의 근심 ④ 주의력의 산만

해설 ④는 소질성 누발자

2과목 인간공학 및 시스템 안전공학

21. 다음 형상암호화 조종장치 중 이산 멈춤 위치용 조종장치는?

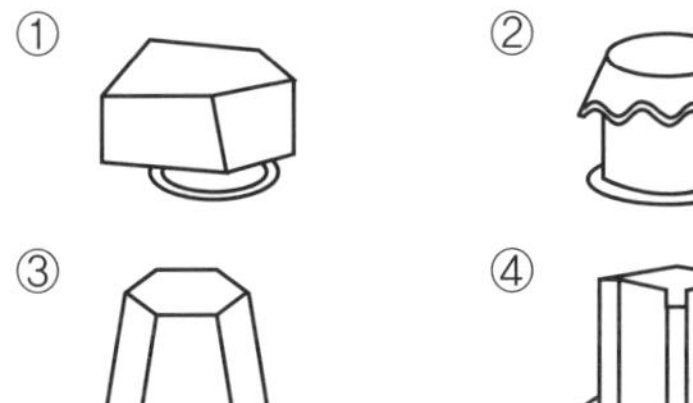

해설 제어장치의 형태코드법
- 복수 회전(다회전용) : ②와 ③
- 분별 회전(단회전용) : ④
- 멈춤쇠 위치 조정(이산 멈춤 위치용) : ①

22. 작업기억(working memory)과 관련된 설명으로 옳지 않은 것은?

① 오랜 기간 정보를 기억하는 것이다.
② 작업기억 내의 정보는 시간이 흐름에 따라 쇠퇴할 수 있다.
③ 작업기억의 정보는 일반적으로 시각, 음성, 의미 코드의 3가지로 코드화된다.
④ 리허설(rehearsal)은 정보를 작업기억 내에 유지하는 유일한 방법이다.

해설 ① 인간의 정보보관은 시간이 흐름에 따라 쇠퇴할 수 있다.

23. 다음 중 육체적 활동에 대한 생리학적 측정방법과 가장 거리가 먼 것은?

① EMG ② EEG
③ 심박수 ④ 에너지소비량

해설 뇌전도(EEG) : 뇌 활동에 따른 전위변화로 정신작업에 대한 생리적 척도이다.

24. 주물공장 A작업자의 작업지속시간과 휴식시간을 열압박지수(HSI)를 활용하여 계산하니 각각 45분, 15분이었다. A작업자의 1일 작업량(TW)은 얼마인가? (단, 휴식시간은 포함하지 않으며, 1일 근무시간은 8시간이다.)

① 4.5시간 ② 5시간 ③ 5.5시간 ④ 6시간

해설 1일 작업량

$$= \frac{\text{작업지속시간}}{\text{작업지속시간} + \text{휴식시간}} \times 1\text{일 작업시간}$$

$$= \frac{45}{45+15} \times 8 = 6\text{시간}$$

25. 한국산업표준상 결함나무분석(FTA) 시 다음과 같이 사용되는 사상기호가 나타내는 사상은?

① 공사상
② 기본사상
③ 통상사상
④ 심층분석사상

해설 공사상 : 발생할 수 없는 사상

Tip)

기호	명칭
	심층분석사상

26. 작업자의 작업 공간과 관련된 내용으로 옳지 않은 것은?

정답 20. ④ 21. ① 22. ① 23. ② 24. ④ 25. ① 26. ②

① 서서 작업하는 작업 공간에서 발바닥을 높이면 뻗침길이가 늘어난다.
② 서서 작업하는 작업 공간에서 신체의 균형에 제한을 받으면 뻗침길이가 늘어난다.
③ 앉아서 작업하는 작업 공간은 동적 팔뻗침에 의해 포락면(reach envelope)의 한계가 결정된다.
④ 앉아서 작업하는 작업 공간에서 기능적 팔뻗침에 영향을 주는 제약이 적을수록 뻗침길이가 늘어난다.

해설 ② 서서 작업하는 작업 공간에서 신체의 균형에 제한을 받으면 뻗침길이가 줄어든다.

27. **FTA에 의한 재해사례연구의 순서를 올바르게 나열한 것은?**

㉠ 목표사상 선정
㉡ FT도 작성
㉢ 사상마다 재해원인 규명
㉣ 개선계획 작성

① ㉠ → ㉡ → ㉢ → ㉣
② ㉠ → ㉢ → ㉡ → ㉣
③ ㉡ → ㉢ → ㉠ → ㉣
④ ㉡ → ㉠ → ㉢ → ㉣

해설 FTA에 의한 재해사례연구의 순서

1단계	2단계	3단계	4단계
목표(톱) 사상의 선정	사상마다 재해원인 규명	FT도 작성	개선계획 작성

28. **표시값의 변화 방향이나 변화 속도를 나타내어 전반적인 추이의 변화를 관측할 필요가 있는 경우에 가장 적합한 표시장치 유형은?**

① 계수형(digital)
② 묘사형(descriptive)
③ 동목형(moving scale)
④ 동침형(moving pointer)

해설 동침형 : 표시값의 변화 방향이나 속도를 나타낼 때 눈금이 고정되고 지침이 움직이는 지침 이동형

29. **반복되는 사건이 많이 있는 경우, FTA의 최소 컷셋과 관련이 없는 것은?**

① Fussell Algorithm
② Boolean Algorithm
③ Monte Carlo Algorithm
④ Limnios & Ziani Algorithm

해설 FTA의 최소 컷셋을 구하는 알고리즘의 종류는 Fussell Algorithm, Boolean Algorithm, Limnios & Ziani Algorithm이다.
Tip) Monte Carlo Algorithm : 구하고자 하는 수치의 확률적 분포를 반복 실험으로 구하는 방법, 시뮬레이션에 의한 테크닉의 일종이다.

30. **산업안전보건법령상 정밀작업 시 갖추어져야 할 작업면의 조도기준은? (단, 갱내 작업장과 감광재료를 취급하는 작업장은 제외한다.)**

① 75럭스 이상 ② 150럭스 이상
③ 300럭스 이상 ④ 750럭스 이상

해설 조명(조도)수준
- 초정밀작업 : 750lux 이상
- 정밀작업 : 300lux 이상
- 보통작업 : 150lux 이상
- 그 밖의 기타작업 : 75lux 이상

31. **신뢰도가 0.4인 부품 5개가 병렬결합 모델로 구성된 제품이 있을 때 이 제품의 신뢰도는?**

① 0.90 ② 0.91 ③ 0.92 ④ 0.93

정답 27. ② 28. ④ 29. ③ 30. ③ 31. ③

해설 $R_s=1-(1-0.4)\times(1-0.4)\times(1-0.4)\times(1-0.4)\times(1-0.4)=0.92$

32. 조작자 한 사람의 신뢰도가 0.9일 때 요원을 중복하여 2인 1조가 되어 작업을 진행하는 공정이 있다. 작업기간 중 항상 요원 지원을 한다면 이 조의 인간 신뢰도는 얼마인가?

① 0.93 ② 0.94
③ 0.96 ④ 0.99

해설 인간의 신뢰도$=1-(1-0.9)^2=0.99$

33. 사용자의 잘못된 조작 또는 실수로 인해 기계의 고장이 발생하지 않도록 설계하는 방법은?

① FMEA ② HAZOP
③ fail safe ④ fool proof

해설 풀 프루프(fool proof)
- 사용자의 실수가 있어도 안전장치가 설치되어 재해로 연결되지 않는 구조이다.
- 초보자가 작동을 시켜도 안전하다는 뜻이다.
- 오조작을 하여도 사고가 발생하지 않는다.

34. 인간-기계 시스템을 설계하기 위해 고려해야 할 사항과 거리가 먼 것은?

① 시스템 설계 시 동작경제의 원칙이 만족되도록 고려한다.
② 인간과 기계가 모두 복수인 경우, 종합적인 효과보다 기계를 우선적으로 고려한다.
③ 대상이 되는 시스템이 위치할 환경 조건이 인간에 대한 한계치를 만족하는가의 여부를 조사한다.
④ 인간이 수행해야 할 조작이 연속적인가 불연속적인가를 알아보기 위해 특성조사를 실시한다.

해설 ② 인간과 기계가 모두 복수인 경우, 종합적인 효과보다 인간을 우선적으로 고려한다.

35. MIL-STD-882E에서 분류한 심각도(severity) 카테고리 범주에 해당하지 않는 것은?

① 재앙수준(catastrophic)
② 임계수준(critical)
③ 경계수준(precautionary)
④ 무시가능수준(negligible)

해설 MIL-STD-882E 심각도 카테고리
- 재앙(파국적)수준
- 임계(위기적)수준
- 한계적(미미한)수준
- 무시가능수준

36. 시스템 수명주기 단계 중 이전 단계들에서 발생되었던 사고 또는 사건으로부터 축적된 자료에 대해 실증을 통한 문제를 규명하고 이를 최소화하기 위한 조치를 마련하는 단계는?

① 구상 단계 ② 정의 단계
③ 생산 단계 ④ 운전 단계

해설 운전 단계 : 이전 단계들에서 발생되었던 사고 또는 사건으로부터 축적된 자료에 대해 실증을 통한 문제를 규명하고 이를 최소화한다.

Tip) 시스템 수명주기 5단계

1단계	2단계	3단계	4단계	5단계
구상	정의	개발	생산	운전

37. 다수의 표시장치(디스플레이)를 수평으로 배열할 경우 해당 제어장치를 각각의 표시장치 아래에 배치하면 좋아지는 양립성의 종류는?

정답 32. ④ 33. ④ 34. ② 35. ③ 36. ④ 37. ①

① 공간 양립성　　② 운동 양립성
③ 개념 양립성　　④ 양식 양립성

해설 공간 양립성 : 제어장치를 각각의 표시장치 아래에 배치하면 좋아지는 양립성, 오른쪽은 오른손 조절장치, 왼쪽은 왼손 조절장치

38. 조종장치의 촉각적 암호화를 위하여 고려하는 특성으로 볼 수 없는 것은?

① 형상　　② 무게
③ 크기　　④ 표면촉감

해설 조종장치의 촉각적 암호화 특성 : 형상, 크기, 표면촉감

39. 활동의 내용마다 "우 · 양 · 가 · 불가"로 평가하고 이 평가내용을 합하여 다시 종합적으로 정규화하여 평가하는 안전성 평가기법은?

① 평정척도법
② 쌍대비교법
③ 계층적 기법
④ 일관성 검정법

해설 평정척도법의 종류

- 평정척도 : 우 · 양 · 가 · 불가, 1~5, 매우 만족~매우 불만족
- 표준평정척도 : 본인의 학교 성적은 어느 정도인가요?

상위 5%	상위 20%	중위 50%	하위 20%	하위 5%

- 숫자평정척도 : 본인이 의자에 앉는 자세는 바르다고 생각하십니까?

5	4	3	2	1

- 도식평정척도 : 본인의 식습관에 만족하십니까?

매우 만족	만족	보통	불만족	매우 불만족

40. 환경요소의 조합에 의해서 부과되는 스트레스나 노출로 인해서 개인에 유발되는 긴장(strain)을 나타내는 환경요소 복합지수가 아닌 것은?

① 카타온도(kata temperature)
② Oxford 지수(wet-dry index)
③ 실효온도(effective temperature)
④ 열 스트레스 지수(heat stress index)

해설 환경요소 복합지수 : Oxford 지수, 실효온도, 열 스트레스 지수 등

Tip) 카타 온도계 : 유리제 막대모양의 알코올 온도계로 체감의 정도를 기초로 더위와 추위를 측정한다.

3과목 건설시공학

41. 공종별 시공계획서에 기재되어야 할 사항으로 거리가 먼 것은?

① 작업 일정　　② 투입 인원수
③ 품질관리기준　　④ 하자보수 계획서

해설 ④는 하자가 있는 건물이나 시설 따위를 손보아 고치려는 계획을 세우는 서류

42. 모래 채취나 수중의 흙을 퍼 올리는데 가장 적합한 기계장비는?

① 불도저　　② 드래그라인
③ 롤러　　④ 스크레이퍼

해설 드래그라인(drag line) : 지면보다 낮은 땅의 굴착에 적당하고, 굴착 반지름이 크다.

43. 용접작업에서 용접봉을 용접 방향에 대하여 서로 엇갈리게 움직여서 용가금속을 용착시키는 운봉방법은?

정답 38. ② 39. ① 40. ① 41. ④ 42. ② 43. ③

① 단속용접 ② 개선
③ 위핑 ④ 레그

해설 위핑 : 용접봉을 용접 방향에 대해 가로 방향으로 교대로 움직여 용접을 하는 운봉법

44. 기성콘크리트 말뚝을 타설할 때 그 중심간격의 기준으로 옳은 것은?

① 말뚝머리 지름의 1.5배 이상 또한 750mm 이상
② 말뚝머리 지름의 1.5배 이상 또한 1000mm 이상
③ 말뚝머리 지름의 2.5배 이상 또한 750mm 이상
④ 말뚝머리 지름의 2.5배 이상 또한 1000mm 이상

해설 말뚝의 중심간격은 2.5d 이상 또는 750mm 중 큰 값을 선택한다.

45. 철근 단면을 맞대고 산소-아세틸렌염으로 가열하여 적열상태에서 부풀려 가압, 접합하는 철근이음 방식은?

① 나사방식 이음 ② 겹침이음
③ 가스압접 이음 ④ 충전식 이음

해설 가스압접 이음 : 산소-아세틸렌염으로 가열하여 적열상태에서 부풀려 접합하는 철근이음 방식

46. 콘크리트의 건조수축을 크게 하는 요인에 해당되지 않는 것은?

① 분말도가 큰 시멘트 사용
② 흡수량이 많은 골재를 사용할 때
③ 부재의 단면치수가 클 때
④ 온도가 높을 경우, 습도가 낮을 경우

해설 ③ 부재의 단면치수가 크면 건조수축은 작아진다.

47. 지하수가 많은 지반을 탈수하여 건조한 지반으로 개량하기 위한 공법에 해당하지 않는 것은?

① 생석회말뚝(chemico pile) 공법
② 페이퍼드레인(paper deain) 공법
③ 잭파일(jacked pile) 공법
④ 샌드드레인(sand drain) 공법

해설 지반 개량공법

- 고결공법 : 소결, 동결, 생석회 파일공법
- 강제압밀 공법 : 프리로딩 공법, 압성토 공법, 사면선단재하
- 강제압밀 탈수공법 : 페이퍼드레인, 샌드드레인
- 치환법 : 활동 치환, 굴착 치환
- 사질지반 개량 : 약액주입법, 웰 포인트 공법 등

Tip) 잭파일(jacked pile) 공법 : 구조물의 침하 발생과 지반이 약해진 경우 기초부를 보강하기 위해 강관 파일을 추가로 설치할 때 이용하는 공법

48. 건설현장에 설치되는 자동식 세륜시설 중 측면살수시설에 관한 설명으로 옳지 않은 것은?

① 측면살수시설의 슬러지는 컨베이어에 의한 자동배출이 가능한 시설을 설치하여야 한다.
② 측면살수시설의 살수길이는 수송차량 전장의 1.5배 이상이어야 한다.
③ 측면살수시설은 수송차량의 바퀴부터 적재함 하단부 높이까지 살수할 수 있어야 한다.
④ 용수공급은 기 개발된 지하수를 이용하고, 우수 또는 공사용수의 활용을 금한다.

해설 ④ 용수공급은 기 개발된 지하수를 이용하고, 우수 또는 공사용수의 활용 등 자체순환식으로 이용하여야 한다.

부록 2020

정답 44. ③ 45. ③ 46. ③ 47. ③ 48. ④

49. 다음은 지하연속벽(slurry wall) 공법의 시공내용이다. 그 순서를 옳게 나열한 것은?

> ㉠ 트레미관을 통한 콘크리트 타설
> ㉡ 굴착
> ㉢ 철근망의 조립 및 삽입
> ㉣ guide wall 설치
> ㉤ end pipe 설치

① ㉠ → ㉡ → ㉢ → ㉤ → ㉣
② ㉣ → ㉡ → ㉤ → ㉢ → ㉠
③ ㉡ → ㉣ → ㉤ → ㉢ → ㉠
④ ㉡ → ㉣ → ㉢ → ㉤ → ㉠

해설 지하연속벽 공법의 시공 순서
guide wall 설치 → 굴착 → end pipe 설치 → 철근망의 조립 및 삽입 → 트레미관을 통한 콘크리트 타설

50. 알루미늄 거푸집에 관한 설명으로 옳지 않은 것은?

① 거푸집 해체 시 소음이 매우 적다.
② 패널과 패널 간 연결 부위의 품질이 우수하다.
③ 기존 재래식 공법과 비교하여 건축 폐기물을 억제하는 효과가 있다.
④ 패널의 무게를 경량화하여 안전하게 작업이 가능하다.

해설 ① 거푸집 해체 시 소음이 매우 크다.
Tip) 알루미늄 거푸집은 초기 투자비가 많이 든다.

51. 철골 세우기 장비의 종류 중 이동식 세우기 장비에 해당하는 것은?

① 크롤러 크레인 ② 가이데릭
③ 스티프 레그 데릭 ④ 타워크레인

해설 크롤러 크레인 : 이동식 크레인의 일종으로서 무한궤도로 주행하는 크레인

52. 철골부재의 용접접합 시 발생되는 용접결함의 종류가 아닌 것은?

① 엔드 탭 ② 언더컷
③ 블로우 홀 ④ 오버랩

해설 용접결함

언더컷(undercut)	오버랩(overlap)
크랙(crack)	**기공(blow hole)**
크랙	기공

Tip) 엔드 탭 : 용접결함을 방지하기 위해 부재에 임시로 붙이는 보조판

53. 철골조 건물의 연면적이 5000 m^{2}일 때 이 건물 철골재의 무게산출량은? (단, 단위 면적당 강재사용량은 0.1∼0.15 ton/m^{2}이다.)

① 30∼40 ton
② 100∼250 ton
③ 300∼400 ton
④ 500∼750 ton

해설 무게산출량=건물의 연면적×단위 면적당 강재사용량=5000 m^2×0.1∼0.15 ton/m^2 =500∼750 ton

54. 수밀콘크리트의 배합에 관한 설명으로 옳지 않은 것은?

① 배합은 콘크리트의 소요의 품질이 얻어지는 범위 내에서 단위 수량 및 물-결합재비는 되도록 크게 하고, 단위 굵은 골재량은 되도록 작게 한다.
② 콘크리트의 소요 슬럼프는 되도록 작게 하여 180 mm를 넘지 않도록 하며, 콘크리트 타설이 용이할 때에는 120 mm 이하로 한다.

정답 49. ② 50. ① 51. ① 52. ① 53. ④ 54. ①

③ 콘크리트의 워커빌리티를 개선시키기 위해 공기연행제, 공기연행감수제 또는 고성능 공기연행감수제를 사용하는 경우라도 공기량은 4% 이하가 되게 한다.
④ 물-결합재비는 50% 이하를 표준으로 한다.

해설 ① 배합은 콘크리트의 소요의 품질이 얻어지는 범위 내에서 단위 수량 및 물-결합재비는 되도록 작게 하고, 단위 굵은 골재량은 되도록 크게 한다.

55. 철근이음의 종류에 따른 검사시기와 횟수의 기준으로 옳지 않은 것은?

① 가스압접 이음 시 외관검사는 전체 개소에 대해 시행한다.
② 가스압접 이음 시 초음파 탐사검사는 1검사 로트마다 30개소 발취한다.
③ 기계적 이음의 외관검사는 전체 개소에 대해 시행한다.
④ 용접이음의 인장시험은 700개소마다 시행한다.

해설 ④ 용접이음의 인장시험은 500개소마다 시행한다.

56. 다음 중 벽체 전용 시스템 거푸집에 해당되지 않는 것은?

① 갱 폼 ② 클라이밍 폼
③ 슬립 폼 ④ 테이블 폼

해설 플라잉 폼(테이블 폼) : 바닥에 콘크리트를 타설하기 위한 거푸집으로 멍에, 장선 등을 일체로 제작하여 수평, 수직 이동이 가능한 전용성 및 시공정밀도가 우수하고, 외력에 대한 안전성이 크다.

57. 건축주가 시공회사의 신용, 자산, 공사경력, 보유기술 등을 고려하여 그 공사에 가장 적격한 단일업체에게 입찰시키는 방법은?

① 공개경쟁입찰 ② 특명입찰
③ 사전자격심사 ④ 대안입찰

해설 수의계약(특명입찰) : 공사에 가장 적합한 도급자를 선정하여 계약하는 방식

58. 공동도급에 관한 설명으로 옳지 않은 것은?

① 각 회사의 소요자금이 경감되므로 소자본으로 대규모 공사를 수급할 수 있다.
② 각 회사가 위험을 분산하여 부담하게 된다.
③ 상호기술의 확충을 통해 기술축적의 기회를 얻을 수 있다.
④ 신기술, 신공법의 적용이 불리하다.

해설 ④ 신기술, 신공법의 적용이 가능하다.

59. 한중콘크리트의 시공에 관한 설명으로 옳지 않은 것은?

① 하루의 평균기온이 4℃ 이하가 예상되는 조건일 때는 콘크리트가 동결할 염려가 있으므로 한중콘크리트로 시공하여야 한다.
② 기상조건이 가혹한 경우나 부재 두께가 얇을 경우에는 타설할 때의 콘크리트의 최저온도는 10℃ 정도를 확보하여야 한다.
③ 콘크리트를 타설할 마무리된 지반이 이미 동결되어 있는 경우에는 녹이지 않고 즉시 콘크리트를 타설하여야 한다.
④ 타설이 끝난 콘크리트는 양생을 시작할 때까지 콘크리트 표면의 온도가 급랭할 가능성이 있으므로, 콘크리트를 타설한 후 즉시 시트나 적당한 재료로 표면을 덮는다.

해설 ③ 콘크리트를 타설할 마무리된 지반이 이미 동결되어 있는 경우에는 해동 후 콘크리트를 타설하여야 한다.

Tip) 빙설이 혼입된 골재, 동결상태의 골재는 원칙적으로 비빔에 사용하지 않는다.

정답 55. ④ 56. ④ 57. ② 58. ④ 59. ③

60. 기초 하부의 먹매김을 용이하게 하기 위하여 60mm 정도의 두께로 강도가 낮은 콘크리트를 타설하여 만든 것은?

① 밑창콘크리트
② 매스콘크리트
③ 제자리콘크리트
④ 잡석지정

해설 밑창콘크리트 지정 : 잡석이나 자갈 위 기초 부분의 먹매김을 위해 사용하며, 콘크리트 강도는 15MPa 이상의 것을 두께 5~6cm 정도로 설계한다.

4과목 건설재료학

61. 건축공사의 일반창유리로 사용되는 것은?

① 석영유리 ② 붕규산유리
③ 칼라석회유리 ④ 소다석회유리

해설 소다석회유리의 용도에는 일반창유리, 병유리, 채광용 창유리 등이 있다.

62. 목재의 함수율에 관한 설명으로 옳지 않은 것은?

① 목재의 함유 수분 중 자유수는 목재의 중량에는 영향을 끼치지만 목재의 물리적 성질과는 관계가 없다.
② 침엽수의 경우 심재의 함수율은 항상 변재의 함수율보다 크다.
③ 섬유포화상태의 함수율은 30% 정도이다.
④ 기건상태란 목재가 통상 대기의 온도, 습도와 평형된 수분을 함유한 상태를 말하며, 이 때의 함수율은 15% 정도이다.

해설 ② 침엽수의 경우 변재가 항상 심재보다 함수율이 크다.

63. 건물의 바닥 충격음을 저감시키는 방법에 관한 설명으로 옳지 않은 것은?

① 완충재를 바닥 공간 사이에 넣는다.
② 부드러운 표면 마감재를 사용하여 충격력을 작게 한다.
③ 바닥을 띄우는 이중바닥으로 한다.
④ 바닥 슬래브의 중량을 작게 한다.

해설 ④ 바닥 슬래브의 중량을 크게 하고, 두께를 두껍게 해야 한다.

64. KS F 2503(굵은 골재의 밀도 및 흡수율 시험방법)에 따른 흡수율 산정식은 다음과 같다. 여기에서 A가 의미하는 것은?

$$Q=\frac{B-A}{A}\times 100\%$$

① 절대건조 상태 시료의 질량(g)
② 표면건조 포화상태 시료의 질량(g)
③ 시료의 수중질량(g)
④ 기건상태 시료의 질량(g)

해설 흡수율 $Q=\frac{B-A}{A}\times 100\%$

여기서, A : 절대건조 상태 시료의 질량(g)
B : 표면건조 상태 시료의 질량(g)

65. KS F 4052에 따라 방수공사용 아스팔트는 사용용도에 따라 4종류로 분류된다. 이 중, 감온성이 낮은 것으로서 주로 일반지역의 노출 지붕 또는 기온이 비교적 높은 지역의 지붕에 사용하는 것은?

① 1종(침입도 지수 3 이상)
② 2종(침입도 지수 4 이상)
③ 3종(침입도 지수 5 이상)
④ 4종(침입도 지수 6 이상)

정답 60. ① 61. ④ 62. ② 63. ④ 64. ① 65. ③

해설 KS F 4052에 따른 방수공사용 아스팔트

- 1종 : 보통 감온성, 실내, 지하
- 2종 : 약간 낮은 감온성, 경사가 완만한 옥외 구조물
- 3종 : 낮은 감온성, 노출 지붕, 기온이 높은 지역의 지붕
- 4종 : 아주 낮은 감온성, 연질로서 한랭지역의 지붕

66. 콘크리트의 건조수축 현상에 관한 설명으로 옳지 않은 것은?

① 단위 시멘트량이 작을수록 커진다.
② 단위 수량이 클수록 커진다.
③ 골재가 경질이면 작아진다.
④ 부재치수가 크면 작아진다.

해설 ① 단위 시멘트량이 많을수록 크다.

67. 용제 또는 유제상태의 방수제를 바탕면에 여러 번 칠하여 방수막을 형성하는 방수법은?

① 아스팔트 루핑방수
② 도막방수
③ 시멘트 방수
④ 시트방수

해설 도막방수 : 방수제를 바탕면에 여러 번 칠하여 얇은 수지피막을 만들어 방수 효과를 얻는다.

68. 콘크리트의 워커빌리티 측정법에 해당되지 않는 것은?

① 슬럼프시험
② 다짐계수시험
③ 비비시험
④ 오토클레이브 팽창도시험

해설 ④ 오토클레이브 팽창도시험 – 시멘트의 안정성 측정방법

69. 단열재의 선정 조건으로 옳지 않은 것은?

① 흡수율이 낮을 것
② 비중이 클 것
③ 열전도율이 낮을 것
④ 내화성이 좋을 것

해설 ② 비중이 작을 것

70. 비철금속에 관한 설명으로 옳지 않은 것은?

① 청동은 동과 주석의 합금으로 건축장식 철물 또는 미술공예 재료에 사용된다.
② 황동은 동과 아연의 합금으로 산에는 침식되기 쉬우나 알칼리나 암모니아에는 침식되지 않는다.
③ 알루미늄은 광선 및 열의 반사율이 높지만 연질이기 때문에 손상되기 쉽다.
④ 납은 비중이 크고 전성, 연성이 풍부하다.

해설 ② 황동은 구리와 아연으로 된 합금이며, 산 · 알칼리에 침식되기 쉽다.

71. 돌붙임공법 중에서 석재를 미리 붙여 놓고 콘크리트를 타설하여 일체화시키는 방법은?

① 조적공법
② 앵커긴결공법
③ GPC공법
④ 강재트러스 지지공법

해설 GPC공법 : 석재를 미리 붙여 놓고 콘크리트를 타설하여 일체화시키는 방법으로 현장에서 석재와 콘크리트를 일체화하는 조립식 판넬법이다.

72. 건축용 소성 점토벽돌의 색채에 영향을 주는 주요한 요인이 아닌 것은?

① 철화합물 ② 망간화합물
③ 소성온도 ④ 산화나트륨

정답 66. ① 67. ② 68. ④ 69. ② 70. ② 71. ③ 72. ④

해설 철화합물, 망간화합물, 소성온도, 석회 등이 점토벽돌의 색채에 영향을 준다.

73. 다음 중 실(seal)재가 아닌 것은?

① 코킹재　　② 퍼티
③ 트래버틴　　④ 개스킷

해설 ③은 대리석의 일종으로 갈면 광택이 난다.

74. 콘크리트의 배합설계 시 굵은 골재의 절대용적이 500 cm^3, 잔골재의 절대용적이 300 cm^3라 할 때 잔골재율(%)은?

① 37.5%　　② 40.0%
③ 52.5%　　④ 60.0%

해설 $\text{잔골재율} = \frac{\text{잔골재의 절대용적}}{\text{전체 골재의 절대용적}} \times 100$

$= \frac{300}{800} \times 100 = 37.5\%$

75. 열가소성 수지가 아닌 것은?

① 염화비닐수지　　② 초산비닐수지
③ 요소수지　　④ 폴리스티렌수지

해설
- 열경화성 수지 : 가열하면 연화되어 변형하나, 냉각시키면 그대로 굳어지는 수지로 페놀수지, 폴리에스테르수지, 요소수지, 멜라민수지, 실리콘수지, 푸란수지, 에폭시수지, 알키드수지 등
- 열가소성 수지 : 열을 가하여 자유로이 변형할 수 있는 성질의 합성수지로 염화비닐수지, 아크릴수지, 폴리프로필렌수지, 폴리에틸렌수지, 폴리스티렌수지 등

76. 미장재료에 관한 설명으로 옳지 않은 것은?

① 회반죽벽은 습기가 많은 장소에서 시공이 곤란하다.
② 시멘트 모르타르는 물과 화학반응을 하여 경화되는 수경성 재료이다.
③ 돌로마이트 플라스터는 마그네시아 석회에 모래, 여물을 섞어 반죽한 바름벽 재료를 말한다.
④ 석고 플라스터는 공기 중의 탄산가스를 흡수하여 경화한다.

해설 ④ 돌로마이트 플라스터는 공기 중의 탄산가스를 흡수하여 경화한다(기경성 재료).

77. 내약품성, 내마모성이 우수하여 화학공장의 방수층을 겸한 바닥 마무리재로 가장 적합한 것은?

① 합성고분자 방수
② 무기질 침투방수
③ 아스팔트 방수
④ 에폭시 도막방수

해설 에폭시 도막방수 : 내약품성, 내마모성이 우수하여 화학공장의 방수층을 겸한 바닥 마무리재로 적합하다.

78. 일반적으로 철, 크롬, 망간 등의 산화물을 혼합하여 제조한 것으로 염색품의 색이 바래는 것을 방지하고 채광을 요구하는 진열장 등에 이용되는 유리는?

① 자외선흡수유리
② 망입유리
③ 복층유리
④ 유리블록

해설 자외선흡수유리
- 철, 크롬, 망간 등의 산화물을 혼합하여 제조한 유리이다.
- 자외선을 흡수하는 것을 목적으로 만든 유리이다.
- 염색품의 색이 바래는 것을 방지하고 채광을 요구하는 진열장 등에 사용된다.

정답 73. ③　74. ①　75. ③　76. ④　77. ④　78. ①

79. 다음 중 회반죽 바름의 주원료가 아닌 것은?

① 소석회 ② 점토
③ 모래 ④ 해초풀

해설 회반죽은 소석회에 모래, 해초풀, 여물 등을 혼합하여 바르는 미장재료이다.

Tip) 점토 : 지름이 0.002mm 이하인 미세한 흙 입자

80. 목재의 건조에 관한 설명으로 옳지 않은 것은?

① 대기건조 시 통풍이 잘 되게 세워 놓거나, 일정 간격으로 쌓아 올려 건조시킨다.
② 마구리 부분은 급격히 건조되면 갈라지기 쉬우므로 페인트 등으로 도장한다.
③ 인공건조법으로 건조 시 기간은 통상 약 5~6주 정도이다.
④ 고주파건조법은 고주파 에너지를 열에너지로 변화시켜 발열 현상을 이용하여 건조한다.

해설 ③ 인공건조법으로 건조 시 자연건조에 비해 빠르게 건조가 가능하다.

5과목 건설안전기술

81. 동바리로 사용하는 파이프 서포트에 관한 설치기준으로 옳지 않은 것은?

① 파이프 서포트를 3개 이상 이어서 사용하지 않도록 할 것
② 파이프 서포트를 이어서 사용하는 경우에는 4개 이상의 볼트 또는 전용 철물을 사용하여 이을 것
③ 높이가 3.5m를 초과하는 경우에는 높이 2m 이내마다 수평연결재를 2개 방향으로 만들고 수평연결재의 변위를 방지할 것
④ 파이프 서포트 사이에 교차가새를 설치하여 수평력에 대하여 보강 조치할 것

해설 ④ 파이프 서포트 사이에 수평연결재를 설치하여 수평력에 대하여 보강 조치할 것

82. 블레이드의 길이가 길고 낮으며 블레이드의 좌우를 전후 25~30° 각도로 회전시킬 수 있어 흙을 측면으로 보낼 수 있는 도저는?

① 레이크도저
② 스트레이트도저
③ 앵글도저
④ 틸트도저

해설 앵글도저 : 블레이드면의 좌우를 전후 25~30° 각도로 회전시킬 수 있어 사면 굴착 · 정지 · 흙메우기 등 흙을 측면으로 보내는 작업에 사용한다.

83. 리프트(lift)의 방호장치에 해당하지 않는 것은?

① 권과방지장치 ② 비상정지장치
③ 과부하방지장치 ④ 자동경보장치

해설 ④는 터널작업에서의 방호장치

84. 작업발판 및 통로의 끝이나 개구부로서 근로자가 추락할 위험이 있는 장소에서의 방호조치로 옳지 않은 것은?

① 안전난간 설치
② 와이어로프 설치
③ 울타리 설치
④ 수직형 추락방망 설치

해설 작업발판 및 통로의 끝이나 개구부로서 근로자가 추락할 위험이 있는 장소에는 안전난간, 울타리, 수직형 추락방망, 덮개 등의 방호조치를 충분히 하여야 한다.

정답 79. ② 80. ③ 81. ④ 82. ③ 83. ④ 84. ②

85. 건물 외부에 낙하물방지망을 설치할 경우 벽면으로부터 돌출되는 거리의 기준은?

① 1m 이상 ② 1.5m 이상
③ 1.8m 이상 ④ 2m 이상

해설 설치높이는 10m 이내마다 설치하고, 내민길이는 벽면으로부터 2m 이상으로 할 것

86. 다음은 비계를 조립하여 사용하는 경우 작업발판 설치에 관한 기준이다. (　　)에 들어갈 내용으로 옳은 것은?

> 사업주는 비계(달비계, 달대비계 및 말비계는 제외한다)의 높이가 (　　) 이상인 작업장소에 다음 각 호의 기준에 맞는 작업발판을 설치하여야 한다.
> 1. 발판재료는 작업할 때의 하중을 견딜 수 있도록 견고한 것으로 할 것
> 2. 작업발판의 폭은 40센티미터 이상으로 하고, 발판재료 간의 틈은 3센티미터 이하로 할 것

① 1m ② 2m ③ 3m ④ 4m

해설 지문은 비계의 높이가 2m 이상인 작업장소의 경우 작업발판 설치에 관한 기준이다.

87. 신축공사 현장에서 강관으로 외부비계를 설치할 때 비계기둥의 최고 높이가 45m라면 관련 법령에 따라 비계기둥을 2개의 강관으로 보강하여야 하는 높이는 지상으로부터 얼마까지인가?

① 14m ② 20m
③ 25m ④ 31m

해설 비계기둥의 가장 윗부분으로부터 31m 되는 지점 밑 부분의 비계기둥은 2개의 강관으로 묶어 세운다.
∴ 45m−31m=14m

88. 암질변화 구간 및 이상 암질 출현 시 판별방법과 가장 거리가 먼 것은?

① R.Q.D ② R.M.R
③ 지표침하량 ④ 탄성파 속도

해설 암질 판별방법 : R.Q.D(%), R.M.R(%), 탄성파 속도(m/sec), 진동치 속도(cm/sec=kine), 일축압축강도(kg/cm^2)

89. 산업안전보건법령에 따른 크레인을 사용하여 작업을 하는 때 작업시작 전 점검사항에 해당되지 않는 것은?

① 권과방지장치 · 브레이크 · 클러치 및 운전장치의 기능
② 주행로의 상측 및 트롤리(trolley)가 횡행하는 레일의 상태
③ 원동기 및 풀리(pulley)기능의 이상 유무
④ 와이어로프가 통하고 있는 곳의 상태

해설 ③은 컨베이어 등을 사용하여 작업할 때의 점검사항이다.

90. 부두 · 안벽 등 하역작업을 하는 장소에서 부두 또는 안벽의 선을 따라 통로를 설치하는 경우 그 폭을 최소 얼마 이상으로 하여야 하는가?

① 60cm ② 90cm ③ 120cm ④ 150cm

해설 부두 또는 안벽의 선을 따라 설치하는 통로의 최소 폭은 90cm 이상으로 한다.

91. 다음과 같은 조건에서 추락 시 로프의 지지점에서 최하단까지의 거리(h)를 구하면 얼마인가?

> • 로프 길이 150cm
> • 로프 신율 30%
> • 근로자 신장 170cm

정답 85. ④ 86. ② 87. ① 88. ③ 89. ③ 90. ② 91. ①

① 2.8m ② 3.0m
③ 3.2m ④ 3.4m

해설 최하단 거리(h)

$$=\text{로프의 길이}+\text{로프의 신장 길이}+\left(\text{작업자의 키}\times\frac{1}{2}\right)$$

$$=150+(150\times0.3)+\left(170\times\frac{1}{2}\right)$$

$$=280\,\text{cm}=2.8\,\text{m}$$

92. 건설공사 유해·위험방지 계획서 제출 시 공통적으로 제출하여야 할 첨부서류가 아닌 것은?

① 공사개요서
② 전체공정표
③ 산업안전보건관리비 사용계획서
④ 가설도로 계획서

해설 유해·위험방지 계획서 첨부서류
- 공사개요서
- 전체공정표
- 안전관리조직표
- 산업안전보건관리비 사용계획
- 건설물, 사용 기계설비 등의 배치를 나타내는 도면
- 재해 발생 위험 시 연락 및 대피방법
- 공사현장의 주변 현황 및 주변과의 관계를 나타내는 도면(매설물 현황을 포함한다.)

93. 흙막이지보공을 설치하였을 때 붕괴 등의 위험방지를 위하여 정기적으로 점검하고, 이상 발견 시 즉시 보수하여야 하는 사항이 아닌 것은?

① 침하의 정도
② 버팀대의 긴압의 정도
③ 지형·지질 및 지층 상태
④ 부재의 손상·변형·변위 및 탈락의 유무와 상태

해설 ③은 굴착작업 시 사전 지반조사항목

94. 다음은 산업안전보건법령에 따른 승강설비의 설치에 관한 내용이다. (　　)에 들어갈 내용으로 옳은 것은?

> 사업주는 높이 또는 깊이가 (　　)를 초과하는 장소에서 작업하는 경우 해당 작업에 종사하는 근로자가 안전하게 승강하기 위한 건설작업용 리프트 등의 설비를 설치하여야 한다. 다만, 승강설비를 설치하는 것이 작업의 성질상 곤란한 경우에는 그러하지 아니하다.

① 2m ② 3m
③ 4m ④ 5m

해설 사업주는 높이 또는 깊이가 2m를 초과하는 장소에 건설작업용 리프트 등의 설비를 설치하여야 한다.

95. 항타기 및 항발기를 조립하는 경우 점검하여야 할 사항이 아닌 것은?

① 과부하장치 및 제동장치의 이상 유무
② 권상장치의 브레이크 및 쐐기장치 기능의 이상 유무
③ 본체 연결부의 풀림 또는 손상의 유무
④ 권상기의 설치상태의 이상 유무

해설 ① 과부하장치 및 제동장치는 크레인의 방호장치

96. 강관을 사용하여 비계를 구성하는 경우의 준수사항으로 옳지 않은 것은?

① 비계기둥의 간격은 띠장 방향에서는 1.85m 이하로 할 것

정답 92. ④ 93. ③ 94. ① 95. ① 96. ②

② 비계기둥의 간격은 장선(長線) 방향에서는 1.0m 이하로 할 것
③ 띠장 간격은 2.0m 이하로 할 것
④ 비계기둥 간의 적재하중은 400kg을 초과하지 않도록 할 것

해설 ② 비계기둥의 간격은 장선(長線) 방향에서는 1.5m 이하로 할 것

97. 철근콘크리트 현장타설 공법과 비교한 PC(precast concrete)공법의 장점으로 볼 수 없는 것은?

① 기후의 영향을 받지 않아 동절기 시공이 가능하고, 공기를 단축할 수 있다.
② 현장작업이 감소되고, 생산성이 향상되어 인력절감이 가능하다.
③ 공사비가 매우 저렴하다.
④ 공장 제작이므로 콘크리트 양생 시 최적조건에 의한 양질의 제품생산이 가능하다.

해설 ③ 대량생산이 가능하나 물류비용 등을 고려하여 공사비가 결정된다.

98. 콘크리트를 타설할 때 거푸집에 작용하는 콘크리트 측압에 영향을 미치는 요인과 가장 거리가 먼 것은?

① 콘크리트 타설속도
② 콘크리트 타설높이
③ 콘크리트의 강도
④ 기온

해설 거푸집에 작용하는 콘크리트 측압에 영향을 미치는 요인

- 슬럼프 값이 클수록 크다.
- 벽 두께가 두꺼울수록 크다.
- 콘크리트를 많이 다질수록 크다.
- 거푸집의 강성이 클수록 측압이 크다.
- 거푸집의 수평단면이 클수록 측압이 크다.
- 대기의 온도가 낮고, 습도가 높을수록 크다.
- 콘크리트 타설속도가 빠를수록 크다.
- 콘크리트 타설높이가 높을수록 크다.
- 콘크리트의 비중이 클수록 측압은 커진다.
- 묽은 콘크리트일수록 측압은 커진다.
- 철골이나 철근량이 적을수록 측압은 커진다.

99. 히빙(heaving) 현상이 가장 쉽게 발생하는 토질지반은?

① 연약한 점토지반
② 연약한 사질토지반
③ 견고한 점토지반
④ 견고한 사질토지반

해설 히빙(heaving) 현상 : 연약 점토지반에서 굴착작업 시 흙막이 벽체 내·외의 토사의 중량 차에 의해 흙막이 밖에 있는 흙이 안으로 밀려 들어와 솟아오르는 현상

100. 안전관리비의 사용 항목에 해당하지 않는 것은?

① 안전시설비
② 개인보호구 구입비
③ 접대비
④ 사업장의 안전·보건진단비

해설 안전관리비의 사용 항목

- 안전시설비
- 본사사용비
- 개인보호구 및 안전장구 구입비
- 사업장의 안전·보건진단비
- 안전보건교육비 및 행사비
- 근로자의 건강관리비
- 건설재해예방 기술지도비
- 안전관리자 등의 인건비 및 각종 업무수당

정답 97. ③ 98. ③ 99. ① 100. ③

2. CBT 실전문제와 해설

제1회 CBT 실전문제

|건|설|안|전|산|업|기|사|

1과목 산업안전관리론

1. 무재해운동의 추진을 위한 3요소에 해당하지 않는 것은?

① 모든 위험잠재요인의 해결
② 최고경영자의 경영자세
③ 관리감독자(line)의 적극적 추진
④ 직장 소집단의 자주활동 활성화

해설 무재해운동의 3요소 : 최고경영자의 안전 경영자세, 소집단 자주 안전활동의 활성화, 관리감독자에 의한 안전보건의 추진

2. 산업안전보건법령상 일용근로자의 안전·보건교육 과정별 교육시간 기준으로 틀린 것은? (단, 도매업과 숙박 및 음식점업 사업장의 경우는 제외한다.)

① 채용 시의 교육 : 1시간 이상
② 작업내용 변경 시의 교육 : 2시간 이상
③ 건설업 기초안전보건교육(건설 일용근로자) : 4시간
④ 특별교육 : 2시간 이상(흙막이지보공의 보강 또는 동바리를 설치하거나 해체하는 작업에 종사하는 일용근로자)

해설 ② 일용근로자의 작업내용 변경 시의 교육시간은 1시간 이상이다.

3. 맥그리거(McGregor)의 X이론의 관리처방이 아닌 것은?

① 목표에 의한 관리
② 권위주의적 리더십 확립
③ 경제적 보상체제의 강화
④ 면밀한 감독과 엄격한 통제

해설 맥그리거(McGregor)의 X이론과 Y이론의 특징

X이론(독재적 리더십)	Y이론(민주적 리더십)
권위주의적 리더십의 확립	민주적 리더십의 확립
경제적 보상체제의 강화	분권화의 권한과 위임
면밀한 감독과 엄격한 통제	목표에 의한 관리

4. 부주의의 발생 원인과 그 대책이 옳게 연결된 것은?

① 의식의 우회－상담
② 소질적 조건－교육
③ 작업환경 조건 불량－작업순서 정비
④ 작업순서의 부적당－작업자 재배치

해설 ② 소질적 조건－적성배치
③ 작업환경 조건 불량－환경 개선
④ 작업순서의 부적당－작업순서 정비

정답 1. ① 2. ② 3. ① 4. ①

5. 산업안전보건법령상 자율안전확인대상에 해당하는 방호장치는?

① 압력용기 압력방출용 파열판
② 가스집합 용접장치용 안전기
③ 양중기용 과부하방지장치
④ 방폭구조 전기기계 · 기구 및 부품

해설 ①, ③, ④는 안전인증대상 방호장치

6. 학습의 전이에 영향을 주는 조건이 아닌 것은?

① 학습자의 지능 원인
② 학습자의 태도요인
③ 학습장소의 요인
④ 선행학습과 후행학습 간 시간적 간격의 원인

해설 학습전이의 조건 : 학습정도, 유사성, 시간적 간격, 학습자의 태도, 학습자의 지능

7. 재해원인을 직접원인과 간접원인으로 나눌 때 직접원인에 해당하는 것은?

① 기술적 원인 ② 관리적 원인
③ 교육적 원인 ④ 물적원인

해설 직접원인에는 인적원인과 물적원인이 있다.

Tip) 간접원인에는 기술적, 교육적, 관리적, 신체적, 정신적 원인 등이 있다.

8. 산업안전보건법상 바탕은 흰색, 기본모형은 빨간색, 관련 부호 및 그림은 검은색을 사용하는 안전 · 보건표지는?

① 안전복 착용 ② 출입금지
③ 고온경고 ④ 비상구

해설 출입금지는 금지표지로서 바탕은 흰색, 기본모형은 빨간색, 부호 및 그림은 검은색으로 한다.

9. 하인리히(Heinrich)의 이론에 의한 재해 발생의 주요 원인에 있어 다음 중 불안전한 행동에 의한 요인이 아닌 것은?

① 권한 없이 행한 조작
② 전문지식의 결여 및 기술, 숙련도 부족
③ 보호구 미착용 및 위험한 장비에서의 작업
④ 결함 있는 장비 및 공구의 사용

해설 ②는 재해 발생의 간접적 원인으로 교육적 원인에 해당된다.

10. 안전관리의 중요성과 가장 거리가 먼 것은?

① 인간존중이라는 인도적인 신념의 실현
② 경영 경제상의 제품의 품질 향상과 생산성 향상
③ 재해로부터 인적 · 물적손실예방
④ 작업환경 개선을 통한 투자비용 증대

해설 안전관리의 목적 : 인명의 존중, 사회복지의 증진, 생산성의 향상, 경제성의 향상, 인적 · 물적손실예방

11. 사고예방 대책 5단계 중 작업상황을 파악하고 사고조사를 실시하는 단계는?

① 사실의 발견
② 분석 평가
③ 시정방법의 선정
④ 시정책의 적용

해설 2단계 : 사실의 발견(현상 파악)

- 사고와 안전활동의 기록 검토
- 작업분석
- 사고조사
- 안전점검 및 검사
- 각종 안전회의 및 토의
- 애로 및 건의사항

정답 5. ② 6. ③ 7. ④ 8. ② 9. ② 10. ④ 11. ①

12. 스트레스(stress)에 관한 설명으로 가장 적절한 것은?

① 스트레스는 상황에 직면하는 기회가 많을수록 스트레스 발생 가능성은 낮아진다.
② 스트레스는 직무몰입과 생산성 감소의 직접적인 원인이 된다.
③ 스트레스는 부정적인 측면만 가지고 있다.
④ 스트레스는 나쁜 일에서만 발생한다.

해설 스트레스는 직무몰입과 생산성 감소의 직접적인 원인이 되며, 스트레스 요인 중 직무특성 요인은 작업속도, 근무시간, 업무의 반복성 등이다.

13. O.J.T(On the Job Training) 교육의 장점과 가장 거리가 먼 것은?

① 훈련에만 전념할 수 있다.
② 개개인의 업무능력에 적합하고 자세한 교육이 가능하다.
③ 직장의 실정에 맞게 실제적 훈련이 가능하다.
④ 교육을 통하여 상사와 부하 간의 의사소통과 신뢰감이 깊게 된다.

해설 ①은 OFF.J.T 교육의 특징

14. 기업조직의 원리 가운데 지시 일원화의 원리를 가장 잘 설명한 것은?

① 지시에 따라 최선을 다해서 주어진 임무나 기능을 수행하는 것
② 책임을 완수하는데 필요한 수단을 상사로부터 위임받은 것
③ 언제나 직속상사에게서만 지시를 받고 특정 부하직원들에게만 지시하는 것
④ 조직의 각 구성원이 가능한 한 가지 특수 직무만을 담당하도록 하는 것

해설 지시 일원화 원리 : 1인의 직속상사에게 지시받고 특정 부하에게만 지시하는 것

15. 인간의 특성에 관한 측정검사에 대한 과학적 타당성을 갖기 위하여 반드시 구비해야 할 조건에 해당되지 않는 것은?

① 주관성 ② 신뢰도
③ 타당도 ④ 표준화

해설 직무적성검사의 특징 : 표준화, 객관성, 규준성, 신뢰성, 타당성, 실용성

16. 다음 중 타박, 충돌, 추락 등으로 피부 표면보다는 피하조직 등 근육부를 다친 상해를 무엇이라 하는가?

① 골절 ② 자상
③ 부종 ④ 좌상

해설 좌상 : 타박, 충돌, 추락 등으로 피부 표면보다는 피하조직 등 근육부를 다친 상해

17. 산업안전보건법령상 사업 내 안전 · 보건교육 중 채용 시의 교육내용에 해당하지 않는 것은? (단, 산업안전보건법 및 일반관리에 관한사항은 제외한다.)

① 사고 발생 시 긴급조치에 관한 사항
② 유해 · 위험 작업환경 관리에 관한 사항
③ 산업보건 및 직업병예방에 관한 사항
④ 기계 · 기구의 위험성과 작업의 순서 및 동선에 관한 사항

해설 ②는 관리감독자 정기안전보건교육 내용

18. 안전 · 보건교육계획의 수립 시 고려하여야 할 사항과 가장 거리가 먼 것은?

① 교육지도안 및 교재
② 교육의 종류와 교육대상
③ 교육장소 및 교육방법
④ 교육의 과목 및 교육내용

해설 안전 · 보건교육계획에 포함해야 할 사항
• 교육목표 설정

정답 12. ② 13. ① 14. ③ 15. ① 16. ④ 17. ② 18. ①

- 교육의 종류 및 대상
- 교육장소 및 교육방법
- 교육의 과목 및 교육내용
- 강사, 조교 편성
- 소요 예산 산정

Tip) 교육지도안 – 교육의 준비사항

19. 다음 중 학습목적의 3요소에 해당하지 않는 것은?

① 주제 ② 대상
③ 목표 ④ 학습정도

해설 학습목적의 3요소

- 목표 : 학습의 목적, 지표
- 주제 : 목표 달성을 위한 주제
- 학습정도 : 주제를 학습시킬 범위와 내용의 정도

20. 산업안전보건법령상 특별안전보건교육 대상 작업별 교육내용 중 밀폐공간에서의 작업 시 교육내용에 포함되지 않는 것은? (단, 그 밖에 안전보건관리에 필요한 사항은 제외한다.)

① 산소농도 측정 및 작업환경에 관한 사항
② 유해물질이 인체에 미치는 영향
③ 보호구 착용 및 사용방법에 관한 사항
④ 사고 시의 응급처치 및 비상시 구출에 관한 사항

해설 밀폐된 장소에서 작업 시 특별안전보건교육 사항

- 작업순서, 안전작업방법 및 수칙에 관한 사항
- 산소농도 측정 및 환기설비에 관한 사항
- 질식 시 응급조치에 관한 사항
- 작업환경 점검에 관한 사항
- 전격방지 및 보호구 착용에 관한 사항

2과목 인간공학 및 시스템 안전공학

21. 인체계측자료에서 주로 사용하는 변수가 아닌 것은?

① 평균 ② 5 백분위수
③ 최빈값 ④ 95 백분위수

해설 인체계측의 설계원칙

- 최대치수와 최소치수(극단치)를 기준으로 한 설계
- 크고 작은 많은 사람에 맞도록 조절범위(5∼95%)를 고려한 설계
- 최대 · 최소치수, 조절식으로 하기에 곤란한 경우 평균치를 기준으로 한 설계

22. 산업안전보건법령에서 정한 물리적 인자의 분류기준에 있어서 소음은 소음성 난청을 유발할 수 있는 몇 dB(A) 이상의 시끄러운 소리로 규정하고 있는가?

① 70 ② 85 ③ 100 ④ 115

해설 소음작업 : 1일 8시간 작업을 기준으로 85 dB 이상의 소음이 발생하는 작업

23. 어떤 전자기기의 수명은 지수분포를 따르며, 그 평균수명이 1000시간이라고 할 때, 500시간 동안 고장 없이 작동할 확률은 약 얼마인가?

① 0.1353 ② 0.3935
③ 0.6065 ④ 0.8647

해설 고장 없이 작동할 확률(R)

$= e^{-\lambda t} = e^{-t/t_0}$

$= e^{(-500/1000)} = e^{-0.5}$

$= 0.6065$

여기서, λ : 고장률

t : 앞으로 고장 없이 사용할 시간

t_0 : 평균고장시간 또는 평균수명

정답 19. ② 20. ② 21. ③ 22. ② 23. ③

24. 정보전달용 표시장치에서 청각적 표현이 좋은 경우가 아닌 것은?

① 메시지가 복잡하다.
② 시각장치가 지나치게 많다.
③ 즉각적인 행동이 요구된다.
④ 메시지가 그때의 사건을 다룬다.

해설 ①은 시각적 표시장치의 특성

25. 부품을 작동하는 성능이 체계의 목표달성에 긴요한 정도를 고려하여 우선순위를 설정하는 원칙은?

① 중요도의 원칙 ② 사용 빈도의 원칙
③ 기능성의 원칙 ④ 사용 순서의 원칙

해설 부품(공간)배치의 원칙
- 중요성(도)의 원칙(위치결정) : 중요한 순위에 따라 우선순위를 결정한다.
- 사용 빈도의 원칙(위치결정) : 사용하는 빈도에 따라 우선순위를 결정한다.
- 사용 순서의 원칙(배치결정) : 사용 순서에 따라 장비를 배치한다.
- 기능별(성) 배치의 원칙(배치결정) : 기능이 관련된 부품들을 모아서 배치한다.

26. 가청주파수 내에서 사람의 귀가 가장 민감하게 반응하는 주파수대역은?

① 20~20000Hz ② 50~15000Hz
③ 100~10000Hz ④ 500~3000Hz

해설 사람의 귀가 가장 민감하게 반응하는 주파수대역(중음역)은 500~3000Hz이다.

27. 설비의 보전과 가동에 있어 시스템의 고장과 고장 사이의 시간 간격을 의미하는 용어는?

① MTTR ② MDT
③ MTBF ④ MTBR

해설 평균고장간격(MTBF) : 수리가 가능한 기기 중 고장에서 다음 고장까지 걸리는 평균시간

28. 페일 세이프(fail-safe)의 원리에 해당되지 않는 것은?

① 교대구조
② 다경로 하중구조
③ 배타설계구조
④ 하중경감구조

해설 페일 세이프(fail-safe)의 원리 : 다경로 하중구조, 하중경감구조, 교대구조, 이중구조 등
Tip) 배타설계 : 오류를 범할 수 없도록 사물을 설계하는 방법을 말한다.

29. 음의 세기인 데시벨(dB)을 측정할 때 기준음압의 주파수는?

① 10Hz ② 100Hz
③ 1000Hz ④ 10000Hz

해설 기준음압의 주파수 측정기준은 1000Hz이다.

30. 조종장치의 저항 중 갑작스러운 속도의 변화를 막고 부드러운 제어동작을 유지하게 해주는 저항을 무엇이라 하는가?

① 점성저항 ② 관성저항
③ 마찰저항 ④ 탄성저항

해설 점성저항
- 출력과 반대 방향으로, 속도에 비례해서 작용하는 힘 때문에 생기는 저항력이다.
- 원활한 제어를 도우며, 규정된 변위속도를 유지하는 효과가 있다(부드러운 제어동작이다).
- 우발적인 조종장치의 동작을 감소시키는 효과가 있다.

부록 실전문제

정답 24. ① 25. ① 26. ④ 27. ③ 28. ③ 29. ③ 30. ①

31. 레버를 10° 움직이면 표시장치는 1cm 이동하는 조종장치가 있다. 레버의 길이가 20cm라고 하면 이 조종장치의 통제표시비(C/D비)는 약 얼마인가?

① 1.27 ② 2.38
③ 3.49 ④ 4.51

해설 $\text{C/D비} = \dfrac{(\alpha/360)\times 2\pi L}{\text{표시장치 이동거리}}$

$= \dfrac{(10/360)\times 2\pi \times 20}{1} \fallingdotseq 3.49$

32. 촉각적 표시장치에서 기본정보 수용기로 주로 사용되는 것은?

① 귀 ② 눈 ③ 코 ④ 손

해설 사람의 감각기관

귀	눈	코	손
청각	시각	후각	촉각

Tip) 촉각적 암호화 : 점자, 진동, 온도 등

33. 인체측정치 응용원칙 중 가장 우선적으로 고려해야 하는 원칙은?

① 조절식 설계 ② 최대치 설계
③ 최소치 설계 ④ 평균치 설계

해설 조절식 설계 : 크고 작은 많은 사람에 맞도록 조절범위를 통상 5~95%로 설계한다.

34. 동작경제의 원칙에 해당하지 않는 것은?

① 가능하다면 낙하식 운반방법을 사용한다.
② 양손을 동시에 반대 방향으로 움직인다.
③ 자연스러운 리듬이 생기지 않도록 동작을 배치한다.
④ 양손으로 동시에 작업을 시작하고 동시에 끝낸다.

해설 ③ 작업동작에 자연스러운 리듬이 생기도록 동작을 배치한다.

35. 다음 중 시스템 내의 위험요소가 어떤 상태에 있는가를 정성적으로 분석 · 평가하는 가장 첫 번째 단계에서 실시하는 위험분석 기법은?

① 결함수 분석 ② 예비위험분석
③ 결함위험분석 ④ 운용위험분석

해설 예비위험분석(PHA) : 모든 시스템 안전 프로그램 중 최초 단계의 분석으로 시스템 내의 위험요소가 얼마나 위험한 상태에 있는지를 정성적으로 평가하는 분석기법

36. 서서하는 작업의 작업대 높이에 대한 설명으로 틀린 것은?

① 경작업의 경우 팔꿈치 높이보다 5~10cm 낮게 한다.
② 중작업의 경우 팔꿈치 높이보다 10~20cm 낮게 한다.
③ 정밀작업의 경우 팔꿈치 높이보다 약간 높게 한다.
④ 부피가 큰 작업물을 취급하는 경우 최대치 설계를 기본으로 한다.

해설 입식 작업대 높이

- 정밀작업 : 팔꿈치 높이보다 5~10cm 높게 설계
- 일반작업(경작업) : 팔꿈치 높이보다 5~10cm 낮게 설계
- 힘든작업(중작업) : 팔꿈치 높이보다 10~20cm 낮게 설계

37. 기계설비의 본질안전화를 개선시키기 위하여 검토하여야 할 사항으로 가장 적절한 것은?

① 재료, 제품, 공구 등을 놓아둘 수 있는 충분한 공간의 확보
② 작업자의 실수나 잘못이 있어도 사고가 발생하지 않도록 기계설비 설계

정답 31. ③ 32. ④ 33. ① 34. ③ 35. ② 36. ④ 37. ②

③ 안전한 통로를 설정하고, 작업장소와 통로를 명확히 구분
④ 작업의 흐름에 따라 기계설비를 배치시켜 운반작업 최소화

해설 본질적 안전화 : 작업자의 실수나 잘못이 있어도 사고가 발생하지 않도록 기계설비를 설계한다.

38. FT도에서 정상사상 G_1의 발생확률은? (단, $G_2=0.1$, $G_3=0.2$, $G_4=0.3$의 발생확률을 갖는다.)

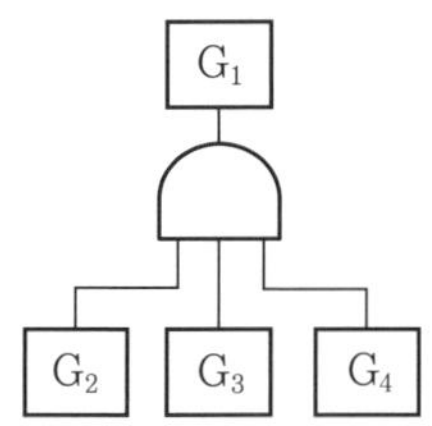

① 0.006 ② 0.300 ③ 0.496 ④ 0.600

해설 $G_1=G_2\times G_3\times G_4$
$=0.1\times0.2\times0.3=0.006$

39. 인간-기계 시스템에서 기계에 비교한 인간의 장점과 가장 거리가 먼 것은?

① 완전히 새로운 해결책을 찾아낸다.
② 여러 개의 프로그램 된 활동을 동시에 수행한다.
③ 다양한 경험을 토대로 하여 의사결정을 한다.
④ 상황에 따라 변화하는 복잡한 자극 형태를 식별한다.

해설 ②는 기계가 인간을 능가하는 기능

40. 세발자전거에서 각 바퀴의 신뢰도가 0.9일 때 이 자전거의 신뢰도는 얼마인가?

① 0.729 ② 0.810 ③ 0.891 ④ 0.999

해설 $R_s=0.9\times0.9\times0.9=0.729$

3과목 건설시공학

41. 설계 · 시공 일괄계약 제도에 관한 설명으로 옳지 않은 것은?

① 단계별 시공의 적용으로 전체 공사기간의 단축이 가능하다.
② 설계와 시공의 책임소재가 일원화된다.
③ 발주자의 의도가 충분히 반영될 수 있다.
④ 계약체결 시 총 비용이 결정되지 않으므로 공사비용이 상승할 우려가 있다.

해설 ③ 발주자를 위임하는 방식으로 발주자의 의도가 제대로 반영되지 않을 우려가 있다.

42. 다음 중 철근콘크리트 구조 시공 시 콘크리트 이어붓기 위치에 관한 설명으로 옳지 않은 것은?

① 기둥이음은 기둥의 중간에서 수평으로 한다.
② 아치의 이음은 아치축에 직각으로 설치한다.
③ 보, 바닥판 이음은 그 스팬의 중앙 부근에서 수직으로 한다.
④ 벽은 개구부 등 끊기 좋은 위치에서 수직 또는 수평으로 한다.

해설 ① 기둥 및 벽에서는 바닥 및 기초의 상단 또는 보의 하단에 수평으로 이어 붓는다.

43. 경량콘크리트(light weight concrete)에 관한 설명으로 옳지 않은 것은?

① 기건비중은 2.0 이하, 단위 중량은 1400~2000kg/m^3 정도이다.
② 열전도율이 보통콘크리트와 유사하여 동일한 단열성능을 갖는다.
③ 물과 접하는 지하실 등의 공사에는 부적합하다.
④ 경량이어서 인력에 의한 취급이 용이하고, 가공도 쉽다.

정답 38. ① 39. ② 40. ① 41. ③ 42. ① 43. ②

해설 ② 내화성이 크고 열전도율이 작으며 단열, 방음 효과가 우수하다.

44. 무게 63.5kg의 추를 76cm 높이에서 낙하시켜 샘플러가 30cm 관입하는데 필요한 타격횟수(N)를 측정하는 토질시험의 종류는?

① 전단시험 ② 지내력시험
③ 표준관입시험 ④ 베인시험

해설 표준관입시험
- 보링을 할 때 63.5kg의 해머로 샘플러를 76cm에서 타격하여 관입깊이 30cm에 도달할 때까지의 타격횟수 N값을 구하는 시험이다.
- 사질토지반의 시험에 주로 쓰인다.

45. 콘크리트에 사용하는 AE제의 특징이 아닌 것은?

① 내구성, 수밀성 증대
② 블리딩 현상 증가
③ 단위 수량 감소
④ 건조수축 감소

해설 ② 콘크리트에 사용하는 AE제는 블리딩 현상을 감소시킨다.

46. 토공사의 굴착기계 용도에 관한 설명으로 옳지 않은 것은?

① 백호는 기계보다 낮은 곳을 굴착하는데 사용한다.
② 파워쇼벨은 기계보다 높은 곳을 굴착하는데 사용한다.
③ 드래그라인은 기계보다 낮은 곳의 흙을 긁어모으는데 사용한다.
④ 클램셸은 기계보다 높은 곳의 흙과 자갈을 긁어내리는데 사용한다.

해설 ④ 클램셸은 굴착기계의 위치한 지면보다 낮은 곳의 수중굴착 및 가장 협소하고 깊은 굴착이 가능하며, 호퍼에 적합하다.

47. 그림과 같은 줄기초 파기에서 파낸 흙을 한 번에 운반하고자 할 때 4ton 트럭 약 몇 대가 필요한가? (단, 파낸 흙의 부피증가율은 20%, 파낸 흙의 단위 중량은 1.8t/m^{3}이다.)

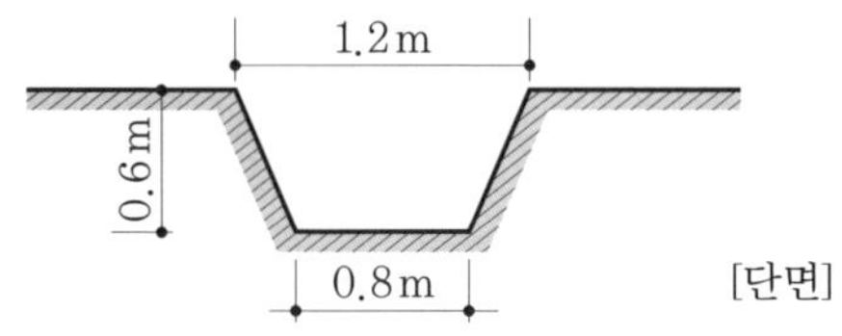

[단면]

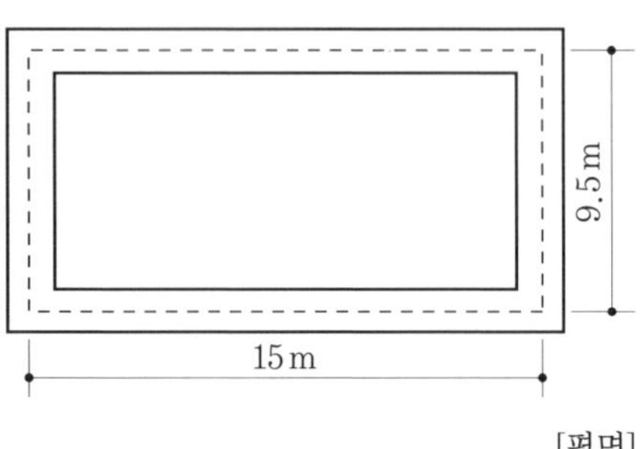

[평면]

① 10대 ② 16대 ③ 20대 ④ 25대

해설 ㉠ 파낸 흙의 양
$=\{(1.2+0.8)\div 2\times 0.6\}\times 49=29.4\text{m}^3$
㉡ 흙의 부피증가량$=29.4\times 1.2=35.28\text{m}^3$
㉢ 흙의 무게$=35.28\times 1.8=63.504\text{ton}$
㉣ 필요한 트럭 대수$=\dfrac{63.504}{4}=15.876$
→ 16대

48. 도급계약서에 첨부하지 않아도 되는 서류는?

① 설계도면 ② 시방서
③ 시공계획서 ④ 현장설명서

해설 도급계약서의 첨부서류
- 계약서
- 설계도면
- 시방서
- 공사시방서

정답 44. ③ 45. ② 46. ④ 47. ② 48. ③

- 현장설명서
- 질의응답서
- 입찰유의서
- 계약 유의사항
- 공사계약 일반조건 및 특별조건 등

49. 공사에 필요한 특기시방서에 기재하지 않아도 되는 사항은?

① 인도 시 검사 및 인도시기
② 각 부위별 시공방법
③ 각 부위별 사용재료
④ 사용재료의 품질

해설 ①은 공사계약 시 작성사항

50. 콘크리트 공사에서 비교적 간단한 구조의 합판 거푸집을 적용할 때 사용되며 측압력을 부담하지 않고 단지 거푸집의 간격만 유지시켜 주는 역할을 하는 것은?

① 컬럼밴드 ② 턴버클
③ 폼타이 ④ 세퍼레이터

해설 세퍼레이터 : 거푸집의 간격을 일정하게 유지하고, 측벽 두께를 유지시키는 부속재료

51. 콘크리트 타설작업의 기본원칙 중 옳은 것은?

① 타설 구획 내의 가까운 곳부터 타설한다.
② 타설 구획 내의 콘크리트는 휴식시간을 가지면서 타설한다.
③ 낙하높이는 가능한 크게 한다.
④ 타설 위치에 가까운 곳까지 펌프, 버킷 등으로 운반하여 타설한다.

해설 ① 타설 구획 내의 먼 곳부터 타설한다.
② 타설 구획 내의 콘크리트는 휴식시간 없이 연속하여 타설한다.
③ 낙하높이는 가능한 낮게 한다.

52. 순수형 CM의 공사 단계별 기본업무 중 시공 단계의 업무가 아닌 것은?

① 품질검사
② 작업변화 승인 및 계약변경
③ 기록문서의 제출
④ 시공사와 발주자 간 분쟁해결

해설 CM 방식 : 건설의 전 과정에 걸쳐 프로젝트를 보다 효율적이고 경제적으로 수행하기 위하여 각 부문의 전문가들로 구성된 통합관리기술(기획, 설계, 시공, 유지관리)을 건축주에게 서비스하는 방식이다.
Tip) 기록문서의 제출－공사 종료 후 제출 서류

53. 점토지반에 모래를 깔고 그 위에 성토에 의해 하중을 가하면 장기간에 걸쳐 점토 중의 물이 샌드파일을 통하여 지상에 배수되어 지반을 압밀 · 강화시키는 공법은?

① 샌드드레인 공법
② 바이브로 플로테이션 공법
③ 웰 포인트 공법
④ 그라우팅 공법

해설 샌드드레인 공법 : 연약 점토층에 사용하는 탈수 지반 개량공법이다.

54. 건설공사 시공방식 중 직영공사의 장점에 속하지 않는 것은?

① 영리를 도외시한 확실성 있는 공사를 할 수 있다.
② 임기응변의 처리가 가능하다.
③ 공사기일이 단축된다.
④ 발주, 계약 등의 수속이 절감된다.

해설 ③ 공사기일이 지연될 가능성이 크다.

55. 시공계획서에 기재되어야 할 사항으로 부적합한 것은?

① 작업의 질과 양 ② 시공조건
③ 사용재료 ④ 마감시공도

정답 49. ① 50. ④ 51. ④ 52. ③ 53. ① 54. ③ 55. ④

해설 ④는 공사 마무리 단계에서 사용되는 도면

56. 콘크리트 비파괴검사 중에서 강도를 추정하는 측정방법과 거리가 먼 것은?

① 슈미트해머법 ② 초음파 속도법
③ 인발법 ④ 방사선 투과법

해설 방사선 투과검사는 철골 등 용접부에 X선, γ선을 투과하여 물체의 결함 및 콘크리트 밀도, 철근 위치를 검출하는 방법이다.

57. 다음 중 시방서에 기재하는 사항이 아닌 것은?

① 재료, 장비, 설비의 유형과 품질
② 조립, 설치, 세우기의 방법
③ 도면의 도해적 표현
④ 시험 및 코드 요건

해설 ③은 공사계약 시 작성사항

58. 콘크리트 타설 시 물과 다른 재료와의 비중 차이로 콘크리트 표면에 물과 함께 유리석회, 유기불순물 등이 떠오르는 현상을 무엇이라 하는가?

① 블리딩 ② 컨시스턴시
③ 레이턴스 ④ 워커빌리티

해설 블리딩 : 아직 굳지 않은 콘크리트 표면에 물과 함께 유리석회, 유기불순물 등이 떠오르는 현상(콘크리트 재료분리 현상)

59. 말뚝의 이음공법 중 강성이 가장 우수한 방식은?

① 장부식 이음 ② 충전식 이음
③ 리벳식 이음 ④ 용접식 이음

해설 용접식 이음 : 현장에서 직접 용접하는 방식으로 시공이 쉽고 강성이 우수하다.

60. 콘크리트의 측압에 대한 설명 중 옳지 않은 것은?

① 부어넣기 속도가 빠를수록 측압이 크다.
② 콘크리트의 비중이 클수록 측압이 크다.
③ 콘크리트의 온도가 높을수록 측압이 작다.
④ 진동기를 사용하여 다질수록 측압이 작다.

해설 ④ 진동기를 사용하여 콘크리트를 많이 다질수록 측압은 커진다.
Tip) 지나친 다짐은 거푸집이 도괴될 수 있다.

4과목 건설재료학

61. 목재의 특징으로 틀린 것은?

① 가연성이다.
② 진동 감속성이 작다.
③ 섬유포화점 이하에서 함수율 변동에 따라 변형이 크다.
④ 콘크리트 등 다른 건축재료에 비해 내구성이 약하다.

해설 ② 진동 감속(흡수)성이 크다.

62. 콘크리트 면에 주로 사용하는 도장재료는?

① 오일페인트
② 합성수지 에멀션페인트
③ 래커에나멜
④ 에나멜페인트

해설 도장재료
- 오일페인트 – 철재, 목재
- 합성수지 에멀션페인트 – 콘크리트
- 래커에나멜 – 목재
- 에나멜페인트 – 철재

정답 56. ④ 57. ③ 58. ① 59. ④ 60. ④ 61. ② 62. ②

63. 목재에 관한 설명으로 틀린 것은?

① 석재나 금속에 비하여 손쉽게 가공할 수 있다.
② 다른 재료에 비하여 열전도율이 매우 크다.
③ 건조한 것은 타기 쉬우며 건조가 불충분한 것은 썩기 쉽다.
④ 건조재는 전기의 불량 도체이지만 함수율이 커질수록 전기전도율은 증가한다.

해설 ② 다른 재료에 비하여 열전도율이 작다.
Tip) 겉보기 비중이 작은 목재일수록 열전도율은 작다.

64. 다음은 특정 콘크리트의 절대용적 배합을 나타낸 것이다. 이 콘크리트의 물-시멘트비를 구하면? (단, 시멘트의 밀도는 3.15g/cm^{3}이다.)

• 단위 수량(kg/m^3) : 180
• 절대용적(L/m^3) : 시멘트 95, 모래 305, 자갈 380

① 50% ② 55% ③ 60% ④ 65%

해설 물-시멘트비

$$= \frac{\text{물의 무게}}{\text{시멘트의 무게(밀도} \times \text{부피)}}$$

$$= \frac{180}{3.15 \times 95} \times 100 = 60.15\%$$

65. 금속성형 가공제품 중 천장, 벽 등의 모르타르 바름 바탕용으로 사용되는 것은?

① 인서트 ② 메탈라스
③ 와이어클리퍼 ④ 와이어로프

해설 메탈라스 : 얇은 강판에 마름모꼴의 구멍을 일정 간격으로 연속적으로 뚫어 철망처럼 만든 것으로 천장, 벽 등의 미장바탕에 사용한다.

66. 합판에 관한 설명으로 옳은 것은?

① 곡면가공 시 균열이 발생하기 때문에 곡면가공이 불가능하다.
② 함수율 변화에 따른 팽창 · 수축의 방향성이 크다.
③ 표면가공법으로 흡음 효과를 낼 수 있다.
④ 내수성이 매우 작기 때문에 내장용으로만 사용된다.

해설 ① 곡면가공이 쉬우며, 균열이 생기지 않는다.
② 함수율 변화에 의한 신축변형이 적다.
④ 내수성이 뛰어나 외장용으로 주로 사용된다.

67. 일반적으로 목재의 강도 중 가장 작은 것은?

① 압축강도 ② 전단강도
③ 인장강도 ④ 휨강도

해설 목재의 섬유 평행 방향의 강도 크기는 인장강도 > 휨강도 > 압축강도 > 전단강도 순서이다.

68. 보통 포틀랜드 시멘트의 비중에 관한 설명으로 옳지 않은 것은?

① 동일한 시멘트의 경우에 풍화한 것일수록 비중이 작아진다.
② 일반적으로 3.15 정도이다.
③ 르샤틀리에의 비중병으로 측정된다.
④ 소성온도와 상관없이 일정하며, 제조 직후의 값이 가장 작다.

해설 ④ 소성온도와 성분에 따라 다르며, 제조 직후 보다는 풍화한 것일수록 값이 작다.

69. 점토의 물리적 성질에 관한 설명으로 옳지 않은 것은?

정답 63. ② 64. ③ 65. ② 66. ③ 67. ② 68. ④ 69. ④

① 점토의 압축강도는 인장강도의 약 5배 정도 이다.
② 양질의 점토일수록 가소성이 좋다.
③ 순수한 점토일수록 용융점이 높고 강도도 크다.
④ 불순 점토일수록 비중이 크다.

해설 ④ 불순 점토일수록 비중이 작고, 알루미나분이 많을수록 크다.

70. **목재가 건조과정에서 방향에 따른 수축률의 차이로 나이테에 직각 방향으로 갈라지는 결함은?**

① 변색 ② 뒤틀림 ③ 할렬 ④ 수지낭

해설 할렬 : 목재 건조과정에서 방향에 따른 수축률의 차이로 나이테에 직각 방향으로 갈라지는 결함

71. **금속의 종류 중 아연에 관한 설명으로 옳지 않은 것은?**

① 인장강도나 연신율이 낮은 편이다.
② 이온화 경향이 크고, 구리 등에 의해 침식된다.
③ 아연은 수중에서 부식이 빠른 속도로 진행된다.
④ 철판의 아연도금에 널리 사용된다.

해설 ③ 아연은 수중에서 내식성이 크다.

72. **경량콘크리트 제작에 사용되는 골재와 거리가 먼 것은?**

① 펄라이트 ② 화산암
③ 중정석 ④ 팽창질석

해설 ③은 중량콘크리트용 골재

73. **도료의 사용용도에 관한 설명으로 틀린 것은?**

① 아스팔트 페인트 : 방수, 방청, 전기절연용으로 사용
② 유성바니시 : 내후성이 우수하여 외부용으로 사용
③ 징크로메이트 : 알루미늄 판이나 아연철판의 초벌용으로 사용
④ 합성수지 페인트 : 콘크리트나 플라스터 면에 사용

해설 유성바니시(니스) : 도장공사와 내부용 목재의 도료로 사용되는 투명도료

74. **보통콘크리트용 쇄석의 원석으로 가장 부적당한 것은?**

① 현무암 ② 안산암 ③ 화강암 ④ 응회암

해설 응회암 : 가공은 용이하나 흡수성이 높고, 강도가 높지 않아 건축용으로는 부적당하다.

75. **과소품(過燒品) 벽돌의 특징으로 틀린 것은?**

① 강도가 약하다.
② 형태가 고르지 못하다.
③ 균열이 많이 보인다.
④ 색채가 고르지 못하다.

해설 ① 압축강도가 크다.

76. **다음은 시멘트를 조기강도가 큰 것으로부터 작은 순서대로 열거한 것이다. 옳은 것은?**

① 알루미나 시멘트－고로 시멘트－보통 포틀랜드 시멘트
② 보통 포틀랜드 시멘트－고로 시멘트－알루미나 시멘트
③ 알루미나 시멘트－보통 포틀랜드 시멘트－고로 시멘트
④ 보통 포틀랜드 시멘트－알루미나 시멘트－고로 시멘트

정답 70. ③ 71. ③ 72. ③ 73. ② 74. ④ 75. ① 76. ③

해설 조기강도가 큰 순서는 알루미나 시멘트 > 보통 포틀랜드 시멘트 > 고로 시멘트이다.

77. 다음 중 시멘트의 응결시험 방법으로 옳은 것은?

① 비카시험 ② 오토클레이브 시험
③ 블레인시험 ④ 비비시험

해설
- 비카트침 시험 : 시멘트의 표준주도의 결정과 초결, 종결시험으로 응결시간을 측정한다.
- 오토클레이브 팽창도시험 : 시멘트의 안정성을 측정하는 시험이다.
- 블레인시험 : 시멘트의 분말도를 측정하는 시험이다.
- 비비시험 : 콘크리트의 반죽질기를 측정하는 시험이다.

78. 다음 중 합성수지계 접착제가 아닌 것은?

① 비닐수지 접착제 ② 에폭시수지 접착제
③ 요소수지 접착제 ④ 카세인

해설 카세인 접착제 : 대두, 우유 등에서 추출한 단백질계 천연 접착제

79. 접착제를 사용할 때의 주의사항으로 옳지 않은 것은?

① 피착제의 표면은 가능한 한 습기가 없는 건조상태로 한다.
② 용제, 희석제를 사용할 경우 과도하게 희석시키지 않도록 한다.
③ 용제성의 접착제는 도포 후 용제가 휘발한 적당한 시간에 접착시킨다.
④ 접착처리 후 일정한 시간 내에는 가능한 한 압축을 피해야 한다.

해설 ④ 접착처리 후 양생이 되기 전에 최대한 압축해야 한다.

80. 목재의 강도에 관한 설명 중 옳지 않은 것은?

① 심재의 강도가 변재보다 크다.
② 함수율이 높을수록 강도가 크다.
③ 추재의 강도가 춘재보다 크다.
④ 절건비중이 클수록 강도가 크다.

해설 ② 함수율이 높을수록 강도는 작아진다.

5과목 건설안전기술

81. 콘크리트 타설작업을 하는 경우에 준수해야 할 사항으로 옳지 않은 것은?

① 당일의 작업을 시작하기 전에 해당 작업에 관한 거푸집 동바리 등의 변형·변위 및 지반의 침하 유무 등을 점검하고 이상이 있으면 보수할 것
② 작업 중에는 거푸집 동바리 등의 변형·변위 및 침하 유무 등을 감시할 수 있는 감시자를 배치하여 이상이 있으면 작업을 중지하고 근로자를 대피시킬 것
③ 설계도서상의 콘크리트 양생기간을 준수하여 거푸집 동바리 등을 해체할 것
④ 콘크리트를 타설하는 경우에는 편심을 유발하여 한쪽 부분부터 밀실하게 타설되도록 유도할 것

해설 ④ 콘크리트를 타설하는 경우에는 편심이 발생하지 않도록 골고루 분산 타설하여 붕괴재해를 방지할 것

82. 작업으로 인하여 물체가 떨어지거나 날아올 위험이 있는 경우 설치하는 낙하물방지망의 수평면과의 각도 기준으로 옳은 것은?

① 10° 이상 20° 이하를 유지
② 20° 이상 30° 이하를 유지

정답 77. ① 78. ④ 79. ④ 80. ② 81. ④ 82. ②

③ 30° 이상 40° 이하를 유지
④ 40° 이상 45° 이하를 유지

해설 낙하물방지망의 수평면과의 각도는 20° 이상 30° 이하를 유지한다.

83. 건설업 산업안전보건관리비 계상 및 사용기준을 적용하는 공사금액 기준으로 옳은 것은? (단, 「산업재해보상보험법」 제6조에 따라 「산업재해보상보험법」의 적용을 받는 공사)

① 총 공사금액 2천만 원 이상인 공사
② 총 공사금액 4천만 원 이상인 공사
③ 총 공사금액 6천만 원 이상인 공사
④ 총 공사금액 1억 원 이상인 공사

해설 산업재해보상보험법의 적용을 받는 공사 중 총 공사금액 2천만 원 이상인 공사에 적용한다. 다만, 다음 각 호의 어느 하나에 해당되는 공사 중 단가계약에 의하여 행하는 공사에 대하여는 총 계약금액을 기준으로 이를 적용한다.

- 전기공사법에 따른 전기공사로 저압 · 고압 또는 특고압 작업으로 이루어지는 공사
- 정보통신공사업법에 따른 정보통신공사

(※ 관련 규정 개정 전 문제로 본서에서는 ①번을 정답으로 한다. 총 공사금액이 4000만 원에서 2000만 원으로 21년도에 개정되었다.)

84. 작업에서의 위험요인과 재해형태가 가장 관련이 적은 것은?

① 무리한 자재 적재 및 통로 미확보 → 전도
② 개구부 안전난간 미설치 → 추락
③ 벽돌 등 중량물 취급 작업 → 협착
④ 항만 하역작업 → 질식

해설 ④ 항만 하역작업 → 추락, 협착

85. 차량계 건설기계 중 도로포장용 건설기계에 해당되지 않는 것은?

① 아스팔트 살포기 ② 아스팔트 피니셔
③ 콘크리트 피니셔 ④ 어스 오거

해설 ④는 천공용 건설기계이다.

86. 강관비계 중 단관비계의 벽이음 및 버팀 설치 시 수직 및 수평 방향 조립간격으로 옳은 것은?

① 수직 방향 : 3m, 수평 방향 : 3m
② 수직 방향 : 5m, 수평 방향 : 5m
③ 수직 방향 : 6m, 수평 방향 : 8m
④ 수직 방향 : 8m, 수평 방향 : 6m

해설 비계 조립간격(m)

비계의 종류		수직 방향	수평 방향
강관	단관비계	5	5
	틀비계(높이 5 m 미만은 제외)	6	8
통나무비계		5.5	7.5

87. 추락재해를 방지하기 위하여 10cm 그물코인 방망을 설치할 때 방망과 바닥면 사이의 최소 높이로 옳은 것은? (단, 설치된 방망의 단변 방향 길이 $L = 2\text{m}$, 장변 방향 방망의 지지간격 $A = 3\text{m}$이다.)

① 2.0m ② 2.4m ③ 3.0m ④ 3.4m

해설 10cm 그물코의 경우

㉠ $L<A$, 바닥면 사이 높이(H)

$$=\frac{0.85}{4}\times(L+3A)$$

㉡ $L>A$, 바닥면 사이 높이(H)

$$=0.85\times L$$

$$\rightarrow H=\frac{0.85}{4}\times(2+3\times3)\fallingdotseq 2.4\text{m}$$

88. 말뚝박기 해머(hammer) 중 연약지반에 적합하고 상대적으로 소음이 적은 것은?

정답 83. ① 84. ④ 85. ④ 86. ② 87. ② 88. ④

① 드롭 해머(drop hammer)
② 디젤 해머(diesel hammer)
③ 스팀 해머(steam hammer)
④ 바이브로 해머(vibro hammer)

해설 바이브로 해머(vibro hammer)는 연약지반에 적합하고 상대적으로 소음이 적은 해머이다.

89. 콘크리트 타설 시 안전수칙 사항으로 옳은 것은?

① 콘크리트는 한 곳으로 치우쳐 타설하여야 한다.
② 콘크리트 타설작업 시 거푸집 붕괴의 위험이 발생할 우려가 있더라도 타설작업을 우선 완료하고 나서 상황을 판단한다.
③ 바닥 위에 흘린 콘크리트는 그대로 양생하도록 한다.
④ 최상부의 슬래브(slab)는 이어붓기를 가급적 피하고 일시에 전체를 타설한다.

해설 최상부의 슬래브는 이어붓기를 되도록 피하고 일시에 전체를 타설하도록 하여야 한다.

90. 철골기둥 건립작업 시 붕괴 · 도괴방지를 위하여 베이스 플레이트의 하단은 기준 높이 및 인접기둥의 높이에서 얼마 이상 벗어나지 않아야 하는가?

① 2mm ② 3mm ③ 4mm ④ 5mm

해설 베이스 플레이트의 하단은 기준 높이 및 인접기둥의 높이에서 3mm 이상 벗어나지 않아야 한다.

91. 지반의 붕괴, 구축물의 붕괴 또는 토석의 낙하 등에 의하여 근로자가 위험해질 우려가 있는 경우 그 위험을 방지하기 위하여 취해야 할 조치로 옳지 않은 것은?

① 흙막이지보공 제거
② 토석의 낙하 원인이 되는 빗물이나 지하수 등을 배제
③ 낙하의 위험이 있는 토석 제거
④ 옹벽 설치

해설 ① 흙막이지보공의 설치

92. 흙의 동상방지 대책으로 틀린 것은?

① 동결되지 않는 흙으로 치환하는 방법
② 흙 속에 단열재료를 매입하는 방법
③ 지표의 흙을 화학약품으로 처리하는 방법
④ 세립토층을 설치하여 모관수의 상승을 촉진시키는 방법

해설 ④ 모관수의 상승을 차단하기 위하여 조립토층을 설치한다.

93. 개착식 굴착공사(open cut)에서 설치하는 계측기기와 거리가 먼 것은?

① 수위계 ② 경사계
③ 응력계 ④ 내공변위계

해설 ④는 터널공사 계측장비

94. 철골공사 시 도괴의 위험이 있어 강풍에 대한 안전 여부를 확인해야 할 필요성이 가장 높은 경우는?

① 연면적당 철골량이 일반건물보다 많은 경우
② 기둥에 H형강을 사용하는 경우
③ 이음부가 공장용접인 경우
④ 호텔과 같이 단면구조가 현저한 차이가 있으며 높이가 20m 이상인 건물

해설 철골공사의 강풍 등 외압에 대한 자립도 검토대상

- 높이 20m 이상의 구조물
- 구조물의 폭 : 높이가 1 : 4 이상인 구조물
- 단면구조에 현저한 차이가 있는 구조물(건물이 곧지 않고 휘어지는 등)

정답 89. ④ 90. ② 91. ① 92. ④ 93. ④ 94. ④

- 철골 사용량이 50kg/m² 이하인 구조물
- 기둥이 타이플레이트(tie plate)형인 구조물
- 이음부가 현장용접인 경우

95. 다음은 이음매가 있는 권상용 와이어로프의 사용금지 규정이다. (　　) 안에 알맞은 숫자는?

와이어로프의 한 꼬임에서 소선의 수가 (　　)% 이상 절단된 것을 사용하면 안 된다.

① 5　② 7　③ 10　④ 15

해설 와이어로프의 한 꼬임에서 소선의 수가 10% 이상 절단된 것을 사용하면 안 된다.

96. 철골공사 중 볼트작업 등을 하기 위하여 구조체인 철골에 매달아 작업발판을 만드는 비계로서 상하 이동을 시킬 수 없는 것은?

① 말비계　② 이동식 비계
③ 달대비계　④ 달비계

해설 달대비계 : 철골 조립공사 중에 볼트작업을 하기 위해 구조체인 철골에 매달아서 작업발판으로 이용한다.

97. 가설통로의 설치기준으로 옳지 않은 것은?

① 경사는 30° 이하로 하여야 한다.
② 수직갱에 가설된 통로의 길이가 15m 이상인 때에는 10m 이내마다 계단참을 설치한다.
③ 경사가 10°를 초과하는 때에는 미끄러지지 아니하는 구조로 한다.
④ 높이 8m 이상인 비계다리에는 7m 이내마다 계단참을 설치한다.

해설 ③ 경사가 15°를 초과하는 경우에는 미끄러지지 아니하는 구조로 한다.

98. 산업안전보건기준에 관한 규칙에 따른 굴착면의 기울기 기준으로 옳지 않은 것은?

① 경암=1 : 0.5
② 연암=1 : 1.0
③ 풍화암=1 : 1.0
④ 보통흙(건지)=1 : 1.5~1 : 1.8

해설 굴착면의 기울기 기준(2021.11.19 개정)

구분	지반 종류	기울기	사면 형태
보통흙	습지	1 : 1 ~1 : 1.5	(그림: 높이 1, 밑변 x)
	건지	1 : 0.5 ~1 : 1	
암반	풍화암	1 : 1.0	
	연암	1 : 1.0	
	경암	1 : 0.5	

99. 가설계단 및 계단참의 하중에 대한 지지력은 최소 얼마 이상이어야 하는가?

① 300kg/m²　② 400kg/m²
③ 500kg/m²　④ 600kg/m²

해설 계단 및 계단참의 강도는 500kg/m² 이상이어야 하며, 안전율은 4 이상이다.

100. 철골작업을 중지하여야 하는 경우의 강우량 기준으로 옳은 것은?

① 시간당 0.5mm 이상
② 시간당 1mm 이상
③ 시간당 2mm 이상
④ 시간당 3mm 이상

해설 철골공사 작업을 중지하여야 하는 기준
- 풍속이 초당 10m 이상인 경우
- 1시간당 강우량이 1mm 이상인 경우
- 1시간당 강설량이 1cm 이상인 경우

정답 95. ③　96. ③　97. ③　98. ④　99. ③　100. ②

제2회 CBT 실전문제

|건|설|안|전|산|업|기|사|

1과목 산업안전관리론

1. 연평균 근로자 수가 1000명인 사업장에서 연간 6건의 재해가 발생한 경우, 이때의 도수율은? (단, 1일 근로시간 수는 4시간, 연평균 근로일수는 150일이다.)

① 1 ② 10 ③ 100 ④ 1000

해설 도수(빈도)율 $=\dfrac{\text{연간 재해 발생 건수}}{\text{연근로 총 시간 수}}\times 10^6$

$=\dfrac{6}{1000\times 4\times 150}\times 10^6=10$

2. 산업안전보건법령상 안전인증대상 기계·기구들이 아닌 것은?

① 프레스 ② 전단기
③ 롤러기 ④ 산업용 원심기

해설 ④는 안전검사대상 유해·위험기계·기구

3. 안전·보건표지의 기본모형 중 다음 그림의 기본모형의 표시사항으로 옳은 것은?

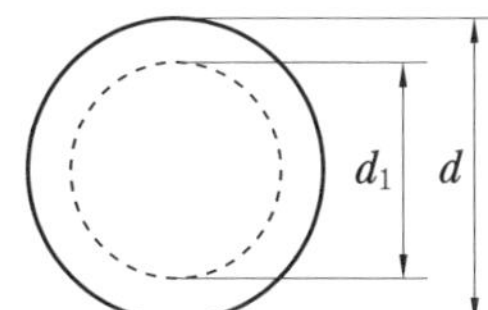

① 지시 ② 안내 ③ 경고 ④ 금지

해설 안전·보건표지의 기본모형

금지표지	경고표지	지시표지	안내표지
원형에 사선	삼각형 및 마름모형	원형	정사각형 또는 직사각형

4. 무재해운동 추진기법 중 지적·확인에 대한 설명으로 옳은 것은?

① 비평을 금지하고, 자유로운 토론을 통하여 독창적인 아이디어를 끌어낼 수 있다.
② 참여자 전원의 스킨십을 통하여 연대감, 일체감을 조성할 수 있고, 느낌을 교류한다.
③ 작업 전 5분간의 미팅을 통하여 시나리오상의 역할을 연기하여 체험하는 것을 목적으로 한다.
④ 오관의 감각기관을 총동원하여 작업의 정확성과 안전을 확인한다.

해설 지적·확인

- 작업의 안전 정확성을 확인하기 위해 눈, 팔, 손, 입, 귀 등 오관의 감각기관을 이용하여 작업시작 전에 뇌를 자극시켜 안전을 확보하기 위한 기법이다.
- 작업공정의 요소에서 자신의 행동을 [홍길동 좋아!] 하고 대상을 지적하여 큰 소리로 확인하는 것을 말한다.
- 지적·확인이 불안전한 행동 방지에 효과가 있는 것은 안전의식을 강화하고, 대상에 대한 집중력의 향상, 자신과 대상의 결합도 증대, 인지(cognition)확률의 향상 때문이다.

5. 산업안전보건법령상 다음 안전·보건표지의 종류로 옳은 것은?

① 산화성물질 경고 ② 폭발성물질 경고
③ 부식성물질 경고 ④ 인화성물질 경고

정답 1. ② 2. ④ 3. ① 4. ④ 5. ④

해설 물질 경고표지의 종류

인화성	산화성	폭발성	급성독성	부식성

6. 무재해운동을 추진하기 위한 세 기둥이 아닌 것은?

① 관리감독자의 적극적 추진
② 소집단 자주활동의 활성화
③ 전 종업원의 안전요원화
④ 최고경영자의 경영자세

해설 무재해운동의 3요소 : 최고경영자의 안전 경영자세, 소집단 자주 안전활동의 활성화, 관리감독자에 의한 안전보건의 추진

7. 교육 훈련의 효과는 5관을 최대한 활용하여야 하는데 다음 중 효과가 가장 큰 것은 어느 것인가?

① 청각 ② 시각
③ 촉각 ④ 후각

해설 오감의 교육 효과치

시각 효과	청각 효과	촉각 효과	미각 효과	후각 효과
60%	20%	15%	3%	2%

8. 방독마스크의 흡수관의 종류와 사용조건이 옳게 연결된 것은?

① 보통가스용–산화금속
② 유기가스용–활성탄
③ 일산화탄소용–알칼리제재
④ 암모니아용–산화금속

해설 ① 보통가스용은 없다.
③ 일산화탄소용(적색)–호프카라이트
④ 암모니아용(녹색)–큐프라마이트

9. ERG(Existence Relation Growth) 이론을 주장한 사람은?

① 매슬로우(Maslow)
② 맥그리거(McGregor)
③ 테일러(Taylor)
④ 알더퍼(Alderfer)

해설 알더퍼(Alderfer)의 ERG 이론 : 존재욕구(E), 관계욕구(R), 성장욕구(G)

10. 재해예방의 4원칙에 해당되지 않는 것은?

① 손실발생의 원칙
② 원인계기의 원칙
③ 예방가능의 원칙
④ 대책선정의 원칙

해설 하인리히의 재해예방의 4원칙 : 손실우연의 원칙, 원인계기의 원칙, 예방가능의 원칙, 대책선정의 원칙

11. 재해 통계 작성 시 유의할 점 중 관계가 가장 적은 것은?

① 재해 통계를 활용하여 방지 대책의 수립이 가능할 수 있어야 한다.
② 재해 통계는 구체적으로 표시되고, 그 내용은 용이하게 이해되며 이용할 수 있는 것이어야 한다.
③ 재해 통계는 정성적인 표현의 도표나 그림으로 표시하여야 한다.
④ 재해 통계는 항목 내용 등 재해요소가 정확히 파악될 수 있도록 하여야 한다.

해설 ③ 재해 통계는 정량적인 표현의 도표나 그림으로 표시하여 정확히 파악될 수 있도록 한다.

12. 안전점검표의 작성 시 유의사항이 아닌 것은?

정답 6. ③ 7. ② 8. ② 9. ④ 10. ① 11. ③ 12. ①

① 중요도가 낮은 것부터 높은 순서대로 만들 것
② 점검표 내용은 구체적이고 재해방지에 효과가 있을 것
③ 사업장 내 점검기준을 기초로 하여 점검자 자신이 점검목적, 사용시간 등을 고려하여 작성할 것
④ 현장감독자용 점검표는 쉽게 이해할 수 있는 내용이어야 할 것

해설 ① 위험성이 높은 순서 또는 긴급을 요하는 순서대로 작성할 것

13. 산업안전보건법령상 의무안전인증대상 보호구에 해당하지 않는 것은?

① 보호복 ② 안전장갑
③ 방독마스크 ④ 보안면

해설 안전인증대상 보호구의 종류 : 안전화, 안전장갑, 방진마스크, 방독마스크, 송기마스크, 보호복, 안전대, 차광보안경, 용접용 보안면, 방음용 귀마개 또는 덮개 등
Tip) 보안면 – 자율안전확인대상 보호구

14. 안전태도교육의 기본과정을 가장 올바르게 나열한 것은?

① 청취한다 → 이해하고 납득한다 → 시범을 보인다 → 평가한다
② 이해하고 납득한다 → 들어본다 → 시범을 보인다 → 평가한다
③ 청취한다 → 시범을 보인다 → 이해하고 납득한다 → 평가한다
④ 대량발언 → 이해하고 납득한다 → 들어본다 → 평가한다

해설 안전태도교육의 기본과정

1단계	2단계	3단계	4단계
청취한다.	이해 및 납득시킨다.	시범을 보인다.	평가한다(상 · 벌을 준다).

15. 다음 중 산업안전보건법령상 안전보건개선계획서에 반드시 포함되어야 할 사항과 가장 거리가 먼 것은?

① 안전 · 보건교육
② 안전 · 보건관리체제
③ 근로자 채용 및 배치에 관한 사항
④ 산업재해예방 및 작업환경의 개선을 위하여 필요한 사항

해설 안전보건개선계획서에 반드시 포함되어야 할 사항
• 시설
• 안전 · 보건교육
• 안전 · 보건관리체제
• 산업재해예방 및 작업환경의 개선을 위하여 필요한 사항

16. 산업안전보건법령상 안전 · 보건표지에 사용하는 색채 가운데 비상구 및 피난소, 사람 또는 차량의 통행표지 등에 사용하는 색채는?

① 흰색 ② 녹색 ③ 노란색 ④ 파란색

해설 녹색(2.5G 4/10 – 안내) : 비상구 및 피난소, 사람 또는 차량의 통행표지

17. 무재해운동의 근본이념으로 가장 적절한 것은?

① 인간존중의 이념 ② 이윤추구의 이념
③ 고용증진의 이념 ④ 복리증진의 이념

해설 무재해운동의 근본이념은 생명존중과 인간존중의 이념을 기본으로 한다.

18. 정지된 열차 내에서 창밖으로 이동하는 다른 기차를 보았을 때, 실제로 움직이지 않아도 움직이는 것처럼 느껴지는 심리적 현상을 무엇이라 하는가?

정답 13. ④ 14. ① 15. ③ 16. ② 17. ① 18. ②

① 가상운동　　② 유도운동
③ 자동운동　　④ 지각운동

해설 착각 현상
- 유도운동 : 실제로 움직이지 않는 것이 움직이는 것처럼 느껴지는 현상
- 자동운동 : 암실에서 정지된 소광점을 응시하면 광점이 움직이는 것처럼 보이는 현상
- 가현운동 : 물체가 착각에 의해 움직이는 것처럼 보이는 현상, 영화의 영상처럼 마치 대상물이 움직이는 것처럼 인식되는 현상

19. 인간관계 메커니즘 중에서 다른 사람으로부터의 판단이나 행동을 무비판적으로 논리적, 사실적 근거 없이 받아들이는 것을 무엇이라 하는가?

① 모방(imitation)
② 암시(suggestion)
③ 투사(projection)
④ 동일화(identification)

해설 인간관계의 메커니즘
- 투사 : 본인의 문제를 다른 사람 탓으로 돌리는 것
- 모방 : 다른 사람의 행동, 판단 등을 표본으로 하여 그것과 같거나 가까운 행동, 판단 등을 취하려는 것
- 암시 : 다른 사람의 판단이나 행동을 논리적, 사실적 근거 없이 맹목적으로 받아들이는 행동
- 동일화 : 다른 사람의 행동양식이나 태도를 투입시키거나 다른 사람 가운데서 본인과 비슷한 점을 발견하는 것

20. 다음 중 매슬로우의 욕구 5단계 이론에서 최종 단계에 해당하는 것은?

① 존경의 욕구　　② 성장의 욕구
③ 자아실현 욕구　　④ 생리적 욕구

해설 자아실현의 욕구(5단계) : 잠재적 능력을 실현하고자 하는 욕구(성취욕구)

2과목 인간공학 및 시스템 안전공학

21. 인간의 가청주파수 범위는?

① 2～10000Hz　　② 20～20000Hz
③ 200～30000Hz　　④ 200～40000Hz

해설 인간의 가청주파수 범위 : 20～20000Hz

22. 1cd의 점광원에서 1m 떨어진 곳에서의 조도가 3lux이었다. 동일한 조건에서 5m 떨어진 곳에서의 조도는 약 몇 lux인가?

① 0.12　② 0.22　③ 0.36　④ 0.56

해설 ㉠ 1m에서의 조도

$$=3\text{lux}=\frac{\text{광도}}{\text{거리}^2}=\frac{\text{광도}}{1^2}\quad \therefore \text{광도}=3\text{cd}$$

㉡ $5\text{m}\text{에서의 조도}=\frac{\text{광도}}{\text{거리}^2}=\frac{3}{5^2}=0.12\text{lux}$

23. 작업기억과 관련된 설명으로 틀린 것은?

① 단기기억이라고도 한다.
② 오랜 기간 정보를 기억하는 것이다.
③ 작업기억 내의 정보는 시간이 흐름에 따라 쇠퇴할 수 있다.
④ 리허설(rehearsal)은 정보를 작업기억 내에 유지하는 유일한 방법이다.

해설 ② 인간의 정보보관은 시간이 흐름에 따라 쇠퇴할 수 있다.

24. 보전 효과 측정을 위해 사용하는 설비 고장강도율의 식으로 맞는 것은?

정답 19. ②　20. ③　21. ②　22. ①　23. ②　24. ④

① 부하시간÷설비 가동시간
② 총 수리시간÷설비 가동시간
③ 설비 고장 건수÷설비 가동시간
④ 설비 고장 정지시간÷설비 가동시간

해설 설비 고장강도율 $=\frac{\text{설비 고장 정지시간}}{\text{설비 가동시간}}$

25. 결함수 분석법에 관한 설명으로 틀린 것은?

① 잠재위험을 효율적으로 분석한다.
② 연역적 방법으로 원인을 규명한다.
③ 정성적 평가보다 정량적 평가를 먼저 실시한다.
④ 복잡하고 대형화된 시스템의 분석에 사용한다.

해설 ③ 정량적 평가보다 정성적 평가를 먼저 실시한다.

26. 부품검사 작업자가 한 로트당 5000개를 검사하여 400개의 부적합품을 검출하였다. 실제 로트당 1000개의 부적합품이 있었다고 가정할 때, 휴먼 에러 확률(HEP)은?

① 0.12 ② 0.22 ③ 0.32 ④ 0.42

해설 인간 에러 확률(HEP)

$=\frac{\text{인간의 과오 수}}{\text{전체 과오 발생기회 수}}$

$=\frac{1000-400}{5000}=0.12$

27. 청각적 표시장치 지침에 관한 설명으로 틀린 것은?

① 신호는 최소한 0.5~1초 동안 지속한다.
② 신호는 배경소음과 다른 주파수를 이용한다.
③ 소음은 양쪽 귀에, 신호는 한쪽 귀에 들리게 한다.
④ 300 m 이상 멀리 보내는 신호는 2000 Hz 이상의 주파수를 사용한다.

해설 ④ 300 m 이상 멀리 보내는 신호는 1000 Hz 이하의 주파수를 사용한다.

28. FT도에 사용되는 논리기호 중 AND 게이트에 해당하는 것은?

① 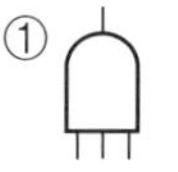 ② 

③ 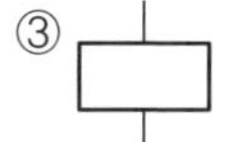 ④ 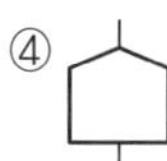

해설 AND 게이트(논리기호) : 모든 입력사상이 공존할 때에만 출력사상이 발생한다.

29. 건강한 남성이 8시간 동안 특정 작업을 실시하고, 산소소비량이 1.2L/분으로 나타났으면 8시간 총 작업시간에 포함되어야 할 최소 휴식시간은? (단, 남성의 권장 평균 에너지소비량은 5 kcal/분, 안정 시 에너지소비량은 1.5 kcal/분으로 가정한다.)

① 107분 ② 117분 ③ 127분 ④ 137분

해설 휴식시간 계산

㉠ 작업 시 평균 에너지소비량
$=5\text{kcal/L}\times1.2\text{L/min}$
$=6\text{kcal/min}$

여기서, 평균 남성의 표준 에너지소비량 : 5kcal/L

㉡ 휴식시간$(R)=\frac{\text{작업시간(분)}\times(E-5)}{E-1.5}$

$=\frac{480\times(6-5)}{6-1.5}\fallingdotseq107\text{분}$

여기서, E : 작업 시 평균 에너지소비량(kcal/분)
1.5 : 휴식시간에 대한 평균 에너지소비량(kcal/분)
5 : 기초대사를 포함한 보통작업의 평균에너지(kcal/분)

정답 25. ③ 26. ① 27. ④ 28. ① 29. ①

30. 녹색과 적색의 두 신호가 있는 신호등에서 1시간 동안 적색과 녹색이 각각 30분씩 켜진다면 이 신호등의 정보량은?

① 0.5bit　　② 1bit
③ 2bit　　④ 4bit

해설 ㉠ 녹색등 $= \dfrac{\log\left(\dfrac{1}{0.5}\right)}{\log 2} = 1$

㉡ 적색등 $= \dfrac{\log\left(\dfrac{1}{0.5}\right)}{\log 2} = 1$

㉢ 신호등의 정보량 $= (0.5 \times 1) + (0.5 \times 1) = 1\text{bit}$

31. 목과 어깨 부위의 근골격계 질환 발생과 관련하여 인과관계가 가장 적은 것은?

① 진동　　② 반복 작업
③ 과도한 힘　　④ 작업 자세

해설 진동은 주로 팔과 다리에 영향이 크며, 온몸 전체에 영향을 준다.

32. 동작경제의 원칙이 아닌 것은?

① 동작의 범위는 최대로 할 것
② 동작은 연속된 곡선운동으로 할 것
③ 양손은 좌우 대칭적으로 움직일 것
④ 양손은 동시에 시작하고 동시에 끝내도록 할 것

해설 ① 동작의 범위는 처리 가능한 범위에서 최소로 할 것

33. 40세 이후 노화에 의한 인체의 시지각능력 변화로 틀린 것은?

① 근시력 저하
② 휘광에 대한 민감도 저하
③ 망막에 이르는 조명량 감소
④ 수정체 변색

해설 40세 이후 노화에 의한 인체의 시지각 능력 변화로 근시력 저하, 망막에 이르는 조명량 감소, 수정체 변색 등이 있다.

34. 고열환경에서 심한 육체노동 후에 탈수와 체내 염분농도 부족으로 근육의 수축이 격렬하게 일어나는 장해는?

① 열경련(heat cramp)
② 열사병(heat stroke)
③ 열쇠약(heat prostration)
④ 열피로(heat exhaustion)

해설 열에 의한 손상

- 열발진(heat rash) : 고온환경에서 지속적인 육체적 노동이나 운동을 함으로써 과도한 땀이나 자극으로 인해 피부에 생기는 붉은색의 작은 수포성 발진이 나타나는 현상이다.
- 열경련(heat cramp) : 고온환경에서 지속적인 육체적 노동이나 운동을 함으로써 과다한 땀의 배출로 전해질이 고갈되어 발생하는 근육, 발작 등의 경련이 나타나는 현상이다.
- 열소모(heat exhaustion) : 고온에서 장시간 중 노동을 하거나, 심한 운동으로 땀을 다량 흘렸을 때 나타나는 현상으로 땀을 통해 손실한 염분을 충분히 보충하지 못했을 때 현기증, 구토 등이 나타나는 현상, 열피로라고도 한다.
- 열사병(heat stroke) : 고온, 다습한 환경에 노출될 때 뇌의 온도상승으로 인해 나타나는 현상으로 발한정지, 심할 경우 혼수상태에 빠져 때로는 생명을 앗아간다.
- 열쇠약(heat prostration) : 작업장의 고온환경에서 육체적 노동으로 인해 체온조절중추의 기능장애와 만성적인 체력소모로 위장장애, 불면, 빈혈 등이 나타나는 현상이다.

정답 30. ② 31. ① 32. ① 33. ② 34. ①

35. 다음 중 귀의 구조에서 고막에 가해지는 미세한 압력의 변화를 증폭하는 곳은?

① 외이(outer ear) ② 중이(middle ear)
③ 내이(inner ear) ④ 달팽이관(cochlea)

해설 중이(middle ear)는 고막에 가해지는 미세한 압력의 변화를 22배로 증폭한다.

36. 다음 중 작업장에서 구성요소를 배치하는 인간공학적 원칙과 가장 거리가 먼 것은?

① 선입선출의 원칙 ② 사용 빈도의 원칙
③ 중요도의 원칙 ④ 기능성의 원칙

해설 부품(공간)배치의 4원칙 : 중요성(도)의 원칙, 사용 순서의 원칙, 사용 빈도의 원칙, 기능별(성) 배치의 원칙

37. 다음 중 음성통신 시스템의 구성요소에서 우수한 화자(speaker)의 조건으로 틀린 것은?

① 큰 소리로 말한다.
② 음절 지속시간이 길다.
③ 말할 때 기본 음성주파수의 변화가 적다.
④ 전체 발음시간이 길고, 쉬는 시간이 짧다.

해설 ③ 말할 때 기본 음성주파수의 변화가 커야 한다.

38. 정량적 표시장치 중 정확한 정보전달 측면에서 가장 우수한 장치는?

① 디지털 표시장치
② 지침고정형 표시장치
③ 원형 지침이동형 표시장치
④ 수직형 지침이동형 표시장치

해설 정량적 표시장치 중 정확한 값을 읽어야 하는 경우에는 아날로그보다 디지털 표시장치가 유리하다.

39. 다음 중 결함수 분석법(FTA)에 관한 설명으로 틀린 것은?

① 최초 Watson이 군용으로 고안하였다.
② 미니멀 패스(minimal path sets)를 구하기 위해서는 미니멀 컷(minimal cut sets)의 상대성을 이용한다.
③ 정상사상의 발생확률을 구한 다음 FT를 작성한다.
④ AND 게이트의 확률 계산은 각 입력사상의 곱으로 한다.

해설 ③ FT도를 작성한 다음 정상사상의 발생확률을 구한다.

40. system 요소 간의 link 중 인간 커뮤니케이션 link에 해당되지 않는 것은?

① 방향성 link ② 통신계 link
③ 시각 link ④ 컨트롤 link

해설 인간 커뮤니케이션 링크 : 방향성 링크, 통신계 링크, 시각 링크, 장치 링크 등

3과목 건설시공학

41. 공사계획에 있어서 공법 선택 시 고려할 사항과 가장 거리가 먼 것은?

① 공구 분할의 결정
② 품질확보
③ 공기준수
④ 작업의 안전성 확보의 제3자 재해의 방지

해설 ②, ③, ④는 공법 선택 시 고려사항

42. 굳지 않은 콘크리트에 실시하는 시험이 아닌 것은?

① 슬럼프시험 ② 플로우시험

정답 35. ② 36. ① 37. ③ 38. ① 39. ③ 40. ④ 41. ① 42. ③

③ 슈미트해머 시험　④ 리몰딩시험

해설 슈미트해머 시험 : 경화된 콘크리트면에 해머로 타격하여 반발경도를 측정하는 비파괴시험(검사) 방법

43. 용접작업에서 용접봉을 용접 방향에 대하여 서로 엇갈리게 움직여서 용가금속을 용착시키는 운봉방법은?

① 단속용접　② 개선
③ 레그　④ 위핑

해설 위핑 : 용접봉을 용접 방향에 대해 가로 방향으로 교대로 움직여 용접을 하는 운봉법

44. 다음 중 입찰방식에 관한 설명으로 옳지 않은 것은?

① 공개경쟁입찰은 관보, 신문, 게시판 등에 입찰공고를 하여야 한다.
② 지명경쟁입찰은 경쟁입찰에 의하지 않고 그 공사에 특히 적당하다고 판단되는 1개의 회사를 선정하여 발주하는 방식이다.
③ 제한경쟁입찰은 양질의 공사를 위하여 업체 자격에 대한 조건을 만족하는 업체라면 입찰에 참가하는 방식이다.
④ 부대입찰은 발주자가 입찰 참가자에게 하도급할 공종, 하도급 금액 등에 대한 사항을 미리 기재하게 하여 입찰 시 입찰서류에 첨부하여 입찰하는 제도이다.

해설 ② 지명경쟁입찰은 부적격자 입찰을 막기 위해, 공사실적 및 기술능력에 적합한 3~7개 정도의 업체를 선정하여 입찰에 참여하게 하는 방식이다.

45. 연약한 점성토지반을 굴착할 때 주로 발생하며 흙막이 바깥에 있는 흙이 안으로 밀려 들어와 흙막이가 파괴되는 현상은?

① 파이핑(piping)　② 보일링(boiling)
③ 히빙(heaving)　④ 캠버(camber)

해설 히빙(heaving) 현상 : 연약 점토지반에서 굴착작업 시 흙막이 벽체 내·외의 토사의 중량차에 의해 흙막이 밖에 있는 흙이 안으로 밀려 들어와 솟아오르는 현상

46. 무량판구조에 사용되는 특수상자 모양의 기성재 거푸집은?

① 터널 폼　② 유로 폼
③ 슬라이딩 폼　④ 워플 폼

해설 워플 폼 : 무량판구조 또는 평판구조에서 벌집모양의 특수상자 형태의 기성재 거푸집으로 2방향 장선 바닥판 구조를 만드는 거푸집

47. 지하 4층 상가건물 터파기공사 시 흙막이 오픈 컷 방식을 적용하고 지보공 없이 넓은 작업 공간을 확보하고 기계화 시공을 실시하여 공기단축을 하고자 할 때 가장 적합한 공법은 무엇인가?

① 비탈지운 오픈 컷 공법
② 자립공법
③ 버팀대 공법
④ 어스앵커 공법

해설 어스앵커 공법은 지하매설물 등으로 시공이 어려울 수 있으나 넓은 작업장 확보가 가능하다.

48. 콘크리트의 슬럼프를 측정할 때 다짐봉으로 모두 몇 번을 다져야 하는가?

① 30회　② 45회
③ 60회　④ 75회

해설 ㉠ 콘크리트를 부어 넣을 때 1회에 25회씩 다진다.

정답 43. ④　44. ②　45. ③　46. ④　47. ④　48. ④

㉡ 다짐봉으로 모두 3번을 다져야 하므로 25회×3번=75회이다.

49. 철근콘크리트 구조용으로 쓰이는 것으로 보기 어려운 것은?

① 피아노선(piano wire)
② 원형철근 (round bar)
③ 이형철근(round bar)
④ 메탈라스(metal lath)

해설 메탈라스 : 벽을 칠 때 쇠 대신 쓰는 성긴 철망으로 벽에 바른 회 따위가 떨어지지 않게 하기 위해 사용한다.

50. 토량 6000m³을 8톤 트럭으로 운반할 때 필요한 트럭 대수는? (단, 8톤 트럭 1대의 적재량은 6m³이고 트럭은 5회 운행한다.)

① 120대 ② 150대 ③ 180대 ④ 200대

해설 ㉠ 8톤 트럭 1대의 적재량은 6m^3이므로 토량 6000m^3는 1000대 분량이다.
㉡ 트럭은 5회 운행한다.
∴ 필요한 트럭 대수$=\frac{1000}{5}=200$대

51. 거푸집 공사의 발전 방향으로 옳지 않은 것은?

① 소형 패널 위주의 거푸집 제작
② 설치의 단순화를 위한 유닛(unit)화
③ 높은 전용횟수
④ 부재의 경량화

해설 ① 대형 패널화 및 시스템 위주로 되어 가고 있다.

52. 토공사용 굴착기계 중 위치한 지면보다 낮은 우물통과 같은 협소한 장소의 흙을 퍼 올리는데 가장 적합한 장비는?

① 파워쇼벨 ② 지브크레인
③ 스크레이퍼 ④ 클램셸

해설 클램셸(clam shell) : 굴착기계의 위치한 지면보다 낮은 곳의 수중굴착 및 가장 협소하고 깊은 굴착이 가능하며, 호퍼에 적합하다.

53. 공동도급(joint venture)의 장점이 아닌 것은?

① 융자력 증대 ② 공기단축
③ 위험분산 ④ 기술확충

해설 공동도급은 2개 이상의 업체가 공동으로 연대하여 공사하므로 공기가 길어질 수 있다.

54. 기성콘크리트 말뚝을 타설할 때 그 중심간 격의 기준으로 옳은 것은?

① 말뚝머리 지름의 2.5배 이상 또한 600mm 이상
② 말뚝머리 지름의 2.5배 이상 또한 750mm 이상
③ 말뚝머리 지름의 3.0배 이상 또한 600mm 이상
④ 말뚝머리 지름의 3.0배 이상 또한 750mm 이상

해설 말뚝의 중심간격은 2.5d 이상 또는 750mm 중 큰 값을 선택한다.

55. 기둥 거푸집의 고정 및 측압 버팀용으로 사용하는 것은?

① 턴버클 ② 세퍼레이터
③ 플랫타이 ④ 컬럼밴드

해설 컬럼밴드 : 기둥 거푸집의 벌어지는 변형을 방지하는 측압 버팀용으로 사용되는 부속재료

정답 49. ④ 50. ④ 51. ① 52. ④ 53. ② 54. ② 55. ④

56. 공사 도급계약 체결 시 첨부하지 않아도 좋은 서류는?

① 도급계약서 ② 설계도
③ 공사시방서 ④ 공사 공정표

해설 도급계약서의 첨부서류
- 계약서
- 설계도면
- 시방서
- 공사시방서
- 현장설명서
- 질의응답서
- 입찰유의서
- 계약 유의사항
- 공사계약 일반조건 및 특별조건 등

Tip) 공사 공정표, 시공계획서 등은 첨부하지 않아도 되는 서류이다.

57. 다음 중 토질시험 항목에 해당하지 않는 것은?

① 소성한계시험 ② 3축압축시험
③ 할렬인장시험 ④ 비중시험

해설 할렬인장시험 : 콘크리트, 암석, 건축 구조물의 강도를 측정하는 시험

58. 콘크리트 재료적 성질에 기인하는 콘크리트 균열의 원인이 아닌 것은?

① 알칼리 골재반응
② 콘크리트의 중성화
③ 시멘트의 수화열
④ 혼화재료의 불균일한 분산

해설 ④는 시공 원인에 의한 콘크리트 균열

59. 강재면에 강필로 볼트구멍 위치와 절단개소 등을 그리는 일은?

① 원척도 ② 본뜨기
③ 금매김 ④ 변형 바로잡기

해설 금매김 : 강재판 위에 강필로 볼트구멍 위치와 절단개소 등을 그리는 작업

60. 거푸집 중 슬라이딩 폼에 대한 설명으로 옳지 않은 것은?

① 곡물 창고, 굴뚝, 사일로, 교각 등에 사용한다.
② 공기단축이 가능하다.
③ 내 · 외부에 비계발판을 설치하여 시공한다.
④ 연속적으로 콘크리트를 부어 넣어 일체성을 확보할 수 있다.

해설 슬라이딩 폼
- 활동 거푸집, 슬립 폼(slip form)
- 콘크리트를 부어 넣으면서 거푸집을 수직 방향으로 이동시켜 연속 작업을 할 수 있는 거푸집이다.
- 사일로, 연돌 등의 공사에 적합하다.

Tip) 비계발판을 별도로 설치할 필요가 없다.

4과목 건설재료학

61. 콘크리트의 성질에 관한 설명으로 옳지 않은 것은?

① 화재 시 결합수를 방출하므로 강도가 저하된다.
② 수밀콘크리트를 만들려면 된비빔 콘크리트를 사용한다.
③ 수밀성이 큰 콘크리트는 중성화 작용이 적어진다.
④ 콘크리트의 열팽창계수는 철에 비해서 매우 작다.

해설 재료의 열팽창계수

재료	열팽창계수
철	12×10^{-6}
콘크리트	10×10^{-6}

→ 콘크리트와 철은 열팽창계수가 거의 같다.

정답 56. ④ 57. ③ 58. ④ 59. ③ 60. ③ 61. ④

62. 중용열 포틀랜드 시멘트에 관한 설명으로 옳지 않은 것은?

① 수축이 작고 화학저항성이 일반적으로 크다.
② 매스콘크리트 등에 사용된다.
③ 단기강도는 보통 포틀랜드 시멘트보다 낮다.
④ 긴급 공사, 동절기 공사에 주로 사용된다.

해설 ④는 조강 포틀랜드 시멘트의 특징

63. 최근 에너지 저감 및 자연친화적인 건축물의 확대 정책에 따라 에너지 저감, 유해물질 저감, 자원의 재활용, 온실가스 감축 등을 유도하기 위한 건설자재 인증제도와 거리가 먼 것은?

① 환경표지 인증제도
② GR(Good Recycle) 인증제도
③ 탄소성적표지 인증제도
④ GD(Good Design)마크 인증제도

해설 GD마크 : 디자인 인증마크

Tip) 환경표지 인증마크 : 일정 기준을 정하여 에너지 절약, 유해물질 저감, 자원의 절약 등을 제품에 부여하여 환경성이 우수한 제품임을 인증한다.

64. 시멘트를 저장할 때의 주의사항 중 옳지 않은 것은?

① 쌓을 때 너무 압축력을 받지 않게 13포대 이내로 한다.
② 통풍을 좋게 한다.
③ 3개월 이상 된 것은 재시험하여 사용한다.
④ 저장소는 방습구조로 한다.

해설 ② 시멘트는 저장 중에 공기와 접촉하면 수분 및 이산화탄소를 흡수하여 수화반응이 일어난다.

65. 고온소성의 무수석고를 특별히 화학처리한 것으로 킨즈 시멘트라고도 하는 것은?

① 혼합석고 플라스터
② 보드용 석고 플라스터
③ 경석고 플라스터
④ 돌로마이트 플라스터

해설 경석고 플라스터(킨즈 시멘트) : 무수석고를 화학처리한 것으로 경도가 높고 경화되면 강도가 더 커진다.

66. 어떤 목재의 건조 전 질량이 200g, 건조 후 절건 질량이 150g일 때, 이 목재의 함수율은?

① 10% ② 25% ③ 33.3% ④ 66.7%

해설 함수율

$$= \frac{\text{습윤상태 질량} - \text{건조상태 질량}}{\text{건조상태 질량}} \times 100$$

$$= \frac{200-150}{150} \times 100 \fallingdotseq 33.3\%$$

67. 단열재의 특성에서 전열의 3요소가 아닌 것은?

① 전도 ② 대류 ③ 복사 ④ 결로

해설 결로 : 물건의 표면에 작은 물방울이 서려 붙는 현상

68. 각종 석재에 대한 설명으로 옳지 않은 것은?

① 대리석은 강도가 매우 높지만 내화성이 낮고 풍화되기 쉬우며 산에 약하기 때문에 실외용으로 적합하지 않다.
② 점판암은 박판으로 채취할 수 있으므로 슬레이트로서 지붕 등에 사용된다.
③ 화강암은 견고하고 대형재를 생산할 수 있으며 외장재로 사용이 가능하다.

정답 62. ④ 63. ④ 64. ② 65. ③ 66. ③ 67. ④ 68. ④

④ 응회암은 화성암의 일종으로 내화벽 또는 구조재 등에 쓰인다.

해설 ④ 응회암은 수성암의 일종이며, 가공은 용이하나 흡수성이 높고, 강도가 높지 않아 건축용으로는 부적당하다.

69. 보의 이음 부분에 볼트와 함께 보강철물로 사용되는 것으로 두 부재 사이의 전단력에 저항하는 목재구조용 철물은?

① 꺾쇠　② 띠쇠
③ 듀벨　④ 감잡이쇠

해설 듀벨 : 2개의 목재를 접합할 때 두 부재 사이에 끼워 볼트와 같이 사용하여 전단력에 저항하도록 한 철물

70. 다음 시멘트 중 댐 등 단면이 큰 구조물에 적용하기 어려운 것은?

① 중용열 포틀랜드 시멘트
② 고로 시멘트
③ 플라이애시 시멘트
④ 조강 포틀랜드 시멘트

해설 조강 포틀랜드 시멘트 : 수화열이 커서 단면이 큰 구조물에 부적합하며, 긴급 공사나 겨울철 공사에 사용된다.

71. 금속, 유리, 플라스틱, 목재, 도자기, 고무 등의 접착에 우수한 성질을 나타내며 특히 알루미늄과 같은 경금속 접착에 사용되는 접착제는?

① 에폭시수지 접착제
② 아크릴수지 접착제
③ 알키드수지 접착제
④ 폴리에스테르수지 접착제

해설 에폭시수지 접착제
- 내수성, 내습성, 내약품성, 내산성, 내알칼리성, 전기절연성이 우수하다.
- 접착력이 강해 금속, 나무, 유리 등 특히 경금속 항공기 접착에도 사용한다.
- 피막이 단단하고 유연성이 부족하다.

72. 미장공사에서 바탕청소를 하는 가장 주된 목적은?

① 바름층의 경화 및 건조 촉진
② 바탕층의 강도 증진
③ 바름층과의 접착력 향상
④ 바름층의 강도 증진

해설 미장공사에서 바탕청소를 하는 목적은 바름층과의 접착력 향상을 위해서이다.

73. 플라스틱 재료의 일반적인 성질에 대한 설명 중 옳은 것은?

① 산이나 알칼리, 염류 등에 대한 저항성이 약하다.
② 전기저항성이 불량하여 절연재료로 사용할 수 없다.
③ 내수성 및 내투습성이 좋지 않아 방수피막제 등으로 사용이 불가능하다.
④ 상호 간 계면접착이 잘 되며 금속, 콘크리트, 목재, 유리 등 다른 재료에도 잘 부착된다.

해설 ① 산이나 알칼리, 염류 등에 대한 저항성이 우수하다.
② 전기절연성이 좋아 절연재료로 사용할 수 있다.
③ 내수성 및 내투습성이 좋아 녹슬거나 부식되지 않는다.

74. 시멘트의 수화반응 속도에 영향을 주는 요인으로 가장 거리가 먼 것은?

① 시멘트의 화학성분
② 골재의 강도
③ 분말도
④ 혼화제

정답 69. ③　70. ④　71. ①　72. ③　73. ④　74. ②

해설 ②는 수화반응 속도에 영향을 주지 않는다.

75. 콘크리트의 워커빌리티 측정법이 아닌 것은?

① 슬럼프시험 ② 다짐계수시험
③ 비비시험 ④ 슈미트해머 시험

해설 ④ 슈미트해머 시험 – 콘크리트의 압축강도를 측정하는 비파괴 검사법

76. 재료의 열팽창계수에 대한 설명으로 틀린 것은?

① 온도의 변화에 따라 물체가 팽창 · 수축하는 비율을 말한다.
② 길이에 관한 비율인 선팽창계수와 용적에 관한 체적팽창계수가 있다.
③ 일반적으로 체적팽창계수는 선팽창계수의 3배이다.
④ 체적팽창계수의 단위는 W/m · K이다.

해설 ④ 체적팽창계수의 단위는 $10^{-6}K^{-1}$이다.
Tip) W/m · K는 열전도율의 단위이다.

77. 목재의 강도에 관한 설명 중 옳지 않은 것은?

① 목재의 제강도 중 섬유 평행 방향의 인장강도가 가장 크다.
② 목재를 기둥으로 사용할 때 일반적으로 목재는 섬유의 평행 방향으로 압축력을 받는다.
③ 함수율이 섬유포화점 이상으로 클 경우 함수율 변동에 따른 강도변화가 크다.
④ 목재의 인장강도 시험 시 죽은 옹이의 면적을 뺀 것을 재단면으로 가정한다.

해설 ③ 함수율이 섬유포화점 이하에서는 함수율 감소에 따라 강도가 증대된다.

78. 혼화재료 중 사용량이 비교적 많아서 그 자체의 부피가 콘크리트 비비기 용적에 계산되는 혼화재에 해당되지 않는 것은?

① 플라이애시
② 팽창재
③ 고성능 AE감수제
④ 고로슬래그 미분말

해설 AE감수제 : 작업성능이나 동결융해 저항성능의 향상

79. 목재의 방화법과 가장 관계가 먼 것은?

① 부재의 소단면화
② 불연성 막이나 층에 의한 피복
③ 방화페인트의 도포
④ 난연처리

해설 ① 부재의 대단면화

80. 콘크리트의 건조수축, 구조물의 균열 및 변형을 방지할 목적으로 사용되는 혼화재료는?

① 지연제(retarder)
② 플라이애시(fly ash)
③ 실리카흄(silica fume)
④ 팽창재(expansive producing admixtures)

해설 팽창재 : 콘크리트의 건조수축 시 발생하는 균열을 보완, 개선하기 위하여 콘크리트 속에 다량의 거품을 넣거나 기포를 발생시키기 위해 첨가하는 혼화재

5과목 건설안전기술

81. 건설업에서 사업주의 유해 · 위험방지 계획서 제출대상 사업장이 아닌 것은?

정답 75. ④ 76. ④ 77. ③ 78. ③ 79. ① 80. ④ 81. ③

① 지상높이가 31m 이상인 건축물의 건설, 개조 또는 해체공사
② 연면적 5000m^2 이상 관광숙박시설의 해체공사
③ 저수용량 5천만 톤 이하의 지방상수도 전용 댐 건설 등의 공사
④ 깊이 10m 이상인 굴착공사

해설 ③ 저수용량 2천만 톤 이상의 지방상수도 전용 댐 건설 등의 공사

82. 다음 중 터널지보공을 설치한 경우에 수시로 점검하여야 할 사항에 해당하지 않는 것은?

① 기둥침하의 유무 및 상태
② 부재의 긴압 정도
③ 매설물 등의 유무 또는 상태
④ 부재의 접속부 및 교차부의 상태

해설 터널지보공 수시점검사항
- 부재의 긴압의 정도
- 기둥침하의 유무 및 상태
- 부재의 접속부 및 교차부의 상태
- 부재의 손상 · 변형 · 부식 · 변위 · 탈락의 유무 및 상태

Tip) 매설물 등의 유무 또는 상태－굴착작업 시 사전 지반조사항목

83. 건설작업용 리프트에 대하여 바람에 의한 붕괴를 방지하는 조치를 한다고 할 때 그 기준이 되는 풍속은?

① 순간풍속 30m/sec 초과
② 순간풍속 35m/sec 초과
③ 순간풍속 40m/sec 초과
④ 순간풍속 45m/sec 초과

해설 풍속에 따른 안전기준
- 순간풍속이 초당 10m 초과 : 타워크레인의 수리 · 점검 · 해체작업 중지
- 순간풍속이 초당 15m 초과 : 타워크레인의 운전작업 중지
- 순간풍속이 초당 30m 초과 : 타워크레인의 이탈방지 조치
- 순간풍속이 초당 35m 초과 : 건설용 리프트, 옥외용 승강기가 붕괴되는 것을 방지 조치

84. 다음은 추락에 의한 위험방지와 관련된 승강설비의 설치에 관한 사항이다. (　　) 안에 들어갈 내용으로 옳은 것은?

> 사업주는 높이 또는 깊이가 (　　)를 초과하는 장소에서 작업하는 경우 해당작업에 종사하는 근로자가 안전하게 승강하기 위한 건설작업용 리프트 등의 설비를 설치하여야 한다.

① 1.0m　　② 1.5m
③ 2.0m　　④ 2.5m

해설 사업주는 높이 또는 깊이가 2m를 초과하는 장소에 건설작업용 리프트 등의 설비를 설치하여야 한다.

85. 발파작업에 종사하는 근로자가 발파 시 준수하여야 할 기준으로 옳지 않은 것은?

① 벼락이 떨어질 우려가 있는 경우에는 화약 또는 폭약의 장전작업을 중지하고 근로자들을 안전한 장소로 대피시켜야 한다.
② 근로자가 안전한 거리에 피난할 수 없는 경우에는 전면과 상부를 견고하게 방호한 피난장소를 설치하여야 한다.
③ 전기뇌관 외에 것에 의하여 점화 후 장전된 화약류의 폭발 여부를 확인하기 곤란한 경우에는 점화한 때부터 15분 이내에 신속히 확인하여 처리하여야 한다.

정답 82. ③　83. ②　84. ③　85. ③

④ 얼어붙은 다이나마이트는 화기에 접근시키거나 그 밖의 고열물에 직접 접촉시키는 등 위험한 방법으로 융해되지 않도록 한다.

해설 ③ 전기뇌관 외에 것에 의하여 점화 후 장전된 화약류의 폭발 여부를 확인하기 곤란한 경우에는 점화한 때부터 15분 이상이 지난 후에 확인하여 처리한다.

86. 공사용 가설도로에서 일반적으로 허용되는 최고 경사도는 얼마인가?

① 5% ② 10% ③ 20% ④ 30%

해설 가설도로의 일반적으로 허용되는 최고 경사도는 10%이다.

87. 철공공사의 용접, 용단작업에 사용되는 가스의 용기는 최대 몇 ℃ 이하로 보존해야 하는가?

① 25℃ ② 36℃ ③ 40℃ ④ 48℃

해설 용접, 용단작업에 사용되는 가스의 용기는 최대 40℃ 이하로 보존해야 한다.

88. 콘크리트의 양생방법이 아닌 것은?

① 습윤양생 ② 건조양생
③ 증기양생 ④ 전기양생

해설 콘크리트의 양생방법 : 습윤양생, 증기양생, 전기양생, 피막양생 등

89. 터널작업 중 낙반 등에 의한 위험방지를 위해 취할 수 있는 조치사항이 아닌 것은?

① 터널지보공 설치
② 록볼트 설치
③ 부석의 제거
④ 산소의 측정

해설 사업주는 터널 등의 건설작업을 하는 경우에 낙반 등에 의하여 근로자가 위험해질 우려가 있는 경우에는 터널지보공 및 록볼트의 설치, 부석의 제거 등 위험방지 조치를 하여야 한다.

90. 슬레이트, 선라이트 등 강도가 약한 재료로 덮은 지붕 위에서 작업을 할 때 발이 빠지는 등의 위험을 방지하기 위한 산업안전보건법령에 따른 작업발판의 최소 폭 기준은?

① 20cm 이상 ② 30cm 이상
③ 40cm 이상 ④ 50cm 이상

해설 슬레이트, 선라이트 등 강도가 약한 재료로 덮은 지붕 위에서 작업을 할 때 발이 빠지는 등의 위험을 방지하기 위한 산업안전보건법령에 따른 작업발판의 최소 폭은 30cm 이상이다.

91. 콘크리트 타설작업을 하는 경우의 준수사항으로 틀린 것은?

① 콘크리트 타설작업 중 이상이 있으면 작업을 중지하고 근로자를 대피시킬 것
② 콘크리트를 타설하는 경우에는 편심을 유발하여 콘크리트를 거푸집 내에 밀실하게 채울 것
③ 설계도서상의 콘크리트 양생기간을 준수하여 거푸집 동바리 등을 해체할 것
④ 콘크리트 타설작업 시 거푸집 붕괴의 위험이 발생할 우려가 있으면 충분히 보강 조치를 할 것

해설 ② 콘크리트를 타설하는 경우에는 편심이 발생하지 않도록 골고루 분산 타설하여 붕괴재해를 방지할 것

92. 안전난간 설치 시 발끝막이판은 바닥면으로부터 최소 얼마 이상의 높이를 유지해야 하는가?

정답 86. ② 87. ③ 88. ② 89. ④ 90. ② 91. ② 92. ②

① 5cm 이상 ② 10cm 이상
③ 15cm 이상 ④ 20cm 이상

해설 발끝막이판은 바닥면 등으로부터 10cm 이상의 높이를 유지할 것

93. 옹벽이 외력에 대하여 안정하기 위한 검토 조건이 아닌 것은?

① 전도 ② 활동
③ 좌굴 ④ 지반지지력

해설 옹벽의 안정 검토 조건 : 전도, 활동, 지반지지력 등
Tip) 좌굴 : 압력을 받는 기둥이나 판이 어떤 한계를 넘으면 휘어지는 현상

94. 철골작업 시 추락재해를 방지하기 위한 설비가 아닌 것은?

① 안전대 및 구명줄
② 트렌치박스
③ 안전난간
④ 추락방지용 방망

해설 추락재해 방지설비 : 안전대 및 구명줄, 안전난간, 추락방지용 방망, 작업발판, 덮개 등

95. 강관을 사용하여 비계를 구성하는 경우 띠장 방향에서의 비계기둥의 간격으로 옳은 것은?

① 1.8m 이하
② 1.85m 이하
③ 2.0m 이하
④ 2.5m 이하

해설 비계기둥의 간격은 띠장 방향에서는 1.85m 이하, 장선 방향에서는 1.5m 이하로 할 것

96. 히빙(heaving) 현상이 가장 쉽게 발생하는 토질지반은?

① 연약한 점토지반
② 연약한 사질토지반
③ 견고한 점토지반
④ 견고한 사질토지반

해설 히빙(heaving) 현상 : 연약 점토지반에서 굴착작업 시 흙막이 벽체 내·외의 토사의 중량 차에 의해 흙막이 밖에 있는 흙이 안으로 밀려 들어와 솟아오르는 현상

97. 벽체 콘크리트 타설 시 거푸집이 터져서 콘크리트가 쏟아진 사고가 발생하였다. 다음 중 이 사고의 주요 원인으로 추정할 수 있는 것은?

① 콘크리트를 부어 넣는 속도가 빨랐다.
② 거푸집에 박리제를 다량 도포했다.
③ 대기온도가 매우 높았다.
④ 시멘트 사용량이 많았다.

해설 콘크리트를 부어 넣는 속도가 빠를수록 측압은 크다.

98. 정기안전점검 결과 건설공사의 물리적·기능적 결함 등이 발견되어 보수·보강 등의 조치를 하기 위하여 필요한 경우에 실시하는 것은?

① 자체안전점검
② 정밀안전점검
③ 상시안전점검
④ 품질관리점검

해설 정밀안전진단 : 일상, 정기, 특별, 임시 점검에서 시설물의 물리적·기능적 결함을 발견하고 그에 대한 신속하고 적절한 조치를 하기 위하여 구조적 안전성과 결함의 원인 등을 조사·측정·평가하여 보수·보강 등의 방법을 제시한다.

정답 93. ③ 94. ② 95. ② 96. ① 97. ① 98. ②

99. 건설기계에 관한 설명 중 옳은 것은?

① 백호는 장비가 위치한 지면보다 높은 곳의 땅을 파는 데에 적합하다.
② 바이브레이션 롤러는 노반 및 소일시멘트 등의 다지기에 사용된다.
③ 파워쇼벨은 지면에 구멍을 뚫어 낙하 해머 또는 디젤 해머에 의해 강관말뚝, 널말뚝 등을 박는데 이용된다.
④ 가이데릭은 지면을 일정한 두께로 깎는 데에 이용된다.

해설 건설기계의 용도
- 파워쇼벨 : 지면보다 높은 곳의 땅파기에 적합하다.
- 드래그쇼벨(백호) : 지면보다 낮은 땅을 파는데 적합하고 수중굴착도 가능하다.
- 드래그라인 : 지면보다 낮은 땅을 파는데 적합하고 굴착 반지름이 크다.
- 클램쉘 : 수중굴착 및 가장 협소하고 깊은 굴착이 가능하며, 호퍼에 적합하다.
- 바이브레이션 롤러 : 노반 및 소일시멘트 등의 다지기에 사용된다.
- 가이데릭 : 360° 회전 고정 선회식의 기중기로 붐의 기복 · 회전에 의해서 짐을 이동시키는 장치이다.

100. 철골구조에서 강풍에 대한 내력이 설계에 고려되었는지 검토를 실시하지 않아도 되는 건물은?

① 높이 30m인 건물
② 연면적당 철골량이 45kg인 건물
③ 단면구조가 일정한 구조물
④ 이음부가 현장용접인 건물

해설 ③ 단면구조에 현저한 차이가 있는 구조물을 검토하여야 한다.

정답 99. ② 100. ③

제3회 CBT 실전문제

|건|설|안|전|산|업|기|사|

1과목 산업안전관리론

1. 안전교육 훈련기법에 있어 태도 개발 측면에서 가장 적합한 기본교육 훈련방식은?

① 실습방식 ② 제시방식
③ 참가방식 ④ 시뮬레이션방식

해설 안전교육 훈련기법
- 안전교육의 지식교육 방식은 제시교육 방식이다.
- 안전교육의 기능교육 방식은 실습교육 방식이다.
- 안전교육의 태도교육 방식은 참가교육 방식이다.

2. 산업안전보건법상 고용노동부장관이 산업재해예방을 위하여 종합적인 개선조치를 할 필요가 있다고 인정할 때에 안전보건개선계획의 수립 · 시행을 명할 수 있는 대상 사업장이 아닌 것은?

① 산업재해율이 같은 업종의 규모별 평균 산업재해율보다 높은 사업장
② 사업주가 안전 · 보건조치의무를 이행하지 아니하여 중대재해가 발생한 사업장
③ 고용노동부장관이 관보 등에 고시한 유해인자의 노출기준을 초과한 사업장
④ 경미한 재해가 다발로 발생한 사업장

해설 안전보건개선계획의 수립 · 시행을 명할 수 있는 사업장
- 사업주가 필요한 안전 · 보건조치의무를 이행하지 아니하여 중대재해가 발생한 사업장
- 산업재해율이 같은 업종의 평균 산업재해율의 2배 이상인 사업장
- 직업성 질병자가 연간 2명(상시근로자 1000명 이상 사업장의 경우 3명) 이상 발생한 사업장
- 산업안전보건법 제106조에 따른 유해인자 노출기준을 초과한 사업장
- 그 밖에 작업환경 불량, 화재 · 폭발 또는 누출사고 등으로 사회적 물의를 일으킨 사업장

3. 산업안전보건법상 근로자 안전 · 보건교육의 기준으로 틀린 것은?

① 사무직 종사 근로자의 정기교육 : 매분기 3시간 이상
② 일용근로자의 작업내용 변경 시의 교육 : 1시간 이상
③ 관리감독자의 지위에 있는 사람의 정기교육 : 연간 16시간 이상
④ 건설 일용근로자의 건설업 기초안전 · 보건교육 : 2시간 이상

해설 ④ 건설 일용근로자의 건설업 기초안전 · 보건교육 : 4시간 이상

4. 재해 발생의 주요 원인 중 불안전한 상태에 해당하지 않는 것은?

① 기계설비 및 장비의 결함
② 부적절한 조명 및 환기
③ 작업장소의 정리 · 정돈 불량
④ 보호구 미착용

해설 ④는 불안전한 행동에 해당된다.

정답 1. ③ 2. ④ 3. ④ 4. ④

5. **적응기제(adjustment mechanism) 중 방어적 기제에 해당하는 것은?**

① 고립 ② 퇴행
③ 억압 ④ 보상

해설 방어기제 : 보상, 투사, 승화, 동일시, 합리화 등
Tip) 도피기제 : 억압, 퇴행, 고립, 백일몽 등

6. **눈으로는 작업내용을 보고 손과 발로는 습관적으로 작업을 하고 있지만 머릿속에는 고민이나 공상으로 가득 차 있어서 작업에 필요한 주의력이 점차 약화되고 작업자가 눈으로 보고 있는 작업상황이 의식에 전달되지 않는 상태를 의미하는 것은?**

① 의식의 과잉 ② 의식의 단절
③ 의식의 우회 ④ 의식수준의 저하

해설 의식의 우회 : 의식의 흐름이 옆으로 빗나가 발생한 것으로 피로, 단조로운 일, 수면, 졸음, 몽롱 작업 중 걱정, 고민, 욕구불만 등에 의해 발생하며, 부주의 발생의 내적요인이다.

7. **산업안전보건법상 프레스 작업 시 작업시작 전 점검사항에 해당하지 않는 것은?**

① 클러치 및 브레이크의 기능
② 매니퓰레이터(manipulator) 작동의 이상 유무
③ 프레스의 금형 및 고정볼트 상태
④ 1행정 1정지기구 · 급정지장치 및 비상정지장치의 기능

해설 ②는 로봇의 작업시작 전 점검사항이다.

8. **일선 관리감독자를 대상으로, 작업지도기법, 작업개선기법, 인간관계 관리기법 등을 교육하는 방법은?**

① ATT(American Telephone & Telegram Co.)
② MTP(Management Training Program)
③ CCS(Civil Communication Section)
④ TWI(Training Within Industry)

해설 TWI 교육과정 4가지 : 작업방법 훈련, 작업지도 훈련, 인간관계 훈련, 작업안전 훈련

9. **위험예지훈련 기초 4라운드(4R)에서 라운드별 내용이 바르게 연결된 것은?**

① 1라운드 : 현상파악
② 2라운드 : 대책수립
③ 3라운드 : 목표설정
④ 4라운드 : 본질추구

해설 위험예지훈련 4라운드

1R	2R	3R	4R
현상파악	본질추구	대책수립	행동목표 설정

10. **인간의 실수 및 과오의 요인과 직접적인 관계가 가장 먼 것은?**

① 관리의 부적당
② 능력의 부족
③ 주의의 부족
④ 환경조건의 부적당

해설 ①은 간접적인 원인

11. **매슬로우(Maslow)의 욕구단계 이론 중 제2단계의 욕구에 해당하는 것은?**

① 사회적 욕구
② 안전에 대한 욕구
③ 자아실현의 욕구
④ 존경과 긍지에 대한 욕구

해설 안전욕구(2단계) : 안전을 구하려는 자기보존의 욕구

정답 5. ④ 6. ③ 7. ② 8. ④ 9. ① 10. ① 11. ②

12. 무재해운동의 3원칙에 해당되지 않는 것은?

① 참가의 원칙
② 무의 원칙
③ 예방의 원칙
④ 선취의 원칙

해설 무재해운동의 기본이념 3원칙 : 무의 원칙, 참가의 원칙, 선취의 원칙

13. 산업안전보건법령상 안전검사대상 유해 · 위험기계에 해당하지 않는 것은?

① 곤돌라
② 전기 용접기
③ 리프트
④ 산업용 원심기

해설 안전검사대상 유해 · 위험기계 · 기구

㉠ 프레스　㉡ 산업용 로봇
㉢ 전단기　㉣ 압력용기
㉤ 리프트　㉥ 곤돌라
㉦ 컨베이어
㉧ 원심기(산업용만 해당)
㉨ 롤러기(밀폐형 구조 제외)
㉩ 크레인(2t 미만 제외)
㉪ 국소배기장치(이동식 제외)
㉫ 사출성형기(형체결력 294kN 미만 제외)
㉬ 고소작업대(자동차관리법에 한 한다)

Tip) 전기 용접기 – 자율안전확인대상 기계 · 기구

14. 1000명의 근로자가 주당 45시간씩 연간 50주를 근무하는 A기업에서 질병 및 기타 사유로 인하여 5%의 결근율을 나타내고 있다. 이 기업에서 연간 60건의 재해가 발생하였다면 이 기업의 도수율은 약 얼마인가?

① 25.12　② 26.67
③ 28.07　④ 51.64

해설 $도수율 = \frac{연간\ 재해\ 발생\ 건수}{연근로\ 총\ 시간\ 수} \times 10^6$

$$= \frac{60}{1000 \times 45 \times 50 \times 0.95} \times 10^6 ≒ 28.07$$

15. 다음 중 안전교육의 종류에 포함되지 않는 것은?

① 태도교육　② 지식교육
③ 직무교육　④ 기능교육

해설 안전교육의 3단계 : 제1단계(지식교육), 제2단계(기능교육), 제3단계(태도교육)

16. 다음 중 산업안전보건법령상 안전인증대상 보호구의 안전인증제품에 안전인증표시 외에 표시하여야 할 사항과 가장 거리가 먼 것은?

① 안전인증번호
② 형식 또는 모델명
③ 제조번호 및 제조연월
④ 물리적, 화학적 성능기준

해설 안전인증제품의 안전인증표시 외 표시사항 : 형식 또는 모델명, 규격 또는 등급, 제조자명, 제조번호 및 제조연월, 안전인증번호

17. OFF.J.T(Off the Job Training)의 특징으로 옳지 않은 것은?

① 많은 지식, 경험을 교류할 수 있다.
② 직장의 실정에 맞게 실제적 훈련이 가능하다.
③ 다수의 근로자들에게 조직적 훈련이 가능하다.
④ 특별한 교재, 교구 및 설비 등을 이용하는 것이 가능하다.

해설 ②는 O.J.T 교육의 특징

18. 안전점검 시 점검자가 갖추어야 할 태도 및 마음가짐과 가장 거리가 먼 것은?

정답 12. ③　13. ②　14. ③　15. ③　16. ④　17. ②　18. ④

① 점검 본래의 취지 준수
② 점검대상 부서의 협조
③ 모범적인 점검자의 자세
④ 점검결과 통보 생략

해설 ④ 잘못된 사항은 수정이 될 수 있도록 점검결과에 대하여 통보한다.

19. 다음 중 재해조사 시의 유의사항으로 가장 적절하지 않은 것은?

① 사실을 수집한다.
② 사람, 기계설비, 양면의 재해요인을 모두 도출한다.
③ 객관적인 입장에서 공정하게 조사하며, 조사는 2인 이상이 한다.
④ 목격자의 증언과 추측의 말을 모두 반영하여 분석하고, 결과를 도출한다.

해설 ④ 목격자의 증언과 추측은 사실과 구별하여 참고자료로 기록하고, 사고 직후에 즉시 기록하는 것이 좋다.

20. 버드(Bird)는 사고가 5개의 연쇄반응에 의하여 발생되는 것으로 보았다. 다음 중 재해발생의 첫 단계에 해당하는 것은?

① 개인적 결함
② 사회적 환경
③ 전문적 관리의 부족
④ 불안전한 행동 및 불안전한 상태

해설 버드(Bird)의 최신 연쇄성 이론

1단계	2단계	3단계	4단계	5단계
제어 부족 : 관리	기본 원인 : 기원	직접 원인 : 징후	사고 : 접촉	상해 : 손해

2과목 인간공학 및 시스템 안전공학

21. 지게차 인장벨트의 수명은 평균이 100000시간, 표준편차가 500시간인 정규분포를 따른다. 이 인장벨트의 수명이 101000시간 이상일 확률은 약 얼마인가? (단, $P(Z \le 1) = 0.8413$, $P(Z \le 2) = 0.9772$, $P(Z \le 3) = 0.9987$이다.)

① 1.60% ② 2.28% ③ 3.28% ④ 4.28%

해설 정규분포 $P\left(Z \ge \frac{X-\mu}{\sigma}\right)$

여기서, X : 확률변수, μ : 평균, σ : 표준편차

$\rightarrow P(X \ge 101000)$

$= P\left(Z \ge \frac{101000-100000}{500}\right)$

$= P(Z \ge 2) = 1 - P(Z \le 2)$

$= 1 - 0.9772 = 0.0228 \times 100 = 2.28\%$

22. 위험처리 방법에 관한 설명으로 틀린 것은?

① 위험처리 대책수립 시 비용문제는 제외된다.
② 재정적으로 처리하는 방법에는 보류와 전가방법이 있다.
③ 위험의 제어방법에는 회피, 손실제어, 위험분리, 책임전가 등이 있다.
④ 위험처리 방법에는 위험을 제어하는 방법과 재정적으로 처리하는 방법이 있다.

해설 ① 위험처리 대책수립 시 비용문제를 포함해야 한다.

23. 일반적인 인간-기계 시스템의 형태 중 인간이 사용자나 동력원으로 기능하는 것은?

① 수동체계 ② 기계화 체계
③ 자동체계 ④ 반자동 체계

정답 19. ④ 20. ③ 21. ② 22. ① 23. ①

해설 수동 시스템 : 사용자가 스스로 기계 시스템의 동력원으로 작용하여 작업을 수행한다.

24. 휘도(luminance)가 10 cd/m²이고, 조도(illuminacec)가 100 lux일 때 반사율(reflectance)(%)은?

① 0.1π ② 10π
③ 100π ④ 1000π

해설 $\text{반사율}(\%) = \frac{\text{광속발산도}(fL)}{\text{조명}(fc)} \times 100$

$= \frac{(cd/m^2) \times \pi}{(lux)} \times 100 = \frac{10\pi}{100} \times 100 = 10\pi$

(※ 실제 시험에서 정답은 ①번으로 발표되었으나, 본서에서는 공식으로 계산한 ② 10π를 정답으로 한다.)

25. 위험조정을 위해 필요한 방법으로 틀린 것은?

① 위험보류(retention)
② 위험감축(reduction)
③ 위험회피(avoidance)
④ 위험확인(confirmation)

해설 위험처리 기술 : 위험회피, 위험감축(제거), 위험보류(보유), 위험전가

26. 시스템을 성공적으로 작동시키는 경로의 집합을 시스템 신뢰도 측면에서는 무엇이라 하는가?

① cut set
② ture set
③ path set
④ module set

해설 패스셋(path set) : 모든 기본사상이 발생하지 않을 때 처음으로 정상사상이 발생하지 않는 기본사상들의 집합, 시스템의 고장을 발생시키지 않는 기본사상들의 집합

27. 조종반응비율(C/R비)에 관한 설명으로 틀린 것은?

① 조종장치와 표시장치의 물리적 크기와 성질에 따라 달라진다.
② 표시장치의 이동거리를 조종장치의 이동거리로 나눈 값이다.
③ 조종반응비율이 낮다는 것은 민감도가 높다는 의미이다.
④ 최적의 조종반응비율은 조종장치의 조종시간과 표시장치의 이동시간이 교차하는 값이다.

해설 ② $C/R\text{비} = \frac{\text{조종장치 이동거리}}{\text{표시장치 이동거리}}$

28. 고온 작업자의 고온 스트레스로 인해 발생하는 생리적 영향이 아닌 것은?

① 피부 온도의 상승
② 발한(sweating)의 증가
③ 심박출량(cardiac output)의 증가
④ 근육에서의 젖산 감소로 인한 근육통과 근육피로 증가

해설 ④ 근육에서 젖산이 증가하여 근육통과 근육피로가 증가한다.

29. 시스템 수명주기에서 예비위험분석을 적용하는 단계는?

① 구상 단계 ② 개발 단계
③ 생산 단계 ④ 운전 단계

해설 예비위험분석(PHA) : 모든 시스템 안전 프로그램 중 최초 단계의 분석으로 시스템 내의 위험요소가 얼마나 위험한 상태에 있는지를 정성적으로 평가하는 분석기법

Tip) 시스템 수명주기 단계

1단계	2단계	3단계	4단계	5단계	6단계
구상 단계	정의 단계	개발 단계	생산 단계	운전 단계	폐기 단계

정답 24. ② 25. ④ 26. ③ 27. ② 28. ④ 29. ①

30. 인간이 현존하는 기계를 능가하는 기능으로 거리가 먼 것은?

① 완전히 새로운 해결책을 도출할 수 있다.
② 원칙을 적용하여 다양한 문제를 해결할 수 있다.
③ 여러 개의 프로그램 된 활동을 동시에 수행할 수 있다.
④ 상황에 따라 변하는 복잡한 자극 형태를 식별할 수 있다.

해설 ③은 기계가 인간을 능가하는 기능

31. 에너지 대사율(RMR)에 의한 작업강도에서 경작업이란 작업강도가 얼마인 작업을 의미하는가?

① 1~2 ② 2~4
③ 4~7 ④ 7~9

해설 작업강도의 에너지 대사율(RMR)

경작업	보통작업(中)	보통작업(重)	초중작업
0~2	2~4	4~7	7 이상

32. FT도에 사용되는 논리기호 중 AND 게이트에 해당하는 것은?

① 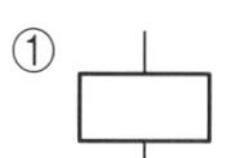 ② 
③  ④ 

해설 AND 게이트(논리기호) : 모든 입력사상이 공존할 때에만 출력사상이 발생한다.

33. 시스템에 영향을 미치는 모든 요소의 고장을 형태별로 분석하여 그 영향을 검토하는 시스템 안전 분석기법은?

① FMEA ② PHA
③ HAZOP ④ FTA

해설 고장형태 및 영향분석(FMEA) : 시스템에 영향을 미치는 모든 요소의 고장을 형태별로 분석하여 그 영향을 최소로 하고자 검토하는 전형적인 정성적, 귀납적 분석방법

34. 다음 FT도상에서 정상사상 T의 발생확률은? (단, 기본사상 ①, ②의 발생확률은 각각 1×10^{-2}과 2×10^{-2}이다.)

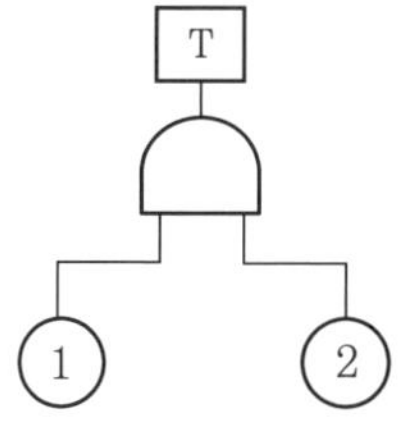

① 2×10^{-2} ② 2×10^{-4}
③ 2.98×10^{-2} ④ 2.98×10^{-4}

해설 T=①×②
$=(1\times10^{-2})\times(2\times10^{-2})=2\times10^{-4}$

35. 시스템의 성능 저하가 인원의 부상이나 시스템 전체에 중대한 손해를 입히지 않고 제어가 가능한 상태의 위험강도는?

① 범주 1 : 파국적 ② 범주 2 : 위기적
③ 범주 3 : 한계적 ④ 범주 4 : 무시

해설 PHA에서 위험의 정도 분류 4가지 범주

- 범주 Ⅰ. 파국적(catastrophic) : 시스템의 고장 등으로 사망, 시스템 매우 중대한 손상
- 범주 Ⅱ. 위기적(critical) : 시스템의 고장 등으로 심각한 상해, 시스템 중대한 손상
- 범주 Ⅲ. 한계적(marginal) : 시스템의 성능 저하가 경미한 상해, 시스템 성능 저하
- 범주 Ⅳ. 무시(negligible) : 경미한 상해, 시스템 성능 저하 없거나 미미함

정답 30. ③ 31. ① 32. ③ 33. ① 34. ② 35. ③

36. 다음 중 인간-기계 인터페이스(human-machine interface)의 조화성과 가장 거리가 먼 것은?

① 인지적 조화성 ② 신체적 조화성
③ 통계적 조화성 ④ 감성적 조화성

해설 감성공학과 인간의 인터페이스 3단계

인터페이스	특성
신체적	인간의 신체적, 형태적 특성의 적합성
인지적	인간의 인지능력, 정신적 부담의 정도
감성적	인간의 감정 및 정서의 적합성 여부

37. 다음 중 부품배치의 원칙에 해당하지 않는 것은?

① 중요성의 원칙 ② 사용 빈도의 원칙
③ 사용 순서의 원칙 ④ 작업 공간의 원칙

해설 부품(공간)배치의 원칙
- 중요성(도)의 원칙(위치결정) : 중요한 순위에 따라 우선순위를 결정한다.
- 사용 빈도의 원칙(위치결정) : 사용하는 빈도에 따라 우선순위를 결정한다.
- 사용 순서의 원칙(배치결정) : 사용 순서에 따라 장비를 배치한다.
- 기능별(성) 배치의 원칙(배치결정) : 기능이 관련된 부품들을 모아서 배치한다.

38. 시스템의 위험분석 기법에 해당하지 않는 것은?

① RULA ② ETA ③ FMEA ④ MORT

해설 ①은 근골격계 질환의 인간공학적 평가기법

Tip) 근골격계 질환의 인간공학적 평가기법 : OWAS, NLE, RULA 등

39. 다음 통제용 조종장치의 형태 중 그 성격이 다른 것은?

① 노브(knob)
② 푸시버튼(push button)
③ 토글스위치(toggle switch)
④ 로터리 선택스위치(rotary select switch)

해설 ①은 양을 연속적으로 조절하는 장치

Tip) 개폐에 의한 통제 : 푸시버튼, 토글스위치, 로터리 선택스위치 등

40. 1cd의 점광원에서 1m 떨어진 곳에서의 조도가 3lux이었다. 동일한 조건에서 5m 떨어진 곳에서의 조도는 약 몇 lux인가?

① 0.12 ② 0.22
③ 0.36 ④ 0.56

해설 ㉠ 1m에서의 조도

$$=3\text{lux}=\frac{\text{광도}}{\text{거리}^2}=\frac{\text{광도}}{1^2} \quad \therefore \text{광도}=3\text{cd}$$

㉡ $5\text{m}\text{에서의 조도}=\frac{\text{광도}}{\text{거리}^2}=\frac{3}{5^2}=0.12\text{lux}$

3과목 건설시공학

41. 철골조 용접 공작에서 용접봉의 피복제 역할로 옳지 않은 것은?

① 함유 원소를 이온화하여 아크를 안정시킨다.
② 용착금속에 합금원소를 가한다.
③ 용착금속의 산화를 촉진하여 고열을 발생시킨다.
④ 용융금속의 탈산, 정련을 한다.

해설 용접봉의 피복제 역할
- 함유 원소를 이온화하여 아크를 안정시킨다.
- 용착금속에 합금원소를 가한다.

정답 36. ③ 37. ④ 38. ① 39. ① 40. ① 41. ③

• 용융금속의 탈산, 정련을 한다.
• 표면의 냉각, 응고속도를 낮춘다.
• 용적을 미세화하고, 용착효율을 높인다.

42. 공동도급(joint venture contract)의 이점이 아닌 것은?

① 융자력의 증대
② 위험부담의 분산
③ 기술의 확충, 강화 및 경험의 증대
④ 이윤의 증대

해설 ④ 기술 확충 및 우량 시공은 가능하나 공사비는 증가할 수 있다.

43. 콘크리트에 관한 설명으로 옳지 않은 것은?

① 진동다짐한 콘크리트의 경우가 그렇지 않은 경우의 콘크리트보다 강도가 커진다.
② 공기연행제는 콘크리트의 시공연도를 좋게 한다.
③ 물-시멘트비가 커지면 콘크리트의 강도가 커진다.
④ 양생온도가 높을수록 콘크리트의 강도발현이 촉진되고 초기강도는 커진다.

해설 ③ 물-시멘트비가 작을수록 콘크리트의 강도가 커진다.

44. 다음 중 언더피닝 공법이 아닌 것은?

① 2중 널말뚝 공법
② 강재말뚝 공법
③ 웰 포인트 공법
④ 모르타르 및 약액주입법

해설 웰 포인트 공법 : 모래질지반에 지하수위를 일시적으로 저하시켜야 할 때 사용하는 공법으로 모래 탈수공법이라고 한다.

45. 강재면에 강필로 볼트구멍 위치와 절단개소 등을 그리는 일은?

① 원척도 ② 본뜨기
③ 금매김 ④ 변형 바로잡기

해설 금매김 : 강재판 위에 강필로 볼트구멍 위치와 절단개소 등을 그리는 작업

46. 철근콘크리트 공사에서의 철근이음에 관한 설명으로 틀린 것은?

① 철근의 이음위치는 되도록 응력이 큰 곳을 피한다.
② 일반적으로 이음을 할 때는 한 곳에서 철근 수의 반 이상을 이어야 한다.
③ 철근이음에는 겹침이음, 용접이음, 기계적 이음 등이 있다.
④ 철근이음은 힘의 전달이 연속적이고, 응력 집중 등 부작용이 생기지 않아야 한다.

해설 ② 일반적으로 이음을 할 때는 한 곳에서 철근 수의 반 이상을 이어서는 안 된다.

47. 철근의 가공에 관한 설명 중 옳지 않은 것은?

① 한 번 구부린 철근은 다시 펴서 사용해서는 안 된다.
② 철근은 시어커터(shear cutter)나 전동 톱에 의해 절단한다.
③ 인력에 의한 절곡은 규정상 불가하다.
④ 철근은 열을 가하여 절단하거나 절곡해서는 안 된다.

해설 ③ 인력에 의한 절곡은 현장에서 가능하다.

48. 다음 중 콘크리트 공사 시 거푸집 측압의 증가 요인에 관한 설명으로 옳지 않은 것은?

① 콘크리트의 타설속도가 빠를수록 증가한다.

부록 실전문제

정답 42. ④ 43. ③ 44. ③ 45. ③ 46. ② 47. ③ 48. ③

② 콘크리트의 슬럼프가 클수록 증가한다.
③ 콘크리트에 대한 다짐이 적을수록 증가한다.
④ 콘크리트의 경화속도가 늦을수록 증가한다.

해설 ③ 콘크리트를 많이 다질수록 측압은 커진다.
Tip) 지나친 다짐은 거푸집이 도괴될 수 있다.

49. 공사관리 기법 중 VE(Value Engineering) 가치향상의 방법으로 옳지 않은 것은?

① 기능은 올리고 비용은 내린다.
② 기능은 많이 내리고 비용은 조금 내린다.
③ 기능은 많이 올리고 비용은 약간 올린다.
④ 기능은 일정하게 하고 비용은 내린다.

해설 $VE=\frac{F}{C}$

여기서, F : 기능, C : 비용

50. 지하연속벽(slurry wall) 공법에 관한 설명으로 옳지 않은 것은?

① 도심지 공사에서 탑다운 공법과 같이 병행할 수 있다.
② 단면강성이 높고 지수성이 뛰어나다.
③ 벽 두께를 자유로이 설계하기 어렵다.
④ 공사비가 비교적 높고 공기가 불리한 편이다.

해설 ③ 벽 두께를 자유로이 설계할 수 있다.

51. 주로 이음이 필요한 지중보 등에서 특수 리브라스(rib lath)와 목재 프레임을 부속철물로 고정하고 콘크리트를 타설함으로써 거푸집 해체작업이 필요 없는 공법은?

① 터널 폼　② 메탈라스 폼
③ 슬라이딩 폼　④ 플라잉 폼

해설 메탈라스 폼 : 강철로 만들어진 패널(panel)인 콘크리트 형틀로서 매립형 일체식 거푸집이다.

52. 공정계획에서 공정표 작성 시 주의사항으로 옳지 않은 것은?

① 기초공사는 옥외작업이기 때문에 기후에 좌우되기 쉽고 공정변경이 많다.
② 노무, 재료, 시공기기는 적절하게 준비할 수 있도록 계획한다.
③ 공기를 단축하기 위하여 다른 공사와 중복하여 시공할 수 없다.
④ 마감공사는 기후에 좌우되는 것이 적으나 공정 단계가 많으므로 충분한 공기(工期)가 필요하다.

해설 ③ 공기를 단축하기 위하여 다른 공사와 중복하여 시공할 수 있다.

53. 숏크리트(shotcrete) 공정이 필요한 공법은?

① 강재 널말뚝 공법
② 엄지말뚝식 흙막이 공법
③ 지하연속벽 공법
④ 소일네일링 공법

해설 소일네일링 공법 : 지반에 철근을 삽입하고 바깥쪽에 2차에 걸친 숏크리트 공법으로 일체화를 안정시키는 공법
Tip) 숏크리트 공법 : 건나이트라고도 하며, 모르타르 혹은 콘크리트를 압축공기로 분사하여 바르는 것이다.

54. 토공사용 장비에 해당되지 않는 것은?

① 불도저(bulldozer)
② 트럭크레인(truck crane)
③ 그레이더(grader)
④ 스크레이퍼(scraper)

해설 트럭크레인은 트럭의 섀시 위에 지브크레인의 본체를 탑재한 이동식 크레인이다.

정답 49. ② 50. ③ 51. ② 52. ③ 53. ④ 54. ②

55. 용접봉의 용접 방향에 대하여 서로 엇갈리게 움직여서 금속을 용착시키는 운봉방식은?

① 언더컷(undercut)
② 오버랩(overlap)
③ 위빙(weaving)
④ 크랙(crack)

해설 위빙(weaving) : 용접봉을 용접 방향에 대해 서로 엇갈리게 움직여 용접을 하는 운봉법

56. 보일링(boiling) 현상을 방지하기 위한 방법으로 옳지 않은 것은?

① 약액주입 등으로 굴착지면의 지수를 한다.
② 안전율을 만족하도록 흙막이 벽의 타입깊이를 늘린다.
③ 지하수위를 저하하는 공법을 사용한다.
④ 흙막이 벽의 배면 지하수위와 굴착저면과의 수위차를 크게 한다.

해설 ④ 굴착부와 벽의 배면 지하수위를 낮춘다.

57. 콘크리트 배합을 결정하는데 있어서 직접적으로 관계가 없는 것은?

① 물-시멘트비
② 골재의 강도
③ 단위 시멘트량
④ 슬럼프 값

해설 골재의 강도는 콘크리트 배합을 결정하는데 있어서 직접적으로 관계가 없다.

58. 거푸집 해체작업 시 주의사항 중 옳지 않은 것은?

① 지주를 바꾸어 세우는 동안에는 그 상부작업을 제한하여 하중을 적게 한다.
② 높은 곳에 위치한 거푸집은 제거하지 않고 미장공사를 실시한다.
③ 제거한 거푸집은 재사용을 위해 묻어 있는 콘크리트를 제거한다.
④ 진동, 충격 등을 주지 않고 콘크리트가 손상되지 않도록 순서에 맞게 거푸집을 제거한다.

해설 ② 높은 곳에 위치한 거푸집은 제거하고 미장공사를 한다.

59. 다음은 지하연속벽(slurry wall) 공법의 시공내용이다. 그 순서를 옳게 나열한 것은?

㉠ 트레미관을 통한 콘크리트 타설 ㉡ 굴착 ㉢ 철근망의 조립 및 삽입 ㉣ guide wall 설치 ㉤ end pipe 설치

① ㉠ → ㉡ → ㉢ → ㉤ → ㉣
② ㉣ → ㉡ → ㉤ → ㉢ → ㉠
③ ㉡ → ㉣ → ㉤ → ㉢ → ㉠
④ ㉡ → ㉣ → ㉢ → ㉤ → ㉠

해설 지하연속벽 공법의 시공 순서
guide wall 설치 → 굴착 → end pipe 설치 → 철근망의 조립 및 삽입 → 트레미관을 통한 콘크리트 타설

60. 공사에 필요한 표준시방서의 내용에 포함되지 않는 사항은?

① 재료에 관한 사항
② 공법에 관한 사항
③ 공사비에 관한 사항
④ 검사 및 시험에 관한 사항

해설 ③ 공정에 따른 공사비 사용에 관한 사항-공사계약 시 작성사항

정답 55. ③ 56. ④ 57. ② 58. ② 59. ② 60. ③

4과목 건설재료학

61. 비철금속에 관한 설명으로 옳지 않은 것은?

① 비철금속은 철 이외의 금속을 말한다.
② 철금속에 비하여 내식성이 우수하고 경량이다.
③ 가공이 용이하여 건축용 장식에도 사용된다.
④ 비철금속의 종류는 철강과 탄소강이 있다.

해설 ④ 금속의 종류에 철강과 탄소강이 있다.

62. 콘크리트용 시멘트에 관한 설명으로 옳지 않은 것은?

① 콘크리트 강도는 물-시멘트비에 영향을 받지 않는다.
② 고로 시멘트와 실리카 시멘트는 보통 포틀랜드 시멘트보다 수화작용이 느려서 초기강도가 작다.
③ 시멘트의 분말도가 클수록 초기 콘크리트 강도 발현이 빠르다.
④ 알루미나 시멘트, 고로 시멘트, 실리카 시멘트는 내해수성이 크다.

해설 ① 콘크리트의 강도는 대체로 물-시멘트비에 의해 결정된다.

63. 화재 시 유리가 파손되는 원인과 관계가 적은 것은?

① 열팽창계수가 크기 때문이다.
② 급가열 시 부분적 면내(面内) 온도차가 커지기 때문이다.
③ 용융온도가 낮아 녹기 때문이다.
④ 열전도율이 작기 때문이다.

해설 ③ 유리의 용융온도는 700℃로 유리가 녹아서 파손되지는 않는다.

64. 콘크리트의 건조수축 시 발생하는 균열을 보완, 개선하기 위하여 콘크리트 속에 다량의 거품을 넣거나 기포를 발생시키기 위해 첨가하는 혼화재는?

① 고로슬래그 ② 플라이애시
③ 실리카흄 ④ 팽창재

해설 팽창재 : 콘크리트의 건조수축 시 발생하는 균열을 보완, 개선하기 위하여 콘크리트 속에 다량의 거품을 넣거나 기포를 발생시키기 위해 첨가하는 혼화재

65. 수분 상승으로 인하여 콘크리트의 표면에 떠올라 얇은 피막으로 되어 침적한 물질은 무엇인가?

① 레이턴스 ② 폴리머
③ 마그네시아 ④ 포졸란

해설 레이턴스 : 아직 굳지 않은 시멘트나 콘크리트 표면에 수분 상승으로 인하여 떠오른 얇은 피막으로 백색의 미세한 침전물이다.

66. 다음 중 골재로 사용할 수 없는 것은?

① 락크 울(rock wool)
② 질석(vermiculite)
③ 펄라이트(perlite)
④ 화산자갈(volcanic gravel)

해설 골재가 가능한 재료 : 질석, 펄라이트, 화산자갈 등

Tip) 락크 울(rock wool) - 인공 무기섬유의 일종

67. 수경성 미장재료를 시공할 때 주의사항이 아닌 것은?

① 적절한 통풍을 필요로 한다.
② 물을 공급하여 양생한다.
③ 습기가 있는 장소에서 시공이 유리하다.

정답 61. ④ 62. ① 63. ③ 64. ④ 65. ① 66. ① 67. ①

④ 경화 시 직사일광 건조를 피한다.

해설 ① 공기의 통풍이 나쁜 지하실 등에서도 사용한다.

Tip) 수경성 미장재료에는 시멘트 모르타르, 석고 플라스터 등이 있다.

68. 염화비닐과 질산비닐을 주원료로 하여 석면, 펄프 등을 충전제로 하고 안료를 혼합하여 롤러로 성형 가공한 것으로 폭 90cm, 두께 2.5mm 이하의 두루마리형으로 되어 있는 것은?

① 염화비닐 타일　② 아스팔트 타일
③ 폴리스티렌 타일　④ 비닐 시트

해설 비닐 시트 : 염화비닐과 질산비닐을 주원료로 하여 석면, 펄프 등을 충전제로 하고 안료를 혼합하여 롤러로 성형 가공한 것으로 폭 90cm, 두께 2.5mm 이하의 두루마리형이다.

69. 목재의 역학적 성질에 관한 설명으로 옳지 않은 것은?

① 섬유 평행 방향의 휨강도와 전단강도는 거의 같다.
② 강도와 탄성은 가력 방향과 섬유 방향과의 관계에 따라 현저한 차이가 있다.
③ 섬유에 평행 방향의 인장강도는 압축강도보다 크다.
④ 목재의 강도는 일반적으로 비중에 비례한다.

해설 ① 목재의 섬유 평행 방향의 강도 크기는 인장강도 > 휨강도 > 압축강도 > 전단강도 순서이다.

70. 합성수지의 일반적인 성질에 관한 설명으로 옳지 않은 것은?

① 마모가 크고 탄력성이 작으므로 바닥재료로 사용이 곤란하다.
② 내산, 내알칼리 등의 내화학성이 우수하다.
③ 전성, 연성이 크고 피막이 강하다.
④ 내열성, 내화성이 적고 비교적 저온에서 연화, 연질된다.

해설 ① 마모가 크고 탄력성이 크므로 바닥재료로 많이 사용된다.

71. 점토 소성제품의 특징에 관한 설명으로 옳은 것은?

① 내열성 및 전기절연성이 부족하다.
② 화학적 저항성, 내후성이 우수하다.
③ 백화 현상 발생의 우려가 적다.
④ 연성이며 가공이 용이하다.

해설 ① 내열성 및 전기절연성이 크다.
③ 백화 현상 발생의 우려가 크다.
④ 소성 후에는 연성이 없고 가공이 어렵다.

72. 목재의 강도 중 가장 큰 것은? (단, 섬유에 평행한 가력 방향이다.)

① 인장강도　② 휨강도
③ 압축강도　④ 전단강도

해설 목재의 섬유 평행 방향의 강도 크기는 인장강도 > 휨강도 > 압축강도 > 전단강도 순서이다.

73. 아치벽돌, 원형벽체를 쌓는데 쓰이는 원형벽돌과 같이 형상, 치수가 규격에서 정한 바와 다른 벽돌로서 특수한 구조체에 사용될 목적으로 제조되는 것은?

① 오지벽돌　② 이형벽돌
③ 포도벽돌　④ 다공벽돌

해설 이형벽돌 : 형상, 치수가 규격에서 정한 바와 다른 벽돌로서 특수한 구조체에 사용될 목적으로 제조된다.

정답 68. ④　69. ①　70. ①　71. ②　72. ①　73. ②

74. 다음 재료 중 비강도(比强度)가 가장 높은 것은?

① 목재 ② 콘크리트
③ 강재 ④ 석재

해설 재질의 비강도는 목재 > 콘크리트 > 강재 > 석재 순서이다.

Tip) 비강도 $=\dfrac{\text{강도}}{\text{비중}}$

75. 목재의 성질에 관한 설명으로 틀린 것은?

① 비중이 큰 목재는 일반적으로 강도가 크다.
② 가공은 쉽지만 부패하기 쉽다.
③ 열전도율이 커서 보온재료로 사용이 불가능하다.
④ 섬유 방향에 따라서 전기전도율은 다르다.

해설 ③ 열전도율이 작으며, 보온재료로 사용이 가능하다.

Tip) 목재는 비중에 비해 강도가 큰 편이며, 목재의 비중은 1.54이다.

76. 목재의 무늬나 바탕의 특징을 잘 나타낼 수 있는 마무리 도료는?

① 유성페인트 ② 클리어래커
③ 에나멜래커 ④ 수성페인트

해설 클리어래커 : 목재의 무늬나 바탕의 특징을 살리는데 적합한 투명 피막을 형성하는 질화면 도료

77. 점토벽돌(KS L 4201)의 성능시험 방법과 관련된 항목이 아닌 것은?

① 겉모양 ② 압축강도
③ 내충격성 ④ 흡수율

해설 겉모양, 압축강도, 흡수율 등은 점토벽돌의 성능시험 항목이다.

78. 목재의 부패 조건에 관한 설명 중 옳지 않은 것은?

① 대부분의 부패균은 섭씨 약 20~40℃ 사이에서 가장 활동이 왕성하다.
② 목재의 증기건조법은 살균 효과도 있다.
③ 부패균의 활동은 습도는 약 90% 이상에서 가장 활발하고 약 20% 이하로 건조시키면 번식이 중단된다.
④ 수중에 잠겨진 목재는 습도가 높기 때문에 부패균의 발육이 왕성하다.

해설 ④ 수중에 잠겨진 목재는 공기와 접촉되지 않으므로 부패되지 않는다.

79. 방수공사에서 아스팔트 품질 결정요소와 가장 거리가 먼 것은?

① 침입도
② 신도
③ 연화점
④ 마모도

해설 아스팔트 품질 결정요소 : 감온성, 침입도, 신도, 연화점 등

80. 각종 미장재료에 대한 설명으로 옳지 않은 것은?

① 석고 플라스터는 가열하면 결정수를 방출하여 온도상승을 억제하기 때문에 내화성이 있다.
② 바라이트 모르타르는 방사선 방호용으로 사용된다.
③ 돌로마이트 플라스터는 수축률이 크고 균열이 쉽게 발생한다.
④ 혼합석고 플라스터는 약산성이며 석고 라스보드에 적합하다.

해설 ④ 혼합석고 플라스터는 약알칼리성이며, 부착강도는 약하다.

정답 74. ① 75. ③ 76. ② 77. ③ 78. ④ 79. ④ 80. ④

5과목 건설안전기술

81. 이동식 비계를 조립하여 작업을 하는 경우의 준수사항으로 옳지 않은 것은?

① 이동식 비계의 바퀴에는 뜻밖의 갑작스러운 이동 또는 전도를 방지하기 위하여 브레이크 · 쐐기 등으로 바퀴를 고정시킨 다음 비계의 일부를 견고한 시설물에 고정하거나 아웃트리거(outrigger)를 설치하는 등 필요한 조치를 할 것
② 작업발판은 항상 수평을 유지하고 작업발판 위에서 안전난간을 딛고 작업을 하지 않도록 하며, 대신 받침대 또는 사다리를 사용하여 작업할 것
③ 비계의 최상부에서 작업을 하는 경우에는 안전난간을 설치할 것
④ 작업발판의 최대 적재하중은 250kg을 초과하지 않도록 할 것

해설 ② 작업발판은 항상 수평을 유지하고 작업발판 위에서 안전난간을 딛고 작업을 하거나 받침대 또는 사다리를 사용하여 작업하지 않도록 할 것

82. 통나무비계를 건축물, 공작물 등의 건조 · 해체 및 조립 등의 작업에 사용하기 위한 지상높이 기준은?

① 2층 이하 또는 6m 이하
② 3층 이하 또는 9m 이하
③ 4층 이하 또는 12m 이하
④ 5층 이하 또는 15m 이하

해설 통나무비계는 지상높이 4층 이하 또는 12m 이하인 건축물, 공작물 등의 건조 · 해체 및 조립 등의 작업에서만 사용한다.

83. 다음 셔블계 굴착장비 중 좁고 깊은 굴착에 가장 적합한 장비는?

① 드래그라인(dragline)
② 파워셔블(power shovel)
③ 백호(back hoe)
④ 클램쉘(clam shell)

해설 클램쉘 : 수중굴착 및 구조물의 기초바닥 등과 같은 협소하고 상당히 깊은 범위의 굴착이 가능하며, 호퍼작업에 적합하다.

84. 지반의 조사방법 중 지질의 상태를 가장 정확히 파악할 수 있는 보링방법은?

① 충격식 보링(percussion boring)
② 수세식 보링(wash boring)
③ 회전식 보링(rotary boring)
④ 오거 보링(auger boring)

해설 회전식 보링 : 지질의 상태를 가장 정확히 파악할 수 있는 보링방법

85. 다음 (　　) 안에 들어갈 내용으로 옳은 것은?

> 콘크리트 측압은 콘크리트 타설속도, (　　), 단위 용적질량, 온도, 철근 배근 상태 등에 따라 달라진다.

① 골재의 형상
② 콘크리트 강도
③ 박리제
④ 타설높이

해설 콘크리트 측압은 콘크리트 타설속도, 타설높이, 단위 용적질량, 온도, 철근 배근 상태 등에 따라 달라진다.

86. 건설산업기본법 시행령에 따른 토목공사업에 해당되는 건설공사 현장에서 전담 안전관리자 최소 1인을 두어야 하는 공사금액의 기준으로 옳은 것은?

정답 81. ② 82. ③ 83. ④ 84. ③ 85. ④ 86. ①

① 150억 원 이상 ② 180억 원 이상
③ 210억 원 이상 ④ 250억 원 이상

해설 토목공사업은 150억 원을 기준으로 안전관리자를 최소 1명 두어야 한다.

87. 안전난간의 구조 및 설치기준으로 옳지 않은 것은?

① 안전난간은 상부 난간대, 중간 난간대, 발끝막이판, 난간기둥으로 구성할 것
② 상부 난간대와 중간 난간대는 난간 길이 전체에 걸쳐 바닥면 등과 평행을 유지할 것
③ 발끝막이판은 바닥면 등으로부터 10cm 이상의 높이를 유지할 것
④ 안전난간은 구조적으로 가장 취약한 지점에서 가장 취약한 방향으로 작용하는 80kg 이상의 하중에 견딜 수 있는 튼튼한 구조일 것

해설 ④ 안전난간은 임의의 방향으로 움직이는 100kg 이상의 하중에 견딜 수 있는 튼튼한 구조일 것

88. 토석붕괴의 요인 중 외적요인이 아닌 것은?

① 토석의 강도 저하
② 사면, 법면의 경사 및 기울기의 증가
③ 절토 및 성토 높이의 증가
④ 공사에 의한 진동 및 반복하중의 증가

해설 ①은 토사붕괴의 내적요인

89. 차량계 건설기계의 운전자가 운전위치를 이탈하는 경우 준수해야 할 사항으로 옳지 않은 것은?

① 버킷은 지상에서 1m 정도의 위치에 둔다.
② 브레이크를 걸어 둔다.
③ 디퍼는 지면에 내려 둔다.
④ 원동기를 정지시킨다.

해설 ① 버킷은 지면 또는 가장 낮은 위치에 두어야 한다.

90. 달비계에 설치되는 작업발판의 폭에 대한 기준으로 옳은 것은?

① 20cm 이상
② 40cm 이상
③ 60cm 이상
④ 80cm 이상

해설 작업발판의 폭은 40cm 이상으로 하고, 발판재료 간의 틈은 3cm 이하로 할 것

91. 철골작업에서 작업을 중지해야 하는 규정에 해당되지 않는 경우는?

① 풍속이 초당 10m 이상인 경우
② 강우량이 시간당 1mm 이상인 경우
③ 강설량이 시간당 1cm 이상인 경우
④ 겨울철 기온이 영상 4℃ 이상인 경우

해설 철골공사 작업을 중지하여야 하는 기준
- 풍속이 초당 10m 이상인 경우
- 1시간당 강우량이 1mm 이상인 경우
- 1시간당 강설량이 1cm 이상인 경우

92. 거푸집에 작용하는 연직 방향 하중에 해당하지 않는 것은?

① 고정하중
② 작업하중
③ 충격하중
④ 콘크리트 측압

해설 ④ 콘크리트 측압 – 횡 방향 하중

93. 건설공사에서 발코니 단부, 엘리베이터 입구, 재료 반입구 등과 같이 벽면 혹은 바닥에

정답 87. ④ 88. ① 89. ① 90. ② 91. ④ 92. ④ 93. ③

추락의 위험이 우려되는 장소를 의미하는 용어는?

① 중간 난간대 ② 가설통로
③ 개구부 ④ 비상구

해설 개구부 : 발코니 단부, 엘리베이터 입구, 재료 반입구 등과 같은 장소로 추락의 위험이 있는 장소

94. 비계의 설치작업 시 유의사항으로 옳지 않은 것은?

① 항상 수평, 수직이 유지되도록 한다.
② 파괴, 도괴, 동요에 대한 안전성을 고려하여 설치한다.
③ 비계의 도괴방지를 위해 가새 등 경사재는 설치하지 않는다.
④ 외쪽비계와 같은 특수비계는 문제점을 충분히 검토하여 설치한다.

해설 ③ 비계의 도괴방지를 위해 가새 등을 고려하여 설계 및 설치하여야 한다.

95. PC(precast concrete) 조립 시 안전 대책으로 틀린 것은?

① 신호수를 지정한다.
② 인양 PC 부재 아래에 근로자 출입을 금지한다.
③ 크레인에 PC 부재를 달아 올린 채 주행한다.
④ 운전자는 PC 부재를 달아 올린 채 운전대에서 이탈을 금지한다.

해설 ③ 크레인에 PC 부재를 달아 올린 채 주행을 금한다.

96. 지반의 침하에 따른 구조물의 안전성에 중대한 영향을 미치는 흙의 간극비의 정의로 옳은 것은?

① 공기의 부피 / 흙 입자의 부피
② 공기와 물의 부피 / 흙 입자의 부피
③ 공기와 물의 부피 / 흙 입자에 포함된 물의 부피
④ 공기의 부피 / 흙 입자에 포함된 물의 부피

해설 $간(공)극비 = \frac{공기+물의\ 체적}{흙\ 입자의\ 체적}$

Tip) 공극비 : 공극비가 클수록 투수계수는 크다.

97. 일반 거푸집 설계 시 강도상 고려해야 할 사항이 아닌 것은?

① 고정하중 ② 풍압
③ 콘크리트 강도 ④ 측압

해설 거푸집 설계 시 강도상 고려해야 할 사항 : 고정하중, 풍압, 측압 등

98. 추락재해 방지설비의 종류가 아닌 것은?

① 추락방망 ② 안전난간
③ 개구부 덮개 ④ 수직보호망

해설 ④는 낙하재해 방지설비

99. 유해 · 위험방지 계획서 제출대상 공사에 해당하는 것은?

① 지상높이가 21m인 건축물 해체공사
② 최대 지간거리가 50m인 교량의 건설공사
③ 연면적 5000m²인 동물원 건설공사
④ 깊이가 9m인 굴착공사

해설 유해 · 위험방지 계획서 제출대상 건설공사 기준

• 시설 등의 건설 · 개조 또는 해체공사
㉠ 지상높이가 31m 이상인 건축물 또는 인공 구조물
㉡ 연면적 30000m² 이상인 건축물

부록 실전문제

정답 94. ③ 95. ③ 96. ② 97. ③ 98. ④ 99. ②

㉢ 연면적 5000m^2 이상인 시설
㉮ 문화 및 집회시설(전시장, 동물원, 식물원은 제외)
㉯ 운수시설(고속철도 역사, 집배송시설은 제외)
㉰ 종교시설, 의료시설 중 종합병원
㉱ 숙박시설 중 관광숙박시설
㉲ 판매시설, 지하도상가, 냉동 · 냉장창고시설

- 연면적 5000m^2 이상인 냉동 · 냉장창고시설의 설비공사 및 단열공사
- 최대 지간길이가 50m 이상인 교량 건설 등의 공사
- 터널 건설 등의 공사
- 깊이 10m 이상인 굴착공사
- 다목적 댐, 발전용 댐 및 저수용량 2천만 톤 이상의 용수 전용 댐, 지방상수도 전용 댐 건설 등의 공사

100. 근로자의 추락 등에 의한 위험을 방지하기 위하여 안전난간을 설치할 때 준수하여야 할 기준으로 옳지 않은 것은?

① 안전난간은 구조적으로 가장 취약한 지점에서 가장 취약한 방향으로 작용하는 100kg 이상의 하중에 견딜 수 있는 튼튼한 구조일 것
② 난간대는 지름 1.5cm 이상의 금속제 파이프나 그 이상의 강도를 가진 재료일 것
③ 난간기둥은 상부 난간대와 중간 난간대를 견고하게 떠받칠 수 있도록 적정한 간격을 유지할 것
④ 상부 난간대와 중간 난간대는 난간 길이 전체에 걸쳐 바닥면 등과 평행을 유지할 것

해설 ② 난간대는 지름 2.7cm 이상의 금속제 파이프나 그 이상의 강도를 가진 재료일 것

정답 100. ②

제4회 CBT 실전문제

|건|설|안|전|산|업|기|사|

1과목 산업안전관리론

1. 허츠버그(Herzberg)의 동기 · 위생이론에 대한 설명으로 옳은 것은?

① 위생요인은 직무내용에 관련된 요인이다.
② 동기요인은 직무에 만족을 느끼는 주요인이다.
③ 위생요인은 매슬로우 욕구단계 중 존경, 자아실현의 욕구와 유사하다.
④ 동기요인은 매슬로우 욕구단계 중 생리적 욕구와 유사하다.

해설 허츠버그의 위생요인과 동기요인
- 위생요인(직무환경의 유지욕구) : 정책 및 관리, 개인 간의 관계, 감독, 임금(보수) 및 지위, 작업조건, 안전 등
- 동기요인(직무내용의 만족욕구) : 성취감, 책임감, 안정감, 도전감, 발전과 성장 등

2. 조직이 리더에게 부여하는 권한으로 볼 수 없는 것은?

① 보상적 권한
② 강압적 권한
③ 합법적 권한
④ 위임된 권한

해설 위임된 권한 : 지도자의 계획과 목표를 부하직원이 얼마나 잘 따르는지와 관련된 권한이다.

3. 토의법의 유형 중 다음에서 설명하는 것은?

> 교육과제에 정통한 전문가 4~5명이 피교육자 앞에서 자유로이 토의를 실시한 다음에 피교육자 전원이 참가하여 사회자의 사회에 따라 토의하는 방법

① 포럼(forum)
② 패널 디스커션(panel discussion)
③ 심포지엄(symposium)
④ 버즈세션(buzz session)

해설 패널 디스커션 : 패널멤버가 피교육자 앞에서 토의하고, 이어 피교육자 전원이 참여하여 토의하는 방법이다.

4. 재해손실비의 평가방식 중 시몬즈(R.H. Simonds) 방식에 의한 계산방법으로 옳은 것은?

① 직접비+간접비
② 공동비용+개별비용
③ 보험코스트+비보험코스트
④ (휴업상해 건수×관련 비용 평균치)+(통원상해 건수×관련 비용 평균치)

해설 시몬즈(R.H. Simonds) 방식의 재해코스트 산정법
- 총 재해코스트=보험코스트+비보험코스트
- 비보험코스트=(휴업상해 건수×A)+(통원상해 건수×B)+(응급조치 건수×C)+(무상해사고 건수×D)
- 상해의 종류(A, B, C, D는 장해 정도별에 의한 비보험코스트의 평균치)

정답 1. ② 2. ④ 3. ② 4. ③

분류	재해사고 내용
휴업상해 (A)	영구 부분 노동 불능, 일시 전 노동 불능
통원상해 (B)	일시 부분 노동 불능, 의사의 조치를 요하는 통원상해
응급조치 (C)	응급조치, 20달러 미만의 손실, 8시간 미만의 의료조치상해
무상해사고 (D)	의료조치를 필요로 하지 않는 정도의 경미한 상해

5. 산업안전보건법령상 사업주가 근로자에 대하여 실시하여야 하는 교육 중 특별안전 · 보건교육의 대상 작업 기준으로 틀린 것은?

① 동력에 의하여 작동되는 프레스 기계를 3대 이상 보유한 사업장에서 해당 기계로 하는 작업
② 1톤 미만의 크레인 또는 호이스트를 5대 이상 보유한 사업장에서 해당 기계로 하는 작업
③ 굴착면의 높이가 2m 이상이 되는 암석의 굴착작업
④ 전압이 75V인 정전 및 활선작업

해설 ① 동력에 의하여 작동되는 프레스 기계를 5대 이상 보유한 사업장에서 해당 기계로 하는 작업

6. 재해 발생의 주요 원인 중 불안전한 행동이 아닌 것은?

① 불안전한 적재
② 불안전한 설계
③ 권한 없이 행한 조작
④ 보호구 미착용

해설 ②는 불안전한 상태에 해당된다.

7. 산업안전보건법상 아세틸렌 용접장치 또는 가스집합 용접장치를 사용하여 행하는 금속의 용접 · 용단 또는 가열 작업자에게 특별안전보건교육을 시키고자 할 때의 교육내용이 아닌 것은?

① 용접 흄 · 분진 및 유해광선 등의 유해성에 관한 사항
② 작업방법 · 작업순서 및 응급처치에 관한 사항
③ 안전밸브의 취급 및 주의에 관한 사항
④ 안전기 및 보호구 취급에 관한 사항

해설 아세틸렌 용접장치 또는 가스집합 용접장치를 사용하는 금속의 용접 · 용단 또는 가열작업을 할 때 특별안전보건교육 내용

- 용접 흄 · 분진 및 유해광선 등의 유해성에 관한 사항
- 가스용접기, 압력조정기, 호스 및 취관부 등의 기기점검에 관한 사항
- 작업방법 · 작업순서 및 응급처치에 관한 사항
- 안전기 및 보호구 취급에 관한 사항
- 그 밖의 안전보건관리에 필요한 사항

8. 다음과 같은 착시 현상에 해당하는 것은?

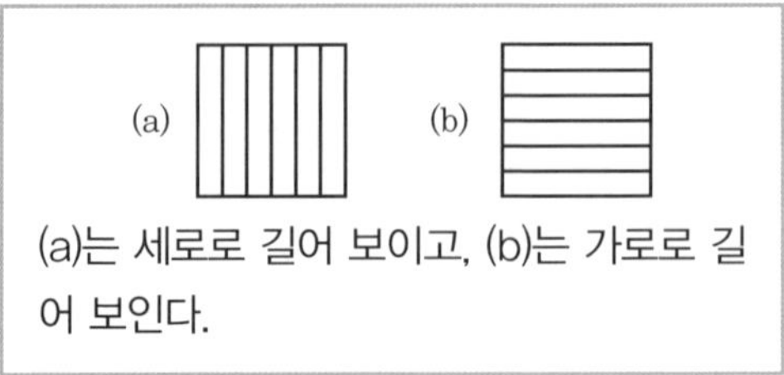

(a)는 세로로 길어 보이고, (b)는 가로로 길어 보인다.

① 뮬러-라이어(Muller-Lyer)의 착시
② 헬름홀츠(Helmholtz)의 착시
③ 헤링(Hering)의 착시
④ 포겐도르프(Poggendorf)의 착시

해설 착시 현상

Muller-Lyer의 착시	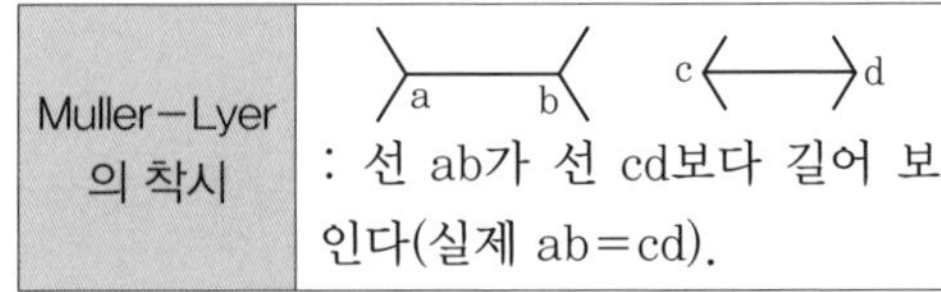 : 선 ab가 선 cd보다 길어 보인다(실제 ab=cd).

정답 5. ① 6. ② 7. ③ 8. ②

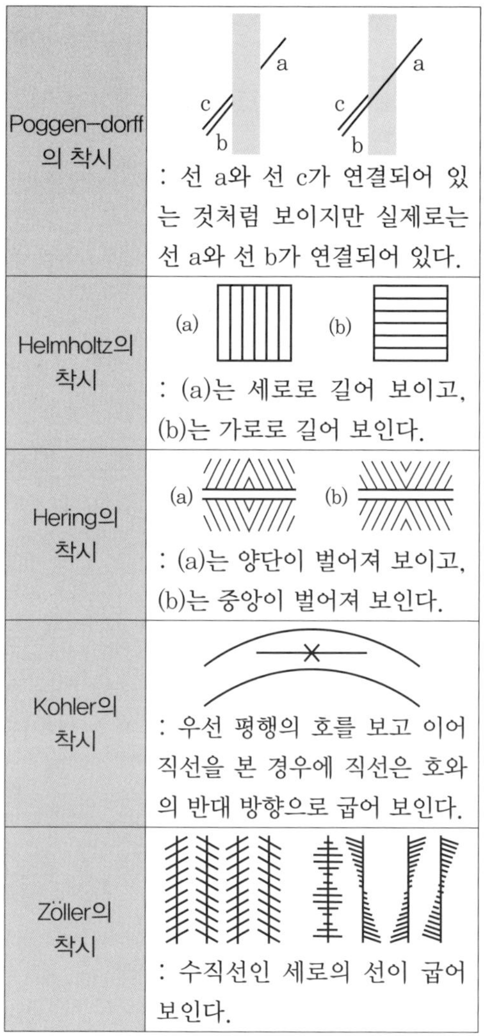

Poggen-dorff의 착시	: 선 a와 선 c가 연결되어 있는 것처럼 보이지만 실제로는 선 a와 선 b가 연결되어 있다.
Helmholtz의 착시	: (a)는 세로로 길어 보이고, (b)는 가로로 길어 보인다.
Hering의 착시	: (a)는 양단이 벌어져 보이고, (b)는 중앙이 벌어져 보인다.
Kohler의 착시	: 우선 평행의 호를 보고 이어 직선을 본 경우에 직선은 호와의 반대 방향으로 굽어 보인다.
Zöller의 착시	: 수직선인 세로의 선이 굽어 보인다.

9. 자신의 약점이나 무능력, 열등감을 위장하여 유리하게 보호함으로써 안정감을 찾으려는 방어적 적응기제에 해당하는 것은?

① 보상 ② 고립 ③ 퇴행 ④ 억압

해설 보상(방어기제) : 스트레스를 다른 곳에서 강점으로 발휘함

Tip) 도피기제 : 억압, 퇴행, 고립, 백일몽 등

10. O.J.T(On the Job Training)에 관한 설명으로 옳은 것은?

① 집합교육 형태의 훈련이다.

② 다수의 근로자에게 조직적 훈련이 가능하다.

③ 직장의 실정에 맞게 실제적 훈련이 가능하다.

④ 전문가를 강사로 활용할 수 있다.

해설 ①, ②, ④는 OFF.J.T 교육의 특징

11. 다음 중 위험예지훈련 4라운드의 순서가 올바르게 나열된 것은?

① 현상파악 → 본질추구 → 대책수립 → 목표설정

② 현상파악 → 대책수립 → 본질추구 → 목표설정

③ 현상파악 → 본질추구 → 목표설정 → 대책수립

④ 현상파악 → 목표설정 → 본질추구 → 대책수립

해설 위험예지훈련 4라운드

1R	2R	3R	4R
현상파악	본질추구	대책수립	행동목표설정

12. 직무만족에 긍정적인 영향을 미칠 수 있고, 그 결과 개인 생산능력의 증대를 가져오는 인간의 특성을 의미하는 용어는?

① 위생요인 ② 동기부여 요인

③ 성숙-미성숙 ④ 의식의 우회

해설 동기부여 : 사람의 마음을 움직이며, 행동을 일으키게 하는 요인

13. 무재해운동의 기본이념 3가지에 해당하지 않는 것은?

① 무의 원칙 ② 자주활동의 원칙

③ 참가의 원칙 ④ 선취해결의 원칙

해설 무재해운동의 기본이념 3원칙 : 무의 원칙, 참가의 원칙, 선취해결의 원칙

정답 9. ① 10. ③ 11. ① 12. ② 13. ②

14. 적성검사의 유형 중 체력검사에 포함되지 않는 것은?

① 감각기능검사
② 근력검사
③ 신경기능검사
④ 크루즈 지수(Kruse's index)

해설 ④는 체격 판정 지수이다.

15. 다음 중 매슬로우(Maslow)의 욕구위계 이론 5단계를 올바르게 나열한 것은?

① 생리적 욕구 → 안전의 욕구 → 사회적 욕구 → 존경의 욕구 → 자아실현의 욕구
② 생리적 욕구 → 안전의 욕구 → 사회적 욕구 → 자아실현의 욕구 → 존경의 욕구
③ 안전의 욕구 → 생리적 욕구 → 사회적 욕구 → 자아실현의 욕구 → 존경의 욕구
④ 안전의 욕구 → 생리적 욕구 → 사회적 욕구 → 존경의 욕구 → 자아실현의 욕구

해설 매슬로우(Maslow)가 제창한 인간의 욕구 5단계

1단계	2단계	3단계	4단계	5단계
생리적 욕구	안전 욕구	사회적 욕구	존경의 욕구	자아실현의 욕구

16. 산업안전보건법령상 특별안전 · 보건교육의 대상 작업에 해당하지 않는 것은?

① 석면 해체 · 제거작업
② 밀폐된 장소에서 하는 용접작업
③ 화학설비 취급품의 검수 · 확인작업
④ 2m 이상의 콘크리트 인공 구조물의 해체

해설 ①, ②, ④는 특별안전 · 보건교육 대상 작업

17. 재해 발생과 관련된 버드(Frank Bird)의 도미노 이론을 올바르게 나열한 것은?

① 기본원인 → 제어의 부족 → 직접원인 → 사고 → 상해
② 기본원인 → 직접원인 → 제어의 부족 → 사고 → 상해
③ 제어의 부족 → 기본원인 → 직접원인 → 사고 → 상해
④ 제어의 부족 → 직접원인 → 기본원인 → 상해 → 사고

해설 버드(Bird)의 최신 연쇄성 이론

1단계	2단계	3단계	4단계	5단계
제어 부족 : 관리	기본 원인 : 기원	직접 원인 : 징후	사고 : 접촉	상해 : 손해

18. 75명의 상시근로자가 근무하는 사업장에서 1일 8시간, 연간 320일을 작업하는 동안에 6건의 재해가 발생하였다면 이 사업장의 도수율은 얼마인가?

① 17.65　② 26.04
③ 31.25　④ 33.33

해설 도수(빈도)율

$$=\frac{\text{연간 재해 발생 건수}}{\text{연근로 총 시간 수}}\times 10^6$$

$$=\frac{6}{75\times 8\times 320}\times 10^6 \fallingdotseq 31.25$$

19. 안전교육의 3단계에서 생활지도, 작업 동작지도 등을 통한 안전의 습관화를 위한 교육은?

① 지식교육　② 기능교육
③ 태도교육　④ 인성교육

해설 안전교육의 3단계

- 제1단계(지식교육) : 시청각교육 등을 통해 지식을 전달하는 단계

정답 14. ④　15. ①　16. ③　17. ③　18. ③　19. ③

• 제2단계(기능교육) : 교육대상자가 그것을 스스로 행함으로써 시범, 견학, 실습, 현장 실습교육을 통해 경험을 체득하는 단계
• 제3단계(태도교육) : 안전작업 동작지도 등을 통해 안전행동을 습관화하는 단계

20. 재해손실비 중 직접손실비에 해당하지 않는 것은?

① 요양급여 ② 휴업급여
③ 간병급여 ④ 생산손실급여

해설 ④는 간접손실비에 해당한다.

2과목 인간공학 및 시스템 안전공학

21. 청각적 표시장치에서 300m 이상의 장거리용 경보기에 사용하는 진동수로 가장 적절한 것은?

① 800Hz 전후 ② 2200Hz 전후
③ 3500Hz 전후 ④ 4000Hz 전후

해설 300m 이상 멀리 보내는 신호는 1000 Hz 이하의 주파수를 사용한다.

22. 다음 그림은 C/R비와 시간과의 관계를 나타낸 그림이다. ㉠~㉣에 들어갈 내용으로 맞는 것은?

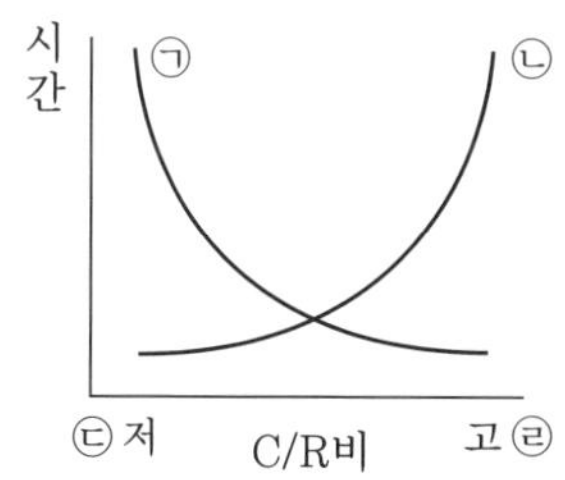

① ㉠ : 이동시간, ㉡ : 조종시간, ㉢ : 민감, ㉣ : 둔감
② ㉠ : 이동시간, ㉡ : 조종시간, ㉢ : 둔감, ㉣ : 민감
③ ㉠ : 조종시간, ㉡ : 이동시간, ㉢ : 민감, ㉣ : 둔감
④ ㉠ : 조종시간, ㉡ : 이동시간, ㉢ : 둔감, ㉣ : 민감

해설 선형 표시장치와 C/R비
• 조종시간은 통제표시비가 증가함에 따라 감소하다가 안정된다.
• 이동시간은 통제표시비가 감소함에 따라 감소하다가 안정된다.

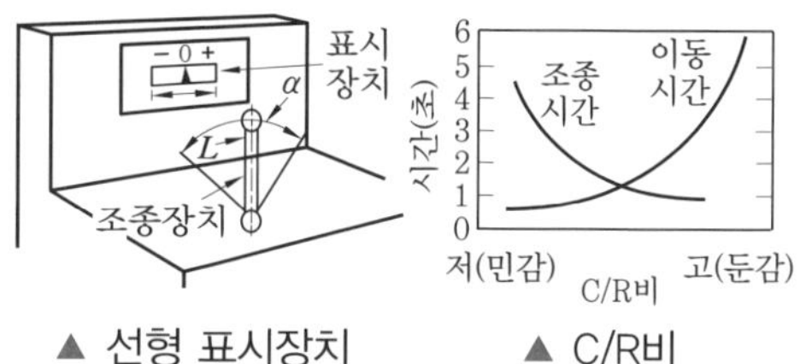

▲ 선형 표시장치 ▲ C/R비

23. 의자의 등받이 설계에 관한 설명으로 가장 적절하지 않은 것은?

① 등받이 폭은 최소 30.5cm가 되게 한다.
② 등받이 높이는 최소 50cm가 되게 한다.
③ 의자의 좌판과 등받이 각도는 90~105°를 유지한다.
④ 요부받침의 높이는 25~35cm로 하고 폭은 30.5cm로 한다.

해설 ④ 요부받침의 높이는 15.2~22.9cm, 폭은 30.5cm로 한다.

24. 안전가치 분석의 특징으로 틀린 것은?

① 기능 위주로 분석한다.
② 왜 비용이 드는가를 분석한다.
③ 특정 위험의 분석을 위주로 한다.
④ 그룹 활동은 전원의 중지를 모은다.

해설 안전가치 분석의 특징
• 기능 위주로 분석한다.

정답 20. ④ 21. ① 22. ③ 23. ④ 24. ③

- 왜 비용이 드는가를 분석한다.
- 그룹 활동은 전원의 중지를 모은다.

25. **감지되는 모든 우발상황에 대하여 적절한 행동을 취하게 완전히 프로그램화 되어 있으며, 인간은 주로 감시, 프로그램, 정비, 유지 등의 기능을 수행하는 인간-기계체계는?**

① 수동체계
② 자동화 체계
③ 반자동화 체계
④ 기계화 체계

해설 자동화 시스템 : 프로그램화 되어 있는 조종장치로 기계를 통제하는 것은 기계가 한다.

26. **실내면의 추천반사율이 낮은 것에서부터 높은 순으로 올바르게 배열된 것은?**

① 바닥＜가구＜벽＜천장
② 바닥＜벽＜가구＜천장
③ 천장＜가구＜벽＜바닥
④ 천장＜벽＜가구＜바닥

해설 옥내 최적반사율

바닥	가구, 책상	벽	천장
20~40%	25~40%	40~60%	80~90%

27. **시스템 안전성 평가의 순서를 가장 올바르게 나열한 것은?**

① 자료의 정리 → 정량적 평가 → 정성적 평가 → 대책수립 → 재평가
② 자료의 정리 → 정성적 평가 → 정량적 평가 → 재평가 → 대책수립
③ 자료의 정리 → 정량적 평가 → 정성적 평가 → 재평가 → 대책수립
④ 자료의 정리 → 정성적 평가 → 정량적 평가 → 대책수립 → 재평가

해설 안전성 평가의 순서

1단계	2단계	3단계	4단계	5단계
자료의 정리	정성적 평가	정량적 평가	대책 수립	재평가

28. **인체측정치를 이용한 설계에 관한 설명으로 옳은 것은?**

① 평균치를 기준으로 한 설계를 제일 먼저 고려한다.
② 자세와 동작에 따라 고려해야 할 인체측정치수가 달라진다.
③ 의자의 깊이와 너비는 작은 사람을 기준으로 설계한다.
④ 큰 사람을 기준으로 한 설계는 인체측정치의 5%tile을 사용한다.

해설
- 기능적 인체치수(동적 인체계측) : 신체적 기능수행 시 체위의 움직임에 따라 계측하는 방법
- 구조적 인체치수(정적 인체계측) : 신체를 고정(정지)시킨 자세에서 계측하는 방법

29. **그림의 부품 A, B, C로 구성된 시스템의 신뢰도는? (단, 부품 A의 신뢰도는 0.85, 부품 B와 C의 신뢰도는 각각 0.90이다.)**

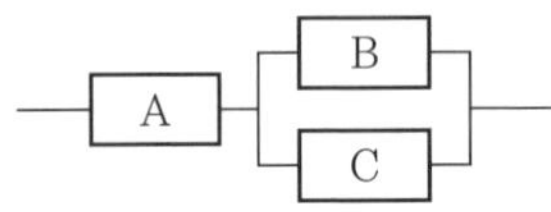

① 0.8415 ② 0.8425 ③ 0.8515 ④ 0.8525

해설 신뢰도(R_s) $= A\times\{1-(1-B)\times(1-C)\}$
$=0.85\times\{1-(1-0.9)\times(1-0.9)\}=0.8415$

30. **인간공학적 수공구의 설계에 관한 설명으로 맞는 것은?**

① 손잡이 크기를 수공구 크기에 맞추어 설계한다.

정답 25. ② 26. ① 27. ④ 28. ② 29. ① 30. ②

② 수공구 사용 시 무게 균형이 유지되도록 설계한다.
③ 정밀작업용 수공구의 손잡이는 직경을 5mm 이하로 한다.
④ 힘을 요하는 수공구의 손잡이는 직경을 60mm 이상으로 한다.

해설 수공구 설계원칙
- 손목을 곧게 유지하여야 한다.
- 조직의 압축응력을 피한다.
- 반복적인 모든 손가락 움직임을 피한다.
- 손잡이는 손바닥의 접촉면적을 크게 설계하여야 한다.
- 공구의 무게를 줄이고 사용 시 균형이 유지되도록 한다.
- 안전작동을 고려하여 무게 균형이 유지되도록 설계한다.

31. 결함수(FT) 기호의 정의로 틀린 것은?

① 1차 사상은 외적인 원인에 의해 발생하는 사상이다.
② 결함사상은 시스템 분석에 있어 좀 더 발전시켜야 하는 사상이다.
③ 기본사상은 고장 원인이 분석되었기 때문에 더 이상 분석할 필요가 없는 사상이다.
④ 정상적인 사상은 두 가지 상태가 규정된 시간 내에 일어날 것으로 기대 및 예정되는 사상이다.

해설 FTA의 정의 : 특정한 사고에 대하여 사고의 원인이 되는 장치 및 기기의 결함이나 작업자 오류 등을 연역적이며 정량적으로 평가하는 분석법으로 기본사상, 결함사상, 통상사상, 생략사상 등이 사용된다.

32. 소음이 심한 기계로부터 1.5m 떨어진 곳의 음압수준이 100dB라면 이 기계로부터 5m 떨어진 곳의 음압수준은 약 얼마인가?

① 85dB ② 90dB ③ 96dB ④ 102dB

해설 음압수준 $dB_2 = dB_1 - 20\log\left(\frac{d_2}{d_1}\right)$

$$= 100 - 20\log\left(\frac{5}{1.5}\right) ≒ 90\,dB$$

여기서, dB_1 : 소음기계로부터 d_1 떨어진 곳의 소음
dB_2 : 소음기계로부터 d_2 떨어진 곳의 소음

33. FT도에서 입력 현상이 발생하여 어떤 일정 시간이 지속된 후 출력이 발생하는 것을 나타내는 게이트나 기호로 옳은 것은?

① 위험지속기호 ② 조합 AND 게이트
③ 시간단축기호 ④ 억제 게이트

해설 위험지속 AND 게이트 : 입력 현상이 생겨서 어떤 일정한 기간이 지속될 때에 출력이 발생한다.

34. 인간-기계 시스템 평가에 사용되는 인간 기준 척도 중에서 유형이 다른 것은?

① 심박수 ② 안락감
③ 산소소비량 ④ 뇌전위(EEG)

해설
- 생리적 척도 : 심박수, 산소소비량, 뇌전위(EEG), 근전도(EMG) 등
- 심리적 척도 : 권태감, 안락감, 편의성, 선호도 등

35. 종이의 반사율이 50%이고, 종이상의 글자 반사율이 10%일 때 종이에 의한 글자의 대비는 얼마인가?

① 10% ② 40% ③ 60% ④ 80%

해설 대비 $= \frac{L_b - L_t}{L_b} \times 100$

$$= \frac{50-10}{50} \times 100 = 80\%$$

여기서, L_b : 배경의 광속발산도
L_t : 표적의 광속발산도

부록 실전문제

정답 31. ① 32. ② 33. ① 34. ② 35. ④

36. 다음 중 시각적 표시장치에 있어 성격이 다른 것은?

① 디지털 온도계
② 자동차 속도계기판
③ 교통신호등의 좌회전 신호
④ 은행의 대기인원 표시등

해설 ③은 정성적 표시장치
①, ②, ④는 정량적 표시장치

37. 산업안전보건법령상 95dB(A)의 소음에 대한 허용 노출 기준시간은? (단, 충격소음은 제외한다.)

① 1시간 ② 2시간
③ 4시간 ④ 8시간

해설 하루 강렬한 소음작업 허용 노출시간

소음(dB)	80	85	90	95	100	105	110
노출시간	32	16	8	4	2	1	0.5

38. 다음 중 인체계측치수의 성격이 다른 것은?

① 팔 뻗침 ② 눈높이
③ 앉은 키 ④ 엉덩이 너비

해설 ①은 기능적 인체치수
②, ③, ④는 구조적 인체치수

39. Chapanis의 위험분석에서 발생이 불가능한(impossible) 경우의 위험발생률은?

① 10^{-2}/day ② 10^{-4}/day
③ 10^{-6}/day ④ 10^{-8}/day

해설 Chapanis의 위험발생률 분석
- 자주 발생하는(frequent) > 10^{-2}/day
- 가끔 발생하는(occasional) > 10^{-4}/day
- 거의 발생하지 않는(remote) > 10^{-5}/day
- 극히 발생하지 않는(impossible) > 10^{-8}/day

40. FT도에서 사용되는 다음 기호의 의미로 옳은 것은?

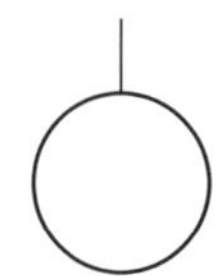

① 결함사상 ② 기본사상
③ 통상사상 ④ 제외사상

해설 기본사상 : 더 이상 전개되지 않는 기본적인 사상

3과목 건설시공학

41. 450 m^3의 콘크리트를 타설할 경우 강도 시험용 1회의 공시체는 몇 m^3마다 제작하는가? (단, KS 기준)

① 30 m^3 ② 50 m^3
③ 100 m^3 ④ 150 m^3

해설 콘크리트 품질관리에서 150 m^3마다 1회 이상 시험한다.
Tip) 1회 시험 결과는 채취한 시료 3개의 공시체를 28일 강도 평균값으로 한다.

42. 탑다운(top-down) 공법에 관한 설명으로 옳지 않은 것은?

① 1층 바닥을 조기에 완성하여 작업장 등으로 사용할 수 있다.
② 지하 · 지상을 동시에 시공하여 공기단축이 가능하다.
③ 소음 · 진동이 심하고 주변 구조물의 침하 우려가 크다.

정답 36. ③ 37. ③ 38. ① 39. ④ 40. ② 41. ④ 42. ③

④ 기둥 · 벽 등 수직부재의 구조이음에 기술적 어려움이 있다.

해설 ③ 지하공사 중 소음 · 진동의 우려가 적다.

43. 철근가공에 관한 설명으로 옳지 않은 것은?

① D35 이상의 철근은 산소 절단기를 사용하여 절단한다.

② 한 번 구부린 철근은 다시 펴서 사용해서는 안 된다.

③ 공장가공은 현장가공에 비해 절단손실을 줄일 수 있다.

④ 표준갈고리를 가공할 때에는 정해진 크기 이상의 곡률 반지름을 가져야 한다.

해설 ① 철근은 절단기, 전동 톱, 시어커터 등의 기계적인 방법으로 절단한다.

44. 흙의 이김에 따라 약해지는 정도를 표시한 것은?

① 간극비 ② 함수비 ③ 포화도 ④ 예민비

해설 예민비(sensitivity ratio) : 흙의 이김에 의해 약해지는 정도를 말하는 것으로 자연시료의 강도에 이긴시료의 강도를 나눈 값으로 나타낸다.

$$\text{예민비} = \frac{\text{자연상태로서의 흙의 강도}}{\text{이긴상태로서의 흙의 강도}}$$

Tip) • $\text{간(공)극비} = \frac{\text{공기} + \text{물의 체적}}{\text{흙의 체적}}$

• $\text{함수비} = \frac{\text{물의 무게}}{\text{흙의 무게}}$

• $\text{포화도} = \frac{\text{물의 체적}}{\text{공기} + \text{물의 체적}}$

45. 혼화재(混和材)에 관한 설명으로 옳지 않은 것은?

① 시멘트량의 1% 정도 이하로 배합설계에서 그 자체의 용적을 무시한다.

② 종류로는 플라이애시, 고로슬래그, 실리카흄 등이 있다.

③ 포졸란 반응이 있는 것은 플라이애시, 고로슬래그, 규산백토 등이 있다.

④ 인공산으로는 플라이애시, 고로슬래그, 소성점토 등이 있다.

해설 ① 콘크리트의 물성을 개선하기 위해 시멘트량의 5% 이상으로 사용한다.

46. 공사에 필요한 표준시방서의 내용에 포함되지 않는 사항은?

① 재료에 관한 사항

② 공법에 관한 사항

③ 공사비에 관한 사항

④ 검사 및 시험에 관한 사항

해설 ③ 공정에 따른 공사비 사용에 관한 사항-공사계약 시 작성사항

47. 서중콘크리트의 특징에 관한 설명으로 옳지 않은 것은?

① 콘크리트의 단위 수량이 증가한다.

② 콘크리트의 응결이 촉진된다.

③ 균열이 발생하기 쉽다.

④ 슬럼프 로스가 발생하지 않는다.

해설 ④ 슬럼프 로스가 발생하기 쉽다.

48. 콘크리트 표준시방서에 따른 거푸집 존치기간이 가장 긴 것은?

① 보 밑면 ② 기둥

③ 보 측면 ④ 벽

해설 보 밑면은 기초 옆, 보 옆, 기둥, 벽보다 2~3일 정도 더 존치해야 한다.

정답 43. ① 44. ④ 45. ① 46. ③ 47. ④ 48. ①

49. 다음 중 사운딩시험 방법과 가장 거리가 먼 것은?

① 표준관입시험
② 공내재하시험
③ 콘관입시험
④ 베인전단시험

해설 공내재하시험 : 토사층의 변형계수, 암반 변형특성을 측정하는 내지력시험

50. 철골공사 중 고력 볼트 접합에 관한 설명으로 옳지 않은 것은?

① 고력 볼트 세트의 구성은 고력 볼트 1개, 너트 1개 및 와셔 2개로 구성한다.
② 접합방식의 종류는 마찰접합, 지압접합, 인장접합이 있다.
③ 볼트의 호칭지름에 의한 분류는 D16, D20, D22, D24로 한다.
④ 조임은 토크관리법과 너트회전법에 따른다.

해설 ③ 볼트의 호칭지름에 의한 분류는 M16, M20, M22, M24로 한다.

51. 철근의 이음방식이 아닌 것은?

① 용접이음 ② 겹침이음
③ 갈고리 이음 ④ 기계적 이음

해설 철근의 이음방법
• 용접이음 • 가스압접 이음
• 겹침이음 • 기계식 이음

52. 철근콘크리트 공사에서 철근의 최소 피복두께를 확보하는 이유로 볼 수 없는 것은?

① 콘크리트 산화막에 의한 철근의 부식방지
② 콘크리트의 조기강도 증진
③ 철근과 콘크리트의 부착응력 확보
④ 화재, 염해, 중성화 등으로부터의 보호

해설 철근의 최소 피복두께를 확보하는 이유는 철근의 부식방지, 부착응력 확보, 화재, 염해, 중성화 등으로부터의 보호 등이다.

53. 역타공법(top-down method)과 관련된 내용으로 옳지 않은 것은?

① 지하굴착 공사장에는 중장비 때문에 급배기 환기시설이 필요하다.
② 기둥 천공 시 슬라임 처리가 완벽해야 한다.
③ 한 현장에 지하연속벽과 강성이 다른 흙막이 벽을 병행 조성하는 것이 안전상 유리하다.
④ 지하연속벽과 구조체와의 연결철근의 위치가 정확히 유지되어 있어야 한다.

해설 ③ 한 현장에 지하연속벽과 강성이 같은 흙막이 벽을 병행 조성하는 것이 안전상 유리하다.

54. 고력 볼트 접합에서 축부가 굵게 되어 있어 볼트 구멍에 빈틈이 남지 않도록 고안된 볼트는?

① TC 볼트 ② PI 볼트
③ 그립 볼트 ④ 지압형 고장력 볼트

해설 지압형 고장력 볼트 : 축부가 굵게 되어 있어 볼트 구멍에 빈틈이 남지 않도록 고안된 볼트

Tip) 고력 볼트 : 인장강도가 높은 볼트로 접합부에 높은 강성과 강도를 얻기 위해 사용한다.

55. 공정계획 및 관리에 있어 작업의 집약화와 가장 관계가 먼 것은?

① 부분공사로서 이미 자료화되어 있는 작업군
② 투입되는 자원의 종류가 다른 작업군
③ 관리 외의 작업군
④ 현시점에서 관리상의 중요도가 적은 작업군

정답 49. ② 50. ③ 51. ③ 52. ② 53. ③ 54. ④ 55. ②

해설 ②는 작업의 세분화

Tip) 집약화 : 경영하는 분야에서 노동 투입의 비중이 높아지고, 자본을 집중적으로 투자하는 일

56. 철근콘크리트 보강블록공사에 대한 설명 중 옳지 않은 것은?

① 보강근이 들어간 부분은 블록 2단마다 콘크리트나 모르타르를 충분히 충전시켜 철근이 녹스는 것을 방지한다.

② 블록쌓기 시 되도록 고저차가 없도록 수평이 되게 쌓아 올린다.

③ 벽의 세로근은 원칙적으로 이음을 만들지 않고 기초와 테두리보에 정착시킨다.

④ 블록의 빈속을 철근과 콘크리트로 보강하여 장막벽을 구성하는 것이다.

해설 ④ 블록의 빈속을 철근과 콘크리트로 보강하여 내력벽을 구성하는 것이다.

57. 당해 공사의 특수한 조건에 따라 표준시방서에 대하여 추가, 변경, 삭제를 규정하는 시방서는?

① 특기시방서 ② 안내시방서
③ 자료시방서 ④ 성능시방서

해설 특기시방서 : 표준시방서에 대하여 추가, 변경, 삭제를 규정한 시방서

58. 현장용접 시 발생하는 화재에 대한 예방조치와 가장 거리가 먼 것은?

① 용접기의 완전한 접지(earth)를 한다.

② 용접 부분 부근의 가연물이나 인화물을 치운다.

③ 착의, 장갑, 구두 등을 건조상태로 한다.

④ 불꽃이 비산하는 장소에 주의한다.

해설 ③ 착의, 장갑, 구두 등을 화재예방을 위해 적당한 습윤상태로 유지한다.

59. 철공공사의 철골부재 용접에서 용접결함이 아닌 것은?

① 언더컷(undercut)
② 오버랩(overlap)
③ 루트(root)
④ 블로우 홀(blow hole)

해설 용접결함

언더컷(undercut)	오버랩(overlap)
크랙(crack)	기공(blow hole)
크랙	기공

60. 가설공사 중 직접가설공사 항목이 아닌 것은?

① 시험설비 ② 규준틀 설치
③ 비계 설치 ④ 건축물 보양설비

해설 ①은 공통가설공사 항목

4과목 건설재료학

61. 콘크리트의 블리딩 현상에 대한 설명 중 옳지 않은 것은?

① 콘크리트의 컨시스턴시가 클수록 블리딩은 증대한다.

② AE콘크리트는 보통콘크리트에 비하여 블리딩 현상이 적다.

정답 56. ④ 57. ① 58. ③ 59. ③ 60. ① 61. ③

③ 블리딩 현상에 의해 떠오른 미립물은 상호 간 접착력을 증대시킨다.
④ 콘크리트 면이 침하되어 콘크리트 균열의 원인이 된다.

해설 ③ 블리딩 현상에 의해 떠오른 미립물은 상호 간 접착력을 감소시킨다.
Tip) 블리딩 현상은 콘트리트의 응결이 시작하기 전 침하하는 현상이다.

62. 강에 함유된 탄소량의 증감과 관련이 없는 것은?

① 경도의 증감
② 내산, 내알칼리성의 증감
③ 인장강도의 증감
④ 연성(신장률)의 증감

해설 탄소성분의 증가가 강재 성질에 끼치는 영향
- 탄소함유량이 약 0.85%까지는 인장강도가 증가한다.
- 경도, 비열, 전기저항은 증가한다.
- 인성, 연신율, 열전도율, 비중은 감소한다.
- 연성 및 전성과 용접성이 저하된다.

63. 유리섬유를 불규칙하게 혼입하고 상온 가압하여 성형한 판으로 설비재 · 내외수장재로 쓰이는 것은?

① 멜라민치장판
② 폴리에스테르 강화판
③ 아크릴평판
④ 염화비닐판

해설 폴리에스테르 강화판(FRP) : 유리섬유를 폴리에스테르수지에 불규칙하게 혼입한 후에 상온에서 가압 성형한 판으로 알칼리 이외의 화약약품에는 저항성이 있고 경질이므로 설비재, 내외의 수장재로 쓰인다.

64. 점토제품 중 흡수성이 가장 작은 것은?

① 도기류 ② 토기류
③ 자기류 ④ 석기류

해설 점토제품의 종류

구분	소성온도 (℃)	흡수율 (%)	점토제품
토기	790~1000	20 이상	기와, 벽돌, 토관
도기	1100~1230	10	타일, 테라코타, 위생도기
석기	1160~1350	3~10	타일, 클링커 타일
자기	1250~1430	0~1	자기질 타일, 모자이크 타일, 위생도기

65. 플라스틱의 특성에 관한 설명으로 옳지 않은 것은?

① 전기절연성이 양호하다.
② 내열성 및 내후성이 강하다.
③ 착색이 자유롭고 높은 투명성을 가질 수 있다.
④ 내약품성이 있고 접착성이 우수하다.

해설 ② 내열성 및 내후성이 약하다.

66. 공기 중의 탄산가스와 화학반응을 일으켜 경화하는 미장재료는?

① 경석고 플라스터
② 시멘트 모르타르
③ 돌로마이트 플라스터
④ 혼합석고 플라스터

해설 돌로마이트 플라스터 : 소석회보다 점성이 높고, 풀을 넣지 않아 냄새, 곰팡이가 없어 변색될 염려가 없으며 경화 시 수축률이 큰 기경성 미장재료이다.

정답 62. ② 63. ② 64. ③ 65. ② 66. ③

Tip) 기경성 재료 : 이산화탄소(탄산가스)와 반응하여 경화되는 미장재료이다.

67. **화재에 의한 목재의 가연 발생을 막기 위한 방화법 중 옳지 않은 것은?**

① 유성페인트 도포
② 난연처리
③ 불연성 막에 의한 피복
④ 대단면화

해설 ① 목재의 방화를 막기 위해 방화페인트를 도포하여야 한다.

Tip) 유성페인트는 독성 및 화재 발생의 위험이 있다.

68. **목재의 방부제 처리법 중 가장 침투깊이가 깊어 방부 효과가 크고 내구성이 양호한 것은?**

① 침지법 ② 도포법
③ 가압주입법 ④ 상압주입법

해설 가압주입법 : 압력용기 속에 목재를 넣어 압력을 가하고 방부제를 주입하는 방법으로 방부 효과가 좋다.

69. **미장공사에서 코너비드가 사용되는 곳은?**

① 계단 손잡이
② 기둥의 모서리
③ 거푸집 가장자리
④ 화장실 칸막이

해설 코너비드 : 기둥이나 벽 등의 모서리를 보호하기 위해 밀착시켜 붙이는 보호용 철물

70. **돌로마이트 플라스터는 대기 중의 무엇과 화합하여 경화하는가?**

① 이산화탄소(CO_2) ② 물(H_2O)
③ 산소(O_2) ④ 수소(H_2)

해설 돌로마이트 플라스터는 대기 중의 이산화탄소(탄산가스)와 반응 화합하여 경화한다.

71. **KS L 5201에 따른 1종 보통 포틀랜드 시멘트의 28일 압축강도 기준으로 옳은 것은?**

① 10MPa 이상 ② 12.5MPa 이상
③ 22.5MPa 이상 ④ 42.5MPa 이상

해설 보통 포틀랜드 시멘트의 압축강도(MPa) 기준

구분	1종	2종	3종	4종
1일	–	–	10.0 이상	–
3일	12.5 이상	7.5 이상	20.0 이상	–
7일	22.5 이상	15.0 이상	32.5 이상	7.5 이상
28일	42.5 이상	32.5 이상	47.5 이상	22.5 이상

72. **물을 가한 후 24시간 이내에 보통 포틀랜드 시멘트의 4주 강도 정도가 발현되며, 내화성이 풍부한 시멘트는?**

① 팽창 시멘트 ② 중용열 시멘트
③ 고로 시멘트 ④ 알루미나 시멘트

해설 알루미나 시멘트

- 성분 중에 Al_2O_3가 많으므로 조기강도가 높고 염분이나 화학적 저항성이 크다.
- 수화열량이 커서 대형 단면부재에 사용하기는 적당하지 않고 긴급 공사나 동절기 공사에 좋다.

73. **각종 금속의 성질 및 사용법에 관한 설명으로 틀린 것은?**

① 아연판은 철과 접촉하면 침식되므로 아연못을 사용한다.

정답 67. ① 68. ③ 69. ② 70. ① 71. ④ 72. ④ 73. ③

부록 실전문제

② 동은 대기 중에서 내구성이 있으나 암모니아에 침식된다.
③ 연은 산과 알칼리에 강하므로 콘크리트에 직접 매설하여도 침식이 적다.
④ 동은 전연성이 풍부하므로 가공하기 쉽다.

해설 ③ 납(Pb : 연)은 알칼리에 잘 침식되므로 콘크리트 중에 매입할 경우 침식된다.

74. 폴리에스테르수지에 관한 설명 중 틀린 것은?

① 전기절연성이 우수하다.
② 도료, 파이프 등에 사용된다.
③ 건축용으로는 판상제품으로 주로 사용된다.
④ 불포화 폴리에스테르수지는 열가소성 수지이다.

해설 ④ 불포화 폴리에스테르수지는 섬유강화 플라스틱(FRP)으로 열경화성 수지이다.

75. 합성수지에 대한 설명 중 틀린 것은?

① 요소수지 : 내수합판의 접착제로 널리 사용되며 도료, 마감재, 장식재로 쓰인다.
② 에폭시수지 : 내수성, 내약품성, 전기절연성이 우수하여 건축 분야에 널리 사용된다.
③ 실리콘 : 발수성이 좋지 않으며, 기포성 제품으로 가공하여 보온재나 쿠션재로 사용된다.
④ 아크릴수지 : 투명도가 높아 채광판, 도어판, 칸막이벽 등에 쓰인다.

해설 실리콘 : 발수성이 있기 때문에 건축물, 전기절연물 등의 방수에 쓰인다.

76. 다음 금속 중 이온화 경향이 가장 큰 것은?

① Zn ② Cu
③ Ni ④ Fe

해설 이온화 경향은 Mg > Al > Zn > Fe > Ni > Sn > Pb > (H) > Cu 순서이다.

77. 다음 중 실(seal)재가 아닌 것은?

① 코킹재 ② 퍼티
③ 개스킷 ④ 트래버틴

해설 ④는 대리석의 일종으로 갈면 광택이 난다.

78. 스테인리스강에 대한 설명으로 옳지 않은 것은?

① 강도가 높고 열에 대한 저항성이 크다.
② 먼지가 잘 끼고 표면이 더러워지면 청소가 어렵다.
③ 크롬(Cr)의 첨가량이 증가할수록 내식성이 좋아진다.
④ 전기저항성이 크고 열전도율이 낮다.

해설 ② 녹슬지 않고 먼지 등 표면이 더러워져도 청소하기 쉽다.

79. 콘크리트 골재에 요구되는 성질로 옳지 않은 것은?

① 골재는 청정, 내구적인 것으로 유해량의 먼지, 흙, 유기불순물 등을 포함하지 않을 것
② 골재의 강도는 콘크리트 중의 경화시멘트 페이스트의 강도 이상일 것
③ 골재의 입형은 세장하고, 표면이 매끈할 것
④ 입도는 조립에서 세립까지 연속적으로 균등히 혼합되어 있을 것

해설 ③ 골재는 표면이 거칠고, 둔각으로 된 것이 좋다.

80. ALC(Autoclave Lightweight Concrete) 제품에 대한 설명 중 옳지 않은 것은?

① 대형판 제조가 불가능하다.

정답 74. ④ 75. ③ 76. ① 77. ④ 78. ② 79. ③ 80. ①

② 시공이 용이하고 내화성이 크다.
③ 제품 발포제로서 알루미늄 분말을 사용한다.
④ 절건상태에서 비중이 0.45~0.55 정도이다.

해설 ① 대형판 제조가 가능하다.

5과목 건설안전기술

81. 건설업 산업안전보건관리비의 안전시설비로 사용 가능하지 않은 항목은?

① 비계 · 통로 · 계단에 추가 설치하는 추락방지용 안전난간
② 공사 수행에 필요한 안전통로
③ 틀비계에 별도로 설치하는 안전난간 · 사다리
④ 통로의 낙하물 방호선반

해설 ② 안전통로(각종 비계, 작업발판, 가설계단 · 통로, 사다리 등)는 안전시설비로 사용할 수 없다.

82. 크레인을 사용하여 작업을 하는 경우 준수해야 할 사항으로 옳지 않은 것은?

① 인양할 하물(荷物)을 바닥에서 끌어당기거나 밀어 정위치 작업을 할 것
② 유류드럼이나 가스통 등 운반 도중에 떨어져 폭발하거나 누출될 가능성이 있는 위험물 용기는 보관함(또는 보관고)에 담아 안전하게 매달아 운반할 것
③ 미리 근로자의 출입을 통제하여 인양 중인 하물이 작업자의 머리 위로 통과하지 않도록 할 것
④ 인양할 하물이 보이지 아니하는 경우에는 어떠한 동작도 하지 아니할 것(신호하는 사람에 의하여 작업을 하는 경우는 제외한다)

해설 ① 인양할 하물을 바닥에서 끌어당기거나 밀어내는 작업은 하지 말 것

83. 토류벽에 거치된 어스앵커의 인장력을 측정하기 위한 계측기는?

① 하중계(load cell)
② 변형률계(strain gauge)
③ 간극수압계(piezo meter)
④ 지중경사계(inclino meter)

해설 하중계(load cell) : 축하중의 변화 상태 측정

84. 다음 중 차량계 건설기계에 속하지 않는 것은?

① 배쳐플랜트 ② 모터그레이더
③ 크롤러드릴 ④ 탬덤롤러

해설 ①은 콘크리트 제조설비이다.

85. 굴착공사에서 굴착깊이가 5m, 굴착저면의 폭이 5m인 경우, 양 단면 굴착을 할 때 굴착부 상단면의 폭은? (단, 굴착면의 기울기는 1 : 1로 한다.)

① 10m ② 15m ③ 20m ④ 25m

해설 $1:1=5:x$, $\therefore x=5\text{m}$
→ 상단면의 폭 $=5+5+5=15\text{m}$

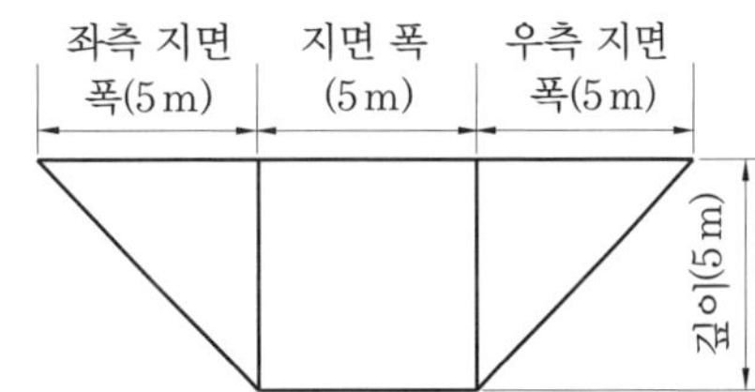

86. 안전난간은 구조적으로 가장 취약한 지점에서 가장 취약한 방향으로 작용하는 최소 얼마 이상의 하중에 견딜 수 있는 구조이어야 하는가?

정답 81. ② 82. ① 83. ① 84. ① 85. ② 86. ①

① 100kg ② 150kg
③ 200kg ④ 250kg

해설 안전난간은 임의의 방향으로 움직이는 100kg 이상의 하중에 견딜 수 있는 튼튼한 구조이어야 한다.

87. 화물용 승강기를 설계하면서 와이어로프의 안전하중이 10ton이라면 로프의 가닥수를 얼마로 하여야 하는가? (단, 와이어로프 한 가닥의 파단강도는 4ton이며, 화물용 승강기 와이어로프의 안전율은 6으로 한다.)

① 10가닥 ② 15가닥
③ 20가닥 ④ 30가닥

해설 $\text{안전율} = \dfrac{\text{파단하중}}{\text{안전하중}} = \dfrac{4x}{10} = 6$

$\therefore x = \dfrac{6 \times 10}{4} = 15$

88. 기계가 서 있는 지면보다 높은 곳을 파는 작업에 가장 적합한 굴착기계는?

① 파워쇼벨 ② 드래그라인
③ 백호우 ④ 클램쉘

해설 파워쇼벨 : 지면보다 높은 곳의 땅파기에 적합하다.

89. 산업안전보건기준에 관한 규칙에서 규정하는 현장에서 고소작업대 사용 시 준수사항이 아닌 것은?

① 작업자가 안전모·안전대 등의 보호구를 착용하도록 할 것
② 관계자가 아닌 사람이 작업구역 내에 들어오는 것을 방지하기 위하여 필요한 조치를 할 것
③ 작업을 지휘하는 자를 선임하여 그 자의 지휘하에 작업을 실시할 것
④ 안전한 작업을 위하여 적정수준의 조도를 유지할 것

해설 ③ 10m 이상의 고소작업대를 사용하는 경우에 작업을 지휘하는 자를 선임한다.

90. 수중굴착 및 구조물의 기초바닥 등과 같은 협소하고 상당히 깊은 범위의 굴착과 호퍼작업에 가장 적당한 굴착기계는?

① 파워셔블
② 항타기
③ 클램쉘
④ 리버스 서큘레이션 드릴

해설 클램쉘 : 수중굴착 및 구조물의 기초바닥 등과 같은 협소하고 상당히 깊은 범위의 굴착이 가능하며, 호퍼작업에 적합하다.

91. 웰 포인트, 샌드드레인 공법 작업 전에는 압밀침하를 예상하여 간극수압을 측정하여야 한다. 이 간극수압을 측정하는 기구는 무엇인가?

① piezometer
② tiltmeter
③ inclinometer
④ water level meter

해설
- 간극수압계(piezo meter) : 지하의 간극수압 측정
- 건물경사계(tilt meter) : 인접 구조물의 기울기 측정
- 지중경사계(inclino meter) : 지중의 수평 변위량 측정, 기울어진 정도 파악
- 지중 수평변위계(inclino meter) : 지반의 수평변위량과 위치, 방향 및 크기를 실측
- 지하수위계(water level meter) : 지반 내 지하수위의 변화 측정

정답 87. ② 88. ① 89. ③ 90. ③ 91. ①

92. 인력에 의한 하물 운반 시 준수사항으로 옳지 않은 것은?

① 수평거리 운반을 원칙으로 한다.
② 운반 시의 시선은 진행방향을 향하고 뒷걸음 운반을 하여서는 아니 된다.
③ 쌓여 있는 하물을 운반할 때에는 중간 또는 하부에서 뽑아내어서는 아니 된다.
④ 어깨 높이보다 낮은 위치에서 하물을 들고 운반하여서는 아니 된다.

해설 ④ 어깨 높이보다 낮은 위치에서 하물을 들고 운반하여야 한다.

93. 재해 발생과 관련된 건설공사의 주요 특징으로 틀린 것은?

① 재해 강도가 높다.
② 추락재해의 비중이 높다.
③ 근로자의 직종이 매우 단순하다.
④ 작업환경이 다양하다.

해설 ③ 근로자의 직종이 매우 다양하다.

94. 강관비계의 구조에서 비계기둥 간의 적재하중 기준으로 옳은 것은?

① 200kg 이하
② 300kg 이하
③ 400kg 이하
④ 500kg 이하

해설 비계기둥 간의 적재하중은 400kg을 초과하지 않아야 한다.

95. 산업안전보건기준에 관한 규칙에 따른 굴착면의 기울기 기준으로 틀린 것은?

① 보통흙 습지－1 : 1∼1 : 1.5
② 풍화암－1 : 0.8
③ 보통흙 건지－1 : 0.5∼1 : 1
④ 경암－1 : 0.5

해설 굴착면의 기울기 기준(2021.11.19 개정)

구분	지반 종류	기울기	사면 형태
보통흙	습지	1 : 1 ∼1 : 1.5	(직각삼각형 그림: 높이 1, 밑변 x)
	건지	1 : 0.5 ∼1 : 1	
암반	풍화암	1 : 1.0	
	연암	1 : 1.0	
	경암	1 : 0.5	

96. 철골공사 작업 중 작업을 중지해야 하는 기후 조건의 기준으로 옳은 것은?

① 풍속 : 10m/sec 이상, 강우량 : 1mm/h 이상
② 풍속 : 5m/sec 이상, 강우량 : 1mm/h 이상
③ 풍속 : 10m/sec 이상, 강우량 : 2mm/h 이상
④ 풍속 : 5m/sec 이상, 강우량 : 2mm/h 이상

해설 철골공사 작업을 중지하여야 하는 기준
- 풍속이 초당 10m 이상인 경우
- 1시간당 강우량이 1mm 이상인 경우
- 1시간당 강설량이 1cm 이상인 경우

97. 양중기를 사용하는 작업에서 운전자가 보기 쉬운 곳에 부착하여야 하는 사항이 아닌 것은?

① 정격하중 ② 운전속도
③ 작업위치 ④ 경고표시

해설 양중기를 사용하는 작업에서 운전자가 보기 쉬운 곳에 정격하중, 운전속도, 경고표시 등을 부착하여야 한다.

98. 건설공사 현장에서 사다리식 통로 등을 설치하는 경우의 준수기준으로 옳지 않은 것은?

정답 92. ④ 93. ③ 94. ③ 95. ② 96. ① 97. ③ 98. ①

① 사다리의 상단은 걸쳐 놓은 지점으로부터 40cm 이상 올라가도록 할 것
② 폭은 30cm 이상으로 할 것
③ 사다리식 통로의 기울기는 75° 이하로 할 것
④ 발판의 간격은 일정하게 할 것

해설 ① 사다리의 상단은 걸쳐 놓은 지점으로부터 60cm 이상 올라가도록 할 것

99. 거푸집의 일반적인 조립 순서를 옳게 나열한 것은?

① 기둥 → 보받이 내력벽 → 큰 보 → 작은 보 → 바닥판 → 내벽 → 외벽
② 외벽 → 보받이 내력벽 → 큰 보 → 작은 보 → 바닥판 → 내력 → 기둥
③ 기둥 → 보받이 내력벽 → 작은 보 → 큰 보 → 바닥판 → 내벽 → 외벽
④ 기둥 → 보받이 내력벽 → 바닥판 → 큰 보 → 작은 보 → 내벽 → 외벽

해설 거푸집의 조립 순서

1단계	2단계	3단계	4단계	5단계	6단계	7단계
기둥	보받이 내력벽	큰 보	작은 보	바닥판	내벽	외벽

100. 현장에서 근로자가 안전하게 통행할 수 있도록 통로에 설치해야 하는 조명시설은 최소 몇 럭스 이상이어야 하는가?

① 30Lux 이상 ② 75Lux 이상
③ 150Lux 이상 ④ 300Lux 이상

해설 조명(조도) 기준
- 초정밀작업 : 750Lux 이상
- 정밀작업 : 300Lux 이상
- 보통작업 : 150Lux 이상
- 기타작업 : 75Lux 이상

Tip) 기타 작업장과 통로의 조명은 75Lux 이상이어야 한다.

정답 99. ① 100. ②

제5회 CBT 실전문제

|건|설|안|전|산|업|기|사|

1과목 산업안전관리론

1. 적응기제(adjustment mechanism) 의 도피적 행동인 고립에 해당하는 것은?

① 운동시합에서 진 선수가 컨디션이 좋지 않았다고 말한다.
② 키가 작은 사람이 키 큰 친구들과 같이 사진을 찍으려 하지 않는다.
③ 자녀가 없는 여교사가 아동교육에 전념하게 되었다.
④ 동생이 태어나자 형이 된 아이가 말을 더듬는다.

해설 도피기제의 고립 : 외부와의 접촉을 단절(거부)

2. 다음 중 억측 판단의 배경이 아닌 것은?

① 생략행위 ② 초조한 심정
③ 희망적 관측 ④ 과거의 성공한 경험

해설 억측 판단이 발생하는 배경
- 희망적인 관측 : 그때도 그랬으니까 괜찮겠지 하는 관측
- 불확실한 정보나 지식 : 위험에 대한 정보의 불확실 및 지식의 부족
- 과거의 성공한 경험 : 과거에 그 행위로 성공한 경험의 선입관
- 초조한 심정 : 일을 빨리 끝내고 싶은 초조한 심정

3. 인간의 착각 현상 중 버스나 전동차의 움직임으로 인하여 자신이 승차하고 있는 정지된 차량이 움직이는 것 같은 느낌을 받는 현상은?

① 자동운동 ② 유도운동
③ 가현운동 ④ 플리커 현상

해설 유도운동 : 실제로 움직이지 않는 것이 움직이는 것처럼 느껴지는 현상

4. 비통제의 집단행동 중 폭동과 같은 것을 말하며, 군중보다 합의성이 없고 감정에 의해서만 행동하는 특성은?

① 패닉(panic)
② 모브(mob)
③ 모방(imitation)
④ 심리적 전염(mental epidemic)

해설 모브 : 비통제의 집단행동 중 폭동과 같은 것을 말하며, 군중보다 합의성이 없고 감정에 의해서만 행동하는 특성

Tip) 통제가 없는 집단행동(성원의 감정) : 군중, 모브, 패닉, 심리적 전염 등

5. 학습지도 중 구안법(project method)의 4단계 순서로 옳은 것은?

① 계획 → 목적 → 수행 → 평가
② 계획 → 수행 → 목적 → 평가
③ 목적 → 수행 → 계획 → 평가
④ 목적 → 계획 → 수행 → 평가

해설 구안법의 순서

제1단계	제2단계	제3단계	제4단계
목적결정	계획수립	활동(수행)	평가

정답 1. ② 2. ① 3. ② 4. ② 5. ④

6. 사업장에서 발생한 990회 사고 중 사망재해가 3건이었다면 하인리히의 재해 구성 비율에 따를 경우 경상이 예상되는 발생 건수는?

① 60건 ② 87건
③ 120건 ④ 330건

해설 하인리히의 법칙

하인리히의 법칙	1 : 29 : 300
X×3	3 : 87 : 900

7. 레빈(Lewin)의 법칙 중 환경조건(E)이 의미하는 것은?

① 지능 ② 소질
③ 적성 ④ 인간관계

해설 인간의 행동은 $B=f(P \cdot E)$의 상호 함수관계에 있다.

- f : 함수관계(function)
- P : 개체(person) – 연령, 경험, 심신상태, 성격, 지능, 소질 등
- E : 심리적 환경(environment) – 인간관계, 작업환경 등

8. 산업안전보건법상 중대재해에 해당하지 않는 것은?

① 추락으로 인하여 1명이 사망한 재해
② 건물의 붕괴로 인하여 15명의 부상자가 동시에 발생한 재해
③ 화재로 인하여 4개월의 요양이 필요한 부상자가 동시에 3명 발생한 재해
④ 근로환경으로 인하여 직업성 질병자가 동시에 5명 발생한 재해

해설 중대재해 3가지

- 사망자가 1명 이상 발생한 재해
- 3개월 이상의 요양이 필요한 부상자가 동시에 2명 이상 발생한 재해
- 부상자 또는 직업성 질병자가 동시에 10명 이상 발생한 재해

9. 산업안전보건법령상 사업 내 안전 · 보건교육의 교육과정에 해당하지 않는 것은?

① 검사원 정기점검교육
② 특별안전 · 보건교육
③ 근로자 정기안전 · 보건교육
④ 작업내용 변경 시의 교육

해설 사업 내 안전 · 보건교육의 교육과정 : 정기교육, 채용 시 교육, 작업내용 변경 시 교육, 특별교육, 건설기초안전교육

10. 피로를 측정하는 방법 중 동작분석, 연속반응시간 등을 통하여 피로를 측정하는 방법은?

① 생리학적 측정 ② 생화학적 측정
③ 심리학적 측정 ④ 생역학적 측정

해설 피로를 측정하는 방법

- 심리학적인 방법 : 연속반응시간, 변별역치, 정신작업, 피부저항, 동작분석 등
- 생리학적인 방법 : 근력, 근 활동, 호흡순환기능, 대뇌피질활동, 인지역치 등
- 생화학적인 방법 : 혈색소 농도, 뇨단백, 혈액의 수분 등

11. 근로자가 중요하거나 위험한 작업을 안전하게 수행하기 위해 인간의 의식수준(phase) 중 몇 단계 수준에서 작업하는 것이 바람직한가?

① 0단계 ② Ⅰ단계
③ Ⅱ단계 ④ Ⅲ단계

해설 3단계(상쾌한 상태) : 적극적 활동, 활동상태, 최고 상태

정답 6. ② 7. ④ 8. ④ 9. ① 10. ③ 11. ④

12. 적응기제(adjustment mechanism) 중 다음에서 설명하는 것은 무엇인가?

자신조차도 승인할 수 없는 욕구를 타인이나 사물로 전환시켜 바람직하지 못한 욕구로부터 자신을 지키려는 것

① 투사 ② 합리화
③ 보상 ④ 동일화

해설 투사 : 열등감을 다른 것에서 발견해 열등감에서 벗어나려 함

13. 안전관리의 4M 가운데 Media에 관한 내용으로 가장 올바른 것은?

① 인간과 기계를 연결하는 매개체
② 인간과 관리를 연결하는 매개체
③ 기계와 관리를 연결하는 매개체
④ 인간과 작업환경을 연결하는 매개체

해설 작업매체(Media)는 인간과 기계를 연결하는 매개체로 작업정보, 작업방법, 작업환경 등이 있다.

14. 안전 · 보건교육 및 훈련은 인간 행동변화를 안전하게 유지하는 것이 목적이다. 이러한 행동변화의 전개과정 순서가 알맞은 것은?

① 자극－욕구－판단－행동
② 욕구－자극－판단－행동
③ 판단－자극－욕구－행동
④ 행동－욕구－자극－판단

해설 행동변화의 전개과정 순서는 자극 → 욕구 → 판단 → 행동이다.

15. 다음 중 산업안전보건법령상 자율안전확인대상에 해당하는 방호장치는?

① 압력용기 압력방출용 파열판
② 보일러 압력방출용 안전밸브
③ 교류 아크 용접기용 자동전격방지기
④ 방폭구조(防爆構造) 전기기계 · 기구 및 부품

해설 ①, ②, ④는 안전인증대상 방호장치

16. 도수율이 13.0, 강도율 1.20인 사업장이 있다. 이 사업장의 환산도수율은 얼마인가? (단, 이 사업장 근로자의 평생 근로시간은 10만 시간으로 가정한다.)

① 1.3 ② 10.8 ③ 12.0 ④ 92.3

해설 평생 근로 시 예상 재해 건수(환산도수율)＝도수율×0.1＝13.0×0.1＝1.3

Tip) 근로시간별 적용 방법

평생 근로시간 : 10만 시간	평생 근로시간 : 12만 시간
• 환산도수율 ＝도수율×0.1 • 환산강도율 ＝강도율×100	• 환산도수율 ＝도수율×0.12 • 환산강도율 ＝강도율×120

17. 사고예방 대책의 기본원리 2단계에서 "사실의 발견" 단계에 해당하는 것은?

① 작업환경 측정 ② 안전진단 · 평가
③ 점검 및 조사 실시 ④ 안전관리계획 수립

해설 2단계 : 사실의 발견(현상 파악)
• 사고와 안전활동의 기록 검토
• 작업분석
• 사고조사
• 안전점검 및 검사
• 각종 안전회의 및 토의
• 애로 및 건의사항

18. 피로에 의한 정신적 증상과 가장 관련이 깊은 것은?

① 주의력이 감소 또는 경감된다.
② 작업의 효과나 작업량이 감퇴 및 저하된다.

정답 12. ① 13. ① 14. ① 15. ③ 16. ① 17. ③ 18. ①

③ 작업에 대한 몸의 자세가 흐트러지고 지치게 된다.

④ 작업에 대하여 무감각 · 무표정 · 경련 등이 일어난다.

해설 피로의 정신적 증상은 주의력이 감소 또는 경감되며, 졸음, 두통, 싫증, 짜증 등이 일어난다.

19. 다음 중 무재해운동 추진기법에 있어 지적 · 확인의 특성을 가장 적절하게 설명한 것은?

① 오관의 감각기관을 총동원하여 작업의 정확성과 안전을 확인한다.

② 참여자 전원의 스킨십을 통하여 연대감, 일체감을 조성할 수 있고 느낌을 교류한다.

③ 비평을 금지하고, 자유로운 토론을 통하여 독창적인 아이디어를 끌어낼 수 있다.

④ 작업 전 5분간의 미팅을 통하여 시나리오상의 역할을 연기하여 체험하는 것을 목적으로 한다.

해설 지적 · 확인

- 작업의 안전 정확성을 확인하기 위해 눈, 팔, 손, 입, 귀 등 오관의 감각기관을 이용하여 작업시작 전에 뇌를 자극시켜 안전을 확보하기 위한 기법이다.
- 작업공정의 요소에서 자신의 행동을 [홍길동 좋아!] 하고 대상을 지적하여 큰 소리로 확인하는 것을 말한다.
- 지적 · 확인이 불안전한 행동 방지에 효과가 있는 것은 안전의식을 강화하고, 대상에 대한 집중력의 향상, 자신과 대상의 결합도 증대, 인지(cognition)확률의 향상 때문이다.

20. 산업안전보건법령상 안전 · 보건표지의 종류에 있어 "안전모 착용"은 어떤 표지에 해당하는가?

① 경고표지 ② 지시표지

③ 안내표지 ④ 관계자 외 출입금지

해설 안전모 착용은 보호구 착용에 관한 내용으로 지시표지에 해당한다.

2과목 인간공학 및 시스템 안전공학

21. 작업장 내의 색채조절이 적합하지 못한 경우에 나타나는 상황이 아닌 것은?

① 안전표지가 너무 많아 눈에 거슬린다.

② 현란한 색 배합으로 물체 식별이 어렵다.

③ 무채색으로만 구성되어 중압감을 느낀다.

④ 다양한 색채를 사용하면 작업의 집중도가 높아진다.

해설 ④ 다양한 색채를 사용하면 시각의 혼란으로 재해 발생이 높아진다.

22. 인터페이스 설계 시 고려해야 하는 인간과 기계와의 조화성에 해당되지 않는 것은?

① 지적 조화성

② 신체적 조화성

③ 감성적 조화성

④ 심미적 조화성

해설 감성공학과 인간의 인터페이스 3단계

인터페이스	특성
신체적	인간의 신체적, 형태적 특성의 적합성
인지적	인간의 인지능력, 정신적 부담의 정도
감성적	인간의 감정 및 정서의 적합성 여부

정답 19. ① 20. ② 21. ④ 22. ④

23. FT 작성 시 논리 게이트에 속하지 않는 것은 무엇인가?

① OR 게이트 ② 억제 게이트
③ AND 게이트 ④ 동등 게이트

해설 FTA 논리기호

기호	명칭
Ai, Aj, Ak 순으로 / Ai Aj Ak	우선적 AND 게이트
2개의 출력 / Ai Aj Ak	조합 AND 게이트
동시발생이 없음	배타적 OR 게이트
위험지속시간	위험 지속 AND 게이트
	억제 게이트
A	부정 게이트

24. 산업안전보건법에 따라 상시작업에 종사하는 장소에서 보통작업을 하고자 할 때 작업면의 최소 조도(lux)로 맞는 것은? (단, 작업장은 일반적으로 작업장소이며, 감광재료를 취급하지 않는 장소이다.)

① 75 ② 150
③ 300 ④ 750

해설 조명(조도) 기준
- 초정밀작업 : 750Lux 이상
- 정밀작업 : 300Lux 이상
- 보통작업 : 150Lux 이상
- 기타작업 : 75Lux 이상

25. 심장의 박동주기 동안 심근의 전기적 신호를 피부에 부착한 전극들로부터 측정하는 것으로 심장이 수축과 확장을 할 때, 일어나는 전기적 변동을 기록한 것은?

① 뇌전도계 ② 근전도계
③ 심전도계 ④ 안전도계

해설 심전도계 : 심장이 수축과 확장을 할 때 일어나는 전기적 변동을 기록한 것

26. 다음 중 인간-기계체계에서 시스템 활동의 흐름과정을 탐지 분석하는 방법이 아닌 것은?

① 가동분석 ② 운반공정 분석
③ 신뢰도 분석 ④ 사무공정 분석

해설 ③은 신뢰도 평가 지수

27. 음량수준이 50phon일 때 sone 값은?

① 2 ② 5 ③ 10 ④ 100

해설 $\text{sone치} = 2^{(\text{phon치}-40)/10}$
$= 2^{(50-40)/10} = 2\text{sone}$

28. 동전 던지기에서 앞면이 나올 확률이 0.7이고, 뒷면이 나올 확률이 0.3일 때, 앞면이 나올 사건의 정보량(A)과 뒷면이 나올 사건의 정보량(B)은 각각 얼마인가?

① A : 0.88bit, B : 1.74bit
② A : 0.51bit, B : 1.74bit
③ A : 0.88bit, B : 2.25bit
④ A : 0.51bit, B : 2.25bit

정답 23. ④ 24. ② 25. ③ 26. ③ 27. ① 28. ②

해설 ㉠ 앞면(A)$=\frac{\log\left(\frac{1}{0.7}\right)}{\log 2}=0.51\text{bit}$

㉡ 뒷면(B)$=\frac{\log\left(\frac{1}{0.3}\right)}{\log 2}=1.74\text{bit}$

29. **사고의 발단이 되는 초기사상이 발생할 경우 그 영향이 시스템에서 어떤 결과(정상 또는 고장)로 진전해 가는지를 나뭇가지가 갈라지는 형태로 분석하는 방법은?**

① FTA ② PHA
③ FHA ④ ETA

해설 ETA(사건수 분석법) : 설계에서부터 사용까지의 사건들의 발생경로를 파악하고 위험을 평가하기 위한 귀납적이고 정량적인 분석기법

30. **과전압이 걸리면 전기를 차단하는 차단기, 퓨즈 등을 설치하여 오류가 재해로 이어지지 않도록 사고를 예방하는 설계원칙은?**

① 에러 복구 설계
② 풀-프루프(fool-proof) 설계
③ 페일-세이프(fail-safe) 설계
④ 탬퍼-프루프(temper-proof) 설계

해설 페일 세이프(fail safe) 설계 : 기계설비의 일부가 고장 났을 때, 기능이 저하되더라도 전체로서는 운전이 가능한 구조

31. **인간성능에 관한 척도와 가장 거리가 먼 것은?**

① 빈도수 척도 ② 지속성 척도
③ 자연성 척도 ④ 시스템 척도

해설 인간성능 특성 : 속도, 정확성, 사용자 만족, 유일한 기술을 개발하는데 필요한 시간

Tip) 인간공학의 기준 척도는 인간의 성능과 시스템 성능으로 구분한다.

32. **화학설비에 대한 안전성 평가 5단계 중 정성적 평가의 실시 단계는?**

① 제1단계 ② 제2단계
③ 제3단계 ④ 제4단계

해설 안전성 평가의 순서

1단계	2단계	3단계	4단계	5단계
자료의 정리	정성적 평가	정량적 평가	대책 수립	재평가

33. **조종장치를 3cm 움직였을 때 표시장치의 지침이 5cm 움직였다면 C/R비는?**

① 0.25 ② 0.6
③ 1.5 ④ 1.7

해설 $\text{C/R비}=\frac{\text{조종장치 이동거리}}{\text{표시장치 이동거리}}=\frac{3}{5}=0.6$

34. **정보를 유리나 차양판에 중첩시켜 나타내는 표시장치는?**

① CRT ② LCD
③ HUD ④ LED

해설 HUD : 자동차나 항공기의 전방을 주시한 상태에서 원하는 계기정보를 볼 수 있도록 전방 시선높이 방향의 유리 또는 차양판에 정보를 중첩 · 투사하는 표시장치로 정성적, 묘사적 표시장치

35. **눈의 피로를 줄이기 위해 VDT 화면과 종이문서 간의 밝기의 비는 최대 얼마를 넘지 않도록 하는가?**

① 1 : 20 ② 1 : 50
③ 1 : 10 ④ 1 : 30

정답 29. ④ 30. ③ 31. ④ 32. ② 33. ② 34. ③ 35. ③

해설 • 화면과 종이문서 간의 밝기의 비 =1 : 10
• 화면과 시야 중앙 표면의 밝기의 비=1 : 3
• 시야 중앙과 그 변두리 사이의 밝기의 비 =1 : 10

36. FTA에서 사용되는 논리 게이트 중 여러 개의 입력사상이 정해진 순서에 따라 순차적으로 발생해야만 결과가 출력되는 것은?

① 억제 게이트
② 우선적 AND 게이트
③ 배타적 OR 게이트
④ 조합 AND 게이트

해설 우선적 AND 게이트 : 입력사상 중에 어떤 현상이 다른 현상보다 먼저 일어날 경우에만 출력이 발생한다.

37. 인간에 의한 제어 정도에 따른 인간-기계 시스템의 유형에 해당하지 않는 것은?

① 기계화 시스템
② 자동화 시스템
③ 수동 시스템
④ 감시 제어 시스템

해설 인간-기계 시스템의 구분은 수동체계, 기계화 또는 반자동화 체계, 자동화 체계이다.

38. FT도에 사용되는 기호 중 "전이기호"를 나타내는 기호는?

① 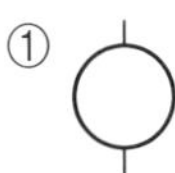
② 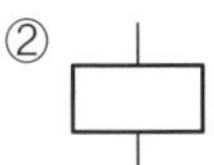
③ 
④ 

해설 전이기호 : 다른 부분에 있는 게이트와의 연결관계를 나타내기 위한 기호

39. 조도가 400럭스인 위치에 놓인 흰색 종이 위에 짙은 회색의 글자가 쓰여져 있다. 종이의 반사율이 80%이고, 글자의 반사율은 40%라 할 때 종이와 글자의 대비는 얼마인가?

① −100% ② −50%
③ 50% ④ 100%

해설 대비 $= \dfrac{L_b - L_t}{L_b} \times 100$

$= \dfrac{80-40}{80} \times 100 = 50\%$

여기서, L_b : 배경의 광속발산도
L_t : 표적의 광속발산도

40. 다음 중 위험을 통제하는데 있어 취해야 할 첫 단계 조사는?

① 작업원을 선발하여 훈련한다.
② 덮개나 격리 등으로 위험을 방호한다.
③ 설계 및 공정계획 시에 위험을 제거토록 한다.
④ 점검과 필요한 안전보호구를 사용하도록 한다.

해설 위험 통제 단계 중 제1단계(위험원의 제거) : 설계 및 공정계획 시에 위험을 제거한다.

3과목 건설시공학

41. 토질시험 중 흙 속에 수분이 거의 없고 바삭바삭한 상태의 정도를 알아보기 위한 시험 항목은?

① 함수비시험 ② 소성한계시험
③ 액성한계시험 ④ 압밀시험

해설 소성한계시험 : 흙 속에 수분이 거의 없고 바삭바삭한 상태의 정도를 알아보기 위한 시험

정답 36. ② 37. ④ 38. ④ 39. ③ 40. ③ 41. ②

42. 공공 혹은 공익 프로젝트에 있어서 자금을 조달하고, 설계, 엔지니어링 및 시공 전부를 도급 받아 시설물을 완성하고 그 시설을 일정기간 운영하여 투자금을 회수한 후 발주자에게 시설을 인도하는 공사 계약방식은?

① CM 계약방식
② 공동도급 방식
③ 파트너링 방식
④ BOT 방식

해설 BOT 방식 : 민간자본 유치방식 중 공공 프로젝트의 사회 간접시설을 설계, 시공한 후 소유권을 발주자에게 이양하고, 투자자는 일정기간 동안 시설물의 운영권을 행사하는 계약방식

43. 건축공사 관리에 관한 설명으로 옳지 않은 것은?

① 공사현장의 관리에는 산업안전보건법령의 적용을 받지 않는다.
② 지급재료는 검수 후 도급자가 보관하되 다른 자재와 구분하여 보관한다.
③ 정기안전점검은 정해진 시기에 반드시 실시한다.
④ 현장에 반입한 재료는 모두 검사를 받아야 하나, KS 표준에 의하여 제작된 합격품은 검사를 생략할 수 있다.

해설 ① 공사현장의 관리에는 산업안전보건법령의 적용을 받는다.

44. 콘크리트를 양생하는데 있어서 양생분(養生紛)을 뿌리는 목적으로 옳은 것은?

① 빗물의 침입을 막기 위해서
② 표면의 양생분을 경화시키기 위해서
③ 표면에 떠 있는 물을 양생분으로 제거하기 위해서
④ 혼합수(混合水)의 증발을 막기 위해서

해설 혼합수의 증발을 막기 위해서 양생분(養生紛)을 뿌려 콘크리트를 양생한다.

45. 한중콘크리트 공사에 콘크리트의 물-결합재비는 원칙적으로 얼마 이하이어야 하는가?

① 50%　　② 55%
③ 60%　　④ 65%

해설 동해를 막기 위한 한중콘크리트의 물-결합재비는 60% 이하로 하여야 한다.

46. 공사계약서 내용에 포함되어야 할 내용과 가장 거리가 먼 것은?

① 공사내용(공사명, 공사장소)
② 재해방지 대책
③ 도급금액 및 지불방법
④ 천재지변 및 그 외의 불가항력에 의한 손해부담

해설 ②는 건축 시공계획 수립 시 고려사항

47. 다음 중 파내기 경사각이 가장 큰 토질은?

① 습윤 모래
② 일반 자갈
③ 건조한 진흙
④ 건조한 보통흙

해설 굴착면의 기울기 기준(2021.11.19 개정)

구분	지반 종류	기울기
보통흙	습지	1 : 1~1 : 1.5
	건지	1 : 0.5~1 : 1
암반	풍화암	1 : 1.0
	연암	1 : 1.0
	경암	1 : 0.5

Tip) 보통흙 습지가 경사각이 가장 크며, 보통흙보다는 진흙이 경사각이 크다.

정답 42. ④　43. ①　44. ④　45. ③　46. ②　47. ③

48. **트렌치와 같은 도랑파기에 가장 적합한 장비명은?**

① 불도저　　② 리퍼
③ 백호우　　④ 파워쇼벨

해설 백호우(back hoe) : 기계가 위치한 지면보다 낮은 땅의 굴착에 적합하고, 수중굴착도 가능하다.

49. **철골조와 목조건축에서는 지붕대들보를 올릴 때 행하는 의식이며, 철근콘크리트조에서는 최상층의 거푸집 혹은 철근 배근 시 또는 콘크리트를 타설한 후 행하는 식은?**

① 상량식(上梁式)
② 착공식(着工式)
③ 정초식(定礎式)
④ 준공식(竣工式)

해설 상량식(上梁式) : 철골조와 목조건축에서 지붕대들보를 올릴 때 행하는 의식, 철근콘크리트조에서 최상층의 거푸집 혹은 철근 배근 시 또는 콘크리트를 타설한 후 행하는 의식

50. **강말뚝(H형강, 강관말뚝)에 관한 설명으로 옳지 않은 것은?**

① 깊은 지지층까지 도달시킬 수 있다.
② 휨강성이 크고 수평하중과 충격력에 대한 저항이 크다.
③ 부식에 대한 내구성이 뛰어나다.
④ 재질이 균일하고 절단과 이음이 쉽다.

해설 ③ 지중에서 부식되기 쉽고, 타 말뚝에 비하여 재료비가 고가이다.

51. **공업화 공법(PC 공법)에 의한 콘크리트 공사의 특징과 관련이 없는 것은?**

① 프리패브 공법이기 때문에 현장에서의 공정이 단축된다.
② 기상의 영향을 덜 받는다.
③ 각 부품의 접합부가 일체화되기가 어렵다.
④ 품질의 균질성을 기대하기 어렵다.

해설 ④ 품질의 균질성이 향상된다.

52. **콘크리트 공사에서 거푸집 설계 시 고려사항으로 가장 거리가 먼 것은?**

① 콘크리트의 측압
② 콘크리트 타설 시의 하중
③ 콘크리트 타설 시의 충격과 진동
④ 콘크리트의 강도

해설 거푸집 설계 시 콘크리트의 강도는 고려사항이 아니다.

53. **철골공사에서의 용접작업 시 유의사항으로 옳지 않은 것은?**

① 용접자세는 하향자세로 하는 것이 좋다.
② 수축량이 작은 부분부터 용접하고 수축량이 큰 부분은 최후에 용접한다.
③ 용접 전에 용접모재 표면의 수분, 슬래그, 도료 등 용접에 지장을 주는 불순물을 제거한다.
④ 감전방지를 위해 안전홀더를 사용한다.

해설 ② 수축량이 큰 부분부터 용접하고 수축량이 작은 부분은 최후에 용접한다.

54. **조강 포틀랜드 시멘트를 사용한 기둥에서 거푸집 널 존치기간 중의 평균기온이 20℃ 이상인 경우 콘크리트의 재령이 최소 며칠 이상 경과하면 압축강도시험을 하지 않고 거푸집을 떼어낼 수 있는가?**

① 2일　　② 3일
③ 4일　　④ 6일

부록 실전문제

정답 48. ③　49. ①　50. ③　51. ④　52. ④　53. ②　54. ①

해설 압축강도를 시험하지 않을 경우 거푸집 널의 해체시기

구분	시멘트		
	조강 포틀 랜드	고로슬래그 (1종) 포틀랜드 포졸란(A종) 플라이애시 (1종) 보통 포틀랜드	고로슬래그 (2종) 포틀랜드 포졸란(B종) 플라이애시 (2종) −
20℃ 이상	2일	3일	4일
10℃ 이상 20℃ 미만	3일	4일	6일

55. 다음 중 자연함수비가 어떤 상태에 있을 때 점토지반이 가장 안정한가?

① 소성한계
② 소성과 수축한계 사이
③ 액성한계
④ 수축한계

해설 점토지반이 가장 안정한 상태는 고체상태이다.

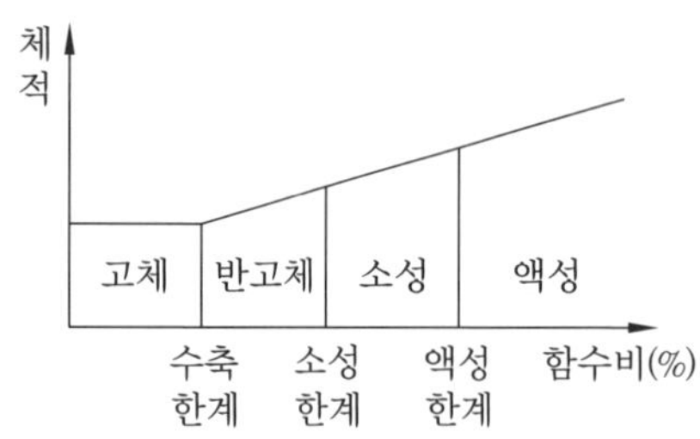

56. 콘크리트 보양에 관한 설명으로 옳지 않은 것은?

① 경화온도를 높이기 위하여 직사일광에 노출시킨다.
② 수화작용이 충분히 일어나도록 항상 습윤상태를 유지한다.
③ 콘크리트를 부어 넣은 후 1일간은 원칙적으로 그 위를 보행해서는 안 된다.
④ 평균기온이 연속적으로 2일 이상 5℃ 미만인 경우, 담당원 또는 책임기술자의 지시에 따라 가열 보온양생을 고려해야 한다.

해설 ① 보양은 콘크리트가 건조되지 않도록 해야 하므로 직사일광을 피해야 한다.

57. 건축 목공사의 시공계획을 수립함에 있어서 필요하지 않은 것은?

① 가설물 계획 ② 시공계획도의 작성
③ 현치도 작성 ④ 공정표 작성

해설 건축 목공사의 시공계획 수립 시 고려사항 : 가설물 계획, 시공계획도의 작성, 공정표 작성 등
Tip) 현치도 : 실물 크기의 치수대로 나타낸 도면

58. 다음 흙막이 공법 중 지하연속벽 공법이 아닌 것은?

① 이코스 공법 ② 웰 포인트 공법
③ 오거파일 공법 ④ 슬러리 월 공법

해설 웰 포인트(well point) 공법 : 모래질지반에 지하수위를 일시적으로 저하시켜야 할 때 사용하는 공법으로 모래 탈수공법이라고 한다.

59. 경량콘크리트(light weight concrete)에 관한 설명으로 옳지 않은 것은?

① 기건비중은 2.0 이하, 단위 중량은 1400~2000 kg/m^3 정도이다.
② 열전도율이 보통콘크리트와 유사하여 동일한 단열성능을 갖는다.
③ 물과 접하는 지하실 등의 공사에는 부적합하다.
④ 경량이어서 인력에 의한 취급이 용이하고, 가공도 쉽다.

정답 55. ④ 56. ① 57. ③ 58. ② 59. ②

해설 ② 내화성이 크고 열전도율이 작으며 단열, 방음 효과가 우수하다.

60. 트렌치 컷 공법에 관한 설명으로 옳은 것은?

① 온통파기를 할 수 없을 때, 히빙 현상이 예상될 때 효과적이다.
② 중앙부의 흙을 먼저 파내고 다음에 주위 부분의 흙을 파내는 공법이다.
③ 면적이 넓을수록 효과적이다.
④ 시공깊이는 안전상 10m 내외로 한정된다.

해설 ② 측벽의 흙을 먼저 파내고 다음에 중앙부의 흙을 파내는 공법이다.
③ 면적이 넓을수록 공기가 늘어나므로 비효율적이다.
④ 시공깊이는 20m 내외의 연약지반에서 주로 사용한다.

4과목 건설재료학

61. 건축재료 중 압축강도가 일반적으로 가장 큰 것부터 작은 순서대로 나열된 것은?

① 화강암–보통콘크리트–시멘트 벽돌–참나무
② 보통콘크리트–화강암–참나무–시멘트 벽돌
③ 화강암–참나무–보통콘크리트–시멘트 벽돌
④ 보통콘크리트–참나무–화강암–시멘트 벽돌

해설 건축재료의 압축강도의 순서
화강암(500~1943 kg/cm^2) > 참나무(610 kg/cm^2) > 보통콘크리트(300~400 kg/cm^2) > 시멘트 벽돌(80 kg/cm^2)

62. 시멘트 종류에 따른 사용용도를 나타낸 것으로 옳지 않은 것은?

① 조강 포틀랜드 시멘트–한중 공사
② 중용열 포틀랜드 시멘트–매스콘크리트 및 댐 공사
③ 고로 시멘트–타일 줄눈공사
④ 내황산염 포틀랜드 시멘트–온천지대나 하수도 공사

해설 ③ 고로 시멘트–수화열량이 적어 매스콘크리트로 사용

63. 석고보드 공사에 관한 설명으로 옳지 않은 것은?

① 석고보드는 두께 9.5mm 이상의 것을 사용한다.
② 목조 바탕의 띠장 간격은 200mm 내외로 한다.
③ 경량철골 바탕의 칸막이벽 등에서는 기둥, 샛기둥의 간격을 450mm 내외로 한다.
④ 석고보드용 평머리못 및 기타 설치용 철물은 용융아연 도금 또는 유리 크롬 도금이 된 것으로 한다.

해설 ② 목조 바탕의 띠장 간격은 450mm 내외로 한다.

64. 화재 시 개구부에서의 연소(筵燒)를 방지하는 효과가 있는 유리는?

① 망입유리
② 접합유리
③ 열선흡수유리
④ 열선반사유리

해설 망입유리
- 두꺼운 판유리에 망 구조물을 넣어 만든 유리로 철선(철사), 황동선, 알루미늄 망 등이 사용된다.
- 충격으로 파손될 경우에도 파편이 흩어지지 않으며, 방화용으로 쓰인다.
- 화재 시 개구부에서의 연소를 방지하는 효과가 있다.

정답 60. ① 61. ③ 62. ③ 63. ② 64. ①

65. 콘크리트의 인장강도는 압축강도의 대략 얼마 정도인가?

① 2배 ② 1배
③ 1/10 ④ 1/30

해설 경화된 보통콘크리트의 강도

압축강도(1) > 전단강도$\left(\frac{1}{4}\sim\frac{1}{7}\right)$ > 휨강도 $\left(\frac{1}{5}\sim\frac{1}{8}\right)$ > 인장강도$\left(\frac{1}{10}\sim\frac{1}{13}\right)$

66. 굳지 않은 콘크리트의 성질을 나타낸 용어에 관한 설명으로 옳지 않은 것은?

① 컨시스턴시(consistency)–콘크리트에 사용되는 물의 양에 의한 콘크리트 반죽의 질기
② 워커빌리티(workability)–콘크리트의 부어넣기 작업 시의 작업 난이도 및 재료분리에 대한 저항성
③ 피니셔빌리티(finishability)–굵은 골재의 최대치수, 잔골재율, 잔골재의 입도 등에 따른 마무리 작업의 난이도
④ 플라스티시티(plasticity)–콘크리트를 펌핑하여 부어넣는 위치까지 이동시킬 때의 펌핑성

해설 ④ 플라스티시티(plasticity) – 거푸집 등의 형상에 쉽게 다져 넣을 수 있고, 거푸집을 떼면 천천히 모양이 변하지만 무너지거나 재료분리가 되지 않는 성질

67. 보통 포틀랜드 시멘트와 비교한 고로 시멘트의 특징으로 틀린 것은?

① 장기강도가 크다.
② 해수나 하수 등에 대한 저항성이 우수하다.
③ 미분말로서 초기강도 발현이 용이하다.
④ 초기 수화열이 낮다.

해설 ③ 초기강도가 낮고, 발열량이 적다.

68. 수밀콘크리트의 배합에 관한 설명으로 옳지 않은 것은?

① 배합은 콘크리트의 소요품질이 얻어지는 범위 내에서 단위 수량 및 물 결합재비를 가급적 적게 한다.
② 콘크리트의 소요 슬럼프는 가급적 크게 하고 210mm 이하가 되도록 한다.
③ 콘크리트의 워커빌리티를 개선시키기 위해 공기연행제, 공기연행 감수제 또는 고성능 공기연행 감수제를 사용하는 경우라도 공기량은 4% 이하가 되게 한다.
④ 물 결합재비는 50% 이하를 표준으로 한다.

해설 ② 수밀콘크리트의 소요 슬럼프는 가급적 작게 하고 180mm 이하가 되도록 한다.

69. 수장용 집성재(KS F 3118)의 품질기준 항목이 아닌 것은?

① 접착력
② 난연성
③ 함수율
④ 굽음 및 뒤틀림

해설 수장용 집성재의 품질기준 항목 : 치수, 접착력, 함수율, 굽음 및 뒤틀림 등
Tip) 난연성 : 불에 잘 타지 아니하는 성질

70. 다음 중 타일에 관한 설명으로 옳지 않은 것은?

① 타일은 점토 또는 암석의 분말을 성형, 소성하여 만든 박판제품을 총칭한 것이다.
② 타일은 용도에 따라 내장타일, 외장타일, 바닥타일 등으로 분류할 수 있다.
③ 일반적으로 모자이크 타일 및 내장타일은 습식법, 외장타일은 건식법에 의해 제조된다.
④ 타일의 백화 현상은 수산화석회와 공기 중 탄산가스의 반응으로 나타난다.

정답 65. ③ 66. ④ 67. ③ 68. ② 69. ② 70. ③

해설 ③ 일반적으로 모자이크 타일 및 내장타일은 건식법, 외장타일은 습식법에 의해 제조된다.

71. 재료의 열에 관한 성질 중 "재료 표면에서의 열전달 → 재료 속에서의 열전도 → 재료 표면에서의 열전달"과 같은 열이동을 나타내는 용어는?

① 열용량　② 열관류
③ 비열　④ 열팽창계수

해설 • 열관류 : 벽체 양측의 온도가 다를 때 고온 측에서 저온 측으로의 열이동
- 열용량 : 물질의 온도를 1℃ 올리는데 필요한 열량
- 비열 : 물질 1kg의 온도를 1℃ 올리는데 필요한 열량
- 열팽창계수 : 물질의 온도가 1℃ 상승할 때 늘어난 길이

72. 강의 열처리란 금속재료에 필요한 성질을 주기 위하여 가열 또는 냉각하는 조작을 말하는데 다음 중 강의 열처리 방법에 해당하지 않는 것은?

① 늘림　② 불림
③ 풀림　④ 뜨임질

해설 열처리의 방법과 목적
- 담금질 : 재질을 경화한다.
- 뜨임 : 담금질한 재질에 인성을 부여한다.
- 풀림 : 재질을 연하고 균일하게 한다.
- 불림 : 조직을 미세화하고 균일하게 한다.

73. 콘크리트용 골재에 요구되는 성질이 아닌 것은?

① 콘크리트의 유동성을 확보할 수 있도록 정방형의 입형과 적절한 입도일 것
② 물리적, 화학적으로 안정성을 가질 것
③ 시멘트 페이스트의 강도보다 강할 것
④ 유해한 물질을 함유하지 않을 것

해설 ① 콘크리트용 골재의 입형은 편평, 길쭉한 것, 세장하지 않은 것이 좋다.

74. 감람석 또는 섬록암이 변질된 것으로, 색조는 암녹색 바탕에 흑백색의 아름다운 무늬가 있고, 경질이나 풍화성이 있어 외벽보다는 실내 장식용으로 사용되는 석재는?

① 사문암　② 대리석
③ 트래버틴　④ 점판암

해설 사문암 : 감람석이 변질된 것으로 암녹색 바탕에 흑백색의 무늬가 있고, 경질이나 풍화성으로 인하여 실내 장식용으로서 대리석 대용으로 사용된다.

75. 기건상태인 목재의 함수율은 약 얼마인가?

① 10% 정도　② 15% 정도
③ 20% 정도　④ 25% 정도

해설 목재가 대기의 온도와 습도에 맞게 평형에 도달한 상태를 의미하는 기건상태에서의 함수율은 약 15%이다.

76. 테라코타에 대한 설명으로 틀린 것은?

① 도토, 자토 등을 반죽하여 형틀에 넣고 성형하여 소성한 속이 빈 대형의 점토제품이다.
② 석재보다 가볍다.
③ 압축강도는 화강암과 거의 비슷하다.
④ 화강암보다 내화도가 높으며 대리석보다 풍화에 강하다.

해설 ③ 압축강도는 화강암보다 작다.
Tip) 테라코타는 건축물의 패러핏, 주두 등의 장식에 사용되는 공동의 대형 점토제품이다.

정답 71. ②　72. ①　73. ①　74. ①　75. ②　76. ③

부록 실전문제

77. 건축용 단열재 중 무기질이 아닌 것은?

① 암면 ② 유리섬유
③ 세라믹파이버 ④ 셀룰로즈파이버

해설 유기질 단열재료 : 셀룰로즈섬유판, 연질섬유판, 경질우레탄 폼, 폴리스티렌 폼 등
Tip) 무기질 단열재료 : 유리면, 암면, 세라믹 섬유, 펄라이트판, 규산칼슘판 등

78. 점토제품 제조에 관한 설명으로 옳지 않은 것은?

① 원료조합에는 필요한 경우 제점제를 첨가한다.
② 반죽과정에서는 수분이나 경도를 균질하게 한다.
③ 숙성과정에서는 반죽 덩어리를 되도록 크게 뭉쳐 둔다.
④ 성형은 건식, 반건식, 습식 등으로 구분한다.

해설 ③ 숙성과정에서는 반죽 덩어리를 되도록 작게 뭉쳐 둔다.

79. 에폭시 도장에 관한 설명으로 옳지 않은 것은?

① 내마모성이 우수하고 수축, 팽창이 거의 없다.
② 내약품성, 내수성, 접착력이 우수하다.
③ 자외선에 특히 강하여 외부에 주로 사용한다.
④ non-slip 효과가 있다.

해설 ③ 자외선에 특히 약하며, 외부에 노출되면 탈색과 기포가 발생한다.

80. 건축재료 중 점토에 대한 설명으로 옳지 않은 것은?

① 양질의 점토는 습윤상태에서 현저한 가소성을 나타낸다.
② 점토는 수성암에서만 생성된다.
③ 점토의 주성분은 실리카와 알루미나이다.
④ 점토의 압축강도는 인장강도의 약 5배 정도이다.

해설 ② 점토는 화강암, 석영 등이 풍화, 분해되어 생성된다.

5과목 건설안전기술

81. 고소작업대가 갖추어야 할 설치 조건으로 옳지 않은 것은?

① 작업대를 와이어로프 또는 체인으로 올리거나 내릴 경우에는 와이어로프 또는 체인이 끊어져 작업대가 떨어지지 아니하는 구조이어야 하며, 와이어로프 또는 체인의 안전율은 3 이상일 것
② 작업대를 유압에 의해 올리거나 내릴 경우에는 작업대를 일정한 위치에 유지할 수 있는 장치를 갖추고 압력의 이상 저하를 방지할 수 있는 구조일 것
③ 작업대에 끼임 · 충돌 등 재해를 예방하기 위한 가드 또는 과상승방지장치를 설치할 것
④ 작업대에 정격하중(안전율 5 이상)을 표시할 것

해설 ① 작업대를 와이어로프 또는 체인으로 올리거나 내릴 경우에는 와이어로프 또는 체인의 안전율이 5 이상일 것

82. 다음은 산업안전보건법령에 따른 말비계를 조립하여 사용하는 경우에 관한 준수사항이다. (   ) 안에 알맞은 숫자는 어느 것인가?

말비계의 높이가 2m를 초과할 경우에는 작업발판의 폭을 (   )cm 이상으로 할 것

정답 77. ④ 78. ③ 79. ③ 80. ② 81. ① 82. ④

① 10 ② 20
③ 30 ④ 40

해설 말비계의 높이가 2m를 초과할 경우에는 작업발판의 폭을 40cm 이상으로 할 것

83. 달비계에 사용하는 와이어로프는 지름 감소가 공칭지름의 몇 %를 초과할 경우에 사용할 수 없도록 규정되어 있는가?

① 5% ② 7%
③ 9% ④ 10%

해설 지름의 감소가 공칭지름의 7%를 초과하는 것은 사용할 수 없다.

84. 산업안전보건관리비 중 안전시설비의 항목에서 사용할 수 있는 항목에 해당하는 것은?

① 외부인 출입금지, 공사장 경계표시를 위한 가설울타리
② 작업발판
③ 절토부 및 성토부 등의 토사 유실방지를 위한 설비
④ 사다리 전도방지장치

해설 비계 · 통로 · 계단에 추가 설치하는 사다리 전도방지장치, 추락방지용 안전난간, 방호선반 등은 안전시설비로 사용할 수 있다.

85. 강관을 사용하여 비계를 구성하는 경우의 준수사항으로 옳지 않은 것은?

① 비계기둥의 간격은 띠장 방향에서는 1.5m 이상 1.8m 이하, 장선 방향에서는 1.5m 이하로 할 것
② 비계기둥 간의 적재하중은 300kg을 초과하지 않도록 할 것
③ 띠장의 간격은 1.5m 이하로 설치할 것
④ 첫 번째 띠장은 지상으로부터 2m 이하의 위치에 설치할 것

해설 ② 비계기둥 간의 적재하중은 400kg을 초과하지 않도록 할 것

86. 양 끝이 힌지(hinge)인 기둥에 수직하중을 가하면 기둥이 수평 방향으로 휘게 되는 현상은?

① 피로파괴 ② 폭열 현상
③ 좌굴 ④ 전단파괴

해설 좌굴 : 압력을 받는 기둥이나 판이 어떤 한계를 넘으면 휘어지는 현상

87. 다음 중 건설공사관리의 주요 기능이라 볼 수 없는 것은?

① 안전관리 ② 공정관리
③ 품질관리 ④ 재고관리

해설 건설공사관리의 주요 기능 : 안전관리, 생산관리, 원가관리, 품질관리, 공정관리 등

88. 사다리를 설치하여 사용함에 있어 사다리 지주 끝에 사용하는 미끄럼방지 재료로 적당하지 않은 것은?

① 고무 ② 코르크
③ 가죽 ④ 비닐

해설 사다리 지주의 끝에 사용하는 미끄럼방지 재료에는 고무, 코르크, 가죽, 강 스파이크 등이 있다.

89. 다음 중 굴착기의 전부장치와 거리가 먼 것은?

① 붐(boom) ② 암(arm)
③ 버킷(bucket) ④ 블레이드(blade)

해설 ④는 불도저의 부속장치(삽날)이다.

90. 가설공사와 관련된 안전율에 대한 정의로 옳은 것은?

정답 83. ② 84. ④ 85. ② 86. ③ 87. ④ 88. ④ 89. ④ 90. ①

① 재료의 파괴응력도와 허용응력도의 비율이다.
② 재료가 받을 수 있는 허용응력도이다.
③ 재료의 변형이 일어나는 한계응력도이다.
④ 재료가 받을 수 있는 허용하중을 나타내는 것이다.

해설 $안전율 = \frac{극한강도}{최대응력} = \frac{최대응력}{허용응력}$

$= \frac{파괴하중}{안전하중} = \frac{파괴하중}{최대\ 사용하중}$

91. 다음 중 차량계 건설기계에 해당되지 않는 것은?

① 곤돌라 ② 항타기 및 항발기
③ 어스드릴 ④ 앵글도저

해설 ①은 양중기에 해당한다.

92. 이동식 사다리를 설치하여 사용하는 경우의 준수기준으로 옳지 않은 것은?

① 길이가 6m를 초과해서는 안 된다.
② 다리의 벌림은 벽 높이의 1/4 정도가 적당하다.
③ 미끄럼방지 발판은 인조고무 등으로 마감한 실내용을 사용하여야 한다.
④ 벽면 상부로부터 최소한 90cm 이상의 연장길이가 있어야 한다.

해설 ④ 벽면 상부로부터 최소한 60cm 이상의 연장길이가 있어야 한다.

93. 다음 건설기계의 명칭과 각 용도가 옳게 연결된 것은?

① 드래그라인-암반굴착
② 드래그쇼벨-흙 운반작업
③ 클램쉘-정지작업
④ 파워쇼벨-지반면보다 높은 곳의 흙파기

해설 파워쇼벨은 지면보다 높은 곳의 흙파기에 적합하다.

94. 철근콘크리트 공사에서 슬래브에 대하여 거푸집 동바리를 설치할 때 고려해야 할 사항으로 가장 거리가 먼 것은?

① 철근콘크리트의 고정하중
② 타설 시의 충격하중
③ 콘크리트의 측압에 의한 하중
④ 작업인원과 장비에 의한 하중

해설 거푸집에 작용하는 연직 방향 하중 : 고정하중, 충격하중, 작업하중, 콘크리트 및 거푸집 자중 등

95. 작업발판에 최대 적재하중을 적재함에 있어 달비계의 하부 및 상부지점이 강재인 경우 안전계수는 최소 얼마 이상인가?

① 2.5 ② 5
③ 10 ④ 15

해설 달비계의 최대 적재하중을 정하는 안전계수 기준

- 달기체인 및 달기 훅의 안전계수 : 5 이상
- 달기 와이어로프의 안전계수 : 10 이상
- 달기강선의 안전계수 : 10 이상
- 달기강대와 달비계의 하부 및 상부지점의 안전계수
  ㉠ 목재의 경우 : 5 이상
  ㉡ 강재의 경우 : 2.5 이상
- 화물의 하중을 직접 지지하는 달기 와이어로프 또는 달기체인의 안전계수 : 5 이상

96. 콘크리트 측압에 관한 설명 중 옳지 않은 것은?

① 슬럼프가 클수록 측압은 커진다.
② 벽 두께가 두꺼울수록 측압은 커진다.
③ 부어 넣는 속도가 빠를수록 측압은 커진다.

정답 91. ① 92. ④ 93. ④ 94. ③ 95. ① 96. ④

④ 대기온도가 높을수록 측압은 커진다.

해설 ④ 대기의 온도가 낮을수록 측압은 커진다.

97. 항타기 또는 항발기에서 와이어로프의 절단하중 값과 와이어로프에 걸리는 하중의 최댓값이 보기항과 같을 때 사용 가능한 경우는?

① 와이어로프의 절단하중 값 : 10ton, 와이어로프에 걸리는 하중의 최댓값 : 2ton
② 와이어로프의 절단하중 값 : 15ton, 와이어로프에 걸리는 하중의 최댓값 : 4ton
③ 와이어로프의 절단하중 값 : 20ton, 와이어로프에 걸리는 하중의 최댓값 : 6ton
④ 와이어로프의 절단하중 값 : 25ton, 와이어로프에 걸리는 하중의 최댓값 : 8ton

해설 ① 안전율$=\dfrac{\text{절단하중}}{\text{하중의 최댓값}}=\dfrac{10}{2}=5$

② 안전율$=\dfrac{\text{절단하중}}{\text{하중의 최댓값}}=\dfrac{15}{4}=3.75$

③ 안전율$=\dfrac{\text{절단하중}}{\text{하중의 최댓값}}=\dfrac{20}{6}=3.333$

④ 안전율$=\dfrac{\text{절단하중}}{\text{하중의 최댓값}}=\dfrac{25}{8}=3.125$

Tip) 항타기 또는 항발기의 권상용 와이어로프의 안전율은 5 이상이어야 한다.

98. 흙의 액성한계(W_L)가 32%, 소성한계(W_P)가 12%일 경우 소성지수(I_p)는 얼마인가?

① 10% ② 20%
③ 22% ④ 44%

해설 소성지수(I_p)$=W_L-W_P$
$=32-12=20\%$

99. 비탈면붕괴 재해의 발생 원인으로 보기 어려운 것은?

① 부석의 점검을 소홀히 하였다.
② 지질조사를 충분히 하지 않았다.
③ 굴착면 상하에서 동시작업을 하였다.
④ 안식각으로 굴착하였다.

해설 안식각(자연경사각) : 비탈면과 원지면이 이루는 흙의 사면각를 말하며, 사면에서 토사가 미끄러져 내리지 않는 각도이다.

100. 건설작업용 리프트에 대하여 바람에 의한 붕괴를 방지하는 조치를 한다고 할 때 그 기준이 되는 최소풍속은?

① 순간풍속 30m/sec 초과
② 순간풍속 35m/sec 초과
③ 순간풍속 40m/sec 초과
④ 순간풍속 45m/sec 초과

해설 풍속에 따른 안전기준

- 순간풍속이 초당 10m 초과 : 타워크레인의 수리 · 점검 · 해체작업 중지
- 순간풍속이 초당 15m 초과 : 타워크레인의 운전작업 중지
- 순간풍속이 초당 30m 초과 : 타워크레인의 이탈방지 조치
- 순간풍속이 초당 35m 초과 : 건설용 리프트, 옥외용 승강기가 붕괴되는 것을 방지 조치

정답 97. ① 98. ② 99. ④ 100. ②

건설안전산업기사 필기
과년도출제문제

2023년 5월 25일 인쇄
2023년 5월 30일 발행

저자 : 이광수
펴낸이 : 이정일

펴낸곳 : 도서출판 **일진사**
www.iljinsa.com

04317 서울시 용산구 효창원로 64길 6
대표전화 : 704-1616, 팩스 : 715-3536
이메일 : webmaster@iljinsa.com

등록번호 : 제1979-000009호(1979.4.2)

값 34,000원

ISBN : 978-89-429-1892-8